철도노반공사 수량 및 단가산출 표준 1

2008

- 사용자 지침서(User Guide) -

「철도노반공사 수량 및 단가산출 표준」은 철도 노반공사의 공종별 수량 및 단가산출의 기준을 정한 것으로 실무자가 효율적인 설계를 할 수 있도록 단계별로 세분화한 지침서이다.

본 표준지침서의 구성은 노반설계의 내역작성 체계를 기본으로 하였으며, 현장여건, 기후특성 및 기타조건 등이 본 지침서와 상이할 경우 목적에 맞게 방침을 결정하고 관계 규정에 적합하도록 조정할 수 있다. 또한, 「수량 및 단가산출 표준」은 일반적인 공종에 대하여 예시한 것으로 설계자의 의도에 맞도록 공종 및 규격을 변경 또는 추가할 수 있으며, 설계실무자는 본 지침서를 적용함에 있어 동 내용 중 각종 법규, 규칙, 시방서, 설계기준, 지침, 편람 등 상위 규정과 상충되는 경우에는 그 상위 규정을 적용하는 것으로 한다.

설계실무자는 본표준에 대한 내용의 변경, 추가 또는 삭제 등이 필요할 경우 표준 관리부서에 수정·요청을 함으로써 개정 이력관리를 통하여 본 표준서가 최신본으로 관리될 수 있도록 하며, 설계 실무자는 최신본을 보관하여 설계에 반영하여야 한다.

총 목 차

제Ⅰ편 총 칙

Ⅰ - 1. 일 반 사 항

Ⅰ-1-1. 목적

한국철도시설공단에서 철도공사를 시행함에 있어 현장여건 및 공사규모가 유사한 동일 공종임에도 불구하고 부서별·설계사별로 적용방식이 상이하여 단가산정의 일관성이 결여되고 설계내역서의 구성 내용 및 작성방법이 서로 상이하여 효율적인 적산업무가 곤란함으로 공단실정에 적합한 수량 및 단가산출 기준정립을 통한 예산내역서 작성의 일관성을 확보하고 계약 내용을 명확하게 하는데 있음.

Ⅰ-1-2. 적용범위

공단에서 시행하는 철도 노반공사의 공사비 산정과 설계변경의 기초자료로 활용한다.

Ⅰ-1-3. 적용기준

1. 각종 시방서 및 제기준

가. 철도건설규칙 (국토해양부, 2007. 9. 20)

나. 설계기준, 시방서 및 관련규정

1) 철도 설계기준 [철도교편(2004. 12), 노반편(2004. 12)](국토해양부)

2) 고속철도 설계기준(노반편, 2005. 9)

3) 철도공사 전문시방서 (토목편, 2004. 12)

4) 고속철도공사 전문시방서 (노반편, 2006. 4)

5) 선로 측량 지침 (국토해양부, 2005. 12)

6) 선로 정비 지침 (국토해양부, 2005. 8)

7) 선로 건조물 제도 및 정비지침 (국토해양부, 2004. 12)

8) 철도건설측량지침(한국철도시설공단, 2005. 12)

다. 건설교통부 제정 각종 공사 표준시방서 및 설계기준

1) 콘크리트 구조설계기준 (국토해양부, 2007)

2) 콘크리트 표준시방서 (국토해양부, 2003)

3) 도로교 설계기준 (국토해양부, 2005)

4) 토목공사 표준 일반시방서 (국토해양부, 2005)

5) 구조물 기초설계기준 (국토해양부, 2003)

6) 터널 표준시방서(국토해양부, 1999)

7) 터널 설계기준(국토해양부, 2007)

8) 하천설계기준 (국토해양부, 2005)

라. 건설공사 관련 법령 및 규정 (건설기술관리법령, 도로법령, 도시계획법령 등)

마. 한국산업규격 (산업자원부)

바. 건설공사 품질 및 규격관리 실무편람 (국토해양부)

사. 환경·교통·재해 등에 관한 영향평가 법령 및 규정 등

아. 산업안전보건법

자. 철도안전법, 철도시설안전규칙, 철도시설안전세부기준
차. 건설기술개발 및 관리 등에 관한 운영규정 (국토해양부, 2007)
카. 기타 건설공사의 안전, 환경 등에 관한 법령 및 규정
타. 장애인, 노인, 임산부 등의 편의증진 보장에 관한 법령

Ⅰ-1-4. 계약문서

1. 계약문서

가. 계약문서간에 그 의미가 불분명하거나 상호모순이 있을 경우에는 계약문서로서의 우선 순위는 다음 순서에 의해 정해진다.
1) 계약서
2) 계약 일반조건 및 특수조건
3) 공사시방서
4) 설계도
5) 전문시방서
6) 산출내역서

나. 총칙과 총칙 이외의 본문 내용간에 상호 모순이 있을 경우에는 총칙 이외에 명시된 내용을 우선 적용한다.

2. 법규 우선준수

수급인은 공단 시방서를 포함한 설계도서의 내용이 대한민국 관련 법규의 규정과 상호 모순될 경우 (건설공사 중에 관련법규가 변경되고 변경된 규정에 따라야 할 경우를 포함한다)는 대한민국 관련법규의 규정을 우선하여 준수하여야 한다.

Ⅰ-1-5. 공사기간

공사 기간은 계약서에 의하되 다음의 경우에 한하여 공단의 승인을 받아 그 기간을 연장할 수 있다.
가. 공사기간 중 강우일수가 평균 강우일수보다 많을 때
나. 천재지변으로 인하여 작업이 불가능할 때
다. 공단의 지시에 의하여 작업이 중단되었을 때
라. 설계도서 내용에 대한 민원제기 등으로 설계변경이 불가피한 경우 또는 공사가 지연될 경우가 있을 때
마. 보상협의, 관계기관협의 지연 등으로 공기연장이 불가피할 때
바. 기타 계획변경 등 공단의 사정 변경으로 공기연장이 불가피할 때

Ⅰ-1-6. 설계변경

1. 작업공종의 추가, 삭제 및 변경

공단은 공사진행 중 현장여건에 따라 공사의 세부사항 변경, 물량의 증가 및 감소 등을 조절하는 권

리를 갖는다. 수급자는 그와 같은 증가와 감소 변경으로 인하여 그 계약을 무효화시키거나 보증을 해제하지도 못하며, 원계약서와 동일한 조건하에서 변경된 공사를 완료하여야 한다.

2. 현장조건의 차이 및 물량변동에 따른 변경

가. 수급자는 계약체결 후 공사 착수 전에 설계도서를 검토하여 그 결과를 공단에 보고하여야 하며, 다음과 같은 경우 공사시행 전에 즉시 공단에 서면으로 보고하여야 한다.

1) 설계도서의 내용이 불분명하거나 누락, 오류 또는 상호 모순되는 점이 있을 때
2) 지질, 용수 등 공사현장의 상태가 설계도서와 다를 때

나. 공사시행 중 다음 각 호에 해당하는 사유가 발생되어 그 사유가 인정될 경우에는 설계변경을 하여야 한다.

1) 공종별로 시공물량의 증감이 발생할 때
2) 지질 등 공사현장의 상태와 설계도서의 내용이 상이한 때
3) 신규공종의 추가 또는 공법이 변경되었을 때
4) 골재원 및 사토장의 운반거리가 변동된 때
5) 토공운반거리가 변동된 때
6) 땅깎기구간의 토질이 설계도서와 상이할 때
7) 천재지변으로 인한 기 시공분의 손실 또는 긴급조치 비용으로 공사목적에 부합하여 이를 근거로 감리원에게 제출한 서류에 한하여 감리원이 인정한 때
8) 공사용으로 사용되는 주요 자재의 구입방법 및 규격, 수량 또는 운반거리가 변경된 때
9) 기존 지하매설물의 보호가 필요한 때
10) 공사현장의 여건에 따라 진입로 설치 및 임시교차 설비가 필요하다고 감리원이 인정할 때
11) 터파기 결과 기초지반이 설계도서와 상이하여 기초구조 변경이 불가피할 경우
12) 터널 굴착결과 지질이 설계도서와 상이하여 공법변경이 불가피할 경우
13) 공사시행상 도로, 수로 등 타구조물의 보호공법이 필요하여 관할관리청과 협의결과에 따라 설계내용 변경시
14) 콘크리트 생산은 공사시방서에 의거 배합설계를 실시하고 그 결과에 따라 설계변경한다.
15) 설계도서에 보링을 실시하지 않고 추정된 지질은 실제로 보링을 실시하고 보링비를 공사비에 반영한다.
16) 공단의 사정에 따라 계획이 변경되었을 때
17) 관계법령 등의 개정으로 계약내용의 변경사유가 발생한 때
18) 기타 계약내용이 상호 모순되거나 계약 내용대로의 시행이 불가하여 계약변경이 불가피한 경우

3. 대체비목의 처리

가. 신규 대체비목의 정의

당초 산출내역서상의 기존비목중 내용의 일부가 변경되어 새로운 다른 비목으로 대체되는 경우의 비목을 말한다.

나. 용어 정의

1) 비목이라 함은 산출내역서상의 항목 단위를 말한다.

2) 기존비목이라 함은 당초 산출내역서상에 있는 비목을 말한다.

3) 신규 순수비목이라 함은 당초 산출내역서상에 없었던 새로운 비목을 말한다.

다. 신규 대체비목의 개념

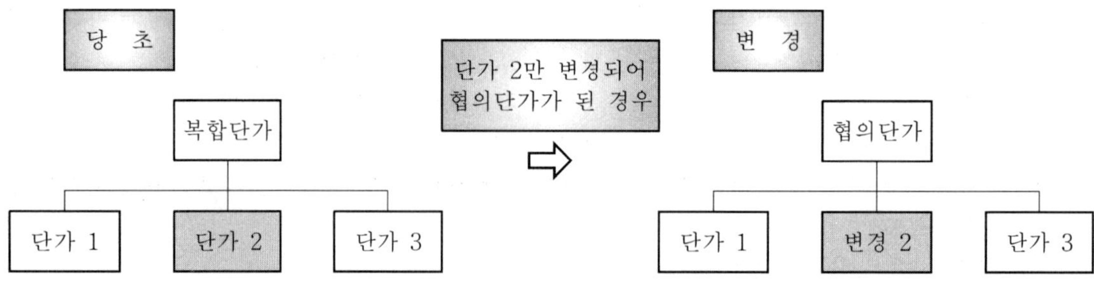

단가2가 발주처의 요구(시방변경, 기준변경, 현지여건의 변화)에 의하여 삭제되고 변경2로 변경

라. 신규 대체비목의 성격

1) 신규 대체비목은 대부분 세부 단일 공종별로 구성되어 있지 않고, 여러 가지 단가가 복합적으로 작성된 '일식단가'의 성격임.

2) 비목 중 일부만 변경되는 신규 대체비목의 경우에도 '일식단가'의 설계변경 방법을 준용하여 변경되는 부분에 국한하여 협의낙찰율을 적용할 수 있음.

마. 신규 대체비목의 적용

신규 대체비목의 적용단가는 다음 각호의 기준에 의하여 산출한다.

1) 발주처가 요구한 경우

신규대체비목단가 = 기존 비목의 계약단가+(변경비목의 설계단가-기존비목의 설계단가)×협의낙찰율

2) 일반적인 경우

신규대체비목단가 = 기존 비목의 계약단가+(변경비목의 설계단가-기존비목의 설계단가)×낙찰율

바. 참고(한국철도시설공단 공사계약 일반조건)

제19조(설계변경으로 인한 계약금액의 조정) ⑥ 일부 공종의 단가가 세부공종별로 분류되어 작성되지 아니하고 총계방식으로 작성(이하 "1식단가"라 한다)되어 있는 경우에도 설계도면 또는 공사시방서가 변경되어 1식단가의 구성내용이 변경되는 때에는 제1항 내지 제5항의 규정에 의하여 계약금액을 조정하여야 한다.

1-1-7 철도건설사업 시행절차

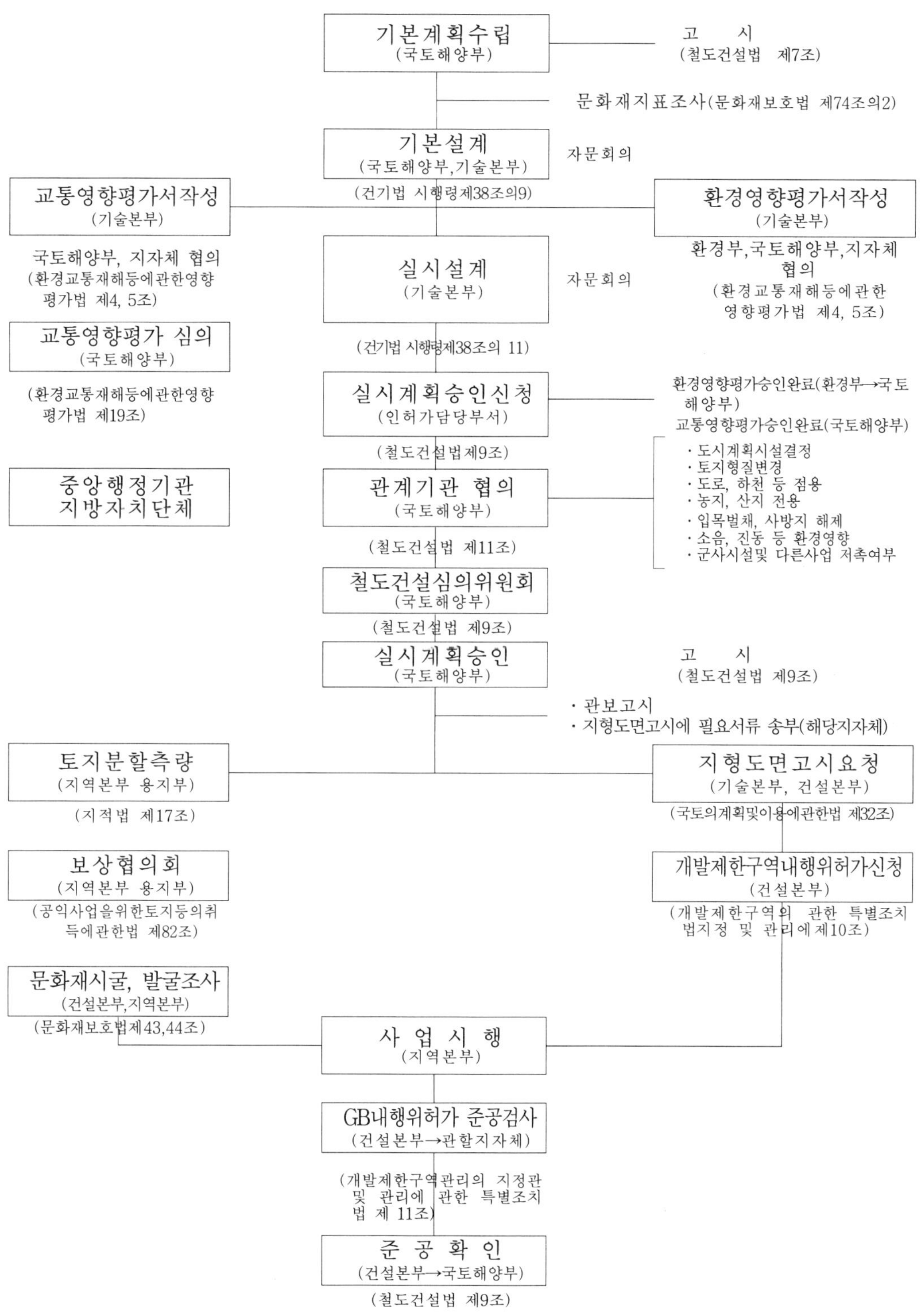

Ⅰ-1-8. 설계흐름도

1. 설계개요

토공 및 구조물의 설계는 그 기능, 경제성, 시공성 및 유지관리 등을 고려하여 최적의 설계가 되어야 하며 성과물의 내실화를 기하기 위하여 각 설계단계별로 설계자문회의, VE, 기술심의위원회 등을 통한 적절한 심사·심의 기능이 필요하다.

2. 설계흐름도

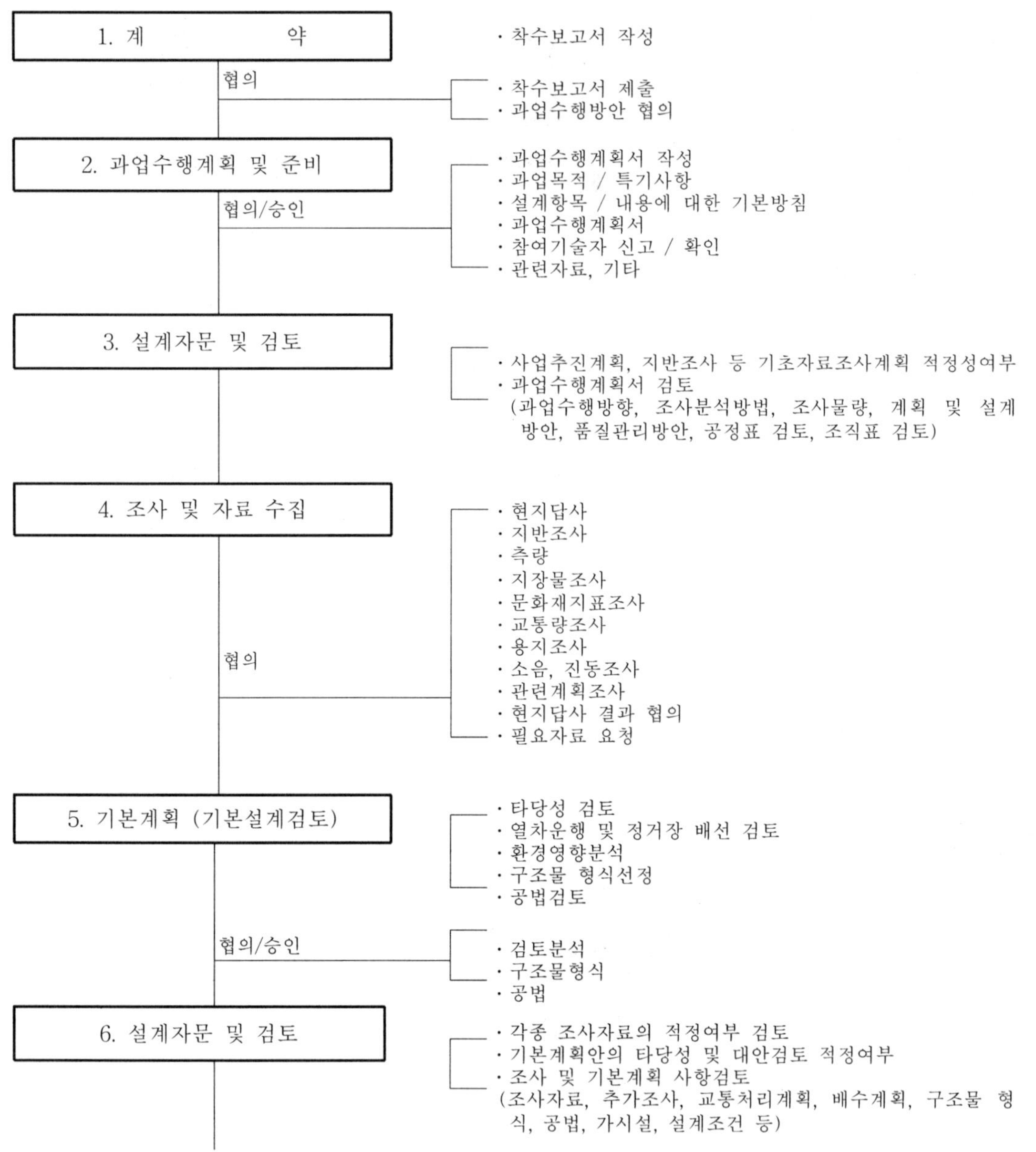

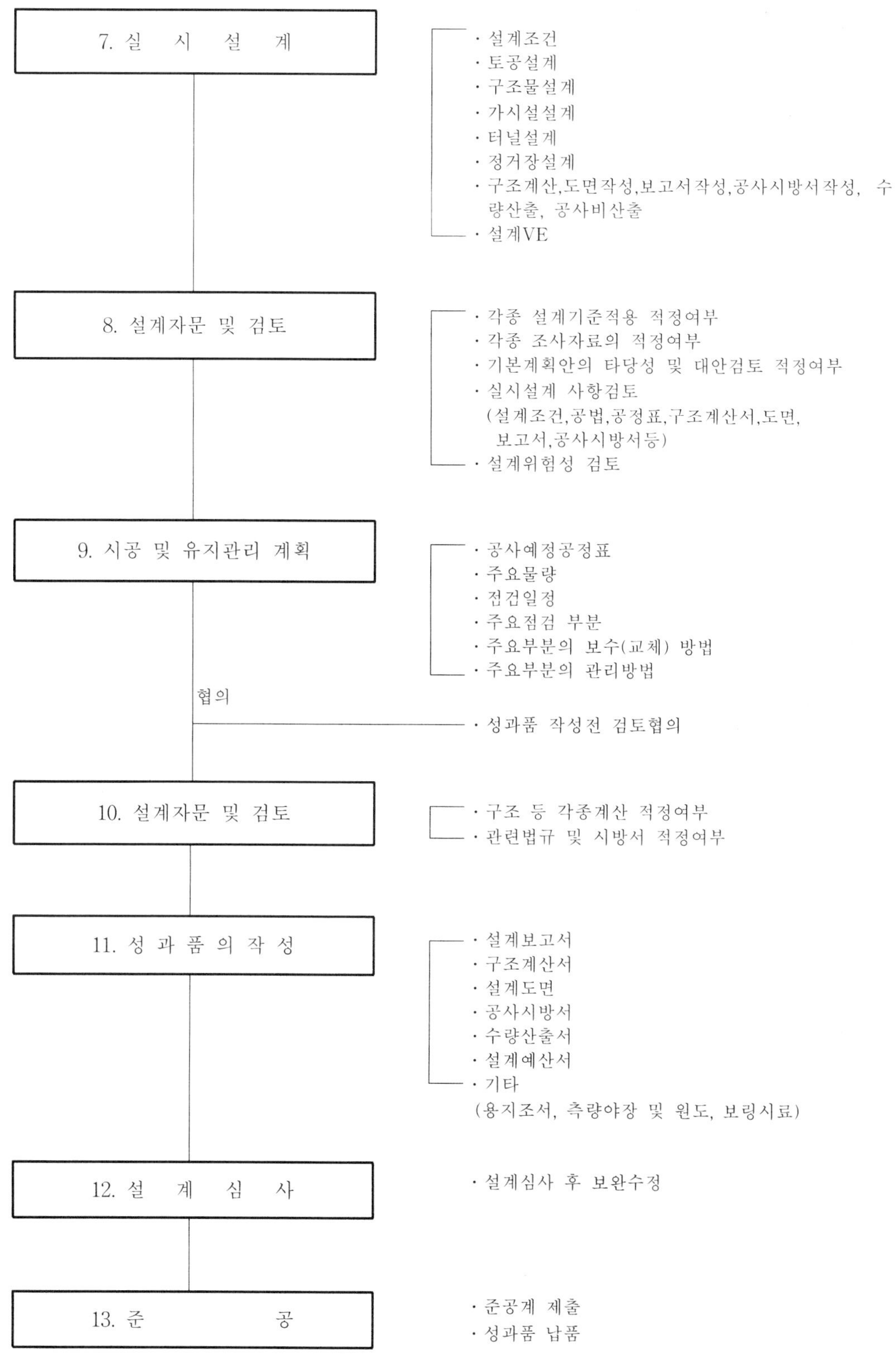
7. 실 시 설 계
· 설계조건
· 토공설계
· 구조물설계
· 가시설설계
· 터널설계
· 정거장설계
· 구조계산,도면작성,보고서작성,공사시방서작성, 수량산출, 공사비산출
· 설계VE
8. 설계자문 및 검토
· 각종 설계기준적용 적정여부
· 각종 조사자료의 적정여부
· 기본계획안의 타당성 및 대안검토 적정여부
· 실시설계 사항검토
(설계조건,공법,공정표,구조계산서,도면,
보고서,공사시방서등)
· 설계위험성 검토
9. 시공 및 유지관리 계획
· 공사예정공정표
· 주요물량
· 점검일정
· 주요점검 부분
· 주요부분의 보수(교체) 방법
· 주요부분의 관리방법
협의
· 성과품 작성전 검토협의
10. 설계자문 및 검토
· 구조 등 각종계산 적정여부
· 관련법규 및 시방서 적정여부
11. 성 과 품 의 작 성
· 설계보고서
· 구조계산서
· 설계도면
· 공사시방서
· 수량산출서
· 설계예산서
· 기타
(용지조서, 측량야장 및 원도, 보링시료)
12. 설 계 심 사
· 설계심사 후 보완수정
13. 준 공
· 준공계 제출
· 성과품 납품

Ⅰ-1-9. 설계도서의 작성

1. 설계도면의 축척

한국철도시설공단 "철도분야 전자도면작성표준"에 의거 작성하며 실시설계시의 각 도면은 다음의 축척으로 작성함을 원칙으로 한다.

가. 선 로 평 면 도 : 1/1,000
나. 선로 종단면도 : 횡 1/1,000, 종 1/400
다. 정거장 평면도 : 1/1,000
라. 선로 횡단면도 : 1/100
마. 용지 및 배치도 : 1/1,000
바. 지장물 요약도 : 1/1,000
사. 구조물 일반도 : 1/50 ~ 1/100
아. 구조물 상세도 : 1/10 ~ 1/50

단, 특별한 표시가 필요한 경우에는 축척을 변동할 수 있다.

2. 설계도서의 규격

가. 설계에 사용하는 도면 및 계산용지는 ISO(International Standard Organization) 도면 규격에 따라 아래 규격으로 작성함을 원칙으로 한다.

<표 Ⅰ.1.1> 설계도서의 규격

구 분	SIZE	규격(종×횡)mm	내 용	비 고
원 도	A1	594 × 841	구 조 물 설 계 도 선 로 횡 단 면 도	부득이 한 경우 횡으로 연장할 수 있다.
축소도	A3	297 × 420	구 조 물 설 계 축 소 도	부득이 한 경우 횡으로 연장할 수 있다.
보고서 및 구조계산서	A4	297 × 210	설 계 보 고 서 지 질 조 사 보 고 서 수 량 계 산 서 구 조 계 산 서 개소별 수량 집계표 용 지 폭 표 단 가 산 출 서 공 사 시 방 서 토 공 입 적 표 수 리 계 산 서	부득이 한 경우 횡으로 연장할 수 있다.
종·평면도	350 × 175		선 로 평 면 도 선 로 종 단 면 도	왕복접지
정거장평면도	594 × L		정 거 장 평 면 도	제본 : 170 × 240
지장물도	150 × 200		지 장 물 요 약 도	color

나. 도면을 철할 때에는 도면의 좌측을 철함을 원칙으로 하며, 철하는 쪽에 25mm 이상의 공백을 둔다.
다. 현황측량도 및 설계도면은 CAD화하여 도면전산화가 가능하도록 작성 제출하여야 한다.

3. 설계도면의 작성기준

가. 평면도 및 종단면도는 시점측을 좌측, 종점측을 우측으로 하여 작성한다.

나. 횡단면도는 시점(하단 좌측)에서 종점을 향하여 볼 수 있도록 단면을 작성한다.

다. 구조물의 설계 도면에는 구조물의 설계법과 설계시 적용한 재료의 강도 및 허용응력도, 조골재의 최대치수, 단면력도, 사용재료의 재질 및 시공시 주의사항, 필요시 시방내용 등을 좌측 상단에 표시한다.

라. 설계도면의 우측하단에 NOTE 란을 두어 특기사항을 기재한다.

마. 설계도면에는 매 장마다 설계 관련 기술자가 서명토록 하고 또한 개정란을 두어 설계변경에 대한 이력을 기록하도록 한다.

바. 도면에는 제목, 축척, 치수, 평면, 배면, 측면 및 단면 등으로 구별하고 기타 필요한 사항을 기입하여 지형과 구조를 분명히 알 수 있도록 표시하여야 한다.

사. 도면 명칭, 축척 등의 문자는 될 수 있으면 한글로 표시하고 숫자는 아라비아 숫자로 표시하며, 단위는 S.I단위계로 통일한다.

아. 거리 표시는 현장거리로 하고 파정은 거리파정과 수준파정으로 구분한다.

1) 현장거리 : 건설당시의 중심 측량거리

2) 환산거리 : 기점정거장 중심을 시점으로 통산한 거리

자. 파정표시

1) 거리파정 : 계측 및 개량선에 따라 거리를 측정한 변경된 거리와 당초 거리의 차를 알 수 있도록 표시하여야 한다.

<표 Ⅰ.1.2> 거리파정의 표시

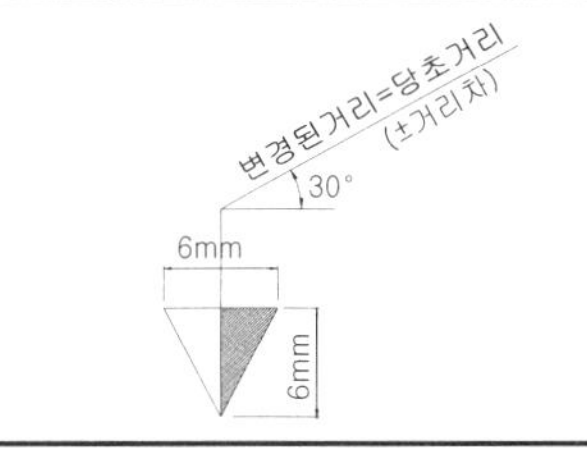	(+) : 변경된 거리가 당초 거리보다 더 길 때 (−) : 변경된 거리가 당초 거리보다 짧을 때

2) 수준파정 : 계측 및 개량선에 따라 수준측량한 변경된 높이와 당초 높이의 차이를 알 수 있도록 표시하여야 한다.

<표 Ⅰ.1.3> 수준파정의 표시

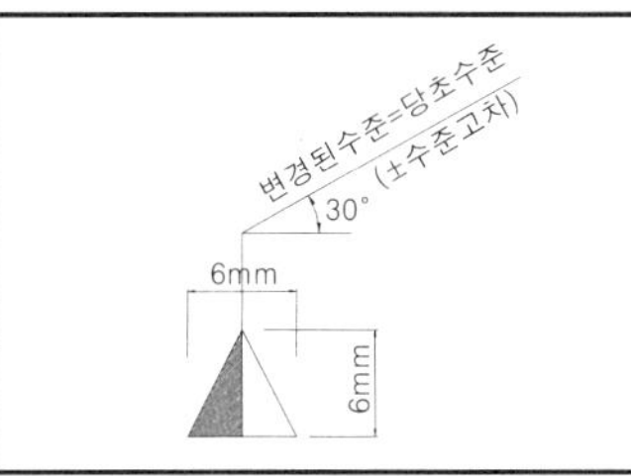	(+) : 변경된 높이가 당초 높이보다 더 높을 때 (−) : 변경된 높이가 당초 높이보다 낮을 때

차. 구조물의 위치표시

1) 철도교량 : 시점쪽 교대의 경간면

2) 철도에 부대되는 도로교량 : 시점쪽 교대의 흉벽앞면

3) 아치(구교), 하수관, 하수, 수로, 건널목, 과선교, 지하도 및 신호기 등은 구조물의 중심

4) 정거장 : 정거장 중심은 본 역사에 가장 가까운 승강장 중심의 위치를 거리로 표시한 것. 다만, 승강장의 증축이나 개축에 따라 중심 위치가 변경되어도 건설당시 정한 정거장 중심 위치로 하며 특별한 경우를 제외하고는 변경할 수 없다.

5) 철도에 부대되는 도로교량은 본선과 교차되는 지점의 중심에 표기, 시점쪽에서 종점쪽을 기준으로 시계방향각을 표기하여 과선도로일 경우 「과」라고 표시한다.

6) 터널 : 시점쪽 갱문의 아치정점에 표기.

카. 선로 양쪽에 있는 구조물의 위치

1) 구조물 시점쪽 끝이 선로 중심과 직각 방향선에 일치한 점으로 한다.

2) 구조물 좌우는 시점에서 종점으로 향하여 왼쪽(좌), 오른쪽(우)을 말한다.

타. 정거장 평면도 작성요령

1) 정거장 중심, 본선, 부본선 및 측선, 각 선로연장 및 유효장, 분기기의 규격, 전철기번호, 분기기의 크로싱번호, 차막이, 차량접촉 한계표, 차륜막이(Scotch Block), 전철표시, 신호기, 과선교, 지하도 등 기타 선로 구조물, 역사, 기관차고 등 기타 건물과 울타리, 용지경계 및 주요한 것을 표시하여야 한다.

2) 정거장 구내는 100m마다 위치를 거리로 표시하여야 한다.

3) 정거장 구간이 곡선일 때는 선로 중심선의 반지름(R), 교각(IA), 교점(I.P), 접선장(T.L), 곡선장(C.L), 곡선 시・종점(BC, EC 또는 SP, PC, CP, PS)의 위치를 거리로 표시하고 기타 곡선에는 일반적으로 반지름만을 표시한다.

4) 정거장 구간이 수평이 아니고 기울기구간이 있을 때는 기울기변경점에 기울기표시를 하여야 한다.

5) 용지 경계선의 변화점은 본선 중심을 기준하여 지거로 표시하고 필요에 따라 본선 중심 위치를 거리로 표시하여야 한다.

6) 정거장 중심위치는 현장거리와 환산거리를 표시하여야 한다.

파. 선로 평면도 작성요령

1) 산악, 하천, 호수, 항만 등의 지명을 명백히 하고 도로, 철도 및 이름난 유적지, 공원, 수로, 하수 및 도, 시, 군, 읍, 면, 요새지대의 경계 논, 밭, 산림지, 묘지, 농장, 목장, 과수원 등의 지역과 항만의 항로 등을 기입하여야 한다.

2) 선로 중심선의 거리 표시는 200m마다 현장거리로 표시한다.

3) 제 1)항의 지형 기타는 선로 중심으로부터 좌, 우 각 200m까지 표시한다.

4) 산악, 구릉지의 등고선은 높이 1m 등고선으로 표시한다.

5) 하천, 구거에는 유수방향을 표시하여야 한다.

하. 선로 종단면도 작성요령

1) 자연지반, 시공기면 및 20m마다의 표고와 땅깎기 및 흙쌓기의 높이, 기울기, 기울기변경점의 표고를 표시하고, 각 기울기 및 수평구간의 거리, 종곡선의 높이, 곡선도표, 200m마다의 현장거리 및 거리파정, 수준파정, 정거장 및 신호소의 중심, 교량, 구교, 터널, 하수, 과선교, 지하도, 건널목 등의 위치를 거리로 표시하고 명칭을 표시하여야 한다.

2) 교량, 구교는 교대, 교각, 상부구조 및 기초 등을 약도로 표시하고, 특히 교량은 갈수위(L.W.L),

평수위(O.W.L) 및 홍수위(H.W.L)의 표고와 홍수년월을 표시하여야 한다.

3) 직선을 표시하는 기선을 기준하여 좌향곡선은 아래쪽에 우향곡선은 위쪽에 표시하고 곡선중앙부에 반지름(R), 교각(I.A), 접선장(T.L), 곡선장(C.L) 및 시종점(S.P, P.C, C.P, P.S, B.C, E.C)의 위치를 표시하여야 한다.

4) 종곡선이 있는 개소의 시공기면의 표고와 땅깎기, 흙쌓기의 높이는 종곡선을 고려한 실제 시공높이 종곡선 계산 값을 표시하여야 한다.

4. 성과물 작성 및 제출

가. 보고서 및 선로 종, 평면도, 정거장 평면도, 지장물 요약도 등을 제외한 모든 성과물은 구간별로 작성한다.

나. 구조물 설계도 및 횡단면도는 300매를 기준하여 분리 작성한다.

다. 수량계산서, 구조계산서, 수리계산서, 설계서 등은 500매를 기준하여 분리 작성한다.

5. 성과물 전산화

가. 보고서, 선로 종·평면도 등 도면, 시방서 기타 성과물은 전산화하여 작성하며 공단 "사업자료 작성 및 제출표준요건"에 따라 작성 제출한다. 단, 도면은 공단 "철도분야 전자도면작성표준"에 따라 표준화되어야 한다.

나. 설계적산 프로그램은 조달청에 등록된 전산프로그램으로 작성하여야 하며, 내역서(예산내역서, 단가산출서, 일위대가 등)는 CD-ROM으로 작성 제출하고, CD-ROM 저장방법은 조달청(관보 제13353호, '96. 7. 4) "CD-ROM 저장방법 표준화(안)"을 기준으로 하며, 공정계획서는 공정관리 프로그램으로 작성 후 CD-ROM을 작성 제출한다.

다. 전산을 이용한 구조계산은 FLOW CHART 및 사용조건을 명기하고 계산과정을 알기 쉽게 설명하여 계산결과를 요약 정리하여 기록한다.

Ⅰ - 2. 선로설계기준

Ⅰ-2-1. 선로기준

선로 설계기준은 철도건설규칙(2007. 9. 20)에 따라 급선별로 다음과 같이 적용한다.

<표 Ⅰ.2.1> 선로설계기준

<table>
<tr><th colspan="2">선 로 등 급</th><th>고속철도</th><th>1급선</th><th>2급선</th><th>3급선</th><th>4급선</th><th>비 고</th></tr>
<tr><td colspan="2">설계속도(km/h)</td><td>350 이하</td><td>200 이하</td><td>150 이하</td><td>120 이하</td><td>70 이하</td><td>· 제2장 5조</td></tr>
<tr><td colspan="2">궤 간(표 준)</td><td colspan="5">1,435 mm</td><td>· 제2장 6조</td></tr>
<tr><td rowspan="6">곡
선
반
경
(m)</td><td>본 선</td><td>5,000이상</td><td>2,000이상</td><td>1,200이상</td><td>800이상</td><td>400이상</td><td rowspan="6">· 제2장 7조</td></tr>
<tr><td>정거장의 전후구간
(부득이한 경우)</td><td>속도고려
조정</td><td>600이상</td><td>400이상</td><td>300이상</td><td>250이상</td></tr>
<tr><td>전동차 전용선</td><td colspan="5">250 이상</td></tr>
<tr><td rowspan="2">측선 및 분기기에
연속되는 경우</td><td>주·부본선
1,000이상</td><td rowspan="2">200이상</td><td rowspan="2">200이상</td><td rowspan="2">200이상</td><td rowspan="2">200이상</td></tr>
<tr><td>회송·착발
선 500이상</td></tr>
<tr><td>본선에서의
곡선의 길이(m)</td><td>180 이상</td><td>100 이상</td><td>80 이상</td><td>60 이상</td><td>40 이상</td></tr>
<tr><td rowspan="2">완
화
곡
선</td><td>삽입반경(m)</td><td>모든곡선</td><td>5,000이하</td><td>3,000이하</td><td>2,000이하</td><td>800이하</td><td rowspan="2">· 제2장 8조</td></tr>
<tr><td>캔트체감배수</td><td>2,500배
이상</td><td>1,700배
이상</td><td>1,300배
이상</td><td>1,000배
이상</td><td>600배
이상</td></tr>
<tr><td colspan="2">인접곡선간의
직선거리(m)</td><td>180 이상</td><td>100 이상</td><td>80 이상</td><td>60 이상</td><td>40 이상</td><td>· 제2장 9조</td></tr>
<tr><td rowspan="3">선
로
기
울
기
(‰)</td><td>본 선</td><td>25‰이하</td><td>10‰이하</td><td>12.5‰이하</td><td>15‰이하</td><td>25‰이하</td><td rowspan="3">· 제2장 10조</td></tr>
<tr><td>정거장의 전후구간
(부득이한 경우)</td><td>30‰이하</td><td>15‰이하</td><td>15‰이하</td><td>20‰이하</td><td>30‰이하</td></tr>
<tr><td>정 거 장</td><td colspan="5">2 ‰ 이하
· 차량을 해결하지 않는 전동차 전용선로 : 10 ‰
· 차량을 해결하지 않는 그 외의 선로 : 8 ‰
· 차량을 유치하지 아니하는 측선 : 35 ‰</td></tr>
</table>

<table>
<tr><th colspan="2">선 로 등 급</th><th>고속철도</th><th>1급선</th><th>2급선</th><th>3급선</th><th>4급선</th><th>비 고</th></tr>
<tr><td rowspan="2">종곡선</td><td>삽입기준
기울기 차(‰)</td><td>1‰이상</td><td>4‰이상</td><td>4‰이상</td><td>4‰이상</td><td>5‰이상</td><td rowspan="2">· 제2장 11조</td></tr>
<tr><td>종곡선반경(m)</td><td>25,000이상</td><td>16,000이상</td><td>9,000이상</td><td>6,000이상</td><td>4,000이상</td></tr>
<tr><td colspan="2">시공기면 폭(m)</td><td>4.5 이상
(콘크리트도상:4.25이상)</td><td>4.0 이상</td><td>4.0 이상</td><td>3.5 이상</td><td>3.0 이상</td><td>· 제2장 15조</td></tr>
<tr><td colspan="2">레일의 중량(kg/m)
본선(측선)</td><td>60(50)</td><td>60(50)</td><td>60(50)</td><td>50(50)</td><td>50(50)</td><td>· 제2장 17조</td></tr>
<tr><td rowspan="2">도상의
두께(mm)</td><td>자갈도상</td><td>350이상
(도상매트포함)</td><td>300이상</td><td>300이상</td><td>270이상</td><td>250이상</td><td rowspan="2">· 제2장 18조</td></tr>
<tr><td>콘크리트도상</td><td colspan="5">별도 설계기준으로 시행</td></tr>
<tr><td colspan="2" rowspan="2">캔 트(mm)</td><td>180mm이하</td><td colspan="4">160mm 이하</td><td rowspan="2">· 제2장 19조</td></tr>
<tr><td colspan="5">$C = (11.8\frac{V^2}{R}) - C'$
· V : 최고열차속도(km/h)
· R : 곡선반경(m)
· C′: 부족캔트 (0~100mm, 다만 고속선의 경우 0~110mm)</td></tr>
<tr><td colspan="2" rowspan="2">슬 랙</td><td colspan="5">30mm 이하</td><td rowspan="2">· 제2장 12조</td></tr>
<tr><td colspan="5">S = 2,400 / R - S′
· S : 슬랙량(mm)
· S′: 조정치(0~15mm)
· R : 곡선반경(m)</td></tr>
<tr><td colspan="2">궤도중심간격(m)</td><td>본 선 4.8
정거장 4.3 이상</td><td>본 선 4.3
정거장 4.3 이상</td><td colspan="3">본 선 4.0 이상
정거장 4.3 이상</td><td>· 제2장 14조</td></tr>
<tr><td colspan="2">건 축 한 계
(폭×높이)</td><td colspan="5">4,200×6,450mm</td><td>· 제2장 13조</td></tr>
<tr><td colspan="2" rowspan="2">곡선부에 있어서
건축한계의 확폭량</td><td colspan="5">W = 50,000 / R
· W : 확폭량 (mm)
· R : 곡선반경 (m)</td><td rowspan="2">· 제2장 13조</td></tr>
<tr><td colspan="5">전동차 전용선 : W = 24,000 / R</td></tr>
</table>

Ⅰ-2-2. 표준단면

1. 토공구간

가. 일반철도

1) 흙쌓기구간

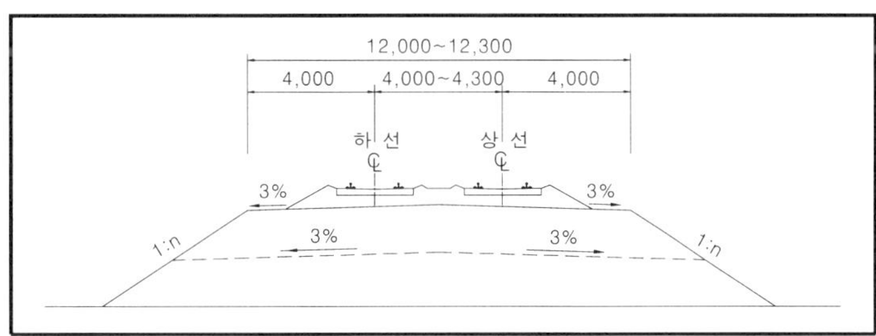

2) 땅깎기구간

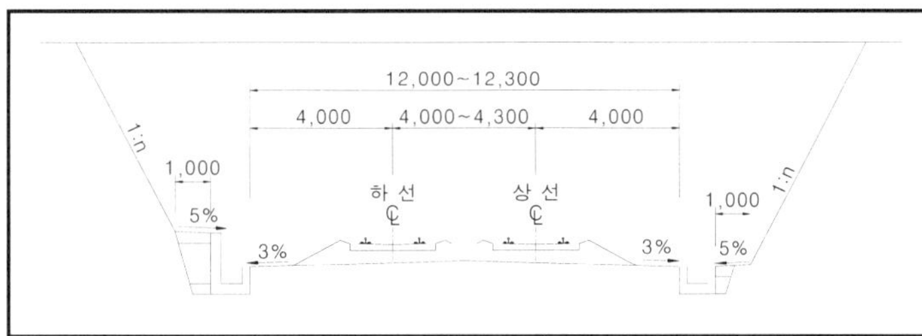

나. 고속철도

1) 흙쌓기구간

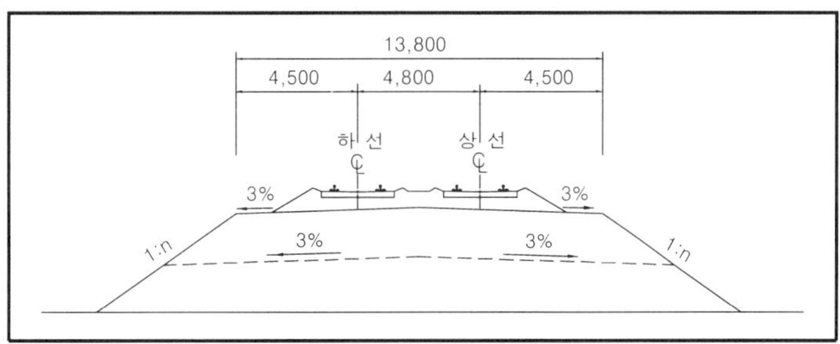

2) 땅깎기구간

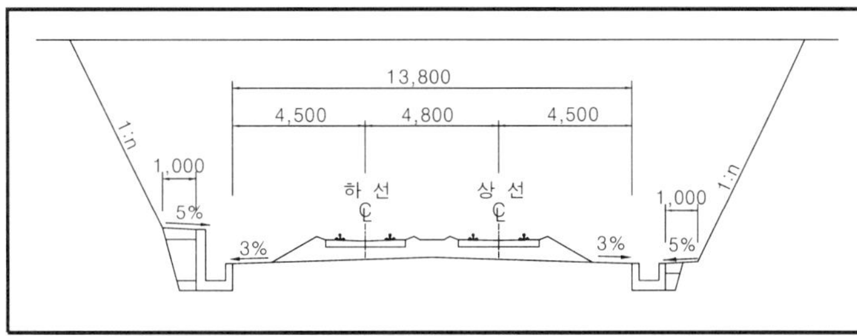

<그림 Ⅰ.2.1> 토공구간의 표준단면

2. 교량구간

가. 일반철도

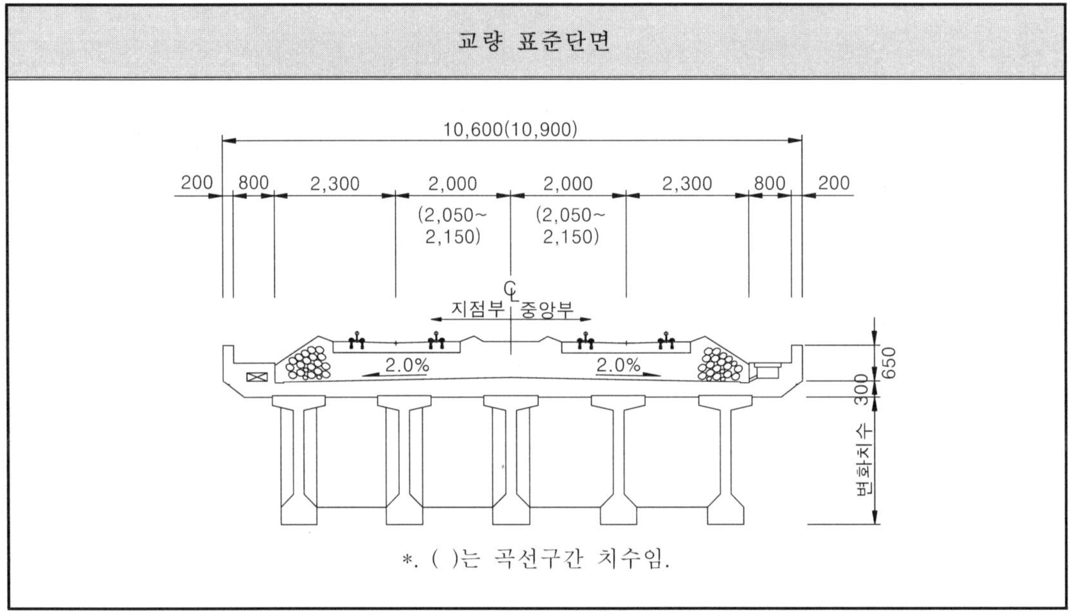

나. 고속철도

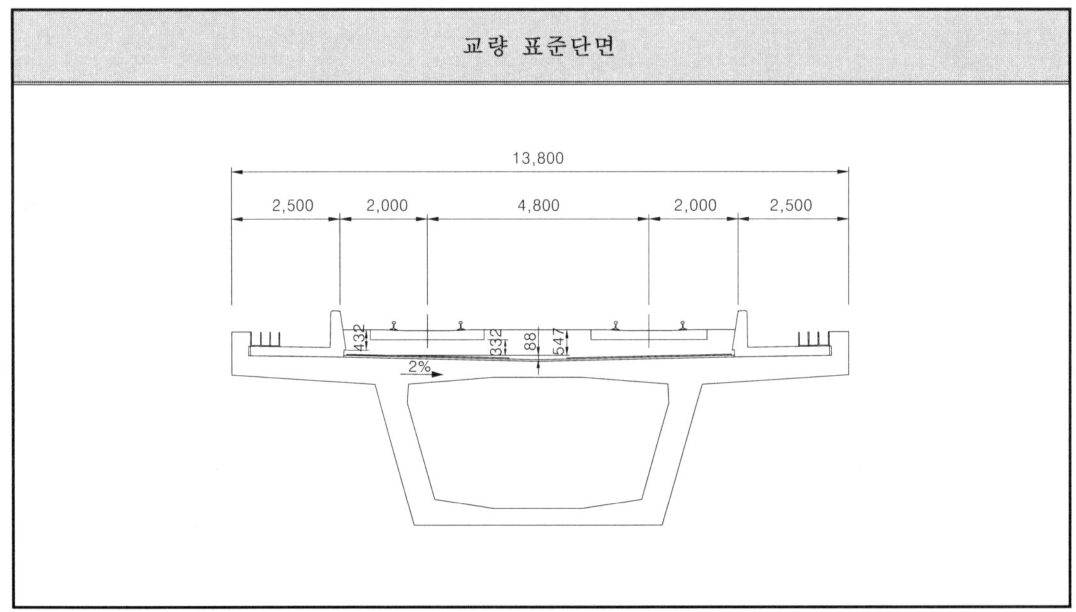

<그림 Ⅰ.2.2> 교량구간의 표준단면

3. 터널구간

가. 일반철도

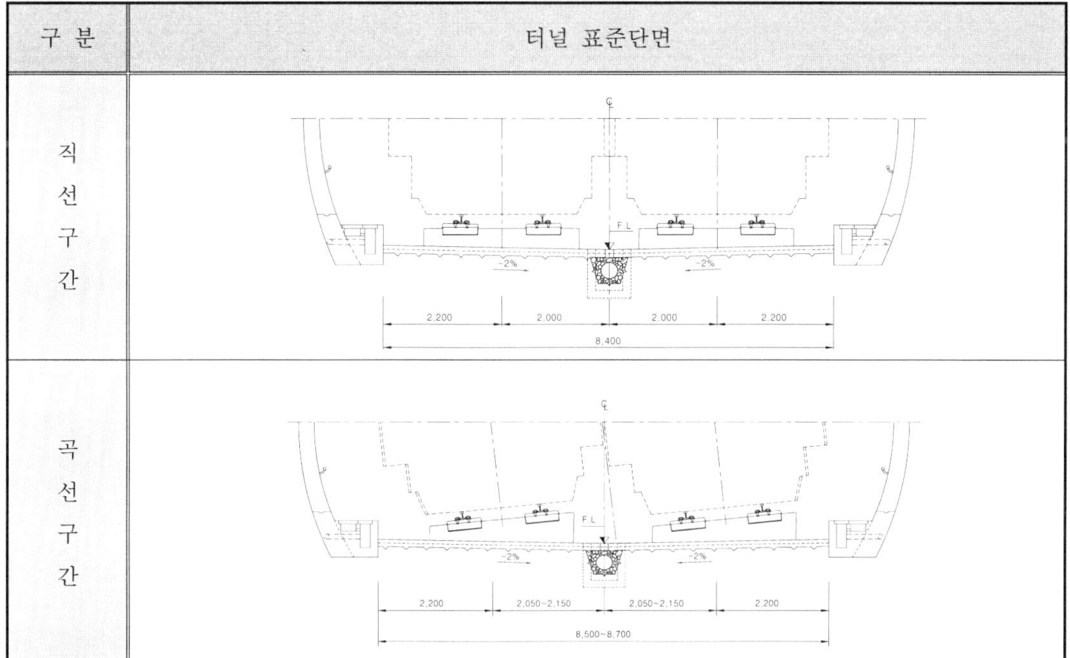

구 분	터널 표준단면
직선구간	
곡선구간	

나. 고속철도

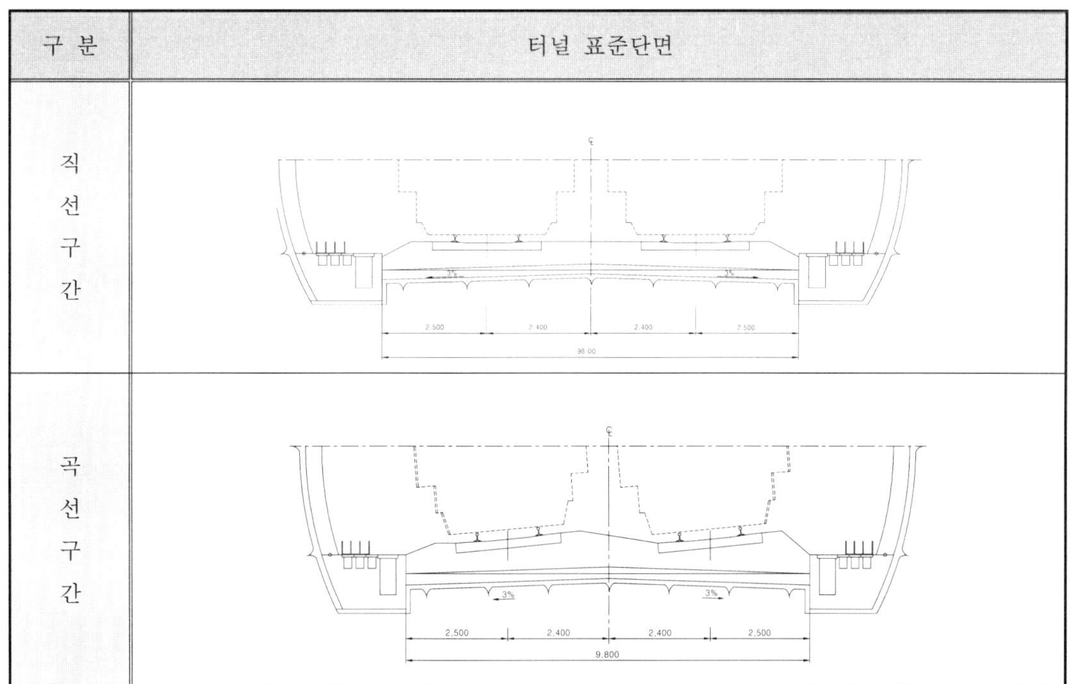

구 분	터널 표준단면
직선구간	
곡선구간	

<그림 Ⅰ.2.3> 터널구간의 표준단면

Ⅰ-2-3. 승강장 주요제원

1. 승강장 표준높이

승강장의 높이는 <철도건설규칙 제28조>에 의거하여 저상승강장의 경우 레일면상(R.L)에서 500mm, 고상홈(전동차전용선 구간)의 경우 1,135mm로 한다.

2. 승강장의 폭

가. 승강장의 수·폭 및 길이는 수송수요, 열차운행 횟수 및 열차 종별 등을 고려하여 설치하여야 하며 향후 교통영향평가에 따른 결과를 반영하여야 한다.

나. 장애자용 편의시설은 가급적 엘리베이터 설치를 기본으로 하고 여건에 따라 양방향 에스컬레이터를 설치한다.

다. 최소폭원의 산정

1) 고상 승강장

가) 섬식 승강장 : 9.55m 이상

(1) 에스컬레이터 : [1.2m(유효폭)+0.57m(마감)] × 2개(상·하행) = 3.55m

(2) 기둥, 벽, 건축마감 등 : 1.0m

(3) 승강장 통로폭원 : 4.0m(통로 2.0m×2개소)

(4) 양쪽 안전휀스 : 1.0m(0.5m×2개소)

(5) 단, 부득이한 경우 에스컬레이터의 유효폭을 0.8m로 하여 8.74m 이상으로 할 수 있다.

나) 상대식 승강장 : 6.55m 이상

(1) 에스컬레이터 : [1.2m(유효폭)+0.57m(마감)] × 2개(상·하행) = 3.55m

(2) 기둥, 벽, 건축마감 등 : 0.5m

(3) 승강장 통로폭원 : 2.0m

(4) 한쪽 안전휀스 : 0.5m

(5) 단, 부득이한 경우 에스컬레이터의 유효폭을 0.8m로 하여 5.74m 이상으로 할 수 있다.

2) 저상 승강장

가) 섬식 승강장 : 8.55m 이상

(1) 에스컬레이터 : [1.2m(유효폭)+0.57m(마감)] × 2개(상·하행) = 3.55m

(2) 기둥, 벽, 건축마감 등 : 1.0m

(3) 승강장 통로폭원 : 4.0m(통로 2.0m×2개소)

(4) 단, 부득이한 경우 에스컬레이터의 유효폭을 0.8m로 하여 7.74m 이상으로 할 수 있다.

나) 상대식 승강장 : 6.05m 이상

(1) 에스컬레이터 : [1.2m(유효폭)+0.57m(마감)] × 2개(상·하행) = 3.55m

(2) 기둥, 벽, 건축마감 등 : 0.5m

(3) 승강장 통로폭원 : 2.0m

(4) 단, 부득이한 경우 에스컬레이터의 유효폭을 0.8m로 하여 5.24m 이상으로 할 수 있다.

라. 최소폭원 기준

승강장 폭은 이용수요를 분석하여 적정폭원을 산정하되, 에스컬레이터나 계단 등이 설치되는 부위는 아래의 최소폭원 이상으로 한다.

<표 Ⅰ.2.2> 승강장의 최소폭원

고상 승강장		저상 승강장	
섬 식	9.55m(8.74m)	섬 식	8.55m(7.74m)
상대식	6.55m(5.74m)	상대식	6.05m(5.24m)

주) 여객수요가 적고 구조상 부득이 한 경우에는 에스컬레이터 유효폭을 0.8m까지 조정하여 설치할 수 있으며 이 경우 승강장 최소폭원은 ( )안의 수치를 적용한다.

마. 지하역사 승강장 폭의 조정

1) 에스컬레이터가 설치되는 승강장 부분만을 특별히 확폭하여 승강장 연단에서 에스컬레이터 가장자리까지의 거리가 2.5m 이상 확보되는 경우에는 확폭한 치수만큼 승강장폭을 완화하여 적용한다.

2) 승강장 기둥 폭이 1m가 넘어 승강장연단의 추락방지용 난간에서 기둥 가장자리까지 거리가 1.5m 이상 확보되지 않을 경우에는 부족한 치수만큼 승강장 폭을 확대 적용한다.

바. 기타 사항은 철도 설계 기준(노반편)을 기준한다.

3. 승강장 연단과 궤도 중심간거리

<철도건설규칙 제29조>에 의거 직선구간에서 승강장과 적하장의 연단부터 선로중심까지의 거리는 저상승강장의 경우 1,675mm로 하고 고상승강장인 경우에는 1,700mm로 한다.

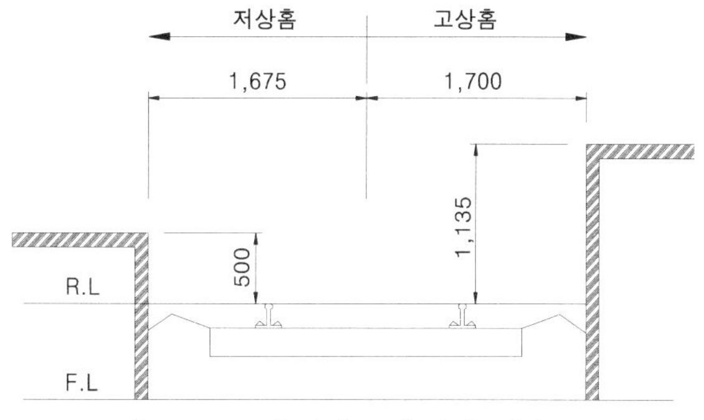

<그림 Ⅰ.2.4> 승강장 구축한계 치수표

가. 곡선내측 승강장

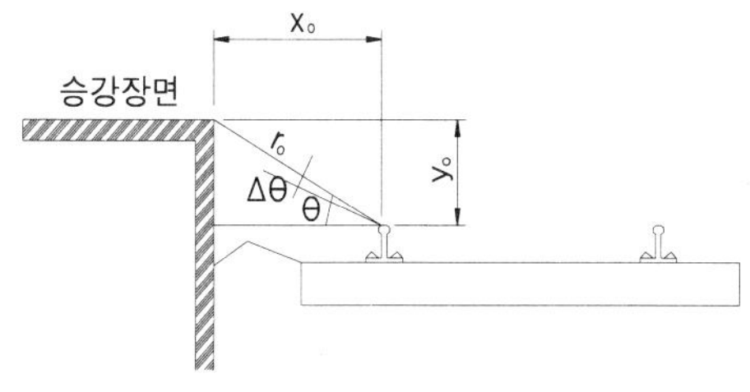

<그림 Ⅰ.2.5> 곡선내측 승강장

x_0 = (저상승강장) : 1,675 - 750 = 925mm

(고상승강장) : 1,700 - 750 = 950mm

y_0 = (저상승강장) : 500mm

(고상승강장) : 1,135mm

$$r_0 = \sqrt{x_0^2 + y_0^2}$$

$$\Theta = \tan^{-1}\frac{y_0}{x_0}$$

cant에 의한 편기각 : $\triangle\Theta = \tan^{-1}\frac{C}{1,500}$

$$x_1 = r_0\cos(\Theta - \triangle\Theta)$$

$$y_1 = r_0\sin(\Theta - \triangle\Theta)$$

∴ R.L로부터 승강장 높이 = y_1

∴ 궤도중심에서 승강장연단까지 거리 = $x_1 + 750 + W$

나. 곡선외측 승강장

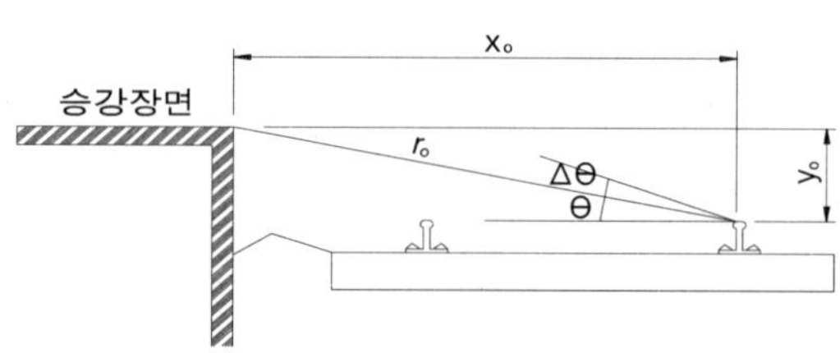

<그림 Ⅰ.2.6> 곡선외측 승강장

x_0 = (저상승강장) : 1,675 + 750 = 2,425mm

(고상승강장) : 1,700 + 750 = 2,450mm

y_0 = (저상승강장) : 500mm

(고상승강장) : 1,135mm

$$r_0 = \sqrt{x_0^2 + y_0^2}$$

$$\Theta = \tan^{-1}\frac{y_0}{x_0}$$

cant에 의한 편기각 : $\triangle\Theta = \tan^{-1}\frac{C}{1,500}$

$$x_1 = r_0\cos(\Theta + \triangle\Theta)$$

$$y_1 = r_0\sin(\Theta + \triangle\Theta)$$

∴ R.L로부터 승강장 높이 = y_1

∴ 궤도중심에서 승강장연단까지 거리 = $x_1 - 750 + W$

Ⅰ-2-4. 캔트 및 R.L 제원

1. 캔 트 (Cant)

철도건설규칙 19조에 의하면 곡선에 있어서는 분기부를 제외하고 곡선반경과 열차속도에 따라 다음 산식에 의하여 캔트를 붙여야 하며, 고속철도는 180mm이하, 일반철도는 160mm이하로 설치한다.

$$C=\frac{11.8V^2}{R}-C' \quad \cdots\cdots (1)$$

여기서 C : 캔트(mm)

V : 그 곡선을 통과하는 최고열차속도(km/h)

C′ : 조정치(0～100mm, 고속철도는 0～110mm)

상기식에 대한 일반식은 다음과 같다.

$$C=\frac{Gv^2}{gR}=\frac{GV^2}{127R} \quad \cdots\cdots (2)$$

여기서 C : 캔트(mm)

G : 궤간(m)

v : 열차속도(m/s)

V : 열차속도(km/hr)

g : 중력가속도(9.8m/sec^2)

G의 값은 레일두부와 차량접지면 접속점 간격을 채용하는 견해 등 일반적으로 확실치 않으며, 국철에서는 G=1.50m로 규정하여 (1)식을 채용하고 있다.

$$G=1.435m \text{ 일 경우 } C=11.3\frac{V^2}{R} \quad \cdots\cdots (3)$$

$$G=1.50m \text{ 일 경우 } C=11.8\frac{V^2}{R} \quad \cdots\cdots (4)$$

즉, 캔트량이 평행속도되는 열차에 대해 이상적인 산식은 $C=11.8\frac{V^2}{R}$이나 어느 곡선이나 통과열차의 속도와 선로상태가 일정하지 않으므로 이 이론식을 그대로 적용할 수는 없다. 현장 실정에 따라 캔트량을 조절할 수 있도록 조정량을 둔 것이다. 이때 C′의 최대값을 100mm로 한 것은 안전율과 승차감을 고려하여 허용 캔트 부족량을 100mm로 한 것이다.

2. R.L의 계산

승강장 및 가도교 설계시 건축한계 확보를 위하여 R.L(Rail Level) 환산은 직선 구간의 경우 아래와 같으며, 곡선구간의 경우에는 캔트를 감안하여 설계하여야 한다.

<표 I.2.2> R.L의 계산

구 분	60kgKR	50kgN	UIC 60kg	비 고
침목하면에서 시공기면	300mm	300mm	350mm	장대레일 설치를 감안
P.C 침 목	195mm	195mm	203mm	
패 드	5mm	5mm	5mm	
레 일	174mm	153mm	172mm	
계	674 ≒ 680 mm	653 ≒ 660 mm	730 mm	

<그림 I.2.7> 레일 표준도

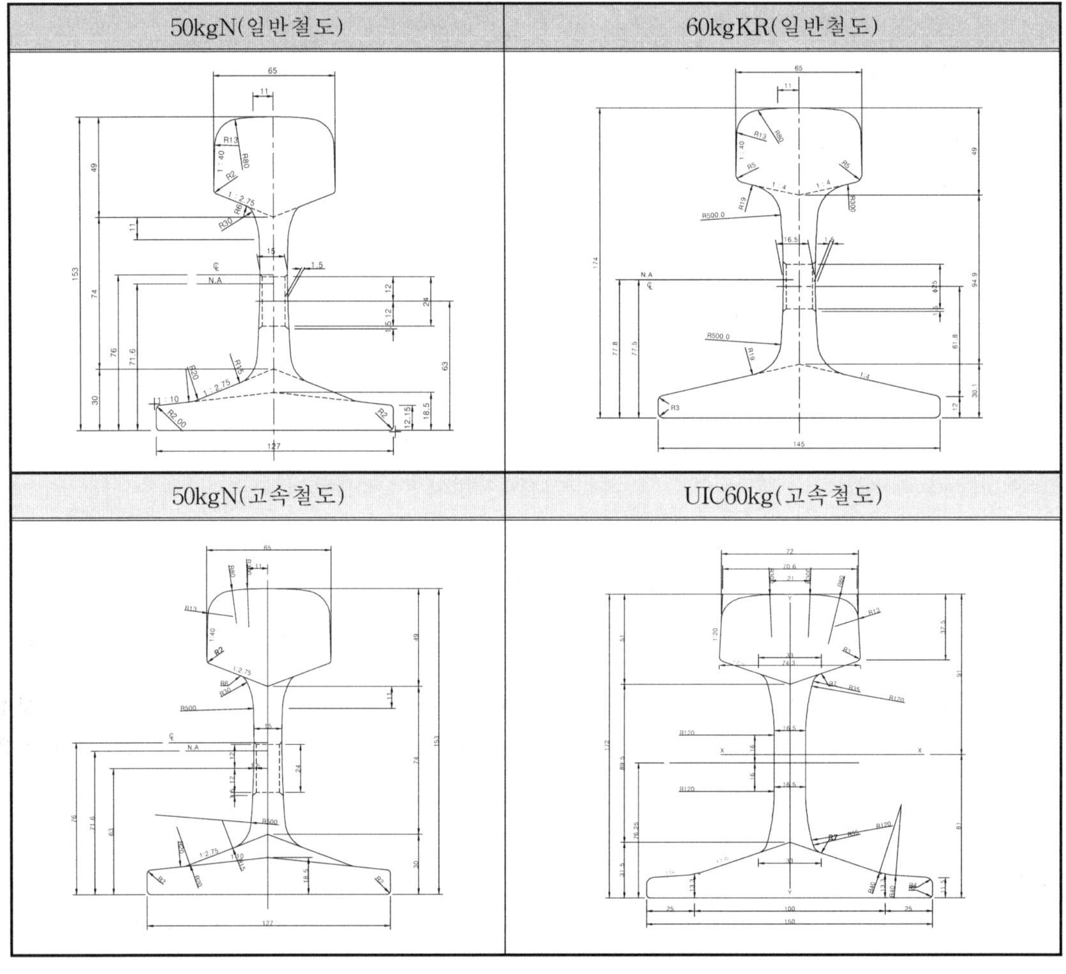

Ⅰ-2-5. 건축한계

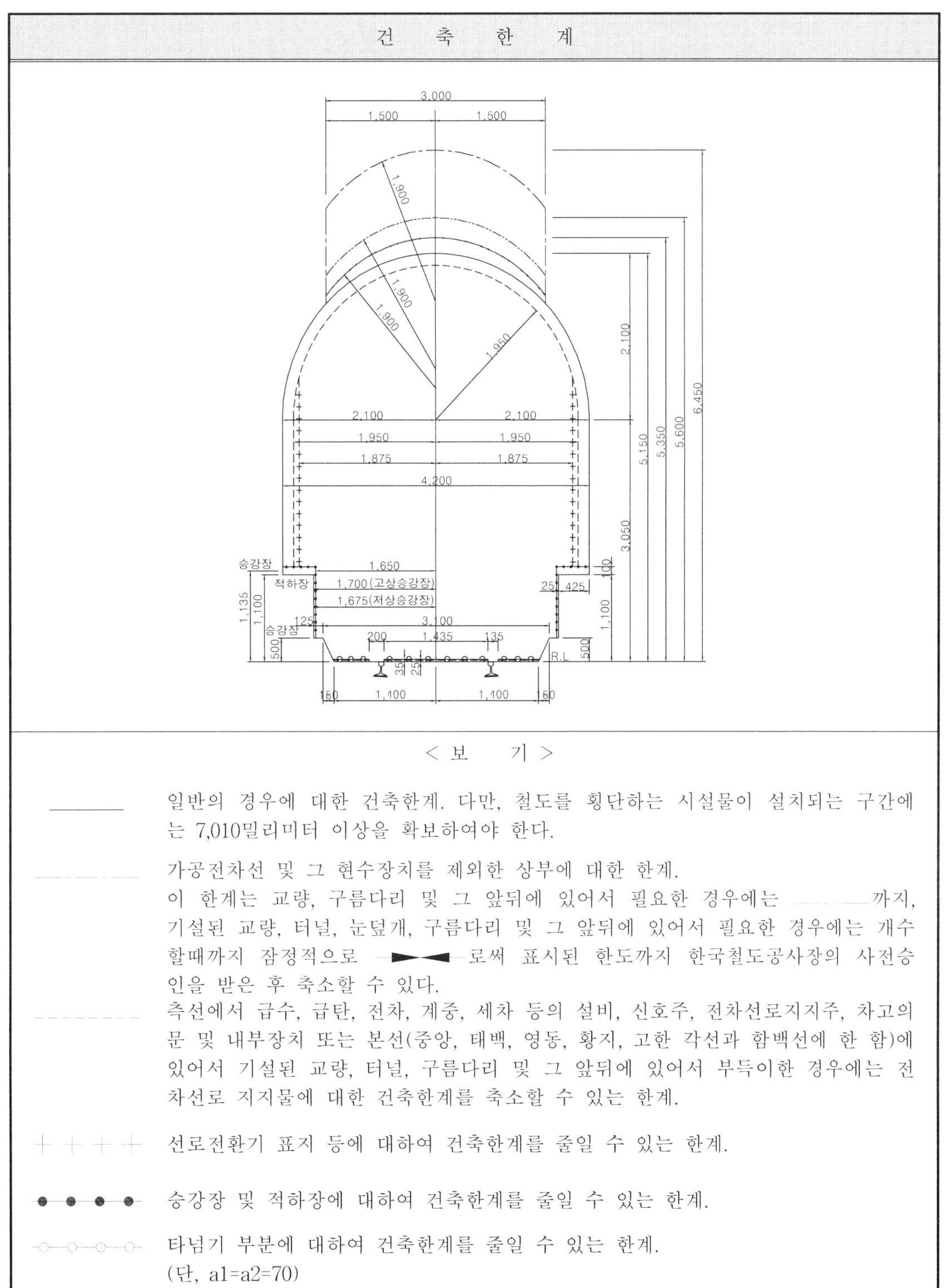

< 보 기 >

일반의 경우에 대한 건축한계. 다만, 철도를 횡단하는 시설물이 설치되는 구간에는 7,010밀리미터 이상을 확보하여야 한다.

가공전차선 및 그 현수장치를 제외한 상부에 대한 한계.
이 한계는 교량, 구름다리 및 그 앞뒤에 있어서 필요한 경우에는 까지, 기설된 교량, 터널, 눈덮개, 구름다리 및 그 앞뒤에 있어서 필요한 경우에는 개수할때까지 잠정적으로 로써 표시된 한도까지 한국철도공사장의 사전승인을 받은 후 축소할 수 있다.

측선에서 급수, 급탄, 전차, 계중, 세차 등의 설비, 신호주, 전차선로지지주, 차고의 문 및 내부장치 또는 본선(중앙, 태백, 영동, 황지, 고한 각선과 함백선에 한 함)에 있어서 기설된 교량, 터널, 구름다리 및 그 앞뒤에 있어서 부득이한 경우에는 전차선로 지지물에 대한 건축한계를 축소할 수 있는 한계.

선로전환기 표지 등에 대하여 건축한계를 줄일 수 있는 한계.

승강장 및 적하장에 대하여 건축한계를 줄일 수 있는 한계.

타넘기 부분에 대하여 건축한계를 줄일 수 있는 한계.
(단, a1=a2=70)

<그림 Ⅰ.2.8> 건축한계

I - 3. 단가산출기준

Ⅰ-3-1. 목적

철도 노반공사의 공종별 수량 및 단가산출 기준을 마련하여 공단 실정에 적합한 적정 공사비 산출에 있음.

Ⅰ-3-2. 적용범위

공단에서 시행하는 노반공사의 공사비 산정과 설계변경의 기초자료로 활용한다.

Ⅰ-3-3. 적산의 개요

1. 적산의 정의

적산은 공사목적물을 시공하기 위하여 필요로 하는 제경비 등을 포함한 공사비용의 결정작업이다. 이는 설계도면과 시방서에 부합되게 공사에 소요되는 재료, 노무 즉, 품을 계상하는 것으로서 공사를 시공하는 시기에 쓰여지는 재료×단가, 가공비, 노력품×단가, 기계기구의 손료 및 인건비, 유지비, 공사용 잡재료비, 공사수량의 할증량 계상, 가설재료의 손료와 일반관리비, 이윤 등을 적산하여 총공사비를 계산하는 것이다. 건설공사의 경우 현장생산이 되므로 지역성이 큰 비중을 차지하게 되는바 지역, 지질, 지형, 지하수의 유무, 기후, 기상 등에 따라 적산기법과 고려할 사항을 달리해야할 때가 허다하고 적산된 비용도 많은 차를 나타낼 수 있다는 점에서 적산기법의 연구가 필요하게 된다.

2. 적산의 흐름도

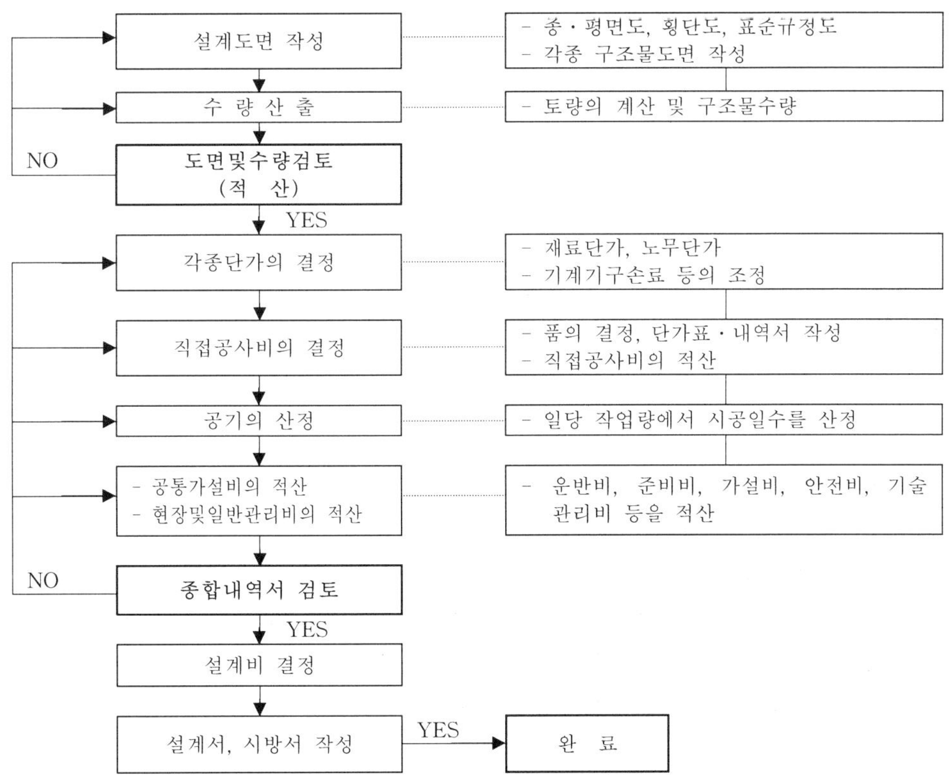

Ⅰ-3-4. 적용방법

1. 참고자료

가. 당해년도 표준품셈

나. 각종시방서

다. 기타참고도서

2. 적용기준

가. 본 기준은 일반적인 기준이므로 현장여건이 상이하거나, 기후특성이나 기타조건이 본 기준과 맞지 않을 때는 목적에 맞게 방침을 결정하여 관계규정에 적합하도록 조정할 수 있다.

나. 표준품셈에서 토목품에 명시되지 않은 품으로서 타부분(건축, 기계, 전기, 설비)의 표준품셈에 명시된 품은 그 부문의 품을 적용하고, 타부문과 유사한 품은 토목부문 품을 우선 적용한다.

다. 표준품셈의 계수적용은 당해 조건별로 적용하되 일반적인 복합조건은 중간치를 적용한다.

3. 수량산출방법

가. 수량은 S.I 단위를 사용한다.

나. 수량산출은 산출근거에서 소수점 두자리까지 하고, 집계표에는 소수점 한자리까지 집계하며 이하는 버리는 것으로 한다.

다. 설계서 수량은 정수로 하고 단, 철근가공조립, 시멘트 벌크수량, 강교수량은 소수점 세째자리까지로 한다.(단위 : ton)

라. 주요자재 산출시 산출근거 및 주요자재 집계표에서 NET 및 할증수량을 병기하여 집계오류를 없애야 한다.

마. 토량의 체적은 양단면적을 평균한 값에 그 단면간의 거리를 곱하여 산출하는 것을 원칙으로 한다. 다만, 거리평균법으로 고쳐서 산출할 수도 있다.

바. 다음에 제시한 것의 체적과 면적은 구조물의 수량에서 공제하지 아니한다.

1) 콘크리트 구조물중의 말뚝머리

2) 볼트의 구멍

3) 모따기 또는 물구멍

4) 이음줄눈의 간격

5) 포장공종의 1개소당 0.1㎡ 이하의 구조물 자리

6) 강구조물의 리벳구멍

7) 철근 콘크리트 중의 철근

8) 조약돌 중의 말뚝 체적 및 책동목

9) 기타 전항에 준하는 것

사. 흙쌓기 및 사석공의 준공토량은 흙쌓기 및 사석공 설계도의 양으로 한다. 그러나, 지반침하량은 지반성질에 따라 가산할 수 있다.

아. 땅깎기량은 자연상태의 설계도의 양으로 한다.

4. 물가조사

가. 적용시기

설계내역서 작성은 최근의 물가적용을 원칙으로 한다.(단, 특별한 사정이 있을 시는 예외로 할 수 있다.)

나. 적용법규

건설재료 및 자재단가는 거래실례가격 또는 통계법 제15조의 규정에 의한 지정기관이 조사하여 공표한 가격, 감정가격, 유사한 거래실례가격, 견적가격을 기준하며 적용순서는 국가를 당사자로 하는 계약에 관한 법률 시행규칙 제7조의 규정에 따른다.

다. 적용기준

1) 조달청장이 조사하여 통보한 가격
2) 재정경제부장관이 정하는 기준에 적합한 전문가격조사기관으로서 재정경제부에 등록한 기관이 조사하여 공표한 가격
   (조달청장이 조사하여 통보한 가격을 포함한 3개이상의 물가자료를 비교 적용)
3) 거래실례를 직접 조사하여 확인한 가격(2이상의 사업자)
4) 감정가격, 유사한 거래실례가격, 견적가격(2개 이상)

5. 환 율

외국환거래법에 의한 기준환율 또는 재정환율(외국환거래법에 의하여 금융결재원이 외국환은행의 장에게 통보하는 환율) 다만, 3% 이상의 증감이 있을 때에는 건설기계 가격을 조정할 수 있다.

6. 노임할증

가. 노임단가의 가산

각 중앙관서의 장 또는 계약담당공무원은 다음에 해당되는 경우에는 당해 노임단가에 동 노임단가의 100분의 15 이하에 해당하는 금액을 가산할 수 있다.

1) 국가기술자격법 제4조의 규정에 의한 기술자격 검정시험에 합격한 자로서 기능계 기술자격을 취득한 자를 특별히 사용하고자 하는 경우
2) 도서지역(제주도를 포함한다) 및 오지개발촉진법 제2조의 규정에 의한 오지지역에서 이루어지는 공사의 경우

나. 일반노임의 할증

근로시간, 시간외, 야간(하오 10시부터 상오 6시까지 사이의 8시간의 근무) 및 휴일(통상임금의 100분의 50이상을 가산)의 근무가 불가피한 경우에는 근로기준법 제49조, 제55조, 유해・위험작업인 경우 산업안전보건법 제46조에 정하는 바에 따른다. PERT/CPM 공정계획에 의한 공기 산출결과 정상작업(정상공기)으로는 불가능하여 야간작업을 할 경우나 공사성질상 부득이 야간작업을 하여야 할 경우에는 품을 25%까지 가산한다.

1) 열차 운전빈도별 일반할증

본선상의 열차통과에 따라 작업이 중단되는 경우에 한하여 적용한다

<표 Ⅰ.3.1> 열차운전빈도별 일반할증

열차통과회수 (8시간) / 공 종 별	11~25	26~40	41~50	51~70	71~90	91~110
복선구간	10%	15%	20%	30%	40%	50%
단선구간	15%	20%	30%	40%	60%	80%

2) 능률이 현저하게 저하될 때에는 50%까지 가산할 수 있다

가) 동일장소에 수종의 건설기계(장비) 가동

나) 작업장소의 협소

다) 소음, 진동, 위험

3) 할증의 중복가산 요령

W = 기본품 ×(1+a1+a2+a3+ · · · · · · · · +an), 기본품 : 1, a1~an 각각의 할증요수

4) 작업반장 적용기준

작업반장의 계상은 작업조건을 감안하여 다음을 기준으로 계상한다.

<표 Ⅰ.3.2> 작업반장 적용기준

작 업 조 건	인 원 수
작업장이 광활하여 감독이 쉽고 고도의 기능이 필요치 않을경우	보통인부 25~50인에 1인
작업장이 협소하고 감독시야가 보통이며 약간의 기능을 요하는 경우	보통인부 15~25인에 1인
고도의 기능과 철저한 감독이 요구되는 경우	보통인부 5~15인에 1인

7. 공구손료 및 잡재료 손료

가. 공구손료 : 직접노무비의 3% 이내 적용

나. 잡재료손료 : 주재료비의 2~5% 적용

8. 중기사용료 산출 기준

가. '2006~'2008 건설표준품셈의 개정

최근 10여년간 변동없이 사용되던 중기사용료가 대폭 개정되어 단가산출시 필히 반영하여야 함.

1) 기계가격 변경

품셈개정 전 10여년 동안 기계가격이 변동없이 사용되어 현실과 어긋난 면이 있었으나 기계가격의 변경으로 이를 해소함.

2) 손료산정 계수의 변경

내용시간, 정비비율, 연간 관리비율의 개정

3) 주요 적재장비의 싸이클타임 변경

굴삭기, 로우더 등의 적재 싸이클타임이 변경되었으므로 단가산출시 반영

<table>
<tr><th colspan="5">당 초</th><th colspan="5">변 경</th><th>비고</th></tr>
<tr><td colspan="5">굴삭기(유압식 백호)</td><td colspan="5">굴삭기(무한궤도)</td><td rowspan="9"></td></tr>
<tr><td>각도(도)
규격(㎥)</td><td colspan="4">싸이클시간(sec)</td><td>각도(도)
규격(㎥)</td><td colspan="4">싸이클시간(sec)</td></tr>
<tr><td></td><td>45</td><td>90</td><td>135</td><td>180</td><td></td><td>45</td><td>90</td><td>135</td><td>180</td></tr>
<tr><td>0.12</td><td>14</td><td>16</td><td>19</td><td>21</td><td>0.12</td><td>13</td><td>15</td><td>18</td><td>20</td></tr>
<tr><td>0.2</td><td>14</td><td>16</td><td>19</td><td>21</td><td>0.2</td><td>13</td><td>15</td><td>18</td><td>20</td></tr>
<tr><td>0.4</td><td>14</td><td>16</td><td>19</td><td>21</td><td>0.4</td><td>13</td><td>15</td><td>18</td><td>20</td></tr>
<tr><td>0.7</td><td>17</td><td>19</td><td>21</td><td>23</td><td>0.7</td><td>16</td><td>18</td><td>20</td><td>22</td></tr>
<tr><td>1.0</td><td>19</td><td>21</td><td>23</td><td>25</td><td>1.0</td><td>17</td><td>19</td><td>21</td><td>23</td></tr>
<tr><td>2.0</td><td>24</td><td>27</td><td>29</td><td>32</td><td>2.0</td><td>22</td><td>25</td><td>27</td><td>30</td><td></td></tr>
<tr><td colspan="5">로우더</td><td colspan="5">로우더</td><td rowspan="7"></td></tr>
<tr><td>기종별</td><td colspan="2">무한궤도식</td><td colspan="2">타이어식</td><td>기종별</td><td colspan="2">무한궤도식</td><td colspan="2">타이어식</td></tr>
<tr><td>작업방법
현장조건</td><td>산적상태에서 담을 때</td><td>지면부터 굴착 집토하여 담을 때</td><td>산적상태에서 담을 때</td><td>지면부터 굴착 집토하여 담을 때</td><td>작업방법
현장조건</td><td>산적상태에서 담을 때</td><td>지면부터 굴착 집토하여 담을 때</td><td>산적상태에서 담을 때</td><td>지면부터 굴착 집토하여 담을 때</td></tr>
<tr><td>용이한 경우</td><td>5</td><td>22</td><td>6</td><td>24</td><td>용이한 경우</td><td>5</td><td>20</td><td>6</td><td>22</td></tr>
<tr><td>보통인 경우</td><td>8</td><td>32</td><td>10</td><td>35</td><td>보통인 경우</td><td>8</td><td>29</td><td>9</td><td>32</td></tr>
<tr><td>약간 곤란</td><td>10</td><td>40</td><td>15</td><td>45</td><td>약간 곤란</td><td>9</td><td>36</td><td>14</td><td>41</td></tr>
<tr><td>곤란한 경우</td><td>12</td><td>-</td><td>20</td><td>-</td><td>곤란한 경우</td><td>11</td><td>-</td><td>18</td><td>-</td></tr>
</table>

나. 재료비

1) 단 가 : 원이하 2자리 절사
2) 금 액 : 원미만 절사
3) 소 계 : 원미만 절사

다. 주야간 3교대 및 야간 작업시 임금할증

국가를당사자로하는계약에관한법률시행규칙(2002.8.24. 재정경제부령 제00274호) 제6조 및 원가계산에 의한 예정가격작성준칙(2006.12.29. 회계예규 2200.04-160-3호) 제18조 규정에 의거 적용

1) 상시고용 운전사 노임산정(노천작업장 근로)
   가) 할증계수 : 16/12×25/20
   나) 상여계수 : 16/12(상여금 300%, 퇴직급여충당금 100%, 월간작업휴지일수 5일 가산)
   다) 휴지계수 : 25/20(월 25일 기준, 평균작업일수 20일)
2) 상시고용 운전사 노임산정(우천의 영향을 받지 않을 경우)
   가) 할증계수 : 16/12×25/25
   나) 상여계수 : 16/12(상여금 300%, 퇴직급여충당금 100%만 가산하고 작업휴지일수는 가산하지 않음)
   다) 휴지계수 : 25/25(월 25일 기준, 평균작업일수 25일)

3) 중기사용료에 대한 노무비(예시)

가) 건설기계 운전기사 : 노임단가×1/8×16/12×휴지계수
나) 운전사(운반차) : 노임단가×1/8×16/12×휴지계수
다) 운전사(기계) : 노임단가×1/8×16/12×휴지계수
라) 건설기계운전조수 : 노임단가×1/8×16/12×휴지계수
마) 건설기계조장 : 노임단가×1/8×16/12×휴지계수

4) 일반노임

가) 야 간
(1) 공 비 : 1.50 (야간작업시 노임할증 50%)
(2) 작업량 : 0.80 (야간작업시 능률저하 20%)
(할증계수 : 1.5/0.8 = 1.875)

나) 주야간
(1) 공 비 : 1 + 1 + 1.50 = 3.50
(2) 작업량 : 1 + 1 + 0.80 = 2.80
(할증계수 : 3.5/2.8 = 1.25)

5) 중기노임

가) 야 간
(1) 공 비 : 1.50 (야간작업시 노임할증 50%)
(2) 작업량 : 0.80 (야간작업시 능률저하 20%)
(할증계수 : 1.5/0.8 = 1.875)

나) 주야간
(1) 공 비 : 1 + 1 + 1.50 = 3.50
(2) 작업량 : 1 + 1 + 0.80 = 2.80
(할증계수 : 3.5/2.8 = 1.25)

6) 중기사용료

가) 야 간
(1) 공 비 : 1.00
(2) 작업량 : 0.80 (야간작업시 능률저하 20%)
(할증계수 : 1.0/0.8 = 1.25)

나) 주야간
(1) 공 비 : 1 + 1 + 1 = 3.0
(2) 작업량 : 1 + 1 + 0.80 = 2.80
(할증계수 : 3.0/2.8 = 1.071)

7) 중기 기계손료 중 관리비는 1일 8시간을 초과하더라도 8시간으로 계산하여야 한다.
주야간 : 관리비 ÷ 3

8) 적 용

<표 Ⅰ.3.3> 중기손료 산출

구 분	노 무 비	경 비		재 료 비
		상각, 정비비	관리비	
주 간	1	1	1	1
야 간	1.875	1.25	1.25	1.25
주 야 간	1.25	1.071	0.357	1.071

주) ∴ 주야간시의 관리비 : 1 ÷ 3 × 1.071 = 0.357

라. 경 비

1) 단 가 : 건설기계 가격은 국산기계는 공장도 가격(원)으로, 도입기계는 달러화를 원화로 환산할 경우 천원미만 절사

2) 금 액 : 원미만 절사

마. 기계손료의 보정

다음 건설기계가 암석굴착, 암석적재, 암석운반 등의 가혹한 작업에 사용되는 경우에는 그 손료(관리비 제외)를 다음과 같이 보정 가산할 수 있다.

<표 Ⅰ.3.4> 중기손료 보정

기 종	가 산 비 율 (%)	
	암석작업 (연암,보통암,경암)	전석섞인 토사
불도저(19Ton 이상 제외)	25	10
굴삭기(무한궤도) 및 로더(무한궤도)	20	10
덤 프 트 럭	25	10

주) ① 전용 덤프트럭(18ton 이상)과 불도저(19ton 이상)의 경우는 보정하지 않는다. 다만, 타이어 도저, 습지 도저는 보정할 수 있다.

② 전석섞인 토사는 전석(0.5㎥ 이상)의 혼입률이 30% 이상을 말한다.

9. 공사용 자재

가. 경제성과 적기공급 가능여부를 고려하여 현장사정에 적합하도록 설계함을 원칙으로 한다.

나. 자재구입은 필요에 따라 그 물건의 기능, 특징, 용량, 제작방법, 성능, 시험방법, 부속품 등에 관하여 명시한 시방서를 작성하여야 한다.

다. 국내에서 생산되는 자재를 우선적으로 사용함을 원칙으로 하고, 그 중에서도 한국산업 규격품(KS)을 우선한다.

라. 한국산업규격(KS)에 없는 제품 사용시 공사조건에 맞는 관련규격 및 시방(외국규격) 등을 검토하여 사용토록 한다.

마. 주요자재의 운반비는 물가정보지 등에 기재된 구역화물자동차운송 요율을 기준으로 한다.

바. 주요자재의 산지 및 인도장소는 최단거리를 택하여 적용함을 원칙으로 한다.

사. 적용상 주의

1) 건설재료 및 자재단가의 결정은 거래실례가격을 기준으로 한다.

2) 특수품목에 대하여는 개별 조사 후 적용하며, 공통품목은 동일가격을 적용한다.

3) 유류 가격은 해당지역의 대리점 거래가격으로 한다.

아. 각종 재료의 단위중량 및 환산계수

1) 흙이나 암석을 굴착하거나 다짐할 때의 토량 변화율은 시험에 의해 산정하는 것을 원칙으로 한다.

2) 소량의 토공작업일 때는 건설교통부 표준품셈에서 제시하는 토량 변화율을 적용할 수 있다.

3) 토량 변화율은 자연상태의 토량, 흐트러진 상태의 토량, 다짐 상태의 토량을 조합하여 표현한다.

$$L = \frac{\text{흐트러진 상태의 토량}(m^3)}{\text{자연 상태의 토량}(m^3)}, \quad C = \frac{\text{다짐 상태의 토량}(m^3)}{\text{자연 상태의 토량}(m^3)}$$

<표 Ⅰ.3.5> 토량환산계수(f)

구하는 Q / 기준이 되는 q	자연 상태의 토량	흐트러진 상태의 토량	다져진 상태의 토량
자연 상태의 토량	1	L	C
흐트러진 상태의 토량	1/L	1	C/L
다져진 상태의 토량	1/C	L/C	1

<표 Ⅰ.3.6> 토공 및 각종환산계수

구 분	단위중량	C(다져진상태)	L(흐트러진상태)	비 고
토 사	1.60 ton/m³	0.90	1.25	1/L = 0.80
풍화암(리핑암)	1.90 ton/m³	1.00	1.30	1/L = 0.77
발 파 암	2.45 ton/m³	1.28	1.63	1/L = 0.62
연 암	2.30 ton/m³	1.15	1.40	1/L = 0.71
경 암	2.60 ton/m³	1.40	1.85	1/L = 0.54
조 골 재	1.70 ton/m³	0.95	1.17	1/L = 0.85
세 골 재	1.60 ton/m³	0.90	1.15	1/L = 0.87
폐아스콘	2.35 ton/m³	1.15	1.40	1/L = 0.82
폐철근콘크리트	2.40 ton/m³	1.15	1.50	1/L = 0.77
폐무근콘크리트	2.30 ton/m³	1.15	1.50	1/L = 0.77

<참고> 토질별 단위중량 및 환산계수 검토

구 분	단위중량(ton/㎥)					C(다져진상태)					L(흐트러진상태)				
	도로공사	지하철	토지공사	기존철도	적용	도로공사	토지공사	지하철	기존철도	적용	도로공사	토지공사	지하철	기존철도	적용
토 사	1.60	1.70	1.70	1.60	1.60	0.90	0.88	0.90	0.90	0.90	1.30	1.25	1.25	1.25	1.25
풍화암	1.90	2.00	2.00	1.90	1.90	1.10	1.10	1.00	1.00	1.00	1.35	1.30	1.30	1.30	1.30
발파암	2.40	2.40	2.40	2.52	2.45	1.28	1.28	1.28	1.28	1.28	1.63	1.63	1.55	1.63	1.63
연 암		2.30	2.30	2.40	2.30	1.15	1.15	1.15	1.15	1.15	1.40	1.40	1.40	1.40	1.40
경 암		2.50	2.60	2.65	2.60	1.40	1.40	1.40	1.40	1.40	1.85	1.85	1.70	1.85	1.85

10. 각종자재의 단위중량

가. 화약용어설명

1) 뇌관각선길이 계산

가) 전기뇌관 : 천공장 + 0.5 ~ 1.0m

나) 비전기뇌관 : 천공장 + 2.0 ~ 2.4m

다) 각선 생산 규격 : 2.0, 2.5, 3.5, 4.5, 6.0m

2) 화약용어 설명

가) 전기식 뇌관 : Electric Detonators

나) 비전기식 뇌관 : Non-Electric Detonators

다) ID(Instantaneous Delay Detonators) : 순발뇌관

라) MS(Milli-second Delay Detonators) : 지발뇌관(20/1000초 단위)

마) LP(Long Period Delay Detonators) : 지발뇌관(100~500/1000초 단위)

바) DHD(Down-Hole Delay Detonators) : 발파공내 폭약을 기폭시키는 지하뇌관, 노천발파

사) TLD(Trunk-Line Delay Detonators) : DHD뇌관을 지연시켜주는 지상지연뇌관, 노천발파

아) 번치커넥터(Bunch Connector) : 터널발파에서 기폭용 MS, LP뇌관을 지연시켜주는 지연연결뇌관

나. 단위중량

1) 스테인레스의 단위중량

가) STS 304 : 7.93Ton/㎥

나) STS 316 : 7.98Ton/㎥

다) STS 430 : 7.70Ton/㎥

2) 알루미늄의 단위중량 : 2.70Ton/㎥

3) 선재제품

가) 목재

1재(才) = 1치×1치×12자 ≒ 0.0303m×0.0303m×12×0.0303m ≒ 0.00334㎥

나) 철선

<표 Ⅰ.3.7> 보통철선의 단위중량

품 명	규 격	직 경(mm)	단위중량(m/kg)	비 고
보통철선	# 6	4.8	6.8	
	# 8	4.0	10.1	
	# 10	3.2	15.8	
	# 12	2.6	24.0	
	# 14	2.0	40.5	
	# 16	1.6	63.3	
	# 18	1.2	112.6	
	# 20	0.9	200.4	

다) 강선

<표 Ⅰ.3.8> PC강선의 단위중량

품 명	규 격	단위중량(kg/m)	비 고
PC 강연선	Relaxation 2종 3연선 2.9mm,19.82(SWPC3)	0.156	
	Relaxation 2종 7연선 12.7mm,98.71(SWPC7B)	0.774	
	Relaxation 2종 7연선 15.2mm,138.70(SWPC7B)	1.101	

라) 일반용 철못

<표 Ⅰ.3.9> 일반용철못의 단위수량

품 명	규 격	직 경(mm)	수량(개/25kg BOX)	비 고
일반용 철못	N 25	25	61,425	
	N 38	38	24,510	
	N 50	50	10,825	
	N 65	65	6,850	
	N 75	75	4,775	
	N 90	90	3,250	
	N 100	100	2,350	
	N 125	125	1,725	
	N 150	150	1,050	

11. 공사용자재 및 장비운반

가. 자재운반

공사용 자재의 운반은 덤프트럭을 원칙(모래 등)으로 하되, 덤핑으로 인하여 훼손 또는 파손되거나 위험이 수반되는 기자재(흄관, 시멘트포대, 시멘트벌크, PC강연선, 강재, 강판 등)는 화물자동차로 운반하는 것으로 한다. 이 때, 화물자동차의 운반비는 자동차 운수사업법에 의한 건설교통부 관계

규정에 따르고 상차 및 하차에 대한 경비는 별도 계상한다.

나. 건설장비운반

건설용 기계의 공사현장까지의 왕복수송비는 건설공사장에서 가장 가까운 도청소재지(서울특별시, 광역시 포함)로부터 공사현장까지의 수송에 필요한 경비를 계상한다.

다. 운반기계의 유류산정시 주의사항(덤프트럭)

트럭 또는 기타 운반기계로 기자재를 운반할 경우 상차에 소요되는 시간이 10분을 초과할 경우 주행거리에 해당하는 유류만 계상한다.(10분 초과 상차시 시동정지 상태로 본다.)

라. 분해조립비

분해 및 조립을 필요로 하는 기계는 이에 소요되는 경비를 별도 계상한다.

12. 공사원가계산 제비율 적용기준

가. 간접노무비

1) 해　　설 : 직접 공사현장에 종사하지 않으나, 공사현장에서 보조작업에 종사하는 노무자, 종업원과 현장감독자 등의 비용(기본급, 제수당, 상여금, 퇴직급여충당금의 합계액)

2) 법적근거 : 공사원가계산시 실무처리 보완자료(회제 2210-591)

3) 적용기준 : 조달청 당해년도 제비율 적용(공사금액 및 공사기간에 따라 요율 적용)

4) 계상기준 : 직접노무비 ×요율

나. 산업재해보상보험료

1) 해　　설 : 건설근로자의 산업재해를 보상하기 위한 비용

2) 법적근거 : 산업재해보상보험법 제63조 동법 시행령 60조

3) 적용기준 : 조달청 당해년도 제비율 적용

4) 계상기준 : (직접노무비+간접노무비) ×요율

다. 고용보험료

1) 해　　설 : 실업의 예방, 고용의 촉진 및 근로자의 작업능력 개발 향상과 더불어 근로자의 생활에 필요한 급여를 지급하여 실직근로자의 생활안정 및 재취업을 지원하는 비용

2) 법적근거 : 고용보험법, 동법 시행령 동법 시행규칙

3) 적용기준 : 조달청 당해년도 제비율 적용(공사예정금액 2천만원 이상 건설공사)

4) 계상기준 : (직접노무비+간접노무비) ×요율

라. 국민건강보험료

1) 해　　설 : 건설근로자의 건강증진(질병, 부상)의 목적에 충당하는 비용

2) 법적근거 : 예정가격 작성기준(2007. 10. 12)

3) 적용기준 : 조달청 당해년도 제비율 적용

4) 계상기준 : 직접노무비 ×요율

마. 국민연금보험료

1) 해　　설 : 건설근로자의 생활안정과 복지증진의 목적에 충당하는 비용

2) 법적근거 : 예정가격 작성기준(2007. 10. 12)

3) 적용기준 : 조달청 당해년도 제비율 적용

4) 계상기준 : 직접노무비 ×요율

바. 퇴직공제부금비

1) 해　　설 : 건설근로자가 퇴직공제에 가입하는데 소요되는 비용
2) 법적근거 : 건설산업기본법 제87조, 동법 시행령 제83조
3) 적용기준 : 조달청 당해년도 제비율 적용(공사예정금액 5억원 이상 건설공사)
4) 계상기준 : 직접노무비 ×요율

사. 산업안전보건관리비

1) 해　　설 : 작업현장에서 산업재해 및 건강장해 예방을 위하여 법령에 의거 요구되는 비용
2) 법적근거 : 건설업 산업안전보건관리비 계상 및 사용기준(2005.12.25,노동부 고시 제2005-32)
3) 적용기준 : 조달청 당해년도 제비율 적용(공사금액 및 공사기간에 따라 요율 적용)
4) 계상기준 : (직접재료비+직접노무비+관급자재) ×요율

아. 기타경비

1) 해　　설 : 현장을 관리하는 비용(수도광열비, 소모품비 및 사무용품비, 여비.교통.통신비 등)
2) 법적근거 : 예정가격 작성기준(2007. 10. 12) 제19조, 공사원가계산시 실무처리(회제 2210-591)
3) 적용기준 : 조달청 당해년도 제비율 적용(공사금액 및 공사기간에 따라 요율 적용)
4) 계상기준 : (직접재료비+직접노무비+간접노무비) ×요율

자. 환경보전비

1) 해　　설 : 건설공사현장에 설치하는 환경오염방지시설의 설치 및 운영에 소요되는 비용
2) 법적근거 : 건설기술관리법 제26조의5, 동법시행령 제46조의8, 동법시행규칙 제28조의2
3) 적용기준 : 조달청 당해년도 제비율 적용, 또는 항목별 표준품셈 등 원가계산에 의하여 산출
4) 계상기준 : (직접재료비+직접노무비+산출경비) ×요율

차. 일반관리비

1) 해　　설 : 기업의 유지를 위한 관리활동부분에서 발생하는 제비용
2) 법적근거 : 예정가격 작성기준(2007. 10. 12) 제20조
3) 적용기준 : 조달청 당해년도 제비율 적용
4) 계상기준 : 순공사비 ×요율

카. 이　　윤

1) 해　　설 : 영업의 이익
2) 법적근거 : 예정가격 작성기준(2007. 10. 12) 제21조
3) 적용기준 : 조달청 당해년도 제비율 적용
4) 계상기준 : (순공사비+일반관리비-직접재료비) ×요율

타. 공사이행보증수수료

1) 해　　설 : 계약이행을 보증하기 위해 소요되는 비용
2) 법적근거 : 국가계약법시행령 제52조 제1항
3) 적용기준 : 조달청 당해년도 제비율 적용
4) 계상기준 : {(직접재료비+직접노무비+산출경비) ×요율 + 6.6백만원} ×공사기간(년)

파. 건설하도급대금 지급보증서 발급수수료

1) 해　　설 : 하도급계약시 소요되는 지급보증서 발급에 소요되는 비용
2) 법적근거 : 건설산업기본법 제30조 및 하도급거래 공정화에 관한 법률 제13조 2

3) 적용기준 : 조달청 당해년도 제비율 적용

4) 계상기준 : (직접재료비+직접노무비+산출경비)×요율

타. 부가가치세

1) 해　　설 : 거래 단계별로 상품이나 용역에 부과하는 가치에 대해 정부가 부과하는 조세

2) 법적근거 : 조세특례제한법 제105조(부가가치세 영세율 적용)제3호

3) 계상기준 : 공급가액×10%

거. 공사손해보험료

1) 해　　설 : 공사손해보험에 가입할 때 지급하는 비용

2) 법적근거 : 회계예규 공사계약 일반조건 제10조

3) 적용기준 : 보험요율은 계약담당공무원이 보험개발원, 손해보험회사 등으로부터 제공받은 자료를 기초로 하여 정한다

4) 계상기준 : (계약금액-부가가치세+관급자재) ×요율

너. 기술사용료

1) 해　　설 : 당해 계약 목적물을 시공하는데 직접 필요한 Know-How 비용

2) 법적근거 : 건설기술관리법 제18조

3) 적용기준 : 설계적용에 따라 사용자가 지불하는 기술사용의 대가

4) 계상기준 : 직접공사비×기술사용요율

더. 특허사용료

1) 해　　설 : 타인 소유의 특허권을 사용하는데 필요한 비용

2) 법적근거 : 특허법 제126조,127조,128조,131조,225조

3) 적용기준 : 설계적용에 따라 사용자가 지불하는 기술사용의 대가

4) 계상기준 : 직접공사비×특허사용요율

러. 폐기물처리수수료

1) 해　　설 : 계약목적물의 제조와 관련하여 발생되는 오물, 잔재물, 폐유, 폐알칼리, 폐고무, 폐합성수지 등 공해유발물질을 법령에 의거 처리하기 위하여 소요되는 비용

2) 법적근거 : 폐기물 관리법 시행규칙 제10조(건기법 시행규칙 제28조2)

3) 적용기준 : 폐기물 발생량이 100Ton 이상일 경우 건설폐기물의 처리는 그 공사의 발주와 분리하여 위탁처리

머. 외자재에 대한 세제

조세특례 제한법 제106조 제2항(부가가치세 면제) 제12호, 조세특례 제한법 제118조(관세의 경감) 제1항 1호

13. 환경보전비 및 산업안전보건관리비의 적용

가. 환경보전비(건설기술관리법시행규칙 제28조의2, 별표15)

1) 환경보전비란 건설공사현장에 설치하는 환경오염방지시설의 설치 및 운영에 소요되는 비용으로 표준품셈 등 원가계산에 따라 산출하여 건설공사의 내역서에 각 항목별로 명시하여야 하나, 항목별 산출이 곤란한 경우에는 직접공사비에 요율을 적용하여 계상한다.

2) 건설공사현장에 설치하는 환경오염방지시설은 다음의 시설과 그 밖에 환경관련법령에 규정된 시설을 말한다.

가) 비산먼지 : 세륜시설, 살수시설, 살수차량, 방진덮개, 방진벽, 방진망(막), 진공청소기, 간이칸막이, 이송설비 분진억제시설, 집진시설(이동식, 분무식), 기계식 청소장비

나) 소음·진동 : 방음벽, 방음막, 소음기, 방음덮개, 방음터널, 방음림, 방음언덕, 흡음장치 및 시설, 탄성지지시설, 제진시설, 방진구시설, 방진고무, 배관진동절연장치 및 시설

다) 폐기물 : 소각시설, 쓰레기슈트, 폐자재 수거박스, 폐기물 보관시설(덮개, 배수로), 건설오니처리시설, 브레이커, 폐기물 선별기

라) 수질오염 : 오폐수처리시설, 가배수로, 임시용 측구, 절성토면 비닐덮개, 침사 및 응집시설, 오탁방지막, 오일펜스, 유화제, 흡착포, 단독정화조, 이동식 간이화장실

나. 산업안전보건관리비(건설업 산업안전보건관리비 계상 및 사용기준)

1) 산업안전보건관리비란 건설사업장 및 본사 안전전담부서에서 산업재해의 예방을 위하여 법령에 규정된 사항의 이행에 필요한 비용을 말한다.

2) 안전관리비의 항목

가) 안전관리자 등의 인건비 및 각종 업무수당 등

(1) 전담 안전관리자의 인건비 및 업무수행 출장비

(2) 유도 또는 신호자의 인건비

(가) 건설용 리프트의 운전자

(나) 고정식크레인, 리프트, 곤도라, 승강기 등 양중기의 유도 또는 신호자

(다) 덤프트럭, 이동식크레인, 콘크리트펌프카 등 건설기계의 유도 또는 신호자

(라) 비계 설치 및 해체, 고소작업대 작업시 하부 통제를 위한 신호자

(마) 기타 공사장내의 근로자 보호를 위한 신호자(차량의 원활한 흐름 또는 교통통제를 위한 교통정리, 신호수의 인건비는 제외)

(3) 직·조·반장 등의 지위에 있는 관리감독자가 산업안전보건법시행령 제11조제3항 각호의 규정에 의한 업무를 수행하는 경우에 지급하는 업무수당

(4) 안전보조원(안전관리자를 보조하는 자로 안전순찰 등 안전 관리업무만을 전담하는 자)의 인건비

나) 안전시설비 등

(1) 추락방지용 안전시설비

(가) 안전난간 및 발끝막이판

(나) 추락방지용 안전방망

(다) 안전대 걸이설비

(라) 개구부 덮개

(마) 위험부위 보호덮개

(바) 현장내 개구부, 맨홀 등에 설치하는 안전휀스, 가설울타리 등(외부인 출입금지, 공사장 경계표시를 위한 가설울타리는 제외)

(사) 추락위험장소 접근방지방책 등(외부비계, 작업발판, 가설계단 등은 제외)

(2) 낙하, 비래물 보호용 시설비

(가) 방호선반

(나) 낙하물방지망 또는 수직보호망

(다) 경사법면 보호망(덮개)

(라) 암석방호세트 등 낙하 및 비래물로부터 근로자를 보호할 수 있는 설비 또는 시설

(3) 각종 안전표지 등에 소요되는 비용

(가) 출입금지판, 접근금지판, 현수막, 안전표어(포스터), 안전탑, 무재해기록판, 안전수칙판, 안전완장, 안전 스티커, 안전깃발, 신호용 렌턴(신호등), 차량유도등

(나) 야간작업시 전자신호봉 및 경광등

(다) 추락·낙뢰 등 위험장소에 설치하는 위험경보기

(라) 기타 각종 산업안전 입간판 및 산업안전표지·표찰

(4) 공사현장에 중장비로부터 근로자보호를 위한 교통 안전표지판 및 휀스 등 교통안전시설물(도로 확·포장공사 등에서 공사용 외의 차량의 원활한 흐름 및 경계표시를 위한 교통안전 시설물은 제외)

(5) 위생 및 긴급피난용 시설비

(가) 방진설비, 방음설비

(나) 환기가 불충분한 장소의 환기설비

(다) 긴급대피방송 등 근로자의 위생 및 긴급피난에 필요한 설비 또는 시설

(6) 안전감시용 케이블 TV 등에 소요되는 비용

(7) 각종 안전장치의 구입·수리에 필요한 비용

(8) 기성제품에 부착된 안전장치 고장시 교체비용

(9) 고압가스, 산소용기 등 위험물 방호시설 또는 저장소

(10) 안전모 등 개인보호구, 개인장구 보관시설

(11) 가설 전기시설 등의 누전차단기, 고압전선보호시설, 접지시설, 접지저항측정기 및 감전위험장소 접근방지방책 등

(12) 전선로 활선확인 경보기, 검전기 및 절연봉 설치 또는 구입 비용

(13) 가설전선의 피복손상 등을 방지하기 위한 가설전선거치대 또는 보호덮개 등 시설

(14) 소화기 등 소화설비 및 방화사 등 화재예방시설

(15) 가설사무실, 숙소 등에 설치하는 누전·화재경보기

(16) 리프트 무선 호출기·자동운전장치

(17) 근로자 재해예방을 위하여 사용하는 제빙 또는 제설비용

(18) 기계·장비 등의 진동으로부터 근로자를 보호하기 위한 설비

(19) 철근, 파이프, 크램프 등 돌출부에 찔림방지를 위한 캡 등 시설

(20) 안전보건시설의 구입·설치·유지·보수에 소요되는 인건비 및 장비사용료 등 제비용

(21) 안전시설 해체에 소요되는 인건비 및 장비사용료 등 제비용

(22) 타 현장에서 전용하는 안전시설의 운반비

(23) 안전보건진단, 작업환경측정, 위험기계기구 검사후 개선에 필요한 비용

(24) 기타 법령 또는 그에 준하여 필요로 하는 안전보건시설 및 설비에 소요되는 비용

다) 개인보호구 및 안전장구 구입비 등

(1) 각종 개인보호구의 구입, 수리, 관리 등에 소요되는 비용
(2) 근로자가 작업에 필요한 안전모, 안전화 또는 안전대를 직접 구비하여 사용하는 경우에 지급하는 보상금
(3) 안전관리자 전용 무전기, 카메라, 컴퓨터, 프린터 등 안전관리를 위한 업무용기기
(4) 절연장화, 절연장갑, 방전고무장갑, 고무소매, 절연의
(5) 철골, 철탑작업용 고무바닥 특수화
(6) 조임대(각반), 우의, 터널작업 · 콘크리트 타설 등 습지장소의 장화

라) 사업장의 안전진단비 등
(1) 사업장의 안전 또는 보건진단
(2) 산업안전보건법 제48조의 규정에 의한 유해 · 위험방지계획서의 작성, 심사, 확인에 소요되는 비용
(3) 분진, 소음 등이 발생하는 작업장에 대한 작업환경 측정
(4) 고소작업장 강풍여부 측정용 풍속계
(5) 산업안전보건법 제33조 및 산업안전보건법시행령 별표 7 제17호의 규정에 의하여 노동부장관이 정하는 가설기자재의 안전성 시험 등에 소요되는 비용
(6) 산업안전보건법 제34조의 규정에 의한 크레인 · 리프트 등 기계 · 기구의 완성검사 · 정기검사 등에 소요되는 비용
(7) 산업안전보건법 제36조의 규정에 의한 크레인 · 리프트 등 기계 · 기구의 자체검사에 소요되는 비용
(8) 안전관리자용 안전순찰차량의 유류비, 수리비, 소모품 교환비, 보험료
(9) 안전경영 진단비용 및 협력업체 안전관리 진단비용

마) 안전보건교육비 및 행사비 등
바) 근로자의 건강관리비 등
사) 건설재해예방 기술지도비
아) 본사 사용비
 가) 및 사)항의 사용항목 및 본사 안전전담부서의 안전전담직원 인건비 · 업무수행 출장비

Ⅰ-3-5. 실적공사비

1. 실적공사비 제도의 필요성

가. 현행 공공 건설공사 예정가격은 표준품셈에 의한 원가계산방식으로 산출되고 있으나 다음과 같은 문제점 발생으로 개선이 필요한 실정이다.

나. 원가계산방식의 문제점
1) 건설공사가 다양화 · 복잡화됨에 따라 표준품셈의 단위수량 산출방식과 단위당 가격의 적정성에 대한 논란 제기
2) 신기술 · 신공법 등 시공조건이 다양하게 변화되어 가고 있으나 표준품셈과 실제 시공단가 기준 정립 미비로 실제 시공단가를 반영하지 못하고 있음

3) 내역항목이 시공자의 작업방법, 공법, 장비 등을 세부적으로 지정하고 있어 시공자의 기술능력을 감안한 자율적인 작업방법 적용을 제한

4) 표준적이고 통일적인 수량산출 및 단가산출기준이 명확치 않아 공사항목 구분, 작업내용, 산출방법 등에 대해 분쟁의 소지가 있음

다. 따라서 건설기술의 급속한 발전, 시공형태의 변화, 시장개방으로 인한 국제시장의 경쟁심화 등으로 대변될 수 있는 현재의 건설시장환경을 종합적으로 고려해볼 때 시장가격을 적절히 반영할 수 있고 적산능력 및 시공기술을 향상시킬 수 있는「실적공사비에 의한 적산제도」를 도입키로 하고 법률시행령 및 시행규칙에 실적공사비에 의한 예정가격 산정근거를 마련함.(95.7.6)

2. 실적공사비 제도의 목적

예정가격의 결정에 기초자료가 되는 토목공사(건설기계·측량부문을 포함)의 실적공사비와 표준품셈을 효율적으로 관리하기 위하여 필요한 사항을 정하는 것을 주요 목적으로 하며, 또한 현행내역서는 구성내용 및 작성방법이 서로 상이하여 적산업무의 혼란을 초래하고 계약내용이 불명확하여 내역서의 공종체계 및 작성방법을 표준화하는「수량산출기준(수량산출 및 단가산정기준)」을 마련하여 내역서 작성의 통일성을 확보하고, 계약내용의 명확화를 도모하고자 하는데 있음.

3. 관련법규

가. 국가를 당사자로 하는 계약에 관한 법률 시행령 제9조 제1항 제2호 및 제3호

나. 국가를 당사자로 하는 계약에 관한 법률 시행규칙 제5조 제2항

다. 실적공사비에 의한 예정가격작성준칙(회계예규 2200-04-157, 2003.12.26)

4. 기대효과

가. 계약의 투명성 확보

내역서의 양식 및 작성방법을 표준화하여 발주처 및 작성자에 상관없이 일관성있게 내역서를 작성토록 함으로서 계약쌍방이 계약대상 항목 및 목적수량의 명확화.

나. 발주자 및 수주자의 적산능력 제고 및 적산업무 간소화

1) 수량산출기준에 의해 내역서를 작성하게 됨에 따라 적산결과의 파악 및 개략공사비 산정이 용이하고, 수주자 역시 발주양식 통일에 따라 다양한 발주양식에 대응하는 시간 및 노력의 절감과 적산능력 향상.

2) 발주자는 공종별로 재료비, 노무비, 경비 등이 포함된 단가에 의해 공사비를 산정하게 되므로 적산업무의 간소화.

다. 시공단가의 적절한 반영

1) 적산업무를 체계적으로 추진하고 D/B화하여 현실적으로 요구되는 공사비 산정.

2) 공사여건, 시공조건(도서지역, 야간작업, 소규모공사 등)에 따른 지수적용으로 현장상황에 맞는 공사비 산정 가능.

5. 원가계산 방식과 실적공사비 방식을 병행하는 경우

건설공사의 예정가격을 양질의 실적단가 자료가 축적되는 일부 단순공종부터 실적공사비제도를 단계적·점진적으로 시행하되 표준품셈방식과 병행운영을 추진하며 실적공사비제도가 도입되더라도 현장여건에 따라 가격변동의 차이가 큰 일부 공종에 대해서는 표준품셈을 기초로 예정가격을 산정하는 것이 불가피하다. 따라서 이와 병행하여 표준품셈의 지속적인 보완 및 현실화를 통해 적정가격이 산정될 수 있도록 효율적인 관리체계가 필요하다.

Ⅰ-3-6. 공사원가계산서

1. 원가계산방식

가. 예정가격 작성을 위한 공사원가계산은 “예정가격 작성기준(회계예규 2200. 04-160-4 : 2007. 10. 12)”에 의거 산출하여야 한다.

나. 공사원가라 함은 공사시공과정에서 발생한 재료비, 노무비, 경비의 합계액을 말한다.

다. 공사 원가계산을 할 때는 공사원가계산서를 작성하고 비목별 산출근거를 명시한 기초계산서를 첨부하여야 한다.

2. 실적공사비방식

가. 실적공사비로서 중앙관서의 장이 인정한 가격(국가계약법 시행령 제9조 제1항 제3호, 제5조 제2항)을 말한다.

나. 실적공사비에 의해 공사 예정가격을 작성하는 경우 예정가격은 직접비, 간접비, 일반관리비 및 이윤, 부가가치세로 구분하여 작성한다.

다. 직접공사비는 계약목적물의 시공에 소요되는 재료비, 직접노무비, 직접공사경비의 합계액을 말한다.

라. 간접공사비(간접노무비, 산업안전보건비 등)는 공사의 시공을 위하여 현장관리 등에 소요되는 법정경비 등을 말한다.

마. 직접공사비는 계약목적물을 세부 공종별로 구분하여 수량과 공종별 단가(실적공사비)를 곱하여 소요비용을 산정한다.

바. 간접공사비는 직접공사비에 대하여 일정비율을 곱하여 계산하도록 하여 산정방식의 간소화를 도모한다.

사. 실적공사비 자료가 없는 공종에 대해서는 표준품셈에 의해 공종별 소요비용을 산정한다

아. 이윤은 직접공사비, 간접공사비 및 일반관리비의 합계액에 이윤율을 곱하여 계상한다.

3. 원가계산방식과 실적공사비방식 비교

<표 Ⅰ.3.10> 원가계산방식과 실적공사비방식 비교

비목	세부비목	예 정 가 격 산 정 기 준		비 고
		원 가 계 산 방 식	실 적 공 사 비 방 식	
직접공사비	직접 재료비	품셈재료량 ×단위당가격	공종수량 ×실적단가	실적단가를 적용할 수 없는 경우는 표준품셈 등을 적용하여 산정
	직접 노무비	품셈노무량 ×단위당가격	실적단가와 함께 제시된 노무비율을 적용하여 산출.	
	산 출 경 비	품셈소요량 ×단위당가격	공종수량 ×실적단가	
간접공사비	간접 노무비 (규모기간,종류별)	[직노] ×율	[직노+간노] ×율	실적공사비를 일부공종에 적용하는 경우에도 실적공사비 방식에 의해 간접공사비를 산정토록 하되 발주처의 별도 방침이 있는 경우에는 이를 따른다.
	산재보험료	[직노+간노] ×율	[직노+간노] ×율	
	고용보험료(등급별)	[직노+간노] ×율	[직노+간노] ×율	
	건강보험료	[직노] ×율	[직노] ×율	
	연금보험료	[직노] ×율	[직노] ×율	
	퇴직공제부금비 (공사종류별)	[직노] ×율	[직노] ×율	
	산업안전보건비 (규모,종류별)	[재+직노+관급자재] ×율	[재료비(직접공사비×0.54)+직노] ×율	
	기타경비 (규모,기간,종류별)	[재+직노+간노] ×율	[재료비(직접공사비×0.54)+직노+간노] ×율	
	공사이행보증수수료	[직접공사비] ×율 +6.6백만원×공기(년)	[직접공사비] ×율 +6.6백만원×공기(년)	
	건설하도급수수료	[직접공사비] ×율	[직접공사비] ×율	
	환경보전비 (공사종류별)	[직접공사비] ×율	[직접공사비] ×율	
일 반 관 리 비		[직접공사비+간접공사비]×율	[직접공사비+간접공사비]×율	
이 윤		[직접공사비+간접공사비+일반관리비-직접재료비] ×율	[직접공사비+간접공사비 +일반관리비] ×율	
공 급 가 액		[직접공사비+간접공사비 +일반관리비+이윤]	[직접공사비+간접공사비 +일반관리비+이윤]	
공사손해보험료		(공급가액-부가가치세 +관급자재) ×율	(공급가액-부가가치세 +관급자재) ×율	
기 술 사 용 료		[직접공사비] ×율	[직접공사비] ×율	
특 허 사 용 료		[직접공사비] ×율	[직접공사비] ×율	
부 가 가 치 세		10%	10%	
도 급 금 액				

주) *계수 : 건설기술연구원에서 발표되는 조정계수 적용을 기준으로 하되, 발주처에서 별도의 기준을 정할 경우에는 이에 따른다.

Ⅰ-3-7. 단가검토시 유의사항

1. 일반사항

가. 공사수량 및 기타계산에 요하는 단위, 유효숫자가 표준품셈 적용기준에 준하였는지 여부
나. 건설재료 및 자재단가 결정시 거래실례 가격 기준으로 적용하였는지 여부
다. 자재 집계표상에 할증수량을 적용하였는지 여부
라. 수량산출시 할증을 하고, 자재집계시 다시 할증을 하여 할증이 중복 적용되었는지 여부
마. 자재비를 포함하여 단가산출을 하고, 주요자재비에 중복하여 계상한 항목은 없는지 여부
바. 가공조립 및 제작수량은 NET수량, 자재비는 할증수량으로 적용하였는지 여부
사. 중기사용료 계상시 휴지계수(25/20, 25/25)는 관련규정을 준수하였는지 여부
아. 당해년도 건설표준품셈의 변경에 따른 기계가격, 기계손료, 싸이클타임 등을 적용하였는지 여부
자. 건설폐자재의 재활용 폐기물 처리비를 계상하였는지 여부
차. 선로 건조물, 토공 및 건물등에 대한 공사수량의 계산이 발주처 수량지침에 의거하였는지 여부
카. 토공분배 운반거리가 20m 이내의 거리는 무대, 20~60m 이내는 도져, 60m 이상은 덤프트럭으로 별도로 계상하였는지 여부
타. 공구손료는 직접노무비의 3% 이내로 적용하였는지, 잡재료 손료는 주재료의 2~5%로 적용하였는지 여부
파. 가격정보 등의 재료비에 부가가치세 포함여부 확인
하. 재료비에 운반비 포함여부 확인(공장도, 도착도, 상차도 등)

2. 토공

가. 토사의 체적은 양단면적의 평균값에 거리평균법으로 고쳐서 산출하였는지 여부
나. 본선 흙쌓기, 땅깎기, 도랑 및 길내기 등은 본선으로부터 순차적으로 본선에 가까운 공종으로 계상하였는지 여부
다. 토량환산계수는 암질별로 적용하였는지 여부
라. 토취장 및 골재장으로부터의 거리를 산출하였는지 여부
마. 토공 분배상에서 암질별로 구분하여 운반거리를 선정하였는지 여부
바. 토공기계 선정시 공사의 규모에 따라 장비를 선정하였는지 여부
사. 땅깎기·흙쌓기의 경계부, 교량, 터널 등의 구조물을 경계로 구분하여 토공량을 계상하였는지 여부
아. 토량의 상태별 이동에 유의하여 환산계수를 적용하였는지 여부
자. 울타리, 방호책, 후단옹벽 또는 기타 이와 유사한 종류의 길이는 최외단 말뚝의 중심거리로 하였는지 여부

3. 교량공

가. 교대, 교각, 기타 건조물의 터파기는 특히 지정한 것을 제외하고는 모두 기초 콘크리트 바닥을 밑으로 하여 자연지반의 평균고를 높이로 하는 작업 주체로서 계상하였는지 여부
나. 땅깎기내에 건조물을 시설하는 경우에는 깎기 시공기면 이외의 파기는 터파기로 하였는지 여부
다. 터파기내에 개천내기 및 길내기의 깎기가 있을 경우 이 부분의 깎기는 터파기로 계상하였는지 여부

라. 기초말뚝의 두부보강방식, 난간, 방음벽, 점검시설, 방수형식 등이 설계내용과 일치하였는지 여부

4. 터널

가. 터널굴착시 병렬터널의 경우와 같이 1개 작업조가 두 막장을 동시에 굴착하는 경우 품의 59%를 적용하였는지 여부

나. 갱내 야간작업 및 장대터널 할증, 용수할증을 별도 산정식에 따라 적용하였는지 여부

다. 숏크리트 반발재 처리는 풍화암을 적용하였으며 운반거리는 별도 산출하고 폐기물처리비를 계상하였는지 여부

라. 강재거푸집 1회 콘크리트 타설 연장은 10m를 기준으로 적용하였는지 여부

마. 환기 소요공기는 굴착공기를 적용하며 갱구로부터 200m까지는 자연환기로 보아 환기 소요공기에서 제외하고 실가동율(50%)을 적용하였는지 여부

바. 간이B/P를 설치하여 혼합할 경우에는 기계손료 및 작업인원 등을 별도 계상하였는지 여부

사. 점보드릴 등 타장비로 천공작업시는 작업조 및 작업시간, 장비조합 등을 별도 산정하여 계상하였는지 여부

아. 정착재료는 대단면 굴착에 따른 조기 지반안정을 요하므로 유동성 및 접착성이 우수하고 조강성을 가지며 시공성 및 장기 안정성이 있는 것으로 결정하였는지 여부

자. 모르터 주입일 때는 체적 계산에 의하고 모르터량은 락볼트 체적을 공제하고 천공구멍을 완전히 충진하였는지 여부

차. 숏크리트에서 리바운드량을 포함하지 않은 목적물량만을 산출하고 리바운드량은 별도로 산출, 분리하여 계상하였는지 여부

카. 모래, 자갈, 시멘트 등 주요자재 단위수량은 리바운드량을 감안하여 산출하였는지 여부

타. 개착식구조물 방수 모르터 및 벽돌쌓기는 두께별 면적으로 수량 산출하였는지 여부

파. 터널내 조명은 150W 백열전구를 편측 20m 간격으로 설치하였는지 여부(장대터널일 경우 별도 적용)

하. 터널내 장비가동 및 조명 등에 필요한 공사용 임시전력 시설로 인근 전원위치로부터 갱구부근 현장 배전함까지 수전시설을 가설하는 것으로 보았는지 여부

거. 재료비 산정시 철거 후 재사용이 불가능한 재료에 대하여는 고재대를 공제하여야 하며 사용 가능한 재료는 손율만을 계상하였는지 여부

너. 측정용 계기의 손율은 10%를 적용하고 측정핀 등 소모품 설치에 필요한 재료비, 노무비는 별도 계상하였는지 여부

더. 하향구간은 자연배수로 하는 것을 원칙으로 하며 역구간은 터널연장, 예상되는 용수량, 펌프설비의 유지관리 편이성을 고려하여 충분한 배수설비가 될 수 있도록 규격, 소요대수 등을 결정하였는지 여부

러. 양수 소요일수는 굴착공기로 하며 상시 배수하는 것으로 보았는지 여부

머. 유지관리는 가동펌프 1대당 0.5인을 계상하며 예비양수기는 1대를 적용하였는지 여부

버. 굴착장비, 숏크리트머신, 간이 B/P, 배수, 조명, 환기 등에 소요되는 전력사용료를 계상하였는지 여부

5. 부대공

가. 콘크리트용 조골재와 포장재료는 터널 및 토공에서 발생된 경암은 유용하여 생산하는 것을 원칙으로 하였는지 여부

나. 공사용 가도로의 도로폭은 공사에 지장이 없도록 현장여건에 따라 정하였는지 여부

다. 공사용 가도로는 특별한 경우가 아니면 전면 원상 복구하는 것으로 보고 원상복구비를 계상하였는지 여부

라. 기존도로를 공사용도로로 사용할 경우에는 도로훼손에 따른 복구비를 별도로 계상하였는지 여부

마. 임대용지가 필요한 경우에는 공시지가로 산정한 임대용지비를 별도로 계상하였는지 여부

바. 흙쌓기부의 다짐비 계산시 살수량 함수비가 5% 기준으로 하였는지, 다짐횟수는 진동로울러 다짐 6회, 타이어로울러 다짐 4회로 적용하였는지 여부

사. 공사기간, 주변조건 등에 따라 법면보호공, 분진방지를 위한 살수비 또는 방진막 설치비를 별도 계상하였는지 여부

아. 배치플랜트 부지의 면적은 표준품셈에 의하되 최대 4,000㎡로 하고 부지의 조성은 장비를 사용, 적용하였는지 여부

자. 폐수처리 설비의 용량, 기준에 대하여는 관계법령이 정하는 바에 따라 적용하였는지 여부

Ⅰ-3-8. 내역서 작성기준

1. 전산프로그램

현재 조달청에 등록되어 있는 프로그램은 모두 다섯 종류이며 철도분야는 E.B.S와 S.G.S 프로그램이 주로 사용되고 있음

2. 도급예산내역순서

Ⅰ. 순공사비

가. 공 사 비

1. 토　　공
   - 가) 본선토공　　나) 본선부속　　다) 개천내기
   - 라) 길 내 기　　마) 지　　축　　바) 연약지반
2. 교　　량
3. 구　　교
4. 하　　수
5. 터　　널
   - 가) 개착식터널　　나) NATM 터 널
   - 다) 개착식 BOX　　라) 터널부대공
6. 입체교차
7. 정 거 장
8. 임 시 선
9. 가 시 설(각 공종에 포함하여 산출할 수 있음)

10. 부 대 공
11. 주요자재비(각 공종에 포함하여 산출할 수 있음)

나. 간접노무비
다. 산재보험료
라. 고용보험료
마. 국민건강보험료
바. 국민연금보험료
사. 건설근로자 퇴직공제부금비
아. 산업안전보건관리비
자. 기타경비
차. 공사보증이행수수료
카. 건설하도급 대금 지급보증서 발급수수료
타. 환경보전비
파. 연구개발비(추후 시행 예정)

Ⅱ. 일 반 관 리 비
Ⅲ. 이 윤
Ⅳ. 공 급 가 액
Ⅴ. 공사손해 보험료
Ⅵ. 기 술 사 용 료
Ⅶ. 특 허 사 용 료
Ⅷ. 부 가 가 치 세
Ⅸ. 도 급 금 액

Ⅰ-3-9. 단가설명서 작성기준

1. 단가설명서의 작성

단가설명서는 2007. 10. 12 개정에 따라 단가설명서 교부 불필요.

2. 단가설명서 작성시 일반사항

가. 단가설명서는 세부공종 시공을 위한 준비, 시공, 완공까지의 각 단계 작업과정과 기계시공에 동원되는 장비의 품명, 규격, 수량, 소요되는 자재의 품명, 규격, 수량, 할증여부, 가설재료(거푸집 등)의 재질, 사용횟수, 적용범위, 인력시공에 동원되는 직종, 투입공수, 운송장비의 운반경로, 거리 및 속도 등을 명기한다.

나. 재료의 할증

1) 재료의 할증률이란 시방 및 도면에 의하여 산출된 재료의 정미량(正味量)에 재료의 운반, 절단, 가공 및 시공 중에 발생되는 손실량을 가산하여 주는 비율로서 품셈에 할증이 포함 또는 표시되어 있지 아니한 경우에 한하여 적용하며, 수량에 할증여부를 명기한다.

2) 재료의 운반품은 정미수량에 할증량을 포함한 총소요량을 곱하여 산출하는 것이 원칙이며, 다르게 산출한 경우 할증 여부를 명기한다.

3. 단가설명서 작성시 유의사항

가. 목적물 이외의 항목 또는 공종에 대하여는 설계서(설계도면 , 시방서, 현장설명서) 또는 표준품셈에 의한 물량으로 적용한다.

나. 단위 목적물 물량내역서 또는 단가설명서에서 별도계상 또는 지급하도록 되어 있는 항목은 중복계상 또는 누락되지 않도록 작성한다.

다. 공사에 소요되는 자재 중 발주처에서 지급하는 지급자재에 대하여는 해당 공사의 현장설명서를 참조한다.

라. 목적물의 비목별 단가는 설계서를 충분히 검토한 후 관련공사의 자재 및 노무량이 누락되지 않도록 한다.

마. 목적물의 비목별 단가는 재정경제부 회계예규 원가계산에 의한 예정가격 작성준칙, 노동부고시 산업재해 보상보험 요율, 건설공사 표준안전관리비 산정기준, 부가가치세법 및 기타관련법규에 준하여 계상한다.

바. 세부 공종의 물량에 대한 측정방법을 기술하여, 단가에 대한 이해를 돕는다.

Ⅰ-3-10. 복합단가내역서 작성기준 및 공종구성 검토

1. 검토개요

현 내역서 작성기준은 개별단가로 작업, 물량 중심으로 전체 공사현황 및 구조물별 공사비 파악이 어렵고 세세한 수량변동 등에 따른 설계변경과 세부 항목에 대한 기성검사가 까다로우며, 투명성 확보가 어려워 발주처 방침을 받아 관계 규정에 부합되도록 복합단가 내역서 적용을 검토하였다.

2. 내역서 작성기준

가. 개별단가

시공시 시행되는 작업 및 추입물량 단위의 세부공종으로 작성.

예) 콘크리트타설(㎥), 철근가공 및 조립(ton), 거푸집(㎡) 등

나. 복합단가

실제 공사현황 파악이 가능한 구조물 단위의 내역간소화 작업 공종으로 작성

예) 교량상부공(span), 교량하부공(기), 터널굴착(m) 등

<표 Ⅰ.3.11> 개별단가방식과 복합단가방식 비교

구 분		개별단가(작업, 물량중심)	복합단가(구조물 중심)	비 고
일 반	장점	공사에 투입되는 물량 파악이 용이함	전체 공사현황 및 구조물별 공사비 파악이 용이함	
	단점	전체 공사현황 및 구조물별 공사비 파악이 어렵고 각 구조물의 시공방법 규모 등 경우에 따라 다수의 공종 발생	세부공종에 대한 수량 및 단가의 오류검토가 어려움	
현장 설계 변경	장점	계약 물량이 상대적으로 명확하여 설계변경의 투명성 확보가 가능 하며, 민원 및 현장여건 변동 등에 따라 설계가 변경될시 공통적으로 적용되는 공종은 수량증감으로 처리 하므로 신규단가 발생 최소화 가능	세세한 수량변동 등에 따른 설계변경 감소	
	단점	세세한 수량 변동 등에 따른 설계변경 다수	민원 및 현장여건 변동에 따라 설계나 운반거리 등이 변경될 시 복합공종 전체에 대한 신규단가 발생우려	
공사 기성	장점	구조물이 완성되기 전 작업 단계별로 기성검사가 가능하므로 예산집행 등 기성관리가 용이함	실제완성된 구조물 중심이므로 기성검사가 용이하며 기성의 투명성 확보 가능	
	단점	세부항목에 대한 기성검사가 까다로우며 투명성 확보가 어려움	구조물이 완성되기 전에는 기성집행이 불가하여 예산집행 등 기성관리가 어려움	

3. 검토 결과

가. 동일한 패턴으로 시공되는 공종은 최대한 복합단가로 구성하고 토공 등 일정한 패턴이 없는 공종의 경우 해당공구의 평균단가를 적용하여 공종을 단순화하는 것이 타당함.

나. 가시설, 부대공(일부제외), 주요자재는 타 공종에 포함하여 각 공종별 전체 공사비를 파악하기 용이 하도록 작성하는 것이 타당함.

다. 원할한 기성집행을 위하여 시공중인 구조물에 대하여도 각 구조물에 대한 공정율에 따라 기성집행이 가능하도록 조치 필요(계약서상)

라. 공사발주시 단가설명서를 정확히 작성하여 설계변경에 따른 입찰자들의 민원이 발생치 않도록 조치 필요 (각 공종별에 포함된 세부공정을 정확히 작성)

마. 도면 등 투찰에 필요한 최소자료를 사전에 준비하여 실제 입찰공고 후 입찰자에게 실비로 제공함으로써 투찰에 문제가 없도록 조치 필요.

바. 계약서에 설계변경의 범위 등을 재정비하여 세부공종 변경에 따른 복합 공종의 설계변경을 최대한 방지해야 할 것으로 사료됨.

4. 복합단가 공종예시(안)

가. 토　　　공 : 해당공구 암질별 평균단가 적용
(본선부속, 개천내기, 길내기, 연약지반)

나. 교　량　공 : 토공 및 기초공, 상부공, 하부공 등으로 구분하여 적용

다. 구교 및 하수 : 토공, 구조물공 등으로 구분하여 적용.

라. 터　　　널 : 개착식 터널은 토공 및 Type별 구조물공, NATM터널은 패턴별 굴착, 라이닝 및 보조공법으로 구분하여 적용.

마. 입 체 교 차 : 주요공종(토공,교량,터널 등) 준용.

바. 정　거　장 : 주요공종(토공,교량,터널 등) 준용.

사. 임　시　선 : 주요공종(토공,교량,터널 등) 준용.

 - 가　시　설 : 각 공종에 포함하여 산출.

차. 부　대　공 : 가설사무소, 구조물철거, 기타부대공 등으로 구분하여 적용.

 - 주 요 자 재 : 각 공종에 포함하여 산출.

Ⅰ - 4. 토 공 계 획

Ⅰ-4-1. 적용

본 편에서는 땅깎기 및 흙쌓기와 관련된 토공의 설계에 필요한 기본사항을 언급한다.

흙은 극히 변화가 많은 재료이므로 토공설계시 본 요령의 의도를 정확히 파악하고 현지 조건 등을 충분히 고려하여 합리적이고 경제적인 설계가 되도록 노력해야 한다.

토공의 설계는 궤도, 배수, 교량, 터널 등과 밀접한 관계가 있으므로 이들과의 관련성도 충분히 고려한다.

Ⅰ-4-2. 기본사항

토공설계에서는 사전조사 결과를 근간으로 다음 사항을 고려한다.

1. 자연조건이나 사회조건 등의 현지조건을 충분히 고려할 것

토공사는 복잡하고 다양한 조건에서 실시되기 때문에 지형에 따라 설계조건이 다르게 되어 획일적으로 설계하는 것이 곤란한 경우가 많다. 따라서, 지형이나 지질 및 기후 등의 자연조건이나 주변상황 등의 사회적 조건을 충분히 고려하여 현지 조건에 적합한 설계를 하는 것이 중요하다.

2. 경제성 및 시공성을 중시할 것

경제성을 고려할 경우 건설비 외에 유지관리비도 포함한 종합적인 비교 검토가 필요하다. 건설비의 절감만을 고려하여 설계·시공한다면 유지관리 단계에서 예기치 않은 문제가 발생하고 그 대책에 막대한 비용이 들어 오히려 비경제적으로 되는 경우가 있으므로 주의한다.

3. 하중이나 강우 등의 외적 작용에 대하여 충분한 안정성을 가질 것

땅깎기나 흙쌓기의 비탈면은 강우 등의 영향을 받아 붕괴를 일으키고 열차 운행에 지장을 주는 경우가 많다. 특히 깎기부 비탈면은 지질이 복잡하고 불균일하므로 설계시에 충분한 조사나 검토를 하지 않으면 시공 중에 문제를 일으키거나 완공 후 강우나 풍화작용으로 붕괴를 일으키므로 설계·시공단계에서의 충분한 안정 검토와 대책이 필요하다.

4. 주변환경과 조화를 도모할 것

땅깎기나 흙쌓기 등의 토공은 교량 등의 구조물과 함께 가능한 한 주변환경과 조화를 이루도록 설계 시공하여야 한다. 이를 위해서는 지역의 특성을 살리고 가능한 한 자연 지형을 효과적으로 이용해서 토공량을 적게 하거나 식재 등을 활용해서 변화된 지형을 될 수 있는 한 빨리 복원하는 등의 배려가 필요하다.

5. 유지관리가 용이할 것

철도 노반의 토공부는 완공 후의 유지관리상 자주 문제가 되는 노면의 부등침하나 비탈면 붕괴가 생기지 않도록 배려하고, 변화가 생겼을 때 간단히 복구할 수 있는 구조로 하는 것이 중요하다.

특히, 유지보수가 비교적 곤란한 터널 시·종점 부근이나 단차가 생기기 쉬운 구조물 접속부 및 절성토경계에서는 세심한 설계 시공이 필요하다. 땅깎기나 흙쌓기부의 비탈면에서는 강우나 풍화에 의해 침식을 받기 쉬워 토질의 보호에 충분한 대책이 필요하며 대절토 비탈면에서는 소단과 연계하여 유지관리를 위한 점검시설을 고려하는 것도 중요하다.

Ⅰ-4-3. 토공부의 구성

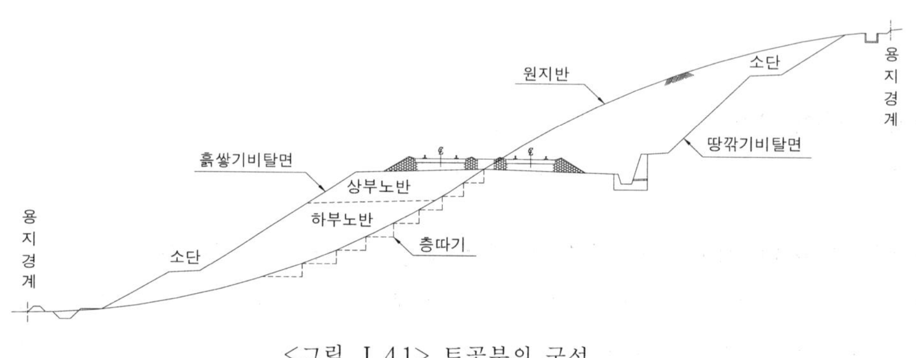

<그림 Ⅰ.4.1> 토공부의 구성

Ⅰ-4-4. 토공계획

1. 노선의 선정

철도계획에서는 경제성, 주행 안정성, 환경보전, 시공성 및 유지관리 등을 포함한 종합적인 검토를 한 후에 최적의 선형을 선정하여야 한다. 이를 위해서는 각 항목에 맞게 충분한 조사와 검토가 필요하지만 토공계획에서는 지형, 지질 및 기후 등의 자연조건과 도로, 철도, 하천 및 문화재 등의 사회적 조건을 충분히 고려하여야 한다.

가. 현지답사

토공의 설계에서는 지형이나 지질의 파악이 매우 중요하기 때문에 상세한 현지답사가 필요하며 특히 지형이나 지질이 복잡한 산악지에서의 현지답사는 매우 중요하다.

나. 토공계획상 주의를 요하는 장소

1) 산사태 위험지역
2) 눈사태 위험지역
3) 대절토 비탈면 및 경사지반상의 땅깎기 구간
4) 문화재 매장 지역

2. 토공량의 분배

토공량의 분배는 땅깎기나 흙쌓기 계획의 기본이 되기 때문에 지형, 지질, 현지의 상황, 경제성, 시공성 등을 충분히 고려하여야 하며 특히 다음 사항에 유의한다.

가. 토공은 원지반을 굴착하여 그것을 성토하는 작업이 대부분을 차지한다. 따라서 평면선형 및 종단선형, 비탈면기울기 등의 설계에서는 가능한 한 토공량을 줄이면서 절성토량이 평형이 되도록 계획하는 것이 중요하며, 이것은 토공의 경제성과 연관된다. 그러나 토공의 균형에만 너무 집착하면 교량 등의 구조물이 대규모로 되어 경제성이 떨어지는 경우도 있으므로 종합적인 검토가 필

요하다.

나. 토공의 평형을 고려하는 경우 노선 전체에 대해 평형을 유지시키는 것은 물론이지만, 공사의 시공성을 감안하여 구간마다 평형이 되도록 계획하는 것이 중요하다. 이것은 절성토량의 평형이 너무 장거리에 걸쳐 이루어지면 운반거리가 길어져 비경제적으로 되기 때문이다.

다. 공사중에는 항상 토량의 균형에 주의하여 적절히 토량을 배분하는 것이 중요하다. 계획시의 토량 변화율이 타당한지 여부를 항상 점검하여 여분의 사토나 순성토가 생기지 않도록 유의한다.

라. 땅깎기에서 발생하는 재료는 그 성질을 충분히 파악하고 흙쌓기 각부에 가장 적합한 흙이 적절히 배분되도록 유념해야 한다. 노상 및 노체의 상부에는 가능한 한 다짐이 용이하고 압축성이 작은 재료를 배분하고 입경이 큰 전석과 암괴, 소성지수가 높은 점성토 등은 될 수 있으면 흙쌓기의 하부에 넣도록 계획한다.

3. 토취장 계획

토취장 계획에서는 먼저 충분한 조사를 하여 토질, 채취 가능토량, 법적규제, 운반로, 현지 조건 등을 파악하여 최적의 토취장을 선정하도록 한다.

가. 토취장 선정시의 고려사항

1) 철도 인접지 부근에 후보지를 선정하여 운반거리를 될 수 있으면 짧게 한다.
2) 다른 공공사업과 가능한 한 연계하여 효과적인 토취장 계획을 수립한다.
3) 토공분배 계획과 관련해서 토량의 문제만이 아니라 노상재, 뒷채움재, 비탈면 보호, 운반로, 교통성 확보 등도 고려한다.
4) 관계기관 협의(인근공사현장, 공사물량 및 공사시기 등)를 통하여 예산절감이 가능토록 설계

나. 토취장 계획의 흐름

<표 Ⅰ.4.1> 토취장 계획의 흐름

설계단계	목 적	조 사 내 용	착 안 점
타당성조사 및 기본설계 단계	· 최적노선에 맞추어 개략적인 토취장을 검토한다.	· 지형도에 의한 도상 조사와 간단한 현지답사	· 법령에 의한 개발 규제 유무의 파악 · 토량, 토질, 운반로의 개략 검토
설계협의 단계	· 현지조건에 적합한 토취장 후보지 몇곳을 선정하고 비교 검토해서 최적의 토취장을 선정한다	· 가능토량, 토질, 운반경로, 용지 등의 현지조사 · 유력한 후보지의 토질조사 및 토질시험 · 관할 행정관청과 허가 유무를 사전 협의	· 채취가능토량,토질의 파악 · 운반로의 사용 협의 · 토지 이용계획과의 조정 · 배수 및 방재계획 검토
실시설계 단계	· 세밀한 조사·검토 및 설계협의에 따라 토취장을 최종 선정한다	· 상세한 측량조사 · 용지보상을 위한 조사 · 토질 등의 보충조사 · 운반로의 상세조사	· 보상 관계의 확인 · 운반로의 개량 및 대책

다. 토취장 선정시 주의사항

1) 토취장은 시공시 토량환산계수 등의 변경에 따라 채취 토량이 변경되는 경우가 있으므로 토량에 여유를 갖도록 한다.
2) 땅깎기에 의해 비탈면이 생기는 경우는 비탈면 기울기와 비탈면 보호공 등을 검토하여 붕괴 등이 발생치 않도록 배려한다.
3) 토지이용계획에 대하여 용지 소유자와 충분히 협의하여 장래 민원이 발생치 않도록 설계에 반영한다.

4. 사토장 계획

사토장의 계획에서는 사전에 충분한 조사를 하고 수용 가능 사토량, 방재대책, 법적규제, 운반로, 현지조건 등을 종합적으로 검토해서 최적의 사토장을 선정하도록 하여야 하며, 사토장 선정시 고려사항은 다음과 같다.

가. 사토장의 위치

사토장은 가능한 한 공사현장의 인근에 선정한다.

나. 관계기관 협의

관계기관 협의(인근공사현장, 공사물량 및 공사시기 등)를 통하여 예산절감이 가능토록 설계하여야 한다.

다. 운반로의 확보

운반경로의 선정에 있어서는 단순히 운반 거리뿐만 아니라 교통량 등을 종합적으로 검토하여야 한다.

라. 사토장의 용량

사토장 용량은 토량환산계수, 토질 및 암질의 변화에 의한 땅깎기·흙쌓기량 및 사토량의 변화를 고려하여 여유를 갖도록 한다.

I-4-5. 토석정보시스템

1. 개요 및 절차

가. 개요

토석정보시스템은 토석자원의 발생현황을 설계단계부터 시공, 준공단계까지 순차적으로 입력하고 토석자원이 필요한 발주자, 설계사, 시공사는 조회시스템(www.kiscon.net)을 이용 조회하여 토석정보를 서로 공유할 수 있는 시스템이다.

나. 절차

공사진행과정	시스템 등록
기본설계 종료시	기본설계내역 입력 및 관리
실시설계 종료시	실시설계내역 입력 및 관리
시공 계약시	시공계약내역 입력 및 관리
설계 변경시	토석 반출입 관련사항의 입력 및 관리
실제 반입·반출시	반입·반출 내역의 입력 및 관리
공사 준공시	최종 종결처리

2. 토석정보시스템의 활용

가. 활용개념도

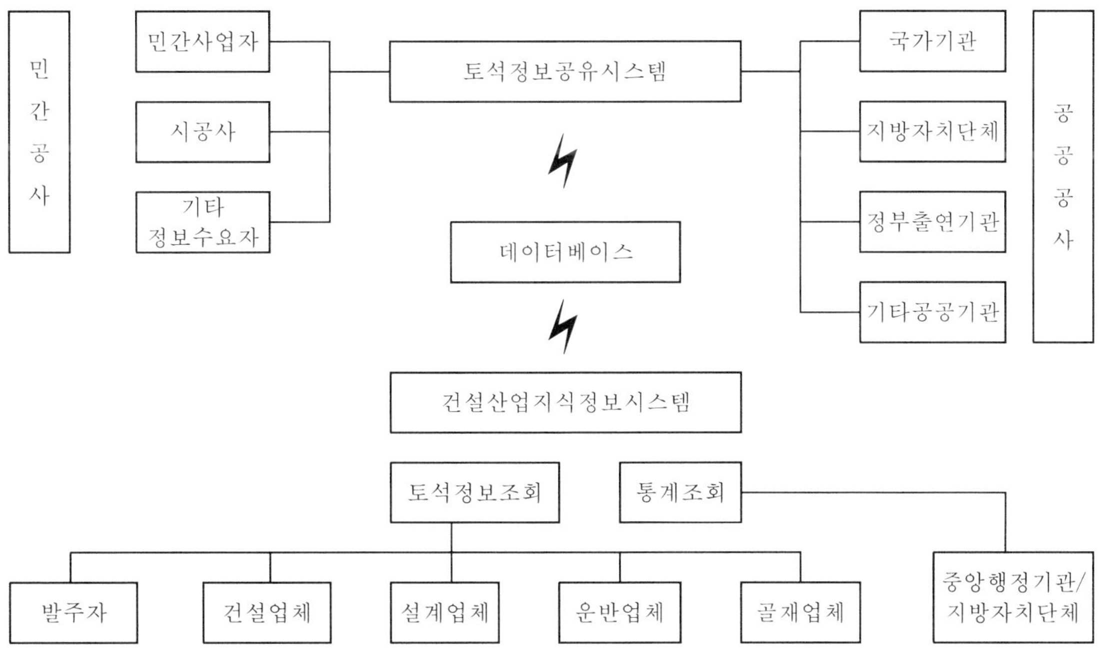

나. 설계시 고려사항

설계자는 기본 및 실시설계시 토석정보를 적극 활용하여 사토장 및 토취장 개발에 따른 공사비 증가, 자연환경의 손상 등을 미연에 방지하여야 한다.

Ⅰ - 5. 정거장 배선 및 열차운행 계획

Ⅰ-5-1. 정거장 배선

1. 정거장배선 설계범위

가. 설계범위

1) 과업구간의 관련계획, 상위계획, 국가철도망 계획, 국토개발계획 등을 조사 반영
2) 기존선 및 인접 철도노선 등의 운행 현황 조사 반영
3) 열차운행계획, 교통수송수요, 지자체 계획 등을 반영하여 정거장 배선 계획
4) 선형 및 지장물, 구조물 등을 고려하여 배선 계획
5) 선로 경합조건, 구조물 경합조건, 철도건설규칙 적합성 등을 고려하여 계획
6) 시설, 신호, 통신, 건축, 전기 등 철도 전반적 System을 고려하여 계획
7) 상위계획, 관련계획, 국가철도망계획, 지자체 도시계획, 노선에 따른 정거장 위치 선정
8) 교통수송수요, 열차운영계획, 인접선구 연계운영계획에 따른 정거장 규모 산정
9) 선로 및 구조물 경합조건을 고려한 정거장배선 계획
10) 수송수요, 종단선형, 지자체 계획, 시공성을 고려한 승강장 및 역사계획
11) 시설, 건축, 신호, 통신, 전기 등을 고려한 시설배치 계획
12) 계획안에 따른 한국철도시설공단 및 한국철도공사 배선협의 및 수정, 보완, 승인 완료
13) 정거장의 규모, 기능이 특수한 경우는 발주처와 협의후 별도산정이 필요(규모 500량 이상)

나. 작업흐름도

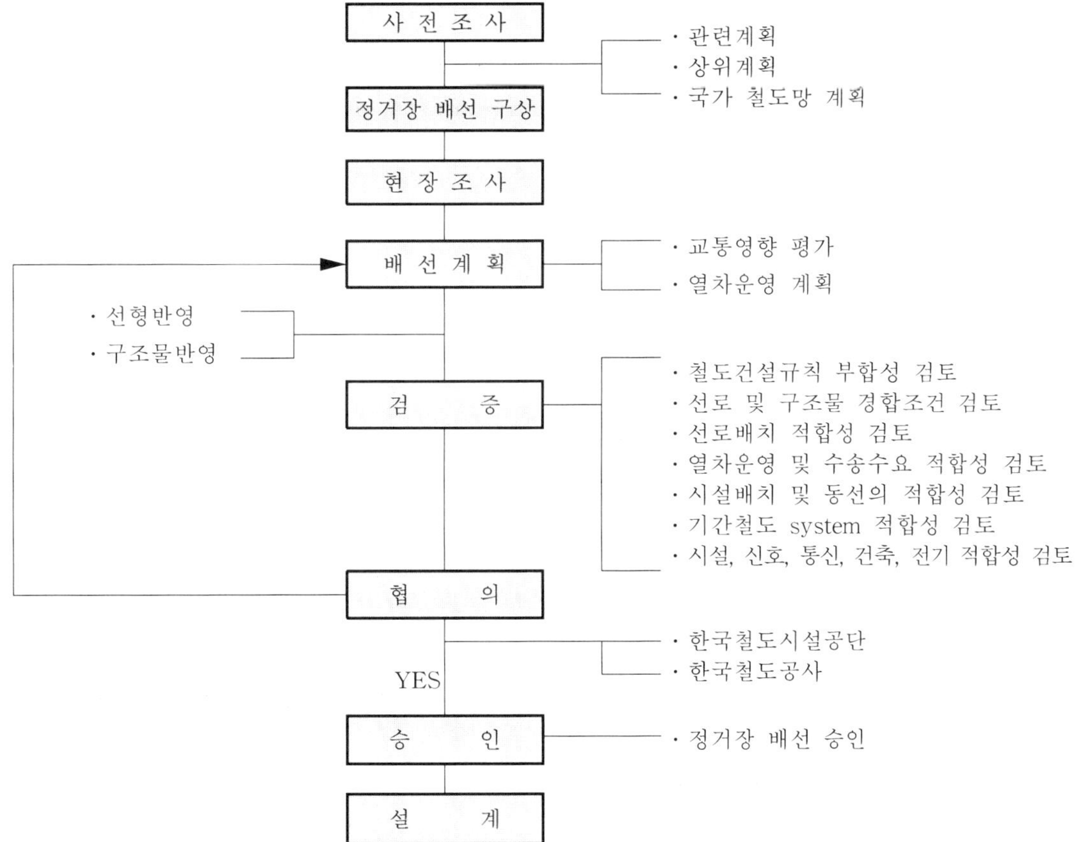

2. 정거장 계획

가. 정거장계획 일반

1) 정거장 시설계획은 철도건설규칙 제2조 제7항에서 정하는 정거장 시설목적과 동규칙 제3장 정거장 및 기지에서 정하는 기준에 따라 계획한다.

2) 정거장 시설계획은 열차운전 취급시설, 선로배선시설, 여객설비, 화물설비, 차량기지, 역사건물 등 시설을 계획한다. 다만, 열차운전 취급시설 및 역사건물시설, 전기 및 신호, 통신시설 등에 관련한 부대시설은 해당전문분야 기준에 따라 계획한다.

나. 선로배선 계획

1) 일반사항

가) 정거장 배선은 보통역과 조차장, 신호장, 기지 등 사용목적과 필요성에 따른 열차운영계획을 토대로 배선한다.

나) 정거장 배선은 여객열차와 화물열차 혼용, 장거리열차의 급행, 완행의 통과 대피선, 고속철도 환승을 고려하여 배선한다.

다) 정거장 입지조건과 주변여건을 고려하여 배선한다.

라) 정거장은 구내 투시가 양호하게 하고, 구내 주본선은 가급적 직선으로 배선하며, 상하선군은 서로 대칭이 되도록 계획한다.

마) 본선군, 유치선군, 측선군, 인상선 등 각 선군이 구분되게 계획하며, 각 선군간 연결, 연계가 합리적이며 효율적으로 연결되도록 한다. 또한 구내 입환 작업시 본선열차에 지장을 주지 않는 배선이 되도록 계획한다.

바) 정거장 착발선의 계획시 도착을 우선하도록 배선을 계획한다.

사) 본선과 인상선, 분류선과 대기선을 분리하는 배선으로 하여 선로의 사용 용도를 단순화한다.

아) 본선상의 분기기 수는 가능한 적게 하고 분기기의 설치시 집중 배치하여 분기구간을 최소화하며, 고속열차가 분기기의 분기축으로 고속 통과하지 않도록 배선한다.

자) 분기기는 배향분기기를 기준하여 배선한다.

차) 곡선분기기, 슬립스위치 등의 특수분기기는 부득이한 경우를 제외하고는 설치하지 않아야 하며 특수분기기의 분기측을 고속열차가 통과하지 않도록 한다.

카) 선로간격은 철도건설규칙 제14조의 규정에 의하여 배선한다.

타) 사고시에 대응하는 배선을 고려하여 각선 상호의 융통성을 확보하도록 배선한다.

파) 정거장 배선은 유효장, 선수, 승강장수 및 폭, 길이, 출발선, 도착선, 입환선 등 순서로 배선한다.

하) 각역의 21호, 51호의 내방에는 각각 1개 이상의 건늠선을 배선해야 한다.

거) 선로 배선시는 각종 건물배치, 지하도, 도로, 우수 배수관로, 오폐수관로, 상하수도, 전력, 통신, 신호케이블 매설 및 주 건식 위치 등을 고려하여야 한다.

너) 기존 정거장 배선시는 열차운행 및 영업에 지장이 없도록 단계별 시공계획을 고려하여야 한다.

더) 배선시는 신축이음매, 절연이음매, 중계레일설치를 고려해야 한다.

러) 정차하는 열차취급량이 적은 정거장에서는 주본선 통과형으로 배치한다.

머) 선로유지보수를 위한 장비 유치선은 가능한 측선이 배치되는 모든 정거장에 배치한다.

2) 선로 배선시 경합금지

가) 분기기와 원곡선, 분기기와 완화곡선, 분기기와 종곡선은 경합하여서는 안된다.

나) 분기기와 토피가 적은 지하횡단구조물은 가능한 피하도록 배치하여 부득이한 경우에는 노반강도의 불균일이 분기기에 악영향을 미치지 않도록 조치한다.

다) 장대레일을 부설해야 하는 본선에서 분기기와 거더 신축이음부는 가능한 피하도록 배치하며 부득이한 경우에는 거더 신축에 의한 추가 축력이 분기기에 전가되지 않도록 한다.

라) 무도상 교량에 분기기 설치는 가능한 피해야 하며 거더 신축이음부와의 경합은 피해야 한다.

바) 분기기 배치는 조건에 따라 1선분기형, 2선분기형, 3선분기형으로 배치 한다.

사) 분기기 배치는 일반적으로 4선까지는 1선분기형 또는 1.5선분기형, 5선분기형은 2선분기형 이상의 지선분기형, 10선이상은 3선분기형으로 배치를 원칙으로 한다.

3) 정거장 평면도

가) 정거장 평면도는 1:1,000으로 작성하며, 요항표는 규정에 따라 작성하여야 한다.

나) 정거장 평면도에는 선로배선, 분기기, 선로연장 및 유효장, 열차진행 방향표시, 선로명, 구배, 평면선형제원, 지축, 역사, 광장, 승강장, 용지, 정거장 중심표시, 역간거리, 시·종점 표기, 여객통로 등 정거장과 관련된 사항을 기재하여야 한다.

다) 정거장 평면도의 표기는 신설계획은 빨간색, 기존 존치는 검정 또는 파란색, 폐지는 노란색으로 표기하며 금회는 실선으로 장래는 점선으로 표기한다. 이 외 표기는 범례를 사용하여 표기한다.

라) 배선약도의 작성은 선로연장, 유효장, 선로번호, 분기의 방향, 분기기의 순서 등을 일목요연하게 작성토록 한다.

마) 본선, 부본선, 대피선, 통과선, 유치선, 측선 등은 열차운용 효율증대와 열차운행 보안을 위하여 상하선 방향별로 배선해야 하며 열차운행보안을 위하여 상하선 평면교차는 피하여야 한다.

바) 분기기 배치는 조건에 따라 1선분기형, 2선분기형, 3선분기형으로 배치한다.

사) 분기기 배치는 일반적으로 4선까지는 1선분기형 또는 1.5선분기형, 5선이상은 2선분기형 이상의 지선분기형, 10선이상은 3선분기형으로 배치를 원칙으로 한다.

다. 정거장 분류

1) 지상정거장

가) 지축폭은 최외측 선로중심에서 4.0m 이상으로 하며, 정거장의 기능에 따라 선로 보수 통로를 확보하여야 한다.

나) 종단기울기

(1) 차량을 해결하는 정거장 2‰이하

(2) 차량을 해결하지 않는 정거장 8‰이하

(3) 전동차 전용 정거장 10‰이하

다) 횡단기울기는 3% 이하로 한다. 단, 부득이한 경우 5%까지 할 수 있다. 배수로는 2~3개선마다 1개 설치를 원칙으로 한다.

라) 용지경계는 토공정규 및 설계기준에 의거하여 계획하며 환경영향 발생구간은 환경영향 저감시설설치를 고려한 용지폭을 확보한다.

마) 배수시설은 부지내의 강우강도를 조사한 후 유출량 등을 산출하여 현장조건에 적합한 표면수로, 집수정, 횡단배수로, 개천내기 등을 계획하여야 한다.

바) 울타리는 정거장부지 지축 끝에 주위여건에 따라 방음벽 또는 블럭울타리, 생울타리 등을 설치한다.

사) 접근도로, 광장, 지하통로 및 구름다리, 주차장 등을 계획한다.

아) 분기기는 노반강도가 균등한 구간에 설치토록 한다. 따라서 지하구조물의 토피가 1.5m 이상을 확보하지 못할 경우에는 어프로치블럭을 분기기 전 연장으로 확대하는 등 대책을 수립해야 한다.

자) 교량과 인접한 구간에서는 거더의 신축이 분기기에 영향을 미치지 않는 구간에 배치해야 하며 부득이한 경우에는 장대레일 축력이 전달되지 않도록 해야 한다.

2) 고가정거장

가) 고가정거장 구조물의 기둥간격과 층간높이는 역사시설과 이에 따른 부대시설 및 관련기준을 고려하여 계획한다.

나) 분기기가 배치되는 구간은 분기기 전연장을 연속거더에 위치하도록 계획하여야 하며 라멘교 등 부득이한 경우 거더의 신축량을 최소화하는 방안을 강구해야 한다. 분기기 전연장을 연속거더에 위치하도록 계획할 경우에는 분기기 시종점부는 거더 신축에 대응할 수 있는 레일신축이음매 배치를 원칙으로 한다.

다) 종단기울기와 지축폭은 지상정거장에 준한다.

라) 횡단기울기는 신속한 배수를 위하여 1% 내외로 계획하며 배수로는 2개선마다 1개 설치를 원칙으로 한다.

마) 고가교 방호벽 위에는 필요에 따라 방음벽 또는 난간을 설치한다.

바) 표면배수는 슬래브에 배수구를 설치하여 교각쪽으로 집수하고 교각에 우수유출관을 설치하여 측구로 유도한다.

사) 궤도, 토목시설 등을 종합분석하여 소음, 진동감소를 고려한 환경친화적인 구조로 계획한다.

아) 용지경계는 상하부폭 중 큰 폭을 기준으로 계획하며 지장물이 발생하는 구간은 시공성을 고려한 폭으로 한다.

자) 구조설계는 철도설계기준 철도교편 및 노반편의 해당 기준을 따라야 한다.

3) 지하정거장

가) 전동차 전용선, 여객용 전철전용으로 운행하는 선로를 제외하고는 지하에 정거장을 설치하지 않는다.

나) 종단기울기는 배수를 위하여 2‰이상으로 계획한다.

다) 용지폭은 측벽 외측으로부터 1.0m를 확보하도록 한다. 다만 지상에 지장물이 있을 경우는 민원 등 환경친화를 고려하여 별도로 정할 수 있다.

라) 지하정거장에는 오수, 우수를 분리하여 배수처리를 하되 집수정까지 자연배수가 되도록 하고 오수처리관을 매설하거나 배수뚜껑을 설치하여 별도 집수 처리토록 한다.

마) 엘리베이터, 에스컬레이터 등 승객이동시설, 소방설비, 환기, 공조, 냉난방, 위생설비 등의 설치를 고려한 구조물을 계획한다.

바) 화재발생시 방재프로그램에 의한 비상유도등, 급기, 배기, 제연설비 방화문 등을 설치하기 위한 시설을 해당분야로부터 제원을 제공받아 설치한다.

라. 용어의 정의

이 기준에 사용하는 용어의 의미는 다음과 같다.

1) 정거장 : 여객의 승강, 화물의 적하 등의 영업을 행하고 열차의 조성, 차량유치, 차량의 입환, 열차의 대피, 교행 등의 운전 및 보안상의 필요한 시설을 갖춘 장소를 말하며 역, 신호장, 객차기지(객차조차장), 화차기지(화차조차장), 전동차기지, 기관차기지 등으로 구분한다.
2) 역 : 열차를 착발하고 여객, 화물 등을 취급하기 위하여 시설한 장소를 말하며 보통역, 여객역, 화물역 등으로 구분한다.
3) 보통역 : 여객과 화물을 같이 취급하는 역
4) 여객역 : 여객만을 주로 취급하는 역
5) 화물역 : 화물을 주로 취급하는 역
6) 신호장 : 열차의 교행, 대피를 위하여 설치한 역
7) 차량기지 : 기관차 및 객차, 화차, 전동차 등의 차량을 유치, 주박, 편성, 세척, 정비, 검수, 등을 하기 위하여 독립적으로 설치 운영하는 장소를 말하며, 일반적으로 기관차기지, 객차기지, 화차기지, 전동차기지로 구분하다.
8) 기관차기지 : 기관차의 검수, 정비, 주박을 하기 위하여 설치한 장소이며, 일반적으로 기관차사무소라 한다. 객차기지 및 화차기지와 연동하여 위치한다.
9) 객차기지 : 여객열차의 편성, 유치, 주박, 세척, 정비, 검수를 하기 위하여 설치한 장소이며, 기관차기지와 연동하여 일반적으로 차량기지라 한다. 여객열차의 조성, 편성을 주로 하는 곳은 객차조차장이라고도 한다.
10) 화차기지 : 화차의 편성, 유치, 주박, 정비, 검수 등을 하는 장소를 말하며, 화물열차의 조성, 편성하는 장소를 화차조차장이라고 한다.
11) 주박기지 : 전동차 또는 열차의 주박, 유치, 청소 등을 하기 위하여 독립된 소규모 차량기지를 말한다.
12) 조차장 : 열차의 조성 및 편성을 하기 위하여 설치한 장소
13) 본 선 : 열차의 운행에 상용되는 선로를 말하며, 주본선, 부본선, 출발선, 도착선, 착발선, 통과선, 대피선, 교행선, 중선 등이 있다.
14) 주본선 : 중요한 본선으로 고속열차의 통과 및 여객취급 등 많은 열차가 통과, 착발하는 선
15) 부본선 : 여객열차의 여객취급 및 열차대피, 통과 등 주본선 다음으로 중요한 본선.
16) 출발선 : 열차의 출발에 사용할 목적으로 설치하는 본선
17) 도착선 : 열차의 도착에 사용할 목적으로 설치하는 본선
18) 착발선 : 열차의 착발에 사용할 목적으로 설치하는 본선
19) 통과선 : 통과열차의 운전에 사용할 목적으로 설치하는 본선
20) 대피선 : 열차를 대피시킬 목적으로 설치하는 본선
21) 교행선 : 단선 운전구간에서 열차의 교행을 목적으로 설치하는 본선
22) 중 선 : 본선과 본선 사이의 설치하는 선으로 전선을 위하여 설치한 본선
23) 측 선 : 열차운전에 상용하는 본선이외의 모든 선로를 말한다.
24) 유치선 : 객차, 화차, 전동차 유치하기 위하여 설치한 측선

25) 조성선 : 열차의 편성 및 조성을 위하여 사용하는 선으로, 일반적으로 유치선을 그대로 사용하며, 유치선 중 1개선의 유효장을 길게하여 설치하는 경우도 있다.

26) 예비차선 : 예비차를 수용 유치하여 두는 선

27) 인상선 : 본선의 열차운행에 지장을 주지 않고 차량을 입환하기 위하여 설치한 선으로 일반적으로 본선과 병렬로 설치하여 유치선군과 연계된 선

28) 분별선(화물) : 화차를 행선별로 분별하고 열차를 조성하기 위하여 설치하는 선이며 구분선이라고도 함.

29) 화물적하선 : 화물의 적하작업을 목적으로 설치된 선

30) 통로선 : 어떤 선군에서 다른 선군에 차량을 이동할 때 그 사이에 통로로 사용하는 선

31) 일시유치선 : 수도선 또는 수수선 이라고도 하며 다른 선군으로 차량을 수도할 때 그 차량을 일시 유치하여 두는 선

32) 공차유치선(화물) : 공차를 일시 유치하여 두는 선

33) 검수선 : 기관차, 전동차, 또는 객차, 화차의 검사, 수선을 위하여 설치하는 선. 검사와 수선을 구분하는 것은 곤란하나 검사를 주체로 한 선을 검사선, 수선을 주체로 한 선을 수선선이라 하며 검수의 종류에 따라 일상 및 월상, 임시검사선 등으로 구분한다.

34) 반복선 : 열차의 반복운전을 위하여 설치된 선. 일반적으로 전동차 반복선이 주를 이룬다

35) 기회선 : 기관차가 열차출발 및 도착 등의 작업을 위하여 기관차고 사이를 상호 출입할 때와 구내 입환 작업에 지장을 주지 않고 왕복할 수 있도록 기관차만 주행시킬 목적으로 설치된 선

36) 입출고선 : 차량기지를 출입하기 위하여 역과의 기지 사이에 설치된 선로

37) 기관차대기선 : 구내의 입환 기관차를 대기시킬 목적으로 설치된 선. 또는 기관차 대피선이라고도 함.

38) 세척선 : 차량의 세척을 목적으로 설치된 선으로 급수시설, 작업대, 오물수거시설, 폐수처리시설 등의 시설을 갖추어야 하며, 차량의 외부와 내부를 세척한다. 세척선은 차량에 따라 객차세척선, 화차세척선, 기관차세척선이라고 한다.

39) 안전측선 : 단선구간에서 2개 열차가 정거장에 동시 진입할 때 과주로 인한 충돌을 방지하며, 복선에서는 열차 동시 출발시 충돌을 방지하고, 이외에 인상선의 구내보호용, 구배정거장의 본선보호용 등을 위하여 설치하는 선.

40) 유효장 : 인접 선로에 지장없이 열차를 수용할 수 있는 길이를 유효장이라 하며, 유효장에 의하여 정거장의 열차 수용능력이 산출된다.

41) 분기기 : 열차를 다른 선으로 안전하게 진입시키기 위한 궤도구조로 포인트, 리드, 크로싱의 3부분으로 구성되어 있다. 포인트와 같은 가동부분을 전철기라고도 한다.

42) 정위, 반위 : 전철기가 상시 개통하고 있는 방향을 정위라 하고 반대방향을 반위라 한다.

43) 대향, 배향 : 열차가 전철기 방향으로 진입할 때 대향 전철기, 크로싱 방향으로 진입할 때 배향 전철기라 한다.

44) 여객통로 : 역사와 상대방 승강장 또는 승강장 상호간에 여객이 통행하기 위한 통로를 말하며 평면통로와 지하도, 구름다리 등 입체통로가 있다.

Ⅰ-5-2. 열차운행계획

1. 열차운행계획 일반

철도건설 및 개량이나 철도사업 관련 전문기술용역을 검토 수행하는 데 있어서 반드시 열차운영에 대한 검토분석이 수반되는 것이다. 따라서 타당성조사나 기술조사 그리고 기본계획 및 설계 또는 실시설계 등을 수행하는 과정에서 필요한 열차운행 관련 사항을 충분히 고려하여 그 설계의 적정성과 계획수립시 운전취급에 영향을 주는 요소들을 사전에 검토하여 제반 철도안전 및 열차운전취급 규정에 알맞게 철도건설 및 개량 등의 계획이 반영되어야 한다.

2. 열차운행계획 내용

가. 과업의 분류

기술부문 중에서 열차운행 관련 사항을 목표로 한다.

나. 기술부문의 과업 개략

일반적인 기술부문의 과업수행 흐름은 다음과 같다.

1) 관련계획 조사 분석

조사분석시 열차운행 관련 부분은 다음과 같다.

가) 상위 계획 및 관련 계획 조사

나) 기존 철도현황 및 열차운행 수준

다) 현지답사 및 현장조건 조사분석(도면 및 현지확인)

2) 철도시스템 계획

시스템 계획에서 열차운행과 관련 부분은 다음과 같다.

가) 열차운행 최고속도, 여객 및 화물 혼용, 급행 및 완행, 열차편성 등 열차운행 능력은 수송수요를 고려하여 수립한다.

나) 기존철도의 개량 복선화, 신선건설, 전철화, 장대레일화 등 선로구조물의 상태와 제반 요소를 검토하여 계획한다.

다) 정거장 배선은 시·종점 정거장, 중간정거장, 중간분기 정거장 등에 따라 통과대피선 및 유효장을 고려하여 계획한다.

라) 차량체계와 구조물은 여객열차와 화물열차의 속도향상과 서비스(안전성, 쾌적성, 안락성 등) 수준을 고려하여 계획한다.

마) 열차폐색장치, 열차제어장치 등 신호체계는 급행 또는 완행열차의 운행능력 및 열차운행속도 향상을 고려하여 계획한다.

바) 전기체계는 비전철 또는 전철화, 열차운행 및 선로시스템, 궤도구조시스템 등을 고려하여 계획한다.

사) 통신체계는 열차무선, 열차운전실 내부, 정거장 열차운용계획과 철도종합 정보처리 설비 기능 등을 고려하여 계획한다.

아) 정거장 시설은 여객취급, 화물취급, 철도서비스 향상 등을 고려하여 타교통 수단과 쉽고 편리하게 환승 연계할 수 있는 종합교통터미널 기능을 검토하여 계획한다.

자) 차량기지, 보수기지, 현장사무소 기타 부대시설은 철도운용 및 유지보수 등을 고려하여 계

획한다.

3) 건설기준 계획

건설기준 계획시에도 열차운행 관련사항은 협조 조정한다.

4) 노선선정 및 정거장 입지 선정

TPS 검토 분석으로 지원 협조한다.

5) 노반구조물 및 정거장 계획

열차운행계획에 부합성을 검토한다.

6) 열차운행능력 검토

가) 수송수요에 따른 열차운행방식 및 소요차량수, 1개열차 차량편성수, 선로용량, 열차운행 최고속도 등을 검토하여 열차운행능력을 수립하여야 한다.

나) 선로노선 선정에 따라 그 선형에 대한 열차운행능력을 검토하고 이에 따른 차량 소요 판단과 운전경비 등을 개략 계획한다.

다. 과업흐름도

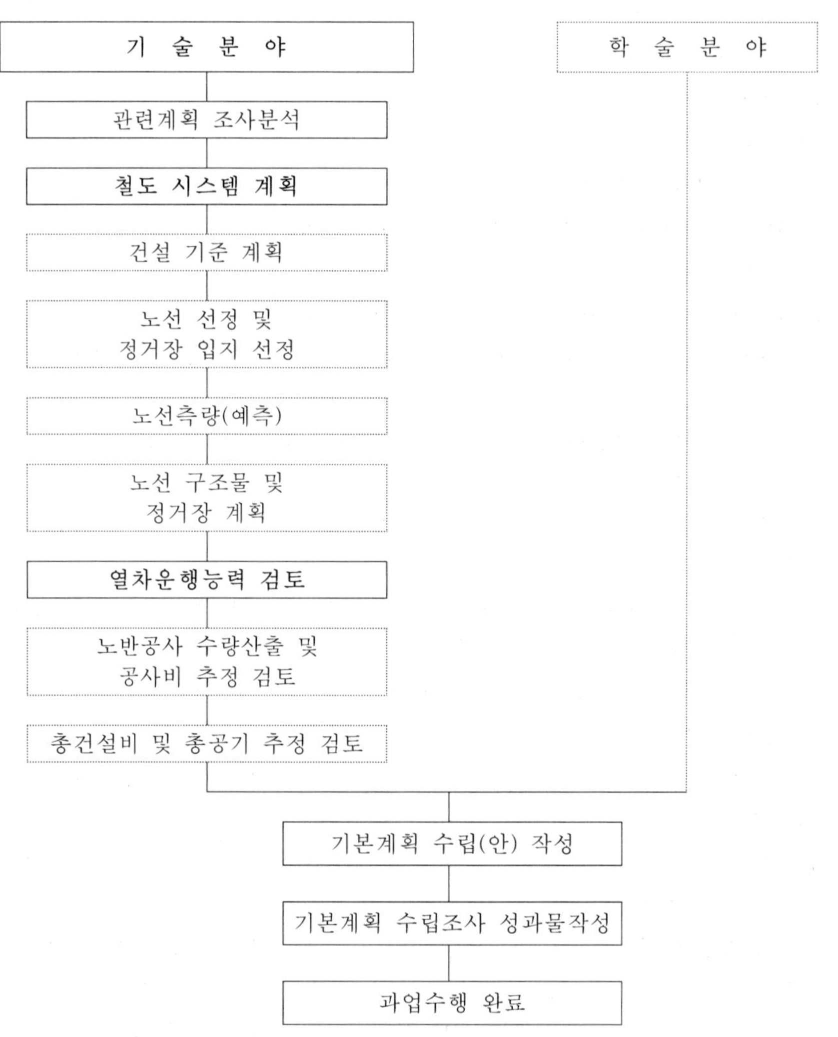

라. 기본계획 수립사항

학술부문의 교통수요 예측량과 건설설계 대안 등에 따라 다음 사항을 작성하여 제시한다.

1) 선로구간별 선로용량 판단 및 수송수요 감당 과부족 판단
2) 수송수요에 따른 연차별 선로구간별 1일 열차운행 회수 판단
3) 열차운행능력에 따른 연차별 선로구간별 여객, 화물, 1일 열차운행 회수 판단
4) 연차별 선로구간별 여객, 화물, 1일 차량회수 판단
5) 열차운행 최고속도 및 열차운행 소요시간, 1개열차 편성, 최소운행시격 등 열차운행능력 검토

3. 열차운행계획 분류

열차운행 계획은 기본적인 1차 TPS(Train Performance Simulation, 열차성능모의실험) 작업 및 노선 검토 분석과 기본열차계획 그리고 전문적 기술용역을 수행하는 종합열차계획으로 대별하며 각 용역의 수행단계를 지정하면 다음 표와 같다.

<표 Ⅰ.5.1> 열차운행계획의 분류 및 작업단계

분 류	단 계 별 작 업	세부 작업 사항
TPS작업 및 노선검토 분석	1 단계 : 노선 열차운행현황 조사	
	2 단계 : 과업노선 TPS 작업준비	· 선로형상 자료수집(종평면도) 및 분석 · 각종 제한속도 검토 · 차량제원 입력자료 정리 · TPS 입력데이터 정리
	3 단계 : TPS 실행	· 열차시간 · 에너지 소모 · 속도
	4 단계 : TPS 결과 분석	· 분석 및 데이터 출력 · 모의 운전선도 작성 · 보고서용 파일 작성
과업노선 열차운행 기본계획 검토	1 단계 : TPS 운전성적 결과치 분석	· 시분사정 · 표준운전시분
	2 단계 : 수송수요량 수집	· 수송력 설정 · 열차종별 및 열차단위 · 수송량과 열차회수 산정 · 견인정수 사정
	3 단계 : 열차회수와 편성량수 결정	
	4 단계 : 선로용량의 사정	· 구간 운전시분 조사 정리 · 역간거리 및 배치 검토 · 폐색방식 및 폐색구간거리 산출 · 신호시스템 검토 · 열차종별 및 회수정리 · 단선, 복선 등 방식 적용 · 연계노선 및 평면교차 지장시분 검토
	5 단계 : 운전설비 검토	· 선구별 표준유효장 · 반복 운전설비 배선 등 · 최소운전시격 검토

분 류	단 계 별 작 업	세부 작업 사항
과업노선 열차운행 기본계획 검토	6 단계 : 차량계획	· 운용동력차 제원 조사 및 특성 분석 · 운용차, 소요차량수 산출 · 차량운용계획 개략 검토 · 검수설비 개략
	7 단계 : 상세 Dia분석(별도소요일)	· 각 노선별 운행현황조사(20일) · 대안노선 운전시분 및 열차회수 검토(10일) · 운행패턴 검토 및 적용 · 예시 Dia 작도(30일) · 분석 및 운행계획 적용(10일)
전문기술 검토 및 종합열차운행계획 (대형프로젝트 해당)	1 단계 : 기초자료조사 및 현황분석	
	2 단계 : TPS 운전성능 해석	· 견인성능+열차저항+제동성능 +기기용량 검토
	3 단계 : 상세 열차 계획	
	4 단계 : 차량 운용 계획	
	5 단계 : 운전설비 적정 검토	· 표준홈장, 유효장 산출 · 평면교차 지장시분 검토 · 회차 지장시분 검토
	6 단계 : 차량기지 출입고 계획	
	7 단계 : 연계철도망 관련 주요사항 검토 분석	
	8 단계 : 운영비 개략 작성	
	9 단계 : 기술용역사항 문제점 보완 및 종합	

Ⅰ-5-3. 수량조서

번 호	공 종	규 격	단위	수 량	비 고
Ⅰ-5	정거장 배선 및 열차운행계획				
1	정거장 배선계획 설계				
1.01	여객전용역	2홈2선, 2홈4선	개소	1	전동차전용
1.02	전동차, 일반여객혼용역	2홈4선	개소	1	여객전용
1.03	일반역	2홈5선 이상	개소	1	여객및화물취급
1.04	일반,분기,반복,고철중간역	4홈4선 이상	개소	1	여객및화물취급
1.05	일반,시종착,화물거점,고철시종착역		개소	1	여객및화물취급
1.06	전동차기지,조차장	300량 규모 이하	개소	1	여객및화물취급
1.07	객・화차기지,차량기지,조차장	300량 규모 이상	개소	1	여객및화물취급
1.08	정거장배선설계	철도시설공단내부규정			
a	정거장배선설계	특,1000량 기준	개소	1	
b	정거장배선설계	갑,300~1000량 기준	개소	1	
c	정거장배선설계	을,100~300량 기준	개소	1	
d	정거장배선설계	병,100량 미만	개소	1	
2	열차운행계획설계				
2.01	TPS 및 노선검토		km	1	
2.02	기본열차계획		km	1	
2.03	전문기술 및 종합열차계획		km	1	

Ⅰ-5-4. 단가산출기준

번호	공 종	단위	단가산출기준	비 고
1 1.01	정거장배선계획설계 여객전용역 (2홈 2선,2홈 4선, 전동차전용)	개소	1. 조사 및 분석 1) 기 술 사:0.20인/일*3일/개소 = 0.60인/개소 2) 특급기술자:0.20인/일*3일/개소 = 0.60인/개소 3) 고급기술자:1.00인/일*3일/개소 = 3.00인/개소 4) 중급기술자:1.00인/일*3일/개소 = 3.00인/개소 5) 초급기술자:2.00인/일*3일/개소 = 6.00인/개소 2. 계 획 1) 기 술 사:0.20인/일*5일/개소 = 1.00인/개소 2) 특급기술자:0.20인/일*5일/개소 = 1.00인/개소 3) 고급기술자:1.00인/일*5일/개소 = 5.00인/개소 4) 중급기술자:1.00인/일*5일/개소 = 5.00인/개소 5) 초급기술자:2.00인/일*5일/개소 = 10.0인/개소 3. 협 의 1) 기 술 사:0.20인/일*5일/개소 = 1.00인/개소 2) 특급기술자:0.50인/일*5일/개소 = 2.50인/개소 3) 고급기술자:1.00인/일*5일/개소 = 5.00인/개소 4) 중급기술자:1.00인/일*5일/개소 = 5.00인/개소 5) 초급기술자:1.00인/일*5일/개소 = 5.00인/개소 4. 제경비 1) 일반관리비(직접인건비) : 5%적용 2) 이 윤(직접인건비) : 10%적용 5. 기술료(직접인건비+제경비의 20~40%) : 20% 적용	과학기술부 공고 제2007- 172호 실비정액 가산방식 적용
1.02	전동차,일반여객 혼용역 (2홈4선,여객전용)	개소	1. 조사 및 분석 1) 기 술 사:0.20인/일*5일/개소 = 1.00인/개소 2) 특급기술자:0.20인/일*5일/개소 = 1.00인/개소 3) 고급기술자:1.00인/일*5일/개소 = 5.00인/개소 4) 중급기술자:1.00인/일*5일/개소 = 5.00인/개소 5) 초급기술자:2.00인/일*5일/개소 = 10.00인/개소 2. 계 획 1) 기 술 사:0.20인/일*5일/개소 = 1.00인/개소 2) 특급기술자:0.20인/일*5일/개소 = 1.00인/개소 3) 고급기술자:1.00인/일*5일/개소 = 5.00인/개소 4) 중급기술자:1.00인/일*5일/개소 = 5.00인/개소 5) 초급기술자:2.00인/일*5일/개소 = 10.0인/개소 3. 협 의 1) 기 술 사:0.20인/일*7일/개소 = 1.40인/개소 2) 특급기술자:0.50인/일*7일/개소 = 3.50인/개소 3) 고급기술자:1.00인/일*7일/개소 = 7.00인/개소 4) 중급기술자:1.00인/일*7일/개소 = 7.00인/개소 5) 초급기술자:1.00인/일*7일/개소 = 7.00인/개소 4. 제경비 1) 일반관리비(직접인건비) : 5%적용 2) 이 윤(직접인건비) : 10%적용 5. 기술료(직접인건비+제경비의 20~40%) : 20% 적용	

번호	공 종	단위	단가산출기준	비 고
1.03	일반역 (2홈5선이상,여객 및화물취급)	개소	1. 조사 및 분석 1) 기 술 사:0.20인/일*5일/개소 = 1.00인/개소 2) 특급기술자:0.20인/일*5일/개소 = 1.00인/개소 3) 고급기술자:1.00인/일*5일/개소 = 5.00인/개소 4) 중급기술자:1.00인/일*5일/개소 = 5.00인/개소 5) 초급기술자:2.00인/일*5일/개소 = 10.00인/개소 2. 계 획 1) 기 술 사:0.20인/일*7일/개소 = 1.40인/개소 2) 특급기술자:0.20인/일*7일/개소 = 1.40인/개소 3) 고급기술자:1.00인/일*7일/개소 = 7.00인/개소 4) 중급기술자:1.00인/일*7일/개소 = 7.00인/개소 5) 초급기술자:2.00인/일*7일/개소 = 14.0인/개소 3. 협 의 1) 기 술 사:0.20인/일*7일/개소 = 1.40인/개소 2) 특급기술자:0.50인/일*7일/개소 = 3.50인/개소 3) 고급기술자:1.00인/일*7일/개소 = 7.00인/개소 4) 중급기술자:1.00인/일*7일/개소 = 7.00인/개소 5) 초급기술자:1.00인/일*7일/개소 = 7.00인/개소 4. 제경비 1) 일반관리비(직접인건비) : 5%적용 2) 이 윤(직접인건비) : 10%적용 5. 기술료(직접인건비+제경비의 20~40%) : 20% 적용	
1.04	일반,분기,반복역, 고속철도중간역 (4홈 4선이상,화물홈 ,여객및화물취급)	개소	1. 조사 및 분석 1) 기 술 사:0.20인/일*10일/개소 = 2.00인/개소 2) 특급기술자:0.20인/일*10일/개소 = 2.00인/개소 3) 고급기술자:1.00인/일*10일/개소 = 10.0인/개소 4) 중급기술자:1.00인/일*10일/개소 = 10.0인/개소 5) 초급기술자:2.00인/일*10일/개소 = 20.0인/개소 2. 계 획 1) 기 술 사:0.20인/일*15일/개소 = 3.00인/개소 2) 특급기술자:0.20인/일*15일/개소 = 3.00인/개소 3) 고급기술자:1.00인/일*15일/개소 = 15.0인/개소 4) 중급기술자:1.00인/일*15일/개소 = 15.0인/개소 5) 초급기술자:2.00인/일*15일/개소 = 30.0인/개소 3. 협 의 1) 기 술 사:0.20인/일*7일/개소 = 1.40인/개소 2) 특급기술자:0.50인/일*7일/개소 = 3.50인/개소 3) 고급기술자:1.00인/일*7일/개소 = 7.00인/개소 4) 중급기술자:1.00인/일*7일/개소 = 7.00인/개소 5) 초급기술자:2.00인/일*7일/개소 = 14.0인/개소 4. 제경비 1) 일반관리비(직접인건비) : 5%적용 2) 이 윤(직접인건비) : 10%적용 5. 기술료(직접인건비+제경비의 20~40%) : 20% 적용	

번호	공 종	단위	단 가 산 출 기 준	비 고
1.05	일반역,시종착역,화물거점역,고속철도 시종착역 (여객및 화물취급)	개소	1. 조사 및 분석 1) 기 술 사:0.50인/일*10일/개소 = 5.00인/개소 2) 특급기술자:0.50인/일*10일/개소 = 5.00인/개소 3) 고급기술자:1.00인/일*10일/개소 = 10.0인/개소 4) 중급기술자:1.00인/일*10일/개소 = 10.0인/개소 5) 초급기술자:2.00인/일*10일/개소 = 20.0인/개소 2. 계 획 1) 기 술 사:1.00인/일*15일/개소 = 15.0인/개소 2) 특급기술자:1.00인/일*15일/개소 = 15.0인/개소 3) 고급기술자:2.00인/일*15일/개소 = 30.0인/개소 4) 중급기술자:2.00인/일*15일/개소 = 30.0인/개소 5) 초급기술자:2.00인/일*15일/개소 = 30.0인/개소 3. 협 의 1) 기 술 사:0.50인/일*10일/개소 = 5.00인/개소 2) 특급기술자:0.50인/일*10일/개소 = 5.00인/개소 3) 고급기술자:1.00인/일*10일/개소 = 10.0인/개소 4) 중급기술자:1.00인/일*10일/개소 = 10.0인/개소 5) 초급기술자:2.00인/일*10일/개소 = 20.0인/개소 4. 제경비 1) 일반관리비(직접인건비) : 5%적용 2) 이 윤(직접인건비) : 10%적용 5. 기술료(직접인건비+제경비의 20~40%) : 20% 적용	
1.06	전동차기지,조차장 (300량 규모 이하)	개소	1. 조사 및 분석 1) 기 술 사:0.50인/일*10일/개소 = 5.00인/개소 2) 특급기술자:0.50인/일*10일/개소 = 5.00인/개소 3) 고급기술자:1.00인/일*10일/개소 = 10.0인/개소 4) 중급기술자:2.00인/일*10일/개소 = 20.0인/개소 5) 초급기술자:2.00인/일*10일/개소 = 20.0인/개소 2. 계 획 1) 기 술 사:1.50인/일*20일/개소 = 30.0인/개소 2) 특급기술자:2.00인/일*20일/개소 = 40.0인/개소 3) 고급기술자:3.00인/일*20일/개소 = 60.0인/개소 4) 중급기술자:3.00인/일*20일/개소 = 60.0인/개소 5) 초급기술자:3.00인/일*20일/개소 = 60.0인/개소 3. 협 의 1) 기 술 사:0.50인/일*15일/개소 = 7.50인/개소 2) 특급기술자:1.00인/일*15일/개소 = 15.0인/개소 3) 고급기술자:1.00인/일*15일/개소 = 15.0인/개소 4) 중급기술자:2.00인/일*15일/개소 = 30.0인/개소 5) 초급기술자:2.00인/일*15일/개소 = 30.0인/개소 4. 제경비 1) 일반관리비(직접인건비) : 5%적용 2) 이 윤(직접인건비) : 10%적용 5. 기술료(직접인건비+제경비의 20~40%) : 20% 적용	

번호	공 종	단위	단 가 산 출 기 준	비 고
1.07	객・화차기지,차량기지,조차장 (300량 규모 이상)	개소	1. 조사 및 분석 1) 기 술 사:0.50인/일*15일/개소 = 7.50인/개소 2) 특급기술자:1.00인/일*15일/개소 = 15.0인/개소 3) 고급기술자:1.00인/일*15일/개소 = 15.0인/개소 4) 중급기술자:2.00인/일*15일/개소 = 30.0인/개소 5) 초급기술자:2.00인/일*15일/개소 = 30.0인/개소 2. 계 획 1) 기 술 사:1.50인/일*25일/개소 = 37.5인/개소 2) 특급기술자:2.00인/일*25일/개소 = 50.0인/개소 3) 고급기술자:3.00인/일*25일/개소 = 75.0인/개소 4) 중급기술자:3.00인/일*25일/개소 = 75.0인/개소 5) 초급기술자:3.00인/일*25일/개소 = 75.0인/개소 3. 협 의 1) 기 술 사:0.50인/일*20일/개소 = 10.0인/개소 2) 특급기술자:1.00인/일*20일/개소 = 20.0인/개소 3) 고급기술자:1.00인/일*20일/개소 = 20.0인/개소 4) 중급기술자:2.00인/일*20일/개소 = 40.0인/개소 5) 초급기술자:2.00인/일*20일/개소 = 40.0인/개소 4. 제경비 1) 일반관리비(직접인건비) : 5%적용 2) 이 윤(직접인건비) : 10%적용 5. 기술료(직접인건비+제경비의 20~40%) : 20% 적용	
1.08	**정거장배선설계**			
a	정거장배선설계 (특,1000량 기준)	개소	1. 재료비 - 플로터용지(A1,594×841㎜):25매 2. 인건비 1) 기 술 사:8.0인/개소 2) 고급기술자:12.0인/개소 3) 중급기술자:12.0인/개소 4) 초급기술자:8.0인/개소 5) 제 도 공:16.0인/개소	한국철도시설공단내부규정
b	정거장배선설계 (갑,300~1000량 기준)	개소	1. 재료비 - 플로터용지(A1,594×841㎜):20매 2. 인건비 1) 기 술 사:4.0인/개소 2) 고급기술자:6.0인/개소 3) 중급기술자:6.0인/개소 4) 초급기술자:4.0인/개소 5) 제 도 공:8.0인/개소	한국철도시설공단내부규정
c	정거장배선설계 (을,100~300량 기준)	개소	1. 재료비 - 플로터용지(A1,594×841㎜):15매 2. 인건비 1) 기 술 사:2.0인/개소 2) 고급기술자:3.0인/개소 3) 중급기술자:3.0인/개소 4) 초급기술자:2.0인/개소 5) 제 도 공:4.0인/개소	한국철도시설공단내부규정

번호	공 종	단위	단 가 산 출 기 준	비 고
d	정거장배선설계 (병,100량 미만)	개소	1. 재료비 - 플로터용지(A1,594×841㎜):12매 2. 인건비 1) 기 술 사:1.0인/개소 2) 고급기술자:1.5인/개소 3) 중급기술자:1.5인/개소 4) 초급기술자:1.0인/개소 5) 제 도 공:2.0인/개소	한국철도시설공단내부규정
2	열차운행계획 설계		1. 열차운행 관련 투입 인력은 최소 3인을 기준으로 엔지니어링 노임단가를 적용한다. 2. 용역수행은 3가지로 분류한다. 1) TPS 수행 노선검토 작업 2) 기본 열차 계획 3) 전문 기술용역 및 종합열차 계획 3. TPS 시행은 과업구간 ㎞로(기본 10㎞)기준으로 환산한다. 4. 대안수에 따라 인력투입 가중치를 적용한다.(대안 0=1, 1=1.3, 2 = 1.6..0.3씩 추가) 5. 기본 열차계획에 필요한 작업일수는 최소 75일을 추가하며 전문기술 및 종합열차계획 6개월(150일) ~1년(300일)간의 작업일수를 가산한다. 6.투입보정일수:(10*(1+(과업㎞/25)*대안가중치))*(C1*75일)+ (C2*150일~300일)	과학기술부 공고 제2007-172호 실비정액 가산방식 적용
2.01	TPS 및 노선검토	㎞	1. 투입일수보정 1) 특급기술자:10*(1+(20㎞/25㎞/일))*1.30 = 23일 2) 고급기술자:10*(1+(20㎞/25㎞/일))*1.30 = 23일 3) 초급기술자:10*(1+(20㎞/25㎞/일))*1.30 = 23일 2. 직접인건비 1) 특급기술자:1.00인/일*23일/20㎞ = 1.15인/㎞ 2) 고급기술자:1.50인/일*23일/20㎞ = 1.725인/㎞ 3) 초급기술자:1.50인/일*23일/20㎞ = 1.725인/㎞ 3. 제경비 1) 일반관리비(직접인건비) : 5%적용 2) 이 윤(직접인건비) : 10%적용 4. 기술료(직접인건비+제경비의 20~40%) : 20% 적용	
2.02	기본 열차 계획	㎞	1. 투입일수보정 1) 특급기술자:10*(1+(20㎞/25㎞/일))*1.30+ (0.5*75일)=60일 2) 고급기술자:10*(1+(20㎞/25㎞/일))*1.30+ (0.3*75일)=45일 3) 초급기술자:10*(1+(20㎞/25㎞/일))*1.30+ (0.2*75일)=38일 2. 직접인건비 1) 특급기술자:1.50인/일*60일/20㎞ = 4.50인/㎞ 2) 고급기술자:1.50인/일*45일/20㎞ = 3.375인/㎞ 3) 초급기술자:1.50인/일*38일/20㎞ = 2.85인/㎞ 3. 제경비 1) 일반관리비(직접인건비) : 5%적용 2) 이 윤(직접인건비) : 10%적용 4. 기술료(직접인건비+제경비의 20~40%) : 20% 적용	

번호	공 종	단위	단 가 산 출 기 준	비 고
2.03	전문기술 및 종합 열차계획	km	1. 투입일수보정 1) 특급기술자:10*(1+(20km/25km/일))*1.00+(0.5*300일) = 168일 2) 고급기술자:10*(1+(20km/25km/일))*1.00+(0.3*300일) = 108일 3) 초급기술자:10*(1+(20km/25km/일))*1.00+(0.2*300일) = 78일 2. 직접인건비 1) 특급기술자:1.50인/일*168일/20km = 12.60인/km 2) 고급기술자:1.50인/일*108일/20km = 8.10인/km 3) 초급기술자:1.50인/일*78일/20km = 5.85인/km 3. 제경비 1) 일반관리비(직접인건비) : 5%적용 2) 이 윤(직접인건비) : 10%적용 4. 기술료(직접인건비+제경비의 20~40%) : 20% 적용	

Ⅰ - 6. 용지폭 및 사업 실시계획 인허가

. Ⅰ-6-1. 용지폭의 산정

1. 토공구간

가. 흙쌓기구간

1) 습지인 경우

가) 흙쌓기구간이 습지인 경우에는 비탈면 끝단에서 1.0m 이상의 여유를 두고 수로를 설치하여야 한다.

나) 습지구간에는 배수로의 역할을 잘할 수 있도록 측면에 뚝을 설치하여야 한다.

다) 용지폭은 비탈면 끝단에서 수로 및 뚝을 감안하여 3.7m 이상을 확보해야 한다.

라) 옹벽구간에는 옹벽에 인접하여 수로 및 뚝을 설치하고 옹벽 끝단에서 2.2m 이상을 확보하여야 한다.

마) 수로폭은 저면을 500mm 이상 확보한다.

바) 특별한 경우 현장여건을 감안하여 수로폭을 조정할 수 있다.

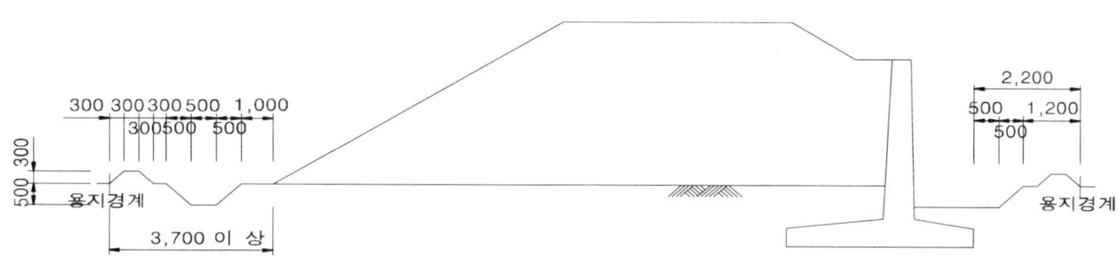

<그림 Ⅰ.6.1> 흙쌓기 - 습지구간의 용지폭

2) 건지인 경우

가) 비탈면 끝단에서 수로를 감안하여 2.5m 이상 확보하여야 한다.

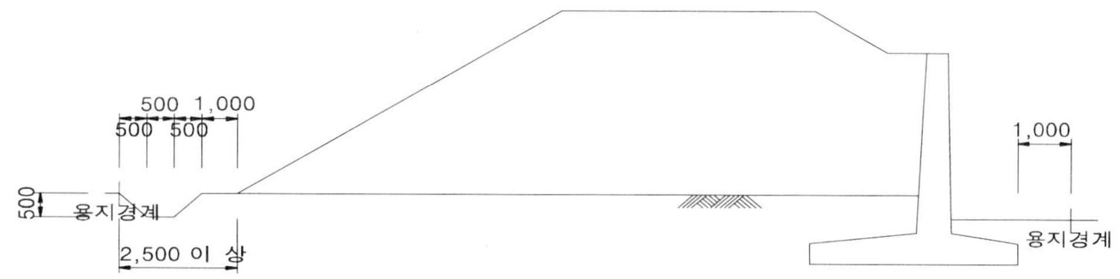

* 용지 경계면의 요철(凹凸)은 현지여건에 따라 조정할 수 있다.

<그림 Ⅰ.6.2> 흙쌓기 - 건지구간의 용지폭

나) 옹벽구간에는 기초 끝단에서 1.0m 이상 확보하여야 한다.

나. 땅깎기구간

땅깎기구간은 외부로부터 표면수가 깎기지역으로 유입하면 비탈면을 훼손하기도 하고 선로 측구의 배수단면이 부족하여 선로가 침수될 우려가 있으므로 비탈 상단 어깨부근에 배수구를 설치하고 이를 감안하여 충분한 용지폭을 확보하여야 한다.

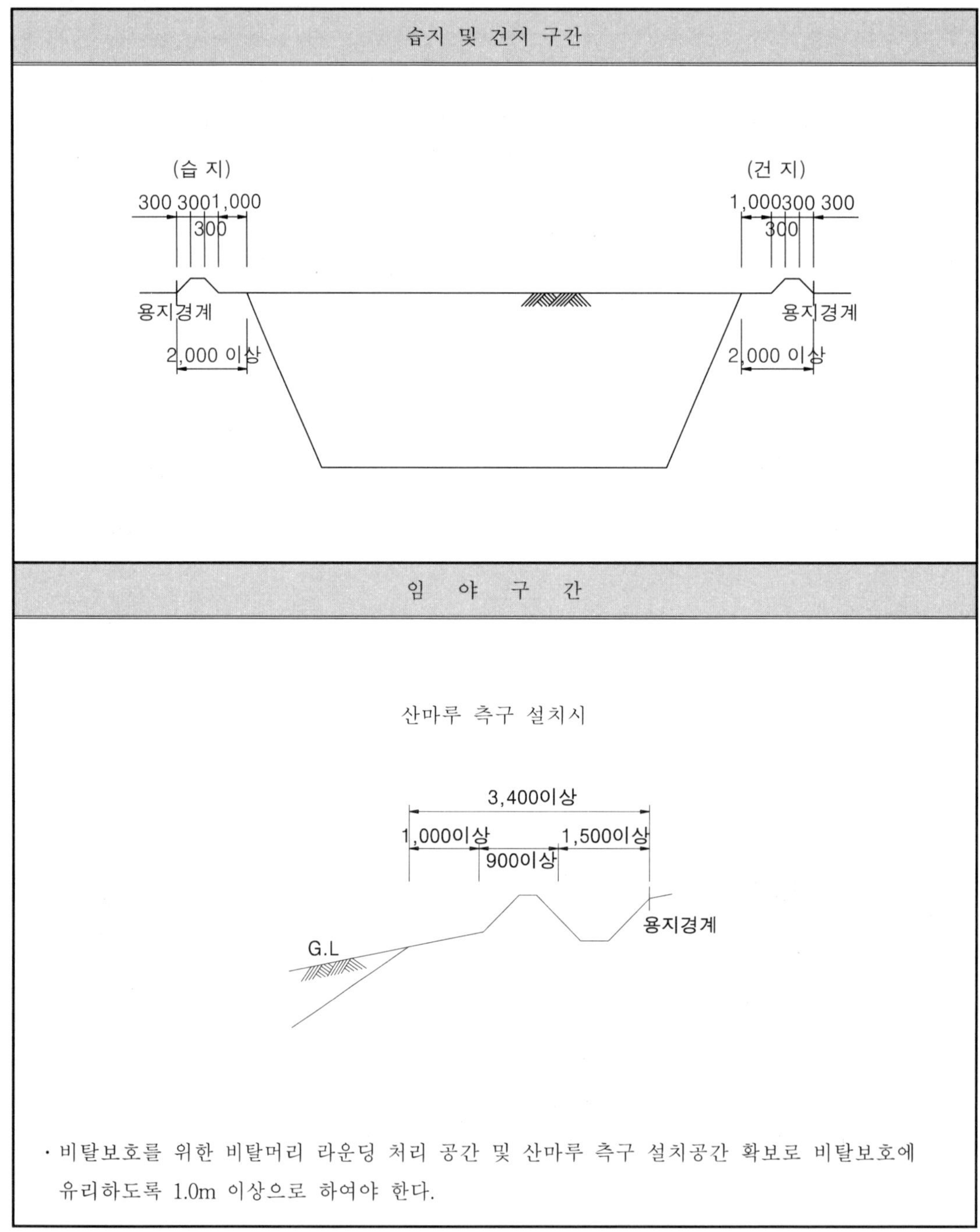

<그림 Ⅰ.6.3> 땅깎기구간의 용지폭

2. 교량구간

가. 보수 및 점검용 도로를 설치하는 교량구간의 용지폭은 교량 중심으로부터 7.5m(교량 좌,우측의 한쪽편)를, 교량 점검시설이 있는 교량구간의 용지폭은 6.5m를 기준으로 하되 하부폭이 클 경우 및 지장물이 없는 경우는 하부폭으로 하는 것을 원칙으로 하며, 시공여건 또는 현장여건을 감안하여야 하는 경우는 책임기술자의 판단하에 조정할 수 있다.

나. 지장물이 있는 곳은 터파기 폭을 감안한 폭으로 한다.

다. 용지 경계면의 요철(凹凸)은 현지여건에 따라 조정할 수 있다.

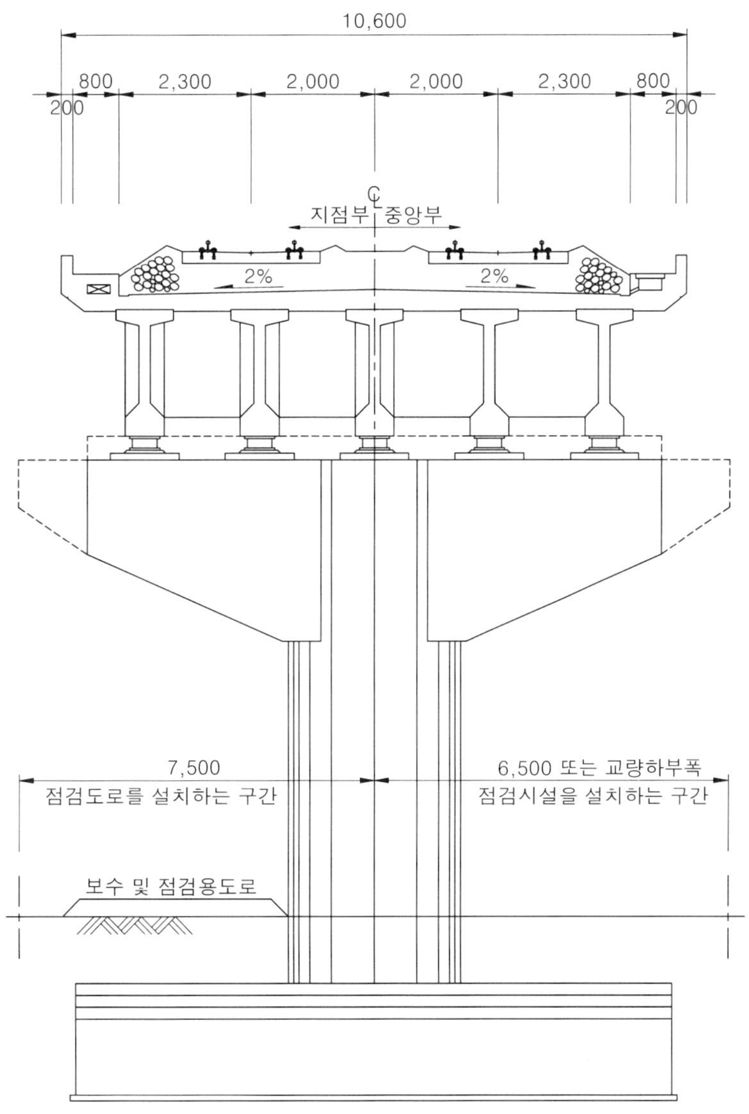

<그림 Ⅰ.6.4> 교량구간의 용지폭(직선부)

3. 터널구간

가. 개착구간

개착식 구간은 가시설을 포함하여 산정하며 터널갱구부 구간은 터널 시공시 장시간의 사면안정을 위해 비탈 상단 어깨부근에 배수구를 설치시 이를 감안하여 충분한 용지폭을 확보하여야 한다.

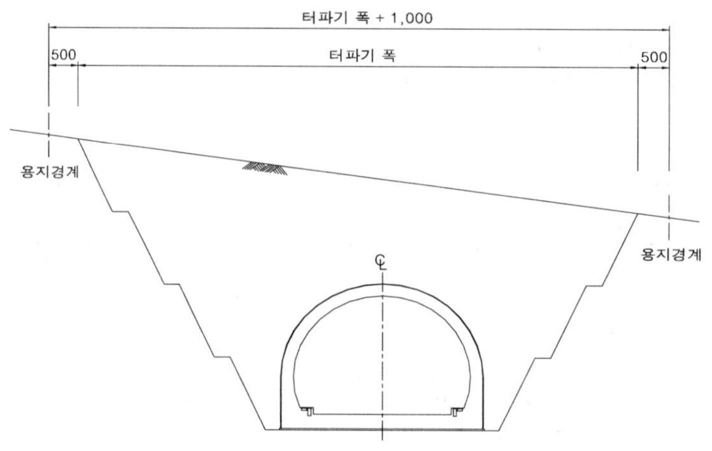

<그림 Ⅰ.6.5> 터널 - 개착구간의 용지폭

나. NATM 구간

NATM 구간은 내공단면에 라이닝 콘크리트, 숏크리트 및 여굴을 포함한 폭으로 하며 현지 여건에 따라 조정할 수 있다.

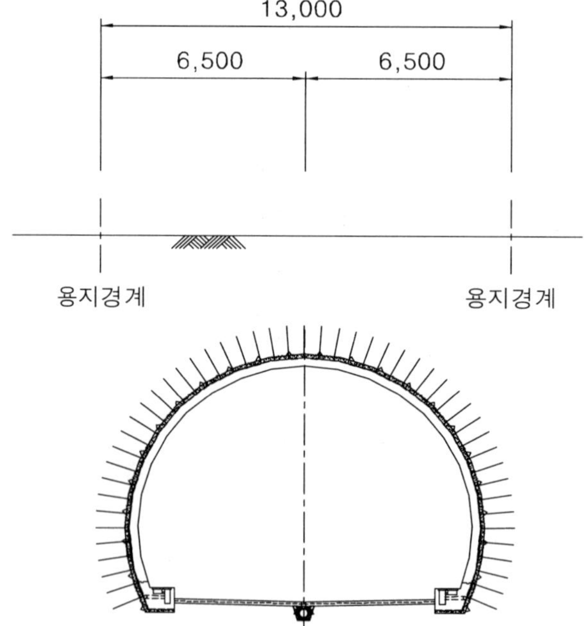

<그림 Ⅰ.6.6> 터널 - NATM구간의 용지폭

4. 설계시 용지보상비의 산정

가. 적용기준

도로·철도 부문사업의 예비타당성조사 표준지침 수정·보완 연구(한국개발연구원, 2004. 9)에 의해 당초 공시지가의 4.17배를 용지보상비로 적용하였으나, 최근 공시지가가 급속히 상승하여 2005년 상반기 사업부터는 다음의 요율로 산정토록 보완되었음.

나. 용지보상비의 산정

1) 지장물보상비를 포함하지 않는 경우

용지보상비 = 공시지가 × 1.766 또는 시장가격 × 1.604배

2) 지장물보상비를 포함하는 경우

용지보상비 = 공시지가 × 2.296 또는 시장가격 × 2.085배

(지장물보상비 = 용지보상비의 30%)

Ⅰ-6-2. 사업실시계획 인허가

1. 인허가 추진 목적

사업실시계획 인허가는 '철도건설법' 에 근거하여 토지조서 작성, 토지점용 허가, 보상계획 및 이주대책 등을 종합 검토하고 실시계획 승인 요청, 관계기관 협의, 지형 승인 신청 등을 통하여 지형도면의 승인 및 고시를 할 수 있도록 하는데 있다.(국토의 계획 및 이용에 관한 법률)

2. 인허가 추진 세부내역

가. 자료검토

1) 설계도서(평면도, 종단도, 구조물일반도 등)

2) 용지측량성과물(용지도, 현황도, 토지세목조서, 등기부등본 등)

3) 환경·교통영향평가 결과 심의필증(시설공단→국토해양부 협의 필요)

4) 구조물설치 협의 관련사항(공문사본 첨부)

나. 현황조사

1) 농지(진흥구역, 보호구역, 진흥밖, 실제 재배작물 조사)

2) 산림(보전임지, 국유림, 사유림, 임목축적조사유무 등)

3) 도시계획 현황, 지형도면작성 협의 등

4) 도로, 자연공원, 하천점용 등

다. 서류작성

1) 토지조서편집, 농지조서, 국공유지조서, 산림조서(임목축적조서, 표준경사도)

2) 도시계획시설결정도(철도, 완충녹지결정 및 기준시설변경)

3) 지형고시 도면작성

4) 농지전용 협의요청서, 임야전용협의서

5) 도로 및 하천점용허가(수리계산서첨부), 자연공원점용허가신청서

6) 지진피해경감대책, 대체시설계획도서

7) 토지 등의 보상계획 및 이주대책에 관한 사항

8) 기타협의에 필요한 서류

라. 서류제출

1) 신청서류 검토(사업시행자)

2) 실시계획 승인신청(사업시행자→국토해양부)

3) 실시계획 내용검토(국토해양부)

마. 관계기관 협의

1) 관계기관 협의요청(중앙행정기관, 지방자치단체)

2) 관계기관 검토 및 의견제출(60일 이내)

바. 철도 심의

1) 관계기관의견 검토 및 조치계획 수립

2) 철도건설 심의위원회 상정안건 작성

3) 철도건설심의위원회 심의·의결

사. 실시계획 승인

1) 실시계획 승인·고시(교통·환경 영향평가 완료후 승인)

2) 도시계획 결정도서 지자체 송부

아. 지형도면 고시

1) 지형승인신청(사업시행자→국토해양부)

2) 지형도면의 승인·고시 <근거 : 토지이용의 규제법>

자. 개발제한구역 행위허가(개발제한구역의 지정 및 해제에 관한 특별조치법)

1) 개발제한구역 내 행위허가 신청(사업시행자→지자체)

2) 개발제한구역 내 행위(토지형질변경 등) 허가

3. 인허가 추진 일정

<표 Ⅰ.6.1> 인허가 추진 일정

분야	공종 \ 기간	1개월		2개월		3개월		4개월		5개월		6개월		7개월	
인·허가분야	자료수집 및 협의서류작성 및 제출	—	—												
	승인기관 검토(국토해양부)			—											
	관계기관 협의				—	—	—	—	—	—					
	의견검토 및 조치계획수립										—	—			
	실시계획 승인												—		
	지형승인 도면작성·고시													—	—

4. 인허가 추진 흐름도

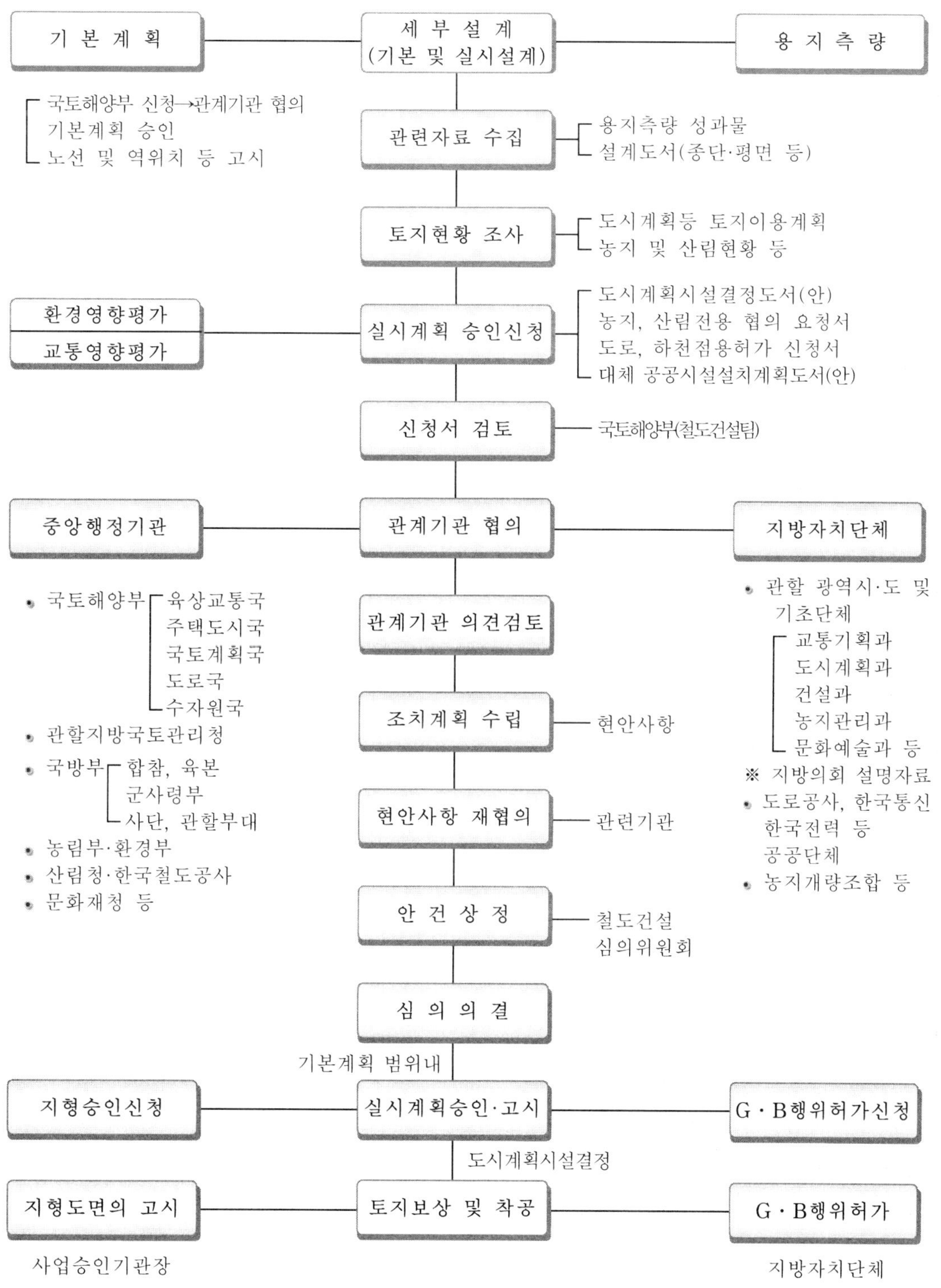
기 본 계 획
세 부 설 계 (기본 및 실시설계)
용 지 측 량
국토해양부 신청→관계기관 협의
기본계획 승인
노선 및 역위치 등 고시
관련자료 수집
용지측량 성과물
설계도서(종단·평면 등)
토지현황 조사
도시계획등 토지이용계획
농지 및 산림현황 등
환경영향평가
교통영향평가
실시계획 승인신청
도시계획시설결정도서(안)
농지, 산림전용 협의 요청서
도로, 하천점용허가 신청서
대체 공공시설설치계획도서(안)
신청서 검토
국토해양부(철도건설팀)
중앙행정기관
관계기관 협의
지방자치단체
국토해양부 육상교통국
주택도시국
국토계획국
도로국
수자원국
관할지방국토관리청
국방부 합참, 육본
군사령부
사단, 관할부대
농림부·환경부
산림청·한국철도공사
문화재청 등
관계기관 의견검토
관할 광역시·도 및 기초단체
교통기획과
도시계획과
건설과
농지관리과
문화예술과 등
※ 지방의회 설명자료
도로공사, 한국통신
한국전력 등
공공단체
농지개량조합 등
조치계획 수립
현안사항
현안사항 재협의
관련기관
안 건 상 정
철도건설
심의위원회
심 의 의 결
기본계획 범위내
지형승인신청
실시계획승인·고시
G·B행위허가신청
도시계획시설결정
지형도면의 고시
토지보상 및 착공
G·B행위허가
사업승인기관장
지방자치단체

Ⅰ-6-3. 수량조서

번 호	공 종	규 격	단위	수 량	비 고
Ⅰ-6	사업실시계획인허가	국토개발표준품셈			
1	계획검토				
1.01	관련법규 및 계획검토		km	1	
1.02	주변지역과의 상관성 검토		km	1	
2	도시관리계획 시설결정 및 변경도서 작성				
2.01	도시계획(변경) 결정도서		km	1	
2.02	사유서 및 개발계획서		km	1	
2.03	각종영향검토		km	1	
2.04	의견내용 및 조치결과 작성		km	1	
2.05	결정도 및 지형고시도 작성		km	1	
2.06	시설배치 및 토지이용계획		km	1	
2.07	지적도 및 토지조서 작성		km	1	
2.08	농지관련 서류작성		km	1	
2.09	임야, 초지관련 서류작성		km	1	
3	사업실시계획인허가	인허가 용역			
3.01	사업실시계획인허가	종 합	km	1	
3.02	사업실시계획인허가	보정계수 적용	km	1	
4	계획검토	철도시설공단내부규정			
4.01	사업실시계획 검토 및 서류작성		km	1	
5	의제처리 항목 서류작성				
5.01	국토의 이용 및 계획에 관한 법률				
a	도시계획(변경) 결정조서		km	1	
b	도시계획(변경) 결정사유서		km	1	
c	도시계획변경도 및 지형고시도		km	1	
5.02	하천법 및 소하천관련 인허가 협의서류		km	1	
5.03	농지법 관련 인허가 협의서류		km	1	
5.04	산지관리법 관련 인허가 협의서류		km	1	
5.05	도로법 관련 인허가 협의서류		km	1	
6	사업실시계획인허가	인허가 용역			
6.01	사업실시계획인허가	종 합	km	1	
6.02	사업실시계획인허가	보정계수 적용	km	1	

Ⅰ-6-4. 단가산출기준

번호	공 종	단위	단 가 산 출 기 준	비 고
1	계획검토			국토개발 표준품셈 적용
1.01	관련법규 및 계획검토	㎞	1. 직접인건비 1) 기 술 사:0.40인/㎞ 2) 특급기술자:0.60인/㎞ 3) 고급기술자:1.20인/㎞ 4) 중급기술자:1.80인/㎞ 5) 초급기술자:3.00인/㎞ 6) 중급기능사:3.50인/㎞ 2. 제경비 1) 일반관리비(직접인건비) : 5%적용 2) 이 윤(직접인건비) : 10%적용 3. 기술료(직접인건비+제경비의 20~40%) : 20% 적용	
1.02	주변 지역과의 상관성 검토	㎞	1. 직접인건비 1) 기 술 사:0.20인/㎞ 2) 특급기술자:0.40인/㎞ 3) 고급기술자:0.80인/㎞ 4) 중급기술자:1.20인/㎞ 5) 초급기술자:2.00인/㎞ 6) 중급기능사:2.50인/㎞ 2. 제경비 1) 일반관리비(직접인건비) : 5%적용 2) 이 윤(직접인건비) : 10%적용 3. 기술료(직접인건비+제경비의 20~40%) : 20% 적용	
2	도시관리계획 시설 결정 및 변경도서 작성			
2.01	도시계획(변경) 결정 조서	㎞	1. 직접인건비 1) 기 술 사:0.40인/㎞ 2) 특급기술자:1.00인/㎞ 3) 고급기술자:2.40인/㎞ 4) 중급기술자:3.00인/㎞ 5) 초급기술자:6.00인/㎞ 6) 중급기능사:8.50인/㎞ 2. 제경비 1) 일반관리비(직접인건비) : 5%적용 2) 이 윤(직접인건비) : 10%적용 3. 기술료(직접인건비+제경비의 20~40%) : 20% 적용	

번호	공 종	단위	단 가 산 출 기 준	비 고
2.02	사유서 및 개발 계획서	㎞	1. 직접인건비 1) 기 술 사:0.60인/㎞ 2) 특급기술자:1.00인/㎞ 3) 고급기술자:6.00인/㎞ 4) 중급기술자:7.00인/㎞ 5) 초급기술자:15.00인/㎞ 6) 중급기능사:12.00인/㎞ 2. 제경비 1) 일반관리비(직접인건비) : 5%적용 2) 이 윤(직접인건비) : 10%적용 3. 기술료(직접인건비+제경비의 20~40%) : 20% 적용	
2.03	각종 영향검토	㎞	1. 직접인건비 1) 기 술 사:0.40인/㎞ 2) 특급기술자:1.00인/㎞ 3) 고급기술자:2.40인/㎞ 4) 중급기술자:3.00인/㎞ 5) 초급기술자:6.00인/㎞ 6) 중급기능사:8.50인/㎞ 2. 제경비 1) 일반관리비(직접인건비) : 5%적용 2) 이 윤(직접인건비) : 10%적용 3. 기술료(직접인건비+제경비의 20~40%) : 20% 적용	
2.04	의견내용 및 조치결과 작성	㎞	1. 직접인건비 1) 기 술 사:0.60인/㎞ 2) 특급기술자:0.60인/㎞ 3) 고급기술자:1.20인/㎞ 4) 중급기술자:2.00인/㎞ 5) 초급기술자:3.00인/㎞ 6) 중급기능사:4.50인/㎞ 2. 제경비 1) 일반관리비(직접인건비) : 5%적용 2) 이 윤(직접인건비) : 10%적용 3. 기술료(직접인건비+제경비의 20~40%) : 20% 적용	
2.05	결정도 및 지형 고시도 작성	㎞	1. 직접인건비 1) 기 술 사:0.00인/㎞ 2) 특급기술자:1.00인/㎞ 3) 고급기술자:2.40인/㎞ 4) 중급기술자:3.00인/㎞ 5) 초급기술자:6.00인/㎞ 6) 중급기능사:8.50인/㎞ 2. 제경비 1) 일반관리비(직접인건비) : 5%적용 2) 이 윤(직접인건비) : 10%적용 3. 기술료(직접인건비+제경비의 20~40%) : 20% 적용	

번호	공 종	단위	단 가 산 출 기 준	비 고
2.06	시설배치 및 토지 이용 계획	㎞	1. 직접인건비 1) 기 술 사:0.40인/㎞ 2) 특급기술자:1.00인/㎞ 3) 고급기술자:2.40인/㎞ 4) 중급기술자:3.00인/㎞ 5) 초급기술자:6.00인/㎞ 6) 중급기능사:8.50인/㎞ 2. 제경비 1) 일반관리비(직접인건비) : 5%적용 2) 이 윤(직접인건비) : 10%적용 3. 기술료(직접인건비+제경비의 20~40%) : 20% 적용	
2.07	지적도및토지조서 작성	㎞	1. 직접인건비 1) 기 술 사:0.00인/㎞ 2) 특급기술자:1.20인/㎞ 3) 고급기술자:2.40인/㎞ 4) 중급기술자:3.00인/㎞ 5) 초급기술자:6.00인/㎞ 6) 중급기능사:8.50인/㎞ 2. 제경비 1) 일반관리비(직접인건비) : 5%적용 2) 이 윤(직접인건비) : 10%적용 3. 기술료(직접인건비+제경비의 20~40%) : 20% 적용	
2.08	농지관련서류작성	㎞	1. 직접인건비 1) 기 술 사:0.00인/㎞ 2) 특급기술자:0.60인/㎞ 3) 고급기술자:2.40인/㎞ 4) 중급기술자:3.00인/㎞ 5) 초급기술자:6.00인/㎞ 6) 중급기능사:8.50인/㎞ 2. 제경비 1) 일반관리비(직접인건비) : 5%적용 2) 이 윤(직접인건비) : 10%적용 3. 기술료(직접인건비+제경비의 20~40%) : 20% 적용	
2.09	임야,초지관련 서류작성	㎞	1. 직접인건비 1) 기 술 사:0.00인/㎞ 2) 특급기술자:0.60인/㎞ 3) 고급기술자:2.40인/㎞ 4) 중급기술자:3.00인/㎞ 5) 초급기술자:6.00인/㎞ 6) 중급기능사:8.50인/㎞ 2. 제경비 1) 일반관리비(직접인건비) : 5%적용 2) 이 윤(직접인건비) : 10%적용 3. 기술료(직접인건비+제경비의 20~40%) : 20% 적용	

번호	공 종	단위	단 가 산 출 기 준	비 고
3	사업실시계획인허가(인허가용역)			
3.01	사업실시계획인허가(종합)	㎞	1. 직접인건비 1) 기 술 사:3.00인/㎞ 2) 특급기술자:9.00인/㎞ 3) 고급기술자:26.00인/㎞ 4) 중급기술자:33.00인/㎞ 5) 초급기술자:65.00인/㎞ 6) 중급기능사:82.00인/㎞ 2. 제경비 1) 일반관리비(직접인건비) : 5%적용 2) 이 윤(직접인건비) : 10%적용 3. 기술료(직접인건비+제경비의 20~40%) : 20% 적용	
3.02	사업실시계획인허가(보정계수적용시)	㎞	1. 직접인건비 1) 기 술 사:3.00인/㎞*보정계수(10㎞^0.60)/10㎞ = 1.194인/㎞ 2) 특급기술자:9.00인/㎞*보정계수(10㎞^0.60)/10㎞ = 3.582인/㎞ 3) 고급기술자:26.00인/㎞*보정계수(10㎞^0.60)/10㎞ = 10.350인/㎞ 4) 중급기술자:33.00인/㎞*보정계수(10㎞^0.60)/10㎞ = 13.137인/㎞ 5) 초급기술자:65.00인/㎞*보정계수(10㎞^0.60)/10㎞ = 25.876인/㎞ 6) 중급기능사:82.00인/㎞*보정계수(10㎞^0.60)/10㎞ = 32.644인/㎞ 2. 제경비 1) 일반관리비(직접인건비) : 5%적용 2) 이 윤(직접인건비) : 10%적용 3. 기술료(직접인건비+제경비의 20~40%) : 20% 적용	
4	계획검토			한국철도시설공단내부규정
4.01	사업실시계획 검토 및 서류작성	㎞	1. 직접인건비 1) 기 술 사:0.40인/㎞ 2) 특급기술자:0.60인/㎞ 3) 고급기술자:1.20인/㎞ 4) 중급기술자:1.80인/㎞ 5) 초급기술자:3.00인/㎞ 6) 중급기능사:3.50인/㎞ 2. 제경비 1) 일반관리비(직접인건비) : 5%적용 2) 이 윤(직접인건비) : 10%적용 3. 기술료(직접인건비+제경비의 20~40%) : 20% 적용	

번호	공　　종	단위	단 가 산 출 기 준	비　고
5	의제처리항목 서류 작성			
5.01	국토의 이용 및 계획에 관한 법률			
a	도시계획(변경) 결정조서	㎞	1. 직접인건비 1) 기　술　사:0.40인/㎞ 2) 특급기술자:1.00인/㎞ 3) 고급기술자:2.40인/㎞ 4) 중급기술자:3.00인/㎞ 5) 초급기술자:6.00인/㎞ 6) 중급기능사:8.50인/㎞ 2. 제경비 1) 일반관리비(직접인건비) : 5%적용 2) 이　　　윤(직접인건비) : 10%적용 3. 기술료(직접인건비+제경비의 20~40%) : 20% 적용	
b	도시계획(변경) 결정사유서	㎞	1. 직접인건비 1) 기　술　사:0.60인/㎞ 2) 특급기술자:1.00인/㎞ 3) 고급기술자:6.00인/㎞ 4) 중급기술자:7.00인/㎞ 5) 초급기술자:15.0인/㎞ 6) 중급기능사:12.0인/㎞ 2. 제경비 1) 일반관리비(직접인건비) : 5%적용 2) 이　　　윤(직접인건비) : 10%적용 3. 기술료(직접인건비+제경비의 20~40%) : 20% 적용	
c	도시계획변경도 및 지형고시도	㎞	1. 직접인건비 1) 기　술　사:0.00인/㎞ 2) 특급기술자:1.00인/㎞ 3) 고급기술자:2.40인/㎞ 4) 중급기술자:3.00인/㎞ 5) 초급기술자:6.00인/㎞ 6) 중급기능사:8.50인/㎞ 2. 제경비 1) 일반관리비(직접인건비) : 5%적용 2) 이　　　윤(직접인건비) : 10%적용 3. 기술료(직접인건비+제경비의 20~40%) : 20% 적용	
5.02	하천법 및 소하천 관련 인허가 협의 서류	㎞	1. 직접인건비 1) 기　술　사:0.00인/㎞ 2) 특급기술자:0.60인/㎞ 3) 고급기술자:2.40인/㎞ 4) 중급기술자:3.00인/㎞ 5) 초급기술자:6.00인/㎞ 6) 중급기능사:8.50인/㎞ 2. 제경비 1) 일반관리비(직접인건비) : 5%적용 2) 이　　　윤(직접인건비) : 10%적용 3. 기술료(직접인건비+제경비의 20~40%) : 20% 적용	

번호	공 종	단위	단 가 산 출 기 준	비 고
5.03	농지법 관련 인허가 협의 서류	㎞	1. 직접인건비 1) 기 술 사:0.00인/㎞ 2) 특급기술자:0.60인/㎞ 3) 고급기술자:2.40인/㎞ 4) 중급기술자:3.00인/㎞ 5) 초급기술자:6.00인/㎞ 6) 중급기능사:8.50인/㎞ 2. 제경비 1) 일반관리비(직접인건비) : 5%적용 2) 이 윤(직접인건비) : 10%적용 3. 기술료(직접인건비+제경비의 20~40%) : 20% 적용	
5.04	산지관리법 관련 인허가 협의 서류	㎞	1. 직접인건비 1) 기 술 사:0.00인/㎞ 2) 특급기술자:0.60인/㎞ 3) 고급기술자:2.40인/㎞ 4) 중급기술자:3.00인/㎞ 5) 초급기술자:6.00인/㎞ 6) 중급기능사:8.50인/㎞ 2. 제경비 1) 일반관리비(직접인건비) : 5%적용 2) 이 윤(직접인건비) : 10%적용 3. 기술료(직접인건비+제경비의 20~40%) : 20% 적용	
5.05	도로법 관련 인허가 협의 서류	㎞	1. 직접인건비 1) 기 술 사:0.00인/㎞ 2) 특급기술자:0.60인/㎞ 3) 고급기술자:2.40인/㎞ 4) 중급기술자:3.00인/㎞ 5) 초급기술자:6.00인/㎞ 6) 중급기능사:8.50인/㎞ 2. 제경비 1) 일반관리비(직접인건비) : 5%적용 2) 이 윤(직접인건비) : 10%적용 3. 기술료(직접인건비+제경비의 20~40%) : 20% 적용	
6	사업실시계획인허가(인허가용역)			
6.01	사업실시계획인허가(종합)	㎞	1. 직접인건비 1) 기 술 사:1.20인/㎞ 2) 특급기술자:4.20인/㎞ 3) 고급기술자:15.00인/㎞ 4) 중급기술자:18.40인/㎞ 5) 초급기술자:37.50인/㎞ 6) 중급기능사:43.50인/㎞ 2. 제경비 1) 일반관리비(직접인건비) : 5%적용 2) 이 윤(직접인건비) : 10%적용 3. 기술료(직접인건비+제경비의 20~40%) : 20% 적용 4. 인쇄비 : 1식	

번호	공 종	단위	단 가 산 출 기 준	비 고
6.02	사업실시계획인허가(보정계수적용시)	㎞	1. 보정계수 산정: α = [거리/1]$^{0.6}$ 2. 직접인건비 1) 기 술 사:1.20인/㎞*α 2) 특급기술자:4.20인/㎞*α 3) 고급기술자:15.00인/㎞*α 4) 중급기술자:18.40인/㎞*α 5) 초급기술자:37.50인/㎞*α 6) 중급기능사:43.50인/㎞*α 3. 제경비 1) 일반관리비(직접인건비) : 5%적용 2) 이 윤(직접인건비) : 10%적용 4. 기술료(직접인건비+제경비의 20~40%) : 20% 적용 5. 인쇄비 : 1식	

I - 7. 지반조사 및 측량

Ⅰ-7-1. 지반조사

1. 조사 기준

가. 지반조사는 「구조물 기초 설계기준(건교부 제정)」의 제2장 및 지반조사시행에 관한 세부기준(2000. 7, 철도청), 철도설계기준(노반편) 제1편 4장 지반조사에 따라 실시한다.

나. 지반조사는 시설계획에 따라 요구되는 설계자료를 수집하기 위한 과업이므로 설계시 계획된 구조물 규모나 종류, 하중의 크기 등에 따라 설계자의 필요에 의해 특별한 사항이 요구되는 경우에는 발주처와 협의하여 그에 부합되는 조사 심도, 조사 위치 등을 선정할 수 있다.

<표 Ⅰ.7.1> 지반조사 기준

구 분		시추공의 배치	시추심도기준	비 고
땅깎기 구간 (NX)	기본설계	20m 이상 대절토부는 구간당 1개소이상	절토계획고 하방 1.0m	현장시험 : 1회/개소
	실시설계	150m 마다 1개소		
흙쌓기 구간 (BX)	기본설계	500m 간격을 원칙	지층의 종류를 판단할 수 있는 깊이까지 (N값 50/30이상 3회 확인)	역사위치, 하수 BOX 등 구조물 설치 개소는 NX 시행
	실시설계			
교량 구간 (NX)	기본설계	100m 이상교량:3개소이상 100m 이하 교량: 최소한 교대 위치	연암 2m 또는 경암 1m, 암이 출현하지 않을 때는 풍화암 10m까지	
	실시설계	교대 및 교각 위치마다 시행을 원칙으로 함		
연약 지반 (NX)	기본설계	100m 당 1개소이상 기준	연약지반 심도를 결정할 수 있을 정도 (N값 50/30이상 3회 확인)	자연시료채취 : 1회/5m
	실시설계	50m ~ 100m 간격		
BOX 구간 (BX)	기본설계	1공/개소	풍화대에서 N값 50/10이상 3회 확인	횡단연장이 길 경우는 현장여건에 따라 책임 기술자가 증가시킨다.
	실시설계			
터널 구간 (NX)	기본설계	3개소이상기준 (터널시·종점부 각 1개소 이상)	FL하방 D/2 (D : 터널최대직경)	토질, 지형조건, 산악터널 등과 단층, 파쇄대 지층이 불규칙한 경우는 증감(시·종점부 시추 필수)
	실시설계	50m ~ 200m간격 (터널시·종점부 각 1개소 이상)		
토취장 구간	기본설계	2공/개소	경암 5m까지	시험굴조사 : 5개소이상
	실시설계			

다. 조사 수량, 조사 빈도 및 심도는 현장 여건에 따라 발주처와 협의 후 조정할 수 있다.

라. 기타 조사방법, 조사사항 및 각종 시험은 철도설계기준(노반편)에 따른다.

마. 앞에서 전술한 내용은 조사범위에 대한 일반적 기준이며 지반조사는 시설계획에 따라 요구되는 설계자료를 수집하기 위한 과업이므로 설계시 계획된 구조물 규모나 종류, 하중의 크기 등에 따

라 설계자의 필요에 의해 특별한 사항이 요구되는 경우에는 그에 부합되는 조사심도, 조사위치 등을 선정할 수 있도록 해야 한다. 이는 지반의 물리적, 역학적 특성파악을 위한 각종의 시험에도 같은 개념이 도입되어야 한다.

2. 흙 및 암의 분류

가. 흙의 분류

1) 분류방법

흙의 분류는 원칙적으로 흙의 공학적 분류방법(KS F 2324)인 통일 분류법에 따른다.

2) 통일 분류법

가) 개　　요

통일 분류법은 흙의 입도시험방법(KS F 2302), 흙의 액성한계 및 소성한계 시험방법(KS F 2303, 2304)에 따른 시험결과를 근거로 분류하는 것으로서 흙의 종류를 2개의 로마문자 조합으로 나타낸다.

나) 통일 분류법에 사용되는 기호

<표 Ⅰ.7.2> 통일분류법의 기호

토질의 종류		제1문자	제2문자	토 질 의 속 성
조립토	자 갈	G	W	입도분포 양호, 세립분 거의 없음 (0.075mm이하 < 5%)
			P	입도분포 불량, 세립분 거의 없음 (0.075mm이하 < 5%)
			M	자갈, 실트, 모래의 혼합토 (0.075mm이하 > 12%)
			C	자갈, 점토, 모래의 혼합토 (0.075mm이하 > 12%)
	모 래	S	W	입도분포 양호, 세립분 약간 (0.075mm이하 < 5%)
			P	입도분포 불량, 세립분 약간 (0.075mm이하 < 5%)
			M	모래와 실트의 혼합토 (0.075mm이하 > 12%)
			C	모래와 점토의 혼합토 (0.075mm이하 > 12%)
세립토	실 트	M	H	소성이 큼, LL > 50%
			L	소성이 작음, LL < 50%
	점 토	C	H	소성이 큼, LL > 50%
			L	소성이 작음, LL < 50%
	유 기 질 토	O	H	소성이 큼, LL > 50%, 유기질 함유
			L	소성이 작음, LL < 50%, 유기질 함유
고유기질토(이탄)		Pt		

다) 통일분류법에 의한 흙의 공학적 분류방법 (KS F 2324)

<표 Ⅰ.7.3> 흙의 공학적 분류방법

구 분			분류기호	대 표 명	분 류 방 법		
조립토 (0.074mm 체 통과율 50% 이하)	자 갈 (4.76mm체 통과율 50% 이하)	깨끗한 자갈	GW	입도분포 양호한 자갈, 자갈 모래 혼합토	입도곡선으로 모래와 자갈의 비율을 결정	$C_u = \frac{D_{60}}{D_{10}} > 4$, $C_c = \frac{(D_{30})^2}{D_{10} \times D_{60}} = 1 \sim 3$	
			GP	입도분포 불량한 자갈, 자갈 모래 혼합토		GW 분류기준에 맞지 않는 경우	
		세립분을 함유한 자갈	GM	실트질 자갈, 자갈 모래 실트 혼합토	세립분(0.074mm 이하)의 백분율에 따라 다음과 같이 분류 5% 이하 : GW, GP, SW, SP 5%~12% : 경계선에서 이중기호 사용 12% 이상 : GM, GC, SM, SC	소성도에서 A선 아래 또는 PI < 4	소성도에서 사선 부분은 이중기호로 분류
			GC	점토질 자갈, 자갈 모래 점토 혼합토		소성도에서 A선 위 또는 PI > 7	
	모 래 (4.76mm 체 통과율 50% 이상)	깨끗한 모래	SW	입도분포 양호한 모래, 자갈섞인 모래		$C_u = \frac{D_{60}}{D_{10}} > 6$, $C_c = \frac{(D_{30})^2}{D_{10} \times D_{60}} = 1 \sim 3$	
			SP	입도분포 불량한 모래, 자갈섞인 모래		SW 분류기준에 맞지 않는 경우	
		세립분을 함유한 모래	SM	실트질 모래, 실트섞인 모래		소성도에서 A선 아래 또는 PI < 4	소성도에서 사선 부분은 이중기호로 분류
			SC	점토질 모래, 점토섞인 모래		소성도에서 A선 위 또는 PI > 7	
세립토 (0.074mm 체 통과율 50% 이상)	실트 및 점토 (액성한계 < 50%)		ML	무기질 점토, 극세사, 암분, 실트 및 점토질 세사	소성도 (그림)		
			CL	저-중소성의 무기질 점토, 자갈섞인 점토, 모래섞인 점토, 실트섞인 점토, 점성이 낮은 점토			
			OL	저소성 유기질점토, 유기질 실트 점토			
	실트 및 점토 (액성한계 > 50%)		MH	무기질 실트, 운모질 또는 규조질 세사 또는 실트, 탄성있는 실트			
			CH	고소성 무기질 점토, 점질많은 점토			
			OH	중 또는 고소성 유기질 점토			
유 기 질 토			pt	이탄토 등 기타 고유기질토			

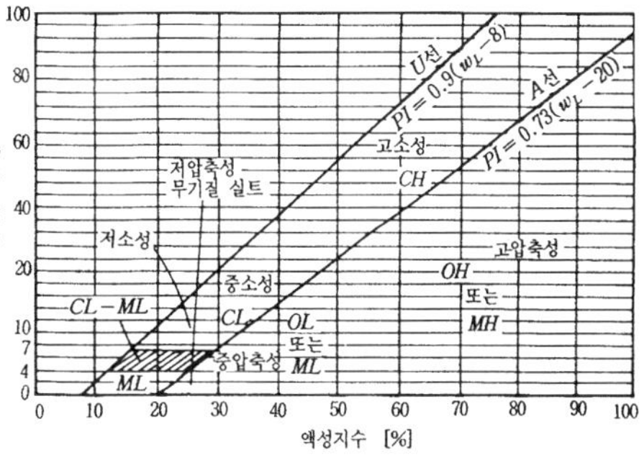

소성지수 [%] / 액성지수 [%]

U선 $PI = 0.9(w_L - 8)$, A선 $PI = 0.73(w_L - 20)$

저소성, 중소성, 고소성, 저압축성 무기질 실트, 중압축성, 고압축성, CL-ML, ML, CL, OL 또는 ML, CH, OH 또는 MH

소성도

주) Cu : 균등계수 , Cc : 곡률계수 , PI : 소성지수(%)

나. 암의 분류

1) 분류기준

가) 풍화 잔류토층과 풍화암층의 구분은 표준관입 저항치(N=50/10)를 기준으로 한다. 이는 현장 실험 결과나 탄성파 속도(p파)가 700～1,000m/sec 정도가 되며, 32t급 불도저작업의 중질암 정도에 해당되어 이를 토사와 리핑암의 경계로 한다. 또한 풍화암층과 연암층의 구분은 코아 회수율(5～25%), 탄성파 속도(p파, 1,200～1,800m/sec)를 기준으로 하고 리핑암과 발파암의 경계로 한다.

$$V_s = 91 \times N^{0.337} \quad \frac{Vp}{Vs} = \sqrt{2}\,(\frac{1-\nu}{1-2\nu})$$

Vp : 탄성파 p파 속도, Vs : 탄성파 s파 속도, N : 표준관입 저항치

ν : 포아슨비(풍화암:0.35～0.40, 연암:0.3～0.35, 보통암:0.25～0.3, 경암:0.2～0.25)

나) 토공작업을 기준으로 흙 및 암석을 토사, 리핑암, 발파암으로 구분하며, 표토 및 풍화잔류토는 토사, 풍화암은 리핑암, 연·경암은 발파암으로 규정한다.

다) 토사, 리핑암, 발파암의 분류는 표준관입시험, 암석의 풍화정도, 탄성파속도 등을 종합적으로 검토하여 구분한다.

라) 별도의 시험, 검토 등을 수행하지 않는 경우는 다음을 기준하여 토사, 리핑암, 발파암을 분류한다.

마) 표준관입시험, 불연속면의 발달빈도, 탄성파속도 등은 별개의 고려 조건이 아니므로 분류시 이 요소들을 종합적으로 검토한다.

<표 Ⅰ.7.4> 암의 분류

구 분		토 공 작 업		
		토 사(도 져)	풍 화 암	연·경 암
표준관입시험(N치)		50 / 10 미만	50 / 10 이상	
불연속면의 발달빈도	BX크기	-	T.C.R=5% 이하이고 R.Q.D=0% 정도	T.C.R=5～10%이상이고 R.Q.D=5% 이상
	NX크기	-	T.C.R=25% 이하이고 R.Q.D=0% 정도	T.C.R=25% 이상이고 R.Q.D=10% 이상
탄성파속도	A 그룹	700m/sec 미만	700～1,200m/sec	1,200m/sec 이상
	B 그룹	1,000m/sec 미만	1,000～1,800m/sec	1,800m/sec 이상
A 그룹 암종 : 편마암, 사질편암, 녹색편암, 석회암, 안산암, 현무암, 유문암, 감람암, 화강암 B 그룹 암종 : 흑색편암, 휘록응회암, 셰일, 이암, 응회암, 집괴암				

주) · TCR : 코아회수율 · RQD : 암반양호도 · BX : 직경 58mm · NX : 직경 74mm

바) 다음 표는 N치에 따른 토질의 분류 및 일축압축강도에 따른 암질의 분류표이다.

<표 Ⅰ.7.5> 점성토의 분류

N 치	Consistency	일축압축강도 q_u(kN/㎡)	비 고
0~2	매우 연약 (Very Soft)	25 이하	
2~4	연약 (Soft)	25 ~ 50	
4~8	보통 견고 (Medium)	50 ~ 100	
8~15	견고 (Stiff)	100 ~ 200	
15~30	매우 견고 (Very Stiff)	200 ~ 400	
30이상	고결 (Hard)	400 이상	

<표 Ⅰ.7.6> 사질토의 분류

N치	상대밀도 ($Dr = \frac{e_{max} - e}{e_{max} - e_{min}} \times 100$)		내부마찰각(ϕ)	
			Peck	Meyerhof
4 이하	매우 느슨 (Very loose)	0.0 ~ 0.2	28.5 이하	30 이하
4 ~ 10	느슨 (Loose)	0.2 ~ 0.4	28.5 ~ 30.0	30 ~ 35
10 ~ 30	보통 조밀 (Medium)	0.4 ~ 0.6	30.0 ~ 36.0	35 ~ 40
30 ~ 50	조밀 (Dense)	0.6 ~ 0.8	36.0 ~ 41.0	40 ~ 45
50 이상	매우 조밀 (Very Dense)	0.8 ~ 1.0	41.0 이상	45 이상

<표 Ⅰ.7.7> 암반의 분류

암반 분류	시추굴진 상황	암 반 의 성 질				탄성파 속 도 (km/sec)	일축압 축강도 (MPa)
		풍화변질상태	균열상태	코아상태	함마타격		
풍화암	Metal Crown Bit로 용이하게 굴진 가능하며 때로는 무수 보링도 가능	암내부까지도 풍화 진행, 암의 구조 및 조직이 남아 있음	균열은 많으나 점토화의 진행으로 거의 밀착 상태임	세편상 암편이 남아있고 손으로 부수면 가루가 되기도 함. 원형코아 없음	손으로 부서짐	< 1.2	< 12.5
연 암	Metal Crown Bit로 용이하게 굴진 가능한 암반	암내부의 일부를 제외하고는 풍화진행,장석, 운모 등 변색, 변질	균열이 많이 발달, 균열 간격은 5cm 이하이고 점토 협재	암편상~세편상 (각력상) 원형 코아가 적고 원형복구 곤란	함마로 치면 가볍게 부서짐	1.2 ~ 2.5	12.5 ~ 40.0
보통암	Metal Crown Bit로 굴진 가능하나 Diamond bit를 사용하면 코아회수율이 양호한 암반	균열을 따라 다소 풍화진행, 암석 및 유색광물은 일부 변색됨	균열발달일부는 점토를 협재함 세편상태로 잘 부서짐. 균열간격은 10cm 내외	대암편상~단주상, 10cm 이하이며 5cm 내외의 코아가 많음. 원형복구가능	함마로 치면 굉음을 내고 부서짐	2.5 ~ 3.5	40.0 ~ 80.0
경 암	Metal Crown Bit를 사용하지 않으면 굴진하기 곤란한 암반	대체로 신선. 균열을 따라 약간풍화, 변질됨. 암내부는 신선함	균열의 발달이 적으며 균열간격은 5~15cm, 대체로 밀착 상태이나 일부는 open 됨	단주상~봉상, 대체로 20cm 이상, 1m당 5~6개 이상	함마로 치면 금속음을 내고 잘 부서지지 않으며 튀는 경향을 보임	3.5 ~ 4.8	80.0 ~ 120.0

다. 흙 및 암석의 기호

<표 Ⅰ.7.8> 흙 및 암석의 기호

분류기호	도면기호	분류기호	도면기호
G W (입도분포 양호한 자갈)	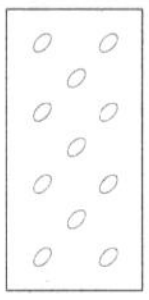	C L (저-중소성 무기질점토)	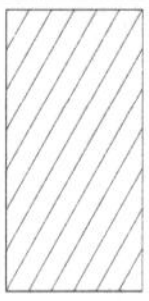
G P (입도분포 불량한 자갈)	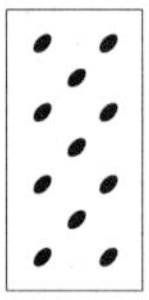	O L (저소성 유기질점토)	
G M (실트질 자갈)	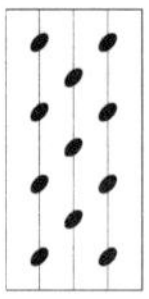	M H (무기질 실트)	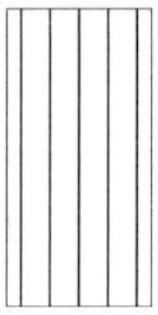
G C (점토질 자갈)	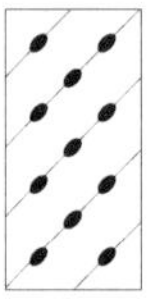	C H (고소성 무기질점토)	
S W (입도분포 양호한 모래)	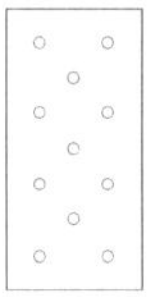	O H (중-고소성 무기질점토)	
S P (입도분포 불량한 모래)	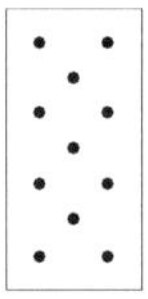	P T (유기질토, 이탄)	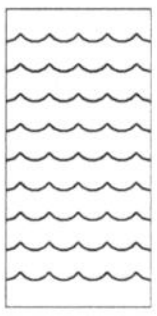
S M (실트질 모래)	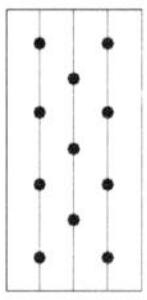	풍 화 암	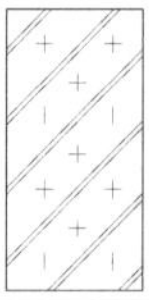
S C (점토질 모래)	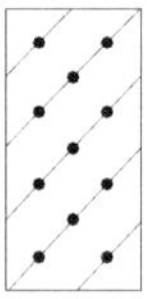	연　암	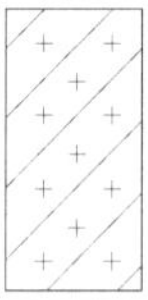
M L (무기질 점토)		경　암	

3. 실내시험 및 현장시험

가. 실내시험

1) 실내시험은 지반조건, 구조물의 규모, 지형의 변화, 지질구조 등을 감안하여 적절한 시험방법을 선정한다.

2) 실내시험은 원칙적으로 한국산업규격(KS F)에 제시된 시험방법에 따라서 수행한다. 다만, KS F에 명시되지 않은 시험은 국제적으로 인정되는 시험방법을 준용할 수 있다.

3) 암석시험은 채취된 암석시료의 공학적 특성과 설계정수를 결정하기 위하여 수행하며 시료의 제작 및 시험방법은 국제암반공학회(International Society for Rock Mechanics : ISRM)에서 권장하는 시험방법 등 국제적으로 공인된 방법을 적용한다.

나. 현장시험

1) 자연상태의 지반특성을 파악하기 위한 현장시험은 시험항목별로 대상 지반에서의 적용성을 검토하여 수행한다.

2) 표준관입시험은 지층이 변할 때마다 또는 동일층이라도 1.0m 깊이마다 1회씩 실시하며, 관입깊이가 300mm 미만이더라도 타격횟수가 50회에 도달할 시는 타격을 중지하고 그때의 관입깊이와 타격횟수를 기록한다. 가능하면 표준관입시험 장비의 에너지효율을 파악하며, 표준관입시험 결과는 가급적 에너지효율을 60%로 맞추어 설계 시 적용한다.

3) 토사층에서의 투수계수를 파악하기 위하여 현장투수시험(시험방법을 제한할 필요가 없음)을 시행하며, 주입수는 탁한 정도가 낮은 맑은 물을 사용한다.

4) 암반층에서 투수계수를 측정하기 위해서는 팩커(Packer)를 사용한 수압시험을 수행한다. 주수량 측정은 주수량이 일정하게 된 후 시행하고, 각 단계별로 압력부하시간은 10분 이상 되어야 하며, 각 측정시간은 1분 간격으로 한다.

5) 공내재하시험은 지반강성에 적합한 허용압력을 가지는 시험기로 수행하여야 하며 압력조건은 다단계로 하여 반복 실시한다.

6) 공사의 규모나 지역 및 지질구조 특성상 초기 지압응력을 구할 필요가 있을 경우에는 지반상태를 감안하여 적절한 방법을 선정한다.

7) 시험항목과 빈도는 공사의 특성, 현장여건 등 제반사항을 감안하여 선정하며, 다음의 시험항목 이외에도 필요한 목적이 있을 경우 목적에 적합한 시험방법을 선정할 수 있다.

다. 시험의 종류

<표 Ⅰ.7.9> 시험의 종류 및 회수

구 분	시 험 종 류	시 험 회 수	비 고
땅깎기구간 (NX)	▸ 현장시험 - 지표지질조사 - 표준관입시험 - 탄성파 탐사 ▸ 실내시험 - 물성시험 · 함수비시험 · 비중시험 · 액성한계시험	1회/개소 1회/1.0m 심도 2회/시추조사 1공	 · H=20m이상, L=500m이상의 경우 · H=20m이상, L=500m이상의 경우

<표 Ⅰ.7.9> 시험의 종류 및 회수(계속)

구 분	시 험 종 류	시 험 회 수	비 고
땅깎기구간 (NX)	· 소성한계시험 · 입도분석 ► 암석시험 - 일축압축강도시험 - 절리면 전단시험 - 단위중량시험 ► 유용암시험 - 마모시험	 2회/시추조사 1공 1회/절토구간별	
흙쌓기구간 (BX) 박스구간 (BX)	► 현장시험 - 표준관입시험 ► 실내시험 - 물성시험 · 함수비시험 · 비중시험 · 액성한계시험 · 소성한계시험 · 입도분석	 1회/1.0m 심도 2회(퇴적토층, 풍화토층)/시추조사 1공	
교량구간 (NX)	► 현장시험 - 표준관입시험 ► 실내시험 - 물성시험 · 함수비시험 · 비중시험 · 액성한계시험 · 소성한계시험 · 입도분석 ► 암석시험 - 일축압축강도시험 ► 공내재하시험	 1회/1.0m 심도 2회(퇴적토층, 풍화토층)/시추조사 1공 2회(연암, 경암)/시추조사 1공 1회/지층	· 연약점성토층이 분포할 경우 말뚝의 부마찰력을 고려하기 위한 자연 시료채취 및 역학시험 실시 · 주요구조물에 필요시 실시
연약지반구간 (NX)	► 현장시험 - 표준관입시험 - 현장베인시험 - 피에조콘시험 ► 실내시험 - 물성시험 · 함수비시험 · 비중시험 · 액성한계시험 · 소성한계시험 · 입도분석 ► 역학시험 - 직접전단시험 - 일축압축시험 - 삼축압축시험 - 압밀시험	 1회/1.0m 심도 1회/시추조사 5공 1회/시추조사 5공 2회(퇴적토층, 풍화토층)/시추조사 1공 1회/자연시료채취공당	 · 연약지반심도 10m 이상의 경우 시행 · 자연시료채취는 최소 1회/5m

<표 Ⅰ.7.9> 시험의 종류 및 회수(계속)

구 분	시 험 종 류	시 험 회 수	비 고
터널구간 (NX)	► 현장시험	1회/터널개소	
	- 지표지질조사		
	- 탄성파탐사		
	- 공내재하시험	1회/지층	
	- 전기비저항탐사	필요시 실시	· 표고차 100m 이상의 경우
	- 수압시험	1회/지층	- 터널주변 2D 구간에서는 필히 시행
	- 표준관입시험	1회/1.0m 심도	
	► 실내시험		- 시험단위길이 3m를 기준
	- 물성시험	2회(퇴적토층, 풍화토층)/시추조사 1공	
	· 함수비시험		
	· 비중시험		
	· 액성한계시험		
	· 소성한계시험		
	· 입도분석		
	► 암석시험	2회(연암, 경암)/시추조사 1공	· 표고차 100m 이상의 경우
	- 단위중량시험		- 터널주변 2D 구간에서는 필히 시행
	- 일축압축시험		
	- 탄성파속도시험		- 시험단위길이 3m를 기준
	- 포아송비		
	- 인장시험	1회/시추조사 2공	
	- 삼축압축시험	1회/시추조사 2공	
토취장	► 실내시험		
	- 물성시험	1회/시추조사 1공	
	· 함수비시험		
	· 비중시험		
	· 액성한계시험		
	· 소성한계시험		
	· 입도분석		
	► 암석시험	1회/시추조사 1공	
	- 비중시험		
	- 흡수율시험		
	- 안정성시험		
	- 일축압축시험		
	- 마모시험		

4. 유의 사항

지반조사에서 유의해야 할 사항은 다음과 같다.

가. 교량구간에서 최대한 교대나 교각 위치에 조사가 시행되어야 하고, 현장여건상 시추장비의 접근이 불가능할 경우, 조사목적에 부합되게 최대한 정위치에서 시행되게 노력하여야 한다.

나. 시추조사시에는 지장물의 손괴를 방지하기 위하여 관계자의 협조를 구해야 하며, 필요시 시험터파기를 병행한다.

다. 작업자의 안전을 위해 반드시 안전모를 착용하도록 하고, 선로의 통행이 필요할 경우 열차의 운행에 지장을 주지 않아야 한다.

라. 민원발생의 소지가 있는 지점은 민원방지책을 준비하고, 민원방지에 최대한의 노력을 기울여야 한다.

마. 표준관입시험은 수직도의 유지가 매우 중요한 사항이므로 최대한의 수직도를 유지하여야 한다.

바. 시추 완료공은 조사 및 시험이 끝난 후 지하수법에 의거 폐공조치하고 정리정돈을 철저히 하여 환경오염 및 민원발생소지를 사전에 방지하여야 한다.

Ⅰ-7-2. 측량 및 지장물조사

1. 측 량

측량에는 예측과 실측이 있으며 본 장에서는 실측을 중심으로 기술한다.

가. 기준점 측량

1) 기준점 측량

가) 측량대상지역 전체에 걸쳐서 뼈대가 되는 각 기준점의 좌표를 소정의 정확도가 보장되도록 결정하는 측량이다.

나) 기준점 측량은 각 관측, 거리 관측 및 높이 관측 등을 하는 것으로 높이 관측은 간접수준측량 방법을 기준으로 한다.

다) 작업방법은 국토지리정보원에서 정한 기준점 측량 및 GPS에 의한 기준점 측량 작업규정에 의한다.

2) 삼각측량

가) 기선을 관측한 다음 각만을 관측하여 수평위치를 구하는 측량방법이다.

나) 작업방법은 국토지리정보원에서 정한 기본삼각측량 작업규정에 의한다.

3) 수준측량(고저측량)

가) 지표면에 있는 제 점의 고저차를 관측하여, 그 점들의 표고를 결정하는 측량이다.

나) 지도 제작, 공사의 계획, 설계 및 시공에 필요한 표고자료를 제공한다.

나. 노선측량

1) 노선측량 일반

가) 노선측량은 선점측량, 중심측량, 수준측량, 횡단측량, 평면측량, 길내기 및 개천내기 기타 측량으로 구분하여 시행한다.

나) 선로실측 현장측정이 완료되면 한국철도시설공단 도면관리 절차에 따라 선로평면도(축척 1/1,000), 선로종단면도(축척 가로 1/1,000, 세로 1/400), 선로횡단면도(축척 1/100), 정거장 평면도(축척 1/1,000)를 작성하여야 한다.

다) 지형, 지질에 따라 적정한 노선을 선정하여야 하므로 충분한 경험과 기술, 창의력을 가진 측량기술자가 실시하여야 한다.

라) 노선측량은 설계단계에 따라 타당성조사 및 기본계획은 예측노선측량을, 기본설계 및 실시설계 단계에서는 실측노선측량을 적용한다.

2) 선점측량 및 선로 중심측량

가) 선점측량은 선로기준점 측량에서 측정한 직선구간 좌표를 기준하여 곡선구간은 두 직선의 교점을 설치하고 두 교점간의 직선연장이 너무 길어 곡선측량이 곤란할 경우에는 직선구간

에 보점을 측정하여 설치한다.

나) 선로중심측량은 20m 간격으로 선로중심 측점을 측정하여 설치하며 곡선구간은 원곡선일 우 곡선시점, 곡선종점을, 완화곡선을 부설할 경우 완화곡선의 시·종점 및 원곡선의 시·종점을 철도건설규칙 제8조의 규정에 의해 측정하여 설치한다.

다) 기준점 측량의 좌표점과 교점, 원곡선 및 완화곡선 시종점, 본점 등을 견고하게 설치해야 하며 반드시 인조점을 설치하여 망실 또는 이동되었을 경우 정확한 위치를 찾을 수 있도록 한다.

라) 곡선 시종점, 교점, 본점 등은 말뚝 상면 측점 위치에 못을 박아 측점을 정확하게 표시하고 주위에 보호말뚝을 설치한다.

3) 선로수준측량

가) 선로수준측량은 선로기준점 측량에서 설치한 수준표의 표고를 기준하여 선로중심 측점마다 수준측량을 한다.

나) 선로중심 측점간에 급격한 지형변화가 있을 경우에는 변화지점의 표고를 측정한다.

다) 선로중심선이 하천, 저수지 및 홍수시 범람지구를 경유할 경우에는 평수위를 측정하여야 하고, 과거의 최대홍수위 및 발생 연월일을 상세히 조사 기록한다.

라) 하천의 하상기울기 측정거리는 지형조건과 하천의 크기에 따라 상하류쪽으로 약 100~1,000m 정도로 하고 그 구간의 평균을 하천기울기로 한다.

4) 선로횡단측량

가) 선로횡단측량은 선로중심 각 측점마다 좌우 50m 이상 횡단면 지반고를 측정한다.

나) 지형변경 및 선로구축물 설치상 필요한 개소는 중심선 측점 이외 개소라도 횡단면 지반고를 측정한다.

다) 비교노선 검토구간과 건널목 및 길내기, 개천내기 등 필요한 개소에는 반드시 횡단측량을 하여 설계할 수 있는 자료를 제공한다.

라) 정거장 구간은 지축폭을 검토할 수 있도록 넓은 폭의 횡단면 지반고를 측정한다.

5) 선로평면측량

가) 선로평면 측량은 선로중심선 좌우 200m 폭의 지형 및 지장물과 1m 높이마다 등고선을 측정한다. 다만, 특수선 시설을 필요로 하는 장소에는 상당한 넓이를 측정한다.

나) 선로평면 측량은 항공측량을 한 자료를 토대로 적용할 수 있으나 항공측량이 불가능한 개소는 국토지리정보원에서 발급하는 지형수치 해석 정보자료에 의한 5,000분의 1 지형도를 전산화작업에 의하여 적용할 수 있다.

6) 지구별 구분

가) 보통시가지

보통시가지라 함은 도시 시설물 또는 교통량에 의하여 주간작업에 다소 지장을 주는 군청 소재지 및 시 등을 말하며, 도청 소재지 이상의 도시로서 교통의 장애로 주간작업에 심한 장애를 주는 도시의 시가지 노선측량은 실정에 따라 별도 계상한다.

나) 교외 및 촌락지

보통 시가지에 미치지 못하는 촌락소도시 또는 대도시의 교외를 말한다.

다) 농지 및 구릉지

작업상의 장애물이 거의 없는 지역을 말한다.

라) 삼림지 Ⅰ

수목 등의 장애물이 있고 경사도가 심한 지역으로 개착식 터널부 등을 말한다.

마) 삼림지 Ⅱ

수목 등의 장애물이 있고 경사도가 심한 지역으로 개착식 터널부 등을 제외한 지역을 말한다.

<표 Ⅰ.7.10> 노선측량

실측노선측량												
종별 / 지구별	노선선정		노선선점		중심선측량		종단측량		횡단측량		평면측량	
	진행기준(m)	일수(일)	진행기준(m)	일수(일)	진행기준(m)	일수(일)	진행기준(m)	일수(일)	진행기준(m)	일수(일)	진행기준(m)	일수(일)
보통시가지	250	4.0	500	2.0	200	5.0	500	2.0	250	4.0	150	6.7
교외촌락지	250	4.0	1,000	1.0	250	4.0	500	2.0	250	4.0	250	4.0
농지,구릉지	500	2.0	2,000	0.5	400	2.5	1,000	1.0	400	2.5	330	3.0
삼 림 지 Ⅰ	200	5.0	400	2.5	150	6.7	330	3.0	170	6.0	200	5.0
삼 림 지 Ⅱ	200	5.0	400	2.5	150	6.7	330	3.0	170	6.0	200	5.0
비 고	-		-		중심점간격 20m		수준측표 1km마다 설 치		간격 20m 폭원 좌우 50m 이상		축척 1/1,000 등고선 1m	

다. 용지측량

1) 용지측량은 계획노선내의 토지가격 산정, 평가 및 용지매수 등을 목적으로 하는 것이며 대체로 다음과 같은 작업을 한다.

가) 토지등기부, 지적공부 및 권리관계조사를 하며 등기소, 시·군청 등에서 관계 서류를 열람 또는 복사하여 필요사항을 조사한다.

나) 공공용지 사정 및 경계입회 - 공공용지 사정은 지주(관리자)의 입회하에 경계를 결정한다.

2) 평면도의 축척은 1/1,000을 기준으로 한다.

3) 지구별 구분은 '**나. 노선측량**'에 준한다.

라. 측량시 유의사항

1) 측량작업을 하기 위하여 건물·택지·농작물이 있는 전답 또는 담장 및 울타리로 둘러싸인 타인의 토지에 출입해야 할 경우에는 미리 그 점유자에게 통지하여야 하며 일출 전 및 일몰 후에는 점유자의 승낙없이 주거지나 담장 및 울타리로 둘러싸인 타인의 토지에 들어갈 수 없다.

2) 측량작업에 지장되는 식물, 기타의 물건을 변경 또는 제거하고자 하는 경우에는 소유자 또는 점유자의 승낙을 받아야 한다.

3) 측량작업에 지장되는 수목의 벌채는 최소화하고 공작물의 피해가 없도록 각별히 주의하여야 한다.

4) 제 1항 및 제 3항에 의한 토지출입, 지장물 제거 등에 따라 피해를 입은 사람이 있을 경우에는 평가하여 그 손실을 보상해야 한다.

2. 지장물 조사

가. 지장물의 종류

지장물은 지상 및 지하시설물과 지하매설물로 구분된다.

1) 지상 및 지하시설물

가) 지상시설물 : 전력주, 통신주, 철탑 등

나) 지하시설물 : 전력구, 통신구, 맨홀 등

2) 지하매설물 : 상수도망, 하수도망, 전력망, 통신망, 가스관, 송유관 등

나. 조사 내용

사유지 통과부에 대해서 현장조사 및 관계기관 방문에 의해 다음 사항을 조사한다.

1) 시설의 종류

2) 형식의 규모

3) 구조재료

4) 중요도

5) 노후도

다. 관계기관별 주요 지장물

1) 한국전력공사 : 전력주 및 철탑

2) (주)KT : 통신구 및 통신관

3) 한국수자원공사 : 광역상수도 및 정수시설

4) 농업기반공사 : 용수로 및 농수로

5) 한국가스공사 : 가스배관

6) 대한송유관공사 : 송유관 교차구간

라. 지장물 관련 협의

<표 Ⅰ.7.11> 지장물 관련 협의 내용

관련계획	협의시기	협의내용	협의기관	비 고
구조물 위치 선정	구조물 계획시	적정위치선정에 대한 2~3개 대안을 제시하여 검토후 설계 반영한다.	발주기관 설계 심의(중간보고)	주변지형상황 및 기존구조물을 충분히 조사 검토하여 실시한다.(민원고려)
	구조물 위치 선정협의직후	주변건물의 전면 미관저해 및 사생활침해 등에 대한 최적의 방안 강구	발주기관 설계 심의(중간보고)	주변건물의 사전통보로 민원발생으로 인한 공기지연의 소지를 없애도록 함
구조물 형식 선정	구조물 계획시	구조물 규격은 미관, 시공성, 경제성, 유지관리를 고려하여 2~3개 대안을 제시, 검토후 설계 반영	발주기관 설계 심의(중간보고)	
구조물 기초형식선정	지장물조사와 토질조사 완료후	지장물이설이 최소가 될 수 있는 방안 2~3개 대안을 제시 검토후 설계 반영한다.	발주기관과 지장물관련기관(한국전력공사, 도시가스공사 등)	발주기관→지장물 관련기관 협조요청

마. 보호 및 이설계획 수립

지장물 조사 내용은 선형, 공법 및 구조물 계획, 시공계획 등 설계 전반에 걸쳐 반영하여야 하며, 특히 굴착공사에 있어서 장해가 되는 지장물에 대하여는 공사중 보호 또는 이설계획 중 경제성 및 시공성을 고려하여 적정한 대책을 수립하여야 한다.

Ⅰ-7-3. 수량조서

번 호	공 종	규 격	단위	수 량	비 고
Ⅰ-7	지반조사 및 측량				
1	지반조사				
1.01	BX 천공				
a	점토 천공	육상구간	m	1	
b	모래 천공	육상구간	m	1	
c	자갈 천공	육상구간	m	1	
d	호박돌 천공	육상구간	m	1	
e	풍화암 천공	육상구간	m	1	
f	연암 천공	육상구간	m	1	
g	보통암 천공	육상구간	m	1	
h	경암 천공	육상구간	m	1	
i	극경암 천공	육상구간	m	1	
1.02	NX 천공				
a	점토 천공	육상구간	m	1	
b	모래 천공	육상구간	m	1	
c	자갈 천공	육상구간	m	1	
d	호박돌 천공	육상구간	m	1	
e	풍화암 천공	육상구간	m	1	
f	연암 천공	육상구간	m	1	
g	보통암 천공	육상구간	m	1	
h	경암 천공	육상구간	m	1	
i	극경암 천공	육상구간	m	1	
j	점토 천공	수상구간	m	1	
k	모래 천공	수상구간	m	1	
l	자갈 천공	수상구간	m	1	
m	호박돌 천공	수상구간	m	1	
n	풍화암 천공	수상구간	m	1	
o	연암 천공	수상구간	m	1	
p	보통암 천공	수상구간	m	1	
q	경암 천공	수상구간	m	1	
r	극경암 천공	수상구간	m	1	
1.03	폐공되메우기				

번 호	공 종	규 격	단위	수 량	비 고
a	폐공되메우기	B X	공	1	
b	폐공되메우기	N X	공	1	
1.04	기계기구설치				
a	기계기구설치	육상구간	회	1	
b	기계기구설치	수상구간	회	1	
1.05	표준관입시험	현장시험	회	1	
1.06	공내수평재하시험		회	1	중압 기준
1.07	암반투수시험		회	1	
1.08	굴절법 탄성파탐사		km	1	
1.09	자연시료채취				
1.10	지표지질조사				
a	지표지질조사	계획준비	회	1	
b	지표지질조사	현장답사검토	10㎢	1	S=25000~10000
c	지표지질조사	현장답사검토	㎢	1	S=5000~2500
d	지표지질조사	현장답사검토	㎢	1	S=1000~500
1.11	시험굴조사				
a	시험굴조사	심도 1m 이내	개소	1	
b	시험굴조사	심도 2m 이내	개소	1	
1.12	물성시험	각 종	회	1	
a	함수비시험		회	1	
b	비중시험		회	1	
c	액성한계시험		회	1	
d	소성한계시험		회	1	
e	입도분석시험		회	1	
1.13	역학시험	각 종	회	1	
a	일축압축시험		회	1	
b	압밀시험		회	1	
c	삼축압축시험		회	1	
d	직접전단시험		회	1	
1.14	현장시험	각 종	회	1	

번 호	공 종	규 격	단위	수 량	비 고
a	2차원 전기비저항탐사		㎞	1	
b	피에조콘시험		회	1	
c	베인전단시험		회	1	
1.15	암석시험	각 종	회	1	
a	시험편제작비		회	1	
b	단위중량시험		회	1	
c	탄성계수		회	1	
d	포아송비		회	1	
e	탄성파속도시험		회	1	
f	일축압축시험		회	1	
g	삼축압축시험		회	1	
h	압열인장시험		회	1	
i	흡수율시험		회	1	
j	절리면전단시험		회	1	
k	마모시험		회	1	
l	Slaking시험		회	1	
m	Swelling시험		회	1	
1.16	제잡비	각 종			
a	일반관리비		식	1	
b	이 윤		식	1	
2	측 량				
2.01	기준점측량				
a	평면기준점측량		점	1	
b	표고기준점측량		km	1	
c	사진기준점측량		모델	1	
d	GPS/INS 기준점측량		모델	1	
e	표석매설		점	1	
2.02	예측노선측량				
a	예측노선측량	재 료 비	km	1	

번 호	공 종	규 격	단위	수 량	비 고
b	예측노선측량	농지,구릉지	km	1	
c	예측노선측량	교외,촌락지	km	1	
d	예측노선측량	삼림지 Ⅰ	km	1	
e	예측노선측량	삼림지 Ⅱ	km	1	
f	예측노선측량	시 가 지	km	1	
2.03	실측노선측량				
a	실측노선측량	재 료 비	km	1	
b	실측노선측량	농지,구릉지	km	1	
c	실측노선측량	교외,촌락지	km	1	
d	실측노선측량	삼림지 Ⅰ	km	1	
e	실측노선측량	삼림지 Ⅱ	km	1	
f	실측노선측량	시 가 지	km	1	
2.04	예측후실측노선측량				
a	예측후실측노선측량	농지,구릉지	km	1	
b	예측후실측노선측량	교외,촌락지	km	1	
c	예측후실측노선측량	삼림지 Ⅰ	km	1	
d	예측후실측노선측량	삼림지 Ⅱ	km	1	
e	예측후실측노선측량	시 가 지	km	1	
2.05	용지측량				
a	용지측량	재 료 비	㎡	1	
b	용지측량	시 가 지	㎡	1	
c	용지측량	교외,촌락지	㎡	1	
d	용지측량	농지,구릉지,삼림지	㎡	1	
e	용지측량	도면작성비	㎡	1	
2.06	제잡비	각 종			
a	일반관리비		식	1	
b	이 윤		식	1	

Ⅰ-7-4. 단가산출기준

번호	공 종	단위	단가산출기준	비 고
1 1.01	지반조사 BX천공			한국철도시설공단내부규정
a	점토천공(육상구간)	m	1. 노 무 비 1) 중급기술자:0.160인 2) 보 링 공:0.290인 3) 특별 인부:0.210인 4) 보통 인부:0.290인 2. 재 료 비 1) 메탈크라운비트(BX):0.025개 2) 드라이브파이프(BX):0.010개 3) 드라이브파이프헤드(BX):0.010개 4) 드라이브파이프슈(BX):0.010개 5) 경유(저유황,0.2W%S):3 ℓ 6) 엔진오일:0.04 ℓ 7) 싱글코아바렐(BX):0.010개 3. 보오링기계(50×200m,11.19㎾):1.231hr	'2008 건설표준품셈 20-1-2-(1) BX보링
b	모래천공(육상구간)	m	1. 노 무 비 1) 중급기술자:0.180인 2) 보 링 공:0.340인 3) 특별 인부:0.240인 4) 보통 인부:0.340인 2. 재 료 비 1) 메탈크라운비트(BX):0.050개 2) 드라이브파이프(BX):0.025개 3) 드라이브파이프헤드(BX):0.025개 4) 드라이브파이프슈(BX):0.025개 5) 경유(저유황,0.2W%S):4 ℓ 6) 엔진오일:0.06 ℓ 7) 싱글코아바렐(BX):0.025개 3. 보오링기계(50×200m,11.19㎾):1.509hr	20-1-2-(1) BX보링
c	자갈천공(육상구간)	m	1. 노 무 비 1) 중급기술자:0.390인 2) 보 링 공:0.620인 3) 특별 인부:0.530인 4) 보통 인부:0.620인 2. 재 료 비 1) 메탈크라운비트(BX):0.500개 2) 드라이브파이프(BX):0.050개 3) 드라이브파이프헤드(BX):0.050개 4) 드라이브파이프슈(BX):0.050개 5) 경유(저유황,0.2W%S):9.20 ℓ 6) 엔진오일:0.14 ℓ 7) 싱글코아바렐(BX):0.050개 3. 보오링기계(50×200m,11.19㎾):2.667hr	20-1-2-(1) BX보링

번호	공 종	단위	단가산출기준	비 고
d	호박돌천공(육상구간)	m	1. 노 무 비 1) 중급기술자:0.650인 2) 보 링 공:0.810인 3) 특별 인부:0.650인 4) 보통 인부:0.810인 2. 재 료 비 1) 메탈크라운빗트(BX):1.500개 2) 드라이브파이프(BX):0.080개 3) 드라이브파이프헤드(BX):0.080개 4) 드라이브파이프슈(BX):0.080개 5) 경유(저유황,0.2W%S):12.2ℓ 6) 엔진오일:0.18ℓ 7) 싱글코어바렐(BX):0.150개 8) 초핑비트(BX):0.500개 3. 보오링기계(50×200m,11.19㎾):3.478hr	20-1-2-(1) BX보링
e	풍화암천공(육상구간)	m	1. 노 무 비 1) 중급기술자:0.160인 2) 보 링 공:0.300인 3) 특별 인부:0.220인 4) 보통 인부:0.300인 2. 재 료 비 1) 메탈크라운빗트(BX):0.800개 2) 경유(저유황,0.2W%S):3.0ℓ 3) 엔진오일:0.04ℓ 4) 메탈리밍쉘(BX):0.020개 5) 코어리프터(BX):0.100개 6) 더블코아바렐(BX):0.020개 3. 보오링기계(50×200m,11.19㎾):1.356hr	20-1-2-(2) BX보링
f	연암천공(육상구간)	m	1. 노 무 비 1) 중급기술자:0.170인 2) 보 링 공:0.310인 3) 특별 인부:0.240인 4) 보통 인부:0.310인 2. 재 료 비 1) 메탈크라운빗트(BX):1.000개 2) 경유(저유황,0.2W%S):4.0ℓ 3) 엔진오일:0.06ℓ 4) 메탈리밍쉘(BX):0.025개 5) 코어리프터(BX):0.100개 6) 더블코아바렐(BX):0.025개 3. 보오링기계(50×200m,11.19㎾):1.569hr	20-1-2-(2) BX보링

번호	공 종	단위	단가산출기준	비고
g	보통암천공 (육상구간)	m	1. 노 무 비 1) 중급기술자:0.170인 2) 보 링 공:0.400인 3) 특별 인부:0.200인 4) 보통 인부:0.400인 2. 재 료 비 1) 메탈크라운빗트(BX):1.000개 2) 경유(저유황,0.2w%s):6.6 ℓ 3) 엔진오일:0.10 ℓ 4) 메탈리밍쉘(BX):0.025개 5) 코어리프터(BX):0.100개 6) 더블코아바렐(BX):0.025개 3. 보오링기계(50×200m,11.19㎾):1.839hr	20-1-2-(2) BX보링
h	경암천공(육상구간)	m	1. 노 무 비 1) 중급기술자:0.330인 2) 보 링 공:0.530인 3) 특별 인부:0.440인 4) 보통 인부:0.530인 2. 재 료 비 1) 경유(저유황,0.2W%S):9.20 ℓ 2) 엔진오일:0.14 ℓ 3) 더블코아바렐(BX):0.040개 4) 다이아몬드리밍쉘(BX):0.030개 5) 코어리프터(BX):0.100개 6) 다이아몬드코어비트(BX):0.100개 3. 보오링기계(50×200m,11.19㎾):2.222hr	20-1-2-(2) BX보링
i	극경암 천공 (육상구간)	m	1. 노 무 비 1) 중급기술자:0.370인 2) 보 링 공:0.630인 3) 특별 인부:0.470인 4) 보통 인부:0.630인 2. 재 료 비 1) 경유(저유황,0.2W%S):10.9 ℓ 2) 엔진오일:0.17 ℓ 3) 더블코아바렐(BX):0.050개 4) 다이아몬드리밍쉘(BX):0.040개 5) 코어리프터(BX):0.100개 6) 다이아몬드코어비트(BX):0.120개 3. 보오링기계(50×200m,11.19㎾):3.200hr	20-1-2-(2) BX보링

번호	공 종	단위	단가산출기준	비고
1.02	NX천공			
a	점토천공(육상구간)	m	1. 노 무 비 1) 중급기술자:0.180인 2) 보 링 공:0.350인 3) 특별 인부:0.250인 4) 보통 인부:0.350인 2. 재 료 비 1) 메탈크라운빗트(NX):0.025개 2) 드라이브파이프(NX):0.010개 3) 드라이브파이프헤드(NX):0.010개 4) 드라이브파이프슈(NX):0.010개 5) 경유(저유황,0.2W%S):3.50 ℓ 6) 엔진오일:0.05 ℓ 7) 싱글코어바렐(NX):0.010개 3. 보오링기계(50×200m,11.19㎾):1.333hr	건설표준품셈 20-1-2-(1) NX보링
b	모래천공(육상구간)	m	1. 노 무 비 1) 중급기술자:0.210인 2) 보 링 공:0.400인 3) 특별 인부:0.290인 4) 보통 인부:0.400인 2. 재 료 비 1) 메탈크라운빗트(NX):0.050개 2) 드라이브파이프(NX):0.025개 3) 드라이브파이프헤드(NX):0.025개 4) 드라이브파이프슈(NX):0.025개 5) 경유(저유황,0.2W%S):4.70 ℓ 6) 엔진오일:0.07 ℓ 7) 싱글코어바렐(NX):0.025개 3. 보오링기계(50×200m,11.19㎾):1.667hr	20-1-2-(1) NX보링
c	자갈천공(육상구간)	m	1. 노 무 비 1) 중급기술자:0.450인 2) 보 링 공:0.720인 3) 특별 인부:0.630인 4) 보통 인부:0.730인 2. 재 료 비 1) 메탈크라운빗트(NX):0.500개 2) 드라이브파이프(NX):0.050개 3) 드라이브파이프헤드(NX):0.050개 4) 드라이브파이프슈(NX):0.050개 5) 경유(저유황,0.2W%S):10.80 ℓ 6) 엔진오일:0.160 ℓ 7) 싱글코어바렐(NX):0.050개 3. 보오링기계(50×200m,11.19㎾):2.857hr	20-1-2-(1) NX보링

번호	공 종	단위	단가산출기준	비 고
d	호박돌천공(육상구간)	m	1. 노 무 비 1) 중급기술자:0.760인 2) 보 링 공:0.960인 3) 특별 인부:0.760인 4) 보통 인부:0.960인 2. 재 료 비 1) 메탈크라운빗트(NX):1.500개 2) 드라이브파이프(NX):0.080개 3) 드라이브파이프헤드(NX):0.080개 4) 드라이브파이프슈(NX):0.080개 5) 경유(저유황,0.2W%S):14.30 ℓ 6) 엔진오일:0.21 ℓ 7) 싱글코어바렐(NX):0.150개 8) 초핑비트(NX):0.500개 3. 보오링기계(50×200m,11.19㎾):3.810hr	20-1-2-(1) NX보링
e	풍화암천공(육상구간)	m	1. 노 무 비 1) 중급기술자:0.190인 2) 보 링 공:0.350인 3) 특별 인부:0.260인 4) 보통 인부:0.350인 2. 재 료 비 1) 메탈크라운비트(NX):0.800개 2) 경유(저유황,0.2W%S):3.50 ℓ 3) 엔진오일:0.05 ℓ 4) 메탈리밍쉘(NX):0.020개 5) 코어리프터(NX):0.100개 6) 더블코어바렐(NX):0.020개 3. 보오링기계(50×200m,11.19㎾):1.455hr	20-1-2-(2) NX보링
f	연암천공(육상구간)	m	1. 노 무 비 1) 중급기술자:0.210인 2) 보 링 공:0.370인 3) 특별 인부:0.280인 4) 보통 인부:0.370인 2. 재 료 비 1) 메탈크라운빗트(NX):1.00개 2) 경유(저유황,0.2W%S):4.70 ℓ 3) 엔진오일:0.07 ℓ 4) 메탈리밍쉘(NX):0.025개 5) 코어리프터(NX):0.100개 6) 더블코어바렐(NX):0.025개 3. 보오링기계(50×200m,11.19㎾):1.667hr	20-1-2-(2) NX보링

번호	공 종	단위	단가산출기준	비 고
g	보통암천공(육상구간)	m	1. 노 무 비 1) 중급기술자:0.200인 2) 보 링 공:0.470인 3) 특별 인부:0.240인 4) 보통 인부:0.470인 2. 재 료 비 1) 메탈크라운빗트(NX):1.000개 2) 경유(저유황,0.2W%S):11.75ℓ 3) 엔진오일:0.115ℓ 4) 메탈리밍쉘(NX):0.025개 5) 코어리프터(NX):0.100개 6) 더블코어바렐(NX):0.025개 3. 보오링기계(50×200m,11.19㎾):1.951hr	20-1-2-(2) NX보링
h	경암천공(육상구간)	m	1. 노 무 비 1) 중급기술자:0.390인 2) 보 링 공:0.620인 3) 특별 인부:0.510인 4) 보통 인부:0.620인 2. 재 료 비 1) 경유(저유황,0.2W%S):18.80ℓ 2) 엔진오일:0.16ℓ 3) 더블코어바렐(NX):0.040개 4) 다이아몬드리빙쉘(NX):0.030개 5) 코어리프터(NX):0.100개 6) 다이아몬드코어비트(NX):0.100개 3. 보오링기계(50×200m,11.19㎾):2.353hr	20-1-2-(2) NX보링
i	극경암천공(육상구간)	m	1. 노 무 비 1) 중급기술자:0.430인 2) 보 링 공:0.750인 3) 특별 인부:0.560인 4) 보통 인부:0.750인 2. 재 료 비 1) 경유(저유황,0.2W%S):22.40ℓ 2) 엔진오일:0.19ℓ 3) 더블코어바렐(NX):0.050개 4) 다이아몬드리빙쉘(NX):0.040개 5) 코어리프터(NX):0.100개 6) 다이아몬드코어비트(NX):0.120개 3. 보오링기계(50×200m,11.19㎾):3.478hr	20-1-2-(2) NX보링

번호	공 종	단위	단가산출기준	비 고
j	점토천공(수상구간)	m	1. 노무비(50%할증) 1) 중급기술자:0.180인*1.50(할증) = 0.270인 2) 보 링 공:0.350인*1.50(할증) = 0525인 3) 특별 인부:0.250인*1.50(할증) = 0.375인 4) 보통 인부:0.350인*1.50(할증) = 0.525인 2. 재 료 비 1) 메탈크라운빗트(NX):0.025개 2) 드라이브파이프(NX):0.010개 3) 드라이브파이프헤드(NX):0.010개 4) 드라이브파이프슈(NX):0.010개 5) 경유(저유황,0.2W%S):3.50ℓ 6) 엔진오일:0.05ℓ 7) 싱글코어바렐(NX):0.010개 3. 보오링기계(50×200m,11.19㎾):1.333hr	20-1-2-(1) NX보링
k	모래천공(수상구간)	m	1. 노무비(50%할증) 1) 중급기술자:0.210인*1.50(할증) = 0.315인 2) 보 링 공:0.400인*1.50(할증) = 0.600인 3) 특별 인부:0.290인*1.50(할증) = 0.435인 4) 보통 인부:0.400인*1.50(할증) = 0.600인 2. 재 료 비 1) 메탈크라운빗트(NX):0.050개 2) 드라이브파이프(NX):0.025개 3) 드라이브파이프헤드(NX):0.025개 4) 드라이브파이프슈(NX):0.025개 5) 경유(저유황,0.2W%S):4.70ℓ 6) 엔진오일:0.07ℓ 7) 싱글코어바렐(NX):0.025개 3. 보오링기계(50×200m,11.19㎾):1.667hr	20-1-2-(1) NX보링
l	자갈천공(수상구간)	m	1. 노무비(50%할증) 1) 중급기술자:0.450인*1.50(할증) = 0.675인 2) 보 링 공:0.720인*1.50(할증) = 1.080인 3) 특별 인부:0.630인*1.50(할증) = 0.945인 4) 보통 인부:0.730인*1.50(할증) = 1.095인 2. 재 료 비 1) 메탈크라운빗트(NX):0.500개 2) 드라이브파이프(NX):0.050개 3) 드라이브파이프헤드(NX):0.050개 4) 드라이브파이프슈(NX):0.050개 5) 경유(저유황,0.2W%S):10.80ℓ 6) 엔진오일:0.160ℓ 7) 싱글코어바렐(NX):0.050개 3. 보오링기계(50×200m,11.19㎾):2.857hr	20-1-2-(1) NX보링

번호	공 종	단위	단가산출기준	비 고
m	호박돌천공(수상구간)	m	1. 노무비(50%할증) 1) 중급기술자:0.760인*1.50(할증) = 1.140인 2) 보 링 공:0.960인*1.50(할증) = 1.440인 3) 특별 인부:0.760인*1.50(할증) = 1.140인 4) 보통 인부:0.960인*1.50(할증) = 1.440인 2. 재 료 비 1) 메탈크라운빗트(NX):1.500개 2) 드라이브파이프(NX):0.080개 3) 드라이브파이프헤드(NX):0.080개 4) 드라이브파이프슈(NX):0.080개 5) 경유(저유황,0.2W%S):14.30 ℓ 6) 엔진오일:0.21 ℓ 7) 싱글코어바렐(NX):0.150개 8) 초핑비트(NX):0.500개 4. 보오링기계(50×200m,11.19㎾):3.810hr	20-1-2-(1) NX보링
n	풍화암천공(수상구간)	m	1. 노 무 비(50%할증) 1) 중급기술자:0.190인*1.50(할증) = 0.285인 2) 보 링 공:0.350인*1.50(할증) = 0.525인 3) 특별 인부:0.260인*1.50(할증) = 0.390인 4) 보통 인부:0.350인*1.50(할증) = 0.525인 2. 재 료 비 1) 메탈크라운빗트(NX):0.800개 2) 경유(저유황,0.2W%S):3.50 ℓ 3) 엔진오일:0.05 ℓ 4) 메탈리밍쉘(NX):0.020개 5) 코어리프터(NX):0.100개 6) 더블코어바렐(NX):0.020개 3. 보오링기계(50×200m,11.19㎾):1.455hr	20-1-2-(2) NX보링
o	연암천공(수상구간)	m	1. 노무비(50%할증) 1) 중급기술자:0.210인*1.50(할증) = 0.315인 2) 보 링 공:0.370인*1.50(할증) = 0.555인 3) 특별 인부:0.280인*1.50(할증) = 0.420인 4) 보통 인부:0.370인*1.50(할증) = 0.555인 2. 재 료 비 1) 메탈크라운빗트(NX):1.000개 2) 경유(저유황,0.2W%S):4.70 ℓ 3) 엔진오일:0.07 ℓ 4) 메탈리밍쉘(NX):0.025개 5) 코어리프터(NX):0.100개 6) 더블코어바렐(NX):0.025개 3. 보오링기계(50×200m,11.19㎾):1.667hr	20-1-2-(2) NX보링

번호	공 종	단위	단가산출기준	비고
p	보통암천공 (수상구간)	m	1. 노 무 비(50%할증) 1) 중급기술자:0.200인*1.50(할증) = 0.300인 2) 보 링 공:0.470인*1.50(할증) = 0.705인 3) 특별 인부:0.240인*1.50(할증) = 0.360인 4) 보통 인부:0.470인*1.50(할증) = 0.705인 2. 재 료 비 1) 메탈크라운빗트(NX):1.000개 2) 경유(저유황,0.2W%S):11.75ℓ 3) 엔진오일:0.115ℓ 4) 메탈리밍쉘(NX):0.025개 5) 코어리프터(NX):0.100개 6) 더블코어바렐(NX):0.025개 3. 보오링기계(50×200m,11.19㎾):1.951hr	20-1-2-(2) NX보링
q	경암천공(수상구간)	m	1. 노무비(50%할증) 1) 중급기술자:0.390인*1.50(할증) = 0.585인 2) 보 링 공:0.620인*1.50(할증) = 0.930인 3) 특별 인부:0.510인*1.50(할증) = 0.765인 4) 보통 인부:0.620인*1.50(할증) = 0.930인 2. 재 료 비 1) 경유(저유황,0.2W%S):18.80ℓ 2) 엔진오일:0.16ℓ 3) 더블코어튜브(NX):0.040개 4) 다이아몬드리밍쉘(NX):0.030개 5) 코어리프터(NX):0.100개 6) 다이아몬드코어비트(NX):0.100개 3. 보오링기계(50×200m,11.19㎾):2.353hr	20-1-2-(2) NX보링
r	극경암 천공 (수상구간)	m	1. 노 무 비(50%할증) 1) 중급기술자:0.430인*1.50(할증) = 0.645인 2) 보 링 공:0.750인*1.50(할증) = 1.125인 3) 특별 인부:0.560인*1.50(할증) = 0.840인 4) 보통 인부:0.750인*1.50(할증) = 1.125인 2. 재 료 비 1) 경유(저유황,0.2W%S):22.40ℓ 2) 엔진오일:0.19ℓ 3) 더블코어바렐(NX):0.050개 4) 다이아몬드리밍쉘(NX):0.040개 5) 코어리프터(NX):0.100개 6) 다이아몬드코어비트(NX):0.120개 3. 보오링기계(50×200m,11.19㎾):3.478hr	20-1-2-(2) NX보링

번호	공 종	단위	단가산출기준	비 고
1.03	**폐공되메우기**			
a	폐공되메우기(BX)	공	1. 노무비(보정계수50%적용) 1) 중급기술자:0.067인*50%(보정계수) = 0.0335인 2) 중급기능사:0.133인*50%(보정계수) = 0.0665인 3) 특별 인부:0.267인*50%(보정계수) = 0.1335인 4) 보통 인부:0.267인*50%(보정계수) = 0.1335인 2. 재 료 비 1) 시 멘 트:76.5kg 2) 벤토나이트:1.50kg 3. 중기사용료 1) 그라우팅펌프(30~60ℓ/min):0.40hr 2) 그라우팅믹서(190ℓ×2kW):0.40hr	20-7 폐공되메우기
b	폐공되메우기(NX)	공	1. 노무비(보정계수75%적용) 1) 중급기술자:0.067인*75%(보정계수) = 0.0503인 2) 중급기능사:0.133인*75%(보정계수) = 0.0998인 3) 특별 인부:0.267인*75%(보정계수) = 0.2003인 4) 보통 인부:0.267인*75%(보정계수) = 0.2003인 2. 재 료 비 1) 시 멘 트:142.6kg 2) 벤토나이트:2.80kg 3. 중기사용료 1) 그라우팅펌프(30~60ℓ/min):0.40hr 2) 그라우팅믹서(190ℓ×2kW):0.40hr	20-7 폐공되메우기
1.04	**기계기구설치**			
a	기계기구설치 (육상구간)	회	1. 노 무 비 1) 보 링 공:1.00인 2) 특별인부:1.00인 3) 보통인부:1.00인	20-1-1 기계기구설치
b	기계기구설치 (수상구간)	회	1. 노무비(50%할증) 1) 보 링 공:1.00인*1.50(할증) = 1.50인 2) 특별인부:1.00인*1.50(할증) = 1.50인 3) 보통인부:1.00인*1.50(할증) = 1.50인	20-1-1 기계기구설치
1.05	**표준관입시험 (현장시험)**	회	1. 노 무 비 1) 중급기술자:0.020인 2) 보 링 공:0.070인 3) 특별 인부:0.060인 4) 보통 인부:0.070인 2. 재 료 비 1) 경유(저유황,0.2W%S):1.00ℓ 2) 엔진오일:0.06ℓ 3) 휘발유(무연):0.05ℓ 4) 그리스:0.03kg 5) SPT Sampler(D50.8㎜):0.015개 6) SPT Sampler Shoe(D50.8㎜):0.100개	20-2 표준관입시험

번호	공 종	단위	단가산출기준	비 고
1.06	공내수평재하시험	회	1. 노 무 비 1) 중급기술자:1.00인 2) 고급기능사:0.50인 3) 중급기능사:0.50인 4) 초급기능사:0.50인 2. 재 료 비 1) 경유(저유황,0.2W%S):17.00 ℓ 2) 잡재료비(재료비의 20%) 3. 중기사용료 1) 측정기(Elastmeter2):4.0hr 2) 보오링기계(50×200m,11.19㎾):4.0hr	한국철도 시설공단 내부규정
1.07	암반투수시험	회	1. 노 무 비 1) 초급기술자:0.22인 2) 보 링 공:0.22인 3) 특별 인부:0.22인 4) 보통 인부:0.22인 2. 재료비(파커):0.006개 3. 그라우팅펌프(40~125 ℓ /min):1.52hr	
1.08	굴절법탄성파탐사	㎞	1. 노 무 비 1) 기 술 사:3.80인 2) 특급기술자:5.10인 3) 고급기술자:10.80인 4) 중급기술자:14.60인 5) 특별 인부:3.80인 6) 보통 인부:13.30인 2. 재 료 비 1) 말 뚝:100개 2) 다이너마이트:11.20kg 3) 전기뇌관:10개 4) 프로마이드:2권 5) 현장정착액:4조 6) 비닐전화선:1000m(손율 10%)	20-5-1 굴절법 탄성파탐사
1.09	자연시료채취	회	1. 노 무 비 1) 중급기술자:0.12인 2) 보 링 공:0.22인 3) 특별 인부:0.16인 4) 보통 인부:0.22인 2. 재 료 비 1) 신월튜브(Thin wall tube 76φ,황동관):1.0개 2) 경유(저유황,0.2W%S):1.0 ℓ 3) 잡유(경유의 60%적용)	20-4 자연시료채취
1.10	지표지질조사			
a	지표지질조사 (계획준비)	회	1. 노 무 비 1) 기 술 사:3.0인 2) 고급기술자:3.0인 3) 중급기술사:3.0인	한국철도 시설공단 내부규정

번호	공 종	단위	단가산출기준	비 고
b	지표지질조사(현장답사검토,S=25000~10000)	10㎢	1. 노 무 비 1) 기 술 사:3.0인 2) 고급기술자:10.0인 3) 중급기술자:10.0인 2. 소모품비(노무비 3%) 3. 기계기구손료 1) Clino compass:1hr/(5년*365일)*10.0일=0.00548hr 2) Geohamer:1hr/(5년*365일)*10.0일=0.00548hr	
c	지표지질조사(현장답사검토,S=5000~2500)	㎢	1. 노 무 비 1) 기 술 사:3.00인 2) 고급기술자:5.00인 3) 중급기술자:5.00인 2. 소모품비(노무비 3%) 3. 기계기구손료 1) Clino compass:1hr/(5년*365일)*5일=0.00274hr 2) Geohamer:1hr/(5년*365일)*5일=0.00274hr	
d	지표지질조사(현장답사검토,S=1000~500)	㎢	1. 노 무 비 1) 기 술 사:2.00인 2) 고급기술자:10.00인 3) 중급기술자:10.00인 2. 소모품비(노무비 3%) 3. 기계기구손료 1) Clino compass:1hr/(5년*365일)*10일=0.00548hr 2) Geohamer:1hr/(5년*365일)*10일=0.00548hr	
1.11	**시험굴조사**			
a	시험굴조사 (심도 1m 이내)	개소	1. 노무비 1) 중급기술자(총괄):0.10인 2) 중급기능사(시추기능공):0.25인 3) 초급기능사:0.25인 4) 조력공(보통인부):0.50인 2. 재료비(노무비의 5%)	한국철도시설공단 내부규정
b	시험굴조사 (심도 2m 이내)	개소	1. 노무비 1) 중급기술자(총괄):0.15인 2) 중급기능사(시추기능공):0.35인 3) 초급기능사:0.35인 4) 조력공(보통인부):0.70인 2. 재료비(노무비의 5%)	
1.12	**물성시험**			
a	함수비시험	회	1. 노무비(중급기능사):1.25hr 2. 시험기구손료 1) 시험용기(캔,접시,깔대기,플라스크,스패츌러):24hr 2) 데시게이터(D36mm):2.0hr 3) 전자저울(4㎏~0.01g):0.50hr 4) 드라잉오븐(15개시료용):24.0hr 3. 수도광열비(시험기구손료의 5%)	한국철도시설공단 내부규정

번호	공 종	단위	단가산출기준	비고
b	비중시험	회	1. 노무비(중급기능사):2.25hr 2. 시험기구손료 1) 시험용기(캔,접시,깔대기,플라스크,스패츌러):5.0hr 2) 비중병(50cc~100cc):5.0hr 3) 표준체(No.10):0.5hr 4) 온도계(보호관부):2.0hr 5) 데시게이터(D36mm):2.0hr 6) 혼합용구(Pan,사발):3.0hr 7) 흙분리,파쇄용구(막자,손절구):0.50hr 8) 전자저울(4㎏~0.01g):0.50hr 9) 가열장치(삼발이):2.0hr 10) 드라잉오븐(15개시료용):24.0hr 3. 수도광열비(시험기구손료의 2.5%)	
c	액성한계시험	회	1. 노무비(중급기능사):2.75hr 2. 시험기구손료 1) 시험용기(캔,접시,깔대기,플라스크,스패츌러):24.0hr 2) 홈내기날(grooving tool):2.0hr 3) 스패츌러(스테인레스):2.0hr 4) 유리판(Sanding):2.0hr 5) 피펫트(with sand):1.50hr 6) 데시게이터(D36mm):2.0hr 7) 전자저울(4㎏~0.01g):0.50hr 8) 액성한계측정기(LL taster):2.0hr 9) 드라잉오븐(15개시료용):24.0hr 3. 수도광열비(시험기구손료의 2.5%)	
d	소성한계시험	회	1. 노무비(중급기능사):1.20hr 2. 시험기구손료 1) 시험용기(캔,접시,깔대기,플라스크,스패츌러):24.0hr 2) 스패츌러(스테인레스):1.0hr 3) 유리판(Sanding):1.0hr 4) 피펫트(with sand):1.0hr 5) 데시게이터(D36mm):2.0hr 6) 전자저울(4㎏~0.01g):0.20hr 7) 드라잉오븐(15개시료용):24.0hr 3. 수도광열비(시험기구손료의 5%)	
e	입도분석시험 (시료량 0.5kg 이하)	회	1. 노무비(중급기능사):2.50hr 2. 시험기구손료 1) 표준체(A형,원형12종):1.0hr 2) Pan(소,중형):15.0hr 3) 전자저울(4㎏~0.01g):0.50hr 4) 드라잉오븐(15개시료용):24.0hr 5) 체진동기(전동식):1.0hr 3. 수도광열비(시험기구손료의 5%)	
1.13	역학시험			
a	일축압축시험	회	1. 노무비 1) 고급기능사:0.50hr 2) 중급기능사:2.75hr 2. 시험기구손료 1) 시험용기(스패츌러 접시):0.50hr	한국철도 시설공단 내부규정

번호	공 종	단위	단가산출기준	비 고
			2) meter box(D35~50mm):0.50hr 3) 줄톱:1.0hr 4) 버니어캘리퍼스(ℓ=20cm):0.25hr 5) 전자저울(4kg~0.01g):0.40hr 6) 공시체형성용구(trimmer):1.0hr 7) 가열장치(알콜램프 및 삼발이):2.0hr 8) 항온건조로(15개 시료용):24.0hr 9) 시료압출기(유압,수평U/D용):0.50hr 10) 일축압축시험기(전동식):0.50hr 3. 수도광열비(시험기구손료의 5%)	
b	압밀시험	회	1. 노무비 1) 고급기능사:1.50hr 2) 중급기능사:13.80hr 2. 시험기구손료 1) 시험용기(스패츌러 접시):0.50hr 2) 줄톱:0.50hr 3) 전자저울(4kg~0.01g):0.70hr 4) Stop watch:9.00hr 5) 공시체용성형구(trimmer):0.50hr 6) 가열장치(알콜램프 및 삼발이):2.0hr 7) 항온건조로(15개 시료용):24.0hr 8) 시료압출기(유압,수평U/D용):0.50hr 9) 압밀시험기(3연식):216hr 3. 수도광열비(시험기구손료의 5%)	
c	삼축압축시험	회	1. 노무비 1) 고급기능사:1.50hr 2) 중급기능사:4.50hr 2. 시험기구손료 1) 버니어캘리퍼스(ℓ=20cm):0.50hr 2) 줄톱:0.50hr 3) meter box(D35~50mm):0.75hr 4) Jacket(D35~50mm):0.50hr 5) 전자저울(4kg~0.01g):0.80hr 6) 공시체형성용구(trimmer):1.00hr 7) 컴프레서:0.50hr 8) 항온건조로(15개 시료용):24.0hr 9) 시료압출기(유압,수평U/D용):0.50hr 10) 삼축압축시험기(보급형,1개 cell):3.0hr 3. 수도광열비(시험기구손료의 5%) 4. 재료비 1) O-ring(멤브레인용):6개 2) 멤브레인(D35~50mm):3개 3) 잡재료비(재료비의 10%)	
d	직접전단시험	회	1. 노무비 1) 고급기능사:2.75hr 2) 중급기능사:5.80hr 2. 시험기구손료 1) 유리판(glass plate):1.00hr 2) 전자저울(4kg~0.01g):0.50hr 3) 줄톱:1.00hr	

번호	공 종	단위	단가산출기준	비 고
			4) 공시체형성용구(trimmer):1.00hr 5) 시료성형 mooldx(60×60×20mm):1.50hr 6) 항온건조로(15개 시료용):24.0hr 7) 시료압출기(유압,수평U/D용):0.50hr 8) 삼축압축시험기(개량기):4.0hr 3. 수도광열비(시험기구손료의 5%)	
1.14	현장시험			
a	2차원전기비저항탐사	㎞	1. 노무비 1) 기술사:3.9인 2) 특급기술사:5.2인 3) 고급기술사:10.4인 4) 중급기술사:20.2인 5) 특별인부:6.5인 6)보통인부:16.3인 2. 재료비 1) 충전료(12V,1회/일):1회 2) 절연테이프(19mm×20m):1개 3) 전선소모(2core):50m 4) 전선소모(전극봉):1본 5) 소모품비(재료비의 10%) 3. 경비 - 전기탐사기(손료):1일	20-5-2 2차원전기 비저항탐사
b	피에조콘시험	회	1. 노무비 1) 중급기술자(총괄,계획,관측):0.50인 2) 고급기능사(장비관리,측정):1.0인 3) 중급기능사(측정):2.0인 4) 초급기능사(측정보조):2.0인 2. 재료비 1) mantle cone(D33mm×20cm):0.20개 2) 소모품비(재료비의 20%) 3. 경비 - 기계기구손료(10t Dutch set):1본	
c	베인전단시험	회	1. 노무비 1) 중급기술자(지도,기록):0.30인 2) 고급기능사(시추계획):0.40인 3) 중급기능사(시추):0.40인 4) 초급기능사(보링공,조력):0.40인 2. 재료비 1) vane blade(대형,75×150):0.10개 2) 전용로드봉(D16mm×750mm):0.15본 3) 전용로드봉(D40.5mm×1m):0.20본 2) 소모품비(재료비의 20%) 3. 경비 - 기계기구손료(베인전단시험기,hand set):3.20hr	20-3 베인전단시험
1.15	암석시험			
a	시험편제작비	회	1. 노무비 1) 중급기술자(관찰,측정):0.30hr 2) 중급기능사(시험관련기사):1.50hr 2. 시험기구손료 1) diamond cutter(D36㎝):1.00hr	한국철도 시설공단 내부규정

번호	공 종	단위	단가산출기준	비 고
			2) cutter saw plate(D34cm):0.01개 3) 정밀연마판(평면형):0.50hr 4) grinder(평면형):0.50hr 5) planner plate(평면형):0.50hr 3. 수도광열비 - 경비(시험기구손료의 5%) 4. 재료비 1) 연마판(유리):0.05개 2) 연마제(powder):10g 3) 잡재료비(재료비의 5%)	
b	단위중량시험	회	1. 노무비 1) 고급기술자(계산,정리):0.10hr 2) 중급기능사(준비,측정시험):0.60hr 2. 시험기구손료 1) 전자저울(4kg～0.01g):0.50hr 2) 진공펌프(간이진공흡입장치):8.00hr 3. 수도광열비 - 경비(시험기구손료의 5%) 4. 재료비 1) 건조로(소형전기정온기):24hr 2) 수조:72hr	
c	탄성계수	회	1. 노무비 1) 중급기술자(계산,정리):0.30hr 2) 고급기능사(준비,시험계산):5.00hr 2. 시험기구손료 1) 압축시험기(100ton):2.50hr 2) 변형측정기록기:2.50hr 3. 수도광열비 - 경비(시험기구손료의 5%) 4. 재료비 1) strain gauge(단축형):2개 2) 순간접착제(2개소):0.50개 3) 잡재료비(재료비의 5%)	
d	포아송비	회	1. 노무비 1) 중급기술자(계산,정리):0.50hr 2) 고급기능사(준비,시험계산):6.00hr 2. 시험기구손료 1) 압축시험기(100ton):2.50hr 2) 변형측정기록기:2.50hr 3. 수도광열비 - 경비(시험기구손료의 5%) 4. 재료비 1) strain gauge(단축형):2개 2) 순간접착제(2개소):0.50개 3) 잡재료비(재료비의 5%)	
e	탄성파속도시험	회	1. 노무비 1) 중급기술자(측정,계산,정리):2.75hr 2) 고급기능사(준비,시험,조정):2.00hr 2. 시험기구손료 1) 전자저울(4kg～0.01g):0.60hr 2) 진공펌프(간이진공흡입장치):72hr 3) 건조로(소형전기정온기):24hr 4) 수조:72hr 5) gyrocope(초음파속도측정기):3hr	

번호	공 종	단위	단가산출기준	비고
f	일축압축시험	회	1. 노무비 1) 중급기술자(계산,정리):0.20hr 2) 고급기능사(준비,시험,계산):2.50hr 2. 시험기구손료 - 압축시험기(100ton):2.50hr 3. 수도광열비 - 경비(시험기구손료의 5%)	
g	삼축압축시험	회	1. 노무비 1) 중급기술자(시험총괄):1.00hr 2) 고급기능사(시험총괄):9.00hr 3) 중급기능사(시험관련기사):8.00hr 2. 시험기구손료 1) 고압삼축압축시험기(축압100ton,50㎏/㎠):8.00hr 2) 변형측정기록기:8.00hr 3. 수도광열비 - 경비(시험기구손료의 5%) 4. 재료비 1) 기록지(기타):3매 2) 고무Sleeve(고압삼축용):3개 3) 유압오일:1식 4) strain gauge(단축형):6개 5) 접착제(1개/4개소):1.50개	
h	압열인장시험	회	1. 노무비 1) 중급기술자(계산,정리):0.20hr 2) 고급기능사(준비,시험,계산):3.00hr 2. 시험기구손료 - 압축시험기(100ton):2.00hr 3. 수도광열비 - 경비(시험기구손료의 5%)	
i	흡수율시험	회	1. 노무비 1) 고급기술자(계산,정리):0.10hr 2) 중급기능사(준비,측정,시험):0.60hr 2. 시험기구손료 1) 전자저울(4㎏~0.01g):0.50hr 2) 진공펌프(간이진공흡입장치):8hr 3) 건조로(소형전기정온기):24hr 4) 수조:72hr 3. 수도광열비 - 경비(시험기구손료의 5%)	
j	절리면전단시험	회	1. 조건 - 2~3개 업체 견적처리중 낮은 금액 적용 2. 절리면전단시험:1회	
k	마모시험	회	1. 조건 - 2~3개 업체 견적처리중 낮은 금액 적용 2. 마모시험:1회	
l	Slaking시험	회	1. 조건 - 2~3개 업체 견적처리중 낮은 금액 적용 2. Slaking시험:1회	
m	Swelling시험	회	1. 조건 - 2~3개 업체 견적처리중 낮은 금액 적용 2. Swelling시험:1회	
1.16	제잡비(각종)		a. 일반관리비(지반조사의 5% 적용) b. 이윤(지반조사+일반관리비 10% 적용)	

번호	공 종	단위	단가산출기준	비 고
2	**측 량**			
2.01	**기준점측량**			
a	평면기준점측량	점	1. 적용기준 1) 품셈적용 기준점수:14점 2) 지형유형 증가계수(K):1.00(평지) 3) 작업량 증감계수(P):0.90(28점 이상) 2. 인건비 1) 측량특급기술자:2.0인/14점*1.00*0.90 = 0.13인/점 2) 측량고급기술자:17.0인/14점*1.00*0.90 = 1.09인/점 3) 측량중급기술자:21.0인/14점*1.00*0.90 = 1.35인/점 4) 측량초급기술자:22.0인/14점*1.00*0.90 = 1.41인/점 5) 측량초급기능사:24.0인/14점*1.00*0.90 = 1.54인/점	한국철도 시설공단 설계용역 대가기준
b	표고기준점측량	㎞	1. 적용기준 1) 품셈적용 기준거리:15km 2) 지형유형 증가계수(K):1.00(평지) 3) 작업량 증감계수(P):0.90(30km 이상) 2. 인건비 1) 측량특급기술자:1.0인/15km*1.00*0.90 = 0.06인/km 2) 측량고급기술자:3.0인/15km*1.00*0.90 = 0.18인/km 3) 측량중급기술자:11.5인/15km*1.00*0.90 = 0.69인/km 4) 측량초급기술자:8.0인/15km*1.00*0.90 = 0.48인/km 5) 측량초급기능사:8.0인/15km*1.00*0.90 = 0.48인/km 6) 보 통 인 부:8.0인/15km*1.00*0.90 = 0.48인/km	
c	사진기준점측량	모델	1. 적용기준 - 품셈적용 기준점수:50점 2. 인건비 1) 측량특급기술자:2.0인/50점 = 0.04인/점 2) 측량고급기술자:16.0인/50점 = 0.32인/점 3) 측량중급기술자:34.0인/50점 = 0.68인/점 3. 경비 1) 점이사기:1hr*5일*8hr/일/50점 = 0.80hr 2) 도화기(정밀도화기+좌표변환기):1hr*10일*8hr/일/50점=1.60hr	
d	GPS/INS기준점측량	모델	1. 적용기준 - 품셈적용 기준점수:50점 2. 인건비 1) 측량특급기술자:2.0인/50점 = 0.04인/점 2) 측량고급기술자:17.0인/50점 = 0.34인/점 3) 측량중급기술자:32.0인/50점 = 0.64인/점 3. 경비 1) 점이사기:1hr*5일*8hr/일/50점 = 0.80hr 2) 도화기(정밀도화기+좌표변환기):1hr*10일*8hr/일/50점=1.60hr	
e	표석매설	점	1. 적용기준 1) 품셈적용 기준점수:14점 2) 지형유형 증가계수(K):1.00(평지) 3) 작업량 증감계수(P):0.90(28점 이상) 2. 인건비 1) 측량중급기술자:4.0인/14점*1.00*0.90 = 0.26인/점 2) 측량초급기술자:4.0인/14점*1.00*0.90 = 0.26인/점 3) 측량초급기능사:4.0인/14점*1.00*0.90 = 0.26인/점 4) 보 통 인 부:8.0인/14점*1.00*0.90 = 0.51인/점 3. 재료비 - 삼각점 표석:1개	
2.02	**예측노선측량**			
a	예측노선측량 (재료비)	㎞	1. 말뚝(70㎜×70㎜×750㎜):12개 2. 말뚝(50㎜×50㎜×600㎜):23개 3. 야 장(측량용):2.2권	한국철도시 설공단설계 용역대가기준

번호	공 종	단위	단가산출기준	비고
			4. 연 필(HB):0.5타 5. 연 필(H-4H):1.0타 6. Eslon Tape(100m,PVC줄자):0.50개 7. 측량깃발(천,300㎜×200㎜):2.0장 8. 플로터용지(A1,594㎜×841㎜):1.0매	
b	예측노선측량 (농지,구릉지)	㎞	1. 선정측량(1km@ 1반 소요일수:1.00) 1) 외 업 - 측량고급기술자:2.0인*1.00일 = 2.00인 - 측량중급기술자:1.0인*1.00일 = 1.00인 - 측량초급기술자:2.0인*1.00일 = 2.00인 - 보 통 인 부:1.0인*1.00일 = 1.00인 2) 내 업 - 측량고급기술자:2.0인*1.00일 = 2.00인 - 측량중급기술자:1.0인*1.00일 = 1.00인 2. 선점측량(1km@ 1반 소요일수:0.25) 1) 외 업 - 측량고급기술자:1.0인*0.25일 = 0.25인 - 측량중급기술자:1.0인*0.25일 = 0.25인 - 측량초급기술자:2.0인*0.25일 = 0.50인 - 측량초급기능사:2.0인*0.25일 = 0.50인 - 보 통 인 부:2.0인*0.25일 = 0.50인 2) 내 업 - 측량고급기술자:0.5인*0.25일 = 0.125인 - 측량중급기술자:0.5인*0.25일 = 0.125인 3. 중심측량(1km@ 1반 소요일수:1.25) 1) 외 업 - 측량고급기술자:1.0인*1.25일 = 1.25인 - 측량중급기술자:1.0인*1.25일 = 1.25인 - 측량초급기술자:1.0인*1.25일 = 1.25인 - 측량초급기능사:2.0인*1.25일 = 2.50인 - 보 통 인 부:2.0인*1.25일 = 2.50인 2) 내 업 - 측량고급기술자:0.5인*1.25일 = 0.625인 - 측량중급기술자:0.5인*1.25일 = 0.625인 4. 종단측량(1km@ 1반 소요일수:0.50) 1) 외 업 - 측량중급기술자:1.0인*0.50일 = 0.50인 - 측량초급기술자:1.0인*0.50일 = 0.50인 - 측량초급기능사:2.0인*0.50일 = 1.00인 - 보 통 인 부:1.0인*0.50일 = 0.50인 2) 내 업 - 측량초급기술자:1.0인*0.50일 = 0.50인 - 측량초급기능사:2.0인*0.50일 = 1.00인 5. 횡단측량(1km@ 1반 소요일수:1.25) 1) 외 업 - 측량중급기술자:1.0인*1.25일 = 1.25인 - 측량초급기술자:1.0인*1.25일 = 1.25인 - 측량초급기능사:2.0인*1.25일 = 2.50인 - 보 통 인 부:1.0인*1.25일 = 1.25인 2) 내 업 - 측량초급기술자:1.0인*1.25일 = 1.25인 - 측량초급기능사:2.0인*1.25일 = 2.50인 6. 평면측량(1km@ 1반 소요일수:1.50) - 수치지형도:1식	

번호	공 종	단위	단가산출기준	비 고
c	예측노선측량 (교외,촌락지)	km	1. 선정측량(1km@ 1반 소요일수:2.00) 1) 외 업 - 측량고급기술자:2.0인*2.00일 = 4.00인 - 측량중급기술자:1.0인*2.00일 = 2.00인 - 측량초급기술자:2.0인*2.00일 = 4.00인 - 보 통 인 부:2.0인*2.00일 = 4.00인 2) 내 업 - 측량고급기술자:2.0인*2.00일 = 4.00인 - 측량중급기술자:1.0인*2.00일 = 2.00인 2. 선점측량(1km@ 1반 소요일수:0.50) 1) 외 업 - 측량고급기술자:1.0인*0.50일 = 0.50인 - 측량중급기술자:1.0인*0.50일 = 0.50인 - 측량초급기술자:2.0인*0.50일 = 1.00인 - 측량초급기능사:2.0인*0.50일 = 1.00인 - 보 통 인 부:3.0인*0.50일 = 1.50인 2) 내 업 - 측량고급기술자:0.5인*0.50일 = 0.25인 - 측량중급기술자:0.5인*0.50일 = 0.25인 3. 중심측량(1km@ 1반 소요일수:2.00) 1) 외 업 - 측량고급기술자:1.0인*2.00일 = 2.00인 - 측량중급기술자:1.0인*2.00일 = 2.00인 - 측량초급기술자:1.0인*2.00일 = 2.00인 - 측량초급기능사:2.0인*2.00일 = 4.00인 - 보 통 인 부:3.0인*2.00일 = 6.00인 2) 내 업 - 측량고급기술자:0.5인*2.00일 = 1.00인 - 측량중급기술자:0.5인*2.00일 = 1.00인 4. 종단측량(1km@ 1반 소요일수:1.00) 1) 외 업 - 측량중급기술자:1.0인*1.00일 = 1.00인 - 측량초급기술자:1.0인*1.00일 = 1.00인 - 측량초급기능사:2.0인*1.00일 = 2.00인 - 보 통 인 부:1.0인*1.00일 = 1.00인 2) 내 업 - 측량초급기술자:1.0인*1.00일 = 1.00인 - 측량초급기능사:2.0인*1.00일 = 2.00인 5. 횡단측량(1km@ 1반 소요일수:2.00) 1) 외 업 - 측량중급기술자:1.0인*2.00일 = 2.00인 - 측량초급기술자:1.0인*2.00일 = 2.00인 - 측량초급기능사:2.0인*2.00일 = 4.00인 - 보 통 인 부:2.0인*2.00일 = 4.00인 2) 내 업 - 측량초급기술자:1.0인*2.00일 = 2.00인 - 측량초급기능사:2.0인*2.00일 = 4.00인 6. 평면측량(1km@ 1반 소요일수:2.00) - 수치지형도:1식	

번호	공 종	단위	단가산출기준	비고
d	예측노선측량 (삼림지Ⅰ)	㎞	1. 선정측량(1km@ 1반 소요일수:2.50) 1) 외 업 - 측량고급기술자:2.0인*2.50일 = 5.00인 - 측량중급기술자:1.0인*2.50일 = 2.50인 - 측량초급기술자:2.0인*2.50일 = 5.00인 - 보 통 인 부:2.0인*2.50일 = 5.00인 2) 내 업 - 측량고급기술자:2.0인*2.50일 = 5.00인 - 측량중급기술자:1.0인*2.50일 = 2.50인 2. 선점측량(1km@ 1반 소요일수:1.25) 1) 외 업 - 측량고급기술자:1.0인*1.25일 = 1.25인 - 측량중급기술자:1.0인*1.25일 = 1.25인 - 측량초급기술자:2.0인*1.25일 = 2.50인 - 측량초급기능사:2.0인*1.25일 = 2.50인 - 보 통 인 부:3.0인*1.25일 = 3.75인 2) 내 업 - 측량고급기술자:0.5인*1.25일 = 0.625인 - 측량중급기술자:0.5인*1.25일 = 0.625인 3. 중심측량(1km@ 1반 소요일수:3.35) 1) 외 업 - 측량고급기술자:1.0인*3.35일 = 3.35인 - 측량중급기술자:1.0인*3.35일 = 3.35인 - 측량초급기술자:1.0인*3.35일 = 3.35인 - 측량초급기능사:2.0인*3.35일 = 6.70인 - 보 통 인 부:3.0인*3.35일 = 10.05인 2) 내 업 - 측량고급기술자:0.5인*3.35일 = 1.675인 - 측량중급기술자:0.5인*3.35일 = 1.675인 4. 종단측량(1km@ 1반 소요일수:1.50) 1) 외 업 - 측량중급기술자:1.0인*1.50일 = 1.50인 - 측량초급기술자:1.0인*1.50일 = 1.50인 - 측량초급기능사:2.0인*1.50일 = 3.00인 - 보 통 인 부:1.0인*1.50일 = 1.50인 2) 내 업 - 측량초급기술자:1.0인*1.50일 = 1.50인 - 측량초급기능사:2.0인*1.50일 = 3.00인 5. 횡단측량(1km@ 1반 소요일수:3.00) 1) 외 업 - 측량중급기술자:1.0인*3.00일 = 3.00인 - 측량초급기술자:1.0인*3.00일 = 3.00인 - 측량초급기능사:2.0인*3.00일 = 6.00인 - 보 통 인 부:2.0인*3.00일 = 6.00인 2) 내 업 - 측량초급기술자:1.0인*3.00일 = 3.00인 - 측량초급기능사:2.0인*3.00일 = 6.00인 6. 평면측량(1km@ 1반 소요일수:2.50) - 수치지형도:1식	

번호	공 종	단위	단가산출기준	비 고
e	예측노선측량 (삼림지Ⅱ)	km	- 삼림지Ⅱ의 재료비는 80%만 적용 1. 선정측량(1km@ 1반 소요일수:2.50) 1) 외 업 - 측량고급기술자:2.0인*2.50일 = 5.00인 - 측량중급기술자:1.0인*2.50일 = 2.50인 - 측량초급기술자:2.0인*2.50일 = 5.00인 - 보 통 인 부:2.0인*2.50일 = 5.00인 2) 내 업 - 측량고급기술자:2.0인*2.50일 = 5.00인 - 측량중급기술자:1.0인*2.50일 = 2.50인 2. 선점측량(1km@ 1반 소요일수:1.25) 1) 외 업 - 측량고급기술자:1.0인*1.25일 = 1.25인 - 측량중급기술자:1.0인*1.25일 = 1.25인 - 측량초급기술자:2.0인*1.25일 = 2.50인 - 측량초급기능사:2.0인*1.25일 = 2.50인 - 보 통 인 부:3.0인*1.25일 = 3.75인 2) 내 업 - 측량고급기술자:0.5인*1.25일 = 0.625인 - 측량중급기술자:0.5인*1.25일 = 0.625인 3. 중심측량(1km@ 1반 소요일수:3.35) 1) 외 업 - 측량고급기술자:1.0인*3.35일 = 3.35인 - 측량중급기술자:1.0인*3.35일 = 3.35인 - 측량초급기술자:1.0인*3.35일 = 3.35인 - 측량초급기능사:2.0인*3.35일 = 6.70인 - 보 통 인 부:3.0인*3.35일 = 10.05인 2) 내 업 - 측량고급기술자:0.5인*3.35일 = 1.675인 - 측량중급기술자:0.5인*3.35일 = 1.675인 4. 종단측량(1km@ 1반 소요일수:1.50) 1) 외 업 - 측량중급기술자:1.0인*1.50일 = 1.50인 - 측량초급기술자:1.0인*1.50일 = 1.50인 - 측량초급기능사:2.0인*1.50일 = 3.00인 - 보 통 인 부:1.0인*1.50일 = 1.50인 2) 내 업 - 측량초급기술자:1.0인*1.50일 = 1.50인 - 측량초급기능사:2.0인*1.50일 = 3.00인 5. 평면측량(1km@ 1반 소요일수:2.50) - 수치지형도:1식	
f	예측노선측량 (시가지)	km	1. 선정측량(1km@ 1반 소요일수:2.00) 1) 외 업 - 측량고급기술자:2.0인*2.00일 = 4.00인 - 측량중급기술자:1.0인*2.00일 = 2.00인 - 측량초급기술자:2.0인*2.00일 = 4.00인 2) 내 업 - 측량고급기술자:2.0인*2.00일 = 4.00인 - 측량중급기술자:1.0인*2.00일 = 2.00인	

번호	공 종	단위	단가산출기준	비 고
			2. 선점측량(1km@ 1반 소요일수:1.00) 1) 외 업 - 측량고급기술자:1.0인*1.00일 = 1.00인 - 측량중급기술자:1.0인*1.00일 = 1.00인 - 측량초급기술자:2.0인*1.00일 = 2.00인 - 측량초급기능사:2.0인*1.00일 = 2.00인 - 보 통 인 부:2.0인*1.00일 = 2.00인 2) 내 업 - 측량고급기술자:0.5인*1.00일 = 0.50인 - 측량중급기술자:0.5인*1.00일 = 0.50인 3. 중심측량(1km@ 1반 소요일수:2.50) 1) 외 업 - 측량고급기술자:1.0인*2.50일 = 2.50인 - 측량중급기술자:1.0인*2.50일 = 2.50인 - 측량초급기술자:1.0인*2.50일 = 2.50인 - 측량초급기능사:2.0인*2.50일 = 5.00인 - 보 통 인 부:2.0인*2.50일 = 5.00인 2) 내 업 - 측량고급기술자:0.5인*2.50일 = 1.25인 - 측량중급기술자:0.5인*2.50일 = 1.25인 4. 종단측량(1km@ 1반 소요일수:1.00) 1) 외 업 - 측량중급기술자:1.0인*1.00일 = 1.00인 - 측량초급기술자:1.0인*1.00일 = 1.00인 - 측량초급기능사:2.0인*1.00일 = 2.00인 - 보 통 인 부:1.0인*1.00일 = 1.00인 2) 내 업 - 측량초급기술자:1.0인*1.00일 = 1.00인 - 측량초급기능사:2.0인*1.00일 = 2.00인 5. 횡단측량(1km@ 1반 소요일수:2.00) 1) 외 업 - 측량중급기술자:1.0인*2.00일 = 2.00인 - 측량초급기술자:1.0인*2.00일 = 2.00인 - 측량초급기능사:2.0인*2.00일 = 4.00인 - 보 통 인 부:1.0인*2.00일 = 2.00인 2) 내 업 - 측량초급기술자:1.0인*2.00일 = 2.00인 - 측량초급기능사:2.0인*2.00일 = 4.00인 6. 평면측량(1km@ 1반 소요일수:3.35) - 수치지형도:1식	
2.03	**실측노선측량**			한국철도 시설공단 설계용역 대가기준
a	실측노선측량 (재료비)	㎞	1. 말뚝(70㎜×70㎜×750㎜):20개 2. 말뚝(50㎜×50㎜×600㎜):120개 3. 야 장(측량용):2.4권 4. 연 필(HB):0.7타 5. 연 필(H-4H):1.2타 6. Steel Tape(강권척,50m):0.10개 7. Eslon Tape(100m,PVC줄자):0.80개 8. 측량깃발(천,300㎜×200㎜):2.0장 9. 플로터용지(A1,594㎜×841㎜):1.0매	

번호	공 종	단위	단가산출기준	비고
b	실측노선측량 (농지,구릉지)	㎞	1. 선정측량(1km@ 1반 소요일수:2.00) 1) 외 업 - 측량고급기술자:2.0인*2.00일 = 4.00인 - 측량중급기술자:1.0인*2.00일 = 2.00인 - 측량초급기술자:2.0인*2.00일 = 4.00인 - 보 통 인 부:1.0인*2.00일 = 2.00인 2) 내 업 - 측량고급기술자:2.0인*2.00일 = 4.00인 - 측량중급기술자:1.0인*2.00일 = 2.00인 2. 선점측량(1km@ 1반 소요일수:0.50) 1) 외 업 - 측량고급기술자:1.0인*0.50일 = 0.50인 - 측량중급기술자:1.0인*0.50일 = 0.50인 - 측량초급기술자:2.0인*0.50일 = 1.00인 - 측량초급기능사:2.0인*0.50일 = 1.00인 - 보 통 인 부:2.0인*0.50일 = 1.00인 2) 내 업 - 측량고급기술자:0.5인*0.50일 = 0.25인 - 측량중급기술자:0.5인*0.50일 = 0.25인 3. 중심측량(1km@ 1반 소요일수:2.50) 1) 외 업 - 측량고급기술자:1.0인*2.50일 = 2.50인 - 측량중급기술자:1.0인*2.50일 = 2.50인 - 측량초급기술자:1.0인*2.50일 = 2.50인 - 측량초급기능사:2.0인*2.50일 = 5.00인 - 보 통 인 부:2.0인*2.50일 = 5.00인 2) 내 업 - 측량고급기술자:0.5인*2.50일 = 1.25인 - 측량중급기술자:0.5인*2.50일 = 1.25인 4. 종단측량(1km@ 1반 소요일수:1.00) 1) 외 업 - 측량중급기술자:1.0인*1.00일 = 1.00인 - 측량초급기술자:1.0인*1.00일 = 1.00인 - 측량초급기능사:2.0인*1.00일 = 2.00인 - 보 통 인 부:1.0인*1.00일 = 1.00인 2) 내 업 - 측량초급기술자:1.0인*1.00일 = 1.00인 - 측량초급기능사:2.0인*1.00일 = 2.00인 5. 횡단측량(1km@ 1반 소요일수:2.50) 1) 외 업 - 측량중급기술자:1.0인*2.50일 = 2.50인 - 측량초급기술자:1.0인*2.50일 = 2.50인 - 측량초급기능사:2.0인*2.50일 = 5.00인 - 보 통 인 부:1.0인*2.50일 = 2.50인 2) 내 업 - 측량초급기술자:1.0인*2.50일 = 2.50인 - 측량초급기능사:2.0인*2.50일 = 5.00인 6. 평면측량(1km@ 1반 소요일수:3.00) 1) 외 업 - 측량중급기술자:1.0인*3.00일 = 3.00인 - 측량초급기술자:1.0인*3.00일 = 3.00인 - 측량초급기능사:2.0인*3.00일 = 6.00인 - 보 통 인 부:1.0인*3.00일 = 3.00인 2) 내 업 - 측량중급기술자:1.0인*3.00일 = 3.00인 - 측량초급기술자:1.0인*3.00일 = 3.00인 - 측량초급기능사:2.0인*3.00일 = 6.00인	

번호	공 종	단위	단가산출기준	비고
c	실측노선측량 (교외,촌락지)	㎞	1. 선정측량(1km@ 1반 소요일수:4.00) 1) 외 업 - 측량고급기술자:2.0인*4.00일 = 8.00인 - 측량중급기술자:1.0인*4.00일 = 4.00인 - 측량초급기술자:2.0인*4.00일 = 8.00인 - 보 통 인 부:2.0인*4.00일 = 8.00인 2) 내 업 - 측량고급기술자:2.0인*4.00일 = 8.00인 - 측량중급기술자:1.0인*4.00일 = 4.00인 2. 선점측량(1km@ 1반 소요일수:1.00) 1) 외 업 - 측량고급기술자:1.0인*1.00일 = 1.00인 - 측량중급기술자:1.0인*1.00일 = 1.00인 - 측량초급기술자:2.0인*1.00일 = 2.00인 - 측량초급기능사:2.0인*1.00일 = 2.00인 - 보 통 인 부:3.0인*1.00일 = 3.00인 2) 내 업 - 측량고급기술자:0.5인*1.00일 = 0.50인 - 측량중급기술자:0.5인*1.00일 = 0.50인 3. 중심측량(1km@ 1반 소요일수:4.00) 1) 외 업 - 측량고급기술자:1.0인*4.00일 = 4.00인 - 측량중급기술자:1.0인*4.00일 = 4.00인 - 측량초급기술자:1.0인*4.00일 = 4.00인 - 측량초급기능사:2.0인*4.00일 = 8.00인 - 보 통 인 부:3.0인*4.00일 = 12.00인 2) 내 업 - 측량고급기술자:0.5인*4.00일 = 2.00인 측량중급기술자:0.5인*4.00일 = 2.00인 4. 종단측량(1km@ 1반 소요일수:2.00) 1) 외 업 - 측량중급기술자:1.0인*2.00일 = 2.00인 - 측량초급기술자:1.0인*2.00일 = 2.00인 - 측량초급기능사:2.0인*2.00일 = 4.00인 - 보 통 인 부:1.0인*2.00일 = 2.00인 2) 내 업 - 측량초급기술자:1.0인*2.00일 = 2.00인 - 측량초급기능사:2.0인*2.00일 = 4.00인 5. 횡단측량(1km@ 1반 소요일수:4.00) 1) 외 업 - 측량중급기술자:1.0인*4.00일 = 4.00인 - 측량초급기술자:1.0인*4.00일 = 4.00인 - 측량초급기능사:2.0인*4.00일 = 8.00인 - 보 통 인 부:2.0인*4.00일 = 8.00인 2) 내 업 - 측량초급기술자:1.0인*4.00일 = 4.00인 - 측량초급기능사:2.0인*4.00일 = 8.00인 6. 평면측량(1km@ 1반 소요일수:4.00) 1) 외 업 - 측량중급기술자:1.0인*4.00일 = 4.00인 - 측량초급기술자:1.0인*4.00일 = 4.00인 - 측량초급기능사:2.0인*4.00일 = 8.00인 - 보 통 인 부:2.0인*4.00일 = 8.00인 2) 내 업 - 측량중급기술자:1.0인*4.00일 = 4.00인 - 측량초급기술자:1.0인*4.00일 = 4.00인 - 측량초급기능사:2.0인*4.00일 = 8.00인	

번호	공 종	단위	단가산출기준	비 고
d	실측노선측량 (삼림지Ⅰ)	㎞	1. 선정측량(1km@ 1반 소요일수:5.00) 1) 외 업 - 측량고급기술자:2.0인*5.00일 = 10.00인 - 측량중급기술자:1.0인*5.00일 = 5.00인 - 측량초급기술자:2.0인*5.00일 = 10.00인 - 보 통 인 부:2.0인*5.00일 = 10.00인 2) 내 업 - 측량고급기술자:2.0인*5.00일 = 10.00인 - 측량중급기술자:1.0인*5.00일 = 5.00인 2. 선점측량(1km@ 1반 소요일수:2.50) 1) 외 업 - 측량고급기술자:1.0인*2.50일 = 2.50인 - 측량중급기술자:1.0인*2.50일 = 2.50인 - 측량초급기술자:2.0인*2.50일 = 5.00인 - 측량초급기능사:2.0인*2.50일 = 5.00인 - 보 통 인 부:3.0인*2.50일 = 7.50인 2) 내 업 - 측량고급기술자:0.5인*2.50일 = 1.25인 - 측량중급기술자:0.5인*2.50일 = 1.25인 3. 중심측량(1km@ 1반 소요일수:6.70) 1) 외 업 - 측량고급기술자:1.0인*6.70일 = 6.70인 - 측량중급기술자:1.0인*6.70일 = 6.70인 - 측량초급기술자:1.0인*6.70일 = 6.70인 - 측량초급기능사:2.0인*6.70일 = 13.40인 - 보 통 인 부:3.0인*6.70일 = 20.10인 2) 내 업 - 측량고급기술자:0.5인*6.70일 = 3.35인 - 측량중급기술자:0.5인*6.70일 = 3.35인 4. 종단측량(1km@ 1반 소요일수:3.00) 1) 외 업 - 측량중급기술자:1.0인*3.00일 = 3.00인 - 측량초급기술자:1.0인*3.00일 = 3.00인 - 측량초급기능사:2.0인*3.00일 = 6.00인 - 보 통 인 부:1.0인*3.00일 = 3.00인 2) 내 업 - 측량초급기술자:1.0인*3.00일 = 3.00인 - 측량초급기능사:2.0인*3.00일 = 6.00인 5. 횡단측량(1km@ 1반 소요일수:6.00) 1) 외 업 - 측량중급기술자:1.0인*6.00일 = 6.00인 - 측량초급기술자:1.0인*6.00일 = 6.00인 - 측량초급기능사:2.0인*6.00일 = 12.00인 - 보 통 인 부:2.0인*6.00일 = 12.00인 2) 내 업 - 측량초급기술자:1.0인*6.00일 = 6.00인 - 측량초급기능사:2.0인*6.00일 = 12.00인 6. 평면측량(1km@ 1반 소요일수:5.00) 1) 외 업 - 측량중급기술자:1.0인*5.00일 = 5.00인 - 측량초급기술자:1.0인*5.00일 = 5.00인 - 측량초급기능사:2.0인*5.00일 = 10.00인 - 보 통 인 부:2.0인*5.00일 = 10.00인 2) 내 업 - 측량중급기술자:1.0인*5.00일 = 5.00인 - 측량초급기술자:1.0인*5.00일 = 5.00인 - 측량초급기능사:2.0인*5.00일 = 10.00인	

번호	공 종	단위	단가산출기준	비 고
e	실측노선측량 (삼림지Ⅱ)	㎞	- 삼림지Ⅱ의 재료비는 80%만 적용 1. 선정측량(1km@ 1반 소요일수:5.00) 1) 외 업 - 측량고급기술자:2.0인*5.00일 = 10.00인 - 측량중급기술자:1.0인*5.00일 = 5.00인 - 측량초급기술자:2.0인*5.00일 = 10.00인 - 보 통 인 부:2.0인*5.00일 = 10.00인 2) 내 업 - 측량고급기술자:2.0인*5.00일 = 10.00인 - 측량중급기술자:1.0인*5.00일 = 5.00인 2. 선점측량(1km@ 1반 소요일수:2.50) 1) 외 업 - 측량고급기술자:1.0인*2.50일 = 2.50인 - 측량중급기술자:1.0인*2.50일 = 2.50인 - 측량초급기술자:2.0인*2.50일 = 5.00인 - 측량초급기능사:2.0인*2.50일 = 5.00인 - 보 통 인 부:3.0인*2.50일 = 7.50인 2) 내 업 - 측량고급기술자:0.5인*2.50일 = 1.25인 - 측량중급기술자:0.5인*2.50일 = 1.25인 3. 중심측량(1km@ 1반 소요일수:6.70) 1) 외 업 - 측량고급기술자:1.0인*6.70일 = 6.70인 - 측량중급기술자:1.0인*6.70일 = 6.70인 - 측량초급기술자:1.0인*6.70일 = 6.70인 - 측량초급기능사:2.0인*6.70일 = 13.40인 - 보 통 인 부:3.0인*6.70일 = 20.10인 2) 내 업 - 측량고급기술자:0.5인*6.70일 = 3.35인 - 측량중급기술자:0.5인*6.70일 = 3.35인 4. 종단측량(1km@ 1반 소요일수:3.00) 1) 외 업 - 측량중급기술자:1.0인*3.00일 = 3.00인 - 측량초급기술자:1.0인*3.00일 = 3.00인 - 측량초급기능사:2.0인*3.00일 = 6.00인 - 보 통 인 부:1.0인*3.00일 = 3.00인 2) 내 업 - 측량초급기술자:1.0인*3.00일 = 3.00인 - 측량초급기능사:2.0인*3.00일 = 6.00인 5. 평면측량(1km@ 1반 소요일수:5.00) 1) 외 업 - 측량중급기술자:1.0인*5.00일 = 5.00인 - 측량초급기술자:1.0인*5.00일 = 5.00인 - 측량초급기능사:2.0인*5.00일 = 10.00인 - 보 통 인 부:2.0인*5.00일 = 10.00인 2) 내 업 - 측량중급기술자:1.0인*5.00일 = 5.00인 - 측량초급기술자:1.0인*5.00일 = 5.00인 - 측량초급기능사:2.0인*5.00일 = 10.00인	

번호	공 종	단위	단가산출기준	비 고
f	실측노선측량 (시가지)	km	1. 선정측량(1km@ 1반 소요일수:4.00) 1) 외 업 - 측량고급기술자:2.0인*4.00일 = 8.00인 - 측량중급기술자:1.0인*4.00일 = 4.00인 - 측량초급기술자:2.0인*4.00일 = 8.00인 2) 내 업 - 측량고급기술자:2.0인*4.00일 = 8.00인 - 측량중급기술자:1.0인*4.00일 = 4.00인 2. 선점측량(1km@ 1반 소요일수:2.00) 1) 외 업 - 측량고급기술자:1.0인*2.00일 = 2.00인 - 측량중급기술자:1.0인*2.00일 = 2.00인 - 측량초급기술자:2.0인*2.00일 = 4.00인 - 측량초급기능사:2.0인*2.00일 = 4.00인 - 보 통 인 부:2.0인*2.00일 = 4.00인 2) 내 업 - 측량고급기술자:0.5인*2.00일 = 1.00인 - 측량중급기술자:0.5인*2.00일 = 1.00인 3. 중심측량(1km@ 1반 소요일수:5.00) 1) 외 업 - 측량고급기술자:1.0인*5.00일 = 5.00인 - 측량중급기술자:1.0인*5.00일 = 5.00인 - 측량초급기술자:1.0인*5.00일 = 5.00인 - 측량초급기능사:2.0인*5.00일 = 10.00인 - 보 통 인 부:2.0인*5.00일 = 10.00인 2) 내 업 - 측량고급기술자:0.5인*5.00일 = 2.50인 - 측량중급기술자:0.5인*5.00일 = 2.50인 4. 종단측량(1km@ 1반 소요일수:2.00) 1) 외 업 - 측량중급기술자:1.0인*2.00일 = 2.00인 - 측량초급기술자:1.0인*2.00일 = 2.00인 - 측량초급기능사:2.0인*2.00일 = 4.00인 - 보 통 인 부:1.0인*2.00일 = 2.00인 2) 내 업 - 측량초급기술자:1.0인*2.00일 = 2.00인 - 측량초급기능사:2.0인*2.00일 = 4.00인 5. 횡단측량(1km@ 1반 소요일수:4.00) 1) 외 업 - 측량중급기술자:1.0인*4.00일 = 4.00인 - 측량초급기술자:1.0인*4.00일 = 4.00인 - 측량초급기능사:2.0인*4.00일 = 8.00인 - 보 통 인 부:1.0인*4.00일 = 4.00인 2) 내 업 - 측량초급기술자:1.0인*4.00일 = 4.00인 - 측량초급기능사:2.0인*4.00일 = 8.00인 6. 평면측량(1km@ 1반 소요일수:6.70) 1) 외 업 - 측량중급기술자:1.0인*6.70일 = 6.70인 - 측량초급기술자:1.0인*6.70일 = 6.70인 - 측량초급기능사:2.0인*6.70일 = 13.40인 - 보 통 인 부:1.0인*6.70일 = 6.70인 2) 내 업 - 측량중급기술자:1.0인*6.70일 = 6.70인 - 측량초급기술자:1.0인*6.70일 = 6.70인 - 측량초급기능사:2.0인*6.70일 = 13.40인	

번호	공 종	단위	단가산출기준	비고
2.04	예측후실측노선측량			
a	예측후실측노선측량 (농지,구릉지)	㎞	1. 선정측량(1km@ 1반 소요일수:1.00) 1) 외 업 - 측량고급기술자:2.0인*1.00일 = 2.00인 - 측량중급기술자:1.0인*1.00일 = 1.00인 - 측량초급기술자:2.0인*1.00일 = 2.00인 - 보 통 인 부:1.0인*1.00일 = 1.00인 2) 내 업 - 측량고급기술자:2.0인*1.00일 = 2.00인 - 측량중급기술자:1.0인*1.00일 = 1.00인 2. 선점측량(1km@ 1반 소요일수:0.50) 1) 외 업 - 측량고급기술자:1.0인*0.50일 = 0.50인 - 측량중급기술자:1.0인*0.50일 = 0.50인 - 측량초급기술자:2.0인*0.50일 = 1.00인 - 측량초급기능사:2.0인*0.50일 = 1.00인 - 보 통 인 부:2.0인*0.50일 = 1.00인 2) 내 업 - 측량고급기술자:0.5인*0.50일 = 0.25인 - 측량중급기술자:0.5인*0.50일 = 0.25인 3. 중심측량(1km@ 1반 소요일수:2.50) 1) 외 업 - 측량고급기술자:1.0인*2.50일 = 2.50인 - 측량중급기술자:1.0인*2.50일 = 2.50인 - 측량초급기술자:1.0인*2.50일 = 2.50인 - 측량초급기능사:2.0인*2.50일 = 5.00인 - 보 통 인 부:2.0인*2.50일 = 5.00인 2) 내 업 - 측량고급기술자:0.5인*2.50일 = 1.25인 - 측량중급기술자:0.5인*2.50일 = 1.25인 4. 종단측량(1km@ 1반 소요일수:1.00) 1) 외 업 - 측량중급기술자:1.0인*1.00일 = 1.00인 - 측량초급기술자:1.0인*1.00일 = 1.00인 - 측량초급기능사:2.0인*1.00일 = 2.00인 - 보 통 인 부:1.0인*1.00일 = 1.00인 2) 내 업 - 측량초급기술자:1.0인*1.00일 = 1.00인 - 측량초급기능사:2.0인*1.00일 = 2.00인 5. 횡단측량(1km@ 1반 소요일수:2.50) 1) 외 업 - 측량중급기술자:1.0인*2.50일 = 2.50인 - 측량초급기술자:1.0인*2.50일 = 2.50인 - 측량초급기능사:2.0인*2.50일 = 5.00인 - 보 통 인 부:1.0인*2.50일 = 2.50인 2) 내 업 - 측량초급기술자:1.0인*2.50일 = 2.50인 - 측량초급기능사:2.0인*2.50일 = 5.00인 6. 평면측량(1km@ 1반 소요일수:3.00) 1) 외 업 - 측량중급기술자:1.0인*3.00일 = 3.00인 - 측량초급기술자:1.0인*3.00일 = 3.00인 - 측량초급기능사:2.0인*3.00일 = 6.00인 - 보 통 인 부:1.0인*3.00일 = 3.00인 2) 내 업 - 측량중급기술자:1.0인*3.00일 = 3.00인 - 측량초급기술자:1.0인*3.00일 = 3.00인 - 측량초급기능사:2.0인*3.00일 = 6.00인	

번호	공 종	단위	단가산출기준	비고
b	예측후실측노선측량 (교외,촌락지)	km	1. 선정측량(1km@ 1반 소요일수:2.00) 1) 외 업 - 측량고급기술자:2.0인*2.00일 = 4.00인 - 측량중급기술자:1.0인*2.00일 = 2.00인 - 측량초급기술자:2.0인*2.00일 = 4.00인 - 보 통 인 부:2.0인*2.00일 = 4.00인 2) 내 업 - 측량고급기술자:2.0인*2.00일 = 4.00인 - 측량중급기술자:1.0인*2.00일 = 2.00인 2. 선점측량(1km@ 1반 소요일수:1.00) 1) 외 업 - 측량고급기술자:1.0인*1.00일 = 1.00인 - 측량중급기술자:1.0인*1.00일 = 1.00인 - 측량초급기술자:2.0인*1.00일 = 2.00인 - 측량초급기능사:2.0인*1.00일 = 2.00인 - 보 통 인 부:3.0인*1.00일 = 3.00인 2) 내 업 - 측량고급기술자:0.5인*1.00일 = 0.50인 - 측량중급기술자:0.5인*1.00일 = 0.50인 3. 중심측량(1km@ 1반 소요일수:4.00) 1) 외 업 - 측량고급기술자:1.0인*4.00일 = 4.00인 - 측량중급기술자:1.0인*4.00일 = 4.00인 - 측량초급기술자:1.0인*4.00일 = 4.00인 - 측량초급기능사:2.0인*4.00일 = 8.00인 - 보 통 인 부:3.0인*4.00일 = 12.00인 2) 내 업 - 측량고급기술자:0.5인*4.00일 = 2.00인 - 측량중급기술자:0.5인*4.00일 = 2.00인 4. 종단측량(1km@ 1반 소요일수:2.00) 1) 외 업 - 측량중급기술자:1.0인*2.00일 = 2.00인 - 측량초급기술자:1.0인*2.00일 = 2.00인 - 측량초급기능사:2.0인*2.00일 = 4.00인 - 보 통 인 부:1.0인*2.00일 = 2.00인 2) 내 업 - 측량초급기술자:1.0인*2.00일 = 2.00인 - 측량초급기능사:2.0인*2.00일 = 4.00인 5. 횡단측량(1km@ 1반 소요일수:4.00) 1) 외 업 - 측량중급기술자:1.0인*4.00일 = 4.00인 - 측량초급기술자:1.0인*4.00일 = 4.00인 - 측량초급기능사:2.0인*4.00일 = 8.00인 - 보 통 인 부:2.0인*4.00일 = 8.00인 2) 내 업 - 측량초급기술자:1.0인*4.00일 = 4.00인 - 측량초급기능사:2.0인*4.00일 = 8.00인 6. 평면측량(1km@ 1반 소요일수:4.00) 1) 외 업 - 측량중급기술자:1.0인*4.00일 = 4.00인 - 측량초급기술자:1.0인*4.00일 = 4.00인 - 측량초급기능사:2.0인*4.00일 = 8.00인 - 보 통 인 부:2.0인*4.00일 = 8.00인 2) 내 업 - 측량중급기술자:1.0인*4.00일 = 4.00인 - 측량초급기술자:1.0인*4.00일 = 4.00인 - 측량초급기능사:2.0인*4.00일 = 8.00인	

번호	공 종	단위	단가산출기준	비 고
c	예측후실측노선측량 (삼림지Ⅰ)	㎞	1. 선정측량(1km@ 1반 소요일수:2.50) 1) 외 업 - 측량고급기술자:2.0인*2.50일 = 5.00인 - 측량중급기술자:1.0인*2.50일 = 2.50인 - 측량초급기술자:2.0인*2.50일 = 5.00인 - 보 통 인 부:2.0인*2.50일 = 5.00인 2) 내 업 - 측량고급기술자:2.0인*2.50일 = 5.00인 - 측량중급기술자:1.0인*2.50일 = 2.50인 2. 선점측량(1km@ 1반 소요일수:2.50) 1) 외 업 - 측량고급기술자:1.0인*2.50일 = 2.50인 - 측량중급기술자:1.0인*2.50일 = 2.50인 - 측량초급기술자:2.0인*2.50일 = 5.00인 - 측량초급기능사:2.0인*2.50일 = 5.00인 - 보 통 인 부:3.0인*2.50일 = 7.50인 2) 내 업 - 측량고급기술자:0.5인*2.50일 = 1.25인 - 측량중급기술자:0.5인*2.50일 = 1.25인 3. 중심측량(1km@ 1반 소요일수:6.70) 1) 외 업 - 측량고급기술자:1.0인*6.70일 = 6.70인 - 측량중급기술자:1.0인*6.70일 = 6.70인 - 측량초급기술자:1.0인*6.70일 = 6.70인 - 측량초급기능사:2.0인*6.70일 = 13.40인 - 보 통 인 부:3.0인*6.70일 = 20.10인 2) 내 업 - 측량고급기술자:0.5인*6.70일 = 3.35인 - 측량중급기술자:0.5인*6.70일 = 3.35인 4. 종단측량(1km@ 1반 소요일수:3.00) 1) 외 업 - 측량중급기술자:1.0인*3.00일 = 3.00인 - 측량초급기술자:1.0인*3.00일 = 3.00인 - 측량초급기능사:2.0인*3.00일 = 6.00인 - 보 통 인 부:1.0인*3.00일 = 3.00인 2) 내 업 - 측량초급기술자:1.0인*3.00일 = 3.00인 - 측량초급기능사:2.0인*3.00일 = 6.00인 5. 횡단측량(1km@ 1반 소요일수:6.00) 1) 외 업 - 측량중급기술자:1.0인*6.00일 = 6.00인 - 측량초급기술자:1.0인*6.00일 = 6.00인 - 측량초급기능사:2.0인*6.00일 = 12.00인 - 보 통 인 부:2.0인*6.00일 = 12.00인 2) 내 업 - 측량초급기술자:1.0인*6.00일 = 6.00인 - 측량초급기능사:2.0인*6.00일 = 12.00인 6. 평면측량(1km@ 1반 소요일수:5.00) 1) 외 업 - 측량중급기술자:1.0인*5.00일 = 5.00인 - 측량초급기술자:1.0인*5.00일 = 5.00인 - 측량초급기능사:2.0인*5.00일 = 10.00인 - 보 통 인 부:2.0인*5.00일 = 10.00인 2) 내 업 - 측량중급기술자:1.0인*5.00일 = 5.00인 - 측량초급기술자:1.0인*5.00일 = 5.00인 - 측량초급기능사:2.0인*5.00일 = 10.00인	

번호	공 종	단위	단가산출기준	비 고
d	예측후실측노선측량 (삼림지Ⅱ)	㎞	- 삼림지Ⅱ의 재료비는 80%만 적용 1. 선정측량(1km@ 1반 소요일수:2.50) 1) 외 업 - 측량고급기술자:2.0인*2.50일 = 5.00인 - 측량중급기술자:1.0인*2.50일 = 2.50인 - 측량초급기술자:2.0인*2.50일 = 5.00인 - 보 통 인 부:2.0인*2.50일 = 5.00인 2) 내 업 - 측량고급기술자:2.0인*2.50일 = 5.00인 - 측량중급기술자:1.0인*2.50일 = 2.50인 2. 선점측량(1km@ 1반 소요일수:2.50) 1) 외 업 - 측량고급기술자:1.0인*2.50일 = 2.50인 - 측량중급기술자:1.0인*2.50일 = 2.50인 - 측량초급기술자:2.0인*2.50일 = 5.00인 - 측량초급기능사:2.0인*2.50일 = 5.00인 - 보 통 인 부:3.0인*2.50일 = 7.50인 2) 내 업 - 측량고급기술자:0.5인*2.50일 = 1.25인 - 측량중급기술자:0.5인*2.50일 = 1.25인 3. 중심측량(1km@ 1반 소요일수:6.70) 1) 외 업 - 측량고급기술자:1.0인*6.70일 = 6.70인 - 측량중급기술자:1.0인*6.70일 = 6.70인 - 측량초급기술자:1.0인*6.70일 = 6.70인 - 측량초급기능사:2.0인*6.70일 = 13.40인 - 보 통 인 부:3.0인*6.70일 = 20.10인 2) 내 업 - 측량고급기술자:0.5인*6.70일 = 3.35인 - 측량중급기술자:0.5인*6.70일 = 3.35인 4. 종단측량(1km@ 1반 소요일수:3.00) 1) 외 업 - 측량중급기술자:1.0인*3.00일 = 3.00인 - 측량초급기술자:1.0인*3.00일 = 3.00인 - 측량초급기능사:2.0인*3.00일 = 6.00인 - 보 통 인 부:1.0인*3.00일 = 3.00인 2) 내 업 - 측량초급기술자:1.0인*3.00일 = 3.00인 - 측량초급기능사:2.0인*3.00일 = 6.00인 5. 평면측량(1km@ 1반 소요일수:5.00) 1) 외 업 - 측량중급기술자:1.0인*5.00일 = 5.00인 - 측량초급기술자:1.0인*5.00일 = 5.00인 - 측량초급기능사:2.0인*5.00일 = 10.00인 - 보 통 인 부:2.0인*5.00일 = 10.00인 2) 내 업 - 측량중급기술자:1.0인*5.00일 = 5.00인 - 측량초급기술자:1.0인*5.00일 = 5.00인 - 측량초급기능사:2.0인*5.00일 = 10.00인	

번호	공 종	단위	단가산출기준	비 고
e	예측후실측노선측량 (시가지)	㎞	1. 선정측량(1km@ 1반 소요일수:2.00) 1) 외 업 - 측량고급기술자:2.0인*2.00일 = 4.00인 - 측량중급기술자:1.0인*2.00일 = 2.00인 - 측량초급기술자:2.0인*2.00일 = 4.00인 2) 내 업 - 측량고급기술자:2.0인*2.00일 = 4.00인 - 측량중급기술자:1.0인*2.00일 = 2.00인 2. 선점측량(1km@ 1반 소요일수:2.00) 1) 외 업 - 측량고급기술자:1.0인*2.00일 = 2.00인 - 측량중급기술자:1.0인*2.00일 = 2.00인 - 측량초급기술자:2.0인*2.00일 = 4.00인 - 측량초급기능사:2.0인*2.00일 = 4.00인 - 보 통 인 부:2.0인*2.00일 = 4.00인 2) 내 업 - 측량고급기술자:0.5인*2.00일 = 1.00인 - 측량중급기술자:0.5인*2.00일 = 1.00인 3. 중심측량(1km@ 1반 소요일수:5.00) 1) 외 업 - 측량고급기술자:1.0인*5.00일 = 5.00인 - 측량중급기술자:1.0인*5.00일 = 5.00인 - 측량초급기술자:1.0인*5.00일 = 5.00인 - 측량초급기능사:2.0인*5.00일 = 10.00인 - 보 통 인 부:2.0인*5.00일 = 10.00인 2) 내 업 - 측량고급기술자:0.5인*5.00일 = 2.50인 - 측량중급기술자:0.5인*5.00일 = 2.50인 4. 종단측량(1km@ 1반 소요일수:2.00) 1) 외 업 - 측량중급기술자:1.0인*2.00일 = 2.00인 - 측량초급기술자:1.0인*2.00일 = 2.00인 - 측량초급기능사:2.0인*2.00일 = 4.00인 - 보 통 인 부:1.0인*2.00일 = 2.00인 2) 내 업 - 측량초급기술자:1.0인*2.00일 = 2.00인 - 측량초급기능사:2.0인*2.00일 = 4.00인 5. 횡단측량(1km@ 1반 소요일수:4.00) 1) 외 업 - 측량중급기술자:1.0인*4.00일 = 4.00인 - 측량초급기술자:1.0인*4.00일 = 4.00인 - 측량초급기능사:2.0인*4.00일 = 8.00인 - 보 통 인 부:1.0인*4.00일 = 4.00인 2) 내 업 - 측량초급기술자:1.0인*4.00일 = 4.00인 - 측량초급기능사:2.0인*4.00일 = 8.00인 6. 평면측량(1km@ 1반 소요일수:6.70) 1) 외 업 - 측량중급기술자:1.0인*6.70일 = 6.70인 - 측량초급기술자:1.0인*6.70일 = 6.70인 - 측량초급기능사:2.0인*6.70일 = 13.40인 - 보 통 인 부:1.0인*6.70일 = 6.70인 2) 내 업 - 측량중급기술자:1.0인*6.70일 = 6.70인 - 측량초급기술자:1.0인*6.70일 = 6.70인 - 측량초급기능사:2.0인*6.70일 = 13.40인	

번호	공 종	단위	단가산출기준	비 고
2.05	용지측량		1. 전구간 편입면적을 계산하여 산출한다. 2. 재료비 : 소정의 기준에 의거 계상한다. 3. 용지말뚝 박기는 용지분할측량 시행시(공사시행시) 반영한다. 4. 신설선 및 개량선중 편입용지 구간의 연장이 설계 연장의 10% 이상인경우 적용한다. 5. 신설선 및 개량선:용지측량 내업은 90%만 적용한다.	한국철도시설공단 설계용역 대가기준
a	용지측량(재료비)	㎡	1. 연필(HB):0.7타/25000㎡ = 0.00003타/㎡ 2. 연필(H-4H):1.2타/25000㎡ = 0.00005타/㎡ 3. 플로터용지(A1,594㎜×841㎜):1.0매/25000㎡ = 0.00004매/㎡	
b	용지측량(시가지)	㎡	1. 토지등기부,지적도,또는소유권조사 1) 측량고급기술자:2.00인/25000㎡ = 0.00008인/㎡ 2) 측량중급기술자:6.00인/25000㎡ = 0.00024인/㎡ 3) 측량초급기술자:12.0인/25000㎡ = 0.00048인/㎡ 2. 용지측량(외업) 1) 측량고급기술자:3.00인/25000㎡ = 0.00012인/㎡ 2) 측량중급기술자:15.0인/25000㎡ = 0.00060인/㎡ 3) 측량초급기술자:15.0인/25000㎡ = 0.00060인/㎡ 4) 측량초급기능사:30.0인/25000㎡ = 0.00120인/㎡ 3. 용지측량(내업,90%) 1) 측량고급기술자:18.0인/25000㎡ = 0.00072인/㎡ 2) 측량중급기술자:36.0인/25000㎡ = 0.00144인/㎡ 3) 측량초급기술자:36.0인/25000㎡ = 0.00144인/㎡	
c	용지측량 (교외,촌락지)	㎡	1. 토지등기부,지적도,또는소유권조사 1) 측량고급기술자:1.00인/25000㎡ = 0.00004인/㎡ 2) 측량중급기술자:4.00인/25000㎡ = 0.00016인/㎡ 3) 측량초급기술자:8.00인/25000㎡ = 0.00032인/㎡ 2. 용지측량(외업) 1) 측량고급기술자:1.00인/25000㎡ = 0.00004인/㎡ 2) 측량중급기술자:7.00인/25000㎡ = 0.00028인/㎡ 3) 측량초급기술자:7.00인/25000㎡ = 0.00028인/㎡ 4) 측량초급기능사:14.0인/25000㎡ = 0.00056인/㎡ 3. 용지측량(내업,90%) 1) 측량고급기술자:9.00인/25000㎡ = 0.00036인/㎡ 2) 측량중급기술자:18.0인/25000㎡ = 0.00072인/㎡ 3) 측량초급기술자:18.0인/25000㎡ = 0.00072인/㎡	
d	용지측량(농지,구릉지,산림지)	㎡	1. 토지등기부,지적도,또는소유권조사 1) 측량고급기술자:1.00인/25000㎡ = 0.00004인/㎡ 2) 측량중급기술자:3.00인/25000㎡ = 0.00012인/㎡ 3) 측량초급기술자:6.00인/25000㎡ = 0.00024인/㎡ 2. 용지측량(외업) 1) 측량고급기술자:1.00인/25000㎡ = 0.00004인/㎡ 2) 측량중급기술자:6.00인/25000㎡ = 0.00024인/㎡ 3) 측량초급기술자:6.00인/25000㎡ = 0.00024인/㎡ 4) 측량초급기능사:13.0인/25000㎡ = 0.00052인/㎡	

번호	공 종	단위	단가산출기준	비 고
			3. 용지측량(내업,90%) 1) 측량고급기술자:8.10인/25000㎡ = 0.00032인/㎡ 2) 측량중급기술자:16.3인/25000㎡ = 0.00065인/㎡ 3) 측량초급기술자:16.3인/25000㎡ = 0.00065인/㎡	
e	용지측량 (도면작성비)	㎡	1. 조 건 1) 개량선:편입되는 용지구간 연장이 전체노선 연장의 10% 미만일 경우 2) 전구간 편입면적을 계산하여 산출한다. 3) 재료비:소정의 기준에 의거 계상한다. 4) 필지수 계산 - 시가지(갑) : 240필지 , - 시가지(을) : 200필지 - 교외,촌락지 : 160필지 , - 농지,구능지 : 120필지 계 : 720필지 - 평균필지계산: 720/4 = 180필지 - 100필지 기준이므로 180필지/100필지 가산 - 축척 1/1,000 이므로 23% 가산 2. 노 무 비 1) 수량산출:0.78인*180필지/100필지*1.23 = 1.73인 2) 지적기사2급:1.73인/25000㎡ = 0.00007인/㎡	
2.04	제잡비(각종)		a. 일반관리비(측량의 5% 적용) b. 이윤(측량+일반관리비의 10% 적용)	

Ⅰ - 8. 설계VE 및 LCC

Ⅰ-8-1. 설계 VE

1. VE의 개요

가. VE(가치공학)

VE란 VALUE ENGINEERING을 번역한 말로서 영어단어의 이니셜만 따서 VE라고 부르고 있다. VE는 VA(VALUE ANALYSIS)라고도 불리운다. VE란 소정의 성능, 신뢰성 및 안전성을 만족하거나 품질을 보다 향상시켜 가면서 최소의 생애비용(LIFE CYCLE COST:LCC)으로 필요한 기능을 확보하기 위해 발주처 또는 업체의 직원에 의해 행해지는 조직적인 개선활동을 말한다. 즉, VE는 비용의 절감, 생산성의 향상, 품질의 개선을 도모하기 위한 유효한 수단이라고 말할 수 있으며, 여러 분야의 다양한 전문가들의 협업을 통한 프로젝트의 기능분석 결과를 토대로 가치를 창출하는 프로세스이다.

나. VE제도의 필요성

1) 국내에서 80년대 중반부터 VE제도를 도입하려 하였지만 가장 효과가 높은 설계·계획단계에서 적용되지 못하고 일부 시공단계에서 적용되어 왔다.
2) 공사비 절감을 통한 공공사업의 효율적 추진을 도모한다.
3) 창조적 대안 창출을 통한 설계·계획 단계에서의 부실설계를 방지하고 품질 및 사용자 편익을 최대화함과 동시에 공사비 및 유지관리비 등 생애주기비용의 절감을 이룰 수 있다.

다. 관련법령 및 제기준

1) 최근 국토해양부의 예산 절감을 위한 '공공 건설사업 효율화 종합대책'의 일환으로 설계단계에서 VE의 적용을 위한 실무 시행령에 의한 설계 VE의 법제화(건기법 시행령 제38조 13)
2) 설계의 경제성등 검토에 관한 시행지침 개정(국토해양부고시 제2005-448호)
3) 철도건설사업 설계 VE업무기준(한국철도시설공단, 2008. 4)
4) 설계VE 검토시 LCC 검토 의무화

라. 법적 설계VE 적용 대상

1) 총공사비 100억원 이상인 건설공사의 기본설계, 실시설계(일괄·대안입찰공사 포함)
2) 공사시행중 공사비 증가가 10% 이상 발생되어 설계변경이 요구되는 건설공사(단, 물가변동으로 인한 설계변경은 제외함)
3) 기타 발주처가 필요하다고 인정하는 사업

2. VE의 목적

가. VE의 목적

VE는 보다 적은 비용으로 같은 기능을 얻거나, 같은 비용으로 기능을 개선·증가시키거나, 불필요한 기능과 비용을 없애고 운영비용이나 수익을 최적화하기 위해 대체안을 개발하기 위함이다.

나. VE의 기본원칙

VE의 기본원칙은 다음과 같다.

1) 제1원칙 : 사용자 우선 사고
2) 제2원칙 : 기능중심의 해결방법
3) 제3원칙 : 고정관념에서 벗어난 창조적 사고

4) 제4원칙 : 조직적으로 팀워크화된 활동

5) 제5원칙 : 가치향상

다. 가치의 산출

VE에서는 가치(V)를 성능(P)과 비용(C)으로 본다.

$$V = \frac{P}{C}$$

V : 가치

- 프로젝트의 필요한 성능에 대한 비용의 상대적 비율로서 가치지수(P/C)를 높이는 것이 참다운 설계방향이다.

P : 필요한 성능

- 프로젝트 대상의 성능분석을 통하여 대체안을 도출한다.
- 일반적인 원가절감 사고방식에서 벗어나 기능중심의 사고로의 전환이 요구된다.

C : 생애총투자비용(LCC)

- 프로젝트의 투자비용을 투자비용뿐만 아니라 시설물 생애주기(LIFE CYCLE)동안의 총비용을 합산한 비용으로 한다.

3. VE의 필요성

가. VE 검토의 필요성

아무리 잘 설계된 설계도라도 VE 검토팀이 검토할 경우 전문가들이 어떤 개념을 갖고 하는 것이기 때문에 거대한 작업이 아니면서도 새로운 것을 찾아낼 수 있는 것이 당초 설계 때와는 다른 점이다. 원설계는 시간도 촉박하고 아주 세세한 것까지 완벽하게 검토할 수 없기 때문에 아무리 잘 설계한다 해도 일반적으로 규모가 큰 것들은 복잡해서 허점들이 있게 마련이다. 그리고 당초 설계시는 완벽한 검토를 할 시간적 여유가 없는 것이 보통이다. VE 검토팀은 당초 설계하는 것과는 방향이 다르기 때문에 원설계 자체를 잘못했다고 탓하지 않는다.

다음과 같은 이유들로 인하여 검토가 필요하다.

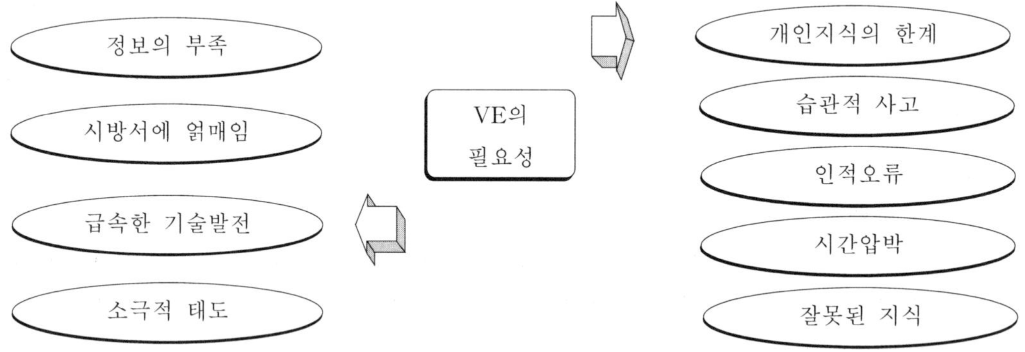

나. 설계 VE의 목적

계획, 기본 및 실시설계 단계에서 발주자가 당초 설계시 당 프로젝트에 참여하지 않는 사람들로 하여금 새로이 VE검토팀을 구성케 하여 프로젝트의 생애주기비용(Life-Cycle Cost)을 절감하기 위하여 당초설계를 재검토하여 대체안을 작성하는 것이 원칙이다. 이론과 경험을 토대로 확립된 기법을 체계적으로 사용하여 설계자에 의하여 작성된 프로젝트의 설계를 설계자 이외의 사람들이 그 프로젝트 또는 그 프로젝트의 구성요소가 요구하는 기능과 비용의 관점에서 분석하여 소요의 기능을 확보하면서, 생애주기비용(LCC)이 가장 저렴한 변경안을 도출하고, 그것을 정리한 후 VE제안(Value Engineering Proposal)하여 실제 설계에 반영할 수 있도록 한다.

다. 설계 VE가 필요한 프로젝트

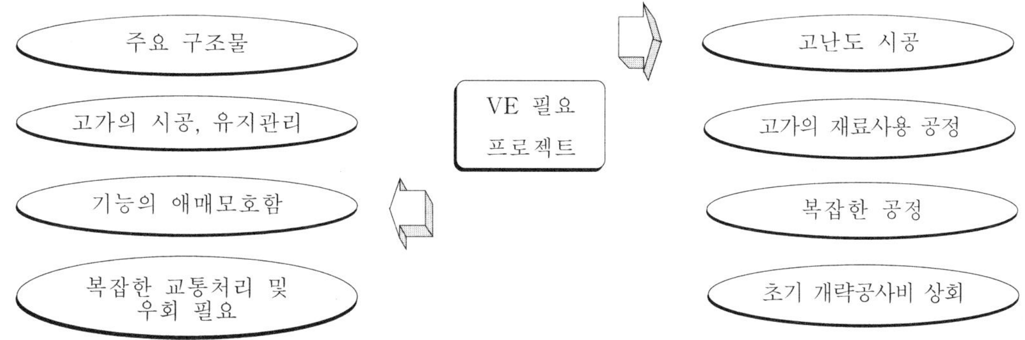

4. VE의 분석방향(설계 및 시공 VE)

가. 설계 VE

설계VE란 계획(Concept), 기본설계(Planning) 및 실시설계(Design) 단계에서 프로젝트의 생애주기비용(LCC)을 절감하기 위하여 발주자가 당초 설계시에 계획이나 설계 등에 종사하지 않은 사람들로 하여금 새로이 VE검토팀을 구성케하여 당초설계를 재검토하여 대체안을 작성하는 것이다.

나. 시공 VE

시공VE란 시공(Construction)단계에서 당초 설계시에 계획이나 설계 등에 종사하지 않은 외부 전문가들로 하여금 새로이 VE검토팀을 구성케하여 생애주기비용(LCC) 절감을 위한 시공Process의 재검토후 대체안을 작성하는 것을 말한다. VE검토는 시공단계보다는 설계단계에서 검토하는 것이 보다 효과적이다. 설계단계에서는 프로젝트의 내용이 아직 충분하게 정해져 있지 않기 때문에 참신한 대체안이 나올 가능성이 높고 제안된 대체안을 수용할 수 있는 여지가 많기 때문이다. 한편 공사가 발주된 뒤에는 사업실시에 필요한 수속이 진행되어 새로운 아이디어를 수용할 여지가 좁아지게 되며, 사업실시공정 등의 제약 때문에 계획은 검토하기 곤란할 경우가 많게 되어 자연히 VE검토효과가 감소하게 된다.

다. 설계 VE의 특징

1) 미국에서는 오랜 연구와 경험을 통하여 VE효과를 높이기 위하여 VE검토를 어떤 절차(Step)에 의하여 수행할 것이며, 각각의 절차마다 어떤 작업을 할 것인가를 나타내는 VE검토 계획의 패턴이 확립되어 있어 그 성과를 올리고 있다. 이러한 VE검토 계획패턴을 VE수행계획(Job plan)이라 한다.
2) 프로젝트의 종류, 규모, 복잡성 등에 따라 다소 추진절차를 간소화하거나 달리할 수도 있다.
3) VE검토를 보다 효과적으로 수행하기 위하여 VE검토(VE Study)에 앞서 충분한 사전조사(Pre-study)를 함과 동시에 VE제안을 효과적으로 활용할 수 있도록 할 사후조사(Post-study)가 필요하다.

라. 설계 VE의 절차 및 방법

1) 설계 VE

준비단계	· VE연구를 위한 대상 프로젝트의 규명 · 최대경비 절감을 기대할 수 있는 특정 프로젝트의 선정
조사단계	· 설계지식 획득 · 비용 및 상대적 기능 평가 · 주요기능 평가 · 가능한 최상의 자료 및 정보수집
고안단계	· 조사단계에서 도출된 설계요소의 기능에 대한 자유토론 · 각 기능에 대한 선택대안의 개발
분석·평가단계	· 고안단계에서의 결과 분석 · 최상의 아이디어 선정
개발단계	· 분석, 평가 단계에서 선정된 최상의 선택대안에 대한 엄밀분석 및 적산준비를 위한 추가 데이터 수집
발표단계	· 의사 결정자 대상 발표
실행단계	· 검증된 추천안에 대한 실행

2) LCC 절차

현 황 분 석	모 델 정 립	L C C 분 석
연구 내용 분석	경제적 변수	유지관리 비용
자료수집 및 분석	비용함수의 정식화	이용자 비용
전문가 자문/설문	비용분류 체계	입·출력 체계
유관기관 인터뷰	잔존수명 예측	유관기관의 DB 활용
LCC모델분석 /SW현황분석	확정적 방법 정식화	LCC 분석프로그램 사용
문제점분석 및 대책수립	확정적 분석절차의 표준화	LCC분석 및 민감도 분석

3) 턴키방식 설계VE 수행절차

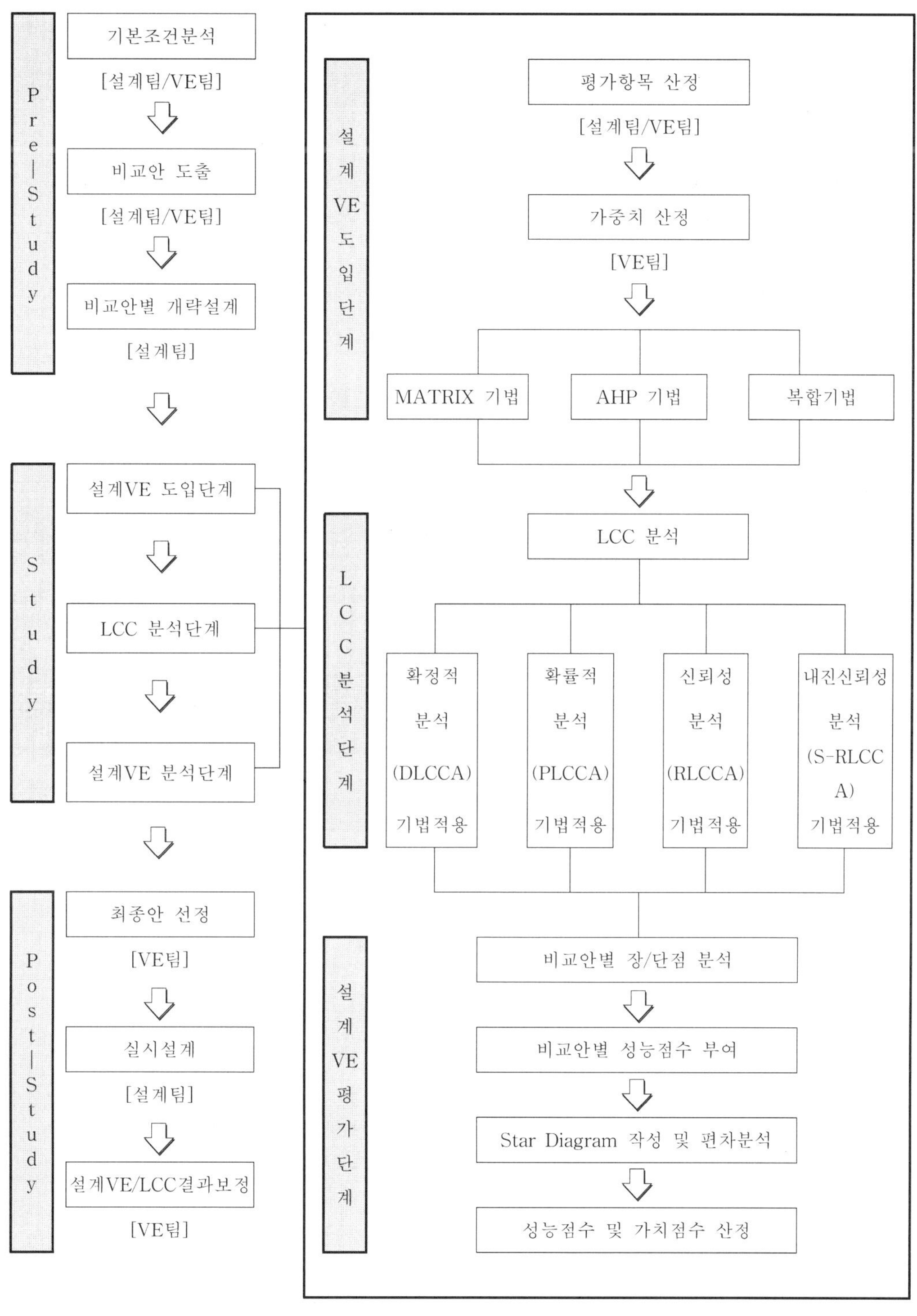

5. VE수행절차 및 단계별 세부사항

설계의 경제성등 검토 업무는 VE Job Plan 표준절차에 따라 준비단계, 분석단계, 실행단계로 나누어 실시하며, 각 추진단계별 목표 달성을 위하여 사용되는 운영기법은 해당 설계VE의 특성과 적합성을 검토하여 적용할 수 있다.

가. 준비단계

준비단계의 주요 목적은 원활한 VE수행을 위하여 관련된 집단의 협력체제를 구축하고 공동목표를 설정하며 VE분석단계에 요구되는 충분한 자료를 확보하는데 있으며 다음의 내용을 포함한다.

1) 오리엔테이션 미팅

가) 프로젝트에 대한 VE팀 구성원의 전반적인 이해

나) VE활동에 요구되는 각종 정보의 파악 및 수행전략의 수립

2) VE 활동기간의 결정

3) VE 활동에 요구되는 각종 편의시설 및 공간의 규모 결정

4) VE 팀조직의 편성

5) 사용자(발주자)의 요구 측정

6) VE 대상 선정

VE대상 선정은 프로젝트의 가치를 높이기 위하여 VE팀이 집중적으로 시간과 노력을 투입할 대상을 선정하는 것이다. VE 대상을 선정하기 위한 기법으로는 비용모델(Cost Model)이 자주 사용되며 고비용 분야 선정기법, Cost Worth 기법, 비용·성능 평가기법, 복합평가기법, 가중치 부여 복합평가기법 등이 있다.

<표 Ⅰ.8.1> VE대상 선정기법 비교

VE대상 선정기법	평가기준	비 고
고비용 분야 선정기법	비용	고비용 분야를 대상으로 선정
Cost Worth 기법	비용과 성능을 종합적으로 판단	Worth의 사용시, 기능분석 개념 사용
비용·성능 평가기법	비용과 성능을 종합적으로 판단	성능평가기준으로 발주자·사용자 요구, 공기 등이 있음.
복합평가기법	개선 예상 효과, 투입가능 노력, 팀의 노력 등	프로젝트의 특성에 따라 평가항목은 다양하게 선정될 수 있음.
가중치부여 복합평가기법	품질향상, 안전성, 제약성 등	평가항목에 가중치 부여
기능·비용 분석	고비용 기능, Cost-Driver 기능 선정	고비용이 소요되는 기능과 연관된 공종 선정
기능·성능 분석	고성능 기능, Performance-Driver 기능 선정	고성능이 요구되는 기능과 연관된 공종 선정

7) 관련자료의 수집

나. 분석단계

분석단계에서는 선정한 대상의 정보 수집, 기능 분석, 아이디어의 창출, 아이디어의 평가, 대안의 구체화, 제안서의 작성 및 발표를 하여야 하며 다음과 같은 핵심사항을 고려한다.

1) 정보 분석

가) 사전조사단계에서 수집된 정보의 정리·분석 및 필요한 추가자료의 수집

나) 프로젝트의 내용에 관한 숙지

다) 프로젝트 구성요소의 확인

라) 현지답사

2) 기능 분석

가) 기능정의 및 분류

나) 기능정리

다) 기능평가

3) 아이디어 창출

아이디어 창출 방법으로는 주로 브레인스토밍기법을 활용하며, 기능평가를 통하여 도출된 중요한 기능에 대하여 기능별로 아이디어를 도출한다.

<표 Ⅰ.8.2> 브레인스토밍기법의 활용

구 분	개인 브레인스토밍	집단 브레인스토밍
개 요	·시간적 제약을 감소 ·많은 아이디어 도출 ·부족한 표현능력의 보완 ·습관적·감정적 장애 극복 ·사전 준비의 효과 극대화	·전문적·시각적 장애의 극복 ·다양한 아이디어 수렴 ·여러 관점에서의 제안 아이디어에 대한 수용
주 체	·VE 팀원 개개인	·VE팀 구성원 전체
개략절차	·제공된 자료를 검토 ·가능한 모든 아이디어 도출 ·도출된 아이디어에 대한 검토 및 분석 ·제출된 아이디어에 대한 분류 작업	·소규모 십난보임 토론후에 전체 집단 창조 단계 ·가급적 다수의 아이디어 유도 ·제안에 대한 수정·종합·편승 ·비판·평가의 유보

4) 아이디어 개략평가 및 구체화

5) 대안의 구체화

가) 제안서 작성

나) VE 제안의 보고서 포함내용

<표 Ⅰ.8.3> VE 제안의 보고서 포함내용

제안서 내 용	·프로젝트 개요 ·VE 연구중인 대상구조물에 대한 구성요소별, 공정별 기능적 평가 내용 ·주요 요소, 공정에 대한 FAST도(개선전, 후) ·고려된 대안에 대한 설명 ·최적 대안의 선정을 가능하게 한 사실적 정보 및 기술적 데이터 ·원안에 대한 비용과 VE제안 안에 대한 비용의 비교 ·간접비용 등을 고려한 원안과 대안에 대한 생애주기비용 산정 결과 ·원안과 대안에 대한 성능점수 및 상대적 성능향상 정도를 수치로 표현 ·원안 대비 대안에 대한 가치점수 및 상대적 가치향상 정도를 수치로 표현 ·비용절감형인 경우 비용절감 정도, 기능향상형과 기능강조형인 경우 가치향상 정도 ·신기술, 신공법 도입의 경우 도입에 따른 가치 향상 정도를 수치로 표현

6) 비용 상세평가

비용 상세평가에서는 각 대안의 생애주기 비용(Life Cycle Cost, LCC)을 분석하여 경제성을 비교하는 것으로, LCC분석이 용이하지 않거나 필요치 않을 경우 건설사업비용(초기 투자비)을 중심으로 대안을 평가한다.

<표 Ⅰ.8.4> LCC 비용항목의 분류

구성항목	내 용
건설사업비	· 기획 및 설계단계에 수반되는 제비용(설계비, 용지비 등) · 건설비(재료비, 노무비, 장비비 등)
유지관리비	· 에너지비, 연료비, 임금 등
보수교체비용	· 시설물의 노후화에 따른 보수 및 교체비용
해체처분비	· 잔존가치 · 폐기처분비
관련비용	· 기회손실비용, 방범비용, 보험료 등

7) 최적안 선정기법

가) 최적안 선정기법의 목적은 경제적인 측면뿐만 아니라 시설의 전체적인 측면에서 종합적으로 판단하여 최종적으로 가장 적절한 VE 대안을 선정하는 데 그 목적이 있다.

나) 최적안 선정기법으로는 일반적으로 매트릭스 평가법이 사용된다.

다) 매트릭스 평가법은 각 대안에 대해서 평가기준 및 평가항목별 가중치를 부여하고, 가중치에 따른 점수를 합계해서 순위를 산정하는 방식이다.

<표 Ⅰ.8.5> 평가항목 선정표(예)

평 가 기 준	평 가 항 목
경제적 요인	건설사업 비용
	운용 및 유지관리비
경제외적 요인	미적 성능
	기능성
	편리성
시 공 성	작업성
	안전성
	유지관리 성능

8) VE 제안서 발표

다. 실행단계

실행단계는 분석단계에서 제시된 각 VE 제안의 최종처리 단계로서 VE 제안에 대한 사후 처리를 효과적으로 관리하여 VE 수행을 마무리하는 단계이다. 제안서 검토, 제안서 승인 및 후속조치로 이루어진다.

Ⅰ-8-2. 설계 LCC

1. LCC의 정의

가. 정의

프로젝트의 수명기간에 걸친 초기비용과 유지관리(maintenance), 재시공(reconstruction), 보강(rehabilitation), 복구(restoring) 및 재포장(resurfacing)을 위한 비용과 같은 할인된 비용(discounted future cost)을 분석함으로써 프로젝트의 전체적인 경제적 가치를 평가하기 위한 프로세스를 말한다.

나. LCC의 접근방법

1) 확정적 접근방법

LCC 분석을 위한 입력변수의 불확실성, 변동성을 고려하지 않은 간단한 접근방법이다.

2) 확률적 접근방법

LCC 분석을 위한 입력변수의 불확실성, 변동성을 고려하는 방법이다. 이러한 확률적 접근방법은 비용 항목의 발생 가능성 뿐만 아니라 비용 항목이 발생 가능한 전체 범위에서 비용을 컴퓨터 시뮬레이션 기법에 의해 해석하기 때문에 보다 합리적이며 과학적인 방법으로써 FHWA(1998)에서 지향하고 있다.

2. LCC 분석의 요구사항

가. 요구사항

1) 구조물의 전체 설계과정 내에서 체계화되고 객관적인 LCC 분석절차를 가지고 작업해야 한다.
2) 이러한 절차는 설계대안 사이의 차이점을 평가하기에 충분히 포괄적이어야 한다.
3) 이러한 설계과정은 LCC 분석을 LCC 분석범위 및 상세 수준은 어느 수준으로 그리고 언제 수행할 것인지를 명확히 해야 한다.
4) 선택된 입력변수에 대한 논리적 근거를 명시해야 한다.
5) LCC 분석은 입력변수의 가정이 합리적이어야 하며 실무에 부합하여야 한다.
6) LCC 분석을 위한 입력변수와 출력 결과의 불확실성을 인식해야 한다.
7) 최소한 주요 입력변수에 대한 LCC 결과의 민감도 분석을 반드시 수행해야 한다.

나. 비용항목의 적용방법

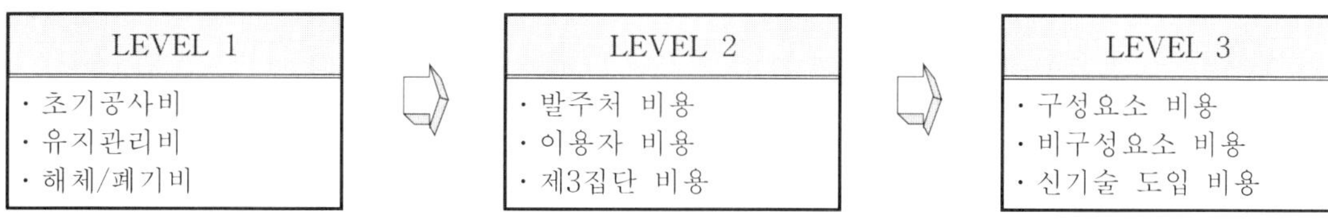

3. LCC 분석 절차

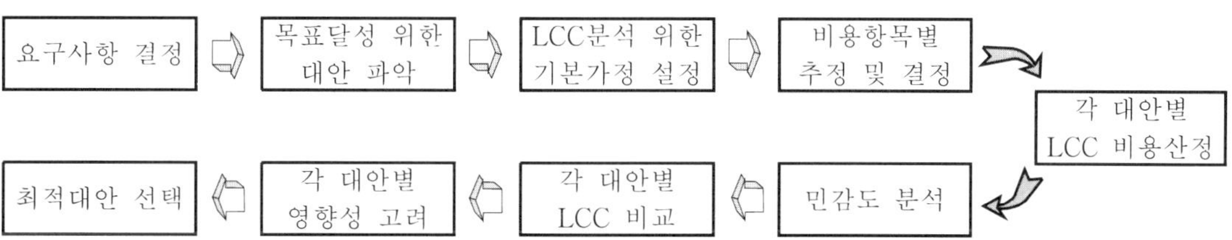

Ⅰ- 9. 총사업비 관리 제도

Ⅰ-9-1. 총사업비 관리 제도의 개요

1. 총사업비 관리 제도의 정의

가. 건설사업에 소용되는 모든 경비로서 공사비, 보상비, 시설부대경비로 구성

1) 공사비 : 총사업비 중 보상비 및 시설부대경비를 제외한 일체의 금액

2) 보상비 : 직접보상비 및 간접보상비를 모두 포함

3) 시설부대경비 : 감리비, 설계비, 시설부대비, 관리비(대행사업)를 말하며, 중장기 기본 계획 수립비용 및 공사중 소요되는 사전조사비 및 설계비 등은 공사비에 포함

나. 총사업비는 국가부담분, 지방자치단체 부담분, 민간부담분을 포함한다.

2. 도입 배경

「예산회계법시행령」 제3조 및 「기금관리기본법」 제8조의5의 규정에 의거 국가의 예산 또는 기금으로 시행하는 건설공사의 총사업비를 사업 추진단계별로 합리적으로 조정·관리하여 제정지출의 생산성을 제고하기 위해 1994년부터 도입되었음.

3. 총사업비 관리 대상 사업

가. 사업기간이 2년 이상으로서 총사업비가 500억원 이상인 토목사업과 200억원 이상인 건축사업(전기·기계·설비 등 부대공사비도 포함)

나. 국가 직접시행사업, 국가위탁사업, 국가의 예산 또는 기금의 보조·지원을 받는 지자체 및 민간기관(투자·출연·보조기관 등)의 사업

다. 지역개발 등 다수의 개별사업으로 구성된 집단사업(Package Project)은 원칙적으로 개별사업별로 총사업비를 관리

라. 일반국도 건설사업 등 총액계상예산사업도 요건에 해당하는 경우 관리대상 사업에 포함

4. 총사업비 관리 대상 제외사업

가. 정액으로 국고를 지원하는 사업. 다만, 총사업비와 국고 지원규모가 1회 이상 변경되는 경우에는 관리대상에 포함

나. 융자사업

다. 국방부 소관 군작전기지 등 국가 안보와 관련되거나 보안을 요하는 사업

라. 「사회기반시설에 대한 민간투자법」에 의한 민간 투자사업

마. 기타 기획예산처장관이 관리대상사업에 포함할 실익이 없다고 인정한 사업

5. 총사업비 관리 기본방향

가. 총사업비 규모뿐만 아니라 공종별· 단위 사업별 사업비도 각각 독립되게 관리하여야함.

나. 총사업비 감액조정 등으로 관리대상 규모 미만으로 총사업비 감소한 사업은 제외하고 총사업비 조정 등으로 관리대상규모 이상으로 총사업비가 증가한 사업은 총사업비 대상사업에 포함하여야 함.

다. 사업규모 또는 총사업비가 변경되는 경우에는 사업기간의 조정도 함께 하여야 하며, 사업기간만 변경되는 경우에도 총사업비 협의를 하여야 함

라. 예산회계법 제22조에 의한 계속비 사업은 불가피한 경우를 제외하고는 총사업비 변경을 수반하는 사업계획의 변경이나 사업기간 연장 등을 하여서는 아니됨.

Ⅰ-9-2. 총사업비 관리 절차

1. 사업추진단계별 관리 절차

사업구상 단계	➡	·유사사업의 예 등을 참조하여 사업규모, 총사업비 및 사업기간을 적정하게 책정
예비타당성조사	➡	·예비타당성조사 결과에 의거 총사업비 책정
타당성 조사 및 기본계획	➡	·사업규모, 총사업비, 사업기간 등이 예비타당성조사 결과와 차이 발생 시 총사업비 변경 협의 시행 ·예산이 최초로 반영된 당해연도 1월말부터 매년 기획예산처장관에게 총사업비관리내역 제출 ·이전단계와 사업비 비교시 물가변동 금액 산출은 생산자물가지수, 공사직종별 노임지수 등을 적용하여 산출 <설계단계에서의 물가상승비용 검토예시 참조> ·토석정보는 토석정보시스템에 입력
기본설계	➡	·실시설계용역 의뢰전에 사업규모, 총사업비, 사업기간 등이 기본계획 등 이전단계 대비 차이 발생시는 총사업비 변경 협의 시행 ·이전단계 대비 총사업비와의 차이발생시 그 사유 및 설명자료 제출 ·이전단계와 사업비 비교시 물가변동 금액 산출은 생산자물가지수, 공사직종별 노임지수 등을 적용하여 산출 ·토석정보는 토석정보시스템 입력 및 활용
실시설계	➡	·공사계약 의뢰전에 사업규모, 총사업비, 사업기간 등이 이전단계 대비 차이 발생시는 총사업비 변경 협의 시행 ·이전단계 대비 총사업비와의 차이발생시 그 사유 및 설명자료 제출 ·이전단계와 사업비 비교시 물가변동 금액 산출은 생산자물가지수, 공사직종별 노임지수 등을 적용하여 산출 ·조달청장에게 공사 계약체결을 요청하는 사업을 제외하고는 실시설계 결과에 대해 단가의 적정성 검토를 의뢰 ·환경영향평가, 교통영향평가 등 관계기관 협의 결과를 반영하여야 함 ·토석정보는 토석정보시스템 입력 및 활용
발주 및 계약	➡	·계약체결 이후 60일 이내에 낙찰차액 감액 및 자율조정한도액 저정 요구서를 작성하여 총사업비 변경 협의 시행 ·낙찰차액 감액 요구시는 시설부대비도 함께 감액요구
시공단계	➡	·공사계약 변경이전에 총사업비 변경협의가 이루어져야 함. ·다음년도 완공사업의 총사업비 변경은 당해연도 7월말까지 총사업비 변경요구를 하여야 함. ·안전시공 및 법령개정 등의 불가피한 사유를 제외하고는 총사업비 변경은 원칙적으로 인정하지 아니함. ·턴키사업은 턴키공사 발주이전에 협의 시행 ·턴키사업 또는 대안입찰 방식으로 추진되는 사업은 정부에 책임있는 사유 또는 불가항력의 사유로 인한 경우를 제외하고는 계약금액 증액 불가

Ⅰ-9-3. 타당성 재검증

1. 목적

기획예산처장관은 사업 추진과정에서 총사업비가 대폭 증가하는 등 일정한 요건에 해당하는 사업에 대하여는 사업의 타당성에 대한 객관적이고 공정한 재검증을 통하여 불필요한 사업비 증액을 억제하고, 예산낭비를 미연에 방지함으로써 재정지출의 생산성을 제고하기 위하여 타당성 재검증을 시행한다.

2. 타당성 재검증 요건

가. 당초 사업추진시 예비타당성 조사 대상임에도 불구하고 예비타당성 조사를 거치지 않고 예산 또는 기금이 반영되어 추진 중인 사업

나. 당초 사업추진시 예비타당성조사 대상이 아니었으나, 사업추진 과정에서 총사업비가 예비타당성 조사 대상 규모로 증가한 사업

다. 기획예산처장관과 협의를 통해 확정한 이전 단계의 총사업비 대비 물가 및 지가상승분을 제외한 총사업비가 20/100 이상 증가한 사업

1) 이전 단계에서 총사업비 조정절차를 거치지 않은 사업의 경우에는 기획예산처장관과 협의를 통하여 확정된 그 이전 단계의 총사업비를 기준으로 20/100 증가 여부를 판단한다.

2) 시공단계에서 총사업비가 2회 이상 변경된 경우에는 바로 이전에 변경된 총사업비가 아닌 실시설계 단계의 총사업비를 기준으로 20/100 이상 증가 여부를 판단한다.

라. 수요예측 재검증 결과 수요예측치가 이전 단계 대비 30/100 이상 감소하였거나, 타당성조사, 기본설계 및 실시설계 과정 등에서 수요예측치가 이전 단계 대비 30/100 이상 감소한 것으로 확인된 사업

마. 기획예산처 예산낭비신고센터에 예산낭비 사례로 신고가 접수된 사업으로서 중복투자 등으로 인한 예산 낭비 개연성이 크다고 기획예산처장관이 인정한 사업

바. 기타 기획예산처장관 또는 중앙관서의 장이 타당성 재검증이 필요하다고 인정하는 사업

3. 타당성 재검증 제외 요건

가. 사업내용의 상당 부분이 이미 시공되어 매몰비용이 차지하는 비중이 큰 경우

나. 해당 사업의 총사업비 증가의 주요 원인이 상위계획의 변경, 법정사항의 반영 등 외부적인 요인에 있는 경우

다. 기타 기획예산처장관이 타당성 재검증의 실익이 없다고 인정하는 경우

Ⅰ-9-4. 총사업비 조정기준

1. 기본원칙

가. 안전시공 및 법령개정 등의 불가피한 사유가 있는 경우를 제외하고는 공사비 증가를 초래하는 총사업비 변경은 원칙적으로 인정하지 아니함

나. 과업의 구간 등 당해사업과 직접 관련이 없는 공종·단위 사업 등의 추가로 인한 총사업비 변

경은 인정하지 아니함.

다. 당해사업에 소요되는 총사업비 변경뿐 아니라 총사업비에 변동이 없더라도 공정별·단위사업별로 사업비가 변경되는 경우에도 총사업비를 조정하여야 함.

라. 총사업비 변경 항목 중 도로·교차로 서비스 수준 등 객관적이고 전문적인 조사의 선행이 필요하다고 인정하는 경우에는 설계변경 사전 타당성 검토를 시행하며, 전문기관의 사전검토를 거친 후 그 결과에 따라 총사업비를 조정함

2. 공사비의 조정

가. 설계단계의 공사비 조정 기준

1) 당초 계획을 유지한 사업으로서 유사사업의 공사단가와 비교하여 차이가 크지 않은 경우에는 원칙적으로 설계결과를 반영하여 조정하고 공사단가가 높은 경우에는 설계결과의 적정성을 검토한 후 총사업비 조정

2) 당초계획보다 사업규모 등이 증가했거나 사업내용이 변동된 경우에는 사업물량 증가 또는 사업내용 변경의 타당성을 검토한 후 총사업비 조정

3) 타당성 재검증 요건에 해당하는 경우는 타당성 재검증 시행 후 결과에 따라 총사업비 조정

나. 공사단계의 공사비 조정 기준

1) 물가변동, 시설의 안전강화, 실시설계시 예상치 못한 지장물 또는 연약지반 등 불가피한 사유로 인한 설계변경의 경우에만 총사업비 조정

2) 시방서기준, 설계지침 등의 변경에 따른 추가소요는 원칙적으로 시설안전과 관련된 사항만 설계변경을 허용하며, 안전과 관련되지 않은 사항은 지침 등의 변경이후 설계하는 사업부터 반영하여 시행하고 기존사업에 대한 설계변경은 원칙적으로 허용하지 아니함

3) 물가변동으로 이한 총사업비조정은 조달청장의 사전검토 결과에 의거 총사업비 조정하되 미계약 공사분 및 물가인상 예상분 등 확정되지 않은 요구는 인정하지 아니함

4) 관급자재 단가인상에 따른 총사업비 조정은 조달청 등 관급자재 단가계약 체결 결과를 반영하여 조정

5) 총사업비 변경시는 설계변경에 따른 금액이 계약단가 또는 예정가격 단가 등에 의해 산정된 것인지 여부를 확인한 후 총사업비 조정

6) 공사착공 이후에 도시계획 변경 등으로 인한 추가소요는 원칙적으로 지자체에서 부담

3. 보상비의 조정

가. 토지 등의 손실보상액은 2개 이상의 감정평가 기관에서 산출한 감정평가액의 평균에 해당하는 금액을 반영

나. 2개 이상의 감정평가 기관에서 산출한 감정평가액의 차이가 1.1배를 초과하는 경우 또는 감정평가 결과를 인정할 수 없는 특별한 사유가 있는 경우에는 제3의 감정평가 기관에 재평가를 의뢰하여 보상비 산정

4. 시설부대경비의 조정기준

가. 설계비 조정 기준

1) 설계비는「예산안 편성 및 기금운용계획안 작성지침」에서 정한 설계요율을 적용하여 산정
2) 설계비는 낙찰차액을 감액한 금액으로 설계비를 조정
3) 시공중에 사업계획 변경 등으로 재설계가 필요한 경우는 기존설계의 활용성 등을 감안하여 보정할 수 있음

나. 감리비 조정 기준

1) 감리비는 공사비에 「예산안 편성 및 기금운용계획안 작성지침」에서 정한 전면책임 감리 요율을 적용하여 산정하되 각 공종별·단위사업별 공사비에 해당요율을 적용하여 산정할 수 있다.
2) 감리비는 낙찰차액을 감액한 금액으로 감리비를 조정
3) 시공 과정에서 물가변동분을 제외한 공사비가 당초 계약금액보다 10/100이상 조정되는 경우에는 감리비를 조정하며, 기간연장에 따른 감리비는 인정하지 아니함.
4) 감리비에 대한 물가변동은 조달청장의 사전검토결과에 따라 감리비를 조정
5) 적용 예시
   1) 당초 공사비 : 1,500억원, 당초 감리비(요율 3.19%) : 47.9억원
   2) 조정후 공사비 : 2,500억원(물량변동 500억원, 물가변동 500억원)
   3) 추가 감리비 : 14.9억원 = 500억원(물량변동분) × 2.98%(조정후 공사비 2,500억원에 해당하는 전면 책임감리 요율)
   4) 조정후 감리비 : 62.6억원 = 당초 감리비(47.9) + 추가 감리비(14.9)
   5) 추가 감리비 산정시는 물량변동으로 인한 공사비 변동분만 고려하여 산정(물가변동으로 인한 공사비 변동분은 제외)

다. 시설부대비 조정 기준

1) 시설부대비는 공사비에 「예산안 편성 및 기금운용계획안 작성지침」에서 정한 시설부대비 적용요율로 산정하되 각 공종별·단위사업별로 산정할 수 없음.
2) 낙찰차액을 감액하여 공사비를 조정하는 경우에도 시설부대를 감액조정 하여야 함.
3) 시공 과정에서 공사비가 조정되는 경우에는 시설부대비를 조정한다.
4) 적용 예시
   가) 당초 공사비 : 1,500억원, 당초 시설부대비(요율 0.22%) : 3.3억원
   나) 조정후 공사비 : 2,500억원(물량변동 500억원, 물가변동 500억원)
   다) 추가 시설부대비 : 2.0억원 = 1,000억원(추가공사비) × 0.20%(조정후 공사비 2,500억원에 해당하는 시설부대비 요율)
   라) 조정후 시설부대비 : 5.3억원 = 당초 시설부대비(3.3억원) + 추가시설부대비(2.0억원)
   마) 추가 시설부대비 산정시는 물량변동 및 물가변동으로 인한 공사비 변동분을 모두 고려하여 산정

5. 철도부문

가. 세부 조정기준

1) 지자체의 요구에 따른 공원 조성, 주차장 신설·확장 등 당해 철도 건설과 직접 관련이 없는 공사물량과 관련된 경비는 원칙적으로 총사업비에 반영하지 아니한다.

2) 운영중인 철도의 건널목 입체화, 유지보수 비용 등은 철도 유지보수 사업 등 별도의 사업으로 추진한다.

3) 운영중인 지하철 구간의 지하철 종합안전대책에 따른 추가소요 경비는 전액 지자체가 부담한다.

4) 기본·실시설계 금액은 노반, 궤도, 건물, 신호, 전력, 통신, 차량기지 등 공종별로 사업비 단가를 구분하여 비교·조정한다.

나. 철도역 신설에 따른 세부 조정기준

1) 건설중인 노선에 철도역을 신설하는 경우

가) 신설역의 재무적 수익성이 확보된 경우(RC≥1)

국가와 지자체·개발사업자 등이 50/100씩을 분담하는 조건으로 역 신설을 허용한다.

나) 신설역의 재무적 수익성이 확보되지 않은 경우(R/C<1)

신설역의 경제적 타당성이 인정(B/C≥1)되고, 향후 신설역의 운영단계에서 운영수입이 운영비용을 초과하는 경우에 한해 역 신설을 허용하되 재무적 수익성이 확보될 때까지의 사업비('R/C≥1'에 해당하는 금액)는 국가와 지자체·개발사업자 등이 50/100씩을 분담하고, 재무적 수익성이 확보되지 않는 사업비('R/C<1에 해당하는 금액)에 대해서는 지자체·개발사업자 등이 전액 추가 부담한다.

2) 운영중인 노선에 철도역을 신설하는 경우

가) 신설역의 경제적 타당성이 인정되고(B-C≥1), 향후 신설역의 운영단계에서 운영수입이 운영비를 초과하는 경우에 한해 지자체·개발사업자 등이 사업비의 전부를 부담하는 조건으로 역 신설을 허용한다.

나) 철도역을 신설하는 경우에는 국가와 지자체·개발사업자 등 간에 재원분담에 대한 협약 체결 등의 공식적인 약속을 전제로 한다.

3) 환승역 신설의 경우

가) 환승역 신설은 환승으로 인한 비용 및 편익 등을 고려하여 경제적 타당성이 있는 경우(B/C ≥1)에만 인정하되, 다음과 같이 광역철도 시행분(중앙부처)과 도시철도 시행분(지자체)으로 구분하여 시행주체별로 재원분담 비율을 설정하여 총사업비를 조정한다.

나) 광역철도 및 도시철도 환승역 동시 계획 또는 시공시

(1) 해당 철도 정거장 등 단독시설 : 각각 부담

(2) 정거장간 환승통로 등 환승시설 : 각 50/100씩 분담

(3) 대합실, 출입구 등 공동 사용시설 : 각 50/100씩 분담

다) 건설중인 철도에서 기운영중인 철도와의 환승역 시공시

(1) 건설중인 철도 정거장 : 건설중인 철도 사업시행자 부담

(2) 기존 역과의 환승시설 : 건설중인 철도 사업시행자 부담

(3) 기존 역시설 개보수 : 건설중인 철도 사업시행자 부담

제 II 편 토 공

II-1. 본선 및 지축토공

II-2. 구조물 공통

II-3. 본선부속

II-4. 개천내기

II-5. 길내기

II-6. 연약지반

Ⅱ - 1. 본선 및 지축토공

Ⅱ-1-1. 적용기준

1. 상부 및 하부노반

가. 토공 노반의 기능

1) 노반은 열차가 안전하게 주행하기 위해 궤도를 견고하게 지지해야 한다.
2) 노반은 적당한 탄성을 가지고 궤도를 지지해야 한다.
3) 노반은 기초지반의 연약화를 방지해야 한다.
4) 노반은 열차하중을 기초지반으로 분산 전달하여야 한다.
5) 노반은 배수기울기를 두어 우천시 신속하게 자연배수되도록 하여야 한다.

나. 토공 노반의 구분

1) 토공 노반은 땅깎기, 원지반 및 흙쌓기 노반으로 구분하고 흙쌓기 노반은 상부노반과 하부노반으로 구분한다.
2) 상부노반은 흙쌓기 토공부의 시공기면에서 1.5m 깊이 범위 내에 있는 지반을 말한다. 상부노반의 재료는 자갈, 모래, 실트 및 점토가 섞여있고 입도가 적당하고 최대치수는 100㎜를 넘지 않아야 한다. 또한, No.200체(0.075㎜) 통과율이 35% 이하이며 No.40체(4.75㎜) 통과분에 대한 소성지수가 10 이하이어야 한다. 상부노반의 다짐은 KS F 2312(표준 다짐시험 방법)의 A방법에 의한 최대건조밀도의 95% 다지기를 시행하여야 하며 규정된 다지기 정도를 얻을 수 있도록 승인된 재료 및 다지기 장비 등을 사용하여야 하고 한 층의 다짐 완료 후 두께는 0.30m 이하가 되도록 하여야 한다.
3) 하부노반이라 함은 상부노반의 아래부분으로부터 원지반까지의 쌓기 부분을 말한다. 하부노반의 재료는 자갈, 모래, 실트 및 점토가 섞여있고 입도가 적당하여야 한다. 또한, No.200체(0.075㎜) 통과율이 50% 이하이며 No.40체(4.75㎜) 통과분에 대한 소성지수가 30 이하이어야 한다. 하부노반의 다짐은 KS F 2312(표준 다짐시험 방법)의 A방법에 의한 최대건조밀도의 90% 다지기를 시행하여야 하며 규정된 다지기 정도를 얻을 수 있도록 승인된 재료 및 다지기 장비 등을 사용하여야 하고 한 층의 다짐 완료 후 두께는 0.30m 이하가 되도록 하여야 한다.

<그림 Ⅱ.1.1> 토공노반

다. 암석쌓기

1) 암 굴착시에는 전체 발생암에서 부순 골재로의 유용 부분을 고려하고 남은 잔량을 암석쌓기 재료로 활용할 수 있다.
2) 암석쌓기는 하부노반 시공기면 0.60m 하부에만 허용될 수 있으며, 암버력의 최대 입경은

300mm이하(시험시공 후 시공성 및 경제성을 고려하여 최종결정)로 한다.

3) 암석쌓기시에는 간극이 충분히 메워질 수 있는 재료를 선정하여 깔기 후 다짐을 하여야 한다.

4) 다른 재료로 시공된 부분 위에 암석쌓기를 하고자 할 경우에는 기시공된 표면의 중심에서 외측으로 1:12 정도의 경사를 형성토록 하여 다짐을 하고 배수가 원활히 되도록 하여야 한다.

5) 암석쌓기 1층 다짐 완료후의 두께는 0.60m 이하로 한다.

6) 전부 암으로만 시공하는 쌓기부는 암의 대소입경이 고르게 섞이도록 하고, 큰 덩이가 고르게 분산되도록 하여 간극을 충분히 메워야 한다.

7) 암버력에 의한 쌓기의 경우에는 석축 쌓는 부분을 제외하고 성토 비탈면에 암버력이 노출되지 않도록 양질의 토사로 덮어 식생이 가능하도록 조치하여야 하며, 비탈면 다짐을 실시하여야 한다.

8) 기초말뚝박기를 할 지점은 암석쌓기를 해서는 안된다.

9) 암석쌓기시에는 암석쌓기 재료를 고르게 포설한 후 규격 이상의 암괴는 규정에 맞게 파쇄하고 다짐효과 및 암파쇄 효과를 증진시키기 위해 대형 진동다짐 장비(탬핑 로울러 등)를 이용하여 다짐하여야 한다.

10) 암석쌓기 작업시 다짐에 대한 검사는 KS F 2310에 의해 지지력계수(K_{30})가 침하량이 1.25mm 일 때 20×10^4 kN/㎥ 이상으로 관리하여야 한다.

라. 토공노반 배수공

1) 배수공의 구분

가) 노반 및 땅깎기 비탈면의 표면수, 지하수를 배제하기 위해 선로측구를 설치하고 필요에 따라 지하배수공을 설치하는 것으로 한다.

나) 노반배수공을 설치할 경우 다음 표를 기준으로 구분하여 설계한다.

<표 Ⅱ.1.1> 배수공의 구분 및 설치 개소

목 적	명 칭	설 치 개 소	형 상
노반 및 땅깎기 비탈면의 표면수 배수	선로측구	전구간 본선수로 및 지축수로	배수구
	선로간 배수구	1) 복선 이상의 구간	
		2) 복선 이상에서 시공기면에 단차가 있는 구간	
		3) 노반 표면의 횡단구배가 오목하게 되는 구간	
	선로횡단 배수공	1) 구배구간에 설치된 구조물 상방향의 개소	
		2) 선로간 배수구와 선로측구 연결개소	배수관
		3) 긴 절취구간의 흙쌓기, 땅깎기부 경계	
지하수의 배수	지하배수공	선로측구 및 선로간 배수구 하부	
		노반아래 전체 폭	배수층

2) 지표수의 배수

가) 표면수를 배수하기 위하여 노반표면을 시공면 폭 중심에서 외측방향으로 3%의 횡단기울기로 하고 선로측구, 선로간배수구 및 선로횡단 배수공을 설계한다.

나) 표면수의 배수를 방해하는 장애물이 없도록 하여야 한다.

다) 선로측구는 노반 및 땅깎기 비탈면의 표면수를 배수하기 위해 땅깎기 노반의 양측에 설치한다.

라) 선로간 배수구는 선로 측구만으로는 배수가 곤란한 경우 설치한다.

마) 선로횡단 배수공은 선로간 배수구와 선로측구 연결개소 및 기울어진 구간의 구조물 상방향 위치에 설치한다.

바) 노반상에 배수를 저해하는 시설물이 있는 경우에는 노반 측구를 설치하고 배수처리를 원활히 하기 위하여 지형에 따라 약 20~30m마다 집수정을 설치하여야 한다.

3) 지하수의 배수

가) 토공노반 땅깎기 구간에 지하수위가 있을 경우 노반표면에 분니발생 또는 간극수압의 상승으로 지지력이 감소되므로 지하배수공을 설치하며 지하배수공은 다공 콘크리트관, 부직포 등의 필터체가 부착된 유공관 등의 지하배수관과 두께 0.15m의 배수층을 두어야 한다.

나) 배수층의 재료는 입도배합이 좋고, 노반재료에 대해 필터의 효과가 있는 강모래 등의 재료로 하여야 하며 노반표면과 동일하게 3%의 횡단기울기를 두어 배수관으로 물이 유도되도록 한다.

마. 강화노반

1) 강화노반의 폭은 시공기면 전체에 설치할 필요는 없으며 열차하중을 받는 범위를 고려하여 정한다.

2) 강화노반의 두께는 궤도구조, 열차속도, 노반강도 등의 조건을 고려하여 정하며, 최소두께는 사용하는 재료의 분리를 방지하기 위해 최대입경의 3배 이상으로 한다.

3) 강화노반 형상

강화노반 형상은 표준횡단면도를 기준으로 실시한다.

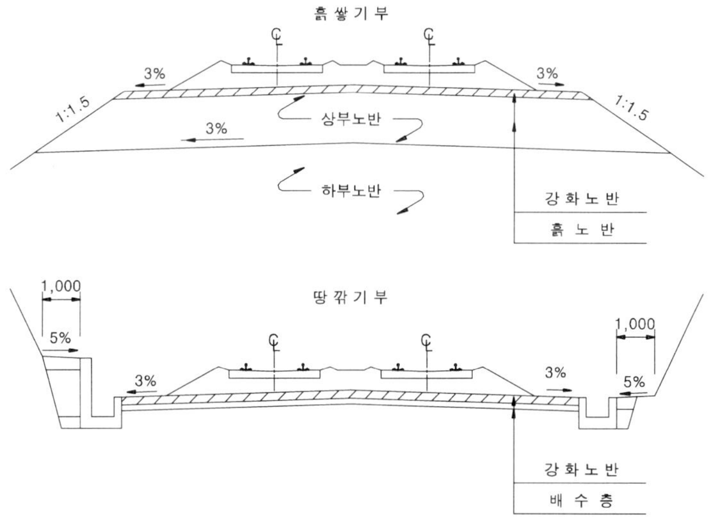

<그림 Ⅱ.1.2> 강화노반의 표준단면

<표 Ⅱ.1.2> 강화노반의 표준 두께(장대레일)

노반조건 (구 분)		입도조정층	배 수 층
흙쌓기부	$k_{30} \geq 11\times10^4$ kN/㎥	200	0
	$7\times10^4 \leq k_{30} < 11\times10^4$ kN/㎥	350	0
땅깎기부	$k_{30} \geq 11\times10^4$ kN/㎥	200	150
	$7\times10^4 \leq k_{30} < 11\times10^4$ kN/㎥	350	150

4) 입도조정 부순돌은 재료의 균질성을 확보하기 위해 충분히 혼합 후 사용하고, 시공중 입도 분리를 일으키지 않도록 하여야 한다.

5) 고르기는 한 층의 두께를 0.15m 이하로 하며 다짐은 로울러로 가볍게 전압한 후 모양이 정리되면 재차 충분히 다짐한다.

2. 암발파공법

건설공사에 있어 불가피하게 수행되어지는 암발파공사는 발파원의 영향권으로부터 소음, 진동, 비석 등의 환경공해가 발생되어 민원의 원인이 되므로 환경공해를 저감시킬 수 있는 적정 발파공법의 적용이 필요하며, 보안시설물의 허용진동규제기준과 이격거리에 따라 알맞은 발파공법을 적용하여야 한다.

<표 Ⅱ.1.3> 암발파 설계흐름도

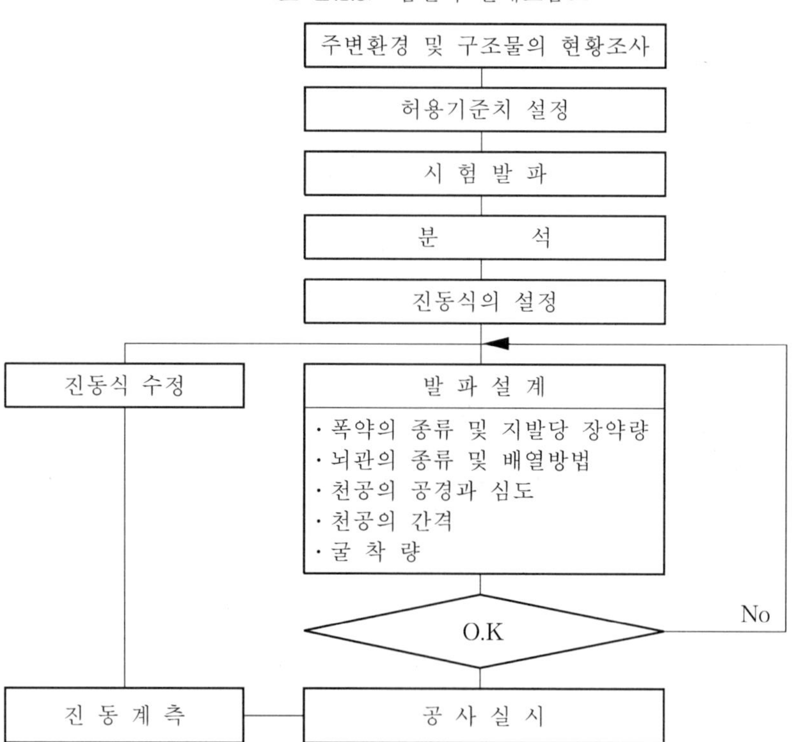

다음 <표 Ⅱ.1.4~Ⅱ.1.6>는 표준발파공법별 분류를 나타낸 것이다. 천공깊이, 최소저항선, 천공간격 치수는 평균적으로 제시한 수치이며, 공사시행 전에는 시험발파에 따른 현장별로 검토 적용하여야 한다.

<표 Ⅱ.1.4> 표준발파공법 및 진동규제기준별 이격거리

단위 : cm/sec,kine

발파공법	V = 0.1	V = 0.2	V = 0.3	V = 0.5	V = 1.0	V = 5.0	비 고
미진동굴착공법	50m까지	40m까지	25m까지	20m까지	-	-	TYPE-Ⅰ
정밀진동제어발파	51~80	41~50	26~40	21~30	20m까지	-	TYPE-Ⅱ
진동제어(소규모)	81~130	51~90	41~70	31~50	21~40	-	TYPE-Ⅲ
진동제어(중규모)	131~230	91~150	71~120	51~90	41~60	10m까지	TYPE-Ⅳ
일 반 발 파	231~300	151~260	121~200	91~150	61~100	11~40	TYPE-Ⅴ
대규모발파	-	261m이상	201m이상	151m이상	101m이상	41m이상	TYPE-Ⅵ

<표 Ⅱ.1.5> 표준발파공법별 분류기준

구 분	특수발파	제 한 발 파				무제한발파
	미진동굴착공법 (TYPE-Ⅰ)	정밀진동제어발파 (TYPE-Ⅱ)	진동제어발파		일반발파 (TYPE-Ⅴ)	대규모발파 (TYPE-Ⅵ)
			소규모 (TYPE-Ⅲ)	중규모 (TYPE-Ⅳ)		
공법개요	특수화공품인 "미진동파쇄기"를 사용하는 공법으로 대형브레이커에 의한 2차파쇄를 실시하는 공법	소량의 폭약으로 암반에 균열을 발생시킨 후, 대형 브레이커에 의한 2차 파쇄를 실시하는 공법	발파영향권 내에 보안물건이 존재하는 경우 "시험발파" 결과에 의해 발파설계를 실시하여 규제기준을 준수할 수 있는 공법		1공당 최대장약량이 발파규제기준을 충족시킬 수 있을 만큼 보안물건과 이격된 영역에 대해 적용하는 공법	발파영향권 내에 보안물건이 전혀 존재하지 않는 산간오지 등에서 발파효율만을 고려하는 공법
주사용폭약 및 화공품	미진동파쇄기 등	에멀전 계열 폭약	에멀전 계열 폭약		에멀전 계열 폭약	주폭약:초유폭약 기폭약:에멀전
천공직경	D51mm 이내	D51mm 이내	D51mm	D76mm	D76mm	D76mm 이상
천공장비	크롤러 드릴					
◆ 발파패턴						
천공깊이(m)	1.5	2.0	2.7	3.2	5.7	11.5
최소저항선(m)	0.7	0.8	1.0	1.4	1.7	2.2
천공간격(m)	0.7	0.8	1.2	1.6	1.9	2.5
파쇄정도	균열만 발생	파쇄+균열	파쇄+균열		파쇄+대괴	파쇄+대괴
계측관리	필 수	필 수	필 수		선 택	불 필 요
발파보호공	필 수	필 수	필 수		불 필 요	불 필 요
2차 파쇄	대형브레이커	대형브레이커	-		-	-

<표 Ⅱ.1.6> 표준발파공법 요약

구 분	단 위	발파 설계 결과 제원					
		미 진 동 굴착공법	정밀진동 제어발파	진동제어 (소규모)	진동제어 (중규모)	일반발파	대규모발파
설계장약량	kg/delay	0.125이하	0.126~0.50	0.50~1.59	1.60~4.99	5.00~14.99	15.0 이상
적 용 굴착공법		미진동파쇄기 + 대형브레이커	정밀제어발파 + 대형브레이커	제어발파	제어발파	일반발파	일반발파
천공장비		크롤러드릴	크롤러드릴	크롤러드릴	크롤러드릴	크롤러드릴	크롤러드릴
천공직경	mm	D51mm이내	D51mm이내	D51mm이내	D76mm	D76mm	D76mm이상
계단높이	m	1.3	-	2.4	2.6	4.8	10.0
천 공 장	m	1.5	2.0	2.7	3.2	5.7	11.5
최소저항선	m	0.7	0.8	1.0	1.4	1.7	2.2
천공간격	m	0.7	0.8	1.2	1.6	1.9	2.5
공당장약량	kg/공	0.18 (미진동파쇄기등)	0.32 (에멀젼폭약)	1.0 (에멀젼폭약)	2.0 (에멀젼폭약)	5.0 (에멀젼폭약)	20.0 (초유폭약)
비천공장	m/m³	2.355	1.56	0.94	0.55	0.37	0.21
비장약량	kg/m³	0.283	0.24	0.35	0.34	0.32	0.36
비뇌관량	ea/m³	-	0.78	0.35	0.17	0.06	0.02
공당파쇄량	m³/공	0.637	1.28	2.88	5.824	15.5	55.0

3. 비탈면 기울기

가. 설계목적

1) 지형 · 지질 및 주변환경과 녹지자연도를 고려한 자연훼손 최소화의 환경친화적인 비탈면 설계
2) 현장조사 및 시험결과를 통해 땅깎기, 흙쌓기 비탈면 및 터널갱구 비탈면 안정성 검토
3) 불연속면 특성 및 노선주변 붕괴사례 종합분석에 의한 비탈면 기울기 결정
4) 장기적 안정성 확보 우선의 미래지향적이고 다각적인 비탈면 보호 · 보강공법 적용

나. 비탈면 기울기 기준

1) 흙쌓기부 비탈면 기울기

흙쌓기부 비탈면 기울기의 선정에 있어서는 흙쌓기재료, 흙쌓기부의 기초지반 상황 · 지형적 위치 및 그 주위의 지형, 토질, 기상, 방재(특히 집중호우) 등을 충분히 고려 후 결정한다.

다음 <표 Ⅱ.1.7>은 철도설계기준-노반편에 기술된 흙쌓기부 비탈면 표준 기울기이다.

<표 Ⅱ.1.7> 흙쌓기부 비탈면 기울기

구 분	시공기면까지의 높이(m)	비탈면 기울기
흙쌓기 비탈면	5.0m 미만	1 : 1.5
	5.0m 이상 10.0m 미만	1 : 1.8
	10.0m 이상 15.0m 미만	1 : 2.0
	15.0m 이상	1 : 2.3

2) 땅깎기부 비탈면 기울기

땅깎기부 비탈면 경사는 지반을 구성하는 지층의 종류, 상태 및 땅깎기 높이에 따라서 결정하며 일반적인 경우라면 적용기준의 경사도를 준용할 수 있다. 그러나, 암반비탈면의 경우 등 특별한 경우에는 지표지질조사 및 시추조사에 의해 파악된 절리의 방향성 및 발달상태에 따라 각각의 비탈면에 대하여 안정해석을 실시하여 비탈면 기울기를 결정해야 한다.

<표 Ⅱ.1.8> 일반적인 땅깎기부 비탈면 기울기

구 분		기 울 기
땅깎기 비탈면	토 사(H=5.0m이하)	1 : 1.2
	토 사(H=5.0m이상)	1 : 1.5
	풍 화 암	1 : 1.0
	연 암	1 : 0.7
	경 암	1 : 0.5

<표 Ⅱ.1.9> 암질에 따른 땅깎기부 비탈면 기울기 표준

원지반의 토질		법면높이(m)	기 울 기	비 고
암괴 또는 호박돌을 함유한 점성토		5m 이하	1:1.0 ~ 1:1.2	GM, GC
		5 ~ 10m	1:1.2 ~ 1:1.5	
점토 및 점성토		0 ~ 10m	1:1.0 ~ 1:1.5	ML, MH, CL, OL, CH
자갈	조밀하고 입도가 양호한 경우	10m 이하	1 : 1.0	GW, GM GC, GP
		10 ~ 15m	1:1.0 ~ 1:1.2	
	조밀하지 못하고 입도가 불량한 경우	10m 이하	1:1.0 ~ 1:1.2	
		10 ~ 15m	1:1.2 ~ 1:1.5	
세립분이 함유된 모래	조밀한 경우	5m 이하	1 : 1.0	SM, SC
		5 ~ 10m	1:1.0 ~ 1:1.2	
	조밀하지 못한 경우	5m 이하	1:1.0 ~ 1:1.2	
		5 ~ 10m	1:1.2 ~ 1:1.5	
모 래		-	1:1.5 이상	SW, SP
연 암		-	1:0.7 ~ 1:1.2	
경 암		-	1:0.5 ~ 1:0.8	

주) 연암과 경암의 땅깎기 비탈면 경사는 기존암의 절리방향을 검토한 후 조정한다.

4. 비탈면 보호공

가. 일반사항

비탈면의 보호는 그 방법에 따라 식생에 의한 비탈면 보호(식생공)와 구조물에 의한 비탈면 보호로 구분된다.

1) 식생공

식생공은 비탈면에 대해서 식생 피복을 설치하는 것이며, 그 목적으로는 우수 침식의 방지, 지표면 온도의 완화 및 뿌리로 표토를 묶어 동상붕락의 억제 및 완화에 의한 미적 효과 등이다

2) 구조물에 의한 비탈면 보호공

구조물에 의한 비탈면 보호공은 일반적으로 다음의 경우에 실시한다.

가) 식생에 의한 보호공만으로는 비탈면의 안정이 유지될 수 없는 경우

나) 경사를 급하게 해서 적절한 구조물에 의해 비탈면을 안정시키는 것이 경제적인 경우

3) 비탈면 보호공의 선정에 있어서는 식생공을 원칙으로 하고, 식생이 적당하지 않을 경우 혹은 식생만으로는 비탈면의 안정을 확보할 수 없는 경우에는 상황에 따라 구조물에 의해 적절한 보호공을 실시하는 것으로 하나, 일반적으로 식생과 비교해서 공사비가 높아지므로 지질, 비탈면의 안정성, 경제성, 미관, 유지보수, 기타 현장 상황 등을 충분히 고려한 후 적절한 보호공을 결정하여야 한다.

<표 Ⅱ.1.10> 비탈면 보호공과 주목적

구 분	보 호 공	주 요 목 적
식생공	Seed spray, 녹생토, 줄떼, 평떼, 거적덮기, 덩굴식물식재	식생에 의한 비탈면 보호, 녹화, 구조물에 의한 비탈면 보호공과의 병용
구조물에 의한 보호공	콘크리트 블럭 격자공, 모르타르 뿜어붙이기공, 돌붙임공	비탈표면부의 풍화 침식 및 동상 등의 방지
	현장타설 콘크리트 격자공, 비탈면 앵커공	비탈표면부의 붕락 방지, 약간의 토압을 받는 흙막이
	비탈면 돌망태공, 콘크리트 블럭 정형공	용수가 많은 곳, 부등침하가 예상되는 곳 또는 다소 튀어나올 염려가 있는 곳의 흙막이
	블럭쌓기, 석축쌓기	흙막이

나. 식생에 의한 비탈면 보호

<표 Ⅱ.1.11> 식생공의 공종과 개요

공 종	개 요	특 징
Seed spray	씨앗, 비료, 화이바 등의 재료를 물로 분산시키고 펌프 등의 뿜어 붙이기 기계를 사용해서 비탈면에 살포하는 공법이다.	1) 흙쌓기 및 땅깎기 비탈면에 일반적으로 사용된다. 2) 시공 능률이 좋다. 3) 낮은 곳, 기울기가 완만한 곳에 적합하다.

공 종	개 요	특 징
녹생토	암반절개지역에 특수식생재료와 초목류 및 양잔디종자를 비탈면에 고정시킨 PVC코팅철망 사이에 정해진 두께로 뿜어 부착하고 식물이 생육할 수 있는 여건을 조성하여 자연을 회복하는 녹화공법	1) 법면유실 및 낙석방지를 겸할 수 있다. 2) 암절개지 등 인위적으로 훼손된 경관을 자연상태로 재생 3) 영구적인 녹화를 유도
줄 떼	식생토를 사용해서 비탈 하단에서부터 줄떼의 장변을 비탈면에 따라 수평으로 펴고 흙을 씌워 두들겨 마무리한다. 줄떼의 간격은 300mm를 표준으로 한다.	1) 흙쌓기 비탈면에 사용한다. 2) 비탈면에 줄떼의 망상 조직을 끼워서 안정시킨다.
평 떼	비탈어깨로부터 떼의 긴 변을 수평방향으로 놓고 떼와 비탈면이 밀착되도록 두들겨서 시공한다. 평떼는 종횡 300mm 정도의 것을 사용해야 하며, 평떼 위에는 뗏밥을 씌워야 한다.	1) 땅깎기 비탈면에 일반적으로 사용한다. 2) 시공과 함께 피복되므로 침식되기 쉬운 토질에 사용한다.
거 적 덮 기	인력으로 골을 파고 종자를 파종 후 거적을 덮어 시공한다.	1) 토사의 세굴방지 및 유실에 사용한다. 2) 보습력이 좋아 초기발아 상태가 양호하다.

다. 구조물에 의한 비탈면 보호

1) 석축쌓기

석축쌓기공은 1:1이상의 급경사의 비탈면에 사용되며, 비탈면의 풍화 및 침식 등을 방지하고 옹벽으로서 토압에도 충분히 견딜 수 있는 구조이어야 한다.

가) 표준기울기 및 뒷길이

석축쌓기의 표준기울기는 특수한 경우를 제외하고는 쌓기 높이의 최대치를 취하고 표준 뒷길이 상부에서부터 적용한다.

<표 Ⅱ.1.12> 석축쌓기 표준기울기 및 뒷길이

구 분 \ 수직높이(m)			0~1.5m	1.5~3.0m	3.0~5.0m	5.0~7.0m
기울기	흙쌓기부	메쌓기	1 : 0.3	1 : 0.35	1 : 0.4	1 : 0.45
		찰쌓기	1 : 0.25	1 : 0.3	1 : 0.35	1 : 0.4
	땅깎기부	메쌓기	1 : 0.25	1 : 0.3	1 : 0.35	1 : 0.4
		찰쌓기	1 : 0.2	1 : 0.25	1 : 0.3	1 : 0.35
뒷길이 (mm)	메 쌓 기		250~350	360~450	360~600	450~750
	찰 쌓 기		250~350	300~350	350~450	350~550

나) 뒷채움돌

(1) 흙쌓기부

직고는 천단으로부터 기준한다.

<표 Ⅱ.1.13> 흙쌓기부 뒷채움돌의 규격

구 분 \ 수직높이(m)		0~1.5m	1.5~3.0m	3.0~5.0m	5.0~7.0m
두께 (m)	상 부	0.20~0.40	0.20~0.40	0.20~0.40	0.20~0.40
	하 부	0.30~0.60	0.45~0.75	0.60~1.00	0.80~1.40

(2) 땅깎기부의 경우 뒷채움 잡석의 두께는 상·하부의 두께를 같이 0.30~0.40m로 한다.

2) 돌붙임

돌붙임은 비탈면의 풍화 및 침식 등의 방지를 주목적으로 해서 1:1 이하의 완만한 기울기 비탈면에 점착력이 없는 토사 및 허물어지기 쉬운 비탈면에 사용한다.

3) 콘크리트 블럭 격자공

용수가 있는 땅깎기 비탈면, 장대 비탈면이나 표준기울기보다 급한 흙쌓기 비탈면에서 상황에 따라 식생이 적합지 않은 곳, 혹은 식생을 실시하더라도 표면이 붕낙할 염려가 있는 경우에 사용된다. 기울기가 1:0.8보다 완만한 비탈면에 사용하는 것이 좋다. 격자 내에는 비옥토를 되메우고 식생을 하는 것이 좋으나 비탈면 기울기가 1:1.2보다 급한 경우, 많은 용수가 있는 경우, 기타 식생만으로는 유출될 염려가 있는 경우 등에는 잡석 등을 넣어서 보호한다.

4) 현장타설 콘크리트 격자공

용수가 있는 풍화암이나 장대비탈면 등에서 비탈면의 장기적인 안정이 염려되는 곳, 혹은 콘크리트 블럭 격자공으로는 붕낙할 염려가 있는 곳에 사용된다.

암반 중에 균열이 많고 물이 침입해서 풍화를 촉진하거가 붕낙을 일으킬 염려가 있는 경우에는 모르타르 뿜어붙이기 혹은 시멘트 밀크의 주입 등도 병용된다.

상황에 따라 격자의 교점부분에 활동 방지 말뚝이나 앵커를 설치한다. 격자는 비탈면에 박히도록 하는 방법과 비탈면 위에 설치하는 방법이 있다. 연약한 지반에 설치할 경우에는 콘크리트 기초가 필요하다.

5) 뿜어붙이기

비탈면에 용수가 없고 당장 붕괴의 위험성은 없으나 풍화되기 쉬운 암석 또는 풍화해서 박리될 염려가 있는 암석이나 호박돌이 섞인 토사 등에서 식생이 적당하지 않은 곳에 사용된다.

모르타르 뿜어붙이기공은 비교적 엷게 뿜어 붙일 경우에 사용되며 일반적으로 50~100mm 두께로 시공한다. 숏크리트 뿜어붙이기공은 비교적 두껍게 뿜어 붙일 경우에 사용되며 표준두께는 100~200mm이다.

5. 낙석방지공

낙석방지공의 선정은 절개면의 상황 즉, 절개면의 지형, 지질 및 식생상황과 같은 조사결과에 근거하여야 하며 낙석발생시 예상되는 피해정도에 따라 공법을 선정하여야 한다. 낙석방지시설은 낙석이 발생할 것으로 예상되는 절개면 내의 낙석 예상물질을 제거하거나 절개면에 고정시키는 보강공법과 절개면에서 낙하하는 낙석이 선로로 유입되는 것을 방지하기 위해 선로변 등에 설치하여 시설물을 보호하는 보호공법으로 구분할 수 있다.

<표 Ⅱ.1.14> 낙석방지공의 종류

보 강 공 법	보 호 공 법
절취공법 , 면정리 , 락앵커 , 락볼트 식생공법 , 콘크리트 블럭공법	낙석방지망 , 낙석방지 울타리 낙석방지 옹벽 , 피암터널

가. 보강공법

낙석 보강공은 사면상의 부석, 전석이 박리 또는 낙하하지 않도록 낙석 발생원에서 직접 낙석을 억지하거나 제거 또는 정리하는 것이다.

1) 면정리

낙석의 위험이 있는 부석이나 전석을 잘게 쪼개거나 제거 또는 사면 내의 안전한 장소로 모아서 정리하는 경우에 사용한다.

2) 락볼트 및 락앵커공

사면상에 있는 큰 부석이나 전석을 기반암까지 천공하여, 이 속에 락볼트 및 락앵커를 삽입해서 사면상에 고정시키는 것이다. 비교적 작은 규모의 부석, 전석인 경우에는 락볼트공, 대규모인 경우에는 락앵커공을 적용한다.

<표 Ⅱ.1.15> 앵커와 지반의 정착방식에 따른 분류

종 류	정 착 방 식
마 찰 형	앵커 주변면과 기초와의 마찰저항에 의해 앵커 인발력을 기반에 전달한다.
지 압 형	앵커의 일부 혹은 대부분을 크게 넓혀 뚫고 앵커체 수동토압으로 앵커 인발력에 저항한다.
복 합 형	마찰형 및 지압형의 복합형

나. 보호공법

보호공의 설계에서는 지형, 지질, 예상되는 낙석의 중량 및 도약고 등의 추정, 설치 후의 유지관리 방법, 방호공의 효과와 내구성 및 경제성 등의 제반 조건을 잘 검토하여 현지 상황에 적합하고 가장 유효한 대책공을 선정하도록 한다. 또한, 필요에 따라서는 각종 공법을 조합하는 것이 바람직하다.

1) 낙석 방지망공

구조물에 의한 비탈면 보호공을 하지 않은 암석 또는 자갈 혼입 토사의 땅깎기 비탈면 등에 우수에 의한 세굴로 인해 낙석이 예상되는 곳에 사용된다.

2) 낙석 방지울타리

낙석 방지울타리는 대절토 비탈면 등에서 지진 또는 집중호우 등으로 낙석하는 경우에 낙석 방지망만으로는 그 효과가 미미하다고 판단되는 경우에 사용한다.

낙석 방지책은 지주, 와이어로프, 철망이 일체로 되어서 낙석 에너지를 흡수하는 것으로써 비교적 소규모 낙석대책으로 자주 사용된다. 경암, 연암 및 자갈 혼입 토사 등의 땅깎기 비탈면에서 낙석 방지망만으로는 붕락 또는 낙석의 위험이 있는 경우는 낙석 방지책을 설치하는 것이 바람직하다.

3) 피암터널

피암터널은 낙석에 대해서 선로 측방에 여유가 없고, 급한 장대사면이 연이어져 있는 경우나 낙석의 규모가 커서 낙석 방지책으로는 방지할 수 없는 경우, 또한 낙석의 지름이 큰 경우에 사용한다. 피암터널은 강재, 철근콘크리트 등으로 선로 위에 구조물을 설치하여 낙석을 받아 막거나 계곡으로 낙하시켜 낙석에 의한 피해를 완전히 방지하는 공법이다.

피암터널의 상부에는 완충재(토사 등)를 두어 낙석의 충격을 완화할 필요가 있다.

6. 기　　타

가. 유용토

1) 토　공

가) 비탈층따기 : 100% 유용(C = 0.9)

나) 표토제거 : 면적을 두께 T를 곱해 체적으로 환산한 후 90%를 유용하는 것으로 산출한다.

유용토량 = AREA × T(두께) × 90% × 0.9(C)

다) 석축철거 : 현장내 돌붙임이 있을 경우 석축철거 발생량의 50%를 유용하고, 돌붙임이 없을 경우 90%를 토공에 유용한다.

라) 콘크리트 및 아스콘 깨기 : 현장내에 순쌓기가 발생할 경우 환경영향평가에 의하여 폐기물처리 및 하부노반 유용으로 분류하며, 유용시는 100mm이하 크기로 크라싱하여 유용할 수 있다.

2) 구조물공

가) 육상터파기 : 100% 유용(단, 100% 유용 가능시)

나) 수중터파기 : 80% 유용

다) 유용이 불가능한 토사 : 사토처리

3) 가도로공

가) 현장내에 순쌓기가 발생할 경우 80% 유용

나) 사토구간은 100% 사토하는 것으로 한다.

나. 공제토

교량 및 암거 등에서 발생하는 공제토는 상부노반 및 하부노반으로 구분하여 수량산출서의 각 공종에서 산출하고 토공입적표에서 그 양을 공제하는 것으로 한다.

다음 <그림 Ⅱ.1.3>의 a와 b는 암거의 경우로, 원지반선 위의 구조물뒷채움량과 암거 크기만큼의 물량을 본선토공에서 공제시켜야 한다. c와 d의 경우는, 구조물뒷채움량 및 보조도상의 체적만큼 공제토가 된다.

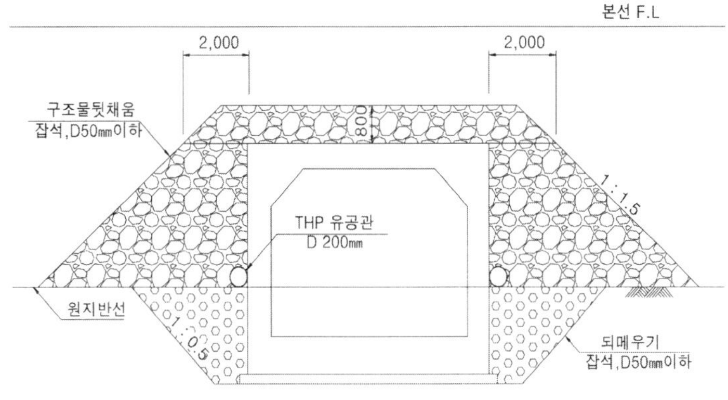

a. BOX 뒷채움 단면

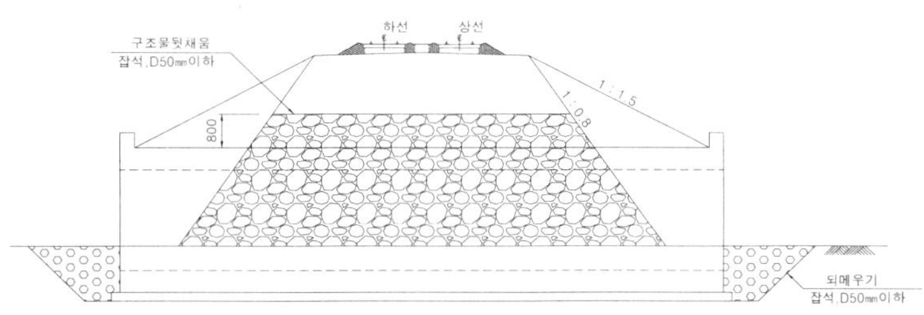

b. BOX 뒷채움 측면

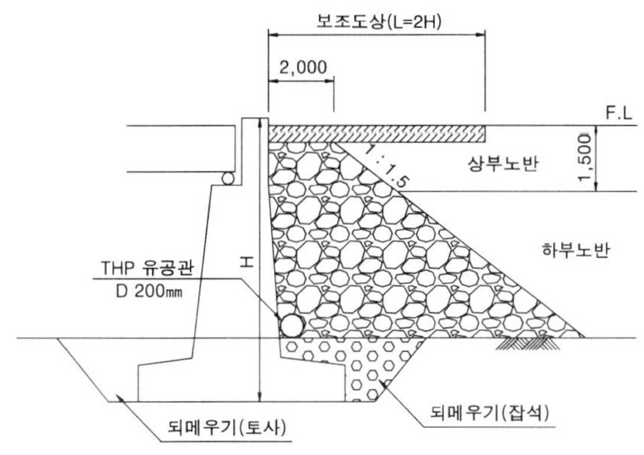

c. 교대 뒷채움 단면(A)

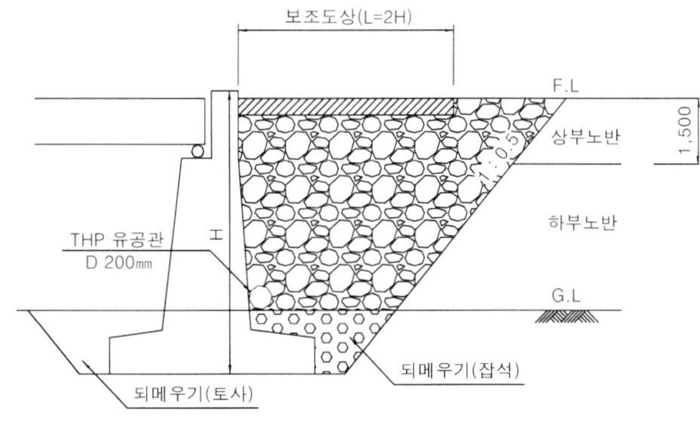

d. 교대 뒷채움 단면(B)

<그림 Ⅱ. 1. 3> 구조물 뒷채움공

다. 표토제거

「철도노반공사 수량 및 단가산출기준(2005)」에는 흙쌓기 구간 원지반 표토제거 두께가 답구간 0.50m, 답외구간 0.15m를 적용토록 되어 있으나 노반공사 발주시 표토제거 두께를 사업별로 상이하게 적용하고 있어 표준화가 필요함에 따라 관련규정을 종합 검토하여 표토제거 두께를 변경함.

1) 관련 규정

관 련 규 정	제정(개정)년도	내 용	비 고
철도노반공사 수량 및 단가산출기준	2005	흙쌓기높이 2m 미만인 경우 - 답 구 간 : T = 0.50m - 답외구간 : T = 0.15m	
국도건설공사 설계실무 요령	2005	흙쌓기높이 1.5m 미만인 경우 - 답 구 간 : T = 0.20m - 답외구간 : T = 0.20m	
고속도로공사 전문시방서	2005	흙쌓기높이 1.5m 미만인 경우 - 답 구 간 : T = 0.20m - 답외구간 : T = 0.20m	

2) 적용 규정

구 분		2005 기준	개정 기준	비고(도로분야)
표토제거 대상 흙쌓기높이		H = 2.0m 미만	H = 2.0m 미만	H = 1.5m 미만
표토제거 두께	답 구 간	T = 0.50m	T = 0.20m	T = 0.20m
	답외구간	T = 0.15m	T = 0.15m	T = 0.20m

Ⅱ-1-2. 수량조서

번 호	공 종	규 격	단위	수 량	비 고
Ⅱ-1	본선 및 지축토공				
1	토 공				
1.01	벌개제근 및 벌목제거				
a	벌개제근	입목본수도,50~60%	m²	1	
b	벌목제거	높이평균	m²	1	
1.02	표토제거				
a	답구간	T = 0.20m	m²	1	
b	답외구간	T = 0.15m	m²	1	
1.03	측구공				
a	측구뚝쌓기	토 사	m³	1	
b	측구터파기	토 사	m³	1	
c	산마루측구	현장콘크리트타설	m	1	
d	산마루측구	콘크리트제품	m	1	
e	산마루측구	P.E 제품	m	1	
1.04	땅깎기				
a	토사깎기				
a-1	토사(소규모공사)	도저,19TON	m³	1	
a-2	토사(대규모공사)	도저,32TON	m³	1	
a-3	토사	굴삭기,1.0m³	m³	1	
b	풍화암 깎기				
b-1	풍화암(소규모공사)	도저,19TON	m³	1	
b-2	풍화암(대규모공사)	도저,32TON	m³	1	
b-3	풍화암 깎기	인 력	m³	1	
c	연암 깎기				
c-1	연암 깎기	대형브레이커	m³	1	
c-2	연암 깎기	미진동암파쇄	m³	1	TYPE-Ⅰ
c-3	연암 깎기	정밀진동제어발파	m³	1	TYPE-Ⅱ
c-4	연암 깎기	소규모(진동제어)	m³	1	TYPE-Ⅲ
c-5	연암 깎기	중규모(진동제어)	m³	1	TYPE-Ⅳ
c-6	연암 깎기	일반발파	m³	1	TYPE-Ⅴ
c-7	연암 깎기	대규모발파	m³	1	TYPE-Ⅵ
c-8	연암 깎기	인 력	m³	1	

번 호	공 종	규 격	단위	수 량	비 고
d	경암 깎기				
d-1	경암 깎기	대형브레이커	m^3	1	
d-2	경암 깎기	미진동암파쇄	m^3	1	TYPE-Ⅰ
d-3	경암 깎기	정밀진동제어발파	m^3	1	TYPE-Ⅱ
d-4	경암 깎기	소규모(진동제어)	m^3	1	TYPE-Ⅲ
d-5	경암 깎기	중규모(진동제어)	m^3	1	TYPE-Ⅳ
d-6	경암 깎기	일반발파	m^3	1	TYPE-Ⅴ
d-7	경암 깎기	대규모발파	m^3	1	TYPE-Ⅵ
d-8	경암 깎기	인 력	m^3	1	
e	발파암 소할	연・경암	m^3	1	
f	층따기	토 사	m^3	1	
g	바닥면고르기				
g-1	풍화암면고르기		m^2	1	
g-2	연암면고르기		m^2	1	
g-3	경암면고르기		m^2	1	
1.05	**흙쌓기**				
a	다짐공				
a-1	상부노반다짐	토사,H=0.30m	m^3	1	H = 1.5m
a-2	하부노반다짐	토사,H=0.30m	m^3	1	
a-3	하부노반다짐	풍화암,H=0.50m	m^3	1	
a-4	하부노반다짐	연・경암,H=0.30~0.60m	m^3	1	암성토
b	비탈면다짐	토 사	m^3	1	
1.06	**유용토흙쌓기**				다짐상태
a	무대운반				
a-1	토사	ℓ = 20m 미만	m^3	1	
a-2	풍화암	ℓ = 20m 미만	m^3	1	
a-3	연암	ℓ = 20m 미만	m^3	1	
a-4	경암	ℓ = 20m 미만	m^3	1	
b	도져운반				
b-1	토사	ℓ = 20~60m 미만	m^3	1	
b-2	풍화암	ℓ = 20~60m 미만	m^3	1	

번 호	공 종	규 격	단위	수 량	비 고
b-3	연암	ℓ= 20~60m 미만	㎥	1	
b-4	경암	ℓ= 20~60m 미만	㎥	1	
c	덤프운반				
c-1	토사	ℓ= 60m 이상	㎥	1	
c-2	풍화암	ℓ= 60m 이상	㎥	1	
c-3	연암	ℓ= 60m 이상	㎥	1	
c-4	경암	ℓ= 60m 이상	㎥	1	
c-5	연암	ℓ= 60m 이상	㎥	1	버력유용
c-6	경암	ℓ= 60m 이상	㎥	1	버력유용
1.07	순성토흙쌓기				자연상태
a	토사	ℓ= 60m 이상	㎥	1	
b	풍화암	ℓ= 60m 이상	㎥	1	
c	연암	ℓ= 60m 이상	㎥	1	
d	경암	ℓ= 60m 이상	㎥	1	
1.08	사토처리				자연상태
a	토사	ℓ= 60m 이상	㎥	1	
b	풍화암	ℓ= 60m 이상	㎥	1	
c	연암	ℓ= 60m 이상	㎥	1	
d	경암	ℓ= 60m 이상	㎥	1	
1.09	노면고르기		㎡	1	
1.10	토공규준틀 설치				
a	비탈규준틀		개	1	
b	수평규준틀		개	1	
1.11	강화노반				
a	보조도상	쇄석자갈,D31.5mm이하	㎥	1	
b	입도조정층	쇄석자갈,D125mm이하	㎥	1	
c	시멘트처리된보조도상	쇄석자갈,D31.5mm이하	㎥	1	
1.12	배수시설				
a	유공관설치	THP PIPE,D200mm	m	1	
b	부직포설치	200g/㎡	㎡	1	
c	유공관막돌채움		㎥	1	

번 호	공 종	규 격	단위	수 량	비 고
2	비탈면안정공				
2.01	비탈면보호공				
a	비탈면고르기				
a-1	풍화암 면고르기		㎡	1	
a-2	연암 면고르기		㎡	1	
a-3	경암 면고르기		㎡	1	
b	떼입히기				
b-1	줄떼붙임		㎡	1	
b-2	평떼붙임		㎡	1	
c	코어네트				
c-1	코어네트	흙쌓기부	㎡	1	
c-2	코어네트	땅깎기부	㎡	1	
d	암절개면보호식재공				
d-1	녹생토(토사)	T = 50mm	㎡	1	기울기1:1이하
d-2	녹생토(풍화암)	T = 70mm	㎡	1	기울기1:1내외
d-3	녹생토(연암)	T = 100mm	㎡	1	기울기1:0.7내외
d-4	녹생토(경암)	T = 150mm	㎡	1	기울기1:0.5내외
e	씨앗뿜어붙이기	초류종자	㎡	1	
f	거적덮기		㎡	1	
g	덩굴식물식재	줄사철, 등나무	주	1	
2.02	구조물보호공				
a	비탈면돌붙임				
a-1	돌붙임	찰붙임	㎡	1	뒷길이0.35m
a-2	돌붙임	메붙임	㎡	1	뒷길이0.35m
a-3	돌붙임기초설치	기울기 1:1.8	m	1	
b	비탈면콘크리트붙임				
b-1	콘크리트붙임	1:1.2~1.8	㎥	1	T = 0.20m
b-2	콘크리트붙임	1:1.2보다 급한 경우	㎥	1	T = 0.20m
c	비탈면콘크리트블럭설치				
c-1	비탈면콘크리트블럭	인력,50kg미만	㎡	1	H=15m이하
c-2	비탈면콘크리트블럭	기계,50kg이상	㎡	1	H=15m이상

번 호	공 종	규 격	단위	수 량	비 고
d	비탈면 P.E블럭설치	1:1.0～1.5	m^2	1	
e	숏크리트 뿜어붙이기	T = 100mm	m^2	1	
f	비탈면앵커공				
f-1	어스앵커공	ℓ = 10m	공	1	
f-2	락앵커공	ℓ = 10m	공	1	
f-3	락볼트공	D25×5m	개	1	
f-4	쏘일네일공	D29×8m	공	1	
g	공사용비탈면보호가시설				
g-1	비탈면가보호망	2회 사용	m^2	1	
g-2	가도수로설치	P.E필름,T=0.1mm	m	1	
h	비탈면점검로설치	B = 0.9m	m	1	H=30m 기준

Ⅱ-1-3. 수량산출기준

1. 수량산출 일반

가. 수량산출시의 토공상태

1) 발생토(땅깎기, 터파기, 굴착) : 자연상태

2) 사　토(적재, 운반, 정지)　 : 자연상태

3) 유용토

가) 흙쌓기, 되메우기, 쇄석골재 유용 : 다짐상태

나) 쇄석골재 원석운반, 쇄석골재 유용 : 자연상태

다) 쇄석골재 생산, 쇄석골재 유용 : 흐트러진상태

나. 체적환산계수(f)

1) 수량은 적용기준에 따라 체적환산을 고려한 수량이므로 단가는 수량과 동일한 조건으로 체적환산계수를 적용한다.

가) 수량산출이 자연상태인 경우 : f = 1/L×흐트러진 상태

나) 수량산출이 다짐상태인 경우 : f = C/L×흐트러진 상태

다) 수량산출이 흐트러진 상태인 경우 : f = 1×흐트러진 상태

2) 발생토, 유용토의 쇄석골재 운반, 사토 등 수량산출이 자연상태인 경우 단가에 체적환산계수 f = 1/L 적용

3) 유용토의 흙쌓기, 되메우기 등 수량산출이 다짐상태인 경우 단가에 체적환산계수 f = C/L 적용

4) 유용토의 쇄석골재생산 등 수량산출이 흐트러진 상태인 경우 단가에 체적환산계수 f = 1 적용

다. 유용토

1) 유용토는 공구내 유용과 타공구 유용으로 별도로 표시하며, 자연상태 수량으로 계상한다.

2) 공구내 발생토량이 타공구로 유용시 유용계획을 작성 최대한 경제적인 설계가 되도록 한다.

2. 본선 및 지축토공의 경계

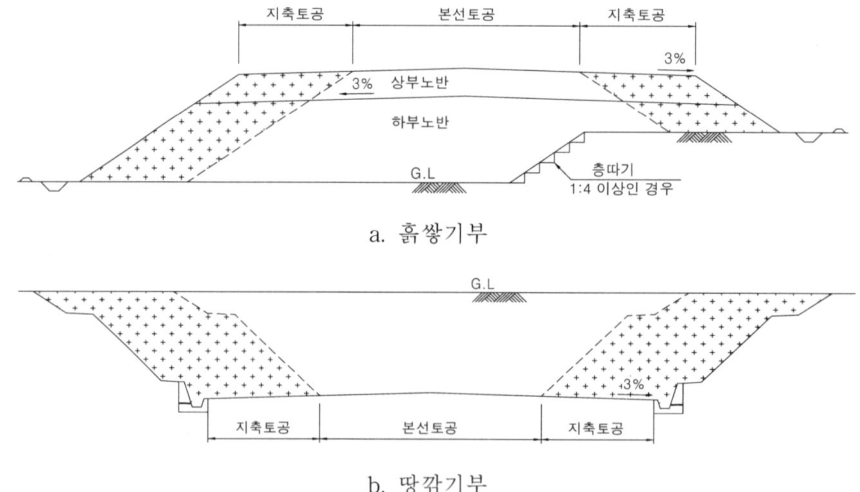

a. 흙쌓기부

b. 땅깎기부

<그림 Ⅱ.1.4> 본선 및 지축토공의 경계

3. 벌개제근 및 벌목제거

가. 벌개제근(㎡)

1) 땅깎기부, 흙쌓기부 구분없이 산출한다.
2) 산림지에 적용하며 기존 노반폭은 제외한다.
3) 지표면의 최단거리로 면적을 산출한다.
4) 벌개제근을 해야 할 범위는 설계도서에 명시되어 있거나 감독원이 특별히 지시하는 구간을 제외하고는 땅깎기비탈면의 어깨나 흙쌓기비탈면의 기슭에서 1m 떨어진 선 이내의 폭과 전 공사구간의 연장으로 한다.
5) 흙쌓기높이가 1.5m 이상인 구간에 있는 수목이나 그루터기는 지표면에 바짝 붙도록 잘라 잔존높이가 지표면에서 0.15m 이하가 되도록 하여야 한다.
6) 흙쌓기높이가 1.5m 미만인 구간에 있는 수목이나 그루터기, 뿌리, 덤불 등은 지표면에서 0.20m 깊이까지 모두 제거하여야 한다.

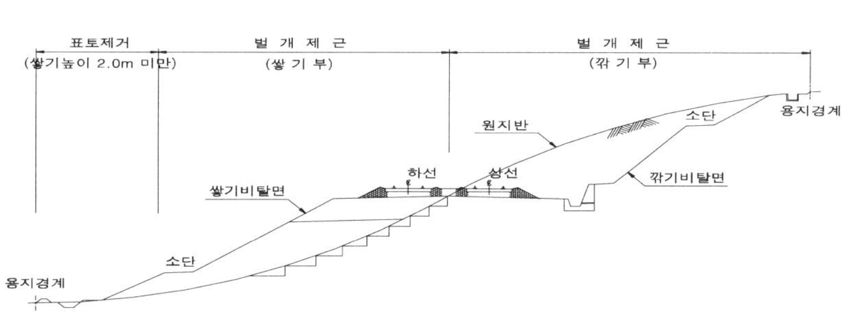

<그림 Ⅱ.1.5> 벌개제근

나. 벌목제거(㎡)

1) 나무베기, 잔가지 정리 및 벤 나무를 집재 가능한 크기로 자르기가 포함된다.
2) 나무높이는 평균높이로 산출하여 산출서의 규격란에 표기한다.
3) 수량은 나무의 평균높이별로 면적을 산출한다.

4. 표토제거

가. 답구간(㎡)

1) 표토제거는 설계도서에 따라야 하며, 제거된 표토를 비탈면 떼붙이기 등에 유용할 경우에는 나무뿌리, 풀 등의 유해물질이 함유되지 않도록 지정된 장소에 유실되지 않게 보관하여야 한다.
2) 표토제거 및 벌개제근은 중복 계상할 수 없다.
3) 표토제거를 쌓기에 유용시 다짐이 필요하지 않는 경우에는 표토제거량의 90%를 수량에 계상하고 다짐이 필요한 경우에는 표토제거량의 90%에 토량환산계수를 곱한 수량으로 계상한다.
4) 수량은 지표면거리로 최단거리를 산정하되 측구부분은 제외한다.
5) 흙쌓기부의 표토제거는 쌓기높이 H=2.0m 미만의 경우에 한한다.
6) 표토제거 두께는 현지에 따라 다르나 본선구조물 및 인입선에서는 답구간 0.20m, 답외구간 0.15m를 표준으로 한다.
7) 순쌓기 현장의 경우에는 토공분배표상에 흙쌓기부 표토제거 부분의 다짐물량 및 부족토공량을

7) 순쌓기 현장의 경우에는 토공분배표상에 흙쌓기부 표토제거 부분의 다짐물량 및 부족토공량을 계상하고, 사토현장의 경우에는 표토제거량을 전량 사토하는 것으로 계상한다.

8) 땅깎기부에서는 깎기물량에서 공제하고, 흙쌓기부에서는 쌓기물량에 포함한다.

나. 답외구간(㎡)

'가. 답구간'과 공통으로 적용한다.

5. 측구공

가. 측구뚝쌓기(㎥)

흙쌓기부 하단 및 땅깎기부 상단에 설치하며 자연상태의 토량을 횡단면도상에서 산출한다.

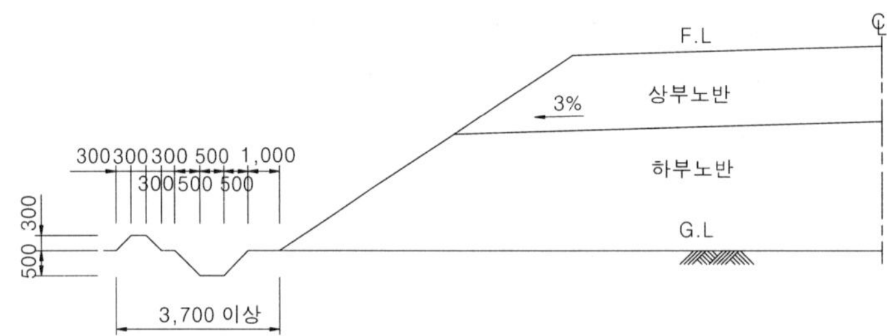

<그림 Ⅱ.1.6> 흙쌓기부 측구

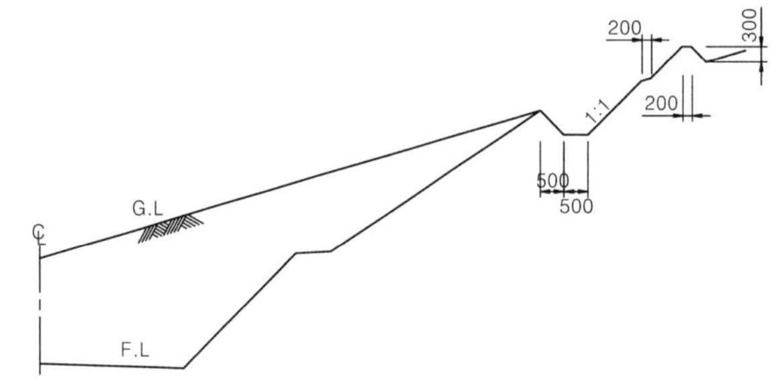

<그림 Ⅱ.1.7> 땅깎기부 측구

나. 측구터파기(㎥)

'측구뚝쌓기' 참조

다. 산마루측구(m) - 현장콘크리트타설

각 공종별 단위수량을 산출하며, 위치를 표시하고 연장을 산출한다.

1) 콘크리트(㎥) : 콘크리트 표준시방서의 굵은 골재 최대 치수 참조

2) 거 푸 집(㎡) : 합판 4회

3) 철　　근(톤) : 시공이음철근

4) 스틸그레이팅(개) : 필요시 산출

라. 산마루측구(m) - 콘크리트제품

위치를 표시하고 연장으로 수량을 산출한다.

마. 산마루측구(m) - P.E제품

1) 위치를 표시하고 연장으로 수량을 산출한다.

2) 온도변화에 대한 변형 및 동결융해에 대한 들뜸 등의 변형 우려개소는 적용을 배제한다.

6. 땅깎기

깎기 및 쌓기부 비탈면경사는 토질별 비탈면안정 검토결과에 따라 적용하며, 소규모 현장일 경우는 적용기준을 고려하여 설계에 반영한다.

가. 굴착난이도에 따른 지층의 분류

1) 토사층 : 퇴적토층, 붕적토층, 풍화 잔류토층 등과 같이 불도저가 유효하게 사용될 수 있는 정도의 토질로 구성된 지층

2) 풍화암층 : 불도저 삽날로서는 절취가 어려우며, 불도저에 장착한 유압식리퍼가 유효하게 사용될 수 있을 정도의 풍화가 상당히 진행된 암반층

3) 연・경암층 : 땅깎기 작업에 발파를 이용하는 것이 가장 유효한 암반층

나. 토사 깎기(㎥)

1) 횡단면도상에서 작성된 토공표를 이용, 토공입적표를 작성하여 산출한다.

2) 모든 깎기 수량은 자연상태의 수량으로 한다.

3) 깎기 기울기는 토사층 최초 수직고가 5m까지는 1:1.2, 그 이상은 1:1.5로 하는 것을 표준으로 하되, 비탈면안정검토 결과에 따라 조정・적용한다.

4) 소단은 5m 높이마다 폭 1.5m로 설치하며 소단기울기는 5%로 한다.

5) 공사규모에 따라 대규모와 소규모로 구분하며, 이때 기준은 대략 10,000㎥ 정도로 한다. 공사규모의 구분은 편의상 시공량이므로 실제 적용과정에서 공사량, 공사기간, 현장조건에 따라 공사규모를 판단한다.

다. 풍화암 깎기(㎥)

1) 횡단면도상에서 작성된 토공표를 이용, 토공입적표를 작성하여 산출한다.

2) 모든 깎기 수량은 자연상태의 수량으로 한다.

3) 깎기 기울기는 1:1.0을 표준으로 하되, 사면안정검토 후 현지여건에 따라 조정할 수 있다.

4) 풍화암구간에서는 5m마다 소단을 설치하되 7.5m이하에서는 소단을 설치하지 않는다.

5) 소단과 소단 사이에 토사와 풍화암 구분선이 발생시 많은 쪽 비탈면 기울기를 적용토록 한다.

라. 연・경암 깎기(㎥)

1) 횡단면도상에서 작성된 토공표를 이용, 토공입적표를 작성하여 산출한다.

2) 모든 깎기 수량은 자연상태의 수량으로 한다.

3) 표준기울기는 연암부 1:0.7, 경암부 1:0.5로 하되, 불연속면의 상태에 따라 비탈면 안정검토를 반드시 실시하고 그 결과에 따라 기울기를 조정한다.

4) 발파공법 적용은 환경영향 평가시 소음・진동 및 환경에 미치는 영향과 설계기준, 현장여건 등을 고려하여 적용하여야 한다.

<표 Ⅱ.1.16> 암석절취의 분류

공 법	내 용
미진동 암 파쇄굴착	‘미진동파쇄기’를 사용하여 암반에 균열을 발생시킨후 대형브레이커에 의한 2차파쇄를 실시하는 공법으로 암질이 단단한 경우 적용성이 떨어지는 경우가 있으므로 암질을 고려하여 적용여부를 판단하여야 한다.
정밀진동 제어발파	소량의 폭약으로 암반에 균열을 발생시킨 후 대형브레이커에 의한 2차 파쇄를 실시하는 공법이다.

공 법	내 용
암석절취(착암기)	소형착암기에 의한 천공 후 폭약을 장약하여 발파하는 공법으로, 절취폭이 4m 미만인 경우 등 작업장소가 협소하거나 현장여건상 크롤러드릴 사용이 곤란한 경우에 적용한다.
일반발파 및 대규모발파	크롤러드릴에 의한 천공 후 폭약을 장약하여 발파하는 공법이다.

5) 발파규모(굴착규모)는 발파원과 보안시설물간의 이격거리 및 소음・진동규제기준, 현장조건 등을 고려하여 천공 1공당 굴착량을 산정하여 결정한다.

발파규모(㎥/공) = 최소저항선(m)×천공간격(m)×굴착심도(m)

<표 Ⅱ.1.17> 진동속도에 의한 발파규모의 산정

구 분	발 파 공 법	허용지발당 장약량(kg/delay)
TYPE-Ⅰ	미진동굴착공법	0.125미만
TYPE-Ⅱ	정밀진동제어발파	0.125이상~0.50미만
TYPE-Ⅲ	진동제어발파(소규모)	0.5 이상~1.6 미만
TYPE-Ⅳ	진동제어발파(중규모)	1.6 이상~5.0 미만
TYPE-Ⅴ	일 반 발 파	5.0 이상~15.0 미만
TYPE-Ⅵ	대규모 발파	15.0 이상

허용지발당 장약량은 다음 발파진동추정식에 의하여 산출한다.

$$V = 160\left(\frac{D}{\sqrt{W}}\right)^{-1.6}$$

여기서, V : 예상진동속도(㎝/sec)
D : 폭원에서의 이격거리(m)
W : 허용지발당 장약량(㎏/delay)

6) 진동제어발파(소규모, 중규모), 일반발파, 대규모발파로 발생된 발파암 수량 중 유용하는 양에 한하여 적재 및 운반 등이 용이하도록 소할이 필요한 경우 15% 범위 내에서 반영한다.

7) 시공면의 면고르기 및 표토제거 등이 필요한 경우 별도 공종으로 수량을 산출한다.

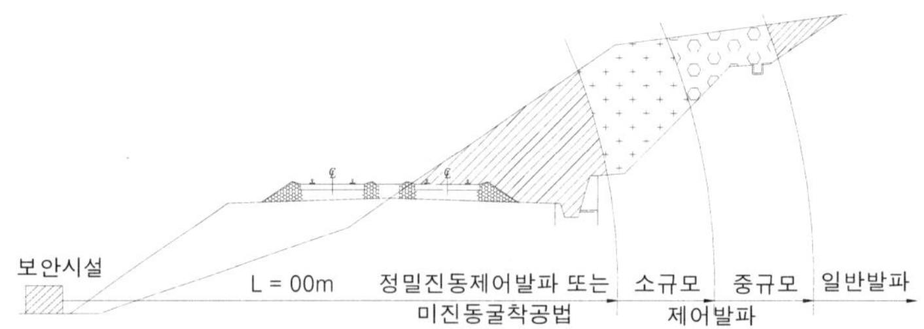

<그림 Ⅱ.1.8> 횡단면도상 발파공법 선정 방법

마. 발파암 소할 - 연・경암(㎥)

진동제어발파(소규모, 중규모), 일반발파, 대규모발파로 발생된 발파암 수량 중 유용하는 양에 한하여 유용량의 15%를 소할하는 것으로 반영한다.

바. 층따기 - 토사(㎥)

1) 쌓기부의 원지반 비탈면기울기가 1:4이상일 때 층따기를 실시한다.

2) 기초 지반이 토사인 경우, 최소높이는 0.6m, 최소폭은 1.0m로 한다.

3) 기초 지반이 암반인 경우에는 층따기 깊이를 암표면으로부터 연직으로 최소 0.4m로 한다.

4) 층따기 수량은 무대로 산출 100% 유용한다.

5) 원지반에 용수가 있는 경우에는 원지반에 접한 쌓기 부분에 투수성의 재료를 사용하거나 배수층을 설치하여 배수하여야 한다.

사. 바닥면고르기(㎡)

1) 풍화암 면고르기

2) 연암 면고르기

3) 경암 면고르기

가) 바닥면고르기는 콘크리트도상일 경우에만 적용하고 자갈도상일 경우에는 적용하지 않는다.

나) 땅깎기부 비탈면을 제외한 바닥면의 면적으로 산출한다.

7. 흙쌓기

가. 상부노반다짐 - 토사,H=0.30m(㎥)

1) 쌓기면 상부의 최종다짐두께 1.5m를 상부노반으로 분류하고 층별 다짐두께를 0.30m로 한다.

2) 상부노반의 재료는 토사를 사용함을 원칙으로 하되 부득이한 경우 양질의 풍화암 및 연·경암을 사용할 수 있다.

3) 쌓기물량은 다짐상태의 수량으로 산출한다.

나. 하부노반다짐 - 토사,H=0.30m(㎥)

1) 층별 다짐두께는 0.30m로 한다.

2) 쌓기물량은 다짐상태의 수량으로 산출한다.

다. 하부노반다짐 - 풍화암,H=0.50m(㎥)

1) 층별 다짐두께는 0.30m로 한다.

2) 쌓기물량은 다짐상태의 수량으로 산출한다.

라. 하부노반다짐 - 연·경암,H=0.30m~0.60(㎥)

1) 층별 다짐두께는 0.30m로 한다.

2) 쌓기물량은 다짐상태의 수량으로 산출한다.

마. 비탈면다짐 - 토사(㎥)

1) 길어깨 상단에서 쌓기 비탈면 끝까지 하고, 소단을 포함한 비탈면 거리로 면적을 산출하고 두께 0.30m를 부설하는 것으로 본다.

2) 노반침하나 응급복구시 적용한다.

8. 유용토흙쌓기

유용토 흙쌓기의 모든 수량은 다짐상태로 산출한다.

가. 무대운반(㎥)

1) 토 사

토공분배표상 운반거리가 20m 미만인 물량 중 토사의 수량이다.

2) 풍화암

토공분배표상 운반거리가 20m 미만인 물량 중 풍화암의 수량이다.

3) 연암

토공분배표상 운반거리가 20m 미만인 물량 중 연암의 수량이다.

4) 경암

토공분배표상 운반거리가 20m 미만인 물량 중 경암의 수량이다.

나. 도져운반(㎥)

1) 토 사

토공분배표상 운반거리가 20~60m 미만인 물량 중 토사의 수량이다.

2) 풍화암

토공분배표상 운반거리가 20~60m 미만인 물량 중 풍화암의 수량이다.

3) 연암

토공분배표상 운반거리가 20~60m 미만인 물량 중 연암의 수량이다.

4) 경암

토공분배표상 운반거리가 20~60m 미만인 물량 중 경암의 수량이다.

다. 덤프운반(㎥)

1) 토 사

토공분배표상 운반거리가 60m 이상인 물량 중 토사의 수량이다.

2) 풍화암

토공분배표상 운반거리가 60m 이상인 물량 중 풍화암의 수량이다.

3) 연암

토공분배표상 운반거리가 60m 이상인 물량 중 연암의 수량이다.

4) 경암

토공분배표상 운반거리가 60m 이상인 물량 중 경암의 수량이다.

5) 연암

터널 버력을 유용시 운반거리가 60m 이상인 물량 중 연암의 수량이다.

6) 경암

터널 버력을 유용시 운반거리가 60m 이상인 물량 중 경암의 수량이다.

9. 순성토 흙쌓기

토공분배표상 현장내 발생토를 유용한 후에도 부족토가 발생될 경우 토취장을 선정하여 부족한 양만큼 현장내로 반입하여 사용한다. 순성토 흙쌓기의 모든 물량은 다짐상태로 산출한다.

가. 토사(㎥)

반입토량 중 토사의 수량이다.

나. 풍화암(㎥)

반입토량 중 풍화암의 수량이다.

다. 연암(㎥)

반입토량 중 연암의 수량이다.

라. 경암(㎥)

반입토량 중 경암의 수량이다.

10. 사토처리

가. 토사(㎥)

1) 설계서 수량은 자연상태(모암상태) 수량으로 토공분배표에서 산출한다.

2) 기초말뚝 작업시 발생하는 굴착토에 대하여는 별도의 규정이 없으나, 작업시 첨가되는 불순물 등에 의해 오염될 가능성이 있으므로 현장시험 결과에 따라 사토 또는 폐기물처리를 결정한다.

2) 사토장은 사토량을 충분히 처리할 수 있는 면적을 산출한다.

3) 사토장 정리비 및 비탈면 보호공이 필요한 경우 별도의 공종으로 수량을 산출한다.

4) 사토장의 위치는 가능지역을 선정하여 토지이용계획 확인원 및 토지소유자의 동의서를 보고서에 첨부시키고, 추후 정산이 가능토록 한다.

나. 풍화암(㎥)

'가. 토사'와 공통 적용한다.

다. 연암(㎥)

'가. 토사'와 공통 적용한다.

라. 경암(㎥)

'가. 토사'와 공통 적용한다.

11. 노면고르기

가. 설계 적용구간

1) 기존 철도노반을 확장하고자 할 때 적용한다.

2) 원지반(G.L)과 시공기면(F.L)이 동일 종단상에 있을 경우 적용한다.

나. 수량은 면적으로 산출하며 규격은 T=0.20m로 한다.

12. 토공 규준틀 설치

가. 비탈규준틀(개)

설치간격은 20m를 표준으로 하며 곡선반경이 300m 이하이거나 지형이 복잡한 장소에서는 10m를 표준으로 한다.

나. 수평규준틀(개)

토공구간에 100m 간격으로 설치토록 한다.

13. 강화노반

가. 보조도상 - 쇄석자갈, D31.5mm이하(㎥)

1) 한 층의 부설두께는 0.20m로 한다.

2) 보조도상깔기의 체적으로 수량을 산출한다.

나. 입도조정층 - 쇄석자갈, D125mm이하(㎥)

1) 한 층의 부설두께는 0.25m로 한다.

2) 입도조정층깔기의 체적으로 수량을 산출한다.

다. 시멘트처리된 보조도상 - 쇄석자갈, D31.5mm이하(㎥)

1) 보조도상깔기의 체적으로 수량을 산출한다.

2) 시멘트의 양은 51kg/㎥로 산출한다.

14. 배수시설

가. 유공관 설치 - T.H.P PIPE, D200mm(m)

유공관의 설치 연장으로 수량을 산출한다.

나. 부직포 설치 - 200g/㎡(㎡)

유공관을 부직포로 감싸는 수량으로 면적으로 산출한다.

다. 유공관막돌채움(㎥)

채움재의 체적으로 수량을 산출한다.

15. 비탈면보호공

가. 비탈면고르기(㎡)

1) 풍화암 면고르기

가) 땅깎기부 풍화암 구간 비탈면과 소단을 포함한 비탈면 거리로 면적을 산출한다.

나) 비탈면 고르기 품만 계상한다.

2) 연암 면고르기

가) 땅깎기부 연암 구간 비탈면과 소단을 포함한 비탈면 거리로 면적을 산출한다.

나) 비탈면 고르기 품만 계상한다.

다) 브레이커 시공시는 면고르기 품을 제외한다.

3) 경암 면고르기

가) 땅깎기부 경암 구간 비탈면과 소단을 포함한 비탈면 거리로 면적을 산출한다.

나) 비탈면 고르기 품만 계상한다.

다) 브레이커 시공시는 면고르기 품을 제외한다.

나. 떼입히기(㎡)

1) 줄떼붙임

가) 줄떼는 떼조각의 폭이 100mm 이상이어야 한다.

나) 흙쌓기부 상단에서 쌓기 비탈면 끝까지 하고 소단을 포함한 비탈면거리로 면적을 산출한다.

다) 암거, 배수관 구체 및 날개벽, 교량 날개벽은 제외한다.

라) 비탈면 고르기, 다짐, 떼심기 등은 단가에서 일괄 계상한다.

2) 평떼붙임

가) 평떼는 떼조각의 가로 및 세로폭이 300mm 이상이어야 한다.

나) 땅깎기부 토사구간 법면과 산마루측구 후비탈면까지 비탈면거리로 면적을 산출하고 소단도 포함한다.

다) 암구간은 제외한다.

라) 비탈면 고르기, 떼심기 등은 단가에서 일괄 계상한다.

다. 코어네트(㎡)

1) 코어네트 - 흙쌓기부

흙쌓기부 비탈면거리로 면적을 산출한다.

2) 코어네트 - 땅깎기부

땅깎기부 토사구간과 풍화암 구간에 실시하며, 비탈면거리로 면적을 산출한다.

라. 암절개면 보호식재공(㎡)

암절개면 보호식재공은 미관이 요구되는 발파암 깎기 비탈면에 적용되며 미관이 요구되는 주요 경관지역은 발주처와 협의 후 가급적 도심지에 적용한다.

1) 녹생토 - 토사

가) 시공두께 : T = 50mm

나) 비탈면 기울기가 1:1 이하의 완만한 경질토 또는 자갈섞인 토사지역에 적용한다.

다) 기울기가 보다 완만한 지역은 망설치를 생략할 수 있다.

라) 설치면적으로 수량을 산출한다.

2) 녹생토 - 풍화암

가) 시공두께 : T = 70mm

나) 비탈면 기울기가 1:1 내외의 고사점토, 마사토 또는 호박돌 및 자갈섞인 지역에 적용한다.

다) 설치면적으로 수량을 산출한다.

3) 녹생토 - 연암

가) 시공두께 : T = 100mm

나) 비탈면 기울기가 1:0.7 내외의 완만한 풍화암, 연암지역 또는 보통암이 약간 혼재된 지역에 적용한다.

다) 설치면적으로 수량을 산출한다.

4) 녹생토 - 경암

가) 시공두께 : T = 150mm

나) 비탈면 기울기가 1:0.5 내외의 보통암 및 경암 지역에 적용한다.

다) 구배가 1:0.3보다 급한 지역은 식생이 불량하므로 적용에 주의한다.

라) 설치면적으로 수량을 산출한다.

마. 씨앗뿜어붙이기(㎡)

1) 깎기부 풍화암 구간에 실시한다.

2) 비탈면거리로 면적을 산출한다.

바. 거적덮기(㎡)

1) 토질 및 기후 등을 고려하여 필요하다고 판단되는 비탈면에 실시한다.

2) 비탈면보호가 요구되는 쌓기 및 깎기부 토사 구간에 적용하며, 비탈면 거리로 면적을 산출한다.

사. 덩굴식물식재(주)

1) 토질(암질) 특성상 절리·풍화가 없고 양호한 암반비탈면은 덩굴식물식재공으로 적용한다.

2) 주당으로 수량을 산출한다.(1~2m 간격으로 설치)

3) 지역여건에 따라 줄사철, 등나무 등을 사용할 수 있다.

16. 구조물 보호공

가. 비탈면돌붙임

1) 적용기준

가) 줄눈에 모르터를 사용하는 찰붙임과 모르터를 사용하지 않는 메붙임으로 분류된다.

나) 물에 접하는 부분에 파도높이 이상 또는 강우강도가 높은 개소에 설치한다.

다) 현장내 유용가능한 암이 발생할 경우에는 돌붙임을 사용하고, 그렇지 않을 경우 콘크리트 블럭 또는 타설을 적용한다.

라) 돌붙임면은 요철이 없도록 정리하여야 하며 잡석과 잡석사이 잡석배면은 고임돌과 뒷채움을 충분히 하여 침하나 밀림이 일어나지 않도록 하여야 한다.

마) 연약지반에 설치하는 돌붙임은 견고한 기초 위에 설치하여야 한다.

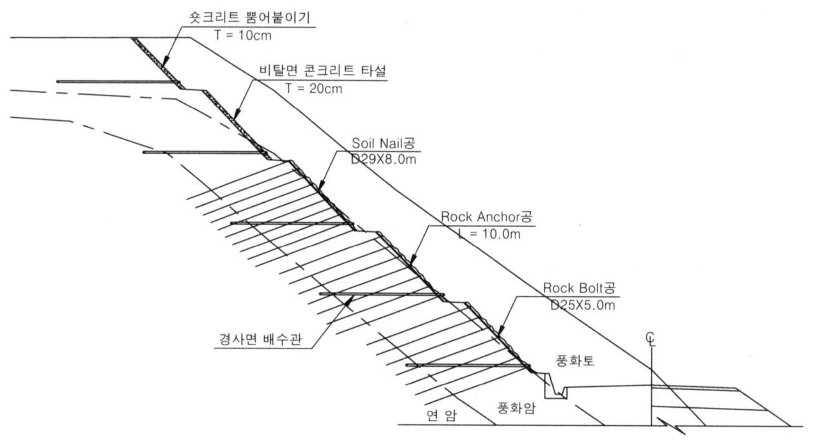

<그림 Ⅱ.1.9> 구조물에 의한 비탈면보호공

2) 돌붙임 - 찰붙임(㎡)

가) 현장에서 사용가능한 돌의 종류 및 뒷길이를 조사하여 수량산출서에 명시한다.

나) 비탈면의 면적으로 수량을 산출한다.

다) 찰붙임에 소요되는 틈메우기돌 및 채움콘크리트 소요량은 별도로 산출하지 않는다.

라) 기초잡석깔기량 및 배수파이프(PVC PIPE, D50mm)는 별도 산출한다.

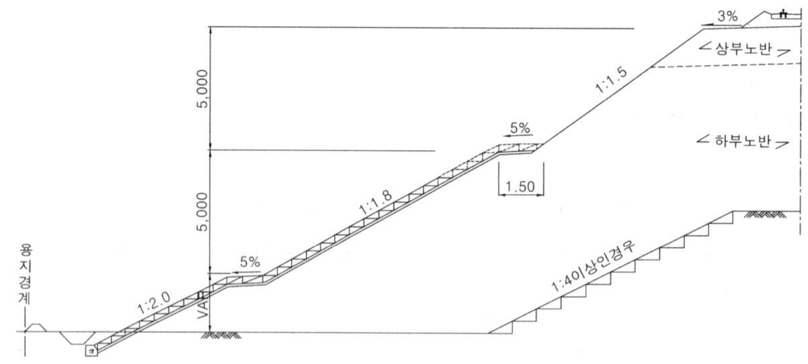

<그림 Ⅱ.1.10> 돌붙임(메붙임, 찰붙임) 표준 단면도

3) 돌붙임 - 메붙임(㎡)

가) 현장에서 사용가능한 돌의 종류 및 뒷길이를 조사하여 수량산출서에 명시한다.

나) 메붙임에 소요되는 틈메우기돌 및 고임돌량은 별도로 산출하지 않는다.

다) 비탈면의 면적으로 수량을 산출하고 흙에 접하는 부분은 부직포를 설치한다.

4) 돌붙임기초설치(m)

가) 기초에 소요되는 콘크리트, 거푸집 등을 단위수량표로 작성한다.

나) 돌붙임의 연장으로 수량을 산출한다.

5) 비탈면 소단의 폭은 돌붙임 뒷길이를 포함하여 1.5m로 한다.

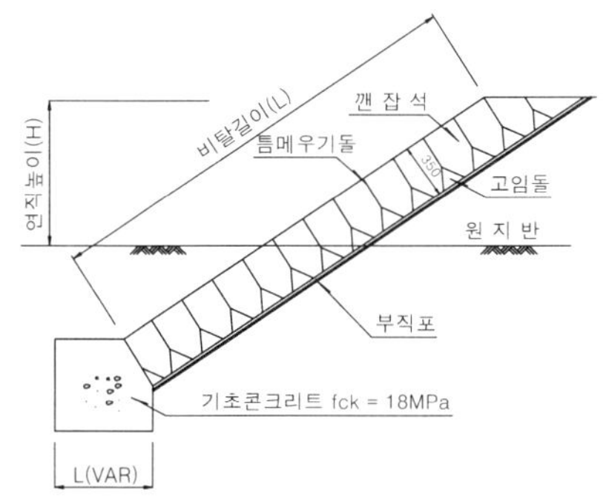

<그림 Ⅱ.1.11> 메붙임 상세

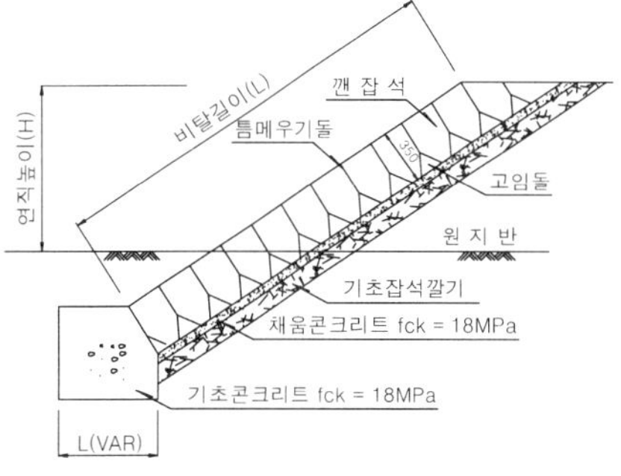

<그림 Ⅱ.1.12> 찰붙임 상세

나. 비탈면 콘크리트 붙임공(㎡)

1) 비탈면 기울기가 평균 1:1.2~1.8인 경우

가) 장대 비탈면에서는 와이어메쉬, 철근을 넣음과 동시에 활동 방지를 위한 턱이나 앵커를 둔다.

나) 두께는 0.20m로 하고, 면적으로 수량을 산출한다.

다) 콘크리트 타설은 비탈면 콘크리트 타설을 적용한다.

라) 거푸집은 합판 4회 사용을 기준한다.

마) 배수공은 PVC PIPE D50mm를 사용한다.

바) 철근은 SD300을 사용하며, 가공 및 조립은 간단품을 기준한다.

2) 비탈면 기울기가 1:1.2보다 급한 경우

'1)'과 공통 적용한다.

다. 비탈면 콘크리트블럭 설치(㎡)

1) 기울기가 1:0.8보다 완만한 비탈면에 적용하고 면적으로 수량을 산출한다.

2) 속채움이 필요한 경우는 별도 계상한다.

3) 와이어메쉬가 필요시 별도 산출한다.

라. 비탈면 P.E블럭 설치(㎡)

'다. 비탈면 콘크리트블럭 설치'와 공통 적용한다.

마. 숏크리트 뿜어붙이기(㎡)

1) 뿜어붙이기 두께의 표준은 100mm로 한다.

2) 뿜어붙이기 면적으로 수량을 산출한다.

바. 비탈면앵커공

1) 어스앵커공(공)

가) 비탈면 보호 및 기울기조정을 요하는 구간에 적용한다.

나) 수량산출은 비탈면 보강에 필요한 공수로 산정한다.

2) 락앵커공(공)

가) 깎기부 발파암 구간중 비탈면 보호를 요하는 구간에 적용한다.

나) 수량산출은 비탈면 보강에 필요한 공수로 산정한다.

3) 락볼트공(공)

가) 락볼트는 암반과 보강공과의 일체화 혹은 불연속면을 경계로 하여 암반이 일체화되도록 보강하는 것을 목적으로 사용한다.

나) 깎기부 발파암 구간 중 비탈면 보호를 요하는 구간에 적용한다.

다) 수량산출은 비탈면 보강에 필요한 공수로 산정한다.

4) 쏘일네일공(공)

가) 지반의 전단 또는 활동 저항력을 증대시키기 위한 방법으로 원지반 자체 강도를 증가시키기 위한 공법이다.

나) 철근이나 강봉을 가상파괴면보다 깊게 비탈면내에 삽입하여 비탈면의 안정효과를 갖는다.

다) 비탈면 보호 및 기울기조정을 요하는 구간에 적용한다.

라) 수량산출은 설치공수로 산정한다.

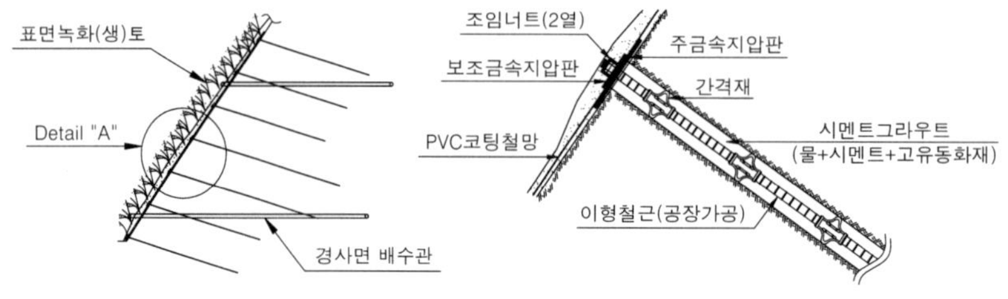

<그림 Ⅱ.1.13> 쏘일네일공

<표 Ⅱ.1.18> 쏘일네일공의 간격

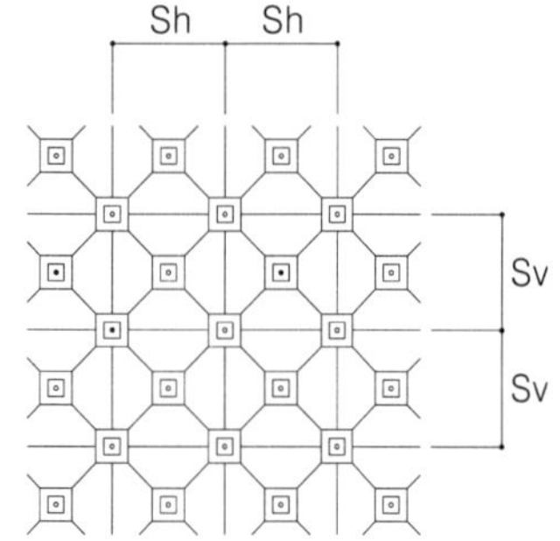

암질별	시공간격(m)		시공구분
	Sv	Sh	
풍화토	1.50	1.50	- 천공 D≥75mm - Soil Nail D29mm (SD 400)
풍화암	2.00	2.00	

사. 공사용 비탈면보호 가시설

1) 비탈면 가보호망(㎡)

가) 공사용 비탈면을 망으로 씌워 토사 및 암석의 유출을 막는 방법이다.

나) 비탈면의 면적으로 수량을 산출한다.

2) 가도수로 설치(m)

가) 가도수로의 연장으로 수량을 산출한다.

아. 비탈면점검로 설치(m)

1) 강관파이프와 발판재를 조립하여 비탈면에 계단식으로 점검로를 설치하는 방법이다.

2) 비탈면점검로는 폭 0.90m를 기준한다.

3) 비탈면과 수평면이 이루는 각이 45°이하인 경우와 초과하는 경우로 나누어 수량을 산출한다.

4) 수직고 30m까지와 이를 초과하는 매 10m마다 분리하여 수량을 산출한다.

5) m당 재료량은 설계에 따라 산출하고 수량은 m로 집계한다.

17. 토공수량표

횡단면도상에서 토공수량표를 작성하여 이를 토공입적표로 집계한다. 다음의 토공수량표는 예시이며, 추가공종이 발생시 변경한다.

<표 Ⅱ.1.19> 토공수량표

<table>
<tr><td colspan="6">측점 : 0km,000.00</td><td colspan="2">흙쌓기 높이</td><td></td><td rowspan="10">법면보호</td><td colspan="2">줄 떼</td><td></td></tr>
<tr><td colspan="2">지 반 고</td><td></td><td colspan="2">계 획 고</td><td></td><td colspan="2">땅깎기 높이</td><td></td><td colspan="2">평 떼</td><td></td></tr>
<tr><td rowspan="2">흙쌓기</td><td>상 부</td><td></td><td rowspan="4">표토제거</td><td>답외구간</td><td></td><td rowspan="4">강화노반</td><td>콘크리트</td><td></td><td colspan="2">돌 붙 임</td><td></td></tr>
<tr><td>하 부</td><td></td><td>답 구 간</td><td></td><td>보조도상</td><td></td><td colspan="2">PE 블럭</td><td></td></tr>
<tr><td rowspan="4">땅깎기</td><td>토 사</td><td></td><td></td><td></td><td>입도조정층</td><td></td><td colspan="2">숏크리트</td><td></td></tr>
<tr><td>풍화암</td><td></td><td></td><td></td><td>맹 암 거</td><td></td><td colspan="2">녹 생 토</td><td></td></tr>
<tr><td>연 암</td><td></td><td rowspan="4">측구터파기</td><td>토 사</td><td></td><td colspan="2">수로뚝쌓기</td><td></td><td colspan="2"></td><td></td></tr>
<tr><td>경 암</td><td></td><td>풍화암</td><td></td><td colspan="2">배 수 층</td><td></td><td rowspan="3">면고르기</td><td>풍화암</td><td></td></tr>
<tr><td colspan="2">노반준비</td><td></td><td>연 암</td><td></td><td colspan="2">되 메 우 기</td><td></td><td>연 암</td><td></td></tr>
<tr><td colspan="2">벌개제근</td><td></td><td>경 암</td><td></td><td colspan="2">층 따 기</td><td></td><td>경 암</td><td></td></tr>
</table>

18. 토공분배표

<표 Ⅱ.1.20> 토공분배표

공 종		구조물 중 심	위 치		운반결과 예계수량	발 생 토(터파기,깎기,터널버력)								유 용 관 계	흙 쌓 기				순쌓기	사토 처리	운 반 거 리												기 사 (암질별)
			부터	까지		토 사		풍화암		연 암		경 암			예계	상부 노반	하부 노반	되메 우기			무대	DZ	DT	DT	DT	DT	DT	DT	DT	DT	DT	DT	
						모암상태	운반결과	모암상태	운반결과	모암상태	운반결과	모암상태	운반결과								20	60	100	200	300	400	500						
합 계																																	

유 용 토 운 반 결 과

구 분 \ 암질별	토 사		풍 화 암		연 암		경 암		계	
	모암상태	운반결과	모암상태	운반결과	모암상태	운반결과	모암상태	운반결과	모암상태	운반결과
토 사										
풍 화 암										
연 암										
경 암										
합 계										

Ⅱ-1-4. 단가적용기준

1. 벌개제근 및 벌목제거

가. 벌개제근

입목본수도 \ 수경(mm)		100 이하	100~200	200~300	300~400	400~500	비 고
10% 미만	침 엽	0.39인	0.55인	0.74인	0.93인	1.04인	992㎡당
	잡 목	0.80	0.97	1.33	1.59	1.69	
	활 엽	0.78	0.94	1.27	1.44	1.51	
10~20%	침 엽	0.59	0.80	1.10	1.39	1.57	992㎡당
	잡 목	1.19	1.45	1.99	2.38	2.54	
	활 엽	1.16	1.41	1.90	2.16	2.26	
20~30%	침 엽	0.96	1.34	1.84	2.32	2.61	992㎡당
	잡 목	2.05	2.42	3.30	3.96	4.23	
	활 엽	1.94	2.34	3.17	3.61	3.77	
30~40%	침 엽	1.36	1.87	2.57	3.25	3.65	992㎡당
	잡 목	2.78	3.44	4.65	5.55	5.92	
	활 엽	2.71	3.28	4.43	5.05	5.27	
40~50%	침 엽	1.75	2.41	3.31	4.17	4.69	992㎡당
	잡 목	3.58	4.35	5.97	7.13	7.60	
	활 엽	3.48	4.22	5.70	6.49	6.77	
50~60%	침 엽	2.14	2.94	4.04	5.07	5.73	992㎡당
	잡 목	4.37	5.32	7.28	8.72	9.30	
	활 엽	4.26	5.15	6.95	7.96	8.28	
60~70%	침 엽	2.52	3.48	4.78	6.02	6.78	992㎡당
	잡 목	5.16	6.29	8.63	10.30	10.98	
	활 엽	5.04	6.09	8.23	9.38	9.78	
70~80%	침 엽	2.91	4.04	5.51	6.95	7.82	992㎡당
	잡 목	5.96	7.26	9.96	11.89	12.67	
	활 엽	5.81	7.03	9.50	10.82	11.29	
80~90%	침 엽	3.30	4.55	6.24	7.89	8.86	992㎡당
	잡 목	6.75	8.22	11.29	13.47	14.36	
	활 엽	6.58	7.96	10.77	12.27	12.79	
100%	침 엽	3.88	5.36	7.35	9.27	10.42	992㎡당
	잡 목	11.94	9.67	13.28	15.85	16.90	
	활 엽	7.74	9.37	12.67	14.43	15.05	

1) 수경 : 현장 미조사시에는 100~200㎜의 값 적용(실적공사비와 동일 기준)

2) 수종 : 현장 미조사시에는 침엽, 잡목, 활엽의 평균값 적용

3) 입목본수도 : 현장 미조사시에는 50~60% 기준으로 적용(실적공사비와 동일 기준)

나. 벌목제거

구 분	단위	나 무 높 이			평균값(1,000㎡당)
		5m 미만	5m 이상~8m 미만	8m 이상	
벌 목 부	인	2.68	3.43	4.40	3.50
보통인부	인	2.54	3.39	4.50	3.48

2. 표토제거

가. 일반적으로 철도노반 신설공사의 현장은 대규모이므로 도저 32Ton으로 적용

나. 불도저의 1회 작업거리는 최소 20m를 표준으로 하며, 현장여건에 따라 증가할 수 있다.

구분 / 규격(톤)	전 진 속 도(m/분)				후 진 속 도(m/분)		
	1 단	2 단	3 단	4 단	1 단	2 단	3 단
4	40	57	100	-	63	85	-
7	43	67	92	116	53	78	107
10	42	64	88	116	50	75	105
12	40	55	75	107	48	70	100
13	40	55	75	-	48	70	-
19	40	55	75	103	46	70	98
32	40	52	70	91	43	58	78

다. 불도저의 작업속도 산정

1) 굴착 또는 굴착운반, 발근 등에는 전진 1단, 후진 1단을 사용한다.
2) 흐트러진 상태의 토사운반작업 등에는 전진 2단, 후진 2단을 사용한다.
3) 평탄하고 흐트러진 상태의 정지, 전압작업 등의 작업에는 전진 3단, 후진 3단을 사용한다.
4) 제방과 같은 상향 작업시에는 전진 1단, 후진 2단을 사용한다.
5) 수중작업시에는 전진 1단, 후진 1단을 사용한다.
6) 작업현장에서의 이동에는 전진 3단 또는 4단을 사용한다.

현장조건 / 토질별	자 연 상 태			흐트러진 상태		
	양 호	보 통	불 량	양 호	보 통	불 량
모래, 사질토	0.80	0.65	0.50	0.85	0.70	0.55
자갈섞인흙, 점성토	0.70	0.55	0.40	0.75	0.60	0.45
파 쇄 암					0.35	0.25

라. 작업효율의 적용

1) 양호 : 작업현장이 넓고(배토판 폭의 3배 이상) 지반의 요철 등에 의한 미끄럼이 없고 또한 하향 구배 등으로 작업속도가 충분히 기대되는 조건인 경우
2) 보통 : 작업현장은 넓으나 작업속도가 기대되지 않는 경우, 작업현장은 좁으나(배토판 폭의 3배 미만) 작업속도가 충분히 기대되는 등 제 조건의 중간으로 판단되는 경우
3) 불량 : 작업현장이 좁고 지반상태를 고려한 미끄럼이 많고, 또 상향구배 등으로 작업속도를 저해하는 조건인 경우
4) 정지작업을 겸하는 경우는 0.1을 뺀 값으로 한다.(노면고르기 적용)
5) 터파기에 대해서는 0.05를 뺀 값으로 한다.

3. 측구공

가. 측구뚝쌓기 및 터파기

1) 작업규모에 따라 0.2㎥, 0.4㎥ 굴삭기를 적용한다.
2) 작업난이도에 따라 기계 및 인력의 비율을 적절히 조정할 수 있으며, 일반적으로 기계 90%, 인력 10%를 적용한다.
3) 굴삭기의 버킷계수(K), 작업효율(E), Cycle time(Cm)의 적용
가) 버킷계수(K)

현 장 조 건	K
용이하게 굴착할 수 있는 연한 토질, 버킷에 산적으로 가득찰 때가 많은 조건이 좋은 모래, 보통토	1.10
위의 토질보다 약간 단단한 토질로서 버킷에 거의 가득 채울 수 있는 모래, 보통토 및 조건이 좋은 점토인 경우	0.90
버킷에 가득 채우기가 어렵거나 가벼운 발파를 필요로 하는 것으로서 단단한 점토질, 점토, 역질토인 경우	0.70
버킷에 넣기 어렵고 불규칙한 공극이 생기는 것으로서 발파 또는 리퍼작업 등에 의하여 얻어진 암과 파쇄암, 호박돌, 역 등인 경우	0.55

(1) 버킷계수는 굴착하는 토질과 굴착작업의 높이 또는 깊이에 따라 다르나 현장조건을 고려하여 기종이 선택되므로, 특수한 경우를 제외하고는 굴착작업의 깊이는 버킷계수에 영향을 주지 않는 것으로 한다.
(2) 일반적으로 토사는 0.90, 풍화암은 0.70, 발파암(연·경암)은 0.55를 적용한다.

나) 작업효율(E)
(1) 자연상태의 굴착시 작업효율
(가) 양호 : 자연지반이 무르고, 절토작업이 최적으로 연속작업이 가능하고, 작업방해가 없는 등의 조건인 경우
(나) 보통 : 자연지반은 단단하지만 절토작업이 최적인 경우, 또는 자연지반은 무르지만 절토작업이 곤란한 경우 등 제조건이 중간으로 판단되는 경우
(다) 불량 : 자연지반이 단단하고 또한 연속작업이 곤란하며, 작업방해가 많은 등의 조건인 경우
(2) 작업장소가 수중 또는 용수작업인 경우는 불량을 적용한다.
(3) 터파기에 대하여는 0.05를 뺀 값으로 한다.
(4) 리핑한 것은 리핑된 상태를 고려하여 그 상태에 해당되는 토질에서의 값을 취한다.
(5) 일반적으로 넓은 구간의 토공 작업시 토질 및 작업조건은 계속 변화하므로 현장조건은 보통, 토질은 중간값을 적용하여 단가 산출

현장조건 / 토질별	자 연 상 태			흐트러진 상태		
	양 호	보 통	불 량	양 호	보 통	불 량
모래, 사질토	0.85	0.70	0.55	0.90	0.75	0.60
자갈섞인흙, 점성토	0.75	0.60	0.45	0.80	0.65	0.50
파 쇄 암					0.45	0.35

다) Cycle time(Cm)

Cycle time의 선회각도는 현장여건에 따라 적용함을 원칙으로 하나 일반적으로 소형굴삭기의 작업시에는 90°를 적용한다.

선회각도(도) / 규격(㎥)	Cycle time(sec)			
	45	90	135	180
0.12	13	15	18	20
0.2	13	15	18	20
0.4	13	15	18	20
0.7	16	18	20	22
1.0	17	19	21	23
2.0	22	25	27	30

나. Pre-cast 콘크리트측구의 설치

Pre-cast 콘크리트 측구는 본당 중량에 따라 조립식구조물(U형플룸) 설치의 품을 적용한다.

중 량(kg/개)	특별인부(인)	보통인부(인)	10톤 크레인(시간)
50 ~ 150 미만	0.015	0.036	0.14
150 ~ 300 미만	0.021	0.048	0.15
300 ~ 500 미만	0.030	0.066	0.17
500 ~ 700 미만	0.040	0.086	0.19
700 ~ 900 미만	0.050	0.106	0.21
900 ~ 1,100 미만	0.060	0.126	0.23
1,100 ~ 1,300 미만	0.070	0.146	0.25

1) 본 품은 소운반을 포함한 품이며 터파기, 기초, 지반고르기, 되메우기 등은 별도 계상한다.
2) 공구손료 및 이음 모르터는 인력품의 2%까지 계상할 수 있다.
3) 유용할 목적으로 해체할 경우 해체공은 설치공의 50%를 계상한다.

4. 땅깎기

가. 작업규모에 따른 불도저의 선정

작업 종류	작업 규모	표준 규격
유압리퍼 작업	중규모 이하	19ton 급
	대 규 모	32ton 급
굴착압토(운반)	중규모 이하	19ton 급
	대 규 모	32ton 급
집토(굴착, 보조)	중규모 이하	19ton 급
	대 규 모	32ton 급

1) 공사의 규모는 토량공 100,000㎥ 이상의 공사를 대규모, 100,000~10,000㎥의 공사를 중규모, 10,000㎥ 미만을 소규모로 구분한다.

2) 표준규격을 기준하여 현장조건 및 토질조건에 따라 탄력적으로 이를 보완 선정하여야 한다.

나. 대형브레이커의 작업능력

시공형태 / 암 분류	암 파 쇄	터 파 기
연 암	4.5 ~ 5.5	3.2 ~ 3.8
보 통 암	3.1 ~ 3.7	2.2 ~ 2.8
경 암	2.3 ~ 2.9	1.6 ~ 2.0

1) 작업범위는 상하 5m를 기준한다.

2) 시공형태가 지반이하 또는 터파기라 하더라도 기계가 굴착개소내에 들어가 작업할 수 있을 때에는 암파쇄를 적용함.

3) 적용 방법

가) 작업현장이 넓고 장애물이 없어 작업이 순조롭게 진행될 때 상한치

나) 작업현장이 작업에 지장을 주지 않을 정도로 넓고 장애물이 있어 작업진행에 약간의 지장이 있을 때 평균치

다) 작업현장이 협소하고 장애물이 많아 작업진행에 영향을 가져올 때 하한치

다. 발파암 소할

1) 일반발파 및 대규모발파의 경우 암석반출을 위한 적재 및 운반 등이 용이하도록 소할이 필요한 경우 15% 범위내에서 별도 가산할 수 있다.

2) 암석 소할작업시 대형브레이커의 작업능력

구 분	규 격	
	300mm 미만	300mm 이상
작업능력(㎥/hr)	9	11

5. 흙쌓기

가. 포설(모터그레이더 3.6m)

1) V1 및 V2의 값

현장조건 / 작업종류	작 업			후 진			회 송		
	양호	보통	불량	양호	보통	불량	양호	보통	불량
흙고르기	8	6	4	9	6.5	4	24	18	12

2) 작업효율(E)

구 분 / 작업종류	현 장 조 건		
	양 호	보 통	불 량
토사도의 보수 및 정지 등	0.80	0.70	0.60
흙고르기 등	0.70	0.60	0.50

현장조건은 항상 일정하지 않으므로 일반적으로 보통의 조건을 적용한다.

나. 다짐장비의 작업효율

공종 \ 다짐기계 \ 현장조건		양 호	보 통	불 량
표 층	머캐덤롤러	0.75	0.55	0.35
	타이어롤러	0.65	0.45	0.25
	탠 덤 롤 러	0.60	0.45	0.30
기 층 보조기층	진 동 롤 러	0.80	0.60	0.40
	머캐덤롤러	0.70	0.50	0.30
	타이어롤러	0.60	0.40	0.20
노 체 축 제 노 상	불 도 저	0.80	0.60	0.40
	타이어롤러			
	진 동 롤 러			
	양족식롤러			

작업효율의 결정은 다음 사항을 고려하여 이들의 조건이 보통의 경우보다 좋은 때에는 양호, 나쁜 때에는 불량의 값을 택한다.

1) 재료의 공급능력과 다짐작업과의 균형
2) 재료의 토질, 함수비, 입도배합 등의 적정
3) 작업현장에서의 작업방해의 정도
4) 작업현장의 요철, 굴곡 등 지형상황

6. 유용토 흙쌓기

가. 적재장비(로더)

적재장비는 굴삭기, 로더 등이 있으나, 산적되어 있는 흙을 적재할 때는 로더를 사용한다.

1) t1(버킷에 토량을 담는데 소요되는 시간)값의 적용

현장조건 \ 작업방법	무한궤도식		타이어식	
	산적상태에서 담을 때	지면부터 굴착 집토하여 담을 때	산적상태에서 담을 때	지면부터 굴착 집토하여 담을 때
용이한 경우	5	20	6	22
보통인 경우	8	29	9	32
약간 곤란한 경우	9	36	14	41
곤란한 경우	11		18	

2) 버킷계수(K)

현 장 조 건	K
굴착기계로 깎거나, 즉 쌓아 모은 산적상태에서 적재하는 것으로 굴착력을 필요로 하지 않고 쉽게 버킷에 산적할 수 있는 것. 즉 조건이 좋은 모래, 보통토 등	1.20
흐트러진 산적상태에서 적재하는 것으로 위의 상태보다 약간 삽날이 들어가기 어려운 토질로서 버킷에 가득 채울 수 있는 것. 즉 점토, 역질토	1.00
모래, 사력, 보통토, 점토, 역질토 등 직접 자연상태에서 굴착 적재할 수 있는 여건으로 버킷에 평적에 약간 미달되게 채울 수 있는 것	0.90
버킷에 가득 채울 수 없는 것으로 다른 기계로 쌓아 모아 놓은 부순돌 및 점질토나 역질토로서 굳어진 덩어리 상태로 되어 있는 것	0.70
버킷에 담기 어렵고 허술하여 불규칙한 공극이 생긴 것. 예를 들면 발파 또는 리퍼로 깎은 암괴, 호박돌, 역 등	0.55

가) K값의 적용에 있어 토질 분류에 의한 판단보다는 실제 적재 가능한 양의 판단에 따라 적용하여야 한다.

나) 위 표는 타이어식 로더를 기준으로 한 것으로 발파암 및 암괴 등을 적재할 경우는 무한궤도식 로더로 계상할 수 있다.

3) 작업효율(E)

현장조건 / 토질별	자 연 상 태			흐트러진 상태		
	양 호	보 통	불 량	양 호	보 통	불 량
모래, 사질토	0.70	0.55	0.40	0.75	0.60	0.45
자갈섞인흙, 점성토	0.60	0.45	0.30	0.60	0.50	0.35
파 쇄 암					0.35	0.25

가) 양호 : 자연지반이 무르고 적입형식이 덤프트럭 이동형으로서 작업방해가 없고 절토 높이가 최적(1~3m) 등의 조건인 경우

나) 보통 : 적입형식은 덤프트럭 이동형이지만 작업방해 등이 있는 경우, 또는 적입형식은 덤프트럭 정치형이지만 작업방해가 없는 경우 등 제조건이 중간으로 판단되는 경우

다) 불량 : 자연지반이 단단하여 굴착이 곤란하고, 적입형식은 덤프트럭 정치형으로서 작업방해가 많고, 절토높이가 최적이 아닌 경우

나. 운반장비(덤프트럭)

1) 운반도로와 평균주행속도(km/hr)

도 로 상 태	평균속도	
	적 재	공 차
토취장 또는 토사장 등 열악한 조건의 도로	7	8
교차가 힘든 산간지도로 및 제방 등의 도로	10	15
교차가 가능한 산간지도로 및 제방도로, 미포장도로	15	20
2차로 이상의 공사용도로	30	35
2차로 교통량 및 교통대기가 많은 시가지 포장도로(7,000대/일 이상)	20	25
4차로 이상의 교통량 및 교통대기가 많은 시가지 포장도로(40,000대/일 이상)		

도 로 상 태	평균속도	
	적 재	공 차
2차로 시가지 포장도로(7,000~2,000대/일)	25	30
4차로 이상의 시가지 포장도로(40,000대/일 미만)	30	35
2차로 교외 포장도로(2,000대/일 이상)		
4차로 이상의 교외 포장도로(40,000대/일 이상)		
2차로 교외 포장도로(2,000대/일 미만)	35	35
4차로 이상의 교외 포장도로(40,000대/일 미만)		
2차로 고속도로 또는 교통량(편도) 1일 40,000대 이상의 4차로 고속도로	50	55
4차로 고속도로(편도 교통량 1일 40,000대 미만)	60	60

차로는 왕복 기준이며, 주행속도는 차로수・교통량 등 현장조건에 따라 주행속도를 측정하여 사용할 수 있다.

2) 적하시간(t3)

구 분 / 토질별	작 업 조 건(분)		
	양 호	보 통	불 량
모래, 역, 호박돌	0.50	0.80	1.10
점질토, 점토	0.60	1.05	1.50

가) 양호 : 사토장이 넓고 정지된 상태에서 일시에 적하하는 경우

나) 보통 : 사토장이 넓으나 움직이는 상태에서 적하하는 경우

다) 불량 : 사토장이 넓지 않고 천천히 움직이는 상태에서 적하하는 경우

3) 적재장소에 도착한 때로부터 적재작업이 시작될 때까지의 시간(t4)

구 분	시간(분)
적재장소가 넓어서 트럭이 자유로이 목적장소에 진입할 수 있을 때(양호)	0.15
적재장소가 넓지는 않으나 목적장소에 불편없이 진입할 수 있을 때(보통)	0.42
적재장소가 좁아서 목적장소에 진입하는데 불편을 느낄 때(불량)	0.70

7. 토공규준틀 설치

가. 비탈규준틀

1) 제작, 가설, 철거를 포함한 단가이다.

2) 목재의 손실율은 1개소 사용당 50%로 한다.

나. 수평규준틀

1) 제작, 가설, 철거를 포함한 단가이다.

2) 목재의 손실율은 1개소 사용당 80%로 한다.

8. 비탈면 보호공

가. 비탈 고르기

1) 절토면 고르기

토 질 별	구 분				비 고
	보통인부(인)	공기압축기 (시간)	소형브레이커 (시간)	굴삭기(시간)	
모래, 사질토, 점토, 점질토	0.05	-	-	0.15	10㎡ 당
연질토, 불순자갈	0.09	-	-	0.21	
호박돌섞인 고결토, 경질토	0.10	-	-	0.24	
풍 화 암	0.19	-	-	0.45	
연 암	0.46	1.25	2.45	-	
보통암, 경암	0.61	1.55	3.05	-	

가) 공기압축기는 3.5㎥/min, 소형브레이커는 1㎥/min, 굴삭기는 0.7㎥를 기준한 것이다.

나) 풍화암 절토면 고르기에 있어 소형브레이커를 사용할 시는 연암고르기 품을 준용할 수 있다.

다) 소형브레이커 조작 인력품은 착암공으로 한다.

2) 성토면 고르기

토 질	보통인부(인)	비 고
점토 또는 점질토	0.19	10㎡ 당
모래 또는 사질토	0.17	

나. 비탈면 보호공

1) 암절개면 보호 식재공

가) 시공두께 적용기준

시공두께	적 용 대 상 지 역	비 고
T = 50㎜	구배가 1:1 이하의 완만한 경질토 또는 자갈섞인 토사 지역	경사가 보다 완만한 지역은 망설치 생략
T = 70㎜	구배가 1:1 내외의 고사점토, 마사토지역 또는 호박돌 및 자갈섞인 지역	
T = 100㎜	구배가 1:0.7 내외의 완만한 풍화암, 연암지역 또는 보통암이 약간 혼재된 지역	
T = 150㎜	구배가 1:0.5 내외의 보통암 및 경암지역	구배가 1:0.3보다 급한 지역은 식생이 불량

나) 높이에 따른 할증

수직고 20m 이상인 경우에는 인력품에 다음의 할증률을 가산한다.

수 직 고	20 ~ 30m 미만	30 ~ 50m 미만	50m 이상
할 증 률(%)	20	30	40

2) 돌붙임

구분	메 붙 임(㎡당, 인)						찰 붙 임(㎡당, 인)					
종별	깬 돌		깬잡석		조약돌 및 야면석		깬 돌		깬잡석		큰조약돌 및 야면석	
뒷 길이 (㎜)	석공	보통인부	석공	보통인부	석공	보통인부	석공	보통인부	석공	보통인부	석공	보통인부
250	0.15	0.12	0.13	0.10	0.10	0.10	0.12	0.12	0.10	0.10	0.08	0.10
300	0.22	0.18	0.20	0.16	0.13	0.11	0.18	0.18	0.16	0.16	0.09	0.11
350	0.25	0.20	0.23	0.18	0.16	0.14	0.20	0.20	0.18	0.18	0.11	0.14
450	0.30	0.24	0.27	0.22	0.24	0.21	0.24	0.24	0.22	0.22	0.17	0.21
550	0.36	0.29	0.33	0.26	0.32	0.29	0.29	0.29	0.26	0.26	0.23	0.29
600	0.43	0.34	0.39	0.31	0.37	0.33	0.34	0.34	0.31	0.31	0.26	0.33
750	0.56	0.45	0.51	0.41	-	-	0.45	0.45	0.41	0.41	-	-

가) 본 품에는 기초 및 뒷채움 품이 포함되지 않았으며 고임돌 품은 포함되어 있다.

나) 줄눈메꿈 모르타르는 ㎡당 0.009㎥를 계상한다.

다) 돌붙임의 틈메우기돌은 고임돌량의 15%까지 계상할 수 있다.

라) 찰쌓기 및 찰붙임의 채움콘크리트 소요량은 다음 표를 기준으로 한다.

종별 \ 뒷길이(㎜)	250	300	350	450	550	600	750	비 고
야 면 석	0.08	0.10	0.12	0.15	0.18	0.20	0.25	돌붙임량의 33.3%
옥 석	0.08	0.10	0.12	0.15	0.18	0.20	0.25	
깬 잡 석	0.11	0.14	0.16	0.20	0.25	0.27	0.34	돌붙임량의 45%
깬 돌	0.11	0.14	0.16	0.20	0.25	0.27	0.34	
견 치 돌	0.11	0.14	0.16	0.20	0.25	0.27	0.34	

3) 프리캐스트 콘크리트 블록설치

시공구분	운반방법 (조건)	특별인부	보통인부	타이어크레인	비고
인 력	블록중량이 50kg/개 미만으로서 평균 비탈길이가 15m 미만의 경우	0.94	1.10	-	10㎡ 당
기 계	블록중량이 50kg/개 이상인 경우 또는 50kg/개 미만이라도 평균 비탈길이가 15m를 초과하는 경우	0.83	0.93	0.90	

가) 본 품은 소운반이 포함된 것이며, 속채움이 필요한 경우 품은 별도 계상한다.

나) 비탈틀을 고정하기 위한 유항을 설치하는 경우는 보통인부 0.4인/10본을 계상할 수 있다.

다) 본 품의 트럭크레인 규격은 15ton이며, 시공범위는 수직고 20m 이하를 기준한 것이므로 시공범위를 초과할 때에는 달기중량, 작업반경 등에 따라 적합한 기종을 선정한다.

라) 본 품은 작업조건이 보통인 경우이며, 현장조건에 따라 인력품을 증감 적용한다.

증 감 률(%)	+ 10	0	- 10
비 탈 구 배	1 : 1.0 미만	1:1.0 이상 ~ 1:1.5 미만	1 : 1.5 이상

4) P.E 법면보호 블록설치

구 분	단 위	수 량	비 고
작업반장	인	0.05	10㎡ 당
특별인부	인	0.65	
보통인부	인	1.00	

가) 자재비 및 면고르기 품은 별도 계상한다.

나) 풍화암, 연암 등의 천공 및 공기압축기 사용시는 장비 및 품을 별도 계상한다.

다) 보토에 필요한 품은 포함되어 있다.

라) 본 품은 비탈경사 1:1.0～1:1.5를 기준한 것이며, 비탈경사가 1:1.5보다 큰 경우에는 본 품을 10% 감한다.

마) 본 품은 높이 7m를 기준한 것이다.

5) 비탈면 점검로 설치

직 종	단 위	수 량	비 고
철 공	인	0.51	점검로 m당
보통인부	인	0.13	

가) 본 품은 강관파이프와 발판재를 조립하여 비탈면에 계단식으로 점검로를 설치하는 품으로, 본 품에는 현장에서의 강관파이프 절단 및 자재의 소운반이 포함되어 있다.

나) 지주를 고정하기 위하여 콘크리트를 타설하는 경우에는 터파기 및 콘크리트 타설 비용을 별도로 계상한다.

다) 본 품은 비탈면과 수평면이 이루는 각이 45°를 초과하는 경우를 기준한 것이므로, 45° 이하인 경우에는 본 품을 30%까지 감하여 적용할 수 있다.

라) 본 품은 수직고 30m까지를 기준한 것이므로, 이를 초과하는 매 10m 증가마다 인력품을 10%씩 가산한다.

마) 공구손료는 인력품의 3%로 계상한다.

바) 본 품은 폭 0.90m를 기준한 것이며, 재료량은 설계에 따른다.

Ⅱ-1-5. 단가산출기준

번호	공 종	단위	단 가 산 출 기 준	비 고
1 1.01	토 공 벌개제근 및 벌목제거			
a	벌개제근 (입목본수도: 50~60%)	㎡	1. 조 건 1) 수 경:10~20cm 2) 수 종:(침엽+잡목+활엽)/3 3) 잡 목:992㎡당 2. 수경당인원(50~60%) 1) 침 엽:2.94인 2) 잡 목:5.32인 3) 활 엽:5.15인 Q = (2.94인+5.32인+5.15인)/3 = 4.47인 ∴ 보통인부:4.47인/992㎡ = 0.0045인/㎡	'2008 건설표준품셈 18-2 뿌리뽑기
b	벌목제거 (높이평균)	㎡	1. 인건비 1) 벌 목 부:(2.68+3.43+4.40)/3/1000㎡ = 0.00350인/㎡ 2) 보통인부:(2.54+3.39+4.50)/3/1000㎡ = 0.00348인/㎡ 2. 기계경비(노무비의 10%)	3-7 벌목
1.02	표토제거			
a	답구간 (T = 0.20m)	㎡	1. 절취(도져 32Ton) D = 20m , L = 1.25 , E = 0.40 , H = 0.20m q0 = 5.50㎥ , e0 = 0.96(운반거리20m) V1 = 40m/분(전진1단) , V2 = 43m/분(후진1단) q1 = 5.50㎥*0.96 = 5.28㎥ , f = 1/1.25 = 0.80 Cm = 20m/40m/분+20m/43m/분+0.25분 = 1.22분 Q1 = (60분*5.28㎥*0.80*0.40)/1.22분 = 83.10㎥/hr Q = 83.10㎥/hr/0.20m = 415.50㎡/hr	11-1 불도져
b	답외구간 (T = 0.15m)	㎡	1. 절취(도져 32Ton) D = 20m , L = 1.25 , E = 0.55 , H = 0.15m q0 = 5.50㎥ , e0 = 0.96(운반거리20m) V1 = 40m/분(전진1단) , V2 = 43m/분(후진1단) q1 = 5.50㎥*0.96 = 5.28㎥ , f = 1/1.25 = 0.80 Cm = 20m/40m/분+20m/43m/분+0.25분 = 1.22분 Q1 = (60분*5.28㎥*0.80*0.55)/1.22분 = 114.26㎥/hr Q = 114.26㎥/hr/0.15m = 761.73㎡/hr	11-1 불도져
1.03	측 구 공			
a	측구뚝쌓기 (토사)	㎥	1. 중기사용료(굴삭기 0.20㎥, 기계90%적용) q1 = 0.20㎥, f = 1/1.25=0.80, E=(0.70+0.60)/2=0.65 k = 0.90 , Cm = 15초(90°선회) Q1 = (3600초*0.20㎥*0.90*0.80*0.65)/15초 = 22.46㎥/hr Q = 22.46㎥/hr/90% = 29.96㎥/hr 2. 인력(10%적용) ∴ 보통인부:0.11인*10% = 0.011인	11-3 굴삭기 3-2 인력흙다지기

번호	공 종	단위	단 가 산 출 기 준	비 고
b	측구터파기 (토사)	㎥	1. 중기사용료(굴삭기0.20㎥, 기계90%적용) q1 = 0.20㎥, f = 1/1.25=0.80, E=(0.70+0.60)/2=0.65 k = 0.90 , Cm = 15.0초(90°선회) Q1 = (3600초*0.20㎥*0.90*0.80*0.65)/15.0초 = 22.46㎥/hr Q = 22.46㎥/hr/90% = 24.96㎥/hr 2. 인력(10%적용) ∴ 보통인부:0.20인*10% = 0.020인	11-3 굴삭기 3-1-3-1 인력터파기
c	산마루측구 (현장콘크리트타설)	m	1. 적용기준(설계수량을 산출하여 TYPE별로 적용) 2. 토공 1) 터파기(인력,토사):설계수량 2) 되메우기(인력,토사):설계수량 3. 콘크리트타설 ∴ 비탈면 콘크리트타설 적용 4. 거푸집:합판4회적용 5. 철근가공조립:간단적용 6. 신축이음:합판12㎜적용 7. 비닐깔기(T=0.1mm)	
d	산마루측구 (콘크리트 제품)	m	1. 재료비(시중물가지 중 낮은금액 적용) 2. 제품의 개당중량을 산출하여 적용한다. 3. 토공 1) 터파기(인력,토사):설계수량 2) 되메우기(인력,토사):설계수량 4. 설치비(중량구조물에 따라 품변경) 1) 설치인부(특별인부,보통인부) 2) 크레인(타이어크레인 10Ton) 3) 기구손료(인건비의 2%)	 6-8-2 구조물실치
e	산마루측구 (P.E 제품)	m	1. 재료비(시중물가지 중 낮은금액 적용) 2. 토공 1) 터파기(인력,토사):설계수량 2) 되메우기(인력,토사):설계수량 3. 설치비 1) 작업반장:0.01인 2) 특별인부:0.05인 3) 보통인부:0.10인	견적단가
1.04	땅 깎 기			
a	토사깎기			
a-1	토사깎기 (소규모공사 도저, 19ton)	㎥	1. 적용기준 1) 공사규모가 작고 흙의 성질이 약한 곳에 적용한다. 2) 토공량 1,000~10,000㎥ 미만에 적용한다. 2. 중기사용료(도저 19Ton) D = 20m , L = 1.25 , E = (0.65+0.55)/2 = 0.6 q0 = 3.20㎥ , e0 = 0.96(운반거리20m) V1 = 40m/분(전진1단) , V2 = 46m/분(후진1단) q1 = 3.20㎥*0.96 = 3.07㎥ , f = 1/1.25 = 0.80 Cm = 20m/40m/분+20m/46m/분+0.25분 = 1.18 분 Q = (60분*3.07㎥*0.80*0.60)/1.18분 = 74.93㎥/hr	 11-1 불도저

번호	공 종	단위	단 가 산 출 기 준	비 고
a-2	토사깎기 (대규모공사 도져, 32ton)	㎥	1. 적용기준 1) 공사규모가 크고 흙의 성질이 단단한 곳에 적용한다. 2) 토공량 10,000㎥ 이상에 적용한다. 2. 중기사용료(도져 32Ton) D = 20m , L = 1.25 , E = (0.65+0.55)/2 = 0.60 V1 = 40m/분(전진1단) , V2 = 43m/분(후진1단) q0 = 5.50㎥ , e0 = 0.96(운반거리20m) q1 = 5.50㎥*0.96 = 5.28㎥ , f = 1/1.25 = 0.80 Cm = 20m/40m/분+20m/43m/분+0.25분 = 1.22분 Q = (60분*5.28㎥*0.80*0.60)/1.22분 = 124.64㎥/hr	11-1 불도져
a-3	토사깎기 (굴삭기,1.0㎥)	㎥	1. 적용조건:작업공간이 협소하여 직접사토시 적용한다. 2. 중기사용료(굴삭기 1.0㎥) q1 = 1.00㎥ , L = 1.25 , f = 1/1.25 = 0.80 E = (0.70+0.60)/2 = 0.65 , k = 0.90 Cm = 23초(180°선회) Q = (3600초*1.00㎥*0.90*0.80*0.65)/23초 = 73.25㎥/hr	11-3 굴삭기
b	풍화암깎기			
b-1	풍화암깎기 (소규모공사 도져, 19ton)	㎥	1. 적용기준:토공량 10,000㎥ 미만일 때 적용한다. 2. 리퍼도쟈(리퍼2본+도쟈19Ton) D = 20m , An = 0.30㎡(리퍼2본) f = 1.00 , E = (0.80+0.60+0.40)/3 = 0.60 Cm = 0.05*20m+0.25 = 1.25분 Q = (60분*0.30㎡*20m*1.00*0.60)/1.25분 = 172.8㎥/hr 3. 집토(도쟈19Ton) D = 20m, L = 1.30, E = (0.60+0.35)/2 = 0.48 V1 = 40m/분(전진1단) , V2 = 46m/분(후진1단) q0 = 3.20㎥ , e0 = 0.96(운반거리20m) qt = 3.20㎥*0.96 = 3.07㎥, f=1/1.30 = 0.77 Cm = 20m/40m/분+20m/46m/분+0.25분 = 1.18분 Q = (60분*3.07㎥*0.77*0.48)/1.18분 = 57.7㎥/hr	11-2 유압식리퍼 11-1 불도져
b-2	풍화암깎기 (대규모공사 도져, 32ton)	㎥	1. 적용기준:토공량 100,000㎥ 이상일 때 적용한다. 2. 리퍼도쟈(리퍼2본+도쟈32Ton) D = 20m , An = 0.40㎡(리퍼2본) f = 1.00 , E = (0.70+0.50+0.40)/3 = 0.53 Cm = 0.05*20m+0.25 = 1.25 분 Q = (60분*0.40㎡*20m*1.00*0.53)/1.25분 = 203.52㎥/hr 3. 집토(도쟈32Ton) D = 20m, L = 1.30, E = (0.60+0.35)/2 = 0.48 V1 = 40m/분(전진1단) , V2 = 43m/분(후진1단) q0 = 5.50㎥ , e0 = 0.96(운반거리20m) qt = 5.50㎥*0.96 = 5.28㎥, f = 1/1.30 = 0.77 Cm = 20m/40m/분+20m/43m/분+0.25분 = 1.22분 Q = (60분*5.28㎥*0.77*0.48)/1.22분 = 95.97㎥/hr	11-2 유압식리퍼 11-1 불도져

번호	공 종	단위	단 가 산 출 기 준	비 고
b-3	풍화암깎기 (인 력)	㎥	1. 적용기준:발파시공이 불가능하며 소규모공사 또는 장비 진입이 곤란할 때 적용한다. 2. 인건비 1) 할 석 공 : 0.74인 2) 보통인부 : 0.37인	 3-1-2-아 암석절취
c c-1	연암깎기 연암깎기 (대형브레이커)	㎥	1. 암파쇄(대형브레이커0.70㎥+굴삭기0.70㎥) ∴ 작업능력:(4.50㎥/hr+5.50㎥/hr)/2 = 5.00㎥/hr 1) 굴 삭 기(0.7㎥):5.00㎥/hr 2) 대형브레이커(0.7㎥):5.00㎥/hr 3) 치즐소모비(0.70㎥):0.006본/hr/5.00㎥/hr=0.0012본/㎥ 2. 집토(도쟈32Ton) D = 20m , L = 1.40 , E = 0.35 V1 = 40m/분(전진1단) , V2 = 43m/분(후진1단) q0 = 5.50㎥ , e0 = 0.96(운반거리20m) qt = 5.50㎥*0.96 = 5.28㎥, f=1/1.40 = 0.71 Cm = 20m/40m/분+20m/43m/분+0.25분 = 1.22분 Q = (60분*5.28㎥*0.71*0.35)/1.22분 = 64.53㎥/hr	11-6 대형브레이커 11-1 불도저
c-2	연암깎기 (미진동암파쇄, TYPE-Ⅰ)	㎥	1. 암파쇄 1) 비폭성파쇄제:0.313㎏ 2) 크롤라드릴(Cross Bit,D38× 75㎜):0.009개 3) 크롤라드릴(Rod,T38× 3050㎜):0.005개 4) 크롤라드릴(Shank Rod,T38× 380㎜):0.005개 5) 크롤라드릴(Sleeve,D38):0.013개 6) 화 약 공:0.04인 7) 보통인부:0.12인 2. 중기사용료 크롤라드릴(유압식, 110㎾):0.10hr 3. 2차굴착(대형브레이커0.70㎥+굴삭기0.70㎥) 1) 굴 삭 기(0.7㎥):0.04hr/㎥ 2) 대형브레이커(0.7㎥):0.04hr/㎥ 3) 치즐소모량(0.70㎥):0.0008본/hr 4. 집토(도쟈32Ton) D = 20m , L = 1.40 , E = 0.35 V1 = 40m/분(전진1단) , V2 = 43m/분(후진1단) q0 = 5.50㎥ , e0 = 0.96(운반거리20m) qt = 5.50㎥*0.96 = 5.28㎥, f = 1/1.40 = 0.71 Cm = 20m/40m/분+20m/43m/분+0.25분 = 1.22분 Q = (60분*5.28㎥*0.71*0.35)/1.22분 = 64.53㎥/hr 5. 발파보호공 1) 굴삭기(0.70㎥):0.053hr 2) 보호매트(굴삭기 기계의 5%적용)	3-1-2-가-1 암석절취 11-1 불도저

번호	공 종	단위	단 가 산 출 기 준	비 고
c-3	연암깎기 (정밀진동제어발파, TYPE-Ⅱ)	m³	1. 발파비 1) 화약운반비:0.250kg 2) 폭약(다이나마이트25㎜):0.250kg 3) 전기뇌관(3.5m):0.99개 4) 크롤라드릴(Cross Bit,D38× 75㎜):0.007개 5) 크롤라드릴(Rod,T38× 3050㎜):0.004개 6) 크롤라드릴(Shank Rod,T38× 380㎜):0.004개 7) 크롤라드릴(Sleeve,D38):0.010개 8) 화 약 공:0.032인 9) 보통인부:0.060인 2. 중기사용료 크롤라드릴(유압식, 110㎾):0.092hr 3. 2차굴착(대형브레이커0.70m³+굴삭기0.70m³) 1) 굴 삭 기(0.7m³):0.027hr/m³ 2) 대형브레이커(0.7m³):0.027hr/m³ 3) 치즐소모량(0.70m³):0.0006본/hr 4. 집토(도쟈32Ton) D = 20m , L = 1.40 , E = 0.35 V1 = 40m/분(전진1단) , V2 = 43m/분(후진1단) q0 = 5.50m³ , e0 = 0.96(운반거리20m) qt = 5.50m³*0.96 = 5.28m³, f = 1/1.40 = 0.71 Cm = 20m/40m/분+20m/43m/분+0.25분 = 1.22분 Q = (60분*5.28m³*0.71*0.35)/1.22분 = 64.53m³/hr 5. 발파보호공 1) 굴삭기(0.70m³):0.035hr 2) 보호매트(굴삭기 기계의 5%적용)	3-1-2-나 암석절취 11-1 불도저
c-4	연암깎기 (소규모진동제어발파 ,TYPE-Ⅲ)	m³	1. 발파비 1) 화약운반비:0.350kg 2) 폭약(다이나마이트32㎜):0.350kg 3) 전기뇌관(3.5m):0.35개 4) 크롤라드릴(Cross Bit,D38× 75㎜):0.003개 5) 크롤라드릴(Rod,T38× 3050㎜):0.002개 6) 크롤라드릴(Shank Rod,T38× 380㎜):0.002개 7) 크롤라드릴(Sleeve,D38):0.0047개 8) 화 약 공:0.0278인 9) 보통인부:0.0432인 2. 중기사용료 크롤라드릴(유압식, 110㎾):0.043hr 3. 집토(도쟈32Ton) D = 20m , L = 1.40 , E = 0.35 V1 = 40m/분(전진1단) , V2 = 43m/분(후진1단) q0 = 5.50m³ , e0 = 0.96(운반거리20m)	3-1-2-다 암석절취 11-1 불도저

번호	공 종	단위	단 가 산 출 기 준	비 고
			qt = 5.50㎥*0.96 = 5.28㎥, f = 1/1.40 = 0.71 Cm = 20m/40m/분+20m/43m/분+0.25분 = 1.22분 Q = (60분*5.28㎥*0.71*0.35)/1.22분 = 64.53㎥/hr 4. 발파보호공 1) 굴삭기(0.70㎥):0.021hr 2) 보호매트(굴삭기 기계의 5% 적용)	
c-5	연암깎기 (중규모진동제어발파 ,TYPE-Ⅳ)	㎥	1. 발파비 1) 화약운반비:0.330㎏ 2) 폭약(다이나마이트32㎜):0.330㎏ 3) 전기뇌관(3.5m):0.11개 4) 크롤라드릴(Cross Bit,D38× 75㎜):0.0012개 5) 크롤라드릴(Rod,T38× 3050㎜):0.0007개 6) 크롤라드릴(Shank Rod,T38× 380㎜):0.0007개 7) 크롤라드릴(Sleeve,D38):0.0019개 8) 화 약 공:0.012인 9) 보통인부:0.019인 2. 중기사용료 크롤라드릴(유압식, 110㎾):0.024hr 3. 집토(도쟈32Ton) D = 20m , L = 1.40 , E = 0.35 V1 = 40m/분(전진1단) , V2 = 43m/분(후진1단) q0 = 5.50㎥ , e0 = 0.96(운반거리20m) qt = 5.50㎥*0.96 = 5.28㎥, f = 1/1.40 = 0.71 Cm = 20m/40m/분+20m/43m/분+0.25분 = 1.22분 Q = (60분*5.28㎥*0.71*0.35)/1.22분 = 64.53㎥/hr 4. 발파보호공 1) 굴삭기(0.70㎥):0.013hr 2) 보호매트(굴삭기 기계의 5%적용)	3-1-2-라 암석절취 11-1 불도저
c-6	연암깎기 (일반발파, TYPE-Ⅴ)	㎥	1. 발파비 1) 화약운반비:0.310㎏ 2) 폭약(다이나마이트32㎜):0.310㎏ 3) 전기뇌관(3.5m):0.04개 4) 크롤라드릴(Cross Bit,D38× 75㎜):0.0008개 5) 크롤라드릴(Rod,T38× 3050㎜):0.0005개 6) 크롤라드릴(Shank Rod,T38× 380㎜):0.0005개 7) 크롤라드릴(Sleeve,D38):0.0012개 8) 화 약 공:0.008인 9) 보통인부:0.013인 2. 중기사용료 크롤라드릴(유압식, 110㎾):0.012hr	3-1-2-마 암석절취

번호	공　　종	단위	단 가 산 출 기 준	비 고
			3. 집토(도쟈32Ton) D = 20m , L = 1.40 , E = 0.35 V1 = 40m/분(전진1단) , V2 = 43m/분(후진1단) q0 = 5.50㎥ , e0 = 0.96(운반거리20m) qt = 5.50㎥*0.96 = 5.28㎥, f = 1/1.40 = 0.71 Cm = 20m/40m/분+20m/43m/분+0.25분 = 1.22분 Q = (60분*5.28㎥*0.71*0.35)/1.22분 = 64.53㎥/hr	11-1 불도저
c-7	연암깎기 (대규모발파, TYPE-Ⅵ)	㎥	1. 발파비 1) 화약운반비:0.310㎏ 2) 폭약(다이나마이트32㎜):0.310㎏ 3) 전기뇌관(3.5m):0.015개 4) 크롤라드릴(Cross Bit,D38× 75㎜):0.0004개 5) 크롤라드릴(Rod,T38× 3050㎜):0.0003개 6) 크롤라드릴(Shank Rod,T38× 380㎜):0.0003개 7) 크롤라드릴(Sleeve,D38):0.0007개 8) 화 약 공:0.004인 9) 보통인부:0.007인 2. 중기사용료 크롤라드릴(유압식, 110㎾):0.012hr 3. 집토(도쟈32Ton) D = 20m , L = 1.40 , E = 0.35 V1 = 40m/분(전진1단) , V2 = 43m/분(후진1단) q0 = 5.50㎥ , e0 = 0.96(운반거리20m) qt = 5.50㎥*0.96 = 5.28㎥, f = 1/1.40 = 0.71 Cm = 20m/40m/분+20m/43m/분+0.25분 = 1.22분 Q = (60분*5.28㎥*0.71*0.35)/1.22분 = 64.53㎥/hr	3-1-2-바 암석절취 11-1 불도저
c-8	연암깎기 (인 력)	㎥	1. 적용기준: 발파시공이 불가능하며 소규모공사 또는 장비진입이 곤란할 때 적용한다. 2. 인건비 1) 할 석 공 : 0.74인 2) 보통인부 : 0.37인	3-1-2-아 암석절취
d	경암깎기			
d-1	경암깎기 (대형브레이커)	㎥	1. 암파쇄(대형브레이커0.70㎥+굴삭기0.70㎥) ∴ 작업능력:(2.30㎥/hr+2.90㎥/hr)/2 = 2.60㎥/hr 1) 굴 삭 기(0.70㎥):2.60㎥/hr 2) 대형브레이커(0.70㎥):2.60㎥/hr 3) 치즐소모량(0.70㎥):0.030본/hr/2.60㎥/hr = 0.0115본/hr 2. 집토(도쟈32Ton) D = 20m , L = 1.85 , E = 0.25 V1 = 40m/분(전진1단) , V2 = 43m/분(후진1단) q0 = 5.50㎥ , e0 = 0.96(운반거리20m) qt = 5.50㎥*0.96 = 5.28㎥, f=1/1.85 = 0.54 Cm = 20m/40m/분+20m/43m/분+0.25분 = 1.22분 Q = (60분*5.28㎥*0.54*0.25)/1.22분 = 35.06㎥/hr	11-6 대형브레이커 11-1 불도저

번호	공 종	단위	단 가 산 출 기 준	비 고
d-2	경암깎기 (미진동암파쇄, TYPE-Ⅰ)	㎥	1. 발파비 1) 화약운반비:0.313kg 2) 폭약(다이나마이트32㎜):0.313kg 3) 크롤라드릴(Cross Bit,D38× 75㎜):0.009개 4) 크롤라드릴(Rod,T38× 3050㎜):0.005개 5) 크롤라드릴(Shank Rod,T38× 380㎜):0.005개 6) 크롤라드릴(Sleeve,D38):0.013개 7) 화 약 공:0.040인 8) 보통인부:0.120인 2. 중기사용료 크롤라드릴(유압식, 110㎾):0.10hr 3. 2차굴착(대형브레이커0.70㎥+굴삭기0.70㎥) 1) 굴삭기(0.70㎥):0.04hr/㎥ 2) 브레이커(대형브레이커0.70㎥):0.04hr/㎥ 3) 치즐소모량(0.70㎥):0.0008본/hr 4. 집토(도쟈32Ton) D = 20m , L = 1.85 , E = 0.25 V1 = 40m/분(전진1단) , V2 = 43m/분(후진1단) q0 = 5.50㎥ , e0 = 0.96(운반거리20m) qt = 5.50㎥*0.96 = 5.28㎥, f = 1/1.85 = 0.54 Cm = 20m/40m/분+20m/43m/분+0.25분 = 1.22분 Q = (60분*5.28㎥*0.54*0.25)/1.22분 = 35.06㎥/hr 5. 발파보호공 1) 굴삭기(0.70㎥):0.053hr 2) 보호매트(굴삭기 기계의 5% 적용)	3-1-2-가-(1) 암석절취 11-1 불도져
d-3	경암깎기 (정밀진동제어발파, TYPE-Ⅱ)	㎥	1. 발파비 1) 화약운반비:0.250kg 2) 폭약(다이나마이트25㎜):0.250kg 3) 전기뇌관(3.5m):0.99개 4) 크롤라드릴(Cross Bit,D38× 75㎜):0.007개 5) 크롤라드릴(Rod,T38× 3050㎜):0.004개 6) 크롤라드릴(Shank Rod,T38× 380㎜):0.004개 7) 크롤라드릴(Sleeve,D38):0.010개 8) 화 약 공:0.032인 9) 보통인부:0.060인 2. 중기사용료 크롤라드릴(유압식, 110㎾):0.092hr/㎥ 3. 2차굴착(대형브레이커0.70㎥+굴삭기0.70㎥) 1) 굴삭기(0.70㎥):0.027hr/㎥ 2) 대형브레이커(0.70㎥):0.027hr/㎥ 3) 치즐소모량(0.70㎥):0.0006본/hr	3-1-2-나 암석절취

번호	공 종	단위	단 가 산 출 기 준	비 고
			4. 집토(도쟈32Ton) D = 20m , L = 1.85 , E = 0.25 V1 = 40m/분(전진1단) , V2 = 43m/분(후진1단) q0 = 5.50㎥ , e0 = 0.96(운반거리20m) qt = 5.50㎥*0.96 = 5.28㎥, f = 1/1.85 = 0.54 Cm = 20m/40m/분+20m/43m/분+0.25분 = 1.22분 Q = (60분*5.28㎥*0.54*0.25)/1.22분 = 35.06㎥/hr 5. 발파보호공 1) 굴삭기(0.70㎥):0.035hr 2) 보호매트(굴삭기 기계의 5% 적용)	11-1 불도져
d-4	경암깎기 (소규모진동제어발파,TYPE-Ⅲ)	㎥	1. 발파비 1) 화약운반비:0.350kg 2) 폭약(다이나마이트32㎜):0.350kg 3) 전기뇌관(3.5m):0.35개 4) 크롤라드릴(Cross Bit,D38× 75㎜):0.003개 5) 크롤라드릴(Rod,T38× 3050㎜):0.002개 6) 크롤라드릴(Shank Rod,T38× 380㎜):0.002개 7) 크롤라드릴(Sleeve,D38):0.0047개 8) 화 약 공:0.0278인 9) 보통인부:0.0432인 2. 중기사용료 크롤라드릴(유압식,110㎾):0.043hr 3. 집토(도쟈32Ton) D = 20m , L = 1.85 , E = 0.25 V1 = 40m/분(전진1단) , V2 = 43m/분(후진1단) q0 = 5.50㎥ , e0 = 0.96(운반거리20m) qt = 5.50㎥*0.96 = 5.28㎥, f = 1/1.85 = 0.54 Cm = 20m/40m/분+20m/43m/분+0.25분 = 1.22분 Q = (60분*5.28㎥*0.54*0.25)/1.22분 = 35.06㎥/hr 4. 발파보호공 1) 굴삭기(0.70㎥):0.021hr 2) 보호매트(굴삭기 기계의 5% 적용)	3-1-2-다 암석절취 11-1 불도져
d-5	경암깎기 (중규모진동제어발파,TYPE-Ⅳ)	㎥	1. 발파비 1) 화약운반비:0.330kg 2) 폭약(다이나마이트32㎜):0.330kg 3) 전기뇌관(3.5m):0.11개 4) 크롤라드릴(Cross Bit,D38× 75㎜):0.0012개 5) 크롤라드릴(Rod,T38× 3050㎜):0.0007개 6) 크롤라드릴(Shank Rod,T38× 380㎜):0.0007개 7) 크롤라드릴(Sleeve,D38):0.0019개 8) 화 약 공:0.012인 9) 보통인부:0.019인 2. 중기사용료 크롤라드릴(유압식,110㎾):0.024hr	3-1-2-라 암석절취

번호	공 종	단위	단 가 산 출 기 준	비 고
			3. 집토(도쟈32Ton) D = 20m , L = 1.85 , E = 0.25 V1 = 40m/분(전진1단) , V2 = 43m/분(후진1단) q0 = 5.50㎥ , e0 = 0.96(운반거리20m) qt = 5.50㎥*0.96 = 5.28㎥, f = 1/1.85 = 0.54 Cm = 20m/40m/분+20m/43m/분+0.25분 = 1.22분 Q = (60분*5.28㎥*0.54*0.25)/1.22분 = 35.06㎥/hr 4. 발파보호공 1) 굴삭기(0.70㎥):0.013hr 2) 보호매트(굴삭기 기계의 5% 적용)	11-1 불도저
d-6	경암깎기 (일반발파, TYPE-Ⅴ)	㎥	1. 발파비 1) 화약운반비:0.310㎏ 2) 폭약(다이나마이트32㎜):0.310㎏ 3) 전기뇌관(3.5m):0.04개 4) 크롤라드릴(Cross Bit,D38× 75㎜):0.0008개 5) 크롤라드릴(Rod,T38× 3050㎜):0.0005개 6) 크롤라드릴(Shank Rod,T38× 380㎜):0.0005개 7) 크롤라드릴(Sleeve,D38):0.0012개 8) 화 약 공:0.008인 9) 보통인부:0.013인 2. 중기사용료 크롤라드릴(유압식,110㎾):0.012hr 3. 집토(도쟈32Ton) D = 20m , L = 1.85 , E = 0.25 V1 = 40m/분(전진1단) , V2 = 43m/분(후진1단) q0 = 5.50㎥ , e0 = 0.96(운반거리20m) qt = 5.50㎥*0.96 = 5.28㎥, f = 1/1.85 = 0.54 Cm = 20m/40m/분+20m/43m/분+0.25분 = 1.22분 Q = (60분*5.28㎥*0.54*0.25)/1.22분 = 35.06㎥/hr	3-1-2-마 암석절취 11-1 불도저
d-7	경암깎기 (대규모발파, TYPE-Ⅵ)	㎥	1. 발파비 1) 화약운반비:0.310㎏ 2) 폭약(다이나마이트32㎜):0.310㎏ 3) 전기뇌관(3.5m):0.015개 4) 크롤라드릴(Cross Bit,D38× 75㎜):0.0004개 5) 크롤라드릴(Rod,T38× 3050㎜):0.0003개 6) 크롤라드릴(Shank Rod,T38× 380㎜):0.0003개 7) 크롤라드릴(Sleeve,D38):0.0007개 8) 화 약 공:0.004인 9) 보통인부:0.007인 2. 중기사용료 크롤라드릴(유압식,110㎾):0.012hr	3-1-2-바 암석절취

번호	공　　종	단위	단 가 산 출 기 준	비 고
			3. 집토(도쟈32Ton) D = 20m , L = 1.85 , E = 0.25 V1 = 40m/분(전진1단) , V2 = 43m/분(후진1단) q0 = 5.50㎥ , e0 = 0.96(운반거리20m) qt = 5.50㎥*0.96 = 5.28㎥, f = 1/1.85 = 0.54 Cm = 20m/40m/분+20m/43m/분+0.25분 = 1.22분 Q = (60분*5.28㎥*0.54*0.25)/1.22분 = 35.06㎥/hr	11-1 불도저
d-8	경암깎기 (인 력)	㎥	1. 적용기준: 발파시공이 불가능하며 소규모공사 또는 장비진입이 곤란할 때 적용한다. 2. 인건비 1) 할 석 공 : 2.03인 2) 보통인부 : 1.01인	3-1-2-아 암석절취
e	발파암소할 (연・경암)	㎥	1. 전석소할(15%적용) ∴ 작업능력:(9.00㎥/hr+11.00㎥/hr)/2/15% = 66.67㎥/hr 1) 장비조합 ① 굴　삭　기(0.70㎥):66.67㎥/hr ② 대형브레이커(0.70㎥):66.67㎥/hr ③ 치즐소모량(0.70㎥) 0.02본/hr/66.67㎥/hr = 0.0003본/㎥	3-1-2-⑧ 암석소활 11-6 대형브레이커
f	층 따 기 (토사)	㎥	1. 적용기준: 기존노반 넓히기 및 원지반 기울기가 1:4보다 급한 개소에 쌓기 본체와 일체가 되도록 하기 위해 층따기를 함. 2. 법면절취(굴삭기,0.70㎥) q = 0.70㎥ , f = 1/1.25 = 0.80 K = 1.10 , E = 0.80 , Cm = 20초(135°) Q = 3600초*0.70㎥*1.10*0.80*0.80/20초=88.70㎥/hr	11-3 굴삭기
g	바닥면 고르기			
g-1	풍화암 면고르기	㎡	1. 절토면고르기(보통인부):0.19인/10㎡ = 0.019인/㎡ 2. 기계사용료(굴삭기 0.70㎥) Q = 0.45hr/10㎡ = 0.045hr/㎡	3-3-1 절토면고르기
g-2	연암 면고르기	㎡	1. 절토면고르기(보통인부) - 0.46인/㎡/10㎡ = 0.046인/㎡ 2. 기계사용료 1) 공기압축기(3.5㎥/min) - 1.25hr/㎡/10㎡ = 0.125hr/㎡ 2) 소형브레이커(1.0㎥/min) - 2.45hr/㎡/10㎡ = 0.245hr/㎡ 3) 에어호스(Φ1.91㎝) - 1.25hr/㎡/10㎡ = 0.125hr/㎡ 3. 소형브레이커 조작 - 착 암 공:1인/일/8hr/일*0.125hr/㎡ = 0.0156인/㎡	3-3-1 절토면고르기
g-3	경암 면고르기	㎡	1. 절토면고르기(보통인부) - 0.61인/㎡/10㎡ = 0.061인/㎡ 2. 기계사용료 1) 공기압축기(3.5㎥/min) - 1.55hr/㎡/10㎡ = 0.155hr/㎡ 2) 소형브레이커(1.0㎥/min) - 3.05hr/㎡/10㎡ = 0.305hr/㎡ 3) 에어호스(Φ1.91㎝) - 1.55hr/㎡/10㎡ = 0.155hr/㎡ 3. 소형브레이커 조작 - 착 암 공:1인/일/8hr/일*0.155hr/㎡ = 0.0194인/㎡	3-3-1 절토면고르기

번호	공　　종	단위	단 가 산 출 기 준	비　고
1.05	흙 쌓 기			
a	다 짐 공			
a-1	상부노반다짐 (토사,H = 0.30m)	㎥	1. 포설(모터그레이더 3.6m) I = 2.90m(Blade의 작업각도 60°일 때) H = 0.30m, L = 1.25, C = 0.90, f = 0.90/1.25 = 0.72 N1 = 4회, V1 = 6㎞/hr, V2 = 6.5㎞/hr t = 0.50분, E = 0.6, D = 50m Cm = 0.06*(50m/6㎞/hr+50m/6.5㎞/hr)+(2*0.50분)=1.96분 Q = 60*2.90*50m*0.30m*0.6*0.72/(4회*1.96분) = 143.82㎥/hr 2. 다짐 1) 진동로울러(자주식 10ton) V = 4㎞/hr , W = 1.90m , E = 0.60 f = 1.00 , N2 = 6회 , H = 0.30m Q = (1000*4㎞/hr*1.90m*0.30m*0.60*1.00)/6회 = 228㎥/hr 2) 타이어로울러(8 ~ 15ton) V = 2.5㎞/hr, W = 1.80m , E = 0.60 f = 1.00 , N3 = 4회 , H = 0.30m Q = (1000*2.5㎞/hr*1.80m*0.30m*0.60*1.00)/4회 = 202.5㎥/hr 3. 살수(물탱크 5500ℓ) OMC = 13%(최적함수비) , NMC = 8%(자연함수비) q1 = 5500ℓ , E = 0.90 , L = 1.0㎞ rt = 1600kg/㎥ , V = 15㎞/hr ∴ 살수량산정:13%-8% = 5%(소요함수비) Ws = 1600kg/㎥/(1+(13/100)) = 1415.93kg/㎥ ∴ 소요물량산정:1415.93kg*((13/100)-(8/100)) = 70.8ℓ/㎥ t1 = 5분(흡입준비) , t3 = 10분(흡입시간) t4 = 5분(살수대기) , t5 = 20분(살수시간) t2 = 1.0㎞/15㎞/hr*2*60분 = 8분 Cm = 5분+8.00분+10분+5분+20분 = 48분 Qw = 60분*5500ℓ*0.90/48.00분 = 6187.5ℓ/hr Q = 6187.50ℓ/hr/70.8ℓ/㎥ = 87.39㎥/hr	11-10 모터그레이더 11-12 로울러 11-16-나 물탱크
a-2	하부노반다짐 (토사,H = 0.30m)	㎥	1. 포설(모터그레이더 3.6m) I = 2.90m(Blade의 작업각도 60°일 때) H = 0.30m, L = 1.25, C = 0.90, f = 0.90/1.25 = 0.72 N1= 4회, V1 = 8.0㎞/hr, V2 = 9.0㎞/hr t = 0.50분, E = 0.7, D = 50m Cm= 0.06*(50m/8㎞/hr+50m/9㎞/hr)+(2*0.50분) = 1.71분 Q = 60*2.90*50m*0.30m*0.7*0.72/(4회*1.71분) = 192.32㎥/hr	11-10 모터그레이더

<table>
<tr><th>번호</th><th>공 종</th><th>단위</th><th>단 가 산 출 기 준</th><th>비 고</th></tr>
<tr><td></td><td></td><td></td><td>2. 다짐
1) 진동로울러(자주식 10ton)
V = 4㎞/hr , W = 1.90m , E = 0.80
f = 1.00 , N2 = 6회 , H = 0.30m
Q = (1000*4㎞/hr*1.90m*0.30m*0.80*1.00)/6회
= 304㎥/hr
2) 타이어로울러(8 ~ 15ton)
V = 2.5㎞/hr, W = 1.80m , E = 0.80
f = 1.00 , N3 = 4회 , H = 0.30m
Q = (1000*2.5㎞/hr*1.80m*0.30m*0.80*1.00)/4회
= 270㎥/hr
3. 살수(물탱크 5500ℓ)
OMC = 13%(최적함수비) , NMC = 8%(자연함수비)
q1 = 5500ℓ , E = 0.90 , L = 1.0㎞
rt = 1600kg/㎥ , V = 15㎞/hr
∴ 살수량산정:13%-8% = 5 %(소요함수비)
Ws = 1600kg/㎥/(1+(13/100)) = 1415.93kg/㎥
∴ 소요물량산정:1415.93kg*((13/100)-(8/100))
= 70.8ℓ/㎥
t1 = 5분(흡입준비) , t3 = 10분(흡입시간)
t4 = 5분(살수대기) , t5 = 20분(살수시간)
t2 = 1.0㎞/15㎞/hr*2*60분 = 8분
Cm = 5분+8.00분+10분+5분+20분 = 48분
Qw = 60분*5500ℓ*0.90/48.00분 = 6187.5ℓ/hr
Q = 6187.50ℓ/hr/70.8ℓ/㎥ = 87.39㎥/hr</td><td>11-12 로울러

11-16-나
물탱크</td></tr>
<tr><td>a-3</td><td>하부노반다짐
(풍화암,H = 0.50m)</td><td>㎥</td><td>1. 포설(모터그레이더 3.6m)
I = 2.90m(Blade의 작업각도 60°일때)
H = 0.50m, L = 1.30, C = 1.00, f = 1.00/1.30 = 0.77
N1= 4회, V1 = 6㎞/hr, V2 = 6.5㎞/hr
t = 0.50분, E = 0.6, D = 50m
Cm= 0.06*(50m/6㎞/hr+50m/6.5㎞/hr)+(2*0.50분) = 1.96분
Q = 60*2.90*50m*0.50m*0.60*0.77/(4회*1.96분)
= 256.34㎥/hr
2. 다짐
1) 진동로울러(자주식 10 ton)
V = 4㎞/hr , W = 1.90m , E = 0.60
f = 1.00 , N2 = 6회 , H = 0.50m
Q = (1000*4㎞/hr*1.90m*0.50m*0.60*1.00)/6회
= 380㎥/hr
2) 타이어로울러(8 ~ 15 ton)
V = 2.5㎞/hr, W = 1.80m , E = 0.60
f = 1.00 , N3 = 4회 , H = 0.50m
Q = (1000*2.5㎞/hr*1.80m*0.50m*0.60*1.00)/4회
= 337.5㎥/hr
3. 살수(물탱크 5500ℓ)
OMC = 13%(최적함수비) , NMC = 8%(자연함수비)
q1 = 5500ℓ , E = 0.90 , L = 1.0㎞
rt = 1900kg/㎥ , V = 15㎞/hr</td><td>11-10
모터그레이더

11-12 로울러

11-16-나
물탱크</td></tr>
</table>

번호	공 종	단위	단 가 산 출 기 준	비 고
			∴ 살수량산정:13%-8% = 5 %(소요함수비) Ws = 1900kg/㎥/(1+(13/100)) = 1681.42kg/㎥ ∴ 소요물량산정:1681.42kg*((13/100)-(8/100)) = 84.07 ℓ/㎥ t1 = 5분(흡입준비) , t3 = 10분(흡입시간) t4 = 5분(살수대기) , t5 = 20분(살수시간) t2 = 1.0㎞/15㎞/hr*2*60분 = 8분 Cm = 5분+8.00분+10분+5분+20분 = 48분 Qw = 60분*5500 ℓ*0.90/48.00분 = 6187.5 ℓ/hr Q = 6187.50 ℓ/hr/84.07 ℓ/㎥ = 73.6㎥/hr	
a-4	하부노반다짐 (연 · 경암, H=0.30~0.60m)	㎥	1. 전석소할(15% 적용) ∴ 작업능력:(9.00㎥/hr+11.10㎥/hr)/2/15% = 66.67㎥/hr 1) 굴 삭 기(0.7㎥):66.67㎥/hr 2) 대형브레이커(0.70㎥):66.67㎥/hr 3) 치즐소모량(0.70㎥) ∴ 0.02본/hr/66.67㎥/hr = 0.0003본/㎥ 2. 암버력부설(불도우저 32Ton) D = 20m , L = (1.40+1.85)/2 = 1.63 , E = 0.35 C = (1.15+1.40)/2 = 1.28 V1 = 70m/분(전진3단) , V2 = 78m/분(후진3단) q0 = 5.50㎥ , e0 = 0.96(운반거리20m) qt = 5.50㎥*0.96 = 5.28㎥, f = 1.28/1.63 = 0.79 Cm = 20m/70m/분+20m/78m/분+0.25분 = 0.79분 Q1 = (60분*5.28㎥*0.79*0.35)/0.79분 = 110.88㎥/hr 작업의 제한요소가 적으므로 1/3만 적용 Q = 110.88㎥/hr/(1/3) = 332.64㎥/hr 3. 암성토인건비 특별인부:(0.00047인+0.00059인)/2 = 0.00053인 4. 포설 및 다짐 양족식로울러(자주식,32ton):0.0038hr/㎥+0.0047hr/㎥)/2 = 0.00425hr/㎥ 5. 추가다짐 진동로울러(자주식,10ton):0.0038hr/㎥+0.0047hr/㎥)/2 = 0.00425hr/㎥	3-1-2-⑧ 암석소활 11-6 대형브레이커 11-1 불도우저 3-8 암성토
a-5	비탈면다짐 (토사)	㎥	1. 부설(굴삭기 0.70㎥) q1 = 0.70㎥ , L=1.25 , C = 0.90 , f=0.9/1.25=0.72 k = 1.10, E = (0.75+0.65)/2 = 0.7, Cm = 18초(90°선회) Q = (3600초*0.70㎥*1.10*0.72*0.70)/18초 = 77.62㎥/hr 2. 다짐(플레이트규격760× 840㎜,다짐력6~9Ton) ∴ 작업량:77.7㎥/hr(최대건조밀조 90%이상)*0.30m = 23.31㎥/hr 1) 유압식 진동 콤팩터(760× 840㎜):23.31㎥/hr 2) 굴삭기(0.70㎥):23.31㎥/hr 3. 살 수 보통인부:1인/8hr/23.31㎥/hr = 0.0053인/㎥	11-3 굴삭기 11-19 법면다짐기
1.06 a a-1	유용토 흙쌓기 무대운반 토 사(ℓ=20m미만)	 ㎥	 ⇒ 땅깎기(토사) : 1.04-a의 a-1,a-2에서 계상	

번호	공 종	단위	단 가 산 출 기 준	비 고
a-2	풍화암 (ℓ = 20m미만)	㎥	⇒ 땅깎기(풍화암) : 1.04-b의 b-1,b-2의 집토비에서 계상	
a-3	연암 (ℓ = 20m미만)	㎥	⇒ 땅깎기(연암) : 1.04-c의 c-1,c-2,c-3,c-4,c-5,c-6,c-7 의 집토비에서 계상	
a-4	경암 (ℓ = 20m미만)	㎥	⇒ 땅깎기(경암) : 1.04-d의 d-1,d-2,d-3,d-4,d-5,d-6,d-7 의 집토비에서 계상	
b b-1	도져운반 토 사 (ℓ=20~60m미만)	㎥	1. 중기사용료(불도우저32Ton) D = 60m-20m = 40m, L = 1.25, C = 0.90 f = 0.90/1.25 = 0.72 E = (0.70+0.60)/2 = 0.65 , q0 = 5.50㎥ V1 = 52m/분(전진2단) , V2 = 58m/분(후진2단) e0 = 0.88(운반거리40m), q1=5.50㎥*0.88 = 4.84㎥ Cm = 40m/52m/분+40m/58m/분+0.25분 = 1.71분 Q = (60분*4.84㎥*0.72*0.65)/1.71분 = 79.48㎥/hr	11-1 불도져
b-2	풍화암 (ℓ=20~60m미만)	㎥	1. 중기사용료(불도우저32Ton) D = 60m-20m = 40m, L = 1.30, C = 1.00 f = 1.00/1.30 = 0.77 E = (0.60+0.35)/2 = 0.48 , q0 = 5.50㎥ V1 = 40m/분(전진1단) , V2 = 58m/분(후진2단) e0 = 0.88(운반거리40m), q1=5.50㎥*0.88=4.84㎥ Cm = 40m/40m/분+40m/58m/분+0.25분 = 1.94분 Q = (60분*4.84㎥*0.77*0.48)/1.94분 = 55.33㎥/hr	11-1 불도져
b-3	연암 (ℓ=20~60m미만)	㎥	1. 중기사용료(불도우저32Ton) D = 60m-20m = 40m, L = 1.40, C = 1.15 f = 1.15/1.40 = 0.82 E = 0.35 , q0 = 5.50㎥ V1 = 40m/분(전진1단) , V2 = 43m/분(후진1단) e0 = 0.88(운반거리40m), q1=5.50㎥*0.88=4.84㎥ Cm = 40m/40m/분+40m/43m/분+0.25분 = 2.18분 Q = (60분*4.84㎥*0.82*0.35)/2.18분 = 38.23㎥/hr	11-1 불도져
b-4	경암 (ℓ=20~60m미만)	㎥	1. 중기사용료(불도우저32Ton) D = 60m-20m = 40m, L = 1.85, C = 1.40 f = 1.40/1.85 = 0.76 E = 0.25 , q0 = 5.50㎥ V1 = 40m/분(전진1단) , V2 = 43m/분(후진1단) e0 = 0.88(운반거리40m), q1=5.50㎥*0.88=4.84㎥ Cm = 40m/40m/분+40m/43m/분+0.25분 = 2.18분 Q = (60분*4.84㎥*0.76*0.25)/2.18분 = 25.31㎥/hr	11-1 불도져
c c-1	덤프운반 토 사 (ℓ = 60m이상)	㎥	1. 적재(타이어로우더,3.50㎥) q1 = 3.50㎥, L = 1.25 , C = 0.90 f = 0.90/1.25 = 0.72 , Es = 0.60 , K = 1.00 t1 = 9초 , t2 = 14초 , lo = 8m , m = 1.8초/m Cms = 1.8m*8m+9초+14초 = 37.4 초 Q = (3600초*3.50㎥*1.00*0.72*0.60)/37.40초 = 145.54㎥/hr	11-5 로우더

번호	공 종	단위	단 가 산 출 기 준	비 고
			2. 운반(덤프15Ton+자동덮개) T = 15Ton , rt = 1.60Ton/㎥ , E = 0.90 qt = 15Ton/1.60Ton/㎥*1.25 = 11.72㎥ N = 11.72㎥/(3.50㎥*1.00) = 3.35회 t1 = 37.40초*3.35회/(60분*0.60) = 3.48분 t2 = (0.06㎞/15㎞/hr+0.06㎞/20㎞/hr)*60분 = 0.42분 t3 = 0.80분 , t4 = 0.42분, t5 = 0.50분 Cmt = 3.48분+0.42분+0.80분+0.42분+0.50분 = 5.62분 OH = (0.42분+0.80분+0.42분+0.50분)/5.62분 = 0.381 Q = 60분*11.72㎥*0.72*0.90/5.62분 = 81.08㎥/hr	11-11 덤프트럭
c-2	풍화암 (ℓ = 60m이상)	㎥	1. 적재(타이어로우더,3.50㎥) q1 = 3.50㎥, L = 1.30 , C = 1.00 f = 1.00/1.30 = 0.77 , Es = 0.50 , K = 0.70 t1 = 9초 , t2 = 14초 , lo = 8m , m = 1.8초/m Cms = 1.8m*8m+9초+14초 = 38.4초 Q = (3600초*3.50㎥*0.70*0.77*0.50)/37.40초 = 90.79㎥/hr 2. 운반(덤프15Ton+자동덮개) T = 15Ton , rt = 1.90Ton/㎥ , E = 0.90 qt = 15Ton/1.90Ton/㎥*1.30 = 10.26㎥ N = 10.26㎥/(3.50㎥*0.70) = 4.19회 t1 = 37.40초*4.19회/(60분*0.50) = 5.22분 t2 = (0.06㎞/15㎞/hr+0.06㎞/20㎞/hr)*60분=0.42분 t3 = 0.80분 , t4 = 0.42분, t5 = 0.50분 Cmt = 5.22분+0.42분+0.80분+0.42분+0.50분=7.36분 OH = (0.42분+0.80분+0.42분+0.50분)/7.36분=0.291 Q = 60분*10.26㎥*0.77*0.90/7.36분 = 57.96㎥/hr	11-5 로우더 11-11 덤프트럭
c-3	연암 (ℓ = 60m이상)	㎥	1. 적재(타이어로우더,3.50㎥) L = 1.40 , C = 1.15 , q1 = 3.50㎥ f = 1.15/1.40 = 0.82 , Es = 0.35 , K = 0.55 t1 = 9초 , t2 = 14초 , lo = 8m , m = 1.8초/m Cms = 1.8m*8m+9초+14초 = 37.4초 Q = (3600초*3.50㎥*0.55*0.82*0.35)/37.40초 = 53.18㎥/hr 2. 운반(덤프15Ton+자동덮개) T = 15Ton , rt = 2.30Ton/㎥ E = 0.90, qt = 15Ton/2.30Ton/㎥*1.40 = 9.13㎥ N = 9.13㎥/(3.50㎥*0.55) = 4.74회 t1 = 37.40초*4.74회/(60분*0.35) = 8.44분 t2 = (0.06㎞/15㎞/hr+0.06㎞/20㎞/hr)*60분 = 0.42분 t3 = 0.80분 , t4 = 0.42분, t5 = 0.50분 Cmt = 8.44분+0.42분+0.80분+0.42분+0.50분 = 10.58분 OH = (0.42분+0.80분+0.42분+0.50분)/10.58분 = 0.202 Q = 60분*9.13분*0.82*0.90/10.58분 = 38.21㎥/hr	11-5 로우더 11-11 덤프트럭
c-4	경암 (ℓ = 60m이상)	㎥	1. 적재(타이어로우더,3.50㎥) L = 1.85 , C = 1.40 , q1 = 3.50㎥ f = 1.40/1.85 = 0.76 , Es = 0.25, K = 0.55 t1 = 9초 , t2 = 14초 , lo = 8m , m = 1.8초/m Cms = 1.8m*8m+9초+14초 = 37.4초 Q = (3600초*3.50㎥*0.55*0.76*0.25)/37.40초 = 35.21㎥/hr	11-5 로우더

번호	공 종	단위	단 가 산 출 기 준	비 고
			2. 운반(덤프15Ton+자동덮개) T = 15Ton , rt = 2.60Ton/㎥ E = 0.90, qt = 15Ton/2.60Ton/㎥*1.85 = 10.67㎥ N = 10.67㎥/(3.50㎥*0.55) = 5.54회 t1 = 37.40초*5.54회/(60분*0.25) = 13.81분 t2 = (0.06㎞/15㎞/hr+0.06㎞/20㎞/hr)*60분 = 0.42분 t3 = 0.80분 , t4 = 0.42분, t5 = 0.50분 Cmt = 13.81분+0.42분+0.80분+0.42분+0.50분 = 15.95분 OH = (0.42분+0.80분+0.42분+0.50분)/15.95분 = 0.134 Q = 60분*10.67㎥*0.76*0.90/15.95분 = 27.45㎥/hr	11-11 덤프트럭
c-5	연암(버력유용시, ℓ = 60m이상)	㎥	1. 운반(덤프15Ton+자동덮개) q1 = 2.87㎥, L = 1.40, C = 1.15, f = 1.15/1.4 = 0.82 k = 0.55 , T = 15ton , rt = 2.30ton/㎥ , E = 0.90 qt = 15Ton/2.30Ton/㎥*1.40 = 9.13㎥ N = 9.13㎥/(2.87㎥*0.55) = 5.78회 t1 = 0분(갱내 버력처리에서 계상) t2 = (0.06㎞/15㎞/hr+0.06㎞/20㎞/hr)*60분 = 0.42분 t3 = 0.80분 , t4 = 0.42분, t5 = 0.50분 Cmt = 0분+0.42분+0.80분+0.42분+0.50분 = 2.14분 OH = (0.42분+0.80분+0.42분+0.50분)/2.14분 = 1.00 Q = 60분*9.13㎥*0.82*0.90/2.14분 = 188.91㎥/hr	11-11 덤프트럭
c-6	경암(버력유용시, ℓ = 60m이상)	㎥	1. 운반(덤프15Ton+자동덮개) q1 = 2.87㎥, L = 1.85, C = 1.40, f = 1.40/1.85 = 0.76 k = 0.55 , T = 15ton , rt = 2.60ton/㎥ , E = 0.90 qt = 15Ton/2.60Ton/㎥*1.85 = 10.67㎥ N = 10.67㎥/(2.87㎥*0.55) = 6.76회 t1 = 0분(갱내 버력처리에서 계상) t2 = (0.06㎞/15㎞/hr+0.06㎞/20㎞/hr)*60분 = 0.42분 t3 = 0.80분 , t4 = 0.42분, t5 = 0.50분 Cmt = 0분+0.42분+0.80분+0.42분+0.50분 = 2.14분 OH = (0.42분+0.80분+0.42분+0.50분)/2.14분 = 1.00 Q = 60분*10.67㎥*0.76*0.90/2.14분 = 204.62㎥/hr	11-11 덤프트럭
1.07 a	**순성토 흙쌓기** 토 사 (ℓ = 60m이상)	㎥	1. 적용기준 1) 벌개제근(별도) 2) 토취장사용료 또는 원상복구비는 부대공에서 일괄계상 2. 깎기 및 집토(도쟈운반 32Ton) D = 20m , L = 1.25 , E = (0.65+0.55)/2 = 0.60 V1 = 40m/분(전진1단) , V2 = 43m/분(후진1단) q0 = 5.50㎥ , e0 = 0.96(운반거리20m) q1 = 5.50㎥*0.96 = 5.28㎥, f = 1/1.25 = 0.80 Cm = 20m/40m/분+20m/43m/분+0.25분 = 1.22분 Q = (60분*5.28㎥*0.80*0.60)/1.22분 = 124.64㎥/hr 3. 적재(타이어로우더,3.50㎥) q1 = 3.50㎥, L=1.25,f=1/1.25=0.80, Es=0.60, K=1.00 t1 = 9초, t2 = 14초, lo = 8m, m = 1.8초/m Cms = 1.8m*8m+9초+14초 = 37.4 초 Q = (3600초*3.50㎥*1.00*0.80*0.60)/37.40초 = 161.71㎥/hr	11-1 불도저 11-5 로우더

번호	공 종	단위	단 가 산 출 기 준	비 고
			4. 운반(덤프15Ton+자동덮개) T = 15Ton , rt = 1.60Ton/㎥ , E = 0.90 qt = 15Ton/1.60Ton/㎥*1.25 = 11.72㎥ N = 11.72㎥/(3.50㎥*1.00) = 3.35회 t1 = 37.40초*3.35회/(60분*0.60) = 3.48분 t2 = (0.01㎞/15+0.01㎞/20+0.05㎞/35㎞/hr*2)*60분 = 0.24분 t3 = 0.80분 , t4 = 0.42분, t5 = 0.50분 Cmt = 3.48분+0.24분+0.80분+0.42분+0.50분 = 5.44분 OH = (0.24분+0.80분+0.42분+0.50분)/5.44분 = 0.360 Q = 60분*11.72㎥*0.80*0.90/5.44분 = 93.07㎥/hr	11-11 덤프트럭
b	풍화암 (ℓ = 60m이상)	㎥	1. 토취장사용료 또는 원상복구비는 부대공에서 일괄계상 2. 깎기(리퍼도쟈:리퍼2본+도쟈32Ton) D = 20m , An = 0.40㎡(리퍼2본) f = 1.00 , E = (0.70+0.50+0.40)/3 = 0.53 Cm = 0.05*20m+0.25 = 1.25분 Q = (60분*0.40㎡*20m*1.00*0.53)/1.25분 = 203.52㎥/hr 3. 집토(도쟈32Ton) D = 20m, L = 1.30, E = (0.60+0.35)/2 = 0.48 V1 = 40m/분(전진1단) , V2 = 43m/분(후진1단) q0 = 5.50㎥ , e0 = 0.96(운반거리20m) qt = 5.50㎥*0.96 = 5.28 ㎥, f = 1/1.30 = 0.77 Cm = 20m/40m/분+20m/43m/분+0.25분 = 1.22분 Q = (60분*5.28㎥*0.77*0.48)/1.22분 = 95.97㎥/hr 4. 적재(타이어로우더,3.50㎥) q1 = 3.50㎥, L = 1.30 , f = 1/1.30 = 0.77 Es = 0.50 , K = 0.70 , t1 = 9초 t2 = 14초 , lo = 8m , m = 1.8초/m Cms = 1.8m*8m+9초+14초 = 37.4초 Q = (3600초*3.50㎥*0.70*0.77*0.50)/37.40초 = 90.79㎥/hr 5. 운반(덤프15Ton+자동덮개) T = 15Ton , rt = 1.90Ton/㎥ , E = 0.90 qt = 15Ton/1.90Ton/㎥*1.30 = 10.26㎥ N = 10.26㎥/(3.50㎥*0.70) = 4.19회 t1 = 37.40초*4.19회/(60분*0.50) = 5.22분 t2 = (0.01㎞/15+0.01㎞/20+0.05㎞/35㎞/hr*2)*60분 = 0.24분 t3 = 0.80분 , t4 = 0.42분, t5 = 0.50분 Cmt = 5.22분+0.24분+0.80분+0.42분+0.50분 = 7.18분 OH = (0.24분+0.80분+0.42분+0.50분)/7.18분 = 0.273 Q = 60분*10.26㎥*0.77*0.90/7.18분 = 59.42㎥/hr	 11-2 유압식리퍼 11-1 불도저 11-5 로우더 11-11 덤프트럭

번호	공 종	단위	단 가 산 출 기 준	비 고
c	연암 (ℓ = 60m이상)	㎥	1. 토취장사용료 또는 원상복구비는 부대공에서 일괄계상 2. 깍기(대규모발파,발파규모20㎥이상) 1) 화약운반비:0.310㎏ 2) 폭약(다이나마이트32㎜):0.310㎏ 3) 전기뇌관(3.5m):0.015개 4) 크롤라드릴(Button Bit,D32× 75㎜):0.0004개 5) 크롤라드릴(Rod,T38×3050㎜):0.0003개 6) 크롤라드릴(Shank Rod,T38× 380㎜):0.0003개 7) 크롤라드릴(Sleeve,D38):0.0007개 8) 화 약 공:0.004인 9) 보통인부:0.007인 3. 중기사용료 크롤라드릴(유압식,110㎾):0.012hr 4. 집토(도쟈32Ton) D = 20m, L = 1.40, E = 0.35 V1 = 40m/분(전진1단) , V2 = 43m/분(후진1단) q0 = 5.50㎥ , e0 = 0.96(운반거리20m) qt = 5.50㎥*0.96 = 5.28㎥, f = 1/1.40 = 0.71 Cm = 20m/40m/분+20m/43m/분+0.25분 = 1.22분 Q = (60분*5.28㎥*0.71*0.35)/1.22분 = 64.53㎥/hr 5. 적재(타이어로우더,3.50㎥) L = 1.40, f=1.00/1.40 = 0.71 q1 = 3.50㎥ , Es = 0.35 , K = 0.55 t1 = 9초, t2 = 14초, lo = 8m, m = 1.8초/m Cms = 1.8m*8m+9초+14초 = 37.4초 Q = (3600초*3.50㎥*0.55*0.71*0.35)/37.40초 = 46.05㎥/hr 6. 운반(덤프15Ton+자동덮개) T = 15Ton , rt = 2.30Ton/㎥ E = 0.90, qt = 15Ton/2.30Ton/㎥*1.40 = 9.13㎥ N = 9.13㎥/(3.50㎥*0.55) = 4.74회 t1 = 37.40초*4.74회/(60분*0.35) = 8.44분 t2 = (0.01㎞/15+0.01㎞/20+0.05㎞/35㎞/hr*2)*60분 = 0.24분 t3 = 0.80분 , t4 = 0.42분, t5 = 0.50분 Cmt = 8.44분+0.24분+0.80분+0.42분+0.50분 = 10.40분 OH = (0.24분+0.80분+0.42분+0.50분)/10.40분 = 0.188 Q = 60분*9.13㎥*0.71*0.90/10.40분 = 33.66㎥/hr	 3-1-2-바 암석절취 11-1 불도져 11-5 로우더 11-11 덤프트럭
d	경암 (ℓ = 60m이상)	㎥	1. 토취장사용료 또는 원상복구비는 부대공에서 일괄계상 2. 깍기(대규모발파,발파규모20㎥이상) 1) 화약운반비:0.310㎏ 2) 폭약(다이나마이트32㎜):0.310㎏	 3-1-2-바 암석절취

번호	공 종	단위	단 가 산 출 기 준	비 고
			3) 전기뇌관(3.5m):0.015개 4) 크롤라드릴(Button Bit,D32× 75㎜):0.0004개 5) 크롤라드릴(Rod,T38×3050㎜):0.0003개 6) 크롤라드릴(Shank Rod,T38× 380㎜):0.0003개 7) 크롤라드릴(Sleeve,D38):0.0007개 8) 화 약 공:0.004인 9) 보통인부:0.007인 3. 중기사용료 크롤라드릴(유압식,110㎾):0.012hr	
			4. 집토(도쟈32Ton) D = 20m, L = 1.85, E = 0.25 V1 = 40m/분(전진1단) , V2 = 43m/분(후진1단) q0 = 5.50㎥ , e0 = 0.96(운반거리20m) qt = 5.50㎥*0.96 = 5.28㎥, f = 1/1.85 = 0.54 Cm = 20m/40m/분+20m/43m/분+0.25분 = 1.22분 Q = (60분*5.28㎥*0.54*0.25)/1.22분 = 35.06㎥/hr	11-1 불도저
			5. 적재(타이어로우더,3.50㎥) L = 1.85, f=1.00/1.85 = 0.54 q1 = 3.50㎥ , Es = 0.25 , K = 0.55 t1 = 9초, t2 = 14초, lo = 8m, m = 1.8초/m Cms = 1.8m*8m+9초+14초 = 37.4초 Q = (3600초*3.50㎥*0.55*0.54*0.25)/37.40초 = 25.01㎥/hr	11-5 로우더
			6. 운반(덤프15Ton+자동덮개) T = 15Ton , rt = 2.60Ton/㎥ E = 0.90, qt = 15Ton/2.60Ton/㎥*1.85 = 10.67㎥ N = 10.67㎥/(3.50㎥*0.55) = 5.54회 t1 = 37.40초*5.54회/(60분*0.25) = 13.81분 t2 = (0.01㎞/15+0.01㎞/20+0.05㎞/35㎞/hr*2)*60분 = 0.24분 t3 = 0.80분 , t4 = 0.42분, t5 = 0.50분 Cmt = 13.81분+0.24분+0.80분+0.42분+0.50분 = 15.77분 OH = (0.24분+0.80분+0.42분+0.50분)/15.77분 = 0.124 Q = 60분*10.67㎥*0.54*0.90/15.77분 = 19.73㎥/hr	11-11 덤프트럭
1.08	사토처리			
a	토 사 (ℓ = 60m이상)	㎥	1. 적재(타이어로우더,3.50㎥) q1 = 3.50㎥, L=1.25, f=1/1.25=0.80, Es=0.60, K=1.00 t1 = 9초 , t2 = 14초 , lo = 8m , m = 1.8초/m Cms = 1.8m*8m+9초+14초 = 37.4초 Q = (3600초*3.50㎥*1.00*0.80*0.60)/37.40초 = 161.71㎥/hr	11-5 로우더

번호	공 종	단위	단 가 산 출 기 준	비 고
			2. 운반(덤프15Ton+자동덮개) T = 15Ton , rt = 1.60Ton/㎥ , E = 0.90 qt = 15Ton/1.60Ton/㎥*1.25 = 11.72㎥ N = 11.72㎥/(3.50㎥*1.00) = 3.35회 t1 = 37.40초*3.35회/(60분*0.60) = 3.48분 t2 = (0.01㎞/15+0.01㎞/20+0.05㎞/35㎞/hr*2)*60분 = 0.24분 t3 = 0.80분 , t4 = 0.42분, t5 = 0.50분 Cmt = 3.48분+0.24분+0.80분+0.42분+0.50분 = 5.44분 OH = (0.24분+0.80분+0.42분+0.50분)/5.44분 = 0.360 Q = 60분*11.72㎥*0.80*0.90/5.44분 = 93.07㎥/hr 3. 고르기(불도우저32Ton) D = 20m , L = 1.25 , f = 1.00/1.25 = 0.80 E = (0.70+0.60)/2 = 0.65 , q0 = 5.50㎥ V1 = 70m/분(전진3단) , V2 = 78m/분(후진3단) e0 = 0.96(운반거리20m), q1 = 5.50㎥*0.96 = 5.28㎥ Cm = 20m/70m/분+20m/78m/분+0.25분 = 0.79분 Q1 = (60분*5.28㎥*0.80*0.65)/0.79분 = 208.53㎥/hr Q = 208.53㎥/hr/(1/3(작업의 제한요소가 적으므로)) = 625.59㎥/hr	11-11 덤프트럭 11-1 불도져
b	풍화암 (ℓ = 60m이상)	㎥	1. 적재(타이어로우더,3.50㎥) q1 = 3.50㎥, L = 1.30, f = 1.00/1.30 = 0.77 Es = 0.50 , K = 0.70 t1 = 9초 , t2 = 14초 , lo = 8m , m = 1.8초/m Cms = 1.8m*8m+9초+14초 = 37.4초 Q = (3600초*3.50㎥*0.70*0.77*0.50)/37.40초 = 90.79㎥/hr 2. 운반(덤프15Ton+자동덮개) T = 15Ton , rt = 1.90Ton/㎥ , E = 0.90 qt = 15Ton/1.90Ton/㎥*1.30 = 10.26㎥ N = 10.26㎥/(3.50㎥*0.70) = 4.19회 t1 = 37.40초*4.19회/(60분*0.50) = 5.22분 t2 = (0.01㎞/15+0.01㎞/20+0.05㎞/35㎞/hr*2)*60분 = 0.24분 t3 = 0.80분 , t4 = 0.42분, t5 = 0.50분 Cmt = 5.22분+0.24분+0.80분+0.42분+0.50분 = 7.18분 OH = (0.24분+0.80분+0.42분+0.50분)/7.18분 = 0.273 Q = 60분*10.26㎥*0.77*0.90/7.18분 = 59.42㎥/hr 3. 고르기(불도우저32Ton) D = 20m , L = 1.30 , f = 1.00/1.30 = 0.77 E = (0.60+0.35)/2 = 0.48 , q0 = 5.50㎥ V1 = 70m/분(전진3단) , V2 = 78m/분(후진3단) e0 = 0.96(운반거리20m) , q1 = 5.50㎥*0.96 = 5.28㎥ Cm = 20m/70m/분+20m/78m/분+0.25분 = 0.79분 Q1 = (60분*5.28㎥*0.77*0.48)/0.79분 = 148.21㎥/hr Q = 148.21㎥/hr/(1/3(작업의 제한요소가 적으므로)) = 444.63㎥/hr	11-5 로우더 11-11 덤프트럭 11-1 불도져

번호	공 종	단위	단 가 산 출 기 준	비 고
c	연암 (ℓ = 60m 이상)	㎥	1. 적재(타이어로우더,3.50㎥) L = 1.40, f = 1.00/1.40 = 0.71 q1 = 1.72㎥, Es = 0.35 , K = 0.55 t1 = 9초 , t2 = 14초 , lo = 8m , m = 1.8초/m Cms = 1.8m*8m+9초+14초 = 37.4초 Q = (3600초*3.50㎥*0.55*0.71*0.35)/37.40초 = 46.05㎥/hr 2. 운반(덤프15Ton+자동덮개) T = 15Ton , rt = 2.30Ton/㎥ E = 0.90, qt = 15Ton/2.30Ton/㎥*1.40 = 9.13㎥ N = 9.13㎥/(3.50㎥*0.55) = 4.74회 t1 = 37.40초*4.74회/(60분*0.35) = 8.44분 t2 = (0.01㎞/15+0.01㎞/20+0.05㎞/35㎞/hr*2)*60분 = 0.24분 t3 = 0.80분 , t4 = 0.42분, t5 = 0.50분 Cmt = 8.44분+0.24분+0.80분+0.42분+0.50분 = 10.40분 OH = (0.24분+0.80분+0.42분+0.50분)/10.40분 = 0.188 Q = 60분*9.13㎥*0.71*0.90/10.401분 = 33.66㎥/hr 3. 고르기(불도우저32Ton) D = 20m , L = 1.40 f = 1.00/1.40 = 0.71 , E = 0.35 , q0 = 5.50㎥ V1 = 70m/분(전진3단) , V2 = 78m/분(후진3단) e0 = 0.96(운반거리20m) , q1 = 5.50㎥*0.96 = 5.28㎥ Cm = 20m/70m/분+20m/78m/분+0.25분 = 0.79분 Q1 = (60분*5.28㎥*0.71*0.35)/0.79분 = 99.65㎥/hr Q = 99.65㎥/hr/(1/3(작업의 제한요소가 적으므로)) = 298.95㎥/hr	11-5 로우더 11-11 덤프트럭 11-1 불도져
d	경암 (ℓ = 60m이상)	㎥	1. 적재(타이어로우더,3.50㎥) L = 1.85, f = 1.00/1.85 = 0.54 q1 = 3.50㎥, Es = 0.25 , K = 0.55 t1 = 9초 , t2 = 14초 , lo = 8m , m = 1.8초/m Cms = 1.8m*8m+9초+14초 = 37.4초 Q = (3600초*3.50㎥*0.55*0.54*0.25)/37.40초 = 25.01㎥/hr 2. 운반(덤프15Ton+자동덮개) T = 15Ton , rt = 2.60Ton/㎥ E = 0.90, qt = 15Ton/2.60Ton/㎥*1.85 = 10.67㎥ N = 10.67㎥/(3.50㎥*0.55) = 5.54회 t1 = 37.40초*5.54회/(60분*0.25) = 13.81분 t2 = (0.01㎞/15+0.01㎞/20+0.05㎞/35㎞/hr*2)*60분 = 0.24분 t3 = 0.80분 , t4 = 0.42분, t5 = 0.50분 Cmt = 13.81분+0.24분+0.80분+0.42분+0.50분 = 15.77분 OH = (0.24분+0.80분+0.42분+0.50분)/15.77분 = 0.124 Q = 60분*10.67㎥*0.54*0.90/15.77분 = 19.73㎥/hr	11-5 로우더 11-11 덤프트럭

번호	공　　종	단위	단 가 산 출 기 준	비　고
			3. 고르기(불도우저32Ton) D = 20m , L = 1.85 f = 1.00/1.85 = 0.54 , E = 0.25 , q0 = 5.50㎥ V1 = 70m/분(전진3단) , V2 = 78m/분(후진3단) e0 = 0.96(운반거리20m) , q1 = 5.50㎥*0.96 = 5.28㎥ Cm = 20m/70m/분+20m/78m/분+0.25분 = 0.79분 Q1 = (60분*5.28㎥*0.54*0.25)/0.79분 = 54.14㎥/hr Q = 54.14㎥/hr/(1/3(작업의 제한요소가 적으므로)) = 162.42㎥/hr	11-1 불도저
1.09	노면고르기			
a	노면고르기 (토 사)	㎡	1. 적용 : 본선 및 지축구간 요철개소 정지 및 고르기 2. 중기사용료(불도저+유압식리퍼 32Ton) D = 50m, L = 1.25 , E = 0.65 An = 0.60(3본) , f = 1.00 , H = 0.20m Cm = (0.05*50m)+0.25분 = 2.75분 Q = (60분*0.60*50m*0.65)/(2.75분*0.20m) = 2127.27㎡/hr	11-1 불도저
1.10	토공규준틀 설치			
a	비탈규준틀	개	1. 판재(t=1.2㎝,B=12㎝,L=4m) ∴ 수량계산:(0.012m*0.12m*4m)*50%(손율) = 0.0029㎥ 2. 말뚝(말구6㎝,L=1.8m,2본) ∴ 수량계산:(0.06m*0.06m)*3.14*1/4*1.8m*2본*50%(손율) = 0.0051㎥ 3. 철못(N75):0.03㎏ 4. 건축목공:0.20인 5. 보통인부:0.20인	2-3-1 비탈규준틀
b	수평규준틀	개	1. 육송(각재) ∴ 수량계산:0.014㎥*80%(손율) = 0.0112㎥ 2. 철못(N75):0.03㎏ 3. 건축목공:0.15인 4. 보통인부:0.30인	2-3-2 수평규준틀
1.11	강화노반			
a	보조도상깔기 (쇄석자갈 D31.5㎜ 이하)	㎥	1. 작업조건 ∴ 1일당 시공량:550㎥/일 ∴ 시간당시공량:550㎥/일/8hr/일 = 68.75㎥/hr 2. 쇄석골재운반:1.04㎥(할증) 3. 인건비 1) 특별인부:1인/일/8hr/일/68.75㎥/hr = 0.0018인/㎥ 2) 보통인부:2인/일/8hr/일/68.75㎥/hr = 0.0036인/㎥ 4. 기계사용료 1) 모우터그레이더(3.6m):68.75㎥/hr 2) 타이어로울러(8~15ton):68.75㎥/hr	12-2-2-3-다 보조기층

번호	공 종	단위	단 가 산 출 기 준	비 고
			3) 진동로울러(자주식,10ton):68.75㎥/hr 4) 물탱크(16,000ℓ):68.75㎥/hr	
b	입도조정층 (쇄석자갈 D125㎜ 이하)	㎥	1. 작업조건 ∴ 1일당 시공량:500㎥/일 ∴ 시간당시공량:500㎥/일/8hr/일 = 62.50㎥/hr 2. 쇄석골재운반:1.04㎥(할증) 3. 인건비 1) 특별인부:1인/일/8hr/일/62.50㎥/hr = 0.002인/㎥ 2) 보통인부:2인/일/8hr/일/62.50㎥/hr = 0.004인/㎥ 4. 기계사용료 1) 모우터그레이더(3.6m):62.50㎥/hr 2) 타이어로울러(8~15ton):62.50㎥/hr 3) 진동로울러(자주식,10ton):62.50㎥/hr 4) 물탱크(16,000ℓ):62.50㎥/hr	12-2-3-3 입도조정층
c	시멘트처리된 보조도상 (쇄석자갈, D31.5㎜이하)	㎥	1. 쇄석자갈 구입 및 운반 : 1.04㎥(할증) 2. 시멘트수량산출:1700kg/㎥*3% = 51kg/㎥ 3. 콘크리트 믹서 사용료(0.45㎥) q1= 0.45㎥, E = 0.8, Cm = 4분 Q = 60분/4분*0.45㎥*0.8 = 5.4㎥/hr 4. 타설인건비(보통인부) : 0.13인 5. 다짐 1) 진동로울러(자주식 10ton) V = 4㎞/hr , W = 1.90m , E = 0.60 f = 1.00 , N2 = 8회 , H = 0.10m Q = (1000*4㎞/hr*1.90m*0.10m*0.60*1.00)/8회 = 57㎥/hr 2) 타이어로울러(8 ~ 15ton) V = 2.5㎞/hr, W = 1.80m , E = 0.60 f = 1.00 , N3 = 4회 , H = 0.10m Q = (1000*2.5㎞/hr*1.80m*0.10m*0.60*1.00)/4회 = 67.5㎥/hr	11-25 콘크리트믹서 11-12 로울러
1.12	배수시설			
a	유공관 설치 (T.H.P Pipe, D200㎜)	m	1. 재료비(THP관,D200㎜):1.02m 2. 설치비 1) 배 관 공:0.022인/본/4m/본 = 0.0055인/m 2) 특별인부:0.022인/본/4m/본 = 0.0055인/m	19-13-1 관부설및접합
b	부직포설치 (200g/㎡)	㎡	1. 재 료 비 1) 부직포(200g/㎡):1.05㎡ 2) 잡재료비(재료비의 2%) 2. 설치비(보통인부):0.0015인	5-13 매트부설

번호	공 종	단위	단 가 산 출 기 준	비 고
c	유공관막돌채움 (잡석)	㎥	1. 잡석구입 및 운반:1.04㎥(할증) 2. 뒷잡석채움 1) 잡석채움(굴삭기 0.70㎥, 90% 적용) q1 = 0.70㎥, f = 1, E = (0.65+0.45)/2 = 0.55 k = 0.70, Cm = 18초(90°선회) Q1 = (3600초*0.70㎥*0.70*1.0*0.55)/18초 = 53.90㎥/hr Q = 53.90㎥/hr/90% = 59.89㎥/hr 2) 인력채움(10% 적용) 보통인부:(0.50인+0.80인)/2*10% = 0.065인	 11-3 굴삭기 5-1-1 기초다짐 및 뒷채움
2	**비탈면 안전공**			
2.01	**비탈면 보호공**			
a	비탈면 고르기			
a-1	풍화암 면고르기	㎡	1. 절토면고르기(보통인부):0.19인/10㎡ = 0.019인/㎡ 2. 기계사용료(굴삭기 0.70㎥) Q = 0.45hr/10㎡ = 0.045hr/㎡	3-3-1 절토면고르기
a-2	연암 면고르기	㎡	1. 절토면고르기(보통인부) - 0.46인/㎡/10㎡ = 0.046인/㎡ 2. 기계사용료 1) 공기압축기(3.5㎥/min) - 1.25hr/㎡/10㎡ = 0.125hr/㎡ 2) 소형브레이커(1.0㎥/min) - 2.45hr/㎡/10㎡ = 0.245hr/㎡ 3) 에어호스(D19.1㎜) - 1.25hr/㎡/10㎡ = 0.125hr/㎡	3-3-1 절토면고르기
a-3	경암 면고르기	㎡	1. 절토면고르기(보통인부) - 0.61인/㎡/10㎡ = 0.061인/㎡ 2. 기계사용료 1) 공기압축기(3.5㎥/min) - 1.55hr/㎡/10㎡ = 0.155hr/㎡ 2) 소형브레이커(1.0㎥/min) - 3.05hr/㎡/10㎡ = 0.305hr/㎡ 3) 에어호스(D19.1㎜) - 1.55hr/㎡/10㎡ = 0.155hr/㎡	3-3-1 절토면고르기
b	떼입히기			
b-1	줄떼붙임	㎡	1. 떼구입비(300× 300× 30㎜) - 11매*1.10(할증)/3 = 4.03 매 2. 소운반비(지게 100m,1회운반 30매) V = 2500m/hr, T=450분, t1=1.5분, L=100m, M=30매 N = (2500m/hr*450분)/(120*100m+2500m/hr*1.5분) = 71.43회/인 보통인부:1인/(71.43회/인*30매)*11매*1.10(할증) = 0.006인	 9-3 지게운반

번호	공 종	단위	단 가 산 출 기 준	비 고
			3. 면고르기(보통인부):(0.019인+0.017인)/2=0.018인 4. 떼 붙 임(보통인부):(0.040인+0.050인)/2=0.045인	3-3-2 성토면고르기
b-2	평떼붙임	㎡	1. 떼구입비(300× 300× 30㎜) - 11매*1.10(할증) = 12.10 매 2. 소운반비(지게 100m,1회운반 10매) V = 2500m/hr, T=450분, t1=1.5분, L=100m, M=10매 N = (2500m/hr*450분)/(120*100m+2500m/hr*1.5분) = 71.43회/인 보통인부:1인/(71.43회/인*10매)*11매*1.10(할증) = 0.017인 3. 면고르기 1) 보통인부:0.005인 2) 굴삭기(0.7㎥):0.015hr 4. 떼붙임(보통인부):(0.050인+0.070인)/2=0.060인 5. 떼꼬치(보통인부):1인/㎡*22개/1000개=0.022인	 9-3 지게운반 3-3-1 절토면고르기 4-1떼붙임
c c-1	코어네트 코어네트 (흙쌓기부)	 ㎡	 1. 재료비 1) 코어네트(D5× 20× 20㎜):1.10㎡ 2) 앙카핀(D16× 300㎜):0.50본 3) 착지핀(D16× 300㎜):1.00본 4) 네트보호판(D21× 60× 2㎜):0.50본 2. 인건비 1) 작업반장:0.001인 2) 특별인부:0.018인 3) 보통인부:0.028인 3. Seed Spray 살포(2회) 1) 재료비 종자(혼합종자):0.025kg*2회 = 0.05kg 비료(복합종자):0.100kg 피복제(제지펄프):0.180kg*2회 = 0.36kg 침식방지안정제:0.100kg 색 소:0.002kg*2회 = 0.004kg 2) 인건비 특별인부:0.0007인*2회 = 0.0014인 보통인부:0.0007인*2회 = 0.0014인 3) 기계사용료 펌프(D50mm):0.0032hr*2회 = 0.0064hr 종자살포기(3000ℓ):0.0037hr*2회 = 0.0074hr 덤프트럭(4.5ton):0.0037hr*2회 = 0.0074hr	 견적단가 4-1-3-1 초류 종자살포공
c-2	코어네트 (땅깎기부)	㎡	1. 재료비 1) 코어네트(D5× 20× 20㎜):1.10㎡ 2) 앙카핀(D16× 300㎜):0.50본 3) 착지핀(D16× 300㎜):1.00본 4) 네트보호판(D21× 60× 2㎜):0.50본	견적단가

번호	공　　종	단위	단 가 산 출 기 준	비 고
			2. 인건비 1) 작업반장:0.001인 2) 특별인부:0.020인 3) 보통인부:0.050인 3. Seed Spray 살포(2회) 1) 재료비 종자(혼합종자):0.025kg*2회 = 0.05kg 비료(복합종자):0.100kg 피복제(제지펄프):0.180kg*2회 = 0.360kg 침식방지안정제:0.100kg 색　소:0.002kg*2회 = 0.004kg 2) 인건비 특별인부:0.0007인*2회 = 0.0014인 보통인부:0.0007인*2회 = 0.0014인 3) 기계사용료 펌프(D50mm):0.0032hr*2회 = 0.0064hr 종자살포기(3000 ℓ):0.0037hr*2회 = 0.0074hr 덤프트럭(4.5ton):0.0037hr*2회 = 0.0074hr	 4-1-3-1 초류 종자살포공
d d-1	암절개면 보호식재공 녹생토 (토사,기울기1:1이하, T = 50mm)	 ㎡	 1. 앵커핀 및 착지핀 홀 천공 1) 발전기(50㎾):0.017hr 2) 착 암 공:0.011인 3) 보통인부:0.011인 2. 앵커핀 및 착지핀 설치 1) 앵커핀(이형철근,D16㎜, ℓ = 0.50m):0.11개 2) 착지핀(이형철근,D16㎜, ℓ = 0.35m):0.50개 3) 특별인부:0.005인 4) 보통인부:0.005인 3. 부착망 설치 1) 부착망(D3.2㎜,58× 58㎜,PVC코팅):1.30㎡ 2) 철선(#8, PVC코팅):0.80m 3) 작업반장:0.005인 4) 특별인부:0.020인 5) 보통인부:0.020인 4. 취 부 공 1) 녹생토(비탈면녹화용):0.055㎥ 2) 종자(잔디및혼합종자):60g 3) 취부기(25 ℓ):0.045hr 4) 공기압축기(21㎥/min):0.045hr 5) 발전기(50㎾):0.045hr 6) 트럭탑재형크레인(5Ton):0.052hr 7) 물탱크(5500 ℓ):0.045hr 8) 덤프트럭(6Ton):0.045hr	 4-7 암절개면 보호식재공

번호	공 종	단위	단 가 산 출 기 준	비 고
			9) 작업반장:0.005인 10) 특별인부:0.022인 11) 기 계 공:0.005인 12) 보통인부:0.038인 5. 잡재료비(재료비의 3% 적용) 6. 공구손료(노무비의 2% 적용)	
d-2	녹생토 (풍화암,기울기1:1 내외, T = 70mm)	㎡	1. 앵커핀 및 착지핀 홀 천공 1) 발전기(50㎾):0.019hr 2) 착 암 공:0.012인 3) 보통인부:0.012인 2. 앵커핀 및 착지핀 설치 1) 앵커핀(이형철근,D16㎜, ℓ = 0.50m):0.23개 2) 착지핀(이형철근,D16㎜, ℓ = 0.35m):0.50개 3) 특별인부:0.006인 4) 보통인부:0.006인 3. 부착망 설치 1) 부착망(D3.2㎜,58×58㎜,PVC코팅):1.30㎡ 2) 철선(#8, PVC코팅):1.30m 3) 작업반장:0.005인 4) 특별인부:0.020인 5) 보통인부:0.020인 4. 취 부 공 1) 녹생토(비탈면녹화용):0.077㎥ 2) 종자(잔디및혼합종자):84g 3) 취부기(25ℓ):0.060hr 4) 공기압축기(21㎥/min):0.060hr 5) 발전기(50㎾):0.060hr 6) 트럭탑재형크레인(5Ton):0.070hr 7) 물탱크(5500ℓ):0.060hr 8) 덤프트럭(6Ton):0.060hr 9) 작업반장:0.006인 10) 특별인부:0.027인 11) 기 계 공:0.006인 12) 보통인부:0.052인 5. 잡재료비(재료비의 3% 적용) 6. 공구손료(노무비의 2% 적용)	4-7 암절개면 보호식재공
d-3	녹생토 (연암,기울기 1:0.7 내외, T = 100mm)	㎡	1. 앵커핀 및 착지핀 홀 천공 1) 발전기(50㎾):0.019hr 2) 착 암 공:0.012인 3) 보통인부:0.012인 2. 앵커핀 및 착지핀 설치 1) 앵커핀(이형철근,D16㎜, ℓ = 0.50m):0.23개 2) 착지핀(이형철근,D16㎜, ℓ = 0.35m):0.50개 3) 특별인부:0.006인 4) 보통인부:0.006인 3. 부착망 설치 1) 부착망(D3.2㎜,58× 58㎜,PVC코팅):1.30㎡ 2) 철선(#8,PVC코팅):1.30m 3) 작업반장:0.005인 4) 특별인부:0.020인 5) 보통인부:0.020인	4-7 암절개면 보호식재공

번호	공 종	단위	단 가 산 출 기 준	비 고
			4. 취 부 공 1) 녹생토(비탈면녹화용):0.110㎥ 2) 종자(잔디및혼합종자):120g 3) 취부기(25ℓ):0.080hr 4) 공기압축기(21㎥/min):0.080hr 5) 발전기(50㎾):0.080hr 6) 트럭탑재형크레인(5Ton):0.090hr 7) 물탱크(5500ℓ):0.080hr 8) 덤프트럭(6Ton):0.080hr 9) 작업반장:0.008인 10) 특별인부:0.035인 11) 기 계 공:0.008인 12) 보통인부:0.070인 5. 잡재료비(재료비의 3% 적용) 6. 공구손료(노무비의 2% 적용)	
d-4	녹생토 (경암,기울기 1:0.5 내외, T = 150mm)	㎡	1. 앵커핀 및 착지핀 홀 천공 1) 발전기(50㎾):0.026hr 2) 착 암 공:0.016인 3) 보통인부:0.016인 2. 앵커핀 및 착지핀 설치 1) 앵커핀(이형철근,D16㎜, ℓ = 0.50m):0.46개 2) 착지핀(이형철근,D16㎜, ℓ = 0.35m):0.50개 3) 특별인부:0.008인 4) 보통인부:0.008인 3. 부착망 설치 1) 부착망(D3.2㎜,58× 58㎜,PVC코팅):1.30㎡ 2) 철선(#8, PVC코팅):1.70m 3) 작업반장:0.005인 4) 특별인부:0.020인 5) 보통인부:0.020인 4. 취 부 공 1) 녹생토(비탈면녹화용):0.165㎥ 2) 종자(잔디및혼합종자):180g 3) 취부기(25ℓ):0.10hr 4) 공기압축기(21㎥/min):0.10hr 5) 발전기(50㎾):0.10hr 6) 트럭탑재형크레인(5Ton):0.12hr 7) 물탱크(5500ℓ):0.10hr 8) 덤프트럭(6Ton):0.10hr 9) 작업반장:0.011인 10) 특별인부:0.046인 11) 기 계 공:0.011인 12) 보통인부:0.093인 5. 잡재료비(재료비의 3% 적용) 6. 공구손료(노무비의 2% 적용)	4-7 암절개면 보호식재공
e	씨앗뿜어붙이기 (초류종자)	㎡	1. 재료비 1) 종자(초류종자):0.025㎏ 2) 비료(복합비료):0.100㎏ 3) 피복제(Fiber):0.180㎏ 4) 침식방지안정제(합성접착제):0.10㎏ 5) 색 소:0.002㎏ 2. 살포공 1) 특별인부:0.0007인	4-1-3-1 초류종자살포공

번호	공 종	단위	단 가 산 출 기 준	비 고
			2) 보통인부:0.0007인 3. 기계사용료 1) 펌프(D50mm):0.0032hr 2) 덤프트럭(4.5Ton):0.0037hr 3) 종자살포기(3000ℓ):0.0037hr	
f	거적덮기	㎡	1. 재료비 1) 종자(초류종자):0.025㎏ 2) 비료(복합비료):0.100㎏ 3) 피복제(Fiber):0.180㎏ 4) 침식방지안정제(합성접착제):0.10㎏ 5) 색 소:0.002㎏ 2. 살포공 1) 특별인부:0.0007인 2) 보통인부:0.0007인 3) 종자살포기(3000ℓ):0.0037hr 3. 거적덮기 1) 거적(1×2 0m):1.10㎡ 2) 앵커핀(이형철근,D16㎜, ℓ = 0.30m):0.60개 3) 착지핀(이형철근,D16㎜, ℓ = 0.30m):0.50개 4) 매트고정판(80×80×30㎜):0.60개 5) 비닐끈(3㎜):1.50m 6) 특별인부:0.0015인 7) 보통인부:0.0023인	4-1-3-2 초류종자살포공
g	덩굴식물식재 (줄사철, 등나무)	주	1. 조건 1) 근원직경에 의한 식재(4cm 이하) 2) 지주목을 세우지 않을 때는 인력품의 20%를 감한다. 3) 식재시 객토를 할 경우에는 식재품을 10%까지 가산. 2. 운반비(덤프트럭 8톤, 10km이내) 1) 적재 및 적하 - 적재횟수:(195주/대)/(5주/묶음)=39회/대 - 묶기, 회전, 풀기:30초/회*39회/대=1170초/대 - 계:(1170초/대+1170초/대+1170초/대)/60초=59분/대 2) 운반비 q1=195주/대, f=1.00, E=0.90, t1=59분/대(적재) t3=59분/대(적하), t4=0.42분/대 t2=(10km/35km/hr+10km/35km/hr)*60분=34.29분/대 Cm=59분/대+34.29분/대+59분/대+0.42분/대=152.71분/대 OH=(34.29분/대+0.42분/대)/152.71분/대=0.227 Q=152.71분/대/(60분*1.00*0.90)/195주/대=0.015hr/주 3) 하차비(트럭탑재형크레인,2ton) q0=5주/묶음, f=1.00, E=0.50, t1=t2=t3=30초/회 Cm=30초/회+30초/회+30초/회=90초/회 Q=90초/회/(3600초*1.00*0.50)/5주/묶음=0.01hr/주 4) 인건비 보통인부:1인/7.5hr*0.01hr/주=0.0013인 3. 재료비 - 줄사철, 등나무 등 : 1주 4. 식재비 1) 조 경 공:0.11인*80/100 = 0.088인 2) 보통인부:0.07인*80/100 = 0.056인 3) 객 토:식재품의 10% 5. 퇴비	4-4-3 근원직경에 의한 식재

번호	공 종	단위	단 가 산 출 기 준	비 고
			1) 보통인부:0.000125인/kg*12.8kg = 0.0016인 2) 특별인부:0.000125인/kg*12.8kg = 0.0016인 6. 앵커 및 인계철선 설치 - 노무비의 10%	
2.02 a a-1	**구조물보호공** 비탈면돌붙임 돌붙임(찰붙임, 뒷길이 0.35m)	m²	1. 깬돌운반(골재구입):0.35m³ ∴ 깬돌채집인 경우:보통인부 0.17인 계상 2. 깬돌부설(굴삭기 1.00m³) q0 = 1.00m³ , f = 1/1.17 = 0.85 , E = 0.45 k = 0.55 , Cm = 19초(90°선회) Q1 = (3600초*1.00m³*0.55*0.85*0.45)/19초 = 39.86m³/hr Q = 39.86m³/hr/0.35m = 113.89m²/hr 3. 돌붙임(기계70%+인력30%적용) 1) 노무비(인력30% 적용) 석 공:0.20인*30% = 0.06인 보통인부:0.20인*30% = 0.06인 2) 다짐(굴삭기 1.00m³,기계70% 적용) - 법면다짐판(플레이트규격,80×80cm) ∴ 작업량:22.7m²/hr/70% = 32.43m²/hr 4. 줄눈모르터(1:3):0.009m³ 5. 비탈면콘크리트타설:0.16m³ 6. 기초잡석깔기:0.50m³ 7. 배수파이프설치(D50mm):0.50m	11-3 굴삭기 7-4 돌붙임 11-19 법면다짐기
a-2	돌붙임(메붙임, 뒷길이 0.35m)	m²	1. 깬돌운반(골재구입):0.35m³ ∴ 깬돌채집인 경우:보통인부 0.17인 계상 2. 깬돌부설(굴삭기 1.00m³) q0 = 1.00m³ , f = 1/1.17 = 0.85 , E = 0.45 k = 0.55 , Cm = 19초(90°선회) Q1 = (3600초*1.00m³*0.55*0.85*0.45)/19초 = 39.86m³/hr Q = 39.86m³/hr/0.35m = 113.89m²/hr 3. 돌붙임(기계70%+인력30%적용) 1) 노무비(인력30% 적용) 석 공:0.25인*30% = 0.075인 보통인부:0.20인*30% = 0.060인 2) 다짐(굴삭기 1.00m³,기계70% 적용) - 법면다짐판(플레이트규격,80 × 80cm) ∴ 작업량:22.7m²/hr/70% = 32.43m²/hr 4. 고임돌 설치:0.12m³ 5. 틈메우기돌 설치:0.12m³*15% = 0.0180m³	11-3 굴삭기 7-4 돌붙임 11-19 법면다짐기 7-5 고임돌
a-3	돌붙임기초설치 (기울기 1:1.8)	m	1. 터파기(인력,토사):1.625m³(설계수량) 2. 되메우기(인력,토사):0.981m³(설계수량) 3. 무근콘크리트타설:0.210m³(설계수량) 4. 거푸집(합판4회):0.744m²(설계수량)	
b b-1	비탈면 콘크리트붙임 비탈면 콘크리트붙임 (기울기 1:1.2~1:1.8, T = 0.20m)	m²	1. 비탈면콘크리트타설:0.20m³(설계수량) 1) 콘크리트공:0.19인*0.20m²=0.038인/m² 2) 보통인부:0.13인*0.20m²=0.026인/m² 3) 콘크리트 펌프차(21m,65~75m³/hr) =0.17hr/m³*0.20m=0.034hr/m²	6-1-3 비탈면구조물 콘크리트타설

번호	공 종	단위	단 가 산 출 기 준	비 고
			2. 거푸집(합판4회):0.80㎡(설계수량) 3. 배수공(Pvc Pipe D50mm):0.20m(설계수량) 4. 철근가공조립(간단):설계수량(필요시 적용)	
b-2	비탈면콘크리트붙임 (기울기 1:1.2보다 급한경우,T=0.20m)	㎡	1. 콘크리트공:0.29인/㎥*0.20m = 0.058인/㎡ 2. 보통 인부:0.19인/㎥*0.20m = 0.038인/㎡ 3. 콘크리트펌프카(21m,65~75㎥/hr):0.26hr/㎥*0.20m = 0.052hr/㎡ 4. 거푸집(합판4회):0.80㎡(설계수량) 5. 배수공(Pvc Pipe D50mm):0.20m(설계수량) 6. 철근가공조립(간단):설계수량	6-1-3 비탈면구조물 콘크리트타설
c	비탈면콘크리트블럭 설치			
c-1	비탈면콘크리트블럭 설치(인력,중량50kg 미만, H = 15m이하)	㎡	1. 재료비(시중물가지중 낮은 금액 적용) 2. 특별인부:0.094인 3. 보통인부:0.110인	3-4-1 비탈면 프리케스트 콘크리트 블럭설치
c-2	비탈면콘크리트블럭 설치(기계,중량50kg 이상, H = 15m이상)	㎡	1. 재료비(시중물가지중 낮은 금액 적용) 2. 특별인부:0.083인 3. 보통인부:0.093인 4. 타이어크레인(15Ton):0.090hr	3-4-1 비탈면 프리케스트 콘크리트 블럭설치
d	비탈면 P.E 블록 설치 (기울기1:1.0~1:1.5)	㎡	1. 재료비(시중물가지중 낮은 금액 적용) 2. 작업반장:0.005인 3. 특별인부:0.065인 4. 보통인부:0.100인	3-4-2 합성수지법면 보호블럭설치
e	숏크리트 뿜어붙이기 (T = 100mm)	㎡	1. 작업시간 1) 작업준비:10분 2) 면 정 리:10㎡/64㎡/hr*60 = 9.38분 3) 뿜어붙이기 q = 5㎥/hr , E = 0.55 , los = 30% Qa = 5㎥/hr*0.55*(1-0.3) = 1.92㎥/hr Q = 1㎥/1.92㎥/hr*60분 = 31.25분 4) 손실량제거 및 기타:20분 5) 장비 점검 및 기타:10분 6) 숏크리트 싸이클 타임 Cm = 10분+9.38분+31.25분+20분+10분 = 80.63분 2. 재료비 1) 시멘트구입및운반 ∴ 수량산출:(380kg/㎥*1/(1-0.30(손실율)))*0.10㎥ = 54.286kg 2) 모래구입 및 운반 ∴ 수량산출:(1092kg*1.12(할증)*1/1600kg/㎥* 1/(1-0.30(손실율)))*0.10㎥ = 0.109㎥ 3) 자갈구입 및 운반 ∴ 수량산출:(742kg*1.05(할증)*1/1700kg/㎥* 1/(1-0.30(손실율)))*0.10㎥ = 0.065㎥ 4) 급결제(시멘트의 4%):54.286kg*4% = 2.17kg	15-3-1 터널싸이클 타임 숏크리트

번호	공 종	단위	단 가 산 출 기 준	비 고
			3. 숏크리트 타설인건비 ∴ 수량산출:1인*(80.63분/480분/조)*0.10㎥ = 0.0168인 1) 노즐공(콘크리트공):0.0168인 2) 노즐공조수(특별인부):0.0168인 3) 기 계 공:0.0168인 4) 작업반장:0.0168인 5) 보통인부:0.0168*2=0.0336인 4. 중기사용료 1) Aliva 260손료:(31.25분/60분)*0.10㎥ = 0.052hr 2) 공기압축기(600 C.F.M) ∴ (31.25분/60분)*0.10㎥ = 0.052hr 3) 콘크리트 믹서(0.30㎥) q0 = 0.30㎥ , E = 0.80 , T0 = 4분(재료 혼합시간) Qm = 60분/4분*0.30㎥*0.80 = 3.6㎥/hr Q1 = 0.10㎥/(1-0.3)/3.60㎥/hr = 0.039hr 4) 발전기(125㎾):(31.25분/60분)*0.10㎥ = 0.052hr 5) 굴삭기(0.20㎥):(31.25분/60분)*0.10㎥ = 0.052 hr 6) 트럭탑재형크레인(5Ton):0.052hr*2 = 0.104hr 7) 물탱크(5500ℓ):(31.25분/60분)*0.10㎥ = 0.052hr 8) 취부기(18.65㎾):(31.25분/60분)*0.10㎥ = 0.052hr	
f f-1	비탈면앵커공 어스앵커공 (ℓ = 10m기준)	 공	 1. 토사 천공 시간당 작업능력(D105㎜):3.05m/hr 1) 중기사용료 크로울러드릴(17㎥/분):3.05m/hr 공기 압축기(600c.f.m):3.05m/hr 에어호스(D59.1㎜):3.05m/hr 2) 천 공 품 중급기술자:0.036인 보 링 공:0.106인 보통 인부:0.071인 3) 소모기구 재료비 Three Cone Bit 소모율(D105㎜) ∴ 1개/200m = 0.005개/m 4) 케이싱손료(탄소강관 20회 유용으로 봄) 재료비:1m/20회 = 0.05m/회 제작비(재료비의 40%) 2. 풍화암 천공 시간당 작업능력(D105㎜):3.38m/hr 1) 중기사용료 크로울러드릴(17㎥/분):3.38m/hr 공기 압축기(600c.f.m):3.38m/hr 에어호스(D59.1㎜):3.38m/hr	 5-3-4 어스앙카공법

번호	공 종	단위	단 가 산 출 기 준	비 고
			2) 천 공 품 중급기술자:0.029인 보 링 공:0.087인 보통 인부:0.058인 3) 소모기구 재료비 Button Bit 소모율(D105㎜)1개/400m = 0.0025개/m 3. 연암천공 시간당 작업능력(D105mm):2.85m/hr 1) 중기사용료 크로울러드릴(17㎥/분):2.85m/hr 공기 압축기(600c.f.m):2.85m/hr 에어호스(D59.1㎜):2.85m/hr 2) 천 공 품 중급기술자:0.036인 보 링 공:0.103인 보통 인부:0.069인 3) 소모기구 재료비 Button Bit 소모율(D105㎜):1개/150m = 0.0067개/m 4. 경암천공 시간당 작업능력(D105㎜):2.06m/hr 1) 중기사용료 크로울러드릴(17㎥/분):2.06m/hr 공기 압축기(600c.f.m):2.06m/hr 에어호스(D59.1㎜):2.06m/hr 2) 천 공 품 중급기술자:0.058인 보 링 공:0.173인 보통 인부:0.116인 3) 소모기구 재료비 Button Bit 소모율(D105㎜):1개/125m = 0.008개/m 5. P.C 강연선 제작 및 삽입(7-D12.7㎜) 1) 평균길이 정착장:6m(가정) 자유장:4m(가정) 천공장:6m+4m = 10m 2) 재료비(천공장+여유장1.50m) PC 강연선(D12.7㎜× 4본) ∴ (10.00m+1.5m)*4본*0.774㎏/m*1.05(할증) = 37.38㎏ 3) Grouting 주입관(D20㎜,PE PIPE) 1차주입관:천공장+1.5m=10.00m+1.5m = 11.5m 2차주입관:1차주입관 - (정착장+0.5m) ∴ 11.50m - (6m+0.5m) = 5m 계 : (11.50m+5.00m)*1.02(할증) = 16.83m 4) Spacker(간격재,정착길이÷ 0.8m):(6개/m/0.8m) = 7개 5) 조임쇠(정착길이÷ 0.8m):(6개/m/0.8m) = 7개 6) 철선(#16):0.005㎏/공 7) Packer천(5-10㎏/㎡의 압력을 받을 수 있도록 2겹설치) 재료(천):(0.2*π+0.1)*1.0m*2겹 = 1.46㎡	

번호	공 종	단위	단 가 산 출 기 준	비 고
			경비(재료비의 20%) 8) 에폭시수지(CW - 205):0.15kg 9) 철선(#16):0.10kg 10) 피복장(90× 90× 914㎜) ∴ (4m-1)*(0.04m*π*1*1.5m)*1/0.914m = 0.619m 11) 작업인건비 중급기술자:(0.003인/m/4본)*4본*10.00m(천공장) = 0.03인 철 근 공:(0.021인/m/4본)*4본*10.00m(천공장) = 0.21인 특별 인부:(0.034인/m/4본)*4본*10.00m(천공장) = 0.34인 보통 인부:(0.043인/m/4본)*4본*10.00m(천공장) = 0.43인 6. 그라우팅 1) 주입순서: 1차주입(무압) ⇒ 2차주입(Packer주입) ⇒ 3차주입(정착부 주입) 2) 주입량 산정 1차주입 : π/4*0.114^2*10.00m = 0.102㎥ 2차주입 : π/4*0.114^2*1m(Packer)*2배 = 0.020㎥ 3차주입 : π/4*0.114^2*6m*3배 = 0.184㎥ 계 : 0.102㎥+0.020㎥+0.184㎥ = 0.306㎥/공 3) 재료비 시멘트 : 1303kg*0.306㎥/공/40kg/포*1.03(할증) = 10.27포 감수제(1%):1303kg*1%*0.306㎥/공 = 3.99kg/공 알루미늄분말(0.01%):1303kg*0.01%*0.306㎥/공 = 0.04kg/공 4) 중기사용료 무압(10ℓ/분):0.102㎥*1000ℓ/10ℓ/분/60분=0.17hr 가압(5ℓ/분) :(0.020㎥+0.184㎥)*1000ℓ/5ℓ/분/60분 = 0.68hr 계 : 0.17hr+0.68hr = 0.85hr 그라우팅 펌프(30~60ℓ/min):0.85hr 그라우팅 믹서(190ℓ× 2㎾):0.85hr 5) 작업조 편성 중급기능사:0.98인*0.306㎥/공 = 0.300인 특별 인부:1.33인*0.306㎥/공 = 0.407인 보통 인부:1.36인*0.306㎥/공 = 0.416인 7. P.C 콘 조립 1) 재료비 P.C콘(7㎜):1개*90% = 0.90개 결속선(#16):0.005kg 2) 인건비 특별인부:0.10인 보통인부:0.10인	

번호	공　　종	단위	단 가 산 출 기 준	비　고
			8. P.C 콘 인장 1) 인건비 중급기술자:0.090인 중급기능사:0.465인 특별　인부:0.339인 보통　인부:0.075인 2) 인장기 손료(1일10공 인장) ∴ 상기 인건비에는 지압판설치 chuck조립, 인장품이 포함됨. 후레시네쟉키:8hr/10공 = 0.80hr Chain Block(1.5Ton):8hr/10공 = 0.80hr 9. 지압판 및 브라켓트 제작설치 1) 강판운반:39.14kg 2) 재료비 강판(350× 350× 37㎜):35.580kg*1.10(할증) = 39.14kg 고재:35.580kg*10% = 39.14kg 3) 잡철물 제작 및 설치:35.580kg 10. 보호콘크리트설치 1) 무근콘크리트타설(소형,인력):0.0625㎥/개(설계수량) 2) 거푸집(합판3회):0.50㎡/개(설계수량) 3) 다웰바설치(D25㎜, ℓ = 0.75m):3개(설계수량)	
f-2	락앵커공 (ℓ = 10m기준)	공	1. 토사 천공 시간당 작업능력(D105㎜):3.05m/hr 1) 중기사용료 크로울러드릴(17㎥/분):3.05m/hr 공기 압축기(600c.f.m):3.05m/hr 에어호스(D59.1㎜):3.05m/hr 2) 천 공 품 중급기술자:0.036인 보　링　공:0.106인 보통　인부:0.071인 3) 소모기구 재료비 Three Cone Bit 소모율(D105㎜):1개/200m=0.005개/m 4) 케이싱손료(탄소강관 20회 유용으로 봄) 재료비:1m/20회 = 0.05m/회 제작비(재료비의 40%) 2. 풍화암 천공 시간당 작업능력(D105㎜):3.38m/hr 1) 중기사용료 크로울러드릴(17㎥/분):3.38m/hr 공기 압축기(600c.f.m):3.38m/hr 에어호스(D59.1㎜):3.38m/hr 2) 천 공 품 중급기술자:0.029인 보　링　공:0.087인	5-3-4 어스앙카공법

번호	공 종	단위	단 가 산 출 기 준	비 고
			보통 인부:0.058인 3) 소모기구 재료비 Button Bit 소모율(D105㎜):1개/400m = 0.0025개/m 3. 연암천공 시간당 작업능력(D105mm):2.85m/hr 1) 중기사용료 크로울러드릴(17㎥/분):2.85m/hr 공기 압축기(600c.f.m):2.85m/hr 에어호스(D59.1mm):2.85m/hr 2) 천 공 품 중급기술자:0.036인 보 링 공:0.103인 보통 인부:0.069인 3) 소모기구 재료비 Button Bit 소모율(D105㎜):1개/150m = 0.0067개/m 4. 경암 천공 시간당 작업능력(D105mm):2.06m/hr 1) 중기사용료 크로울러드릴(17㎥/분):2.06m/hr 공기 압축기(600c.f.m):2.06m/hr 에어호스(D59.1mm):2.06m/hr 2) 천 공 품 중급기술자:0.058인 보 링 공:0.173인 보통 인부:0.116인 3) 소모기구 재료비 Button Bit 소모율(D105㎜):1개/125m = 0.008개/m 5. P.C 강연선 제작 및 삽입(7-D12.7㎜) 1) 평균길이 정착장:6m(가정) 자유장:4m(가정) 천공장:6m+4m = 10 m 2) 재료비(천공장+여유장1.50m) PC 강연선(D12.7㎜× 6본) ∴ (10.00m+1.5m)*6본*0.774㎏/m*1.05(할증) = 56.08㎏ 3) Grouting 주입관(D40㎜,PE PIPE) 1차주입관:천공장+1.5m,10.00m+1.5m = 11.5m 2차주입관:1차주입관 - (정착장+0.5m) ∴ 11.50m-(6m+0.5m) = 5m 계 : (11.50m+5.00m)*1.02(할증) = 16.83m 4) Spacker(간격재,정착길이÷ 0.8m) ∴ (6개/m/0.8m) = 7개 5) 조임쇠(정착길이÷ 0.8m):(6개/m/0.8m) = 7개 6) 철선(#16):0.005㎏/공	

번호	공 종	단위	단 가 산 출 기 준	비 고
			7) Packer천(5-10kg/㎡의 압력을 받을 수 있도록 2겹설치) 재료(천):(0.2*π+0.1)*1.0m*2겹 = 1.46㎡ 경비(재료비의 20%) 8) 에폭시수지(CW - 205):0.15kg 9) 철선(#16):0.10kg 10) 피복장(90× 90× 914㎜) ∴ (4m-1)*(0.04m*π*1*1.5m)*1/0.914m = 0.619m 11) 작업인건비 중급기술자:(0.003인/m/4본)*6본*10.00m(천공장) = 0.045인 철 근 공:(0.021인/m/4본)*6본*10.00m(천공장) = 0.315인 특별 인부:(0.034인/m/4본)*6본*10.00m(천공장) = 0.510인 보통 인부:(0.043인/m/4본)*6본*10.00m(천공장) = 0.645인 6. 그라우팅 1) 주입순서: 1차주입(무압) ⇒ 2차주입(Packer주입) ⇒ 3차주입(정착부주입) 2) 주입량 산정 1차주입 : π/4*0.114^2*10.00m = 0.102㎥ 2차주입 : π/4*0.114^2*1m(Packer)*2배 = 0.020㎥ 3차주입 : π/4*0.114^2*6m*3배 = 0.184㎥ 계 : 0.102㎥+0.020㎥+0.184㎥ = 0.306㎥/공 3) 재료비 시멘트 : 1303kg*0.306㎥/공/40kg/포*1.03(할증) = 10.27포 감수제(1%):1303kg*1%*0.306㎥/공 = 3.99kg/공 알루미늄분말(0.01%):1303kg*0.01%*0.306kg/공 = 0.04kg/공 4) 중기사용료 무압(10ℓ/분):0.102㎥*1000ℓ/10ℓ/분/60분 = 0.17hr 가압(5ℓ/분):(0.020㎥+0.184㎥)*1000ℓ/5ℓ/분/60분 = 0.68hr 계 : 0.17hr+0.68hr = 0.85hr 그라우팅 펌프(30~60ℓ/min):0.85hr 그라우팅 믹서(190ℓ× 2㎾):0.85hr 5) 작업조 편성 중급기능사:0.98인*0.306㎥/공 = 0.300인 특별 인부:1.33인*0.306㎥/공 = 0.407인 보통 인부:1.36인*0.306㎥/공 = 0.416인	

번호	공 종	단위	단 가 산 출 기 준	비 고
			7. P.C 콘 조립 1) 재료비 P.C콘(8㎜):1개*90% = 0.90개 결속선(#16):0.005㎏ 2) 인건비 특별인부:0.10인 보통인부:0.10인 8. P.C 콘 인장 1) 인건비 중급기술자:0.090인 중급기능사:0.465인 특별 인부:0.339인 보통 인부:0.075인 2) 인장기 손료(1일10공 인장) ∴ 상기 인건비에는 지압판설치 chuck조립 인장품이 포함됨. 후레시네잭키:8hr/10공 = 0.80hr Chain Block(1.5Ton):8hr/10공 = 0.80hr 9. 지압판 및 브라켓트 제작설치 1) 강판운반:16.19㎏ 2) 재료비 강판(250× 250× 30㎜):14.719㎏*1.10(할증) = 16.19㎏ 고재:14.719㎏*10% = 16.19㎏ 3) 잡철물 제작 및 설치:14.719㎏ 10. 보호콘크리트설치 1) 무근콘크리트타설(소형,인력):0.126㎥/개(설계수량) 2) 거푸집(합판3회): 1㎡/개(설계수량) 3) 다웰바설치(D19㎜, ℓ = 1.0m):5개(설계수량) 11. 격자블럭제작 및 설치 1) 철근콘크리트타설(소형,인력):3.0㎥/개(설계수량) 2) 거푸집(합판3회): 1㎡/개(설계수량) 3) 철근가공조립(간단): 0.106Ton(설계수량) 4) PVC Pipe(D150㎜):0.60m(설계수량)	
f-3	락볼트공 (D25㎜× 5m)	개	1. 조 건 1) Rock Bolt 제원(D = 25㎜, ℓ = 5m) 2) Rock Bolt 소요갯수:100개 3) 천공 속도:0.20m/분(연암기준) 4) 충진재료(그라우팅):5개/공 5) 사용장비(착암기,2.70㎥/min):2개 6) 사용장비(공기압축기,10.3㎥/분,365cfm) 2. Rock Bolt Cycle time 1) 천 공 준 비:10분 2) 천 공 시 간:100개*5m/0.20m/분/2개 = 1250분 3) 공 내 청 소:1.0분/공*100개/2개 = 50분 4) 충 진:2.0분/공*100개/2개 = 100분	15-3-1 터널굴착 싸이클타임 락볼트

번호	공 종	단위	단 가 산 출 기 준	비 고
			5) 정 착:2.0분/공*100개/2개 = 50분 6) 이동 및 기타:15분 ∴ 계 :10분+1250분+50분+100분+100분+15분 = 1525분 Cm = 1415분/100개 = 14.15분/개 3. 기계기구사용료 1) 착암기(2.7㎥/min) ∴ (1250분+100분)/60분/100개*2대 = 0.45hr/개 2) 에어호스(D19.1mm) ∴ (1250분+100분)/60분/100개*2대 = 0.45hr/개 3) 공기압축기(10.3㎥/분,365cfm) ∴ (1250분+50분+100분)/60분/100개 = 0.233hr/개 4. 재 료 비 1) 락볼트(D25㎜×5m):1개 2) 빗트(D38*2400mm) = 5m*1/200m/개*0.90 = 0.0225개 5. 빗트갈기 1) 기 계 공 : 0.0625인/개/16개*5m*1/200m = 0.0001인 2) 보통인부 : 0.0625인/개/16개*5m*1/200m = 0.0001인 3) 바퀴숫돌 : 0.0625인/개/16개*5m*1/200m = 0.0001개 6. Grouting(모르터1:1) 1) 시멘트구입및운반:((π*0.038^2/4)-(π*0.025^2/4))* 5m*1093㎏/㎥ = 3.515㎏/개 2) 모래구입및운반 ∴ ((π*0.038^2/4)-(π*0.025^2/4))*5m*0.78㎥=0.0025㎥/개 7. 중기사용료 1) 그라우팅믹서시간(190× 2㎾) ∴ 100분/60분/100개 = 0.016hr/개 2) 그라우팅펌프시간(30~60ℓ) ∴ 100분/60분/100개 = 0.016hr/개 8. 노무비(락볼트 작업조) 1) 착 암 공:2인*15.25분/480분 = 0.0635인 2) 갱 부:2인*15.25분/480분 = 0.0635인 3) 특별인부:1인*15.25분/480분 = 0.0318인 4) 보통인부:4인*15.25분/480분 = 0.1271인	
f-4	Soil Nail공 (D29㎜× 8m,토사)	공	1. 조 건 1) Soil Nailing 평균천공길이(D = 29㎜, ℓ = 8m/공) 2) 시간당 천공길이:3.05m/hr 3) Three Cone Bit 소모율(D105mm):1개/200m = 0.005개/m 2. 천 공 1) 재료비 Three Cone Bit(D105mm) :0.0050개/m*0.9*8m/공=0.036개 2) 중기사용료 크로울러드릴(17㎥/분):8m/공/3.05m/hr = 2.62hr/공 공기 압축기(600c.f.m):8m/공/3.05m/hr = 2.62hr/공 에어호스(D59.1㎜):8m/공3.05m/hr = 2.62hr/공	5-3-4 어스앙카공법

번호	공 종	단위	단 가 산 출 기 준	비 고
			3) 천 공 품 중급기능사:0.036인/m*8m/공 = 0.288인/㎡ 보 링 공:0.106인/m*8m/공 = 0.848인/㎡ 보통 인부:0.071인/m*8m/공 = 0.568인/㎡ 3. NAIL 설치 1) Nail(D = 29㎜, ℓ = 8m): 1개/공 2) 정착판(150× 150× 6㎜): 1개/공 3) 스페이서:4개/공 4) 설치인건비 특별인부:0.010인/공 보통인부:0.010인/공 5) 잡재료비(인건비의3%) 4. 그라우팅 1) 주입량산정:π/4*0.114^2*8m/공 = 0.082㎥/공 2) 재료비 시멘트:1303㎏*0.082㎥/공/40㎏/포*1.03(할증) = 2.75포/공 감수제(1%):1303㎏*1%*0.082㎥/공 = 1.07㎏/공 알루미늄분말(0.01%) ∴ 1303㎏*0.01%*0.082㎏/공 = 0.01㎏/공 3) 중기사용료 가압(5ℓ/분):0.082㎥/㎡*1000ℓ/5ℓ/분/60분 = 0.27hr/공 그라우팅 펌프(30~60ℓ/min):0.27hr/공 그라우팅 믹셔(190ℓ× 2㎾):0.27hr/공 4) 작업조 편성 중급기능사:0.98인*0.082㎥/공 = 0.08인/공 특별 인부:1.33인*0.082㎥/공 = 0.11인/공 보통 인부:1.36인*0.082㎥/공 = 0.11인/공	
g g-1	공사용 비탈면보호 가시설 비탈면 가보호망 (2회사용)	 ㎡	 1. 현장여건에 따라 적용 2. 재료비(그린망,2회사용):1㎡/2회 = 0.50㎡ 3. 설치 및 철거비(자재비의 10%)	
g-2	가도수로 설치 (PE 필름,T=0.1㎜)	m	1. 현장여건에 따라 적용 2. 재료비(PE 필름,0.1㎜):1.8㎡ 3. 설치 및 철거비(자재비의 10%)	
h	비탈면 점검로 설치 (B = 0.90m)	m	1. 현장여건에 따라 적용 2. 잡철물 제작(간단):설계수량 적용 3. 점검로 설치 인건비 1) 철 공 : 0.51인 2) 보통인부 : 0.13인 3) 공구손료(인건비의 3%)	3-5 비탈면 점검로설치

Ⅱ-1-6. 단가설명서

번호	공 종	단위	설 명	측 정	비고
1	토공				
1.01	벌개제근 및 벌목제거				
a	벌개제근 (입목본수도,50～60%)	m^2	이 단가는 절토부 및 성토부의 모든 수목의 뿌리까지 제거하여 처리하는 노무비 비용이다.	이 물량은 횡단면도에 의해 측정된 면적이다.	
b	벌목제거 (높이평균)	m^2	이 단가는 나무베기,잔가지 정리 등을 처리하는 노무비 비용이다.	이 물량은 횡단면도에 의해 측정된 면적이다.	
1.02	표토제거				
a	답구간 (T=0.20m)	m^2	이 단가는 불도저를 이용하여 토피(0.20m까지)를 제거하는 비용이다.	이 물량은 횡단면도에 의해 측정된 면적이다.	
b	답외구간 (T=0.15m)	m^2	이 단가는 불도저를 이용하여 토피(0.15m까지)를 제거하는 비용이다.	이 물량은 횡단면도에 의해 측정된 면적이다.	
1.03	측구공				
a	측구뚝쌓기 (토사)	m^3	이 단가는 굴삭기(90%)와 인력(10%)이 조합된 비용이다.	이 물량은 횡단면도에 의해 측정된 다짐상태의 수량이다.	
b	측구터파기 (토사)	m^3	이 단가는 굴삭기(90%)와 인력(10%)이 조합된 비용이다.	이 물량은 횡단면도에 의해 측정된 자연상태의 수량이다.	
c	산마루측구 (현장콘크리트타설)	m	이 단가는 토공,콘크리트타설, 거푸집,철근가공조립등의 비용이 포함된다.	이 물량은 도면에 의해 산출된 수량이다.	주요자재비(레미콘,철근)로 별도 집계할 수 있다.
d	산마루측구 (콘크리트제품)	m	이 단가는 프리캐스트제품으로 재료비, 토공, 설치비 등의 비용이 포함된다.	이 물량은 도면에 의해 산출된 수량이다.	
e	산마루측구 (P.E제품)	m	이 단가는 프리캐스트제품으로 재료비, 토공, 설치비 등의 비용이 포함된다.	이 물량은 도면에 의해 산출된 수량이다.	

번호	공 종	단위	설 명	측 정	비고
1.04	**땅깎기**				
a	토사깎기				
a-1	토사깎기 (소규모공사)	m^3	이 단가는 도면에 의해 시행하는 토사깎기로서 공사규모가 작고 흙의 성질이 약한곳에 적용하며 토공량이 10,000~100,000m^3미만 공사시 기계경비(불도저)의 비용이다.	이 물량은 횡단면도에 의해 측정된 자연상태의 굴착토량이다.	
a-2	토사깎기 (대규모공사)	m^3	이 단가는 도면에 의해 시행하는 토사깎기로서 공사규모가 크고 흙의 성질이 단단한 곳에 적용하며 토공량이 100,000m^3 이상 공사시 기계경비(불도저)의 비용이다.	이 물량은 횡단면도에 의해 측정된 자연상태의 굴착토량이다.	
a-3	토사깎기 (굴삭기)	m^3	이 단가는 도면에 의해 시행하는 토사깎기로서 작업공간이 협소하여 직접사토시 적용하며 기계경비(굴삭기)의 비용이다.	이 물량은 횡단면도에 의해 측정된 자연상태의 굴착토량이다.	
b	풍화암깎기				
b-1	풍화암깎기 (소규모공사)	m^3	이 단가는 도면에 의해 시행하는 풍화암깎기로서 토공량이 10,000~100,000m^3미만의 공사시 불도저(집토비포함)등의 비용이 포함된다.	이 물량은 횡단면도에 의해 측정된 자연상태의 굴착토량이다.	
b-2	풍화암깎기 (대규모공사)	m^3	이 단가는 도면에 의해 시행하는 풍화암깎기로서 토공량이 100,000m^3이상의 공사시 도저(집토비포함)등의 비용이 포함된다.	이 물량은 횡단면도에 의해 측정된 자연상태의 굴착토량이다.	
b-3	풍화암깎기 (인력)	m^3	이 단가는 도면에 의해 시행하는 풍화암깎기로서 발파시공이 불가능하며 소규모공사 또는 장비진입이 곤란할 때 적용하는 노무비 비용이다.	이 물량은 횡단면도에 의해 측정된 자연상태의 굴착토량이다.	
c	연암깎기				
c-1	연암깎기 (대형브레이커)	m^3	이 단가는 도면에 의해 시행하는 연암깎기로서 대형브레이커, 굴삭기 등의 조합기계를 사용 하는(집토비포함)비용이 포함된다.	이 물량은 횡단면도에 의해 측정된 자연상태의 굴착토량이다.	

번호	공 종	단위	설 명	측 정	비고
c-2	연암깎기 (미진동암파쇄, TYPE-Ⅰ)	㎥	이 단가는 도면에 의해 시행하는 연암깎기로서 암석절취에 필요한 재료비(비폭성파쇄제, 빗트등), 기계경비, 집토 등의 비용이 포함된다.	이 물량은 횡단면도에 의해 측정된 자연상태의 굴착토량이다.	
c-3	연암깎기 (정밀진동제어발파, TYPE-Ⅱ)	㎥	이 단가는 도면에 의해 시행하는 연암깎기로서 암석절취에 필요한 재료비(폭약, 뇌관 등), 기계경비, 집토 등의 비용이 포함된다.	이 물량은 횡단면도에 의해 측정된 자연상태의 굴착토량이다.	
c-4	연암깎기 (소규모진동제어발파, TYPE-Ⅲ)	㎥	이 단가는 도면에 의해 시행하는 연암깎기로서 암석절취에 필요한 재료비(폭약, 뇌관 등), 기계경비, 집토 등의 비용이 포함된다.	이 물량은 횡단면도에 의해 측정된 자연상태의 굴착토량이다.	
c-5	연암깎기 (중규모진동제어발파, TYPE-Ⅳ)	㎥	이 단가는 도면에 의해 시행하는 연암깎기로서 암석절취에 필요한 재료비(폭약, 뇌관 등), 기계경비, 집토 등의 비용이 포함된다.	이 물량은 횡단면도에 의해 측정된 자연상태의 굴착토량이다.	
c-6	연암깎기 (일반발파, TYPE-Ⅴ)	㎥	이 단가는 도면에 의해 시행하는 연암깎기로서 암석절취에 필요한 재료비(폭약, 뇌관 등), 기계경비, 집토 등의 비용이 포함된다.	이 물량은 횡단면도에 의해 측정된 자연상태의 굴착토량이다.	
c-7	연암깎기 (대규모발파, TYPE-Ⅵ)	㎥	이 단가는 도면에 의해 시행하는 연암깎기로서 암석절취에 필요한 재료비(폭약, 뇌관 등), 기계경비, 집토 등의 비용이 포함된다.	이 물량은 횡단면도에 의해 측정된 자연상태의 굴착토량이다.	
c-8	연암깎기 (인력)	㎥	이 단가는 도면에 의해 시행하는 연암깎기로서 발파시공이 불가능한 소규모공사 또는 장비진입이 곤란할 때 적용하며 노무비등의 비용이 포함된다.	이 물량은 횡단면도에 의해 측정된 자연상태의 굴착토량이다.	
d	경암깎기				
d-1	경암깎기 (대형브레이커)	㎥	이 단가는 도면에 의해 시행하는 경암깎기로서 대형브레이커, 굴삭기 등의 조합기계를 사용하는(집토비포함) 비용이 포함된다.	이 물량은 횡단면도에 의해 측정된 자연상태의 굴착토량이다.	

번호	공 종	단위	설 명	측 정	비고
d-2	경암깎기 (미진동암파쇄, TYPE-Ⅰ)	㎥	이 단가는 도면에 의해 시행하는 경암깎기로서 암석절취에 필요한 재료비(비폭성파쇄제, 빗트 등), 기계경비, 집토 등의 비용이 포함된다.	이 물량은 횡단면도에 의해 측정된 자연상태의 굴착토량이다.	
d-3	경암깎기 (정밀진동제어발파, TYPE-Ⅱ)	㎥	이 단가는 도면에 의해 시행하는 경암깎기로서 암석절취에 필요한 재료비(폭약, 뇌관 등), 기계경비, 집토 등의 비용이 포함된다.	이 물량은 횡단면도에 의해 측정된 자연상태의 굴착토량이다.	
d-4	경암깎기 (소규모진동제어발파, TYPE-Ⅲ)	㎥	이 단가는 도면에 의해 시행하는 경암깎기로서 암석절취에 필요한 재료비(폭약, 뇌관 등), 기계경비, 집토 등의 비용이 포함된다.	이 물량은 횡단면도에 의해 측정된 자연상태의 굴착토량이다.	
d-5	경암깎기 (중규모진동제어발파, TYPE-Ⅳ)	㎥	이 단가는 도면에 의해 시행하는 경암깎기로서 암석절취에 필요한 재료비(폭약, 뇌관 등), 기계경비, 집토 등의 비용이 포함된다.	이 물량은 횡단면도에 의해 측정된 자연상태의 굴착토량이다.	
d-6	경암깎기 (일반발파, TYPE-Ⅴ)	㎥	이 단가는 도면에 의해 시행하는 경암깎기로서 암석절취에 필요한 재료비(폭약, 뇌관 등), 기계경비, 집토 등의 비용이 포함된다.	이 물량은 횡단면도에 의해 측정된 자연상태의 굴착토량이다.	
d-7	경암깎기 (대규모발파, TYPE-Ⅵ)	㎥	이 단가는 도면에 의해 시행하는 경암깎기로서 암석절취에 필요한 재료비(폭약, 뇌관 등), 기계경비, 집토 등의 비용이 포함된다.	이 물량은 횡단면도에 의해 측정된 자연상태의 굴착토량이다.	
d-8	경암깎기 (인력)	㎥	이 단가는 도면에 의해 시행하는 경암깎기로서 발파시공이 불가능한 소규모공사 또는 장비진입이 곤란할 때 적용하며 노무비 등의 비용이 포함된다.	이 물량은 횡단면도에 의해 측정된 자연상태의 굴착토량이다.	
e	발파암소할 (연암및경암)	㎥	이 단가는 연·경암의 적재 및 운반 등이 용이하도록 소할하는 것으로 굴삭기 등의 조합기계를 사용하는 비용이 포함된다.	이 물량은 횡단면도에 의해 측정된 수량이다.	
f	층따기 (토사)	㎥	이 단가는 돋기시 원지반의 기울기가 1:4보다 급한 경우에 돋기 본체와 일체가 되도록 하기 위함이며 본바닥을 층따기 하는 비용이 포함된다.	이 물량은 횡단면도에 의해 측정된 수량이다.	

번호	공 종	단위	설 명	측 정	비고
g	바닥면고르기				
g-1	풍화암면고르기	㎡	이 단가는 풍화암구간의 바닥면을 고르는 비용으로서 기계경비 및 노무비 비용이 포함된다.	이 물량은 횡단면도에 의해 측정된 면적이다.	
g-2	연암면고르기	㎡	이 단가는 연암구간의 바닥면을 고르는 비용으로서 기계경비 및 노무비 비용이 포함된다.	이 물량은 횡단면도에 의해 측정된 면적이다.	
g-3	경암면고르기	㎡	이 단가는 경암구간의 바닥면을 고르는 비용으로서 기계경비 및 노무비 비용이 포함된다.	이 물량은 횡단면도에 의해 측정된 면적이다.	
1.05	흙쌓기				
a	다짐공				
a-1	상부노반다짐 (토사,H=0.30m)	㎥	이 단가는 시방서에 규정한 바에 따라 다짐한 후의 1층두께가 0.30m이하여야 하며 최대건조밀도의 95%이상을 얻기 위한 비용이며 포설, 다짐, 살수비 등의 비용이 포함된다.	이 물량은 횡단면도에 의해 측정된 다짐상태의 수량이다.	
a-2	하부노반다짐 (토사,H=0.30m)	㎥	이 단가는 시방서에 규정한 바에 따라 다짐한 후의 1층두께가 0.30m이하여야 하며 최대건조밀도의 90%이상을 얻기 위한 비용이며 포설, 다짐, 살수비 등의 비용이 포함된다.	이 물량은 횡단면도에 의해 측정된 다짐상태의 수량이다.	
a-3	하부노반다짐 (풍화암,H=0.50m)	㎥	이 단가는 시방서에 규정한 바에 따라 다짐한 후의 1층두께가 0.50m이하여야 하며 최대건조밀도의 90%이상을 얻기 위한 비용이며 포설, 다짐, 살수비 등의 비용이 포함된다.	이 물량은 횡단면도에 의해 측정된 다짐상태의 수량이다.	
a-4	하부노반다짐 (연·경암,H=0.3~0.6m)	㎥	이 단가는 연·경암을 소할하여 암을 포설 및 다짐(추가다짐포함)하는 비용이 포함된다.	이 물량은 횡단면도에 의해 측정된 다짐상태의 수량이다.	
a-5	비탈면다짐 (토사)	㎥	이 단가는 비탈면을 다짐하는 비용으로서 부설, 다짐, 살수 등의 비용이 포함된다.	이 물량은 횡단면도에 의해 측정된 다짐상태의 수량이다.	

번호	공 종	단위	설 명	측 정	비고
1.06	유용토흙쌓기				
a	무대운반				
a-1	토사 (ℓ= 20m미만)	㎥	이 단가는 토사깎기의 불도저 비용에 포함되어 있다.	이 물량은 토공 유용계획에 의해 산출된 다짐상태의 수량이다.	
a-2	풍화암 (ℓ= 20m미만)	㎥	이 단가는 풍화암깎기의 집토시 불도저 비용에 포함되어 있다.	이 물량은 토공 유용계획에 의해 산출된 다짐상태의 수량이다.	
a-3	연암 (ℓ= 20m미만)	㎥	이 단가는 연암깎기의 집토시 불도저 비용에 포함되어 있다.	이 물량은 토공 유용계획에 의해 산출된 다짐상태의 수량이다.	
a-4	경암 (ℓ= 20m미만)	㎥	이 단가는 경암깎기의 집토시 불도저 비용에 포함되어 있다.	이 물량은 토공 유용계획에 의해 산출된 다짐상태의 수량이다.	
b	도저운반				
b-1	토사 (ℓ= 20~60m미만)	㎥	이 단가는 불도저(토사)로 40m(60m-20m)를 운반하는 비용이다.	이 물량은 토공 유용계획에 의해 산출된 다짐상태의 수량이다.	
b-2	풍화암 (ℓ= 20~60m미만)	㎥	이 단가는 불도저(풍화암)로 40m(60m-20m)를 운반하는 비용이다.	이 물량은 토공 유용계획에 의해 산출된 다짐상태의 수량이다.	
b-3	연암 (ℓ= 20~60m미만)	㎥	이 단가는 불도저(연암)로 40m(60m-20m)를 운반하는 비용이다.	이 물량은 토공 유용계획에 의해 산출된 다짐상태의 수량이다.	
b-4	경암 (ℓ= 20~60m미만)	㎥	이 단가는 불도저(경암)로 40m(60m-20m)를 운반하는 비용이다.	이 물량은 토공 유용계획에 의해 산출된 다짐상태의 수량이다.	
c	덤프운반				
c-1	토사 (ℓ= 60m이상)	㎥	이 단가는 로우더로 토사를 적재하여 덤프트럭으로 운반하는 비용이다.	이 물량은 토공 유용계획에 의해 산출된 다짐상태의 수량이다.	

번호	공 종	단위	설 명	측 정	비고
c-2	풍화암 (ℓ = 60m이상)	m^3	이 단가는 로우더로 풍화암을 적재하여 덤프트럭으로 운반하는 비용이다.	이 물량은 토공유용계획에 의해 산출된 다짐상태의 수량이다.	
c-3	연암 (ℓ = 60m이상)	m^3	이 단가는 로우더로 연암을 적재하여 덤프트럭으로 운반하는 비용이다.	이 물량은 토공유용계획에 의해 산출된 다짐상태의 수량이다.	
c-4	경암 (ℓ = 60m이상)	m^3	이 단가는 로우더로 경암을 적재하여 덤프트럭으로 운반하는 비용이다.	이 물량은 토공유용계획에 의해 산출된 다짐상태의 수량이다.	
c-5	연암 (버력유용시, ℓ = 60m이상)	m^3	이 단가는 덤프트럭으로 연암 운반시 적재(t1)시간을 터널갱내 버력 처리비에서 계상한 경우로 적재(t1)시간을 제외한 비용이다.	이 물량은 토공유용계획에 의해 산출된 다짐상태의 수량이다.	
c-6	경암 (버력유용시, ℓ = 60m이상)	m^3	이 단가는 덤프트럭으로 경암 운반시 적재(t1)시간을 터널갱내 버력 처리비에서 계상한 경우로 직새(t1)시간을 제외한 비용이다.	이 물량은 토공유용계획에 의해 산출된 다짐상태의 수량이다.	
1.07	순성토흙쌓기				
a	토사 (ℓ = 60m이상)	m^3	이 단가는 불도저로 토사를 깎기, 집토하여 로우더로 적재한 다음 덤프트럭으로 운반하는 비용이다.	이 물량은 횡단면도에 의해 측정된 다짐상태의 수량이다.	
b	풍화암 (ℓ = 60m이상)	m^3	이 단가는 유압식리퍼로 풍화암을 깎고 불도저로 집토하여 로우더로 적재, 덤프트럭으로 운반하는 비용이다.	이 물량은 횡단면도에 의해 측정된 다짐상태의 수량이다.	
c	연암 (ℓ = 60m이상)	m^3	이 단가는 발파로 연암을 절취하고 불도저로 집토하여 로우더로 적재, 덤프트럭으로 운반하는 비용이다.	이 물량은 횡단면도에 의해 측정된 다짐상태의 수량이다.	
d	경암 (ℓ = 60m이상)	m^3	이 단가는 발파로 경암을 절취하고 불도저로 집토하여 로우더로 적재, 덤프트럭으로 운반하는 비용이다.	이 물량은 횡단면도에 의해 측정된 다짐상태의 수량이다.	

번호	공 종	단위	설 명	측 정	비고
1.08	**사토처리**				
a	토사 (ℓ = 60m이상)	㎥	이 단가는 로우더로 토사를 적재하고 덤프트럭으로 운반하여 불도저로 정지(고르기 포함)하는 비용이다.	이 물량은 토공유용계획에 의해 산출된 자연상태의 수량이다.	
b	풍화암 (ℓ = 60m이상)	㎥	이 단가는 로우더로 풍화암을 적재하고 덤프트럭으로 운반하여 불도저로 정지(고르기 포함)하는 비용이다.	이 물량은 토공유용계획에 의해 산출된 자연상태의 수량이다.	
c	연암 (ℓ = 60m이상)	㎥	이 단가는 로우더로 연암을 적재하고 덤프트럭으로 운반하여 불도저로 정지(고르기 포함)하는 비용이다.	이 물량은 토공유용계획에 의해 산출된 자연상태의 수량이다.	
d	경암 (ℓ = 60m이상)	㎥	이 단가는 로우더로 경암을 적재하고 덤프트럭으로 운반하여 불도저로 정지(고르기 포함)하는 비용이다.	이 물량은 토공유용계획에 의해 산출된 자연상태의 수량이다.	
1.09	**노면고르기**				
a	노면고르기 (토사)	㎡	이 단가는 본선 및 지축구간의 요철개소에 정지 및 노면을 고르는 비용으로서 기계경비의 비용이 포함된다.	이 물량은 횡단면도에 의해 측정된 면적이다.	
1.10	**토공규준틀설치**				
a	비탈규준틀	개	이 단가는 비탈규준틀 설치를 위한 재료비, 설치비의 비용이 포함된다.	이 물량은 도면에 의해 산출된 수량이다.	
b	수평규준틀	개	이 단가는 수평규준틀 설치를 위한 재료비, 설치비의 비용이 포함된다.	이 물량은 도면에 의해 산출된 수량이다.	
1.11	**강화노반**				
a	보조도상 (쇄석자갈,D31.5mm이하)	㎥	이 단가는 보조도상 재료의 생산(구입), 운반, 포설, 다짐 및 살수 등에 필요한 비용을 포함한다.	이 물량은 도면에 의해 산출된 다짐상태의 수량이다.	
b	입도조정층 (쇄석자갈,D125mm이하)	㎥	이 단가는 입도조정층 재료의 생산(구입), 운반, 포설, 다짐 및 살수 등에 필요한 비용을 포함한다.	이 물량은 도면에 의해 산출된 다짐상태의 수량이다.	

번호	공 종	단위	설 명	측 정	비고
c	시멘트처리된보조도상 (쇄석자갈,D31.5mm이하)	㎥	이 단가는 터널 접속부에 설치하는 어프러치 블럭으로서 Φ31.5mm이하의 골재를 시멘트와 비비기, 타설 및 골재를 생산(구입), 운반 및 다짐하는 등의 비용을 포함한다.	이 물량은 도면에 의해 산출된 다짐상태의 수량이다.	주요자재비(시멘트, 벌크)는 별도 집계할 수 있다.
1.12	배수시설				
a	유공관설치 (THP Pipe,D200㎜)	m	이 단가는 유공관설치를 위한 재료비, 설치비의 비용이 포함된다.	이 물량은 도면에 의해 산출된 수량이다.	
b	부직포설치 (200g/㎡)	㎡	이 단가는 부직포설치를 위한 재료비, 설치비의 비용이 포함된다.	이 물량은 도면에 의해 산출된 수량이다.	
c	유공관막돌채움 (잡석)	㎥	이 단가는 유공관 막돌채움 재료의 생산(구입), 운반 및 기계경비(90%)와 인력(10%)이 조합된 비용이다.	이 물량은 도면에 의해 산출된 다짐상태의 수량이다.	
2	비탈면 안전공				
2.01	비탈면 안전공				
a	비탈면고르기				
a-1	풍화암면고르기	㎡	이 단가는 풍화암구간의 비탈면을 고르는 비용으로서 기계경비 및 노무비 비용이 포함된다.	이 물량은 횡단면도에 의해 측정된 면적이다.	
a-2	연암면고르기	㎡	이 단가는 연암구간의 비탈면을 고르는 비용으로서 기계경비 및 노무비 비용이 포함된다.	이 물량은 횡단면도에 의해 측정된 면적이다.	
a-3	경암면고르기	㎡	이 단가는 경암구간의 비탈면을 고르는 비용으로서 기계경비 및 노무비 비용이 포함된다.	이 물량은 횡단면도에 의해 측정된 면적이다.	
b	떼입히기				
b-1	줄떼붙임	㎡	이 단가는 떼의 구입, 운반, 법면고르기 및 떼붙임 등의 비용이 포함된다.	이 물량은 횡단면도에 의해 측정된 면적이다.	

번호	공 종	단위	설 명	측 정	비고
b-2	평떼붙임	㎡	이 단가는 떼의 구입, 운반, 법면고르기 및 떼붙임 등의 비용이 포함된다.	이 물량은 횡단면도에 의해 측정된 면적이다.	
c	코어네트				
c-1	코어네트 (흙쌓기부)	㎡	이 단가는 비탈면 보호식재공으로서 코어네트, 앵커핀, 착지핀,종자 등의 재료비, 설치비 및 기계경비 등의 비용이 포함된다.	이 물량은 횡단면도에 의해 측정된 면적이다.	
c-2	코어네트 (땅깎기부)	㎡	이 단가는 비탈면 보호식재공으로서 코어네트, 앵커핀, 착지핀,종자 등의 재료비, 설치비 및 기계경비 등의 비용이 포함된다.	이 물량은 횡단면도에 의해 측정된 면적이다.	
d	암절개면보호식재공				
d-1	녹생토 (토사,기울기1:1이하, T=50mm)	㎡	이 단가는 암절개면 보호 비용으로서 앵커핀, 착지핀, 부착망, 녹생토 등의 재료비 및 설치비 비용이며 취부비용도 포함된다.	이 물량은 도면에 의해 산출된 면적이다.	
d-2	녹생토 (풍화암,기울기1:1내외, T=70mm)	㎡	이 단가는 암절개면 보호 비용으로서 앵커핀, 착지핀, 부착망, 녹생토 등의 재료비 및 설치비 비용이며 취부비용도 포함된다.	이 물량은 도면에 의해 산출된 면적이다.	
d-3	녹생토 (연암,기울기1:0.7내외, T=100mm)	㎡	이 단가는 암절개면 보호 비용으로서 앵커핀, 착지핀, 부착망, 녹생토 등의 재료비 및 설치비 비용이며 취부비용도 포함된다.	이 물량은 도면에 의해 산출된 면적이다.	
d-4	녹생토 (경암,기울기1:0.5이하, T=150mm)	㎡	이 단가는 암절개면 보호 비용으로서 앵커핀, 착지핀, 부착망, 녹생토 등의 재료비 및 설치비 비용이며 취부비용도 포함된다.	이 물량은 도면에 의해 산출된 면적이다.	
e	씨앗뿜어붙이기				
e-1	씨앗뿜어붙이기 (초류종자)	㎡	이 단가는 초류종자 살포에 시공되는 비탈면보호공으로서 재료비(초류종자, 비료, 피복제 등)와 설치비 등의 비용이 포함된다.	이 물량은 도면에 의해 산출된 면적이다.	

번호	공　종	단위	설　명	측　정	비고
f	거적덮기				
f-1	거적덮기	㎡	이 단가는 토공사면 등에 초류종자 살포에 시공되는 거적덮기로서 재료비(거적, 고정핀, 착지핀 등)와 설치비 등의 비용이 포함된다.	이 물량은 도면에 의해 산출된 면적이다.	
g	덩굴식물식재공				
g-1	덩굴식물식재	주	이 단가는 양호한 암반비탈면 사면에 주당(1~2m간격)설치하고 지역여건에 따라 줄사철, 등나무 등을 사용할 수 있으며 재료비 및 설치비의 비용이 포함된다.	이 물량은 도면에 의해 산출된 수량이다.	
2.02	구조물보호공				
a	비탈면돌붙임				
a-1	돌붙임 (찰붙임,뒷길이 0.35m)	㎡	이 단가는 돌붙임 재료의 생산(채집 또는 구입), 운반 및 부설, 기계경비(70%)와 인력(30%)등이 조합된 비용이 포함된다.	이 물량은 횡단면도에 의해 측정된 면적이다.	
a-2	돌붙임 (메붙임,뒷길이 0.35m)	㎡	이 단가는 돌붙임 재료의 생산(채집 또는 구입), 운반 및 부설, 기계경비(70%)와 인력(30%)등이 조합된 비용이 포함된다.	이 물량은 횡단면도에 의해 측정된 면적이다.	
a-3	돌붙임기초설치 (구배 1:1.8인 경우)	㎥	이 단가는 토공, 콘크리트타설, 거푸집 등의 비용이 포함된다.	이 물량은 도면에 의해 산출된 수량이다.	주요자재비(레미콘)는 별도 집계할 수 있다.
b	비탈면콘크리트붙임				
b-1	비탈면콘크리트붙임 (구배1:1.2~1:1.8,T=0.20m)	㎡	이 단가는 비탈면 콘크리트타설, 거푸집, 배수공, 철근가공조립, 기계경비 등의 비용이 포함된다.	이 물량은 도면에 의해 산출된 면적이다.	주요자재비(레미콘,철근)는 별도 집계할 수 있다.
b-2	비탈면콘크리트붙임 (구배 1:1.2보다 급한경우,T=0.20m)	㎡	이 단가는 비탈면 콘크리트타설, 거푸집, 배수공, 철근가공조립, 기계경비 등의 비용이 포함된다.	이 물량은 도면에 의해 산출된 면적이다.	주요자재비(레미콘,철근)는 별도 집계할 수 있다.
c	비탈면콘크리트블럭				
c-1	비탈면콘크리트블럭 (인력,중량50㎏미만,H=15m이하)	㎡	이 단가는 프리캐스트제품으로 재료비 및 설치비 등의 비용이 포함된다.	이 물량은 도면에 의해 산출된 수량이다.	

번호	공　종	단위	설　명	측　정	비고
c-2	비탈면콘크리트블럭(기계,중량50kg이상,H=15m이상)	㎡	이 단가는 프리캐스트제품으로 재료비, 설치비 및 기계경비 등의 비용이 포함된다.	이 물량은 도면에 의해 산출된 수량이다.	
d	비탈면P.E블럭설치				
d-1	비탈면P.E블럭설치(90×98×680㎜, 구배 1:1.0~1:1.5)	㎡	이 단가는 합성수지제품으로 재료비 및 설치비 등의 비용이 포함된다.	이 물량은 도면에 의해 산출된 수량이다.	
e	숏크리트뿜어붙이기				
e-1	숏크리트뿜어붙이기(T=100mm)	㎡	이 단가는 숏크리트치기에 대한 비용으로 재료비(시멘트, 모래, 자갈 등)와 타설노무비, 기계경비(공기압축기, 발전기, 콘크리트믹서 등)등의 모든 비용이 포함된다.	이 물량은 도면에 의해 산출된 수량이다.	주요자재비(시멘트,벌크)는 별도 집계할 수 있다.
f	비탈면앵커공				
f-1	어스앵커공(ℓ=10m기준)	공	이 단가는 비탈면에 어스앵커를 설치하기 위한 암질별 천공비, PC강연선 제작 및 삽입, 그라우팅, PC콘 조립 및 인장, 지압판 제작설치, 보호콘크리트설치 등의 모든 비용이 포함된다.	이 물량은 도면에 의해 산출된 수량이다.	주요자재비(PC강연선, 시멘트, 레미콘, 철근 등)는 별도 집계할 수 있다.
f-2	락앵커공(ℓ=10m기준)	공	이 단가는 비탈면에 락앵커를 설치하기 위한 암질별 천공비, PC강연선 제작 및 삽입, 그라우팅, PC콘 조립 및 인장, 지압판제작설치, 보호콘크리트설치, 격자블럭제작설치 등의 모든 비용이 포함된다.	이 물량은 도면에 의해 산출된 수량이다.	주요자재비(PC강연선, 시멘트, 레미콘, 철근 등)는 별도 집계할 수 있다.
f-3	락볼트공(D25mm×5m)	개	이 단가는 비탈면에 락볼트를 설치하기 위한 비용(락볼트 재료비, 천공을 위한 기계경비, 그라우팅 등)과 천공 및 기타 락볼트 체결을 위한 노무비 등의 비용이 포함된다.	이 물량은 도면에 의해 산출된 수량이다.	주요자재비(시멘트)는 별도 집계할 수 있다.
f-4	Soil Nail공(D29mm×8m)	공	이 단가는 비탈면에 Soil Nail을 설치하기 위한 비용(재료비, 천공을 위한 기계경비, 그라우팅등)과 노무비 등의 모든 비용이 포함된다.	이 물량은 도면에 의해 산출된 수량이다.	주요자재비(시멘트)는 별도 집계할 수 있다.

번호	공 종	단위	설 명	측 정	비고
g	공사용비탈면보호가시설				
g-1	비탈면 가보호망 (2회사용)	㎡	이 단가는 현장 여건에 따라 적용하며 재료비, 설치비 및 철거비의 비용이 포함된다.	이 물량은 도면에 의해 산출된 수량이다.	
g-2	가도수로 설치 (PE필름,0.1mm)	m	이 단가는 현장 여건에 따라 적용하며 재료비, 설치비 및 철거비의 비용이 포함된다.	이 물량은 도면에 의해 산출된 수량이다.	
h	비탈면점검로설치				
h-1	비탈면 점검로 설치 (B = 0.90m)	m	이 단가는 현장 여건에 따라 적용하며 잡철물 제작 및 점검로 설치 노무비 등의 비용이 포함된다.	이 물량은 도면에 의해 산출된 수량이다.	

Ⅱ - 2. 구조물 공통

Ⅱ-2-1. 적용기준

1. 적용범위

본장 '구조물 공통'편은 다음 철도노반공사의 전 공종에 걸쳐 공통으로 적용된다.

가. 토　　공 : 본선토공, 본선부속, 개천내기, 길내기, 지축, 연약지반

나. 교　　량 : 구조물토공, 교대, 교각, 상부, 익벽, 암거 등

다. 구　　교 : 구조물토공, 라멘, 램프, 익벽 등

라. 하　　수 : 구조물토공, 라멘, 램프 등

마. 터　　널 : 개착식터널, NATM 터널, 개착식 BOX, 터널부대공

바. 입체교차 : 구조물토공, 과선교, 지하차도공 등

사. 정 거 장 : 구조물토공, 승강장, 선하역사 등

2. 토공

가. 터파기

1) 토질별 터파기 기울기는 터파기 바닥면으로부터 연직높이에 따라 다음 표로 구분된다.

<표 Ⅱ.2.1> 토질별 터파기 기울기

구 분		토 사	리 핑 암	발 파 암
연직높이	H = 0~3m	1 : 0.5	1 : 0.3	1 : 0.2
	H = 3m이상	1 : 1	1 : 0.3	1 : 0.2

2) 구조물별 터파기 여유폭

구조물별 터파기 여유폭은 다음 표와 같으며, 현장여건에 따라 변경 적용할 수 있다.

<표 Ⅱ.2.2> 구조물별 터파기 여유폭

구 분	교 량	암 거	측 구	옹 벽
여 유 폭(m)	1.0	0.5	0.3	0.5

나. 구조물 뒷채움(잡석)

1) 구조물 중 용수가 예상되는 구조물, 즉 하천 및 계곡통과 교량, 홍수시 교대 침수예상 교량, 배수 BOX 등에 적용하며, 용수가 없는 구조물은 양질의 토사를 적용한다.

2) 뒷채움 작업은 구조물의 손상 가능성을 고려하여 콘크리트의 압축강도 17.5MPa 이상 또는 28일 양생 후에 시행하여야 한다.

3) 1층의 다짐 완료 후 두께가 0.20m 이하이어야 하며, 각 층마다 흙의 다짐시험(KS F 2312) C, D 또는 E 방법에 의하여 정해진 최대건조밀도의 95% 이상의 밀도가 되도록 균일하게 다져야 한다.

다. 구조물 기초깔기 - 잡석(㎥)

땅깎기 및 흙쌓기 경계부 등 부등침하가 우려되는 구조물의 기초에 적용한다.

3. 콘크리트 타설

가. 콘크리트 강도 사용기준

<표 Ⅱ.2.3> 콘크리트 강도 사용기준

설계기준 강도 (MPa)	골재 최대치수 (mm)	적 용
40	19	· P.F BEAM, P.S.C BOX
35	19	· P.S.C BEAM, 현장타설말뚝
27	25	· 라멘교(슬래브, 측벽, 기초, 날개벽) · 거더교 상부 슬래브 (ST.BOX, P.F BEAM, P.S.C BEAM교 등)
24	25	· 교량하부구조(교대, 교각, 날개벽) · 암거(구체, 날개벽) · 각종 옹벽(역T형, L형, 부벽식 옹벽) · 방음벽 기초
21	25	· L형 측구, 측구, 도수로 · 낙석방지책 기초, 가드휀스 기초 · 배수관 기초, 날개벽, 차수벽 · 중력식 옹벽
18	40	· MASS 콘크리트, 측구
15~18	40	· 바닥(버림)콘크리트

주) 1. 구조계산 및 장비사용에 따라 골재치수와 슬럼프치는 변경될 수 있으며, 슬럼프치는 펌프카 타설시 120~150mm, 인력 타설시 80mm를 적용한다.
2. 구조물별 사용 콘크리트 강도기준은 꼭 지켜야할 원칙이 아니며, 과업별 설계기준과 구조검토 결과에 따라 조정 적용할 수 있다.

나. 콘크리트 타설의 분류

콘크리트 타설은 철근의 유·무, 현장여건 등에 따라 다음 표와 같이 분류된다.

<표 Ⅱ.2.4> 콘크리트 타설의 분류

구 분	적 용
무근콘크리트 타설	· 중력식 옹벽 등의 매시브한 무근구조물, 무근·철근 구조물의 버림 콘크리트 및 비교적 단순히 철근을 넣은 반중력식옹벽 교대 등의 구조물
철근콘크리트 타설	· 캔틸레버 옹벽, 부벽식 옹벽, 암거, 교대, 교각, 교량 슬래브 등의 철근량이 많은 구조물
소형콘크리트 타설	· 소량의 콘크리트 구조물이 산재되어 있는 경우
비탈면콘크리트 타설	· 땅깎기·흙쌓기부의 비탈면에 시공되는 구조물(도수로, 산마루 측구 등)

4. 거푸집

가. 거푸집의 적용

1) 합판거푸집 : 터널의 라이닝폼과 기타 특별한 경우를 제외한 일반적인 대부분의 구조물은 합판거푸집을 원칙으로 한다.

2) 목재거푸집 : 원형교각, 우물통 등 곡면구조물로서 거푸집의 전용회수가 작아 강재거푸집을 적용하기 곤란한 경우에는 목재거푸집으로 산출한다.

3) 강재거푸집 : 터널의 라이닝폼과 같이 동일형상이 연속되는 구조물로서 거푸집의 전용회수가 충분히 경제적인 구조물은 강재거푸집을 적용한다.

4) 유 로 폼 : BOX라멘, 구형교각 등의 단순한 벽식구조물로서 전용회수가 많은 구조물의 거푸집은 유로폼을 적용하되 구조체의 두께와 거푸집에 미치는 측압 및 거푸집의 중량 등을 감안하여 사용부재와 조립설치품을 별도 계상한다.

나. 합판 및 목재거푸집

거푸집 사용횟수의 결정은 단일공사별, 계약단위별로 하며 일반적으로 다음 표를 기준으로 하고, 구조물 형상 또는 현장조건에 제한을 받는 경우에는 이를 감안하여 결정할 수 있다.

<표 Ⅱ.2.5> 거푸집의 사용횟수 산정

구분 / 사용횟수	내 용
1 회	1회 사용후 환수가 불가능한 구조
2 회	T형보, 난간, 특히 복잡한 구조의 교각, 교대, 수문관의 본체 등 복잡한 구조
3 회	슬래브, 교대, 교각, 옹벽, 흉벽(Parapet), 날개벽 등 약간 복잡한 구조
4 회	측구, 수로, 확대기초, 우물통 등 비교적 간단한 구조
6 회	MASS 콘크리트, 지하매설관의 기초, 호안 및 보호공의 기초 등 극히 간단한 구조

다. 문양거푸집

구조물의 미관이 요구되는 지역에 사용되며, 종류에는 사용제품에 따라 합성수지 문양거푸집, P.E 문양거푸집, 그리고 일반거푸집에 문양 스티로폴을 부착하는 방법 등이 있다. 그 중 현장 여건에 맞는 거푸집을 선정, 적용한다.

라. 강재거푸집

<표 Ⅱ.2.6> 강재거푸집의 사용횟수 산정

구 조 물	전 용 횟 수	비 고
간단한 구조	50 ~ 60회	측구, 기초, 수로
약간 복잡한 구조	40 ~ 50회	옹벽, 교대, 호안
복잡한 구조	30 ~ 40회	형교, 곡면거푸집, 우물통
터 널	100회	

위 표는 구조물의 구조에 따른 강재거푸집의 사용횟수를 나타낸 것이다. 강재거푸집은 사용횟수에

따라 고비용이 될 수도 있으므로 합판거푸집과의 경제성 비교 후 사용을 결정하여야 한다.

마. 유로폼 설치

사용조작 횟수(손율) 기준은 다음 표와 같다.

<표 Ⅱ.2.7> 유로폼의 사용횟수 산정

구 분	사용조작 횟수
패 널 류	15회 사용시 잔존율 25%
보, 드롭 헤드, 강관 파이프, 훅 · 클램프, 웨지 핀	25회 사용시 잔존율 10%

5. 비 계 공

가. 목재비계

1) 구체높이가 2.0m 이상일 경우에 적용한다.
2) 교대, 교각, 쌓기부 및 깎기부는 기초상단을 기준으로 하되 현장여건에 따라 조정할 수 있으며 교량 슬래브는 비계를 설치하지 않는다.
3) 구조물 상단부 0.5m는 비계를 설치하지 않는다.
4) 구조물 외측에서 0.5m를 띄고, 폭 1.0m로 설치한다.

나. 강관비계매기

1) 구체높이가 2.0m 이상일 경우에 적용한다.
2) 교대, 교각, 쌓기부 및 깎기부는 기초상단을 기준으로 하되 현장여건에 따라 조정할 수 있으며 교량 슬래브는 비계를 설치하지 않는다.
3) 구조물 상단부 0.5m는 비계를 설치하지 않는다.
4) 구조물 외측에서 0.5m를 띄고, 폭 1.2m로 설치한다.

6. 동바리공

가. 목재동바리

동바리는 원지반선 상단을 기준으로 설치한다.

나. 강관동바리

1) 강관동바리는 원지반선 상단을 기준으로 설치한다.
2) 강관동바리는 암거용과 교량용으로 구분, 산출하여야 한다.

다. 시스템강관동바리

1) 강관동바리는 원지반선 상단을 기준으로 설치한다.
2) 조립식 강관동바리를 사용할 때 적용한다.
3) 슬래브 두께는 1.3m 이하를 기준으로 하고, 단면이 변화하는 경우의 슬래브 두께는 평균두께로 한다.

라. 동바리 수평연결재

1) 강관동바리 설치높이가 3.5m를 초과하는 경우, 안정성을 위하여 높이 2m 이내마다 격자로 설치한다.

2) 설치재료의 손율은 강관동바리에 준하여 적용한다.

7. 철근가공 및 조립

가. 철근가공 및 조립의 구분

철근가공 및 조립의 구분은 다음 표를 표준으로 한다.

<표 Ⅱ.2.8> 철근가공조립의 구분

구 분	적 용
간 단	측구, 간단한 기초 및 중력식 옹벽, 배수관 날개벽 및 면벽 등
보 통	반중력식 옹벽 및 교대, 수문 등
복 잡	교량의 슬래브, 암거, 우물통, 부벽식옹벽, 역T형 교대 등
매우복잡	구주식 교대, 교각, 지하철, 터널 등

나. 철근의 할증

1) 현행 품셈상의 할증율

교량·지하철 및 이와 유사한 복잡한 구조물의 주철근은 6%, 그 외의 이형철근은 3%를 적용

2) 현장 여건

가) 철근 주문생산으로 자투리 발생 최소화

나) 철근 조달방식 변경(관급→사급)에 따른 철근가공 최적화

다) 기계가공에 따른 정밀도 향상

등으로 인하여 철근의 손실율이 낮아지고 있음.

3) 타 발주기관의 적용(예)

한국도로공사의 경우 공장화·규격화를 통한 철근보관 및 가공과 고교각 철근의 나사이음, 대구경철근의 용접이음 등 재료의 손실율이 상대적으로 적음을 감안하여 3% 일괄 적용하고 있음.

4) 철근의 할증율 적용

현장여건 및 타 기관의 적용사례 등의 검토 결과 모든 구조물의 철근 할증율은 3%를 적용한다. 단, 지하철도 정거장 및 본선 BOX 등 현장여건상 철근 손실율이 크다고 판단되는 경우 주요철근은 6%를 적용할 수 있다(주요철근은 직경 D22mm이상의 철근으로 봄).

<표 Ⅱ.2.9> 철근의 할증율

구 분	할증율	비 고
모든철근	3 %	단, 지하철도 정거장 및 본선 BOX 등 현장여건상 철근 손실율이 크다고 판단되는 경우 주요철근(D22mm이상)은 6%를 적용할수 있다.

8. 잡철물 제작 및 설치

가. 잡철물 제작 및 설치는 용접개소, 형상, 경량철재 등에 따라 다음과 같이 구분된다.

<표 Ⅱ.2.10> 잡철물의 구조별 구분

구 분	적 용
간단구조	자재수나 용접개소가 많지 않고 간단히 제작 설치되는 잡철물류
보통구조	자재수나 용접개소가 보통이거나 경량철재 또는 박판으로써 절단, 절곡, 용접 등 제작설치가 복잡하지 아니한 잡철물류
복잡구조	자재수나 용접개소가 많고, 형상이 복잡하거나, 경량철재 또는 박판으로 절단, 절곡, 용접 등 제작설치가 복잡한 잡철물류

나. 잡철물의 종류

1) 피트 및 맨홀 뚜껑류

2) 계단 및 난간 철물류 등(설치는 제외)

3) Checked Plate, Expanded Metal류 등

4) 기타 철골 공사에 해당하지 않는 철재품의 제작 및 설치

9. 기초말뚝박기

가. 기초말뚝박기 일반

1) 말뚝기초는 그 시공방법에 따라 다음과 같은 공법으로 나뉜다.

가) 디젤햄머, 드롭햄머, 유압햄머 등의 타격기구로 말뚝을 지반속에 박는 타입공법

나) 나선형 오거(auger)와 굴착로드를 이용하여 지반을 굴착한 후 굴착공에 말뚝을 압입력, 경타 또는 회전 등에 의해 지지층에 정착하는 선굴착 공법

다) 말뚝 중공부(中空部)에 삽입된 나선형 오거를 회전시킴으로써 말뚝 선단부 지반을 굴착하고 토사를 중공부를 통해 말뚝 두부로 배출시켜 말뚝을 매입하는 내부굴착공법

라) 말뚝 선단부에 물 또는 시멘트 밀크를 분사시켜 분사공을 형성시키고 지지층까지 물을 분사시킴으로써 말뚝을 회전 침설하는 공법

2) 시험말뚝 박기

가) 말뚝기초는 공법 및 시공성, 소음 및 진동영향, 말뚝박기 종료조건 등을 파악하고 품질관리에 필요한 자료를 얻기 위하여 반드시 시험말뚝 박기를 하여야 한다.

나) 시험말뚝 박기 시 유의사항

(1) 시험말뚝은 설계도서에 명시된 말뚝규격으로 선정하고 말뚝깊이는 소요깊이보다 1~2m 이상 긴 말뚝으로 시험시공하여야 한다.

(2) 현장 토질조건이 심하게 변하는 구간은 구조물 기초마다 몇 개의 시험말뚝을 시공하여야 한다.

(3) 말뚝박기 해머는 말뚝규격과 낙하고, 타격횟수, 타격에너지 등을 시험하여 말뚝 규격에 적합한 해머를 선정하여야 한다.

(4) 말뚝박기 종료시 소요타격횟수가 얻어지지 않는 말뚝은 다시 박기 전에 12~24시간 동안

안정시킨 후 다시 박기하여야 한다.

(5) 다시 박기한 후 소요 지지력이 얻어지지 않을 경우는 말뚝의 나머지 부분을 계속 반복하여 박아야 한다.

(6) 말뚝 길이가 부족할 경우는 접합해서 소요 지지력을 얻을 때까지 박아야 한다.

3) 기성말뚝의 규격

가) R.C 말뚝 : KS F 4301 규격품 또는 동등 이상의 것

나) P.S.C 말뚝 : KS F 4303 규격품 또는 동등 이상의 것

다) P.H.C 말뚝 : KS F 4306 규격품 또는 동등 이상의 것

라) 강관말뚝 : KS F 4602, KS F 4603 규격품 또는 동등 이상의 것

나. 직접항타공법

1) 말뚝박기

가) 말뚝박기 순서는 공정, 지반조건, 말뚝형상 및 배치, 말뚝재질조건(콘크리트, 강관), 주변상황 등을 종합적으로 고려하여 정해야 한다.

(1) 중앙부의 말뚝부터 먼저 박은 다음 차례로 외측으로 향하여 박는다.

(2) 잔교나 부두처럼 지표면이 한쪽으로 경사진 경우는 육지쪽에서 바닷가 쪽으로 박는다.

(3) 기존구조물 부근에서 항타작업을 할 경우에는 상황에 따라서 말뚝타입순서를 정한다.

나) 말뚝을 박는데 있어서는 항상 말뚝이 어그러지거나 경사지지 않도록 주의하고, 말뚝본체의 손상이 없도록 해야 한다.

다) 말뚝의 좌굴이나 말뚝축선경사, 드라이브헤드 손상 및 시공불량이 일어나지 않도록 해머의 낙하 방향과 캡, 해머 및 말뚝의 축은 항상 동일선상에 있도록 해야 한다.

라) 과격하고 심한 말뚝다루기로 인하여 콘크리트 말뚝의 경우 뭉그러짐과 박리, 강말뚝의 경우 과도한 변형이 생기지 않도록 시공시 주의하여야 한다.

마) 1개의 말뚝박기는 도중에 정지함이 없이 연속적으로 수행하여야 한다. 그러나, 기계설비의 고장, 작업시간제한, 기타원인에 의해 연속타입이 어려울 경우에는 정지 후 재타입이 불가능하게 되는 깊이의 조사와 해머 용량 등을 결정하여야 한다.

바) 인접 말뚝의 타입이나 기타 이유로 인하여 기준높이에서 5mm이상 밀려 올라간 모든 말뚝은 재타입되어야 한다.

사) 설치 허용오차

(1) 수직 및 경사말뚝의 각도변동 : 말뚝길이의 1/50 미만

(2) 말뚝상단위치의 변동 : 150㎜미만

아) 현장에 반입된 말뚝이 균열이 있는 것, 굽은 것, 찍힌 것, 치수가 미달한 것, 박기 중에 손상된 것은 거부된다. 이러한 말뚝은 현장에서 제거하고, 견고한 말뚝으로 대체해야 한다.

자) 박기 중에 파손된 말뚝은 잘라내고 지지력을 검토한 후 인접위치에 다시 박아야 한다.

2) 말뚝박기 종료

가) 말뚝박기종료의 판정을 위하여 수급자는 반동량을 측정해서 1회 타격당 관입량과 해머 낙하 높이, 타격회수에 의거하여 시험 말뚝 기록과 재하 시험 결과 및 토질 조사결과를 검토하여 결정하고 감리원의 승인을 얻은 후 종료하여야 한다.

나) 말뚝의 근입깊이는 시험말뚝결과 확인된 깊이로 하여야 한다.

다) 타격회수 및 타입종료 관입량

(1) 1개의 말뚝항타에 필요한 타격회수는 다음 표를 기준으로 하여야 한다.

<표 Ⅱ.2.11> 항타시 요구되는 타격횟수

말 뚝 종 류	RC 말뚝	PC 말뚝	강관말뚝
제한 총 타격회수	1000이하	2000이하	3000이하
최후 10m부분의 제한 타격회수	500이하	800이하	1500이하

(2) 타입종료시 1타격당 관입량으로 강관말뚝은 2㎜, 콘크리트말뚝은 5㎜를 목표로 하며 제시한 1타격당 관입량 이하에서 계속 타격하면 말뚝은 물론 해머의 손상원인이 되므로 주의하여야 한다.

(3) 지지력이 충분한 경우나 마찰말뚝으로 하는 경우는 타격당 관입량을 별도로 정한다.

라) 타입말뚝의 지지력

(1) 말뚝의 극한지지력은 감리원이 승인하는 지지력 공식이나 파동방정식 해석을 할 수 있다. 특히 동적지지력 공식은 시공관리용 목적으로만 사용하여야 한다.

(2) 동적지지력공식에 따라 허용지지력을 구하기 위한 안전율은 3~4 정도가 일반적이며, 정재하시험을 통하여 결정된 안전율을 적용토록 한다.

(3) 동재하시험에 의해 허용지지력을 판단하는 경우는 정재하시험과 비교확인을 하여 적용해야 한다.

(4) 허용지지력 확인을 위한 정재하시험, 동재하시험을 비교하기 위한 정재하 시험의 위치와 횟수는 현장조건에 따라 관련기술자의 판단에 의하여야 한다.

마) 지지층에 기복이 있어 목표깊이까지 도달해도 정해진 지지력이 얻어지지 않거나 목표깊이에 도달하기 전에 박기가 곤란할 경우는 재검토하여 현장 조건에 적합한 말뚝으로 시공하여야 한다.

다. 내부굴착 말뚝공법

1) 굴착 및 침설

가) 굴착작업 중에는 원칙적으로 말뚝 선단보다 먼저 굴착해서는 안된다.

나) 중간층이 비교적 단단하여 관통이 곤란한 경우에는 말뚝선단부에 후릭숀 커터(friction cutter)를 붙이던가, 말뚝지름 정도를 선굴착하는 것은 부득이하나, 말뚝지름 이상으로 확대하여 굴착해서는 안된다.

다) 작업 중에는 굴착할 때에 배출되는 흙의 성상이나 말뚝의 침설 상황을 관찰하여 말뚝선단부 및 말뚝둘레 지반이 교란되지 않도록 충분한 시공관리를 해야 한다.

라) 굴착이나 침설 작업이 곤란해진 경우에는 장기간에 걸친 굴착기의 운전이나 과도한 타격 혹은 무리한 압입을 피하고 기계기구의 변경 등 대책을 검토하여야 한다.

마) 말뚝의 선단이 소정의 깊이에 이르렀을 때는 과도한 굴착이나 장기간의 교반 등에 의하여 주위 지반이 교란되지 않도록 주의해야 한다.

2) 굴착토사의 처리

가) 굴착방법에 따라서는 진흙물 등을 사용하는 일이 있으므로 배출토사의 처리는 제삼자에 피

해가 가지 않도록 배려하여야 한다.

나) 굴착에 의해 배출된 토사는 폐기장소에서 적절한 방법으로 처분하여야 한다.

3) 선단처리

가) 말뚝 선단이 소정의 깊이에 달하면 설계도서에 표시된 방법으로 확실하게 선단처리를 해야 한다.

나) 최종 타격방식에 의한 경우에는 '다.b'의 규정에 따라야 하며, 타입해머는 시험말뚝 결과로부터 정해진 것을 사용하여야 한다.

다) 시멘트 밀크 분출 교반 방식에 의한 경우에는 시멘트 밀크를 소정의 압력으로 분출시키면서 말뚝 선단주변의 사질토 지반과 충분히 교반하여 굳히는 것으로 한다.

라) 콘크리트 타설 방식의 경우는 현장타설말뚝기초의 규정에 따라서 관리하는 것으로 한다.

라. 매입말뚝 (S.I.P 공법)

1) 일반사항

가) 적용범위

매입말뚝 중 선굴착 및 시멘트풀 주입공법에 대하여 적용한다.

나) 참조규격

(해당사항 없음)

2) 주요재료

가) 선단 및 주면 고정액

<표 Ⅱ.2.12> 선단 및 주면고정액

구 분	W/C(%)	단위시멘트량(kg/m³)	단위수량(kg/m³)	비고
선단 고정액	60%	1,090	654	
주면 고정액	70%	983	688	

나) 선단금구

본 공법에 사용하는 선단금구를 말뚝선단부에 용접하여 부착한다. 선단금구의 부착목적은 선단 금구부의 보강과 주입고정액과의 접착력 증강을 목적으로 한다.

다) 두부금구

말뚝 삽입시 말뚝의 인양, 회전 및 침설할 수 있도록 강재를 Pile 상단에 용접 부착한다.

3) 시 공

가) 굴 삭

(1) Pile 중심위치를 확인하고 Auger를 정확하게 맞추어 Auger 내부로부터 굴삭수를 주입시키며 굴삭한다. 이때 굴삭경은 약 Pile+100mm이다.

(2) 같은 속도로 굴삭하면서 점토질층이 깊을 경우 Auger에 전류계의 Ampere가 과다하게(약 150~200AMP) 되므로 배토한다.

(3) 배토 후 재굴삭을 반복하며 전류계 Ampere치가 약 120~180AMP 사이에서 일정하게 유지시 굴삭을 종료한다.

(4) 굴삭심도는 토질조사 Boring Log와 N치 그리고 Auger의 Ampere치의 상관관계를 확인

하여야 한다. 이때 토질조건에 따라 N치의 차이가 있으나 전류값 약 125Amp에서 4~5m 굴삭을 계속하면 N값이 50/4~50/6정도의 지반조건에 도달하는 것으로 분석된다.

나) 교 반

(1) Auger굴삭 지면으로부터(3~5m) 서서히 회전 및 인발하면서 2~3회 교반한다.

다) 선단고정액 주입 및 교반

(1) Auger Head가 선단고정액 하부에 도달하면 Auger Head를 멈추고 B/P에서 Mixing 완료된 W/C 60%의 선단고정액을 주입한다.(그림 Ⅱ.2.1 참조)

(2) 선단고정액 주입이 끝나면 Auger Head로 선단고정부를 5분간 3회 상하로 왕복시켜 선단고정액을 교반한다.

라) 주면고정액 주입

선단고정액 주입 완료 후 연속하여 Batch Plant에서 Mixing이 완료된 주면고정액(W/C : 70%)을 Auger Head로 압송하여 Auger를 회전하면서 2m/min 정도의 속도로 인발하면서 주입한다.

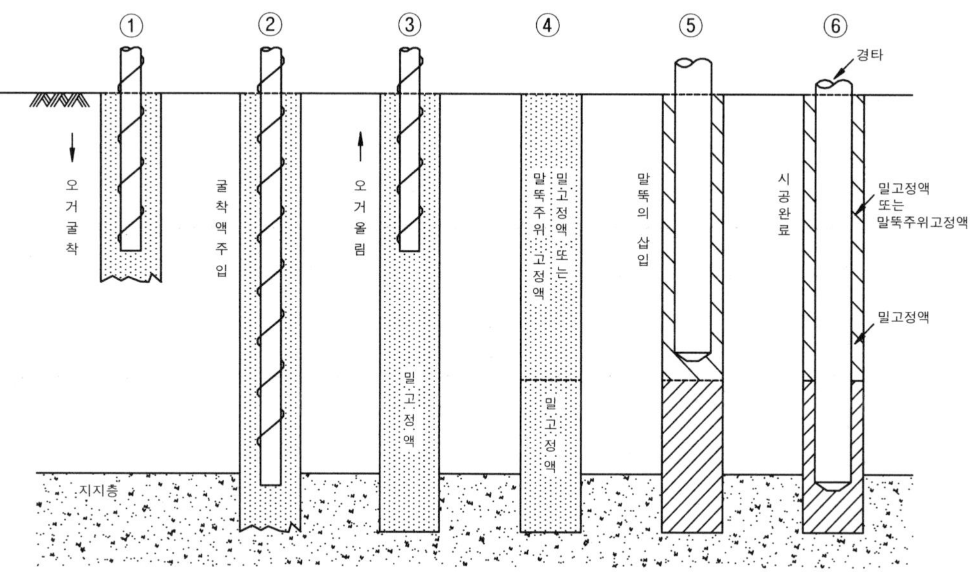

<그림 Ⅱ.2.1> SIP 시공순서도

마) 말뚝의 삽입

(1) Pile 두부에 회전 Cap(두부금구)을 부착하고 선단에는 End Cap을 용접부착하고 직경 D12m/㎡구 Hole을 뚫는다. 그리고 별도의 Auger로 Pile을 끌어올리면서 두부 선단 Cap을 Setting한다.

(2) Pile 삽입은 굴삭교반 완료된 Hole에 똑바로 삽입한다. 이때, 대각선에서 Transit으로 상・하 수직을 Check하면서 서서히 삽입한다.

(3) 지지층 부근부터는 Auger를 서서히 회전하면서 삽입하며 반드시 굴삭 저면으로부터 시공 Pile D의 2배(400mm Pile 경우 0.80m±0.30m) 이내에 setting하여야 한다.

바) 시공완료

소정의 위치에 Pile을 회전하여 삽입을 완료한다. 이 때 부력으로 인하여 Pile이 상승 시는 Auger의 자중으로 2~3분간 정지시킨다.(시험시공 시 Pile의 자중과 부력과의 Balance는 선단 End Cap의 Hole 크기를 조정하여 결정한다.)

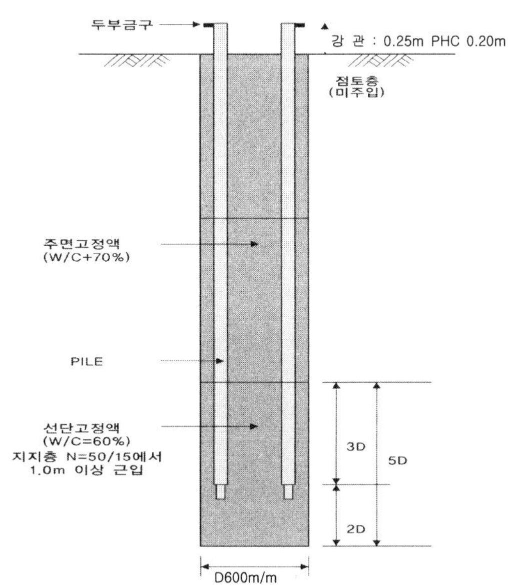

<그림 Ⅱ.2.2> SIP 시공완료도

Ⅱ-2-2. 수량조서

번 호	공　　종	규　격	단위	수　량	비 고
Ⅱ-2	구조물일반				
1	토　　공				
1.01	구조물 터파기				
a	토사터파기				
a-1	토사터파기	인　력	㎥	1	높이별적용
a-2	토사터파기	육　상	㎥	1	H=4m 미만
a-3	토사터파기	육　상	㎥	1	H=4m 이상
a-4	토사터파기	수　중	㎥	1	H=4m 미만
a-5	토사터파기	수　중	㎥	1	H=4m 이상
a-6	토사터파기	육상,소형구조물	㎥	1	H=4m 미만
a-7	토사터파기	육상,소형구조물	㎥	1	H=4m 이상
b	풍화암터파기				
b-1	풍화암터파기	인　력	㎥	1	높이별적용
b-2	풍화암터파기	육상,화약사용	㎥	1	H=4m 미만
b-3	풍화암터파기	육상,화약사용	㎥	1	H=4m 이상
b-4	풍화암터파기	육상,대형브레이커	㎥	1	H=4m 미만
b-5	풍화암터파기	육상,대형브레이커	㎥	1	H=4m 이상
b-6	풍화암터파기	수중,대형브레이커	㎥	1	H=4m 미만
b-7	풍화암터파기	수중,대형브레이커	㎥	1	H=4m 이상
b-8	풍화암터파기	육상,소형브레이커	㎥	1	H=4m 미만
b-9	풍화암터파기	육상,소형브레이커	㎥	1	H=4m 이상
c	연암터파기				
c-1	연암터파기	인　력	㎥	1	높이별적용
c-2	연암터파기	육상,화약사용	㎥	1	H=4m 미만
c-3	연암터파기	육상,화약사용	㎥	1	H=4m 이상
c-4	연암터파기	육상,대형브레이커	㎥	1	H=4m 미만
c-5	연암터파기	육상,대형브레이커	㎥	1	H=4m 이상
c-6	연암터파기	수중,대형브레이커	㎥	1	H=4m 미만
c-7	연암터파기	수중,대형브레이커	㎥	1	H=4m 이상
c-8	연암터파기	육상,소형브레이커	㎥	1	H=4m 미만
c-9	연암터파기	육상,소형브레이커	㎥	1	H=4m 미만

번 호	공 종	규 격	단위	수 량	비 고
d	경암터파기				
d-1	경암터파기	인 력	㎥	1	높이별적용
d-2	경암터파기	육상,화약사용	㎥	1	H=4m 미만
d-3	경암터파기	육상,화약사용	㎥	1	H=4m 이상
d-4	경암터파기	육상,대형브레이커	㎥	1	H=4m 미만
d-5	경암터파기	육상,대형브레이커	㎥	1	H=4m 이상
d-6	경암터파기	수중,대형브레이커	㎥	1	H=4m 미만
d-7	경암터파기	수중,대형브레이커	㎥	1	H=4m 이상
d-8	경암터파기	육상,소형브레이커	㎥	1	H=4m 미만
d-9	경암터파기	육상,소형브레이커	㎥	1	H=4m 이상
1.02	되메우기 및 다짐				
a	되메우기	인 력	㎥	1	
b	되메우기	토 사	㎥	1	
c	되메우기	풍화암	㎥	1	
d	되메움토운반	가적치장,토 사	㎥	1	
e	되메움토운반	가적치장,풍화암	㎥	1	
1.03	잔토처리	인 력	㎥	1	
1.04	구조물뒷채움				
a	구조물뒷채움	잡 석	㎥	1	로울러다짐
b	구조물뒷채움	잡 석	㎥	1	램머다짐
c	구조물뒷채움	잡 석	㎥	1	로울러+램머
1.05	구조물기초깔기	잡 석	㎥	1	
1.06	구조물기초다짐	잡 석	㎥	1	
1.07	배수뒷막돌채움	잡 석	㎥	1	
1.08	물 푸 기				
a	물 푸 기	양수기,D150mm	hr	1	
b	물 푸 기	설치및운반	개소	1	
2	현장콘크리트타설				
2.01	바닥콘크리트타설	무근,펌프카사용	㎥	1	H=0~15m미만
2.02	무근콘크리트타설				
a	콘크리트타설	진동기제외	㎥	1	
b	콘크리트타설	슈 트	㎥	1	
c	콘크리트타설	진동기포함	㎥	1	
d	콘크리트타설	펌 프 카	㎥	1	H=0~15m미만

번 호	공 종	규 격	단위	수 량	비 고
e	콘크리트타설	펌 프 카	㎥	1	H=15m이상
2.03	**철근콘크리트타설**				
a	콘크리트타설	진동기제외	㎥	1	
b	콘크리트타설	슈 트	㎥	1	
c	콘크리트타설	진동기포함	㎥	1	
d	콘크리트타설	펌 프 카	㎥	1	H=0～15m미만
e	콘크리트타설	펌 프 카	㎥	1	H=15m이상
2.04	**소형콘크리트타설**				
a	콘크리트타설	진동기제외	㎥	1	
b	콘크리트타설	진동기포함	㎥	1	
2.05	**비탈면콘크리트타설**	평균,1:1.2～1.8	㎥	1	
2.06	**기계비빔콘크리트타설**				
a	콘크리트타설	무근구조물	㎥	1	
b	콘크리트타설	철근구조물	㎥	1	
c	콘크리트타설	소형구조물	㎥	1	
2.07	**인력비빔콘크리트타설**		㎥	1	
a	콘크리트타설	무근구조물	㎥	1	
b	콘크리트타설	철근구조물	㎥	1	
c	콘크리트타설	소형구조물	㎥	1	
2.08	**모 르 터**				
a	모 르 터	1 : 1	㎥	1	높이별할증포함
b	모 르 터	1 : 2	㎥	1	높이별할증포함
c	모 르 터	1 : 3	㎥	1	높이별할증포함
d	모 르 터	1 : 4	㎥	1	높이별할증포함
e	모 르 터	1 : 5	㎥	1	높이별할증포함
3	**거 푸 집**				
3.01	**합판거푸집**				
a	합판거푸집	1 회	㎡	1	높이별할증포함
b	합판거푸집	2 회	㎡	1	높이별할증포함
c	합판거푸집	3 회	㎡	1	높이별할증포함
d	합판거푸집	4 회	㎡	1	높이별할증포함
e	합판거푸집	5 회	㎡	1	높이별할증포함

번 호	공 종	규 격	단위	수 량	비 고
f	합판거푸집	6 회	㎡	1	높이별할증포함
3.02	목재거푸집				
a	목재거푸집	1 회	㎡	1	높이별할증포함
b	목재거푸집	2 회	㎡	1	높이별할증포함
c	목재거푸집	3 회	㎡	1	높이별할증포함
d	목재거푸집	4 회	㎡	1	높이별할증포함
3.03	원형목재거푸집				
a	원형목재거푸집	1 회	㎡	1	높이별할증포함
b	원형목재거푸집	2 회	㎡	1	높이별할증포함
c	원형목재거푸집	3 회	㎡	1	높이별할증포함
3.04	문양거푸집				
a	문양거푸집	합성수지	㎡	1	20회사용
b	문양거푸집	P.E 제품	㎡	1	10회사용
c	문양거푸집	스치로폼	㎡	1	1회사용
3.05	강재거푸집				
a	강재거푸집	간 단	㎡	1	55회사용
b	강재거푸집	보 통	㎡	1	45회사용
c	강재거푸집	복 잡	㎡	1	35회사용
3.06	유로폼설치				
a	유로폼설치	벽 체	㎡	1	높이별할증포함
b	유로폼설치	슬래브	㎡	1	높이별할증포함
4	비 계 공				
4.01	목재비계				
a	목재비계	1 회	공/㎥	1	높이별할증포함
b	목재비계	2 회	공/㎥	1	높이별할증포함
c	목재비계	3 회	공/㎥	1	높이별할증포함
d	목재비계	4 회	공/㎥	1	높이별할증포함
e	목재비계	5 회	공/㎥	1	높이별할증포함
f	목재비계	6 회	공/㎥	1	높이별할증포함
4.02	강관비계매기				
a	강관비계매기	3개월	㎡	1	높이별할증포함
b	강관비계매기	6개월	㎡	1	높이별할증포함

번 호	공 종	규 격	단위	수 량	비 고
c	강관비계매기	12개월	m²	1	높이별할증포함
5	**동바리공**				
5.01	**목재동바리**				
a	목재동바리	1 회	공/m³	1	높이별할증포함
b	목재동바리	2 회	공/m³	1	높이별할증포함
c	목재동바리	3 회	공/m³	1	높이별할증포함
d	목재동바리	4 회	공/m³	1	높이별할증포함
e	목재동바리	5 회	공/m³	1	높이별할증포함
f	목재동바리	6 회	공/m³	1	높이별할증포함
5.02	**강관동바리**				
a	강관동바리	암거용			
a-1	강관동바리	3개월	공/m³	1	높이별할증포함
a-2	강관동바리	6개월	공/m³	1	높이별할증포함
a-3	강관동바리	12개월	공/m³	1	높이별할증포함
b	강관동바리	교량용			
b-1	강관동바리	3개월	공/m³	1	높이별할증포함
b-2	강관동바리	6개월	공/m³	1	높이별할증포함
b-3	강관동바리	12개월	공/m³	1	높이별할증포함
c	시스템강관동바리	강 관			
c-1	시스템강관동바리	3개월	공/m³	1	높이별할증포함
c-2	시스템강관동바리	6개월	공/m³	1	높이별할증포함
c-3	시스템강관동바리	12개월	공/m³	1	높이별할증포함
d	동바리수평연결재	강 관			
d-1	동바리수평연결재	3개월	m²	1	
d-2	동바리수평연결재	6개월	m²	1	
d-3	동바리수평연결재	12개월	m²	1	
6	**스페이서설치**				
a	스페이서설치	벽 체	m²	1	
b	스페이서설치	슬라브 및 기초	m²	1	
7	**철근가공 및 조립**				
a	철근가공 및 조립	간 단	ton	1	
b	철근가공 및 조립	보 통	ton	1	

번 호	공 종	규 격	단위	수 량	비 고
c	철근가공 및 조립	복 잡	ton	1	
d	철근가공 및 조립	매우복잡	ton	1	
8	잡철물 제작 및 설치				
8.01	잡철물 제작	일반철물			
a	잡철물 제작	간 단	ton	1	
b	잡철물 제작	보 통	ton	1	
c	잡철물 제작	복 잡	ton	1	
8.02	잡철물 설치	일반철물			
a	잡철물 설치	간 단	ton	1	
b	잡철물 설치	보 통	ton	1	
c	잡철물 설치	복 잡	ton	1	
8.03	잡철물 제작	스텐레스			
a	잡철물 제작	간 단	ton	1	
b	잡철물 제작	보 통	ton	1	
c	잡철물 제작	복 잡	ton	1	
8.04	잡철물 설치	스텐레스			
a	잡철물 설치	간 단	ton	1	
b	잡철물 설치	보 통	ton	1	
c	잡철물 설치	복 잡	ton	1	
9	기초말뚝박기				
9.01	PHC말뚝박기	D500,T=80mm			
a	PHC말뚝박기	직접항타	m	1	
b	PHC말뚝박기	천공후항타	m	1	
c	PHC말뚝박기	SIP공법	m	1	
9.02	강관말뚝박기	D508,T=12mm			
a	강관말뚝박기	직접항타	m	1	
b	강관말뚝박기	천공후항타	m	1	
c	강관말뚝박기	SIP공법	m	1	
9.03	말뚝박기용천공(공삭공)				
a	말뚝박기용천공	D400~600mm미만	m	1	
b	말뚝박기용천공	D600mm이상	m	1	
c	케이싱설치철거	강관,D500mm	m	1	

번 호	공 종	규 격	단위	수 량	비 고
d	케이싱설치철거	강관,D600mm	m	1	
e	케이싱설치철거	강관,D700mm	m	1	
9.04	말뚝두부보강				
a	PHC말뚝두부보강	D500mm,재래식	본	1	
b	PHC말뚝두부보강	D500mm,제품	본	1	
c	강관말뚝두부보강	D508mm	본	1	
9.05	말뚝이음 및 선단보강				
a	PHC말뚝이음	D500mm	본	1	
b	강관말뚝이음	D508mm	본	1	
c	강관말뚝선단보강	D508mm	본	1	
9.06	말뚝재하시험비				
a	말뚝재하시험비	동재하시험	회	1	
b	말뚝재하시험비	정재하시험	회	1	

Ⅱ-2-3. 수량산출기준

1. 토　　공

가. 터파기 일반

1) 터파기의 형상

터파기량을 구할 때는 단면에서 양단면평균법으로 수량을 구할 수 있지만, 횡방향 뿐만 아니라 종방향으로도 터파기 기울기를 고려하여 수량을 산출하여야 하며, 기초잡석다짐일 경우 터파기선(H)까지 수량을 산출하고 기초잡석 깔기인 경우에는 (H+H3)수량을 산출한다.

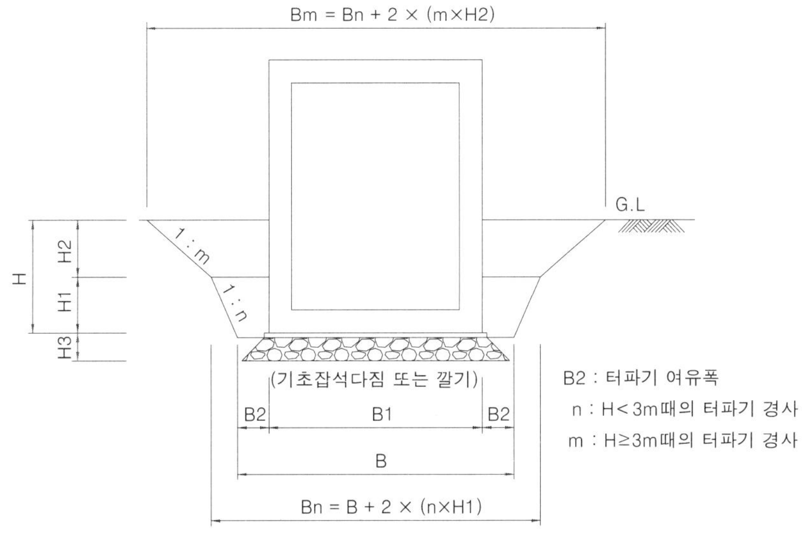

<그림 Ⅱ.2.3> 구조물 터파기 단면도

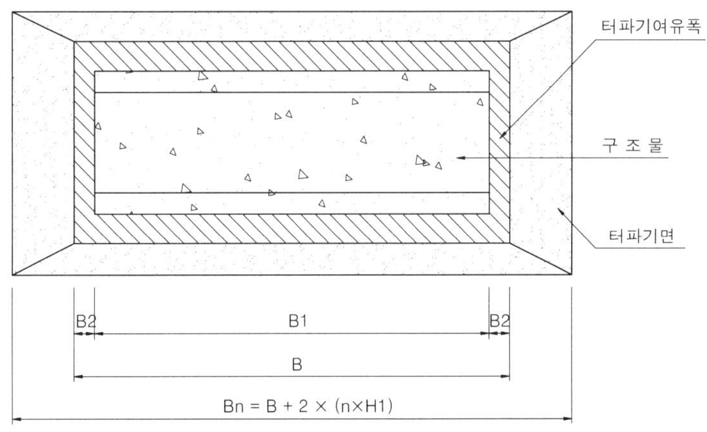

<그림 Ⅱ.2.4> 터파기의 평면 형상

2) 땅깎기와 터파기의 구분

가) 땅깎기 비탈면 또는 원지반이 경사진 곳에서 구조물 기초터파기는 지반이 낮은 쪽을 기준으로 기초상단이 1.0m 아래에 위치할 경우 장비의 운용성을 고려하여 낮은쪽 지반선보다 윗부분은 깎기로 구분하여 수량을 산출한다.(그림 Ⅱ.2.5 참조)

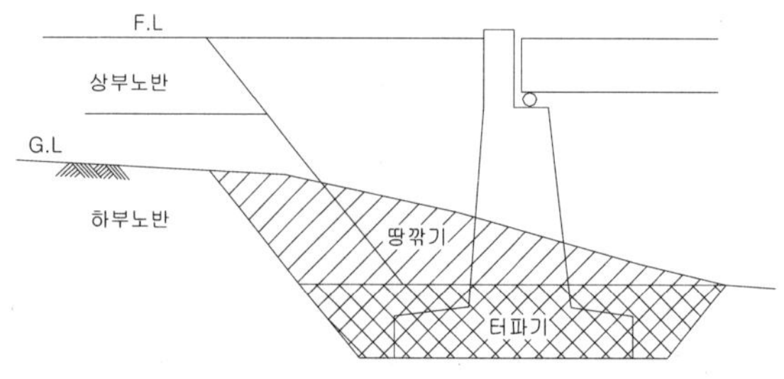

<그림 Ⅱ.2.5> 땅깎기와 터파기의 구분(1)

나) 본선수로 등의 설치시 원지반에서 구조물 상단까지는 땅깎기를 적용하고 순수 구조물 높이에 해당하는 토공은 터파기를 적용한다.(그림 Ⅱ.2.6 참조)

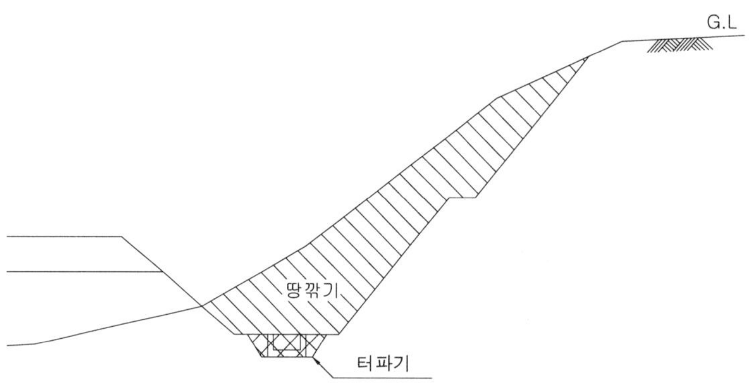

<그림 Ⅱ.2.6> 땅깎기와 터파기의 구분(2)

다) 땅깎기 구간에 J형수로를 설치할 경우에는 구조물최외측면 및 땅깎기비탈면을 따라 땅깎기를 적용하고 토공계획선 하부는 터파기를 적용한다.(그림 Ⅱ.2.7 참조)

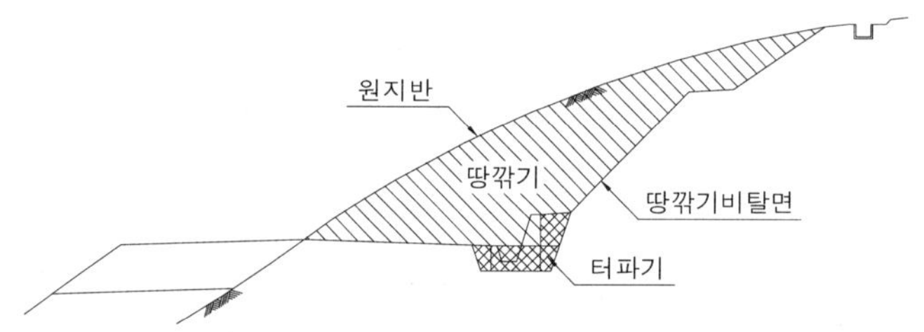

<그림 Ⅱ.2.7> 땅깎기와 터파기의 구분(3)

라) 철도교량 하부에 도로를 신설할 경우 원지반에서 신설도로 F.L까지는 땅깎기를 적용하고 신설도로 F.L 하부는 터파기를 적용한다.(그림 Ⅱ.2.8 참조)

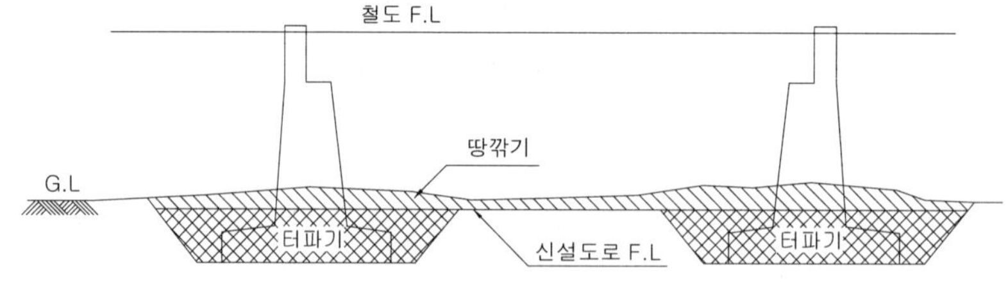

<그림 Ⅱ.2.8> 땅깎기와 터파기의 구분(4)

마) 땅깎기 구간내에 구조물을 시설하는 경우에는 깎기 시공기면 이외의 하부는 터파기를 적용한다.(그림 Ⅱ.2.9 참조)

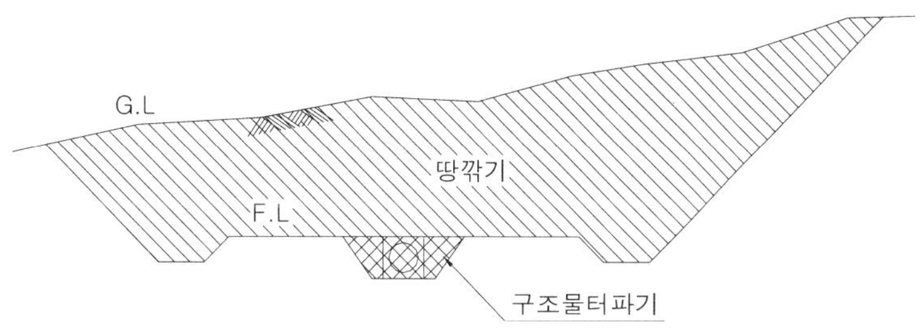

<그림 Ⅱ.2.9> 땅깎기와 터파기의 구분(5)

나. 토사 터파기

1) 토사 터파기 - 인력(m^3)

가) 굴착기계를 투입할 수 없는 협소한 지역이나, 지장물 등으로 인하여 기계시공을 할 수 없는 경우, 또는 굴착량이 적은 소형구조물 등에 적용한다.

나) 깊이는 원지반선 이하를 기준으로 1m 단위로 구분하여 수량을 산출한다.

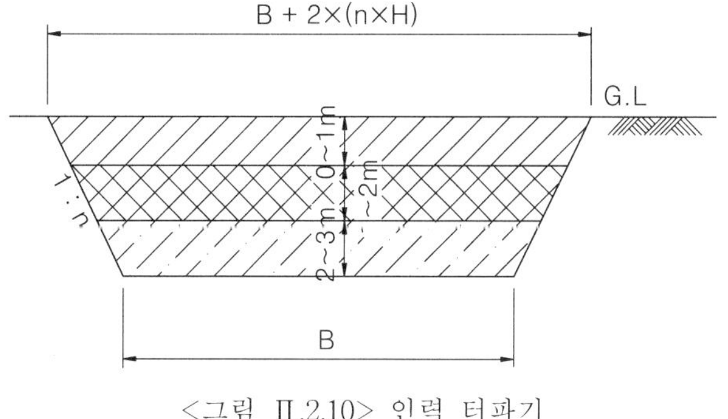

<그림 Ⅱ.2.10> 인력 터파기

다) 터파기의 비탈면은 토질에 따라 적정하게 결정해야 한다.

라) 터파기량은 양단면 평균법으로 산출하고, 다음 표에 따라 토질별로 구분한다.

<표 Ⅱ.2.13> 인력 터파기의 토질별 분류

구 분	토 질 별
인력 터파기	보통토사, 경질토사, 고사점토 및 자갈 섞인 토사, 호박돌 섞인 토사 연암 및 풍화암, 보통암, 경암

2) 토사 터파기 - 육상(m^3)

가) 터파기의 비탈면은 토질에 따라 적정하게 결정해야 한다.

나) 터파기량은 양단면 평균법에 의해 체적으로 산출한다.

다) 연직높이 4m를 기준으로 0~4m, 4m 이상으로 구분 산출한다.

3) 토사 터파기 - 수중(㎥)

가) 수량 산출기준은 '2) 토사터파기-육상'과 공통 적용한다.

나) 터파기 작업량에 따라 물푸기 시간을 별도 산출한다.

다) 연직높이 4m를 기준으로 0~4m, 4m 이상으로 구분 산출한다.

4) 토사 터파기 - 소형구조물(㎥)

가) 소형구조물(집수정, 작은 규모의 수로 등)의 터파기는 사용중기 등에 따라 공사비의 증감이 크므로 별도 표시를 해 주어야 한다.

나) 수량 산출기준은 '2) 토사터파기-육상'과 공통 적용한다.

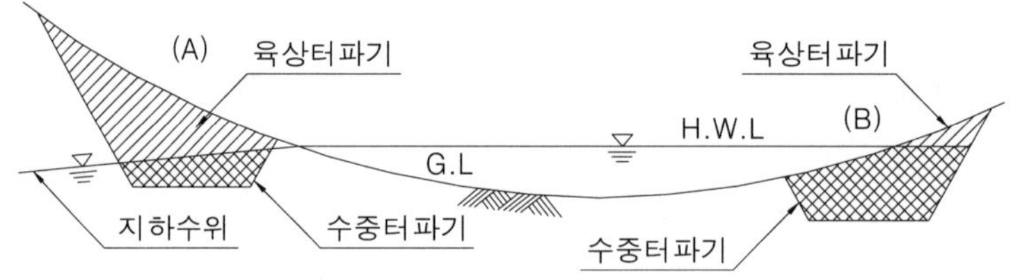

<그림 Ⅱ.2.11> 육상터파기와 수중터파기

5) 위 그림(A)의 경우는 원지반선이 지표수위의 위에 있는 경우로서 지하수위를 기준으로 지하수위 아래쪽은 수중터파기, 지하수위 위쪽은 육상터파기를 적용한다. (B)의 경우는 원지반선이 지표수위의 아래에 있는 경우로서 수중터파기와 육상터파기로 구분하여 수량을 산출하고, 이때 지표수위는 최고예상수위를 적용한다.

다. 풍화암 터파기

1) 풍화암 터파기 - 인력(㎥)

2) 풍화암 터파기 - 육상,화약사용(㎥)

3) 풍화암 터파기 - 육상,대형브레이커(㎥)

4) 풍화암 터파기 - 수중,대형브레이커(㎥)

5) 풍화암 터파기 - 육상,소형브레이커(㎥)

가) 터파기 방법의 선정은 현장여건에 따라 결정되어야 하며, 'Ⅱ-1. 본선 및 지축토공'의 '땅깎기'편을 참조한다.

나) 수량 산출기준은 '가. 토사터파기'와 공통 적용한다.

라. 연암 터파기

1) 연암 터파기 - 인력(㎥)

2) 연암 터파기 - 육상,화약사용(㎥)

3) 연암 터파기 - 육상,대형브레이커(㎥)

4) 연암 터파기 - 수중,대형브레이커(㎥)

5) 연암 터파기 - 육상,소형브레이커(㎥)

가) 터파기 방법의 선정은 현장여건에 따라 결정되어야 하며, 'Ⅱ-1. 본선 및 지축토공'의 '땅깎기'편을 참조한다.

나) 수량 산출기준은 '가. 토사터파기'와 공통 적용한다.

마. 경암 터파기

1) 경암 터파기 - 인력(㎥)

2) 경암 터파기 - 육상,화약사용(㎥)

3) 경암 터파기 - 육상,대형브레이커(㎥)

4) 경암 터파기 - 수중,대형브레이커(㎥)

5) 경암 터파기 - 육상,소형브레이커(㎥)

가) 터파기 방법의 선정은 현장여건에 따라 결정되어야 하며, 'Ⅱ-1. 본선 및 지축토공'의 '땅깎기'편을 참조한다.

나) 수량 산출기준은 '가. 토사터파기'와 공통 적용한다.

바. 되메우기 및 다짐

1) 되메우기 - 인력(㎥)

가) '나. 토사 터파기-인력'으로 굴착된 토공량을 되메우기할 때는 인력 되메우기를 적용한다.

나) 되메우기량은 터파기량에서 구조물 수량을 제한 수량으로 한다. 단, 뒷채움이나 기초잡석깔기 등이 있는 경우는 그 양도 공제한다.

2) 되메우기 - 토사(㎥)

가) 되메우기량은 터파기량에서 구조물 수량을 제한 수량으로 한다. 단, 뒷채움이나 기초잡석깔기 등이 있는 경우는 그 양도 공제한다.

나) 되메움토는 현장 주변에 적치하여 무대운반을 원칙으로 하나, 시가지 공사 등 현장여건상 현장내 적치가 곤란한 경우 별도 가적치장을 확보하여 운반비를 계상할 수 있다.

3) 되메우기 - 풍화암(㎥)

'2) 되메우기 - 토사'와 공통 적용한다.

사. 잔토처리 - 인력(㎥)

1) 굴착량이 적은 소형구조물(울타리 기초, 표지판 기초 등)에 적용하며, 1㎥ 내외를 기준으로 한다.

2) 잔토처리량은 (터파기량-되메우기량)으로 한다.

3) 현장내에서 소운반하여 깔고 고르는 잔토처리에 한정한다.

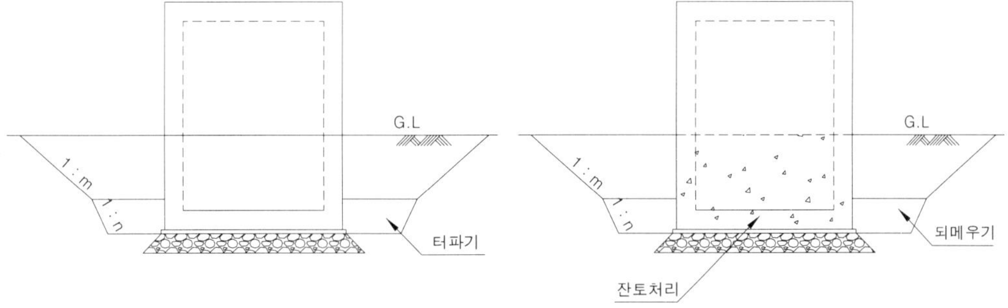

<그림 Ⅱ.2.12> 되메우기 및 잔토처리량 산정

아. 구조물 뒷채움(잡석)

1) 구조물 뒷채움 - 로울러 다짐(㎥)

양단면 평균법으로 수량을 산출한다.

2) 구조물 뒷채움 - 램머다짐(㎥)

양단면 평균법으로 수량을 산출한다.

3) 구조물 뒷채움 - 잡석(㎥)

양단면 평균법으로 수량을 산출한다.

자. 구조물 기초깔기 - 잡석(㎥)

두께 T = 0.20~0.30m를 기준하며, 체적으로 수량을 산출한다.

차. 구조물 기초다짐 - 잡석(㎥)

'아. 구조물 기초깔기'와 공통 적용한다.

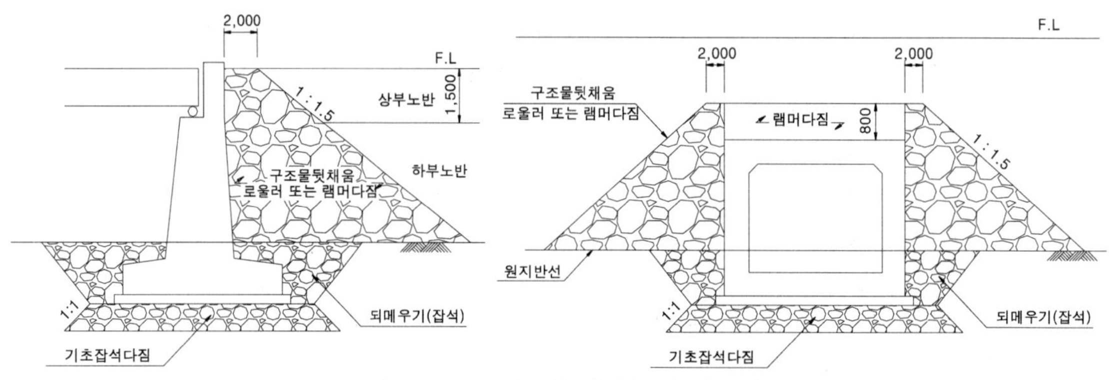

<그림 Ⅱ.2.13> 구조물 뒷채움 및 기초다짐

카. 배수뒷막돌 채움 - 잡석(㎥)

1) 수로콘크리트나 옹벽공의 배수공 등 인력채움이 필요한 잡석채움에 적용한다.

2) 수량은 체적으로 산출한다.

타. 물 푸 기

수중 구조물 설치를 위한 터파기, 바닥 및 기초콘크리트 타설, 양생, 거푸집 조립, 철근조립 등의 작업시간을 기준으로 산출한다.

1) 물푸기 - 양수기 D150mm(hr)

가) 터파기에 대한 물푸기 시간

(1) 토사 : 토사 터파기량÷{Q}㎥/hr(수중터파기 작업량) = ( )hr

(2) 리핑암 : 리핑암 터파기량×{Q}hr/㎥(수중터파기 작업량) = ( )hr

(3) 발파암 : 발파암 터파기량×{Q}hr/㎥(수중터파기 작업량) = ( )hr

터파기 물푸기 시간 : ① + ② + ③ = ( )hr

나) 바닥콘크리트 타설 및 양생 : 1개소×1일×8hr = 8hr

다) 기초거푸집 조립 : 1개소×2일×8hr = 16hr

라) 기초철근 조립 : 1개소×3일×8hr = 24hr

마) 기초콘크리트 타설 및 양생 : 1개소×2일×8hr = 16hr

바) 계 : 가) + 나) + 다) + 라) + 마) = ( )hr

2) 물푸기 - 설치 및 운반(개소)

물푸기에 소요되는 장비를 운반 및 설치하는 수량으로 물푸기 개소수로 산출한다.

2. 현장 콘크리트 타설

가. 바닥콘크리트 타설

1) 콘크리트 타설 - 무근 펌프카(㎥)

토목공사 기초구조물 공사시 바닥(버림) 콘크리트 타설 등에 적용한다.

나. 무근콘크리트 타설

1) 콘크리트 타설 - 진동기제외(㎥)

가) 건축공사 바닥(버림) 콘크리트에 적용한다.

나) 체적으로 수량을 산출한다.

2) 콘크리트 타설 - 슈트(㎥)

가) 바닥(버림) 콘크리트, MASS 콘크리트 타설 등에서 골재최대치수가 40mm 이상이거나 레미콘 타설이 곤란한 경우 적용한다.

나) 체적으로 수량을 산출한다.

3) 콘크리트 타설 - 진동기 포함(㎥)

가) 구조물 기초콘크리트 타설에 적용한다.

나) 체적으로 수량을 산출한다.

4) 콘크리트 타설 - 펌프카, H=0~15m(㎥)

가) 콘크리트 펌프카의 붐타설로, 수직 및 수평거리 15m 이내인 경우에 적용한다.

나) 콘크리트의 골재치수는 자연자갈의 경우 20~40mm를, 쇄석골재의 경우 20~30mm를 기준한다.

다) 체적으로 수량을 산출한다.

5) 콘크리트 타설 - 펌프카, H=15m이상(㎥)

가) H=15m이상인 경우 및 붐타설이 곤란한 경우는 배관타설을 적용한다.

나) 40m 이상의 배관이 필요한 경우에는 40m를 초과하는 수량만큼을 m로 별도 산출한다.

다) 체적으로 수량을 산출한다.

다. 철근콘크리트 타설

1) 콘크리트 타설 - 진동기제외(㎥)

2) 콘크리트 타설 - 슈트(㎥)

3) 콘크리트 타설 - 진동기 포함(㎥)

4) 콘크리트 타설 - 펌프카, H=0~15m(㎥)

5) 콘크리트 타설 - 펌프카, H=15m이상(㎥)

'가. 무근콘크리트 타설'과 공통 적용한다.

라. 소형콘크리트 타설

1) 콘크리트 타설 - 진동기제외(㎥)

2) 콘크리트 타설 - 진동기포함(㎥)

가) 소량의 콘크리트 구조물이 산재되어 있는 경우, 즉 소규모 집수정이나 우수받이 등에 적용

한다.

나) 체적으로 수량을 산출한다.

마. 비탈면콘크리트 타설 - 평균, 1:1.2~1.8(㎥)

1) 땅깎기부나 흙쌓기부 비탈면에 시공되는 구조물(도수로, 산마루 측구 등)의 콘크리트 타설에 적용되며, 이와 유사한 조건의 구조물에도 적용할 수 있다.

2) 체적으로 수량을 산출한다.

바. 기계비빔 콘크리트 타설

1) 콘크리트타설 - 무근구조물(㎥)

2) 콘크리트타설 - 철근구조물(㎥)

3) 콘크리트타설 - 소형구조물(㎥)

수해복구 등 응급복구 공사시 레미콘트럭 및 기타 운반차량의 현장 진입이 곤란할 때 적용한다.

사. 인력비빔 콘크리트 타설

1) 콘크리트타설 - 무근구조물(㎥)

2) 콘크리트타설 - 철근구조물(㎥)

3) 콘크리트타설 - 소형구조물(㎥)

수해복구 등 응급복구 공사시 레미콘트럭 및 기타 운반차량의 현장 진입이 곤란할 때 적용한다.

아. 모르터

1) 모르터 - 1 : 1(㎥)

2) 모르터 - 1 : 2(㎥)

3) 모르터 - 1 : 3(㎥)

4) 모르터 - 1 : 4(㎥)

5) 모르터 - 1 : 5(㎥)

모르터의 소요 체적으로 산출한다.

3. 거 푸 집

가. 합판거푸집

1) 합판거푸집 - 1회(㎡)

2) 합판거푸집 - 2회(㎡)

3) 합판거푸집 - 3회(㎡)

4) 합판거푸집 - 4회(㎡)

5) 합판거푸집 - 5회(㎡)

6) 합판거푸집 - 6회(㎡)

가) 콘크리트 타설면의 면적으로 수량을 산출한다.

나) 연직높이 0~7m를 기준으로 매 3m 증가마다 수량을 별도 산출한다.

나. 목재거푸집

1) 목재거푸집 - 1회(㎡)

2) 목재거푸집 - 2회(㎡)

3) 목재거푸집 - 3회(㎡)

4) 목재거푸집 - 4회(㎡)

'가. 합판거푸집'과 공통 적용한다.

다. 원형거푸집

1) 원형거푸집 - 1회(㎡)

2) 원형거푸집 - 2회(㎡)

3) 원형거푸집 - 3회(㎡)

'가. 합판거푸집'과 공통 적용한다.

라. 문양거푸집

1) 문양거푸집 - 합성수지(㎡)

가) 거푸집 손료는 20회를 기준으로 한다.

나) 콘크리트 타설면의 면적으로 수량을 산출한다.

다) 연직높이 0~7m를 기준으로 매 3m 증가마다 수량을 별도 산출한다.

2) 문양거푸집 - P.E 제품(㎡)

가) 거푸집 손료는 10회를 기준으로 한다.

나) 콘크리트 타설면의 면적으로 수량을 산출한다.

다) 연직높이 0~7m를 기준으로 매 3m 증가마다 수량을 별도 산출한다.

3) 문양거푸집 - 스티로폼(㎡)

가) 거푸집 표면에 문양 스티로폼을 부착하여 사용하는 거푸집이다.

나) 문양 스티로폼은 1회 사용을 기준으로 한다.

다) 콘크리트 타설면의 면적으로 수량을 산출한다.

라) 거푸집 수량은 별도 산출한다.

마. 강재거푸집

1) 강재거푸집 - 간단(㎡)

2) 강재거푸집 - 보통(㎡)

3) 강재거푸집 - 복잡(㎡)

가) 콘크리트 타설면의 면적으로 수량을 산출한다.

나) 연직높이에 따른 수량을 별도 산출하지 않는다.

바. 유로폼 설치

1) 유로폼 설치 - 벽체(㎡)

2) 유로폼 설치 - 바닥(㎡)

가) 콘크리트 타설면의 면적으로 수량을 산출한다.

나) 연직높이 0~7m를 기준으로 매 3m 증가마다 수량을 별도 산출한다.

4. 비 계 공

가. 목재비계

1) 목재비계 - 1회(공/㎥)

2) 목재비계 - 2회(공/㎥)

3) 목재비계 - 3회(공/㎥)

4) 목재비계 - 4회(공/㎥)

5) 목재비계 - 5회(공/㎥)

6) 목재비계 - 6회(공/㎥)

가) 수량은 공/㎥(체적)로 산출하며, 산식은 '(높이-0.5m)×1.0m×연장'이다.

나) 연직높이 0~7m를 기준으로 매 3m 증가마다 수량을 별도 산출한다.

나. 강관비계매기

1) 강관비계매기 - 3개월(㎡)

2) 강관비계매기 - 6개월(㎡)

3) 강관비계매기 - 12개월(㎡)

가) 수량은 면적으로 산출하며, 산식은 '(높이-0.5m)×연장'이다.

나) 연직높이 0~30m를 기준으로 하고 매 3.5m 증가마다 수량을 별도 산출한다.

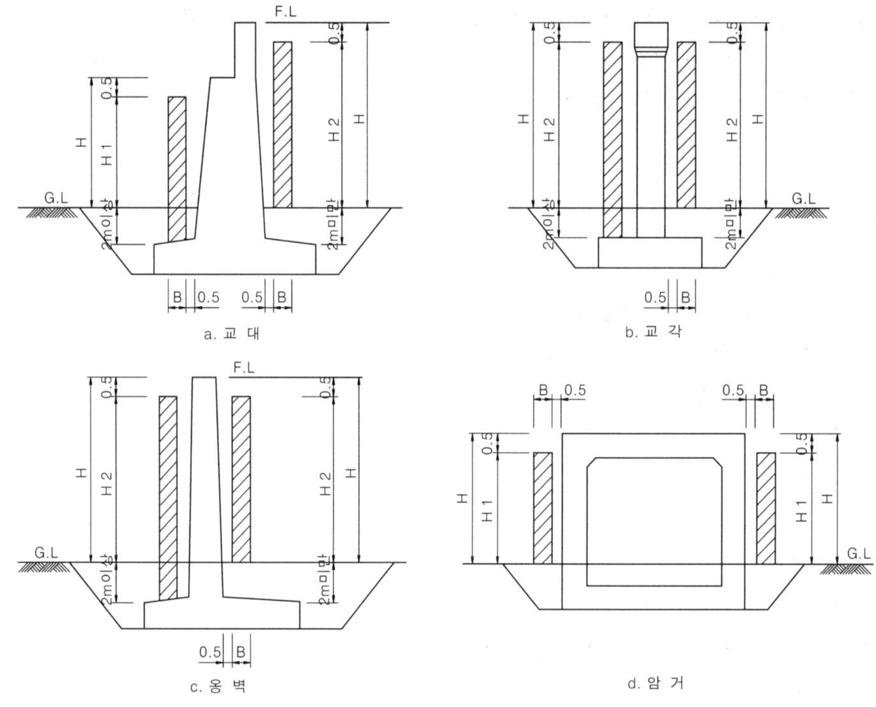

<그림 Ⅱ.2.14> 비계매기

5. 동바리공

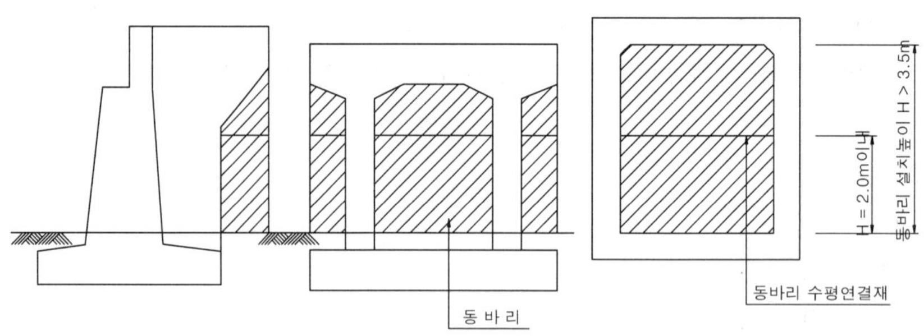

<그림 Ⅱ.2.15> 동 바 리

가. 목재동바리

1) 목재동바리 - 1회(공/㎥)

2) 목재동바리 - 2회(공/㎥)

3) 목재동바리 - 3회(공/㎥)

4) 목재동바리 - 4회(공/㎥)

5) 목재동바리 - 5회(공/㎥)

6) 목재동바리 - 6회(공/㎥)

가) 수량은 공/㎥(체적)로 산출한다.

나) 연직높이 0~7m를 기준으로 매 3m 증가마다 수량을 별도 산출한다.

나. 강관동바리 - 암거용

1) 강관동바리 - 3개월

2) 강관동바리 - 6개월

3) 강관동바리 - 12개월

가) 수량은 공/㎥(체적)로 산출한다.

나) 연직높이 0~7m를 기준으로 매 3m 증가마다 수량을 별도 산출한다.

다. 강관동바리 - 교량용

1) 강관동바리 - 3개월

2) 강관동바리 - 6개월

3) 강관동바리 - 12개월

가) 수량은 공/㎥(체적)로 산출한다.

나) 연직높이 0~7m를 기준으로 매 3m 증가마다 수량을 별도 산출한다.

라. 시스템강관동바리

1) 시스템강관동바리 - 3개월

2) 시스템강관동바리 - 6개월

3) 시스템강관동바리 - 12개월

가) 수량은 공/㎥(체적)로 산출한다.

나) 연직높이 0~10m를 기준으로 매 10m 증가마다 수량을 별도 산출한다.

마. 동바리 수평연결재

1) 동바리 수평연결재 - 3개월(㎡)

2) 동바리 수평연결재 - 6개월(㎡)

3) 동바리 수평연결재 - 12개월(㎡)

수량은 동바리의 1단 면적으로 산출한다.

6. 스페이서 설치

스페이서는 벽체용과 슬래브 및 기초용으로 구분 산출한다.

가. 스페이서 설치 - 벽체(㎡)

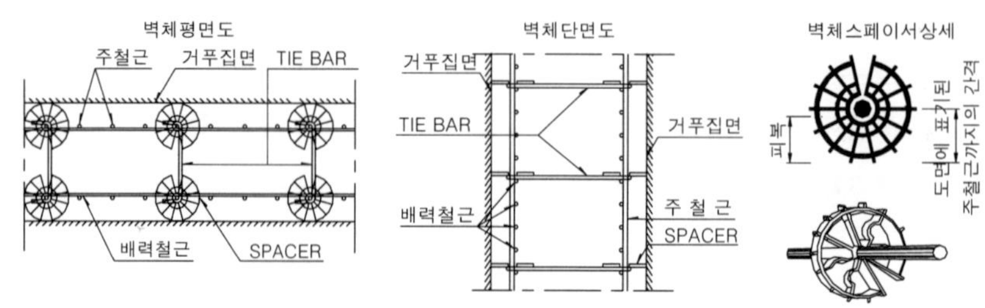

<그림 Ⅱ.2.16> 스페이서 - 벽체

1) 벽체의 내측 및 외측은 별도로 산출하지 않는다. 즉, 내측 및 외측 2개소를 합쳐 1개소로 한다.
2) 스페이서의 종류는 도너츠형으로 한다.
3) 스페이서의 설치간격은 평면상에서는 주철근 배치간격의 4배이거나 1.0m 이하로 하고, 단면상에서는 배력철근 배치간격의 4배이거나 1.0m 이하로 한다.
4) 수량은 스페이서 설치 면적으로 산출한다.

나. 스페이서 설치 - 슬래브 및 기초(㎡)

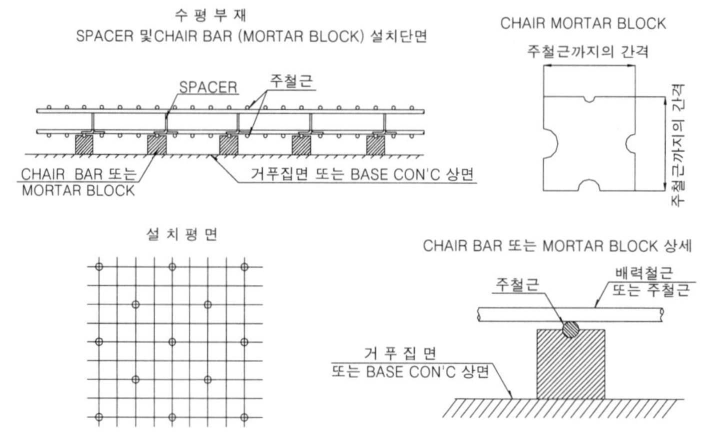

<그림 Ⅱ.2.17> 스페이서 - 슬래브 및 기초

1) 스페이서의 종류는 체어모르터블럭형으로 한다.
2) 스페이서의 설치간격은 종방향 및 횡방향 주철근 배치간격의 4배이거나 0.60m 이하가 되도록 한다.
3) 수량은 스페이서 설치 면적으로 산출한다.

7. 철근가공 및 조립

가. 철근가공 및 조립 - 간단(ton)

수량은 도면(구조도)에 의해 산출된 철근의 NET ton수로 한다.

나. 철근가공 및 조립 - 보통(ton)

수량은 도면(구조도)에 의해 산출된 철근의 NET ton수로 한다.

다. 철근가공 및 조립 - 복잡(ton)

수량은 도면(구조도)에 의해 산출된 철근의 NET ton수로 한다.

라. 철근가공 및 조립 - 매우복잡(ton)

수량은 도면(구조도)에 의해 산출된 철근의 NET ton수로 한다.

8. 잡철물 제작 및 설치

가. 잡철물 제작 및 설치(일반철물)

1) 잡철물 제작

가) 잡철물 제작 - 간단(ton)

간단구조의 잡철물에서 주자재(철판, 앵글, 파이프 등)의 양을 ton으로 산출한다.

나) 잡철물 제작 - 보통(ton)

보통구조의 잡철물에서 주자재(철판, 앵글, 파이프 등)의 양을 ton으로 산출한다.

다) 잡철물 제작 - 복잡(ton)

복잡구조의 잡철물에서 주자재(철판, 앵글, 파이프 등)의 양을 ton으로 산출한다.

2) 잡철물 설치

가) 잡철물 설치 - 간단(ton)

간단구조의 잡철물에서 주자재(철판, 앵글, 파이프 등)의 양을 ton으로 산출한다.

나) 잡철물 설치 - 보통(ton)

보통구조의 잡철물에서 주자재(철판, 앵글, 파이프 등)의 양을 ton으로 산출한다.

다) 잡철물 설치 - 복잡(ton)

복잡구조의 잡철물에서 주자재(철판, 앵글, 파이프 등)의 양을 ton으로 산출한다.

나. 잡철물 제작 및 설치(스텐레스)

1) 잡철물 제작

가) 잡철물 제작 - 간단(ton)

간단구조의 잡철물에서 주자재(STS강판, STS앵글, STS파이프 등)의 양을 ton으로 산출한다.

나) 잡철물 제작 - 보통(ton)

보통구조의 잡철물에서 주자재(STS강판, STS앵글, STS파이프 등)의 양을 ton으로 산출한다.

다) 잡철물 제작 - 복잡(ton)

복잡구조의 잡철물에서 주자재(STS강판, STS앵글, STS파이프 등)의 양을 ton으로 산출한다.

2) 잡철물 설치

가) 잡철물 설치 - 간단(ton)

간단구조의 잡철물에서 주자재(STS강판, STS앵글, STS파이프 등)의 양을 ton으로 산출한다.

나) 잡철물 설치 - 보통(ton)

보통구조의 잡철물에서 주자재(STS강판, STS앵글, STS파이프 등)의 양을 ton으로 산출한다.

다) 잡철물 설치 - 복잡(ton)

복잡구조의 잡철물에서 주자재(STS강판, STS앵글, STS파이프 등)의 양을 ton으로 산출한다.

9. 기초말뚝박기

가. PHC말뚝박기

1) 직접항타(m)

가) 수량은 말뚝연장과 본수를 모두 산출하며, 말뚝연장은 지층별 연장을 각각 산출하여 그 총계로 한다.

나) 실제 근입깊이는 '말뚝연장-0.20m'이다.

다) 말뚝길이 이음수량은 현장반입여건을 고려하여 10~15m에 1개소씩 계상한다.

라) 자재비 : (항타수량 + 0.20m) × 1.03(할증량)

마) 폐합된 현장(가시설이 있는 교대, 교각 등)에서는 시공순서상 구조물바닥에서부터 말뚝박기

가 어려우므로 원지반에서부터의 수량으로 산출하고 천공수량만 별도 계상한다.

바) PHC말뚝을 직접항타로 시공할 경우 현장여건을 감안하여 선단보강을 반영할 수도 있다.

2) 천공후항타(m)

가) 수량은 천공연장과 말뚝연장, 말뚝본수를 모두 산출하며, 천공연장은 지층별 연장을 각각 산출하여 그 총계로 한다.

나) 천공수량은 최종 5D만큼 제외한 수량으로 산출한다.

다) 최종 5D는 지지력 확보를 위해 직접항타로 한다.

라) 실제 근입깊이는 '말뚝연장-0.20m'이다.

마) 말뚝길이 이음수량은 현장반입여건을 고려하여 10~15m에 1개소씩 계상한다.

바) 자재비 : (항타수량 + 0.20m) × 1.03(할증량)

사) 폐합된 현장(가시설이 있는 교대, 교각 등)에서는 시공순서상 구조물바닥에서부터 말뚝박기가 어려우므로 원지반에서부터의 수량으로 산출하고 천공수량만 별도 계상한다.

3) SIP 말뚝박기(m)

가) 수량은 천공연장과 말뚝연장, 말뚝본수를 모두 산출하며, 천공연장은 지층별 연장을 각각 산출하여 그 총계로 한다.

나) 천공수량은 말뚝길이보다 2D만큼 가산한다.

다) SIP주입시 선단고정액(물/시멘트=60%), 주변고정액(물/시멘트=70%)으로 보강한다.

라) 실제 근입깊이는 '말뚝연장-0.20m'이다.

마) 말뚝길이 이음수량은 현장반입여건을 고려하여 10~15m에 1개소씩 계상한다.

바) 자재비 : (항타수량 + 0.20m) × 1.03(할증량)

사) 폐합된 현장(가시설이 있는 교대, 교각 등)에서는 시공순서상 구조물바닥에서부터 말뚝박기가 어려우므로 원지반에서부터의 수량으로 산출하고 천공수량만 별도 계상한다.

나. 강관말뚝박기

1) 직접항타(m)

가) 수량은 말뚝연장과 본수를 모두 산출하며, 말뚝연장은 지층별 연장을 각각 산출하여 그 총계로 한다.

나) 실제 근입깊이는 '말뚝연장-0.25m'이다.

다) 말뚝길이 이음수량은 현장반입여건을 고려하여 10~15m에 1개소씩 계상한다.

라) 자재비 : (항타수량 + 0.25m) × 1.05(할증량)

마) 폐합된 현장(가시설이 있는 교대, 교각 등)에서는 시공순서상 구조물바닥에서부터 말뚝박기가 어려우므로 원지반에서부터의 수량으로 산출하고 천공수량만 별도 계상한다.

바) 강관말뚝을 직접항타로 시공할 경우 현장여건을 감안하여 선단보강을 하여야 한다.

2) 천공후항타(m)

가) 수량은 천공연장과 말뚝연장, 말뚝본수를 모두 산출하며, 천공연장은 지층별 연장을 각각 산출하여 그 총계로 한다.

나) 천공수량은 최종 5D만큼 제외한 수량으로 산출한다.

다) 최종 5D는 지지력 확보를 위해 직접항타로 한다.

라) 실제 근입깊이는 '말뚝연장-0.25m'이다.

마) 말뚝길이 이음수량은 현장반입여건을 고려하여 10~15m에 1개소씩 계상한다.

바) 자재비 : (항타수량 + 0.25m) × 1.05(할증량)

사) 폐합된 현장(가시설이 있는 교대, 교각 등)에서는 시공순서상 구조물바닥에서부터 말뚝박기가 어려우므로 원지반에서부터의 수량으로 산출하고 천공수량만 별도 계상한다.

아) 강관말뚝을 천공후항타로 시공할 경우 현장여건을 감안하여 선단보강을 반영할 수도 있다.

3) SIP 말뚝박기(m)

가) 수량은 천공연장과 말뚝연장, 말뚝본수를 모두 산출하며, 천공연장은 지층별 연장을 각각 산출하여 그 총계로 한다.

나) 천공수량은 말뚝길이보다 2D만큼 가산한다.

다) SIP주입시 선단고정액(물/시멘트=60%), 주변고정액(물/시멘트=70%)으로 보강한다.

라) 실제 근입깊이는 '말뚝연장-0.25m'이다.

마) 말뚝길이 이음수량은 현장반입여건을 고려하여 10~15m에 1개소씩 계상한다.

바) 자재비 : (항타수량 + 0.25m) × 1.05(할증량)

사) 폐합된 현장(가시설이 있는 교대, 교각 등)에서는 시공순서상 구조물바닥에서부터 말뚝박기가 어려우므로 원지반에서부터의 수량으로 산출하고 천공수량만 별도 계상한다.

아) 강관말뚝을 SIP공법으로 시공할 경우 선단보강을 제외한다.

다. 말뚝박기용 천공(공삭공,m)

1) 폐합된 현장(가시설이 있는 교대, 교각 등)에서는 시공순서상 구조물바닥에서부터 말뚝박기가 어려우므로 원지반에서부터 구조물바닥면까지 천공을 적용한다.

2) 수량은 원지반에서 구조물바닥면까지의 깊이로 한다.

3) 케이싱은 설치하지 않는 것을 원칙으로 하나, 공벽붕괴의 우려가 있는 곳은 케이싱을 설치할 수도 있으며, 이 때 케이싱의 구경은 (말뚝 지름+100mm)로 한다.

라. 말뚝두부보강

1) PHC말뚝 두부보강 - 재래식(본)

가) 수량은 PHC말뚝의 총본수로 한다.

나) 두부보강에 소요되는 철근, 콘크리트량 등은 별도로 산출하지 않는다.

다) 재래식으로 두부보강을 할 경우 모래로 속채움하고, 제품을 사용할 때는 속채움모래를 제외한다.

2) PHC말뚝 두부보강 - 제품(본)

가) 수량은 PHC말뚝의 총본수로 한다.

나) 두부보강에 소요되는 철근, 콘크리트량 등은 별도로 산출하지 않는다.

다) 재래식으로 두부보강을 할 경우 모래로 속채움하고, 제품을 사용할 때는 속채움모래를 제외한다.

3) 강관말뚝 두부보강 - 제품(본)

가) 수량은 강관말뚝의 총본수로 한다.

나) 두부보강에 소요되는 철근, 콘크리트량 등은 별도로 산출하지 않는다.

다) 제품을 사용할 경우에는 속채움모래를 제외한다.

마. 말뚝이음 및 선단보강

1) PHC말뚝 이음(본)

가) 말뚝길이 이음수량은 현장반입여건을 고려하여 10~15m에 1개소씩 계상한다.

나) 이음에 소요되는 각종 재료비는 별도로 산출하지 않는다.

2) 강관말뚝 이음(본)

가) 말뚝길이 이음수량은 현장반입여건을 고려하여 10~15m에 1개소씩 계상한다.

나) 이음에 소요되는 각종 재료비는 별도로 산출하지 않는다.

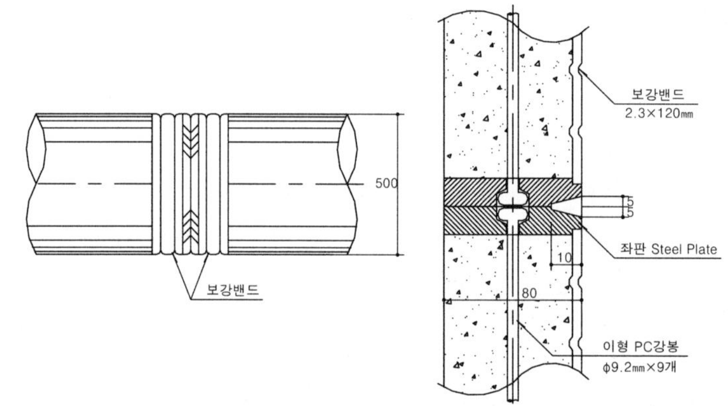

<그림 Ⅱ.2.18> PHC말뚝 이음

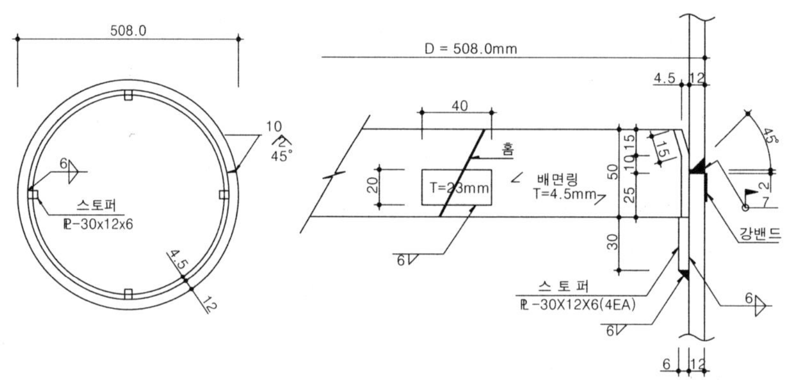

<그림 Ⅱ.2.19> 강관말뚝 이음

<표 Ⅱ.2.14> 강관말뚝 이음 재료표

공 종	규 격	수 량	총중량(kg)	비 고
강 판	40×20×23	1 개	0.159	덧댐판
	30×12×6	4 개	0.075	스토퍼
	50×1,506×4.5	1 개	2.926	배면링
계			3.160	ADD 10%
용 접	필렛 6mm	0.41m		
	45도 홈용접 7mm	1.60m		
절 단	T = 23mm	0.06m		
	T = 6mm	0.17m		
	T = 4.5mm	1.56m		

3) 강관말뚝 선단보강(본)

가) 말뚝 1본당 1개소씩 계상한다.

나) 선단보강에 소요되는 각종 재료비는 별도로 산출하지 않는다.

다) 매입말뚝으로 시공시는 적용하지 않는다.

<표 Ⅱ.2.15> 강관말뚝 선단보강 재료표

공 종	규 격	수 량	총중량	비 고
강 판	200×1,624×9mm	1 개	25.242kgf	선단 보강판(ADD 10%)
용 접	필렛 6mm	3.19m		
절 단	T = 9mm	1.82m		

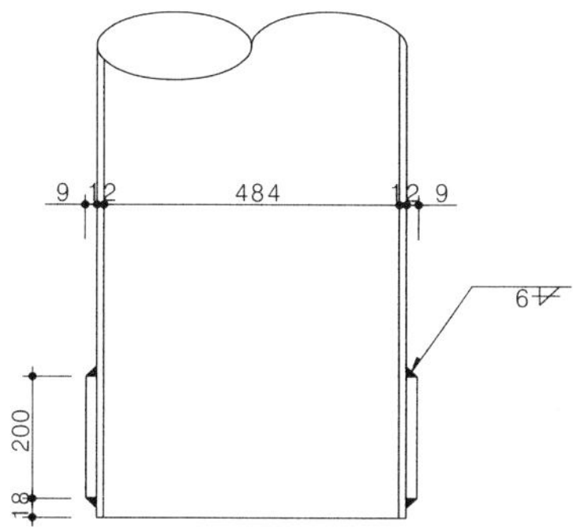

<그림 Ⅱ.2.20> 강관말뚝선단보강

바. 말뚝재하시험

1) 동재하시험

가) 동재하시험은 지반조건에 큰 변화가 없는 경우 다음 표와 같은 빈도에 따라 말뚝시공시에 실시한다.

<표 Ⅱ.2.16> 말뚝시공시의 동재하시험 빈도

구 분	시험 빈도(회)
구조물별 말뚝본수 1 ~ 80본까지	2
구조물별 말뚝본수 1 ~ 160본까지	3
구조물별 말뚝본수 160본 이상	4

나) 지반조건에 큰 변화가 있거나 시공방법이 다를 때는 시험회수를 추가할 수 있다.

2) 정재하시험

가) 정재하시험은 KS F 2445 규정에 의하여 다음과 같이 재하시험을 실시하여야 한다.

(1) 1회 시험시 지시된 위치에서 4개 지시말뚝을 시험해야 한다.

(2) 처음 100개 말뚝에 대하여 1회 시험을 실시한다.

(3) 다음 250개 말뚝에 대하여 1회 시험을 실시한다.

(4) 다음 매 500개 말뚝에 대하여 1회 시험을 실시한다.

나) 재하시험시 설계하중의 2배 하중을 재하해야 하며 재하시험 후 말뚝의 허용 영구침하량은 5mm 이내라야 한다.

3) 말뚝재하시험 실시 후 지지력 미달시 추가적으로 시험을 실시하여야 한다.

사. 말뚝굴착토 및 슬라임

1) 말뚝굴착토

가) 기초말뚝 작업시 발생하는 굴착토에 대하여는 별도의 규정이 없으나 작업시 첨가되는 불순물 등에 의해 오염될 가능성이 있으므로 발생량의 50%는 폐기물로 처리하고 나머지 50%는 과업별 순성토 현장이면 공구내 유용하고 사토 현장이면 단순 사토처리 하는 것으로 산출한다.

나) 수량산출은 말뚝지름에 100mm를 더하여 원형기둥으로 하고 말뚝길이를 곱하여 체적으로 산출한다.

2) 슬라임처리

가) 슬라임은 지반보강그라우팅, 현장타설말뚝 등에 시공할 때 고압분사 천공수와 고화재, 시멘트 페이스트 등에 의해 발생하는 이토이다.

나) 수량의 산출식은 현장 및 지반조건에 따라 매우 다양하므로 과업별 내역팀과 상의 후 산출한다.

다) 슬라임은 전량 폐기물 처리한다.

Ⅱ-2-4. 단가적용기준

1. 구조물 터파기

가. 굴착장비

1) 굴삭기 : Ⅱ-1-4의 '1.03 측구공'의 굴삭기를 참조한다.

2) 대형브레이커 : Ⅱ-1-4의 '1.04 땅깎기'의 대형브레이커를 참조한다.

나. 적재장비

Ⅱ-1-4의 '1.03 측구공'의 굴삭기를 참조한다.

다. 인력터파기

구 분 \ 깊이(원지반선 기준,m)	직종(인)	0 ~ 1	1 ~ 2	2 ~ 3	3 ~ 4	4 ~ 5	5 ~ 6
보 통 토 사	보통인부	0.20	0.27	0.34	0.41	0.48	0.55
경 질 토 사	보통인부	0.26	0.35	0.44	0.53	0.62	0.71
고사점토 및 자갈섞인 토사	보통인부	0.32	0.43	0.54	0.65	0.76	
호박돌섞인 토사	보통인부	0.57	0.77	0.97	1.17	1.37	
연암 및 풍화암	할 석 공	1.60	1.80	2.00	2.20	2.40	
	보통인부	0.80	0.90	1.00	1.10	1.20	
보 통 암	할 석 공	2.40	2.60	2.80	3.00	3.20	
	보통인부	1.20	1.30	1.40	1.50	1.60	
경 암	할 석 공	4.40	6.10	7.80	9.50	11.20	
	보통인부	1.80	2.50	3.20	3.90	4.60	

1) 본 품은 소운반이 수반되지 아니하는 구조물의 터파기 또는 이에 준하는 굴착에 적용한다.

2) 본 품은 자연상태를 기준으로 하고 소운반은 포함되지 않았으므로 관로나 간단한 기초굴착 등에서 소운반을 수반하지 아니한 공종에 적용하고, 소운반이 필요할 때에는 별도 계상한다.

3) 본 품에는 흙막이 및 물푸기 품을 포함하지 않는다.

4) 주위에 장애물(가시설물, 인접건물 및 기타시설물)이 있을 때와 협소한 독립기초파기인 때에는 품을 50%까지 가산할 수 있다.

5) 되메우기에 있어서는 ㎥당 0.1인을 별도 계상한다.

6) 현장내에서 소운반하여 깔고 고르는 잔토처리는 ㎥당 0.2인을 별도 계상한다.

7) 터파기 흙의 운반을 요할 때의 운반시점은 지반면상의 터파기 비탈어깨선부터로 하고, 되메우기의 다짐이 필요할 때에는 다짐 품을 별도 계상한다.

8) 절취나 터파기에 있어서는 면고르기를 별도로 계상하지 않는다.

9) 공구손료는 별도로 계상하지 않는다.

라. 기계사용 터파기(암반)

종별 / 암질	착암공(인)	보통인부(인)	공기압축기 (시간)	소형브레이커 (시간)	비 고
풍 화 암	0.33	0.16	0.30	1.26	공기압축기 7.1㎥/min 페이브먼트 브레이커 25kg급 4대 기준
연 암	0.41	0.21	0.48	1.68	
보 통 암	0.58	0.29	0.60	2.40	
경 암	0.94	0.48	0.96	3.90	

1) 버력 적재 및 운반은 별도 계상한다.
2) 굴착토량은 단위개소당 10㎥ 미만의 경우 또는 대형 브레이커나 화약사용이 불가능한 경우에 적용한다.
3) 소비재는 인력품의 1%까지 계상할 수 있다.
4) 기계 및 기구경비는 별도 계상한다.

2. 되메우기 및 다짐

가. 부설

1) Ⅱ-1-4의 '1.03 측구공'의 굴삭기를 참조한다.
2) 기계와 인력의 사용비율은 현장여건을 감안하여 적절히 적용한다.

나. 램머다짐

1) 다짐장비는 일반적으로 램머를 사용한다.
2) 램머의 작업효율은 0.3~0.7 사이값 중 현장여건을 감안하여 적정값을 선정 적용한다.

3. 구조물뒷채움

가. 구조물뒷채움(잡석)

1) 고르기 - 현장여건에 따라 불도저 19ton, 32ton 또는 굴삭기부설 선별 적용
2) 다짐 - 작업규모에 따라 로울러다짐 또는 램머다짐 적용

나. 구조물기초깔기(잡석)

다. 구조물기초다짐(잡석)

'가. 구조물뒷채움(잡석, 로울러다짐)'과 공통 적용한다.

라. 배수뒷막돌 채움(잡석)

1) 현장여건에 따라 기계 및 인력 채움 비율을 조정한다.
2) 인력 채움

종 별		보통인부(인)	비 고
모래기초다짐	두께 30㎜	0.50	10㎡당 0.15인
	두께 60㎜	0.40	10㎡당 0.24인
자갈기초다짐	지름 10~30㎜	0.50	
조약돌기초다짐	지름 90~150㎜	0.50~0.70	
돌쌓기뒷채움	지름 90~150㎜	0.50~0.80	

4. 콘크리트 타설

가. 콘크리트 펌프차 타설

1) 작업능력(80㎥/hr 급)

구조물별 \ 1일 타설량 / 슬럼프(cm)		50㎥ 미만	50~100㎥	100~300㎥	300㎥ 이상
무 근 구조물	21	33.2	47.1	55.2	69.2
	18	26.6	37.7	44.2	55.4
	15	21.2	30.1	35.4	44.3
	8~12	18.8	26.7	31.4	39.4
철 근 구조물	21	27.7	41.6	49.9	63.0
	18	22.1	33.1	39.8	50.4
	15	17.7	26.6	31.9	40.3
	8~12	15.7	23.5	28.3	35.8

가) 일타설량은 구조물의 1일 평균타설량으로 하고, 2개 이상의 구조물을 1일내 작업하는 경우는 동일군으로 한다.

나) 작업능력은 골재입경, 콘크리트 압송높이, 콘크리트 압송수평거리, 압송타설의 연속·비연속 등의 조건에 따라 ±20% 내에서 증감할 수 있다.

다) 콘크리트펌프차의 붐타설은 높이 15m, 수평거리 15m의 경우에 적용하고, 배관타설은 상기 범위외 및 붐타설이 곤란한 경우, 혹은 현장조건 등에 따라 배관타설이 적당한 경우에 적용한다.

2) 콘크리트펌프차 타설인부(인/10㎥)

타 설 구 분	구조물 종별	콘크리트공	보통인부
붐 타 설	무근구조물	0.44	0.21
	철근구조물	0.52	0.26
배 관 타 설	무근구조물	0.74	0.41
	철근구조물	0.81	0.46

가) 다짐이 포함된 품이며, 다짐을 위한 콘크리트진동기 등의 기계경비는 콘크리트펌프차의 기계손료 및 운전경비와 콘크리트타설 인력품의 1%까지 계상한다.

나) 양생이 포함되지 않은 것이므로 양생이 필요한 경우에는 다음에 따라 계상한다.

구 분	단위	무근구조물	철근구조물
보통인부	인	0.22	0.07
제잡비(양생재료, 기구손료)	%	31	41

다) 배관타설품은 압송관 조립, 철거, 인력품(40m 정도)이 포함된 것이며, 40m 이상의 압송관 조립, 철거를 필요로 하는 경우에는 별도 가산한다.

라) 제치장 콘크리트, 곡면·경사면, 최소폭 150mm 미만의 난간 및 파라펫트와 벽체 등의 돌출부분 또는 요철부분은 10% 범위내에서 품을 가산할 수 있다.

나. 콘크리트 타설

공 종	구분 / 직종	무근구조물	철근구조물	소형구조물
레디믹스트콘크리트	콘크리트공(인)	0.15	0.17	0.24
	보통인부(인)	0.27	0.29	0.42
기계비빔 타설	콘크리트공(인)	0.15	0.17	0.24
	보통인부(인)	0.62	0.84	1.10
인력비빔 타설	콘크리트공(인)	0.85	0.87	1.29
	보통인부(인)	0.82	0.99	1.36

5. 모르터

가. 배합비

배합 용적비	시 멘 트(kg)	모 래(m^3)	보통인부(인)
1 : 1	1,093	0.78	1.0
1 : 2	680	0.98	1.0
1 : 3	510	1.10	1.0
1 : 4	385	1.10	0.9
1 : 5	320	1.15	0.9

1) 본 품에는 재료의 할증률이 가산되어 있다.
2) 본 품에는 기구손료 및 소운반품이 포함되어 있다.
3) 모르타르 배합의 선정은 다음의 표를 참고로 한다.

배합용적비	1 : 1	1 : 2	1 : 3	1 : 4	1 : 5
사 용 처	치장줄눈, 방수 및 중요한 개소	미장용 마감 바르기 및 중요한 개소	미장용 마감 바르기, 쌓기줄눈	미장용 초벌 바르기	중요하지 않은 개소

6. 기초말뚝 박기

가. PHC말뚝 박기

1) 직접항타

가) PHC말뚝의 항타장비는 디젤파일해머, 유압파일해머 등이 있으며, 소음 및 진동으로 인한 민원발생의 가능성에 우선을 두고 장비를 선정하여야 한다.

나) 디젤파일해머

(1) 파일 1본당 타격시간(분)

$Tb = 0.08 \times \alpha \times \beta \times \ell \times (N+2)$

여기서, α : 토질계수
β : 해머계수
ℓ : 파일 끝이 들어가는 전층의 길이(m)
N : 평균 N치

(2) 토질계수(α)

2종 이상의 토질로 구성되어 있는 경우에는 토층의 두께에 따라 가중 평균을 구하여 토질계수를 산출한다.

토 질 / 계 수	점토·부식토	실트·롬·모래	자 갈
α	4.0	1.0	1.4

(3) 해머계수(β)

파일경(mm) / 해머규격	D 250	D 300	D 350	D 400	D 450	D 500
1.5ton 급	0.6	0.8	1.0			
2.2ton 급				0.6	0.8	1.0

(4) 파일해머와 크레인의 조합

파일해머 규격	1.5ton 급	2.2ton 급	3.2ton 급	4.0ton 급
크레인 규격	20ton	25ton	30ton	35ton

(가) 이 규격은 파일 12m를 기준한 것이며 파일의 길이, 현장작업조건 등을 감안하여 조정할 수 있다.

(나) 해상작업인 경우는 이에 준하지 않는다.

(5) 작업계수(F)

평탄성 / 작업현장의 넓이와 상태 / 작업계수	양 호		불 량	
	현장이 넓으며 작업에 장애물이 없는 경우	현장이 협소하며 작업에 장애물이 없는 경우	현장이 넓으며 작업에 장애물이 있는 경우	현장이 협소하며 작업에 장애물이 있는 경우
작업계수 F	1.0	0.8	0.8	0.6

(가) 노면상태는 지역이 넓고 평탄하며, 보조크레인이 말뚝을 운반함에 지장이 없는 상태를 양호로 한다.

(나) 넓은 지역은 폭이 25m 이상되는 지역을 말한다.

(다) 장애물이란 가옥, 시설구조물, 도로, 철도의 부근 등으로 안전관리를 요하는 것.

다) 유압파일해머

(1) 토질계수(α)

N치는 타입층의 평균 N치로 한다.

N치의 범위 / 계 수	20 미만	20 이상
α	1.0	1.13

(2) 파일규격에 따른 시공시간(Ta)

항타길이(m)	파 일 경(mm)	
	D300 ~ 600	D600 ~ 1,000
15 이하	48 min/본	58 min/본
16~22	82	101
23~29	96	115
30~36	130	158

(3) 파일해머와 크레인의 조합

파일해머 규격	3 ton	5 ton	7 ton	10 ton	13 ton
크레인 규격	30ton	35ton	50ton	80ton	100ton

(4) 잡재료 등 손료

잡재료 등 손료란 용접봉, 발판재, 용접기, 발전기 손료, 비계재, Cushion 재, 수직도 유지 관리비 등을 말하며 직접노무비에 다음 표의 비율을 곱한 것을 상한으로 한다.

구 분	단 말 뚝	이 음 말 뚝
제잡비율(%)	17	22

2) 천공후 항타

가) 장비 선정

말뚝직경(mm)	천공길이(m)	크레인(ton)	오거(kW)	비 고
D350~400	20 미만	50	59.68~89.52	
	20 이상	60	89.52~111.90	
D400~600	20 미만	60	111.9	
	20 이상	70	111.9	
D600 이상		80 이상	149.20	

나) N치별 1m당 굴착시간(a1)

말뚝직경(mm) / N 치	D300 ~ 450	D500 ~ 600
20 미만	0.3 min/m	0.5 min/m
20이상 ~ 40미만	0.65	0.8
40이상 ~ 50미만	1.0	-
50 이상	2.0	-

다) 말뚝 1본당 그라우트 주입시간(T_G)

말뚝직경(mm) / 말뚝길이(m)	D400 ~ 600	D700 ~ 800	D900 ~ 1,000
10 미만	2.0 min/본	4.0 min/본	-
10 ~ 20	4.0	6.0	-
20 ~ 30	6.0	8.0	-

3) S.I.P 공법

직접항타 및 천공후항타의 공종에서 선별 적용한다.

나. 강관말뚝 박기

1) 직접항타

가) 디젤파일해머

(1) 해머계수(β)

파일경(mm) / 해머규격	D 400	D 500	D 600	D 800	D 900	D 1,000
1.5ton 급	1.2	-	-	-	-	-
2.2ton 급	0.6	1.0	1.4	-	-	-
3.2ton 급	-	0.6	0.9	1.5	-	-
4.0ton 급	-	-	0.6	1.2	1.4	1.7

(2) 파일 1본당 용접시간(분)

$Tw = tw \cdot Nw$ 여기서, tw : 이음 1개소당 용접시간(분)
Nw : 파일 1본당의 이음수

나) 유압파일해머

(1) 토질계수(α)

N치는 타입층의 평균 N치로 한다.

N치의 범위 / 계 수	20 미만	20 이상
α	1.0	1.19

(2) 판두께 계수(β)

항타길이(m)	판 두 께(mm)			
	8 ~ 10	12	14	16
16 이하	1.00	1.00	1.00	1.00
17~32	1.00	1.14	1.29	1.48
33~48	1.00	1.18	1.37	1.63
49~64	1.00	1.22	1.45	1.73

(3) 파일규격에 따른 시공시간(Ta)

항타길이(m)	파 일 경(mm)		
	D400 ~ 500	D500 ~ 800	D800 ~ 1,200
16 이하	58 min/본	58 min/본	58 min/본
17~32	86	110	120
33~48	134	168	182
49~64	163	216	241

2) 천공후 항타

'가. PHC말뚝 박기의 2) 천공후 항타'와 공통 적용한다.

3) S.I.P 공법

'가. PHC말뚝 박기의 3) S.I.P 공법'과 공통 적용한다.

다. 콘크리트말뚝 두부정리

구 분	규격	단위	D300mm	D350mm	D400mm	D450mm	D500mm
그라인더날	10mm	개	0.002	0.003	0.004	0.005	0.005
파 일 캡	PVC	개	1	1	1	1	1
철 선	# 8	kg	0.007	0.007	0.007	0.007	0.007
할 석 공		인	0.056	0.072	0.090	0.109	0.130
보통인부		인	0.043	0.055	0.069	0.084	0.100

1) 본 품은 콘크리트 파일 항타 완료 후 설계높이에 맞게 자르는 품이며, 말뚝머리보강에 필요한 품은 별도 계상한다.
2) 본 품은 굴삭기(압쇄기 부착)를 사용하여 절단할 때의 품으로, 기계경비는 별도 계상한다.
3) 굴삭기의 규격 기준은 0.2㎥이며, 작업량은 14.7본/hr을 기준한 것이다.

Ⅱ-2-5. 단가산출기준

번호	공　　종	단위	단 가 산 출 기 준	비　고
1	토　공			
1.01	구조물 터파기			
a	토사터파기			
a-1	토사터파기 (인력,높이별)	㎥	1. H = 0~1m - 보통인부 : 0.20인 2. H = 1~2m - 보통인부 : 0.27인 3. H = 2~3m - 보통인부 : 0.34인 4. H = 3~4m - 보통인부 : 0.41인 5. H = 4~5m - 보통인부 : 0.48인 6. H = 5~6m - 보통인부 : 0.55인	3-1-3-1 인력터파기
a-2	토사터파기 (육상,H = 4m미만)	㎥	1. 굴삭기(0.70㎥) q1 = 0.70㎥ , L = 1.25 , f = 1/1.25 = 0.80 E = (0.70+0.60)/2-0.05 = 0.60 k = 0.90 , Cm = 20초(135°선회) Q = (3600초*0.70㎥*0.90*0.80*0.60)/20초 = 54.43㎥/hr	11-3 굴삭기
a-3	토사터파기 (육상,H = 4m이상)	㎥	1. 굴삭기(0.70㎥) q1 = 0.70㎥ , L = 1.25 , f = 1/1.25 = 0.80 E = (0.70+0.60)/2-0.05 = 0.60 k = 0.90 , Cm = 22초(180°선회) Q = (3600초*0.70㎥*0.90*0.80*0.60)/22초 = 49.48㎥/hr	11-3 굴삭기
a-4	토사터파기 (수중,H = 4m미만)	㎥	1. 굴삭기(0.70㎥) q1 = 0.70㎥ , L = 1.25 , f = 1/1.25 = 0.80 E = (0.55+0.45)/2-0.05 = 0.45 k = 0.90 , Cm = 20초(135°선회) Q = (3600초*0.70㎥*0.90*0.80*0.45)/20초 = 40.82㎥/hr	11-3 굴삭기
a-5	토사터파기 (수중,H = 4m이상)	㎥	1. 굴삭기(0.70㎥) q1 = 0.70㎥ , L = 1.25 , f = 1/1.25 = 0.80 E = (0.55+0.45)/2-0.05 = 0.45 k = 0.90 , Cm = 22초(180°선회) Q = (3600초*0.70㎥*0.90*0.80*0.45)/22초 = 37.11㎥/hr	11-3 굴삭기
a-6	토사터파기(육상,소형, H = 4m미만)	㎥	1. 굴삭기(0.40㎥) q1 = 0.40㎥ , L = 1.25 , f = 1/1.25 = 0.80 E = (0.70+0.60)/2-0.05 = 0.6 k = 0.90 , Cm = 18초(135°선회) Q = (3600초*0.40㎥*0.90*0.80*0.60)/18초 = 34.56㎥/hr	11-3 굴삭기
a-7	토사터파기(육상,소형, H = 4m이상)	㎥	1. 굴삭기(0.40㎥) q1 = 0.40㎥ , L = 1.25 , f = 1/1.25 = 0.80 E = (0.70+0.60)/2-0.05 = 0.6 k = 0.90 , Cm = 20초(180°선회) Q = (3600초*0.40㎥*0.90*0.80*0.60)/20초 = 31.10㎥/hr	11-3 굴삭기

번호	공 종	단위	단 가 산 출 기 준	비 고
b	풍화암터파기			
b-1	풍화암터파기 (인력,높이별)	㎥	1. H = 0~1m 1) 할 석 공:1.60인 2) 보통인부:0.80인 2. H = 1~2m 1) 할 석 공:1.80인 2) 보통인부:0.90인 3. H = 2~3m 1) 할 석 공:2.00인 2) 보통인부:1.00인 4. H = 3~4m 1) 할 석 공:2.20인 2) 보통인부:1.10인 5. H = 4~5m 1) 할 석 공:2.40인 2) 보통인부:1.20인	3-1-3-1 인력터파기
b-2	풍화암터파기 (육상,화약사용, H = 4m미만)	㎥	1. 발파 1) 화약운반비:0.35㎏ 2) 폭약(다이나마이트28㎜):0.35㎏ 3) 전기뇌관(MS,공업용8호):1.0개 4) 비트(Copco,D38×2,400㎜):0.008개 5) 화 약 공:0.041인 6) 보통인부:0.103인 7) 착 암 공:0.041인 2. 중기사용료 1) 착암기(2.7㎥/min):0.203hr 2) 에어호스(D19.1㎜):0.074hr 3) 공기압축기(10.3㎥/min,365c.f.m):0.074hr 3. 파쇄물인양(굴삭기 0.70㎥) q1 = 0.70㎥, L = 1.30, E = (0.65+0.45)/2 = 0.55 f = 1/1.30 = 0.77 , k = 0.70 , Cm = 20초(135°선회) Q = (3600초*0.70㎥*0.70*0.77*0.55)/20초 = 37.35㎥/hr	3-1-2-사 암석절취 (착암기) 11-3 굴삭기
b-3	풍화암터파기 (육상,화약사용, H = 4m이상)	㎥	1. 발파 1) 화약운반비:0.35㎏ 2) 폭약(다이나마이트28㎜):0.35㎏ 3) 전기뇌관(MS,공업용8호):1.0개 4) 비트(Copco,D38×2,400㎜):0.008개 5) 화 약 공:0.041인 6) 보통인부:0.103인 7) 착 암 공:0.041인 2. 중기사용료 1) 착암기(2.7㎥/min):0.203hr 2) 에어호스(D19.1㎜):0.074hr 3) 공기압축기(10.3㎥/min,365c.f.m):0.074hr 3. 파쇄물인양(굴삭기 0.70㎥) q1 = 0.70㎥, L = 1.30, E = (0.65+0.45)/2 = 0.55 f = 1/1.30 = 0.77 , k = 0.70 , Cm = 22초(180°선회) Q = (3600초*0.70㎥*0.70*0.77*0.55)/22초 = 33.96㎥/hr	3-1-2-사 암석절취 (착암기) 11-3 굴삭기

번호	공 종	단위	단 가 산 출 기 준	비 고
b-4	풍화암터파기 (육상,대형브레이커, H = 4m미만)	㎥	1. 중기사용료 1) 대형브레이커(0.70㎥):3.80㎥/hr/(1/3) = 11.40㎥/hr 2) 굴 삭 기(0.70㎥):3.80㎥/hr/(1/3) = 11.40㎥/hr 3) 치 즐 소모량(0.70㎥): 0.006본/hr/11.40㎥/hr = 0.00053본/㎥ 2. 파쇄물인양(굴삭기 0.70㎥) q1 = 0.70㎥, L = 1.30, E = (0.65+0.45)/2 = 0.55 f = 1/1.30 = 0.77 , k = 0.70 , Cm = 20초(135°선회) Q = (3600초*0.70㎥*0.70*0.77*0.55)/20초 = 37.35㎥/hr	11-6-2-나 굴삭 11-3 굴삭기
b-5	풍화암터파기 (육상,대형브레이커, H = 4m이상)	㎥	1. 중기사용료 1) 대형브레이커(0.70㎥):3.80㎥/hr/(1/3) = 11.40㎥/hr 2) 굴 삭 기(0.70㎥):3.80㎥/hr/(1/3) = 11.40㎥/hr 3) 치 즐 소모량(0.70㎥): 0.006본/hr/11.40㎥/hr = 0.00053본/㎥ 2. 파쇄물인양(굴삭기 0.70㎥) q1 = 0.70㎥, L = 1.30, E = (0.65+0.45)/2 = 0.55 f = 1/1.30 = 0.77 , k = 0.70 , Cm = 22초(180°선회) Q = (3600초*0.70㎥*0.70*0.77*0.55)/22초 = 33.96㎥/hr	11-6-2-나 굴삭 11-3 굴삭기
b-6	풍화암터파기 (수중,대형브레이커, H = 4m미만)	㎥	1. 중기사용료 1) 대형브레이커(0.70㎥):3.80㎥/hr/(1/3) = 11.40㎥/hr 2) 굴 삭 기(0.70㎥):3.80㎥/hr/(1/3) = 11.40㎥/hr 3) 치 즐 소모량(0.70㎥): 0.006본/hr/11.40㎥/hr = 0.00053본/㎥ 2. 파쇄물인양(굴삭기 0.70㎥) q1 = 0.70㎥, L = 1.30, E = (0.50+0.35)/2 = 0.43 f = 1/1.30 = 0.77 , k = 0.70 , Cm = 20초(135°선회) Q = (3600초*0.70㎥*0.70*0.77*0.43)/20초 = 29.20㎥/hr	11-6-2-나 굴삭 11-3 굴삭기
b-7	풍화암터파기 (수중,대형브레이커, H = 4m이상)	㎥	1. 중기사용료 1) 대형브레이커(0.70㎥):3.80㎥/hr/(1/3) = 11.40㎥/hr 2) 굴 삭 기(0.70㎥):3.80㎥/hr/(1/3) = 11.40㎥/hr 3) 치 즐 소모량(0.70㎥): 0.006본/hr/11.40㎥/hr = 0.00053본/㎥ 2. 파쇄물인양(굴삭기 0.70㎥) q1 = 0.70㎥, L = 1.30, E = (0.50+0.35)/2 = 0.43 f = 1/1.30 = 0.77 , k = 0.70 , Cm = 22초(180°선회) Q = (3600초*0.70㎥*0.70*0.77*0.43)/22초 = 26.55㎥/hr	11-6-2-나 굴삭 11-3 굴삭기
b-8	풍화암터파기 (육상,소형브레이커, H = 4m미만)	㎥	1. 중기사용료 1) 페이브먼트브레카(25kg):1.26hr/㎥ 2) 공기압축기(7.1㎥/분,250cfm):0.30hr/㎥ 3) 에어호스(D19.1㎜):0.30hr/㎥ 2. 인 건 비 1) 착 암 공:0.33인/㎥ 2) 보통인부:0.16인/㎥ 3) 잡재료비(인건비의 1%) 3. 파쇄물인양(굴삭기 0.70㎥) q1 = 0.70㎥, L = 1.30, E = (0.65+0.45)/2 = 0.55 f = 1/1.30 = 0.77 , k = 0.70 , Cm = 20초(135°선회) Q = (3600초*0.70㎥*0.70*0.77*0.55)/20초 = 37.35㎥/hr	3-1-3-2 기계사용 터파기 11-3 굴삭기

번호	공 종	단위	단 가 산 출 기 준	비 고
b-9	풍화암터파기 (육상,소형브레이커, H = 4m이상)	㎥	1. 중기사용료 1) 페이브먼트브레카(25㎏):1.26hr/㎥ 2) 공기압축기(7.1㎥/분,250cfm):0.30hr/㎥ 3) 에어호스(D19.1㎜):0.30hr/㎥ 2. 인 건 비 1) 착 암 공:0.33인/㎥ 2) 보통인부:0.16인/㎥ 3) 잡재료비(인건비의 1%) 3. 파쇄물인양(굴삭기 0.70㎥) q1 = 0.70㎥, L = 1.30, E = (0.65+0.45)/2 = 0.55 f = 1/1.30 = 0.77 , k = 0.70 , Cm = 22초(180°선회) Q = (3600초*0.70㎥*0.70*0.77*0.55)/22초 = 33.96㎥/hr	3-1-3-2 기계사용 터파기 11-3 굴삭기
c	연암터파기			
c-1	연암터파기 (인력,높이별)	㎥	1. H = 0~1m 1) 할 석 공:1.60인 2) 보통인부:0.80인 2. H = 1~2m 1) 할 석 공:1.80인 2) 보통인부:0.90인 3. H = 2~3m 1) 할 석 공:2.00인 2) 보통인부:1.00인 4. H = 3~4m 1) 할 석 공:2.20인 2) 보통인부:1.10인 5. H = 4~5m 1) 할 석 공:2.40인 2) 보통인부:1.20인	3-1-3-1 인력터파기
c-2	연암터파기 (육상,화약사용, H = 4m미만)	㎥	1. 발파 1) 화약운반비:0.35㎏ 2) 폭약(다이나마이트28㎜):0.35㎏ 3) 전기뇌관(MS,공업용8호):1.0개 4) 비트(Copco,D38×2,400㎜):0.008개 5) 화 약 공:0.041인 6) 보통인부:0.103인 7) 착 암 공:0.041인 2. 중기사용료 1) 착암기(2.7㎥/min):0.203hr 2) 에어호스(D19.1㎜):0.074hr 3) 공기압축기(10.3㎥/min,365c.f.m):0.074hr 3. 파쇄물인양(굴삭기 0.70㎥) q1 = 0.70㎥ , L = 1.40 , E = 0.45 f = 1/1.40 = 0.71 , k = 0.55 , Cm = 20초(135°선회) Q = (3600초*0.70㎥*0.55*0.71*0.45)/20초 = 22.14㎥/hr	3-1-2-사 암석절취 (착암기) 11-3 굴삭기

번호	공 종	단위	단 가 산 출 기 준	비 고
c-3	연암터파기 (육상,화약사용, H = 4m이상)		1. 발파 1) 화약운반비:0.35kg 2) 폭약(다이나마이트28mm):0.35kg 3) 전기뇌관(MS,공업용8호):1.0개 4) 비트(Copco,D38×2,400mm):0.008개 5) 화 약 공:0.041인 6) 보통인부:0.103인 7) 착 암 공:0.041인 2. 중기사용료 1) 착암기(2.7m³/min):0.203hr 2) 에어호스(D19.1mm):0.074hr 3) 공기압축기(10.3m³/min,365c.f.m):0.074hr 3. 파쇄물인양(굴삭기 0.70m³) q1 = 0.70m³ , L = 1.40 , E = 0.45 f = 1/1.40 = 0.71 , k = 0.55 , Cm = 22초(180°선회) Q = (3600초*0.70m³*0.55*0.71*0.45)/22초 = 20.13m³/hr	3-1-2-사 암석절취 (착암기) 11-3 굴삭기
c-4	연암터파기 (육상,대형브레이커, H = 4m미만)	m³	1. 중기사용료 1) 대형브레이커(0.70m³):3.80m³/hr 2) 굴 삭 기(0.70m³):3.80m³/hr 3) 치 즐 소모량(0.70m³): 0.006본/hr/3.80m³/hr = 0.0016본/m³ 2. 파쇄물인양(굴삭기 0.70m³) q1 = 0.70m³ , L = 1.40 , E = 0.45 = 0.45 f = 1/1.40 = 0.71 , k = 0.55 , Cm = 20초(135°선회) Q = (3600초*0.70m³*0.55*0.71*0.45)/20초 = 22.14m³/hr	11-6-2-나 대형브레이커 굴삭 11-3 굴삭기
c-5	연암터파기 (육상,대형브레이커, H = 4m이상)		1. 중기사용료 1) 대형브레이커(0.70m³):3.80m³/hr 2) 굴 삭 기(0.70m³):3.80m³/hr 3) 치 즐 소모량(0.70m³): 0.006본/hr/3.80m³/hr = 0.0016본/m³ 2. 파쇄물인양(굴삭기 0.70m³) q1 = 0.70m³ , L = 1.40 , E = 0.45 f = 1/1.40 = 0.71 , k = 0.55 , Cm = 22초(180°선회) Q = (3600초*0.70m³*0.55*0.71*0.45)/22초 = 20.13m³/h	11-6-2-나 대형브레이커 굴삭 11-3 굴삭기
c-6	연암터파기 (수중,대형브레이커, H = 4m미만)	m³	1. 중기사용료 1) 대형브레이커(0.70m³):3.80m³/hr 2) 굴 삭 기(0.70m³):3.80m³/hr 3) 치 즐 소모량(0.70m³): 0.006본/hr/3.80m³/hr = 0.0016본/m³ 2. 파쇄물인양(굴삭기 0.70m³) q1 = 0.70m³ , L = 1.40 , E = 0.35 f = 1/1.40 = 0.71 , k = 0.55 , Cm = 20초(135°선회) Q = (3600초*0.70m³*0.55*0.71*0.35)/20초 = 17.22m³/hr	11-6-2-나 대형브레이커 굴삭 11-3 굴삭기

번호	공 종	단위	단 가 산 출 기 준	비 고
c-7	연암터파기 (수중,대형브레이커, H = 4m이상)	㎥	1. 중기사용료 1) 대형브레이커(0.70㎥):3.80㎥/hr 2) 굴 삭 기(0.70㎥):3.80㎥/hr 3) 치 즐 소모량(0.70㎥): 0.006본/hr/3.80㎥/hr = 0.0016본/㎥ 2. 파쇄물인양(굴삭기 0.70㎥) q1 = 0.70㎥ , L = 1.40 , E = 0.35 f = 1/1.40 = 0.71 , k = 0.55 , Cm = 22초(180°선회) Q = (3600초*0.70㎥*0.55*0.71*0.35)/22초 = 15.66㎥/hr	11-6-2-나 대형브레이커 굴삭 11-3 굴삭기
c-8	연암터파기 (육상,소형브레이커, H = 4m미만)	㎥	1. 중기사용료 1) 페이브먼트브레카(25㎏):1.68hr/㎥ 2) 공기압축기(7.1㎥/분,250cfm):0.48hr/㎥ 3) 에어호스(D19.1㎜):0.48hr/㎥ 2. 인 건 비 1) 착 암 공:0.41인/㎥ 2) 보통인부:0.21인/㎥ 3) 잡재료비(인건비의 1%) 3. 파쇄물인양(굴삭기 0.70㎥) q1 = 0.70㎥ , L = 1.40 , E = 0.45 f = 1/1.40 = 0.71 , k = 0.55 , Cm = 20초(135°선회) Q = (3600초*0.70㎥*0.55*0.71*0.45)/20초 = 22.14㎥/hr	3-1-3-2 기계사용 터파기 11-3 굴삭기
c-9	연암터파기 (육상,소형브레이커, H = 4m이상)		1. 중기사용료 1) 페이브먼트브레카(25㎏):1.68hr/㎥ 2) 공기압축기(7.1㎥/분,250cfm):0.48hr/㎥ 3) 에어호스(D19.1㎜):0.48hr/㎥ 2. 인 건 비 1) 착 암 공:0.41인/㎥ 2) 보통인부:0.21인/㎥ 3. 잡재료비(인건비의 1%) 4. 파쇄물인양(굴삭기 0.70㎥) q1 = 0.70㎥ , L = 1.40 , E = 0.45 f = 1/1.40 = 0.71 , k = 0.55 , Cm = 22초(180°선회) Q = (3600초*0.70㎥*0.55*0.71*0.45)/22초 = 20.13㎥/hr	3-1-3-2 기계사용 터파기 11-3 굴삭기
d d-1	경암터파기 경암터파기 (인력,높이별)	㎥	1. H = 0~1m 1) 할 석 공:4.40인 2) 보통인부:1.80인 2. H = 1~2m 1) 할 석 공:6.10인 2) 보통인부:2.50인 3. H = 2~3m 1) 할 석 공:7.80인 2) 보통인부:3.20인	3-1-3-1 인력터파기

번호	공 종	단위	단 가 산 출 기 준	비 고
			4. H = 3~4m 1) 할 석 공:9.50인 2) 보통인부:3.90인 5. H = 4~5m 1) 할 석 공:11.20인 2) 보통인부:4.60인	
d-2	경암터파기 (육상,화약사용, H = 4m미만)	㎥	1. 발파 1) 화약운반비:0.35㎏ 2) 폭약(다이나마이트28㎜):0.35㎏ 3) 전기뇌관(MS,공업용8호):1.0개 4) 비트(Copco,D38×2,400㎜):0.008개 5) 화 약 공:0.041인 6) 보통인부:0.103인 7) 착 암 공:0.041인 2. 중기사용료 1) 착암기(2.7㎥/min):0.203hr 2) 에어호스(D19.1㎜):0.074hr 3) 공기압축기(10.3㎥/min,365c.f.m):0.074hr 3. 파쇄물인양(굴삭기 0.70㎥) q1 = 0.70㎥ , L = 1.85 , E = 0.45 f = 1/1.85 = 0.54 , k = 0.55 , Cm = 20초(135°선회) Q = (3600초*0.70㎥*0.55*0.54*0.45)/20초 = 16.84㎥/hr	3-1-2-사 암석절취 (착암기) 11-3 굴삭기
d-3	경암터파기 (육상,화약사용, H = 4m이상)	㎥	1. 발파 1) 화약운반비:0.35㎏ 2) 폭약(다이나마이트28㎜):0.35㎏ 3) 전기뇌관(MS,공업용8호):1.0개 4) 비트(Copco,D38×2,400㎜):0.008개 5) 화 약 공:0.041인 6) 보통인부:0.103인 7) 착 암 공:0.041인 2. 중기사용료 1) 착암기(2.7㎥/min):0.203hr 2) 에어호스(D19.1㎜):0.074hr 3) 공기압축기(10.3㎥/min,365c.f.m):0.074hr 3. 파쇄물인양(굴삭기 0.70㎥) q1 = 0.70㎥ , L = 1.85 , E = 0.45 f = 1/1.85 = 0.54 , k = 0.55 , Cm = 22초(180°선회) Q = (3600초*0.70㎥*0.55*0.54*0.45)/22초 = 15.31㎥/hr	3-1-2-사 암석절취 (착암기) 11-3 굴삭기
d-4	경암터파기 (육상,대형브레이커, H = 4m미만)	㎥	1. 중기사용료 1) 대형브레이커(0.70㎥):2.00㎥/hr 2) 굴 삭 기(0.70㎥):2.00㎥/hr 3) 치 즐 소모량(0.70㎥): 0.030본/hr/2.00㎥/hr = 0.0150본/㎥ 2. 파쇄물인양(굴삭기 0.70㎥)	11-6-2-나 대형브레이커 굴삭

번호	공 종	단위	단 가 산 출 기 준	비 고
			q1 = 0.70㎥ , L = 1.85 , E = 0.45 f = 1/1.85 = 0.54 , k = 0.55 , Cm = 20초(135°선회) Q = (3600초*0.70㎥*0.55*0.54*0.45)/20초 = 16.84㎥/hr	11-3 굴삭기
d-5	경암터파기 (육상,대형브레이커, H = 4m이상)	㎥	1. 중기사용료 1) 대형브레이커(0.70㎥):2.00㎥/hr 2) 굴 삭 기(0.70㎥):2.00㎥/hr 3) 치 즐 소모량(0.70㎥): 0.030본/hr/2.00㎥/hr = 0.0150본/㎥ 2. 파쇄물인양(굴삭기 0.70㎥) q1 = 0.70㎥ , L = 1.85 , E = 0.45 f = 1/1.85 = 0.54 , k = 0.55 , Cm = 22초(180°선회) Q = (3600초*0.70㎥*0.55*0.54*0.45)/22초 = 15.31㎥/hr	11-6-2-나 대형브레이커 굴삭 11-3 굴삭기
d-6	경암터파기 (수중,대형브레이커, H = 4m미만)	㎥	1. 중기사용료 1) 대형브레이커(0.70㎥):2.00㎥/hr 2) 굴 삭 기(0.70㎥):2.00㎥/hr 3) 치 즐 소모량(0.70㎥): 0.030본/hr/2.00㎥/hr = 0.0150본/㎥ 2. 파쇄물인양(굴삭기 0.70㎥) q1 = 0.70㎥ , L = 1.85 , E = 0.35 f = 1/1.85 = 0.54 , k = 0.55 , Cm = 20초(135°선회) Q = (3600초*0.70㎥*0.55*0.54*0.35)/20초 = 13.10㎥/hr	11-6-2-나 대형브레이커 굴삭 11-3 굴삭기
d-7	경암터파기 (수중,대형브레이커, H = 4m이상)	㎥	1. 중기사용료 1) 대형브레이커(0.70㎥):2.00㎥/hr 2) 굴 삭 기(0.70㎥):2.00㎥/hr 3) 치 즐 소모량(0.70㎥): 0.030본/hr/2.00㎥/hr = 0.0150본/㎥ 2. 파쇄물인양(굴삭기 0.70㎥) q1 = 0.70㎥ , L = 1.85 , E = 0.35 f = 1/1.85 = 0.54 , k = 0.55 , Cm = 22초(180°선회) Q = (3600초*0.70㎥*0.55*0.54*0.35)/22초 = 11.91㎥/hr	11-6-2-나 대형브레이커 굴삭 11-3 굴삭기
d-8	경암터파기 (육상,소형브레이커, H = 4m미만)	㎥	1. 중기사용료 1) 페이브먼트브레카(25kg):3.90hr/㎥ 2) 공기압축기(7.1㎥/분,250cfm):0.96hr/㎥ 3) 에어호스(D19.1㎜):0.96hr/㎥ 2. 인 건 비 1) 착 암 공:0.94인/㎥ 2) 보통인부:0.48인/㎥ 3. 잡재료비(인건비의 1%) 4. 파쇄물인양(굴삭기 0.70㎥) q1 = 0.70㎥ , L = 1.85 , E = 0.45 f = 1/1.85 = 0.54 , k = 0.55 , Cm = 20초(135°선회) Q = (3600초*0.70㎥*0.55*0.54*0.45)/20초 = 16.84㎥/hr	3-1-3-2 기계사용 터파기 11-3 굴삭기

번호	공 종	단위	단 가 산 출 기 준	비 고
d-9	경암터파기 (육상,소형브레이커, H = 4m이상)	㎥	1. 중기사용료 1) 페이브먼트브레카(25㎏):3.90hr/㎥ 2) 공기압축기(7.1㎥/분,250cfm):0.96hr/㎥ 3) 에어호스(D19.1㎜):0.96hr/㎥ 2. 인 건 비 1) 착 암 공:0.94인/㎥ 2) 보통인부:0.48인/㎥ 3. 잡재료비(인건비의 1%) 4. 파쇄물인양(굴삭기 0.70㎥) q1 = 0.70㎥ , L = 1.85 , E = 0.45 f = 1/1.85 = 0.54 , k = 0.55 , Cm = 22초(180°선회) Q = (3600초*0.70㎥*0.55*0.54*0.45)/22초 = 15.31㎥/hr	3-1-3-2 기계사용 터파기 11-3 굴삭기
1.02	되메우기및다짐			
a	되메우기(인력)	㎥	1. 인건비(보통인부):0.10인	3-1-3-1-⑧ 되메우기
b	되메우기(토사)	㎥	1. 중기사용료(굴삭기 0.70㎥,기계90% 적용) q1 = 0.70㎥, L = 1.25, C = 0.90, f = 0.9/1.25 = 0.72 k = 0.90, E = (0.75+0.65)/2 = 0.7, Cm = 18초(90°선회) Q1 = (3600초*0.70㎥*0.90*0.72*0.70)/18초 = 63.50㎥/hr Q = 63.50㎥/hr/90% = 70.56㎥/hr 2. 인력(10% 적용) 보통인부:0.10인*10% = 0.01인 3. 기계다짐(램머 80㎏) A = 0.28m*0.33m = 0.092 ㎡ , E = 0.50 N = 36000회/hr , H = 0.15m , f = 1.00 , P = 57회 Q = 0.092㎡*36000회*0.15m*1.00*0.50/57회 = 4.36㎥/hr	11-3 굴삭기 3-1-3-1-⑧ 되메우기 11-14 램머
c	되메우기(풍화암)	㎥	1. 중기사용료(굴삭기 0.70㎥,기계90% 적용) q1 = 0.70㎥, L = 1.30, C = 1.0, f = 1/1.30 = 0.77 k = 0.70, E =(0.65+0.45)/2 = 0.55, Cm = 18초(90°선회) Q1 = (3600초*0.70㎥*0.70*0.77*0.55)/18초 = 41.50㎥/hr Q = 41.50㎥/hr/90% = 46.11㎥/hr 2. 인력(10% 적용) 보통인부:0.10인*10% = 0.01인 3. 기계다짐(램머 80㎏) A = 0.28m*0.33m = 0.092 ㎡ , E = 0.50 N = 36000회/hr , H = 0.15m , f = 1.00 , P = 57회 Q = 0.092㎡*36000회*0.15m*1.00*0.50/57회 = 4.36㎥/hr	11-3 굴삭기 3-1-3-1-⑧ 되메우기 11-14 램머
d	되메움토운반 (현장↔가적치장,토사)	㎥	1. 운반(현장→가적치장,덤프15Ton+자동덮개) q1 = 0.70㎥, L = 1.25 , C = 0.90 f = 0.90/1.25 = 0.72 , Es = (0.75+0.65)/2 = 0.7 K = 0.90 , Cms = 18초(90° 선회) T = 15Ton , rt = 1.60Ton/㎥ , E = 0.90 qt = 15Ton/1.60Ton/㎥*1.25 = 11.72㎥ N = 11.72㎥/(0.7㎥*0.90) = 18.60회 t1 = 18초*18.60회/(60분*0.70) = 7.97분	11-11 덤프트럭

번호	공 종	단위	단 가 산 출 기 준	비 고
			t2 = (0.30㎞/15㎞/hr+0.30㎞/20㎞/hr)*60분=2.10분 t3 = 0.80분 , t4 = 0.42분, t5 = 0.50분 Cmt = 7.97분+2.10분+0.80분+0.42분+0.50분=11.79분 OH = (2.10분+0.80분+0.42분+0.50분)/11.79분=0.324 Q = 60분*11.72㎥*0.72*0.90/11.79분 = 38.65㎥/hr 2. 운반(가적치장→현장,덤프15Ton+자동덮개) 1) 적 재(굴삭기, 0.7㎥) q1 = 0.70㎥, L = 1.25, C = 0.9, f = 0.90/1.25 = 0.72 k = 0.90, E =(0.75+0.65)/2 = 0.70, Cms=18초(90°선회) Q1 = (3600초*0.70㎥*0.90*0.72*0.70)/18초 = 63.50㎥/hr 2) 운반(덤프트럭 15톤) T = 15Ton , rt = 1.60Ton/㎥ , E = 0.90 qt = 15Ton/1.60Ton/㎥*1.25 = 11.72㎥ N = 11.72㎥/(0.7㎥*0.90) = 18.60회 t1 = 18초*18.60회/(60분*0.70) = 7.97분 t2 = (0.30㎞/15㎞/hr+0.30㎞/20㎞/hr)*60분=2.10분 t3 = 0.80분 , t4 = 0.42분, t5 = 0.50분 Cmt = 7.97분+2.10분+0.80분+0.42분+0.50분=11.79분 OH = (2.10분+0.80분+0.42분+0.50분)/11.79분=0.324 Q = 60분*11.72㎥*0.72*0.90/11.79분 = 38.65㎥/hr	 11-3 굴삭기 11-11 덤프트럭
e	되메움토운반 (현장↔가적치장, 풍화암)	㎥	1. 운반(현장→가적치장,덤프15Ton+자동덮개) q1 = 0.70㎥, L = 1.30 , C = 1.00 f = 1.00/1.30 = 0.77 , Es = (0.65+0.45)/2 = 0.55 K = 0.70 , Cms = 18초(90° 선회) T = 15Ton , rt = 1.90Ton/㎥ , E = 0.90 qt = 15Ton/1.90Ton/㎥*1.30 = 10.26㎥ N = 10.26㎥/(0.7㎥*0.70) = 20.94회 t1 = 18초*20.94회/(60분*0.55) = 11.42분 t2 = (0.30㎞/15㎞/hr+0.30㎞/20㎞/hr)*60분=2.10분 t3 = 0.80분 , t4 = 0.42분, t5 = 0.50분 Cmt = 11.42분+2.10분+0.80분+0.42분+0.50분=15.24분 OH = (2.10분+0.80분+0.42분+0.50분)/15.24분=0.251 Q = 60분*10.26㎥*0.77*0.90/15.24분 = 27.99㎥/hr 2. 운반(가적치장→현장,덤프15Ton+자동덮개) 1) 적 재(굴삭기, 0.7㎥) q1 = 0.70㎥, L = 1.30, C = 1.00, f = 1.00/1.30 = 0.77 k = 0.70, E =(0.65+0.45)/2 = 0.55, Cms=18초(90°선회) Q1 = (3600초*0.70㎥*0.70*0.77*0.55)/18초 = 41.50㎥/hr 2) 운반(덤프트럭 15톤) T = 15Ton , rt = 1.90Ton/㎥ , E = 0.90 qt = 15Ton/1.90Ton/㎥*1.30 = 10.26㎥ N = 10.26㎥/(0.7㎥*0.70) = 20.94회 t1 = 18초*20.94회/(60분*0.55) = 11.42분 t2 = (0.30㎞/15㎞/hr+0.30㎞/20㎞/hr)*60분=2.10분 t3 = 0.80분 , t4 = 0.42분, t5 = 0.50분 Cmt = 11.42분+2.10분+0.80분+0.42분+0.50분=15.24분 OH = (2.10분+0.80분+0.42분+0.50분)/15.24분=0.251 Q = 60분*10.26㎥*0.77*0.90/15.24분 = 27.99㎥/hr	11-11 덤프트럭 11-3 굴삭기 11-11 덤프트럭

번호	공 종	단위	단 가 산 출 기 준	비 고
1.03	잔토처리(인력)	㎥	1. 인건비(보통인부):0.20인	3-1-2-1-⑨ 잔토처리
1.04	구조물뒷채움			
a	구조물뒷채움 (잡석,로울러다짐)	㎥	1. 잡석구입 및 운반:1.04㎥(할증) 2. 고르기(도저19Ton) D = 20m , L = 1.17 , C = 0.95 , f = 0.95/1.17 = 0.81 E = 0.35 , q0 = 3.20㎥ , e0 = 0.96(운반거리20m) V1 = 75m/분(전진3단) , V2 = 98m/분(후진3단) q1 = 3.20㎥*0.96 = 3.07㎥ Cm = 20m/75m/분+20m/98m/분+0.25분 = 0.72분 Q1 = (60분*3.07㎥*0.81*0.35)/0.72분 = 72.53㎥/hr Q = 72.53㎥/(1/3) = 217.59㎥/hr(작업의 제한요소가 적음) 3. 다 짐 비 1) 진동로울러(자주식 10ton) V = 4㎞/hr , W = 1.90m , E = 0.60 f = 1.00 , N2 = 6회 , H = 0.30m Q = (1000*4㎞/hr*1.90m*0.30m*0.60*1.00)/6회 = 228㎥/hr 2) 타이어로울러(8 ~ 15ton) V = 2.5㎞/hr, W = 1.80m , E = 0.60 f = 1.00 , N3 = 4회 , H = 0.30m Q=(1000*2.5㎞/hr*1.80m*0.30m*0.60*1.00)/4회=202.5㎥/hr	11-1 불도저 11-12 롤러
b	구조물뒷채움 (잡석,램머다짐)	㎥	1. 잡석구입 및 운반:1.04㎥(할증) 2. 잡석부설(굴삭기 0.70㎥) q1 = 0.70㎥, L = 1.17, C = 0.95, f = 0.95/1.17 = 0.81 E =(0.65+0.45)/2 = 0.55, k = 0.70, Cm = 18초(90°선회) Q = (3600초*0.70㎥*0.70*0.81*0.55)/18초 = 43.66㎥/hr 3. 다짐(램머 80㎏) A = 0.28m*0.33m = 0.092 ㎡ , E = 0.50 N = 36000회/hr , H = 0.15m , f = 1.00 , P = 57회 Q = 0.092㎡*36000회*0.15m*1.00*0.50/57회 = 4.36㎥/hr	11-3 굴삭기 11-14 램머
c	구조물뒷채움 (잡석,로울러+램머)	㎥	1. 잡석구입 및 운반:1.04㎥(할증) 2. 잡석부설(도저70%+굴삭기30%) 1) 굴삭기(0.70㎥) q1 = 0.70㎥, L = 1.17, C = 0.95, f = 0.95/1.17 = 0.81 E = (0.65+0.45)/2 = 0.55, k = 0.70, Cm = 18초(90°선회) Q1 = (3600초*0.70㎥*0.70*0.81*0.55)/18초 = 43.66㎥/hr Q = 43.66㎥/hr / 30% = 145.53㎥/hr 2) 불도저(19Ton) D = 20m , L = 1.17 , C = 0.95 , f = 0.95/1.17 = 0.81 E = 0.35 , q0 = 3.20㎥ , e0 = 0.96(운반거리20m) V1 = 75m/분(전진3단) , V2 = 98m/분(후진3단) q1 = 3.20㎥*0.96 = 3.07㎥	11-3 굴삭기 11-1 불도저

번호	공 종	단위	단 가 산 출 기 준	비 고
			Cm = 20m/75m/분+20m/98m/분+0.25분 = 0.72분 Q1 = (60분*3.07㎥*0.81*0.35)/0.72분 = 72.53㎥/hr Q = 72.53㎥/(1/3) / 70% = 310.84㎥/hr (작업의 제한요소가 적으므로) 3. 다짐(로울러70%+램머30%) 1) 램머(80㎏) A = 0.28m*0.33m = 0.092㎡ , E = 0.50 N = 36000회/hr , H = 0.15m , f = 1.00 , P = 57회 Q1 = 0.092㎡*36000회*0.15m*1.00*0.50/57회 = 4.36㎥/hr Q = 4.36㎥/hr / 30% = 14.53㎥/hr 2) 진동로울러(자주식 10ton) V = 4㎞/hr , W = 1.90m , E = 0.60 f = 1.00 , N2 = 6회 , H = 0.30m Q1 = (1000*4㎞/hr*1.90m*0.30m*0.60*1.00)/6회=228㎥/hr Q = 228㎥/hr / 70% = 325.71㎥/hr 3) 타이어로울러(8 ~ 15ton) V = 2.5㎞/hr, W = 1.80m , E = 0.60 f = 1.00 , N3 = 4회 , H = 0.30m Q1=(1000*2.5㎞/hr*1.80m*0.30m*0.60*1.00)/4회=202.5㎥/hr Q = 202.5㎥/hr / 70% = 289.29㎥/hr	 11-14 램머 11-12 롤러
1.05	구조물기초깔기 (잡석)	㎥	1. 잡석구입 및 운반:1.04㎥(할증) 2. 고르기(도져19Ton) D = 20m , L = 1.17 , C = 0.95 , f = 0.95/1.17 = 0.81 E = (0.60+0.35)/2 = 0.48 , q0 = 3.20㎥ V1 = 75m/분(전진3단) , V2 = 98m/분(후진3단) e0 = 0.96(운반거리20m) , q1 = 3.20㎥*0.96 = 3.07㎥ Cm = 20m/75m/분+20m/98m/분+0.25분 = 0.72분 Q1 = (60분*3.07㎥*0.81*0.48)/0.72분 = 99.47㎥/hr Q = 99.47㎥(1/3)=298.41㎥/hr(작업의 제한요소가 적음)	 11-1 불도저
1.06	구조물기초다짐 (잡석)	㎥	1. 잡석구입 및 운반:1.04㎥(할증) 2. 잡석부설(굴삭기 0.70㎥) q1 = 0.70㎥, L = 1.17, C = 0.95, f = 0.95/1.17 = 0.81 E = (0.65+0.45)/2 = 0.55 , k = 0.70 Cm = 18초(90°선회) Q = (3600초*0.70㎥*0.70*0.81*0.55)/18초 = 43.66㎥/hr 3. 다 짐 1) 기계다짐(램머 80㎏, 90% 적용) A = 0.28m*0.33m = 0.092㎡ , E = 0.50 N = 36000회/hr , H = 0.15m , f = 1.00 , P = 57회 Q1 = 0.092㎡*36000회*0.15m*1.00*0.50/57회 = 4.36㎥/hr Q = 4.36㎥/90% = 4.84㎥/hr 2) 인력다짐(10% 적용) 보통인부:(0.50인*0.70인)/2*10% = 0.06인	11-3 굴삭기 11-14 램머 5-1-1 기초다짐 및 뒷채움

번호	공　　종	단위	단 가 산 출 기 준	비 고
1.07	배수뒷막돌채움 (잡석)	m³	1. 잡석구입 및 운반:1.04m³(할증) 2. 뒷잡석채움 1) 잡석채움(굴삭기 0.70m³,90% 적용) q1 = 0.70m³ , L = 1.00 , f = 1/1.00 = 1.00 , k = 0.70 E = (0.65+0.45)/2 = 0.55 , Cm = 18초(90°선회) Q1 = (3600초*0.70m³*0.70*1.00*0.55)/18초 = 53.90m³/hr Q = 53.90m³/hr/90% = 59.89m³/hr 2) 인력채움(10% 적용) 보통인부:(0.50인*0.80인)/2*10% = 0.065인	11-3 굴삭기 5-1-1 기초다짐 및 뒷채움
1.08	물 푸 기			
a	물푸기 (양수기,D150㎜)	hr	1. 중기사용료 1) 양 수 기(D150㎜):1hr 2) 디이젤 엔진(15Hp):1hr 3) 호　　스(D150㎜):1hr 2. 유지관리(1일 4회) - 가동시:(5분/회*4회/일)/60분 = 0.333hr - 보통인부:1인/일/8hr/일*0.333hr = 0.0416인	
b	물푸기 (운반 및 설치)	개소	1. 운　　반 V = 2500m/hr , T = 450분 , D = 30m , t1 = 25분 Cm = (30m/2500m/hr)*2*60분+25분 = 26.44분 Q = 2인*26.44분/450분/8hr = 0.01469인 2. 설치비(목도):0.01469인	9-1 인력운반
2	현장콘크리트타설			
2.01	바닥콘크리트타설 (무근, 펌프카사용)	m³	1. 재료비(레미콘):1.02m³(할증) 2. 타설인건비(붐타설) 1) 콘크리트공:0.044인 2) 보통 인부:0.021인 3. 콘크리트 펌프카 작업 능력(21m,65~75m³/hr) - 슬럼프 8~12cm 적용 1) 1일평균타설량(50m³미만):18.8m³/hr 2) 1일평균타설량((50~100m³미만):26.7m³/hr 3) 작업능력:(18.8+26.7)/2 = 22.75m³/hr 4. 양생비(무근) 1) 보통인부:0.022인 2) 제잡비(양생손료,기구손료):31%적용	6-1-2-2 붐타설 6-1-2-1 펌프카 작업 능력 6-1-2-2-② 양생비
2.02	무근콘크리트타설			
a	콘크리트타설 (진동기제외)	m³	1. 재료비(레미콘):1.02m³(할증) 2. 타설인건비 1) 콘크리트공:0.15인 2) 보통 인부:0.27인	6-1-1 콘크리트 타설
b	콘크리트타설 (슈트사용)	m³	1. 재료비(레미콘):1.02m³(할증) 2. 타설인건비 1) 콘크리트공:0.15인 2) 보통 인부:0.27인 3. 슈트손료(인건비의 5%)	6-1-1 콘크리트타설

번호	공　　종	단위	단 가 산 출 기 준	비　고
c	콘크리트타설 (진동기포함)	㎥	1. 재료비(레미콘):1.02㎥(할증) 2. 타설인건비 1) 콘크리트공:0.15인 2) 보통 인부:0.27인 3. 콘크리트다짐 q1 = 0.45㎥ , E = 0.80 Q = 60분/4분*0.45㎥*0.80 = 5.4㎥/hr 1) 콘크리트 진동기(2.60㎾):5.40㎥/hr 2) 바이브레이타(봉상후렉시블):5.40㎥/hr 3) 에어호스(D19.1㎜):5.40㎥/hr	6-1-1 콘크리트타설 11-25 콘크리트믹서
d	콘크리트타설 (펌프카,H = 15m미만)	㎥	1. 재료비(레미콘):1.02㎥(할증) 2. 타설인건비(붐타설) 1) 콘크리트공:0.044인 2) 보통 인부:0.021인 3. 콘크리트 펌프차 작업능력(21m,65~75㎥/hr,슬럼프15㎝) 1) 1일 평균타설량(50㎥미만):21.2㎥/hr 2) 1일 평균타설량(50~100㎥미만):30.1㎥/hr 3) 1일 평균타설량(100~300㎥미만):35.4㎥/hr 4) 1일 평균타설량(300㎥이상):44.3㎥/hr 5) 작업능력:(21.2+30.1+35.4+44.3)/4 = 32.75㎥/hr 4. 콘크리트다짐 1) 콘크리트 진동기(2.60㎾):32.75㎥/hr 2) 바이브레이타(봉상후렉시블):32.75㎥/hr 3) 에어호스(D19.1㎜):32.75㎥/hr 5. 양생비(무근) 1) 보통인부:0.022인 2) 제잡비(양생손료,기구손료):31%	6-1-2-2 콘크리트타설 인부 6-1-2-1 펌프카 작업 능력 11-25 콘크리트 믹서 6-1-2-2-② 양생비
e	콘크리트타설 (펌프카,H = 15m이상)	㎥	1. 재료비(레미콘):1.02㎥(할증) 2. 타설인건비(배관타설) 1) 콘크리트공:0.074인 2) 보통 인부:0.041인 3. 콘크리트 펌프차 작업능력(21m,65~75㎥/hr,슬럼프15㎝) 1) 1일 평균타설량(50㎥미만):21.2㎥/hr 2) 1일 평균타설량(50~100㎥미만):30.1㎥/hr 3) 1일 평균타설량(100~300㎥미만):35.4㎥/hr 4) 1일 평균타설량(300㎥이상):44.3㎥/hr 5) 작업능력:(21.2+30.1+35.4+44.3)/4 = 32.75㎥/hr 4. 콘크리트다짐 1) 콘크리트 진동기(2.60㎾):32.75㎥/hr 2) 바이브레이타(봉상후렉시블):32.75㎥/hr 3) 에어호스(D19.1㎜):32.75㎥/hr 5. 양생비(무근) 1) 보통인부:0.022인 2) 제잡비(양생손료,기구손료):31%	6-1-2-2 콘크리트타설 인부 6-1-2-1 펌프카 작업 능력 11-25 콘크리트 믹서 6-1-2-2-② 양생비

번호	공 종	단위	단 가 산 출 기 준	비 고
2.03	철근콘크리트타설			
a	콘크리트타설 (진동기제외)	㎥	1. 재료비(레미콘):1.01㎥(할증) 2. 타설인건비 1) 콘크리트공:0.17인 2) 보통 인부:0.29인	6-1-1 콘크리트타설
b	콘크리트타설 (슈트사용)	㎥	1. 재료비(레미콘):1.01㎥(할증) 2. 타설인건비 1) 콘크리트공:0.17인 2) 보통 인부:0.29인 3. 슈트손료(인건비의 5%)	6-1-1 콘크리트타설
c	콘크리트타설 (진동기포함)	㎥	1. 재료비(레미콘):1.01㎥(할증) 2. 타설인건비 1) 콘크리트공:0.17인 2) 보통 인부:0.29인 3. 콘크리트다짐 q1 = 0.45㎥ , E = 0.80 Q = 60분/4분*0.45㎥*0.80 = 5.40㎥/hr 1) 콘크리트 진동기(2.60㎾):5.40㎥/hr 2) 바이브레이타(봉상후렉시블):5.40㎥/hr 3) 에어호스(D19.1㎜):5.40㎥/hr	6-1-1 콘크리트타설 11-25 콘크리트믹서
d	콘크리트타설 (펌프카,H = 15m미만)	㎥	1. 재료비(레미콘):1.01㎥(할증) 2. 타설인건비(붐타설) 1) 콘크리트공:0.052인 2) 보통 인부:0.026인 3. 콘크리트 펌프차 작업능력(21m,65~75㎥/hr,슬럼프15㎝) 1) 1일 평균타설량(50㎥미만):17.7㎥/hr 2) 1일 평균타설량(50~100㎥미만):26.6㎥/hr 3) 1일 평균타설량(100~300㎥미만):31.9㎥/hr 4) 1일 평균타설량(300㎥이상):40.3㎥/hr 5) 작업능력:(17.7+26.6+21.9+40.3)/4 = 29.13㎥/hr 4. 콘크리트다짐 1) 콘크리트 진동기(2.60㎾):29.13㎥/hr 2) 바이브레이타(봉상후렉시블):29.13㎥/hr 3) 에어호스(D19.1㎜):29.13㎥/hr 5. 양생비(철근) 1) 보통인부:0.007인 2) 제잡비(양생손료,기구손료):41%적용	6-1-2-2 콘크리트타설 인부 6-1-2-1 펌프카 작업 능력 11-25 콘크리트믹서 6-1-2-2-② 양생비
e	콘크리트타설 (펌프카,H = 15m이상)	㎥	1. 재료비(레미콘):1.01㎥(할증) 2. 타설인건비(배관타설) 1) 콘크리트공:0.081인 2) 보통 인부:0.046인 3. 콘크리트 펌프차 작업능력(21m,65~75㎥/hr,슬럼프15㎝) 1) 1일 평균타설량(50㎥미만):17.7㎥/hr 2) 1일 평균타설량(50~100㎥미만):26.6㎥/hr 3) 1일 평균타설량(100~300㎥미만):31.9㎥/hr 4) 1일 평균타설량(300㎥이상):40.3㎥/hr 5) 작업능력:(17.7+26.6+21.9+40.3)/4 = 29.13㎥/hr	6-1-2-2 콘크리트타설 인부 6-1-2-1 펌프카 작업 능력

번호	공 종	단위	단 가 산 출 기 준	비 고
			4. 콘크리트다짐 1) 콘크리트 진동기(2.60㎾):29.13㎥/hr 2) 바이브레이타(봉상후렉시블):29.13㎥/hr 3) 에어호스(D19.1㎜):29.13㎥/hr 5. 양생비(철근) 1) 보통인부:0.007인 2) 제잡비(양생손료,기구손료):41%적용	11-25 콘크리트믹서 6-1-2-2-② 양생비
2.04	소형콘크리트타설			
a	콘크리트타설 (진동기제외)	㎥	1. 타설인건비 1) 콘크리트공:0.24인 2) 보통 인부:0.42인	6-1-1 콘크리트타설
b	콘크리트타설 (진동기포함)	㎥	1. 타설인건비 1) 콘크리트공:0.24인 2) 보통 인부:0.42인 2. 콘크리트다짐 q1 = 0.45㎥ , E = 0.80 Q = 60분/4분*0.45㎥*0.80 = 5.40㎥/hr 1) 콘크리트 진동기(2.60㎾):5.40㎥/hr 2) 바이브레이타(봉상후렉시블):5.40㎥/hr 3) 에어호스(D19.1㎜):5.40㎥/hr	6-1-1 콘크리트타설 11-25 콘크리트믹서
2.05	비탈면콘크리트 타설 평균, (1:1.2~1:1.8)	㎥	1. 타설인건비 1) 콘크리트공:(0.19인+0.29인)/2 = 0.240인 2) 보통 인부:(0.13인+0.19인)/2 = 0.160인 2. 콘크리트 펌프카(21m,65~75㎥/hr) ∴ 작업능력:(0.17hr/㎥+0.26hr/㎥)/2 = 0.215hr/㎥ 3. 기계손료 ∴ 타설인건비와 펌프차의 기계손료 및 운전경비의 1% 적용 4. 양생비(무근+철근) 1) 보통인부:(0.022인+0.007인)/2 = 0.0145인 2) 제잡비(양생손료,기구손료):(31%+41%) = 36%	6-1-3 비탈면 구조물 콘크리트타설 6-1-2-2-② 양생비
2.06	기계비빔 콘크리트타설			
a	콘크리트타설 (무근구조물)	㎥	1. 적용구간:응급복구 공사시 레미콘 트럭이 현장에 진입이 곤란할 때 2. 재료수량산출(현장실정에 따라 현장배합 조정) 3. 자재운반장비:덤프트럭(2.5ton)소형장비적용 4. 콘크리트 믹서사용료(0.45㎥) q1 = 0.45㎥ , E = 0.80 , Cm = 4.0분 Q = 60분/4.0분*q1㎥*0.80 = 5.40㎥/hr 5. 타설인건비 1) 콘크리트공:0.15인 2) 보통 인부:0.62인 6. 콘크리트다짐 1) 콘크리트 진동기(2.60㎾):5.40㎥/hr 2) 바이브레이타(봉상후렉시블):5.40㎥/hr 3) 에어호스(D19.1㎜):5.40㎥/hr	 11-25 콘크리트믹서 6-1-1 콘크리트타설

번호	공　　종	단위	단 가 산 출 기 준	비　고
b	콘크리트타설 (철근구조물)	㎥	1. 적용구간:응급복구 공사시 레미콘 트럭이 현장에 진입이 곤란할 때 2. 재료수량산출(현장실정에 따라 현장배합 조정) 3. 자재운반장비:덤프트럭(2.5ton)소형장비 적용 4. 콘크리트 믹서사용료(0.45㎥) q1 = 0.45㎥ , E = 0.80 , Cm = 4.0분 Q = 60분/4.0분*q1㎥*0.80 = 5.40㎥/hr 5. 타설인건비 1) 콘크리트공:0.17인 2) 보통 인부:0.84인 6. 콘크리트다짐 1) 콘크리트 진동기(2.60㎾):5.40㎥/hr 2) 바이브레이타(봉상후렉시블):5.40㎥/hr 3) 에어호스(D19.1㎜):5.40㎥/hr	11-25 콘크리트믹서 6-1-1 콘크리트타설
c	콘크리트타설 (소형구조물)	㎥	1. 적용구간:응급복구 공사시 레미콘 트럭이 현장에 진입이 곤란할 때 2. 재료수량산출(현장실정에 따라 현장배합 조정) 3. 자재운반장비:덤프트럭(2.5ton)소형장비 적용 4. 콘크리트 믹서사용료(0.45㎥) q1 = 0.45㎥ , E = 0.80 , Cm = 4.0분 Q = 60분/4.0분*q1㎥*0.80 = 5.40㎥/hr 5. 타설인건비 1) 콘크리트공:0.24인 2) 보통 인부:1.10인 6. 콘크리트다짐 1) 콘크리트 진동기(2.60㎾):5.40㎥/hr 2) 바이브레이타(봉상후렉시블):5.40㎥/hr 3) 에어호스(D19.1㎜):5.40㎥/hr	11-25 콘크리트믹서 6-1-1 콘크리트타설
2.07	인력비빔 콘크리트타설			
a	콘크리트타설 (무근구조물)	㎥	1. 타설인건비 1) 콘크리트공:0.85인 2) 보통 인부:0.82인	6-1-2-2 붐타설
b	콘크리트타설 (철근구조물)	㎥	1. 타설인건비 1) 콘크리트공:0.87인 2) 보통 인부:0.99인	6-1-2-1 펌프카 작업능력
c	콘크리트타설 (소형구조물)	㎥	1. 타설인건비 1) 콘크리트공:1.29인 2) 보통 인부:1.36인	6-1-1 콘크리트타설
2.08	모르터			
a	모르터(1 : 1)	㎥	1. 재료비 1) 시멘트:1093kg/㎥/40kg/포 = 27.325포 2) 모래:0.78㎥ 2. 인건비 - 보통 인부:1.00인	6-1-4 모르타르

번호	공 종	단위	단 가 산 출 기 준	비 고
b	모르터(1 : 2)	㎥	1. 재료비 1) 시멘트:680kg/㎥/40kg/포 = 17.0포 2) 모래:0.98㎥ 2. 인건비 - 보통 인부:1.00인	6-1-4 모르타르
c	모르터(1 : 3)	㎥	1. 재료비 1) 시멘트:510kg/㎥/40kg/포 = 12.75포 2) 모래:1.10㎥ 2. 인건비 - 보통 인부:1.00인	6-1-4 모르타르
d	모르터(1 : 4)	㎥	1. 재료비 1) 시멘트:385kg/㎥/40kg/포 = 9.625포 2) 모래:1.10㎥ 2. 인건비 - 보통 인부:0.90인	6-1-4 모르타르
e	모르터(1 : 5)	㎥	1. 재료비 1) 시멘트:320kg/㎥/40kg/포 = 8.0포 2) 모래:1.15㎥ 2. 인건비 - 보통 인부:0.90인	6-1-4 모르타르
3	**거 푸 집**			
3.01	**합판거푸집**			
a	합판거푸집 (1회,높이별할증포함)	㎡	1. 합판거푸집(1회,H = 0~7m이하) 1) 재 료 비 보통합판(12㎜):1.030㎡ 육 송(각재):0.038㎥ 사용고재(판재+각재):-23% 결속선(#8-4.0㎜):0.29kg 철 못(N75):0.20kg 박리제(중유):0.19ℓ 2) 제작설치 및 해체 형틀목공:0.22인 보통인부:0.13인 2. 합판거푸집(H = 7~10m이하) 1) 재료비(1회,H = 0~7m):100% 적용 2) 노무비(1회,H = 0~7m):110% 적용 3. 합판거푸집(H = 10~13m이하) 1) 재료비(1회,H = 0~7m):100% 적용 2) 노무비(1회,H = 0~7m):120% 적용 4. 합판거푸집(H = 13~16m이하) 1) 재료비(1회,H = 0~7m):100% 적용 2) 노무비(1회,H = 0~7m):130% 적용	6-3-2 합판거푸집

번호	공 종	단위	단 가 산 출 기 준	비 고
		㎡	5. 합판거푸집(H = 16~19m이하) 1) 재료비(1회,H = 0~7m):100% 적용 2) 노무비(1회,H = 0~7m):140% 적용	
b	합판거푸집 (2회,높이별할증포함)	㎡	1. 합판거푸집(H = 0~7m이하) 1) 재료비:합판 1회 사용재료비의 57.0% 적용 2) 노무비:합판 1회 사용노무비의 60.0% 적용 2. 합판거푸집(H = 7~10m이하) 1) 재료비(2회,H = 0~7m):100% 적용 2) 노무비(2회,H = 0~7m):110% 적용 3. 합판거푸집(H = 10~13m이하) 1) 재료비(2회,H = 0~7m):100% 적용 2) 노무비(2회,H = 0~7m):120% 적용 4. 합판거푸집(H = 13~16m이하) 1) 재료비(2회,H = 0~7m):100% 적용 2) 노무비(2회,H = 0~7m):130% 적용 5. 합판거푸집(H = 16~19m이하) 1) 재료비(2회,H = 0~7m):100% 적용 2) 노무비(2회,H = 0~7m):140% 적용	6-3-2 합판거푸집
c	합판거푸집 (3회,높이별할증포함)	㎡	1. 합판거푸집(H = 0~7m이하) 1) 재료비:합판 1회 사용재료비의 46.1% 적용 2) 노무비:합판 1회 사용노무비의 47.1% 적용 2. 합판거푸집(H = 7~10m이하) 1) 재료비(3회,H = 0~7m):100% 적용 2) 노무비(3회,H = 0~7m):110% 적용 3. 합판거푸집(H = 10~13m이하) 1) 재료비(3회,H = 0~7m):100% 적용 2) 노무비(3회,H = 0~7m):120% 적용 4. 합판거푸집(H = 13~16m이하) 1) 재료비(3회,H = 0~7m):100% 적용 2) 노무비(3회,H = 0~7m):130% 적용 5. 합판거푸집(H = 16~19m이하) 1) 재료비(3회,H = 0~7m):100% 적용 2) 노무비(3회,H = 0~7m):140% 적용	6-3-2 합판거푸집
d	합판거푸집 (4회,높이별할증포함)	㎡	1. 합판거푸집(H = 0~7m이하) 1) 재료비:합판 1회 사용재료비의 40.1% 적용 2) 노무비:합판 1회 사용노무비의 40.0% 적용 2. 합판거푸집(H = 7~10m이하) 1) 재료비(4회,H = 0~7m):100% 적용 2) 노무비(4회,H = 0~7m):110% 적용 3. 합판거푸집(H = 10~13m이하) 1) 재료비(4회,H = 0~7m):100% 적용 2) 노무비(4회,H = 0~7m):120% 적용 4. 합판거푸집(H = 13~16m이하) 1) 재료비(4회,H = 0~7m):100% 적용 2) 노무비(4회,H = 0~7m):130% 적용	6-3-2 합판거푸집

번호	공 종	단위	단 가 산 출 기 준	비 고
			5. 합판거푸집(H = 16~19m이하) 1) 재료비(4회,H = 0~7m):100% 적용 2) 노무비(4회,H = 0~7m):140% 적용	
e	합판거푸집 (5회,높이별할증포함)	㎡	1. 합판거푸집(H = 0~7m이하) 1) 재료비:합판 1회 사용재료비의 37.1% 적용 2) 노무비:합판 1회 사용노무비의 34.2% 적용 2. 합판거푸집(H = 7~10m이하) 1) 재료비(5회,H = 0~7m):100% 적용 2) 노무비(5회,H = 0~7m):110% 적용 3. 합판거푸집(H = 10~13m이하) 1) 재료비(5회,H = 0~7m):100% 적용 2) 노무비(5회,H = 0~7m):120% 적용 4. 합판거푸집(H = 13~16m이하) 1) 재료비(5회,H = 0~7m):100% 적용 2) 노무비(5회,H = 0~7m):130% 적용 5. 합판거푸집(H = 16~19m이하) 1) 재료비(5회,H = 0~7m):100% 적용 2) 노무비(5회,H = 0~7m):140% 적용	6-3-2 합판거푸집
f	합판거푸집 (6회,높이별할증포함)	㎡	1. 합판거푸집(H = 0~7m이하) 1) 재료비:합판 1회 사용재료비의 34.7% 적용 2) 노무비:합판 1회 사용노무비의 32.0% 적용 2. 합판거푸집(H = 7~10m이하) 1) 재료비(6회,H = 0~7m):100% 적용 2) 노무비(6회,H = 0~7m):110% 적용 3. 합판거푸집(H = 10~13m이하) 1) 재료비(6회,H = 0~7m):100% 적용 2) 노무비(6회,H = 0~7m):120% 적용 4. 합판거푸집(H = 13~16m이하) 1) 재료비(6회,H = 0~7m):100% 적용 2) 노무비(6회,H = 0~7m):130% 적용 5. 합판거푸집(H = 16~19m이하) 1) 재료비(6회,H = 0~7m):100% 적용 2) 노무비(6회,H = 0~7m):140% 적용	6-3-2 합판거푸집
3.02 a	**목재거푸집** 목재거푸집 (1회,높이별할증포함)	 ㎡	 1. 목재거푸집(1회,H = 0~7m이하) 1) 재 료 비 육 송(판재):0.030㎥ 육 송(각재):0.038㎥ 사용고재(판재+각재):-23% 철선(#8-4.0㎜):0.29㎏ 철 못(N75):0.25㎏ 박리제(중유):0.19 ℓ 2) 제작설치 및 해체 형틀목공:0.50인	 6-3-1 목재거푸집

번호	공 종	단위	단 가 산 출 기 준	비 고
			보통인부:0.40인 2. 목재거푸집(H = 7~10m이하) 1) 재료비(1회,H = 0~7m):100% 적용 2) 노무비(1회,H = 0~7m):110% 적용 3. 목재거푸집(H = 10~13m이하) 1) 재료비(1회,H = 0~7m):100% 적용 2) 노무비(1회,H = 0~7m):120% 적용 4. 목재거푸집(H = 13~16m이하) 1) 재료비(1회,H = 0~7m):100% 적용 2) 노무비(1회,H = 0~7m):130% 적용 5. 목재거푸집(H = 16~19m이하) 1) 재료비(1회,H = 0~7m):100% 적용 2) 노무비(1회,H = 0~7m):140% 적용	
b	목재거푸집 (2회,높이별할증포함)	㎡	1. 목재거푸집(H = 0~7m이하) 1) 재료비:목재 1회 사용재료비의 57.7% 적용 2) 노무비:목재 1회 사용노무비의 63.0% 적용 2. 목재거푸집(H = 7~10m이하) 1) 재료비(2회,H = 0~7m):100% 적용 2) 노무비(2회,H = 0~7m):110% 적용 3. 목재거푸집(H = 10~13m이하) 1) 재료비(2회,H = 0~7m):100% 적용 2) 노무비(2회,H = 0~7m):120% 적용 4. 목재거푸집(H = 13~16m이하) 1) 재료비(2회,H = 0~7m):100% 적용 2) 노무비(2회,H = 0~7m):130% 적용 5. 목재거푸집(H = 16~19m이하) 1) 재료비(2회,H = 0~7m):100% 적용 2) 노무비(2회,H = 0~7m):140% 적용	6-3-1 목재거푸집
c	목재거푸집 (3회,높이별할증포함)	㎡	1. 목재거푸집(H = 0~7m이하) 1) 재료비:목재 1회 사용재료비의 46.6% 적용 2) 노무비:목재 1회 사용노무비의 51.6% 적용 2. 목재거푸집(H = 7~10m이하) 1) 재료비(3회,H = 0~7m):100% 적용 2) 노무비(3회,H = 0~7m):110% 적용 3. 목재거푸집(H = 10~13m이하) 1) 재료비(3회,H = 0~7m):100% 적용 2) 노무비(3회,H = 0~7m):120% 적용 4. 목재거푸집(H = 13~16m이하) 1) 재료비(3회,H = 0~7m):100% 적용 2) 노무비(3회,H = 0~7m):130% 적용 5. 목재거푸집(H = 16~19m이하) 1) 재료비(3회,H = 0~7m):100% 적용 2) 노무비(3회,H = 0~7m):140% 적용	6-3-1 목재거푸집
d	목재거푸집 (4회,높이별할증포함)	㎡	1. 목재거푸집(H = 0~7m이하) 1) 재료비:목재 1회 사용재료비의 39.7% 적용	6-3-1 목재거푸집

번호	공　　종	단위	단 가 산 출 기 준	비　고
			2) 노무비:목재 1회 사용노무비의 45.9% 적용 2. 목재거푸집(H = 7~10m이하) 1) 재료비(4회,H = 0~7m):100% 적용 2) 노무비(4회,H = 0~7m):110% 적용 3. 목재거푸집(H = 10~13m이하) 1) 재료비(4회,H = 0~7m):100% 적용 2) 노무비(4회,H = 0~7m):120% 적용 4. 목재거푸집(H = 13~16m이하) 1) 재료비(4회,H = 0~7m):100% 적용 2) 노무비(4회,H = 0~7m):130% 적용 5. 목재거푸집(H = 16~19m이하) 1) 재료비(4회,H = 0~7m):100% 적용 2) 노무비(4회,H = 0~7m):140% 적용	
3.03	**원형목재거푸집**			
a	원형목재거푸집 (1회,높이별할증포함)	㎡	1. 원형목재거푸집(1회,H = 0~7m이하) 1) 재 료 비 육　송(판재):0.050㎥ 육　송(각재):0.053㎥ 보통합판(3㎜):1.030㎡ 사용고재(판재+각재):-23% 철선(#8-4.0㎜):0.29kg 철　못(N75):0.25kg 박리제(중유):0.19ℓ 2) 제작설치 및 해체 형틀목공:0.54인 보통인부:0.25인 2. 원형목재거푸집(H = 7~10m이하) 1) 재료비(1회,H = 0~7m):100% 적용 2) 노무비(1회,H = 0~7m):110% 적용 3. 원형목재거푸집(H = 10~13m이하) 1) 재료비(1회,H = 0~7m):100% 적용 2) 노무비(1회,H = 0~7m):120% 적용 4. 원형목재거푸집(H = 13~16m이하) 1) 재료비(1회,H = 0~7m):100% 적용 2) 노무비(1회,H = 0~7m):130% 적용 5. 원형목재거푸집(H = 16~19m이하) 1) 재료비(1회,H = 0~7m):100% 적용 2) 노무비(1회,H = 0~7m):140% 적용	6-3-3 원형거푸집
b	원형목재거푸집 (2회,높이별할증포함)	㎡	1. 원형목재거푸집(H = 0~7m이하) 1) 재료비:원형 1회 사용재료비의 57.1% 적용 2) 노무비:원형 1회 사용노무비의 62.8% 적용 2. 원형목재거푸집(H = 7~10m이하) 1) 재료비(2회,H = 0~7m):100% 적용 2) 노무비(2회,H = 0~7m):110% 적용	6-3-3 원형거푸집

번호	공 종	단위	단 가 산 출 기 준	비 고
			3. 원형목재거푸집(H = 10~13m이하) 1) 재료비(2회,H = 0~7m):100% 적용 2) 노무비(2회,H = 0~7m):120% 적용 4. 원형목재거푸집(H = 13~16m이하) 1) 재료비(2회,H = 0~7m):100% 적용 2) 노무비(2회,H = 0~7m):130% 적용 5. 원형목재거푸집(H = 16~19m이하) 1) 재료비(2회,H = 0~7m):100% 적용 2) 노무비(2회,H = 0~7m):140% 적용	
c	원형목재거푸집 (3회,높이별할증포함)	㎡	1. 원형목재거푸집(H = 0~7m이하) 1) 재료비:원형 1회 사용재료비의 42.0% 적용 2) 노무비:원형 1회 사용노무비의 51.5% 적용 2. 원형목재거푸집(H = 7~10m이하) 1) 재료비(3회,H = 0~7m):100% 적용 2) 노무비(3회,H = 0~7m):110% 적용 3. 원형목재거푸집(H = 10~13m이하) 1) 재료비(3회,H = 0~7m):100% 적용 2) 노무비(3회,H = 0~7m):120% 적용 4. 원형목재거푸집(H = 13~16m이하) 1) 재료비(3회,H = 0~7m):100% 적용 2) 노무비(3회,H = 0~7m):130% 적용 5. 원형목재거푸집(H = 16~19m이하) 1) 재료비(3회,H = 0~7m):100% 적용 2) 노무비(3회,H = 0~7m):140% 적용	6-3-3 원형거푸집
3.04	**문양거푸집**			
a	문양거푸집 (합성수지제품, 높이별할증포함)	㎡	1. 문양거푸집(H = 0~7m이하) 1) 재 료 비 합성수지거푸집:1㎡/20회 = 0.05㎡ 보조자재(거푸집손료의):20% 사용고재(보조자재):-10% 폼타이(D-Type,1/2×360㎜):2.14조/10 = 0.214조 세퍼레이터(D-Type,1/2×400㎜):2.14본 박리제(중유):0.19ℓ 2) 노 무 비 형틀목공:0.11인 보통인부:0.05인 2. 문양거푸집(H = 7~10m이하) 1) 재료비(H = 0~7m):100% 적용 2) 노무비(H = 0~7m):110% 적용 3. 문양거푸집(H = 10~13m이하) 1) 재료비(H = 0~7m):100% 적용 2) 노무비(H = 0~7m):120% 적용	6-3-10 문양거푸집
b	문양거푸집 (P.E제품, 높이별할증포함)	㎡	1. 문양거푸집(H = 0~7m이하) 1) 재 료 비 P.E 무늬거푸집(910×910×10㎜):1㎡/10회 = 0.10 보조자재(거푸집손료의):20% 사용고재(보조자재):-10% 박리제(중유):0.16ℓ 2) 노 무 비 형틀목공:0.172인 보통인부:0.096인	6-3-12 합성수지(P.E) 거푸집

번호	공 종	단위	단 가 산 출 기 준	비 고
			2. 문양거푸집(H = 7~10m이하) 1) 재료비(H = 0~7m):100% 적용 2) 노무비(H = 0~7m):110% 적용 3. 문양거푸집(H = 10~13m이하) 1) 재료비(H = 0~7m):100% 적용 2) 노무비(H = 0~7m):120% 적용	
c	문양거푸집 (스티로폼,높이별할증 포함)	㎡	1. 문양거푸집(0~7m) 1) 재 료 비 - 스티로폼(910×910×50㎜,1회사용):1㎡ 2) 노 무 비 - 형틀목공:0.033인 - 보통인부:0.016인 2. 문양거푸집(7~10m 이하) 1) 재료비(H=0~7m):100% 적용 2) 노무비(H=0~7m):110% 적용 3. 문양거푸집(10~13m 이하) 1) 재료비(H=0~7m):100% 적용 2) 노무비(H=0~7m):120% 적용	6-3-13 문양 스티로폼
3.05	**강재거푸집**			
a	강재거푸집 (간단,55회사용,높이별 할증포함)	㎡	1. 강재거푸집(H = 0~7m이하) 1) 재 료 비 강 판(t = 3.2㎜):33.15kg/55회 = 0.603kg ㄱ 형강(50×50×4㎜):20.56kg/55회 = 0.374kg 볼트&너트(M16×45㎜):6개/55회 = 0.109개 육 송(판재):0.000924㎥/55회 = 0.000017㎥ 박리제(중유):0.15ℓ/55회 = 0.003ℓ 철 못(N75):0.12kg/55회 = 0.002kg 고 재 대:9.36kg/55회 = 0.170kg 잔 존 율:(-(33.15kg+20.56kg)*10%)/55회 = -0.098kg 2) 제작비 잡철물제작(간단):0.05371Ton/55회 = 0.00098Ton 3) 거치 및 해체 형틀목공:0.1046인 비 계 공:0.0508인 보통인부:0.0338인 타이어크레인(10톤):0.1491hr 2. 강재거푸집(H=7~10m) 1) 재료비(H=0~7m):100% 적용 2) 노무비(H=0~7m):110% 적용 3. 강재거푸집(H=10~13m) 1) 재료비(H=0~7m):100% 적용 2) 노무비(H=0~7m):120% 적용	6-3-4-2 강재거푸집
b	강재거푸집 (보통,45회사용,높이별 할증포함)	㎡	1. 강재거푸집(H = 0~7m이하) 1) 재 료 비 강 판(t = 3.2㎜):33.15kg/45회 = 0.737kg ㄱ 형강(50×50×4㎜):20.56kg/45회 = 0.457kg 볼트&너트(M16×45㎜):6개/45회 = 0.133개 육 송(판재):0.000924㎥/45회 = 0.000021㎥ 박리제(중유):0.15ℓ/45회 = 0.003ℓ 철 못(N75):0.12kg/45회 = 0.003kg	6-3-4-2 강재거푸집

번호	공 종	단위	단 가 산 출 기 준	비 고
			고 재 대:9.36kg/45회 = 0.208kg 잔 존 율:(-(33.15kg+20.56kg)*10%)/45회 = -0.119kg 2) 제작비 잡철물제작(보통):0.05371Ton/45회 = 0.00119Ton 3) 거치 및 해체 형틀목공:0.1046인 비 계 공:0.0508인 보통인부:0.0338인 타이어크레인(10톤):0.1491hr 2. 강재거푸집(H=7~10m) 1) 재료비(H=0~7m):100% 적용 2) 노무비(H=0~7m):110% 적용 3. 강재거푸집(H=10~13m) 1) 재료비(H=0~7m):100% 적용 2) 노무비(H=0~7m):120% 적용	
c	강재거푸집 (복잡,35회사용,높이별 할증포함)	m²	1. 강재거푸집(H = 0~7m이하) 1) 재 료 비 강 판(t = 3.2㎜):33.15kg/35회 = 0.947kg ㄱ 형강(50×50×4㎜):20.56kg/35회 = 0.587kg 볼트&너트(M16×45㎜):6개/35회 = 0.171개 육 송(판재):0.000924m³/35회 = 0.000026m³ 박리제(중유):0.15ℓ/35회 = 0.004ℓ 철 못(N75):0.12kg/35회 = 0.003kg 고 재 대:9.36kg/35회 = 0.267kg 잔 존 율:(-(33.15kg+20.56kg)*10%)/35회 = -0.153kg 2) 제작비 잡철물제작(복잡):0.05371Ton/35회 = 0.00153Ton 형틀목공:0.1046인 비 계 공:0.0508인 보통인부:0.0338인 타이어크레인(10톤):0.1491hr 2. 강재거푸집(H=7~10m) 1) 재료비(H=0~7m):100% 적용 2) 노무비(H=0~7m):110% 적용 3. 강재거푸집(H=10~13m) 1) 재료비(H=0~7m):100% 적용 2) 노무비(H=0~7m):120% 적용	6-3-4-2 강재거푸집
3.06 a	**유로폼설치** 유로폼설치(벽체)	m²	1. 유로폼설치(H = 0~7m이하) 1) 재 료 비 판넬(600×1200㎜):0.071매 내부코너판넬((200+200)×1200㎜):0.002매 웨 지 핀:1.9002개 플랫타이(ℓ=200㎜):2.0026개 강관파이프(D48.6×2.4㎜):0.0773m 훅크램프:0.2827개 박리제(중유):0.0125ℓ 잡재료비(재료비의 5%) 2) 조립 및 해체 형틀목공:0.103인	6-3-6 유로폼

번호	공 종	단위	단 가 산 출 기 준	비 고
			보통인부:0.054인 기구손료(노무비의 3%) 2. 유로폼설치(H = 7~10m이하) 1) 재료비(H = 0~7m):100% 적용 2) 노무비(H = 0~7m):110% 적용 3. 유로폼설치(H = 10~13m이하) 1) 재료비(H = 0~7m):100% 적용 2) 노무비(H = 0~7m):120% 적용	
b	유로폼설치(슬래브)	㎡	1. 유로폼설치(H = 0~7m이하) 1) 재 료 비 판넬(600×1500㎜):0.047매 슬래브코너판넬(200×1500㎜):0.013매 보(Beam,100×1650mm):0.0064매 웨 지 핀:0.6567개 드롭헤드:0.0074개 볼트(너트포함):0.0377개 육 송(각재):0.00070㎥ 박리제(중유):0.0125 ℓ 잡재료비(재료비의 5%) 2) 조립 및 해체 형틀목공:0.103인 보통인부:0.054인 기구손료(노무비의 3%) 2. 유로폼설치(H = 7~10m이하) 1) 재료비(1회,H = 0~7m):100% 적용 2) 노무비(1회,H = 0~7m):110% 적용 3. 유로폼설치(H = 10~13m이하) 1) 재료비(1회,H = 0~7m):100% 적용 2) 노무비(1회,H = 0~7m):120% 적용	6-3-6 유로폼
4	비 계 공			
4.01	목재비계			
a	목재비계 (1회,높이별할증포함)	공/㎥	1. 목재비계(1회,H = 0~7m이하) 1) 재 료 비 통나무(ℓ =3.6~7m,D12㎝):0.0094㎥ 육송(판재,B21㎝×T2.5㎝×L3.6㎝):0.00015㎥ 결속선(#8-4.0㎜):0.02kg 잡재료비(재료비의 5%) 2) 설치 및 해체 비 계 공:0.20인 보통인부:0.20인 2. 목재비계(H = 7~10m이하) 1) 재료비(1회,H = 0~7m):100% 적용 2) 노무비(1회,H = 0~7m):120% 적용 3. 목재비계(H = 10~13m이하) 1) 재료비(1회,H = 0~7m):100% 적용 2) 노무비(1회,H = 0~7m):140% 적용 4. 목재비계(H = 13~16m이하) 1) 재료비(1회,H = 0~7m):100% 적용	2-4 목재비계

번호	공　　종	단위	단 가 산 출 기 준	비　고
			2) 노무비(1회,H = 0~7m):160% 적용 5. 목재비계(H = 16~19m이하) 1) 재료비(1회,H = 0~7m):100% 적용 2) 노무비(1회,H = 0~7m):180% 적용	
b	목재비계 (2회,높이별할증포함	공/㎥	1. 목재비계(H = 0~7m이하) 1) 재료비:목재 1회 사용재료비의 67.0% 적용 2) 노무비:목재 1회 사용노무비의 100% 적용 2. 목재비계(H = 7~10m이하) 1) 재료비(2회,H = 0~7m):100% 적용 2) 노무비(2회,H = 0~7m):120% 적용 3. 목재비계(H = 10~13m이하) 1) 재료비(2회,H = 0~7m):100% 적용 2) 노무비(2회,H = 0~7m):140% 적용 4. 목재비계(H = 13~16m이하) 1) 재료비(2회,H = 0~7m):100% 적용 2) 노무비(2회,H = 0~7m):160% 적용 5. 목재비계(H = 16~19m이하) 1) 재료비(2회,H = 0~7m):100% 적용 2) 노무비(2회,H = 0~7m):180% 적용	2-4 목재비계
c	목재비계 (3회,높이별할증포함)	공/㎥	1. 목재비계(H = 0~7m이하) 1) 재료비:목재 1회 사용재료비의 56.5% 적용 2) 노무비:목재 1회 사용노무비의 100% 적용 2. 목재비계(H = 7~10m이하) 1) 재료비(3회,H = 0~7m):100% 적용 2) 노무비(3회,H = 0~7m):120% 적용 3. 목재비계(H = 10~13m이하) 1) 재료비(3회,H = 0~7m):100% 적용 2) 노무비(3회,H = 0~7m):140% 적용 4. 목재비계(H = 13~16m이하) 1) 재료비(3회,H = 0~7m):100% 적용 2) 노무비(3회,H = 0~7m):160% 적용 5. 목재비계(H = 16~19m이하) 1) 재료비(3회,H = 0~7m):100% 적용 2) 노무비(3회,H = 0~7m):180% 적용	2-4 목재비계
d	목재비계 (4회,높이별할증포함)	공/㎥	1. 목재비계(H = 0~7m이하) 1) 재료비:목재 1회 사용재료비의 51.6% 적용 2) 노무비:목재 1회 사용노무비의 100% 적용 2. 목재비계(H = 7~10m이하) 1) 재료비(4회,H = 0~7m):100% 적용 2) 노무비(4회,H = 0~7m):120% 적용 3. 목재비계(H = 10~13m이하) 1) 재료비(4회,H = 0~7m):100% 적용 2) 노무비(4회,H = 0~7m):140% 적용 4. 목재비계(H = 13~16m이하) 1) 재료비(4회,H = 0~7m):100% 적용 2) 노무비(4회,H = 0~7m):160% 적용 5. 목재비계(H = 16~19m이하) 1) 재료비(4회,H = 0~7m):100% 적용 2) 노무비(4회,H = 0~7m):180% 적용	2-4 목재비계

번호	공 종	단위	단 가 산 출 기 준	비 고
e	목재비계 (5회,높이별할증포함)	공/m³	1. 목재비계(H = 0~7m이하) 1) 재료비:목재 1회 사용재료비의 48.9% 적용 2) 노무비:목재 1회 사용노무비의 100% 적용 2. 목재비계(H = 7~10m이하) 1) 재료비(5회,H = 0~7m):100% 적용 2) 노무비(5회,H = 0~7m):120% 적용 3. 목재비계(H = 10~13m이하) 1) 재료비(5회,H = 0~7m):100% 적용 2) 노무비(5회,H = 0~7m):140% 적용 4. 목재비계(H = 13~16m이하) 1) 재료비(5회,H = 0~7m):100% 적용 2) 노무비(5회,H = 0~7m):160% 적용 5. 목재비계(H = 16~19m이하) 1) 재료비(5회,H = 0~7m):100% 적용 2) 노무비(5회,H = 0~7m):180% 적용	2-4 목재비계
f	목재비계 (6회,높이별할증포함)	공/m³	1. 목재비계(H = 0~7m이하) 1) 재료비:목재 1회 사용재료비의 47.3% 적용 2) 노무비:목재 1회 사용노무비의 100% 적용 2. 목재비계(H = 7~10m이하) 1) 재료비(6회,H = 0~7m):100% 적용 2) 노무비(6회,H = 0~7m):120% 적용 3. 목재비계(H = 10~13m이하) 1) 재료비(6회,H = 0~7m):100% 적용 2) 노무비(6회,H = 0~7m):140% 적용 4. 목재비계(H = 13~16m이하) 1) 재료비(6회,H = 0~7m):100% 적용 2) 노무비(6회,H = 0~7m):160% 적용 5. 목재비계(H = 16~19m이하) 1) 재료비(6회,H = 0~7m):100% 적용 2) 노무비(6회,H = 0~7m):180% 적용	2-4 목재비계
4.02	**강관비계매기**			
a	강관비계매기 (손율3개월, 높이별할증포함)	m²	1. 강관비계매기(H = 0~30m이하) 1) 재 료 비 강관비계(D48.6×2.4㎜):3.99m*6% = 0.2394m 이음철물:0.50개*12% = 0.06개 조임철물(직교,자재):2.08개*12% = 0.2496개 받침철물:0.04개*9% = 0.0036개 철물(앙카용):0.04개*100% = 0.04개 2) 조립 및 해체 비 계 공:0.10인 기구손료(노무비의5%) 2. 강관비계매기(H = 30.0~33.5m이하) 1) 재료비(H = 0~30m):100% 적용 2) 노무비(H = 0~30m):110% 적용 3. 강관비계매기(H = 33.5~37.0m이하) 1) 재료비(H = 0~30m):100% 적용 2) 노무비(H = 0~30m):120% 적용	2-5-1 강관비계매기

번호	공　　종	단위	단 가 산 출 기 준	비　고
b	강관비계매기 (손율6개월, 높이별할증포함)	㎡	1. 강관비계매기(H = 0~30m이하) 1) 재 료 비 강관비계(D48.6×2.4㎜):3.99m*10% = 0.3990m 이음철물:0.50개*20% = 0.10개 조임철물(직교,자재):2.08개*20% = 0.4160개 받침철물:0.04개*15% = 0.0060개 철물(앙카용):0.04개*100% = 0.04개 2) 조립 및 해체 비 계 공:0.10인 기구손료(노무비의 5%) 2. 강관비계매기(H = 30.0~33.5m이하) 1) 재료비(H = 0~30m):100% 적용 2) 노무비(H = 0~30m):110% 적용 3. 강관비계매기(H = 33.5~37.0m이하) 1) 재료비(H = 0~30m):100% 적용 2) 노무비(H = 0~30m):120% 적용	2-5-1 강관비계매기
c	강관비계매기 (손율12개월, 높이별할증포함)	㎡	1. 강관비계매기(H = 0~30m이하) 1) 재 료 비 강관비계(D48.6×2.4㎜):3.99m*19% = 0.7581m 이음철물:0.50개*38% = 0.19개 조임철물(직교,자재):2.08개*38% = 0.7904개 받침철물:0.04개*29% = 0.0116개 철물(앙카용):0.04개*100% = 0.04개 2) 노 무 비 비 계 공:0.10인 기구손료(노무비의 5%) 2. 강관비계매기(H = 30.0~33.5m이하) 1) 재료비(H = 0~30m):100% 적용 2) 노무비(H = 0~30m):110% 적용 3. 강관비계매기(H = 33.5~37.0m이하) 1) 재료비(H = 0~30m):100% 적용 2) 노무비(H = 0~30m):120% 적용	2-5-1 강관비계매기

번호	공 종	단위	단 가 산 출 기 준	비 고
5 5.01	동 바 리 공 목재동바리			
a	목재동바리 (1회,높이별할증포함)	공/㎥	1. 목재동바리(1회,H = 0~7m이하) 1) 재 료 비 통나무(ℓ=3.6~7m,D120㎜):0.0062㎥ 육송(각재):0.0041㎥ 꺽 쇠:0.011kg 결속선(#8-4.0㎜):0.03kg 볼 트:0.015kg 잡재료비(재료비의 5%) 2) 설치 및 해체 형틀목공:0.05인 비 계 공:0.10인 보통인부:0.25인 2. 목재동바리(H = 7~10m이하) 1) 재료비(1회,H = 0~7m):100% 적용 2) 노무비(1회,H = 0~7m):120% 적용 3. 목재동바리(H = 10~13m이하) 1) 재료비(1회,H = 0~7m):100% 적용 2) 노무비(1회,H = 0~7m):140% 적용 4. 목재동바리(H = 13~16m이하) 1) 재료비(1회,H = 0~7m):100% 적용 2) 노무비(1회,H = 0~7m):160% 적용 5. 목재동바리(H = 16~19m이하) 1) 재료비(1회,H = 0~7m):100% 적용 2) 노무비(1회,H = 0~7m):180% 적용	2-4 목재동바리
b	목재동바리 (2회,높이별할증포함)	공/㎥	1. 목재비계(H = 0~7m이하) 1) 재료비:목재 1회 사용재료비의 67.0% 적용 2) 노무비:목재 1회 사용노무비의 100% 적용 2. 목재동바리(H = 7~10m이하) 1) 재료비(2회,H = 0~7m):100% 적용 2) 노무비(2회,H = 0~7m):120% 적용 3. 목재동바리(H = 10~13m이하) 1) 재료비(2회,H = 0~7m):100% 적용 2) 노무비(2회,H = 0~7m):140% 적용 4. 목재동바리(H = 13~16m이하) 1) 재료비(2회,H = 0~7m):100% 적용 2) 노무비(2회,H = 0~7m):160% 적용 5. 목재동바리(H = 16~19m이하) 1) 재료비(2회,H = 0~7m):100% 적용 2) 노무비(2회,H = 0~7m):180% 적용	2-4 목재동바리

번호	공　　종	단위	단 가 산 출 기 준	비　고
c	목재동바리 (3회,높이별할증포함)	공/㎥	1. 목재동바리(H = 0~7m이하) 1) 재료비:목재 1회 사용재료비의 56.5% 적용 2) 노무비:목재 1회 사용노무비의 100% 적용 2. 목재동바리(H = 7~10m이하) 1) 재료비(3회,H = 0~7m):100% 적용 2) 노무비(3회,H = 0~7m):120% 적용 3. 목재동바리(H = 10~13m이하) 1) 재료비(3회,H = 0~7m):100% 적용 2) 노무비(3회,H = 0~7m):140% 적용 4. 목재동바리(H = 13~16m이하) 1) 재료비(3회,H = 0~7m):100% 적용 2) 노무비(3회,H = 0~7m):160% 적용 5. 목재동바리(H = 16~19m이하) 1) 재료비(3회,H = 0~7m):100% 적용 2) 노무비(3회,H = 0~7m):180% 적용	2-4 목재동바리
d	목재동바리 (4회,높이별할증포함)	공/㎥	1. 목재동바리(H = 0~7m이하) 1) 재료비:목재 1회 사용재료비의 51.6% 적용 2) 노무비:목재 1회 사용노무비의 100% 적용 2. 목재동바리(H = 7~10m이하) 1) 재료비(4회,H = 0~7m):100% 적용 2) 노무비(4회,H = 0~7m):120% 적용 3. 목재동바리(H = 10~13m이하) 1) 재료비(4회,H = 0~7m):100% 적용 2) 노무비(4회,H = 0~7m):140% 적용 4. 목재동바리(H = 13~16m이하) 1) 재료비(4회,H = 0~7m):100% 적용 2) 노무비(4회,H = 0~7m):160% 적용 5. 목재동바리(H = 16~19m이하) 1) 재료비(4회,H = 0~7m):100% 적용 2) 노무비(4회,H = 0~7m):180% 적용	2-4 목재동바리
e	목재동바리 (5회,높이별할증포함)	공/㎥	1. 목재동바리(H = 0~7m이하) 1) 재료비:목재 1회 사용재료비의 48.9% 적용 2) 노무비:목재 1회 사용노무비의 100% 적용 2. 목재동바리(H = 7~10m이하) 1) 재료비(5회,H = 0~7m):100% 적용 2) 노무비(5회,H = 0~7m):120% 적용 3. 목재동바리(H = 10~13m이하) 1) 재료비(5회,H = 0~7m):100% 적용 2) 노무비(5회,H = 0~7m):140% 적용 4. 목재동바리(H = 13~16m이하) 1) 재료비(5회,H = 0~7m):100% 적용 2) 노무비(5회,H = 0~7m):160% 적용 5. 목재동바리(H = 16~19m이하) 1) 재료비(5회,H = 0~7m):100% 적용 2) 노무비(5회,H = 0~7m):180% 적용	2-4 목재동바리

번호	공　종	단위	단 가 산 출 기 준	비　고
f	목재동바리 (6회,높이별할증포함)	공/m³	1. 목재비계(H = 0~7m이하) 1) 재료비:목재 1회 사용재료비의 47.3% 적용 2) 노무비:목재 1회 사용노무비의 100% 적용 2. 목재동바리(H = 7~10m이하) 1) 재료비(6회,H = 0~7m):100% 적용 2) 노무비(6회,H = 0~7m):120% 적용 3. 목재동바리(H = 10~13m이하) 1) 재료비(6회,H = 0~7m):100% 적용 2) 노무비(6회,H = 0~7m):140% 적용 4. 목재동바리(H = 13~16m이하) 1) 재료비(6회,H = 0~7m):100% 적용 2) 노무비(6회,H = 0~7m):160% 적용 5. 목재동바리(H = 16~19m이하) 1) 재료비(6회,H = 0~7m):100% 적용 2) 노무비(6회,H = 0~7m):180% 적용	2-4 목재동바리
5.02 a	**강관동바리** 강관동바리(암거용,높이별할증포함)			
a-1	강관동바리 (손율 3개월)	공/m³	1. 강관동바리(H = 0~7m이하) 1) 재 료 비 강관동바리(D60.5×2.3㎜):0.38본*6% = 0.0228본 잡재료비(재료비의 5%) 2) 조립 및 해체 형틀목공:0.07인 보통인부:0.05인 2. 강관동바리(H = 7~10m이하) 1) 재료비(H = 0~7m):100% 적용 2) 노무비(H = 0~7m):110% 적용 3. 강관동바리(H = 10~13m이하) 1) 재료비(H = 0~7m):100% 적용 2) 노무비(H = 0~7m):120% 적용	2-8-1 강관동바리
a-2	강관동바리 (손율 6개월)	공/m³	1. 강관동바리(H = 0~7m이하) 1) 재 료 비 강관동바리(D60.5×2.3㎜):0.38본*10% = 0.038본 잡재료비(재료비의 5%) 2) 조립 및 해체 형틀목공:0.07인 보통인부:0.05인 2. 강관동바리(H = 7~10m이하) 1) 재료비(H = 0~7m):100% 적용 2) 노무비(H = 0~7m):110% 적용 3. 강관동바리(H = 10~13m이하) 1) 재료비(H = 0~7m):100% 적용 2) 노무비(H = 0~7m):120% 적용	2-8-1 강관동바리

번호	공　　종	단위	단 가 산 출 기 준	비 고
a-3	강관동바리 (손율 12개월)	공/㎥	1. 강관동바리(H = 0~7m이하) 1) 재 료 비 강관동바리(D60.5×2.3㎜):0.38본*19% = 0.0722본 잡재료비(재료비의 5%) 2) 조립 및 해체 형틀목공:0.07인 보통인부:0.05인 2. 강관동바리(H = 7~10m이하) 1) 재료비(H = 0~7m):100% 적용 2) 노무비(H = 0~7m):110% 적용 3. 강관동바리(H = 10~13m이하) 1) 재료비(H = 0~7m):100% 적용 2) 노무비(H = 0~7m):120% 적용	2-8-1 강관동바리
b	강관동바리(교량용,높이별할증포함)			
b-1	강관동바리 (손율 3개월)	공/㎥	1. 강관동바리(H = 0~7m이하) 1) 재 료 비 강관동바리(D60.5×2.3㎜):0.80본*6% = 0.048본 잡재료비(재료비의 5%) 2) 조립 및 해체 형틀목공:0.19인 보통인부:0.10인 2. 강관동바리(H = 7~10m이하) 1) 재료비(H = 0~7m):100% 적용 2) 노무비(H = 0~7m):110% 적용 3. 강관동바리(H = 10~13m이하) 1) 재료비(H = 0~7m):100% 적용 2) 노무비(H = 0~7m):120% 적용 4. 강관동바리(H = 13~16m이하) 1) 재료비(H = 0~7m):100% 적용 2) 노무비(H = 0~7m):130% 적용 5. 강관동바리(H = 16~19m이하) 1) 재료비(H = 0~7m):100% 적용 2) 노무비(H = 0~7m):140% 적용	2-8-1 강관동바리
b-2	강관동바리 (손율 6개월)	공/㎥	1. 강관동바리(H = 0~7m이하) 1) 재 료 비 강관동바리(D60.5×2.3㎜):0.80본*10% = 0.08본 잡재료비(재료비의 5%) 2) 조립 및 해체 형틀목공:0.19인 보통인부:0.10인 2. 강관동바리(H = 7~10m이하) 1) 재료비(H = 0~7m):100% 적용 2) 노무비(H = 0~7m):110% 적용	2-8-1 강관동바리

번호	공 종	단위	단 가 산 출 기 준	비 고
			3. 강관동바리(H = 10~13m이하) 1) 재료비(H = 0~7m):100% 적용 2) 노무비(H = 0~7m):120% 적용 4. 강관동바리(H = 13~16m이하) 1) 재료비(H = 0~7m):100% 적용 2) 노무비(H = 0~7m):130% 적용 5. 강관동바리(H = 16~19m이하) 1) 재료비(H = 0~7m):100% 적용 2) 노무비(H = 0~7m):140% 적용	
b-3	강관동바리 (손율 12개월)	공/㎥	1. 강관동바리(H = 0~7m이하) 1) 재 료 비 강관동바리(D60.5×2.3㎜):0.80본*19% = 0.152본 잡재료비(재료비의 5%) 2) 조립 및 해체 형틀목공:0.19인 보통인부:0.10인 2. 강관동바리(H = 7~10m이하) 1) 재료비(H = 0~7m):100% 적용 2) 노무비(H = 0~7m):110% 적용 3. 강관동바리(H = 10~13m이하) 1) 재료비(H = 0~7m):100% 적용 2) 노무비(H = 0~7m):120% 적용 4. 강관동바리(H = 13~16m이하) 1) 재료비(H = 0~7m):100% 적용 2) 노무비(H = 0~7m):130% 적용 5. 강관동바리(H = 16~19m이하) 1) 재료비(H = 0~7m):100% 적용 2) 노무비(H = 0~7m):140% 적용	2-8-1 강관동바리
c	시스템동바리 (높이별할증포함)			
c-1	시스템강관동바리 (손율 3개월)	공/㎥	1. 시스템강관동바리(H = 0~10m이하) 1) 재 료 비 재료비(설계에 따른다):손율 6% 적용 2) 설치 및 해체 작업반장:0.024인 비 계 공:0.048인 형틀목공:0.072인 보통인부:0.072인 3) 기계경비 타이어크레인(15Ton):0.014hr 2. 시스템강관동바리(H = 10~20m이하) 1) 재료비(H = 0~10m):100% 적용 2) 노무비(H = 0~10m):110% 적용 3) 기계경비(타이어크레인,15Ton):0.014hr*110% = 0.0154hr	2-8-2 조립식 강관동바리

번호	공 종	단위	단 가 산 출 기 준	비 고
			3. 시스템강관동바리(H = 20~30m이하) 1) 재료비(H = 0~10m):100% 적용 2) 노무비(H = 0~10m):120% 적용 3) 기계경비(타이어크레인,20Ton):0.014hr*120% = 0.0168hr	
c-2	시스템강관동바리 (손율 6개월)	공/㎥	1. 시스템강관동바리(H = 0~10m이하) 1) 재 료 비 재료비(설계에 따른다):손율 10% 적용 2) 설치 및 해체 작업반장:0.024인 비 계 공:0.048인 형틀목공:0.072인 보통인부:0.072인 3) 기계경비 타이어크레인(15Ton):0.014hr 2. 시스템강관동바리(H = 10~20m이하) 1) 재료비(H = 0~10m):100% 적용 2) 노무비(H = 0~10m):110% 적용 3) 기계경비(타이어크레인,15Ton):0.014hr*110% = 0.0154hr 3. 시스템강관동바리(H = 20~30m이하) 1) 재료비(H = 0~10m):100% 적용 2) 노무비(H = 0~10m):120% 적용 3) 기계경비(타이어크레인,20Ton):0.014hr*120% = 0.0168hr	2-8-2 조립식 강관동바리
c-3	시스템강관동바리 (손율 12개월)	공/㎥	1. 시스템강관동바리(H = 0~10m이하) 1) 재 료 비 재료비(설계에 따른다):손율 19% 적용 2) 설치 및 해체 작업반장:0.024인 비 계 공:0.048인 형틀목공:0.072인 보통인부:0.072인 3) 기계경비 타이어크레인(15Ton):0.014hr 2. 시스템강관동바리(H = 10~20m이하) 1) 재료비(H = 0~10m):100% 적용 2) 노무비(H = 0~10m):110% 적용 3) 기계경비(타이어크레인,15Ton):0.014hr*110% = 0.0154hr 3. 시스템강관동바리(H = 20~30m이하) 1) 재료비(H = 0~10m):100% 적용 2) 노무비(H = 0~10m):120% 적용 3) 기계경비(타이어크레인,20Ton):0.014hr*120% = 0.0168hr	2-8-2 조립식 강관동바리

번호	공　　종	단위	단 가 산 출 기 준	비　고
d	동바리수평연결재 (강관)			
d-1	동바리수평연결재 (손율 3개월)	㎡	1. 적용기준:동바리 사용높이가 3.5m 초과하는 경우 높이 2m마다 설치 2. 재 료 비 1) 강관(D48.6×2.4㎜):2.52m*6% = 0.1512m 2) 이음철물:0.32개*12% = 0.0384개 3) 조임철물(직교,자재):2.68개*12% = 0.3216개 3. 조립 및 해체(형틀목공):0.03인	2-7-2-⑤ 수평연결재
d-2	동바리수평연결재 (손율 6개월)	㎡	1. 적용기준:동바리 사용높이가 3.5m 초과하는 경우 높이 2m마다 설치 2. 재 료 비 1) 강관(D48.6×2.4㎜):2.52m*10% = 0.2520m 2) 이음철물:0.32개*20% = 0.0640개 3) 조임철물(직교,자재):2.68개*20% = 0.5360개 3. 조립 및 해체(형틀목공):0.03인	2-7-2-⑤ 수평연결재
d-3	동바리수평연결재 (손율 12개월)	㎡	1. 적용기준:동바리 사용높이가 3.5m 초과하는 경우 높이 2m마다 설치 2. 재 료 비 1) 강관(D48.6×2.4㎜):2.52m*19% = 0.4788m 2) 이음철물:0.32개*38% = 0.1216개 3) 조임철물(직교,자재):2.68개*38% = 1.0184개 3. 조립 및 해체(형틀목공):0.03인	2-7-2-⑤ 수평연결재
6	**스페이서설치**			
a	스페이서설치 (벽체)	㎡	1. 재료비(도너스형,D80㎜):8개 2. 설치비(재료비의 5%)	
b	스페이서설치 (슬래브및기초)	㎡	1. 재료비(철근받침대,D100㎜):4개 2. 설치비(재료비의 5%)	
7	**철근가공및조립**			
a	철근가공및조립 (간단)	Ton	1. 재료비(결속선,#20 0.9㎜):5.00㎏ 2. 철근가공 1) 철 근 공:1.07인 2) 보통인부:0.35인 3) 기구손료(인건비의 2%) 3. 철근조립 1) 철 근 공:1.69인 2) 보통인부:0.69인	6-2-1 철근가공조립

번호	공　　종	단위	단 가 산 출 기 준	비　고
b	철근가공및조립 (보통)	Ton	1. 재료비(결속선,#20 0.9㎜):6.50㎏ 2. 철근가공 1) 철 근 공:1.24인 2) 보통인부:0.45인 3) 기구손료(인건비의 2%) 3. 철근조립 1) 철 근 공:1.84인 2) 보통인부:0.75인	6-2-1 철근가공조립
c	철근가공및조립 (복잡)	Ton	1. 재료비(결속선,#20 0.9㎜):8.00㎏ 2. 철근가공 1) 철 근 공:1.51인 2) 보통인부:0.50인 3) 기구손료(인건비의 2%) 3. 철근조립 1) 철 근 공:1.92인 2) 보통인부:0.80인	6-2-1 철근가공조립
d	철근가공및조립 (매우복잡)	Ton	1. 재료비(결속선,#20 0.9㎜):8.00㎏ 2. 철근가공 1) 철 근 공:1.69인 2) 보통인부:0.60인 3) 기구손료(인건비의 2%) 3. 철근조립 1) 철 근 공:2.14인 2) 보통인부:0.86인	6-2-1 철근가공조립
8 8.01	잡철물제작및설치 잡철물제작 (일반철물)			
a	잡철물 제작(간단)	Ton	1. 재 료 비 1) 용접봉(KSE4301,D3.2㎜):15.71㎏ 2) 산소(99%):5355 ℓ 3) 아세틸렌(100%,AC,용접용):2.40㎏ 4) 유지(중유,3.0W%):0.17 ℓ 2. 노 무 비 1) 철　　공:21.80인 2) 보통인부:0.56인 3) 용 접 공:2.21인 4) 특별인부:0.63인 5) 기구손료(인건비의 3%) 3. 기계경비 1) 용접기(200AMP):17.71hr 2) 전력요금:107.1㎾h	29-6 각종 잡철물 제작설치

번호	공 종	단위	단 가 산 출 기 준	비 고
b	잡철물 제작(보통)	Ton	1. 재료비(잡철물 제작,간단의):120% 적용 2. 노무비(잡철물 제작,간단의):120% 적용 3. 경 비(잡철물 제작,간단의):120% 적용	29-6 각종 잡철물 제작설치
c	잡철물 제작(복잡)	Ton	1. 재료비(잡철물 제작,간단의):140% 적용 2. 노무비(잡철물 제작,간단의):140% 적용 3. 경 비(잡철물 제작,간단의):140% 적용	29-6 각종 잡철물 제작설치
8.02	**잡철물설치 (일반철물)**			
a	잡철물 설치(간단)	Ton	1. 재 료 비 1) 용접봉(KSE4301,D3.2㎜):2.77㎏ 2) 산소(99%):945ℓ 3) 아세틸렌(100%,AC,용접용):0.40㎏ 2. 노 무 비 1) 철 공:5.85인 2) 보통인부:0.10인 3) 용 접 공:0.39인 4) 특별인부:0.11인 5) 기구손료(인건비의 3%) 3. 기계경비 1) 용접기(200AMP):3.12hr 2) 전력요금:18.9㎾h	29-6 각종 잡철물 제작설치
b	잡철물 설치(보통)	Ton	1. 재료비(잡철물 설치,간단의):120% 적용 2. 노무비(잡철물 설치,간단의):120% 적용 3. 경 비(잡철물 설치,간단의):120% 적용	29-6 각종 잡철물 제작설치
c	잡철물 설치(복잡)	Ton	1. 재료비(잡철물 설치,간단의):140% 적용 2. 노무비(잡철물 설치,간단의):140% 적용 3. 경 비(잡철물 설치,간단의):140% 적용	29-6 각종 잡철물 제작설치
8.03	**잡철물제작 (스텐레스)**			
a	잡철물 제작(간단)	Ton	1. 재 료 비 1) 용접봉(STS,D3.2㎜,SWSE E308-16):15.71㎏ 2) 알 곤:5355ℓ 3) 유지(중유,3.0W%):0.17ℓ 2. 노 무 비 1) 철 공:21.80인 2) 보통인부:0.56인 3) 용 접 공:2.21인 4) 특별인부:0.63인 5) 기구손료(인건비의 3%) 3. 기계경비 1) 용접기(200AMP):17.71hr 2) 전력요금:107.1㎾h	29-6 각종 잡철물 제작설치

번호	공 종	단위	단 가 산 출 기 준	비 고
b	잡철물 제작(보통)	Ton	1. 재료비(잡철물 제작,간단의):120% 적용 2. 노무비(잡철물 제작,간단의):120% 적용 3. 경 비(잡철물 제작,간단의):120% 적용	29-6 각종 잡철물 제작설치
c	잡철물 제작(복잡)	Ton	1. 재료비(잡철물 제작,간단의):140% 적용 2. 노무비(잡철물 제작,간단의):140% 적용 3. 경 비(잡철물 제작,간단의):140% 적용	29-6 각종 잡철물 제작설치
8.04	잡철물설치 (스텐레스)			
a	잡철물 설치(간단)	Ton	1. 재 료 비 1) 용접봉(STS,D3.2㎜,SWSE E308-16):2.77㎏ 2) 알 곤:945ℓ 2. 노 무 비 1) 철 공:5.85인 2) 보통인부:0.10인 3) 용 접 공:0.39인 4) 특별인부:0.11인 5) 기구손료(인건비의 3%) 3. 기계경비 1) 용접기(200AMP):3.12hr 2) 전력요금:18.9㎾h	29-6 각종 잡철물 제작설치
b	잡철물 설치(보통)	Ton	1. 재료비(잡철물 설치,간단의):120% 적용 2. 노무비(잡철물 설치,간단의):120% 적용 3. 경 비(잡철물 설치,간단의):120% 적용	29-6 각종 잡철물 제작설치
c	잡철물 설치(복잡)	Ton	1. 재료비(잡철물 설치,간단의):140% 적용 2. 노무비(잡철물 설치,간단의):140% 적용 3. 경 비(잡철물 설치,간단의):140% 적용	29-6 각종 잡철물 제작설치
9	기초 말뚝박기			
9.01	P.H.C 말뚝박기 (D500㎜×80T)			
a	P.H.C말뚝박기 (직접항타)	m	1. 수량산출:말뚝 전체길이와 본수를 나누어 평균 m/본을 산정한다. 2. 말뚝재료비(A,B,C종):10m/본*1.03(할증) = 10.300m/본 3. Pile 1 본당 항타비 - 장비조합: 유압파일햄머 7Ton + 무한궤도크레인 50Ton a1 = 1.00(N치 20미만) , a2 = 1.13(N치 20이상) a = (1.00*4m/본(평균)+1.13*6m/본(평균))/10m/본 =1.078 Ta = 48분/본(파일규격에따른 시공시간, ℓ = 15m이하) Tb = 1.078*48분/본 = 51.744분/본 Q = 60분/51.744분/본 = 1.16본/hr 1) 무한궤도크레인(50Ton):1.160본/hr 2) 유압파일햄머(7Ton):1.160본/hr 3) 리더(24m,고정형):1.160본/hr 4) 지게차(5Ton):1.160본/hr*0.30 = 0.348본/hr	11-67 유압파일해머

번호	공 종	단위	단 가 산 출 기 준	비 고
			4. 작업조 편성 1) 비 계 공:2인/8hr/1.160본/hr = 0.216인/본 2) 보통인부:2인/8hr/1.160본/hr = 0.216인/본 3) 잡재료및손료(직접노무비의 17%) 5. PHC말뚝 모래 속채움(두부보강 제품을 사용할 경우 속채움모래 제외) 1) 모래운반비 수량:π*0.34m^2/4*(10m/본-1.15m/본)*1.10(할증) = 0.884㎥/본 2) 채움비(보통인부):0.884㎥/본*0.1인/㎥ = 0.0884인/본 6. m당 단가환산:전체금액 계산후 본당 평균길이로 나누어 계상한다.	
b	P.H.C 말뚝박기 (천공후항타)	m	1. 수량산출:말뚝 전체길이와 본수를 나누어 평균 m/본을 산정한다. 2. 말뚝재료비(A,B,C종):10m/본*1.03(할증) = 10.30m/본 3. 공법설명:Earth Auger로 천공하면서 굴진용 용액 또는 케이싱으로 공벽보강후 말뚝을 삽입하고 최종 5D 항타로 적용하였으나 천공후 최종항타 근입깊이는 무리하게 5D 이상을 근입시키지 말고 재하시험 후 지지력 확보시 항타를 종료한다. 4. 천공능력산정 1) N 치 집계 N(20 미만):3.0m , N(20~40미만):2.0m N(40~50미만):1.0m , N(50 이상):0.5m N(풍화암):0.5m , N(연암):0.5m - 말뚝천공길이:(3.0m+2.0m+1.0m+0.5m+0.5m+0.5m)/1본 = 7.5m/본 - 말뚝본당길이:(5*0.50m)+7.500m/본 = 10m/본 2) Pile 1본당 오거굴착시간(Te) N(20 미만):0.50분/m , N(20~40미만):0.80분/m N(40~50미만):1.15분/m , N(50 이상):2.15분/m N(풍화암):5.63분/m , N(연 암):13.13분/m ∴ 본당굴착시간: (0.50분/m*3.0m+0.80분/m*2.0m+1.15분/m*1.0m+ 2.15분/m*0.5m+5.63분/m*0.5m+13.13분/m*0.5m)/1본 = 14.705분/본 3) Pile 1본당 준비시간(Ts): 10분/본+(5*0(이음수)) = 10분/본 4) Pile 1본당 그라우트주입시간(Tg):2분/본(10m 미만) 5) Pile 1본당 천공시간(Tc): 14.705분/본+10분/본+2분/본 = 26.705분/본 5. 천공(기계사용료) 1) 무한궤도크레인(70Ton): 26.705분/본/60분 = 0.445hr/본 2) Earth Auger(111.9㎾):14.705분/본/60분 = 0.245hr/본 3) 발전기(350㎾):26.705분/본/60분 = 0.445hr/본 4) 이토처리비(굴착량의 35%) ∴ 수량산출:	5-10 매입말뚝공법

번호	공　　종	단위	단 가 산 출 기 준	비　고
			π*(0.50m+0.10m)^2/4*7.500m/본*35% = 0.742㎥/본 굴삭기(0.20㎥): (0.40*26.705분/본/60분)*0.742㎥/본 = 0.132hr/본 5) 파일소운반(지게차,5Ton): 0.20*26.705분/본/60분 = 0.089hr/본 6) PHC파일건입(크레인50Ton): 0.3*26.705분/본/60분 = 0.134hr/본 6. 작업조(천공,말뚝삽입) 1) 작업 반장 : 1인/8hr*(26.705분/본/60분) = 0.056hr/본 2) 비 계 공 : 2인/8hr*(26.705분/본/60분) = 0.111hr/본 3) 기계설치공 : 1인/8hr*(26.705분/본/60분) = 0.056hr/본 4) 보통 인부 : 2인/8hr*(26.705분/본/60분) = 0.111hr/본 5) 잡재료및손료(직접노무비의 17%) 7. P.H.C Pile 1 본당 항타비 a1 = 1.00(N치 20미만) , a2 = 1.13(N치 20이상) a = (1.00*0m/본+1.13*(5*0.5)m/본)/10m/본 = 0.283 Ta = 48분/본(파일규격에 따른 시공시간, ℓ=15m이하) Tc2 = 0.283*48분/본 = 13.58분/본 1) 무한궤도 크레인(50Ton): 13.58분/본/60분 = 0.226hr/본 2) 유압파일햄머(7Ton):13.58분/본/60분 = 0.226hr/본 3) 리더(고정형,24m):13.58분/본/60분 = 0.226hr/본 8. 공벽부보강(Soil Cement) 1) 재료비(굳진용용액) ∴수량산출:π*(0.50m+0.10m)^2/4*7.500m/본 = 2.121㎥/본 가) 시멘트:120㎏/㎥*2.121㎥/본/40㎏/포*1.03(할증) = 6.553포/본 나) 벤토나이트(25㎏):2.121㎥/본*25㎏/㎥=53.025㎏/본 2) 기계사용료 가) 그라우팅펌프(3.7㎾):26.705분/본/60분=0.445hr/본 나) 그라우팅믹서(2㎾):26.705분/본/60분=0.445hr/본 다) 발전기(100㎾):26.705분/본/60분=0.445hr/본 라) 물탱크(5500ℓ): (2.121㎥/본)*640ℓ/1000 = 1.357㎥/본 q1 = 5.5㎥ , E = 0.9 , D1 = 1.0㎞ , V = 15㎞/hr t1 = 5분(흡입준비) , t3 = 10분(흡입시간) t4 = 5분(살수대기) , t5 = 20분(살수시간) t2 = 1.0㎞/15㎞/hr*2*60분 = 8분 Cm = 5분+8.000분+10분+5분+20분 = 48분 Q1 = 60분*5.5㎥*0.9/48.000분 = 6.188㎥/hr Q = 6.188㎥/hr/1.357㎥/본 = 4.56hr/본	 11-67 유압파일해머

번호	공 종	단위	단 가 산 출 기 준	비 고
			9. PHC말뚝 모래 속채움(두부보강 제품을 사용할 경우 속채움모래 제외) 1) 모래운반비 수량:π*0.34m^2/4*(10m/본-1.15m/본)*1.10(할증) = 0.884㎥/본 2) 채움비(보통인부):0.884㎥/본*0.10인/㎥=0.0884인/본 10. 장비조립 및 해체(조립3일,해체2일) 1) 중기운전기사: 1인*5일/1본(말뚝총본수) = 5.000인/본 2) 중기운전조수: 1인*5일/1본(말뚝총본수) = 5.000인/본 3) 기 계 설치공: 1인*5일/1본(말뚝총본수) = 5.000인/본 4) 비 계 공: 2인*5일/1본(말뚝총본수) = 10.000인/본 5) 용 접 공: 1인*5일/1본(말뚝총본수) = 5.000인/본 11. m당 단가환산:전체금액 계산후 본당 평균길이로 나누어 계상한다.	
c	P.H.C 말뚝박기 (S.I.P 공법)	m	1. 수량산출:말뚝 전체길이와 본수를 나누어 평균 m/본을 산정한다. 2. 말뚝재료비(A,B,C종):10m/본*1.03(할증) = 10.30m/본 3. 공법설명:Earth Auger로 천공하면서 굴진용 용액 또는 케이싱으로 공벽보강후 P.H.C 파일을 삽입하고 최종2D경타. 4. 천공능력산정 1) N치 집계 N(20 미만):3.0m , N(20~40미만):2.0m N(40~50미만):1.5m , N(50 이상):1.5m N(풍화암):1.0m , N(연 암):1.0m - 말뚝천공길이:(3.0m+2.0m+1.5m+1.5m+1.0m+1.0m)/1본 = 10m/본 - 말뚝본당길이:10.00m/1본 = 10m/본 2) Pile 1본당 오거굴착시간(Te) N(20 미만):0.50분/m , N(20~40미만):0.80분/m N(40~50미만):1.15분/m , N(50 이상):2.15분/m N(풍화암):5.63분/m , N(연 암):13.13분/m ∴ 본당말뚝굴착시간:(Te1) (0.50분/m*3.0m+0.80분/m*2.0m+1.15분/m*1.5m+2.15분/m*1.5m+5.63분/m*1.0m+13.13분/m*1.0m = 26.81분/본 ∴ 본당최종경타굴착시간:(Te2) +2.15분/m*2*0.50m)/1본 = 2.15분/본(최종경타선단 2*0.5m(D)=1m에 따라 오거굴착시간적용) ∴ 본당굴착시간(Te) = 26.81분/본+2.15분/본 = 28.96분/본 3) Pile 1본당 타격시간(Tb):1분/본 4) Pile 1본당 그라우트주입시간(Tg):2분/본(10m미만)	5-10 매입말뚝공법

번호	공 종	단위	단 가 산 출 기 준	비 고
			5) Pile 1본당 준비시간(Ts): 10분/본+(5*0(이음수)) = 10분/본 6) Pile 1본당 시공시간(Tc): 28.96분/본+1분/본+2분/본+10분/본 = 41.96분/본 5. 천공(기계사용료) 1) 무한궤도크레인(70Ton):41.96분/본/60분= 0.699hr/본 2) Earth Auger(111.9㎾):28.96분/본/60분 = 0.483hr/본 3) 발전기(350㎾):41.96분/본/60분 = 0.699hr/본 4) 리더(고정형,31m):41.96분/본/60분 = 0.699hr/본 5) 이토처리비(굴착량의 35%) ∴ 수량산출: π*(0.50m+0.10m)^2/4*(10.0m/본+2*0.50m)*35% = 1.089㎥/본 굴삭기(0.20㎥): (0.40*41.96분/본/60분)*1.089㎥/본 = 0.305hr/본 6) 파일소운반(지게차,5Ton):0.20*41.96분/본/60분 = 0.140hr/본 7) PHC파일건입(무한궤도크레인50Ton): 0.30*41.96분/본/60분 = 0.210hr/본 6. 작업조(천공,말뚝삽입) 1) 작업 반장 : 1인/8hr*(41.96분/본/60분) = 0.087hr/본 2) 비 계 공 : 2인/8hr*(41.96분/본/60분) = 0.175hr/본 3) 기계설치공 : 1인/8hr*(41.96분/본/60분) = 0.087hr/본 4) 보통 인부 : 2인/8hr*(41.96분/본/60분) = 0.175hr/본 5) 잡재료및손료(직접노무비의 17%) 7. 파일타격(유압파일해머,5Ton): 1분/본/60분 = 0.017hr/본 8. 그라우팅주입(Soil Cement) ∴ 선단고정액길이:5*0.50m = 2.5m/본 ∴ 주변고정액길이: (10.000m+2*0.50m)-2.50m = 8.5m/본 1) 재료비(굴진용용액) ∴ 수량산출:π*(0.50m+0.10m)^2/4*8.500m/본 = 2.403㎥/본 가) 시멘트:120㎏/㎥*2.403㎥/본/40㎏/포*1.03(할증) = 7.425포/본 나) 벤토나이트(25㎏):2.403㎥/본*25㎏/㎥ = 60.075㎏/본 2) 재료비(선단고정액,물/시멘트 = 60%)	

번호	공 종	단위	단 가 산 출 기 준	비 고
			∴ 수량산출:π*(0.50m+0.10m)^2/4*2.500m/본 = 0.707㎥/본 가) 시멘트:1090kg/㎥*0.707㎥/본/40kg/포*1.03(할증) = 19.844포/본 나) 감수제(21kg):0.707㎥/본*21kg/㎥ = 14.847kg/본 3) 재료비(주변고정액,물/시멘트 = 70%) ∴ 수량산출:π*((0.50m+0.10m)^2-0.50m^2)/4*8.500m = 0.734㎥/본 가) 시멘트:983kg/㎥*0.7346㎥/본/40kg/포*1.03(할증)=18.58포/본 나) 감수제(21kg):0.734㎥/본*21kg/㎥ = 15.414kg/본 4) 기계사용료 가) 그라우팅펌프(3.7㎾):41.96분/본/60분=0.699hr/본 나) 그라우팅믹서(2㎾):41.96분/본/60분=0.699hr/본 다) 발전기(100㎾):41.96분/본/60분=0.699hr/본 라) 물탱크(5500ℓ): (2.403+0.707+0.734)㎥/본*640ℓ/1000 = 2.460㎥/본 q1 = 5.5㎥ , E = 0.9 , D1 = 1.0㎞ , V = 15㎞/hr t1 = 5분(흡입준비) , t3 = 10분(흡입시간) t4 = 5분(살수대기) , t5 = 20분(살수시간) t2 = 1.0㎞/15㎞/hr*2*60분 = 8분 Cm = 5분+8.000분+10분+5분+20분 = 48분 Q1 = 60분*5.5㎥*0.9/48.000분 = 6.188㎥/hr Q = 6.188㎥/hr/2.460㎥/본 = 2.515hr/본 9. PHC말뚝 모래 속채움(두부보강 제품을 사용할 경우 속 채움모래 제외) 1) 모래운반비 수량:π*0.34m^2/4*(10m/본-1.15m/본)*1.10(할증) = 0.884㎥/본 2) 채움비(보통인부):0.884㎥/본*0.10인/㎥=0.0884인/본 10. 장비조립 및 해체(조립3일,해체2일) 1) 중기운전기사: 1인*5일/1본(말뚝총본수) = 5.000인/본 2) 중기운전조수: 1인*5일/1본(말뚝총본수) = 5.000인/본 3) 기 계 설치공: 1인*5일/1본(말뚝총본수) = 5.000인/본 4) 비 계 공: 2인*5일/1본(말뚝총본수) = 10.000 인/본 5) 용 접 공: 1인*5일/1본(말뚝총본수) = 5.000인/본 11. m당 단가환산:전체금액 계산후 본당 평균길이로 나누어 계상한다.	

번호	공 종	단위	단 가 산 출 기 준	비 고
9.02	강관 말뚝박기 (D508㎜× 12T)			
a	강관말뚝박기 (직접항타)	m	1. 수량산출:말뚝 전체길이와 본수를 나누어 평균 m/본을 산정한다. 2. 재 료 비 1) 말뚝대(D508㎜×12T):10m*1.05(할증) = 10.500m 2) 고재대:(146.8kg/m*10m*1.05)-(146.8kg/m*10m*1.00) = 73.400kg/본 3. Pile 1 본당 항타비 - 장비조합: 유압파일 햄머 5Ton + 무한궤도 크레인 35Ton a1 = 1.00(N치 20미만) , a2 = 1.19(N치 20이상) a = (1.00*4m/본(평균)+1.19*6m/본(평균))/10m/본 = 1.114 b = 1분/본(강관두께 계수,t = 12㎜, ℓ = 16m이하) Ta = 58분/본(파일규격에따른 시공시간, ℓ = 16m이하) Tc = 1.114*1분/본*58분/본 = 64.612분/본 Q = 60분/64.612분/본 = 0.929본/hr 1) 무한궤도크레인(35Ton):0.929본/hr 2) 유압파일햄머(5Ton):0.929본/hr 3) 리더(24m,고정형):0.929본/hr 4) 지게차(5Ton):0.929본/hr*0.30 = 0.279본/hr 4. 작업조 편성 1) 비 계 공:2인/8hr/0.929본/hr = 0.269인/본 2) 보통인부:2인/8hr/0.929본/hr = 0.269인/본 3) 용접공(이음필요시): 1인/8hr/0.929본/hr = 0.135인/본 4) 잡재료 및 손료(노무비의 17%) 5. m당 단가환산:전체금액 계산후 본당 평균길이로 나누어 계상한다.	11-67 유압파일해머
b	강관 말뚝박기 (천공후항타)	m	1. 수량산출:말뚝 전체길이와 본수를 나누어 평균 m/본을 산정한다. 2. 재 료 비 1) 말뚝대(D508㎜×12T):10m*1.05(할증) = 10.500m 2) 고재대:(146.8kg/m*10m*1.05)-(146.8kg/m*10m*1.00) = 73.400kg/본 3. 공법설명 Earth Auger로 천공하면서 굴진용 용액 또는 케이싱으로 공벽보강후 말뚝을 삽입하고 최종 5D 항타로 적용하였으나 천공후 최종항타 근입 깊이는 무리하게 5D이상을 근입시키지 말고 재하시험후 지지력 확보시 항타를 종료한다	5-10 매입말뚝공법

번호	공 종	단위	단 가 산 출 기 준	비 고
			4. 천공능력산정 1) N 치 집계 N(20 미만):3.0m , N(20~40미만):2.0m N(40~50미만):1.0m , N(50 이상):0.5m N(풍화암):0.5m , N(경암):0.5m - 말뚝천공길이: (3.0m+2.0m+1.0m+0.5m+0.5m+0.5m) = 7.5m/본 - 말뚝본당길이:(5*0.50m)+7.500m/본 = 10m/본 2) Pile 1본당 오거굴착시간(Te) N(20 미만):0.50분/m , N(20~40미만):0.80분/m N(40~50미만):1.15분/m , N(50이상):2.15분/m N(풍화암):5.63분/m , N(연암):13.13분/m ∴본당굴착시간:(0.50분/m*3m+0.80분/m*2+ 1.15분/m*1m+2.15분/m*0.5m+5.63분*0.5m+ 13.13분/m*0.5m)/1본 = 14.71분/본 3) Pile 1본당 준비시간(Ts):10분/본+(5*0(이음수)) = 10 분/본 4) Pile 1본당 그라우트주입시간(Tg):2분/본(10m 미만) 5) Pile 1본당 이음용접시간(Tw):21분/본*0개소 = 0분/본 6) Pile 1본당 천공시간(Tc): 14.71분/본+10.000분/본+2분/본+0분/본 = 26.71분/본 5. 천공(기계사용료) 1) 무한궤도크레인(70Ton):26.71분/본/60분=0.445hr/본 2) Earth Auger(111.9㎾):14.71분/본/60분 = 0.245hr/본 3) 발전기(350㎾):26.710분/본/60분 = 0.445hr/본 4) 이토처리비(굴착량의 35%) ∴ 수량산출:π*(0.508m+0.10m)^2/4*7.500m/본*35% = 0.762㎥/본 굴삭기(0.20㎥): (0.40*26.710분/본/60분)*0.762㎥/본 = 0.136hr/본 5) 파일소운반(지게차,5Ton):0.20*26.710분/본/60분 = 0.089hr/본 6) 강관파일건입(크레인35Ton):0.30*26.710분/본/60분 = 0.134hr/본 6. 작업조(천공,말뚝삽입) 1) 작업 반장:1인/8hr*(26.710분/본/60분) = 0.0569hr/본 2) 비 계 공:2인/8hr*(26.710분/본/60분) = 0.1138hr/본 3) 기계설치공:1인/8hr*(26.710분/본/60분) = 0.0569hr/본 4) 보통 인부:2인/8hr*(26.710분/본/60분) = 0.1138hr/본 5) 용접공(이음필요시):1인/8hr*(26.710분/본/60분) = 0.0569hr/본 6) 잡재료 및 손료(직접노무비의 17%) 7. 강관 Pile 1 본당 항타비 a1 = 1.00(N치 20미만) , a2 = 1.19(N치 20이상) a = (1.00*0m/본+1.19*5*0.5m/본)/10m/본 = 0.302 b = 1분/본(강관두께 계수,t = 12㎜, ℓ = 16m이하) Ta = 58분/본(파일규격에따른 시공시간, ℓ = 16m이하) Tc2 = 0.302*1분/본*58분/본 = 17.516분/본	11-67 유압파일해머

번호	공　　종	단위	단 가 산 출 기 준	비 고
			1) 무한궤도 크레인(35Ton):17.516분/본/60분=0.292hr/본 2) 유압파일햄머(5Ton):17.516분/본/60분 = 0.292hr/본 3) 리더(고정형,24m):17.516분/본/60분 = 0.292hr/본 8. 공벽부보강(Soil Cement) 1) 재료비(굴진용용액) ∴ 수량산출:π*(0.508m+0.10m)^2/4*7.500m/본 = 2.178㎥/본 가) 시멘트:120kg/㎥*2.178㎥/본/40kg/포*1.03(할증) = 6.73포/본 나) 벤토나이트(25kg):2.178㎥/본*25kg/㎥= 54.45kg/본 2) 기계사용료 가) 그라우팅펌프(3.7㎾):26.710분/본/60분=0.445hr/본 나) 그라우팅믹서(2㎾):26.710분/본/60분=0.445hr/본 다) 발전기(100㎾):26.710분/본/60분 = 0.445hr/본 라) 물탱크(5500ℓ):(2.178㎥/본)*640ℓ/1000 = 1.394㎥/본 q1 = 5.5㎥ , E = 0.9 , D1 = 1.0㎞ , V = 15㎞/hr t1 = 5분(흡입준비) , t3 = 10분(흡입시간) t4 = 5분(살수대기) , t5 = 20분(살수시간) t2 = 1.0㎞/15㎞/hr*2*60분 = 8분 Cm = 5분+8.000분+10분+5분+20분 = 48분 Q1 = 60분*5.5㎥*0.9/48.000분 = 6.188㎥/hr Q = 6.188㎥/hr/1.394㎥/본 = 4.439hr/본 9. 장비조립 및 해체(조립3일,해체2일) 1) 중기운전기사:1인*5일/1본(말뚝총본수) = 5.000인/본 2) 중기운전조수:1인*5일/1본(말뚝총본수) = 5.000인/본 3) 기 계 설치공:1인*5일/1본(말뚝총본수) = 5.000인/본 4) 비　계　공:2인*5일/1본(말뚝총본수) = 10.00인/본 5) 용　접　공:1인*5일/1본(말뚝총본수) = 5.00인/본 10. m당 단가환산:전체금액 계산후 본당 평균길이로 나누어 계상한다.	
c	강관 말뚝박기 (S.I.P 공법)	m	1. 수량산출:말뚝 전체길이와 본수를 나누어 평균 m/본을 산정한다. 2. 재 료 비 1) 말뚝대(D508㎜×12T):10m*1.05(할증) = 10.500m 2) 고재대:(146.8kg/m*10m*1.05)-(146.8kg/m*10m*1.00) = 73.400kg/본 3. 공법설명:Earth Auger로 천공하면서 굴진용 용액 또는 케이싱으로 공벽보강후 강관파일을 삽입하고 최종2D 경타. 4. 천공능력산정 1) N 치 집계 N(20 미만):3.0m , N(20~40미만):2.0m N(40~50미만):1.5m , N(50 이상):1.5m N(풍화암):1.0m, N(연암):1.0m	5-10 매입말뚝공법

번호	공 종	단위	단 가 산 출 기 준	비 고
			- 말뚝천공길이:(3.0m+2.0m+1.5m+1.5m+1.0m+1.0m)/1본 = 10m/본 - 말뚝본당길이:10.000m/1본 = 10m/본 2) Pile 1본당 오거굴착시간(Te) N(20 미만):0.50분/m , N(20~40미만):0.80분/m N(40~50미만):1.15분/m , N(50 이상):2.15분/m ∴ 본당말뚝굴착시간(Te1):(0.50분/m*3.0m+0.80분/m*2.0m+1.15분/m*1.5m+2.15분/m*1.5m+5.63분/m*1.0m*13.13분/m*1.0m)/1본 = 26.81분/본 ∴ 본당최종경타굴착시간(2D):Te2 = (2.15분/m*2*0.50)/1본 = 2.15분/본(최종경타 선단2*0.5m = 1m에 따라 오거굴착 시간적용 ∴ 본당굴착시간(Te) : 26.81분/본+2.15분/본 = 28.96분/본 3) Pile 1본당 타격시간(Tb):1분/본 4) Pile 1본당 그라우트주입시간(Tg):2분/본(10m미만) 5) Pile 1본당 이음용접시간(Tw):21분/본*0개소 = 0분/본 6) Pile 1본당 준비시간(Ts): 10분/본+(5*0(이음수)) = 10분/본 7) Pile 1본당 시공시간(Tc): 28.96분/본+1분/본+2분/본+0분/본+10.000분/본 = 41.96분/본 5. 천공(기계사용료) 1) 무한궤도크레인(70Ton):41.960분/본/60분=0.699hr/본 2) Earth Auger(111.9㎾):28.960분/본/60분 = 0.483hr/본 3) 발전기(350㎾):41.960분/본/60분 = 0.699hr/본 4) 리더(고정형,31m):41.960분/본/60분 = 0.069hr/본 5) 이토처리비(굴착량의 35%) ∴ 수량산출: π*(0.508m+0.10m)^2/4*(10.000m/본+2*0.50m)*35% = 1.089㎥/본 굴삭기(0.20㎥): (0.40*41.960분/본/60분)*1.089㎥/본 = 0.305hr/본 6) 파일소운반(지게차,5Ton):0.20*41.960분/본/60분 = 0.140hr/본 7) 강관파일건입(크레인50Ton):0.30*41.960분/본/60분 = 0.210hr/본 6. 작업조(천공,말뚝삽입) 1) 작업 반장:1인/8hr*(41.960분/본/60분) = 0.087hr/본 2) 비 계 공:2인/8hr*(41.960분/본/60분) = 0.175hr/본 3) 기계설치공:1인/8hr*(41.960분/본/60분) = 0.087hr/본 4) 보통 인부:2인/8hr*(41.960분/본/60분) = 0.175hr/본 5) 용접공(이음필요시):1인/8hr*(41.960분/본/60분) = 0.087hr/본 6) 잡재료 및 손료(직접노무비의 17%) 7. 파일타격(유압파일해머,5Ton):1분/본/60분 = 0.017hr/본	

번호	공 종	단위	단 가 산 출 기 준	비 고
			8. 그라우팅주입(Soil Cement) ∴ 선단고정액길이:5*0.500m = 2.50m/본 ∴ 주변고정액길이:(10.000m+2*0.50m)-2.50m = 8.50m/본 1) 재료비(굴진용용액) ∴ 수량산출:π*(0.50m+0.10m)^2/4*8.50m/본 =2.403㎥/본 가) 시멘트:120㎏/㎥*2.403㎥/본/40㎏/포*1.03(할증) = 7.425포/본 나) 벤토나이트(25㎏):2.403㎥/본*25㎏/㎥ = 60.075㎏/본 2) 재료비(선단고정액,물/시멘트 = 60%) ∴ 수량산출:π*(0.50m+0.10m)^2/4*2.50m/본= 0.707㎥/본 가) 시멘트:1090㎏/㎥*0.707㎥/본/40㎏/포*1.03(할증) = 19.844포/본 나) 감수제(21㎏):0.707㎥/본*21㎏/㎥ = 14.847㎏/본 3) 재료비(주변고정액,물/시멘트 = 70%) ∴ 수량산출:π*((0.50m+0.10m)^2-0.50m^2)/4*8.50m = 0.734㎥/본 가) 시멘트:983㎏/㎥*0.734㎥/본/40㎏/포*1.03(할증) = 18.58포/본 나) 감수제(21㎏):0.734㎥/본*21㎏/㎥ = 15.414㎏/본 4) 기계사용료 가) 그라우팅펌프(3.7㎾): 41.96분/본/60분 = 0.699hr/본 나) 그라우딩믹서(2㎾): 41.96분/본/60분 = 0.699hr/본 다) 발전기(100㎾):41.96분/본/60분 = 0.699hr/본 라) 물탱크(5500ℓ): (2.403+0.707+0.734)㎥/본*640ℓ/1000 = 2.460㎥/본 q1 = 5.5㎥ , E = 0.9 , D1 = 1.0㎞ , V = 15㎞/hr t1 = 5분(흡입준비) , t3 = 10분(흡입시간) t4 = 5분(살수대기) , t5 = 20분(살수시간) t2 = 1.0㎞/15㎞/hr*2*60분 = 8분 Cm = 5분+8.000분+10분+5분+20분 = 48분 Q1 = 60분*5.5㎥*0.9/48.000분 = 6.188㎥/hr Q = 6.188㎥/hr/2.460㎥/1본 = 2.515hr/본 9. 장비조립 및 해체(조립3일,해체2일) 1) 중기운전기사:1인*5일/1본(말뚝총본수) = 5.00인/본 2) 중기운전조수:1인*5일/1본(말뚝총본수) = 5.00인/본 3) 기 계 설치공:1인*5일/1본(말뚝총본수) = 5.00인/본 4) 비 계 공:2인*5일/1본(말뚝총본수) = 10.0인/본 5) 용 접 공:1인*5일/1본(말뚝총본수) = 5.00인/본 10. m당 단가환산:전체금액 계산후 본당 평균길이로 나누어 계상한다.	

번호	공 종	단위	단 가 산 출 기 준	비 고
9.03	**말뚝박기용천공**			
a	말뚝박기용천공 (D400~600mm미만)	m	1. 천공능력 산정 1) N치 집계 N(20 미만) : 3m , N(20~40) : 7m 전체천공길이 : (3m+7m) = 10.0m 말뚝본당평균길이 : 10m/1본 = 10.0m/본 2) Pile 1본당 오거굴착시간(Te) N(20 미만) : 0.50분/m , N(20~40) : 0.80분/m 굴착시간:(0.5분/m*3m+0.8분/m*7m)/1본 = 7.10분/본 2. 천공(기계사용료) 1) 무한궤도크레인(70Ton):7.10분/본/60분= 0.1233hr/본 2) Earth Auger(111.9㎾):7.10분/본/60분= 0.1233hr/본 3) 발전기(350㎾):7.10분/본/60분= 0.1233hr/본 4) 이토처리비(굴삭기 0.2㎥) - 수량산출:π*(0.50m+0.10m)^2/4*10.0m/본 = 2.827㎥/본 굴삭기(0.20㎥): (0.40*7.10분/본/60분)*2.827㎥/본 = 0.1338hr/본 3. 작업조(천공,말뚝삽입) 1) 작업 반장 : 1인/8hr*(7.10분/본/60분) = 0.0148hr/본 2) 비 계 공 : 2인/8hr*(7.10분/본/60분) = 0.0296hr/본 3) 기계설치공 : 1인/8hr*(7.10분/본/60분) = 0.0148hr/본 4) 보통 인부 : 2인/8hr*(7.10분/본/60분) = 0.0296hr/본 5) 잡재료및손료(직접노무비의 17%) 4. 단위보정(본당 길이로 나누어 산정한다.)	5-10 매입말뚝공법
b	말뚝박기용천공 (D600mm이상)	m	1. 천공능력 산정 1) N치 집계 N(20 미만) : 3m , N(20~40) : 7m 전체천공길이 : (3m+7m) = 10.0m 말뚝본당평균길이 : 10m/1본 = 10.0m/본 2) Pile 1본당 오거굴착시간(Te) N(20 미만) : 0.50분/m , N(20~40) : 0.80분/m 굴착시간:(0.5분/m*3m+0.8분/m*7m)/1본 = 7.10분/본 2. 천공(기계사용료) 1) 무한궤도크레인(80Ton):7.10분/본/60분= 0.1233hr/본 2) Earth Auger(149.20㎾):7.10분/본/60분= 0.1233hr/본 3) 발전기(350㎾):7.10분/본/60분= 0.1233hr/본 4) 이토처리비(굴삭기 0.2㎥) - 수량산출:π*(0.50m+0.10m)^2/4*10.0m/본 = 2.827㎥/본 굴삭기(0.20㎥): (0.40*7.10분/본/60분)*2.827㎥/본 = 0.1338hr/본 3. 작업조(천공,말뚝삽입) 1) 작업 반장 : 1인/8hr*(7.10분/본/60분) = 0.0148hr/본 2) 비 계 공 : 2인/8hr*(7.10분/본/60분) = 0.0296hr/본 3) 기계설치공 : 1인/8hr*(7.10분/본/60분) = 0.0148hr/본 4) 보통 인부 : 2인/8hr*(7.10분/본/60분) = 0.0296hr/본 5) 잡재료및손료(직접노무비의 17%) 4. 단위보정(본당 길이로 나누어 산정한다)	5-10 매입말뚝공법

번호	공 종	단위	단 가 산 출 기 준	비 고
c	케이싱설치및철거 (D500mm)	m	1. 적용기준 1) 케이싱 튜브 직경은 천공지름으로 한다. 2) 케이싱 길이는 비고결층 보링깊이 즉 풍화암 0.50m까지의 천공길이로 한다. 3) 케이싱은 Spiral 강관을 사용하고 회수는 35회로 본다. 2. 재료비 1) 스파이럴(D508.0mm,T=7mm):1m/35회 = 0.029m 2) 고재대:(1.05m*86.5kg/m-1.00m*86.5kg/m)/35회 = 0.123kg 3. 용접 및 절단장(Lod규격 제한으로 10m를 5m로 절단 용접사용 1) 강판절단(T=7mm,3회,두부정리 포함) - 수량산출:(π*0.508m)*3회/10m = 0.479m 2) 강판용접(필렛용접,횡향,T=7mm,2회) - 수량산출:(π*0.508m)*2회/10m = 0.319m 4. 케이싱 설치비 1) 케이싱설치철거 능력 산정 - 케이싱 평균길이:10m/본 - 기계이동 및 거치(Te):30분(이동20분+거치10분) - 본당 타격시간(Tb):1분/본 - 본당 이음용접시간(Tw):24분/본*1개소=24분/본 - 본당 준비시간(Ts):10분/본+(5*1(이음수))=15분/본 - 본당 시공시간(Tc):(30분+1분+24분+15분)/60분 =1.167hr/본 ∴ m당 시공시간(Q):1.167hr/본/10m/본=0.117hr/m 2) 기계사용료 - 파일소운반(지게차,5톤):0.2*0.117hr/m=0.0234hr/m - 리더(31m,고정형):0.117hr/m - 무한궤도크레인(50톤):0.3*0.117hr/m=0.0351hr/m - 유압파일해머(5톤):1분/본/60분/10m/본=0.0017hr/m 3) 작업조 편성 - 비 계 공:1인/8hr*0.117hr/m = 0.0146인/m - 보통인부:2인/8hr*0.117hr/m = 0.0293인/m - 용 접 공:1인/8hr*0.117hr/m = 0.0146인/m	5-11-1-1 <주>케이싱 사용횟수 35회 기준 Ⅲ) 기계설비 1-2-4 강판절단 2) 17-5-5 전기필렛용접
d	케이싱설치및철거 (D600mm)		1. 적용기준 1) 케이싱 튜브 직경은 천공지름으로 한다. 2) 케이싱 길이는 비고결층 보링깊이 즉 풍화암 0.50m까지의 천공길이로 한다. 3) 케이싱은 Spiral 강관을 사용하고 회수는 35회로 본다. 2. 재료비 1) 스파이럴(D609.6mm,T=8mm):1m/35회 = 0.029m 2) 고재대:(1.05m*119kg/m-1.00m*119kg/m)/35회 = 0.170kg 3. 용접 및 절단장(Lod규격 제한으로 10m를 5m로 절단용접사용 1) 강판절단(T=8mm,3회,두부정리 포함) - 수량산출:(π*0.6096m)*3회/10m = 0.575m 2) 강판용접(필렛용접,횡향,T=8mm,2회) - 수량산출:(π*0.6096m)*2회/10m = 0.383m 4. 케이싱 설치비 1) 케이싱설치철거 능력 산정 - 케이싱 평균길이:10m/본	5-11-1-1 <주>케이싱 사용횟수 35회 기준 Ⅲ. 기계설비 1-2-4 강판절단 2) 17-5-5 전기필렛용접

번호	공 종	단위	단 가 산 출 기 준	비 고
			- 기계이동 및 거치(Te):30분(이동20분+거치10분) - 본당 타격시간(Tb):1분/본 - 본당 이음용접시간(Tw):24분/본*1개소=24분/본 - 본당 준비시간(Ts):10분/본+(5*1(이음수))=15분/본 - 본당 시공시간(Tc):(30분+1분+24분+15분)/60분 =1.167hr/본 ∴ m당 시공시간(Q):1.167hr/본/10m/본=0.117hr/m 2) 기계사용료 - 파일소운반(지게차,5톤):0.2*0.117hr/m=0.0234hr/m - 리더(31m,고정형):0.117hr/m - 무한궤도크레인(50톤):0.3*0.117hr/m=0.0351hr/m - 유압파일해머(5톤):1분/본/60분/10m/본=0.0017hr/m 3) 작업조 편성 - 비 계 공:1인/8hr*0.117hr/m = 0.0146인/m - 보통인부:2인/8hr*0.117hr/m = 0.0293인/m - 용 접 공:1인/8hr*0.117hr/m = 0.0146인/m	
e	케이싱설치및철거 (D700mm)	m	1. 적용기준 1) 케이싱 튜브 직경은 천공지름으로 한다. 2) 케이싱 길이는 비고결층 보링깊이 즉 풍화암 0.50m까지의 천공깊이로 한다. 3) 케이싱은 Spiral 강관을 사용하고 회수는 35회로 본다. 2. 재료비 1) 스파이럴(D711.2mm,T=9mm):1m/35회 = 0.029m 2) 고재대:(1.05m*156kg/m-1.00m*156kg/m)/35회 = 0.223kg 3. 용접 및 절단장(Lod규격 제한으로 10m를 5m로 절단용접사용 1) 강판절단(T=9mm,3회,두부정리 포함) - 수량산출:(π*0.7112m)*3회/10m = 0.670m 2) 강판용접(필렛용접,횡향,T=8mm,2회) - 수량산출:(π*0.7112m)*2회/10m = 0.447m 4. 케이싱 설치비 1) 케이싱설치철거 능력 산정 - 케이싱 평균길이:10m/본 - 기계이동 및 거치(Te):30분(이동20분+거치10분) - 본당 타격시간(Tb):1분/본 - 본당 이음용접시간(Tw):24분/본*1개소=24분/본 - 본당 준비시간(Ts):10분/본+(5*1(이음수))=15분/본 - 본당 시공시간(Tc):(30분+1분+24분+15분)/60분 =1.167hr/본 ∴ m당 시공시간(Q):1.167hr/본/10m/본=0.117hr/m 2) 기계사용료 - 파일소운반(지게차,5톤):0.2*0.117hr/m=0.0234hr/m - 리더(31m,고정형):0.117hr/m - 무한궤도크레인(50톤):0.3*0.117hr/m=0.0351hr/m - 유압파일해머(5톤):1분/본/60분/10m/본=0.0017hr/m 3) 작업조 편성 - 비 계 공:1인/8hr*0.117hr/m = 0.0146인/m - 보통인부:2인/8hr*0.117hr/m = 0.0293인/m - 용 접 공:1인/8hr*0.117hr/m = 0.0146인/m	Ⅲ. 기계설비 1-2-4 강판절단 2) 17-5-5 전기필렛용접

번호	공 종	단위	단 가 산 출 기 준	비 고
9.04	말뚝두부보강			
a	P.H.C말뚝두부보강 (D500㎜,재래식)	본	1. 말뚝두부정리 1) 그라이더날(100mm):0.005개/본 2) 파일캡(D500㎜):1개/본 3) 철선(#8):0.007㎏/본 4) 굴삭기(0.2㎥):14.7본/hr 5) 브레이커(0.2㎥):14.7본/hr 6) 할 석 공:0.130인/본 7) 보통인부:0.100인/본 2. 말뚝두부보강 1) 철근가공및조립(간단):0.086ton(설계수량) 2) 레미콘타설(소형):0.104㎥(설계수량)	5-9-2 콘크리트 말뚝머리정리
b	P.H.C말뚝두부보강 (D500㎜,제품)	본	1. 재료비(2~3개 업체 견적처리 중 낮은금액 적용) 2. 말뚝두부정리 1) 그라이더날(100mm):0.005개/본 2) 파일캡(D500㎜):1개/본 3) 철선(#8):0.007㎏/본 4) 굴삭기(0.2㎥):14.7본/hr 5) 브레이커(0.2㎥):14.7본/hr 6) 할 석 공:0.130인/본 7) 보통인부:0.100인/본 3. 말뚝두부보강 1) 철근가공및조립(간단):0.039ton(설계수량) 2) 레미콘타설(소형):0.045㎥(설계수량)	5-9-2 콘크리트 말뚝머리정리
c	강관말뚝두부보강 (D508㎜×12T)	본	1. 재료비(2~3개 업체 견적처리 중 낮은금액 적용) 2. 강관파일 두부정리(D508㎜) 1) 산 소:621ℓ/본 2) 아세틸렌:0.28㎏/본 3) 용 접 공:0.72인/본 4) 보통인부:0.47인/본 5) 기구손료(재료비의 5%) 3. 스톱퍼정리 1) 강관구멍뚫기(D19~22㎜,인력,펀치뚫기) 절 삭 유:(0.05ℓ/본/100공)*9공 = 0.0045ℓ/본 철 골 공:(2인/본/250공)*9공 = 0.072인/본 잡소모품비(노무비의 5%) 2) 스톱퍼설치(M20×50㎜) 고장력볼트:1개*9개/본 = 9.00개/본 철 골 공:0.01인*9개/본 = 0.09인/본 잡재료비(재료비의 5%) 4. 철근가공조립 1) 재 료 비 철근(D19㎜):22.25㎏/본(설계수량) 철근(D13㎜):5.79㎏/본(설계수량) 고재대:0.82㎏/본 2) 철근가공조립(간단):0.0272ton/본	5-9-1 강관말뚝머리 정리 6-2-1 철근가공및 조립

번호	공 종	단위	단 가 산 출 기 준	비 고
			5. 콘크리트타설 1) 레미콘재료비:0.093㎥/본 2) 콘크리트타설(레미콘철근) 콘크리트공:0.17인*0.092㎥/본 = 0.016인/본 보통 인부:0.29인*0.092㎥/본 = 0.027인/본	6-1-1 콘크리트타설
9.05	말뚝보강 및 이음			
a	P.H.C말뚝이음 (D500㎜)	본	1. 말뚝조인트재료비(2~3개 업체 견적처리 중 낮은금액 적용) 2. 강판전기용접(V형용접,t = 3㎜,하향): π*0.50m = 1.571m/본	17-5-1 V형용접
b	강관말뚝이음 (D508.0㎜×12T)	본	1. 재 료 비 1) 강판운반(각종):3.840kg/본 2) 강판(40× 20× 23㎜):0.160kg/본 3) 강판(30× 12× 6㎜):0.75kg/본 4) 강판(50× 1,506× 4.5㎜):2.93kg/본 5) 고재대:0.384kg/본 2. 용 접 비 1) 강판용접(필렛하향,T = 6㎜):0.41m/본 2) 강판용접(V형용접하향,T = 7㎜):1.60m/본 3. 절 단 비 1) 강판절단(수동절단,T = 23㎜):0.06m/본 2) 강판절단(수동절단,T = 6㎜):0.17m/본 3) 강판절단(수동절단,T = 4.5㎜):1.56m/본	
c	강관말뚝선단보강 (D508.0㎜×12T)	본	1. 재 료 비 1) 강판운반(각종):25.242kg/본 2) 강판(200× 1,624× 9㎜):25.242kg/본 3) 고재대:2.295kg 2. 강판용접(필렛하향,T = 6㎜):3.19m/본 3. 강판절단(수동절단,T = 9㎜):1.82m/본	
9.06	말뚝재하시험비			
a	말뚝재하시험비 (동재하시험)	회	1. 2~3개 업체 견적중 낮은 금액 적용 2. 재하장비 사용료 및 재하시험비(경비) : 1회 3. 재하시험 및 결과분석(경비) : 1회	
b	말뚝재하시험비 (정재하시험)	회	1. 2~3개 업체 견적중 낮은 금액 적용 2. 재하장비 사용료 및 시험준비비(경비) : 1회 3. 재하Frame설치 및 해체(경비) : 1회 4. 재하시험 및 결과분석(경비) : 1회 5. 재하장비 운반비(경비) : 1회	

Ⅱ-2-6. 단가설명서

번호	공 종	단위	설 명	측 정	비고
1	토공				
1.01	구조물 터파기				
a	토사터파기				
a-1	토사터파기 (인력,각종)	m^3	이 단가는 깊이별(원지반선 기준)로 인력 터파기하는 노무비 비용이다.	이 물량은 도면에 의해 측정된 자연상태의 수량이다.	
a-2	토사터파기 (육상,H=4m미만)	m^3	이 단가는 기계(굴삭기)로 터파기하는 비용이다.	이 물량은 도면에 의해 측정된 자연상태의 수량이다.	
a-3	토사터파기 (육상,H=4m이상)	m^3	이 단가는 기계(굴삭기)로 터파기하는 비용이다.	이 물량은 도면에 의해 측정된 자연상태의 수량이다.	
a-4	토사터파기 (수중,H=4m미만)	m^3	이 단가는 기계(굴삭기)로 터파기하는 비용이다.	이 물량은 도면에 의해 측정된 자연상태의 수량이다.	작업장소가 수중 또는 용수작업인 경우 작업효율(E)을 불량으로 적용한다.
a-5	토사터파기 (수중,H=4m이상)	m^3	이 단가는 기계(굴삭기)로 터파기하는 비용이다.	이 물량은 도면에 의해 측정된 자연상태의 수량이다.	작업장소가 수중 또는 용수작업인 경우 작업효율(E)을 불량으로 적용한다.
a-6	토사터파기 (육상,소형,H=4m미만)	m^3	이 단가는 기계(굴삭기)로 터파기하는 비용이다.	이 물량은 도면에 의해 측정된 자연상태의 수량이다.	
a-7	토사터파기 (육상,소형,H=4m이상)	m^3	이 단가는 기계(굴삭기)로 터파기하는 비용이다.	이 물량은 도면에 의해 측정된 자연상태의 수량이다.	
b	풍화암터파기				
b-1	풍화암터파기 (인력,높이별)	m^3	이 단가는 깊이별(원지반선 기준)로 인력 터파기하는 노무비 비용이다.	이 물량은 도면에 의해 측정된 자연상태의 수량이다.	

번호	공 종	단위	설 명	측 정	비고
b-2	풍화암터파기 (육상,화약사용, H=4.0m미만)	㎥	이 단가는 풍화암 터파기를 하기 위한 재료비(폭약, 뇌관 등)와 암석절취(착암기)시 기계경비 및 파쇄물 인양(굴삭기) 등의 비용이 포함된다.	이 물량은 도면에 의해 측정된 자연상태의 수량이다.	
b-3	풍화암터파기 (육상,화약사용, H=4.0m이상)	㎥	이 단가는 풍화암 터파기를 하기 위한 재료비(폭약, 뇌관 등)와 암석절취(착암기)시 기계경비 및 파쇄물 인양(굴삭기) 등의 비용이 포함된다.	이 물량은 도면에 의해 측정된 자연상태의 수량이다.	
b-4	풍화암터파기 (육상,대형브레이커, H=4.0m미만)	㎥	이 단가는 풍화암 터파기를 하기 위한 기계경비(대형브레이커 등)와 파쇄물 인양(굴삭기) 등의 비용이 포함된다.	이 물량은 도면에 의해 측정된 자연상태의 수량이다.	
b-5	풍화암터파기 (육상,대형브레이커, H=4.0m이상)	㎥	이 단가는 풍화암 터파기를 하기 위한 기계경비(대형브레이커 등)와 파쇄물 인양(굴삭기) 등의 비용이 포함된다.	이 물량은 도면에 의해 측정된 자연상태의 수량이다.	
b-6	풍화암터파기 (수중,대형브레이커, H=4.0m미만)	㎥	이 단가는 풍화암 터파기를 하기 위한 기계경비(대형브레이커 등)와 파쇄물 인양(굴삭기) 등의 비용이 포함된다.	이 물량은 도면에 의해 측정된 자연상태의 수량이다.	작업장소가 수중 또는 용수작업인 경우 작업효율(E)을 불량으로 적용한다.
b-7	풍화암터파기 (수중,대형브레이커, H=4.0m이상)	㎥	이 단가는 풍화암 터파기를 하기 위한 기계경비(대형브레이커 등)와 파쇄물 인양(굴삭기) 등의 비용이 포함된다.	이 물량은 도면에 의해 측정된 자연상태의 수량이다.	작업장소가 수중 또는 용수작업인 경우 작업효율(E)을 불량으로 적용한다.
b-8	풍화암터파기 (육상,소형브레이커, H=4.0m미만)	㎥	이 단가는 풍화암 터파기를 하기 위한 기계경비(소형브레이커, 공기압축기 등)와 노무비 및 파쇄물 인양(굴삭기) 등의 비용이 포함된다.	이 물량은 도면에 의해 측정된 자연상태의 수량이다.	

번호	공 종	단위	설 명	측 정	비고
b-9	풍화암터파기 (육상,소형브레이커, H=4.0m이상)	㎥	이 단가는 풍화암 터파기를 하기 위한 기계경비(소형브레이커, 공기압축기 등)와 노무비 및 파쇄물 인양(굴삭기) 등의 비용이 포함된다.	이 물량은 도면에 의해 측정된 자연상태의 수량이다.	
c	연암터파기				
c-1	연암터파기 (인력,높이별)	㎥	이 단가는 깊이별(원지반선 기준)로 인력 터파기하는 노무비 비용이다.	이 물량은 도면에 의해 측정된 자연상태의 수량이다.	
c-2	연암터파기 (육상,화약사용, H=4.0m미만)	㎥	이 단가는 연암 터파기를 하기 위한 재료비(폭약, 뇌관 등)와 암석절취(착암기)시 기계경비 및 파쇄물 인양(굴삭기) 등의 비용이 포함된다.	이 물량은 도면에 의해 측정된 자연상태의 수량이다.	
c-3	연암터파기 (육상,화약사용, H=4.0m이상)	㎥	이 단가는 연암 터파기를 하기 위한 재료비(폭약, 뇌관 등)와 암석절취(착암기)시 기계경비 및 파쇄물 인양(굴삭기) 등의 비용이 포함된다	이 물량은 도면에 의해 측정된 자연상태의 수량이다.	
c-4	연암터파기 (육상,대형브레이커, H=4.0m미만)	㎥	이 단가는 연암 터파기를 하기 위한 기계경비(대형브레이커 등)와 파쇄물 인양(굴삭기) 등의 비용이 포함된다.	이 물량은 도면에 의해 측정된 자연상태의 수량이다.	
c-5	연암터파기 (육상,대형브레이커, H=4.0m이상)	㎥	이 단가는 연암 터파기를 하기 위한 기계경비(대형브레이커 등)와 파쇄물 인양(굴삭기) 등의 비용이 포함된다.	이 물량은 도면에 의해 측정된 자연상태의 수량이다.	
c-6	연암터파기 (수중,대형브레이커, H=4.0m미만)	㎥	이 단가는 연암 터파기를 하기 위한 기계경비(대형브레이커 등)와 파쇄물 인양(굴삭기) 등의 비용이 포함된다.	이 물량은 도면에 의해 측정된 자연상태의 수량이다.	작업장소가 수중 또는 용수작업인 경우 작업효율(E)을 불량으로 적용한다.
c-7	연암터파기 (수중,대형브레이커, H=4.0m이상)	㎥	이 단가는 연암터파기를 하기 위한기계경비(대형브레이커 등)와 파쇄물 인양(굴삭기) 등의 비용이 포함된다.	이 물량은 도면에 의해 측정된 자연상태의 수량이다.	작업장소가 수중 또는 용수작업인 경우 작업효율(E)을 불량으로 적용한다

번호	공 종	단위	설 명	측 정	비고
c-8	연암터파기 (육상,소형브레이커, H=4.0m미만)	㎥	이 단가는 연암터파기를 하기 위한 기계경비(소형브레이커, 공기압축기 등)와 노무비 및 파쇄물 인양(굴삭기)등의 비용이 포함된다.	이 물량은 도면에 의해 측정된 자연상태의 수량이다.	.
c-9	연암터파기 (육상,소형브레이커, H=4.0m이상)	㎥	이 단가는 연암터파기를 하기 위한 기계경비(소형브레이커, 공기압축기 등)와 노무비 및 파쇄물 인양(굴삭기)등의 비용이 포함된다.	이 물량은 도면에 의해 측정된 자연상태의 수량이다.	
d	**경암터파기**				
d-1	경암터파기 (인력,높이별)	㎥	이 단가는 깊이별(원지반선 기준)로 인력 터파기하는 노무비 비용이다.	이 물량은 도면에 의해 측정된 자연상태의 수량이다.	
d-2	경암터파기 (육상,화약사용, H=4.0m미만)	㎥	이 단가는 경암터파기를 하기 위한 재료비(폭약, 뇌관 등)와 암석절취(착암기)시 기계경비 및 파쇄물 인양(굴삭기)등의 비용이 포함된다.	이 물량은 도면에 의해 측정된 자연상태의 수량이다.	
d-3	경암터파기 (육상,화약사용, H=4.0m이상)	㎥	이 단가는 경암터파기를 하기 위한 재료비(폭약, 뇌관 등)와 암석절취(착암기)시 기계경비 및 파쇄물 인양(굴삭기)등의 비용이 포함된다.	이 물량은 도면에 의해 측정된 자연상태의 수량이다.	
d-4	경암터파기 (육상,대형브레이커, H=4.0m미만)	㎥	이 단가는 경암터파기를 하기 위한 기계경비(대형브레이커 등)와 파쇄물 인양(굴삭기)등의 비용이 포함된다.	이 물량은 도면에 의해 측정된 자연상태의 수량이다.	
d-5	경암터파기 (육상,대형브레이커, H=4.0m이상)	㎥	이 단가는 경암터파기를 하기 위한 기계경비(대형브레이커 등)와 파쇄물 인양(굴삭기)등의 비용이 포함된다.	이 물량은 도면에 의해 측정된 자연상태의 수량이다.	
d-6	경암터파기 (수중,대형브레이커, H=4.0m미만)	㎥	이 단가는 경암터파기를 하기 위한 기계경비(대형브레이커 등)와 파쇄물 인양(굴삭기)등의 비용이 포함된다.	이 물량은 도면에 의해 측정된 자연상태의 수량이다.	작업장소가 수중 또는 용수작업인 경우 작업효율(E)을 불량으로 적용한다.

번호	공 종	단위	설 명	측 정	비고
d-7	경암터파기 (수중,대형브레이커, H=4.0m이상)	㎥	이 단가는 경암터파기를 하기 위한 기계경비(대형브레이커 등)와 파쇄물 인양(굴삭기) 등의 비용이 포함된다.	이 물량은 도면에 의해 측정된 자연상태의 수량이다.	작업장소가 수중 또는 용수작업인 경우 작업효율(E)을 불량으로 적용한다.
d-8	경암터파기 (육상,소형브레이커, H=4.0m미만)	㎥	이 단가는 경암터파기를 하기 위한 기계경비(소형브레이커, 공기압축기 등)와 노무비 및 파쇄물 인양(굴삭기)등의 비용이 포함된다.	이 물량은 도면에 의해 측정된 자연상태의 수량이다.	
d-9	경암터파기 (육상,소형브레이커, H=4.0m이상)	㎥	이 단가는 경암터파기를 하기 위한 기계경비(소형브레이커, 공기압축기 등)와 노무비 및 파쇄물 인양(굴삭기)등의 비용이 포함된다.	이 물량은 도면에 의해 측정된 자연상태의 수량이다.	
1.02	**되메우기및다짐**				
a	되메우기 (인력)	㎥	이 단가는 인력으로 되메우기하는 노무비 비용이다.	이 물량은 도면에 의해 측정된 다짐상태의 수량이다.	
b	되메우기 (토사)	㎥	이 단가는 굴삭기(90%)와 인력(10%)이 조합된 비용이며 기계다짐(램머)이 포함된 비용이다.	이 물량은 도면에 의해 측정된 다짐상태의 수량이다.	
c	되메우기 (풍화암)	㎥	이 단가는 굴삭기(90%)와 인력(10%)이 조합된 비용이며 기계다짐(램머)이 포함된 비용이다.	이 물량은 도면에 의해 측정된 다짐상태의 수량이다.	
d	되메움토운반 (토사,가적치장, ℓ = 300m)	㎥	이 단가는 (현장→가적치장)까지는 운반비만 적용하며(가적치장→현장)까지는 적재 및 운반비가 포함된 비용이다.	이 물량은 도면에 의해 측정된 다짐상태의 수량이다.	현장여건에 따라 운반거리를 변경할 수 있다.
e	되메움토운반 (풍화암,가적치장, ℓ = 300m)	㎥	이 단가는 (현장→가적치장)까지는 운반비만 적용하며(가적치장→현장)까지는 적재 및 운반비가 포함된 비용이다.	이 물량은 도면에 의해 측정된 다짐상태의 수량이다.	현장여건에 따라 운반거리를 변경할 수 있다.

번호	공 종	단위	설 명	측 정	비고
1.03	잔토처리(인력)				
a	잔토처리 (인력)	m^3	이 단가는 인력으로 되메우기하는 노무비 비용이다.	이 물량은 도면에 의해 측정된 자연상태의 수량이다.	1m^3이하의 소규모 공종의 경우에 적용 (울타리, 표지판, 낙석방지책 등)
1.04	구조물뒷채움				
a	구조물뒷채움 (잡석,로울러다짐)	m^3	이 단가는 잡석을 구입(또는 생산)및 운반하여 고르기(불도저),다짐(로울러)하는 비용을 포함한다.	이 물량은 도면에 의해 산출된 다짐상태의 수량이다.	
b	구조물뒷채움 (잡석,램머다짐)	m^3	이 단가는 잡석을 구입(또는 생산)및 운반하여, 부설(굴삭기), 다짐(램머)하는 비용을 포함한다.	이 물량은 도면에 의해 산출된 다짐상태의 수량이다.	
c	구조물뒷채움 (잡석,로울러+램머다짐)	m^3	이 단가는 잡석을 구입(또는 생산)및 운반하여, 부설(불도저70%+굴삭기30%), 다짐(로울러70%+램머30%)하는 비용을 포함한다.	이 물량은 도면에 의해 산출된 다짐상태의 수량이다.	
1.05	구조물기초깔기				
a	구조물기초깔기 (잡석)	m^3	이 단가는 잡석을 구입(또는 생산)및 운반하여 고르기(불도저)하는 비용이다.	이 물량은 도면에 의해 산출된 다짐상태의 수량이다.	
1.06	구조물기초다짐				
a	구조물기초다짐 (잡석)	m^3	이 단가는 잡석을 구입(또는 생산)및 운반하여, 부설(굴삭기), 다짐(램머+인력)하는 비용을 포함한다.	이 물량은 도면에 의해 산출된 다짐상태의 수량이다.	
1.07	배수뒷막돌채움				
a	배수뒷막돌채움 (잡석)	m^3	이 단가는 잡석을 구입(또는 생산) 및 운반하여, 뒷채움(굴삭기+인력)하는 비용을 포함한다.	이 물량은 도면에 의해 산출된 다짐상태의 수량이다.	
1.08	물푸기				
a	물푸기 (양수기,D150mm)	hr	이 단가는 물푸기 비용으로 기계경비(양수기, 디이젤엔진 등)와 유지관리비용을 포함한다.	이 물량은 도면에 의해 산출된 수량이다.	

번호	공 종	단위	설 명	측 정	비고
b	물푸기 (운반및설치)	개소	이 단가는 물푸기 비용으로 운반비 및 설치비의 비용을 포함한다.	이 물량은 도면에 의해 산출된 수량이다.	
2	현장콘크리트타설				
2.01	바닥콘크리트타설				
a	콘크리트타설 (진동기제외)	㎥	이 단가는 구조물 기초 바닥(버림) 콘크리트를 타설(펌프카, 붐타설)하는 노무비 및 기계경비, 양생비의 비용을 포함한다.	이 물량은 도면에 의해 산출된 콘크리트의 체적이다.	주요자재비(레미콘)로 별도 집계할 수 있다.
2.02	무근콘크리트타설 (무근,펌프카)	㎥	이 단가는 철근구조물에 콘크리트를 타설(진동기 제외)하는 노무비 비용이다..	이 물량은 도면에 의해 산출된 콘크리트의 체적이다.	주요자재비(레미콘)로 별도 집계할 수 있다.
b	콘크리트타설 (슈트사용)	㎥	이 단가는 철근구조물에 콘크리트를 타설(슈트사용, 손료포함)하는 노무비 비용이다.	이 물량은 도면에 의해 산출된 콘크리트의 체적이다.	주요자재비(레미콘)로 별도 집계할 수 있다.
c	콘크리트타설 (진동기포함)	㎥	이 단가는 무근구조물에 콘크리트를 타설(진동기포함)하는 노무비 및 기계경비(진동기, 양생비)의 비용을 포함한다.	이 물량은 도면에 의해 산출된 콘크리트의 체적이다.	주요자재비(레미콘)로 별도 집계할 수 있다.
d	콘크리트타설 (펌프카,H=15m미만)	㎥	이 단가는 무근구조물에 콘크리트를 타설(펌프카, 붐타설)하는 노무비 및 기계경비(진동기 양생비)의 비용을 포함한다.	이 물량은 도면에 의해 산출된 콘크리트의 체적이다.	주요자재비(레미콘)로 별도 집계할 수 있다.
e	콘크리트타설 (펌프카,H=15m이상)	㎥	이 단가는 무근구조물에 콘크리트를 타설(펌프카, 배관타설)하는 노무비 및 기계경비(진동기 양생비)의 비용을 포함한다.	이 물량은 도면에 의해 산출된 콘크리트의 체적이다.	주요자재비(레미콘)로 별도 집계할 수 있다.
2.03	철근콘크리트타설				
a	콘크리트타설 (진동기제외)	㎥	이 단가는 철근구조물에 콘크리트를 타설(진동기 제외)하는 노무비 비용이다.	이 물량은 도면에 의해 산출된 콘크리트의 체적이다.	주요자재비(레미콘)로 별도 집계할 수 있다.

번호	공 종	단위	설 명	측 정	비고
b	콘크리트타설 (슈트사용)	㎥	이 단가는 철근구조물에 콘크리트를 타설(슈트사용, 손료포함)하는 노무비 비용이다.	이 물량은 도면에 의해 산출된 콘크리트의 체적이다.	주요자재비(레미콘)로 별도 집계할 수 있다.
c	콘크리트타설 (진동기포함)	㎥	이 단가는 무근구조물에 콘크리트를 타설(진동기포함)하는 노무비 및 기계경비(진동기, 양생비 등)의 비용을 포함한다.	이 물량은 도면에 의해 산출된 콘크리트의 체적이다.	주요자재비(레미콘)로 별도 집계할 수 있다.
d	콘크리트타설 (펌프카,H=15m미만)	㎥	이 단가는 무근구조물에 콘크리트를 타설(펌프카, 붐타설)하는 노무비 및 기계경비(진동기,양생비 등)의 비용을 포함한다.	이 물량은 도면에 의해 산출된 콘크리트의 체적이다.	주요자재비(레미콘)로 별도 집계할 수 있다.
e	콘크리트타설 (펌프카,H=15m이상)	㎥	이 단가는 무근구조물에 콘크리트를 타설(펌프카, 배관타설)하는 노무비 및 기계경비(진동기,양생비등)의 비용을 포함한다.	이 물량은 도면에 의해 산출된 콘크리트의 체적이다.	주요자재비(레미콘)로 별도 집계할 수 있다.
2.04	**소형콘크리트타설**				
a	콘크리트타설 (진동기제외)	㎥	이 단가는 소형구조물에 콘크리트를 타설(진동기 제외)하는 노무비 비용이다.	이 물량은 도면에 의해 산출된 콘크리트의 체적이다.	주요자재비(레미콘)로 별도 집계할 수 있다.
b	콘크리트타설 (진동기포함)	㎥	이 단가는 소형구조물에 콘크리트를 타설(진동기포함)하는 노무비 및 기계경비(진동기 양생비 등)의 비용을 포함한다.	이 물량은 도면에 의해 산출된 콘크리트의 체적이다.	주요자재비(레미콘)로 별도 집계할 수 있다.
2.05	**비탈면콘크리트타설 (평균, 1:1.2～1:1.8)**	㎥	이 단가는 도로나 철도공사 등에 있어 절·성토부 비탈면에 시공되는 산마루측구, 도수로 등(유사한 공종도 적용)의 콘크리트타설 등에 적용하며 노무비 및 기계경비(콘크리트펌프카 양생비)등의 비용을 포함한다.	이 물량은 도면에 의해 산출된 콘크리트의 체적이다.	주요자재비(레미콘)로 별도 집계할 수 있다.
2.06	**기계비빔콘크리트타설**				
a	콘크리트타설 (무근구조물)	㎥	이 단가는 응급복구 공사시 레미콘 트럭이 현장에 진입이 곤란할 때 소형장비로 자재를 운반하여 현장실정에 따라 현장배합 하는 것으로 기계경비(콘크리트믹서, 진동기 등)와 타설 노무비의 비용을 포함한다.	이 물량은 도면에 의해 산출된 콘크리트의 체적이다.	주요자재비(레미콘)로 별도 집계할 수 있다.

번호	공 종	단위	설 명	측 정	비고
b	콘크리트타설 (철근구조물)	㎥	이 단가는 응급복구 공사시 레미콘 트럭이 현장에 진입이 곤란할 때 소형장비로 자재를 운반하여 현장실정에 따라 현장배합하는 것으로 기계경비(콘크리트믹서, 진동기 등)와 타설 노무비의 비용을 포함한다.	이 물량은 도면에 의해 산출된 콘크리트의 체적이다.	주요자재비(시멘트)로 별도 집계 할 수 있다.
c	콘크리트타설 (소형구조물)	㎥	이 단가는 응급복구 공사시 레미콘 트럭이 현장에 진입이 곤란할 때 소형장비로 자재를 운반하여 현장실정에 따라 현장배합하는 것으로 기계경비(콘크리트믹서, 진동기 등)와 타설 노무비의 비용을 포함한다.	이 물량은 도면에 의해 산출된 콘크리트의 체적이다.	주요자재비(시멘트)로 별도 집계 할 수 있다.
2.07	**인력비빔콘크리트타설**				
a	콘크리트타설 (무근구조물)	㎥	이 단가는 무근구조물에 콘크리트를 타설(인력비빔)하는 노무비 비용이다.	이 물량은 도면에 의해 산출된 콘크리트의 체적이다.	주요자재비(레미콘)로 별도 집계 할 수 있다.
b	콘크리트타설 (철근구조물)	㎥	이 단가는 철근구조물에 콘크리트를 타설(인력비빔)하는 노무비 비용이다.	이 물량은 도면에 의해 산출된 콘크리트의 체적이다.	주요자재비(레미콘)로 별도 집계 할 수 있다.
c	콘크리트타설 (소형구조물)	㎥	이 단가는 소형구조물에 콘크리트를 타설(인력비빔)하는 노무비 비용이다.	이 물량은 도면에 의해 산출된 콘크리트의 체적이다.	주요자재비(레미콘)로 별도 집계 할 수 있다.
2.08	모르터				
a	모르터(1 : 1)	㎥	이 단가는 모르터비빔에 소요되는 재료비, 노무비, 기구손료 및 소운반이 포함된다.	이 물량은 도면에 의해 산출된 모르터의 체적이다.	
b	모르터(1 : 2)	㎥	이 단가는 모르터비빔에 소요되는 재료비, 노무비, 기구손료 및 소운반이 포함된다.	이 물량은 도면에 의해 산출된 모르터의 체적이다.	
c	모르터(1 : 3)	㎥	이 단가는 모르터비빔에 소요되는 재료비, 노무비, 기구손료 및 소운반이 포함된다.	이 물량은 도면에 의해 산출된 모르터의 체적이다.	
d	모르터(1 : 4)	㎥	이 단가는 모르터비빔에 소요되는 재료비, 노무비, 기구손료 및 소운반이 포함된다.	이 물량은 도면에 의해 산출된 모르터의 체적이다.	
e	모르터(1 : 5)	㎥	이 단가는 모르터비빔에 소요되는 재료비, 노무비, 기구손료 및 소운반이 포함된다.	이 물량은 도면에 의해 산출된 모르터의 체적이다.	

번호	공 종	단위	설 명	측 정	비고
3	거푸집				
3.01	합판거푸집				
a	합판거푸집 (1회,높이별할증포함)	㎡	이 단가는 합판거푸집 1회에 대한 비용으로 거푸집의 준비, 제작, 조립 및 철거를 위한 모든 비용과 높이별 할증이 포함된다.	이 물량은 도면에 의해 산출된 콘크리트 표면의 면적이다.	
b	합판거푸집 (2회,높이별할증포함)	㎡	이 단가는 합판거푸집의 1회 사용시를 기준으로 하여 사용 횟수별로 재료비, 노무비의 비율을 적용하고 제작, 조립 및 철거비등의 비용도 포함된다.	이 물량은 도면에 의해 산출된 콘크리트 표면의 면적이다.	
c	합판거푸집 (3회,높이별할증포함)	㎡	이 단가는 합판거푸집의 1회 사용시를 기준으로 하여 사용 횟수별로 재료비, 노무비의 비율을 적용하고 제작, 조립 및 철거비등의 비용도 포함된다.	이 물량은 도면에 의해 산출된 콘크리트 표면의 면적이다.	
d	합판거푸집 (4회,높이별할증포함)	㎡	이 단가는 합판거푸집의 1회 사용시를 기준으로 하여 사용 횟수별로 재료비, 노무비의 비율을 적용하고 제작, 조립 및 철거비등의 비용도 포함된다.	이 물량은 도면에 의해 산출된 콘크리트 표면의 면적이다.	
e	합판거푸집 (5회,높이별할증포함)	㎡	이 단가는 합판거푸집의 1회 사용시를 기준으로 하여 사용 횟수별로 재료비, 노무비의 비율을 적용하고 제작, 조립 및 철거비등의 비용도 포함된다.	이 물량은 도면에 의해 산출된 콘크리트 표면의 면적이다.	
f	합판거푸집 (6회,높이별할증포함)	㎡	이 단가는 합판거푸집의 1회 사용시를 기준으로 하여 사용 횟수별로 재료비, 노무비의 비율을 적용하고 제작, 조립 및 철거비등의 비용도 포함된다.	이 물량은 도면에 의해 산출된 콘크리트 표면의 면적이다.	
3.02	목재거푸집				
a	목재거푸집 (1회,높이별할증포함)	㎡	이 단가는 목재거푸집 1회에 대한 비용으로 거푸집의 준비, 제작, 조립 및 철거를 위한 모든 비용과 높이별 할증이 포함된다.	이 물량은 도면에 의해 산출된 콘크리트 표면의 면적이다.	
b	목재거푸집 (2회,높이별할증포함)	㎡	이 단가는 목재거푸집의 1회 사용시를 기준으로 하여 사용 횟수별로 재료비, 노무비의 비율을 적용하고 제작, 조립 및 철거비등의 비용도 포함된다.	이 물량은 도면에 의해 산출된 콘크리트 표면의 면적이다.	

번호	공 종	단위	설 명	측 정	비고
c	목재거푸집 (3회,높이별할증포함)	m²	이 단가는 목재거푸집의 1회 사용시를 기준으로 하여 사용 횟수별로 재료비, 노무비의 비율을 적용하고 제작, 조립 및 철거비등의 비용도 포함된다.	이 물량은 도면에 의해 산출된 콘크리트 표면의 면적이다.	
d	목재거푸집 (4회,높이별할증포함)	m²	이 단가는 목재거푸집의 1회 사용시를 기준으로 하여 사용 횟수별로 재료비, 노무비의 비율을 적용하고 제작, 조립 및 철거비등의 비용도 포함된다.	이 물량은 도면에 의해 산출된 콘크리트 표면의 면적이다.	
3.03	원형목재거푸집				
a	원형목재거푸집 (1회,높이별할증포함)	m²	이 단가는 원형목재거푸집 1회에 대한 비용으로 거푸집의 준비, 제작, 조립 및 철거를 위한 모든 비용과 높이별 할증이 포함된다.	이 물량은 도면에 의해 산출된 콘크리트 표면의 면적이다.	
b	원형목재거푸집 (2회,높이별할증포함)	m²	이 단가는 원형목재거푸집의 1회 사용시를 기준으로 하여 사용 횟수별로 재료비, 노무비의 비율을 적용하고 제작, 조립 및 철거비 등의 비용도 포함된다.	이 물량은 도면에 의해 산출된 콘크리트 표면의 면적이다.	
c	원형목재거푸집 (3회,높이별할증포함)	m²	이 단가는 원형목재거푸집의 1회 사용시를 기준으로 하여 사용 횟수별로 재료비, 노무비의 비율을 적용하고 제작,조립 및 철거비 등의 비용도 포함된다.	이 물량은 도면에 의해 산출된 콘크리트 표면의 면적이다.	
3.04	문양거푸집				
a	문양거푸집 (합성수지제품, 높이별할증포함)	m²	이 단가는 문양거푸집(합성수지제품)에 대한 비용으로 거푸집의 준비, 조립 및 철거를 위한 모든 비용과 높이별 할증이 포함된다.	이 물량은 도면에 의해 산출된 콘크리트 표면의 면적이다.	거푸집 손료는 20회를 기준으로 한다.
b	문양거푸집 (P.E제품,높이별할증포함)	m²	이 단가는 문양거푸집(P.E제품)에 대한 비용으로 거푸집의 준비, 조립 및 철거를 위한 모든 비용과 높이별 할증이 포함된다.	이 물량은 도면에 의해 산출된 콘크리트 표면의 면적이다.	거푸집 손료는 토목용은 10회, 건축용은 20회를 기준으로 한다.
c	문양거푸집 (스티로폴)	m²	이 단가는 문양거푸집(스티로폴)에 대한 1회 사용을 기준으로 한 것이며 준비, 부착 및 제거를 위한 재료비와 노무비의 비용이다.	이 물량은 도면에 의해 산출된 콘크리트 표면의 면적이다.	

번호	공 종	단위	설 명	측 정	비고
3.05	강재거푸집				
a	강재거푸집 (간단,55회사용)	㎡	이 단가는 강재거푸집(간단)을 설치하기 위한 재료비, 제작비, 거치 및 해체비 등의 모든 비용과 높이별 할증이 포함된다.	이 물량은 도면에 의해 산출된 콘크리트 표면의 면적이다.	
b	강재거푸집 (보통,45회사용)	㎡	이 단가는 강재거푸집(보통)을 설치하기 위한 재료비, 제작비, 거치 및 해체비 등의 모든 비용과 높이별 할증이 포함된다.	이 물량은 도면에 의해 산출된 콘크리트 표면의 면적이다.	
c	강재거푸집 (복잡,35회사용)	㎡	이 단가는 강재거푸집(복잡)을 설치하기 위한 재료비, 제작비, 거치 및 해체비 등의 모든 비용과 높이별 할증이 포함된다.	이 물량은 도면에 의해 산출된 콘크리트 표면의 면적이다.	
3.06	유로폼설치				
a	유로폼설치 (벽체)	㎡	이 단가는 유로폼설치(벽체)를 위한 재료비, 조립 및 해체비 등의 모든 비용과 높이별 할증이 포함된다.	이 물량은 도면에 의해 산출된 콘크리트 표면의 면적이다.	본품에는 재료의 할증과 손율이 계상되어 있음.
b	유로폼설치 (슬래브)	㎡	이 단가는 유로폼설치(슬래브)를 위한 재료비, 조립 및 해체비 등의 모든 비용과 높이별 할증이 포함된다.	이 물량은 도면에 의해 산출된 콘크리트 표면의 면적이다.	본품에는 재료의 할증과 손율이 계상되어 있음.
4	비계공				
4.01	목재비계				
a	목재비계 (1회,높이별할증포함)	공/㎥	이 단가는 목재비계 1회에 대한 비용으로 비계의 재료비, 설치 및 해체하는 등의 비용과 높이별 할증이 포함된다.	이 물량은 도면에 의해 산출된 비계가 설치될 높이별수량이다.	비계의 경우 직고 2m미만은 계상하지 않는다.
b	목재비계 (2회,높이별할증포함)	공/㎥	이 단가는 목재비계의 1회 사용시를 기준으로 하여 사용 횟수별로 재료비의 비율을 적용하며 설치 및 해체비 등의 비용도 포함된다.	이 물량은 도면에 의해 산출된 비계가 설치될 높이별수량이다.	비계의 경우 직고 2m미만은 계상하지 않는다.
c	목재비계 (3회,높이별할증포함)	공/㎥	이 단가는 목재비계의 1회 사용시를 기준으로 하여 사용 횟수별로 재료비의 비율을 적용하며 설치 및 해체비 등의 비용도 포함된다.	이 물량은 도면에 의해 산출된 비계가 설치될 높이별 수량이다.	비계의 경우 직고 2m미만은 계상하지 않는다.
d	목재비계 (4회,높이별할증포함)	공/㎥	이 단가는 목재비계의 1회 사용시를 기준으로 하여 사용 횟수별로 재료비의 비율을 적용하며 설치 및 해체비 등의 비용도 포함된다.	이 물량은 도면에 의해 산출된 비계가 설치될 높이별 수량이다.	비계의 경우 직고 2m미만은 계상하지 않는다.

번호	공 종	단위	설 명	측 정	비고
e	목재비계 (5회,높이별할증포함)	공/㎥	이 단가는 목재비계의 1회 사용시를 기준으로 하여 사용 횟수별로 재료비의 비율을 적용하며 설치 및 해체비 등의 비용도 포함된다.	이 물량은 도면에 의해 산출된 비계가 설치될 높이별 수량이다.	비계의 경우 직고 2m미만은 계상하지 않는다.
f	목재비계 (6회,높이별할증포함)	공/㎥	이 단가는 목재비계의 1회 사용시를 기준으로 하여 사용 횟수별로 재료비의 비율을 적용하며 설치 및 해체비 등의 비용도 포함된다.	이 물량은 도면에 의해 산출된 비계가 설치될 높이별 수량이다.	비계의 경우 직고 2m미만은 계상하지 않는다.
4.02	강관비계매기				
a	강관비계매기 (손율3개월, 높이별할증포함)	㎡	이 단가는 강관비계의 재료비(손율적용)와 조립 및 해체비 등의 비용과 높이별 할증이 포함된다.	이 물량은 도면에 의해 산출된 비계의 설치 면적이다.	높이가 30m 이상일 때 매 3.5m증가마다 품을 10%증
b	강관비계매기 (손율6개월, 높이별할증포함)	㎡	이 단가는 강관비계의 재료비(손율적용)와 조립 및 해체비 등의 비용과 높이별 할증이 포함된다.	이 물량은 도면에 의해 산출된 비계의 설치 면적이다.	높이가 30m 이상일 때 매 3.5m증가마다 품을 10%증
c	강관비계매기 (손율12개월, 높이별할증포함)	㎡	이 단가는 강관비계의 재료비(손율적용)와 조립 및 해체비 등의 비용과 높이별 할증이 포함된다.	이 물량은 도면에 의해 산출된 비계의 설치 면적이다.	높이가 30m 이상일 때 매 3.5m증가마다 품을 10%증
5	동바리공				
5.01	목재동바리				
a	목재동바리 (1회,높이별할증포함)	공/㎥	이 단가는 목재동바리 1회에 대한 비용으로 비계의 재료비, 설치 및 해체하는 등의 비용과 높이별 할증이 포함된다.	이 물량은 도면에 의해 산출된 동바리가 설치될 높이별 수량이다.	
b	목재동바리 (2회,높이별할증포함)	공/㎥	이 단가는 목재동바리의 1회 사용시를 기준으로 하여 사용 횟수별로 재료비의 비율을 적용하며 설치 및 해체비 등의 비용도 포함된다.	이 물량은 도면에 의해 산출된 동바리가 설치될 높이별 수량이다.	
c	목재동바리 (3회,높이별할증포함)	공/㎥	이 단가는 목재동바리의 1회 사용시를 기준으로 하여 사용 횟수별로 재료비의 비율을 적용하며 설치 및 해체비 등의 비용도 포함된다.	이 물량은 도면에 의해 산출된 동바리가 설치될 높이별 수량이다.	

번호	공 종	단위	설 명	측 정	비고
d	목재동바리 (4회,높이별할증포함)	공/㎥	이 단가는 목재동바리의 1회 사용시를 기준으로 하여 사용 횟수별로 재료비의 비율을 적용하며 설치 및 해체비 등의 비용도 포함된다.	이 물량은 도면에 의해 산출된 동바리가 설치될 높이별 수량이다.	
e	목재동바리 (5회,높이별할증포함)	공/㎥	이 단가는 목재동바리의 1회 사용시를 기준으로 하여 사용 횟수별로 재료비의 비율을 적용하며 설치 및 해체비 등의 비용도 포함된다.	이 물량은 도면에 의해 산출된 동바리가 설치될 높이별 수량이다.	
f	목재동바리 (6회,높이별할증포함)	공/㎥	이 단가는 목재동바리의 1회 사용시를 기준으로 하여 사용 횟수별로 재료비의 비율을 적용하며 설치 및 해체비 등의 비용도 포함된다.	이 물량은 도면에 의해 산출된 동바리가 설치될 높이별 수량이다.	
5.02 a	**강관동바리** **강관동바리(암거용, 높이별할증포함)**				
a-1	강관동바리 (손율3개월)	공/㎥	이 단가는 강관동바리의 재료비(손율적용, 할증포함), 조립 및 해체비 등의 비용과 높이별 할증이 포함된다.	이 물량은 도면에 의해 산출된 동바리가 설치될 높이별 수량이다.	
a-2	강관동바리 (손율6개월)	공/㎥	이 단가는 강관동바리의 재료비(손율적용, 할증포함), 조립 및 해체비 등의 비용과 높이별 할증이 포함된다.	이 물량은 도면에 의해 산출된 동바리가 설치될 높이별 수량이다.	
a-3	강관동바리 (손율12개월)	공/㎥	이 단가는 강관동바리의 재료비(손율적용, 할증포함), 조립 및 해체비 등의 비용과 높이별 할증이 포함된다.	이 물량은 도면에 의해 산출된 동바리가 설치될 높이별 수량이다.	
b	**강관동바리(교량용, 높이별할증포함)**				
b-1	강관동바리 (손율3개월)	공/㎥	이 단가는 강관동바리의 재료비(손율적용, 할증포함), 조립 및 해체비 등의 비용과 높이별 할증이 포함된다.	이 물량은 도면에 의해 산출된 동바리가 설치될 높이별 수량이다.	

번호	공 종	단위	설 명	측 정	비고
b-2	강관동바리 (손율6개월)	공/m³	이 단가는 강관동바리의 재료비(손율적용, 할증포함), 조립 및 해체비 등의 비용과 높이별 할증이 포함된다.	이 물량은 도면에 의해 산출된 동바리가 설치될 높이별수량이다.	
b-3	강관동바리 (손율12개월)	공/m³	이 단가는 강관동바리의 재료비(손율적용, 할증포함), 조립 및 해체비 등의 비용과 높이별 할증이 포함된다.	이 물량은 도면에 의해 산출된 동바리가 설치될 높이별 수량이다.	
c	**시스템동바리 (높이별할증포함)**				
c-1	시스템강관동바리 (손율3개월)	공/m³	이 단가는 시스템 강관동바리(조립식 강관동바리)의 재료비(손율적용), 설치 및 해체비, 기계경비 등의 비용과 높이별 할증이 포함된다.	이 물량은 도면에 의해 산출된 동바리가 설치될 높이별 수량이다.	슬래브 두께가 1.30m이하를 기준으로 한 것임.
c-2	시스템강관동바리 (손율6개월)	공/m³	이 단가는 시스템 강관동바리(조립식 강관동바리)의 재료비(손율적용), 설치 및 해체비, 기계경비 등의 비용과 높이별 할증이 포함된다.	이 물량은 도면에 의해 산출된 동바리가 설치될 높이별 수량이다.	슬래브 두께가 1.30m이하를 기준으로 한 것임.
c-3	시스템강관동바리 (손율12개월)	공/m³	이 단가는 시스템 강관동바리(조립식 강관동바리)의 재료비(손율적용), 설치 및 해체비, 기계경비 등의 비용과 높이별 할증이 포함된다.	이 물량은 도면에 의해 산출된 동바리가 설치될 높이별 수량이다.	슬래브 두께가 1.30m이하를 기준으로 한 것임.
d	**동바리수평연결재(강관)**				
d-1	동바리수평연결재 (손율3개월)	m²	이 단가는 동바리 설치높이가 3.5m를 초과하는 경우에 높이 2m마다 설치하는 것으로 재료비(강관, 이음철물 등)와 조립 및 해체비 등의 비용이 포함된다.	이 물량은 도면에 의해 산출된 면적이다.	
d-2	동바리수평연결재 (손율6개월)	m²	이 단가는 동바리 설치높이가 3.5m를 초과하는 경우에 높이 2m마다 설치하는 것으로 재료비(강관, 이음철물 등)와 조립 및 해체비 등의 비용이 포함된다.	이 물량은 도면에 의해 산출된 면적이다.	
d-3	동바리수평연결재 (손율12개월)	m²	이 단가는 동바리 설치높이가 3.5m를 초과하는 경우에 높이 2m마다 설치하는 것으로 재료비(강관, 이음철물 등)와 조립 및 해체비 등의 비용이 포함된다.	이 물량은 도면에 의해 산출된 면적이다.	

번호	공 종	단위	설 명	측 정	비고
6	**스페이서설치**				
a	스페이서설치 (벽체)	㎡	이 단가는 스페이서의 재료비 및 설치비의 비용이 포함된다.	이 물량은 도면에 의해 산출된 면적이다.	
b	스페이서설치 (슬래브및기초)	㎡	이 단가는 스페이서의 재료비 및 설치비의 비용이 포함된다.	이 물량은 도면에 의해 산출된 면적이다.	
7	**철근가공조립**				
a	철근가공조립 (간단)	Ton	이 단가는 도면과 시방서에 부합되도록 철근의 절단, 가공 및 조립에 필요한 비용이 포함된다.	이 물량은 도면에 의해 산출된 철근의 Net수량이다.	주요자재비(철근)로 별도 집계할 수 있다.
b	철근가공조립 (보통)	Ton	이 단가는 도면과 시방서에 부합되도록 철근의 절단, 가공 및 조립에 필요한 비용이 포함된다.	이 물량은 도면에 의해 산출된 철근의 Net수량이다.	주요자재비(철근)로 별도 집계할 수 있다.
c	철근가공조립 (복잡)	Ton	이 단가는 도면과 시방서에 부합되도록 철근의 절단, 가공 및 조립에 필요한 비용이 포함된다.	이 물량은 도면에 의해 산출된 철근의 Net수량이다.	주요자재비(철근)로 별도 집계할 수 있다.
d	철근가공조립 (매우복잡)	Ton	이 단가는 도면과 시방서에 부합되도록 철근의 절단, 가공 및 조립에 필요한 비용이 포함된다.	이 물량은 도면에 의해 산출된 철근의 Net수량이다.	주요자재비(철근)로 별도 집계할 수 있다.
8	**잡철물제작및설치**				
8.01	**잡철물제작(일반철물)**				
a	잡철물제작 (간단)	Ton	이 단가는 각종 잡철물을 제작하는 재료비(용접봉, 산소 등)와 노무비 및 기계경비 등의 비용이 포함된다.	이 물량은 도면에 의해 산출된 잡철물의 Ton수이다.	
b	잡철물제작 (보통)	Ton	이 단가는 각종 잡철물을 제작하는 재료비(용접봉, 산소 등)와 노무비 및 기계경비 등의 비용이 포함된다.	이 물량은 도면에 의해 산출된 잡철물의 Ton수이다.	잡철물설치의 간단한 구조를 기준으로 20%할증
c	잡철물제작 (복잡)	Ton	이 단가는 각종 잡철물을 제작하는 재료비(용접봉, 산소 등)와 노무비 및 기계경비 등의 비용이 포함된다.	이 물량은 도면에 의해 산출된 잡철물의 Ton수이다.	잡철물제작의 간단한 구조를 기준으로 40%할증

번호	공 종	단위	설 명	측 정	비고
8.02	잡철물설치(일반철물)				
a	잡철물설치 (간단)	Ton	이 단가는 각종 잡철물을 설치하는 재료비(용접봉, 산소 등)와 노무비 및 기계경비 등의 비용이 포함된다.	이 물량은 도면에 의해 산출된 잡철물의 Ton수이다.	
b	잡철물설치 (보통)	Ton	이 단가는 각종 잡철물을 설치하는 재료비(용접봉, 산소 등)와 노무비 및 기계경비 등의 비용이 포함된다.	이 물량은 도면에 의해 산출된 잡철물의 Ton수이다.	잡철물설치의 간단한 구조를 기준으로 20% 할증
c	잡철물설치 (복잡)	Ton	이 단가는 각종 잡철물을 설치하는 재료비(용접봉, 산소 등)와 노무비 및 기계경비 등의 비용이 포함된다.	이 물량은 도면에 의해 산출된 잡철물의 Ton수이다.	잡철물설치의 간단한 구조를 기준으로 40% 할증
8.03	잡철물제작(스텐레스)				
a	잡철물제작 (간단)	Ton	이 단가는 각종 잡철물을 제작하는 재료비(용접봉, 알곤 등)와 노무비 및 기계경비 등의 비용이 포함된다.	이 물량은 도면에 의해 산출된 잡철물의 Ton수이다.	
b	잡철물설치 (보통)	Ton	이 단가는 각종 잡철물을 설치하는 재료비(용접봉, 산소 등)와 노무비 및 기계경비 등의 비용이 포함된다.	이 물량은 도면에 의해 산출된 잡철물의 Ton수이다.	잡철물설치의 간단한 구조를 기준으로 20% 할증
c	잡철물제작 (복잡)	Ton	이 단가는 각종 잡철물을 제작하는 재료비(용접봉, 알곤 등)와 노무비 및 기계경비 등의 비용이 포함된다.	이 물량은 도면에 의해 산출된 잡철물의 Ton수이다.	잡철물제작의 간단한 구조를 기준으로 40% 할증
8.04	잡철물설치(스텐레스)				
a	잡철물설치 (간단)	Ton	이 단가는 각종 잡철물을 설치하는 재료비(용접봉, 알곤 등)와 노무비 및 기계경비 등의 비용이 포함된다.	이 물량은 도면에 의해 산출된 잡철물의 Ton수이다.	
b	잡철물설치 (보통)	Ton	이 단가는 각종 잡철물을 설치하는 재료비(용접봉, 알곤 등)와 노무비 및 기계경비 등의 비용이 포함된다.	이 물량은 도면에 의해 산출된 잡철물의 Ton수이다.	잡철물설치의 간단한 구조를 기준으로 20%할증
c	잡철물설치 (복잡)	Ton	이 단가는 각종 잡철물을 설치하는 재료비(용접봉, 알곤 등)와 노무비 및 기계경비 등의 비용이 포함된다.	이 물량은 도면에 의해 산출된 잡철물의 Ton수이다.	잡철물설치의 간단한 구조를 기준으로 40%할증

번호	공　종	단위	설　명	측　정	비고
9	기초말뚝박기				
9.01	P.H.C말뚝박기 (D500mm×80T)				
a	P.H.C말뚝박기 (직접항타)	m	이 단가는 P.H.C말뚝 재료비(A,B,C종) 및 항타를 하기 위한 기계경비(크레인, 유압파일해머 등), 노무비 등의 비용이 포함된다.	이 물량은 도면에 의해 산출된 평균(전체길이/전체본수)연장이다.	재래식으로 두부보강을 할 경우 모래로 속채움하고 재품사용시는 속채움 모래를 제외한다.
b	P.H.C말뚝박기 (천공후항타)	m	이 단가는 P.H.C말뚝 재료비(A,B,C종) 및 천공을 하기 위한 기계경비(크레인, 어스오거, 발전기 등), 말뚝삽입에 필요한 노무비, 항타비, 공벽부보강을 위한 재료비(시멘트, 벤토나이트등) 및 기계경비(그라우팅펌프,물탱크 등), 장비조립 및 해체 등의 모든 비용이 포함된다	이 물량은 도면에 의해 산출된 평균(전체길이/전체본수)연장이다.	주요자재비(시멘트)로 별도 집계할 수 있다. 재래식으로 두부보강을 할 경우모래로 속채움하고 재품사용시는 속채움모래를 제외한다.
c	P.H.C말뚝박기 (S.I.P공법)	m	이 단가는 P.H.C말뚝 재료비(A,B,C종) 및 천공을 하기 위한 기계경비(크레인, 어스오거, 발전기 등), 말뚝삽입에 필요한 노무비, 항타비, 공벽부보강을 위한 그라우팅주입(선단고정, 주변고정)재료비(시멘트, 벤토나이트, 감수제 등) 및 기계경비(그라우팅펌프, 물탱크 등), 장비조립 및 해체 등의 모든 비용이 포함된다.	이 물량은 도면에 의해 산출된 평균(전체길이/전체본수)연장이다.	주요자재비(시멘트)로 별도 집계할 수 있다. 재래식으로 두부보강을 할 경우 모래로 속채움하고 재품사용시는 속채움모래를 제외한다.
9.02	강관말뚝박기 (D508mm×12T)				
a	강관말뚝박기 (직접항타)	m	이 단가는 강관말뚝 재료비(고재대포함) 및 항타를 하기위한 기계경비(크레인, 유압파일해머 등), 노무비 등의 비용이 포함된다.	이 물량은 도면에 의해 산출된 평균(전체길이/전체본수)연장이다.	

번호	공 종	단위	설 명	측 정	비고
b	강관말뚝박기 (천공후항타)	m	이 단가는 강관말뚝 재료비(고재대포함) 및 천공을 하기위한 기계경비(크레인, 어스오거, 발전기 등), 말뚝삽입에 필요한 노무비, 항타비, 공벽부보강을 위한 재료비(시멘트, 벤토나이트등) 및 기계경비(그라우팅펌프, 물탱크 등), 장비조립 및 해체 등의 모든 비용이 포함된다.	이 물량은 도면에 의해 산출된 평균(전체길이/전체본수)연장이다.	주요자재비(시멘트)로 별도 집계할 수 있다.
c	강관말뚝박기 (S.I.P공법)	m	이 단가는 강관말뚝 재료비(고재대포함) 및 천공을 하기위한 기계경비(크레인, 어스오거, 발전기 등), 말뚝삽입에 필요한 노무비, 항타비, 공벽부보강을 위한 그라우팅주입(선단고정, 주변고정)재료비(시멘트, 벤토나이트, 감수제 등) 및 기계경비(그라우팅펌프, 물탱크 등), 장비조립 및 해체 등의 모든 비용이 포함된다.	이 물량은 도면에 의해 산출된 평균(전체길이/전체본수)연장이다.	주요자재비(시멘트)로 별도 집계할 수 있다.
9.03	**말뚝박기용천공**				
a	말뚝박기용천공 (D400~600mm미만)	m	이 단가는 천공에 소요되는 천공장비 사용료, 작업 인건비, 이토처리비의 비용이 포함된다.	이 물량은 도면에 의해 산출된 평균연장이다.	
b	말뚝박기용천공 (D600mm이상)	m	이 단가는 천공에 소요되는 천공장비 사용료, 작업 인건비, 이토처리비의 비용이 포함된다.	이 물량은 도면에 의해 산출된 평균연장이다.	
c	케이싱설치철거 (D500mm)	m	이 단가는 케이싱강관 재료비, 용접 및 절단, 케이싱 설치 장비비, 노무비의 비용이 포함된다.	이 물량은 도면에 의해 산출된 평균연장이다.	
d	케이싱 설치 (D600mm)	m	이 단가는 케이싱강관 재료비, 용접 및 절단, 케이싱 설치 장비비, 노무비의 비용이 포함된다.	이 물량은 도면에 의해 산출된 평균연장이다.	
e	케이싱 설치 (D700mm)	m	이 단가는 케이싱강관 재료비, 용접 및 절단, 케이싱 설치 장비비, 노무비의 비용이 포함된다.	이 물량은 도면에 의해 산출된 평균연장이다.	
9.04	**말뚝두부보강**				
a	P.H.C말뚝두부보강 (D500mm,재래식)	본	이 단가는 P.H.C말뚝두부정리에 필요한 제품의 재료비 및 두부정리에 필요한 재료비(그라인더날, 파일캡, 레미콘, 철근 등) 및 설치 노무비 비용이 포함된다.	이 물량은 도면에 의해 산출된 말뚝 본수이다.	주요자재비(레미콘,철근)로 별도 집계할 수 있다.

번호	공 종	단위	설 명	측 정	비고
b	P.H.C말뚝두부보강 (D500mm,제품)	본	이 단가는 제품의 재료비 및 두부정리에 필요한 재료비, P.H.C말뚝 두부정리에 필요한 재료비(그라인더날, 파일캡, 레미콘, 철근 등) 및 설치 노무비 비용이 포함된다.	이 물량은 도면에 의해 산출된 말뚝 본수이다.	주요자재비(레미콘,철근)로 별도 집계할 수 있다.
c	강관말뚝두부보강 (D508mm×12T)	본	이 단가는 강관말뚝두부정리에 필요한 재료비(보강판, 산소, 아세틸렌, 레미콘, 철근 등), 철근가공조립 및 콘크리트타설 등의 설치비 비용이 포함된다.	이 물량은 도면에 의해 산출된 말뚝 본수이다.	주요자재비(레미콘,철근)로 별도 집계할 수 있다.
9.05	말뚝보강및이음				
a	P.H.C말뚝이음 (D500mm)	본	이 단가는 P.H.C말뚝이음에 필요한 재료비(말뚝조인트, 용접봉 등) 및 노무비 등의 비용이 포함된다.	이 물량은 도면에 의해 산출된 말뚝 본수이다.	
b	강관말뚝이음 (D508mm×12T)	본	이 단가는 강관말뚝이음에 필요한 재료비(강판, 고재포함), 강판운반비, 강판용접 및 강판절단 등의 비용이 포함된다.	이 물량은 도면에 의해 산출된 말뚝 본수이다.	
c	강관말뚝선단보강 (D508mm×12T)	본	이 단가는 강관말뚝선단보강에 필요한 재료비(강판,고재포함), 강판운반비, 강판용접 및 강판절단 등의 비용이 포함된다.	이 물량은 도면에 의해 산출된 말뚝 본수이다.	
9.06	말뚝재하시험비				
a	말뚝재하시험비 (동재하시험)	회	이 단가는 지반조건에 큰 변화가 없을 경우 전문시방서에 의거 구조물별 말뚝수 1~80개까지 2회,1~160개까지 3회,160개 이상의 경우 4회(최대치)를 실시하는 비용으로서 재하장비사용료,재하시험비,재하시험결과분석비 등의 비용이 포함된다.	이 물량은 시방서에 의해 측정된 시험 횟수이다.	
b	말뚝재하시험비 (정재하시험)	회	이 단가는 전문시방서에 의거 처음 100개 말뚝에 대하여 1회(1회 시험시 지시된 위치에서 4개 지시말뚝을 시험), 다음 250개 말뚝에 대하여 1회, 다음 매 500개 말뚝에 대하여 1회 시험을 실시하는 비용으로서 재하장비사용료, 재하시험비, 재하시험결과분석비, 장비운반비 등의 비용이 포함된다.	이 물량은 시방서에 의해 측정된 시험 횟수이다.	

Ⅱ - 3. 본 선 부 속

Ⅱ-3-1. 적용기준

1. 적용범위

본장 'Ⅱ-3. 본선부속'은 철도노반공사의 본선과 병행하여 수행되는 측구 구조물, 옹벽, 방음벽, 울타리 등의 구조물 설계에 적용되며, 본 장에서 언급되지 않은 공종이라도 그 용도가 본선부속의 구조물이라면 본 장의 기준을 적용할 수 있다.

2. 수로공

가. 배수시설의 구분

철도노반의 배수시설은 표면배수, 지하배수, 선로횡단배수로 구분하며 배수시설의 구분 및 명칭은 다음 표와 같다.

<표 Ⅱ.3.1> 철도노반 배수시설의 구분

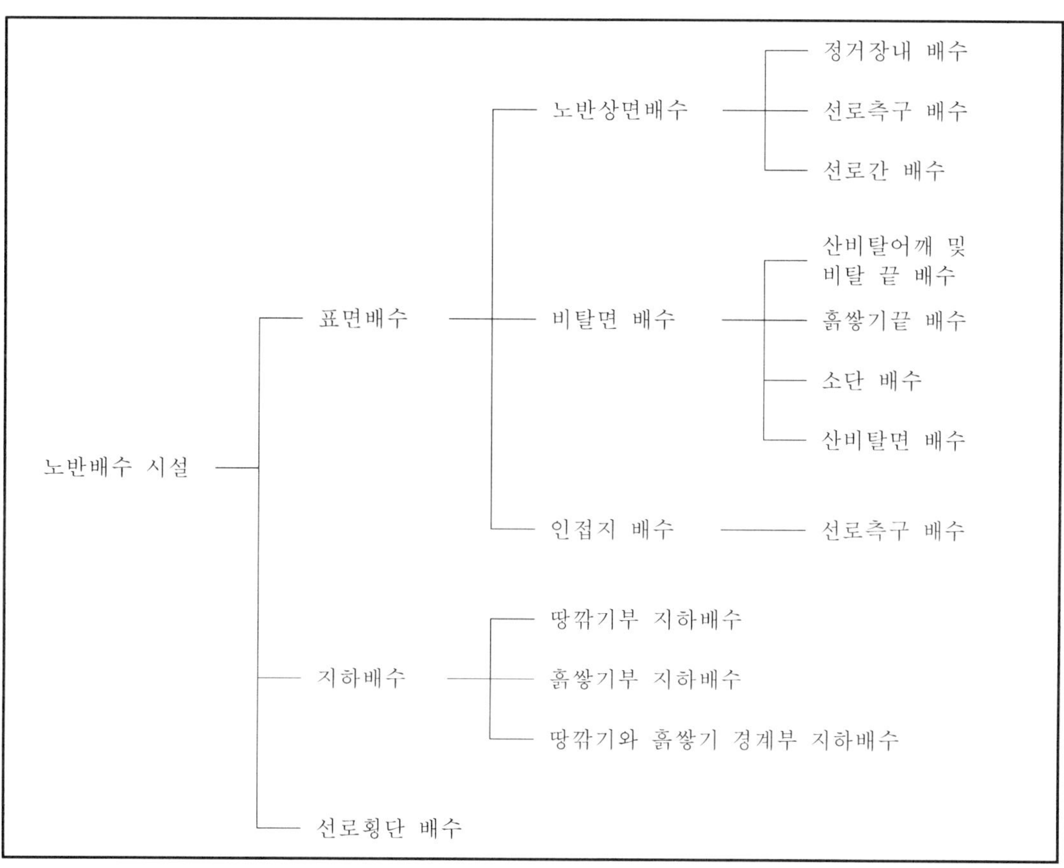

나. 표면배수의 구분

'가. 배수시설의 구분'에서 언급된 배수시설 중 본선부속의 수로공은 표면배수를 말한다.

1) 노반상의 표면수를 배수하기 위하여 강화노반의 경우 및 비탈어깨 부근에 배수를 저해하는 케이블 덕트 등이 있는 흙노반의 경우에는 선로 측구를 설치한다.
2) 선로측구를 설치할 때에는 반드시 노반 배수공을 고려하여 설계하여야 하며, 현장의 시공성 및

물량의 정도에 따라 현장타설과 제품수로로 구분한다.

3) 노반의 표면조건과 선로중심간격이 넓은 경우는 선로측구 만으로 배수가 곤란하기 때문에 선로 사이에 배수구나 선로횡단 배수공을 설계한다.

4) 배수시설의 형식 및 설치개소는 다음 표를 표준으로 한다.

<표 Ⅱ.3.2> 표면배수의 형식과 설치개소

목 적	형 식	명 칭	설 치 개 소
노 반 의 표면배수	배 수 구	선 로 측 구	· 강화노반 · 비탈어깨부근에 배수를 저해하는 케이블 덕트 등이 있는 흙노반
		선로간 배수구	· 2복선 이상의 구간 · 복선 이상에 시공기면에 단차가 있는 구간 · 노반 표면에 횡단구배가 凹로 되는 구간
	배 수 관	선로횡단 배수공	· 구배구간에 설치된 구조물의 상방 개소 · 종단 구배가 凹로 된 개소 · 선로 사이의 배수구와 선로 측구 연결개소 · 땅깎기 구간이 긴 경우 하류측의 땅깎기와 흙쌓기의 경계구역

5) 강화노반은 시간당 유출량이 많으므로 표면수를 직접 비탈면으로 유출시키면 비탈면이 침식되어 붕괴우려가 있으므로 노반 양측에 선로 측구를 설치한다.

6) 선로측구만으로 배수가 곤란한 구간에는 다음과 같이 선로간 배수구를 설계한다.

가) 2복선 이상의 구간에서는 복선을 1단위로 복선과 복선 사이에 설치한다.

나) 복선 이상의 구간에서 시공기면에 단차가 있는 구간에서는 단차 하측에 설치한다.

다) 기존선을 확장하는 등으로 노반 표면의 횡단구배가 凹로 되는 구간은 凹의 장소에 설치한다.

라) 선로간 배수구는 50~100m에 1개소씩 선로 횡단배수를 설치하여 종단배수로에 연결한다.

다. 표면배수의 설계

1) 노반 배수시설

가) 철도용지 내에 내린 빗물은 표면 배수시설에 의하여 배수한다.

나) 철도의 신설 또는 개량시 지형이 변화하면 유로가 변하므로, 이러한 배수시설을 계획할 때에는 현지조건을 고려하여 설계한다.

2) 측구의 종류와 적용

가) 측구의 형상과 구조는 지형, 배수의 목적, 배수량, 배수 위치, 경제성 등 조건에 적합한 형태와 크기를 선정한다. 측구의 종류는 토사측구, V형측구, 산마루측구, L형측구 및 U형측구 등이 있다.

나) 토사측구

산지, 나대지, 농경지 등 용지 확보가 유리한 구간에 설치하며, 흙쌓기 비탈면 끝에 위치하여 선로배수를 자연 배수가 되도록 설계한다.

다) V형 및 U형, J형측구 L형 측구에 토사 측구의 연결 부근(땅깎기 및 흙쌓기)이나 땅깎기 · 흙쌓기부에서 흙쌓기부 비탈면에 단차가 커서 세굴될 우려가 있는 곳에 설치한다.

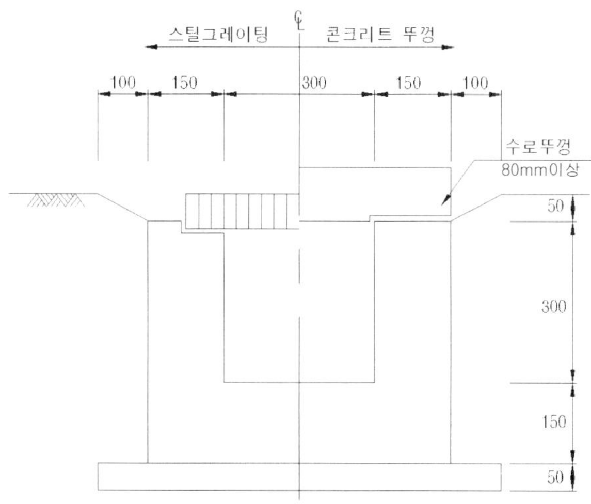

<그림 Ⅱ.3.1> U형 수로 콘크리트

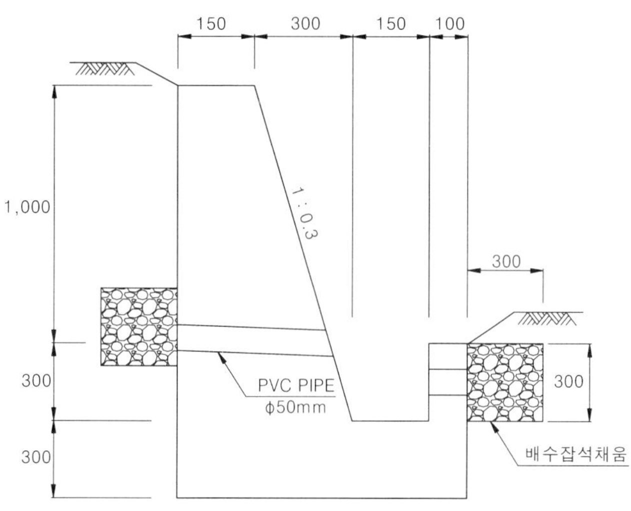

<그림 Ⅱ.3.2> J형 수로 콘크리트

3. 현장콘크리트타설 옹벽

가. 옹벽의 형식 및 선정

1) 옹벽은 토압에 저항하는 구조물로서 땅깎기 구간이나 흙쌓기 구간 토공노반을 방호하기 위해 설계한다.

2) 옹벽은 형식에 따라 중력식, 반중력식, 캔틸레버식, L형 및 부벽식 옹벽으로 나뉜다.

3) 옹벽의 구조형식 선정은 현장 조건과 지반조건, 안정성, 경제성, 주변여건을 고려하여 적합한

형상 및 구조를 선정해야 한다.

4) 일반적인 높이별 옹벽의 형식은 중력식 1~3m, 반중력식 1~4m, 캔틸레버식 3~7m, 부벽식 8~14m를 표준으로 한다.

5) 옹벽의 형식별 적용기준은 다음 표와 같다

<표 Ⅱ.3.3> 옹벽의 형식별 적용기준

구 분	적용높이	적 용 기 준
중력식 옹벽	1~3m	· 기초지반이 양호한 곳에 사용함.
반중력식 옹벽	1~4m	· 중력식의 구체 두께를 얇게 하여 콘크리트 양을 줄인 것 · 구체에 생기는 인장응력에 대해 철근으로 보강
캔틸레버식 옹벽	3~7m	· 가장 일반적인 옹벽의 형식 · L형에 비하여 저판을 적게 할 수 있음.
L 형 옹 벽	3~7m	· 앞굽을 길게 시공할 수 없을 경우에 사용
부벽식 옹벽	8~14m	· 성토면의 시공공간이 충분히 확보될 경우에 적용

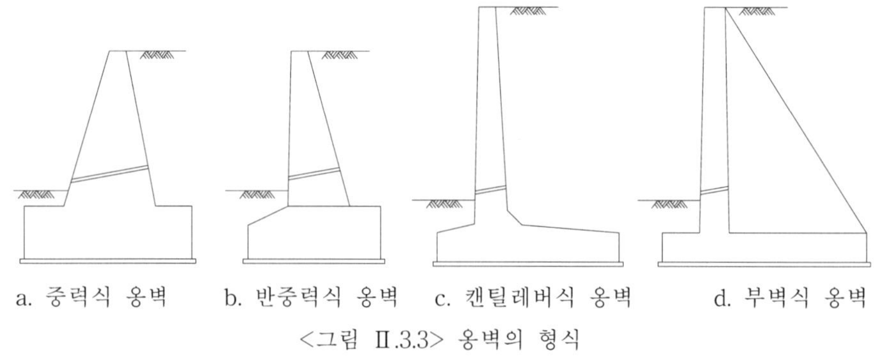

a. 중력식 옹벽　b. 반중력식 옹벽　c. 캔틸레버식 옹벽　d. 부벽식 옹벽

<그림 Ⅱ.3.3> 옹벽의 형식

나. 옹벽의 설계

1) 설계하중

가) 상재하중

(1) 도상 · 궤도에 의한 상재하중 q_1 = 15 kN/㎡ 적용한다.

(2) 열차 활하중에 의한 상재하중 q_2 = 35 kN/㎡ 적용한다.

나) 토압

(1) 토압은 Coulomb 토압공식, Rankine 토압공식, Terzaghi의 토압공식 등 여러 식이 있지만 Coulomb의 토압공식이 비교적 실험결과와 가까운 값을 보이므로 이 토압공식을 적용하여 설계한다.

(2) 캔틸레버식 옹벽, 뒷부벽식 옹벽과 같이 토압이 뒷굽에서부터 위로 연직하게 세운 가상면에 작용할 때는 Rankine토압을 적용한다.

(3) 옹벽의 설치위치에 따라 지표면 형상이나 재하 하중이 불규칙한 경우 Coulomb의 흙쐐기론을 기초로 한 토압의 도해법(시행쐐기법)을 적용한다.

(4) 토압작용면의 벽면 마찰각은 다음 표를 적용한다.

<표 Ⅱ.3.4> 토압작용면의 벽면 마찰각

옹벽형식	계산의 종류	벽면마찰각		비 고
		상시(정적분력)	지진시(동적분력)	
중력식 옹벽	안정 계산	$\frac{1}{3}D$	0	D : 흙의 내부마찰각(도)
반중력식 옹벽	벽의 단면계산			
캔틸레버식 옹벽	안정 계산	0	0	
부벽식 옹벽	벽의 단면계산	$\frac{1}{3}D$	0	

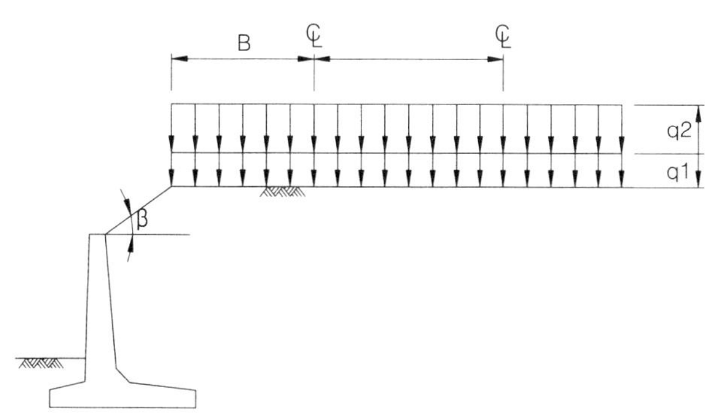

<그림 Ⅱ.3.4> 옹벽의 상재하중

(5) 지진시의 옹벽에 작용하는 토압계산은 Mononobe-okabe의 의사-정적해석 방법을 적용한다.

(6) 지진시 토압의 작용점은 정적분력은 높이의 1/3 위치에, 동적분력은 높이의 1/2 위치에 작용하는 것으로 한다.

(7) 지진가속도 계수는 건설교통부 제정 철도설계기준(철도교편 2004) '제5편 내진설계'를 기준으로 설계한다.

(8) 옹벽의 지진시 관성력은 옹벽의 중심을 통하여 수평방향으로 설계수평 진도에 옹벽의 자중을 곱한 힘이 작용하는 것으로 설계한다.

다) 풍하중

옹벽에 설치하는 방음벽에 작용하는 풍하중 크기는 지역별 설계히중으로 한다.

2) 단위중량

재료의 단위중량은 다음 표를 표준으로 한다.

<표 Ⅱ.3.5> 재료의 단위중량

구 분		단위중량(kN/m³)	비 고
철근 콘크리트		24.5	
무근 콘크리트		23	
뒷채움흙	사질토	19	
	양질의 사질토	20	

3) 안정검토

가) 옹벽 구조물은 평상시와 지진시의 사용하중에 대하여 활동, 전도 및 지지력의 3가지 조건에 안정하여야 한다.

나) 풍하중이 작용할 경우 안정검토는 지진시의 안전율을 사용하고, 지진시에는 옹벽구조물과 뒷채움 흙에 작용하는 관성력을 고려하여 안정검토를 하여야 한다.

다) 활동에 대한 안정

(1) 저판과 흙 또는 가상활동면의 마찰 저항력으로 안정을 유지하며 안전율은 평상시 1.5, 지진시 1.1 이상이어야 한다.

(2) 지반마찰계수

<표 Ⅱ.3.6> 지반마찰계수

조 건	마찰각D_B (마찰계수 tan D_B)	부착력 C_B
흙과 콘크리트	$D_B = \frac{2}{3} D$	$C_B = 0$
흙과 콘크리트 사이에 잡석을 까는 경우	$\tan D_B = 0.6$ $D_B = D$ 두 값중 작은 값	$C_B = 0$
암석과 콘크리트	$\tan D_B = 0.6$	$C_B = 0$
흙과 흙 암석과 암석	$D_B = D$	$C_B = C$

단, D는 지반의 전단저항각(°), c는 지반의 점착력(kN/㎡)

(3) 안전율 계산

$$F \cdot S = \frac{Hu}{\Sigma H} \qquad \therefore Hu = CB \cdot A' \times \Sigma V \cdot \mu$$

(4) 활동방지벽

활동방지벽에 의한 마찰저항력 측면에서는 옹벽의 배면에 설치할수록 유리하나, 옹벽 뒷굽판 끝단에 설치할 경우 활동방지벽 깊이에 따른 토압의 증가가 예상되므로 토압이 증가하지 않는 범위 내에서 배면측에 근접되게 설치하여야 한다.

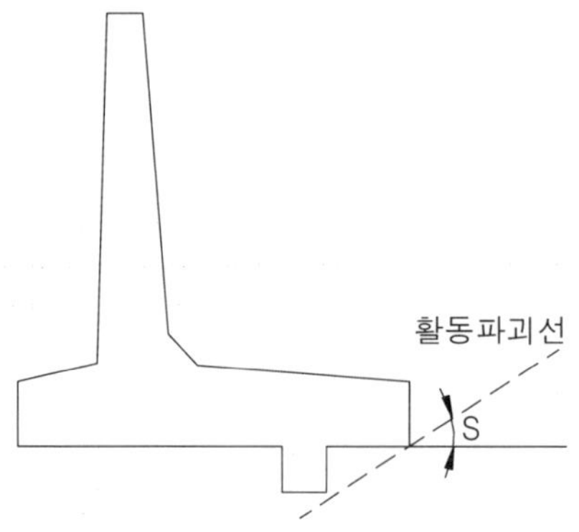

<그림 Ⅱ.3.5> 활동방지벽 설치 위치

라) 전도에 대한 안정

(1) 전도에 대한 저항 모멘트는 횡토압에 의한 전도모멘트에 대하여 평상시 2.0배, 지진시 1.5배 이상이어야 한다.

(2) 안전율 계산

$$F \cdot S = \frac{\Sigma M_x}{\Sigma M_y}$$

마) 지지력에 대한 안정

저판에 작용하는 최대 지반반력은 기초지반의 허용지지력을 초과하지 않아야 한다. 기초지반의 극한지지력에 대한 허용지지력은 상시에는 안전율 3.0, 지진시에는 안전율 2.0으로 나눈 값을 사용하며, 지하수위의 영향을 고려하여 결정하여야 한다. 최대 지반반력을 산정하기 위한 반력분포는 편심(e)이 B/6 이내일 경우에는 사다리꼴 분포로, 이상일 경우에는 삼각형분포로 가정하여 다음과 같이 계산한다. q_{max}는 허용지지력 q_a이하이어야 한다.

(1) 편심이 B/6 이내일 경우

$$q_{max} = \frac{V}{L \cdot B} \cdot \left(1 + \frac{6 \cdot e}{b}\right)$$

여기서, q_{max} : 저판의 최대 지반 반력(kN/㎡)
V : 저판에 작용하는 연직하중(kN)
e : 저판 중앙에서 작용하중의 합력점까지의 편심거리(m)
B : 저판의 폭(m)
L : 저판의 단위 길이(m)

(2) 편심이 B/6 이상일 경우(지진시 허용편심 : B/3)

$$q_{max} = \frac{2 \times V}{L \cdot x}, \quad x = 3 \times (B/2 - e)$$

여기서, x : 최대지반 반력이 작용하는 점에서 작용하중의 합력이 작용하는 점까지의 거리(m)

옹벽저판의 지지층은 하부에 압밀층이 없고 저판폭의 2.0배 이내에 연약층이 존재하지 않는 사질토층이어야 한다. 또한 기초저면의 깊이는 동결심도 이상이어야 하며 최소 깊이는 1.0m 이상으로 한다. 옹벽저판의 지지층보다도 더 연약한 하부층이 존재할 경우에는 사면 활동에 대한 외적안정에 대하여도 추가로 검토하여야 한다.

4) 말뚝기초 적용시의 안정

말뚝기초가 적용되는 경우는 건설교통부 제정 철도설계기준(철도교편,2004) 제4편 하부구조 '제7장. 깊은 기초의 지반공학적 설계'에 의해 검토하여 설계한다.

5) 설계 하중 계수 및 조합

가) 옹벽의 안정과 사용성을 검토하기 위한 하중조합은 다음과 같다.

(1) case 1 : D + H

(2) case 2 : D + L + H

(3) case 3 : D + H + W

(4) case 4 : D + L + H + W

(5) case 5 : D + H + E (지진시)

나) 설계 단면력을 산정하기 위해서는 사용하중에 하중계수를 곱한 극한(설계)하중들의 하중조합에 의하여 설계한다.

(1) case 1 : 1.4D + 1.7H

(2) case 2 : 1.4D + 2.0L + 1.7H

(3) case 3 : 1.7(D+L+H)

(4) case 4 : 1.4D + 1.7H + 1.4W

(5) case 5 : 1.4D + 1.4L + 1.7H + 0.7W

(6) case 6 : 1.0D + 1.0H + 1.0E (지진시)

여기서, D : 고정하중, L : 활하중, H : 토압, W : 풍하중(방음벽 설치시)

E : 지진의 영향

6) 부재의 설계

가) 전면벽 설계

(1) 캔틸레버식 옹벽의 전면벽은 저판에 지지된 캔틸레버로 설계한다.

(2) 설계단면력은 전면벽 하단과 전면벽 높이의 1/2점에서 계산하며, 이를 기초로 철근량을 산정하여 배근도를 작성한다.

(3) 뒷부벽은 T형보로, 앞부벽은 직사각형보로 설계한다.

(4) 부벽식 옹벽은 벽체 및 저판과의 결합부를 검토한다.

나) 저판 설계

(1) 앞굽판의 설계

앞굽판은 지반반력에서 콘크리트의 자중만을 뺀 하중으로 설계한다.

(2) 뒷굽판의 설계

저판의 뒷굽판은 좀 더 정확한 방법이 사용되지 않는 한, 상부에 재하되는 모든 하중을 지지하도록 설계되어야 한다. 또한, 캔틸레버식 옹벽의 저판은 수직벽에 의해 지지된 캔틸레버로 설계하고 모멘트 평형조건을 고려하여 설계한다.

다) 설계 강도

철근 배근이 완료된 다음 부재 단면의 설계강도는 설계단면력 이상이어야 한다.

$$\psi M_n \geq M_u \qquad \psi S_n \geq S_u$$

여기서, ψ : 강도 감소계수,

휨강도 감소계수 : $\psi_f = 0.85$, 전단강도 감소계수 : $\psi_v = 0.80$

라) 전단검토 위치

전단의 검토는 각 부재의 위험단면에서 조사해야 한다. 옹벽 전면벽과 뒷굽의 경우에는 각 접속위치에서 최대 전단력을 검토하고, 앞굽에 대하여는 접속위치에서 앞굽 유효높이의 1/2 떨어진 점에서의 최대 전단력에 대하여 검토하도록 한다.

7) 구조 세목

가) 부재 최소치수

부재의 최소치수는 다음과 같이 정한다.

<표 Ⅱ.3.7> 콘크리트 옹벽의 최소치수

구 분	부재최소치수(mm)	비 고
전 면 벽	400 이상	방음벽 기초부는 별도보강
저 판	300 이상	

나) 철근의 덮개

철근의 덮개란 최외측 철근의 바깥표면으로부터 콘크리트표면까지의 길이이며, 철근의 녹방지, 내화구조 형성 및 부착응력의 확보를 위해 다음의 값 이상으로 한다. 또한, 전면벽에 문양거푸집 사용시에도 아래의 철근덮개 규정을 만족하여야 한다.

<표 Ⅱ.3.8> 옹벽의 피복두께

흙에 접하는 곳	벽 체	배면 50mm
		전면 30mm
	확대 기초	100mm
	말뚝 기초	150mm

다) 최소철근비

(1) 해석에 의하여 소요철근량을 산정한 휨부재단면

$\frac{1.4}{fy} b_w \cdot d$ 와 $0.25\frac{\sqrt{fck}}{fy} b_w \cdot d$ 중 큰 값

단, 단면에서 사용된 철근량이 해석으로 요구되는 철근량보다 최소한 1/3이상 많을 때는 위 규정을 적용하지 않을 수도 있다.

(2) 콘크리트 총단면적에 대한 철근의 최소철근비

수평철근의 최소 철근비는 건조수축 및 온도변화에 대한 보강 철근비 이상이라야 한다.

벽체 : 0.0025, 슬래브 : 0.0020

(3) 온도 및 수축철근

수평철근은 전면에 2/3를, 배면에 1/3을 배치하며, 수직철근은 2/3를 전면에 배치한다.

(4) 철근간격

해석에 의하여 소요철근량을 산정한 휨부재단면에서는 철근간격이 최대 휨모멘트가 발생하는 단면에서 단면두께의 2배 이하, 300mm 이하, 그 밖의 단면에 대해서는 단면두께의 3배 이하 400mm 이하이어야 한다. 수평철근은 단면두께의 3배 이하 400mm 이하이어야 한다.

다. 배수공 설계

옹벽구조물의 안전여부는 배면에 작용하는 수압의 유무에 따라 지대한 영향을 받게 되므로 옹벽 설계시 배수공 설계를 합리적으로 수행하여 수압이 작용치 않도록 하여야 한다. 배수공의 형식은 일반적으로 시공성과 배수효과가 양호한 드레인보드에 의한 배수를 원칙으로 하나, 설치연장이 L=10m 이하이고 높이 H=5m 이하로서 비교적 소규모 옹벽공사의 경우 우수 표면수 유입에 의한

영향이 문제가 되지 않는다고 판단될 경우 필터층(잡석채움)에 의한 배수방법도 고려할 수 있다.

1) 드레인보드 설치 배수공

옹벽 배면에 드레인보드(폴리스티렌 일면 배수재)를 부착시키고 부직포로 드레인보드를 덮은 후 양질의 토사로 뒷채움하는 방법으로 배면 토압의 증가를 억제하고 뒷채움부 토사의 동결과 동상에 따른 수축 팽창을 방지할 수 있다. 배수 PIPE는 직경 100mm의 경질염화비닐관(PVC PIPE)이나 기타 재료의 배수관을 수평으로는 4.5m 이하, 지표면에서 0.1m 상단에 1단만 설치한다.

2) 필터층에 의한 배수공

옹벽의 배면쪽 배수파이프를 일정크기의 잡석채움으로 보호하고 부직포를 감싸 토사의 유입을 방지하는 방법이다. 배수 PIPE는 직경 100mm의 경질염화비닐관(PVC PIPE)이나 기타 재료의 배수관을 수평으로는 4.5m 이하, 연직방향으로는 1.5m 이하의 간격으로 설치하고 최하단 배수공은 지표면에서 0.10m 상단에 설치한다.

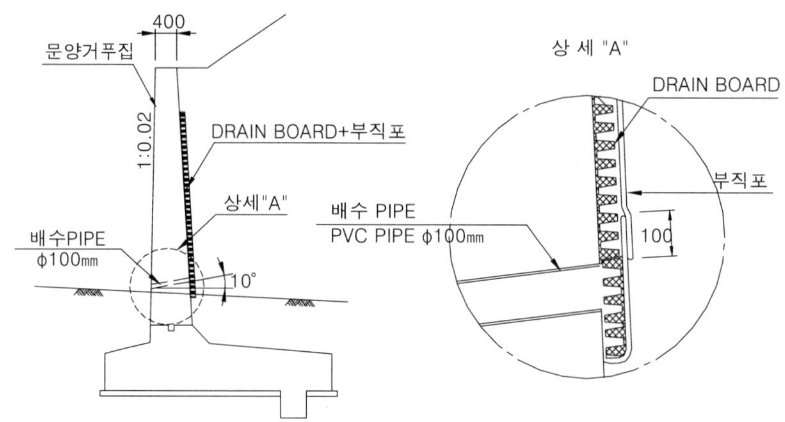

<그림 Ⅱ.3.6> 드레인보드 설치 배수공

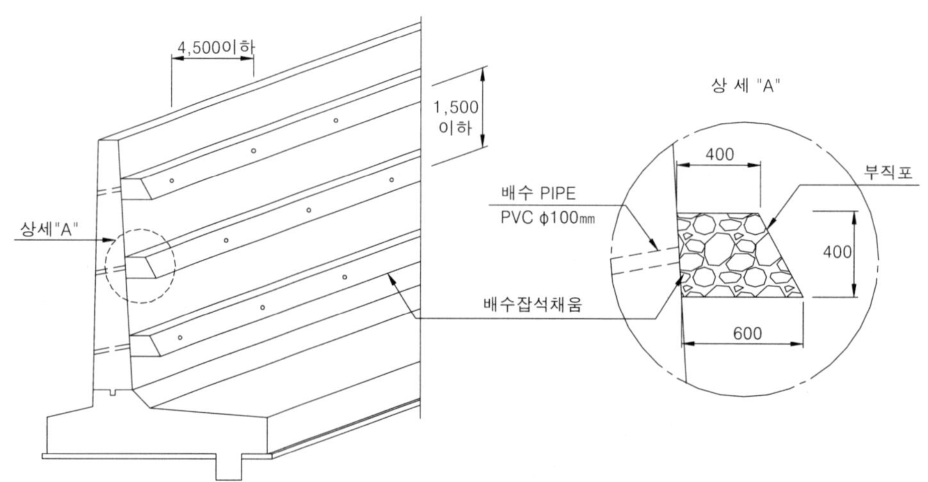

<그림 Ⅱ.3.7> 필터층에 의한 배수공

4) 옹벽 상단부 배수공 설치

가) 사면으로의 표면수 유출이 있을 경우, 옹벽 전면으로의 표면수 유출을 방지하기 위하여 상단부 배수공을 설치할 수 있다.

나) 설치위치는 옹벽배면 상단으로부터 0.1m를 띄고, 사면으로부터는 0.3m 떨어진 곳에 설치한다.

다) 상단부 배수공은 반월관 또는 U형 콘크리트 수로를 사용한다.

라. 기초공 설계

옹벽기초 하부 일부에 연약층이 있을 경우와 암반층이 경사를 이루고 있을 경우는 양질의 재료로 치환하거나 기초치환(MASS 콘크리트 및 기초잡석치환)으로 기초지반을 보강한 후 옹벽을 설치하여야 한다.

1) 연약층부 보강

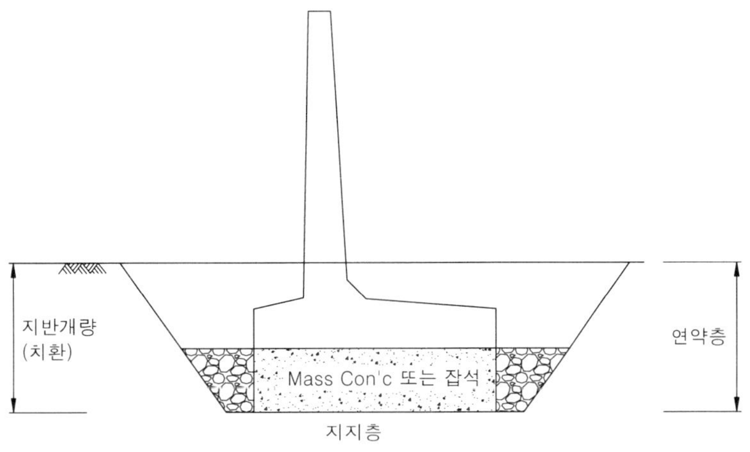

<그림 Ⅱ.3.8> 연약층부 보강 표준단면

비교적 얕은 연약층에 직접기초를 설계하는 경우 연약층을 양질의 지층까지 굴착하여 양질의 재료로 대체하고 다짐을 실시하여야 하며, 치환 재료에 대해서는 토질시험을 실시하고 저판 시공시 평판재하시험을 시행하여 지지력을 확인하여야 한다. 보강 표준단면은 위 그림과 같다.

2) 기초지반 경사시

기초지반이 경사를 이루고 있을 경우 저면 하부 일부 연약층을 굴착하여 기초콘크리트로 치환하여야 하며 치환부 콘크리트 저면은 수평으로 500mm 이상 유지되도록 하여 계단 형태로 시공하여야 한다.

마. 신축이음 및 수축이음

1) 신축이음

신축이음은 온도변화 및 건조수축으로 구조물에 발생하는 균열을 억제하기 위하여 설치한다. 중력식 및 반중력식 옹벽의 경우 콘크리트의 인장균열에 취약하므로 신축이음 간격을 10m 이내, 역T형 및 L형 옹벽의 경우는 철근이 균열을 제어하는 역할을 하므로 20m 이내로 신축이음을 둔다. 이와 같은 신축이음은 콘크리트의 수화열, 온도변화, 건조수축 등에 대한 별도의 해석이 없는 경우에는 반드시 설치하고, 신축이음에서 철근을 잘라야 한다. 또한 신축이음의 위치에 있는 난간은 그 위치에 난간의 신축이음을 두어야 한다. 옹벽단면 및 기초단면 위치가 변화하는 구간은 하중상태의 변화 및 지반지지력 변화가 수반되어 옹벽에 불균형 하중이 작용하므로, 기초지반 변화구간은 신축이음을 두는 것이 바람직하다.

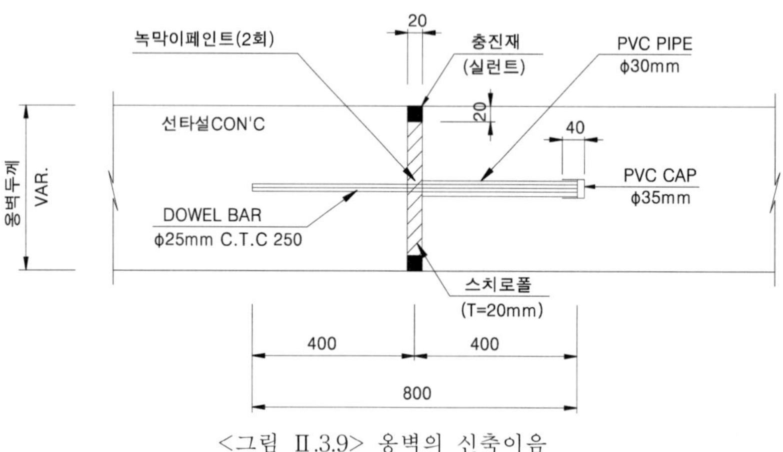

<그림 Ⅱ.3.9> 옹벽의 신축이음

2) 수축이음

콘크리트 건조수축에 의한 균열을 제어하기 위하여 옹벽 전면벽 표면에 V형 홈으로 수축줄눈을 둔다. 이러한 수축줄눈은 9.0m 이내로 설치한다. 역T형 및 L형 옹벽의 수축줄눈의 깊이는 35mm 이상이어야 하고, 표면철근이 배근되지 않는 중력식과 반중력식 옹벽의 수축줄눈의 깊이는 부재두께의 10% 이상이어야 한다.

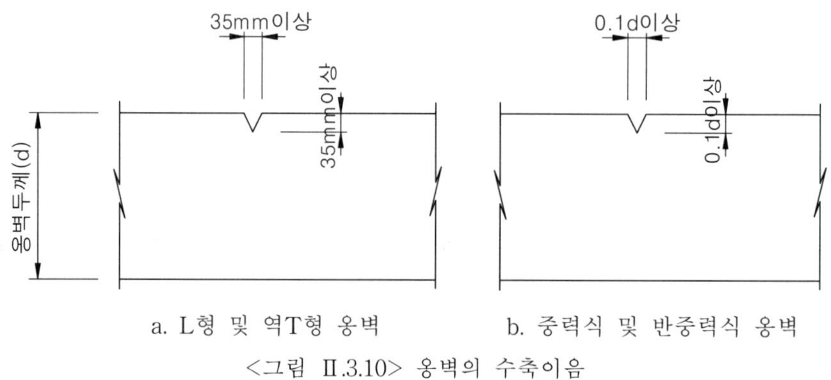

a. L형 및 역T형 옹벽 b. 중력식 및 반중력식 옹벽

<그림 Ⅱ.3.10> 옹벽의 수축이음

바. 시공이음

1) 헌치 상면과 전면벽 사이에 시공이음을 두어 콘크리트를 타설한다.

2) 벽체콘크리트를 타설 전 시공이음부 면고르기를 시행하여 신구콘크리트의 접합이 용이하도록 한다.

4. 보강토 옹벽

가. 공법의 원리

흙은 본질적으로 결속력이 약하여 쉽게 부스러진다. 따라서 작은 외력에도 쉽게 변형이 발생한다. 흙은 아무리 잘 다져서 흙의 밀도를 증가시킨다 할지라도 흙이 갖고있는 본래의 강도를 획기적으로 개선하기는 불가능하다. 그러나 흙 속에 연속성을 갖는 판형, 띠형 또는 줄기형의 요소(Elements)가 수평방향으로 삽입되어 있다면 흙 입자와 수평연속요소의 경계면에서 마찰력이 발생할 것이며 이 마찰력은 흙 입자의 수평이동을 구속하는 힘으로 작용하게 될 것이다. 이 때에 흙 입자를 수평이동시키려는 힘보다 흙 입자와 수평연속요소의 경계면에서의 마찰력이 더 크다면 흙 입자는 경계면에서 미끄러지지 않을 것이며 이 때에 동원된 수평력은 모두 수평연속요소가 받게 될 것이다. 따라서 수평변형량은 이 때에 동원된 수평력의 크기와 수평연속요소의 강성에 따라 결정되며 흙과는 무관하게 된다. 다시 말하면 흙 입자와의 마찰이 탁월하고 강성이 충분히 커서 변형이 작게 발생하는 수평연속요소를 흙 속에 삽입하면 흙의 결속력을 크게 개선할 수 있으며 이는 곧 흙의 전단강도의 개선과 동일한 의미이다. 이와 같이 흙의 전단강도를 개선하는 방법을 보강토 공법이라 하며 흙 속에 삽입하는 수평연속요소를 일반적으로 보강재(Reinforcements)라고 부른다.

보강토 옹벽은 위에서 언급한 보강토의 원리를 이용하여 기존 토류옹벽공 대용으로 응용한 것이다. 즉 보강재 경계면에서의 마찰저항력으로 흙 입자의 수평방향이동을 적극 억제하여 근본적으로 토압의 발생을 저감하는 효과를 얻게된다. 따라서 다층 보강토의 원리를 이용하면 흙벽체를 구축할 수 있으며, 이 벽체가 곧 토류옹벽구실을 하게 된다.

나. 보강토 옹벽의 구성

보강토 옹벽은 흙, 보강재 그리고 단부에서 발생하는 국부적인 흙의 이완을 막기 위한 전면판, 블럭 또는 Geosynthetics로 구성된다.

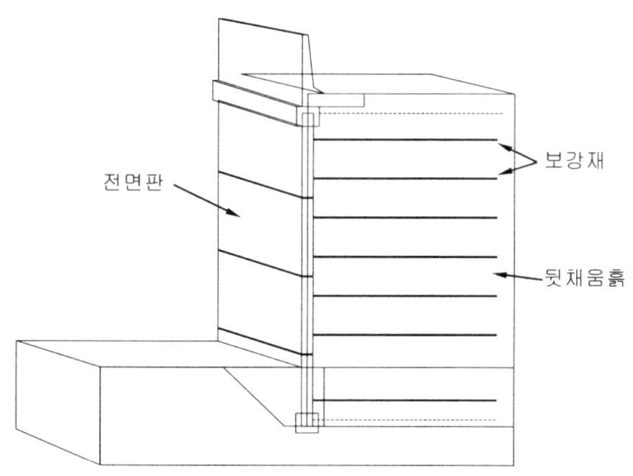

<그림 Ⅱ.3.11> 보강토 옹벽의 구성

1) 흙

보강토 옹벽을 구성하는 흙은 보강재의 경계면에서 탁월한 마찰저항을 발휘하여야 하므로 내부마찰각이 큰 사질토이어야 한다. 다음 표는 현행 국내의 보강토 옹벽 뒷채움 흙의 선정기준이다.

<표 Ⅱ.3.9> 보강토 옹벽 뒷채움 흙의 선정기준

일 반 기 준	최 소 기 준
최대입경 254mm(10in) 101.6mm(4in) : 100-75% 74μm(200번체) : 0-15%	15μm ≤ 10% D≥25

점성토가 보강토 옹벽의 뒷채움재로 제한되는 이유는 다음과 같다.

가) 마찰강도가 본질적으로 작다.

나) 배수가 불량하여 함수비 변화에 따른 전단강도가 불안정하다.

다) Creep의 가능성이 커서 수평변위가 발생할 수 있다.

라) 동해(동결, 융해로 인한 피해)를 입기 쉽다.

마) 시공 시 다짐이 어렵다.

2) 보강재

보강재는 흙과의 마찰저항이 탁월하여야 한다. 즉, 흙과의 접촉면적이 크고 거칠며 凹凸이 많은 구조 또는 흙 속에서 지지 저항을 일으킬 수 있는 Grid형으로서 강성이 커서 변형이 잘 일어나지 않는 재질이어야 한다.

3) 전면판, 블럭 또는 Geosynthetics

보강토 옹벽의 표준 단면에서 보듯이 흙과 보강재만으로는 단부의 흙 입자의 이완을 방지할 수 없다. 따라서 콘크리트 판넬, 철판 또는 FRP Segments, 몰탈 블럭, Geosynthetics을 이용한 지지구조가 필요하다.

다. 보강토 옹벽의 설계

앞에서 기술한 보강토체 구성의 원리를 응용하면 지나치게 견고한 철근콘크리트 구조물을 시공하지 않고도 간편하고 경제적인 토류벽체를 형성할 수 있다. 다만 구조적으로 안정한 구조물을 구축하기 위하여는 보강토체의 이론에 충실하지 않으면 안된다.

1) 파괴 모델

보강토체 형성시의 주요 파괴형태는 다음 그림에서와 같으며, 여기서 (a), (b), (c)는 외적파괴형태, (d), (e), (f)는 내적 파괴형태이다.

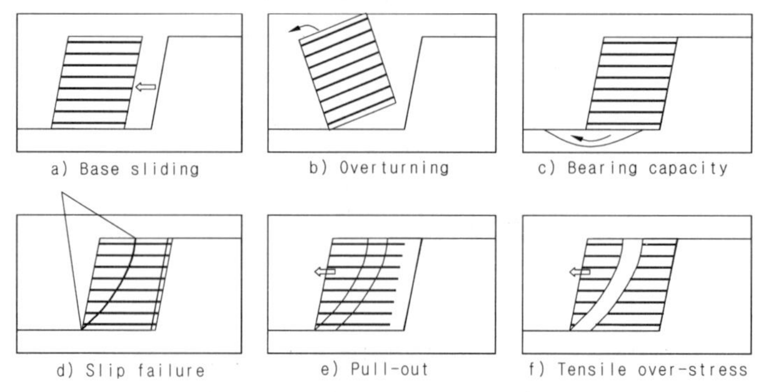

<그림 Ⅱ.3.12> 보강토체 형성시의 주요 파괴형태

보강토 공법에 의하여 구축되는 조립식 옹벽은 보강된 토체가 일반 철근콘크리트 옹벽 구조물과 동일한 기능을 한다. 즉, 보강재에 의하여 보강된 토체는 철근콘크리트처럼 강성을 지닌 구조체는 아니라도 일체화된 연성구조물이다. 따라서 외적 파괴과정에서 구조물의 부분적인 변형이 발생한다 할지라도 일체로 결속된 토체(soil mass)로 거동하므로 외적 안정성 해석은 철근콘크리트 옹벽 구조물과 동일하다.

2) 내적 안정성 검토

가) 선단활동파괴에 대한 안정

과거에는 일반적으로 보강토 옹벽에서는 예상파괴면을 한 개 또는 두 개의 직선으로 가정하고 한계평형해석에 근거하여 보강토체의 내적안정성을 검토하였다. 그러나 최근에는 예상파괴면을 대수나선(logarithmic spiral)형태의 연속함수로 가정하여, 모멘트 평형조건을 토대로 토목섬유 보강토 벽체의 선단파괴면에 대한 안정해석법이 제시되었다. 대수나선으로 가정된 예상파괴면은 다음 그림과 같다.

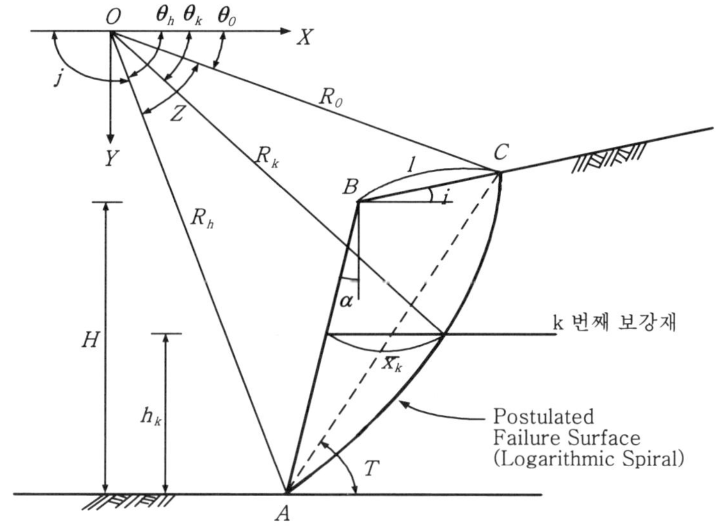

<그림 Ⅱ.3.13> 나선활동파괴에 대한 내적안정조건

위의 그림에서, 모멘트 평형조건을 토대로 한 선단파괴에 대한 안전율(FS_m)은 활동모멘트 (M_{TD})에 대한 저항모멘트(M_{TR})의 비로 정의된다.

$$FS_m = \frac{M_{TR}}{M_{TD}}$$

$$M_{TD} = M_{dw} + M_{dq} + M_{du}$$

$$M_{TR} = M_{rc} + M_{rt}$$

여기서, M_{dw} : 파괴흙쐐기 자중에 의한 활동모멘트

M_{dq} : 상재하중(q)에 의한 활동모멘트

M_{du} : 파괴면에 작용하는 침투수압에 의한 활동모멘트

M_{rc} : 점착력에 의한 저항모멘트

M_{rt} : 보강재에 유발되는 최대인장력($T_{\max}$)에 의한 저항모멘트

나) 항복 및 인발에 대한 안정

앞 절에서 설명한 선단활동 파괴에 대하여 최소의 안전율을 나타내는 예상파괴면이 결정되면 이를 기준으로 보강재의 인발 및 파단파괴에 대하여 검토하게 되며, 각 보강재에서 발휘되는 축방향 최대인장력($T_{\max}$)은 보강재의 허용인장강도(allowable tensile strength : T_a) 및 보강재의 유효길이에 따른 인발저항력($\Sigma\ \sigma_r \tan\delta\ =\ T_{pull}$)보다는 작아야 한다. 각각의 파괴형태에 대한 안전율 평가식 및 기준을 정리하면 다음과 같다.

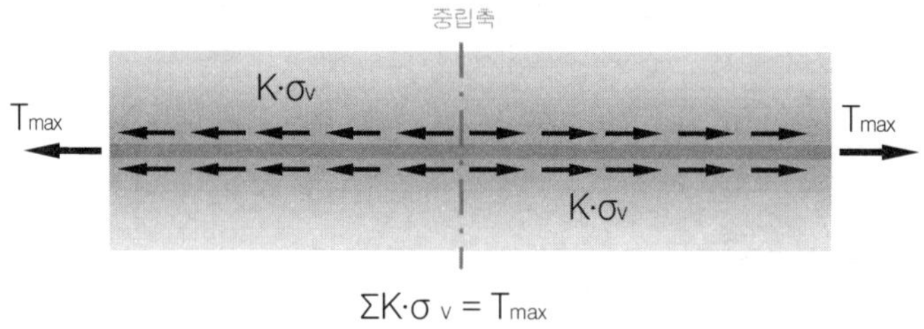

<그림 Ⅱ.3.14> 보강재의 항복에 대한 응력구조

$$FS_y\ =\ \frac{T_a}{T_{\max}} \qquad (FS_y\ >\ 1.0)$$

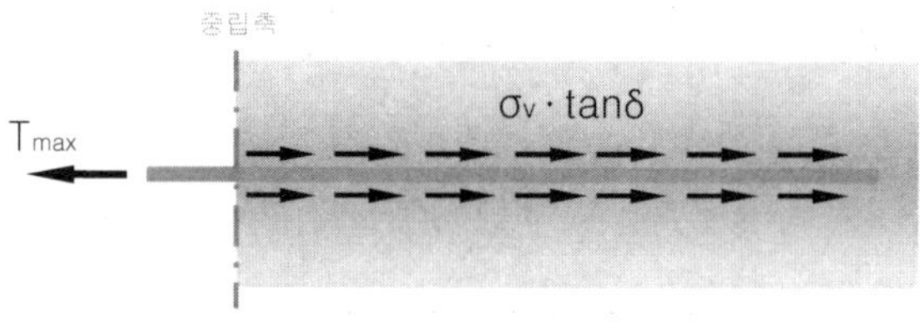

<그림 Ⅱ.3.15> 보강재의 인발에 대한 응력구조

$$FS_p\ =\ \frac{T_{pull}}{T_{\max}} \qquad (FS_p\ >\ 1.5)$$

3) 전면부 변위예측

종전의 보강토 옹벽의 구조해석 방법은 한계평형해석에만 의존하여 내·외적 안정성을 검토하였다. 그러나 이러한 한계평형해석으로는 보강토체의 수직·수평변위를 예측할 수 없으며, 이에 대한 검토는 별도의 유한요소해석에 의존하지 않으면 안된다. 유한요소해석도 뒷채움흙의 다짐효과, 보강재의 비선형거동 특성 등을 고려한 input data의 결정, 해석기법 등에 따라서 차이가 있을 수 있으며, 신뢰성에도 한계가 있다. 최근에는 시공기술의 축적, 계측기록관리 및 결과기록을 이론과 비교·검토함으로서 비교적 신뢰성이 높은 해석기법이 제안되고 있다. 따라서 신뢰성이 높은 설계방법을 이용하여야만 시공완료 후의 변위예측이 가능하며 계측에 의한 토류벽체의 안정성을 평가할 수 있다.

라. 보강토 옹벽과 R.C 옹벽의 비교

구 분	R.C 형 옹 벽	판넬식 보강토 옹벽	블럭식 보강토 옹벽
개 요 도	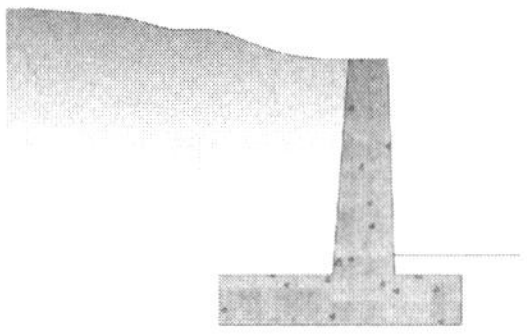	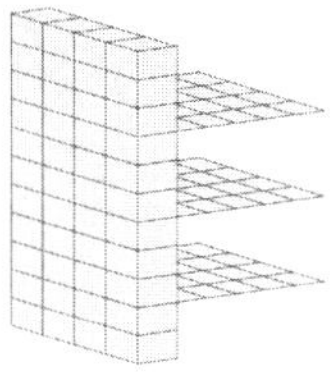	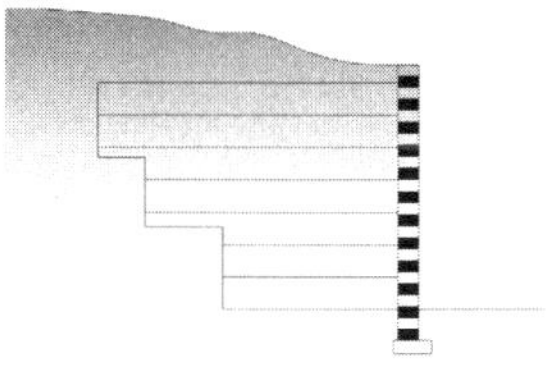
개 요	·기존에 가장 널리 활용되던 옹벽종류로서 중력식, L형, 역T형, 부벽식 등이 있으며, 배면의 토압을 지지하는 방식	·프리캐스트 전면판, 마찰앙카(보강재)와 앙카바, 흙으로 구성되며 보강재를 설치하고 뒷채움 재료를 다져서 일정한 높이의 보강토 옹벽을 축조하는 공법	·블럭형태의 전면판, 지오그리드 형식의 보강재와 연결핀, 흙으로 구성되는 보강토 옹벽으로 원리는 판넬식과 유사함
지반조건	·지반 지지력이 약한 곳에서 부등침하 방지 대책 필요(말뚝기초 등 기초처리)	·지반의 지지력이 약한 곳에서 단순치환만으로 설치 가능(하단부 줄기초 Con'c 필요)	·지반의 지지력이 약한 곳에서 단순치환만으로 설치 가능(잡석다짐)
품질관리	·현장 타설로 현장 여건에 맞는 구조체 형성으로 철저한 품질 관리 요구	·사용재료가 공장 제품으로 품질관리 용이	·사용자재가 공장 제품으로 품질관리 용이
안 정 성	·지진 등 동적하중에 대해 설계시 별도 고려 ·H=8.0m 이상의 경우 특수설계 필요 (부벽식 옹벽)	·각 PANNEL이 유연하게 되어 있어 진동 및 지진시 PANNEL 파괴 등 부작용 배제 ·최대높이 : H=12m	·지진 및 진동하중을 자체에서 흡수할 수 있어 동적하중에 대해 안정
시 공 성	·경험 풍부 ·기초공사시 터파기 등에 따른 부지 확보 필요	·기초 공사시 터파기 등에 따른 부지확보 다소 적음	·기초 공사시 터파기 등에 따른 부지확보 적음
공사기간	·기후에 영향을 받으며 양생기간 등의 소요공기가 길다	·양생기간 불필요로 소요공기가 짧다	·양생 기간 불필요로 소요공기가 짧다

마. 보강토 옹벽의 시공

보강토 옹벽은 기초에서부터 보강재와 흙을 교대로 깔아가며 층다짐으로 시공된다. 따라서 일반 토공사와 특별한 차이가 없으며 특수한 장비도 불필요하다.

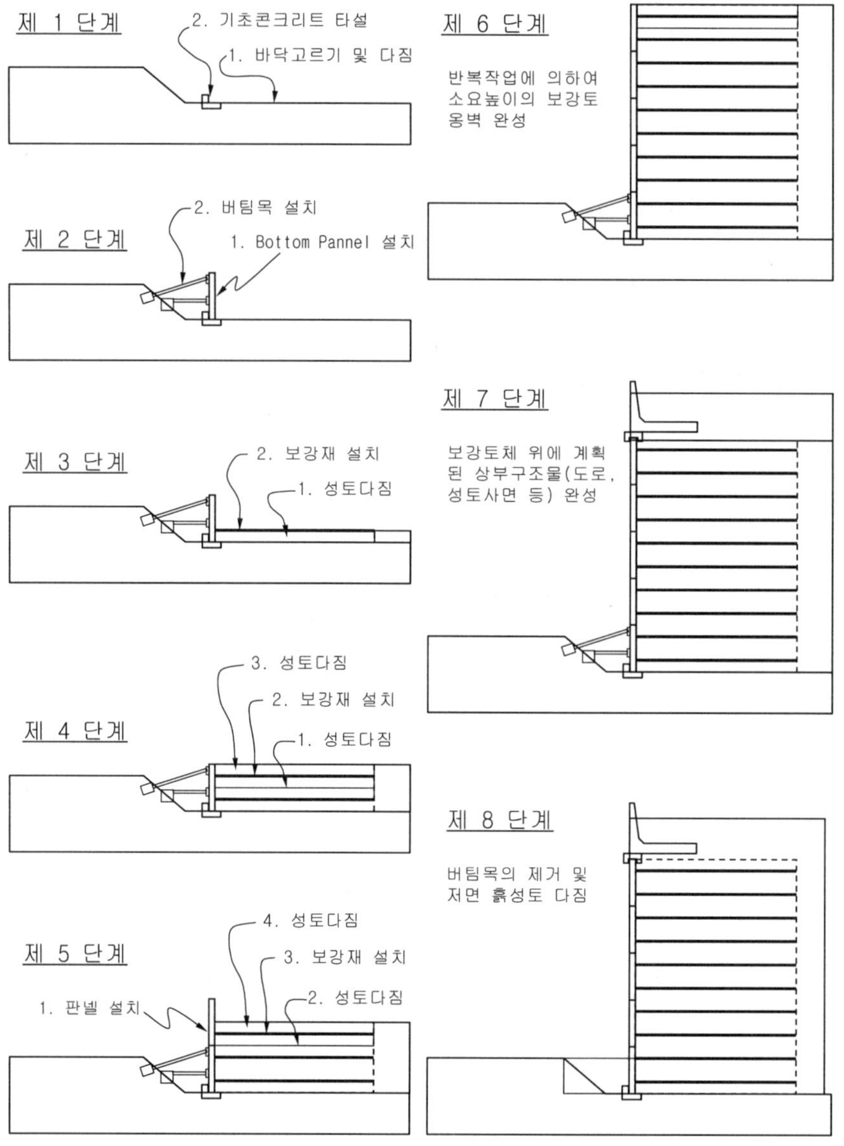

<그림 Ⅱ.3.16> 보강토 옹벽의 시공순서도

바. 보강토 옹벽 적용시의 유의사항

1) 뒷채움 흙재료의 확보

보강토 공법을 성공적으로 수행하기 위해서는 양질의 뒷채움 흙의 확보가 필수적이다. 만약 가까운 거리에서 보강토 공법에 필요한 뒷채움 재료를 충분히 확보하지 못한다면 경제적인 보강토 공법의 수행은 불가능하다. 우리나라는 성토재로서 많이 이용되는 화강암 및 풍화토가 표면적의 65%를 차지할 만큼 풍부하지만 앞에서 언급한 바와 같이 일반 기준에서 요구하는 200번체 통과량 15% 미만인 화강토는 불과 15%에도 미치지 못함으로 현장유용토의 적용이 쉽지 않다. 다행히 최소기준이 되는 15μm 통과량이 10% 미만인 화강토는 전체의 55% 정도이며 대부분 내부마찰각 D값이 25° 이상이므로 사용이 가능하다. 다만 현장에서 15㎛의 입도시험이 간단치 않다. 그러나 200번체 통과량이 35% 미만인 경우라면 대부분 이 조건을 만족한다고 알려져 있으므로 기술자의 적절한 판단에 따라 적용여부를 결정하여야 할 것이다.

2) 보강토체의 수평변형

보강토체 특히, 옹벽은 대체로 수직에 가깝게 시공되므로 작은 수평변위도 매우 민감하게 나타난다. 따라서 실제 보강토체의 안정과는 별도로 수평변위를 철저하게 관리할 필요가 있다. 특히 최근에는 보강재가 철재 보강재로부터 변형율이 큰 Geosynthetics로 급속히 대체되는 상황이므로 이에 대한 각별한 주의가 요구된다.

3) 전체 성토사면의 안정

현재까지 개발된 설계프로그램은 보강토체의 안정에 국한된 것이다. 그러나 풍화도가 깊은 경사면에 보강토 토류벽을 설치한다면 사면의 예상파괴면(potential failure surface)이 보강토체 밖에서 나타날 수 있다. 이러한 파괴는 비단 보강토 토류벽만이 아니라 일반적인 콘크리트 토류벽에서도 당연히 검토되어야 할 중요한 사항이다. 따라서 설계시에 이에 대한 충분한 사전 검토가 있어야 한다.

4) 배수시설

보강토체에 이용되는 뒷채움 재료는 비교적 배수성이 양호하고 전면 배수공이 충분한 양질의 토사이나 다량의 배면 유입수로 뒷채움 흙이 포화되면 흙의 전단강도가 급격히 저하하여 불안한 상태가 될 수 있으므로 배면 용출수의 유무, 수량의 과다에 따라 다음 그림과 같은 배수시설을 하여야 한다. 보강토체의 저면 이외에는 지오텍스타일, 지오멤브레인형의 배수재를 대체하여 시공할 수 있다. 특히 계곡부에 설치되는 보강토 토류벽은 반드시 일반 성토시와 동일하게 적정한 크기의 배수구를 설치하여야 한다.

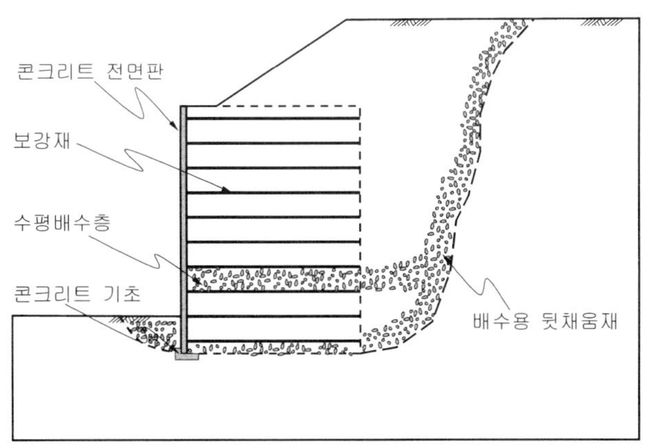

<그림 Ⅱ.3.17> 보강토옹벽의 배수시설

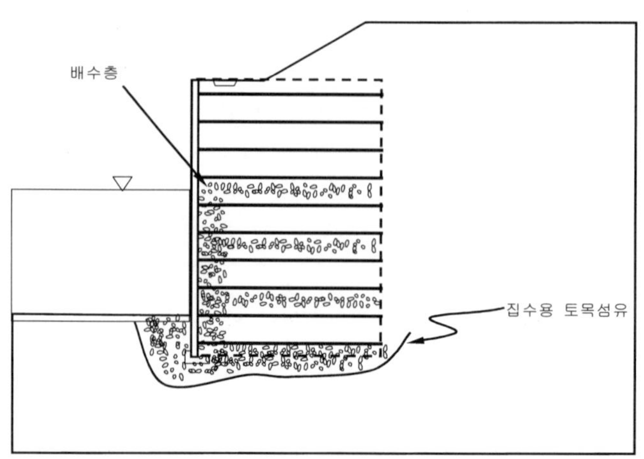

<그림 Ⅱ.3.18> 침수지역 보강토옹벽의 배수대책

5. 돌망태형 옹벽(GABION 옹벽)

가. 돌망태형 옹벽의 개요

돌망태형 옹벽이란 특수 아연도금 철선 또는 그 위에 PVC코팅을 한 철선으로 중복되게 꼬아서 육각형으로 만든 MESH의 구조를 육면체 형태로 만들어 연결된 공간 안에 조약돌 또는 깬돌을 채워 조립한 중력식 옹벽 형태의 구조물이다. 돌망태형 옹벽은 토사 유출을 막아주고 수분을 빠른 시간 내에 배출하기 때문에 산사태나 노반의 유실을 막을 수 있다는 장점이 있다.

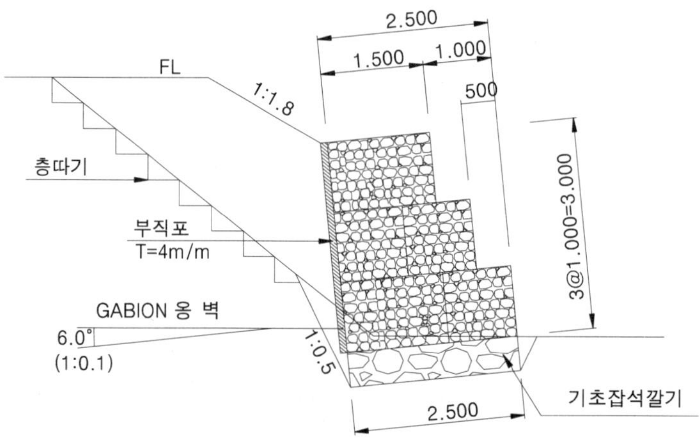

<그림 Ⅱ.3.19> 돌망태옹벽 일반도(H = 3.0m)

나. 돌망태형 옹벽 구조물의 구성

돌망태형 옹벽 구조물은 돌망태(GABION) 및 채움재, 그리고 필요시 부직포로 구성된다.

1) GABION

GABION은 특수 아연도금 철선 또는 그 위에 PVC코팅을 한 철선으로 다양한 크기의 상자모양을 만든 것이다. GABION의 테두리는 본체 메쉬 철선보다 더 두꺼운 철선으로 이루어져 있는데 사방으로부터의 갑작스런 혹은 점차적인 압력에도 잘 견딜 수 있도록 본체 철망 메쉬와 단단하게 연결되어져 있다.

2) 채움재

GABION 채움재는 깨끗하고 단단하며, 밀도있고 내구성 있는 돌이어야 한다. 채움재로 쓰이는 돌은 비중 24 kN/㎥ 이상이고 300mm보다 크면 안되며, 전체 돌 무게의 85%에 해당하는 돌이 100mm 또는 그 이상의 크기여야 한다. 특히 메쉬에 근접한 돌은 100~300mm 크기의 돌이어야 하며, 수작업으로 쌓아져야 한다. 반면에 중간 채움재로 쓰이는 돌은 25~30mm 크기의 다소 작은 채움재도 허용된다. 또 GABION 자체가 안정적으로 약간 가라앉는 것을 감안하여 다음 층을 쌓을 때 수평을 유지하기 위해서는 GABION 위 부분보다 약 25mm 정도 더 채워져야 한다.

<표 Ⅱ.3.10> 채움재의 암석별 활용도

암 석 형 태	단위중량(kN/㎥)	비 고
현 무 암	29	사용가능
화 강 암	26	사용가능
단단한 석회석	26	사용가능
석회질 자갈	25	사용가능
사 암	23	사용불가
연한 석회석	22	사용불가
응 회 암	17	사용불가

<표 Ⅱ.3.11> 채움재의 입도 분석

규 격	100mm미만	100~300mm	300mm이상
비 율	15% 이하	70% 이상	15% 이하

3) 부직포

부직포의 설치는 돌망태형 옹벽 배면의 흙의 이동을 방지하기 위해 설계상 요구될 때 사용한다. GABION의 배면 및 GABION층 하단에 설치한다.

6. 방음벽공

가. 방음벽 설계시 기본적인 고려사항

1) 소음발생원의 특성 및 보호대상지역의 용도를 조사하고 보호대상지역 주민의 의견을 수렴하여 적정한 방음벽을 선정한다.

2) 방음벽은 전체적으로 주변 경관과 잘 조화를 이루고 미적으로 우수하여야 한다. 이를 위하여 도시경관 관련 심의기구 또는 관계 전문가의 자문을 받아 방음벽의 유형과 색상, 수림대 조성, 덩굴식물의 식재, 투명방음판과 불투명방음판의 조합, 방음벽의 단부 및 연결부에 화분 설치, 다양한 문양의 방음판 사용 등 다각적인 방안을 강구한다.

3) 방음판은 파손부위를 쉽게 교체할 수 있는 구조로 해야 한다.

4) 방음벽은 사고시 대피, 청소, 유지관리 등을 위하여 적정간격으로 통로를 설치할 수 있다. 통로는 소음이 직접 밖으로 투과하지 않는 구조로 한다.

5) 방음벽은 강풍 및 진동에 의하여 변형 또는 파괴되지 않도록 안전한 구조로 하되, 건설교통부의 '도로교 표준시방서'에서 정하는 지역별 설계풍속을 적용할 수 있다.

6) 방음효과에 큰 차이가 없는 경우 가급적 유지관리가 편리하고 내구성이 좋은 것으로 한다.

나. 방음벽의 종류

방음벽은 기능별, 재질별로 다음 표와 같이 분류된다.

<표 Ⅱ.3.12> 방음벽의 종류

구분		내 용
기능별	재질별	
흡음형 방음벽	금속재 흡음형	전면부 AL판넬 사이에 G/W 등 흡음재를 내장
	금속재 컬러 흡음형	금속재 방음판 표면에 특수 도장처리 색상 조화 가미
	플라스틱 흡음형	전면부의 판넬이 플라스틱이며 중간에 흡음재 내장
	목재 흡음형	전면부 및 우면판이 목재로 되어 중간에 흡음재 내장
반사형 방음벽	콘크리트 차음형	P/C 또는 시멘트 압출판의 형태임
	AL 투명 차음형	AL 프레임에 투명판(PC)을 사용하여 음을 차단함
	목재 차음형	목재 프레임에 투명판(PC)을 사용하여 음을 차단함
간섭형 방음벽	원통형 리듀사	방음벽 상단에 원통형 리듀사를 설치, 음이 회절 기능
	캄존	방음벽 상단에 이삼중벽 모양의 간섭장치 설치
공명형 방음벽	VESS PANEL	패널내부에 공명 흡음구조를 만들어 감음시키는 구조

다. 방음벽의 선정기준

1) 도로 및 철도 등 소음원의 양쪽 모두에 보호대상지역이 있거나 한쪽에만 방음벽을 설치할 경우 반대측 수음자에게 반사음의 영향이 우려되는 경우에는 흡음형 방음벽 또는 반사음 저감효과가 흡음형 방음벽과 동등 이상인 방음벽으로 한다.

2) 조망, 일조, 채광 등이 요구될 경우에는 투명방음벽 또는 투명방음판과 다른 방음판을 조합한 방음벽으로 한다.

3) 소음원 및 보호대상지역의 주변 지형 여건상 방음벽으로 적절한 방음 효과를 얻기 어려운 지역은 방음벽 설치보다는 거리감쇠, 방음터널 설치, 차음동 건설 등 다른 방법을 강구하여야 한다. 다만, 부득이 방음벽을 설치하여야 하는 경우에는 기타의 방음시설을 복합적으로 활용하고 이를 주민에게 충분히 홍보하여야 한다.

라. 방음벽 지주

1) 설계하중은 고정하중, 풍하중을 적용하며 일반적으로 충돌하중은 고려하지 않는다.

가) 고정하중 산출시 단위중량은 다음 표를 기준으로 하고, 실하중이 명백한 것은 그 값을 적용한다.

<표 Ⅱ.3.13> 설계시 적용 단위중량

재 료	단위 중량	재 료	단위 중량
강 재	77.0(kN/㎥)	콘크리트 방음판넬	2.20(kN/㎥)
철근콘크리트	24.5(kN/㎥)	알루미늄 방음판넬	0.30(kN/㎥)

나) 풍하중은 방음벽에 수직으로 적용하며 풍화중 강도는 다음 표와 같다. 열차 풍하중은 필요한 경우 적용할 수 있다.

<표 Ⅱ.3.14> 지역별 풍하중 강도

지 역	지 명	토공부 풍하중 강도(kN/㎡)		
		방음판의 높이별 구분		
		H ≤ 3.5m	H ≤ 4.0~8.0m	H > 8.0m
내 륙	서울,대구,대전,춘천,청주,수원,추풍령,전주,익산,진주,광주	0.7	0.9	1.0
서해안	서산, 인천	0.9	1.2	1.3
서남해안 남해안 동남해안	군산, 여수, 충무, 부산, 포항, 울산	1.2	1.5	1.5
동해안 제주지역 특수지역	속초, 강릉, 제주, 서귀포, 목포	1.5	1.5	1.5

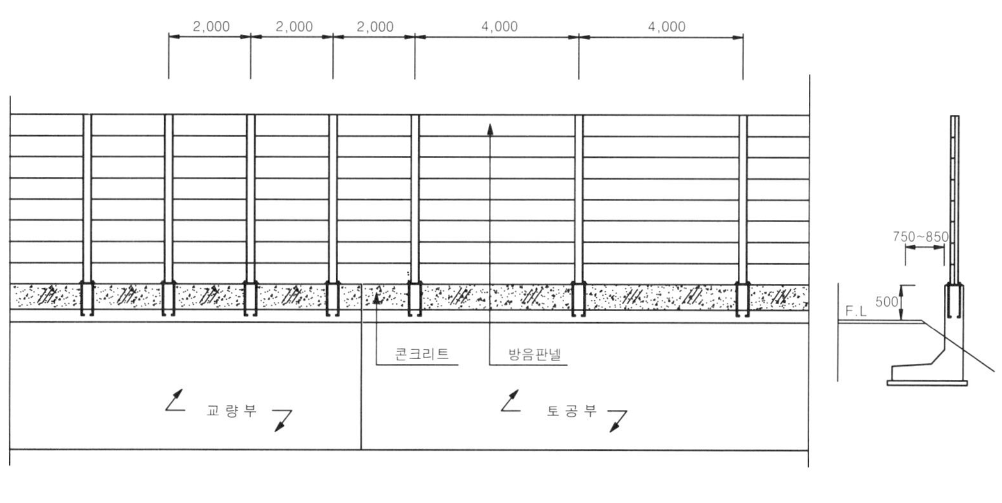

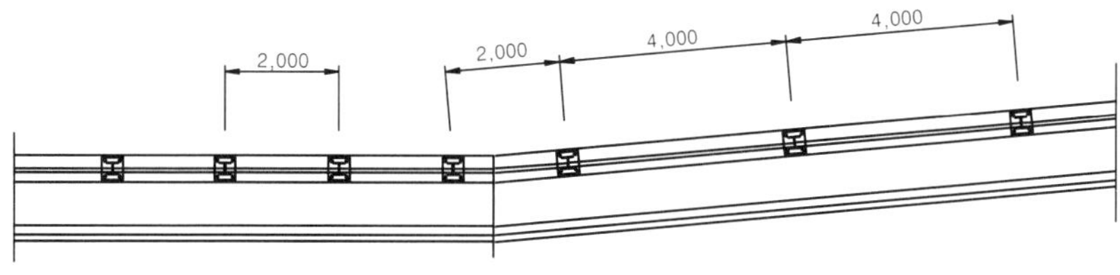

<그림 Ⅱ.3.20> 옹벽기초 방음벽 일반

2) 지주의 간격

가) 토공부에 설치하는 방음벽 지주의 간격은 4m, 교량부는 2m를 기준으로 하되 높이에 따라 지주의 간격을 조정하여 설계한다.

나) 현장여건상 끝부분에 남는 여유부분은 2m를 기본간격으로 조정한다.

3) 지주는 구조적으로 안정성을 확보하도록 설계해야 한다.

마. 방음벽 기초

1) 옹벽기초

가) 설계하중은 고정하중, 풍하중, 토압, 활하중, 지진하중을 고려하여 설계한다.

(1) 고정하중 및 풍하중은 방음벽지주 설계하중을 적용하며 토압과 지진하중은 '옹벽공'을 따른다.

(2) 활하중은 열차 활하중을 적용한다.

나) 설계하중계수 및 조합, 구조해석, 구조상세는 '옹벽공'을 따른다.

2) H-말뚝 기초

가) 적용기준은 옹벽기초와 동일한 기준을 적용한다.

나) 천공

(1) 토사용 천공기는 설계 및 확인 심도보다 1.5m 이상 긴 것을 사용하도록 명시한다.

(2) 토사용 천공기의 굴진완료 후 역회전 인발시 공벽 무너짐이 예상되는 곳에는 강관케이싱을 매입할 수도 있다. 그러나 그렇지 아니한 토질에서는 강관케이싱을 사용하지 않는다.

(3) 천공깊이는 소요깊이보다 약 0.50m 더 천공하여, 천공면으로부터 흙이나 이물질 등이 낙하되어도 원래의 길이에는 지장이 없도록 하여야 한다.

(4) 지하수 유출 시에는 강관 케이싱 삽입 후 케이싱내 유출수를 양수하고 콘크리트를 타설하여야 한다.

(5) 절토구간의 경우 풍화암층이 발생하면 암선에서 0.5m 깊이까지 천공한다.

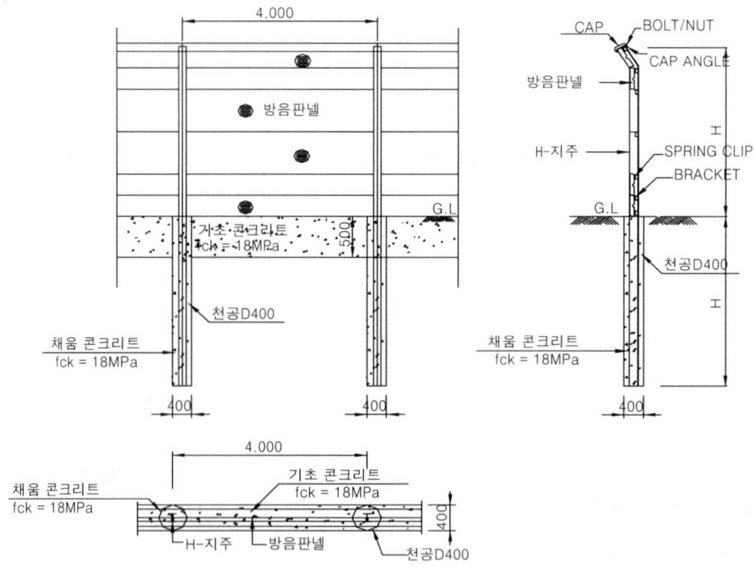

<그림 Ⅱ.3.21> H-말뚝기초 방음벽 일반

바. 기타

1) 방음벽 기초옹벽의 돌출높이는 시공기면에서 0.5m로 한다.

2) 흙쌓기구간의 방음벽 설치개소에는 주변여건을 감안한 배수공을 설치하여 집중호우시 노반에 피해가 없도록 설계한다.

7. 울타리공

가. 울타리 설치기준

구 분	능형망 울타리	가시철망 울타리	메쉬망 울타리
적용 지역	· 사람의 접근이 빈번한 구간 · 도심 등 시내구간 · 터널 입·출구 100m 구간 · 추락위험 방지 안전울타리 필요구간	· 농촌지역 인마의 통행이 우려되는 구간 · 마을과 인접한 구간으로써 절·성토 높이가 5m 이내인 구간 · 기타 구간 - 절·성토 높이가 2m 이내인 구간	· 역사구간(역광장 외곽은 설치 제외) · 미관을 고려할 필요가 있는 구간
설치높이 및 간 격	· 설치높이 : 1.6m · 지주간격 : 2.5m · 보조지주간격 : 10.0m	· 설치높이 : 1.6m · 지주간격 : 2.5m · 보조지주간격 : 10.0m	· 설치높이 : 1.6m · 지주간격 : 2.5m · 보조지주간격 : 10.0m
망의 규격 및 재 질	· 재질 : 용융아연도금, PVC 코팅 · 규격 : #8×56×56	· 재질 : 용융아연도금 · 굵기 : #14-2 · 간격 : 20cm	· 경제성 등 검토후 적용
기타 사항	· 방음벽이나 낙석방지책을 울타리로 활용하는 것이 경제적일 경우 울타리 설치를 생략할 수 있다. · 울나리 설치 대상 구간이라도 옹벽 등이 실지되어 있는 구간은 울타리 실지를 생략할 수 있다. · 환경영향평가 이행사항 등 특별한 경우가 있을 경우에는 협의결과에 따른다.		

나. 울타리 표준도

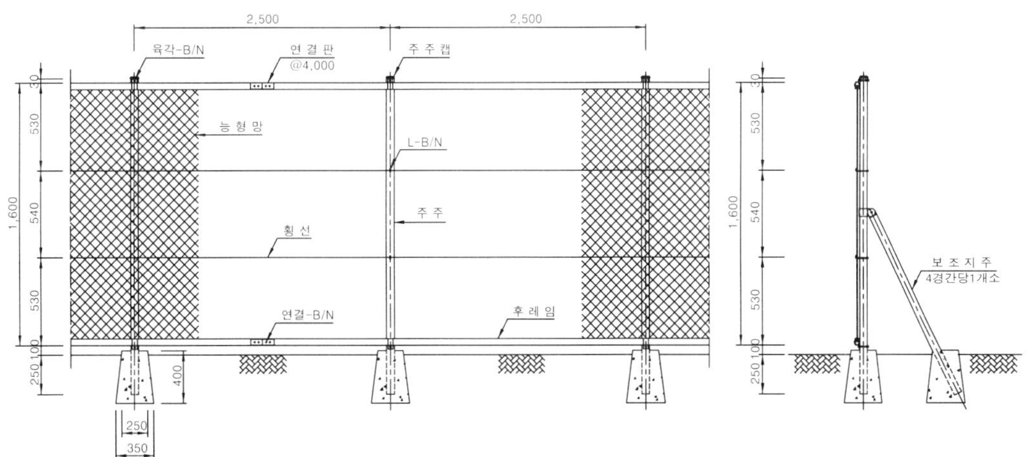

<그림 Ⅱ.3.22> 능형망 울타리(H = 1.60m)

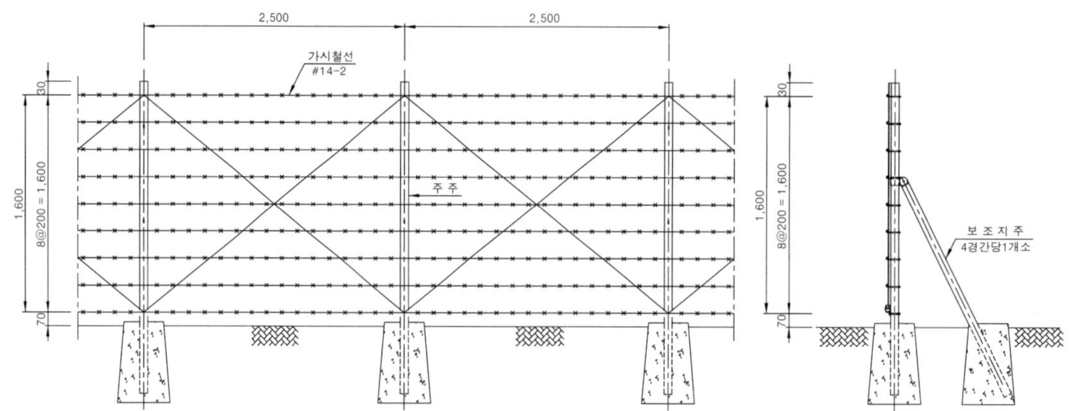

<그림 Ⅱ.3.23> 가시철사 울타리(H = 1.60m)

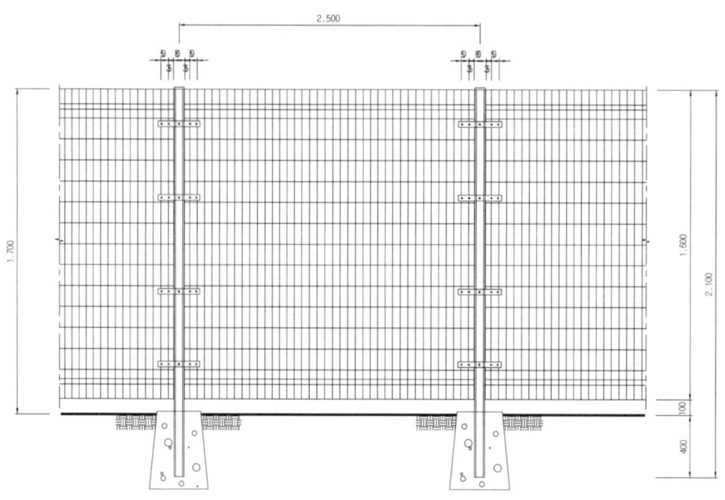

<그림 Ⅱ.3.24> 매쉬형 울타리(H = 1.70m)

다. 울타리 출입문

1) 규격

가) 차량 진입용 : 폭 4m 쌍여닫이

나) 사람 진입용 : 폭 0.8m 편측여닫이

2) 설치개소

가) 차량 진입용 : 터널, 방재구역 출입구

나) 사람 진입용 : 교대부

다) 기타 구간은 2km마다 1개소, 가능한 도로와 인접개소에 설치한다.

라. 낙석방지책

절토부위의 노출된 암반으로부터 철도노반에까지 낙석이 떨어지지 않도록 인위적인 방지책을 설치한 것으로 열차운행의 위험요인을 사전에 방지한다는 특성이 있다. 낙석으로부터의 충격을 와이어로프가 막아주며 지주는 암반의 무게를 견딜 수 있도록 설계되어야 한다.

Ⅱ-3-2. 수량조서

번 호	공 종	규 격	단위	수 량	비 고
Ⅱ-3	본선부속				
1	토 공				
1.01	땅깎기				
a	벌개제근		㎡	1	
b	층따기	토 사	㎥	1	
1.02	흙쌓기				
a	비탈면다짐	토 사	㎥	1	
b	유용토흙쌓기	무대,토사	㎥	1	
1.03	구조물 터파기				
a	터파기	인력,토사	㎥	1	
b	터파기	육상,토사	㎥	1	
c	터파기	육상,풍화암	㎥	1	
d	터파기	육상,연암	㎥	1	
e	터파기	육상,경암	㎥	1	
f	터파기	수중,토사	㎥	1	
g	터파기	수중,풍화암	㎥	1	
h	터파기	수중,연암	㎥	1	
i	터파기	수중,경암	㎥	1	
1.04	되메우기 및 다짐				
a	되메우기	인 력	㎥	1	
b	되메우기	토 사	㎥	1	
c	되메우기	풍화암	㎥	1	
1.05	잔토처리	인 력	㎥	1	
1.06	구조물뒷채움	잡 석	㎥	1	
1.07	구조물기초깔기	잡 석	㎥	1	
1.08	구조물기초다짐	잡 석	㎥	1	
1.09	물푸기				
a	물푸기	양수기,D150mm	hr	1	
b	물푸기	설치 및 운반	개소	1	
2	기초말뚝박기				
2.01	PHC말뚝박기	D500mm,T=80mm			
a	PHC말뚝박기	직접항타	m	1	

번 호	공 종	규 격	단위	수 량	비 고
b	PHC말뚝박기	천공후항타	m	1	
c	PHC말뚝박기	S.I.P공법	m	1	
2.02	**강관말뚝박기**	D508mm,T=12mm			
a	강관말뚝박기	직접항타	m	1	
b	강관말뚝박기	천공후항타	m	1	
c	강관말뚝박기	S.I.P공법	m	1	
2.03	**말뚝두부보강**				
a	PHC말뚝두부보강	D500mm,재래식	본	1	
b	PHC말뚝두부보강	D500mm,제품	본	1	
c	강관말뚝두부보강	D508mm,제품	본	1	
2.04	**말뚝보강 및 이음**				
a	PHC말뚝이음	D500mm	본	1	
b	강관말뚝이음	D508mm	본	1	
c	강관말뚝선단보강	D508mm	본	1	
3	**수로공**				
3.01	**현장콘크리트타설 수로**				
a	콘크리트타설				
a-1	바닥콘크리트	무근,펌프카사용	m^3	1	
a-2	바닥콘크리트	무근,슈트사용	m^3	1	
a-3	기초콘크리트	무근,펌프카사용	m^3	1	
a-4	기초콘크리트	철근,펌프카사용	m^3	1	
a-5	구체콘크리트	무근,펌프카사용	m^3	1	H=0~15m미만
a-6	구체콘크리트	철근,펌프카사용	m^3	1	H=0~15m미만
a-7	비탈면콘크리트	1:1.2~1.8	m^3	1	
b	거푸집				
b-1	합판거푸집	6회,H=0~7m	m^2	1	
b-2	합판거푸집	4회,H=0~7m	m^2	1	
b-3	합판거푸집	3회,H=0~7m	m^2	1	
b-4	목재거푸집	4회,H=0~7m	m^2	1	
b-5	목재거푸집	3회,H=0~7m	m^2	1	
b-6	문양거푸집	합성수지,H=0~7m	m^2	1	
c	신축이음장치				

번 호	공 종	규 격	단위	수 량	비 고
c-1	신축이음	합판,T=12mm	㎡	1	
c-2	신축이음	스티로폼,T=10mm	㎡	1	
c-3	신축이음	스티로폼,T=20mm	㎡	1	
d	배수시설				
d-1	배수뒷잡석채움		㎥	1	
d-2	부직포설치	T = 2mm	㎡	1	
d-3	드레인보드설치	T = 20mm	㎡	1	
d-4	배수공설치	PVC PIPE,D50mm	m	1	
e	스페이서설치				
e-1	스페이서설치	벽체용	㎡	1	
e-2	스페이서설치	슬래브 및 기초	㎡	1	
f	철근가공조립				
f-1	철근가공조립	간 단	ton	1	
f-2	철근가공조립	보 통	ton	1	
g	수로뚜껑제작설치	각 종	개	1	
3.02	**프리캐스트제품수로**				
a	프리캐스트제품수로	중량 50～150kg	m	1	
b	프리캐스트제품수로	중량 150～300kg	m	1	
c	프리캐스트제품수로	중량 300～500kg	m	1	
d	프리캐스트제품수로	중량 500～700kg	m	1	
e	프리캐스트제품수로	중량 700～900kg	m	1	
f	프리캐스트제품수로	중량 900～1100kg	m	1	
g	프리캐스트제품수로	중량 1100～1300kg	m	1	
4	**옹벽공**				
4.01	**현장콘크리트타설옹벽**				
a	콘크리트타설				
a-1	바닥콘크리트	무근,펌프카사용	㎥	1	
a-2	구체콘크리트	무근,펌프카사용	㎥	1	H=0～15m미만
a-3	구체콘크리트	철근,펌프카사용	㎥	1	H=0～15m미만
b	거푸집				
b-1	합판거푸집	6회,H=0～7m	㎡	1	
b-2	합판거푸집	4회,H=0～7m	㎡	1	

번 호	공　　종	규　격	단위	수　량	비 고
b-3	합판거푸집	3회,H=0~7m	㎡	1	
b-4	합판거푸집	3회,H=7~10m	㎡	1	
b-5	목재거푸집	4회,H=0~7m	㎡	1	
b-6	목재거푸집	3회,H=0~7m	㎡	1	
b-7	목재거푸집	3회,H=7~10m	㎡	1	
b-8	문양거푸집	합성수지,H=0~7m	㎡	1	
b-9	문양거푸집	합성수지,H=7~10m	㎡	1	
c	강관비계매기	3개월	㎡	1	H = 30m미만
d	신축이음장치				
d-1	신축이음	스티로폼,T=20mm	㎡	1	
d-2	신축이음	죠인트휠러,T=20mm	㎡	1	
d-3	신축이음	브로운Asp,T=20mm	㎡	1	
d-4	다웰바설치	D25×800mm	개	1	
d-5	충진재채움	실런트,20×20mm	m	1	
d-6	충진재채움	실런트,20×25mm	m	1	
d-7	지수판설치	PVC,200×5T	m	1	
e	시공이음정리	기　계	㎡	1	
f	수축줄눈설치				
f-1	수축줄눈설치	목　재	m	1	
f-2	균열유발줄눈설치	10×10mm	m	1	
g	배수시설				
g-1	배수뒷잡석채움		㎥	1	
g-2	부직포설치	T = 2mm	㎡	1	
g-3	드레인보드설치	T = 20mm	㎡	1	
g-4	배수공설치	PVC PIPE,D100mm	m	1	
g-5	쏘일시멘트	1 : 15	㎥	1	
h	스페이서설치				
h-1	스페이서설치	벽체용	㎡	1	
h-2	스페이서설치	슬래브 및 기초용	㎡	1	
i	철근가공조립				
i-1	철근가공조립	간　단	ton	1	

번 호	공 종	규 격	단위	수 량	비 고
i-2	철근가공조립	보 통	ton	1	
i-3	철근가공조립	복 잡	ton	1	
4.02	**보강토옹벽**				
a	판넬식옹벽				
a-1	기초콘크리트타설	철근,진동기포함	㎥	1	
a-2	합판거푸집	4회,H=0~7m	㎡	1	
a-3	철근가공조립	보 통	ton	1	
a-4	보강토부설및다짐	뒷길이 2m이하	㎥	1	
a-5	보강토부설및다짐	뒷길이 2m이상	㎥	1	
a-6	판넬조립및설치		㎡	1	
a-7	버팀목설치및해체		m	1	
a-8	부직포설치	200g/㎡	㎡	1	
b	블럭식옹벽				
b-1	기초잡석깔기		㎥	1	
b-2	구조물뒷채움	잡 석	㎥	1	
b-3	부직포설치	T = 2mm	㎡	1	
b-4	블럭쌓기	표준형	㎡	1	
b-5	블럭쌓기	마감형	㎡	1	
b-6	지오그리드설치		㎡	1	
b-7	유공관설치	THP PIPE,D200mm	m	1	
b-8	유도배수층설치	잡 석	㎥	1	
4.03	**돌망태형옹벽**				
a	부직포설치	400g/㎡	㎡	1	
b	돌망태형옹벽	GABION공법			
b-1	돌망태형옹벽	H = 5m이하	㎥	1	
b-2	돌망태형옹벽	H = 5~8m이하	㎥	1	
b-3	돌망태형옹벽	H = 8~11m이하	㎥	1	
b-4	돌망태형옹벽	H = 11~14m이하	㎥	1	
b-5	돌망태형옹벽	H = 14m초과	㎥	1	
5	**방음벽공**				
a	콘크리트타설				
a-1	바닥콘크리트	무근,펌프카사용	㎥	1	

번 호	공 종	규 격	단위	수 량	비 고
a-2	구체콘크리트	철근,펌프카사용	㎥	1	H=0~15m미만
b	거푸집				
b-1	합판거푸집	6회,H=0~7m	㎡	1	
b-2	합판거푸집	4회,H=0~7m	㎡	1	
b-3	합판거푸집	3회,H=0~7m	㎡	1	
b-4	목재거푸집	4회,H=0~7m	㎡	1	
b-5	목재거푸집	3회,H=0~7m	㎡	1	
c	시공이음정리	기 계	㎡	1	
d	신축이음장치				
d-1	스티로폼설치	T = 20mm	㎡	1	
d-2	다웰바설치	D25×800mm	개	1	
d-3	충진재채움	실런트,20×20mm	m	1	
d-4	지수판설치	PVC,200×5T	m	1	
e	배수시설				
e-1	배수뒷잡석채움		㎥	1	
e-2	부직포설치	T = 2mm	㎡	1	
e-3	드레인보드설치	T = 20mm	㎡	1	
e-4	배수공설치	PVC PIPE,D65mm	m	1	
f	스페이서설치				
f-1	스페이서설치	벽체용	㎡	1	
f-2	스페이서설치	슬래브 및 기초용	㎡	1	
g	철근가공조립				
g-1	철근가공조립	보 통	ton	1	
g-2	철근가공조립	복 잡	ton	1	
h	방음벽제작설치	토공부			
h-1	천 공	토사,D400mm	m	1	
h-2	천 공	풍화암,D400mm	m	1	
h-3	케이싱설치 및 철거	D400mm	m	1	
h-4	H- pile박기	H=200mm이하	m	1	천공후 항타
h-5	방음벽제작설치	H2.0m×W4.0m	m	1	
h-6	방음벽제작설치	H3.0m×W4.0m	m	1	
h-7	방음벽제작설치	H4.0m×W4.0m	m	1	

번 호	공 종	규 격	단위	수 량	비 고
h-8	방음벽제작설치	H5.0m×W4.0m	m	1	
6	울타리공			1	
a	기초콘크리트타설	소형,진동기제외	㎥	1	
b	합판거푸집	4회,H=0~7m	㎡	1	
c	울타리설치				
c-1	능형망울타리	H1.6×W2.5m	m	1	
c-2	가시철사울타리	H1.6×W2.5m	m	1	
d	낙석방지책설치				
d-1	낙석방지책설치	표준구간,H=3.0m	m	1	
d-2	낙석방지책설치	단부구간,H=3.0m	m	1	

Ⅱ-3-3. 수량산출기준

1. 토　공

가. 땅깎기

1) 벌개제근(㎡)

가) 'Ⅱ-1-3. 토공'의 '3-가. 벌개제근'을 참조한다.

나) 돌망태 옹벽 및 기존선 비탈면 구간에 적용한다.

2) 층따기 - 토사(㎥)

가) 'Ⅱ-1-3. 토공'의 '6-바. 층따기'를 참조한다.

나) 돌망태 옹벽 및 기존선 비탈면 구간에 적용한다.

나. 흙쌓기

1) 비탈면 다짐 - 토사(㎡)

가) 'Ⅱ-1-3. 토공'의 '7-마. 비탈면다짐'을 참조한다.

나) 돌망태 옹벽의 배면 다짐에 적용한다.

2) 유용토 흙쌓기 - 토사(㎥)

가) 'Ⅱ-1-3. 토공'의 '8. 유용토 흙쌓기'를 참조한다.

나) 돌망태 옹벽의 배면 다짐에 적용한다.

다. 구조물 터파기

1) 터파기 - 인력, 토사(㎥)

가) 'Ⅱ-2-3. 구조물 공통'의 '1-나-1) 토사터파기-인력'을 참조한다.

나) 울타리 기초 터파기에 적용한다.

2) 터파기 - 육상, 토사(㎥)

가) 'Ⅱ-2-3. 구조물 공통'의 '1-나-2) 토사터파기-육상'을 참조한다.

나) 수로, 방음벽 기초, 옹벽 등의 구조물 터파기에 적용한다.

3) 터파기 - 육상, 풍화암(㎥)

가) 'Ⅱ-2-3. 구조물 공통'의 '1-다. 풍화암터파기'를 참조한다.

나) 수로, 방음벽 기초, 옹벽 등의 구조물 터파기에 적용한다.

4) 터파기 - 육상, 연암(㎥)

가) 'Ⅱ-2-3. 구조물 공통'의 '1-라. 연암터파기'를 참조한다.

나) 수로, 방음벽 기초, 옹벽 등의 구조물 터파기에 적용한다.

5) 터파기 - 육상, 경암(㎥)

가) 'Ⅱ-2-3. 구조물 공통'의 '1-마. 경암터파기'를 참조한다.

나) 수로, 방음벽 기초, 옹벽 등의 구조물 터파기에 적용한다.

6) 터파기 - 수중, 토사(㎥)

가) 'Ⅱ-2-3. 구조물 공통'의 '1-나-3) 토사터파기-수중'을 참조한다.

나) 수로, 방음벽 기초, 옹벽 등의 구조물 터파기에 적용한다.

7) 터파기 - 수중, 풍화암(㎥)

가) 'Ⅱ-2-3. 구조물 공통'의 '1-다. 풍화암터파기'를 참조한다.

나) 수로, 방음벽 기초, 옹벽 등의 구조물 터파기에 적용한다.

8) 터파기 - 수중, 연암(㎥)

가) 'Ⅱ-2-3. 구조물 공통'의 '1-라. 연암터파기'를 참조한다.

나) 수로, 방음벽 기초, 옹벽 등의 구조물 터파기에 적용한다.

9) 터파기 - 수중, 경암(㎥)

가) 'Ⅱ-2-3. 구조물 공통'의 '1-마. 경암터파기'를 참조한다.

나) 수로, 방음벽 기초, 옹벽 등의 구조물 터파기에 적용한다.

라. 되메우기 및 다짐

1) 되메우기 - 인력(㎥)

가) 'Ⅱ-2-3. 구조물 공통'의 '1-바-1) 되메우기-인력'을 참조한다.

나) 울타리 기초의 되메우기에 적용한다.

2) 되메우기 - 토사(㎥)

가) 'Ⅱ-2-3. 구조물 공통'의 '1-바-2) 되메우기-토사'를 참조한다.

나) 수로, 방음벽 기초, 옹벽 등의 구조물 되메우기에 적용한다.

3) 되메우기 - 풍화암(㎥)

가) 'Ⅱ-2-3. 구조물 공통'의 '1-바-3) 되메우기-풍화암'을 참조한다.

나) 수로, 방음벽 기초, 옹벽 등의 구조물 되메우기에 적용한다.

마. 잔토처리 - 인력(㎥)

1) 'Ⅱ-2-3. 구조물 공통'의 '1-사. 잔토처리-인력'을 참조한다.

2) 울타리 기초의 잔토량을 현장내에서 깔고 고르는 잔토처리에 적용한다.

바. 구조물뒷채움 - 잡석(㎥)

1) 'Ⅱ-2-3. 구조물 공통'의 '1-아. 구조물뒷채움-잡석'을 참조한다.

2) 수로, 옹벽 등의 구조물 뒷채움에 적용한다.

사. 구조물기초깔기 - 잡석(㎥)

1) 'Ⅱ-2-3. 구조물 공통'의 '1-자. 구조물기초깔기-잡석'을 참조한다.

2) 수로, 방음벽 기초, 옹벽 등 구조물 기초의 잡석치환에 적용한다.

아. 구조물기초다짐 - 잡석(㎥)

1) 'Ⅱ-2-3. 구조물 공통'의 '1-차. 구조물기초다짐-잡석'을 참조한다.

2) 수로, 방음벽 기초, 옹벽 등 구조물 기초의 잡석치환에 적용한다.

자. 물푸기

1) 물푸기 - 양수기, D150mm(hr)

가) 'Ⅱ-2-3. 구조물 공통'의 '1-타-1) 물푸기'를 참조한다.

나) 수중 터파기시 적용한다.

2) 물푸기 - 설치 및 운반(개소)

가) 'Ⅱ-2-3. 구조물 공통'의 '1-타-2) 물푸기'를 참조한다.

나) 수중 터파기시 적용한다.

2. 기초말뚝박기

가. PHC말뚝 박기

1) PHC말뚝 박기 - 직접항타(m)

'Ⅱ-2-3. 구조물 공통'의 '9-가-1) PHC말뚝박기-직접항타'를 참조한다.

2) PHC말뚝 박기 - 천공후항타(m)

'Ⅱ-2-3. 구조물 공통'의 '9-가-2) PHC말뚝박기-천공후항타'를 참조한다.

3) PHC말뚝 박기 - S.I.P공법(m)

'Ⅱ-2-3. 구조물 공통'의 '9-가-3) PHC말뚝박기-S.I.P공법'을 참조한다.

나. 강관말뚝 박기

1) 강관말뚝 박기 - 직접항타(m)

'Ⅱ-2-3. 구조물 공통'의 '9-나-1) 강관말뚝박기-직접항타'를 참조한다.

2) 강관말뚝 박기 - 천공후항타(m)

'Ⅱ-2-3. 구조물 공통'의 '9-나-2) 강관말뚝박기-천공후항타'를 참조한다.

3) 강관말뚝 박기 - S.I.P공법(m)

'Ⅱ-2-3. 구조물 공통'의 '9-나-3) 강관말뚝박기-S.I.P공법'을 참조한다.

다. 말뚝두부보강

1) PHC말뚝 두부보강 - D500mm(본)

'Ⅱ-2-3. 구조물 공통'의 '9-라-1), 9-라-2) PHC말뚝 두부보강'을 참조한다.

2) 강관말뚝 두부보강 - D508mm(본)

'Ⅱ-2-3. 구조물 공통'의 '9-라-3) 강관말뚝 두부보강'을 참조한다.

라. 말뚝보강 및 이음

1) PHC말뚝 이음 - D500mm(본)

'Ⅱ-2-3. 구조물 공통'의 '9-마-1) PHC말뚝 이음'을 참조한다.

2) 강관말뚝 이음 - D508mm(본)

'Ⅱ-2-3. 구조물 공통'의 '9-마-2) 강관말뚝 이음'을 참조한다.

3) 강관말뚝 선단보강 - D508mm(본)

'Ⅱ-2-3. 구조물 공통'의 '9-마-3) 강관말뚝 선단보강'을 참조한다.

3. 수로공

가. 현장콘크리트타설 수로

1) 콘크리트 타설

가) 바닥콘크리트 - 무근, 펌프카사용 (m^3)

(1) 'Ⅱ-2-3. 구조물 공통'의 '2-가-1) 무근콘크리트타설-펌프카사용'를 참조한다.

(2) 수로의 바닥콘크리트 타설에 적용한다.

나) 바닥콘크리트 - 무근, 슈트사용(m^3)

(1) 'Ⅱ-2-3. 구조물 공통'의 '2-나-2) 무근콘크리트타설-슈트사용'을 참조한다.

(2) 수로의 바닥콘크리트 중 레미콘의 현장진입이 곤란한 경우 적용한다.

다) 기초콘크리트 - 무근, 펌프카 사용(㎥)

(1) 'Ⅱ-2-3. 구조물 공통'의 '2-나-4) 무근콘크리트타설-펌프카사용'을 참조한다.

(2) 수로의 기초콘크리트 중 무근콘크리트일 경우 적용한다.

라) 기초콘크리트 - 철근, 펌프카 사용(㎥)

(1) 'Ⅱ-2-3. 구조물 공통'의 '2-다-4) 철근콘크리트타설-펌프카사용'을 참조한다.

(2) 수로의 기초콘크리트 중 철근콘크리트일 경우 적용한다.

마) 구체콘크리트 - 무근, 펌프카사용(㎥)

(1) 'Ⅱ-2-3. 구조물 공통'의 '2-나-4) 무근콘크리트타설-펌프카사용'을 참조한다.

(2) 수로의 구체콘크리트 중 무근콘크리트일 경우 적용한다.

바) 구체콘크리트 - 철근, 펌프카사용(㎥)

(1) 'Ⅱ-2-3. 구조물 공통'의 '2-다-4) 철근콘크리트타설-펌프카사용'을 참조한다.

(2) 수로의 구체콘크리트 중 철근콘크리트일 경우 적용한다.

사) 비탈면콘크리트 - 평균, 1:1.2~1.8(㎥)

'Ⅱ-2-3. 구조물 공통'의 '2-마. 비탈면콘크리트타설'을 참조한다.

2) 거푸집

가) 합판거푸집 - 6회, H=0~7m(㎡)

(1) 'Ⅱ-2-3. 구조물 공통'의 '3-가. 합판거푸집'을 참조한다.

(2) 수로의 바닥거푸집에 적용한다.

나) 합판거푸집 - 4회, H=0~7m(㎡)

(1) 'Ⅱ-2-3. 구조물 공통'의 '3-가. 합판거푸집'을 참조한다.

(2) 수로의 기초거푸집에 적용한다.

다) 합판거푸집 - 3회, H=0~7m(㎡)

(1) 'Ⅱ-2-3. 구조물 공통'의 '3-가. 합판거푸집'을 참조한다.

(2) 수로의 구체거푸집 중 배면거푸집에 적용한다.

라) 목재거푸집 - 4회, H=0~7m(㎡)

(1) 'Ⅱ-2-3. 구조물 공통'의 '3-나. 목재거푸집'을 참조한다.

(2) 수로의 기초거푸집에서 곡면 거푸집에 적용한다.

마) 목재거푸집 - 3회, H=0~7m(㎡)

(1) 'Ⅱ-2-3. 구조물 공통'의 '3-나. 목재거푸집'을 참조한다.

(2) 수로의 구체거푸집에서 곡면 거푸집에 적용한다.

바) 문양거푸집 - 합성수지, H=0~7m(㎡)

(1) 'Ⅱ-2-3. 구조물 공통'의 '3-라-1) 문양거푸집-합성수지'를 참조한다.

(2) 수로의 구체거푸집 중 미관을 고려해 전면거푸집에 적용한다.

3) 신축이음장치

가) 신축이음 - 합판, T=12mm(㎡)

(1) 신축이음의 간격은 20m 이내로 한다.

(2) 수량은 신축이음면의 면적으로 산출한다.

나) 신축이음 - 스티로폼, T=10mm(㎡)

(1) 신축이음의 간격은 20m 이내로 한다.

(2) 수량은 신축이음면의 면적으로 산출한다.

다) 신축이음 - 스티로폼, T=20mm(㎡)

(1) 신축이음의 간격은 20m 이내로 한다.

(2) 수량은 신축이음면의 면적으로 산출한다.

4) 배수시설

가) 배수뒷막돌 채움(㎥)

'Ⅱ-2-3. 구조물 공통'의 '1-카. 배수뒷막돌 채움'을 참조한다.

나) 부직포 설치 - T=2mm(㎡)

(1) 배수뒷잡석이나 드레인보드를 부직포로 감싸는 수량이다.

(2) 배수뒷잡석이나 드레인보드의 겉면적으로 수량을 산출한다.

(3) 드레인보드에 부직포를 설치시는 부직포를 100mm 겹치게 한다.

다) 드레인보드 설치 - T=20mm(㎡)

(1) 드레인보드의 설치수량은 면적으로 산출한다.

(2) 배수공 상단에서 50cm, 하단에서 50cm 연장된 길이에 옹벽연장을 곱하여 산출한다.

라) 배수공 설치 - PVC PIPE, D50mm(m)

(1) 배수공은 수평에서 10°기울어진 상태로 설치한다.

(2) 배수공 수량은 기울어진 상태를 감안한 연장으로 산출한다.

5) 스페이서 설치

가) 스페이서 설치 - 벽체용(㎡)

'Ⅱ-2-3. 구조물 공통'의 '6-가. 스페이서 설치'를 참조한다.

나) 스페이서 설치 - 슬래브 및 기초용(㎡)

'Ⅱ-2-3. 구조물 공통'의 '6-나. 스페이서 설치'를 참조한다.

6) 철근가공조립

가) 철근가공조립 - 간단(ton)

'Ⅱ-2-3. 구조물 공통'의 '7-가. 철근가공조립'을 참조한다.

나) 철근가공조립 - 보통(ton)

'Ⅱ-2-3. 구조물 공통'의 '7-나. 철근가공조립'을 참조한다.

7) 수로뚜껑 제작설치 - 각종(개)

가) 뚜껑수량은 각종 규격별 갯수로 산출한다.

나) 뚜껑 제작에 소요되는 콘크리트, 거푸집, 철근 등은 별도의 재료표로 구성한다.

나. 프리캐스트 제품 수로

1) 프리캐스트 제품 수로 - 중량 50~150kg(m)

2) 프리캐스트 제품 수로 - 중량 150~300kg(m)

3) 프리캐스트 제품 수로 - 중량 300~500kg(m)

4) 프리캐스트 제품 수로 - 중량 500~700kg(m)

5) 프리캐스트 제품 수로 - 중량 700~900kg(m)

6) 프리캐스트 제품 수로 - 중량 900~1100kg(m)

7) 프리캐스트 제품 수로 - 중량 1100~1300kg(m)

가) 수로의 규격별(ex. 300×300mm) 연장으로 수량을 산출하고, 제품본당의 중량을 표시한다.

나) 터파기 등 토공수량은 별도 산출한다.

4. 옹벽공

가. 현장콘크리트타설 옹벽

1) 콘크리트 타설

가) 바닥콘크리트 - 무근, 펌프카 사용(㎥)

(1) 'Ⅱ-2-3. 구조물 공통'의 '2-가-1) 무근콘크리트타설-펌프카사용'를 참조한다.

(2) 옹벽의 바닥콘크리트 타설에 적용한다.

나) 구체콘크리트 - 무근, 펌프카사용(㎥)

(1) 'Ⅱ-2-3. 구조물 공통'의 '2-나-4) 무근콘크리트타설-펌프카사용'을 참조한다.

(2) 중력식 및 반중력식 옹벽의 구체콘크리트 타설에 적용한다.

다) 구체콘크리트 - 철근, 펌프카사용(㎥)

(1) 'Ⅱ-2-3. 구조물 공통'의 '2-다-4) 철근콘크리트타설-펌프카사용'을 참조한다.

(2) 역T형 및 부벽식 옹벽의 구체콘크리트 타설에 적용한다.

2) 거푸집

가) 합판거푸집 - 6회, H=0~7m(㎡)

(1) 'Ⅱ-2-3. 구조물 공통'의 '3-가. 합판거푸집'을 참조한다.

(2) 옹벽의 바닥거푸집에 적용한다.

나) 합판거푸집 - 4회, H=0~7m(㎡)

(1) 'Ⅱ-2-3. 구조물 공통'의 '3-가. 합판거푸집'을 참조한다.

(2) 옹벽의 기초거푸집에 적용한다.

다) 합판거푸집 - 3회, H=0~7m(㎡)

(1) 'Ⅱ-2-3. 구조물 공통'의 '3-가. 합판거푸집'을 참조한다.

(2) 옹벽의 구체거푸집 중 배면에 적용한다.

라) 합판거푸집 - 3회, H=7~10m(㎡)

(1) 'Ⅱ-2-3. 구조물 공통'의 '3-가. 합판거푸집'을 참조한다.

(2) 옹벽의 구체거푸집 중 배면에 적용한다.

마) 목재거푸집 - 4회, H=0~7m(㎡)

(1) 'Ⅱ-2-3. 구조물 공통'의 '3-나. 목재거푸집'을 참조한다.

(2) 옹벽의 기초거푸집 중 곡면에 적용한다.

바) 목재거푸집 - 3회, H=0~7m(㎡)

(1) 'Ⅱ-2-3. 구조물 공통'의 '3-나. 합판거푸집'을 참조한다.

(2) 옹벽의 구체거푸집 중 곡면에 적용한다.

사) 목재거푸집 - 3회, H=7~10m(㎡)

(1) 'Ⅱ-2-3. 구조물 공통'의 '3-나. 합판거푸집'을 참조한다.

(2) 옹벽의 구체거푸집 중 곡면에 적용한다.

아) 문양거푸집 - 합성수지, H=0~7m(㎡)

(1) 'Ⅱ-2-3. 구조물 공통'의 '3-라-1) 문양거푸집-합성수지'를 참조한다.

(2) 옹벽의 구체거푸집 중 미관을 고려해 전면거푸집에 적용한다.

자) 문양거푸집 - 합성수지, H=7~10m(㎡)

(1) 'Ⅱ-2-3. 구조물 공통'의 '3-라-1) 문양거푸집-합성수지'를 참조한다.

(2) 옹벽의 구체거푸집 중 미관을 고려해 전면거푸집에 적용한다.

3) 강관비계매기 - 3개월(㎡)

'Ⅱ-2-3. 구조물 공통'의 '4-나. 강관비계매기'를 참조한다.

4) 신축이음장치

가) 신축이음 - 스티로폼, T=20mm(㎡)

(1) 신축이음의 간격은 중력식 및 반중력식 옹벽은 10m 이내, 캔틸레버형 및 부벽식 옹벽은 20m 이내로 한다.

(2) 수량은 신축이음면의 면적으로 산출한다.

나) 신축이음 - 죠인트휠러, T=20mm(㎡)

(1) 신축이음의 간격은 20m 이내로 한다.

(2) 수량은 신축이음면의 면적으로 산출한다.

다) 신축이음 - 브로운아스팔트, T=20mm(㎡)

(1) 신축이음의 간격은 20m 이내로 한다.

(2) 수량은 신축이음면의 면적으로 산출한다.

라) 다웰바 설치 - D25×800mm(개)

(1) 다웰바 수량은 설치간격을 고려한 갯수로 산출한다.

(2) 다웰바 설치에 소요되는 기타공종(PVC PIPE, PVC CAP, 녹막이페인트, 채움재 등)의 수량은 별도로 산출하지 않는다.

마) 충진재 채움 - 실런트, 20×20mm(m)

충진재 채움은 연장으로 수량을 산출한다.

바) 충진재 채움 - 실런트, 20×25mm(m)

충진재 채움은 연장으로 수량을 산출한다.

사) 지수판 설치 - PVC, 200×5T(m)

지수판 설치는 연장으로 수량을 산출한다.

5) 시공이음정리 - 기계(㎡)

선타설 콘크리트의 타설면을 기계 치핑하는 것이며, 면적으로 산출한다.

6) 수축줄눈 설치

가) 수축줄눈 설치 - 목재(m)

수량산출은 연장으로 한다.

나) 균열유발줄눈 설치 - 10×10mm(m)

수량산출은 연장으로 한다.

7) 배수시설

가) 배수뒷잡석 채움(㎥)

'Ⅱ-2-3. 구조물 공통'의 '1-카. 배수뒷막돌 채움'을 참조한다.

나) 부직포 설치 - T=2mm(㎡)

(1) 배수뒷잡석이나 드레인보드를 부직포로 감싸는 수량이다.

(2) 배수뒷잡석이나 드레인보드의 겉면적으로 수량을 산출한다.

(3) 드레인보드에 부직포를 설치시는 부직포를 100mm 겹치게 한다.

다) 드레인보드 설치 - T=20mm(㎡)

(1) 드레인보드의 설치수량은 면적으로 산출한다.

(2) 옹벽 상부에서 0.50m 하단에서 배수공 아래 0.50m 하단까지의 길이에 옹벽연장을 곱하여 산출한다.

라) 배수공 설치 - PVC PIPE, D100mm(m)

(1) 배수공은 수평에서 10°기울어진 상태로 설치한다.

(2) 배수공 수량은 기울어진 상태를 감안한 연장으로 산출한다.

마) 쏘일시멘트(㎥)

(1) 쏘일시멘트의 수량은 체적으로 산출한다.

(2) 두께는 0.20m 기준으로 한다.

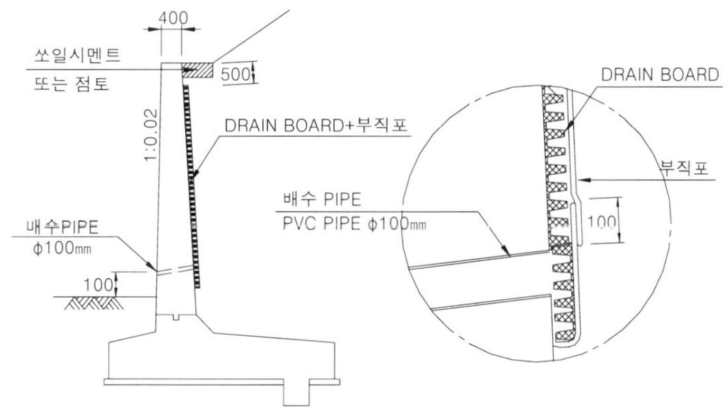

<그림 Ⅱ.3.26> 옹벽 배수시설 상세

8) 스페이서 설치

가) 스페이서 설치 - 벽체용(㎡)

(1) 'Ⅱ-2-3. 구조물 공통'의 '6-가. 스페이서 설치'를 참조한다.

(2) 옹벽 벽체의 면적으로 수량을 산출한다.

나) 스페이서 설치 - 슬래브 및 기초용(㎡)

(1) 'Ⅱ-2-3. 구조물 공통'의 '6-나. 스페이서 설치'를 참조한다.

(2) 옹벽 저판의 면적으로 수량을 산출한다.

9) 철근가공조립

가) 철근가공조립 - 간단(ton)

'Ⅱ-2-3. 구조물 공통'의 '7-가. 철근가공조립'을 참조한다.

나) 철근가공조립 - 보통(ton)

'Ⅱ-2-3. 구조물 공통'의 '7-나. 철근가공조립'을 참조한다.

다) 철근가공조립 - 복잡(ton)

'Ⅱ-2-3. 구조물 공통'의 '7-다. 철근가공조립'을 참조한다.

나. 보강토 옹벽

1) 판넬식 옹벽

가) 기초콘크리트 타설 - 철근, 진동기 포함(㎥)

(1) 'Ⅱ-2-3. 구조물 공통'의 '2-다-3) 철근콘크리트타설-진동기포함'을 참조한다.

(2) 옹벽의 기초콘크리트 타설에 적용한다.

나) 합판거푸집 - 4회,H=0~7m(㎡)

(1) 'Ⅱ-2-3. 구조물 공통'의 '3-가. 합판거푸집'을 참조한다.

(2) 옹벽의 기초거푸집에 적용한다.

다) 철근가공조립 - 보통(ton)

'Ⅱ-2-3. 구조물 공통'의 '7-나. 철근가공조립'을 참조한다.

라) 보강토 부설 및 다짐 - 뒷길이 2m이하(㎥)

(1) 보강토를 백호우로 부설하고 플레이트 콤팩터로 다짐하는 수량이다.

(2) 층별 부설두께(T)를 고려한 체적으로 수량을 산출한다.

마) 보강토 부설 및 다짐 - 뒷길이 2m이상(㎥)

(1) 보강토를 백호우로 부설하고 그레이더로 고른 후, 진동로울러로 다짐하는 수량이다.

(2) 층별 부설두께(T)를 고려한 체적으로 수량을 산출한다.

바) 판넬 조립 및 설치(㎡)

수량은 판넬을 설치하는 전면의 면적으로 산출한다.

사) 버팀목 설치 및 해체(m)

수량은 연장으로 산출한다.

아) 부직포 설치 - T=2mm(㎡)

부직포의 설치 면적으로 수량을 산출한다.

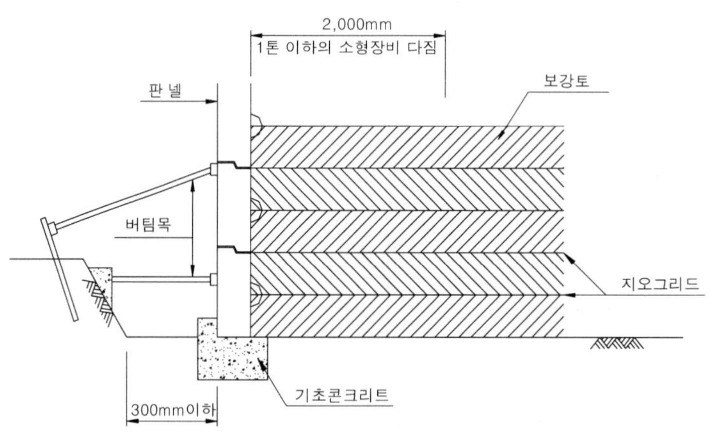

<그림 Ⅱ.3.27> 버팀목 설치 일반

2) 블럭식 옹벽

가) 기초잡석깔기(㎥)

'Ⅱ-2-3. 구조물 공통'의 '1-자. 구조물기초깔기-잡석'을 참조한다.

나) 구조물뒷채움(㎥)

'Ⅱ-2-3. 구조물 공통'의 '1-아. 구조물뒷채움-잡석'을 참조한다.

다) 부직포 설치 - T=2mm(㎡)

부직포의 설치 면적으로 수량을 산출한다.

라) 블럭쌓기 - 표준형(㎡)

표준형 블럭의 면적으로 산출한다.

마) 블럭쌓기 - 캡형(㎡)

캡형 블럭의 면적으로 산출한다.

바) 지오그리드 설치(㎡)

지오그리드 설치의 면적으로 산출한다.

사) 유공관 설치 - THP PIPE,D200mm(m)

배수를 위한 유공관의 연장으로 산출한다.

아) 유도배수층 설치 - 잡석(㎥)

유도배수층 설치에 소요되는 잡석의 체적으로 산출한다.

다. 돌망태형 옹벽

1) 부직포 설치 - T=4mm(㎡)

가) 부직포는 옹벽내로 토사의 유입을 방지하기 위하여 설치한다.

나) 돌망태형 옹벽의 배면 면적으로 산출하며, 겹치는 부분을 감안하여 배면 면적 1㎡당 부직포 1.15㎡로 산출한다.

2) 돌망태형 옹벽 - GABION 공법(㎥)

가) 돌망태형 옹벽은 다음과 같이 높이별로 구분하여 수량을 산출한다.

<표 Ⅱ.3.15> 수량산출시 적용 높이

구 분	높 이 별(H)				
돌망태형 옹벽	5m 이하	5~8m	8~11m	11~14m	14m 초과

나) 채움돌의 체적으로 수량을 산출한다.

다) 설치장소의 터파기 및 바닥면고르기 수량은 별도로 선출한다.

5. 방음벽공

가. 콘크리트 타설

1) 콘크리트 타설

가) 바닥콘크리트 - 무근, 펌프카 사용(㎥)

(1) 'Ⅱ-2-3. 구조물 공통'의 '2-가-1) 무근콘크리트타설-펌프카'를 참조한다.

(2) 방음벽 기초의 바닥콘크리트 타설에 적용한다.

나) 구체콘크리트 - 철근, 펌프카사용(㎥)

(1) 'Ⅱ-2-3. 구조물 공통'의 '2-다-4) 철근콘크리트타설-펌프카사용'을 참조한다.

(2) 방음벽 기초콘크리트 타설에 적용한다.

2) 거푸집

가) 합판거푸집 - 6회, H=0~7m(㎡)

(1) 'Ⅱ-2-3. 구조물 공통'의 '3-가. 합판거푸집'을 참조한다.

(2) 방음벽 기초의 바닥거푸집에 적용한다.

나) 합판거푸집 - 4회, H=0~7m(㎡)

(1) 'Ⅱ-2-3. 구조물 공통'의 '3-가. 합판거푸집'을 참조한다.

(2) 방음벽 기초의 기초거푸집에 적용한다.

다) 합판거푸집 - 3회, H=0~7m(㎡)

(1) 'Ⅱ-2-3. 구조물 공통'의 '3-가. 합판거푸집'을 참조한다.

(2) 방음벽 기초의 구체거푸집에 적용한다.

라) 목재거푸집 - 4회, H=0~7m(㎡)

(1) 'Ⅱ-2-3. 구조물 공통'의 '3-나. 목재거푸집'을 참조한다.

(2) 방음벽 기초의 기초거푸집 중 곡면거푸집에 적용한다.

마) 목재거푸집 - 3회, H=0~7m(㎡)

(1) 'Ⅱ-2-3. 구조물 공통'의 '3-나. 합판거푸집'을 참조한다.

(2) 방음벽 기초의 구체거푸집 중 곡면거푸집에 적용한다.

3) 시공이음정리 - 기계(㎡)

선타설 콘크리트의 타설면을 기계 치핑하는 것이며, 면적으로 산출한다.

4) 신축이음장치

가) 신축이음 - 스티로폼, T=20mm(㎡)

(1) 신축이음의 간격은 20m 이내로 한다.

(2) 수량은 신축이음면의 면적으로 산출한다.

나) 다웰바 설치 - D25×800mm(개)

(1) 다웰바 수량은 설치간격을 고려한 갯수로 산출한다.

(2) 다웰바 설치에 소요되는 기타공종(PVC PIPE, PVC CAP, 녹막이페인트, 채움재 등)의 수량은 별도로 산출하지 않는다.

다) 충진재 채움 - 실런트, 20×20mm(m)

충진재 채움은 연장으로 수량을 산출한다.

라) 지수판 설치 - PVC, 200×5T(m)

지수판 설치는 연장으로 수량을 산출한다.

5) 배수시설

가) 배수뒷잡석 채움(㎥)

'Ⅱ-2-3. 구조물 공통'의 '1-카. 배수뒷잡석 채움'을 참조한다.

나) 부직포 설치 - T=2mm(㎡)

(1) 배수뒷잡석이나 드레인보드를 부직포로 감싸는 수량이다.

(2) 배수뒷잡석이나 드레인보드의 겉면적으로 수량을 산출한다.

(3) 드레인보드에 부직포를 설치시는 부직포를 100mm 겹치게 한다.

다) 드레인보드 설치 - T=20mm(㎡)

(1) 드레인보드의 설치수량은 면적으로 산출한다.

(2) 옹벽 상부에서 0.50m 하단에서 배수공 아래 0.50m 하단까지의 길이에 옹벽연장을 곱하여 산출한다.

라) 배수공 설치 - PVC PIPE, D65mm(m)

(1) 배수공은 수평에서 10°기울어진 상태로 설치한다.

(2) 배수공 수량은 기울어진 상태를 감안한 연장으로 산출한다.

6) 스페이서 설치

가) 스페이서 설치 - 벽체용(㎡)

'Ⅱ-2-3. 구조물 공통'의 '6-가. 스페이서 설치'를 참조한다.

나) 스페이서 설치 - 슬래브 및 기초용(㎡)

'Ⅱ-2-3. 구조물 공통'의 '6-나. 스페이서 설치'를 참조한다.

7) 철근가공조립

가) 철근가공조립 - 보통(ton)

'Ⅱ-2-3. 구조물 공통'의 '7-나. 철근가공조립'을 참조한다.

나) 철근가공조립 - 복잡(ton)

'Ⅱ-2-3. 구조물 공통'의 '7-다. 철근가공조립'을 참조한다.

8) 방음벽 제작 설치(토공부)

가) 천공 - 토사, D400mm(m)

(1) 천공은 말뚝 건입용으로 D400mm를 기준으로 한다.

(2) 설계도면에 따라 토사 전층길이로 산출한다.

나) 천공 - 풍화암, D400mm(m)

(1) 천공은 말뚝건입용으로 D400mm를 기준으로 한다.

(2) 설계도면에 따라 풍화암 전층길이로 산출한다.

다) 케이싱 설치 및 철거 - D400mm(m)

수량은 토사 전층길이로 산출한다.

라) H-Pile박기 - 천공후 항타, H = 200mm이하(m)

설계도면에 따라 H-Pile 박기 연장으로 산출한다.

마) 방음벽 제작 설치 - H2.0m×W4.0m(m)

바) 방음벽 제작 설치 - H3.0m×W4.0m(m)

사) 방음벽 제작 설치 - H4.0m×W4.0m(m)

아) 방음벽 제작 설치 - H5.0m×W4.0m(m)

방음벽 설치 연장으로 수량을 산출한다.

6. 울타리공

가. 기초콘크리트 타설 - 소형, 진동기 제외(㎥)

1) ‘Ⅱ-2-3. 구조물 공통’의 ‘2-라-1) 소형콘크리트타설’을 참조한다.

2) 울타리 기초 등 소형구조물의 콘크리트 타설에 적용한다.

나. 합판거푸집 - 4회,H=0~7m(㎡)

‘Ⅱ-2-3. 구조물 공통’의 ‘3-가. 합판거푸집’을 참조한다.

다. 울타리 설치

1) 능형망 울타리 - H1.6×W2.5m(m)

울타리 설치 연장으로 수량을 산출한다.

2) 가시철사울타리 - H1.6×W2.5m(m)

울타리 설치 연장으로 수량을 산출한다.

라. 낙석방지책 설치

1) 낙석방지책 설치 - 표준구간, H=3.0m(m)

일반구간 낙석방지책의 연장으로 수량을 산출한다.

2) 낙석방지책 설치 - 단부구간, H=3.0m(m)

단부구간 낙석방지책의 연장으로 수량을 산출한다.

Ⅱ-3-4. 단가적용기준

1. 방음벽 설치

가. 앵커볼트 설치

지주높이	직종	단위	수량(방음벽 길이 m당)		
			지주간격 2m	지주간격 3m	지주간격 4m
2m	철공	인	0.30	0.26	0.22
3m	철공	인	0.34	0.28	0.24
4m	철공	인	0.38	0.30	0.26
5m	철공	인	0.42	0.32	0.28
6m	철공	인	0.46	0.34	-
7m	철공	인	0.50	0.36	-
8m	철공	인	0.54	-	-
9m	철공	인	0.58	-	-

1) 본 품은 매설앵커볼트(L형) 및 천공앵커볼트(케미컬앵커볼트) 시공에 적용하며, 이와 시공방법이 다를 경우에는 별도 계상한다.
2) 공구손료는 인력품의 3%로 계상한다.
3) 본 품은 소운반 및 용접비용이 포함된 것이다.
4) 현장여건에 따라 신호수(보통인부 1~2인)를 계상할 수 있다.

나. 지주 설치

지주높이	직종	단위	수량(방음벽 길이 m당)		
			지주간격 2m	지주간격 3m	지주간격 4m
2m	철공	인	0.24	0.16	0.14
	트럭탑재형 크레인(5ton)	시간	0.26	0.18	0.15
3m	철공	인	0.28	0.19	0.17
	트럭탑재형 크레인(5ton)	시간	0.30	0.21	0.18
4m	철공	인	0.32	0.23	0.20
	트럭탑재형 크레인(5ton)	시간	0.35	0.25	0.22
5m	철공	인	0.37	0.27	0.24
	트럭탑재형 크레인(5ton)	시간	0.40	0.29	0.25
6m	철공	인	0.42	0.30	-
	트럭탑재형 크레인(5ton)	시간	0.44	0.32	-
7m	철공	인	0.47	0.33	-
	트럭탑재형 크레인(5ton)	시간	0.50	0.35	-
8m	철공	인	0.53	-	-
	트럭탑재형 크레인(5ton)	시간	0.57	-	-
9m	철공	인	0.58	-	-
	트럭탑재형 크레인(5ton)	시간	0.63	-	-

1) 본 품은 매설앵커방식 및 천공앵커방식으로 지주를 세울 경우에 적용하며, 이와 시공방법이 다

를 경우에는 별도 계상한다.

2) 현장여건상 장비 진입이 불가능하여 인력에 의존해야 할 경우에는 인력품의 40%까지 가산할 수 있다.

3) 공구손료는 인력품의 3%로 계상한다.

4) 현장여건에 따라 신호수(보통인부 1~2인)를 계상할 수 있다.

다. 방음판 설치

지주높이	직종	단위	수량(방음벽 길이 m당)		
			지주간격 2m	지주간격 3m	지주간격 4m
2m	철공	인	0.18	0.12	0.10
	트럭탑재형 크레인(5ton)	시간	0.25	0.17	0.15
3m	철공	인	0.27	0.20	0.18
	트럭탑재형 크레인(5ton)	시간	0.36	0.26	0.25
4m	철공	인	0.36	0.27	0.26
	트럭탑재형 크레인(5ton)	시간	0.46	0.34	0.35
5m	철공	인	0.45	0.35	0.34
	트럭탑재형 크레인(5ton)	시간	0.57	0.42	0.45
6m	철공	인	0.54	0.42	-
	트럭탑재형 크레인(5ton)	시간	0.67	0.50	-
7m	철공	인	0.63	0.50	-
	트럭탑재형 크레인(5ton)	시간	0.78	0.59	-
8m	철공	인	0.72	-	-
	트럭탑재형 크레인(5ton)	시간	0.88	-	-
9m	철공	인	0.81	-	-
	트럭탑재형 크레인(5ton)	시간	0.99	-	-

1) 본 품은 금속제 방음판(방음판 높이 0.5m)을 기준한 것으로, 투명방음판(방음판 높이 1.0m)의 경우에는 본 품의 70%로 계상한다.

2) 현장여건상 장비 진입이 불가능하여 인력에 의존해야 할 경우에는 인력품의 40%까지 가산할 수 있다.

3) 공구손료는 인력품의 3%로 계상한다.

4) 현장여건에 따라 신호수(보통인부 1~2인)를 계상할 수 있다.

2. 울타리 설치

가. 능형망 울타리

구 분	단위	특별인부	보통인부	비 고
콘크리트 기둥 울타리	인	0.26	0.32	경간당
철재 기둥 울타리	인	0.23	0.22	경간당

1) 본 품은 자재의 절단, 터파기, 되메우기, 뒷정리 및 소운반품을 포함한 것이다.

2) 상부에 원형철조망을 설치하고자 할 경우에는 특별인부 0.01인, 보통인부 0.14인을 별도 계상한다.

3) 본 품은 평지 기준이므로 지형에 따라서는 품을 20%까지 가산할 수 있다.

4) 울타리 주기둥의 경간은 1.8m이고, 5경간당 1개소의 보조기둥을 설치한 것을 기준으로 한 것이다.

나. 낙석방지책

1) 지주 설치

사용기계(1대)		배치인원(인)		시공량(개)
명칭	규격			
크레인	10 ton	용 접 공	1	40개/일
		보통인부	3	

2) 와이어 설치

배치인원(인)		시공량(m)	비 고
보통인부	6	200	일 당
특별인부	2		

3) 철망 설치

배치인원(인)		시공량(㎡)	비 고
보통인부	5	360	일 당
특별인부	1		

가) 본 품은 낙석방지책 설치의 지주설치, 철망설치에 대한 품이며, 지주높이 3m, 지주간격 3m를 기준으로 한다.

나) 본 품에는 소운반품이 포함되어 있다.

다) 지주세우기를 위한 터파기, 기초 콘크리트, 되메우기 등이 포함되지 않았다.

라) 철거는 본 품의 50%로 한다.

마) 비계가 필요한 경우 별도 계상할 수 있다.

3. 보강토옹벽

가. 패널식

1) 패널 설치

가) 편성 인원

구분 \ 직종 / 단위	작업반장	비계공	특별인부	보통인부	철근공	형틀목공	비고
	인	인	인	인	인	인	
수 량	0.052	0.028	0.101	0.205	0.005	0.017	㎡당

나) 재료

구 분	규 격	단 위	수 량	비 고(m^2당)
패 널		m^2	1	
보 강 재	프릭션타이 50, 100kN	m	-	설계수량에 따라 계상
빗 장 고 리	D25, D32	개	-	설계수량에 따라 계상
수평 채움재	코르크판 20×80㎜	m	0.67	
수직 채움재	부직포 B=400㎜	m	0.50	
앵 커 철 근	D16㎜	m	0.70	
트럭 크레인	10ton	시간	0.34	
트 럭	2.5ton	시간	0.34	

2) 버팀목 설치 · 해체

구 분	규 격	단 위	수 량	비 고
형 틀 목 공		인	0.016	m 당
비 계 공		인	0.033	
보 통 인 부		인	0.050	
각 재	100×100㎜	m^3	0.036	

3) 적용 기준

가) 본 품은 +형 패널(1.5×1.5m)을 기준한 것임.

나) 본 품은 보강재의 설치와 패널배면 인력 흙고르기 품이 포함되어 있다.

다) 재료의 소운반 품은 포함되어 있다.

라) 잡재료비는 재료비의 5%를 가산한다.

나. 블록식

구 분	규 격	단 위	수 량	비 고
특 별 인 부		인	0.20	m^2 당
보 통 인 부		인	0.17	
굴 삭 기	0.7m^3	hr	0.50	
진동롤러(자주식)	10ton	hr	0.46	
진동롤러(핸드가이드식)	0.7ton	hr	0.29	

1) 본 품은 블록식 보강토 옹벽을 일반 성토부에 설치하기 위한 것으로 터파기 및 기초콘크리트 타설은 별도 계상한다. 소운반은 포함되어 있다.

2) 기초블록, 블록, 속채움, 뒷채움, 보강재, 유공관, 다짐, 마무리블록, 마감면 정리 품이 포함되어 있다.

3) 재료량(블록, 보강재, 쇄석, 유공관)은 설계수량에 따른다.

Ⅱ-3-5. 단가산출기준

번호	공 종	단위	단 가 산 출 기 준	비 고
1	토 공			
1.01	땅깎기			
a	벌개제근 (입목본수도:50~60%)	㎡	Ⅱ-1 본선 및 지축토공, 1.01-a 참조	
b	층따기(토사)	㎥	Ⅱ-1 본선 및 지축토공, 1.04-f 참조	
1.02	흙쌓기			
a	비탈면다짐(토사)	㎥	Ⅱ-1 본선 및 지축토공, 1.05-a-5 참조	
b	유용토흙쌓기(토사)	㎥	Ⅱ-1 본선 및 지축토공, 1.06-a-a-1,b-b-1,c-c-1 참조	
1.03	구조물 터파기			
a	터파기(토사,인력)	㎥	Ⅱ-2 구조물공통, 1.01-a-a-1 참조	
b	터파기(육상,토사)	㎥	Ⅱ-2 구조물공통, 1.01-a-a-2,a-a-3 참조	
c	터파기(육상,풍화암)	㎥	Ⅱ-2 구조물공통, 1.01-b-b-4,b-b-5 참조	
d	터파기(육상,연암)	㎥	Ⅱ-2 구조물공통, 1.01-c-c-4,c-c-5 참조	
e	터파기(육상,경암)	㎥	Ⅱ-2 구조물공통, 1.01-d-d-4,d-d-5 참조	
f	터파기(수중,토사)	㎥	Ⅱ-2 구조물공통, 1.01-a-a-4,a-a-5 참조	
g	터파기 (수중,풍화암)	㎥	Ⅱ-2 구조물공통, 1.01-b-b-6,b-b-7 참조	
h	터파기(수중,연암)	㎥	Ⅱ-2 구조물공통, 1.01-c-c-6,c-c-7 참조	
i	터파기(수중,경암)	㎥	Ⅱ-2 구조물공통, 1.01-d-d-6,d-d-7 참조	
1.04	되메우기 및 다짐			
a	되메우기(인 력)	㎥	Ⅱ-2 구조물공통, 1.02-a 참조	
b	되메우기(토 사)	㎥	Ⅱ-2 구조물공통, 1.02-b 참조	
c	되메우기(풍화암)	㎥	Ⅱ-2 구조물공통, 1.02-c 참조	
1.05	잔토처리(인력)	㎥	Ⅱ-2 구조물공통, 1.03 참조	
1.06	구조물뒷채움 (잡석)	㎥	Ⅱ-2 구조물공통, 1.04-a,b,c 참조	

번호	공 종	단위	단 가 산 출 기 준	비 고
1.07	구조물기초깔기 (잡석)	㎥	Ⅱ-2 구조물공통, 1.05 참조	
1.08	구조물기초다짐 (잡석)	㎥	Ⅱ-2 구조물공통, 1.06 참조	
1.09	물푸기			
a	물푸기 (양수기,D150㎜)	hr	Ⅱ-2 구조물공통, 1.08-a 참조	
b	물푸기 (운반 및 설치)	개소	Ⅱ-2 구조물공통, 1.08-b 참조	
2	기초말뚝박기			
2.01	P.H.C 말뚝박기			
a	P.H.C 말뚝박기 (직접항타)	m	Ⅱ-2 구조물공통, 9.01-a 참조	
b	P.H.C 말뚝박기 (천공후 항타)	m	Ⅱ-2 구조물공통, 9.01-b 참조	
c	P.H.C 말뚝박기 (S.I.P 공법)	m	Ⅱ-2 구조물공통, 9.01-c 참조	
2.02	강관말뚝박기			
a	강관말뚝박기 (직 접 항 타)	m	Ⅱ-2 구조물공통, 9.02-a 참조	
b	강관말뚝박기 (천공후 항타)	m	Ⅱ-2 구조물공통, 9.02-b 참조	
c	강관말뚝박기 (S.I.P 공 법)	m	Ⅱ-2 구조물공통, 9.02-c 참조	
2.03	말뚝두부보강			
a	PHC말뚝두부보강 (D500㎜,재래식)	본	Ⅱ-2 구조물공통, 9.04-a 참조	
b	PHC말뚝두부보강 (D500㎜,제품)	본	Ⅱ-2 구조물공통, 9.04-b 참조	
c	강관말뚝두부보강 (D508㎜)	본	Ⅱ-2 구조물공통, 9.04-c 참조	
2.04	말뚝이음			
a	P.H.C 말뚝이음 (D500㎜)	본	Ⅱ-2 구조물공통, 9.05-a 참조	
b	강관 말뚝 이음 (D508㎜)	본	Ⅱ-2 구조물공통, 9.05-b 참조	
c	강관말뚝선단보강 (D508㎜)	본	Ⅱ-2 구조물공통, 9.05-c 참조	

번호	공　　종	단위	단 가 산 출 기 준	비　고
3 3.01 a a-1	수　로　공 현장콘크리트 타설 수로 콘크리트타설 바닥콘크리트 (무근,펌프카사용)	㎥	Ⅱ-2 구조물공통, 2.01 참조	
a-2	바닥콘크리트 (무근,슈트사용)	㎥	Ⅱ-2 구조물공통, 2.02-b 참조	
a-3	기초콘크리트 (무근,펌프카사용)	㎥	Ⅱ-2 구조물공통, 2.02-d 참조	
a-4	기초콘크리트 (철근,펌프카사용)	㎥	Ⅱ-2 구조물공통, 2.03-d 참조	
a-5	구체콘크리트 (무근,펌프카사용)	㎥	Ⅱ-2 구조물공통, 2.02-d 참조	
a-6	구체콘크리트 (철근,펌프카사용)	㎥	Ⅱ-2 구조물공통, 2.03-d 참조	
a-7	비탈면콘크리트 (1:1.2~1:1.8)	㎥	Ⅱ-2 구조물공통, 2.05 참조	
b b-1	거푸집 합판거푸집 (6회,H = 0~7m)	㎡	Ⅱ-2 구조물공통, 3.01-f 참조	
b-2	합판거푸집 (4회,H = 0~7m)	㎡	Ⅱ-2 구조물공통, 3.01-d 참조	
b-3	합판거푸집 (3회,H = 0~7m)	㎡	Ⅱ-2 구조물공통, 3.01-c 참조	
b-4	목재거푸집 (4회,H = 0~7m)	㎡	Ⅱ-2 구조물공통, 3.02-d 참조	
b-5	목재거푸집 (3회,H = 0~7m)	㎡	Ⅱ-2 구조물공통, 3.02-c 참조	
b-6	문양거푸집 (합성수지,H=0~7m)	㎡	Ⅱ-2 구조물공통, 3.04-a 참조	
c c-1	신축이음장치 신축이음 (합판,T = 12㎜)	㎡	1. 재료비(합판,1210×2420㎜):1.03㎡ 2. 설치비(보통인부):0.01인	26-6-3 벽체합판붙임
c-2	신축이음 (스치로폴,T=10㎜)	㎡	1. 재 료 비 1) 스치로폴(T = 10㎜):1.05㎡ 2) 접착제:0.035kg 2. 설치비(조적공):0.028인	34-6-1 발포 폴리스티렌

번호	공　　종	단위	단 가 산 출 기 준	비　고
c-3	신축이음 (스치로폴,T=20㎜)	㎡	1. 재 료 비 1) 스치로폴(T = 20㎜):1.05㎡ 2) 접착제:0.035kg 2. 설치비(조적공):0.028인	34-6-1 발포 폴리스티렌
d d-1	배 수 시 설 배수뒷막돌채움	㎥	Ⅱ-2 구조물공통, 1.07 참조	
d-2	부직포설치 (200g/㎡)	㎡	1. 재 료 비 1) 부직포(200g/㎡):1.05㎡ 2) 잡재료비(재료비의 2%) 2. 설치비(보통인부):0.0015인	5-13 매트부설
d-3	드레인보드설치 (T = 20㎜)	㎡	1. 드레인보드 설치 1) 재료비:1.05㎡ 2) 설치비(보통인부):0.006인 2. Pin 설치(콘크리트 Gun 사용기준) 1) 재료비:0.667개/㎡*1.03(할증) = 0.687개/㎡ 2) 설치비(특별인부):1인/500㎡ = 0.002인/㎡ 3) 기구손료(재료비의 5%)	견적단가
d-4	배수공설치 (PVC pipe,D50㎜)	m	1. 재료비(VG1,D50㎜):1.02m 2. 설치비(재료비의 5%)	
e e-1	스페이서설치 스페이서설치 (벽체)	㎡	Ⅱ-2 구조물공통, 6-a 참조	
e-2	스페이서설치 (슬라브 및 기초)	㎡	Ⅱ-2 구조물공통, 6-b 참조	
f f-1	철근가공 및 조립 철근가공 및 조립 (간단)	ton	Ⅱ-2 구조물공통, 7-a 참조	
f-2	철근가공 및 조립 (보통)	ton	Ⅱ-2 구조물공통, 7-b 참조	
g	수로뚜껑 제작설치 (각종)	개	1. 콘크리트 1) 재료비(레미콘):설계수량 2) 콘크리트타설(소형):Ⅱ- 2 구조물공통, 2.04-a참조 2. 강재거푸집(간단, 인력) 1) 제작비:(설계수량)/55회 2) 잡철물제작:(설계수량)/55회 3) 거푸집해체 ① 형틀목공:0.017인*거푸집면적 ② 보통인부:0.045인*거푸집면적 3. 설치비(보도용콘크리트 블럭포장 적용) 1) 특별인부:1인/일/270㎡/일*개당면적 = 인 2) 보통인부:5인/일/270㎡/일*개당면적 = 인	12-3-3-1 대형블럭포장

번호	공 종	단위	단 가 산 출 기 준	비 고
			4. 철근가공조립 1) 철근재료비(SD300,D13㎜):설계수량 2) 철근가공조립(간단):설계수량Ⅱ-2 구조물공통,7-a참조	
3.02	프리캐스트 제품수로 (콘크리트및P.E제품)			
a	프리캐스트제품 수로 설치 (중량50kg～150kg 미만)	m	1. 재료비(시중물가지 중 낮은 금액 적용) 2. 특별인부:0.015인/본/2m/본 = 0.0075인/m 3. 보통인부:0.036인/본/2m/본 = 0.0180인/m 4. 타이어크레인(10Ton):0.140hr/본/2m/본 = 0.0700hr/m 5. 기구손료 및 이음모르터(노무비의 2%)	6-8-1 조립식구조물 설치공
b	프리캐스트 제품 수로 설치 (중량150kg～300kg 미만)	m	1. 재료비(시중물가지 중 낮은 금액 적용) 2. 특별인부:0.021인/본/2m/본 = 0.0105인/m 3. 보통인부:0.048인/본/2m/본 = 0.0240인/m 4. 타이어크레인(10Ton):0.150hr/본/2m/본 = 0.0750hr/m 5. 기구손료 및 이음모르터(노무비의 2%)	6-8-1 조립식구조물 설치공
c	프리캐스트 제품 수로 설치 (중량300kg～500kg 미만)	m	1. 재료비(시중물가지 중 낮은 금액 적용) 2. 특별인부:0.030인/본/2m/본 = 0.0150인/m 3. 보통인부:0.066인/본/2m/본 = 0.0330인/m 4. 타이어크레인(10Ton):0.170hr/본/2m/본 = 0.0850hr/m 5. 기구손료 및 이음모르터(노무비의 2%)	6-8-1 조립식구조물 설치공
d	프리캐스트 제품 수로 설치 (중량500kg～700kg 미만)	m	1. 재료비(시중물가지 중 낮은 금액 적용) 2. 특별인부:0.040인/본/2m/본 = 0.0200인/m 3. 보통인부:0.086인/본/2m/본 = 0.0430인/m 4. 타이어크레인(10Ton):0.190hr/본/2m/본 = 0.0950hr/m 5. 기구손료 및 이음모르터(노무비의 2%)	6-8-1 조립식구조물 설치공
e	프리캐스트 제품 수로 설치 (중량700kg～900kg 미만)	m	1. 재료비(시중물가지 중 낮은 금액 적용) 2. 특별인부:0.050인/본/2m/본 = 0.0250인/m 3. 보통인부:0.106인/본/2m/본 = 0.0530인/m 4. 타이어크레인(10Ton):0.210hr/본/2m/본 = 0.1050hr/m 5. 기구손료 및 이음모르터(노무비의 2%)	6-8-1 조립식구조물 설치공
f	프리캐스트 제품 수로 설치 (중량900kg～1100kg 미만)	m	1. 재료비(시중물가지 중 낮은 금액 적용) 2. 특별인부:0.060인/본/2m/본 = 0.0300인/m 3. 보통인부:0.126인/본/2m/본 = 0.0630인/m 4. 트럭크레인(10Ton):0.230hr/본/2m/본 = 0.1150hr/m 5. 기구손료 및 이음모르터(노무비의 2%)	6-8-1 조립식구조물 설치공
g	프리캐스트 제품 수로 설치 (중량1100kg～1300 kg미만)	m	1. 재료비(시중물가지 중 낮은 금액 적용) 2. 특별인부:0.070인/본/2m/본 = 0.0350인/m 3. 보통인부:0.146인/본/2m/본 = 0.0730인/m 4. 타이어크레인(10Ton):0.250hr/본/2m/본 = 0.1250hr/m 5. 기구손료 및 이음모르터(노무비의 2%)	6-8-1 조립식구조물 설치공

번호	공 종	단위	단 가 산 출 기 준	비 고
4 4.01 a	**옹 벽 공** **현장 콘크리트 타설 옹벽** 콘크리트타설			
a-1	바닥콘크리트 (무근,펌프카타설)	㎥	Ⅱ-2 구조물공통, 2.01-a 참조	
a-2	구체콘크리트 (무근,펌프카사용)	㎥	Ⅱ-2 구조물공통, 2.02-d~e 참조	
a-3	구체콘크리트 (철근,펌프카사용)	㎥	Ⅱ-2 구조물공통, 2.03-d~e 참조	
b b-1	거푸집 합판거푸집 (6회,H = 0~7m)	㎡	Ⅱ-2 구조물공통, 3.01-f 참조	
b-2	합판거푸집 (4회,H = 0~7m)	㎡	Ⅱ-2 구조물공통, 3.01-d 참조	
b-3	합판거푸집 (3회,H = 0~7m)	㎡	Ⅱ-2 구조물공통, 3.01-c 참조	
b-4	합판거푸집 (3회,H = 7~10m)	㎡	Ⅱ-2 구조물공통, 3.01-c 참조	
b-5	목재거푸집 (4회,H = 0~7m)	㎡	Ⅱ-2 구조물공통, 3.02-d 참조	
b-6	목재거푸집 (3회,H = 0~7m)	㎡	Ⅱ-2 구조물공통, 3.02-c 참조	
b-7	목재거푸집 (3회,H = 7~10m)	㎡	Ⅱ-2 구조물공통, 3.02-c 참조	
b-8	문양거푸집 (합성수지,H=0~7m)	㎡	Ⅱ-2 구조물공통, 3.04-a 참조	
b-9	문양거푸집 (합성수지,H=7~10m)	㎡	Ⅱ-2 구조물공통, 3.04-a 참조	
c	강관비계매기 (3개월)	㎡	Ⅱ-2 구조물공통, 4.02-a 참조	
d d-1	신축이음장치 신축이음 (스치로폴,T=20㎜)	㎡	Ⅱ-3 본선부속, 3.01-c-c-3 참조	
d-2	신축이음 (조인트휠러,T=20㎜)	㎡	1. 재 료 비 1) 조인트휠러(T = 20㎜):1.00㎡*1.10(할증) = 1.10㎡ 2) 접착제:0.30kg 2. 설치비(보통인부):0.08인	34-6-1 발포 폴리스티렌
d-3	신축이음 (브로운Asp,T=20㎜)	㎡	1. 재료비(브로운아스팔트):1.03㎡ 2. 설치비(방수공):0.03인	27-8-1 수밀코킹
d-4	다웰바설치 (D25×800㎜)	개	1. 재 료 비 1) 철근(D25×800㎜):0.80m*3.98kg/m*1.03(할증) = 3.28kg 2) 철근가공조립(간단):0.00308Ton 3) P.V.C Pipe(D30㎜):0.45m 4) P.V.C Cap(D35㎜):1개 5) 녹막이페인트(2회):0.063㎡ 6) 채움제(브로운아스팔트):0.0003㎥ 2. 설 치 비 1) 특별인부:0.100인 2) 보통인부:0.001인	33-4 녹막이 페인트칠

번호	공　　종	단위	단 가 산 출 기 준	비　고
d-5	충진제채움 (실런트,20×20㎜)	m	1. 수량산출:0.02m*0.02m*1.0m*1400kg/m³*1.20(할증) = 0.672kg 2. 재료비(실런트,비중,1.40):0.560kg 3. 설치비(방수공):0.03인	27-8-1 수밀코킹
d-6	충진제채움 (실런트,20×25㎜)	m	1. 수량산출:0.02m*0.025m*1.0m*1400kg/m³*1.20(할증) = 0.840kg 2. 재료비(실런트,비중,1.40):0.700kg 3. 설치비(방수공):0.03인	27-8-1 수밀코킹
d-7	지수판설치 (PVC ,200×5T)	m	1. 재료비 1) PVC 지수판(200×5T):1.04m 2) PVC 용접봉:0.042kg 3) 철　선(#8):0.210kg 2. 설 치 비 1) 특별인부:0.151인 2) 보통인부:0.116인 3) 공구손료(노무비의 3%)	27-9 지수판설치
e	시공이음면정리 (기계)	m²	1. 공기압축기(10.3m³/분,365cfm):0.16hr 2. 노무비(특별인부):0.13인 3. 기구손료(재료비의 3%)	6-1-11 콘크리트치핑
f f-1	수축줄눈 설치 수축줄눈설치 (목재,35×35㎜)	m	1. 수량산출:(0.035m*0.035m)*1/2*1.0m = 0.00061m³/m 2. 재 료 비 1) 육　　송(각재):1m³*0.00061m³/m = 0.00061m³/m 2) 사용고재(각재):-30% 3) 철　　못(N75):0.20kg/m³*0.00061m³/m = 0.00012kg/m 4) 박리제(중유):0.19ℓ/m³*0.00061m³/m = 0.00012ℓ/m 3. 노무비(형틀목공):15.3인/m³*0.00061m³/m=0.00933인/m	
f-2	균열유발줄눈설치 (10×10㎜)	m	1. 콘크리트 절단(t=6mm) 1) 작업조건 -1일당 시공량 :350m/일 -시간당 시공량:350m/일/8hr/일 = 43.75m/hr 2) 블레이드(D=320~400mm,t=3.2mm):0.0031개*2회= 0.0062 3) 물:30ℓ*2회 = 60ℓ 4) 특별인부:1인/일/8hr/일/43.75m/hr*2회 = 0.00571인/m 5) 보통인부:2인/일/8hr/일/43.75m/hr*2회 = 0.01143인/m 6) 컷터사용료(320~400mm):43.75m/hr/2회 = 21.875m/hr 2. 유발줄눈 설치 - 수량산출:0.010m*0.006m*1.0m*1180kg/m³ = 0.071kg/m 1) 우레탄실런트(High Tension Expansion):0.071kg/m 2) 접착제(우레탄프라이머):0.01m*2m*0.25ℓ/m³*1.03(할증) = 0.00515ℓ 3) Back Up제(R=8mm):1.03m 4) 특별인부:2인/일/8hr/일/700m/hr = 0.00036인/m 5) 보통인부:3인/일/8hr/일/700m/hr = 0.00054인/m 3. PVC pipe 설치 1) 재료비(VG1,D30mm):1.02m 2) 설치비(재료비의 5%)	12-3-2-3-가 포장절단 12-3-2-3-나 줄눈설치

번호	공 종	단위	단 가 산 출 기 준	비 고
g g-1	배 수 시 설 배수뒷막돌채움 (잡석)	㎥	Ⅱ-2 구조물공통, 1.07참조	
g-2	부직포설치 (200g/㎡)	㎡	Ⅱ-3 본선부속, 3.01-d-d-2참조	
g-3	드레인보드설치 (T = 20㎜)	㎡	Ⅱ-3 본선부속, 3.01-d-d-3참조	
g-4	배수공설치 (PVC pipe,D100㎜)	m	1. 재료비(VG1,D100㎜):1.02m 2. 설치비(재료비의 5%)	
g-5	쏘일시멘트 (1 : 15)	㎥	1. 적용기준 1) 노반 흙과 혼합하여 사용한다. 2) 두께는 0.20m를 기준으로 한다. 2. 시멘트 구입 및 운반 ∴수량산출:2500kg/100㎡*0.20m/40kg/포 = 0.125포 3. 노 무 비 1) 보통인부:4.5인/100㎡*0.20m = 0.009인 2) 특별인부:14인/100㎡*0.20m = 0.028인 4. 기계다짐(램머 80㎏) A = 0.28m*0.33m = 0.092㎡ , E = 0.50 N = 36000회/hr , H = 0.20m , f = 1.00 , P = 57회 Q = 0.092㎡*36000회*0.20m*1.00*0.50/57회 = 5.81㎥/hr	2007년도 품셈 12-8-1 시멘트안정 처리기층 11-14 램머
h	스페이서설치			
h-1	스페이서설치 (벽체)	㎡	Ⅱ-2 구조물공통, 6-a 참조	
h-2	스페이서설치 (슬래브 및 기초)	㎡	Ⅱ-2 구조물공통, 6-b 참조	
i i-1	철근가공 및 조립 철근가공 및 조립 (간단)	ton	Ⅱ-2 구조물공통, 7-a 참조	
i-2	철근가공 및 조립 (보통)	ton	Ⅱ-2 구조물공통, 7-b 참조	
i-3	철근가공 및 조립 (복잡)	ton	Ⅱ-2 구조물공통, 7-c 참조	
4.02 a a-1	**보강토 옹벽** 판넬식 옹벽 기초콘크리트타설 (철근,펌프카사용)	㎥	Ⅱ-2 구조물공통, 2.03-c 참조	
a-2	거푸집 (4회,H = 0~7m)	㎡	Ⅱ-2 구조물공통, 3.01-d 참조	
a-3	철근가공 및 조립 (보통)	ton	Ⅱ-2 구조물공통, 7-b 참조	
a-4	보강토부설및다짐 (뒷길이2m이하)	㎥	1. 부설(굴삭기 0.70㎥) q1 = 0.70㎥, L = 1.25, C = 0.90, f = 0.9/1.25 = 0.72 E = (0.75+0.65)/2 = 0.7, k = 0.90, Cm = 18초(90°선회) Q = (3600초*0.70㎥*0.90*0.72*0.70)/18초 = 63.50㎥/hr 2. 다짐(플레이트규격76×84cm,다짐력6~9ton)	11-3 굴삭기

번호	공 종	단위	단 가 산 출 기 준	비 고
			Q = 77.7㎥/hr(최대건조밀도90%이상)*0.30m = 23.31㎥/hr 1) 유압식진동콤팩터(76×84cm):23.31㎥/hr 2) 굴삭기(0.70㎥):23.31㎥/hr 3. 살수(보통인부):1인/8hr/일/23.31㎥/hr = 0.0054인/㎥	
a-5	보강토부설및다짐 (뒷길이2m이상)	㎥	1. 포설(모터그레이다 3.6m) ℓ = 2.90m(Blade의 작업각도 60°일 때) H = 0.30m, L = 1.25, C = 0.90, f = 0.90/1.25 = 0.72 N1 = 4회 , E = 0.60 , D = 50m V1 = 6㎞/hr , V2 = 6.5㎞/hr , t = 0.50분 Cm = 0.06*(50m/6㎞/hr+50m/6.5㎞/hr)+(2*0.50분) = 1.96분 Q = 60분*2.90m*50m*0.30m*0.60*0.72/(4회*1.96분) = 143.82㎥/hr 2. 살수비(물탱크 5500ℓ) OMC = 13%(최적함수비) , NMC = 8%(자연함수비) q1 = 5500ℓ, E = 0.9, L = 1.0㎞, V = 15㎞/hr rt = 1600kg/㎥ t1 = 5분(흡입준비) , t3 = 10분(흡입시간) t4 = 5분(살수대기) , t5 = 20분(살수시간) t2 = 1.0㎞/15㎞/hr*2*60분 = 8분 Cm = 5분+8.00분+10분+5분+20분 = 48분 Qw = 60분*5500ℓ*0.9/48.00분 = 6187.5ℓ/hr Ws = 1600kg/㎥/(1+(13/100) = 1415.93kg/㎥ Wt = 1415.93kg/㎥*(13/100-8/100) = 70.8ℓ/㎥ Q = 6187.5ℓ/hr/70.8ℓ/㎥ = 87.39㎥/hr 3. 다짐(진동로울러 자주식 4.4ton) V = 4㎞/hr , W = 0.80m , E = 0.60 f = 1.00 , N2 = 6회 , D2 = 0.30m Q = (1000*4㎞/hr*0.80m*0.30m*0.60*1.00)/6회=96㎥/hr 4. 작업인부 1) 특별인부:0.001인 2) 보통인부:0.002인	11-10 모터그레이더 11-16-나 물탱크 11-12 롤러
a-6	판넬 조립 및 설치 (1.5×1.5×0.18m)	㎡	1. 운반 (덤프트럭 10.5ton,트럭20km이내) 1) 적재 및 적하 - 적재톤수:10.5ton/대(덤프트럭 적재중량) - 적재중량:0.0315ton/개*5개.묶음 = 0.16ton/묶음 - 적재횟수:10.5ton/대/0.16ton/묶음 = 66묶음/대 1) 적 재:1분/회*66묶음/대 = 66분/대 2) 적 하:1분/회*66묶음/대 = 66분/대 계:66.00분/대+66.00분/대 = 132분/대 2) 운반비 q1 = (5㎡/묶음*66묶음/대) = 330m/대, f=1.00, E=0.90 t1 = 132.00분대/대(적재),t3 = 132.0분/대(적하), t4 = 0.42분/대 t2 = (20㎞/35㎞/hr(적재)+20㎞/35㎞/hr(공차)*60분 = 68.57분/대 Cm = 132.0분/대+68.57분/대+132.0분/대+0.42분/대 = 332.99분/대 OH = (68.57분+0.42분)/332.99분 = 0.207(재료비만 적용) Q = 332.99분/대(60분*1.00*0.90)/330.00㎡/대 = 0.019hr/㎡	3-6-1-1 판넬설치

번호	공 종	단위	단 가 산 출 기 준	비 고
			3) 중기사용료(지게차,3.5ton) q1 = 5㎡/묶음, t1 = 1분(적재소요시간), t2 = 1분(적하소요시간) V1 = 10㎞/hr(적재시속도), V2 = 10㎞/hr(공차시속도) L = 0.02㎞(1회운반시간), f = 1.00, E = 1.00 Cm = (0.02㎞/10㎞/hr+0.02㎞/10㎞/hr)*60분+(1분+1분) = 2.24분 Q = (2.24분/대/60분*1.00*1.00)/5㎡/묶음 = 0.007hr/㎡ 4) 인건비(트럭위 1인+트럭아래 1인) ∴1일실작업시간:(480분/일-30분/일)/60분/hr = 7.5hr/일 보통인부:2인/일/7.50hr/일/0.007hr/㎡ = 0.00187인/㎡ 2. 재료비(2~3개 업체 견적처리 중 낮은금액 적용) 1) 전면판넬(150×150×0.18):1㎡ 2) 섬유보강재(50KN):0m(설계수량) 3) 섬유보강재(100KN):0m(설계수량) 4) 빗장고리(D25):0개(설계수량) 5) 빗장고리(D32):0개(설계수량) 6) 수평채움재(코르크판,20*80mm):0.67m 7) 수직채움재(부직포,B = 400mm):0.50m 8) 앵커철근(D16*700mm):0.70m*1.56㎏/m = 1.092㎏ 3. 중기사용료 1) 판넬소운반(덤프트럭,2.50ton):0.340hr 2) 판넬설치(트럭크레인):0.340hr 4 판넬설치 편성인원 1) 작업반장:0.052인, 2) 비계공:0.028인, 3) 특별인부:0101인 4) 보통인부:0.205인, 5) 철근공:0.005인, 6) 형틀목공:0.017인	
a-7	버팀목 설치 및 해체	m	1. 재 료 비 1) 육송(각재,100×100㎜):0.036㎥ 2) 잡재료비(재료비의 5%) 2. 설 치 비 1) 형틀목공:0.016인 2) 비 계 공:0.033인 3) 보통인부:0.050인	3-6-1-2 버팀목 설치해체
a-8	부직포설치 (200g/㎡)	㎡	Ⅱ-3 본선부속, 3.01-d-d-2참조	
b b-1	블럭식 옹벽 구조물기초깔기 (잡석)	㎥	Ⅱ-2 구조물공통, 1.05참조	
b-2	구조물뒷채움 (잡석, 램머다짐)	㎥	Ⅱ-2 구조물공통, 1-04-b참조	
b-3	부직포설치 (200g/㎡)	㎡	Ⅱ-3 본선부속, 3.01-d-d-2참조	
b-4	블럭쌓기 (표준형)	㎡	1. 운반(덤프트럭10.5ton 트럭,20㎞이내) 1) 적재 및 적하 - ㎡당중량:0.052ton/개*11.11개/㎡ = 0.578ton/㎡ - 적재톤수:10.5ton/대(덤프트럭 적재중량) - 적재중량:0.578ton/㎡*5㎡/묶음 = 2.89ton/묶음 - 적재횟수:10.5ton/대/2.89ton/묶음 = 4묶음/대 1) 적 재:1분/회*4묶음/대 = 4분/대 2) 적 하:1분/회*4묶음/대 = 4분/대	3-6-2 보강토옹벽 (블럭식)

번호	공　　종	단위	단 가 산 출 기 준	비　고
			계:4.00분/대+4.00분/대 = 8분/대 2) 운반비 q1 = (5㎥/묶음*4묶음/대) = 20㎥/대, f=1.00, E=0.90 t1 = 10.00분대/대(적재), t3 = 10.00분/대(적하), t4 = 0.42분/대 t2 = (20㎞/35㎞/hr(적재)+20㎞/35㎞/hr(공차)*60분 = 68.57분/대 Cm = 8.00분/대+68.57분/대+8.00분/대+0.42분/대 = 84.99분/대 OH = (68.57분+0.42분)/84.99분 = 0.812(재료비만 적용) Q = 84.99분/대(60분*1.00*0.90)/20.00㎥/대 = 0.079hr/㎥ 3) 중기사용료(지게차,3.5ton) q1 = 5㎥/묶음, t1 = 1분(적재소요시간), t2 = 1분(적하소요시간) V1 = 10㎞/hr(적재시속도), V2 = 10㎞/hr(공차시속도) L = 0.02㎞(1회운반시간), f = 1.00, E = 1.00 Cm = (0.02㎞/10㎞/hr+0.02㎞/10㎞/hr)*60분+(1분+1분) = 2.24분 Q = (2.24분/대/(60분*1.00*1.00)/5㎥/묶음 = 0.007hr/㎥ 4) 인건비(트럭위 1인+트럭아래 1인) ∴1일실작업시간:(480분/일-30분/일)/60분/hr = 7.5hr/일 보통인부:2인/일/7.50hr/일*0.007hr/㎥ = 0.00187인/㎥ 2. 재료비(2~3개 업체 견적처리 중 낮은금액 적용) 표준형블럭(200×450×470㎜):1개*11.11개/㎡ 3. 설치비 1) 특별인부:0.200인 2) 보통인부:0.170인 4. 기계사용료 1) 굴삭기(무한궤도,0.70㎥):0.50hr 2) 진동로울러(자주식,10ton):0.46hr 3) 진동로울러(핸드가이드식,0.7ton):0.29hr	
b-5	블럭쌓기 (마감형)	㎡	1. 운반(덤프트럭10.5ton 트럭,20㎞이내) 1) 적재 및 적하 - ㎡당중량:0.044ton/개*22.22개/㎡ = 0.978ton/㎡ - 적재톤수:10.5ton/대(덤프트럭 적재중량) - 적재중량:0.978ton/㎡*2㎡/묶음 = 1.96묶음/대 - 적재횟수:10.5ton/대/1.96ton/묶음 = 5묶음/대 1) 적 재:1분/회*5묶음/대 = 5분/대 2) 적 하:1분/회*5묶음/대 = 5분/대 계:5.00분/대+5.00분/대 = 10분/대 2) 운반비 q1 = (2㎡/묶음*5묶음/대) = 10㎡/대, f=1.00, E=0.90 t1 = 10.00분대/대(적재), t3 = 10.00분/대(적하), t4 = 0.42분/대 t2 = (20㎞/35㎞/hr(적재)+20㎞/35㎞/hr(공차)*60분 = 68.57분/대 Cm = 10.00분/대+68.57분/대+10.00분/대+0.42분/대 = 88.99분/대 OH = (68.57분+0.42분)/88.99분 = 0.812(재료비만 적용) Q = 88.99분/대(60분*1.00*0.90)/10.00m/대 = 0.165hr/m 3) 중기사용료(지게차,3.5ton) q1 = 2㎡/묶음, t1 = 1분(적재소요시간), t2 = 1분(적하소요시간) V1 = 10㎞/hr(적재시속도), V2 = 10㎞/hr(공차시속도) L = 0.02㎞(1회운반시간), f = 1.00, E = 1.00 Cm = (0.02㎞/10㎞/hr+0.02㎞/10㎞/hr)*60분+(1분+1분) = 2.24분 Q = (2.24분/대/(60분*1.00*1.00)/2㎡/묶음 = 0.019hr/㎡	3-6-2 보강토옹벽 (블럭식)

번호	공 종	단위	단 가 산 출 기 준	비 고
			4) 인건비(트럭위 1인+트럭아래 1인) ∴1일실작업시간:(480분/일-30분/일)/60분/hr = 7.5hr/일 보통인부:2인/일/7.50hr/일*0.019hr/㎡ = 0.0051인/㎡ 2. 재료비(2~3개 업체 견적처리 중 낮은금액 적용) 마감형블럭(100×450×470mm):1개*22.22개/㎡ 3. 설치비 1) 특별인부:0.200인 2) 보통인부:0.170인 4. 기계사용료 1) 굴삭기(무한궤도,0.70㎥):0.50hr 2) 진동로울러(자주식,10ton):0.46hr 3) 진동로울러(핸드가이드식,0.7ton):0.29hr	
b-6	지오그리드 설치	㎡	1. 재료비(시중물가지중 낮은금액 적용): 1㎡ 2. 설 치 비(블럭쌓기 포함)	견적단가
b-7	유공관 설치 (T.H.P Pipe,D200㎜)	m	1. 재료비(D200㎜):1.02m 2. 설치비(블럭쌓기 포함)	19-13-1 나선형 소켓접합
b-8	속채움 잡석	㎥	X-3 각종자재 구입 및 운반, 1-b잡석구입 및 운반참조	
4.03 a	**돌망태형 옹벽** 부직포설치 (400g/㎡)	㎡	1. 재 료 비 1) 부직포(400g/㎡):1.15㎡ 2) 잡재료비(재료비의 2%) 2. 설치비(보통인부):0.0015인	5-13 매트부설
b	돌망태형옹벽 (GABION공법)			
b-1	돌망태형옹벽 (H = 5m이하)	㎥	1. 재 료 비 1) 철망태(아연도금 또는 PVC 코팅철선):1.03㎥ 2) 잡재료비(철망태의 3%) 3) 잡석대:1.05㎥ 2. 잡석부설(굴삭기 0.70㎥) q1 = 0.70㎥ , L = 1.17 , C = 0.95 , k = 0.70 E = (0.65+0.45)/2 = 0.55 , f = 0.95/1.17 = 0.81 Cm = 18초(90°선회) Q = (3600초*0.70㎥*0.70*0.81*0.55)/18초 = 43.66㎥/hr 3. 노 무 비 1) 작업반장:0.052인 2) 석 공:0.271인 3) 특별인부:0.167인 4) 보통인부:0.271인 4. 설치중기사용료(굴삭기 0.70㎥):0.195hr	13-4 돌망태형옹벽 11-3 굴삭기
b-2	돌망태형옹벽 (H = 5~8m이하)	㎡	1. 재료비(H = 5m이하):100% 적용 2. 잡석부설(굴삭기 0.70㎥):100% 적용	13-4 돌망태형옹벽

번호	공 종	단위	단 가 산 출 기 준	비 고
			3. 노무비(H = 5m이하):110% 적용 4. 설치중기사용료(굴삭기 0.70㎥):100% 적용	
b-3	돌망태형옹벽 (H = 8~11m이하)	㎥	1. 재료비(H = 5m이하):100% 적용 2. 잡석부설(굴삭기 0.70㎥):100% 적용 3. 노무비(H = 5m이하):120% 적용 4. 설치중기사용료(굴삭기 0.70㎥):100% 적용	13-4 돌망태형옹벽
b-4	돌망태형옹벽 (H = 11~14m이하)	㎥	1. 재료비(H = 5m이하):100% 적용 2. 잡석부설(굴삭기 0.70㎥):100% 적용 3. 노무비(H = 5m이하):125% 적용 4. 설치중기사용료(굴삭기 0.70㎥):100% 적용	13-4 돌망태형옹벽
b-5	돌망태형옹벽 (H = 14m초과)	㎥	1. 재료비(H = 5m이하):100% 적용 2. 잡석부설(굴삭기 0.70㎥):100% 적용 3. 노무비(H = 5m이하):130% 적용 4. 설치중기사용료(굴삭기 0.70㎥):100% 적용	13-4 돌망태형옹벽
5	**방 음 벽 공**			
a	콘크리트타설			
a-1	바닥콘크리트 (무근,펌프카사용)	㎥	Ⅱ-2 구조물공통, 2.01-a 참조	
a-2	구체콘크리트 (철근,펌프카사용)	㎥	Ⅱ-2 구조물공통, 2.03-d 참조	
b	거푸집			
b-1	합판거푸집 (6회,H = 0~7m)	㎡	Ⅱ-2 구조물공통, 3.01-f 참조	
b-2	합판거푸집 (4회,H = 0~7m)	㎡	Ⅱ-2 구조물공통, 3.01-d 참조	
b-3	합판거푸집 (3회,H = 0~7m)	㎡	Ⅱ-2 구조물공통, 3.01-c 참조	
b-4	목재거푸집 (4회,H = 0~7m)	㎡	Ⅱ-2 구조물공통, 3.02-d 참조	
b-5	목재거푸집 (3회,H = 0~7m)	㎡	Ⅱ-2 구조물공통, 3.02-c 참조	
c	시공이음면정리	㎡	Ⅱ-3 본선부속, 4.01-e 참조	
d	신축이음장치			
d-1	신축이음 (스치로폴,T=20㎜)	㎡	Ⅱ-3 본선부속, 3.01-c-c-3 참조	
d-2	다웰바설치 (D25×800㎜)	개	Ⅱ-3 본선부속, 4.01-d-d-4 참조	
d-3	충진제채움 (실런트,20×20㎜)	m	Ⅱ-3 본선부속, 4.01-d-d-5 참조	
d-4	충진제채움 (실런트,20×25㎜)	m	Ⅱ-3 본선부속, 4.01-d-d-6 참조	
d-5	지수판설치 (PVC ,200×5T)	m	Ⅱ-3 본선부속, 4.01-d-d-7 참조	

번호	공　　종	단위	단 가 산 출 기 준	비　고
e e-1	배 수 시 설 배수뒷잡석채움 (잡석)	㎥	Ⅱ-2 구조물공통, 1.07참조	
e-2	부직포설치 (200g/㎡)	㎡	Ⅱ-3 본선부속, 3.01-d-d-2참조	
e-3	드레인보드설치 (T = 20㎜)	㎡	Ⅱ-3 본선부속, 3.01-d-d-3참조	
e-4	배수공설치 (PVC pipe,D65㎜)	m	Ⅱ-3 본선부속, 4.01-g-g-4참조	
f f-1	스페이서설치 스페이서설치 (벽체)	㎡	Ⅱ-2 구조물공통, 6-a 참조	
f-2	스페이서설치 (슬라브 및 기초)		Ⅱ-2 구조물공통, 6-b 참조	
g g-1	철근가공 및 조립 철근가공 및 조립 (보통)	ton	Ⅱ-2 구조물공통, 7-b 참조	
g-2	철근가공 및 조립 (복잡)	ton	Ⅱ-2 구조물공통, 7-c 참조	
h h-1	방음벽 제작설치 천공(토사,D400mm)	m	1. 천공능력 산출 1) 1일 천공능력:0.08인/2m = 0.040인/m 2) 1일 천공길이:1.0인/0.04인/m = 25m 3) 1hr 천공능력:25.0m*1/8hr = 3.125m/hr 2. 지층별 1m 천공능력 1) 보 링 공:2인/25.0m = 0.08인/m 2) 특별인부:2인/25.0m = 0.08인/m 3) 보통인부:4인/25.0m = 0.16인/m 4) 급수및기타(노무비의 15%) 5) 잡재료비(노무비의 5%) 6) 기구손료(노무비의 2%) 3. 중기사용료 1) 보링기계(60mm*1000m):3.125m/hr 2) 디젤엔진(26.11㎾):3.125m/hr 3) 양수기(D100mm):3.125m/hr 4. 빗트손료(3 WING BIT D406.4mm) ∴m@빗트소모율:1m/150m/개 = 0.0067개/m	지하철 적산 기준 참조 5-8 말뚝박기천공
h-2	천공(풍화암,D400mm)	m	1. 천공능력 산출 1) 1일 천공능력:0.188인/2m = 0.094인/m 2) 1일 천공길이:1.0인/0.094인/m = 10.638m 3) 1hr 천공능력:10.64m*1/8hr = 1.33m/hr 2. 지층별 1m 천공능력 1) 보 링 공:2인/10.638m = 0.188인/m 2) 특별인부:2인/10.638m = 0.188인/m	지하철 적산 기준 참조

번호	공 종	단위	단 가 산 출 기 준	비 고
			3) 보통인부:4인/10.638m = 0.376인/m 4) 급수및기타(노무비의 15%) 5) 잡재료비(노무비의 5%) 6) 기구손료(노무비의 2%) 3. 중기사용료 1) 보링기계(60mm*1000m):1.33m/hr 2) 디젤엔진(26.11㎾):1.33m/hr 3) 양수기(D100mm):1.33m/hr 4. 빗트손료(3 WING BIT D406.4mm) ∴m@빗트소모율:1m/92m/개 = 0.0109개/m	
h-3	케이싱설치및철거(D400mm)	m	1. 적용기준 1) 케이싱튜브 직경은 천공지름으로 한다. 2) 케이싱 길이는 비고결층 보링깊이 즉 풍화암 0.5m까지의 천공깊이로 한다. 3) 케이싱설치철거는 천공기계가 자력으로 한다고 본다. 4) 케이싱은 스파이럴강관을 사용하고 회수는 35회로 본다. 2. 재료비 1) 스파이럴강관(D406.4mm,T=6mm):1m/35회 = 0.0286m/회 2) 고재대(단위중량 59.2kg/m): (1.05m*59.2kg/m-1.00m*59.2kg/m)/35회 = 0.0286kg/회 3. 용접 및 절단장(Lod 규격 제한으로 10m를 5m로 절단용접사용) 1) 강판절단(T=6mm,3회,두부정리 포함) ∴수량산출:(π*0.4064m)*3회/10m = 0.383m 2) 강판용접(필렛용접횡향,T=6mm,2회) ∴수량산출:(π*0.4064m)*2회/10m = 0.255m	지하철 적산기준 참조
h-4	H-Pile박기(천공후항타,H-200mm이하)	본	1. 조건(천공후항타):slime 0.5m를 항타하는 것으로 본다. 2. Pile 본당 시공능력 산출 L1 = 0.5m , N = 7 , K = 0.80 r = 0.03*7+0.6 = 0.81 , Ts = 10분 f0 = 0.80 , f1 = 0 , f2 = 0 , f3 = 0 , f4 = 0 F = 0.80+0+0+0+0 = 0.80 Tb = 0.81*0.50m*0.80 = 0.32분 Tc = (0.32+10분)/0/80 = 12.9분/본 Q = 60분/12.9분/본 = 4.65본/hr 3. 중기경비 1) 재료비(실가동시간에 의한 재료비 계산) - 무한궤도크레인(30ton):(0.32분+10분)/60분 = 0.172hr - 진동파일해머(30kW):0.32분/60분 = 0.005hr - 발전기(100kW):0.32분/60분 = 0.005hr 2) 노무비, 경비 - 무한궤도크레인(30ton):4.65본/hr - 진동파일해머(30kW):4.65본/hr - 발전기(100kW):4.65본/hr 4. 작업조 편성 1) 비 계 공:2인/일/8hr/일/4.65본/hr = 0.054인/본 2) 보통인부:1인/일/8hr/일/4.65본/hr = 0.027인/본 3) 특별인부:1인/일/8hr/일/4.65본/hr = 0.027인/본	11-66 진동파일해머

번호	공 종	단위	단 가 산 출 기 준	비 고
h-5	방음벽 제작설치 (H2m×W4m)	m	1. 재료비(시중물가지중 낮은금액 적용) 1) 방음판(차음형,일반형,혼합형,투명방음판 등) 2) 부속자재(시중 물가지 적용) 3) 지주 및 지주부착물(설계수량) 2. 앵커볼트설치 1) 철 공:0.22인 2) 공구손료(노무비의 3%) 3. 지주설치 1) 철 공:0.14인 2) 크레인(트럭탑재용,5ton):0.15hr 3) 공구손료(노무비의 3%) 4. 방음판설치(투명 방음판일 경우에는 70%로 적용한다) 1) 철 공:0.10인 2) 크레인(트럭탑재용,5ton):0.15hr 3) 공구손료(노무비의 3%)	12-5-2 방음벽설치 12-5-2-1 앵커볼트설치 12-5-2-2 지주설치 12-5-2-3 방음판설치
h-6	방음벽 제작설치 (H3m×W4m)	m	1. 재료비(시중물가지중 낮은금액 적용) 1) 방음판(차음형,일반형,혼합형,투명방음판 등) 2) 부속자재(시중 물가지 적용) 3) 지주 및 지주부착물(설계수량) 2. 앵커볼트설치 1) 철 공:0.24인 2) 공구손료(노무비의 3%) 3. 지주설치 1) 철 공:0.17인 2) 크레인(트럭탑재용,5ton):0.18hr 3) 공구손료(노무비의 3%) 4. 방음판설치(투명 방음판일 경우에는 70%로 적용한다) 1) 철 공:0.18인 2) 크레인(트럭탑재용,5ton):0.25hr 3) 공구손료(노무비의 3%)	 12-5-2-1 앵커볼트설치 12-5-2-2 지주설치 12-5-2-3 방음판설치
h-7	방음벽 제작설치 (H4m×W4m)	m	1. 재료비(시중물가지중 낮은금액 적용) 1) 방음판(차음형,일반형,혼합형,투명방음판 등) 2) 부속자재(시중 물가지 적용) 3) 지주 및 지주부착물(설계수량) 2. 앵커볼트설치 1) 철 공:0.26인 2) 공구손료(노무비의 3%) 3. 지주설치 1) 철 공:0.20인 2) 크레인(트럭탑재용,5ton):0.22hr 3) 공구손료(노무비의 3%) 4. 방음판설치(투명 방음판일 경우에는 70%로 적용한다) 1) 철 공:0.26인 2) 크레인(트럭탑재용,5ton):0.35hr 3) 공구손료(노무비의 3%)	 12-5-2-1 앵커볼트설치 12-5-2-2 지주설치 12-5-3-2-3 방음판설치

번호	공 종	단위	단 가 산 출 기 준	비 고
h-8	방음벽 제작설치 (H5m×W4m)	m	1. 재료비(시중물가지중 낮은금액 적용) 1) 방음판(차음형,일반형,혼합형,투명방음판 등) 2) 부속자재(시중 물가지 적용) 3) 지주 및 지주부착물(설계수량) 2. 앵커볼트설치 1) 철 공:0.28인 2) 공구손료(노무비의 3%) 3. 지주설치 1) 철 공:0.24인 2) 크레인(트럭탑재용,5ton):0.25hr 3) 공구손료(노무비의 3%) 4. 방음판설치(투명 방음판일 경우에는 70%로 적용한다) 1) 철 공:0.34인 2) 크레인(트럭탑재용,5ton):0.45hr 3) 공구손료(노무비의 3%)	 12-5-2-1 앵커볼트설치 12-5-2-2 지주설치 12-5-2-3 방음판설치
6 a	**울 타 리 공** 기초크리트타설 (소형,진동기제외)	 ㎥	 Ⅱ-2 구조물공통, 2.04-a 참조	
b	합판거푸집 (6회,H = 0~7m)	㎡	Ⅱ-2 구조물공통, 3.01-f 참조	
c c-1	울타리 설치 능형망울타리 (H1.6×W2.5m)	 m	 1. 재료비(시중물가지중 낮은금액 적용) 2. 설치비 1) 특별인부:(0.23인/경간/1.8m/경간*2.5m/경간)/2.5m = 0.128인/m 2) 보통인부:(0.22인/경간/1.8m/경간*2.5m/경간)/2.5m = 0.111인/m	 2-16 울타리설치
c-2	가시철사울타리 (H1.6×W2.5m)	m	1. 재료비(시중물가지중 낮은금액 적용) 2. 설치비 1) 특별인부:(0.24인/경간/1.8m/경간*2.5m/경간)/2.5m = 0.133인/m 2) 보통인부:(0.36인/경간/1.8m/경간*2.5m/경간)/2.5m = 0.200인/m	 2-16 울타리설치
d d-1	낙석방지책설치 낙석방지책설치 (표준구간,H=3.0m)	 m	 1. 재료비(시중물가지중 낮은금액 적용) 2. 지주설치 1) 작업조건 ∴1일당 시공량 :40개/일 ∴시간당 시공량:(40개/일*3m/경간)/8hr/일 = 15m/hr 2) 용 접 공:1인/일/8hr/일/15m/hr = 0.0083인/m 3) 보통인부:2인/일/8hr/일/15m/hr = 0.010인/m 4) 크 레 인(타이어,10ton):15m/hr 3. 와이어 설치 1) 작업조건 ∴1일당시공량:200m/일	 12-6-5 낙석방지 울타리 12-6-5-1-가 지주설치

번호	공 종	단위	단 가 산 출 기 준	비 고
			∴시간당시공량:200m/일/8hr/일 = 25m/hr 2) 보통인부:6인/일/8hr/일/25.0m/hr = 0.003인/m 3) 특별인부:2인/일/8hr/일/25.0m/hr = 0.010인/m 4. 철망설치 1) 작업조건 ∴1일당시공량:360㎡/일 ∴시간당시공량:(360㎡/일*3㎡/경간)/8hr/일 = 135m/hr 2) 보통인부:5인/일/8hr/일/135m/hr = 0.0046인/m 3) 특별인부:1인/일/8hr/일/135m/hr = 0.0009인/m	12-6-5-1-나 와이어설치 12-6-5-1-다 철망설치
d-2	낙석방지책설치 (단부구간,H=3.0m)	m	1. 재료비(시중물가지중 낮은금액 적용) 2. 지주설치 1) 작업조건 ∴1일당 시공량 :40개/일 ∴시간당 시공량:(40개/일*3m/경간)/8hr/일 = 15m/hr 2) 용 접 공:1인/일/8hr/일/15m/hr = 0.0083인/m 3) 보통인부:3인/일/8hr/일/15m/hr = 0.025인/m 4) 크 레 인(타이어,10ton):15m/hr 3. 와이어 설치 1) 작업조건 ∴1일당시공량:200m/일 ∴시간당시공량:200m/일/8hr/일 = 25m/hr 2) 보통인부:6인/일/8hr/일/25.0m/hr = 0.003인/m 3) 특별인부:2인/일/8hr/일/25.0m/hr = 0.010인/m 4. 철망설치 1) 작업조건 ∴1일당시공량:360㎡/일 ∴시간당시공량:(360㎡/일*3㎡/경간)/8hr/일 = 135m/hr 2) 보통인부:5인/일/8hr/일/135m/hr = 0.0046인/m 3) 특별인부:1인/일/8hr/일/135m/hr = 0.0009인/m	12-6-5 낙석방지 울타리 12-6-5-1-가 지주설치 12-6-5-1-나 와이어설치 12-6-5-1-다 철망설치

Ⅱ-3-6. 단가설명서

번호	공 종	단위	설 명	측 정	비고
1	토공				
1.01	땅깎기				
a	벌개제근 (입목본수도,50~60%)	㎡	Ⅱ-1.본선 및 지축토공 1.01-a 참조		
b	층따기 (토사)	㎥	Ⅱ-1.본선 및 지축토공 1.04-f-1 참조		
1.02	흙쌓기				
a	비탈면다짐 (토사)	㎥	Ⅱ-1.본선 및 지축토공 1.05-a-5 참조		
b	유용토흙쌓기 (토사)	㎥	Ⅱ-1.본선 및 지축토공 1.06-a-a-1,b-b-1,c-c-1 참조		
1.03	구조물터파기				
a	터파기 (토사,인력)	㎥	Ⅱ-2.구조물공통 1.01-a-a-1 참조		
b	터파기 (육상,토사)	㎥	Ⅱ-2.구조물공통 1.01-a-2,a-a-3 참조		
c	터파기 (육상,풍화암)	㎥	Ⅱ-2.구조물공통 1.01-b-b-4~5참조		
d	터파기 (육상,연암)	㎥	Ⅱ-2.구조물공통 1.01-c-c-4~5참조		
e	터파기 (육상,경암)	㎥	Ⅱ-2.구조물공통 1.01-d-d-4~5참조		
f	터파기 (수중,토사)	㎥	Ⅱ-2.구조물공통 1.01-a-4,a-a-5 참조		
g	터파기 (수중,풍화암)	㎥	Ⅱ-2.구조물공통 1.01-b-b-6,b-b-8 참조		
h	터파기 (수중,연암)	㎥	Ⅱ-2.구조물공통 1.01-c-c-6,c-7 참조		
i	터파기 (수중,경암)	㎥	Ⅱ-2.구조물공통 1.01-d-d-6,d-d-7 참조		
1.04	되메우기및다짐				
a	되메우기 (인력)	㎥	Ⅱ-2.구조물공통 1.02-a 참조		
b	되메우기 (토사)	㎥	Ⅱ-2.구조물공통 1.02-b 참조		
c	되메우기 (풍화암)	㎥	Ⅱ-2.구조물공통 1.02-c 참조		

번호	공 종	단위	설 명	측 정	비고
1.05	잔토처리(인력)				
a	잔토처리 (인력)	㎥	Ⅱ-2.구조물공통 1.03 참조		
1.06	구조물뒷채움(잡석)				
a	구조물뒷채움 (잡석)	㎥	Ⅱ-2.구조물공통 1.04-a~c 참조		
1.07	구조물기초깔기(잡석)				
a	구조물기초깔기 (잡석)	㎥	Ⅱ-2.구조물공통 1.05 참조		
1.08	구조물기초다짐(잡석)				
a	구조물기초다짐 (잡석)	㎥	Ⅱ-2.구조물공통 1.06 참조		
1.09	물푸기				
a	물푸기 (양수기,D150mm)	hr	Ⅱ-2.구조물공통 1.08-a 참조		
b	물푸기 (설치및운반)	개소	Ⅱ-2.구조물공통 1.08-b 참조		
2	기초말뚝박기				
2.01	P.H.C말뚝박기 (D500mm×80T)				
a	P.H.C말뚝박기 (직접항타)	m	Ⅱ-2.구조물공통 9.01-a 참조		
b	P.H.C말뚝박기 (천공후항타)	m	Ⅱ-2.구조물공통 9.01-b 참조		
c	P.H.C말뚝박기 (S.I.P공법)	m	Ⅱ-2.구조물공통 9.01-c 참조		
2.02	강관말뚝박기 (D508mm×12T)				
a	강관말뚝박기 (직접항타)	m	Ⅱ-2.구조물공통 9.02-a 참조		
b	강관말뚝박기 (천공후항타)	m	Ⅱ-2.구조물공통 9.02-b 참조		
c	강관말뚝박기 (S.I.P공법)	m	Ⅱ-2.구조물공통 9.02-c 참조		
2.03	말뚝두부보강				
a	P.H.C말뚝두부보강 (D500mm,재래식)	본	Ⅱ-2.구조물공통 9.04-a 참조		
b	P.H.C말뚝두부보강 (D500mm,제품)	본	Ⅱ-2.구조물공통 9.04-b 참조		

번호	공 종	단위	설 명	측 정	비고
c	강관말뚝두부보강 (D508mm×12T)	본	Ⅱ-2.구조물공통 9.04-c 참조		
2.04	말뚝이음				
a	P.H.C말뚝이음 (D500mm)	본	Ⅱ-2.구조물공통 9.05-a 참조		
b	강관말뚝이음 (D508mm×12T)	본	Ⅱ-2.구조물공통 9.05-b 참조		
c	강관말뚝선단보강 (D508mm×12T)	본	Ⅱ-2.구조물공통 9.05-c 참조		
3	수로공				
3.01	현장콘크리트타설수로				
a	콘크리트타설				
a-1	바닥콘크리트 (무근,펌프카사용)	m³	Ⅱ-2.구조물공통 2.01-a 참조		
a-2	바닥콘크리트 (무근,슈트사용)	m³	Ⅱ-2.구조물공통 2.02-b 참조		
a-3	기초콘크리트 (무근,펌프카사용)	m³	Ⅱ-2.구조물공통 2.02-d 참조		
a-4	기초콘크리트 (철근,펌프카사용)	m³	Ⅱ-2.구조물공통 2.03-d 참조		
a-5	구체콘크리트 (무근,펌프카사용)	m³	Ⅱ-2.구조물공통 2.02-d 참조		
a-6	구체콘크리트 (철근,펌프카사용)	m³	Ⅱ-2.구조물공통 2.03-d 참조		
a-7	비탈면콘크리트 (평균, 1:1.2~1:1.8)	m³	Ⅱ-2.구조물공통 2.05 참조		
b	거푸집				
b-1	합판거푸집 (6회,H=0~7m)	m²	Ⅱ-2.구조물공통 3.01-f 참조		
b-2	합판거푸집 (4회,H=0~7m)	m²	Ⅱ-2.구조물공통 3.01-d 참조		
b-3	합판거푸집 (3회,H=0~7m)	m²	Ⅱ-2.구조물공통 3.01-c 참조		
b-4	목재거푸집 (4회,H=0~7m)	m²	Ⅱ-2.구조물공통 3.02-d 참조		
b-5	목재거푸집 (3회,H=0~7m)	m²	Ⅱ-2.구조물공통 3.02-c 참조		

번호	공 종	단위	설 명	측 정	비고
b-6	문양거푸집 (합성수지,H=0~7m)	㎡	Ⅱ-2.구조물공통 3.04-a 참조		
c	**신축이음장치**				
c-1	신축이음 (합판,T=12mm)	㎡	이 단가는 신축이음 설치에 필요한 재료비(합판) 및 설치비 비용이다	이 물량은 도면에 의해 산출된 면적이다	
c-2	신축이음 (스티로폴,T=10mm)	㎡	이 단가는 신축이음 설치에 필요한 재료비(스티로폼 등) 및 설치비 비용이다	이 물량은 도면에 의해 산출된 면적이다	
c-3	신축이음 (스티로폴,T=20mm)	㎡	이 단가는 신축이음 설치에 필요한 재료비(스티로폼 등) 및 설치비 비용이다	이 물량은 도면에 의해 산출된 면적이다	
d	**배수시설**				
d-1	배수뒷잡석채움 (잡석)	㎥	Ⅱ-2.구조물공통 1.07 참조		
d-2	부직포설치 (200g/㎡)	㎡	이 단가는 부직포 설치에 필요한 재료비(부직포) 및 설치비 비용이다	이 물량은 도면에 의해 산출된 면적이다	
d-3	드레인보드설치 (T=20mm)	㎡	이 단가는 드레인보드 설치에 필요한 재료비(드레인보드,핀) 및 설치비 비용이다	이 물량은 도면에 의해 산출된 면적이다	
d-4	배수공설치 (PVC Pipe,D50mm)	m	이 단가는 배수공 설치에 필요한 재료비(PVC Pipe) 및 설치비 비용이다	이 물량은 도면에 의해 산출된 수량이다	VG1:두꺼운관 VG2:얇은관
e	**스페이서설치**				
e-1	스페이서설치 (벽체)	㎡	Ⅱ-2.구조물공통 6-a 참조		
e-2	스페이서설치 (슬래브및기초)	㎡	Ⅱ-2.구조물공통 6-b 참조		
f	**철근가공및조립**				
f-1	철근가공및조립 (간단)	Ton	Ⅱ-2.구조물공통 7-a 참조		
f-2	철근가공및조립 (보통)	Ton	Ⅱ-2.구조물공통 7-b 참조		
g	**수로뚜껑제작설치**				
g-1	수로뚜껑제작설치 (각종)	개	이 단가는 수로뚜껑제작설치에 필요한 재료비(레미콘,철근등), 콘크리트타설,철근가공조립,설치비등의 모든 비용이 포함된다	이 물량은 도면에 의해 산출된 수량이다	주요자재비(레미콘,철근)로 별도 집계할수 있다

번호	공 종	단위	설 명	측 정	비고
3.02	프리캐스트제품수로 (콘크리트및P.E제품)				
a	프리캐스트제품수로설치 (중량50kg~150kg미만)	m	이 단가는 조립식 구조물을 설치하기 위한 재료비(제품) 및 설치비, 기계경비 등의 비용이 포함된다	이 물량은 도면에 의해 산출된 수량이다	
b	프리캐스트제품수로설치 (중량150kg~300kg미만)	m	이 단가는 조립식 구조물을 설치하기 위한 재료비(제품) 및 설치비, 기계경비 등의 비용이 포함된다	이 물량은 도면에 의해 산출된 수량이다	
c	프리캐스트제품수로설치 (중량300kg~500kg미만)	m	이 단가는 조립식 구조물을 설치하기 위한 재료비(제품) 및 설치비, 기계경비 등의 비용이 포함된다	이 물량은 도면에 의해 산출된 수량이다	
d	프리캐스트제품수로설치 (중량500kg~700kg미만)	m	이 단가는 조립식 구조물을 설치하기 위한 재료비(제품) 및 설치비, 기계경비 등의 비용이 포함된다	이 물량은 도면에 의해 산출된 수량이다	
e	프리캐스트제품수로설치 (중량700kg~900kg미만)	m	이 단가는 조립식 구조물을 설치하기 위한 재료비(제품) 및 설치비, 기계경비 등의 비용이 포함된다	이 물량은 도면에 의해 산출된 수량이다	
f	프리캐스트제품수로설치 (중량900kg~1100kg미만)	m	이 단가는 조립식 구조물을 설치하기 위한 재료비(제품) 및 설치비, 기계경비 등의 비용이 포함된다	이 물량은 도면에 의해 산출된 수량이다	
g	프리캐스트제품수로설치 (중량1100kg~1300kg미만)	m	이 단가는 조립식 구조물을 설치하기 위한 재료비(제품) 및 설치비, 기계경비 등의 비용이 포함된다	이 물량은 도면에 의해 산출된 수량이다	
4	옹벽공				
4.01	현장콘크리트타설옹벽				
a	콘크리트타설				
a-1	바닥콘크리트 (무근,펌프카사용)	m³	Ⅱ-2.구조물공통 2.01 참조		
a-2	구체콘크리트 (무근,펌프카사용)	m³	Ⅱ-2.구조물공통 2.02-d~e 참조		
a-3	구체콘크리트 (철근,펌프카사용)	m³	Ⅱ-2.구조물공통 2.03-d~e 참조		

번호	공 종	단위	설 명	측 정	비고
b	거푸집				
b-1	합판거푸집 (6회,H=0~7m)	㎡	Ⅱ-2.구조물공통 3.01-f 참조		
b-2	합판거푸집 (4회,H=0~7m)	㎡	Ⅱ-2.구조물공통 3.01-d 참조		
b-3	합판거푸집 (3회,H=0~7m)	㎡	Ⅱ-2.구조물공통 3.01-c 참조		
b-4	합판거푸집 (3회,H=7~10m)	㎡	Ⅱ-2.구조물공통 3.01-c 참조		
b-5	목재거푸집 (4회,H=0~7m)	㎡	Ⅱ-2.구조물공통 3.02-d 참조		
b-6	목재거푸집 (3회,H=0~7m)	㎡	Ⅱ-2.구조물공통 3.02-c 참조		
b-7	목재거푸집 (3회,H=7~10m)	㎡	Ⅱ-2.구조물공통 3.02-c 참조		
b-8	문양거푸집 (합성수지,H=0~7m)	㎡	Ⅱ-2.구조물공통 3.04-a 참조		
b-9	문양거푸집 (합성수지,H=7~10m)	㎡	Ⅱ-2.구조물공통 3.04-a 참조		
c	강관비계매기(3개월)				
c-1	강관비계매기 (3개월)	㎡	Ⅱ-2.구조물공통 4.02-a 참조		
d	신축이음설치				
d-1	신축이음설치 (스티로폴,T=20mm)	㎡	Ⅱ-3.본선부속 3.01-c-3 참조		
d-2	신축이음설치 (조인트휠러,T=20mm)	㎡	이 단가는 신축이음 설치에 필요한 재료비(조인트휠러 등) 및 설치비 비용이다	이 물량은 도면에 의해 산출된 면적이다	
d-3	신축이음설치 (브로운Asp,T=20mm)	㎡	이 단가는 신축이음 설치에 필요한 재료비(브로운 Asp.) 및 설치비 비용이다	이 물량은 도면에 의해 산출된 면적이다	
d-4	다웰바설치 (D25×800mm)	개	이 단가는 다웰바를 설치하기 위한 재료비(PVC Pipe, Cap, 녹막이페인트, 채움제 등)와 설치비 비용을 포함한다	이 물량은 도면에 의해 산출된 수량이다	
d-5	충진제채움 (실런트,20×20mm)	m	이 단가는 충진제 채움에 필요한 재료비(실런트) 및 설치비 비용이다	이 물량은 도면에 의해 산출된 수량이다	

번호	공 종	단위	설 명	측 정	비고
d-6	충진제채움 (실런트,20×25mm)	m	이 단가는 충진제 채움에 필요한 재료비(실런트) 및 설치비 비용이다	이 물량은 도면에 의해 산출된 수량이다	
d-7	지수판설치 (PVC,200×5T)	m	이 단가는 지수판 설치에 필요한 재료비(지수판 등) 및 설치비 비용을 포함한다	이 물량은 도면에 의해 산출된 수량이다	
e	시공이음정리				
e-1	시공이음정리 (기계)	㎡	이 단가는 시공이음정리에 필요한 노무비 및 기계경비 등의 비용을 포함한다	이 물량은 도면에 의해 산출된 면적이다	
f	수축줄눈설치				
f-1	수축줄눈설치 (목재,35×35mm)	m	이 단가는 수축줄눈을 설치하기 위한 재료비(각재,철못등)와 노무비 등의 비용을 포함한다	이 물량은 도면에 의해 산출된 수량이다	
f-2	균열유발줄눈설치 (10×10mm)	m	이 단가는 균열유발줄눈을 설치하기 위한 콘크리트절단, 유발줄눈설치, PVC Pipe 및 노무비 등의 비용을 포함한다	이 물량은 도면에 의해 산출된 수량이다	
g	배수시설				
g-1	배수뒷잡석채움 (잡석)	㎥	Ⅱ-2.구조물공통 1.07-a 참조		
g-2	부직포설치 (200g/㎡)	㎡	Ⅱ-3.본선부속 3.01-d-d-2 참조		
g-3	드레인보드설치 (T=20mm)	㎡	Ⅱ-3.본선부속 3.01-d-d-3 참조		
g-4	배수공설치 (PVC Pipe,D65mm)	m	이 단가는 배수공 설치에 필요한 재료비(PVC Pipe) 및 설치비 비용이다	이 물량은 도면에 의해 산출된 수량이다	VG1:두꺼운관 VG2:얇은관
g-5	배수공설치 (PVC Pipe,D75mm)	m	이 단가는 배수공 설치에 필요한 재료비(PVC Pipe) 및 설치비 비용이다	이 물량은 도면에 의해 산출된 수량이다	VG1:두꺼운관 VG2:얇은관
g-6	쏘일시멘트 (1:15)	㎥	이 단가는 노반의 흙과 시멘트를 혼합하여 처리하는 방법이며 재료비(시멘트)와 노무비 및 기계경비 등의 비용을 포함한다	이 물량은 도면에 의해 산출된 체적이다	주요자재비(시멘트)로 별도 집계 할 수 있으며,두께는 20cm를 기준으로 함

번호	공 종	단위	설 명	측 정	비고
h	**스페이서설치**				
h-1	스페이서설치 (벽체)	㎡	Ⅱ-2.구조물공통 6-a 참조		
h-2	스페이서설치 (슬래브및기초)	㎡	Ⅱ-2.구조물공통 6-b 참조		
i	**철근가공및조립**				
i-1	철근가공및조립 (간단)	Ton	Ⅱ-2.구조물공통 7-a 참조		
i-2	철근가공및조립 (보통)	Ton	Ⅱ-2.구조물공통 7-b 참조		
i-3	철근가공및조립 (복잡)	Ton	Ⅱ-2.구조물공통 7-c 참조		
4.02	**보강토옹벽**				
a	**판넬식옹벽**				
a-1	기초콘크리트타설 (철근,펌프카사용)	㎥	Ⅱ-2.구조물공통 2.03-d참조		
a-2	합판거푸집 (4회,H=0~7m)	㎡	Ⅱ-2.구조물공통 3.01-d 참조		
a-3	철근가공및조립 (보통)	Ton	Ⅱ-2.구조물공통 7-b 참조		
a-4	보강토부설및다짐 (뒷길이2m이하)	㎥	이 단가는 보강토 부설 및 다짐 을 하기 위한 부설비(굴삭기), 다짐비(진동콤팩터 등) 및 살수비 등의 비용을 포함한다	이 물량은 도면에 의해 산출된 체적이다	
a-5	보강토부설및다짐 (뒷길이2m이상)	㎥	이 단가는 보강토 부설 및 다짐을 하기 위한 포설비(모터그레 이더), 다짐비(진동로울러) 및 살수비 등의 비용을 포함한다	이 물량은 도면에 의해 산출된 체적이다	
a-6	판넬조립및설치	㎡	이 단가는 블록쌓기(표준형)설치를 위한 재료비, 운반비 및 설치비 등의 비용을 포함한다	이 물량은 도면에 의해 산출된 면적이다	
a-7	버팀목설치및해체	m	이 단가는 재료비(각재 등) 및 설치비 비용을 포함한다	이 물량은 도면에 의해 산출된 수량이다	
a-8	부직포설치 (200g/㎡)	㎡	Ⅱ-3.본선부속 3.01-d-d-2 참조		

번호	공 종	단위	설 명	측 정	비고
b	블럭식옹벽				
b-1	기초잡석깔기 (잡석)	m^3	Ⅱ-2.구조물공통 1.05 참조		
b-2	구조물뒷채움 (잡석)	m^3	Ⅱ-2.구조물공통 1.04-a~c 참조		
b-3	부직포설치 (200g/m^2)	m^2	Ⅱ-3.본선부속 3.01-d-d-2 참조		
b-4	블록쌓기 (표준형)	m^2	이 단가는 블록쌓기(표준형)설치를 위한 재료비, 운반비 및 설치비 등의 비용을 포함한다	이 물량은 도면에 의해 산출된 면적이다	
b-5	블록쌓기 (마감형)	m^2	이 단가는 블록쌓기(마감형)설치를 위한 재료비, 운반비 및 설치비 등의 비용을 포함한다	이 물량은 도면에 의해 산출된 면적이다	
b-6	지오그리드설치	m^2	이 단가는 지오그리드 설치를 위한 재료비(지오그리드)의 비용이다.	이 물량은 도면에 의해 산출된 면적이다	
b-7	유공관설치 (T.H.P Pipe,D200mm)	m	이 단가는 유공관 설치를 위한 재료비(T.H.P Pipe)의 비용이다.	이 물량은 도면에 의해 산출된 수량이다	
b-8	속채움잡석	m^3	X-3각종 자재구입 및 운반, 1-b. 잡석구입 및 운반참조	이 물량은 도면에 의해 산출된 수량이다	
4.03	돌망태형옹벽				
a	부직포설치				
a-1	부직포설치 (400g/m^2)	m^2	이 단가는 부직포 설치에 필요한 재료비(부직포) 및 설치비 비용이다	이 물량은 도면에 의해 산출된 면적이다	
b	돌망태형옹벽 (GABION공법)				
b-1	돌망태형옹벽 (H=5m이하)	m^3	이 단가는 돌망태형 옹벽을 설치하기 위한 재료비(철망태 등), 부설비(굴삭기), 노무비 및 기계 경비 등의 모든 비용을 포함한다	이 물량은 도면에 의해 산출된 체적이다	
b-2	돌망태형옹벽 (H=5~8m이하)	m^3	이 단가는 돌망태형옹벽 H=5m이하 사용시를 기준으로 하여 설치높이가 5m이상일 경우 인력품에 대해 높이별 할증율을 적용한 비용을 포함한다	이 물량은 도면에 의해 산출된 체적이다	

번호	공 종	단위	설 명	측 정	비고
b-3	돌망태형옹벽 (H=8~11m이하)	㎥	이 단가는 돌망태형옹벽 H=5m이하 사용시를 기준으로 하여 설치높이가 5m이상일 경우 인력품에 대해 높이별 할증율을 적용한 비용을 포함한다	이 물량은 도면에 의해 산출된 체적이다	
b-4	돌망태형옹벽 (H=11~14m이하)	㎥	이 단가는 돌망태형옹벽 H=5m이하 사용시를 기준으로 하여 설치높이가 5m이상일 경우 인력품에 대해 높이별 할증율을 적용한 비용을 포함한다	이 물량은 도면에 의해 산출된 체적이다	
b-5	돌망태형옹벽 (H=14m초과)	㎥	이 단가는 돌망태형옹벽 H=5m이하 사용시를 기준으로 하여 설치높이가 5m이상일 경우 인력품에 대해 높이별 할증율을 적용한 비용을 포함한다	이 물량은 도면에 의해 산출된 체적이다	
5 a a-1	**방음벽공** **콘크리트타설** 바닥콘크리트 (무근,펌프카사용)	㎥	Ⅱ-2.구조물공통 2.01 참조		
a-2	구체콘크리트 (철근,펌프카사용)	㎥	Ⅱ-2.구조물공통 2.03-d 참조		
b b-1	**거푸집** 합판거푸집 (6회,H=0~7m)	㎡	Ⅱ-2.구조물공통 3.01-f 참조		
b-2	합판거푸집 (4회,H=0~7m)	㎡	Ⅱ-2.구조물공통 3.01-d 참조		
b-3	합판거푸집 (3회,H=0~7m)	㎡	Ⅱ-2.구조물공통 3.01-c 참조		
b-4	목재거푸집 (4회,H=0~7m)	㎡	Ⅱ-2.구조물공통 3.02-d 참조		
b-5	목재거푸집 (3회,H=0~7m)	㎡	Ⅱ-2.구조물공통 3.02-c 참조		
c c-1	**시공이음정리** 시공이음정리 (기계)	㎡	Ⅱ-3.본선부속 4.01-e 참조		
d d-1	**신축이음설치** 신축이음설치 (스티로폴,T=20mm)	㎡	Ⅱ-3.본선부속 4.01-d-d-1 참조		
d-2	다웰바설치 (D25×800mm)	개	Ⅱ-3.본선부속 4.01-d-d-4 참조		

번호	공 종	단위	설 명	측 정	비고
d-3	충진제채움 (실런트,20×20mm)	m	Ⅱ-3.본선부속 4.01-d-d-5 참조		
d-4	충진제채움 (실런트,20×25mm)	m	Ⅱ-3.본선부속 4.01-d-d-6 참조		
d-5	지수판설치 (PVC,200×5T)	m	Ⅱ-3.본선부속 4.01-d-d-7 참조		
e	**배수시설**				
e-1	배수뒷잡석채움 (잡석)	㎥	Ⅱ-2.구조물공통 1.07 참조		
e-2	부직포설치 (200g/㎡)	㎡	Ⅱ-3.본선부속 3.01-d-d-2 참조		
e-3	드레인보드설치 (T=20mm)	㎡	Ⅱ-3.본선부속 3.01-d-d-3 참조		
e-4	배수공설치 (PVC Pipe,D100mm)	m	Ⅱ-3.본선부속 4.01-g-g-4 참조		
f	**스페이서설치**				
f-1	스페이서설치 (벽체)	㎡	Ⅱ-2.구조물공통 6-a 참조		
f-2	스페이서설치 (슬래브및기초)	㎡	Ⅱ-2.구조물공통 6-b 참조		
g	**철근가공및조립**				
g-1	철근가공및조립 (보통)	Ton	Ⅱ-2.구조물공통 7-b 참조		
g-2	철근가공및조립 (복잡)	Ton	Ⅱ-2.구조물공통 7-c 참조		
h	**방음벽제작설치**				
h-1	천공 (토사,D400mm)	m	이 단가는 방음벽설치를 위한 천공 노무비(빗트손료 포함) 및 기계경비(보오링기계 등)의 비용을 포함한다	이 물량은 도면에 의해 산출된 수량이다	
h-2	천공 (풍화암,D400mm)	m	이 단가는 방음벽설치를 위한 천공 노무비(빗트손료 포함) 및 기계경비(보오링기계 등)의 비용을 포함한다	이 물량은 도면에 의해 산출된 수량이다	
h-3	케이싱설치및철거 (D406mm)	m	이 단가는 케이싱을 설치, 철거하는 비용으로서 재료비 및 절단비, 용접비 등이 포함되며, 천공 기계가 자력으로 한다고 본다	이 물량은 도면에 의해 산출된 수량이다	

번호	공 종	단위	설 명	측 정	비고
h-4	H-Pile박기 (천공후항타,H-200mm이하)	본	이 단가는 H-Pile박기(천공후항타)를 하기 위한 기계경비(크레인, 진동파일햄머, 발전기 등) 및 노무비의 비용을 포함한다	이 물량은 도면에 의해 산출된 수량이다	슬라임 0.5m를 항타하는 것으로 봄
h-5	방음벽제작설치 (H2.0m×W4.0m)	m	이 단가는 방음벽을 제작, 설치하기 위한 재료비(방음판, 부속자재 등) 및 설치비(앵커볼트, 지주, 방음판)의 비용을 포함한다	이 물량은 도면에 의해 산출된 수량이다	
h-6	방음벽제작설치 (H3.0m×W4.0m)	m	이 단가는 방음벽을 제작, 설치하기 위한 재료비(방음판, 부속자재 등) 및 설치비(앵커볼트, 지주, 방음판)의 비용을 포함한다	이 물량은 도면에 의해 산출된 수량이다	
h-7	방음벽제작설치 (H4.0m×W4.0m)	m	이 단가는 방음벽을 제작, 설치하기 위한 재료비(방음판, 부속자재 등) 및 설치비(앵커볼트, 지주, 방음판)의 비용을 포함한다	이 물량은 도면에 의해 산출된 수량이다	
h-8	방음벽제작설치 (H5.0m×W4.0m)	m	이 단가는 방음벽을 제작, 설치하기 위한 재료비(방음판, 부속자재 등) 및 설치비(앵커볼트, 지주, 방음판)의 비용을 포함한다	이 물량은 도면에 의해 산출된 수량이다	
6	울타리공				
a	콘크리트타설				
a-1	기초콘크리트타설 (소형,진동기제외)	㎥	Ⅱ-2.구조물공통 2.04-a 참조		
b	거푸집				
b-1	합판거푸집 (6회,H=0~7m)	㎡	Ⅱ-2.구조물공통 3.01-f 참조		
c	울타리설치				
c-1	능형망울타리 (H1.6×W2.5m)	m	이 단가는 능형망울타리 설치에 필요한 재료비 및 설치비 등의 비용이다	이 물량은 도면에 의해 산출된 수량이다	토공 및 기초공 수량이 중복되지 않게 적용
c-2	가시철사울타리 (H1.6×W2.5m)	m	이 단가는 가시철사울타리 설치에 필요한 재료비 및 설치비 등의 비용이다	이 물량은 도면에 의해 산출된 수량이다	토공 및 기초공 수량이 중복되지 않게 적용

번호	공　종	단위	설　명	측　정	비고
d	낙석방지책설치				
d-1	낙석방지책설치 (표준구간,H=3.0m)	m	이 단가는 낙석방지책(표주구간) 설치에 필요한 재료비 및 설치비 등의 비용이다	이 물량은 도면에 의해 산출된 수량이다	토공 및 기초공 수량이 중복되지 않게 적용
d-2	낙석방지책설치 (단부구간,H=3.0m)	m	이 단가는 낙석방지책(단부구간) 설치에 필요한 재료비 및 설치비 등의 비용이다	이 물량은 도면에 의해 산출된 수량이다	토공 및 기초공 수량이 중복되지 않게 적용

Ⅱ - 4. 개 천 내 기

Ⅱ-4-1. 적용기준

1. 적용범위

가. 본장 'Ⅱ-4. 개천내기'는 철도노반이 기존 개천을 횡단하거나, 철도건설로 인해 기존 개천을 이설 또는 신설해야 할 경우의 개천내기에 적용한다.

나. 개천내기 설계는 관할 하천관리청, 지방자치단체와 협의하고 그의 시설기준에 따라 설계한다.

다. 위 나항에 별도 정하지 않은 사항은 각 협의체와 협의하여 그 기준을 정한다.

2. 용어정의 및 설계일반

가. 용어 정의

1) 설계수문량

가) 설계 강우량 : 어떤 지점에서 강우량 또는 강우깊이, 호우기간 동안 강수의 시간분포를 정한 설계우량주상도, 또는 강우 공간분포를 정한 등우선도의 세 가지 요소로 구분하여 정의한다.

나) 설계 홍수량 : 홍수특성, 홍수빈도, 그리고 홍수피해 가능성과 사회 경제적 요인을 함께 고려한 후 최종적으로 어떤 수공구조물의 설계기준으로 채택하는 첨두유량이나 첨두수위, 또는 설계강우에 따른 유량수문곡선을 말한다.

다) 설계 갈수량 : 하천에서 취수 및 저수관리, 저수로 유지관리, 하천 환경의 개선 및 유지관리 등을 위해 설정한 갈수량으로서 주로 연갈수량의 빈도해석, 지속기간별 갈수량 등을 말한다.

라) 기본 홍수량 : 어떤 하천이나 유역에서 인위적인 유역개발이나 유량조절시스템에 의해 조절되지 않고 자연상태에서 흘러 내려오는 홍수 중에서 홍수조절이나 유역개발의 기본이 되는 홍수를 말한다.

마) 계획 홍수량 : 하천유역개발 계획, 홍수방어(조절)계획, 이수계획, 내수배제계획, 그리고 하천환경관리계획 등 각종 계획에 맞추어 이미 산정된 기본홍수를 종합적으로 분석하여 합리적으로 배분하거나 조절할 수 있도록 계획기준점이나 하천시설 설치 지점, 지류와 본류 합류점 등에서 하천개발계획을 위해 책정된 홍수량을 말한다.

바) 최대가능강수량(Probable Maximum Precipitation ; PMP) : 어떤 지속기간에서 어느 특정 위치에 주어진 호우면적에 대해 연중 지정된 기간에 물리적으로 발생할 수 있는 이론적으로 추정한 최대 강수량 깊이를 말한다.

사) 최대가능홍수량(Probable Maximum Flood ; PMF) : 최대가능강수량으로부터 계산되는 홍수량을 말하며, 이는 보통 구조물의 파괴로 인한 피해가 경제 단위로 표시할 수 없을 만큼 피해가 큰 구조물을 설계하는 데 많이 사용된다.

아) 추정 한계치 : 최대로 가용한 수문정보를 바탕으로 하여 어떤 위치에서 발생 가능한 수문사상의 최대크기로 정의된다.

자) 유역 반응시간 : 유역에 내리는 강우에 따라 첨두유량이 발생하는 시간적 특성이나 수리학적으로 유역이 어떠한 반응을 일으키는 지를 시간으로 나타낸 것을 말한다.

2) 홍수방어계획

가) 유수지 : 평상시에는 비워둔 상태에서 홍수시 제내지에 내린 강우 유출에 따른 제내지 저지대가 침수되는 것을 방지하기 위한 저류 및 배수시설을 말한다.

나) 홍수조절지 : 홍수방어계획의 일환으로 홍수를 조절할 수 있는 기능을 가진 저수지를 말하며 주로 대규모 택지나 공업용지를 개발함에 따라 하류에 홍수유출량이 증가할 것을 예상하고 개발지역내에 설치되는 지역외 저류시설이다.

다) 홍수터(floodplain) : 과거 홍수로 침수된 사실이 있거나 홍수시 범람이 예상되는 하천, 호소, 만, 또는 바다와 인접한 부지로서 평상시 건조한 연안지역을 말한다.

3) 이수계획

가) 갈수량 : 1년을 통하여 355일은 이보다 더 작지 않은 유량을 말한다.

나) 자연유량 : 하천유역이 전혀 개발되지 않고 인위적인 물사용이 없는 상태 하에서의 하천유량을 말한다.

다) 하천유지유량 : 하천에서 유수의 정상적인 기능 및 상태를 유지하기 위하여 필요한 최소한의 유량을 말한다.

라) 하천유지용수 : 하천유지유량 개념에 따라 수자원 계획 차원에서 설정하는 유량을 말한다.

마) 하천관리유량 : 하천유지유량과 유수점용을 위하여 필요한 이수유량을 합한 유량을 말한다.

바) 갈수 : 자연현상에 의하여 물의 수요와 공급의 관계가 균형을 상실한 현상을 말한다.

4) 제방

가) 제방(levee) : 홍수시 유수의 원활한 소통을 유지시키고 제내지를 보호하기 위하여 하천을 따라 토질재료 등으로 축조한 공작물을 말한다.

나) 하안(bank) : 평상시 물이 흘러가는 하도의 측면을 의미하며, 하안은 유수로 인해 침식이 발생하므로 이를 방지하기 위해 저수호안을 설치하기도 한다.

5) 호안

가) 호안 : 제방 또는 하안을 유수에 의한 파괴와 침식으로부터 직접 보호하기 위해 제방 앞비탈에 설치하는 구조물이다.

나) 비탈덮기와 비탈멈춤 : 비탈덮기는 제방 또는 호안의 비탈면을 보호하기 위하여 설치하는 것을 말하며 비탈멈춤은 비탈덮기의 움직임을 막고 토사유출을 방지하기 위해 시공하는 것을 말한다.

6) 하상유지시설

가) 낙차공 : 낙차가 큰(보통 0.50m 이상) 하상유지시설

나) 대공(띠공) : 낙차가 없거나 매우 작은(보통 0.50m 이하) 하상유지시설

7) 보

가) 보 : 각종 용수의 취수, 주운 등을 위하여 수위를 높이고 조수의 역류를 방지하기 위하여 하천을 횡단하여 설치하는 제방의 기능을 갖지 않는 시설을 말한다. 일반적으로 보는 하천의 수위를 조절하는 경우는 많지만 유량을 조절하는 경우는 적다. 그러나 최근에는 유량을 조절하여 유수의 정상적인 기능을 유지하기 위한 보가 설치되고 있기 때문에 댐과의 구별이 명확하지 않다. 그러나 일반적으로 다음과 같은 조건을 만족하는 경우는 보라고 할 수 있다.

(1) 기초지반에서 고정보 마루까지의 높이가 15m 이하인 경우

(2) 유수 저류에 의한 유량조절을 목적으로 하지 않는 경우

(3) 양끝부분을 제방이나 하안에 고정시키는 경우

나) 고정보와 낙차공은 형태가 비슷하여 쉽게 구별할 수 없으나 낙차공은 하상안정을 위해 설치되므로 고정보보다 낮게 설치되는 것이 일반적이다.

다) 가동보와 수문의 구분은 제방의 기능을 갖고 있는가 여부에 따라 결정된다. 제방의 기능을 가지는 것은 수문이며 그렇지 않은 것은 가동보이다.

8) 사방시설

가) 호안 : 유수가 하안의 침식, 붕괴를 일으키는 장소에 횡침식의 방지를 위하여 하안에 따라 유수 방향으로 설치된 시설을 말한다.

나) 하상유지공 : 종침식을 방지하고 하상을 안정시켜, 하상퇴적물의 재이동, 하안의 결괴, 붕괴 등을 방지하며 호안의 공작물의 기초를 보호할 목적으로 시공한 것을 말한다.

다) 유로공 : 유로의 변경에 의한 난류방지 및 종단기울기의 규제에 의한 종횡침식을 방지하고 하상을 안정적으로 고정시키는 목적으로 시공한 것을 말한다.

9) 수자원

가) 최고수위 : 일정한 기간을 통하여 최고의 수위를 말한다.

나) 풍수위 : 1년을 통하여 95일은 이보다 저하하지 않는 정도의 수위

다) 평수위 (ordinary water level) : 1년을 통하여 185일은 이보다 저하하지 않는 즉 6개월간 유지할 만한 정도의 수위를 말한다.

라) 저수위 (low water level) : 1년을 통하여 275일은 이보다 저하하지 않는 즉 3개월간 유지할 만한 정도의 수위를 말한다.

마) 갈수위 (drought water level) : 1년을 통하여 355일은 이보다 저하하지 않는 즉 10일간 유지할 만한 정도의 수위를 말한다.

바) 고수위(high water level) : 매년 1,2회 발생하는 홍수시의 수위

사) 홍수위(flood water level) : 3, 4년에 1회씩 발생하는 홍수시의 수위

아) 일평균수위 : 자기수위 관측소에 있어서는 매시 수위의 합계를 24시로, 보통수위 관측소에서는 조석수위의 합계를 2로 나눈 수위를 말한다.

자) 연평균수위 : 일평균수위의 1년의 총계를 해당년 일수로 나눈 수위를 말한다.

차) 평균저수위 : 연평균저수위 이하의 일평균수위를 평균한 수위를 말한다.

카) 계획홍수위(flood water level : F.W.L.) : 홍수조절을 행하는 경우 및 홍수에 도달하지 않은 유수 조절을 행하는 경우에 수위를 이보다 상승시켜서는 안되는 수위이며, 단 댐 계획상 설계빈도를 상회하는 홍수가 유입될 경우에는 그러하지 아니할 수 있다.

타) 상시만수위(normal water level : N.W.L.) : 통상적인 운영조건하에서 도달할 수 있는 최고수위로서, 이수목적으로 활용되는 부분의 최고수위이다.

파) 최저수위(minimum operating level : M.O.L.) : 보통 운영조건하에서 내려갈 수 있는 최저수위이며, 유효용량의 하한이 되는 수위

하) 홍수기 제한수위(limited water level in flood season : L.W.L.) : 홍수기간에 있어서 항시 일정량의 홍수조절용량을 확보하기 위하여 저수지의 최고수위 유지에 대한 제한을 둔 것으로 치수목적에 의한 기준이다. 댐 설계시 댐 상류유역에서 발생되는 홍수를 조절하기 위하

여 여수로를 통한 수문방류를 실시할 때 통상적인 상시만수위와 계획홍수위 사이의 용량으로는 설계빈도의 용량을 조절할 수 없거나, 여러 가지 여건에 의해 홍수조절용량이 부족할 때 설계빈도의 홍수를 조절하기 위한 조절용량 확보를 위하여 상시만수위를 낮춘 것으로 상시만수위보다 아래에 위치하게 된다.

10) 유량

하천의 횡단면을 단위시간에 통과하는 물의 양을 말한다. 하천의 어느 지점에의 유량은 그 지점의 하천 단면을 단위시간에 유하하는 유량을 말하며, ㎥/sec의 단위로 표시하는 것이 보통이다. 하천의 유량을 지배하는 것으로는,

- 우량 (amount of rainfall)
- 유역면적(catchment area or drainage area)
- 지형(topography)
- 지세(geographical features)
- 지질상태(geological condition)
- 지표상태(the surface condition of the earth) 등이다.

우량 및 유역면적이 크면 유량도 큰 것이 원칙이며 특히 호우성의 연속우량은 유량을 격증한다. 유량은 또한 유역의 지형 등에 의하여 좌우되며 지세가 험준하면 강수가 일시에 하천에 쇄도하므로 유량이 크고, 지질이 불투수성이면 유량이 크고 또한 지표상태는 수목 등에 의하여 지표수의 유하가 방해되는 일이 적을수록 유량이 크다.

가) 최대유량 : 일정한 기간을 통하여 최대의 유량을 말한다.

나) 평균유량 : 1년을 통하여 185일은 이보다 저하하지 않는 유량을 말한다.

다) 저수유량 : 1년을 통하여 275일은 이보다 저하하지 않는 유량을 말한다.

라) 갈수량 : 1년을 통하여 355일은 이보다 저하하지 않는 유량을 말한다.

마) 일평균유량 : 자기수위 관측소에 있어서는 매시 수위에 대응하는 유량의 총계를 24로, 보통수위 관측소에 대하여는 조석수위에 대응하는 유량의 총계를 2로 나눈 유량을 말한다.

바) 연평균유량 : 일평균유량의 1년의 총계를 당년 일수로 나눈 유량을 말한다.

사) 평균저수유량 : 연평균유량 이하의 일평균유량을 평균한 유량을 말한다.

아) 최소유량 : 일정한 기간을 통한 최소의 유량을 말한다.

나. 설계일반

1) 개천내기는 수리 및 수문학적으로 검토하여 설계하여야 한다.

2) 개천내기 폭, 유효높이 등은 최대 홍수시 범람 등을 고려하여 안전한 방안으로 설계하여야 한다.

3) 농경지를 횡단하는 구간은 농수로에 원활하게 유입 및 유출될 수 있도록 하여야 한다.

4) 관련자료를 수집, 분석하고 주변지역현황, 기존수로 단면조사를 시행, 수문・수리검토 후 강우시 급류를 감안한 여유단면을 확보한다.

5) 선로 횡단수로는 유지관리 측면을 감안하여 최소규격 1.5×1.5m BOX로 설계하는 것을 원칙으로 한다.

6) 설계빈도

가) 구조물별 설계빈도는 다음 기준치를 적용한다.

<표 Ⅱ.4.1> 구조물별 설계빈도

구 분	설계빈도	구 분	설계빈도
소 교 량	50~200년	측 구	10년
장대교량(L>100m)	100~200년	노반비탈면 배수시설	10년
선로횡단암거 (도심지, 집단가옥구간)	25년 (50년)	선로인접지 배수시설	10년

나) 수문 설계빈도의 결정은 추정한계치(Estimated Limiting Value : ELV) 방법과 주요 수공구조물의 설계빈도를 이용하여 결정한다.

<표 Ⅱ.4.2> 주요 수공구조물의 설계빈도

구조물 종류	설계빈도	구조물 종류	설계빈도
배수시설		하천제방	
배수로	20년 이상	국가하천	100~200년
방수로	20년 이상	지방2급 하천	50~200년
배수제	20년 이상	홍수방어(조절)용	
배수문	20년 이상	저수지	50~SPF(표준설계홍수량)
배수펌프	20년 이상	여수로	PMF(가능최대홍수량)
유수지 및 저류지	20년 이상	제방	10~SPF(표준설계홍수량)

3. 이수계획

가. 가용수량의 산정

1) 소하천 유역에서는 충분한 유출량 자료를 얻기가 어려우므로 유출계수(보통 우리나라에서는 60%를 사용)를 이용하여 유역에 배출될 수 있는 유량을 산정한다.

2) 미개발 유역을 개발하여 가용한 수자원량을 추정하기 위해서는 기본적으로 유역의 자연유출량을 산정하여 이용한다.

나. 계획하폭의 결정

1) 계획홍수량에 따른 계획하폭

<표 Ⅱ.4.3> 계획홍수량 크기에 따른 계획하폭 참고치

계획홍수량(㎥/sec)	하 폭(m)	계획홍수량(㎥/sec)	하 폭(m)
300	40 ~ 60	1,000	90 ~ 120
500	60 ~ 80	2,000	160 ~ 220
800	80 ~ 110	5,000	350 ~ 450
5,000 이상	계획홍수량을 안전하게 소통하고 안정하도를 유지할 수 있도록 적절히 결정하되 기존에 발표된 경험공식을 참고한다.		

2) 기타 계획하폭 공식

가) 대하천

$$B = \alpha Q^{0.73}$$

여기서, B는 계획하폭(m), α는 하상경사(S)에 따른 계수, Q는 계획홍수량(㎥/sec)을 각각 나타낸다.

<표 Ⅱ.4.4> 하상경사에 따른 α값

하상경사(S)	1/1,000	1/2,000	1/3,000	1/4,000	1/5,000
α	1.09	1.18	1.27	1.36	1.45

나) 중소하천

$$B = 1.698\frac{A^{0.318}}{S^{0.5}} \quad \cdots\cdots \text{ 남부지방(호남, 영남)}$$

$$B = 1.303\frac{A^{0.318}}{S^{0.5}} \quad \cdots\cdots \text{ 중부지방(경기, 강원, 충남북)}$$

여기서, B는 계획하폭(m), S는 하상경사(S), A는 유역면적(㎢)을 각각 나타낸다.

4. 제방의 설계

가. 제방의 정의

제방은 하천에 흐르는 물이 하도밖으로 넘치는 것을 방지하고 흐르는 물의 소통을 원활하게 하기 위해 하천에 설치하는 시설물이다.

나. 제방의 기능

제방은 방수, 방조, 방파, 방사의 직접적인 기능외에 호안, 수제, 하상유지, 도수(류)의 2차적 기능을 가지고 있다.

다. 구조와 명칭

일반적인 제방단면의 구조와 명칭은 다음과 같다.

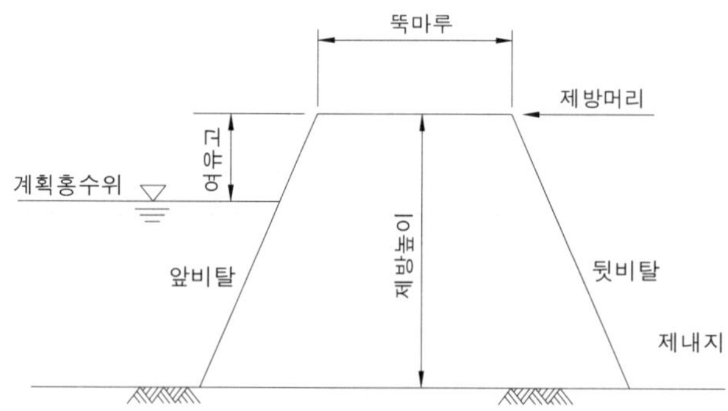

<그림 Ⅱ.4.1> 단단면 제방

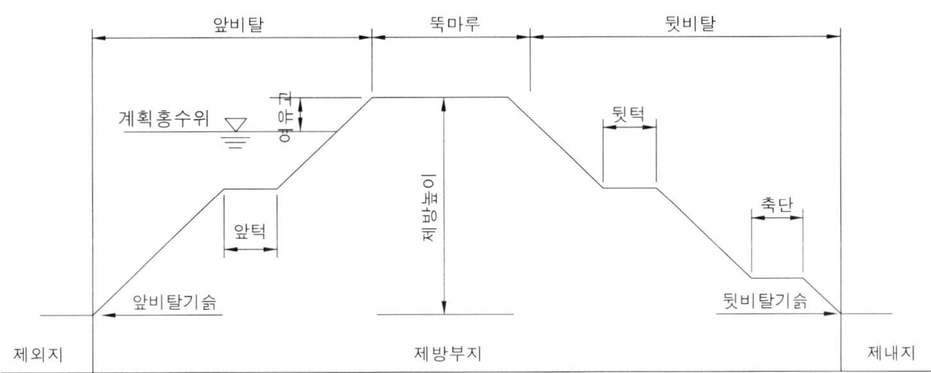

<그림 Ⅱ.4.2> 복단면 제방

라. 제방고 및 여유고

1) 제방고

제방고는 계획홍수위에 여유고를 더한 높이 이상으로 한다. 단, 계획홍수위가 제내 지반고보다 낮고 지형상황으로 보아 치수상 지장이 없다고 판단되는 구간에서는 예외로 한다.

2) 여유고

가) 여유고는 계획홍수량을 안전하게 소통시키기 위하여 하천에서 발생할 수 있는 여러 가지 불확실한 요소들에 대한 안전값으로 주어지는 여분의 제방높이를 말한다.

<표 Ⅱ.4.5> 계획홍수량에 따른 여유고

계획홍수량(㎥/sec)	여유고(m)	계획홍수량(㎥/sec)	여유고(m)
200 미만	0.6 이상	2,000이상~5,000미만	1.2 이상
200이상~500미만	0.8 이상	5,000이상~10,000미만	1.5 이상
500이상~2,000미만	1.0 이상	10,000 이상	2.0 이상

나) 계획홍수량별 여유고는 일반하도에서의 최저치로서 실제 여유고는 하천과 제방의 중요도, 제내지 상황, 주변접속도로, 사회 및 경제적 여건 등을 고려하여 결정해야 하며, 유량규모에 따른 최저치의 여유고에 얽매이지 않도록 유의해야 한다.

3) 둑마루폭

가) 제방의 둑마루폭은 다음 목적을 달성할 수 있도록 결정해야 한다.

(1) 침투수에 대한 안전의 확보

(2) 평상시의 하천 순시

(3) 홍수시의 방재활동

(4) 친수 및 여가공간 마련

나) 둑마루폭의 목적을 달성하기 위해서는 최소 4.0m 이상을 확보하여야 하며, 친수 및 여가공간 조성시에는 계획홍수량에 따른 최소폭보다 크게 할 수 있다.

다) 다음 표는 계획홍수량에 따른 둑마루폭의 최소치를 나타낸 것으로 실제 둑마루폭은 하천과 제방의 중요도, 제내지 상황, 사회 경제적 여건, 둑마루의 이용성 등을 고려하여 결정해야 하며 유량규모에 얽매이지 않도록 유의해야 한다.

<표 Ⅱ.4.6> 계획홍수량에 따른 둑마루폭

계획홍수량(㎥/sec)	둑마루폭(m)	계획홍수량(㎥/sec)	둑마루폭(m)
200 미만	4.0 이상	5,000이상~10,000미만	6.0 이상
200이상~5,000미만	5.0 이상	10,000 이상	7.0 이상

5. 하천보호공

하천보호공은 하천 유수의 흐름에 의한 침식, 침투로부터 하천 바닥이나 제방을 보호하기 위하여 돌망태, 호안용 시멘트블럭 등을 시공하는 시설물로 홍수로부터의 하천 보호와 하천수의 원활한 배출이 진행되도록 설계되어야 한다.

가. 돌망태

1) 돌망태의 적용

돌망태는 아연도금 철선제의 철망에 일정 규격의 잡석을 채운 상태로 하천 바닥면이나 호안뚝에 설치하여 호안뚝, 하천 바닥의 세굴을 방지한다.

2) 돌망태의 종류

그 형상 및 용도에 따라 원형, 반원형, 타원형, 이불형으로 나뉜다.

<표 Ⅱ.4.7> 돌망태의 구분

구 분	단 면	용 도
원 형	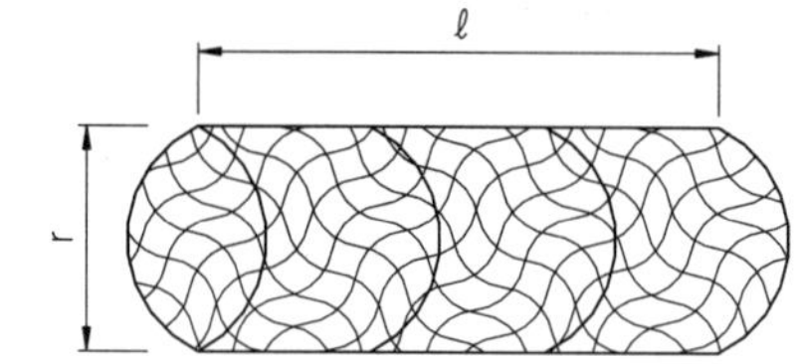	교각보호, 개울뚝 보호에 적합
반 원 형	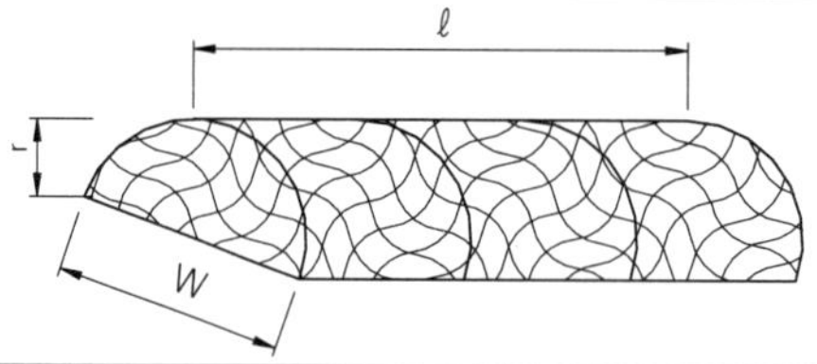	물막음, 지반보호, 침수기둥 보호에 적합
타 원 형	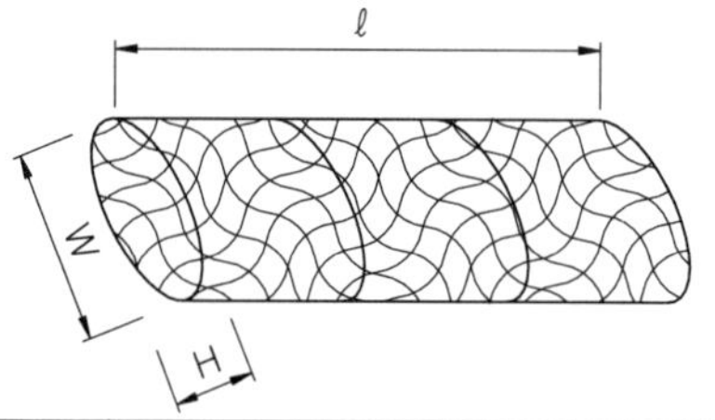	개울뚝, 호안뚝, 급류제지 등에 적합
이 불 형	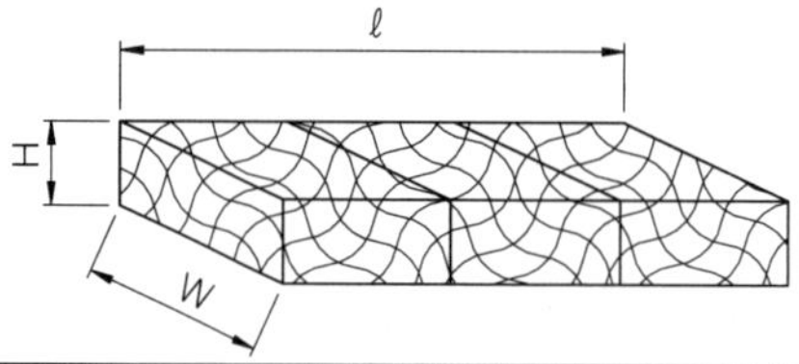	교각공사, 호안뚝, 축대 등에 적합

나. 생태복원구조물돌망태

1) 친환경돌망태

가) 친환경돌망태의 적용

하천하안의 제방이나 하천저면의 토사유실을 방지하기 위해 설치하며 녹화공법을 적용하여 미려한 주변환경을 창출할 수 있다.

나) 친환경돌망태의 특징

(1) 생태계를 파괴하지 않는 환경친화적 구축물로 어느 하천에서나 사용 가능하다.

(2) 자연스런 하천환경 복원으로 다양한 식물 식재 및 파종으로 환경친화적 하천공간 조성 및 다양한 동·식물의 서식처를 제공한다.

(3) 굴요성과 내구성이 우수하여 물리적인 유수 흐름에 의한 파괴 및 침식을 사전에 방지한다.

(4) 세그먼트형 구조로 응급복구 및 유지보수가 용이하다.

다) 친환경돌망태의 구성

(1) 매트리스 GABION : 아연도금 철선으로 엮은 철망으로 형성된 틀

(2) 씨앗포

(3) 채움돌 : 채움돌의 크기는 망눈보다 크고 망높이의 1/2이하

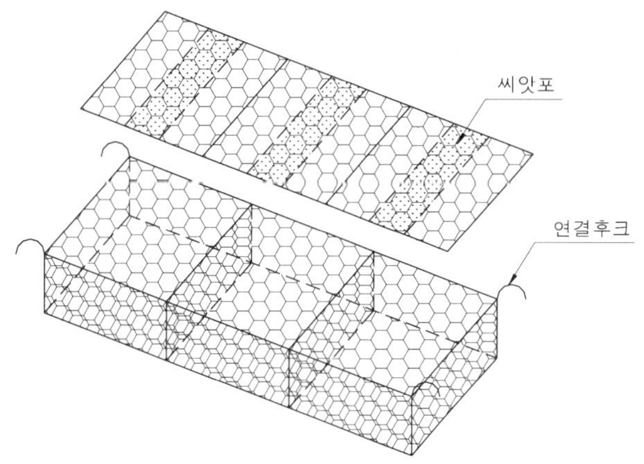

<그림 Ⅱ.4.3> 친환경돌망태의 구성

2) 친환경 매트리스

가) 친환경 매트리스의 적용

매트리스 공법은 특히 하천이나 해안 지역의 법면에 깔아 홍수나 태풍에 의한 유속의 증가 및 세굴, 토사유실을 방지하기 위하여 설치되는 구조물이다. 매트리스 공법은 강자갈이나 깬돌을 사용하므로 미관이 수려하며 시공 후 돌과 돌 사이에 풀이나 나무가 자라 세월이 흐를수록 더욱 견고하고 내구성이 증가하게 되는 환경친화적인 구조물이다.

나) 친환경 매트리스 설계시 고려사항

(1) 기초의 설계 및 시공

기초의 비탈경사, 하상세굴 등을 고려하여 비탈덮기를 지지하는 구조로 설계하며 기초 깊이는 계획하상에 홍수시의 일시적인 세굴을 고려하여 결정한다.

<표 Ⅱ.4.8> 홍수시의 일시적 세굴깊이

하상 재료	홍수시 하안의 유속		
	3m/sec이상	2~3m/sec	2m/sec이하
조약돌 이상의 입경	1.0m	0.5m	-
자갈 정도의 입경	1.5m	1.0m	0.5m
잔자갈 정도의 입경	1.5m 이상	1.5m	1.0m

주) 여기서, 조약돌은 100mm<d<150mm, 자갈은 75mm<d<200mm, 잔자갈은 2mm<d<15mm이다

(2) 기초 밑다짐의 설계

밑다짐은 호안의 안정에 중요한 역할을 담당한다. 따라서 소류력에 견딜 수 있고 시공이 용이하며, 내구성이 크도록 설계해야 한다.

<표 Ⅱ.4.9> 일반적인 밑다짐의 폭

구 분	홍수시 단면 평균유속		
	2m/sec이하	2~4m/sec	4m/sec이상
밑다짐의 폭	2~10m	4~12m	6m 이상

(3) 채움돌의 규격 및 유속기준

채움돌의 크기는 망눈보다 크고 매트리스 높이의 1/2보다 작은 것을 사용한다.

<표 Ⅱ.4.10> 채움돌의 규격 및 유속기준

구 분	제품높이 (m)	채움돌 규격 (mm)	평균입경 (mm)	한계유속 (m/sec)	제한유속 (m/sec)
매트리스 개비온	0.25	70~150	120	4.50	6.10
	0.30	100~150	125	5.00	6.40
	0.50	120~250	190	6.40	8.00

6. 수로공

'Ⅱ-3. 본선부속'의 '2. 수로공'을 준용한다. 단, 수로 바닥폭이 0.6m 이하일 때는 본선부속의 수로공, 0.6m 이상일 때는 개천내기 수로로 분류한다.

7. 암거공

가. 현장콘크리트타설 암거

1) 암거설계 일반

가) 암거의 형식은 사용목적과 현장조건, 내공단면의 크기, 기초지반의 상태, 시공성, 경제성, 유지관리성 등을 고려하여 선정한다. 암거의 설계에서 콘크리트 이외의 재료(파형강관 및 파형강판 등)를 사용하는 경우에는 별도의 설계기준 및 설계방법에 따른다.

나) 암거의 입지는 본선과 직각방향으로 교차되도록 선정하여야 하며 부득이한 경우에는 사용목적과 현장조건에 부합되도록 사각으로 설치할 수 있으며 다음 그림 및 표에 따라 설치한다. 이때, 신축이음의 간격 L1, L2는 10m~15m를 기준으로 한다.

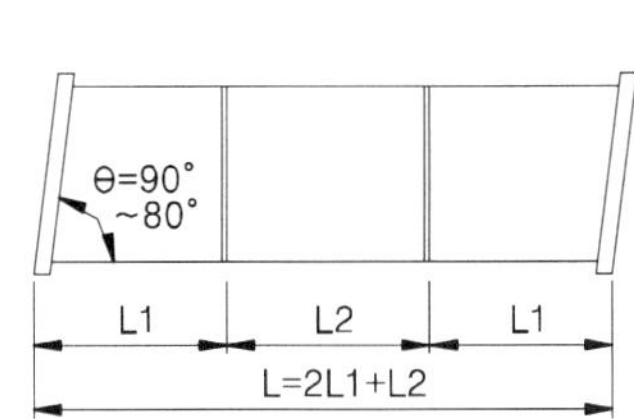

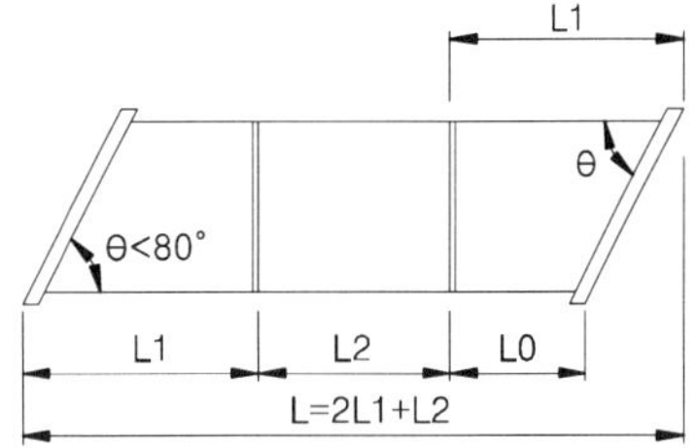

<그림 Ⅱ.4.4> 암거의 설치예(1)　　<그림 Ⅱ.4.5> 암거의 설치예(2)

다) 암거의 유형과 크기는 다음 조건 등을 고려하여 현장조건에 따라 선정한다.

(1) 배수유역

(2) 지표수 인자

(3) 홍수위 또는 다른 제한 요소

(4) 철도 본선으로부터 암거 상부까지의 최소거리

(5) 축제 경사와 노반의 폭

(6) 선로의 수와 간격

(7) 평탄부의 경사도와 유선

(8) 철도선로와 암거의 사각

라) 수로용 암거는 계획유량을 통과시킬 수 있는 단면이고 내공높이는 '고수위(HWL) + 여유고 '를 합한 높이 이상으로 한다.

마) 암거설계는 일반적으로 사용목적에서 정한 허용침하량 이하로 하고 이음부에 유해한 틈과 어긋남이 발생하지 않도록 하여 각 부재가 소요강도 이상이 되도록 설계한다.

바) 구조계산은 가장 불리하게 재하된 고정하중 및 활하중에 의한 구조물의 응력, 변형, 안정, 피로 등의 구조거동을 검토하여 소요 안전도를 확보한다.

사) 부재의 설계는 설계하중이 작용할 때 부재단면의 처짐 및 균열 등을 고려하여 사용성 및 내구성이 있어야 하고 계수하중이 설계하중으로 작용할 때 부재단면의 강도 등 안정성을 검토 확인한다.

아) 부재를 설계할 때 단면력은 탄성해석에 의해 계산한다. 이때 부재의 휨 강성 및 비틀림 강성은 콘크리트의 전단면을 유효로 하여 계산한다.

자) 휨모멘트를 결정할 때나 부재를 설계할 때는 모두 헌치를 고려하여야 한다.

2) 구조설계

가) 박스형 암거는 정·부 휨모멘트가 슬래브와 벽체에 작용하는 연속구조로 해석한다.

나) 설계하중은 고정하중, 활하중, 충격하중, 토압 및 수압, 건조수축 등을 적용하며 열차의 출발과 정지시 발생하는 선로 종방향 하중은 고려하지 않아도 된다.

다) 단면의 두께가 두껍거나 시멘트의 사용량이 많아서 구조물에 수화열에 의한 균열발생이 우려되는 경우에는 수화열에 의한 응력해석을 실시하여 그에 적절한 설계를 하여야 한다.

라) 박스형 암거를 설치하는 기초지반이 부등침하가 예상되는 경우는 구교의 종방향에 대한 구조해석을 하여 안전한 설계를 하여야 한다.

마) 구조상세

(1) 박스형 암거는 일반적으로 안정에 대한 검토를 하지 않아도 좋다. 그러나 지하수위가 높

은 경우에는 구교의 부상에 대하여 검토하고 교각 등을 지지할 때는 기초로서 안정검토를 하여야 한다.

(2) 구조해석은 라멘으로 해석한다.

(3) 휨 응력의 계산은 연직부재와 수평부재 모두 모멘트 및 축력을 고려하여야 한다.

(4) 구교의 모서리부에는 헌치를 설치하고 보강철근을 배치하여 보강을 하여야 한다.

(5) 상부슬래브, 하부슬래브와 벽체에 있어서 종방향 최소철근량은 복토의 깊이가 3.0m 이하인 경우는 콘크리트 단면적의 0.4%, 복토가 3.0m 이상인 경우는 복토깊이가 30m인 경우의 사용량인 1.0%를 기준으로 선형변화량을 사용하되 이때 종방향 철근량은 주철근량 미만이어야 한다.

(6) 신축이음매의 간격은 일반적으로 10m～15m를 표준으로 하며 국부적인 하중이 재하되는 경우나 지반이 불균일한 경우에는 이에 적합한 위치에 두어야 한다.

(7) 부재의 접합부 및 그 부근의 주철근은 이음을 두지 않아야 한다.

(8) 날개벽은 제방을 보존하고 구교 개구부를 유지하기 위하여 적절한 경사와 길이를 갖도록 설계하여야 한다.

나. 조립식 암거

1) 사용강재의 요구사항

가) 철근

(1) KS D 3504에 적합하며, SD400 고강도 이형철근을 사용한다.

(2) 철근의 항복강도는 400MPa를 초과하지 않아야 한다.

나) PS 강재

(1) 인장강도가 높아야 한다.

(가) PS강선의 인장강도는 1,450～1,950MPa, 항복강도는 1,250～1,750MPa

(나) PS강봉의 인장강도는 950～1,450MPa, 항복강도는 800～1,300MPa

(2) 항복비가 커야 한다.

(3) 리렉세이션이 작아야 한다.

(4) 적당한 연성과 인성이 있어야 한다.

(5) 응력 부식에 대한 저항성이 커야 한다.

(6) 부착시켜 사용하는 긴장재는 콘크리트와 부착강도가 커야 한다.

(7) 어느 정도 피로 강도를 가져야 한다.

(8) 직선성이 좋아야 한다.(타래의 지름이 소선 지름의 150배 이상)

2) 지수재 부착

가) 제품이음 부위는 누수되지 않도록 제품 한쪽면에 수팽창지수재를 미리 부착하여 시공하여야 하며 제품 조립시 지수재가 이탈되지 않도록 주의를 요하여야 한다.

나) P.C암거 접합부와 P.C강선 인입구를 통과하는 P.V.C관에 수팽창 고무링을 설치하여야 한다.

다) 지수링 설치부는 시공이 완료된 후 수분을 흡수한 수팽창 고무링에 의해 완전한 차수가 이루어져야 하며, 불완전 차수시에는 재시공 또는 보수되어져야 한다.

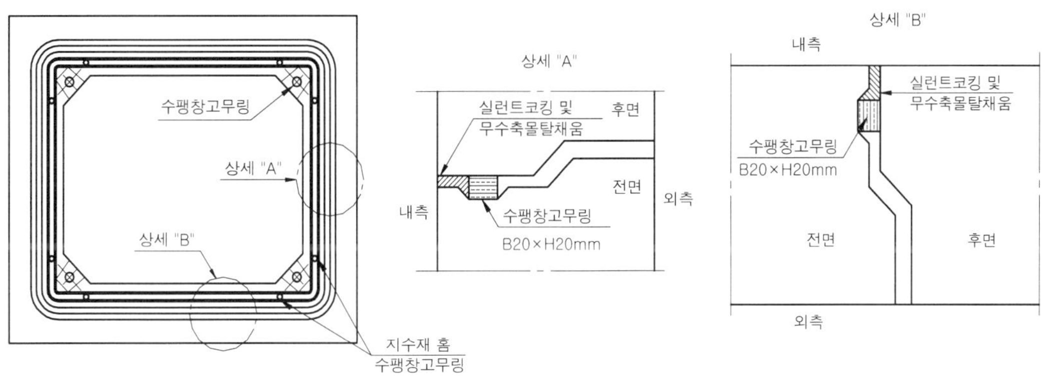

<그림 Ⅱ.4.6> 지수재의 부착

3) P.C 강선 인장

가) 인장작업은 펌프의 계기판에 부착된 압력게이지에 일치하도록 인장을 가하여 제품의 간격을 유지시키며 콘크리트의 강도가 설계기준 강도의 75% 이상 도달하였을 때 인장하는 것을 원칙으로 한다.

나) 프리텐션부재 30MPa, 포스트텐션 27MPa이 될 때까지 콘크리트에 힘을 가하지 않는다.

다) PC 강선의 인장 압력은 다음과 같은 식에 의하여 결정한다.

$$P = \frac{\mu WN}{2}$$

여기서, P = 인장압력(kN/㎡)

W = 제품의 중량(kN)

N = 제품의 수량

μ = 마찰계수(제품과 콘크리트의 마찰계수 = 1)

B1200 × H1200 : 인장력 $P = \frac{1.0 \times 44.26 \times 2}{2}$ = 44.26 kN/개소

B1500 × H1500 : 인장력 $P = \frac{1.0 \times 53.56 \times 2}{2}$ = 53.56 kN/개소

4) 이음부 마감 및 실런트 채움

가) 제품이 조립된 다음 BOX내부에서 작업부위에 이물질을 제거한 다음 백업재를 삽입하고 실리콘을 주입하여 누수되지 않도록 철저히 시공한다.

나) 물기가 있는 곳은 무수축 그라우팅제 이상의 제품을 사용하여 누수되지 않도록 한다.

5) 조립식 암거의 시공 순서

<표 Ⅱ.4.11> 조립식 암거의 시공순서도

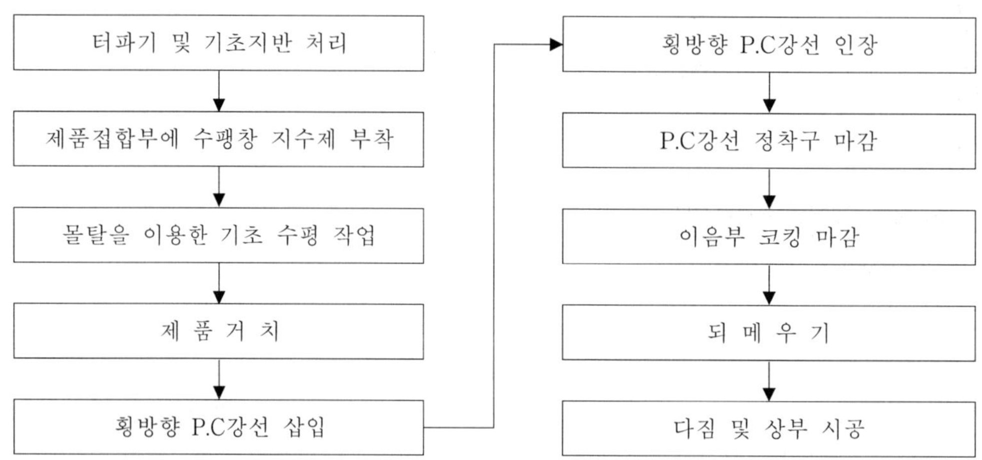

다. 현장타설 암거와 조립식 암거의 비교

<표 Ⅱ.4.12> 암거의 구분

구 분	현장타설 암거	조립식 암거
개 요	· 현장에서 거푸집을 설치하고 철근배근을 하여 콘크리트를 타설하는 공법이다.	· 공장에서 단위제품으로 생산하여 현장에서 단순조립 또는 P.C강선, 볼트 등으로 접합하는 공법이다.
강 도	· 콘크리트 : fck = 21~24 MPa · 철 근 : fy = 300~400 MPa	· 콘크리트 : fck = 35 MPa · 철 근 : fy = 400 MPa
공사기간	· 콘크리트 양생기간, 거푸집 설치 및 해체, 철근조립 등 상당기간 소요	· 조립속도는 평균 15m/일이며, 토공속도에 좌우된다. · 전체공기는 현장타설공법에 비해 60% 정도 단축된다.
경 제 성	· 부대공사비용, 간접비용 등이 상승된다.	· 2.0×2.0 이하 : 현장타설보다 저렴 · 2.0×2.0 이상 : 5~20% 상승
장 점	· 설계 및 시공경험이 우수하다. · 단면변화 및 곡선부 등 적응력이 풍부하다. · 기존 설치 암거와의 연결성이 양호하다.	· 공기단축으로 복잡한 도심지 시공에 유리하다. · 고강도 제품이므로 수밀성 및 내구성이 우수하다. · 동절기 시공이 용이하다.
단 점	· 현장타설로 품질관리 불편 · 장기간 공사로 인하여 민원발생의 여지가 있음 · 많은 인력 소요	· 제품상호간 일체성이 부족하여 연약지반 시공시 부등침하 가능성이 크다. · 접합부 방수를 위해 별도의 인젝션공법 적용시 시공비가 고가이다. · 제품크기에 따라 운반이 어려울 수 있다.

Ⅱ-4-2. 수량조서

번 호	공 종	규 격	단위	수 량	비 고
Ⅱ-4	개천내기				
1	토 공				
1.01	땅깎기				
a	땅깎기	토사	㎥	1	
b	땅깎기	풍화암	㎥	1	
c	땅깎기	연암	㎥	1	
d	땅깎기	경암	㎥	1	
e	수로땅깎기	토사	㎥	1	
1.02	흙쌓기				
a	하부노반다짐	토사,T=0.30m	㎥	1	
b	유용토흙쌓기	무대,토사	㎥	1	
c	수로흙쌓기	토사	㎥	1	
1.03	비탈면보호공				
a	떼입히기	줄 떼	㎡	1	
b	떼입히기	평 떼	㎡	1	
c	돌붙임	뒷길이 35cm	㎡	1	
1.04	하천보호공				
a	돌망태설치				
a-1	돌망태설치	원형,H = 0.45m	㎡	1	
a-2	돌망태설치	반원형,H = 0.45m	㎡	1	
a-3	돌망태설치	타원형,H = 0.45m	㎡	1	
a-4	돌망태설치	이불형,H = 0.40m	㎡	1	
b	생태복원구조물돌망태				
b-1	친환경돌망태설치	H = 0.40m	㎡	1	
b-2	친환경매트리스	H = 0.30m	㎡	1	
c	호안용시멘트블럭붙이기				
c-1	시멘트블럭현장제작설치	호안용	㎡	1	
c-2	프리캐스트제품	1000×1000×100mm	㎡	1	
1.05	구조물터파기				
a	터파기	육상,토사	㎥	1	
b	터파기	육상,풍화암	㎥	1	
c	터파기	육상,연암	㎥	1	

번 호	공 종	규 격	단위	수 량	비 고
d	터파기	육상,경암	㎥	1	
e	터파기	수중,토사	㎥	1	
f	터파기	수중,풍화암	㎥	1	
g	터파기	수중,연암	㎥	1	
h	터파기	수중,경암	㎥	1	
1.06	되메우기 및 다짐				
a	되메우기	토 사	㎥	1	
b	되메우기	풍화암	㎥	1	
1.07	구조물뒷채움	잡 석	㎥	1	
1.08	구조물기초깔기	잡 석	㎥	1	
1.09	구조물기초다짐	잡 석	㎥	1	
1.10	물푸기				
a	물푸기	양수기,D150mm	hr	1	
b	물푸기	설치 및 운반	개소	1	
2	수로공				
a	콘크리트타설				
a-1	바닥콘크리트	무근,펌프카사용	㎥	1	
a-2	기초콘크리트	무근,펌프카사용	㎥	1	
a-3	기초콘크리트	철근,펌프카사용	㎥	1	
a-4	구체콘크리트	무근,펌프카사용	㎥	1	H=0~15m
a-5	구체콘크리트	철근,펌프카사용	㎥	1	H=0~15m
b	거푸집				
b-1	합판거푸집	6회,H=0~7m	㎡	1	
b-2	합판거푸집	4회,H=0~7m	㎡	1	
b-3	합판거푸집	3회,H=0~7m	㎡	1	
c	신축이음	합판,T=12mm	㎡	1	
d	배수시설				
d-1	배수뒷잡석채움		㎥	1	
d-2	부직포설치	T = 2mm	㎡	1	
d-3	배수공설치	PVC PIPE,D50mm	m	1	
e	스페이서설치				
e-1	스페이서설치	벽체용	㎡	1	

번 호	공 종	규 격	단위	수 량	비 고
e-2	스페이서설치	슬래브 및 기초	㎡	1	
f	철근가공조립				
f-1	철근가공조립	간 단	ton	1	
f-2	철근가공조립	보 통	ton	1	
g	수로뚜껑제작설치				
g-1	스틸그레이팅	각 종	개	1	
g-2	콘크리트수로뚜껑	각 종	개	1	
3	암거공	익벽포함			
3.01	현장콘크리트타설 암거				
a	콘크리트 타설				
a-1	바닥콘크리트	무근,펌프카사용	㎥	1	
a-2	구체콘크리트	철근,펌프카사용	㎥	1	
b	거푸집				
b-1	합판거푸집	6회,H=0~7m	㎡	1	
b-2	합판거푸집	4회,H=0~7m	㎡	1	
b-3	합판거푸집	3회,H=0~7m	㎡	1	
b-4	문양거푸집	합성수지,H=0~7m	㎡	1	
c	강관비계매기	3개월	㎡	1	
d	강관동바리	암거용,3개월	공/㎥	1	
e	시공이음정리	기 계	㎡	1	
f	신축이음장치				
f-1	신축이음	스티로폼,T=20mm	㎡	1	
f-2	다웰바설치	D25×800mm	개	1	
f-3	충진재채움	실런트,20×20mm	m	1	
f-4	지수판설치	300×9T	m	1	
g	배수시설				
g-1	배수뒷잡석채움		㎥	1	
g-2	드레인보드설치	T = 20mm	㎡	1	
g-3	부직포설치	T = 2mm	㎡	1	
g-4	배수공설치	PVC PIPE,D75mm	m	1	
h	스페이서설치				
h-1	스페이서설치	벽체용	㎡	1	

번 호	공 종	규 격	단위	수 량	비 고
h-2	스페이서설치	슬래브 및 기초	㎡	1	
i	철근가공조립				
i-1	철근가공조립	보 통	ton	1	
i-2	철근가공조립	복 잡	ton	1	
3.02	**프리캐스트제품 암거**	각 종			
a	바닥콘크리트	무근,펌프카사용	㎥	1	
b	합판거푸집	6회,H=0~7m	㎡	1	
c	조립식암거운반	각 종	ton	1	
d	부설 및 조립				
d-1	부설 및 조립	2.0×2.0m	m	1	
d-2	부설 및 조립	2.5×2.5m	m	1	
d-3	부설 및 조립	3.0×2.5m	m	1	
d-4	부설 및 조립	3.0×3.0m	m	1	
e	강선인장		m	1	
f	이음부처리				
f-1	수팽창고무지수재설치	20×20mm	m	1	
f-2	수밀코킹설치	씰링재	m	1	
g	모래깔기	t = 50mm	㎥	1	

Ⅱ-4-3. 수량산출기준

1. 토 공

가. 땅깎기

1) 땅깎기 - 토사(㎥)

가) 'Ⅱ-1-3. 토공'의 '6-나. 토사깎기'를 참조한다.

나) 모든 수량은 자연상태의 체적으로 산출하며, 규모에 따라 분리 적용한다.

2) 땅깎기 - 풍화암(㎥)

가) 'Ⅱ-1-3. 토공'의 '6-다. 풍화암깎기'를 참조한다.

나) 모든 수량은 자연상태의 체적으로 산출하며, 규모에 따라 분리 적용한다.

3) 땅깎기 - 연・경암(㎥)

가) 'Ⅱ-1-3. 토공'의 '6-라. 연・경암깎기'를 참조한다.

나) 모든 수량은 자연상태의 체적으로 산출하며, 규모에 따라 분리 적용한다.

4) 수로땅깎기 - 토사(㎥)

가) 'Ⅱ-1-3. 토공'의 '5-나. 측구터파기'를 참조한다.

나) 모든 수량은 자연상태의 체적으로 산출하며, 본선측구에 적용한다.

나. 흙쌓기

1) 하부노반다짐 - 토사,T=0.30m(㎥)

'Ⅱ-1-3. 토공'의 '7-나. 하부노반다짐'을 참조한다.

2) 유용토 흙쌓기 - 토사(㎥)

'Ⅱ-1-3. 토공'의 '8. 유용토흙쌓기'를 참조한다.

3) 수로흙쌓기 - 토사(㎥)

가) 'Ⅱ-1-3. 토공'의 '5-가. 측구흙쌓기'를 참조한다.

나) 수량은 다짐상태의 체적으로 산출하며, 본선측구에 적용한다.

다. 비탈면보호공

1) 떼입히기 - 줄떼(㎡)

'Ⅱ-1-3. 토공'의 '15-나. 떼입히기'를 참조한다.

2) 떼입히기 - 평떼(㎡)

'Ⅱ-1-3. 토공'의 '15-나. 떼입히기'를 참조한다.

3) 돌붙임 - 뒷길이 0.35m(㎡)

'Ⅱ-1-3. 토공'의 '16-가. 비탈면돌붙임'을 참조한다.

라. 하천보호공

1) 돌망태 설치

가) 돌망태 설치 - 원형,H=0.45m(㎡)

(1) 돌망태를 설치할 바닥면의 면적으로 수량을 산출한다.

(2) 채움돌의 수량은 별도로 산출하지 않는다.

나) 돌망태 설치 - 반원형,H=0.45m(㎡)

(1) 돌망태를 설치할 바닥면의 면적으로 수량을 산출한다.

(2) 채움돌의 수량은 별도로 산출하지 않는다.

다) 돌망태 설치 - 타원형,H=0.45m(㎡)

(1) 돌망태를 설치할 바닥면의 면적으로 수량을 산출한다.

(2) 채움돌의 수량은 별도로 산출하지 않는다.

라) 돌망태 설치 - 이불형,H=0.40m(㎡)

(1) 돌망태를 설치할 바닥면의 면적으로 수량을 산출한다.

(2) 채움돌의 수량은 별도로 산출하지 않는다.

2) 생태복원 구조물 돌망태

가) 친환경돌망태 설치 - H=0.40m(㎡)

(1) 돌망태를 설치할 바닥면의 면적으로 수량을 산출한다.

(2) 채움돌의 수량은 별도로 산출하지 않는다.

나) 친환경매트리스 설치 - H=0.30m(㎡)

(1) 돌망태를 설치할 바닥면의 면적으로 수량을 산출한다.

(2) 채움돌의 수량은 별도로 산출하지 않는다.

(3) 부직포가 필요할 경우 별도 산출한다.

3) 호안용 시멘트블럭 붙이기

가) 시멘트블럭 현장제작 설치 - 호안용(㎡)

(1) 시멘트블럭을 설치할 바닥면의 면적으로 수량을 산출한다.

(2) 시멘트블럭의 두께에 따라 모르타르량을 산출한다.

(3) 천단콘크리트, 기초콘크리트 및 철선이 필요할 경우는 그에 따르는 부속수량(ex. 거푸집 등)까지 별도로 산출한다.

(4) 바닥면고르기의 수량은 바닥면의 면적으로 별도로 산출한다.

나) 프리캐스트제품 - 호안블럭,1000×1000×100mm(㎡)

(1) 호안블럭을 설치할 바닥면의 면적으로 수량을 산출한다.

(2) 바닥면고르기의 수량은 별도 산출한다.

(3) 콘크리트 호안블럭이 환경블럭일 경우에는 흙채움량 및 잔디심기 수량을 별도로 산출한다.

마. 구조물터파기

1) 터파기 - 육상,토사(㎥)

가) 'Ⅱ-2-3. 구조물공통'의 '1-나. 토사터파기'를 참조한다.

나) 수로 및 암거의 기초 터파기에 적용한다.

2) 터파기 - 육상,풍화암(㎥)

가) 'Ⅱ-2-3. 구조물공통'의 '1-다. 풍화암터파기'를 참조한다.

나) 수로 및 암거의 기초 터파기에 적용한다.

3) 터파기 - 육상,연암(㎥)

가) 'Ⅱ-2-3. 구조물공통'의 '1-라. 연암터파기'를 참조한다.

나) 수로 및 암거의 기초 터파기에 적용한다.

4) 터파기 - 육상,경암(㎥)

가) 'Ⅱ-2-3. 구조물공통'의 '1-마. 경암터파기'를 참조한다.

나) 수로 및 암거의 기초 터파기에 적용한다.

5) 터파기 - 수중,토사(m^3)

가) 'Ⅱ-2-3. 구조물공통'의 '1-나. 토사터파기'를 참조한다.

나) 수로 및 암거의 기초 터파기에 적용한다.

6) 터파기 - 수중,풍화암(m^3)

가) 'Ⅱ-2-3. 구조물공통'의 '1-다. 풍화암터파기'를 참조한다.

나) 수로 및 암거의 기초 터파기에 적용한다.

7) 터파기 - 수중,연암(m^3)

가) 'Ⅱ-2-3. 구조물공통'의 '1-라. 연암터파기'를 참조한다.

나) 수로 및 암거의 기초 터파기에 적용한다.

8) 터파기 - 수중,경암(m^3)

가) 'Ⅱ-2-3. 구조물공통'의 '1-마. 경암터파기'를 참조한다.

나) 수로 및 암거의 기초 터파기에 적용한다.

바. 되메우기 및 다짐

1) 되메우기 - 토사(m^3)

가) 'Ⅱ-2-3. 구조물공통'의 '1-바-2) 되메우기-토사'를 참조한다.

나) 수로 및 암거의 기초 되메우기에 적용한다.

2) 되메우기 - 풍화암(m^3)

가) 'Ⅱ-2-3. 구조물공통'의 '1-바-3) 되메우기-풍화암'을 참조한다.

나) 수로 및 암거의 기초 되메우기중 토사량이 부족할 경우에 적용한다.

사. 구조물뒷채움 - 잡석(m^3)

1) 'Ⅱ-2-3. 구조물공통'의 '1-아-2) 구조물뒷채움-램머다짐'을 참조한다.

2) 수로 및 암거의 잡석 뒷채움에 적용한다.

아. 구조물 기초깔기 - 잡석(m^3)

1) 'Ⅱ-2-3. 구조물공통'의 '1-자. 구조물기초깔기-잡석'을 참조한다.

2) 수로 및 암거의 기초잡석깔기에 적용한다.

자. 구조물 기초다짐 - 잡석(m^3)

1) 'Ⅱ-2-3. 구조물공통'의 '1-차. 구조물기초다짐-잡석'을 참조한다.

2) 수로 및 암거의 기초잡석다짐에 적용한다.

차. 물푸기

1) 물푸기 - 양수기,D150mm(hr)

1) 'Ⅱ-2-3. 구조물공통'의 '1-타-1) 물푸기'를 참조한다.

2) 수로 및 암거의 기초공사중 수중인 개소에 적용한다.

2) 물푸기 - 운반 및 설치(개소)

'Ⅱ-2-3. 구조물공통'의 '1-타-2) 물푸기'를 참조한다.

2. 수로공

가. 콘크리트 타설

1) 바닥콘크리트 - 무근,펌프카사용(㎥)

가) 'Ⅱ-2-3. 구조물공통'의 '2-가-1) 콘크리트타설-펌프카'를 참조한다.

나) 수로 및 옹벽공의 바닥콘크리트 타설에 적용한다.

2) 기초콘크리트 - 무근,펌프카사용(㎥)

가) 'Ⅱ-2-3. 구조물공통'의 '2-나-4) 콘크리트타설-펌프카사용'을 참조한다.

나) 무근조 수로의 기초콘크리트 타설에 적용한다.

3) 기초콘크리트 - 철근,펌프카사용(㎥)

가) 'Ⅱ-2-3. 구조물공통'의 '2-다-4) 콘크리트타설-펌프카사용'을 참조한다.

나) 철근조 수로의 기초콘크리트 타설에 적용한다.

4) 구체콘크리트 - 무근,펌프카사용(㎥)

가) 'Ⅱ-2-3. 구조물공통'의 '2-나-4) 콘크리트타설-펌프카'를 참조한다.

나) 무근조 수로의 구체콘크리트 타설에 적용한다.

5) 구체콘크리트 - 철근,펌프카사용(㎥)

가) 'Ⅱ-2-3. 구조물공통'의 '2-다-4) 콘크리트타설-펌프카'를 참조한다.

나) 수로공의 구체콘크리트 타설에 적용한다.

나. 거푸집

1) 합판거푸집 - 6회,H=0~7m(㎡)

가) 'Ⅱ-2-3. 구조물공통'의 '3-가-6) 합판거푸집-6회'를 참조한다.

나) 바닥콘크리트의 거푸집에 적용한다.

2) 합판거푸집 - 4회,H=0~7m(㎡)

가) 'Ⅱ-2-3. 구조물공통'의 '3-가-4) 합판거푸집-4회'를 참조한다.

나) 기초콘크리트의 거푸집에 적용한다.

3) 합판거푸집 - 3회,H=0~7m(㎡)

가) 'Ⅱ-2-3. 구조물공통'의 '3-가-3) 합판거푸집-3회'를 참조한다.

나) 구체콘크리트의 거푸집에 적용한다.

다. 신축이음 - 합판,T=12mm(㎡)

'Ⅱ-3-3. 본선부속'의 '3-가-3)-가) 신축이음'을 참조한다.

라. 배수시설

1) 배수뒷잡석채움(㎥)

가) 'Ⅱ-2-3. 구조물공통'의 '1-카. 배수뒷막돌채움-잡석'을 참조한다.

나) 수로의 배수잡석채움에 적용한다.

2) 부직포 설치 - T=2mm(㎡)

'Ⅱ-3-3. 본선부속'의 '3-가-4)-나) 부직포설치'를 참조한다.

3) 배수공 설치 - PVC Pipe,D50mm(m)

'Ⅱ-3-3. 본선부속'의 '3-가-4)-라) 배수공설치'를 참조한다.

마. 스페이서 설치

1) 스페이서 설치 - 벽체용(㎡)

'Ⅱ-2-3. 구조물공통'의 '6-가. 스페이서설치-벽체'를 참조한다.

2) 스페이서 설치 - 슬래브 및 기초용(㎡)

'Ⅱ-2-3. 구조물공통'의 '6-나. 스페이서설치-슬래브 및 기초'를 참조한다.

바. 철근가공 및 조립

1) 철근가공 및 조립 - 간단(ton)

'Ⅱ-2-3. 구조물공통'의 '7-가. 철근가공 및 조립-간단'을 참조한다.

2) 철근가공 및 조립 - 보통(ton)

'Ⅱ-2-3. 구조물공통'의 '7-나. 철근가공 및 조립-보통'을 참조한다.

사. 수로뚜껑 제작설치

1) 스틸그레이팅 - 각종(개)

가) 수로공의 뚜껑이 필요할 경우 갯수로 수량을 산출한다.

나) 수량산출서상에 스틸그레이팅의 규격을 명시한다.

2) 수로뚜껑 제작설치(개)

'Ⅱ-3-3. 본선부속'의 '3-가-7) 수로뚜껑 제작설치'를 참조한다.

3. 암거공(익벽포함)

가. 현장콘크리트타설 암거

1) 콘크리트타설

가) 바닥콘크리트 - 무근,펌프카사용(㎥)

(1) 'Ⅱ-2-3. 구조물공통'의 '2-가-1) 콘크리트타설-무근펌프카'를 참조한다.

(2) 암거 및 옹벽공의 바닥콘크리트 타설에 적용한다.

나) 구체콘크리트 - 철근,펌프카사용(㎥)

(1) 'Ⅱ-2-3. 구조물공통'의 '2-다-4) 콘크리트타설-펌프카사용'을 참조한다.

(2) 암거 및 옹벽공의 구체콘크리트 타설에 적용한다.

2) 거푸집

가) 합판거푸집 - 6회,H=0~7m(㎡)

(1) 'Ⅱ-2-3. 구조물공통'의 '3-가-6) 합판거푸집-6회'를 참조한다.

(2) 바닥콘크리트의 거푸집에 적용한다.

나) 합판거푸집 - 4회,H=0~7m(㎡)

(1) 'Ⅱ-2-3. 구조물공통'의 '3-가-4) 합판거푸집-4회'를 참조한다.

(2) 기초콘크리트의 거푸집에 적용한다.

다) 합판거푸집 - 3회,H=0~7m(㎡)

(1) 'Ⅱ-2-3. 구조물공통'의 '3-가-3) 합판거푸집-3회'를 참조한다.

(2) 구체콘크리트의 거푸집에 적용한다.

라) 문양거푸집 - 합성수지,H=0~7m(㎡)

(1) 'Ⅱ-2-3. 구조물공통'의 '3-라-1) 문양거푸집-합성수지'를 참조한다.

(2) 구체콘크리트의 거푸집 중에서 미관을 고려해야할 구간에 적용한다.

3) 강관비계매기 - 3개월(㎡)

가) 'Ⅱ-2-3. 구조물공통'의 '4-나-1) 강관비계매기-3개월'을 참조한다.

나) 연직높이 2m 이상인 경우에만 적용된다.

4) 강관동바리 - 암거용,3개월(공/㎥)

'Ⅱ-2-3. 구조물공통'의 '5-나-1) 강관동바리 - 암거용-3개월'을 참조한다.

5) 시공이음면정리 - 기계(㎡)

가) 'Ⅱ-3-3. 본선부속'의 '4-가-5) 시공이음면정리 - 기계'를 참조한다.

나) 옹벽 및 암거공의 시공이음면에 적용한다.

6) 신축이음장치

가) 신축이음 - 스티로폼, T=20mm(㎡)

'Ⅱ-3-3. 본선부속'의 '4-가-4)-가) 신축이음-스티로폼,T=20mm'를 참조한다.

나) 다웰바 설치 - D25×800mm(개)

'Ⅱ-3-3. 본선부속'의 '4-가-4)-라) 다웰바 설치 - D25×800mm'를 참조한다.

다) 충진재 채움 - 실런트, 20×20mm(m)

'Ⅱ-3-3. 본선부속'의 '4-가-4)-마) 충진재 채움 - 실런트, 20×20mm'를 참조한다.

라) 지수판 설치 - PVC, 300×9T(m)

지수판 설치는 연장으로 수량을 산출한다.

7) 배수시설

가) 배수뒷잡석채움(㎥)

(1) 'Ⅱ-2-3. 구조물공통'의 '1-카. 배수뒷막돌채움-잡석'을 참조한다.

(2) 수로의 배수잡석채움에 적용한다.

나) 부직포 설치 - T=2mm(㎡)

'Ⅱ-3-3. 본선부속'의 '3-가-4)-나) 부직포설치'를 참조한다.

다) 배수공 설치 - PVC Pipe,D75mm(m)

'Ⅱ-3-3. 본선부속'의 '3-가-4)-라) 배수공설치'를 참조한다.

8) 스페이서 설치

가) 스페이서 설치 - 벽체용(㎡)

'Ⅱ-2-3. 구조물공통'의 '6-가. 스페이서설치-벽체'를 참조한다.

나) 스페이서 설치 - 슬래브 및 기초용(㎡)

'Ⅱ-2-3. 구조물공통'의 '6-나. 스페이서설치-슬래브 및 기초'를 참조한다.

9) 철근가공 및 조립

가) 철근가공 및 조립 - 보통(ton)

'Ⅱ-2-3. 구조물공통'의 '7-나. 철근가공 및 조립-보통'을 참조한다.

나) 철근가공 및 조립 - 복잡(ton)

'Ⅱ-2-3. 구조물공통'의 '7-다. 철근가공 및 조립-복잡'을 참조한다.

나. 프리캐스트제품 암거

1) 바닥콘크리트 - 무근,펌프카사용(㎥)

'Ⅱ-2-3. 구조물공통'의 '2-가-1) 콘크리트타설-무근펌프카'을 참조한다.

2) 합판거푸집 - 6회,H=0～7m(㎡)

'Ⅱ-2-3. 구조물공통'의 '3-가-6) 합판거푸집-6회'를 참조한다.

3) 조립식암거 운반 - 각종(ton)

가) 조립식암거의 전체 중량을 산출한다.

나) 운반가능한 크기의 중량으로 세분하여 산출한다.

4) 조립식암거 부설 및 조립

가) 조립식암거 부설 및 조립 - 2.0×2.0m(m)

나) 조립식암거 부설 및 조립 - 2.5×2.5m(m)

다) 조립식암거 부설 및 조립 - 3.0×2.5m(m)

라) 조립식암거 부설 및 조립 - 3.0×3.0m(m)

조립식암거의 규격별 설치 연장으로 수량을 산출한다.

5) P.C강선 인장(m)

P.C강선의 (설치개소수×암거설치연장)으로 수량을 산출한다.

6) 이음부 처리

가) 수팽창 고무지수제 설치- 20×20mm(m)

나) 수밀코킹설치 - 실링제(m)

위의 '<그림 Ⅱ.4.6> 지수재의 부착'을 참조하여 연장으로 수량을 산출한다.

7) 모래깔기 - t = 50mm(㎥)

가) 포설량은 다짐상태의 수량으로 산출하며, 골재구입량은 포설량에 환산계수 f값을 고려하여 산출한다.(L/C = 1.15/0.90)

나) 골재의 자재 할증량은 6%로 한다. (건설표준품셈 1-9, 재료의 할증률 참조)

Ⅱ-4-4. 단가적용기준

1. 하천보호공

가. 돌망태 설치

1) 원형

공종 \ 지름(m)		0.45	0.50	0.55	0.60
조약돌량(㎥)		0.29	0.32	0.36	0.39
보통인부(인)	조립설치	0.08	0.09	0.10	0.11
	돌 채 움	0.17	0.19	0.22	0.24

가) 돌망태의 운반비는 별도 계상한다.

나) 조약돌의 크기는 망눈보다 크고 망태지름의 1/2보다 작은 것을 사용한다.

다) 돌망태의 간격가수는 1연당 0.05m를 기준으로 한 것이다.

라) 필터매트(부직포)를 설치할 경우, 별도 계상한다.

2) 반원형

공종 \ 높이(m)		0.40	0.45	0.50	0.60	0.70	0.80	0.90	1.0
조약돌량(㎥)		0.26	0.30	0.33	0.38	0.47	0.55	0.62	0.69
보통인부(인)	조립설치	0.04	0.04	0.04	0.05	0.06	0.07	0.08	0.09
	돌 채 움	0.15	0.18	0.19	0.22	0.28	0.33	0.37	0.41

가) 돌망태의 운반비는 별도 계상한다.

나) 조약돌의 크기는 망눈보다 크고 망태지름의 1/2보다 작은 것을 사용한다.

다) 돌망태의 간격가수는 1연당 0.05m를 기준으로 한 것이다.

라) 필터매트(부직포)를 설치할 경우, 별도 계상한다.

3) 타원형

가) 인력설치

공종 \ 높이(m)		0.40	0.45	0.50	0.60	0.70	0.80	0.90	1.0
조약돌량(㎥)		0.26	0.30	0.33	0.38	0.47	0.55	0.62	0.69
보통인부(인)	조립설치	0.04	0.04	0.04	0.05	0.06	0.07	0.08	0.09
	돌 채 움	0.15	0.18	0.19	0.22	0.28	0.33	0.37	0.41

(1) 돌망태의 운반비는 별도 계상한다.

(2) 조약돌의 크기는 망눈보다 크고 망태지름의 1/2보다 작은 것을 사용한다.

(3) 돌망태의 간격가수는 1연당 0.05m를 기준으로 한 것이다.

(4) 필터매트(부직포)를 설치할 경우, 별도 계상한다.

나) 기계사용설치

구 분		단위	높 이(m)							
			0.40	0.45	0.50	0.60	0.70	0.80	0.90	1.00
조립설치	특별인부	인	0.007	0.007	0.007	0.009	0.012	0.014	0.016	0.019
	보통인부	인	0.020	0.020	0.020	0.027	0.033	0.040	0.047	0.053
돌 채 움	특별인부	인	0.062	0.070	0.078	0.097	0.113	0.128	0.144	0.163

(1) 돌망태를 인력과 장비(굴삭기)를 사용하여 설치하는 품으로 소운반, 망태조립 및 설치, 망태돌 투석, 망태조임 및 마무리품이 포함되어 있다.

(2) 돌망태의 폭은 0.95~1.00m를 기준으로 한 것이다.

(3) 필터매트(부직포)를 설치할 경우, 별도 계상한다.

(4) 굴삭기(0.7㎥)는 0.012hr/㎥를 적용한다.

4) 이불형

가) 인력설치

공종 \ 높이(m)		0.32	0.40	0.42	0.48	0.50	0.60	0.64
조약돌량(㎥)		0.31	0.38	0.40	0.46	0.48	0.58	0.61
보통인부(인)	조립설치	0.02	0.03	0.03	0.03	0.03	0.04	0.04
	돌 채 움	0.09	0.12	0.12	0.12	0.15	0.17	0.19

(1) 돌망태의 운반비는 별도 계상한다.

(2) 조약돌의 크기는 망눈보다 크고 망태지름의 1/2보다 작은 것을 사용한다.

(3) 돌망태의 간격가수는 1연당 0.05m를 기준으로 한 것이다.

(4) 돌망태의 폭은 1.20m를 기준으로 한 것이다.

(5) 필터매트(부직포)를 설치할 경우, 별도 계상한다.

나) 기계사용설치

구 분		단위	높 이(m)						
			0.32	0.40	0.42	0.48	0.50	0.60	0.64
조립설치	특별인부	인	0.007	0.010	0.010	0.010	0.010	0.013	0.013
	보통인부	인	0.013	0.022	0.022	0.022	0.022	0.031	0.031
돌 채 움	특별인부	인	0.041	0.054	0.054	0.054	0.068	0.077	0.086

(1) 돌망태를 인력과 장비(굴삭기)를 사용하여 설치하는 품으로 소운반, 망태조립 및 설치, 망태돌 투석, 망태조임 및 마무리품이 포함되어 있다.

(2) 돌망태의 폭은 1.20m를 기준으로 한 것이다.

(3) 필터매트(부직포)를 설치할 경우, 별도 계상한다.

(4) 굴삭기(0.7㎥)는 0.012hr/㎥를 적용한다.

나. 생태복원 구조물돌망태

1) 친환경돌망태

공종 \ 높이(m) 단위		규격(m)					비고
		H=0.2	H=0.3	H=0.4	H=0.5	H=0.6	
망태돌량	㎥	0.21	0.315	0.42	0.525	0.63	아연도금철선, 채움돌의 크기는 망눈보다 크고, 망높이의 1/2이하, 조립/설치/돌채움
특별인부	인	0.041	0.061	0.073	0.088	0.107	
보통인부	인	0.058	0.081	0.097	0.116	0.142	
장 비	hr	0.039	0.058	0.07	0.084	0.102	굴삭기(0.4~0.7㎥)

가) 친환경돌망태의 조립 및 채움재의 소운반이 포함되어 있다.

나) 설치 비탈높이(길이) 5m 이상, 수심 0.5m 이상인 때에는 인력 및 장비의 품을 5% 할증한다.

2) 친환경매트리스

구 분	항 목	규 격	단위	H=0.3m	H=0.5m	비 고
자재비	매트리스		㎡	1.03	1.03	
	식생매트	Ny, PP	㎡	1.15	1.15	
	부 직 포	350g/㎡	㎡	1.15	1.15	
인 력	매트리스 조립	보통인부	인	0.07	0.116	
	매트리스 조립	특별인부	인	0.004	0.007	
	식생매트 설치	보통인부	인	0.003	0.005	
	비탈면 고르기	보통인부	인	0.024	0.04	
	부직포 설치	보통인부	인	0.003	0.005	
장 비	채 움	굴삭기 0.7㎥	시간	0.022	0.037	
	다 짐	램머	시간	0.071	0.118	

가) 자재소운반은 포함되어 있고, 북토 및 파종품은 별도 계상한다.

나) 망눈은 두 번만 꼬인 육각형모양으로 치수는 80×100mm임

다) Soil Mattress의 폭은 2.0m를 기준으로 한다.

라) 잡재료비(철선, 장갑, 지지대 등)는 철망태비의 3%로 계상한다.

다. 콘크리트 호안블럭

구 분	명 칭	규 격	단위	수 량	비 고
자 재	콘크리트 호안블럭	1,000×1,000×100mm	㎡	10.5	10㎡ 당
인 력	특별인부		인	0.09	
	보통인부		인	0.18	
장 비	크 레 인	10ton	hr	0.51	

1) 콘크리트 호안블럭을 크레인으로 들어 하천제방 법면에 붙이는 품이다.

2) 콘크리트 호안블럭의 소운반(20m 내외) 및 재료의 할증이 포함되어 있다.

3) 비탈면 고르기 품은 별도 계상한다.

4) 현장여건에 따라 크레인을 굴삭기(0.2㎥, 0.72hr)로 적용할 수 있다.

2. 프리캐스트 암거

프리캐스트 암거의 설치품은 중량구조물 설치품을 중량에 따라 비례 적용한다.

규격(kg/개)	특별인부(인)	보통인부(인)	크레인운전(시간)	비 고
850~1,150 미만	0.06	0.19	0.61	개 당
1,150~1,500 미만	0.07	0.24	0.76	
1,500~2,000 미만	0.09	0.30	0.96	
2,000~2,500 미만	0.11	0.38	1.20	
2,500~3,000 미만	0.13	0.45	1.43	
3,000~3,500 미만	0.15	0.53	1.67	
3,500~4,000 미만	0.18	0.60	1.90	

가. 소운반을 포함한 품이며 터파기, 기초 지반고르기, 되메우기 등은 별도 계상한다.

나. 공구손료 및 이음 모르타르는 인력품의 2%까지 계상할 수 있다.

다. 본 품은 크레인 규격 10ton을 기준한 것이다.

라. 유용할 목적으로 해체할 경우 해체공은 설치공의 50%를 계상한다.

Ⅱ-4-5. 단가산출기준

번호	공 종	단위	단 가 산 출 기 준	비 고
1	토 공			
1.01	땅깎기			
a	땅깎기(토사)	㎥	Ⅱ-1 본선 및 지축토공, 1-1.04-a, a-1,a-2,a-3 참조	
b	땅깎기(풍화암)	㎥	Ⅱ-1 본선 및 지축토공, 1-1.04-b, b-1,b-2 참조	
c	땅깎기(연암)	㎥	Ⅱ-1 본선 및 지축토공, 1-1.04-c, c-1~c-7 참조	
d	땅깎기(경암)	㎥	Ⅱ-1 본선 및 지축토공, 1-1.04-d, d-1~d-7 참조	
e	수로땅깎기(토사)	㎥	Ⅱ-1 본선 및 지축토공, 1.03-b 참조	
1.02	흙쌓기			
a	하부노반다짐 (토사,H = 0.30m)	㎥	Ⅱ-1 본선 및 지축토공, 1.05-a-a-2 참조	
b	유용토흙쌓기(토사)	㎥	Ⅱ-1 본선 및 지축토공, 1.06-a-a-1,b-b-1,c-c-1 참조	
c	수로흙쌓기(토사)	㎥	Ⅱ-1 본선 및 지축토공, 1.03-a 참조	
1.03	비탈면보호공			
a	떼입히기(줄떼)	㎡	Ⅱ-1 본선 및 지축토공, 2.01-b-b-1 참조	
b	떼입히기(평떼)	㎡	Ⅱ-1 본선 및 지축토공, 2.01-b-b-2 참조	
c	돌붙임(메붙임, 뒷길이35㎝)	㎡	Ⅱ-1 본선 및 지축토공, 2-2.02-a-a-1, a-a-2,a-a-3 참조	
1.04	하천보호공			
a	돌망태설치			
a-1	돌망태설치 (원형,D450mm)	㎡	1. 재 료 비 1) 돌망태(원형,D450mm):설계수량(m) 2) 돌망태뚜껑(원형,D450mm):설계수량/2 = 개 2. 조약돌채움 1) 잡석구입 및 운반:0.29㎥*1.05㎥(할증) = 0.305㎥ 2) 돌채움(보통인부):0.17인 3. 돌망태조립설치(보통인부):0.08인	13-2-1 돌망태 설치
a-2	돌망태설치 (반원형,H = 0.45m)	㎡	1. 재 료 비 1) 돌망태(반원형,H = 0.45m):설계수량(m) 2) 돌망태뚜껑(반원형,H = 0.45m):설계수량/2 = 개 2. 조약돌채움 1) 잡석구입 및 운반:0.30㎥*1.05㎥(할증) = 0.315㎥ 2) 돌채움(보통인부):0.18인 3. 돌망태조립설치(보통인부):0.04인	13-2-2 돌망태 설치

번호	공 종	단위	단 가 산 출 기 준	비 고
a-3	돌망태설치 (타원형,H = 0.45m)	㎡	1. 재 료 비 1) 돌망태(타원형,H = 0.45m):설계수량(m) 2) 돌망태뚜껑(타원형,H = 0.45m):설계수량/2 = 개 2. 조약돌채움 1) 잡석구입 및 운반:0.30㎥*1.05㎥(할증) = 0.315㎥ 2) 돌채움(보통인부):0.07인 3) 굴삭기(0.7㎥):0.30㎥*0.012hr/㎥ = 0.0036hr 3. 돌망태조립설치 1) 특별인부:0.007인 2) 보통인부:0.020인	13-2-3-2 돌망태 설치
a-4	돌망태설치 (이불형,H = 0.40m)	㎡	1. 재 료 비 1) 돌망태(이불형,H = 0.40m):설계수량(m) 2) 돌망태뚜껑(이불형,H = 0.40m):설계수량/2 = 개 2. 조약돌채움 1) 잡석구입 및 운반:0.38㎥*1.05㎥(할증) = 0.399㎥ 2) 돌채움(보통인부):0.054인 3) 굴삭기(0.7㎥):0.30㎥*0.012hr/㎥ = 0.0036hr 3. 돌망태조립설치 1) 특별인부:0.010인 2) 보통인부:0.022인	13-2-4-2 돌망태 설치
b	생태복원 구조물돌망태			
b-1	친환경돌망태설치 (H = 0.40m)	㎡	1. 재 료 비 - 돌망태(H = 0.40m):설계수량(㎡) 2. 조약돌채움 1) 잡식구입 및 순반:0.42㎥ 2) 조립설치 및 돌채움(석 공):0.073인 3) 조립설치 및 돌채움(보통인부):0.097인 3. 중기사용료(굴삭기,0.70㎥):0.070hr	13-2 친환경돌망태
b-2	친환경매트리스설치 (H = 0.30m)	㎡	1. 재 료 비 1) 매트리스:1.03㎡ 2) 식생매트:1.15㎡ 3) 부직포(350g/㎡):1.15㎡ 2. 조약돌채움 1) 잡석구입 및 운반:0.30㎥*1.05㎥(할증) = 0.315㎥ 3. 설치비 1) 특별인부:0.004인 2) 보통인부:0.100인 4. 중기사용료 1) 굴삭기(0.70㎥):0.022hr 2) 램머(80㎏):0.071hr	13-3 소일매트리스 설치
c	호안용 시멘트 블럭 붙이기			
c-1	시멘트블럭 현장 제작설치(호안용, 1000×1000×100mm)	㎡	1. 제 작 비(인력) 1) 모르타르:0.10㎥ 2) 블 록 공:0.09인 3) 보통인부:0.12인 2. 붙 이 기 1) 특별인부:0.11인 2) 보통인부:0.09인	13-3 호안용시멘트 블럭 제작 및 붙이기

번호	공　　종	단위	단 가 산 출 기 준	비　고
c-2	프리캐스트제품 (호안블럭,1000× 1000×100mm)	㎡	1. 재료비(호안블럭,1000×1000×100mm):1.05㎡ 2. 붙 이 기 1) 특별인부:0.009인 2) 보통인부:0.018인 3. 중기사용료(타이어크레인,10ton):0.051hr	13-6 콘크리트호안 블럭붙이기
1.05	구조물터파기			
a	터파기 (육상,토　사)	㎥	Ⅱ-2 구조물공통, 1.01-a-a-2,a-3 참조	
b	터파기 (육상,풍화암)	㎥	Ⅱ-2 구조물공통, 1.01-b-b-4,b-b-5 참조	
c	터파기 (육상,연　암)	㎥	Ⅱ-2 구조물공통, 1.01-c-c-4,c-c-5 참조	
d	터파기 (육상,경　암)	㎥	Ⅱ-2 구조물공통, 1.01-d-d-4,d-d-5 참조	
e	터파기 (수중,토　사)	㎥	Ⅱ-2 구조물공통, 1.01-a-a-4,a-5 참조	
f	터파기 (수중,풍화암)	㎥	Ⅱ-2 구조물공통, 1.01-b-b-6,b-b-7 참조	
g	터파기 (수중,연암)	㎥	Ⅱ-2 구조물공통, 1.01-c-c-6,c-c-7 참조	
h	터파기 (수중,경암)	㎥	Ⅱ-2 구조물공통, 1.01-d-d-6,d-d-7 참조	
1.06	되메우기및다짐			
a	되메우기(토　사)	㎥	Ⅱ-2 구조물공통, 1.02-b 참조	
b	되메우기(풍화암)	㎥	Ⅱ-2 구조물공통, 1.02-c 참조	
1.07	구조물뒷채움 (잡석)	㎥	Ⅱ-2 구조물공통, 1.04-a,b,c 참조	
1.08	구조물기초깔기 (잡석)	㎥	Ⅱ-2 구조물공통, 1.05 참조	
1.09	구조물기초다짐 (잡석)	㎥	Ⅱ-2 구조물공통, 1.06 참조	
1.10	물푸기			
a	물푸기 (양수기,D150㎜)	hr	Ⅱ-2 구조물공통, 1.08-a 참조	
b	물푸기 (운반 및 설치)	개소	Ⅱ-2 구조물공통, 1.08-b 참조	
2	수로공			
a	콘크리트타설			
a-1	바닥콘크리트 (무근,펌프카사용)	㎥	Ⅱ-2 구조물공통, 2.01 참조	
a-2	구체콘크리트 (무근,펌프카사용)	㎥	Ⅱ-2 구조물공통, 2.02-d 참조	
a-3	구체콘크리트 (철근,펌프카사용)	㎥	Ⅱ-2 구조물공통, 2.03-d 참조	
a-4	구체콘크리트 (무근,펌프카사용)	㎥	Ⅱ-2 구조물공통, 2.02-d 참조	

번호	공 종	단위	단 가 산 출 기 준	비 고
a-5	구체콘크리트 (철근,펌프카사용)	㎥	Ⅱ-2 구조물공통, 2.03-d 참조	
b b-1	거푸집 합판거푸집 (6회,H = 0~7m)	㎡	Ⅱ-2 구조물공통, 3.01-f 참조	
b-2	합판거푸집 (4회,H = 0~7m)	㎡	Ⅱ-2 구조물공통, 3.01-d 참조	
b-3	합판거푸집 (3회,H = 0~7m)	㎡	Ⅱ-2 구조물공통, 3.01-c 참조	
c	신축이음 (합판,T = 12㎜)	㎡	Ⅱ-3 본선부속, 3.01-c-c-1 참조	
d d-1	배 수 시 설 배수뒷잡석채움 (잡석)	㎥	Ⅱ-2 구조물공통, 1.07참조	
d-2	부직포설치 (T = 2㎜)	㎡	Ⅱ-3 본선부속, 3.01-d-2 참조	
d-3	배수공설치 (PVC pipe,D50㎜)	m	Ⅱ-3 본선부속, 3.01-d-4 참조	
e e-1	스페이서설치 스페이서설치 (벽체)	㎡	Ⅱ-2 구조물공통, 6-가 참조	
e-2	스페이서설치 (슬라브 및 기초)	㎡	Ⅱ-2 구조물공통, 6-나 참조	
f f-1	철근가공 및 조립 철근가공 및 조립 (간단)	ton	Ⅱ-2 구조물공통, 7-가 참조	
f-2	철근가공 및 조립 (보통)	ton	Ⅱ-2 구조물공통, 7-나 참조	
g g-1	수로뚜껑 제작설치 스틸그레이팅 (각종)	개	1. 재료비(각종):1개 2. 설치비(재료비의 5%)	
g-2	수로뚜껑 제작설치 (각종)	개	Ⅱ-3 본선부속, 3.01-g 참조	
3 3.01 a a-1	암거공(익벽포함) 현장콘크리트 타설암거 콘크리트타설 바닥콘크리트 (무근,펌프카사용)	㎥	. Ⅱ-2 구조물공통, 2.01 참조	
a-2	구체콘크리트 (철근,펌프카사용)	㎥	Ⅱ-2 구조물공통, 2.03-d 참조	
b b-1	거푸집 합판거푸집 (6회,H = 0~7m)	㎡	Ⅱ-2 구조물공통, 3.01-f 참조	

번호	공 종	단위	단 가 산 출 기 준	비 고
b-2	합판거푸집 (4회,H = 0~7m)	㎡	Ⅱ-2 구조물공통, 3.01-d 참조	
b-3	합판거푸집 (3회,H = 0~7m)	㎡	Ⅱ-2 구조물공통, 3.01-c 참조	
b-4	문양거푸집 (합성수지,H=0~7m)	㎡	Ⅱ-2 구조물공통, 3.04-a 참조	
c	강관비계매기 (3개월)	㎡	Ⅱ-2 구조물공통, 4.02-a 참조	
d	강관동바리 (암거용,3개월)	공/㎥	Ⅱ-2 구조물공통, 5.02-a-a-1 참조	
e	시공이음면정리 (기계)	㎡	Ⅱ-3 본선부속, 4.01-e 참조	
f f-1	신축이음장치 신축이음 (스치로폴,T=20㎜)	㎡	Ⅱ-3 본선부속, 3.01-c-c-3 참조	
f-2	다웰바설치 (D25×800㎜)	개	Ⅱ-3 본선부속, 4.01-d-d-4 참조	
f-3	충진제채움 (실런트,20×20㎜)	m	Ⅱ-3 본선부속, 4.01-d-d-5 참조	
f-4	지수판설치 (PVC,300×9T)	m	1. 재료비 1) PVC 지수판(300×9T):1.04m 2) PVC 용접봉:0.042㎏ 3) 철 선(#8):0.210㎏ 2. 설 치 비 1) 특별인부:0.151인 2) 보통인부:0.116인 3) 공구손료(노무비의 3%)	27-9 지수판 설치
g g-1	배 수 시 설 배수뒷잡석채움 (잡석)	㎥	Ⅱ-2 구조물공통, 1.07참조	
g-2	드레인보드설치 (T = 20㎜)	㎡	Ⅱ-3 본선부속, 3.01-d-d-3참조	
g-3	부직포설치 (T = 2㎜)	㎡	Ⅱ-3 본선부속, 3.01-d-d-2 참조	
g-4	배수공설치 (PVC pipe,D75㎜)	m	Ⅱ-3 본선부속, 4.01-g-g-5 참조	
h h-1	스페이서설치 스페이서설치 (벽체)	㎡	Ⅱ-2 구조물공통, 6-a 참조	
h-2	스페이서설치 (슬라브 및 기초)	㎡	Ⅱ-2 구조물공통, 6-b 참조	
i i-1	철근가공 및 조립 철근가공 및 조립 (보통)	ton	Ⅱ-2 구조물공통, 7-b 참조	
i-2	철근가공 및 조립 (복잡)	ton	Ⅱ-2 구조물공통, 7-c 참조	

번호	공 종	단위	단 가 산 출 기 준	비 고
3.02	프리캐스트 제품 암거			
a	바닥콘크리트 (무근,진동기제외)	㎥	Ⅱ-2 구조물공통, 2.01 참조	
b	합판거푸집 (6회,H = 0~7m)	㎡	Ⅱ-2 구조물공통, 3.01-f 참조	
c	조립식 암거운반 (각종)	ton	1. 재료비(시중물가지중 낮은금액 적용) : 1m 2. 운 반 비 1) 상차비:공장상차도 2) 운반비:덤프트럭 24Ton적용 3) 하차비(타이어크레인)	견적단가
d	조립식 암거 부설 및 조립			
d-1	부설 및 조립 (2.0×2.0m)	m	1. 운반(덤프트럭24ton 트럭, 50㎞이내) 1) 적재:24ton/대/3.888ton/본 = 6회/대 - 묶 기:30초/회/*6회/대 = 180초/대 - 회 전:30초/회/*6회/대 = 180초/대 - 풀 기:30초/회/*6회/대 = 180초/대 계:(180.00초/대+180.00초/대+180.00초)/대/60분 = 9분/대 2) 운반비 q1 = 1m/본*6회 = 6m/대, f=1.00, E=0.90 t1 = 9분/대(적재), t3 = 9분/대(적하), t4 = 0.42분/대 t2 = (50㎞/35㎞/hr(적재)+50㎞/35㎞/hr(공차)*60분 = 171.43분/대 Cm = 9분/대+171.43분/대+9분/대+0.42분/대 = 189.85분/대 Q = 189.85분/내(60분*1.00*0.90)/6.00m/내 = 0.586hr/m OH = (171.43분/대+0.42분/대)/189.85분/대 = 0.905 (재료비만 계상) 3) 하차비(10ton 타이어크레인) q0 = 1m/본(묶기), f=1.00, E=0.50 t1 = 30초/본(묶기), t2 = 30초/본(회전), t3 = 30초/본(풀기) Cm = 30초/본+30초/본+30초/본 = 90초/본 Q = (90.00초/본/(3600초*1.00*0.50)1m/본 = 0.05hr/m 4) 인건비(트럭위 1인+트럭아래 1인) ∴1일실작업시간:(480분/일-30분/일)/60분/hr = 7.5hr/일 보통인부:2인/일/7.50hr/일/*0.050hr/m = 0.013인/m 2. 재료비(2~3개 업체 견적처리 중 낮은금액 적용) 1) 조립식암거(2.0×2.0m):1m 3. 설치비 1) 특별인부:0.180인 2) 보통인부:0.400인 4. 중기사용료(타이어크레인,15ton) : 0.19hr	견적단가
d-2	부설 및 조립 (2.5×2.5m)	m	1. 운반(덤프트럭24ton 트럭, 50㎞이내) 1) 적재:24ton/대/5.890ton/본 = 4회/대 - 묶 기:30초/회/*4회/대 = 120초/대 - 회 전:30초/회/*4회/대 = 120초/대 - 풀 기:30초/회/*4회/대 = 120초/대 계:(120.00초/대+120.00초+120.00초/대)/60분 = 6분/대	견적단가

번호	공 종	단위	단 가 산 출 기 준	비 고
			2) 운반비 q1 = 1m/본*4회 = 4m/대, f=1.00, E=0.90 t1 = 6분/대(적재), t3 = 6분/대(적하), t4 = 0.42분/대 t2 = (50㎞/35㎞/hr(적재)+50㎞/35㎞/hr(공차)*60분 = 171.43분/대 Cm = 6분/대+171.43분/대+6분/대+0.42분/대 = 183.85분/대 Q = 183.85분/대(60분*1.00*0.90)/4.00m/대 = 0.851hr/m OH = (171.43분/대+0.42분/대)/189.85분/대 = 0.905 (재료비만 계상) 3) 하차비(15ton 타이어크레인) q0 = 1m/본(묶기), f=1.00, E=0.50 t1 = 30초/본(묶기), t2 = 30초/본(회전), t3 = 30초/본(풀기) Cm = 30초/본+30초/본+30초/본 = 90초/본 Q = (90.00초/본/(3600초*1.00*0.50)1m/본 = 0.05hr/m 4) 인건비(트럭위 1인+트럭아래 1인) ∴1일실작업시간:(480분/일-30분/일)/60분/hr = 7.5hr/일 보통인부:2인/일/7.50hr/일/*0.050hr/m = 0.013인/m 2. 재료비(2~3개 업체 견적처리 중 낮은금액 적용) 1) 조립식암거(2.5×2.5m):1m 3. 설치비 1) 특별인부:0.250인 2) 보통인부:0.450인 4. 중기사용료(타이어크레인, 20ton) : 0.30hr	
d-3	부설 및 조립 (3.0×2.5m)	m	1. 운반(덤프트럭24ton 트럭, 50㎞이내) 1) 적재:24ton/대/7.650ton/본 = 3회/대 - 묶 기:30초/회/*3회/대 = 90초/대 - 회 전:30초/회/*3회/대 = 90초/대 - 풀 기:30초/회/*3회/대 = 90초/대 계:(90.00초/대+90.00초/대+90.00초)/대/60분 = 5분/대 2) 운반비 q1 = 1m/본*3회 = 3m/대, f=1.00, E=0.90 t1 = 5분/대(적재), t3 = 5분/대(적하), t4 = 0.42분/대 t2 = (50㎞/35㎞/hr(적재)+50㎞/35㎞/hr(공차)*60분 = 171.43분/대 Cm = 5분/대+171.43분/대+5분/대+0.42분/대 = 181.85분/대 Q = 181.85분/대(60분*1.00*0.90)/3.00m/대 = 1.123hr/m OH = (171.43분/대+0.42분/대)/181.85분/대 = 0.945 (재료비만 계상) 3) 하차비(20ton 타이어크레인) q0 = 1m/본(묶기), f=1.00, E=0.50 t1 = 30초/본(묶기), t2 = 30초/본(회전), t3 = 30초/본(풀기) Cm = 30초/본+30초/본+30초/본 = 90초/본 Q = 90.00초/본(3600초*1.00*0.50)/1.00m/본 = 0.05hr/m 4) 인건비(트럭위 1인+트럭아래 1인) ∴1일실작업시간:(480분/일-30분/일)/60분/hr = 7.5hr/일 보통인부:2인/일/7.50hr/일/*0.050hr/m = 0.013인/m 2. 재료비(2~3개 업체 견적처리 중 낮은금액 적용) 1) 조립식암거(3.0×2.5m):1m	견적단가

번호	공　　종	단위	단 가 산 출 기 준	비　고
			4. 설치비 1) 특별인부:0.350인 2) 보통인부:0.500인 5. 중기사용료(타이어크레인, 25ton) : 0.40hr	
d-4	부설 및 조립 (3.0×3.0m)	m	1. 운반(덤프트럭24ton 트럭, 50㎞이내) 1) 적재:24ton/대/8.325ton/본 = 3회/대 - 묶 기:30초/회/*3회/대 = 90초/대 - 회 전:30초/회/*3회/대 = 90초/대 - 풀 기:30초/회/*3회/대 = 90초/대 계:(90.00초/대+90.00초/대+90.00초)/대/60분 = 5분/대 2) 운반비 q1 = 1m/본*3회 = 3m/대, f=1.00, E=0.90 t1 = 5분/대(적재), t3 = 5분/대(적하), t4 = 0.42분/대 t2 = (50㎞/35㎞/hr(적재)+50㎞/35㎞/hr(공차)*60분 = 171.43분/대 Cm = 5분/대+171.43분/대+5분/대+0.42분/대 = 181.85분/대 Q = 181.85분/대(60분*1.00*0.90)/3.00m/대 = 1.123hr/m OH = (171.43분/대+0.42분/대)/181.85분/대 = 0.945 (재료비만 계상) 3) 하차비(20ton 타이어크레인) q0 = 1m/본(묶기), f=1.00, E=0.50 t1 = 30초/본(묶기), t2 = 30초/본(회전), t3 = 30초/본(풀기) Cm = 30초/본+30초/본+30초/본 = 90초/본 Q = 90.00초/본(3600초*1.00*0.50)/1.00m/본 = 0.05hr/m 4) 인건비(트럭위 1인+트럭아래 1인) ∴1일실작업시간:(480분/일-30분/일)/60분/hr = 7.5hr/일 보통인부:2인/일/7.50hr/일/*0.050hr/m 0.013인/m 2. 재료비(2~3개 업체 견적처리 중 낮은금액 적용) 1) 조립식암거(3.0×3.0m):1m 3. 설치비 1) 특별인부:0.450인 2) 보통인부:0.600인 4. 중기사용료(타이어크레인, 30ton) : 0.40hr	견적단가
e	P.C 강선인장	m	1. 재 료 비 1) 결속선(#16):0.005㎏ 2) P.C콘(7㎜):1조 2. 노 무 비 1) 기계설치공:0.10인 2) 기　계　공:0.40인 3) 특별　인부:0.30인 3. 인장기손료(인건비의 5%)	6-4-3 인장작업
f f-1	이음부처리 수팽창고무 지수제설치	m	1. 재료비 1) 지수재(20×20mm):1.04m	견적단가

번호	공 종	단위	단 가 산 출 기 준	비 고
			2) 접착재:0.026kg 3) 기구손료(재료비의 3%) 2. 설치비 1) 특별인부:0.025인 2) 보통인부:0.039인	
f-2	수밀코킹설치 (실링재)	m	1. 재료비(코킹실링재):0.12ℓ 2. 설치비(방수공):0.03인	27-8 수밀코킹
g	모래깔기 (t = 50mm)	㎥	1. 재료비(모래운반 및 구입):1.06㎥ 2. 포설비(모터그레이더 3.6m) I = 2.90m(Blade의 작업각도 60°일 때) H = 0.05m, L = 1.15, C = 0.90, f = 0.90/1.15 = 0.78, t = 0.50분 V1 = 8㎞/hr, V2 = 9.0㎞/hr, E = 0.70, D = 50m, N = 1회 Cm = 0.06*(50m/8㎞/hr+50m/9.0㎞/hr)+(2*0.50분)=1.71분 Q = 60분*2.90*50m*0.05m*0.70*0.78/(1*1.71분) = 138.89㎥/hr 3. 다짐(진동로울러, 자주식, 10ton) V = 4㎞/hr , W = 1.90m , E = 0.80, N = 4회, f = 1.00 Q = (1000*4㎞/hr*1.90m*0.05m*0.80*1.00)/4회 = 76㎥/hr	

Ⅱ-4-6. 단가설명서

번호	공 종	단위	설 명	측 정	비고
1	토공				
1.01	땅깎기				
a	땅깎기 (토사)	㎥	Ⅱ-1.본선 및 지축토공 1.04-a-a-1,a-2,a-3 참조		
b	땅깎기 (풍화암)	㎥	Ⅱ-1.본선 및 지축토공 1.04-b-b-1,b-2,b-3 참조		
c	땅깎기 (연암)	㎥	Ⅱ-1.본선 및 지축토공 1.04-c-c-1~c-8 참조		
d	땅깎기 (경암)	㎥	Ⅱ-1.본선 및 지축토공 1.04-d-d-1~d-8 참조		
e	수로땅깎기 (토사)	㎥	Ⅱ-1.본선 및 지축토공 1.03-b 참조		
1.02	흙쌓기				
a	하부노반다짐 (토사,H=0.30m)	㎥	Ⅱ-1.본선 및 지축토공 1.05-a-a-2 참조		
b	유용토흙쌓기 (토사)	㎥	Ⅱ-1.본선 및 지축토공 1.06-a-a-1,b-b-1,c-c-1 참조		
c	수로흙쌓기 (토사)	㎥	Ⅱ-1.본선 및 지축토공 1.03-a 참조		
1.03	비탈면보호공				
a	떼입히기 (줄떼)	㎡	Ⅱ-1.본선 및 지축토공 2.01-b-b-1 참조		
b	떼입히기 (평떼)	㎡	Ⅱ-1.본선 및 지축토공 2.01-b-b-2 참조		
c	돌붙임 (메붙임,뒷길이 0.35m)	㎡	Ⅱ-1.본선 및 지축토공 2.02-a-a-2 참조		
1.04	하천보호공				
a	돌망태설치				
a-1	돌망태설치 (원형,D450mm)	㎡	이 단가는 돌망태 설치에 필요한 재료비(원형) 및 조립, 설치비 등의 비용을 포함한다	이 물량은 도면에 의해 산출된 면적이다	
a-2	돌망태설치 (반원형,H=0.45m)	㎡	이 단가는 돌망태 설치에 필요한 재료비(반원형) 및 조립, 설치비 등의 비용을 포함한다	이 물량은 도면에 의해 산출된 면적이다	
a-3	돌망태설치 (타원형,H=0.45m)	㎡	이 단가는 돌망태 설치에 필요한 재료비(타원형) 및 조립, 설치비 등의 비용을 포함한다	이 물량은 도면에 의해 산출된 면적이다	

번호	공 종	단위	설 명	측 정	비고
a-4	돌망태설치 (이불형,H=0.40m)	㎡	이 단가는 돌망태 설치에 필요한 재료비(이불형) 및 조립, 설치비 등의 비용을 포함한다	이 물량은 도면에 의해 산출된 면적이다	
b	**생태복원구조물돌망태**				
b-1	친환경돌망태설치 (H=0.40m)	㎡	이 단가는 친환경돌망태 설치에 필요한 재료비(잡석포함) 및 조립, 설치비, 굴삭기 등의 비용을 포함한다	이 물량은 도면에 의해 산출된 면적이다	
b-2	친환경매트리스설치 (H=0.30m)	㎡	이 단가는 친환경매트리스 설치에 필요한 재료비(잡석포함) 및 조립, 설치비, 굴삭기(램머포함)등의 비용을 포함한다	이 물량은 도면에 의해 산출된 면적이다	
c	**호안용시멘트블럭붙이기**				
c-1	시멘트블럭현장제작설치 (호안용,1000×1000×100mm)	㎡	이 단가는 호안용시멘트블럭의 제작, 설치(붙이기)에 필요한 비용을 포함한다	이 물량은 도면에 의해 산출된 면적이다	
c-2	프리캐스트제품 (호안블럭,1000×1000×100mm)	㎡	이 단가는 콘크리트 호안블럭의 설치(붙이기,크레인포함)에 필요한 비용을 포함한다	이 물량은 도면에 의해 산출된 면적이다	
1.05	구조물터파기				
a	터파기 (육상,토사)	㎥	Ⅱ-2.구조물공통 1.01-a-a-1~a-3,a-6~a-7 참조		
b	터파기 (육상,풍화암)	㎥	Ⅱ-2.구조물공통 1.01-b-b-1~b-5,b-8~b-9 참조		
c	터파기 (육상,연암)	㎥	Ⅱ-2.구조물공통 1.01-c-c-1~c-5,c-8~c-9 참조		
d	터파기 (육상,경암)	㎥	Ⅱ-2.구조물공통 1.01-d-d-1~d-5,d-8~d-9 참조		
e	터파기 (수중,토사)	㎥	Ⅱ-2.구조물공통 1.01-a-a-4, a-5 참조		
f	터파기 (수중,풍화암)	㎥	Ⅱ-2.구조물공통 1.01-b-b-6~b-7 참조		
g	터파기 (수중,연암)	㎥	Ⅱ-2.구조물공통 1.01-c-c-6~c-7 참조		
h	터파기 (수중,경암)	㎥	Ⅱ-2.구조물공통 1.01-d-d-6~d-7 참조		
1.06	되메우기및다짐				
a	되메우기 (토사)	㎥	Ⅱ-2.구조물공통 1.02-b 참조		
b	되메우기 (풍화암)	㎥	Ⅱ-2.구조물공통 1.02-c 참조		

번호	공　　종	단위	설　　명	측　　정	비고
1.07	구조물뒷채움(잡석)				
a	구조물뒷채움 (잡석)	㎥	Ⅱ-2.구조물공통 1.04-a~c 참조		
1.08	구조물기초깔기(잡석)				
a	구조물기초깔기 (잡석)	㎥	Ⅱ-2.구조물공통 1.05 참조		
1.09	구조물기초다짐(잡석)				
a	구조물기초다짐 (잡석)	㎥	Ⅱ-2.구조물공통 1.06 참조		
1.10	물푸기				
a	물푸기 (양수기,D150mm)	hr	Ⅱ-2.구조물공통 1.08-a 참조		
b	물푸기 (운반 및 설치)	개소	Ⅱ-2.구조물공통 1.08-b 참조		
2	수로공				
a	콘크리트타설				
a-1	바닥콘크리트 (무근,펌프카사용)	㎥	Ⅱ-2.구조물공통 2.01 참조		
a-2	기초콘크리트 (무근,펌프카사용)	㎥	Ⅱ-2.구조물공통 2.02-d참조		
a-3	기초콘크리트 (철근,펌프카사용)	㎥	Ⅱ-2.구조물공통 2.03-d 참조		
a-4	구체콘크리트 (무근,펌프카사용)	㎥	Ⅱ-2.구조물공통 2.02-d 참조		
a-5	구체콘크리트 (철근,펌프카사용)	㎥	Ⅱ-2.구조물공통 2.03-d 참조		
b	거푸집				
b-1	합판거푸집 (6회,H=0~7m)	㎡	Ⅱ-2.구조물공통 3.01-f 참조		
b-2	합판거푸집 (4회,H=0~7m)	㎡	Ⅱ-2.구조물공통 3.01-d 참조		
b-3	합판거푸집 (3회,H=0~7m)	㎡	Ⅱ-2.구조물공통 3.01-c 참조		
c	신축이음장치				
c-1	신축이음 (합판,T=12mm)	㎡	Ⅱ-3.본선부속 3.01-c-c-1 참조		

번호	공 종	단위	설 명	측 정	비고
d	**배수시설**				
d-1	배수뒷잡석채움 (잡석)	㎥	Ⅱ-2.구조물공통 1.07 참조		
d-2	부직포설치 (T=2mm)	㎡	Ⅱ-3.본선부속 3.01-d-d-2 참조		
d-3	배수공설치 (PVC Pipe,D50mm)	m	Ⅱ-3.본선부속 3.01-d-d-4 참조		
e	**스페이서설치**				
e-1	스페이서설치 (벽체)	㎡	Ⅱ-2.구조물공통 6-a 참조		
e-2	스페이서설치 (슬래브및기초)	㎡	Ⅱ-2.구조물공통 6-b 참조		
f	**철근가공및조립**				
f-1	철근가공및조립 (간단)	Ton	Ⅱ-2.구조물공통 7-a 참조		
f-2	철근가공및조립 (보통)	Ton	Ⅱ-2.구조물공통 7-b 참조		
g	**수로뚜껑제작설치**				
g-1	스틸그레이팅 (각종)	개	이 단가는 스틸그레이팅 설치에 필요한 재료비 및 설치비의 모든 비용이 포함된다	이 물량은 도면에 의해 산출된 수량이다	
g-2	수로뚜껑제작설치 (각종)	개	Ⅱ-3.본선부속 3.01-g 참조		
3	**암거공**				
3.01	**현장콘크리트타설암거**				
a	**콘크리트타설**				
a-1	바닥콘크리트 (무근,펌프카사용)	㎥	Ⅱ-2.구조물공통 2.01 참조		
a-2	구체콘크리트 (철근,펌프카사용)	㎥	Ⅱ-2.구조물공통 2.03-d 참조		
b	**거푸집**				
b-1	합판거푸집 (6회,H=0~7m)	㎡	Ⅱ-2.구조물공통 3.01-f 참조		
b-2	합판거푸집 (4회,H=0~7m)	㎡	Ⅱ-2.구조물공통 3.01-d 참조		
b-3	합판거푸집 (3회,H=0~7m)	㎡	Ⅱ-2.구조물공통 3.01-c 참조		

번호	공 종	단위	설 명	측 정	비고
b-4	문양거푸집 (합성수지,H=0~7m)	㎡	Ⅱ-2.구조물공통 3.04-a 참조		
c	강관비계매기(3개월)				
c-1	강관비계매기 (3개월)	㎡	Ⅱ-2.구조물공통 4.02-a 참조		
d	강관동바리(암거용)				
d-1	강관동바리 (암거용,3개월)	공/㎥	Ⅱ-2.구조물공통 5.02-a-a-1 참조		
e	시공이음정리(기계)				
e-1	시공이음정리 (기계)	㎡	Ⅱ-3.본선부속 4.01-e 참조		
f	신축이음설치				
f-1	신축이음설치 (스티로폴,T=20mm)	㎡	Ⅱ-3.본선부속 3.01-c-c-3 참조		
f-2	다웰바설치 (D25×800mm)	개	Ⅱ-3.본선부속 4.01-d-d-4 참조		
f-3	충진제채움 (실런트,20×20mm)	m	Ⅱ-3.본선부속 4.01-d-d-5 참조		
f-4	지수판설치 (PVC,300×9T)	m	이 단가는 지수판 설치에 필요한 재료비(지수판 등) 및 설치비 비용을 포함한다	이 물량은 도면에 의해 산출된 수량이다	
g	배수시설				
g-1	배수뒷잡석채움 (잡석)	㎥	Ⅱ-2.구조물공통 1.07 참조		
g-2	드레인보드설치 (T=20mm)	㎡	Ⅱ-3.본선부속 3.01-d-d-3 참조		
g-3	부직포설치 (T=2mm)	㎡	Ⅱ-3.본선부속 3.01-d-d-2 참조		
g-4	배수공설치 (PVC Pipe,D75mm)	m	Ⅱ-3.본선부속 3.01-d-d-4 참조		
h	스페이서설치				
h-1	스페이서설치 (벽체)	㎡	Ⅱ-2.구조물공통 6-a 참조		
h-2	스페이서설치 (슬래브및기초)	㎡	Ⅱ-2.구조물공통 6-b 참조		
i	철근가공및조립				
i-1	철근가공및조립 (보통)	Ton	Ⅱ-2.구조물공통 7-b 참조		
i-2	철근가공및조립 (복잡)	Ton	Ⅱ-2.구조물공통 7-c 참조		

번호	공 종	단위	설 명	측 정	비고
3.02	**프리캐스트제품암거**				
a	**콘크리트타설**				
a-1	바닥콘크리트 (무근,진동기제외)	㎥	Ⅱ-2.구조물공통 2.01 참조		
b	**거푸집**				
b-1	합판거푸집 (6회,H=0~7m)	㎡	Ⅱ-2.구조물공통 3.01-f 참조		
c	**조립식암거운반**				
c-1	조립식암거운반 (각종)	ton	이 단가는 조립식암거 운반에 필요한 재료비 및 운반비의 비용이 포함된다	이 물량은 도면에 의해 산출된 톤수이다	
d	**조립식암거부설및조립**				
d-1	부설 및 조립 (2.0×2.0m)	m	이 단가는 조립식 암거(2.0×2.0m)를 설치하기 위한 재료비(제품) 및 설치비, 기계경비 등의 비용이 포함된다	이 물량은 도면에 의해 산출된 수량이다	
d-2	부설 및 조립 (2.5×2.5m)	m	이 단가는 조립식 암거(2.5×2.5m)를 설치하기 위한 재료비(제품) 및 설치비, 기계경비 등의 비용이 포함된다	이 물량은 도면에 의해 산출된 수량이다	
d-3	부설 및 조립 (3.0×2.5m)	m	이 단가는 조립식 암거(3.0×2.5m)를 설치하기 위한 재료비(제품) 및 설치비, 기계경비 등의 비용이 포함된다	이 물량은 도면에 의해 산출된 수량이다	
d-4	부설 및 조립 (3.0×3.0m)	m	이 단가는 조립식 암거(3.0×3.0m)를 설치하기 위한 재료비(제품) 및 설치비, 기계경비 등의 비용이 포함된다	이 물량은 도면에 의해 산출된 수량이다	
e	**P.C 강선인장**				
e-1	P.C 강선인장	m	이 단가는 P.C 강선을 인장하기 위한 재료비 및 노무비, 인장기 손료 등의 비용을 포함한다	이 물량은 도면에 의해 산출된 수량이다	
f	**이음부처리**				
f-1	수팽창고무지수재설치 (20×20mm)	m	이 단가는 수팽창고무지수재 설치를 위한 재료비 및 노무비 비용을 포함한다	이 물량은 도면에 의해 산출된 수량이다	
f-2	수밀코킹설치 (실링재)	m	이 단가는 수밀코킹 설치를 위한 재료비 및 설치비 비용을 포함한다	이 물량은 도면에 의해 산출된 수량이다	
g	모래깔기 (t = 50mm)	㎥	이 단가는 모래깔기에 필요한 재료비, 포설비, 다짐비 등의 모든 비용이 포함된다.	이 물량은 도면에 의해 산출된 수량이다	

Ⅱ - 5. 길 내 기

Ⅱ-5-1. 적용기준

1. 적용범위

가. 본장 'Ⅱ-5. 길내기'는 철도노반이 기존도로 및 농로, 마을진입로를 횡단하거나, 철도건설로 인해 기존 도로를 이설 또는 신설해야 할 경우의 길내기에 적용한다.

나. 건널목 및 길내기 설계는 건널목 촉진법에 따라 설계하고 고속도로, 국도, 지방도 등은 관계행정기관과 협의하여 그의 설계기준에 따라 설계한다.

다. 이 기준에 기재되지 않은 사항은 별도로 정하여 설계할 수 있다.

2. 설계일반

가. 농로 및 마을진입로, 고속도로, 국도, 지방도 등 철도와 교차하는 개소는 반드시 철도와 입체교차 되도록 설계하여야 한다.

나. 가항중 부득이한 경우는 관계행정기관과 협의하여 설계한다.

다. 철도와 도로의 입체교차 위치는 가능한 기존 위치에서 직각으로 횡단 입체교차 되도록 설계해야 하며 부득이한 경우는 위치를 조정할 수 있다.

라. 철도를 고가 및 지하로 입체화 횡단하는 도로의 기울기는 가능한 한 철도 횡단구간은 수평으로 하고 철도 횡단구간 전후는 허용기울기로 설계해야 한다. 특히 지하로 횡단할 경우의 한계높이는 장래를 고려하여 가능하면 충분히 확보(도로면으로부터 5m 이상)토록 하되 부득이한 경우 해당 구조령(도로구조령, 농어촌도로구조령 등)을 기준으로 한다.

마. 지하도와 진입로의 기울기 변경점 위치는 유류차, 콘테이너차 등이 안전하게 횡단할 수 있도록 설계해야 한다.

바. 농로 및 마을 진입로에 자동차가 통행할 경우는 교행 대피와 철도횡단구간에 양쪽보도를 설계해야 한다.

사. 도로, 농로, 마을진입로의 구조와 시설기준은 반드시 관계 행정기관, 지방자치단체, 관계주민과 협의하여 이에 따라 설계해야 한다.

아. 국도, 지방도(시,군도) 이상의 입체화 교량은 1등교(DB-24)로 설계하며, 도로구조령에 의거 설계한다.

자. 농경지 통과구간은 주변 현황을 감안하여 농로가 단절되지 않도록 농어촌 도로의 구조 시설 기준에 관한 규칙에 의하여 농로를 연결한다.

차. 공사용 임시도로는 될 수 있으면 선로의 유지 보수용으로도 사용할 수 있도록 고려하여 계획한다.

3. 포장공

가. 포장형식 선정기준

일반적으로 포장형식은 주어진 환경, 교통, 토질조건 등에 따라 여러가지 형태로 생각할 수 있으나 어떤 절대적인 판단기준은 없다. 대체로 경제성, 시공성, 유지관리비, 유지관리의 난이정도, 지하 매설물의 여부 등에 따라 결정할 것이다.

1) 환경 및 교통량(Environment and Traffic)

최근 자동차의 증가와 함께 국민생활에 미치는 대기오염, 소음, 진동 등 환경적 요소의 중요성이 증대되고 있는바, 도로의 구조에 기인한 사고발생의 지배적 요인인 비포장 도로의 포장, 노면의 평탄성 확보, 구조물 주변의 단차개선, 주거지역에 대한 방음벽 설치등 세심한 배려가 필요하다. 특히, 중차량의 교통량 증가가 예상되는 구간의 포장구조는 특별한 유지관리가 필요없고, 공용기간이 긴 포장형식을 택함이 유리하다.

2) 토질특성

일반적으로 토질특성은 도로구간을 통하여 일정하게 변하게 된다. 그 변화폭이 크고 침하의 우려 및 체적변화가 예상될 경우에는 단계 건설을 고려한다. 그리고, 가요성 포장은 연약지반에 대한 적용성이 양호하나 강성포장은 침하량이 크거나 부등침하 발생에 따른 조기파손이 우려되므로 충분한 검토가 필요하다.

3) 기　상

눈이 많이 오는 지역에 대해서는 제설장비가 포장을 손상시키지 않으며 제설작업이 용이한 포장형식을 택한다. 또한, 미끄럼과 마모를 막기 위하여 표층위에 마모층을 두는 경우도 있으나 적설지역의 도로에는 내마모성을 중시한 포장형식을 택한다.

4) 경제성 및 유지보수

특별히 포장형식을 결정할 근거가 없을 때는 공사비의 비교가 중요하다. 유지관리비 및 잔존가치를 포함한 경제성을 비교 검토하여 결정한다.

5) 기타 고려사항

가) 주변의 기존 포장에 대한 검토

나) 골재원 등의 재료확보 및 운반로 검토

다) 교통안전 측면

라) 시공경험 및 장비확보

나. 포장의 종류

1) 아스팔트 콘크리트 포장

골재를 역청재료(Bituminous Material)로 결합하여 만든 표층 및 중간층을 가진 포장을 말하며 일반적으로 표층, 기층 및 보조기층으로 이루어진다. 아스팔트 콘크리트 포장에서는 하중 재하에 의해서 생기는 응력이 포장을 구성하는 각층에 분포되어 하층으로 갈수록 점차 넓은 면적에 분산시키므로 각층 구성과 두께는 역학적 균형을 유지하여 교통하중에 충분히 견딜 수 있어야 한다. 포장의 역학적 거동 특성에 의해서 가요성 포장이라 한다.

2) 시멘트 콘크리트 포장

강성포장(Rigid Pavement)의 대표적인 형식으로서 시멘트 콘크리트 슬래브가 교통하중으로 인한 전단이나 휨에 저항하여 그 슬래브 작용으로 하중을 기초에 넓게 전달한다. 일반적으로 표층 및 보조기층으로 구성되어 있고 표층은 시멘트 콘크리트슬래브층을 말하나 그 위에 아스팔트 콘크리트 마모층을 둘 수도 있다.

다. 포장의 형식 비교

포장의 형식은 그 역학적 거동 특성에 따라 가요성 포장과 강성 포장으로 나뉜다.

가요성 포장은 아스팔트 콘크리트 포장, 강성 포장은 시멘트 콘크리트 포장이 있다.

<표 Ⅱ.5.1> 포장형식 비교

구 분	가 요 성 포 장	강 성 포 장
구 조 적 특 성	· 포장층 일체로 교통하중을 지지하고 노상에 윤하중을 분포시킴 · 기층 또는 보조기층에도 큰 응력 작용 · 반복되는 교통하중에 민감	· 콘크리트 슬래브가 교통하중을 휨저항으로 지지 · 건조수축에 의한 균열발생을 수축 줄눈 또는 연속철근으로 억제 · 골재맞물림 작용 또는 Dowel Bar를 통해 Slab가 하중전달
시 공 성	· 시공경험 풍부 · 양생기간이 짧음	· 콘크리트의 품질관리, 양생, 평탄성, 줄눈시공 등 고도의 숙련 필요
유지관리	· 유지관리비 고가 · 국부적 파손에 대한 보수용이 · 잦은 보수로 교통소통 지장	· 유지관리비 저렴 · 국부적 파손에 대한 보수곤란 · 유지보수 빈도 적음
장·단점	· 중차량에 대한 소성변형 발생 · 소음이 적음 · 평탄성 및 승차감 양호 · 시공후 교통 개방까지의 시간이 작음으로 인한 공사기간 단축	· 중차량에 대한 적응성 양호 · 소음이 많음 · 줄눈설치로 승차감 불량 · 장기양생으로 공사기간 길어짐

1) 아스팔트 콘크리트 포장

<표 Ⅱ.5.2> 아스팔트 콘크리트 포장

구 분	내 용
구조특성	· 포장층 일체로 교통하중을 지지하고 노상에 윤하중을 분포 · 포장두께는 교통하중과 노상지지력에 의거하여 설계 · 기층 또는 보조기층에도 큰 응력이 작용 · 반복되는 교통하중에 민감
시 공 성	· 신속성 및 간편성 측면에서 유리 · 단계시공 방식에 적합
내 구 성	· 대형차 교통량이 많은 도로에서 소성 변형 발생
유지보수	· 부분 보수 용이 · 유지관리비 고가 · 잦은 보수로 교통소통에 지장 · 보수 시기가 늦으면 큰 하자 발생
공 용 성	· 양생시간 적음 · 평탄성 및 승차감 양호 · 소음이 적음
토질영향 (연약지반)	· 적응성이 양호
적용도로	· 연약지반에 축조하는 도로 · 중차량의 구성비가 적은 도로 · 조기 교통개방이 필요한 도로 · 토질 특성변화가 심한 지역에 축조되는 도로

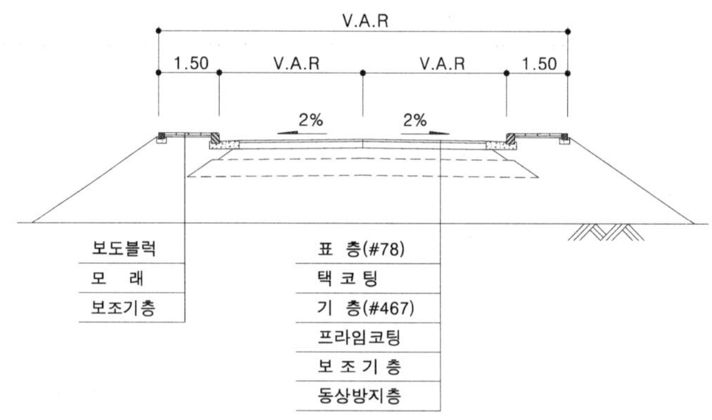

<그림 Ⅱ.5.1> 아스팔트 콘크리트 포장 단면

2) 시멘트 콘크리트 포장

<표 Ⅱ.5.3> 시멘트 콘크리트 포장

구 분	내 용
구조특성	· 콘크리트 슬래브 자체로 교통하중 및 온도변화에 대해 지지 · 슬래브에 불규칙한 균열을 방지하는 줄눈중 가로 수축줄눈은 4~6m 간격으로 설치 · 골재 맞물림 작용 및 Dowel Bar를 통해 Slab간 하중전달
시 공 성	· 줄눈 설치 및 콘크리트 양생등으로 다소 불리
내 구 성	· 중차량에 대한 적응도 양호
유지보수	· 유지관리비 저렴(단, 줄눈부의 정기적인 유지보수 필요) · 연속 철근 콘크리트 포장에 비해 국부적인 파손 보수가 용이
공 용 성	· 장기간 양생 필요(보통 포틀랜드 시멘트 사용시 14일) · 수축줄눈의 설치로 승차감 불량 · 소음이 발생
적용도로	· 중차량의 구성비가 큰 도로 · 신설도로

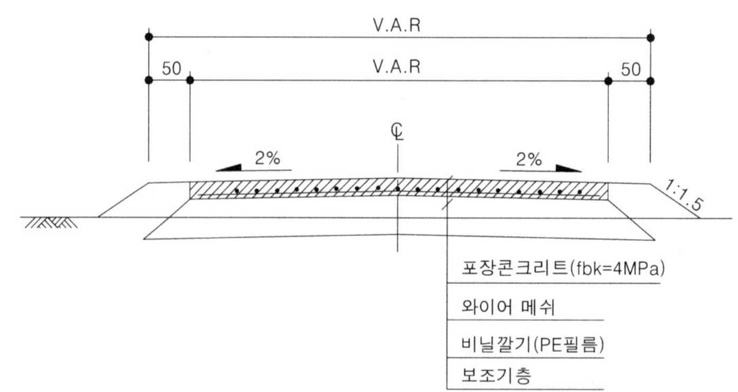

<그림 Ⅱ.5.2> 시멘트 콘크리트 포장 단면

라. 포장 설계 기준

<표 Ⅱ.5.4> 포장 설계 기준

구 분 \ 포장종류	콘크리트 포장	아스팔트 포장	비 고
공 용 기 간	20년	10년(단계시공)	
최종서비스지수(Pt)	2.5	2.5	
설 계 교 통 하 중	8.2톤 등가 단축하중	8.2톤 등가 단축하중	
노상 지지력 계수	합성 지지력 계수를 산정	노상재료의 CBR을 시험으로 구하여 지지력 계수로 환산	
지 역 계 수	-	1.5 , 2.0 , 2.5	

마. 포장 두께 산정

1) 동결심도 설계방법

동결작용은 흙중에 포화되어 있는 수분의 성질이 변화하여 일어나는 현상으로 비교적 입자가 작은 실트질 흙에서 일어나기 쉽다. 동결지역에서 포장을 설계할 때에는 동결작용에 의한 과도한 노면의 변위발생을 방지하고 동결 해빙기간중 적절한 지지력이 확보되어야 한다.

가) 완전방지법(Complete Protection Method)

동결작용에 의한 표면 변위량을 제거하기 위해 충분한 두께의 비동결성층을 설치하여 포장의 융기와 지반이 약화를 감소 또는 억제하는 방법이다.

나) 노상동결 관입 허용법(Limited Subgrade Frost Penetration Method)

노상상태가 수평방향으로 심하게 변하지 않거나 흙이 균질한 경우에 적용되는 설계방법으로 동결 깊이가 노상으로 얼마쯤 관입된다 하더라도 동상으로 인한 융기량이 포장파괴를 일으킬 만한 양이 아니라면 노상의 동결을 어느 정도 허용하는 것이 경제적이므로 통상적으로 적용하는 방법이다.

다) 감소 노상 강도법(Reduced Subgrade Strength Method)

해빙기간 중에 일어나는 노상강도 감소를 근거로 하여 동결에 대비한 포장 두께를 결정하는 것으로 동결지수가 직접함수가 아니므로 통상적으로 적용하는 방법은 아니다.

2) 동결심도 산정

가) 수정 동결지수 산정

건설부 도로 조사단에서 작성한 전국 동결지수선도 그림을 토대로 하여 설계노선 위치에 해당된 측후소를 선정하여 지점별 지반고, 동결지수, 동결기간을 도표에서 찾고 다음식을 이용하여 표고에 대해 보정한다.

(1) $\text{수정동결지수}(°C \cdot day) = \text{동결지수} \pm 0.5 \times \text{동결기간} \times \frac{\text{표고차}}{100}$

(2) 표고차 = 설계노선 최대 계획고 - 측후소 지반고(또는 좌표별 전국동결지수를 사용할 경우 : 100m)

[해당도로 지반고가 측후소 지반보다 높으면(+), 낮으면(-)]

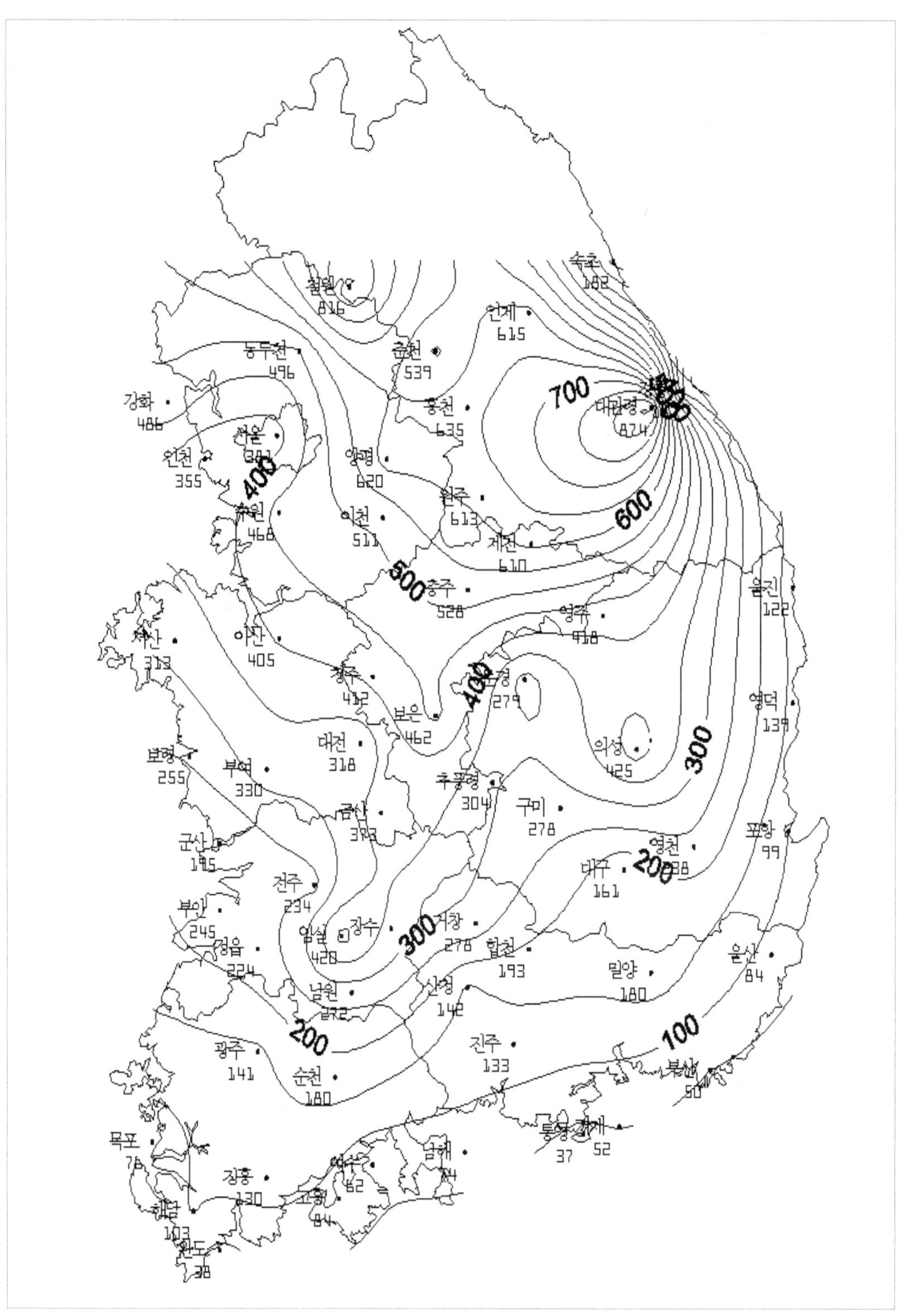

<그림 Ⅱ.5.3> 전국 동결지수선도(단위 : ℃ · 일)

나) 동결심도 산정

노상동결 관입허용법에 의해 동결심도를 산정하는 방식은 아래와 같다.

(1) 구간별 동결지수에 대해 도표를 이용 전체동결심도(a)를 구한다.

(2) 전체동결심도(a)에서 포장층 두께(P)를 제외한 값(C)로부터 보조기층 두께(b)를 구한다.

(3) 포장층두께(P)와 보조기층두께(b)를 합한 두께(p+b)를 동결에 대비한 포장두께로 한다.

<표 Ⅱ.5.5> 지역별 동결지수 및 동결기간현황

지 역	측후소 지반고(m)	동결지수 (℃ · 일)	동결기간 (일)	지 역	측후소 지반고(m)	동결지수 (℃ · 일)	동결기간 (일)
속 초	17.6	181.6	66	부 산	69.2	49.6	27
대관령	842.0	873.8	127	통 영	25.0	37.4	27
춘 천	74.0	539	92	목 포	36.5	75.6	33
강 릉	26.0	167.2	57	여 수	67.0	62.2	31
서 울	85.5	380.9	80	완 도	37.5	38.1	26
인 천	68.9	354.7	78	제 주	22.0	4.1	3
원 주	149.8	613.0	94	남 해	49.8	74.3	38
울릉도	221.1	129.3	32	거 제	41.5	52.1	39
수 원	36.9	468.4	79	산 청	141.8	141.8	49
충 주	69.4	528.4	89	밀 양	12.5	180.2	62
서 산	26.4	313.2	76	합 천	32.1	193.0	62
울 진	49.5	121.6	57	거 창	224.9	278.2	74
청 주	59.0	411.6	78	영 천	91.3	237.8	64
대 전	67.2	317.7	68	구 미	45.5	278.1	76
추풍령	245.9	303.9	78	의 성	73.0	425.2	78
포 항	2.5	98.5	52	영 덕	40.5	138.8	57
군 산	26.3	194.9	61	문 경	172.1	279.4	55
대 구	57.8	160.9	54	영 주	208.0	417.8	77
전 주	51.2	233.5	61	성산포	17.5	-	-
울 산	31.5	83.6	46	고 흥	60.0	83.5	49
광 주	73.9	141.4	55	해 남	22.1	102.6	49

지 역	측후소 지반고(m)	동결지수 (℃ · 일)	동결기간 (일)	지 역	측후소 지반고(m)	동결지수 (℃ · 일)	동결기간 (일)
장 흥	43.0	130.1	52	보 은	170.0	461.7	76
순 천	74.0	179.9	64	제 천	264.4	610.2	91
남 원	89.6	272.4	67	홍 천	141.0	635.4	98
정 읍	40.5	223.9	61	인 제	199.7	614.5	91
임 실	244.0	420.3	86	이 천	68.5	511.0	89
부 안	7.0	244.7	61	양 평	49.0	619.7	91
금 산	170.7	372.5	77	강 화	46.4	486.2	89
부 여	16.0	330.0	74	진 주	21.5	132.8	51
보 령	15.1	254.8	76	서귀포	51.9	-	-
아 산	24.5	405.4	78	철 원	154.9	685.0	109

주) 동결지수°F · 일과 ℃ · 일 사이에는 °F·일 $\times \frac{5}{9} =$ ℃ · 일의 관계가 있다.

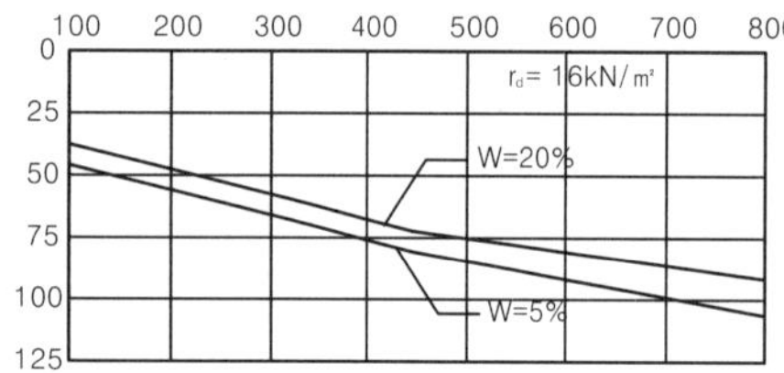

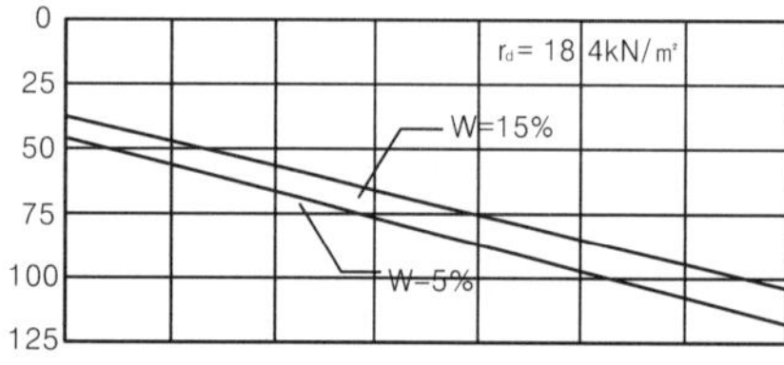

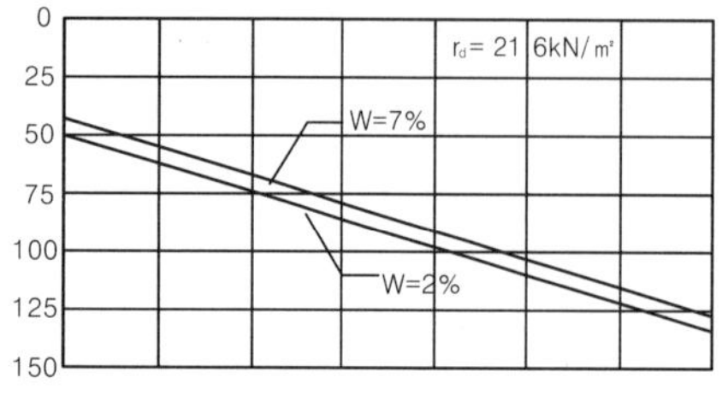

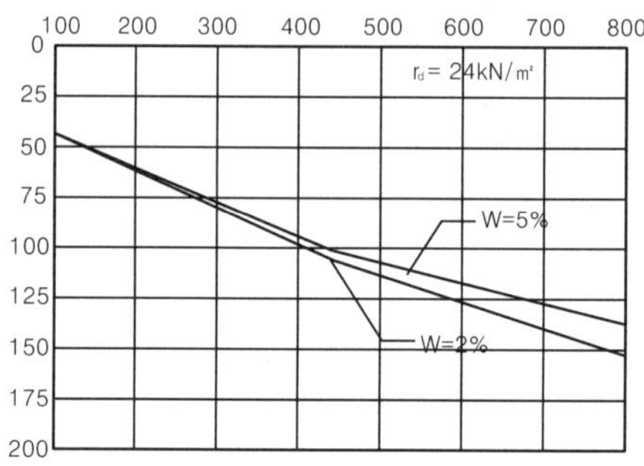

범 례

표 층 30cm

주) 1. 그림에서 동결관입깊이는 수정 Berggren 공식과 TM 5-812-6에서 제시된 절차를 사용하여 계산되었다.

2. 그림에서 동결관입깊이는 포장 표면에 쌓이는 빙설효과를 고려하지 않았고, 포장은 30cm 두께 콘크리트 슬래브 또는 15~20cm의 안정처리기층을 가지는 아스팔트 포장이고 표시된 함수량이 0°C 이하에서 모두 동결된다고 가정하여 산정된 것이다.

3. 그림에서 동결관입깊이는 표시된 단위 건조 중량과 함수비를 가지는 비동결성 입상재료 치환 두께를 의미한다.

<그림 Ⅱ.5.4> 설계 동결 지수(°F · 일) - 800°F · 일 이하의 경우

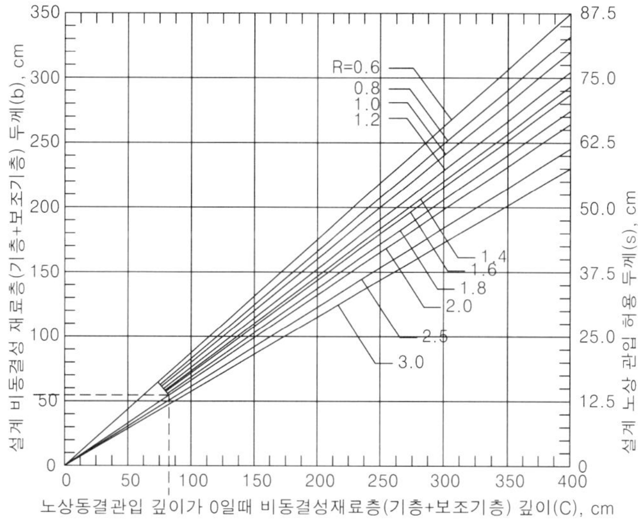

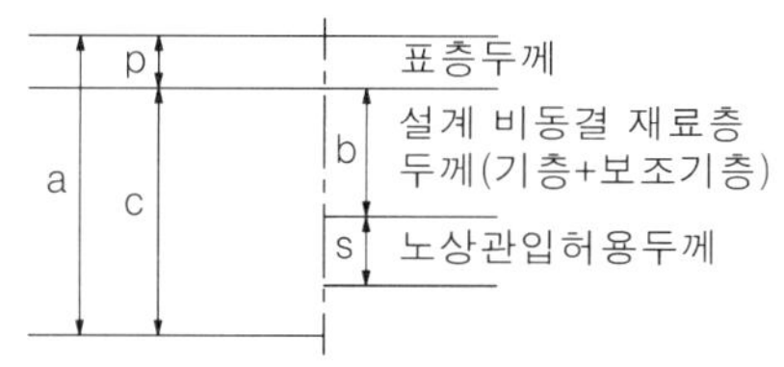

a = 노상 동결관입을 허용하지 않는 비동결성 재료층과 표층두께의 합
c = a − p
Wb = 비동결성 재료층(기층,보조기층)의 함수비
Ws = 노상토 함수비
r = Ws/Wb, 중차량 통행지역 ≤2.0
저교통량 통행지역 ≤3.0

주) 1. 전체 동결심도(a)는 수정 Berggren식에 의거한다.

2. 전체동결(S)는 포장 표면으로부터의 깊이를 나타내며, 304.8mm두께의 콘크리트 포장과 152.4~228.6mm 두께의 역청재료 포장에 적합한 산정식이다.

3. 포장층 두께(P) 아래에는 그림에 지시한 건조 단위중량 및 함수비를 갖는 비동결성 입상재료가 무한정 설치된 것으로 가정한다.

<그림 Ⅱ.5.5> 노상동결관입 허용법에 의한 설계비동결성 재료층 두께 결정 도표

바. 포장층의 최소두께 치수

<표 Ⅱ.5.6> 포장층 최소 두께 치수

층 종 류	최소두께(mm)
아스팔트 콘크리트 표층	50
아스팔트 안정처리 기층(보조기층 위)	50
린 콘크리트 보조기층	150
아스팔트 콘크리트 기층	100
입상 재료 기층	150
쇄석 보조 기층	
모래/자갈 선택층 위에 부설되는 경우	150
모래/선택층 위에 부설되는 경우	200
비선별 모래/자갈 보조기층	200
슬래그 보조기층	200
시멘트 또는 토사약액처리 보조기층	200

주) 건설교통부 「도로포장 설계·시공지침」에 의거 적용

사. 줄눈 설치

1) 줄눈 설치목적

줄눈은 콘크리트 슬래브의 팽창과 수축을 수용하므로써 온도 및 수분 등 환경변화, 마찰과 시공에 의하여 발생한 응력을 가능한 한 최대로 완화시켜 주기 위하여 설치한다.

2) 줄눈의 종류

가) 가로 수축줄눈

수축줄눈은 팽창, 온도변화 또는 보조기층의 마찰 저항의 증가에 의하여 발생하는 균열을 억제하기 위한 간격을 설치하며, 간격의 설정은 슬래브 두께 콘크리트의 인장강도, 줄눈채움재의 변형, 사용 조골재의 종류가 콘크리트 열팽창 계수에 영향을 미치므로 결과적으로 줄눈 간격에 큰 영향을 미친다. 무근 콘크리트 포장의 줄눈 간격을 선정할 때 임시적인 방법은 슬래브 두께를 2배로 하여 그 값을 ft값으로 하여 그 값을 초과하지 않는 범위로 정할 수 있다. 일반적으로 AASHTO에서는 슬래브 두께의 24배 이하, PCA에서는 4.6~6.1m로 규정하고 길이에 대한 슬래브 넓이의 비도 1.25를 초과할 수 없다.

나) 팽창줄눈

팽창줄눈은 포장이 팽창할 수 있는 공간을 마련해줌으로써 포장 좌굴의 원인이 될 수 있는 압축응력의 발생을 방지하기 위해 설치하며, 이는 비용, 복잡성, 공용성 문제를 고려하여 가능한 최소한으로 줄여 구조물 접속부, 아스콘 포장 접속부, 1일 포장 마감부 등에 설치한다.

다) 세로줄눈

세로줄눈은 일반적으로 도로가 개통된 뒤에 저항 뒤틀림응력과 하중의 복합된 영향에 의해서 일어날 수 있는 종방향균열을 방지하기 위해 2차로 동시 포설시 중앙, 본선과 RAMP접속부, 차로를 구분하는 위치, 노측 구조물과 접속하는 위치에 설치한다.

라) 시공줄눈

시공줄눈은 포장장비의 고장이나 갑작스런 기상변화로 작업이 중단되어야 하는 지점에 설치되며, 가능한 수축줄눈의 위치에 맞추도록 한다.

3) 줄눈의 간격

줄눈은 줄눈 채움재(Joint Sealant)의 폭으로 조절하는데 가로수축 줄눈의 깊이는 SLAB 두께의 1/4이어야 하고 세로줄눈은 1/3이어야 한다. 절단시기는 반사균열이 일어나지 않는 적정시기에 시행하여 후속작업을 할 수 있도록 계속 실시하고 포설에서부터 절단까지의 시기는 SLAB 온도, 양생조건, 콘크리트 배합비에 따라 좌우된다. 또한, 채움재의 깊이 대 넓이의 비는 1:1.1 ~ 1.5의 범위내에 있어야 하며, 세로와 가로줄눈을 위한 최소 깊이가 각각 3/8과 1/2인치이어야 한다. 다음은 포장체의 이동량과 채움재의 허용잔류변형을 고려한 결과치이다.

$$\triangle L = CL \times \frac{(a \times DT + Z) \times 100}{S}$$

ΔL : 콘크리트의 온도변화와 건조수축에 의해 발생되는 줄눈의 벌어짐량(cm)

S : 줄눈 채움재의 허용변형량 (25%정도 변형 허용)

α : 포틀랜드 시멘트 콘크리트의 열팽창 계수(cm/cm/℃)

Z : SLAB의 건조수축 계수(cm/cm)

L : 줄눈간격(cm)

DT : 온도의 범위(℃)

C : 보조기층과 SLAB 마찰저항에 의한 조정계수

(안정처리된 보조기층 0.65, 선택층 0.80)

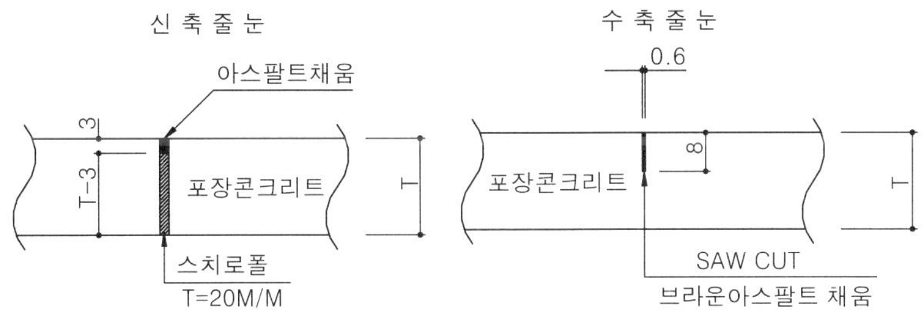

<그림 Ⅱ.5.6> 신축 및 수축줄눈

4. 노면표시

가. 노면표시의 일반적 기준

노면표시는 도로교통법 시행규칙 제3조 제1항 5호에서 “도로교통의 안전을 위하여 각종 주의, 규제, 지시등의 내용을 노면에 기호, 문자 또는 선으로 도로사용자에게 알리는 표시”라고 정의하고 있으며, 설치기준은 「교통안전시설 실무편람(경찰청)」에 준한다.

나. 종류

<표 Ⅱ.5.7> 노면표시의 종류

규 제 표 시	지 시 표 시
- 선 규 제 - 통행방법 규제 - 정차·주차 규제 - 노상장애물 규제	- 주차방법 지시 - 유도지시 - 횡단지시 - 방향 및 방면지시 - 기타지시

다. 노면표시 설치기준

1) 색채

가) 백　색 : 동일한 방향의 교통류 분리 및 경계표지

나) 황　색 : 반대방향의 교통류 분리, 제한 및 지시표시

다) 청　색 : 지정방향의 교통류 분리표시(전용차로 등)

2) 선의 종류 및 규격

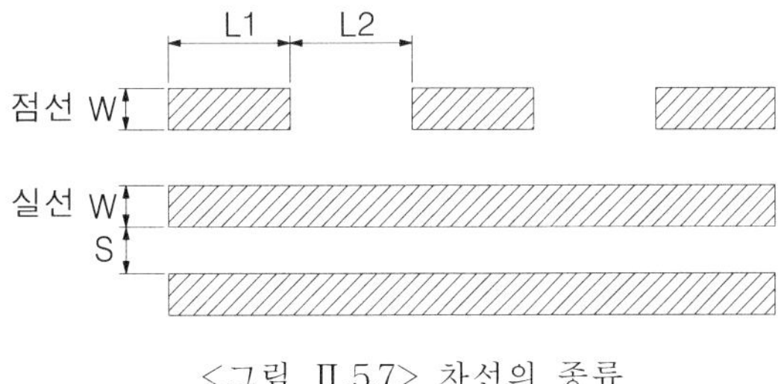

<그림 Ⅱ.5.7> 차선의 종류

<표 Ⅱ.5.8> 선의 종류 및 규격

(단위 : cm)

선 종 류		구 분	도로교통법 시행규칙	표 준		
				시가지도로	지방도로	자동차전용도로
중 앙 선	점 선 (단 선)	길이(L1)	300	300	300	300
		길이(L2)	300	300	300	300
		폭(W)	15~20	15~20	15~20	15~20
	실 선 (단 선)	폭(W)	15~20	15~20	15~20	15~20
	실 선 (복 선)	폭(W)	10~15	10~15	10~15	10~15
		간격(S)	10~15	10~15	10~15	10~15
차 선	실 선	폭(W)	10~15	10~15	10~15	10~15
	점 선	길이(L1)	300~1,000	300	500	1,000
		길이(L2)	(1~2)L1	500	800	1,000
		폭(W)	10~15	10~15	10~15	10~15
길가장자리 구역선	실 선	폭(W)	15~20	15~20	15~20	15~20

가) 4차로 본선에서 중앙분리대 측대선은 황색실선, 차선구분은 백색점선, 길어깨 측대선은 백색 실선으로 하며, 추월금지구간 차선구분은 백색실선으로 설치한다.

나) 2차로 본선에서 중앙선은 황색실선, 길어깨 측대선은 백색실선으로 하며, 양방향 추월가능 구간은 황색점선, 일방향 추월가능 구간은 복선(황색실선과 황색점선)으로 설치한다.

라. 노면표시 도색

1) 노면표시 도색으로는 상온형페인트식, 가열형페인트식, 융착식, 테이프식, 스프레이식, 돌출식 등이 있으나 현지여건(시가지구간, 지방지역 등), 내구성, 유지관리 등을 고려 설치하며, 공사 중 임시차선은 상온형페인트식으로 한다.

2) 노면표시 도색의 종류

가) 상온형 페인트식 도색

일반페인트로서 상온에서 건조되는 특성이 있으며, 내구성이 떨어지고 일반적으로 안정도는 크나 건조속도는 늦은편(3~20분)이고, 수명이 짧은 단점이 있다.

나) 가열형페인트식 도색

가열했을 때(60도이상 온도로 도색) 액상으로 되었다가 상온에서 굳어지는 페인트로서 상온형 페인트보다 내구성을 높인 도료. 안정도와 건조속도는 보통(3~15분)이며, 야간반사가 큰 편이고 오염도가 큰 단점이 있다. 수명은 상온형보다는 길지만 융착식보다는 짧은 편이다.

다) 융착식도료 도색

내구성이 가장 뛰어난 노면표시의 도료로서 에폭시 수지 등을 원료로 융합해서 150도 이상의 고온에서 도색하며 건조속도가 빠르고 야간반사도 큰 편으로, 유효수명이 긴 장점이 있다.

마. 안전표지와 노면표시와의 관계

도로교통법의 규정에 의하여 교통규제 및 지시에 따른 안전표지 및 노면표시는 상호 보완적인 관계에 있다. 도로교통법 시행규칙에 교통규제 또는 지시에 따른 안전표지와 노면표시 양쪽이 모두 규정되어 있는 경우와 안전표지 또는 노면표시 한쪽만 규정되어 있는 경우가 있다. 안전표지와 표면표시 양쪽이 모두 규정되어 있는 경우에 교통규제 또는 지시를 행할 때에는 안전표지, 노면표시 양쪽 다 설치하든가 또는 어느 한쪽만 설치하면 된다. 한쪽만 설치하면 되는 경우는 원칙적으로 어느 한쪽만 설치되어 있으면 교통규제 또는 지시의 효력이 충족된다. 다만 횡단보도를 설치할 경우(횡단보도를 설치하려고 하는 장소에 신호기가 설치되어 있을 때 및 비포장도로, 적설 등의 이유때문에 설치 및 관리가 곤란할 경우에는 제외) 및 교통섬과 같이 노면보다 높은 시설이 없는 곳에서 안전지대를 설치할 때에는 안전표지와 노면표시를 같이 설치한다. 노면표시는 안전표지의 설치기준과 같이 교통규제, 지시의 종류, 도로 및 교통의 상황에 따라 규제 및 지시의 기능확보를 위하여 같이 병설하는 것을 원칙으로 한다. 다만 부득이한 경우에는 시인성 등을 고려하여 안전표지 혹은 노면표시 중 택일하여 설치하여야 한다.

5. 경계석 및 경계블럭

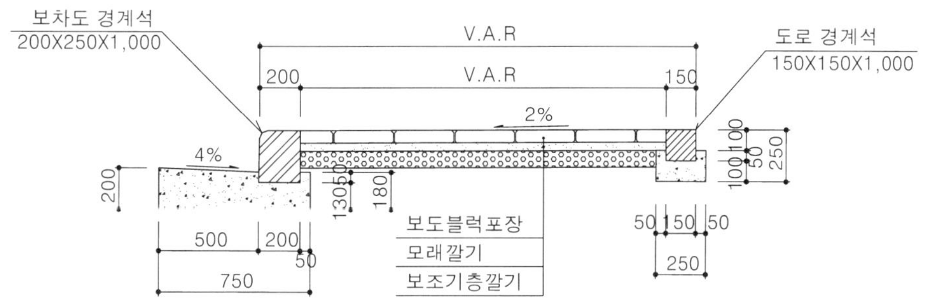

<그림 Ⅱ.5.8> 도로 및 보차도경계석 설치(예)

가. 보차도경계석 및 경계블럭

보차도경계석은 차도와 보도 사이에 설치한다. 기초는 콘크리트로 하며, 도로의 원활한 배수를 위하여 4%의 횡방향 기울기를 둔다.

나. 도로경계석 및 경계블럭

도로경계석은 도로의 끝에 설치하며 도로를 구분하는 경계가 된다.

6. 도로유지공

가. 가드레일

차량이 도로 밖으로 이탈하는 것을 방지하고 충돌시 충격흡수를 시켜 인명과 차량의 피해를 줄이고 노측용과 보도용, 교량용 등을 주용도에 따라 설치위치가 정해진다. 또한 가드레일은 시선유도의 역할을 하여 차량을 목적지까지 안전하게 유도하는 기능을 갖고 있다. 파손시 부분적 교체가 쉽고 곡선반경이 작은 공간에도 설치할 수 있는 제품의 선정이 요구된다.

1) 흙쌓기 높이가 2.0m 이상이고 비탈경사가 1:4보다 급한 흙쌓기구간에 설치한다.

2) 흙쌓기 높이가 12m 이상이며 평면선형이 불량하고 종단경사가 하향인 경사로서 치명적인 사고가 우려되는 구간 등 도로 및 교통상황을 고려하여 2단 가드레일을 적용하며, 그 외 평면선형이 양호하거나 쌓기 높이가 H=12.0m 이하인 경우는 1단 가드레일을 설치한다.
3) 최소연장이 50.0m를 넘지 않으면 설치하지 않는다.
4) 바람직한 최소길이는 100m로 하되 설치장소의 여건상 부득이한 경우 60m보다 적어서는 안된다.
5) 설치구간의 중간에서부터 20m 이내에서 연결되지 않는 경우는 연속 연결 설치한다.
6) 절성토 경계부(흙쌓기부→땅깎기부, 땅깎기부→흙쌓기부)에서의 단부처리는 필요구간 전·후에 적어도 각각 20m 정도 연장하여 설치한다.
7) 강도가 다른 두 개이상의 방호울타리를 연결하여 설치하는 전이구간 중 가드레일과 교량난간이 만나는 지점을 교량난간과 강결처리하고 가드레일 지주간격을 "4@500+4@1,000+일반구간"으로 설치한다.
8) 흙쌓기부 가드레일 설치시 시점측은 1경간 연장하고 종점측은 1경간 제외한다.
9) 레일포스트 :
   가) 설치간격 : 1단 4m, 2단 2m
   나) 규　　격 : 외경 - 139.8mm
   다) 두　　께 : 4.5mm
   라) 매입깊이 : 1,650mm
   마) 지주길이 : 2,350mm
10) 단부레일은 차량 진행방향의 시·종점부에 설치하고 종점부와 시점부가 교량에 연결되는 경우는 일반형 가드레일, 쌓기부 가드레일 시점부는 단부곡선형 레일을 시점측에서 15°이상 외측으로 8m 꺾어 설치한다.
11) 가능한 지주에 반사지 부착을 지양하고, 가드레일용 시선유도표지 등에 일정한 간격을 두어 설치한다.

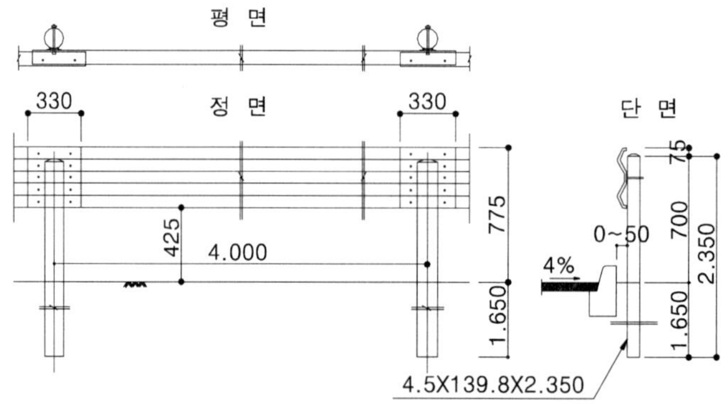

<그림 Ⅱ.5.9> 가드레일 단면

나. 중앙분리대 가드레일

왕복2차선 이상의 고속도로, 국도에서 차량의 중앙선 이탈사고시 대형사고로 인한 인적 물적 피해를 최소화하기 위한 충격완화형의 중앙분리대이다. 충돌 후 차량전복 등의 2차 사고를 방지하고 콘크리트 중앙분리대 대비 공사비의 절감효과가 있다.

1) 지주간격기준 : 4m 간격으로 하되 지역여건 및 높은 도로등급 또는 교량, 옹벽, 암거 등의 콘크리트에 설치할 경우 2m로 할 수 있다.

2) 지주 규격

가) 외　　경 : 139.8mm

나) 두　　께 : 4.5mm

다) 매입깊이 : 1,500mm

라) 지주길이 : 2,250mm

단, 보 외측간격이 75mm 확보 가능할 때 적용

3) 레일 : 2-Beam을 원칙으로 하며 3-Beam도 고려하여 설치한다.

4) 추후 유지관리를 위해서 필요시 지주매입 부분에 Casing을 설치할 수 있다.

다. 콘크리트 방호벽

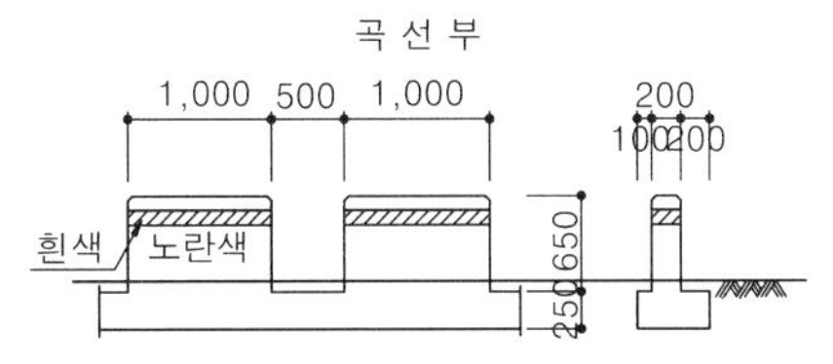

(1.5m당)

공 종	규 격	단 위	수 량
콘크리트	fck = 21MPa	m^3	0.325
거푸집	합판 4회	m^2	2.460
철 근	SD300,D13	ton	0.026
페인트	흰 색	m^2	0.246
	노란색	m^2	1.550

<그림 Ⅱ.5.10> 곡선부 콘크리트 방호벽

직 선 부

(1.5m당)

공 종	규 격	단 위	수 량
콘크리트	fck = 21MPa	m^3	0.170
거푸집	합판 4회	m^2	1.900
철 근	SD300,D13	ton	0.020
페인트	흰 색	m^2	0.140
	노란색	m^2	1.160

<그림 Ⅱ.5.11> 직선부 콘크리트 방호벽

1) 설치간격

곡선부는 0.5m, 직선부는 1.0m 간격으로 설치하며, 시인성을 좋게 하기 위하여 노란색 조합페인트를 칠한다.

2) 신축이음

일정구간마다 신축이음을 두어야 하며, 교량구간은 교량의 신축이음과 일치되도록 한다.

라. 교통표지판

1) 표지판의 설치기준

가) 신설노선의 계획시 기존 부대시설물은 모두 철거하는 것을 원칙으로 하며 관련법규에 의거 유용 등을 적극 반영하여야 한다.

나) 표지판은 운전자가 충분히 인지할 수 있도록 시거가 양호한 곳에 설치하며, 표지판 상호간에 시거장애가 되지 않도록 적절한 간격을 유지시킨다.

다) 표지판의 기둥 및 기초에 대한 설계기준은 풍압력을 고려한 아래와 같은 값으로 적용한다. (도로표지 관련 규정집)

(1) 고정하중 (부속자재 포함) ························0.2 kN/㎡

(2) 풍하중

<표 Ⅱ.5.9> 표지판 설계시의 적용 풍하중

구 분 \ 형식(설계풍속)	단주, 복주 (40m/s)	편지, 현수, 문형식 (50m/s)
지 주	0.7 kN/㎡	1.09 kN/㎡
표 지 판	1.2 kN/㎡	1.88 kN/㎡

라) 단주식 교통표지판 설치시 지주를 관통하는 볼트로 체결 후 반드시 밴드를 설치한다.

마) 각종 표지판, 가로등, 신호등 등의 지주는 도로비탈면(가드레일 외측)에 설치를 원칙으로 한다.(보도가 있을 경우는 보도외측에 설치)

2) 교통안전 표지판의 종류별 설치기준

가) 교통안전표지(이하 안전표지)는 주의, 규제, 지시표지 및 보조표지로 나뉘며, 지주 하나에 하나씩 설치하는 것을 원칙으로 한다. 단, 동일한 장소에 2개의 표지판을 설치할 필요가 있을 경우에는 지주 상단에 원인, 그 하단에 규제표지를 부착한다.

나) 안전표지는 필요한 곳으로부터 전방 30~200m 지점에 설치함을 원칙으로 하고, 그 지형에 따라 설치위치를 선택한다.

다) 안전표지의 지주는 편도 2차로일 때 곧은 기둥식, 편도 3차로 이상일 때 내민식(OVER HANGER)을 원칙으로 한다.

라) 왕복 4차로의 경우 노측의 가로수, 보도 등으로 인해 시거장애가 있을 경우 안전표지 지주는 내민식으로 할 수 있으며 전·후 노선과 연계성을 고려하여 설치한다.

마) 안전표지의 설치형식별 비교

<표 Ⅱ.5.10> 안전표지의 설치형식별 비교

형 식	곧 은 기 둥 식	OVER HANGER (내민식)
적 용	삼각표지, 원형표지, 원형이중표지, 삼각 및 소형사각표지, 팔각표지	삼각표지, 원형표지, 원형이중표지, 삼각 및 소형사각표지, 팔각표지
지 주	강관 D60.5mm, 76.3mm, 89.1mm, 114.3mm	강관 D219.1m/m(T=8.18) (용융 아연도금)
장 점	· 시설비 저렴 · 유지관리 양호	· 시인성 양호 · 교통안전도 향상
단 점	· 시인성 불량 (가로수 및 주위환경에 영향을 받음)	· 시설비 고가
비 고	편도 2차로	편도 3차로 이상
형 식	1,000 1,600 1:1.5	3,000 5,000 1:1.5

바) 도로표지의 지주의 규격은「도로표지관련 규정집」(건교부)의 규정에 따른다.

사) 표지의 지주는 복주식의 경우 H형강, 단주식의 경우 원형강관 사용을 원칙으로 한다

아) 도로표지판 설치 기준

(1) 설치높이 기준

(가) 일반도로의 복주식 표지판 설치높이 : 2m

(나) 주의, 규제, 지시표지판 높이 : 1.6m

(다) 보조표지 : 1.6m

(라) 편지식, 문형식, 현수식 : 5m

(2) 측방여유폭

(가) 일반국도 : 0.25m

(나) 고속국도 및 자동차 전용도로 : 0.50m

자) 교통안전표지의 설계속도별 규격 및 지주비교

<표 Ⅱ.5.11> 설계속도별 규격 및 지주비교

구 분	설 계 속 도 80km/hr 이상	설 계 속 도 80km/hr 미만 (2차로 국도 및 지방도, 시가지도로)
규 격	원 형 : D = 900mm 삼 각 : 한변 1,200mm	원 형 : D = 600mm 삼 각 : 한변 900mm
비 고	강관 D76.3mm	강관 D60.5mm

주) 한 개의 지주에 2개 이상의 표지판 부착시나 보조표지 부착시는 D89.1mm, D114.3mm 사용

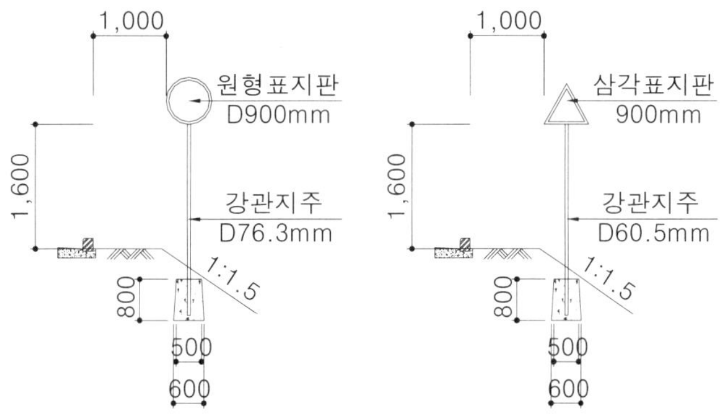

<그림 Ⅱ.5.12> 원형 및 삼각 표지판

마. 시선유도표지

1) 데리네이터

가) 설계속도가 50km/h 이상 구간, 도로선형의 급격한 변화구간, 차로수나 차도폭이 변하는 구간에 설치한다.

나) 설치위치는 차도 시설한계의 바깥쪽 가장 가까운 곳에 설치한다.

(길어깨 가장자리로부터 0~2m 되는 곳에 지형에 맞게 설치)

다) 곡선반경이 특히 작은 곡선부와 차로수가 변화하는 구간 등에는 필요에 따라 왼쪽 길어깨에도 설치한다.

라) 설치높이는 반사체의 중심까지를 0.90m로 하여 설치하는 것을 표준으로 한다.

마) 설치간격

(1) 직선부

(가) 일반도로 : 최대 40m

(나) 고속국도 : 최대 50m

(2) 곡선부 - $S = 1.1 \times \sqrt{(R-15)}$ (R=곡선반경)

바) 중분대가 있는 경우 측대측은 단면사용 (중분대 양방향에서 볼 수 있는 경우 양면사용)

<표 Ⅱ.5.12> 데리네이터 표준설치 간격

곡선반경(m)	설치간격(m)	곡선반경(m)	설치간격(m)
50이하	5	406~500	22.5
51~80	7.5	501~650	25
81~125	10	651~900	30
126~180	12.5	901~1,200	35
181~245	15	1,201~1,550	40
246~320	17.5	1,551~1,950	45
321~405	20	1,951이상	50

사) 자동차전용도로 및 간선도로 등의 설계속도가 80km/h 이상인 도로에서 곡선부에 완화곡선을 설치할 경우 설치간격은 「도로안전시설 설치 및 관리지침」에 의거하여 설치한다.

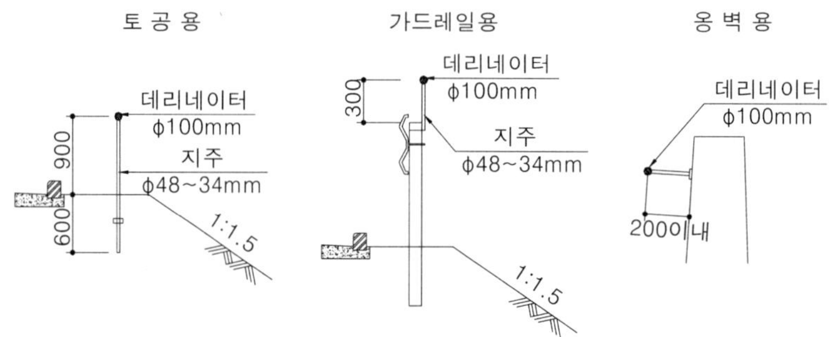

<그림 Ⅱ.5.13> 데리네이터의 종류

2) 도로표지병

가) 설치위치는 중앙선, 차로경계선, 전용차로, 길가장자리 구역선, 노상장애물, 안전지대, 교통섬, 터널, 급곡선부, 차선의 감속·분리·합류구간, 통행로의 변경구간, 좌회전 차로를 포함한 2차로 도로, 물리적으로 분리되지 않은 다차로 도로 등에 설치한다.

나) 횡단보도 및 교차로 정지선 등 표지병의 설치로 인해 안전주행을 해칠 우려가 있는 지점에

설치해서는 안된다.

다) 반사체의 색상은 흰색, 노랑색을 사용하며, 흰색은 진·출입 연결로 고어부 등 동일방향 교통류의 분리 및 경계, 노랑색은 반대방향 교통류의 분리, 제한 및 지시를 표시하는데 사용한다.

라) 설치높이는 최대 30mm를 표준으로 하며, 차선경계선과 같이 차량의 통행을 허용하여 표지병과 타이어와의 마찰이 빈번한 곳에서는 최대 20mm로 설치한다.

마) 설치간격

(1) 일반구간 : 차선도색 점선과 점선의 중심 간격

(가) 일반국도 : 20m(N)

(2) 좌회전차로 구간 : N/2

바) 4차로 이상인 도로의 경우 중앙선 외에는 설치하지 않는다.(중분대가 있는 경우 생략)

3) 갈매기 표지판

가) 도로의 평면・종단선형이 급격하게 변화하는 곡선구간, 공사구간 또는 사고많은 지점, 시선유도 표지보다 더욱 높은 수준의 시선유도 효과가 필요한 지점에 설치한다.

나) 설치위치는 차도 시설한계의 바깥쪽 가장 가까운 곳에 설치하여 통상 2매 이상의 갈매기 표지판이 최소한 150m 전방에서 시야에 들어오도록 설치한다.

(길어깨 가장자리로부터 0~2.0m 되는 곳에 지형에 맞게 설치)

다) 설치높이는 노면으로부터 표지판 하단까지의 높이를 1.20m로 하여 설치하는 것을 표준으로 한다.

라) 갈매기 표지판 설치시 데리네이터는 설치하지 않는다.

마) 기초규격(콘크리트 기초) : 0.3m×0.3m×0.4m

바) 판규격 : 0.45m×0.60m

(1) 2차로 : 양면

(2) 4차로 : 단면(중앙분리대가 있는 경우)

사) 색 상

(1) 바 탕 : 노란색(초고휘도)

(2) 꺽음표시 : 검정색(무반사)

아) 설치간격은 다음 식에 의한다.

S = $1.65 \times \sqrt{(R-15)}$ (S=설치간격, R=곡선반경)

<표 Ⅱ.5.13> 곡선반경에 따른 갈매기표지의 설치간격

곡선반경	설치간격	곡선반경	설치간격(m)
50이하	8	246~320	25
51~80	12	321~405	30
81~125	15	406~500	35
126~180	20	501~650	38
181~245	22	651~900	45

자) 노면표시(차선도색), 표지병, 데리네이터, 갈매기표지판, 중분대 차광망 등은 노선별 또는

전·후 연결노선과 일체감이 있도록 같은 종류로 계획한다.

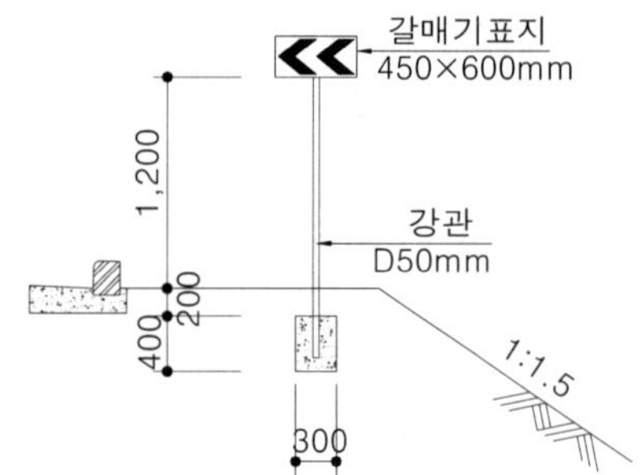

<그림 Ⅱ.5.14> 갈매기표지판의 설치기준

4) 기타 시인성 증진 안전시설

시인성 향상을 위한 시설은 도로상에 위치해 있는 각종 구조물로부터 차량을 안전하게 유도하여 교통사고 발생을 최소화시키고, 운전자에게 양호한 주행환경을 제공하는 기능을 갖는다.

가) 장애물 표적 표지

(1) 장애물 표적표지는 차량 전조등의 빛을 반사체를 통해 재귀 반사시킴으로써 운전자에게 위험물이 있다는 정보를 제공하는 시설이다.

(2) 장애물 표적표지는 중앙분리대 시점부, 지하차도의 기둥, 교대 및 교각, 입체교차 시설 진입부 등에 설치한다.

(3) 설치위치는 노면으로부터 표지판 하단까지의 높이를 1.00m로 하여 설치하는 것을 표준으로 한다.

(4) 표지판의 규격은 400mm×400mm이다.

(5) 색상은 무광회색 바탕에 노랑색 반사체를 사용한다.

나) 구조물 도색 및 빗금표지

(1) 구조물 도색은 도로를 주행하고 있는 운전자에게 차량의 진행방향을 지시하여 구조물과의 충돌을 방지하도록 구조물면에 사선으로 도색한 것을 말하며, 빗금표지는 구조물 도색과 동일한 기능을 수행하지만 구조물 외벽을 도료로 도색하는 대신 반사지를 알루미늄판에 부착한 표지를 말한다.

(2) 구조물 도색의 경우 검정색과 노란색 도색폭원은 각각 200mm로 하며, 빗금표지의 경우 한방향을 지시할 때의 크기는 300mm×900mm, 동일방향의 교통류를 분리하는 경우의 크기는 600mm×900mm를 표준으로 하며, 검정색과 노란색의 폭원은 각각 150mm로 한다.

(3) 빗금방향은 45도 각도로 그린다.

다) 시선유도봉

(1) 시선유도봉은 교통사고 발생의 위험이 높은 곳으로서, 운전자의 주의가 현저히 요구되는 장소에 노면표시를 보조하여 동일 및 반대방향 교통류를 공간적으로 분리하고 위험구간 예고목적으로 시선을 유도하는 시설을 말한다.

(2) 몸체의 형상은 원통형을 표준으로 한다.

(3) 설계속도가 70km/h 이상인 도로의 경우 시선유도봉 높이는 0.70m, 60km/h 이하인 도로의 경우 0.40m 정도로 한다.

(4) 몸체의 색상은 주황색을 원칙으로 하되 다른 색상이 필요할 경우 주변환경을 고려하여

정한다.

(5) 몸체에 부착하는 반사지는 흰색을 원칙으로 하며 고휘도급 반사지를 사용한다.

(6) 설치위치는 최소 50cm 이상을 차선과 이격하여 차선밖 측대가 유지되도록 설치한다.

(7) 시선유도봉은 표지병과 중복하여 설치하지 않는 것을 원칙으로 하지만, 부득이 표지병이 설치된 구간에 시선유도봉을 설치하고자 한다면, 표지병 기능이 상실되지 않도록 서로 일정간격을 유지하게 띄워 설치한다.

(8) 설치간격은 차량의 주행속도 및 설치목적에 따라 2~10m 범위내에서 적절한 간격을 유지할 수 있도록 설치한다.

(가) 중앙분리대용 방호울타리가 시작되는 시점 : 2~5m

(나) 교각 및 교대주위 : 2~3m

(다) 충돌위험시설 전방의 예고구간(50~100m) 및 여유구간 : 5~10m

(라) 공사구간내에서의 임시차로 대용 : 2~3m

(마) 진행방향을 혼동하여 중앙선을 넘어 역주행할 우려가 있는 구간 : 3~5m

7. 보도육교

가. 설계일반

1) 횡단보도교의 폭원

횡단보도교의 폭원은 폭원과 보행자수와의 관계를 고려해서 설계보행자수를 처리할 수 있는 폭원이어야 한다. 1인당 점유폭원은 0.75m로 기준하여, 그 정수배로 규정하기로 하고 적어도 2인이 교차할 수 있도록 최소 1.5m로 한다. 그러나, 보도 등의 위에 계단을 설치할 경우 등 계단부분의 폭원을 1.5m로 하는 것이 곤란한 경우에는 1.2m까지 축소할 수도 있다.

<표 Ⅱ.5.14> 횡단보도교의 표준 폭원

폭 원(m)	설계보행자수(인/분)	비 고
1.50	80미만	
2.25	80이상 120이상	
3.00	120이상 160미만	
3.75	160이상 200미만	
4.50	200이상 240미만	

2) 자전거 등의 통행을 고려한 폭원

가) 자전거의 통행을 고려한 폭원

자전거의 통행을 고려할 경우에는 자전거 1대당 1m의 폭원을 산정하여 보행자만일 경우에 비해 0.5m 증가시킨다.

나) 휠체어의 통행을 고려한 폭원

휠체어의 통행을 고려할 경우에는 휠체어의 차폭이 일반적으로 0.65m 이하이므로, 자전거의 경우에 준하여 0.5m를 증가시킨다.

<표 Ⅱ.5.15> 횡단보도교의 최소 폭원

승 강 방 식	통로의 최소폭원(m)	계단 등의 최소폭원(m)	
		규 정 치	축 소 치
계 단	1.5	1.5	1.2
경 사 로	2.0	2.0	1.7
경사로 설치 계단	2.0	2.1	1.8

3) 승강방식

가) 승강방식

승강방식은 보행자만을 대상으로 할 경우는 승강거리가 길어지지 않도록 계단으로 함을 원칙으로 하나 자전거 횡단이 많은 장소(보통 300대/일 이상), 유모차·휠체어의 통행이 많은 장소에는 경사로를 설치한다.

나) 계단

계단의 계단턱높이 및 계단폭은 다음의 표에 따른다.

<표 Ⅱ.5.16> 계단의 높이 및 폭

구 분	표 준	부득이한 경우
계 단 높 이	150mm	180mm 이하
계 단 폭	300mm	260mm 이상

또한, 수직높이가 3m를 넘는 경우에는 3m 이내의 계단 도중에 계단참을 설치하고, 계단의 경사는 중간에 변해서는 안된다.

다) 경사로

경사로의 경사는 적을수록 바람직하다. 예를 들어 휠체어가 자력으로 올라갈 수 있는 경사는 8% 이하, 자전거로 편하게 달릴 수 있는 경사는 5% 이하이다. 그러나 경사를 적게 하면 수평거리가 대폭 증가하고 사실상 설치가 곤란한 경우가 많다. 이 때문에 보조자가 밀어서 휠체어가 올라갈 수 있고, 자전거를 끌고 올라갈 수도 있으며, 유모차에도 큰 지장이 없는 12%까지의 경사를 허용한다.

나. 구조세목

1) 바닥판 및 계단

가) 바닥판

바닥판은 노면으로의 누수 및 주부재의 부식을 막기 위해 수밀성이 있는 구조로 하여야 한다. 일반적으로 현장타설 콘크리트 바닥은 재질, 시공법 등에 의해 수밀성을 용이하게 할 수 있다.

나) 계단면 및 계단턱

계단면과 계단턱 사이에는 틈새가 없는 구조로 하여야 한다. 계단면의 모서리에는 미끄럼방지면을 설치하고 배수를 위해 계단 양측에 배수구를 설치한다. 또한, 계단에 1/30의 경사를 주는 것이 좋다.

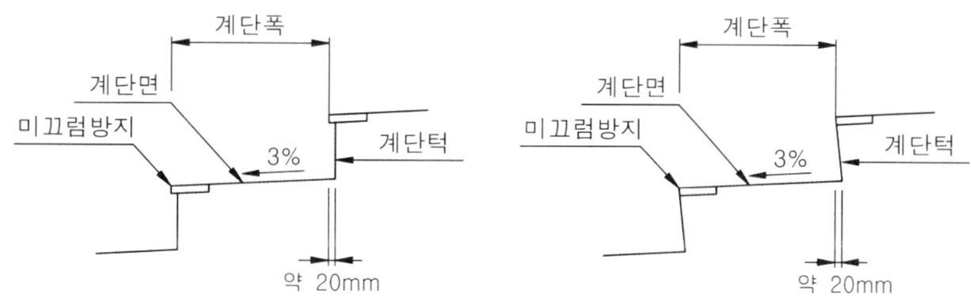

<그림 Ⅱ.5.15> 보도육교 계단 구조

다) 노면

노면(계단참, 계단, 경사로 등)은 일반적으로 두께 20mm 이상의 내마모성 포장을 한다. 경사로의 경우 빗물 등에 의한 습윤상태를 고려하여 표면을 거칠게 마무리하든지 또는 미끄럼 방지 재료로 마무리한다. 현장타설 콘크리트 상판의 경우는 포장을 생략할 수 있다. 배수는 종단경사를 주어 교단으로 유도하여 교각을 따라 배수토록 한다. 구조상 종단경사를 주기 어려울 때는 횡단경사 2% 이상으로 양단으로 끌어들여 빗물받이 및 배수관으로 교단으로 유도하여 처리한다.

2) 연석

보도육교 노면으로부터의 물건 낙하방지 및 빗물, 흙의 유하방지를 위해 높이 100mm 이상의 연석을 설치한다. 강교에서는 강판으로 대용할 수도 있다.

3) 강재의 최소두께

<표 Ⅱ.5.17> 강재의 최소 두께

구 분	강재의 최소두께	용 도
주 부 재	6mm	주거더, 기둥, 주거더와 합성되는 강상판
2차 부재	4mm	계단, 계단참의 보, 수직브레이싱, 가로보, 수평브레이싱

4) 앵커볼트

지승을 부상시키는 부반력이 가해지면 교량 각부에 예기치 않은 응력이 발생하여 좋지 않으므로 하부구조에 고정시키기 위해 지름 25mm 이상의 앵커볼트를 사용한다. 이 앵커볼트는 받침에 작용하는 교량의 종방향 및 횡방향의 전하중에 저항할 수 있는 단면적을 가지고 직경의 10배 이상을 하부구조내에 매입, 충분한 부착력을 얻을 수 있게끔 해야 한다.

5) 안전시설

교면, 계단참 및 계단에서부터의 투석, 물건 낙하의 방지 등을 위해 난간 또는 난간상에 안전망이나 능형망울타리를 설치할 수 있다. 또한 전화선, 고압선 등에 대해서도 위험방지를 위해 적당한 시설을 설치한다.

다. 보도육교 일반도

다음 그림은 계단 및 경사로를 설치한 일반적인 보도육교이다.

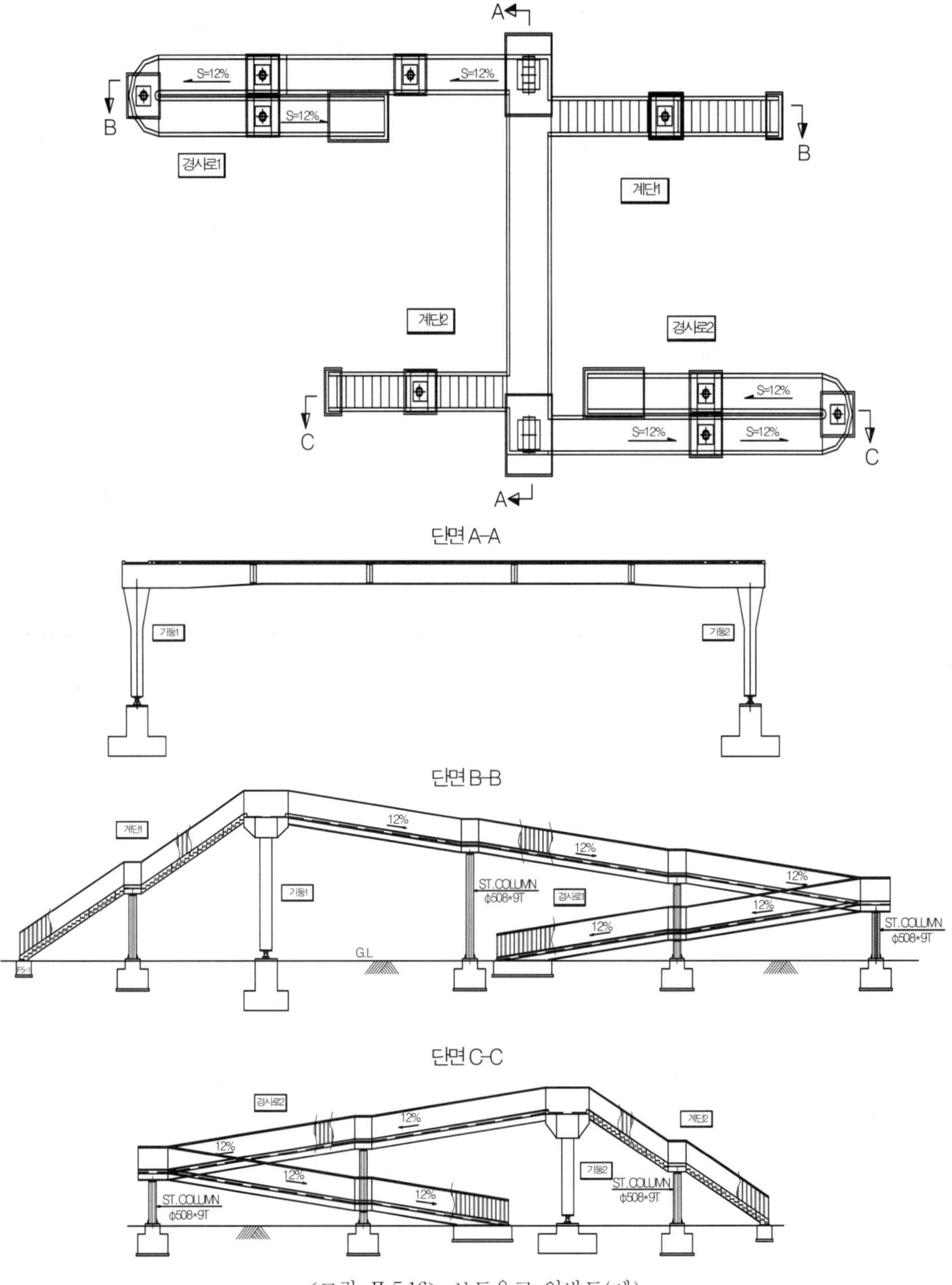

<그림 Ⅱ.5.16> 보도육교 일반도(예)

라. 보도육교 시설기준

보도육교의 시설기준을 요약하면 다음과 같다.

<표 Ⅱ.5.18> 보도육교의 시설기준

<table>
<tr><th>구 분</th><th>설 계 기 준</th><th>비 고</th></tr>
<tr><td>형하공간
(통과높이)</td><td>○ 차도부 : 4.7m 이상 ○ 철도교 : 7.0m 이상
○ 보도부 : 2.5m 이상</td><td>・차도부:
4.7m이상</td></tr>
<tr><td>폭 원</td><td>
- 다음표의 기준 이상으로 해야 한다.
<table>
<tr><th>보행자수 (인/분)</th><th>폭 (m)</th><th>보행자수 (인/분)</th><th>폭 (m)</th></tr>
<tr><td>80미만</td><td>1.5</td><td>160 이상 200 미만</td><td>3.75</td></tr>
<tr><td>80이상 120 미만</td><td>2.25</td><td>200 이상 240 미만</td><td>4.5</td></tr>
<tr><td>120 이상 160 미만</td><td>3.0</td><td>-</td><td>-</td></tr>
</table>
- 시설물 설계 및 시공 편람
<table>
<tr><th rowspan="2">구 분</th><th rowspan="2">통로의 최소폭원 (m)</th><th colspan="2">계단등의 최소 폭원(m)</th></tr>
<tr><th>규 정 치</th><th>최 소 치</th></tr>
<tr><td>계 단</td><td>1.5</td><td>1.5</td><td>1.2</td></tr>
<tr><td>경 사 로</td><td>2.0</td><td>2.0</td><td>1.7</td></tr>
<tr><td>경사로 설치 계단</td><td>2.0</td><td>2.1</td><td>1.8</td></tr>
</table>
- 장애인・노인・임산부등의 편의증진 보장에 관한 법률시행 규칙
・ 경사로 폭 : 최소 1.2m 이상
</td><td>・주행부:
8.0m
・경사로:
2.0m
・계 단:
2.0m</td></tr>
<tr><td>계 단</td><td>
- 다음표의 기준 이상으로 해야 한다.
<table>
<tr><th>구 분</th><th>표 순</th><th>지형・지물의 여건을 고려하여 부득이 할때</th></tr>
<tr><td>단 높 이</td><td>150mm</td><td>180mm</td></tr>
<tr><td>단 너 비</td><td>300mm</td><td>260mm</td></tr>
</table>
</td><td>・단높이:
150mm
・단너비:
300mm</td></tr>
<tr><td>경 사 도</td><td>
<table>
<tr><th>구 분</th><th>도시계획시설기준에 관한 규칙</th><th>시설물 설계 및 시공편람</th><th>장애인・노인・임산부등의 편의증진 보장에 관한 법률시행 규칙</th></tr>
<tr><td>계 단</td><td>50% 이하
(높이 / 밑변)</td><td>-</td><td>-</td></tr>
<tr><td>경사로</td><td>8~12% 이하</td><td>・휠체어가 자력으로 올라갈 수 있는 경우 : 8% 이하
・보조자가 밀어서 올라갈 수 있는 경우 : 12% 이하</td><td>・일반적인 경우 : 1/12 이하 (8.33% 이하)
・높이 1m 이하인 경우 : 1/8 이하 (12.5% 이하)</td></tr>
<tr><td>계단식 경사로</td><td>25% 이하</td><td>25% 이하</td><td>-</td></tr>
</table>
</td><td>・계 단:
50%이하
・경사로:
1/12이하</td></tr>
</table>

Ⅱ-5-2. 수량조서

번 호	공 종	규 격	단위	수 량	비 고
Ⅱ-5	길내기				
1	토 공				
1.01	땅깎기				
a	땅깎기	토 사	㎥	1	
b	땅깎기	풍화암	㎥	1	
c	땅깎기	연 암	㎥	1	
d	땅깎기	경 암	㎥	1	
1.02	흙쌓기				
a	하부노반다짐	토사,T=0.30m	㎥	1	
b	유용토흙쌓기	무대,토사	㎥	1	
1.03	비탈면보호공				
a	떼입히기	줄 떼	㎡	1	
b	떼입히기	평 떼	㎡	1	
1.04	구조물터파기				
a	터파기	토사,인력	㎥	1	
b	터파기	육상,토사	㎥	1	
c	터파기	육상,풍화암	㎥	1	
d	터파기	육상,연암	㎥	1	
e	터파기	육상,경암	㎥	1	
1.05	되메우기 및 다짐				
a	되메우기	토사,인력	㎥	1	
b	되메우기	토 사	㎥	1	
c	되메우기	풍화암	㎥	1	
1.06	잔토처리	토사,인력	㎥	1	
1.07	구조물뒷채움	잡 석	㎥	1	
1.08	구조물기초깔기	잡 석	㎥	1	
1.09	구조물기초다짐	잡 석	㎥	1	
2	수로공				
a	콘크리트타설				
a-1	바닥콘크리트	무근,펌프카사용	㎥	1	
a-2	기초콘크리트	무근,펌프카사용	㎥	1	
a-3	기초콘크리트	철근,펌프카사용	㎥	1	

번 호	공　　종	규　격	단위	수　량	비 고
a-4	구체콘크리트	무근,펌프카사용	m^3	1	H=0～15m미만
a-5	구체콘크리트	철근,펌프카사용	m^3	1	H=0～15m미만
b	거푸집				
b-1	합판거푸집	6회, H=0～7m	m^2	1	
b-2	합판거푸집	4회, H=0～7m	m^2	1	
b-3	합판거푸집	3회, H=0～7m	m^2	1	
c	신축이음	합판, T=12mm	m^2	1	
d	배수시설				
d-1	배수뒷잡석채움		m^3	1	
d-2	부직포설치	200g/m^2	m^2	1	
d-3	배수공설치	PVC PIPE, D50mm	m	1	
e	스페이서설치				
e-1	스페이서설치	벽체용	m^2	1	
e-2	스페이서설치	슬래브 및 기초	m^2	1	
f	철근가공조립				
f-1	철근가공조립	간　단	ton	1	
f-2	철근가공조립	보　통	ton	1	
3	암거공				
a	콘크리트타설				
a-1	바닥콘크리트	무근,펌프카사용	m^3	1	
a-2	구체콘크리트	철근,펌프카사용	m^3	1	H=0～15m미만
b	거푸집				
b-1	합판거푸집	6회,H=0～7m	m^2	1	
b-2	합판거푸집	4회,H=0～7m	m^2	1	
b-3	합판거푸집	3회,H=0～7m	m^2	1	
b-4	문양거푸집	합성수지,H=0～7m	m^2	1	
c	강관비계매기	3개월	m^2	1	
d	강관동바리	암거용,3개월	공/m^3	1	
e	시공이음정리	기　계	m^2	1	
f	신축이음장치				
f-1	신축이음	스티로폼,T=20mm	m^2	1	
f-2	다웰바설치	D25×800mm	개	1	

번 호	공 종	규 격	단위	수 량	비 고
f-3	충진재채움	실런트,20×20mm	m	1	
f-4	지수판설치	300×9T	m	1	
g	아스팔트방수				
g-1	아스팔트방수	벽체,2회	㎡	1	
g-2	아스팔트방수	바닥,2회	㎡	1	
h	배수시설				
h-1	배수뒷잡석채움		㎥	1	
h-2	드레인보드설치	T = 20mm	㎡	1	
h-3	부직포설치	200g/㎡	㎡	1	
h-4	배수공설치	PVC PIPE, D75mm	m	1	
i	스페이서설치				
i-1	스페이서설치	벽체용	㎡	1	
i-2	스페이서설치	슬래브 및 기초	㎡	1	
j	철근가공조립				
j-1	철근가공조립	보 통	ton	1	
j-2	철근가공조립	복 잡	ton	1	
4	**포장공**				
4.01	**콘크리트포장**				
a	콘크리트포장포설				
a-1	콘크리트포장포설	일반구간,기계포설	㎥	1	1차로
a-2	콘크리트포장포설	일반구간,기계포설	㎥	1	2차로
a-3	콘크리트포장포설	터널구간,기계포설	㎥	1	1차로
a-4	콘크리트포장포설	터널구간,기계포설	㎥	1	2차로
a-5	콘크리트포장포설	인력포설,T=0.20m	㎥	1	
a-6	콘크리트포장포설	인력포설,T=0.30m	㎥	1	
a-7	콘크리트포장포설	인력포설,T=0.40m	㎥	1	
b	콘크리트포장거푸집				
b-1	합판거푸집	4회,H=0～7m	㎡	1	
b-2	포장거푸집	T ≤ 0.20m이하	m	1	
b-3	포장거푸집	0.20m<T≤0.25m	m	1	
b-4	포장거푸집	0.25m<T≤0.30m	m	1	
b-5	포장거푸집	0.30m<T≤0.40m	m	1	

번 호	공 종	규 격	단위	수 량	비 고
c	와이어메쉬깔기	각 종	㎡	1	
d	콘크리트포장양생				
d-1	비닐양생	PE필름,T=0.1mm	㎡	1	
d-2	마대양생	PP마대,0.45×0.70m	㎡	1	
e	신축이음				
e-1	신축이음	합판,T=12mm	㎡	1	
e-2	콘크리트포장	신축줄눈	m	1	
e-3	콘크리트포장	수축줄눈,1차로	m	1	
e-4	콘크리트포장	수축줄눈,2차로	m	1	
f	보조기층포설				
f-1	보조기층	소규모,인력	㎥	1	
f-2	보조기층	길어깨포장	㎥	1	
f-3	보조기층	본선포장	㎥	1	
g	동상방지층포장				
g-1	동상방지층	소규모,인력	㎥	1	
g-2	동상방지층	길어깨포장	㎥	1	
g-3	동상방지층	본선포장	㎥	1	
h	입도조정기층포설				
h-1	입도조정기층	소규모,인력	㎥	1	
h-2	입도조정기층	길어깨포장	㎥	1	
h-3	입도조정기층	본선포장	㎥	1	
4.02	**아스콘포장**				
a	아스콘표층포설				
a-1	아스콘표층포설	소규모,인력포장	㎡	1	T=75mm이하
a-2	아스콘표층포설	기계포설,본선포장	㎡	1	시공폭1.4~3.0m
a-3	아스콘표층포설	기계포설,본선포장	㎡	1	시공폭3.0m이상
a-4	택코팅	RSC-4:30ℓ/a	㎡	1	
b	아스콘기층포설	소규모,인력포장	㎡	1	
b-1	아스콘기층포설	기계포설,본선포장	㎡	1	T=75mm이하
b-2	아스콘기층포설	기계포설,본선포장	㎡	1	두께≥100mm이하
b-3	아스콘기층포설	기계포설,본선포장	㎡	1	두께≤100mm이상
b-4	프라임코팅	RSC-3:75ℓ/a	㎡	1	
b-5	프라임코팅	MC-1:75ℓ/a	㎡	1	

번 호	공 종	규 격	단위	수 량	비 고
c	특수아스콘포설		㎡	1	
c-1	개질아스콘포설	기계포설,본선포장	㎡	1	시공폭1.4~3.0m
c-2	개질아스콘포설	기계포설,본선포장			
c-3	투배수성아스콘포설	기계포설,본선포장	㎡	1	시공폭1.4~3.0m
c-4	투배수성아스콘포설	기계포설,본선포장	㎡	1	시공폭3.0m이상
4.03	차선도색				
a	기계식차선도색	가열형,황색	㎡	1	
b	기계식차선도색	가열형,백색	㎡	1	
c	수동식차선도색	상온형,백색	㎡	1	
d	수동식차선도색	상온형,황색	㎡	1	
e	융착식도료 수동식도색	횡단보도,주차장	㎡	1	
4.04	차선도색제거		㎡	1	
4.05	미끄럼방지포장		㎡	1	
5	현장타설L형측구				
a	콘크리트타설	무근,진동기제외	㎥	1	
b	합판거푸집	4회,H=0~7m	㎡	1	
c	배수공설치	PVC PIPE, D50mm	m	1	
d	비닐깔기	T = 0.1mm	㎡	1	
e	신축이음	합판,T=12mm	㎡	1	
f	부직포설치	200g/㎡	㎡	1	
6	보도용블럭포장				
a	소형고압블럭포장	T = 60~80mm	㎡	1	
b	대형블럭포장	500×500×45mm	㎡	1	
c	보도용블럭포장	300×300×60mm	㎡	1	
7	경계석및경계블럭설치				
7.01	기초콘크리트타설				
a	콘크리트타설	무근,진동기제외	㎥	1	
b	합판거푸집	6회,H=0~7m	㎡	1	
c	모르터	1 : 3	㎥	1	
7.02	보차도경계석설치	화강암			
a	보차도경계석설치	180×200×1000mm	m	1	
b	보차도경계석설치	200×250×1000mm	m	1	
c	보차도경계석설치	200×300×1000mm	m	1	
d	보차도경계석설치	250×250×1000mm	m	1	
e	보차도경계석설치	210×300×1000mm	m	1	

번 호	공　　종	규 격	단위	수 량	비 고
7.03	보차도경계블럭설치	콘크리트			
a	보차도경계블럭설치	150×170×200×1000mm	m	1	
b	보차도경계블럭설치	180×205×250×1000mm	m	1	
c	보차도경계블럭설치	180×210×300×1000mm	m	1	
7.04	도로경계블럭설치	콘크리트			
a	도로경계블럭설치	120×120×120×1000mm	m	1	
b	도로경계블럭설치	150×120×120×1000mm	m	1	
c	도로경계블럭설치	150×150×120×1000mm	m	1	
d	도로경계블럭설치	150×150×150×1000mm	m	1	
8	도로유지공				
a	가드레일설치	H0.8×W4.0m	m	1	
b	중앙분리대가드레일	H0.8×W4.0m	m	1	
c	방호벽설치				
c-1	콘크리트타설	철근,펌프카사용	㎥	1	
c-2	합판거푸집	3회,H=0~7m	㎡	1	
c-3	스페이서	벽체용	㎡	1	
c-4	철근가공조립	간　단	ton	1	
c-5	조합페인트	콘크리트면	㎡	1	
d	교통표지판설치	각　종			
d-1	원형표지판설치	D600mm	개	1	
d-2	삼각표지판설치	900mm	개	1	
e	데리네이터설치				
e-1	데리네이터설치	토공용	개	1	
e-2	데리네이터설치	가드레일용	개	1	
e-3	데리네이터설치	옹벽용	개	1	
f	도로표지병설치				
f-1	도로표지병설치	단　면	개	1	
f-2	도로표지병설치	양　면	개	1	
g	갈매기표지판설치	단면,450×600mm	개	1	
9	보도육교				
9.01	기초앵커볼트 설치				
a	앵커볼트제작설치	M45×1,260mm	개	1	
b	앵커볼트제작설치	M36×750mm	개	1	
9.02	보도육교제작				

번 호	공 종	규 격	단위	수 량	비 고
a	보도육교제작	주형 및 경사로	ton	1	SM400~SM520
b	보도육교제작	계 단	ton	1	SM400~SM520
9.03	**보도육교설치**				
a	육교강재운반				
a-1	강판운반	포철연관단지내	Ton	1	
a-2	육교부재운반	연관단지~현장	Ton	1	
b	보도육교설치	유압가설지지대	개소	1	
c	보도육교가설				
c-1	보도육교가설	육교중량,20~35ton미만	Ton	1	
c-2	보도육교가설	육교중량,35~55ton미만	Ton	1	
c-3	보도육교가설	육교중량,55~75ton미만	Ton	1	
c-4	보도육교가설	육교중량,75~95ton미만	Ton	1	
9.04	**볼트조이기**	고장력볼트	개	1	
9.05	**보도육교도장**				
a	일반중방식도장	내부도장,공장	㎡	1	
b	일반중방식도장	외부도장,공장	㎡	1	
c	일반중방식도장	외부포장면,공장	㎡	1	
d	일반중방식도장	외부포장면,현장	㎡	1	
e	일반중방식도장	SPLICE도장,공장	㎡	1	
f	일반중방식도장	내부B/S도장,현장	㎡	1	
g	일반중방식도장	외부B/S도장,현장	㎡	1	
9.06	**보도육교포장**	탄성고무재포장	㎡	1	
9.07	**계단논스립설치**	황동	m	1	

Ⅱ-5-3. 수량산출기준

1. 토 공

가. 땅깎기

1) 땅깎기 - 토사(㎥)

가) ‘Ⅱ-1-3. 토공’의 ‘6-나. 토사깎기’를 참조한다.

나) 모든 수량은 자연상태의 체적으로 산출하며, 규모에 따라 분리 적용한다.

2) 땅깎기 - 풍화암(㎥)

가) ‘Ⅱ-1-3. 토공’의 ‘6-다. 풍화암깎기’를 참조한다.

나) 모든 수량은 자연상태의 체적으로 산출하며, 규모에 따라 분리 적용한다.

3) 땅깎기 - 연・경암(㎥)

가) ‘Ⅱ-1-3. 토공’의 ‘6-라. 연・경암깎기’를 참조한다.

나) 모든 수량은 자연상태의 체적으로 산출하며, 규모에 따라 분리 적용한다.

나. 흙쌓기

1) 하부노반다짐 - 토사,T=0.30m(㎥)

‘Ⅱ-1-3. 토공’의 ‘7-나. 하부노반다짐’을 참조한다.

2) 유용토 흙쌓기 - 토사(㎥)

‘Ⅱ-1-3. 토공’의 ‘8. 유용토쌓기’를 참조한다.

다. 비탈면보호공

1) 떼입히기 - 줄떼(㎡)

‘Ⅱ-1-3. 토공’의 ‘15-나. 떼입히기’를 참조한다.

2) 떼입히기 - 평떼(㎡)

‘Ⅱ-1-3. 토공’의 ‘15-나. 떼입히기’를 참조한다.

라. 구조물터파기

1) 터파기 - 토사,인력(㎥)

가) ‘Ⅱ-2-3. 구조물공통’의 ‘1-나-1) 토사터파기-인력’을 참조한다.

나) 수로, 표지판 등의 소형터파기에 적용한다.

2) 터파기 - 육상,토사(㎥)

가) ‘Ⅱ-2-3. 구조물공통’의 ‘1-나. 토사터파기’를 참조한다.

나) 수로 및 암거의 기초 터파기에 적용한다.

3) 터파기 - 육상,풍화암(㎥)

가) ‘Ⅱ-2-3. 구조물공통’의 ‘1-다. 풍화암터파기’를 참조한다.

나) 수로 및 암거의 기초 터파기에 적용한다.

4) 터파기 - 육상,연암(㎥)

가) ‘Ⅱ-2-3. 구조물공통’의 ‘1-라. 연암터파기’를 참조한다.

나) 수로 및 암거의 기초 터파기에 적용한다.

5) 터파기 - 육상,경암(㎥)

가) ‘Ⅱ-2-3. 구조물공통’의 ‘1-마. 경암터파기’를 참조한다.

나) 수로 및 암거의 기초 터파기에 적용한다.

마. 되메우기 및 다짐

1) 되메우기 - 토사,인력(㎥)

가) 'Ⅱ-2-3. 구조물공통'의 '1-바-1) 되메우기-토사,인력'을 참조한다.

나) 수로 및 표지판 등의 소형구조물의 되메우기에 적용한다.

2) 되메우기 - 토사(㎥)

가) 'Ⅱ-2-3. 구조물공통'의 '1-바-1,2) 되메우기-토사'를 참조한다.

나) 수로 및 암거의 기초 되메우기에 적용한다.

3) 되메우기 - 풍화암(㎥)

가) 'Ⅱ-2-3. 구조물공통'의 '1-바-3) 되메우기-풍화암'을 참조한다.

나) 수로 및 암거의 기초 되메우기중 토사량이 부족할 경우에 적용한다.

바. 잔토처리 - 토사,인력(㎥)

1) 'Ⅱ-2-3. 구조물공통'의 '1-사. 잔토처리-인력'을 참조한다.

2) 수로 및 표지판 등의 소형구조물의 잔토량을 현장내에서 깔고 고르는 잔토처리에 적용한다.

사. 구조물뒷채움 - 잡석(㎥)

1) 'Ⅱ-2-3. 구조물공통'의 '1-아-2) 구조물뒷채움-램머다짐'을 참조한다.

2) 수로 및 암거의 잡석 뒷채움에 적용한다.

아. 구조물 기초깔기 - 잡석(㎥)

1) 'Ⅱ-2-3. 구조물공통'의 '1-자. 구조물기초깔기-잡석'을 참조한다.

2) 수로 및 암거의 기초잡석깔기에 적용한다.

자. 구조물 기초다짐 - 잡석(㎥)

1) 'Ⅱ-2-3. 구조물공통'의 '1-차. 구조물기초다짐-잡석'을 참조한다.

2) 수로 및 암거의 기초잡석다짐에 적용한다.

2. 수로공

가. 콘크리트 타설

1) 바닥콘크리트 - 무근,펌프카사용(㎥)

가) 'Ⅱ-2-3. 구조물공통'의 '2-가-1) 콘크리트타설-무근펌프카'을 참조한다.

나) 수로 및 옹벽공의 바닥콘크리트 타설에 적용한다.

2) 기초콘크리트 - 무근,펌프카사용(㎥)

가) 'Ⅱ-2-3. 구조물공통'의 '2-나-3) 콘크리트타설-진동기포함'을 참조한다.

나) 무근조 수로의 기초콘크리트 타설에 적용한다.

3) 기초콘크리트 - 철근,펌프카사용(㎥)

가) 'Ⅱ-2-3. 구조물공통'의 '2-다-3) 콘크리트타설-진동기포함'을 참조한다.

나) 철근조 수로의 기초콘크리트 타설에 적용한다.

4) 구체콘크리트 - 무근,펌프카사용(㎥)

가) 'Ⅱ-2-3. 구조물공통'의 '2-나-4) 콘크리트타설-펌프카'를 참조한다.

나) 무근조 수로의 구체콘크리트 타설에 적용한다.

5) 구체콘크리트 - 철근,펌프카사용(㎥)

가) 'Ⅱ-2-3. 구조물공통'의 '2-다-4) 콘크리트타설-펌프카'를 참조한다.

나) 수로공의 구체콘크리트 타설에 적용한다.

나. 거푸집

1) 합판거푸집 - 6회,H=0~7m(㎡)

가) 'Ⅱ-2-3. 구조물공통'의 '3-가-6) 합판거푸집-6회'를 참조한다.

나) 바닥콘크리트의 거푸집에 적용한다.

2) 합판거푸집 - 4회,H=0~7m(㎡)

가) 'Ⅱ-2-3. 구조물공통'의 '3-가-4) 합판거푸집-4회'를 참조한다.

나) 기초콘크리트의 거푸집에 적용한다.

3) 합판거푸집 - 3회,H=0~7m(㎡)

가) 'Ⅱ-2-3. 구조물공통'의 '3-가-3) 합판거푸집-3회'를 참조한다.

나) 구체콘크리트의 거푸집에 적용한다.

다. 신축이음 - 합판,T=12mm(㎡)

'Ⅱ-3-3. 본선부속'의 '3-가-3)-가) 신축이음'을 참조한다.

라. 배수시설

1) 배수뒷잡석채움(㎥)

가) 'Ⅱ-2-3. 구조물공통'의 '1-카. 배수뒷막돌채움-잡석'을 참조한다.

나) 수로의 배수잡석채움에 적용한다.

2) 부직포 설치 - 200g/㎡(㎡)

'Ⅱ-3-3. 본선부속'의 '3-가-4)-나) 부직포설치'를 참조한다.

3) 배수공 설치 - PVC Pipe, D50mm(m)

'Ⅱ-3-3. 본선부속'의 '3-가-4)-라) 배수공설치'를 참조한다.

마. 스페이서 설치

1) 스페이서 설치 - 벽체용(㎡)

'Ⅱ-2-3. 구조물공통'의 '6-가. 스페이서설치-벽체'를 참조한다.

2) 스페이서 설치 - 슬래브 및 기초용(㎡)

'Ⅱ-2-3. 구조물공통'의 '6-나. 스페이서설치-슬래브 및 기초'를 참조한다.

바. 철근가공 및 조립

1) 철근가공 및 조립 - 간단(ton)

'Ⅱ-2-3. 구조물공통'의 '7-가. 철근가공 및 조립-간단'을 참조한다.

2) 철근가공 및 조립 - 보통(ton)

'Ⅱ-2-3. 구조물공통'의 '7-나. 철근가공 및 조립-보통'을 참조한다.

3. 암거공(익벽포함)

가. 콘크리트타설

1) 바닥콘크리트 - 무근,펌프카사용(㎥)

가) 'Ⅱ-2-3. 구조물공통'의 '2-가-1) 콘크리트타설-무근펌프카'를 참조한다.

나) 암거 및 옹벽공의 바닥콘크리트 타설에 적용한다.

2) 구체콘크리트 - 철근,펌프카사용(㎥)

가) 'Ⅱ-2-3. 구조물공통'의 '2-다-4) 콘크리트타설-펌프카사용'을 참조한다.

나) 암거 및 옹벽공의 구체콘크리트 타설에 적용한다.

나. 거푸집

1) 합판거푸집 - 6회,H=0~7m(㎡)

가) 'Ⅱ-2-3. 구조물공통'의 '3-가-6) 합판거푸집-6회'를 참조한다.

나) 바닥콘크리트의 거푸집에 적용한다.

2) 합판거푸집 - 4회,H=0~7m(㎡)

가) 'Ⅱ-2-3. 구조물공통'의 '3-가-4) 합판거푸집-4회'를 참조한다.

나) 기초콘크리트의 거푸집에 적용한다.

3) 합판거푸집 - 3회,H=0~7m(㎡)

가) 'Ⅱ-2-3. 구조물공통'의 '3-가-3) 합판거푸집-3회'를 참조한다.

나) 구체콘크리트의 거푸집에 적용한다.

4) 문양거푸집 - 합성수지,H=0~7m(㎡)

가) 'Ⅱ-2-3. 구조물공통'의 '3-라-1) 문양거푸집-합성수지'를 참조한다.

나) 구체콘크리트의 거푸집 중에서 미관을 고려해야할 구간에 적용한다.

다. 강관비계매기 - 3개월(㎡)

1) 'Ⅱ-2-3. 구조물공통'의 '4-나-1) 강관비계매기-3개월'을 참조한다.

2) 연직높이 2m 이상인 경우에만 적용된다.

라. 강관동바리 - 암거용,3개월(공/㎥)

'Ⅱ-2-3. 구조물공통'의 '5-나-1) 강관동바리 - 암거용,3개월'을 참조한다.

마. 시공이음면정리 - 기계(㎡)

1) 'Ⅱ-3-3. 본선부속'의 '4-가-5) 시공이음면정리 - 기계'를 참조한다.

2) 옹벽 및 암거공의 시공이음면에 적용한다.

바. 신축이음장치

1) 신축이음 - 스티로폼, T=20mm(㎡)

'Ⅱ-3-3. 본선부속'의 '4-가-4)-가) 신축이음-스티로폼,T=20mm'를 참조한다.

2) 다웰바 설치 - D25×800mm(개)

'Ⅱ-3-3. 본선부속'의 '4-가-4)-라) 다웰바 설치 - D25×800mm'를 참조한다.

3) 충진재 채움 - 실런트, 20×20mm(m)

'Ⅱ-3-3. 본선부속'의 '4-가-4)-마) 충진재 채움 - 실런트, 20×20mm'를 참조한다.

4) 지수판 설치 - PVC, 300×9T(m)

지수판 설치는 연장으로 수량을 산출한다.

사. 아스팔트방수

1) 아스팔트방수 - 벽체,2회(㎡)

2) 아스팔트방수 - 상부,2회(㎡)

가) 통로, 암거 외벽의 상면과 측벽에는 아스팔트방수 2회로 한다.

나) 수량은 상면과 측벽의 외측 면적으로 한다.

다) 수로 암거일 경우는 방수는 고려하지 않는다.

아. 배수시설

1) 배수뒷잡석채움(㎥)

가) 'Ⅱ-2-3. 구조물공통'의 '1-차. 배수뒷막돌채움-잡석'을 참조한다.

나) 수로의 배수잡석채움에 적용한다.

2) 드레인보드 설치 - T=20mm(㎡)

'Ⅱ-3-3. 본선부속'의 '4-가-7)-다) 드레인보드설치'를 참조한다.

3) 부직포 설치 - 200g/㎡(㎡)

'Ⅱ-3-3. 본선부속'의 '3-가-4)-나) 부직포설치'를 참조한다.

4) 배수공 설치 - PVC Pipe,D75mm(m)

'Ⅱ-3-3. 본선부속'의 '3-가-4)-라) 배수공설치'를 참조한다.

자. 스페이서 설치

1) 스페이서 설치 - 벽체용(㎡)

'Ⅱ-2-3. 구조물공통'의 '6-가. 스페이서설치-벽체'를 참조한다.

2) 스페이서 설치 - 슬래브 및 기초용(㎡)

'Ⅱ-2-3. 구조물공통'의 '6-나. 스페이서설치-슬래브 및 기초'를 참조한다.

차. 철근가공 및 조립

1) 철근가공 및 조립 - 보통(ton)

'Ⅱ-2-3. 구조물공통'의 '7-나. 철근가공 및 조립-보통'을 참조한다.

2) 철근가공 및 조립 - 보통(ton)

'Ⅱ-2-3. 구조물공통'의 '7-다. 철근가공 및 조립-복잡'을 참조한다.

4. 포장공

가. 콘크리트포장

1) 콘크리트포장 포설

가) 콘크리트포장 포설 - 일반구간,기계포설,1차로(㎥)

(1) 1차로 일반구간에 적용한다.

(2) 수량은 포설량의 체적으로 산출한다.

(3) 콘크리트의 자재 할증량은 4%로 한다.(건설표준품셈 1-9. 재료의 할증률 참조)

나) 콘크리트포장 포설 - 일반구간,기계포설,2차로(㎥)

(1) 2차로 일반구간에 적용한다.

(2) 수량은 포설량의 체적으로 산출한다.

(3) 콘크리트의 자재 할증량은 4%로 한다.(건설표준품셈 1-9. 재료의 할증률 참조)

다) 콘크리트포장 포설 - 터널구간,기계포설,1차로(㎥)

(1) 1차로 터널구간에 적용한다.

(2) 수량은 포설량의 체적으로 산출한다.

(3) 콘크리트의 자재 할증량은 4%로 한다.(건설표준품셈 1-9. 재료의 할증률 참조)

라) 콘크리트포장 포설 - 터널구간,기계포설,2차로(㎥)

(1) 2차로 터널구간에 적용한다.

(2) 수량은 포설량의 체적으로 산출한다.

(3) 콘크리트의 자재 할증량은 4%로 한다.(건설표준품셈 1-9. 재료의 할증률 참조)

마) 콘크리트포장 포설 - 인력포설,T=0.20m 이하(㎥)

(1) 콘크리트포장의 평균두께가 0.20m 이하일 때 적용한다.

(2) 수량은 포설량의 체적으로 산출한다.

(3) 콘크리트의 자재 할증량은 4%로 한다.(건설표준품셈 1-9. 재료의 할증률 참조)

(4) 콘크리트와 노반과의 접속부 처리(모래층 깔기 등)에 소요되는 공종은 별도 산출한다.

바) 콘크리트포장 포설 - 인력포설,T=0.30m(㎥)

(1) 콘크리트포장의 평균두께가 0.20~0.30m일 때 적용한다.

(2) 수량은 포설량의 체적으로 산출한다.

(3) 콘크리트의 자재 할증량은 4%로 한다.(건설표준품셈 1-9. 재료의 할증률 참조)

(4) 콘크리트와 노반과의 접속부 처리(모래층 깔기 등)에 소요되는 공종은 별도 산출한다.

사) 콘크리트포장 포설 - 인력포설,T=0.40m(㎥)

(1) 콘크리트포장의 평균두께가 0.30~0.4m일 때 적용한다.

(2) 수량은 포설량의 체적으로 산출한다.

(3) 콘크리트의 자재 할증량은 4%로 한다.(건설표준품셈 1-9. 재료의 할증률 참조)

(4) 콘크리트와 노반과의 접속부 처리(모래층 깔기 등)에 소요되는 공종은 별도 산출한다.

2) 콘크리트포장 거푸집

가) 합판거푸집 - 4회,H=0~0.7m(㎡)

(1) 소형 콘크리트포장으로 철재거푸집을 사용하기 어려울 때 적용한다.

(2) 수량은 포장의 측면과 마감면을 면적으로 산출한다.

나) 포장거푸집 - T≤0.20m

(1) 콘크리트포장의 평균두께가 0.20m 이하일 때 적용한다.

(2) 수량은 콘크리트포장의 연장으로 산출한다.

다) 포장거푸집 - 0.20<T≤0.25m

(1) 콘크리트포장의 평균두께가 0.20~0.25m일 때 적용한다.

(2) 수량은 콘크리트포장의 연장으로 산출한다.

라) 포장거푸집 - 0.25<T≤0.30m

(1) 콘크리트포장의 평균두께가 0.25~0.30m일 때 적용한다.

(2) 수량은 콘크리트포장의 연장으로 산출한다.

마) 포장거푸집 - 0.30<T≤0.40m(m)

(1) 콘크리트포장의 평균두께가 0.30~0.40m일 때 적용한다.

(2) 수량은 콘크리트포장의 연장으로 산출한다.

3) 와이어메쉬 깔기 - 각종(㎡)

와이어메쉬 깔기의 수량은 소요면적으로 산출한다.

4) 콘크리트포장 양생

가) 비닐양생 - PE필름,T=0.1mm(㎡)

(1) 비닐재 양생재를 사용하여 포장을 양생하는 방법이다.

(2) 콘크리트 포장의 전면적으로 수량을 산출한다.

나) 마대양생 - PP마대,45×70cm

(1) 마대를 사용하여 콘크리트포장을 양생하는 방법이다.

(2) 콘크리트 포장의 전면적으로 수량을 산출한다.

5) 신축이음

가) 신축이음 - 합판,T=12mm(㎡)

'Ⅱ-3-3. 본선부속'의 '3-가-3)-가) 신축이음'을 참조한다.

나) 콘크리트포장 - 신축줄눈(m)

콘크리트포장의 종방향 연장으로 산출한다.

다) 콘크리트포장 - 수축줄눈,1차로(m)

콘크리트포장의 횡방향 연장에 수축줄눈 설치 개소수를 곱하여 산출한다.

라) 콘크리트포장 - 수축줄눈,2차로(m)

6) 보조기층 포설

가) 보조기층 - 소규모,인력(㎥)

(1) 포설량은 다짐상태의 수량으로 산출하며, 골재 구입량은 포설량에 환산계수 F값을 고려하여 산출한다.(L/C = 1.17/0.95)

(2) 골재의 자재 할증량은 4%로 한다.(건설표준품셈 1-9. 재료의 할증률 참조)

나) 보조기층 - 길어깨포장(㎥)

(1) 포설량은 다짐상태의 수량으로 산출하며, 골재 구입량은 포설량에 환산계수 F값을 고려하여 산출한다.(L/C = 1.17/0.95)

(2) 골재의 자재 할증량은 4%로 한다.(건설표준품셈 1-9. 재료의 할증률 참조)

다) 보조기층 - 본선포장(㎥)

7) 동상방지층포설

가) 동상방지층 - 소규모,인력(㎥)

(1) 포설량은 다짐상태의 수량으로 산출하며, 골재 구입량은 포설량에 환산계수 F값을 고려하여 산출한다.(L/C = 1.17/0.95)

(2) 골재의 자재 할증량은 4%로 한다.(건설표준품셈 1-9. 재료의 할증률 참조)

나) 동상방지층 - 길어깨포장(㎥)

(1) 포설량은 다짐상태의 수량으로 산출하며, 골재 구입량은 포설량에 환산계수 F값을 고려하여 산출한다.(L/C = 1.17/0.95)

(2) 골재의 자재 할증량은 4%로 한다.(건설표준품셈 1-9. 재료의 할증률 참조)

다) 동상방지층 - 본선포장(㎥)

8) 입도조정기층포설

가) 입도조정기층 - 소규모,인력(㎥)

(1) 포설량은 다짐상태의 수량으로 산출하며, 골재 구입량은 포설량에 환산계수 F값을 고려하여 산출한다.(L/C = 1.17/0.95)

(2) 골재의 자재 할증량은 4%로 한다.(건설표준품셈 1-9. 재료의 할증률 참조)

나) 입도조정기층 - 길어깨포장(㎥)

(1) 포설량은 다짐상태의 수량으로 산출하며, 골재 구입량은 포설량에 환산계수 F값을 고려하여 산출한다.(L/C = 1.17/0.95)

(2) 골재의 자재 할증량은 4%로 한다.(건설표준품셈 1-9. 재료의 할증률 참조)

다) 동상방지층 - 본선포장(㎥)

(1) 포설량은 다짐상태의 수량으로 산출하며, 골재 구입량은 포설량에 환산계수 F값을 고려하여 산출한다.(L/C = 1.17/0.95)

(2) 골재의 자재 할증량은 4%로 한다.(건설표준품셈 1-9. 재료의 할증률 참조)

나. 아스콘포장

1) 아스콘표층 포설

가) 아스콘표층 포설 - 소규모,인력포설,T=75mm이하(㎡)

(1) 소규모 아스팔트 포장공사에 적용한다.

(2) 인력포설 중 포장 두께 75mm일 경우 적용한다.

(3) 아스콘표층 두께별 포장면적으로 산출한다.

나) 아스콘표층 포설 - 기계포설,본선포장,시공폭1.4m~3.0m이하

(1) 본선 기계포설 중 시공폭 1.4m~3.0m이하일 때 적용한다.

(2) 아스콘표층 포장면적으로 산출한다.

다) 아스콘표층 포설 - 기계포설,본선구간,시공폭3.0m이상

(1) 본선 기계포설 중 시공폭 3.0m이상일 때 적용한다.

(2) 아스콘표층 포장면적으로 산출한다.

라) 택코팅RSC-4:30ℓ/a(㎡)

(1) 아스콘층(표층과 기층) 사이에 살포한다.

(2) 살포면적은 각층포장의 포설폭으로 하며, 표층과 기층 사이는 기층의 상단폭으로 한다.

(3) 살포 재료량의 할증은 2%를 적용한다.(건설표준품셈 1-9. 재료의 할증률 참조)

2) 아스콘기층 포설

가) 아스콘기층 포설 - 소규모,인력,T=75mm이하(㎡)

(1) 소규모 아스팔트 포장공사에 적용한다.

(2) 인력포설 중 두께 75mm일 경우 적용한다.

(3) 아스콘기층 두께별 포장단면으로 산출한다.

나) 아스콘기층 포설 - 기계포설,본선구간,두께≥10㎝이하

(1) 기계포설 중 포장 두께 10㎝이하 일 경우 적용한다.

(2) 아스콘표층 두께별 포장면적으로 산출한다.

다) 아스콘기층 포설 - 기계포설,본선구간,두께<10㎝이상

(1) 기계포설 중 포장 두께 10㎝이상 일 경우 적용한다.

(2) 아스콘표층 두께별 포장면적으로 산출한다.

라) 프라임코팅 - RSC-3:75ℓ/a(㎡)

(1) 소규모의 아스팔트 포장공사에 적용한다.

(2) 하중

(3) 아스콘표층 두께별 포장면적으로 산출한다.

마) 프라임코팅 MC-1:75ℓ/a(㎡)

(1) 아스콘재료층과 보조기층 사이에 살포한다.

(2) 살포면적은 기층의 하단폭을 기준으로 산출한다.

(3) 살포 재료량의 할증은 2%를 적용한다.(건설표준품셈 1-9. 재료의 할증률 참조)

3) 특수아스콘포설

가) 개질아스콘포설 - 기계포설,본선구간,시공폭1.4~3.0m이하

(1) 본선기계포설 중 시공폭 1.4~3.0m이하일 때 적용한다.

(2) 아스콘 포장면적으로 산출한다.

나) 개질아스콘포설 - 기계포설,본선구간,시공폭3.0m이상

(1) 본선기계포설 중 시공폭 3.0m이상일 때 적용한다.

(2) 아스콘 포장면적으로 산출한다.

다) 투배수성 아스콘포설 - 기계포설,본선구간,시공폭1.4~3.0m이하

(1) 본선기계포설 중 시공폭 1.4~3.0m이하일 때 적용한다.

(2) 아스콘 포장면적으로 산출한다.

라) 투배수성 아스콘포설 - 기계포설,본선구간,시공폭3.0m이상

(1) 본선기계포설 중 시공폭 3.0m이상일 때 적용한다.

(2) 아스콘 포장면적으로 산출한다.

다. 차선도색

1) 기계식 차선도색 - 가열형,황색(㎡)

황색페인트의 면적단위로 산출한다.

2) 기계식 차선도색 - 가열형,백색(㎡)

백색페인트의 면적단위로 산출한다.

3) 수동식 차선도색 - 상온형,백색(㎡)

백색페인트의 면적단위로 산출한다.

4) 수동식 차선도색 - 상온형,황색(㎡)

황색페인트의 면적단위로 산출한다.

5) 융착식도료 수동식도색 - 횡단보도,주차장(㎡)

백색, 황색으로 구분하여 면적단위로 산출한다.

라. 차선도색제거(㎡)

차선폭 150mm를 제거하는 것을 기준으로 하며, 차선도색 제거로 폐아스콘이 발생할 경우 별도 산출한다.

마. 미끄럼방지포장(㎡)

1) 미끄럼방지 포장면적으로 수량을 산출한다.

2) 전면식, 이격식을 구분하여 산출한다.

5. 현장타설 L형측구

가. 콘크리트타설 - 무근,진동기제외(㎥)

1) ‘Ⅱ-2-3. 구조물공통’의 ‘2-나-1) 콘크리트타설-진동기제외’를 참조한다.

2) L형측구 콘크리트 타설에 적용한다.

나. 합판거푸집 - 4회,H=0~7m(㎡)

1) ‘Ⅱ-2-3. 구조물공통’의 ‘3-가-4) 합판거푸집-4회’를 참조한다.

2) 기초콘크리트의 거푸집에 적용한다.

다. 배수공설치 - PVC PIPE, D50mm(m)

‘Ⅱ-3-3. 본선부속’의 ‘3-가-4)-라) 배수공설치’를 참조한다.

라. 비닐깔기 - T=0.1mm(㎡)

비닐깔기의 바닥 면적으로 수량을 산출한다.

마. 신축이음 - 합판,T=12mm(㎡)

‘Ⅱ-3-3. 본선부속’의 ‘3-가-3)-가) 신축이음’을 참조한다.

바. 부직포 설치 - 200g/㎡(㎡)

‘Ⅱ-3-3. 본선부속’의 ‘3-가-4)-나) 부직포설치’를 참조한다.

6. 보도용블럭 포장

가. 소형고압블럭 포장 - T=60~80mm(㎡)

1) 소형고압블럭의 면적으로 수량을 산출한다.

2) 다짐 및 지반침하 방지가 필요할 경우는 현장여건에 따라 별도로 산정한다.

나. 대형블럭 포장 - 500×500×45mm(㎡)

1) 보도용 콘크리트블럭의 면적으로 수량을 산출한다.

2) 기층용 콘크리트 포장시는 별도로 산출하며, 다짐 및 지반침하 방지가 필요할 경우는 현장여건에 따라 별도로 산정한다.

다. 보도용블럭 포장 - 300×300×60mm(㎡)

1) 보도용 콘크리트블럭의 면적으로 수량을 산출한다.

2) 바닥깔기 모래는 별도로 산출하며, 다짐 및 지반침하 방지가 필요할 경우는 현장여건에 따라 별도로 산정한다.

7. 경계석 및 경계블럭 설치

가. 기초콘크리트 타설

많이 쓰이는 경계석의 단위 수량은 다음 그림과 같다.

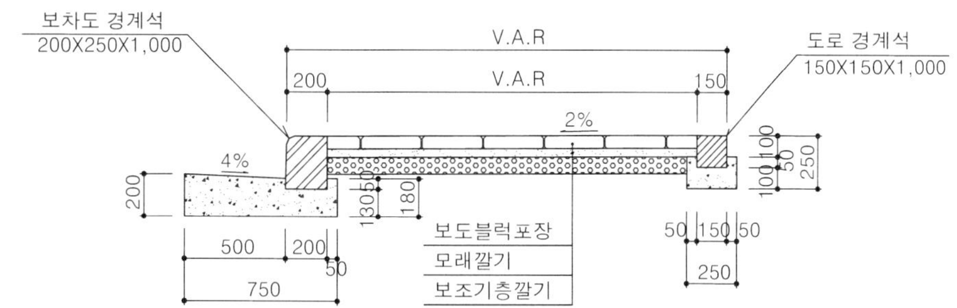

도로 경계석 재료표 (1.0m당)

공 종	규 격	단위	수 량
콘크리트	fck = 18MPa	m^3	0.062
거푸집	합판 6회	m^2	0.30
경계석	150X150X1000	개	1
몰 탈	1 : 2	m^3	0.0025

보차도 경계석 재료표 (1.0m당)

공 종	규 격	단위	수 량
콘크리트	fck = 18MPa	m^3	0.132
거푸집	합판 6회	m^2	0.38
몰 탈	1 : 2	m^3	0.003
경계석	200x250x1,000	개	1

<그림 Ⅱ.5.17> 경계석 기초의 단위수량

1) 콘크리트타설 - 무근,진동기제외(m^3)

가) 'Ⅱ-2-3. 구조물공통'의 '2-나-1) 콘크리트타설-진동기제외'를 참조한다.

나) 경계석 및 경계블럭의 기초콘크리트 타설에 적용한다.

2) 합판거푸집 - 6회,H=0~7m(m^2)

가) 'Ⅱ-2-3. 구조물공통'의 '3-가-6) 합판거푸집-6회'를 참조한다.

나) 기초콘크리트의 거푸집에 적용한다.

3) 모르터 - 1:3(m^3)

경계석 및 경계블럭의 이음모르터 수량을 체적으로 산출한다.

나. 보차도경계석 설치

1) 보차도경계석 설치 - 180×200×1,000mm(m)

가) 화강석 제품으로 된 보차도경계석을 차도와 보도사이에 설치하는 수량이다.

나) 보차도경계석 설치 연장으로 수량을 산출한다.

2) 보차도경계석 설치 - 200×250×1,000mm(m)

가) 화강석 제품으로 된 보차도경계석을 차도와 보도사이에 설치하는 수량이다.

나) 보차도경계석 설치 연장으로 수량을 산출한다.

3) 보차도경계석 설치 - 200×300×1,000mm(m)

가) 화강석 제품으로 된 보차도경계석을 차도와 보도사이에 설치하는 수량이다.

나) 보차도경계석 설치 연장으로 수량을 산출한다.

4) 보차도경계석 설치 - 250×250×1,000mm(m)

가) 화강석 제품으로 된 보차도경계석을 차도와 보도사이에 설치하는 수량이다.

나) 보차도경계석 설치 연장으로 수량을 산출한다.

5) 보차도경계석 설치 - 210×300×1,000mm(m)

가) 화강석 제품으로 된 보차도경계석을 차도와 보도사이에 설치하는 수량이다.

나) 보차도경계석 설치 연장으로 수량을 산출한다.

다. 보차도경계블럭 설치

1) 보차도경계블럭 설치 - 150×170×200×1,000mm(m)

가) 콘크리트 제품으로 된 보차도경계블럭을 차도와 보도사이에 설치하는 수량이다.

나) 보차도경계블럭 설치 연장으로 수량을 산출한다.

2) 보차도경계블럭 설치 - 180×205×250×1,000mm(m)

가) 콘크리트 제품으로 된 보차도경계블럭을 차도와 보도사이에 설치하는 수량이다.

나) 보차도경계블럭 설치 연장으로 수량을 산출한다.

3) 보차도경계블럭 설치 - 180×210×300×1,000mm(m)

가) 콘크리트 제품으로 된 보차도경계블럭을 차도와 보도사이에 설치하는 수량이다.

나) 보차도경계블럭 설치 연장으로 수량을 산출한다.

라. 도로경계블럭 설치

1) 도로경계블럭 설치 - 120×120×120×1,000mm(m)

가) 콘크리트 제품으로 된 도로경계블럭을 보도와 도로의 경계에 설치하는 수량이다.

나) 도로경계블럭 설치 연장으로 수량을 산출한다.

2) 도로경계블럭 설치 - 150×120×120×1,000mm(m)

가) 콘크리트 제품으로 된 도로경계블럭을 보도와 도로의 경계에 설치하는 수량이다.

나) 도로경계블럭 설치 연장으로 수량을 산출한다.

3) 도로경계블럭 설치 - 150×150×120×1,000mm(m)

가) 콘크리트 제품으로 된 도로경계블럭을 보도와 도로의 경계에 설치하는 수량이다.

나) 도로경계블럭 설치 연장으로 수량을 산출한다.

4) 도로경계블럭 설치 - 150×150×150×1,000mm(m)

가) 콘크리트 제품으로 된 도로경계블럭을 보도와 도로의 경계에 설치하는 수량이다.

나) 도로경계블럭 설치 연장으로 수량을 산출한다.

8. 도로유지공

가. 가드레일 설치 - H0.8m×W0.4m(m)

1) 개소당 설치연장으로 수량을 산출한다.

2) 단부레일은 차량진행방향의 종점부 및 시점부가 교량에 연결되는 경우 설치한다.

나. 중앙분리대 가드레일 설치 - H0.8m×W0.4m(m)

1) 개소당 설치연장으로 수량을 산출한다.

2) 라운드레일은 차량진행방향의 시·종점부에 설치한다.

다. 방호벽 설치

1) 콘크리트 타설 - 철근,펌프카타설(㎥)

가) 'Ⅱ-2-3. 구조물 공통'의 '2-다-4) 철근콘크리트타설-펌프카'를 참조한다.

나) 방호벽콘크리트 타설에 적용한다.

2) 합판거푸집 - 3회,H=0~7m(㎡)

가) 'Ⅱ-2-3. 구조물공통'의 '3-가-3) 합판거푸집-3회'를 참조한다.

나) 구체콘크리트의 거푸집에 적용한다.

3) 스페이서 - 벽체용(㎡)

'Ⅱ-2-3. 구조물공통'의 '6-가. 스페이서설치-벽체'를 참조한다.

4) 철근가공조립 - 간단(ton)

'Ⅱ-2-3. 구조물공통'의 '7-가. 철근가공 및 조립-간단'을 참조한다.

5) 조합페인트 - 콘크리트면(㎡)

가) 방호벽의 시인성을 위하여 콘크리트면에 노란색과 흰색의 조합페인트 도장을 실시한다.

나) 색상별 도장 면적을 산출한다.

라. 교통표지판 설치

1) 원형표지판 설치 - D600mm(개)

2) 삼각표지판 설치 - 900mm(개)

가) 교통표지판은 설치위치, 규격, 개수 등을 구분 산출한다.

나) 터파기의 구배는 1:0.3으로 하고, 기초 외측에서 0.3m의 여유폭을 둔다.

다) 기초콘크리트의 강도는 fck = 18MPa로 한다.

마. 데리네이터

1) 데리네이터 - 토공용(개)

2) 데리네이터 - 가드레일용(개)

3) 데리네이터 - 옹벽용(개)

토공용, 옹벽용, 가드레일용 등으로 구분하여 갯수로 수량을 산출한다.

바. 도로표지병

1) 도로표지병 - 단면(개)

2) 도로표지병 - 양면(개)

길가장자리 구역선, 노상장애물, 안전지대 등에 설치하며 개소로 수량을 산출한다.

사. 갈매기표지판 - 단면,450×600mm(개)

1) 길어깨 가장자리로부터 0~200cm 되는 곳에 지형에 맞게 설치하며, 갯수로 산출한다.

2) 터파기의 구배는 1:0.3으로 하고, 기초 외측에서 0.3m의 여유폭을 둔다.

3) 기초콘크리트의 강도는 fck = 18MPa로 한다.

9. 보도육교

가. 기초 앵커볼트 설치

1) 앵커볼트제작설치 - M45×1,260mm(개)

2) 앵커볼트제작설치 - M36×750mm(개)

가) 앵커볼트의 길이는 직경의 10배 이상을 하부구조내에 매입할 수 있도록 산정한다.

나) 앵커볼트의 설치갯수로 수량을 산출한다.

나. 보도육교 제작

1) 보도육교 제작(주행 및 경사로) - 박스거더,SM400~SM520(ton)

가) 주형의 강재톤수를 NET 수량으로 산출한다.

나) 할증수량은 제작수량의 6%를 가산한다.

2) 보도육교 제작(계단) - 단순플레이트거더,SM400~SM520(ton)

가) 계단부의 강재톤수를 NET 수량으로 산출한다.

나) 할증수량은 제작수량의 6%를 가산한다.

다. 보도육교 설치

1) 강판운반 - 연관단지내 운반(ton)

육교제작에 소요되는 강판의 할증수량이다.

2) 육교부재운반 - 연관단지~현장(ton)

연관단지에서 제작된 강교를 현장제작장까지 운반하는 것으로 강판의 Net 수량이다.

3) 유압가설지지대 - (개소)

가) 보도육교의 주형 가설시 가설벤트가 필요할 때 계상한다.

나) 가설지지대의 설치 개소로 수량을 산출한다.

4) 보도육교가설 - 육교중량 20~35ton미만(ton)

가) 육교1본당 중량이 20~35ton 이내일 경우 적용한다.

나) 모든 육교 중량은 NET수량으로 산출한다.

5) 보도육교가설 - 육교중량 35~55ton미만(ton)

가) 육교1본당 중량이 35~55ton 이내일 경우 적용한다.

나) 모든 육교 중량은 NET수량으로 산출한다.

6) 보도육교가설 - 육교중량 55~75ton미만(ton)

가) 육교1본당 중량이 55~75ton 이내일 경우 적용한다.

나) 모든 육교 중량은 NET수량으로 산출한다.

7) 보도육교가설 - 육교중량 75~95ton미만(ton)

가) 육교1본당 중량이 75~95ton 이내일 경우 적용한다.

나) 모든 육교 중량은 NET수량으로 산출한다.

라. 볼트조이기 - 고장력볼트(개)

설계도면에 의해 산출된 고장력볼트의 총 개수이다.

마. 보도육교도장

1) 일반중방식(강교내부도장) - 공장(㎡)

2) 일반중방식(강교외부도장) - 공장(㎡)

3) 일반중방식(외부포장면포장) - 공장(㎡)

4) 일반중방식(외부도장) - 현장(㎡)

5) 일반중방식(SPLICE도장) - 공장(㎡)

6) 일반중방식(내부B/S도장) - 현장(㎡)

7) 일반중방식(외부B/S도장) - 현장(㎡)

'각 공종별로 구분해서 산출한다.'

바. 보도육교포장 - 탄성고무재포장, T=15mm(㎡)

'각 두께별 포장면적으로 산출한다.'

사. 계단논스립 설치 - 황동(㎡)

1) 계단부의 미끄럼방지시설로 계단단부에 설치하는 수량이다.

2) 계단부의 설치연장으로 수량을 산출한다.

Ⅱ-5-4. 단가적용기준

1. 콘크리트 포장

가. 콘크리트표층 포설

1) 인력시공

배치인원(인)		시 공 량(㎥)		비 고
포 장 공 보통인부	3 3	소규모 콘크리트 포장 : 두께 0.20m	100	일 당
		소규모 콘크리트 포장 : 두께 0.30m	175	
		소규모 콘크리트 포장 : 두께 0.40m	200	

가) 콘크리트 포장의 인력포설에 대한 품으로 비닐깔기 및 철망깔기, 콘크리트 포설, 양생 등이 포함된 것이며, 거푸집 설치해체 및 줄눈작업은 포함되지 않은 것이다.

나) 양생에 필요한 재료비용은 별도 계상한다.

2) 기계시공

배치인원(인)		사용기계(1대)		시 공 량(㎥)			비 고
		명 칭	규 격	형 식		시공량	
포 장 공 보통인부 특별인부	4 4 1	콘크리트 페이버	75kW(1차로)	일 반 구 간	1차로	350	일 당
		콘크리트 페이버	161kW(2차로)		2차로	800	
		굴 삭 기	1.0㎥	터 널 구 간	1차로	300	
		조면마무리기	7.95m		2차로	650	
		살 수 차	16,000 ℓ				

가) 본 품은 콘크리트 표층 포장의 분리막 설치, 포설 및 다웰바, 타이바 등 철근 설치, 양생, 조면마무리에 대한 품이다.

나) 콘크리트 페이버를 이용한 1차로 포장은 테이퍼, 램프, 교차로 등 2차로 타설이 불가한 특수구간에 대한 포장을 기준으로 한다.

다) 양생제, 마대, 잡품 등 부대 재료비는 별도 계상한다.

나. 콘크리트포장 거푸집

배치 인원(인)		시공량(거푸집 연장 m)		비 고
		포장두께(m)	시공량	
형틀목공 보통인부	2 1	포장두께≤0.20m	100	일 당
		0.20m<포장두께≤0.25m	85	
		0.25m<포장두께≤0.30m	70	
		0.30m<포장두께≤0.40m	50	

1) 철재 거푸집 1본의 길이는 3m로 하고 핀폴은 1m당 1개로 계상하되 20회 사용을 원칙으로 한다.

2) 거푸집 1회전은 6일을 표준으로 한다.

3) 잡재료는 철재 거푸집 및 핀폴손료의 2%까지 계상할 수 있다.

4) 철재 거푸집 및 핀폴의 잔존율은 10%로 한다.

다. 포장절단 및 줄눈설치

1) 포장절단

배치인원(인)		사용기계(1대)		시 공 량(m)		비 고
		명 칭	규 격	형 식	시공량	
특별인부	1	커 터	320-400mm	1차로	350	일 당
보통인부	2			2차로	600	

가) 콘크리트 표층 포장의 포장절단에 대한 품이다.

나) 품의 절단 깊이는 1차 절단(50~75mm)을 기준한다.

다) 100m당 블레이드 0.31개, 물 3,000ℓ를 계상한다.

2) 줄눈 설치

배 치 인 원(인)		시공량(m)	비 고
특별인부	2	700	일 당
보통인부	3		

줄눈재, 백업재 등 부대 재료비는 별도 계상한다.

2. 아스팔트 포장

가. 택코팅 및 프라임코팅

배 치 인 원(인)			사용기계(1대)		시공량(㎡)	비 고
			명 칭	규 격		
프라임코팅 (MC-1:75ℓ/a)	포 장 공 보통인부	1 2	아스팔트 스프레이어	수동식 400ℓ	8,000	일 당
프라임코팅 (RSC-3:75ℓ/a)	보통인부	2	아스팔트 스프레이어	수동식 400ℓ	8,000	
택 코 팅 (RSC-4:30ℓ/a)	보통인부	2	아스팔트 스프레이어	수동식 400ℓ	8,000	

1) 택코팅 및 프라임코팅에 대한 품이며, 살포종류와 재료에 따라 적용한다.

2) 양생에 모래가 필요할 때는 살포 인력품으로 보통인부를 모래 2㎥당 1인 가산한다.

3) 역청재의 비산 방지가 필요한 때는 보통인부를 2,000ℓ당 1인 가산한다.

4) 필요에 따라 본 품을 유지공사에 적용할 수 있다.

5) 프라임코팅(MC-1)의 경우, 용해기 연료비(경유)를 톤당 26ℓ 계상하며 버너, 캣틀손료는 별도 계상한다.

나. 일반 아스팔트 표층

1) 인력식 소규모 장비사용 시공

배치인원(인)		사용기계(1대)		시공량(㎡)	비 고
		명 칭	규 격		
포 장 공	1	플레이트콤팩터	1.5ton	300	일 당
보통인부(포설)	1	진동롤러(핸드가이드식)	0.7ton		
보통인부(다짐)	1	로 더(타이어)	0.57㎥		
		살 수 차	5,500ℓ		

가) 본 품은 소로, 단지내 도로, 굴착복구 등 소규모 아스팔트 표층 포장에 대한 품이며 포장두께는 75mm 이하를 기준으로 한다.

나) 다짐시 공사시방에 따라 장비조합을 변경할 수 있다.

다) 아스팔트 포장 절단이 필요한 경우, 보통인부 3인이 일당 400m 절단 가능하며, 100m당 블레이드 0.27개, 물 2,000ℓ를 계상한다.

2) 기계 시공

배치인원(인)		사용기계(1대)		시공량(㎡)		비 고
		명 칭	규 격			
포 장 공	4	아스팔트 피니셔	3.0m	1.4m≤시공폭<3m	2,000	일 당
보통인부	1	머캐덤 롤러	10-12t			
		타이어 롤러	8-15t			
		탠덤 롤러	5-8t	3m≤시공폭	5,000	
		살 수 차	16,000ℓ			

가) 본 품은 아스팔트 표층 및 중간층 포장의 포설, 다짐에 대한 품이다.

나) 다짐시 공사시방에 따라 장비조합을 변경할 수 있다.

다) "1.4m≤시공폭<3m"는 콘크리트 포장에서의 길어깨 시공 및 굴착 후 아스팔트 포설을 기준으로 한다.

라) "3m≤시공폭"은 본선 아스팔트 포설을 기준으로 한다.

마) 본선의 경우 포설두께 70mm 이하, 길어깨 구간의 경우 75mm 이하를 기준으로 한다.

3. 포장 하부

가. 동상방지층

1) 인력식 소규모 장비사용 시공

배치 인원(인)		사 용 기 계(1대)		시공량(㎥)	비 고
		명 칭	규 격		
보통인부	4	굴 삭 기	0.6㎥	165	일 당
		진동롤러(핸드가이드식)	0.7ton		
		살 수 차	5,500 ℓ		

가) 본 품은 소로, 단지내 도로, 유지보수 등 동상방지층 인력식 소규모 장비사용 시공에 대한 품이다.

나) 다짐시 공사시방에 따라 장비조합을 변경할 수 있다.

다) 순수 인력 살수 시에는 살수품을 100㎡당 1인 가산한다.

라) 두께 0.20m 일 때 100㎡당 살수량은 일반적으로 2ton을 표준으로 한다.

2) 기계시공 - 길어깨 포장

배치 인원(인)		사 용 기 계(1대)		시공량(㎥)	비 고
		명 칭	규 격		
보통인부	2	굴 삭 기	1.0㎥	250	일 당
		타이어롤러	8-15ton		
		진 동 롤 러	10ton		
		살 수 차	16,000 ℓ		

가) 본 품은 콘크리트 포장 길어깨의 동상방지층 포설 및 다짐을 기준한다.

나) 다짐시 공사시방에 따라 장비조합을 변경할 수 있다.

다) 순수 인력 살수 시에는 살수품을 100㎡당 1인 가산한다.

라) 두께 0.20m 일 때 100㎡당 살수량은 일반적으로 2ton을 표준으로 한다.

3) 기계시공 - 본선 포장

배치 인원(인)		사 용 기 계(1대)		시공량(㎥)	비 고
		명 칭	규 격		
보통인부	2	모우터그레이더	3.6m	600	일 당
		타이어롤러	8-15ton		
		진 동 롤 러	10ton		
		살 수 차	16,000 ℓ		

가) 본 품은 동상방지층 기계 시공 중 본선포장에 대한 품이다.

나) 다짐시 공사시방에 따라 장비조합을 변경할 수 있다.

다) 순수 인력 살수 시에는 살수품을 100㎡당 1인 가산한다.

라) 두께 0.20m 일 때 100㎡당 살수량은 일반적으로 2ton을 표준으로 한다.

나. 보조기층

1) 인력식 소규모 장비사용 시공

배치 인원(인)		사 용 기 계(1대)		시공량(m^3)	비 고
		명 칭	규 격		
보통인부	4	굴 삭 기	0.6m^3	150	일 당
		진동롤러(핸드가이드식)	0.7ton		
		살 수 차	5,500 ℓ		

가) 본 품은 소로, 단지내 도로, 유지보수 등 보조기층 인력식 소규모 장비사용 시공에 대한 품이다.

나) 다짐시 공사시방에 따라 장비조합을 변경할 수 있다.

다) 순수 인력 살수 시에는 살수품을 100m^2당 1인 가산한다.

라) 두께 0.20m 일 때 100m^2당 살수량은 일반적으로 2ton을 표준으로 한다.

2) 기계시공 - 길어깨 포장

배치 인원(인)		사 용 기 계(1대)		시공량(m^3)	비 고
		명 칭	규 격		
특별인부	1	굴 삭 기	1.0m^3	225	일 당
보통인부	2	타이어롤러	8-15ton		
		진 동 롤 러	10ton		
		살 수 차	16,000 ℓ		

가) 본 품은 콘크리트 포장 길어깨의 보조기층 포설 및 다짐을 기준한다.

나) 다짐시 공사시방에 따라 장비조합을 변경할 수 있다.

다) 순수 인력 살수 시에는 살수품을 100m^2당 1인 가산한다.

라) 두께 0.20m 일 때 100m^2당 살수량은 일반적으로 2ton을 표준으로 한다.

3) 기계시공 - 본선 포장

배치 인원(인)		사 용 기 계(1대)		시공량(m^3)	비 고
		명 칭	규 격		
보통인부	2	모우터그레이더	3.6m	550	일 당
		타이어롤러	8-15ton		
		진 동 롤 러	10ton		
		살 수 차	16,000 ℓ		

가) 본 품은 보조기층 기계 시공 중 본선포장에 대한 품이다.

나) 다짐시 공사시방에 따라 장비조합을 변경할 수 있다.

다) 순수 인력 살수 시에는 살수품을 100m^2당 1인 가산한다.

라) 두께 0.20m 일 때 100m^2당 살수량은 일반적으로 2ton을 표준으로 한다.

다. 기층

1) 린 콘크리트 기층

배치 인원(인)		사용기계 (1대)		시공량(㎥)	비 고
		명 칭	규 격		
특별인부	1	아스팔트 피니셔	3m	550	일 당
보통인부(포설)	2	타 이 어 롤 러	8-15ton		
보통인부(양생)	1	진 동 롤 러	10ton		

가) 본 품은 린 콘크리트 기층의 포설과 양생에 대한 품이다.

나) 다짐시 공사시방에 따라 장비조합을 변경할 수 있다.

2) 아스팔트 기층

배치 인원(인)		사용기계 (1대)		시공량(㎡)		비 고
		명 칭	규 격			
포 장 공 보통인부	4 1	아스팔트 피니셔	3m	두께≥0.10m	3,600	일 당
		머캐덤 롤러	10-12ton			
		타이어 롤러	8-15ton	두께<0.10m	4,000	
		진 동 롤 러	10ton			
		살 수 차	16,000 ℓ			

가) 본 품은 아스팔트 기층의 포설과 다짐에 대한 품이며, 1층 포설을 기준으로 한다.

나) 소규모 현장 포설시 '2. 아스팔트 포장'의 '인력식 소규모 장비사용 시공'을 적용한다.

다) 다짐시 공사시방에 따라 장비조합을 변경할 수 있다.

4. 저속도로 포장

가. 보도용 블록 포장

배치 인원(인)		사용기계 (1대)		시 공 량(㎡)		비 고
		명 칭	규 격	형 식	시공량	
특별인부 보통인부	1 5	플레이트 콤팩터 굴 삭 기	1.5ton 0.6㎥	소형 고압블록 포장 t = 60~80mm	300	일 당
				대형 블록 포장 500×500×45mm	270	
				보도용 콘크리트 블록 포장 300×300×60mm	370	

1) 본 품은 보도용 블록 포장의 모래포설 및 다짐과 블록설치에 대한 품이다.

2) 잡재료는 인력품의 5%까지 계상할 수 있다.

3) 기층에 콘크리트나 아스팔트 등의 안정처리 기층을 사용할 경우 별도 계상한다.

4) 본 품은 준비, 모래부설 및 고르기, 기타 정리품이 포함되어 있다.

5) 다짐 및 지반침하방지가 필요할 경우는 현장여건에 따라 별도 계상할 수 있다.
6) 본 품은 마무리 작업에 필요한 블록 절단품이 포함되어 있다.
7) 재료비(블록, 받침층 모래, 채움모래 등)를 별도 계상하고 할증률이 포함되어 있으며 재료비는 다음과 같다.

종 목	구 분	형상 및 크기	단위	수량	비고
대형블록포장	블 록	500×500×45mm	개	400	100㎡당
	모르타르		㎥	3	
소형고압블록포장	블 록	t = 60~80mm	㎡	108	
	모 래	t = 40mm 기준	㎥	4.4	
보도용 콘크리트 블록포장	콘크리트 블록	300×300×60mm	개	1,100	
	줄 눈 모 래	줄눈간격 3mm	㎥	0.2	

나. 보도용 투수콘크리트 포장

배치 인원(인)		사용기계 (1대)		시공량(㎡)	비 고
		명 칭	규 격		
특별인부 보통인부	1 3	플레이트 콤팩터	1.5ton	400	일 당
		진동롤러(핸드가이드식)	0.7ton		
		굴 삭 기	0.6㎥		

1) 본 품은 보도용 투수 콘크리트 포장의 포설과 다짐, 양생에 대한 품이다.
2) 칼라투수콘 시공시 코팅품은 별도 계상한다.
3) 잡재료는 인력품의 5%까지 계상할 수 있다.

5. 차선도색

가. 페인트(상온형) 수동식

사용 기계(1대)		배치 인원(인)		시공량(㎡)		비 고
명 칭	규 격			규 격	시공량	
라인마커(핸드가이드식)	150mm	보통인부 특별인부	4 1	페인트 (상온형)	800	일 당
라인마커(핸드가이드식)	450mm					
트 럭	4.5ton					
트 럭	2.5ton					

나. 페인트 기계식

사용 기계(1대)		배치 인원(인)		시공량(㎡)		비 고
명 칭	규 격			규 격	시공량	
라 인 마 커	10km/hr	특별인부	1	페인트	4,500	일 당
트럭(라바콘 운반용)	2.5ton					

다. 융착식 도료 수동식

사용 기계(1대)		배치 인원(인)		시공량(㎡)		비 고
명 칭	규 격			규 격	시공량	
라인마커(핸드가이드식)	150mm	보통인부 특별인부	4 1	융착식	600	일 당
라인마커(핸드가이드식)	450mm					
트 럭	4.5ton					
트 럭	2.5ton					
용 해 기						

1) 본 품은 차선도색공정의 실선, 파선, 횡단보도 및 주차장 기타에 대한 품이다.
2) 신설포장 및 덧씌우기 등으로 인하여 차로를 새로 도색할 경우, 차로 밑그림 작업을 위해 특별인부 1인, 보통인부 4인을 추가 계상할 수 있다.
3) 10㎡당 페인트식은 페인트 3.1ℓ, 유리알 2.9kg을 융착식은 융착식도료 45.3kg, 유리알 2.0kg, 프라이머 2.0kg을 계상한다.
4) 개별도색작업의 경우 1일 작업량은 횡단보도 7,000m, 파선 4,500m, 실선 5,000m, 문자 및 기타 2,000m를 기본으로 한다.
5) 페인트 기계식의 경우, 신설 포장에서의 순수 라인마커에 대한 품이며 교통통제 및 안전처리, 보완 등이 필요한 경우 특별인부 1인, 보통인부 4인을 계상할 수 있다.

6. 경계석 및 경계블럭 설치

가. 보차도 경계석(화강석)

사용 기계(1대)		배치 인원(인)		시공량(m)		비 고
명 칭	규 격			규 격	시공량	
트럭탑재형 크 레 인	5ton	보통인부 특별인부	1 3	180×200×1,000mm	110	일 당
				200×250×1,000mm	80	
				200×300×1,000mm	50	
				250×250×1,000mm	50	
				210×300×1,000mm	50	

1) 기초 콘크리트와 이음 모르타르는 현장 여건(규격, 지반 등)에 따라 별도 계상한다.
2) 본 품은 기성제품을 설치하는 것이며, 소운반이 포함된 것이다.
3) 터파기, 되메우기, 잔토처리는 별도 계상한다.
4) 택지조성현장 등 작업조건이 매우 양호한 현장에 경계석을 설치할 경우, 일당 시공량의 20% 범위 내에서 증하여 적용할 수 있다.
5) 도심부 상가나 주택지 등 교통 및 작업 조건이 어려운 경우, 일당 시공량을 20%까지 감하여 적용할 수 있다.

나. 보차도 도로 경계블록(콘크리트)

사용 기계(1대)		배치 인원(인)		시공량(m)		비 고
명 칭	규 격			규 격	시공량	
트럭탑재형 크 레 인	5ton	보통인부 특별인부	1 2	120×120×120×1,000mm	150	일 당
				150×120×120×1,000mm	145	
				150×150×120×1,000mm	140	
				150×150×150×1,000mm	120	
				150×170×200×1,000mm	110	
				180×205×250×1,000mm	80	
				180×210×300×1,000mm	50	

1) 기초 콘크리트와 이음 모르타르는 현장 여건(규격, 지반 등)에 따라 별도 계상한다.
2) 본 품은 기성제품을 설치하는 것이며, 소운반이 포함된 것이다.
3) 터파기, 되메우기, 잔토처리는 별도 계상한다.
4) 택지조성현장 등 작업조건이 매우 양호한 현장에 경계석을 설치할 경우, 일당 시공량의 20% 범위 내에서 증하여 적용할 수 있다.
5) 도심부 상가나 주택지 등 교통 및 작업 조건이 어려운 경우, 일당 시공량을 20%까지 감하여 적용할 수 있다.
6) 합성수지 유색품은 P.C경계블록을 기준으로 콘크리트의 50%로 적용하고 이와 유사한 공법에도 본 품을 준용할 수 있다.

7. 안내표지판

가. 교통 안전 표지공

배 치 인 원(인)		시 공 량 (개소)		비 고
보통인부	3	교통안전표지(철거)	17	일 당
		교통안전표지(설치)	5	
	2	안내표지판 교체	6	

1) 기초 제작 및 폐자재 운반은 별도 계상한다.

2) 교통안전표지 지주의 규격은 D60.5~76.3×3.2×3,000~3,600mm 이며, 안내표지판의 규격은 반사장치부 1.2×450×450mm 이다.

3) 상기 품과 다른 형식으로 표지를 설치할 경우, 별도 계상할 수 있다.

나. 안내 표지 설치공

<table>
<tr><th colspan="2">사용기계(1대)</th><th colspan="2" rowspan="2">배치인원(인)</th><th colspan="2" rowspan="2">시 공 량(개소)</th><th rowspan="2">비 고</th></tr>
<tr><th>명 칭</th><th>규 격</th></tr>
<tr><td rowspan="3">크 레 인</td><td>5ton(복주식)</td><td rowspan="3">보통인부</td><td rowspan="3">4</td><td>복주식(3.60m×2.20m)</td><td>8</td><td rowspan="3">일 당</td></tr>
<tr><td>25ton(편지식)</td><td>편지식(5.00m×2.50m)</td><td>8</td></tr>
<tr><td>50ton(문형식)</td><td>문형식(2차로각관문형식)</td><td>1</td></tr>
</table>

1) 기초 제작 및 폐자재 운반은 별도 계상한다.

2) 상기 품과 다른 형식으로 표지를 설치할 경우, 별도 계상할 수 있다.

Ⅱ-5-5. 단가산출기준

번호	공 종	단위	단 가 산 출 기 준	비 고
1	토 공			
1.01	땅 깎 기			
a	땅깎기(토사)	m³	Ⅱ-1 본선 및 지축토공, 1-1.04-a, a-1,a-2,a-3 참조	
b	땅깎기(풍화암)	m³	Ⅱ-1 본선 및 지축토공, 1-1.04-b, b-1,b-2 참조	
c	땅깎기(연암)	m³	Ⅱ-1 본선 및 지축토공, 1-1.04-c, c-1~c-7 참조	
d	땅깎기(경암)	m³	Ⅱ-1 본선 및 지축토공, 1-1.04-d, d-1~d-7 참조	
1.02	흙 쌓 기			
a	하부노반다짐 (토사,H = 0.30m)	m³	Ⅱ-1 본선 및 지축토공, 1.05-a-a-2 참조	
b	유용토흙쌓기 (토사)	m³	Ⅱ-1 본선 및 지축토공, 1.06-a-a-1,b-b-1,c-c-1 참조	
1.03	비탈면보호공			
a	떼입히기(줄떼)	m²	Ⅱ-1 본선 및 지축토공, 2.01-b-b-1 참조	
b	떼입히기(평떼)	m²	Ⅱ-1 본선 및 지축토공, 2.01-b-b-2 참조	
1.04	구조물 터파기			
a	터파기 (토사,인 력)	m³	Ⅱ-2 구조물공통, 1.01-a-a-1 참조	
b	터파기 (육상,토 사)	m³	Ⅱ-2 구조물공통, 1.01-a-a-2,a-3 참조	
c	터파기 (육상,풍화암)	m³	Ⅱ-2 구조물공통, 1.01-b-b-5 참조	
d	터파기 (육상,연 암)	m³	Ⅱ-2 구조물공통, 1.01-c-c-5 참조	
e	터파기 (육상,경 암)	m³	Ⅱ-2 구조물공통, 1.01-d-d-5 참조	
1.05	되메우기 및 다짐			
a	되메우기(인 력)	m³	Ⅱ-2 구조물공통, 1.02-a 참조	
b	되메우기(토 사)	m³	Ⅱ-2 구조물공통, 1.02-b 참조	
c	되메우기(풍화암)	m³	Ⅱ-2 구조물공통, 1.02-c 참조	
1.06	구조물뒷채움 (잡석)	m³	Ⅱ-2 구조물공통, 1.04-b 참조	
1.07	구조물기초깔기 (잡석)	m³	Ⅱ-2 구조물공통, 1.05 참조	
1.08	구조물기초다짐 (잡석)	m³	Ⅱ-2 구조물공통, 1.06 참조	

번호	공 종	단위	단 가 산 출 기 준	비 고
2 a a-1	수 로 공 콘크리트타설 바닥콘크리트 (무근,펌프카사용)	㎥	Ⅱ-2 구조물공통, 2.01 참조	
a-2	기초콘크리트 (무근,펌프카사용)	㎥	Ⅱ-2 구조물공통, 2.02-d 참조	
a-3	기초콘크리트 (철근,펌프카사용)	㎥	Ⅱ-2 구조물공통, 2.03-d 참조	
a-4	구체콘크리트 (무근,펌프카사용)	㎥	Ⅱ-2 구조물공통, 2.02-d 참조	
a-5	구체콘크리트 (철근,펌프카사용)	㎥	Ⅱ-2 구조물공통, 2.03-d 참조	
b b-1	거푸집 합판거푸집 (6회,H = 0~7m)	㎡	Ⅱ-2 구조물공통, 3.01-f 참조	
b-2	합판거푸집 (4회,H = 0~7m)	㎡	Ⅱ-2 구조물공통, 3.01-d 참조	
b-3	합판거푸집 (3회,H = 0~7m)	㎡	Ⅱ-2 구조물공통, 3.01-c 참조	
c	신축이음 (합판,T = 12㎜)	㎡	Ⅱ-3 본선부속, 3.01-c-c-1 참조	
d d-1	배 수 시 설 배수뒷잡석채움 (잡석)	㎥	Ⅱ-2 구조물공통, 1.07참조	
d-2	부직포설치 (200g/㎡)	㎡	Ⅱ-3 본선부속, 3.01-d-d-2 참조	
d-3	배수공설치 (PVC pipe,D50㎜)	m	Ⅱ-3 본선부속, 3.01-d-d-4 참조	
e e-1	스페이서설치 스페이서설치 (벽체)	㎡	Ⅱ-2 구조물공통, 6-a 참조	
e-2	스페이서설치 (슬라브 및 기초)	㎡	Ⅱ-2 구조물공통, 6-b 참조	
f f-1	철근가공 및 조립 철근가공 및 조립 (간단)	ton	Ⅱ-2 구조물공통, 7-a 참조	
f-2	철근가공 및 조립 (보통)	ton	Ⅱ-2 구조물공통, 7-b 참조	
3 3.01 a a-1	암거공(익벽포함) 현장콘크리트타설 암거 콘크리트타설 바닥콘크리트 (무근,펌프카사용)	㎥	Ⅱ-2 구조물공통, 2.01-a 참조	

번호	공 종	단위	단 가 산 출 기 준	비 고
a-2	구체콘크리트 (철근,펌프카사용)	㎥	Ⅱ-2 구조물공통, 2.03-d 참조	
b b-1	거푸집 합판거푸집 (6회,H = 0~7m)	㎡	Ⅱ-2 구조물공통, 3.01-f 참조	
b-2	합판거푸집 (4회,H = 0~7m)	㎡	Ⅱ-2 구조물공통, 3.01-d 참조	
b-3	합판거푸집 (3회,H = 0~7m)	㎡	Ⅱ-2 구조물공통, 3.01-c 참조	
b-4	문양거푸집 (합성수지,H=0~7m)	㎡	Ⅱ-2 구조물공통, 3.04-a 참조	
c	강관비계매기 (3개월)	㎡	Ⅱ-2 구조물공통, 4.02-a 참조	
d	강관동바리 (암거용,3개월)	공/㎥	Ⅱ-2 구조물공통, 5.02-a-1 참조	
e	시공이음면정리 (기계)	㎡	Ⅱ-3 본선부속, 4.01-e 참조	
f f-1	신축이음장치 신축이음 (스치로폴,T=20㎜)	㎡	Ⅱ-3 본선부속, 3.01-c-c-3 참조	
f-2	다웰바설치 (D25×800㎜)	개	Ⅱ-3 본선부속, 4.01-d-d-4 참조	
f-3	충진제채움 (실런트,20×20㎜)	m	Ⅱ-3 본선부속, 4.01-d-d-5 참조	
f-4	지수판설치 (PVC,300×9T)	m	Ⅱ-4 개천내기, 3.01-f-f-4 참조	
g g-1	아스팔트방수 아스팔트방수 (벽체,2회)	㎡	1. 재 료 비 아스팔트(AP-3):2.0㎏*2회 = 4.00㎏ 2. 설 치 비 1) 방 수 공:0.017인*2회 = 0.034인 2) 보통인부:0.020인*2회 = 0.040인	27-3 아스팔트 바름
g-2	아스팔트방수 (바닥,2회)	㎡	1. 재 료 비 아스팔트(AP-3):1.50㎏*2회 = 3.00㎏ 2. 설 치 비 1) 방 수 공:0.015인*2회 = 0.030인 2) 보통인부:0.020인*2회 = 0.040인	27-3 아스팔트 바름
h h-1	배 수 시 설 배수뒷잡석채움 (잡석)	㎥	Ⅱ-2 구조물공통, 1.07 참조	

번호	공 종	단위	단 가 산 출 기 준	비 고
h-2	드레인보드설치 (T = 20㎜)	㎡	Ⅱ-3 본선부속, 3.01-d-d-3 참조	
h-3	부직포설치 (200g/㎡)	㎡	Ⅱ-3 본선부속, 3.01-d-d-2 참조	
h-4	배수공설치 (PVC pipe,D75㎜)	m	Ⅱ-3 본선부속, 4.01-g-g-4 참조	
i i-1	스페이서설치 스페이서설치 (벽체)	㎡	Ⅱ-2 구조물공통, 6-a 참조	
i-2	스페이서설치 (슬라브 및 기초)	㎡	Ⅱ-2 구조물공통, 6-b 참조	
j j-1	철근가공 및 조립 철근가공 및 조립 (보통)	ton	Ⅱ-2 구조물공통, 7-b 참조	
j-2	철근가공 및 조립 (복잡)	ton	Ⅱ-2 구조물공통, 7-c 참조	
4 4.01 a a-1	**포 장 공** **콘크리트 포장** 콘크리트 포장 포설 콘크리트 포장 포설 (일반구간,기계포설, 1차로)	㎥	1. 작업조건 ∴ 1일당 시공량:350㎥/일 ∴ 시간당시공량:350㎥/일/8hr/일 = 43.75㎥/hr 2. 인 건 비 1) 포 장 공:4.00인/일/8hr/일/43.75㎥/hr = 0.0114인/㎥ 2) 보통인부:4.00인/일/8hr/일/43.75㎥/hr = 0.0114인/㎥ 3) 특별인부:1.00인/일/8hr/일/43.75㎥/hr = 0.0029인/㎥ 3. 기계사용료 1) 콘크리트 피니셔(포장용,161㎾):43.75㎥/hr 2) 굴삭기(무한궤도,1.00㎥):43.75㎥/hr 3) 콘크리트조면마무리기(7.95m):43.75㎥/hr 4) 물탱크(16,000ℓ):43.75㎥/hr	12-3-2-2 콘크리트 기계시공
a-2	콘크리트 포장 포설 (일반구간,기계포설, 2차로)	㎥	1. 작업조건 ∴ 1일당 시공량:800㎥/일 ∴ 시간당시공량:800㎥/일/8hr/일 = 100㎥/hr 2. 인 건 비 1) 포 장 공:4.00인/일/8hr/일/100.00㎥/hr = 0.005인/㎥ 2) 보통인부:4.00인/일/8hr/일/100.00㎥/hr = 0.005인/㎥ 3) 특별인부:1.00인/일/8hr/일/100.00㎥/hr = 0.0013인/㎥ 3. 기계사용료 1) 콘크리트 피니셔(포장용,161㎾):100.00㎥/hr 2) 굴삭기(무한궤도,1.00㎥):100.00㎥/hr 3) 콘크리트조면마무리기(7.95m):100.00㎥/hr 4) 물탱크(16,000ℓ):100.00㎥/hr	12-3-2-2 콘크리트 기계시공

번호	공　　종	단위	단 가 산 출 기 준	비　고
a-3	콘크리트 포장 포설 (터널구간,기계포설, 1차로)	㎥	1. 작업조건 ∴ 1일당 시공량:300㎥/일 ∴ 시간당시공량:300㎥/일/8hr/일 = 37.5㎥/hr 2. 인 건 비 1) 포 장 공:4.00인/일/8hr/일/37.50㎥/hr = 0.0133인/㎥ 2) 보통인부:4.00인/일/8hr/일/37.50㎥/hr = 0.0133인/㎥ 3) 특별인부:1.00인/일/8hr/일/37.50㎥/hr = 0.0033인/㎥ 3. 기계사용료 1) 콘크리트 피니셔(포장용,161㎾):37.50㎥/hr 2) 굴삭기(무한궤도,1.00㎥):37.50㎥/hr 3) 콘크리트조면마무리기(7.95m):37.50㎥/hr 4) 물탱크(16,000ℓ):37.50㎥/hr	12-3-2-2 콘크리트 기계시공
a-4	콘크리트 포장 포설 (터널구간,기계포설, 2차로)	㎥	1. 작업조건 ∴ 1일당 시공량:650㎥/일 ∴ 시간당시공량:650㎥/일/8hr/일 = 81.25㎥/hr 2. 인 건 비 1) 포 장 공:4.00인/일/8hr/일/81.25㎥/hr = 0.0062인/㎥ 2) 보통인부:4.00인/일/8hr/일/81.25㎥/hr = 0.0062인/㎥ 3) 특별인부:1.00인/일/8hr/일/81.25㎥/hr = 0.0015인/㎥ 3. 기계사용료 1) 콘크리트 피니셔(포장용,161㎾):81.25㎥/hr 2) 굴삭기(무한궤도,1.00㎥):81.25㎥/hr 3) 콘크리트조면마무리기(7.95m):81.25㎥/hr 4) 물탱크(16,000ℓ):81.25㎥/hr	12-3-2-2 콘크리트 기계시공
a-5	콘크리트 포장 포설 (인력포설,T=0.20m)	㎥	1. 작업조건 ∴ 1일당 시공량:100㎥/일 ∴ 시간당시공량:100㎥/일/8hr/일 = 12.5㎥/hr 2. 인 건 비 1) 포 장 공:3.00인/일/8hr/일/12.50㎥/hr = 0.030인/㎥ 2) 보통인부:3.00인/일/8hr/일/12.50㎥/hr = 0.030인/㎥	12-3-2 콘크리트포장 인력시공
a-6	콘크리트 포장 포설 (인력포설,T=0.30m)	㎥	1. 작업조건 ∴ 1일당 시공량:175㎥/일 ∴ 시간당시공량:175㎥/일/8hr/일 = 21.88㎥/hr 2. 인 건 비 1) 포 장 공:3.00인/일/8hr/일/21.88㎥/hr = 0.0171인/㎥ 2) 보통인부:3.00인/일/8hr/일/21.88㎥/hr = 0.0171인/㎥	12-3-2-1 콘크리트포장 인력시공
a-7	콘크리트 포장 포설 (인력포설,T=0.4m)	㎥	1. 작업조건 ∴ 1일당 시공량:200㎥/일 ∴ 시간당시공량:200㎥/일/8hr/일 = 25.0㎥/hr 2. 인 건 비 1) 포 장 공:3.00인/일/8hr/일/25.00㎥/hr = 0.015인/㎥ 2) 보통인부:3.00인/일/8hr/일/25.00㎥/hr = 0.015인/㎥	12-3-2-1 콘크리트포장 인력시공
b b-1	콘크리트포장거푸집 합판거푸집 (4회,H = 0~7m)	㎡	Ⅱ-2 구조물공통, 3.01-d 참조	

번호	공 종	단위	단 가 산 출 기 준	비 고
b-2	포장거푸집 (T≤0.2m이하)	m	1. 작업조건 ∴ 1일당 시공량:100m/일 ∴ 시간당시공량:100m/일/8hr/일 = 12.5m/hr 2. 인 건 비 1) 형틀목공:2.00인/일/8hr/일/12.50m/hr = 0.020인/m 2) 보통인부:1.00인/일/8hr/일/12.50m/hr = 0.010인/m	12-3-2-4 콘크리트 포장거푸집
b-3	콘크리트 포장 거푸집 (0.2m<T≤0.25m)	m	1. 작업조건 ∴ 1일당 시공량:85m/일 ∴ 시간당시공량:85m/일/8hr/일 = 10.63m/hr 2. 인 건 비 1) 형틀목공:2.00인/일/8hr/일/10.63m/hr = 0.0235인/m 2) 보통인부:1.00인/일/8hr/일/10.63m/hr = 0.0118인/m	12-3-2-4 콘크리트 포장거푸집
b-4	콘크리트포장거푸집 (0.25m<T≤0.30m)	m	1. 작업조건 ∴ 1일당 시공량:70m/일 ∴ 시간당시공량:70m/일/8hr/일 = 8.75m/hr 2. 인 건 비 1) 형틀목공:2.00인/일/8hr/일/8.75m/hr = 0.0286인/m 2) 보통인부:1.00인/일/8hr/일/8.75m/hr = 0.0143인/m	12-3-2-4 콘크리트 포장거푸집
b-5	콘크리트포장거푸집 (0.30m<T≤0.40m)	m	1. 작업조건 ∴ 1일당 시공량:50m/일 ∴ 시간당시공량:50m/일/8hr/일 = 6.25m/hr 2. 인 건 비 1) 형틀목공:2.00인/일/8hr/일/6.25m/hr = 0.040인/m 2) 보통인부:1.00인/일/8hr/일/6.25m/hr = 0.020인/m	12-3-2-4 콘크리트 포장거푸집
c	와이어메쉬 깔기 (각종)	㎡	1. 재료비 1) 와이어매쉬(각종):1.03㎡ 2) 결속선(#20-0.9㎜):0.05㎏ 2. 설치비(특별인부):0.006인	29-4-2 와이어메쉬 바닥깔기
d d-1	콘크리트 포장 양생 비닐양생 (P.E필름,T=0.1mm)	㎡	1. 작업조건 ∴ 콘크리트포장의 분리막설치, 양생비 등 포장포설에 포함되어 재료비만 적용 2. 재료비(P.E필름,T = 0.1㎜):1.0㎡	
d-2	마대양생 (P.P마대,0.45×0.70m)	㎡	1. 작업조건 ∴ 콘크리트포장의 분리막설치, 양생비 등 포장포설에 포함되어 재료비만 적용 2. 재료비 1) P.P마대(0.45×0.70m):130장/100㎡ = 1.30장/㎡ 2) 물 :1.50㎥/100㎡ = 0.015㎥/㎡	
e e-1	신축이음 신축이음 (합판,T = 12㎜)	㎡	Ⅱ-3 본선부속, 3.01-c-c-1 참조	
e-2	콘크리트포장 (신축줄눈)	m	1. 작업조건 ∴ 1일당 시공량:700m/일 ∴ 시간당시공량:700m/일/8hr/일 = 87.5m/hr 2. 재료비	12-3-2-3-나 포장절단

번호	공　　종	단위	단 가 산 출 기 준	비　고
			∴ 수량산출:0.02m*0.03m*1.0m*2350kg/㎥*1.03(할증)=1.45kg 1) 브로운아스팔트:1.45kg 2) 스치로폴(T = 20㎜):0.17㎡ 3. 줄눈설치 1) 특별인부:2인/일/8hr/일/87.5m/hr = 0.0029인/m 2) 보통인부:3인/일/8hr/일/87.5m/hr = 0.0043인/m	 12-3-2-3-나 줄눈설치
e-3	콘크리트포장 (수축줄눈,1차로)	m	1. 재 료 비 ∴수량산출:W=(0.006m*0.08m*1.0m)*2350kg/㎥*1.03 (할증) = 1.162kg/m 2. 포장절단 1) 작업조건 ∴ 1일당 시공량:350m/일 ∴ 시간당시공량:350m/일/8hr/일 = 43.75m/hr 2) 블레이드(D=320~400mm,t=3.2mm기준):0.0031개 3) 물:30ℓ/m 4) 특별인부:1인/8hr/일/43.75m/hr = 0.0029인/m 5) 보통인부:2인/8hr/일/43.75m/hr = 0.0057인/m 6) 물운반 V = 2500m/hr , T = 450분 , D = 100m , t1 = 4분 N = (2500m/hr*450분)/(120*100m+2500m/hr*4분) = 51.14회/일 Q1 = 51.14회/일*250kg*1ℓ/kg = 12,785ℓ/일 Q = 2인/일/12785ℓ/일)*30ℓ/m = 0.0047인/m 7) 캇타사용료(320~400㎜):43.75m/hr 3. 줄눈설치 1) 작업조건 ∴ 1일당 시공량:700m/일 ∴ 시간당시공량:700m/일/8hr/일 = 87.50m/hr 2) 특별인부:2인/일/8hr/일/87.50m/hr = 0.0029인/m 3) 보통인부:3인/일/8hr/일/87.50m/hr = 0.0043인/m	 12-3-2-3-가 포장절단 12-3-2-3-나 줄눈설치
e-4	콘크리트포장 (수축줄눈,2차로)	m	1. 재 료 비 ∴브로운아스팔트:W=(0.006m*0.08m*1.0m)*2350kg/㎥*1.03 (할증) = 1.162kg/m 2. 포장절단 1) 작업조건 ∴ 1일당 시공량:600m/일 ∴ 시간당시공량:600m/일/8hr/일 = 75.0m/hr 2) 블레이드(D=320~400mm,t=3.2mm기준):0.0031개 3) 물:30ℓ/m 4) 특별인부:1인/8hr/일/75.00m/hr = 0.0017인/m 5) 보통인부:2인/8hr/일/75.00m/hr = 0.0033인/m 6) 물운반 V = 2500m/hr , T = 450분 , D = 100m , t1 = 4분 N = (2500m/hr*450분)/(120*100m+2500m/hr*4분) = 51.14회/일 Q1 = 51.14회/일*250kg/회*1ℓ/kg = 12,785ℓ/m Q = 2인/일/12785ℓ/일)*30ℓ/m = 0.0047인/m 7) 캇타사용료(320~400㎜):75.0m/hr	 12-3-2-3-가 포장절단

번호	공 종	단위	단 가 산 출 기 준	비 고
			3. 줄눈설치 1) 작업조건 ∴ 1일당 시공량:700m/일 ∴ 시간당시공량:700m/일/8hr/일 = 87.50m/hr 2) 특별인부:2인/일/8hr/일/87.50m/hr = 0.0029인/m 3) 보통인부:3인/일/8hr/일/87.50m/hr = 0.0043인/m	12-3-2-3-나 줄눈설치
f f-1	보조기층 포설 보조기층 (소규모,인력)	㎥	1. 작업조건 ∴ 1일당 시공량:150㎥/일 ∴ 시간당시공량:150㎥/일/8hr/일 = 18.75m/hr 2. 혼합골재운반:1.04㎥ 3. 인건비(보통인부):4인/일/8hr/일/18.75㎥/hr = 0.0267인/㎥ 4. 기계사용료 1) 굴삭기(타이어,0.60㎥):18.75㎥/hr 2) 진동로울러(핸드가이드식,0.7ton):18.75㎥/hr 3) 물탱크(5,500 ℓ):18.75㎥/hr	12-2-2-1 보조기층 (인력식)
f-2	보조기층 (길어깨포장)	㎥	1. 작업조건 ∴ 1일당 시공량:225㎥/일 ∴ 시간당시공량:225㎥/일/8hr/일 = 28.13㎥/hr 2. 혼합골재운반:1.04㎥ 3. 인건비 1) 특별인부:1인/일/8hr/일/28.13㎥/hr = 0.0044인/㎥ 2) 보통인부:2인/일/8hr/일/28.13㎥/hr = 0.0089인/㎥ 4. 기계사용료 1) 굴삭기(무한궤도,1.00㎥):28.13㎥/hr 2) 타이어로울러(8~15ton):28.13㎥/hr 3) 진동로울러(자주식,10ton):28.13㎥/hr 4) 물탱크(16,000 ℓ):28.13㎥/hr	12-2-2-2 보조기층 (길어깨포장)
f-3	보조기층 (본선포장)	㎥	1. 작업조건 ∴ 1일당 시공량:550㎥/일 ∴ 시간당시공량:550㎥/일/8hr/일 = 68.75㎥/hr 2. 혼합골재운반(D40㎜):1.04㎥ 3. 인건비 1) 특별인부:1인/일/8hr/일/68.75㎥/hr = 0.0018인/㎥ 2) 보통인부:2인/일/8hr/일/68.75㎥/hr = 0.0036인/㎥ 4. 기계사용료 1) 모우터그레이더(3.6m):68.75㎥/hr 2) 타이어로울러(8~15ton):68.75㎥/hr 3) 진동로울러(자주식,10ton):68.75㎥/hr 4) 물탱크(16,000 ℓ):68.75㎥/hr	12-2-2-3 보조기층 (본선포장)
g g-1	동상방지층포장 동상방지층 (소규모,인력)	㎥	1. 작업조건 ∴ 1일당 시공량:165㎥/일 ∴ 시간당시공량:165㎥/일/8hr/일 = 20.63㎥/hr 2. 혼합골재운반:1.04㎥ 3. 인건비(보통인부):4인/일/8hr/일/20.63㎥/hr = 0.0242인/㎥ 4. 기계사용료 1) 굴삭기(타이어,0.60㎥):20.63㎥/hr 2) 진동로울러(핸드가이드식,0.7ton):20.63㎥/hr 3) 물탱크(5,500 ℓ):20.63㎥/hr	12-2-1-1 동상방지층 (인력식)

번호	공　　종	단위	단 가 산 출 기 준	비　고
g-2	동상방지층 (길어깨포장)	㎥	1. 작업조건 ∴ 1일당 시공량:250㎥/일 ∴ 시간당시공량:250㎥/일/8hr/일 = 31.25㎥/hr 2. 혼합골재운반:1.04㎥ 3. 인건비(보통인부):2인/일/8hr/일/20.63㎥/hr = 0.008인/㎥ 4. 기계사용료 1) 굴삭기(무한궤도,1.00㎥):31.25㎥/hr 2) 타이어로울러(8~15ton):31.25㎥/hr 3) 진동로울러(자주식,10ton):31.25㎥/hr 4) 물탱크(16,000 ℓ):31.25㎥/hr	12-2-1-2 동상방지층 (길어깨포장)
g-3	동상방지층 (본선포장)	㎥	1. 작업조건 ∴ 1일당 시공량:600㎥/일 ∴ 시간당시공량:600㎥/일/8hr/일 = 75.0㎥/hr 2. 혼합골재운반:1.04㎥ 3. 인건비(보통인부):2인/일/8hr/일/75.0㎥/hr = 0.0033인/㎥ 4. 기계사용료 1) 모우터그레이더(3.6m):75.0㎥/hr 2) 타이어로울러(8~15ton):75.0㎥/hr 3) 진동로울러(자주식,10ton):75.0㎥/hr 4) 물탱크(16,000 ℓ):75.0㎥/hr	12-2-1-3 동상방지층 (본선포장)
h h-1	입도조정기층포설 입도조정기층 (소규모,인력)	㎥	1. 작업조건 ∴ 1일당 시공량:135㎥/일 ∴ 시간당시공량:135㎥/일/8hr/일 = 16.88㎥/hr 2. 혼합골재운반(D25㎜):1.04㎥ 3. 인건비(보통인부):4인/일/8hr/일/16.88㎥/hr = 0.0296인/㎥ 4. 기계사용료 1) 굴삭기(타이어,0.60㎥):16.88㎥/hr 2) 진동로울러(핸드가이드식,0.7ton):16.88㎥/hr 3) 물탱크(5,500 ℓ):16.88㎥/hr	12-2-3-3-가 입도조정 기층(인력식)
h-2	입도조정기층 (길어깨포장)	㎥	1. 작업조건 ∴ 1일당 시공량:200㎥/일 ∴ 시간당시공량:200㎥/일/8hr/일 = 25㎥/hr 2. 혼합골재운반:1.04㎥ 3. 인건비 1) 특별인부:1인/일/8hr/일/25㎥/hr = 0.005인/㎥ 2) 보통인부:2인/일/8hr/일/25㎥/hr = 0.010인/㎥ 4. 기계사용료 1) 굴삭기(무한궤도,1.00㎥):25.00㎥/hr 2) 타이어로울러(8~15ton):25.00㎥/hr 3) 진동로울러(자주식,10ton):25.00㎥/hr 4) 물탱크(16,000 ℓ):25.00㎥/hr	12-2-3-3-나 입도조정 기층(길어깨 포장)
h-3	입도조정기층 (본선포장)	㎥	1. 작업조건 ∴ 1일당 시공량:500㎥/일 ∴ 시간당시공량:500㎥/일/8hr/일 = 62.5㎥/hr 2. 혼합골재운반:1.04㎥ 3. 인건비 1) 특별인부:1인/일/8hr/일/62.5㎥/hr = 0.002인/㎥ 2) 보통인부:2인/일/8hr/일/62.5㎥/hr = 0.004인/㎥ 4. 기계사용료 1) 모우터그레이더(3.6m):62.5㎥/hr 2) 타이어로울러(8~15ton):62.5㎥/hr 3) 진동로울러(자주식,10ton):62.5㎥/hr 4) 물탱크(16,000 ℓ):62.5㎥/hr	12-2-3-3-다 입도조정 기층 (본선포장)

번호	공 종	단위	단 가 산 출 기 준	비 고
4.02 a	아스콘 포장 아스콘 표층포설			
a-1	아스콘 표층포설 (소규모,인력포장 T=75mm이하)	㎡	1. 작업조건 ∴ 1일당 시공량:300㎡/일 ∴ 시간당시공량:300㎡/일/8hr/일 = 37.5㎡/hr 2. 아스콘운반(#78,표층용):1.02(할증)*0.075m = 0.0765㎡ 3. 인건비 1) 포 장 공:1인/일/8hr/일/37.5㎡/hr = 0.0033인/㎡ 2) 보통인부(포설):1인/일/8hr/일/37.5㎡/hr = 0.0033인/㎡ 3) 보통인부(다짐):1인/일/8hr/일/37.5㎡/hr = 0.0033인/㎡ 4. 기계사용료 1) 플레이트콤펙터(1.5ton):37.5㎡/hr 2) 진동로울러(핸드가이드식,0.7ton):37.5㎡/hr 3) 로우더(타이어,0.57㎥):37.5㎡/hr 4) 물탱크(5,500ℓ):37.5㎡/hr	12-3-1-2-가 아스콘표층 (인력식)
a-2	아스콘 표층포설 (기계포설,본선포장 T=70mm이하,시공폭 :1.4~3.0m이하)	㎡	1. 작업조건 ∴ 1일당 시공량:2000㎡/일 ∴ 시간당시공량:2000㎡/일/8hr/일 = 250㎡/hr 2. 아스콘운반(#78,표층용):1.02(할증)*0.07m = 0.0714㎡ 3. 인건비 1) 포 장 공:4인/일/8hr/일/250.0㎡/hr = 0.0020인/㎡ 2) 보통인부:1인/일/8hr/일/250.0㎡/hr = 0.0005인/㎡ 4. 기계사용료 1) 아스팔트피니셔(3m):250㎡/hr 2) 마캐덤로울러(자주식,10~12ton):250㎡/hr 3) 타이어로울러(자주식,8~15ton):250㎡/hr 4) 탠덤로울러(자주식,5~8ton):250㎡/hr 5) 물탱크(16,000ℓ):625㎡/hr	12-3-1-2-나 아스콘표층 (본선포장)
a-3	아스콘 표층포설 (기계사용,본선포장 T=70㎜이하,시공폭 3.0m이상)	㎡	1. 작업조건 ∴ 1일당 시공량:5000㎡/일 ∴ 시간당시공량:5000㎡/일/8hr/일 = 625㎡/hr 2. 아스콘운반(#78,표층용):1.02(할증)*0.07m = 0.0714㎡ 3. 인건비 1) 포 장 공:4인/일/8hr/일/625.0㎡/hr = 0.0008인/㎡ 2) 보통인부:1인/일/8hr/일/625.0㎡/hr = 0.0002인/㎡ 4. 기계사용료 1) 아스팔트피니셔(3m):625㎡/hr 2) 마캐덤로울러(자주식,10~12ton):625㎡/hr 3) 타이어로울러(자주식,8~15ton):625㎡/hr 4) 탠덤로울러(자주식,5~8ton):625㎡/hr 5) 물탱크(16,000ℓ):625㎡/hr	12-3-1-2-나 아스콘포장 (본선포장)
a-4	택코팅 (RSC-4:30ℓ/a)	㎡	1. 작업조건 ∴ 1일당 시공량:8000㎡/일 ∴ 시간당시공량:8000㎡/일/8hr/일 = 1000㎡/hr 2. 재료비(역청제):0.30ℓ/㎡*1.02(할증) = 0.306ℓ/㎡ 3. 인건비(보통인부):2인/일/8hr/일/1000.0㎡/hr = 0.00025인/㎡ 4. 기계사용료(아스팔트스프레이어,400ℓ):1000㎡/hr	12-3-1-1 택코팅

번호	공 종	단위	단 가 산 출 기 준	비 고
b	아스콘기층포설			
b-1	아스콘기층포설 (소규모,인력포장 T=75㎜이하)	㎡	1. 작업조건 ∴ 1일당 시공량:300㎡/일 ∴ 시간당시공량:300㎡/일/8hr/일 = 37.5㎡/hr 2. 아스콘운반(#467,기층용):1.02(할증)*0.075m = 0.0765㎡ 3. 인건비 1) 포 장 공:1인/일/8hr/일/37.5㎡/hr = 0.0033인/㎡ 2) 보통인부(포설):1인/일/8hr/일/37.5㎡/hr = 0.0033인/㎡ 3) 보통인부(다짐):1인/일/8hr/일/37.5㎡/hr = 0.0033인/㎡ 4. 기계사용료 1) 플레이트콤펙터(1.5ton):37.5㎡/hr 2) 진동로울러(핸드가이드식,0.7ton):37.5㎡/hr 3) 로우더(타이어,0.57㎥):37.5㎡/hr 4) 물탱크(5,500ℓ):37.5㎡/hr	12-2-3-2 아스콘 기층포설
b-2	아스콘 기층포설 (기계포설,본선포장, 두께≥100㎜이하)	㎡	1. 작업조건 ∴ 1일당 시공량:3600㎡/일 ∴ 시간당시공량:3600㎡/일/8hr/일 = 450㎡/hr 2. 아스콘운반(#467,기층용):1.02(할증)*0.10m = 0.102㎡ 3. 인건비 1) 포 장 공:4인/일/8hr/일/450.0㎡/hr = 0.00111인/㎡ 2) 보통인부:1인/일/8hr/일/450.0㎡/hr = 0.00028인/㎡ 4. 기계사용료 1) 아스팔트피니셔(3m):450㎡/hr 2) 마캐덤로울러(자주식,10~12ton):450㎡/hr 3) 타이어로울러(자주식,8~15ton):450㎡/hr 4) 진동로울러(자주식,10ton):450㎡/hr 5) 물탱크(16,000ℓ):450㎡/hr	12-2-3-2 아스콘 기층포설
b-3	아스콘 기층포설 (기계포설,본선포장, 두께≤100㎜이상)	㎡	1. 작업조건 ∴ 1일당 시공량:4000㎡/일 ∴ 시간당시공량:4000㎡/일/8hr/일 = 500㎡/hr 2. 아스콘운반(#467,기층용):1.02(할증)*0.10m = 0.102㎡ 3. 인건비 1) 포 장 공:4인/일/8hr/일/500.0㎡/hr = 0.001인/㎡ 2) 보통인부:1인/일/8hr/일/500.0㎡/hr = 0.00025인/㎡ 4. 기계사용료 1) 아스팔트피니셔(3m):500㎡/hr 2) 마캐덤로울러(자주식,10~12ton):500㎡/hr 3) 타이어로울러(자주식,8~15ton):500㎡/hr 4) 진동로울러(자주식,10ton):500㎡/hr 5) 물탱크(16,000ℓ):500㎡/hr	12-2-3-2 아스콘 기층포설
b-4	프라임코팅 (RSC-3:75ℓ/a)	㎡	1. 작업조건 ∴ 아스팔트 살포량:75ℓ/㎡/100㎡ = 0.75ℓ/㎡ ∴ 1일당 시공량:8000㎡/일 ∴ 시간당시공량:8000㎡/일/8hr/일 = 1000㎡/hr 2. 재료비:0.750ℓ/㎡*1.02(할증) = 0.765ℓ/㎡ 3. 인건비(보통인부):2인/일/8hr/일/1000.0㎡/hr = 0.00025인/㎡ 4. 기계사용료(아스팔트스프레이어,400ℓ):1000㎡/hr	12-3-1-1 프라임코팅

번호	공 종	단위	단 가 산 출 기 준	비 고
b-5	프라임코팅 (MC-1:75ℓ/a)	㎡	1. 작업조건 ∴ 아스팔트 살포량:75ℓ/㎡/100㎡ = 0.75ℓ/㎡ ∴ 1일당 시공량:8000㎡/일 ∴ 시간당시공량:8000㎡/일/8hr/일 = 1000㎡/hr 2. 재료비 1) 역청재(MC-1):0.750ℓ/㎡*1.02(할증) = 0.765ℓ/㎡ 2) 경유(저유황,0.2W%S):26ℓ/ton/1000ℓ = 0.026ℓ 3. 인건비 1) 포장공:1인/일/8hr/일/1000.00㎡/hr = 0.00013인/㎡ 2) 보통인부:2인/일/8hr/일/1000.0㎡/hr = 0.00025인/㎡ 4. 기계사용료(아스팔트스프레이어,400ℓ):1000㎡/hr	12-3-1-1 프라임코팅
c	특수아스콘포설			
c-1	개질아스콘포설 (기계포설,본선포장 시공폭1.4~3.0m)	㎡	1. 작업조건 ∴ 1일당 시공량:1800㎡/일 ∴ 시간당시공량:1800㎡/일/8hr/일 = 225㎡/hr 2. 재료비:2.35ton/㎥*1.02(할증)*0.07m = 0.168ton 3. 인건비 1) 포 장 공:4인/일/8hr/일/225.0㎡/hr = 0.00222인/㎡ 2) 보통인부:1인/일/8hr/일/225.0㎡/hr = 0.00055인/㎡ 4. 기계사용료 1) 아스팔트피니셔(3m):225㎡/hr 2) 마캐덤로울러(자주식,10~12ton):225㎡/hr 3) 탠덤로울러(자주식,5~8ton):225㎡/hr 4) 물탱크(16,000ℓ):225㎡/hr	12-3-1-3-가 개질아스콘 포장
c-2	개질아스콘포설 (기계포설,본선포장 시공폭3.0m이상)	㎡	1. 작업조건 ∴ 1일당 시공량:4500㎡/일 ∴ 시간당시공량:4500㎡/일/8hr/일 = 562.50㎡/hr 2. 재료비:2.35ton/㎥*1.02(할증)*0.07m = 0.168ton 3. 인건비 1) 포 장 공:4인/일/8hr/일/562.50㎡/hr = 0.00089인/㎡ 2) 보통인부:1인/일/8hr/일/562.50㎡/hr = 0.00022인/㎡ 4. 기계사용료 1) 아스팔트피니셔(3m):562.50㎡/hr 2) 마캐덤로울러(자주식,10~12ton):562.50㎡/hr 3) 탠덤로울러(자주식,5~8ton):562.50㎡/hr 4) 물탱크(16,000ℓ):562.50㎡/hr	12-3-1-3-가 개질아스콘 포장
c-3	투배수성아스콘포설 (기계포설,본선포장 시공폭1.4~3.0m)	㎡	1. 작업조건 ∴ 1일당 시공량:1600㎡/일 ∴ 시간당시공량:1600㎡/일/8hr/일 = 200㎡/hr 2. 재료비:2.35ton/㎥*1.02(할증)*0.07m = 0.168ton 3. 인건비 1) 포 장 공:4인/일/8hr/일/200.0㎡/hr = 0.0025인/㎡ 2) 보통인부:1인/일/8hr/일/200.0㎡/hr = 0.00063인/㎡ 4. 기계사용료 1) 아스팔트피니셔(3m):200㎡/hr 2) 마캐덤로울러(자주식,10~12ton):200㎡/hr 3) 탠덤로울러(자주식,5~8ton):200㎡/hr 4) 물탱크(16,000ℓ):200㎡/hr	12-3-1-3-나 투배수성 포장

번호	공 종	단위	단 가 산 출 기 준	비 고
c-4	투배수성아스콘포설 (기계포설,본선포장 시공폭3.0m이상)	㎡	1. 작업조건 ∴ 1일당 시공량:4000㎡/일 ∴ 시간당시공량:4000㎡/일/8hr/일 = 500㎡/hr 2. 재료비:2.35ton/㎥*1.02(할증)*0.07m = 0.168ton 3. 인건비 1) 포 장 공:4인/일/8hr/일/500.0㎡/hr = 0.001인/㎡ 2) 보통인부:1인/일/8hr/일/500.0㎡/hr = 0.00025인/㎡ 4. 기계사용료 1) 아스팔트피니셔(3m):500㎡/hr 2) 마캐덤로울러(자주식,10~12ton):500㎡/hr 3) 탠덤로울러(자주식,5~8ton):500㎡/hr 4) 물탱크(16,000ℓ):500㎡/hr	12-3-1-3-나 투배수성 포장
4.03 a	**차선도색** 기계식차선도색 (가열형,황색)	㎡	1. 작업조건 ∴ 1일당 시공량:4500㎡/일 ∴ 시간당시공량:4500㎡/일/8hr/일 = 562.5㎡/hr 2. 재료비 1) 가열형페인트(황색):0.31ℓ 2) 유리알(비드):0.29㎏ 3. 노무비(특별인부):1인/일/8hr/일/562.50㎡/hr = 0.0002인 4. 기계사용료 1) 차선도색(라인마카 10㎞/hr):562.50㎡/hr 2) 트럭(2.5ton):562.50㎡/hr	12-6-2-2 페인트기계식
b	기계식차선도색 (가열형,백색)	㎡	1. 작업조건 ∴ 1일당 시공량:4500㎡/일 ∴ 시간당시공량:4500㎡/일/8hr/일 = 562.5㎡/hr 2. 재료비 1) 가열형페인트(백색):0.31ℓ 2) 유리알(비드):0.29㎏ 3. 노무비(특별인부):1인/일/8hr/일/562.50㎡/hr = 0.0002㎡hr 4. 기계사용료 1) 차선도색(라인마카 10㎞/hr):562.50㎡/hr 2) 트럭(2.5ton):562.50㎡/hr	12-6-2-2 페인트기계식
c	수동식차선도색 (상온형,백색)	㎡	1. 작업조건 ∴ 1일당 시공량:800㎡/일 ∴ 시간당시공량:800㎡/일/8hr/일 = 100㎡/hr 2. 재료비 1) 상온형페인트(백색):0.31ℓ 2) 유리알(비드):0.29㎏ 3. 노무비 1) 특별인부:1인/일/8hr/일/100.0㎡/hr = 0.0025인/㎡ 2) 보통인부:4인/일/8hr/일/100.0㎡/hr = 0.005인/㎡ 4. 기계사용료 1) 트럭(2.5ton):100㎡/hr 2) 트럭(4.5ton):100㎡/hr	12-6-2-1 페인트상온형
d	수동식차선도색 (상온형,황색)	㎡	1. 작업조건 ∴ 1일당 시공량:800㎡/일 ∴ 시간당시공량:800㎡/일/8hr/일 = 100㎡/hr 2. 재료비 1) 상온형페인트(황색):0.31ℓ 2) 유리알(비드):0.29㎏ 3. 노무비 1) 특별인부:1인/일/8hr/일/100.0㎡/hr = 0.0025인/㎡ 2) 보통인부:4인/일/8hr/일/100.0㎡/hr = 0.005인/㎡ 4. 기계사용료 1) 트럭(2.5ton):100㎡/hr 2) 트럭(4.5ton):100㎡/hr	12-6-2-1 페인트상온 형

번호	공　　종	단위	단 가 산 출 기 준	비　고
e	융착식도료 수동식도색 (횡단보도,주차장)	m²	1. 작업조건 ∴ 1일당 시공량:600m²/일 ∴ 시간당시공량:600m²/일/8hr/일 = 75m²/hr 2. 재료비 1) 융착식도료(백색):4.53kg 2) 유리알(비드):0.20kg 3) 프라이머:0.20kg 4) 프로판가스(LPG):0.20kg 3. 노무비 1) 특별인부:1인/일/8hr/일/75.0m²/hr = 0.0017인/m² 2) 보통인부:4인/일/8hr/일/75.0m²/hr = 0.0067인/m² 4. 기계사용료 1) 트럭(2.5ton):75m²/hr 2) 트럭(4.5ton):75m²/hr	12-6-2-3 융착식
4.04	차선도색제거	m²	1. 작업조건 ∴ 1일당 시공량:23m²/일 ∴ 시간당시공량:23m²/일/8hr/일 = 2.88m²/hr 2. 재료비(프로판가스(LPG)):0.000012kg 3. 노무비 1) 작업반장:1인/일/8hr/일/2.88m²/hr = 0.0434인/m² 2) 보통인부:3인/일/8hr/일/2.88m²/hr = 0.01302인/m² 4. 기계사용료(차선제거기 4.10㎾):2.88m²/hr	12-4-2-2 차선도색 제거
4.05	미끄럼방지포장	m²	1. 작업조건 ∴ 1일당 시공량:35m²/일 ∴ 시간당시공량:35m²/일/8hr/일 = 4.38m²/hr 2. 재료비 1) 세강슬래그:12.20kg 2) 에폭시수지:2.40kg 3) 충 진 제:1.80kg 3. 노무비 1) 도 장 공:2인/일/8hr/일/4.38m²/hr = 0.0571인/m² 2) 포 장 공:1인/일/8hr/일/4.38m²/hr = 0.0285인/m² 3) 특별인부:1인/일/8hr/일/4.38m²/hr = 0.0285인/m² 4) 보통인부:2인/일/8hr/일/4.38m²/hr = 0.0571인/m² 4. 기계사용료 1) 발전기(50㎾):4.38m²/hr 2) 핸드믹서(200ℓ):4.38m²/hr 3) 소형롤러(50kg):4.38m²/hr 4) 트럭(2.5ton):4.38m²/hr	12-6-6 미끄럼방지공
5	현장타설L형측구공			
a	콘크리트타설 (무근,진동기제외)	m²	Ⅱ-2 구조물공통, 2.02-a 참조	
b	합판거푸집 (4회,H = 0~7m)	m²	Ⅱ-2 구조물공통, 3.01-d 참조	
c	배수공설치 (PVC pipe,D50㎜)	m	Ⅱ-3 본선부속, 3.01-d-d-4참조	
d	비닐양생 (P.E 필름,T=0.1㎜)	m²	Ⅱ-5 길내기, 4.01-d-d-1참조	
e	신축이음 (합판,T = 12㎜)	m²	Ⅱ-3 본선부속, 3.01-c-c-1 참조	
f	부직포설치 (200g/m²)	m²	Ⅱ-3 본선부속, 3.01-d-d-2참조	

번호	공　　종	단위	단 가 산 출 기 준	비 고
6	**보도용블럭포장**			
a	소형고압블럭포장 (T=60~80mm)	㎡	1. 작업조건 ∴ 1일당 시공량:300㎡/일 ∴ 시간당시공량:300㎡/일/8hr/일 = 37.5㎡/hr 2. 재료비 1) 소형고압블럭(S형,흑,적,갈색):1.08㎡ 3. 모래구입 및 운반:0.044㎥ 4. 포설비 1) 특별인부:1인/일/8hr/일/37.50㎡/hr = 0.0033㎡/hr 2) 보통인부:5인/일/8hr/일/37.50㎡/hr = 0.0167㎡/hr 3) 잡재료비(인건비의5%) 5. 기계사용료 1) 플레이트콤펙트(1.5ton):37.50㎡/hr 2) 굴삭기(무한궤도,0.60㎥):37.50㎡/hr	12-3-3-1 보도용 블록포장
b	대형블럭포장 (500×500×45mm)	㎡	1. 작업조건 ∴ 1일당 시공량:270㎡/일 ∴ 시간당시공량:270㎡/일/8hr/일 = 33.75㎡/hr 2. 재료비 1) 콘크리트블럭(500×500×45mm):4개 3. 모래구입 및 운반:0.03㎥ 4. 포설비 1) 특별인부:1인/일/8hr/일/33.75㎡/hr = 0.0037㎡/hr 2) 보통인부:5인/일/8hr/일/33.75㎡/hr = 0.0185㎡/hr 3) 잡재료비(인건비의5%) 5. 기계사용료 1) 플레이트콤펙트(1.5ton):33.75㎡/hr 2) 굴삭기(무한궤도,0.60㎥):33.75㎡/hr	12-3-3-1 보도용 블록포장
c	보도용블럭포장 (300×300×60mm)	㎡	1. 작업조건 ∴ 1일당 시공량:370㎡/일 ∴ 시간당시공량:370㎡/일/8hr/일 = 46.25㎡/hr 2. 재료비 1) 콘크리트블럭(300×300×60mm):11개 3. 모래구입 및 운반:0.002㎥ 4. 포설비 1) 특별인부:1인/일/8hr/일/46.25㎡/hr = 0.0027㎡/hr 2) 보통인부:5인/일/8hr/일/46.25㎡/hr = 0.0135㎡/hr 3) 잡재료비(인건비의5%) 5. 기계사용료 1) 플레이트콤펙트(1.5ton):46.25㎡/hr 2) 굴삭기(무한궤도,0.60㎥):46.25㎡/hr	12-3-3-1 보도용 블록포장
7	**경계석및경계블럭설치**			
7.01	**기초콘크리트타설**			
a	콘크리트타설 (무근,진동기제외)	㎥	Ⅱ-2 구조물공통, 2.02-a 참조	
b	합판거푸집 (6회,H = 0~7m)	㎡	Ⅱ-2 구조물공통, 3.01-f 참조	
c	모르터(1 : 3)	㎥	Ⅱ-2 구조물공통, 2.08-c 참조	

번호	공 종	단위	단 가 산 출 기 준	비 고
7.02	보차도경계석설치 (화강암)			
a	보차도경계석설치 (180×200×1000mm)	m	1. 작업조건 ∴ 1일당 시공량:110m/일 ∴ 시간당시공량:110m/일/8hr/일 = 13.75m/hr 2. 재료비(180×200×1000mm):1개 3. 인건비 1) 보통인부:1인/일/8hr/일 /13.75m/hr = 0.0091인 2) 특별인부:3인/일/8hr/일/13.75m/hr = 0.0273인 4. 기계사용료(트럭탑재형크레인,5ton):13.75m/hr	12-5-3-1 보차도경계석
b	보차도경계석설치 (200×250×1000mm)	m	1. 작업조건 ∴ 1일당 시공량:80m/일 ∴ 시간당시공량:80m/일/8hr/일 = 10.0m/hr 2. 재료비(1,200×250×1000mm):1개 3. 인건비 1) 보통인부:1인/일/8hr/일/10.00m/hr = 0.0125인 2) 특별인부:3인/일/8hr/일/10.00m/hr = 0.0375인 4. 기계사용료(트럭탑재형크레인,5ton):10.00m/hr	12-5-3-1 보차도경계석
c	보차도경계석설치 (200×300×1000mm)	m	1. 작업조건 ∴ 1일당 시공량:50m/일 ∴ 시간당시공량:50m/일/8hr/일 = 6.25m/hr 2. 재료비 1) 보차도경계석(200×300×1000mm):1개 3. 인건비 1) 보통인부:1인/일/8hr/일/6.25m/hr = 0.020인 2) 특별인부:3인/일/8hr/일/6.25m/hr = 0.060인 4. 기계사용료(트럭탑재형크레인,5ton):6.25m/hr	12-5-3-1 보차도경계석
d	보차도경계석설치 (250×250×1000mm)	m	1. 작업조건 ∴ 1일당 시공량:50m/일 ∴ 시간당시공량:50m/일/8hr/일 = 6.25m/hr 2. 재료비 1) 보차도경계석(250×250×1000mm):1개 3. 인건비 1) 보통인부:1인/일/8hr/일/6.25m/hr = 0.020인 2) 특별인부:3/일/인/8hr/일/6.25m/hr = 0.060인 4. 기계사용료(트럭탑재형크레인,5ton):6.25m/hr	12-5-3-1 보차도경계석
e	보차도경계석설치 (210×300×1000mm)	m	1. 작업조건 ∴ 1일당 시공량:50m/일 ∴ 시간당시공량:50m/일/8hr/일 = 6.25m/hr 2. 재료비(210×250×1000mm):1개 3. 인건비 1) 보통인부:1인/일/8hr/일/6.25m/hr = 0.020인 2) 특별인부:3인/일/8hr/일/6.25m/hr = 0.060인 4. 기계사용료(트럭탑재형크레인,5ton):6.25m/hr	12-5-3-1 보차도경계석

번호	공 종	단위	단 가 산 출 기 준	비 고
7.03	보차도경계블럭설치(콘크리트)			
a	보차도경계블럭설치 (150×170×200×1000mm)	m	1. 경계블럭운반비(상차도) 1) 적재 및 적하 - 적재톤수:10.5ton/대(덤프트럭 적재중량) - 적재중량:0.0736ton/개*20개/묶음 = 1.47ton/묶음 - 적재횟수:10.5ton/대/1.47ton/묶음 = 7묶음/대 1) 적 재:1분/회*7묶음/대 = 7분/대 2) 적 하:1분/회*7묶음/대 = 7분/대 계:7.00분/대+7.00분/대 = 14분/대 2) 운반비 q1 = (20m/묶음*7묶음/대) = 140m/대, f=1.00, E=0.90 t1 = 14.00분/대(적재), t3 = 14.00분/대(적하), t4 = 0.42분/대 t2 = (20㎞/35㎞/hr(적재)+20㎞/35㎞/hr(공차))*60분 = 68.57분/대 Cm = 14.00분/대+68.57분/대+14.00분/대+0.42분/대 = 96.99분/대 OH = (68.57분/대+0.42분/대)/96.99분/대 = 0.711(재료비만적용) Q = 96.99분/대/(60분*1.00*0.90)/140.00m/대 = 0.013hr/m 3) 중기사용료(지게차, 5ton) ql = 20m/묶음, t1 = 1분(적재소요시간), t2 = 1분(적하소요시간) V1 = 10㎞/hr(적재시속도), V2 = 10㎞/hr(공차시속도) L=0.02㎞(1회운반거리), f = 1.00, E = 1.00 Cm = (0.02㎞/10㎞/hr+0.02㎞/10㎞/hr)*60분+(1분+1분) = 2.24분 Q = 2.24분/대/(60분*1.00*1.00)/20m/묶음 = 0.002hr/m 4) 인건비 ∴1일실작업시간:(480분/일-30분/일)/60분/hr = 7.5hr/일 보통인부:2인/일/7.50hr/일*0.002hr/m = 0.00053인/m 2. 작업조건 ∴ 1일당 시공량:110m/일 ∴ 시간당시공량:110m/일/8hr/일 = 13.75m/hr 3. 재료비(150×170×200×1000mm):1개 4. 인건비 1) 보통인부:1인/일/8hr/일/13.75m/hr = 0.0091인 2) 특별인부:2인/일/8hr/일/13.75m/hr = 0.0182인 5. 기계사용료(트럭탑재형크레인,5ton):13.75m/hr	12-5-3-2 보차도 경계블럭
b	보차도경계블럭설치 (180×205×250×1000m)	m	1. 경계블럭운반비(상차도) 1) 적재 및 적하 - 적재톤수:10.5ton/대(덤프트럭 적재중량) - 적재중량:0.1104ton/개*20개/묶음 = 2.21ton/묶음 - 적재횟수:10.5ton/대/2.21ton/묶음 = 5묶음/대 1) 적 재:1분/회*5묶음/대 = 5분/대 2) 적 하:1분/회*5묶음/대 = 5분/대 계:5.00분/대+5.00분/대 = 10분/대 2) 운반비 q1 = (20m/묶음*5묶음/대) = 100m/대, f=1.00, E=0.90 t1 = 10.00분/대(적재), t3 = 10.00분/대(적하), t4 = 0.42분/대 t2 = (20㎞/35㎞/hr(적재)+20㎞/35㎞/hr(공차))*60분 = 68.57분/대 Cm = 10.00분/대+68.57분/대+10.00분/대+0.42분/대 = 88.99분/대 OH = (68.57분/대+0.42분/대)/88.99분/대 = 0.775(재료비만적용) Q = 88.99분/대/(60분*1.00*0.90)/100.00m/대 = 0.016hr/m 3) 중기사용료(지게차, 5ton) ql = 20m/묶음, t1 = 1분(적재소요시간), t2 = 1분(적하소요시간) V1 = 10㎞/hr(적재시속도), V2 = 10㎞/hr(공차시속도)	12-5-3-2 보차도 경계블럭

번호	공 종	단위	단 가 산 출 기 준	비 고
			L = 0.02㎞(1회운반거리), f = 1.00, E = 1.00 Cm = (0.02㎞/10㎞/hr+0.02㎞/10㎞/hr)*60분+(1분+1분) = 2.24분 Q = 2.24분/대/(60분*1.00*1.00)/20m/묶음 = 0.002hr/m 4) 인건비 ∴1일실작업시간:(480분/일-30분/일)/60분/hr = 7.5hr/일 보통인부:2인/일/7.50hr/일*0.002hr/m = 0.00053인/m 2. 작업조건 ∴ 1일당 시공량:80m/일 ∴ 시간당시공량:80m/일/8hr/일 = 10.00m/hr 3. 재료비(180×205×250×1000mm):1개 4. 인건비 1) 보통인부:1인/일/8hr/일/10.00m/hr = 0.0125인 2) 특별인부:2인/일/8hr/일/13.75m/hr = 0.025인 5. 기계사용료(트럭탑재형크레인,5ton):10.00m/hr	
c	보차도경계블럭설치 (180×210×300×1000m)	m	1. 경계블럭운반비(상차도) 1) 적재 및 적하 - 적재톤수:10.5ton/대(덤프트럭 적재중량) - 적재중량:0.145ton/개*20개/묶음 = 2.90ton/묶음 - 적재횟수:10.5ton/대/2.90ton/묶음 = 4묶음/대 1) 적 재:1분/회*4묶음/대 = 4분/대 2) 적 하:1분/회*4묶음/대 = 4분/대 계:4.00분/대+4.00분/대 = 8분/대 2) 운반비 q1 = (20m/묶음*4묶음/대) = 80m/대, f=1.00, E=0.90 t1 = 8.00분/대(적재), t3 = 8.00분/대(적하), t4 = 0.42분/대 t2 = (20㎞/35㎞/hr(적재)+20㎞/35㎞/hr(공차))*60분 = 68.57분/대 Cm = 8.00분/대+68.57분/대+8.00분/대+0.42분/대 = 84.99분/대 OH = (68.57분/대+0.42분/대)/84.99분/대 = 0.812(재료비만적용) Q = 84.99분/대/(60분*1.00*0.90)/80.00m/대 = 0.02hr/m 3) 중기사용료(지게차,5ton) q1 = 20m/묶음, t1 = 1분(적재소요시간), t2 = 1분(적하소요시간) V1 = 10㎞/hr(적재시속도), V2 = 10㎞/hr(공차시속도) L = 0.02㎞(1회운반거리), f = 1.00, E = 1.00 Cm = (0.02㎞/10㎞/hr+0.02㎞/10㎞/hr)*60분+(1분+1분) = 2.24분 Q = 2.24분/대/(60분*1.00*1.00)/20m/묶음 = 0.002hr/m 4) 인건비 ∴1일실작업시간:(480분/일-30분/일)/60분/hr = 7.5hr/일 보통인부:2인/일/7.50hr/일*0.002hr/m = 0.00053인 2. 작업조건 ∴ 1일당 시공량:50m/일 ∴ 시간당시공량:50m/일/8hr/일 = 6.25m/hr 3. 재료비(180×210×300×1000mm):1개 4. 인건비 1) 보통인부:1인/일/8hr/일/6.25m/hr = 0.02인 2) 특별인부:2인/일/8hr/일/6.25m/hr = 0.04인 5. 기계사용료(트럭탑재형크레인,5ton):6.25m/hr	12-5-3-2 보차도 경계블럭

번호	공 종	단위	단 가 산 출 기 준	비 고
7.04	도로경계블럭설치 (콘크리트)			
a	도로경계블럭설치 (120×120×120×1000mm)	m	1. 경계블럭운반비(상차도) 1) 적재 및 적하 - 적재톤수:10.5ton/대(덤프트럭 적재중량) - 적재중량:0.0331ton/개*20개/묶음 = 0.66ton/묶음 - 적재횟수:10.5ton/대/0.66ton/묶음 = 16묶음/대 1) 적 재:1분/회*16묶음/대 = 16분/대 2) 적 하:1분/회*16묶음/대 = 16분/대 계:16.00분/대+16.00분/대 = 32분/대 2) 운반비 q1 = (20m/묶음*16묶음/대) = 320m/대, f=1.00, E=0.90 t1 = 32.00분/대(적재), t3 = 32.00분/대(적하), t4 = 0.42분/대 t2 = (20㎞/35㎞/hr(적재)+20㎞/35㎞/hr(공차))*60분 = 68.57분/대 Cm = 32.00분/대+68.57분/대+32.00분/대+0.42분/대 = 132.99분/대 OH = (68.57분/대+0.42분/대)/132.99분/대 = 0.519(재료비만적용) Q = 132.99분/대/(60분*1.00*0.90)/320.00m/대 = 0.008hr/m 3) 중기사용료(지게차,3.5ton) q1 = 20m/묶음, t1 = 1분(적재소요시간), t2 = 1분(적하소요시간) V1 = 10㎞/hr(적재시속도), V2 = 10㎞/hr(공차시속도) L = 0.02㎞(1회운반거리), f = 1.00, E = 1.00 Cm = (0.02㎞/10㎞/hr+0.02㎞/10㎞/hr)*60분+(1분+1분) = 2.24분 Q = 2.24분/대/(60분*1.00*1.00)/20m/묶음 = 0.002hr/m 4) 인건비 ∴1일실작업시간:(480분/일-30분/일)/60분/hr = 7.5hr/일 보통인부:2인/일/7.50hr/일*0.002hr/m = 0.00053인 2. 작업조건 ∴ 1일당 시공량:150m/일 ∴ 시간당시공량:150m/일/8hr/일 = 18.75m/hr 3. 재료비(120×120×120×1000mm):1개 4. 인건비 1) 보통인부:1인/일/8hr/일/18.75m/hr = 0.0067인 2) 특별인부:2인/일/8hr/일/18.75m/hr = 0.0133인 5. 기계사용료(트럭탑재형크레인,5ton):18.75m/hr	12-5-3-2 도로경계블럭
b	도로경계블럭설치 (150×120×120×1000mm)	m	1. 경계블럭운반비(상차도) 1) 적재 및 적하 - 적재톤수:10.5ton/대(덤프트럭 적재중량) - 적재중량:0.0373ton/개*20개/묶음 = 0.75ton/묶음 - 적재횟수:10.5ton/대/0.75ton/묶음 = 14묶음/대 1) 적 재:1분/회*14묶음/대 = 14분/대 2) 적 하:1분/회*14묶음/대 = 14분/대 계:14.00분/대+14.00분/대 = 28분/대 2) 운반비 q1 = (20m/묶음*14묶음/대) = 280m/대, f=1.00, E=0.90 t1 = 28.00분/대(적재), t3 = 28.00분/대(적하), t4 = 0.42분/대 t2 = (20㎞/35㎞/hr(적재)+20㎞/35㎞/hr(공차))*60분 = 68.57분/대 Cm = 28.00분/대+68.57분/대+28.00분/대+0.42분/대 = 124.99분/대 OH = (68.57분/대+0.42분/대)/124.99분/대 = 0.552(재료비만적용) Q = 124.99분/대/(60분*1.00*0.90)/280.00m/대 = 0.008hr/m 3) 중기사용료(지게차,3.5ton) q1 = 20m/묶음, t1 = 1분(적재소요시간), t2 = 1분(적하소요시간)	12-5-3-2 도로경계블럭

번호	공 종	단위	단 가 산 출 기 준	비 고
			V1 = 10㎞/hr(적재시속도), V2 = 10㎞/hr(공차시속도) L = 0.02㎞(1회운반거리), f = 1.00, E = 1.00 Cm = (0.02㎞/10㎞/hr+0.02㎞/10㎞/hr)*60분+(1분+1분) = 2.24분 Q = 2.24분/대/(60분*1.00*1.00)/20m/묶음 = 0.002hr/m 4) 인건비 ∴1일실작업시간:(480분/일-30분/일)/60분/hr = 7.5hr/일 보통인부:2인/일/7.50hr/일*0.002hr/m = 0.00053인 2. 작업조건 ∴ 1일당 시공량:145m/일 ∴ 시간당시공량:145m/일/8hr/일 = 18.13m/hr 3. 재료비(150×120×120×1000mm):1개 4. 인건비 1) 보통인부:1인/일/8hr/일/18.13m/hr = 0.0069인 2) 특별인부:2인/일/8hr/일/18.13m/hr = 0.0138인 5. 기계사용료(트럭탑재형크레인,5ton):18.13m/hr	
c	도로경계블럭설치 (150×150×120×1000mm)	m	1. 경계블럭운반비(상차도) 1) 적재 및 적하 - 적재톤수:10.5ton/대(덤프트럭 적재중량) - 적재중량:0.0414ton/개*20개/묶음 = 0.83ton/묶음 - 적재횟수:10.5ton/대/0.83ton/묶음 = 13묶음/대 1) 적 재:1분/회*13묶음/대 = 13분/대 2) 적 하:1분/회*13묶음/대 = 13분/대 계:13.00분/대+13.00분/대 = 26분/대 2) 운반비 q1 = (20m/묶음*13묶음/대) = 260m/대, f=1.00, E=0.90 t1 = 26.00분/대(적재), t3 = 26.00분/대(적하), t4 = 0.42분/대 t2 = (20㎞/35㎞/hr(적재)+20㎞/35㎞/hr(공차))*60분 = 68.57분/대 Cm = 26.00분/대+68.57분/대+26.00분/대+0.42분/대 = 120.99분/대 OH = (68.57분/대+0.42분/대)/120.99분/대 = 0.570(재료비만적용) Q = 120.99분/대(60분*1.00*0.90)/260.00m/대 = 0.009hr/m 3) 중기사용료(지게차,3.5ton) q1 = 20m/묶음, t1 = 1분(적재소요시간), t2 = 1분(적하소요시간) V1 = 10㎞/hr(적재시속도), V2 = 10㎞/hr(공차시속도) L = 0.02㎞(1회운반거리), f = 1.00, E = 1.00 Cm = (0.02㎞/10㎞/hr+0.02㎞/10㎞/hr)*60분+(1분+1분) = 2.24분 Q = 2.24분/대/(60분*1.00*1.00)/20m/묶음 = 0.002hr/m 4) 인건비 ∴1일실작업시간:(480분/일-30분/일)/60분/hr = 7.5hr/일 보통인부:2인/일/7.50hr/일*0.002hr/m = 0.00053인 2. 작업조건 ∴ 1일당 시공량:140m/일 ∴ 시간당시공량:140m/일/8hr/일 = 17.50m/hr 3. 재료비(150×150×120×1000mm):1개 4. 인건비 1) 보통인부:1인/일/8hr/일/17.50m/hr = 0.0071인 2) 특별인부:2인/일/8hr/일/17.50m/hr = 0.0143인 5. 기계사용료(트럭탑재용,5ton):17.50m/hr	12-5-3-2 도로경계블럭

번호	공 종	단위	단 가 산 출 기 준	비 고
d	도로경계블럭설치 (150×150×150×1000mm)	m	1. 경계블럭운반비(상차도) 1) 적재 및 적하 - 적재톤수:10.5ton/대(덤프트럭 적재중량) - 적재중량:0.0414ton/개*20개/묶음 = 0.83ton/묶음 - 적재횟수:10.5ton/대/0.83ton/묶음 = 13묶음/대 1) 적 재:1분/회*13묶음/대 = 13분/대 2) 적 하:1분/회*13묶음/대 = 13분/대 계:13.00분/대+13.00분/대 = 26분/대 2) 운반비 q1 = (20m/묶음*13묶음/대) = 260m/대, f=1.00, E=0.90 t1 = 26.00분/대(적재), t3 = 26.00분/대(적하), t4 = 0.42분/대 t2 = (20㎞/35㎞/hr(적재)+20㎞/35㎞/hr(공차))*60분 = 68.57분/대 Cm = 26.00분/대+68.57분/대+26.00분/대+0.42분/대 = 120.99분/대 OH = (68.57분/대+0.42분/대)/120.99분/대 = 0.570(재료비만적용) Q = 120.99분/대(60분*1.00*0.90)/260.00m/대 = 0.009hr/m 3) 중기사용료(지게차,3.5ton) q1 = 20m/묶음, t1 = 1분(적재소요시간), t2 = 1분(적하소요시간) V1 = 10㎞/hr(적재시속도), V2 = 10㎞/hr(공차시속도) L = 0.02㎞(1회운반거리), f = 1.00, E = 1.00 Cm = (0.02㎞/10㎞/hr+0.02㎞/10㎞/hr)*60분+(1분+1분) = 2.24분 Q = 2.24분/대/(60분*1.00*1.00)/20m/묶음 = 0.002hr/m 4) 인건비 ∴1일실작업시간:(480분/일-30분/일)/60분/hr = 7.5hr/일 보통인부:2인/일/7.50hr/일*0.002hr/m = 0.00053인/m 2. 작업조건 ∴ 1일당 시공량:120m/일 ∴ 시간당시공량:120m/일/8hr/일 = 15.00m/hr 3. 재료비(150×150×150×1000mm):1개 4. 인건비 1) 보통인부:1인/일/8hr/일/15.00m/hr = 0.0083인 2) 특별인부:2인/일/8hr/일/15.00m/hr = 0.0167인 5. 기계사용료(트럭탑재형크레인,5ton):15.00m/hr	12-5-3-2 도로경계블럭
8	도로유지공			
a	가드레일설치 (H0.8m×W4.0m)	m	1. 재료비 1) 표준레일(4×350×4330㎜):1개/4m = 0.250개/m 2) 포스트(D139.8×4.5×2200㎜):1개/4m = 0.250개/m 3) 포스트캡(D139.8㎜):1개/4m = 0.250개/m 4) 취부볼트(D19×180㎜):1개/4m = 0.250개/m 5) 연결볼트(D16×33㎜):1개/4m = 0.250개/m 2. 준비 및 지주설치 작업(기계식) 1) 작업조건 ∴ 1일당시공량:240개/일 ∴ 시간당시공량:(240개/일*4m/경간)/8hr/일 = 120m/hr 2) 특별인부:2인/일/8hr/일/120m/hr = 0.002인 3) 보통인부:2인/일/8hr/일/120m/hr = 0.002인 4) 굴삭기(무한궤도,브레이커조합,0.6㎥) 3. 간격재 조립 및 판설치 1) 작업조건 ∴ 1일당시공량:200개/일 ∴ 시간당시공량:(200개/일*4m/경간)/8hr/일 = 100m/hr 2) 특별인부:4인/일/8hr/일/100m/hr = 0.005인 3) 보통인부:4인/일/8hr/일/100m/hr = 0.005인	12-6-3 가드레일

번호	공　　종	단위	단 가 산 출 기 준	비　고
b	중앙분리대가드레일 (H0.8×W4.0m)	m	1. 작업조건 ∴ 1일당 시공량:50m/일 ∴ 시간당시공량:50m/일/8hr/일 = 6.25m/hr 2. 재료비 1) 표준레일(4×350×4330㎜):5개/10m = 0.50개/m 2) 포스트(D139.8×4.5×2200㎜):5개/10m = 0.50개/m 3) 완충브라켓(300×70×4.5mm):10개/10m = 1.0개/m 4) 취부볼트(D19×180㎜):5개/10m = 0.50개/m 5) 연결볼트(D16×33㎜):60개/10m = 6.0개/m 6) 3단코아빗트(D15.2㎝):0.17개/10m = 0.017개/m 3. 인건비 1) 특별인부:1인/일/8hr/일/6.25m/hr = 0.02인 2) 보통인부:3인/일/8hr/일/6.25m/hr = 0.06인 4. 기계사용료 1) 코아드릴(D15.24㎝):6.25m/hr 2) 발전기(25㎾):6.25m/hr 3) 대형브레이커(0.60㎥):6.25m/hr 4) 경운기(1000㎏):6.25m/hr	12-6-4-1 중앙분리대
c c-1	방호벽 설치 콘크리트타설 (철근,펌프카타설)	㎥	Ⅱ-2 구조물공통, 2.03-d 참조	
c-2	합판거푸집 (3회,H = 0~7m)	㎡	Ⅱ-2 구조물공통, 3.01-c 참조	
c-3	스페이서설치 (벽체)	㎡	Ⅱ-2 구조물공통, 6-a 참조	
c-4	철근가공 및 조립 (보통)	ton	Ⅱ-2 구조물공통, 7-b 참조	
c-5	조합페인트 (2회,콘크리트면)	㎡	1. 바탕만들기 1) 퍼티(도장용,X-319):0.050㎏ 2) 연마지(120# 230×280㎜):0.10매 3) 노무비(도장공):0.012인 4) 기구손료(노무비의 2%) 2. 콘크리트면(붓칠,2회) 1) 조합페인트(KSM 5312 2급):0.199ℓ 2) 신너(KSM 5319 2종):0.008ℓ 3) 퍼티(도장용,X-319):0.060㎏ 4) 연마지(120# 230×280㎜):0.50매 5) 노무비(도장공):0.055인 6) 기구손료(노무비의 2%)	33-2-2 바탕만들기 33-3-1 조합페인트 붓칠
d d-1	교통 표지판 설치 원형표지판설치 (D600㎜)	개	1. 토　　공 1) 터파기(인력,토사):1.232㎥ 2) 되메우기(인력,토사):1.088㎥ 3) 직접잔토처리(인력,토사):0.144㎥ 2. 레미콘 구입 및 타설 1) 레미콘(40-18-8):0.144㎥	12-5-1-1 안내표지판

번호	공　　종	단위	단 가 산 출 기 준	비　고
			2) 콘크리트타설(무근,소형구조물):0.144㎥ 3) 합판거푸집(6회,7m 이하):1.263㎡ 3. 재 료 비 1) 규제표지판(원형,고휘도,600㎜):1개 2) 지주(D60.5×3500㎜):1개 4. 설치비 - 보통인부:3인/일/5개소/일 = 0.60인/개	
d-2	삼각표지판설치 (900×900㎜)	개	1. 토　　공 1) 터파기(인력,토사):1.232㎥ 2) 되메우기(인력,토사):1.088㎥ 3) 잔토처리(인력,토사):0.144㎥ 2. 레미콘 구입 및 타설 1) 레미콘(40-18-8):0.144㎥ 2) 콘크리트타설(무근,소형구조물):0.144㎥ 3) 합판거푸집(6회,7m 이하):1.263㎡ 3. 재 료 비 1) 규제표지판(삼각,고휘도,900×900㎜):1개 2) 지주(D60.5×3500㎜):1개 4. 설치비 - 보통인부:3인/일/5개소/일 = 0.60인/개	12-5-1-1 안내표지판
e	데리네이터 설치			
e-1	데리네이터 설치 (토공용)	개	1. 재료비 - 데리네이터(토공용,지주포함):1개 2. 설치비 - 보통인부:2인/일/50개/일 = 0.04인/개	12-6-1-5 시선유도표지
e-2	데리네이터 설치 (가드레일용)	개	1. 재료비 - 데리네이터(가드레일용):1개 - 다목적접착제(JB-100):0.15kg 2. 설치비 1) 작업조건 ∴ 1일당 시공량:130개/일 2) 보통인부:2인/일/130개/일 = 0.0154인/개 3) 잡재료비(노무비의 3%)	12-6-1-5 시선유도표지
e-3	데리네이터 설치 (옹벽용)	개	1. 재료비 - 데리네이터(옹벽용,지주포함):1개 2. 설치비 1) 작업조건 ∴ 1일당 시공량:50개/일 2) 보통인부:2인/일/50개/일 = 0.04인/개 3) 잡재료비(노무비의 3%)	12-6-1-5 시선유도표지
f	도로표지병 설치			
f-1	도로표지병설치 (단면)	개	1. 재료비 1) 표지병(단면):1개 2) 접착제:0.15kg 2. 설치비 1) 작업조건	12-6-1-4 분리대병설치

번호	공 종	단위	단 가 산 출 기 준	비 고
			∴ 1일당 시공량:170개/일 2) 특별인부:1인/일/170개/일 = 0.006인/개 3) 보통인부:4인/일/170개/일 = 0.024인/개	
f-2	도로표지병설치 (양면)	개	1. 재료비 1) 표지병(양면):1개 2) 접착제:0.15kg 2. 설치비 1) 작업조건 ∴ 1일당 시공량:170개/일 2) 특별인부:1인/일/170개/일 = 0.006인/개 3) 보통인부:4인/일/170개/일 = 0.024인/개	12-6-1-4 분리대병설치
g	갈매기표지판설치 (단면,450×600mm)	개	1. 토 공 1) 터파기(인력,토사):0.662㎥ 2) 되메우기(인력,토사):0.626㎥ 3) 잔토처리(인력,토사):0.036㎥ 2. 레미콘 구입 및 타설 1) 레미콘(40-18-8):0.036㎥ 2) 콘크리트타설(무근,소형구조물):0.036㎥ 3. 합판거푸집(6회,7m 이하):0.480㎡ 4. 재 료 비 1) 교통표지판(450×600㎜):1개 2) 지주(D60.5×3500㎜):1개 5. 설치비 1) 작업조건 ∴ 1일당 시공량:5개소/일 2) 보통인부:3인/일/5개소/일 = 0.60인/개	12-5-1-1 안내표지판
9 9.01 a	**보도육교** **기초앵커볼트설치** 앵커볼트제작설치 (M45×1,260mm)	개	1. 수량산출:(π*0.045^2)/4*1.26m*7850kg/㎥ = 15.73kg 2. 재료비(환봉,D45mm):15.73kg 3. 잡철물제작(일반철물,간단):8.01-a 참조 15.73kg/1000kg = 0.01573Ton 4. 설치비(철골공):0.300인	29-6 잡철물제작 17-9-5 앵커볼트설치
b	앵커볼트제작설치 (M36×750mm)	개	1. 수량산출:(π*0.036^2)/4*0.75m*7850kg/㎥ = 5.99kg 2. 재료비(환봉,D36mm):5.99kg 3. 잡철물제작(일반철물,간단):8.01-a 참조 5.99kg/1000kg = 0.00599Ton 4. 설치비(철골공):0.300인	29-6 잡철물제작 17-9-5 앵커볼트설치
9.02 a	**보도육교제작** 보도육교제작 (주형 및 경사로, SM400~520)	ton	1. 각종조건에 따른 증감율 1) 동종형연속에대한증감 ① 동종형연속에대한증감(2연이하):-3% ② 동종형연속에대한증감(3~4 연):-4% ③ 동종형연속에대한증감(5~6 연):-5% ④ 동종형연속에대한증감(7연이상):-6%	17-1-1-1 용접교제작

번호	공　　종	단위	단 가 산 출 기 준	비　고
			2) 총중량에 의한 증감(박스거더) ① 총중량에 의한 증감(T ≤ 40ton):0% ② 총중량에 의한 증감(40<T≤70ton):15% ③ 총중량에 의한 증감(70<T≤100ton):7% ④ 총중량에 의한 증감(100<T≤150ton):0% ⑤ 총중량에 의한 증감(150 < T):0% 3) 사각에 대한 증감 ① 사각에 대한 증감(85°이상):0% ② 사각에 대한 증감(85°미만~75°이상):3% ③ 사각에 대한 증감(75°미만~45°이상):3% ④ 사각에 대한 증감(45°미만):3% 4) 곡률에 대한 증감(상형 이외의 형식) ① 곡률에 대한 증감(500 ≤ R):0% ② 곡률에 대한 증감(500>R≥250):19% ③ 곡률에 대한 증감(250>R≥100):25% ④ 곡률에 대한 증감(100 > R):29% ∴ 제작공수:(100+(-4+0+0))/100 = 0.96 5) 제작노무비 수량산출 - 철판공수:C1=(1.00인*대형부재톤수+3.32인*소형부재톤수) /전체강재톤수 - 용접공수:C2=(1.26인*맞댐용접길이+0.69인*필렛용접길이) /전체강재톤수/10m - 철　공:0.75인 2. 제작노무비 1) 부재제작및조립(철판공):C1인/ton*0.96(증감률) = 인/ton 2) 용　　접(용접공):C2인/ton*0.96(증감률) = 인/ton 3) 가　조　립(철　공):0.75인*0.96(증감률) = 인/ton 3. 재료비 1) 용접봉(KSE 5016):26kg/ton 2) 산소(2.5병,15㎥):2.5병/ton 3) L . P . G 가 스:10kg/ton 4) 잡품기타(재료비의 5%) 4. 공장제작에 따른 제경비(직접노무비의 60%) 5. 시공상세도작성(박스거더,플레이트 경우) 중급기능사:0.40인/ton*0.96(증감률) = 0.384인	
b	보도육교제작 (계단, SM400~520)	ton	1. 각종조건에 따른 증감율 1) 동종형연속에대한증감 ① 동종형연속에대한증감(2연이하):-3% ② 동종형연속에대한증감(3~4 연):-4% ③ 동종형연속에대한증감(5~6 연):-5% ④ 동종형연속에대한증감(7연이상):-6%	17-1-1-1 용접교제작

번호	공 종	단위	단 가 산 출 기 준	비 고
			2) 총중량에 의한 증감(판형) ① 총중량에 의한 증감(T ≤ 40ton):15% ② 총중량에 의한 증감(40<T≤70ton):7% ③ 총중량에 의한 증감(70<T≤100ton):0% ④ 총중량에 의한 증감(100<T≤150ton):0% ⑤ 총중량에 의한 증감(150 < T):0% 3) 사각에 대한 증감 ① 사각에 대한 증감(85°이상):0% ② 사각에 대한 증감(85°미만~75°이상):3% ③ 사각에 대한 증감(75°미만~45°이상):5% ④ 사각에 대한 증감(45°미만):10% 4) 곡률에 대한 증감(상형 이외의 형식) ① 곡률에 대한 증감(500 ≤ R):0% ② 곡률에 대한 증감(500>R≥250):9% ③ 곡률에 대한 증감(250>R≥100):15% ④ 곡률에 대한 증감(100 > R):20% ∴ 제작공수:(100+(-6+0+0+0))/100 = 0.94 5) 제작노무비 수량산출 - 철판공수:C1=(0.58인*대형부재톤수+2.05인*소형부재톤수) /전체강재톤수 - 용접공수:C2=(2.25인*맞댐용접길이+1.68인*필렛용접길이) /전체강재톤수/10m - 철 공:0.75인 2. 제작노무비 1) 부재제작및조립(철판공):C1인/ton*0.94(증감률) = 인/ton 2) 용 접(용접공):C2인/ton*0.94(증감률) = 인/ton 3) 가 조 립(철 공):0.660인*0.94(증감률) = 인/ton 3. 재료비 1) 용접봉(KSE 5016):26kg/ton 2) 산소(2.5병,15㎥):2.5병/ton 3) L . P . G 가 스:10kg/ton 4) 잡품기타(재료비의 5%) 4. 공장제작에 따른 제경비(직접노무비의 60%) 5. 시공상세도작성(박스거더,플레이트경우) 중급기능사:0.40인/ton*0.94(증감률) = 0.376인	
9.03 a a-1	**보도육교설치** 육교강재운반 강판운반 (포철연관단지내)	 ton	 1. 조 건 1) 적재 및 적하:타이어크레인 10Ton 2) 운반(트레일러20Ton) 2. 적재비(상차도,1회에 2Ton,10회적재) - 적재:20Ton/대/2Ton/회 = 10회/대 1) 묶기:4분/회*10회/대 = 40분/대 2) 회전:1분/회*10회/대 = 10분/대 3) 풀기:2분/회*10회/대 = 20분/대 ∴ 계: (40분/대+10분/대+20분/대) = 70분/대	

번호	공 종	단위	단 가 산 출 기 준	비 고
			3. 운반(트레일러 20Ton) q1 = 20Ton/대, f = 1.00, E = 0.90 t1 = 70분/대(적재), t3 = 70분/대(적하), t4 = 0.42분/대 t2 = 0분/대(운반비는 강판가격에 포함되어 있으므로 무시) Cm = 70분+0분+70분+0.42분 = 140.42분/대 Q = 140.42분/대(60분*1.00*0.90)/20ton/대 = 0.13hr/ton 4. 하차비(타이어크레인,10Ton) q0 = 2Ton/회(1회적재중량), f = 1.00, E = 1.00 t1 = 4분/회(묶기), t2 = 1분/회(회전), t3 = 2분/회(풀기) Cm = 4분/회+1분/회+2분/회 = 7분/회 Q = 7.0분/회/(60분*1.00*1.00)/2Ton/회 = 0.058hr/ton 1) 타이어크레인(10Ton):0.058hr/ton 2) 인 건 비 ∴ 1일 실작업시간:(480분/일-30분/일)/60분/hr = 7.5hr/일 ① 비 계 공:2인/일/7.5hr/일*0.058hr/ton = 0.0155인/ton ② 보통인부:1인/일/7.5hr/일*0.058hr/ton = 0.0077인/ton	
a-2	육교부재운반 (연관단지～현장)	ton	1. 사용장비 1) 적재및적하:타이어크레인 10Ton 2) 1회 운반시 10편씩(10편중량:60Ton) 3) 운 반:트레일러60Ton 4) 적 재:1회에 1편 , 10회적재 - 결 승:10분/회*10회 = 100분 - 선 회:6분/회*10회 = 60분 - 적 재:10분/회*10회 = 100분 계:(100.00분+60.00분+100.00분) = 260분 2. 적재 및 적하 1) 인 건 비 ① 비 계 공:4인*260.00분/450분*2회/60ton = 0.077인/ton ② 보통인부:2인*260.00분/450분*2회/60ton = 0.039인/ton 2) 타이어크레인(10Ton):(260.00분/60분*2회)/60ton = 0.144hr/ton 3. 운 반(트레일러60Ton) t1 = 260.00분 , t3 = 260.00분 , t4 = 0.42분 t2 = (5㎞/25㎞/hr+5㎞/30㎞/hr+400㎞/50㎞/hr +400㎞/55㎞/hr)*60분 = 934.94분 Cm = 260.00분+934.94분+260.00분+0.42분 = 1455.36분 Q = 60분*0.90/1455.36분 = 0.037본/hr OH = (934.94분/1455.36분) = 0.642(재료비만적용) - 합계계산후 강재중량으로 나누어 준다. 4. 고속도로통행료(경비):2회/60ton = 0.033회/ton	
b	보도육교설치 (유압가설지지대)	개소	1. 재료비 1) H-형강(205×205×9×14mm):4028.55kg*15%(손율) = 664.28kg 2) L-형강(100×100×10mm):938.7kg*15%(손율) = 140.81kg 3) 유압Jack(50Ton):2조*12%(손율) = 0.30조 2. 노무비 1) 철 골 공:47.38인 2) 비 계 공:13.98인 3) 보통인부:1.16인 4) 잡품기타(인건비의10%)	견적단가

번호	공 종	단위	단 가 산 출 기 준	비 고
c	보도육교가설			
c-1	보도육교가설 (육교중량,20~35ton 미만)	ton	1. 수량산출 1) 가 설 톤 수:100Ton 2) 총 부 재 수:1연*4조 = 4조 3) 조당평균중량:100Ton/4조 = 25Ton/조 4) 가 설 능 력:10Ton/일 5) 작 업 량:10Ton/일/8hr/일/25.000Ton/조 = 0.05조/hr 2. 중기사용료(50Ton 무한궤도크레인,2대) :2대*8hr/일/10ton/일 = 1.600hr/ton 3. 배 치 인 원 1) 비 계 공:4인/일/8hr/일/0.050조/hr/25.000Ton = 0.40인/ton 2) 철 공:5인/일/8hr/일/0.050조/hr/25.000Ton = 0.50인/ton 3) 특별인부:4인/일/8hr/일/0.050조/hr/25.000Ton = 0.40인/ton 4) 보통인부:3인/일/8hr/일/0.050조/hr/25.000Ton = 0.30인/ton	6-6-2 강재거더가설
c-2	보도육교가설 (육교중량,35~55ton 미만)	ton	1. 수량산출 1) 가 설 톤 수:150Ton 2) 총 부 재 수:1연*4조 = 4조 3) 조당평균중량:150Ton/4조 = 37.5Ton/조 4) 가 설 능 력:12Ton/일 5) 작 업 량:12Ton/일/8hr/일/37.500Ton/조 = 0.04조/hr 2. 중기사용료(80Ton 무한궤도크레인,2대) :2대*8hr/일/12ton/일 = 1.333hr/ton 3. 배 치 인 원 1) 비 계 공:4인/일/8hr/일/0.040조/hr/37.50Ton = 0.333인/ton 2) 철 공:5인/일/8hr/일/0.040조/hr/37.50Ton = 0.416인/ton 3) 특별인부:4인/일/8hr/일/0.040조/hr/37.50Ton = 0.333인/ton 4) 보통인부:3인/일/8hr/일/0.040조/hr/37.50Ton = 0.250인/ton	6-6-2 강재거더가설
c-3	보도육교가설 (육교중량,55~75ton 미만)	ton	1. 수량산출 1) 가 설 톤 수:250Ton 2) 총 부 재 수:1연*4조 = 4조 3) 조당평균중량:250Ton/4조 = 62.5Ton/조 4) 가 설 능 력:14Ton/일 5) 작 업 량:14Ton/일/8hr/일/62.500Ton/조 = 0.028조/hr 2. 중기사용료(100Ton 무한궤도크레인,2대) :2대*8hr/일/14ton/일 = 1.143hr/ton 3. 배 치 인 원 1) 비 계 공:4인/일/8hr/일/0.028조/hr/62.50Ton = 0.285인/ton 2) 철 공:5인/일/8hr/일/0.028조/hr/62.50Ton = 0.357인/ton 3) 특별인부:4인/일/8hr/일/0.028조/hr/62.50Ton = 0.285인/ton 4) 보통인부:3인/일/8hr/일/0.028조/hr/62.50Ton = 0.214인/ton	6-6-2 강재거더가설
c-4	보도육교가설 (육교중량,75~95ton 미만)	ton	1. 수량산출 1) 가 설 톤 수:232.800Ton 2) 총 부 재 수:1연*3조 = 3조 3) 조당평균중량:232.800Ton/3조 = 77.6Ton/조 4) 가 설 능 력:17Ton/일 5) 작 업 량:17Ton/일/8hr/일/77.600Ton/조 = 0.027조/hr 2. 중기사용료(150Ton 무한궤도크레인,2대) :2대*8hr/일/17ton/일 = 0.941hr/ton	6-6-2 강재거더가설

번호	공 종	단위	단 가 산 출 기 준	비 고
			3. 배 치 인 원 1) 비 계 공:4인/일/8hr/일/0.027조/hr/77.600Ton=0.239인/ton 2) 철 공:5인/일/8hr/일/0.027조/hr/77.600Ton=0.298인/ton 3) 특별인부:4인/일/8hr/일/0.027조/hr/77.600Ton=0.239인/ton 4) 보통인부:3인/일/8hr/일/0.027조/hr/77.600Ton=0.179인/ton	
9.04	볼트조이기 (고장력볼트)	개	1. 조이기(2인 1조 1일 500개 조립) 1) 철 골 공:1인*1개*2조/1000개 = 0.002인 2) 보통인부:1인*1개*2조/1000개 = 0.002인 3) 잡재료비(인건비의 3%) 2. 중기사용료 1) 공기압축기(250 C.F.M):1개*8hr/1000개 = 0.008hr 2) 임팩트렌치(2대):2대*8hr*1개/1000개 = 0.016hr	
9.05	보도육교도장			
a	일반중방식도장 (내부도장,공장)	㎡	1. 전처리프라이머 1) 소재표면처리(SSPC-SP10,공장) - 철구(Shot ball):0.127kg 2) Shop Primer(1회) ① 무기질징크계프라이머(하도,20㎛):0.157ℓ ② 무기질징크계도료희석제:0.157ℓ*25% = 0.039ℓ 3) 인건비(도장공):0.011인 2. 제품표면처리(공장) 1) 재료비(철편,Grit):0.245kg 2) 인건비(도장공):0.031인*1.60(할증) = 0.0496인 3. 강교도장 1) 재료비 ∴ 수량산출(하도,75㎛):(75/600)*(1/(1-0.36)) = 0.195ℓ ∴ 수량산출(상도,75㎛):(75/547)*(1/(1-0.32)) = 0.202ℓ ① 무기질징크계도료(하도,75㎛):0.195ℓ ② 무기질징크계희석제:0.195ℓ*25% = 0.049ℓ ③ 역청질계도료(상도,75㎛):0.202ℓ ④ 역청질계희석제:0.202ℓ*25% = 0.051ℓ 2) 노무비(도장공,2회Air Spray):0.020인*2회*1.60(할증) = 0.064인	17-2 강교도장
b	일반중방식도장 (외부도장,공장)	㎡	1. 전처리프라이머 1) 소재표면처리(SSPC-SP10,공장) - 철구(Shot ball):0.127kg 2) Shop Primer(1회) ① 무기질징크계프라이머(하도,20㎛):0.157ℓ ② 무기질징크계도료희석제:0.157ℓ*25% = 0.039ℓ 3) 인건비(도장공):0.011인 2. 제품표면처리(공장) 1) 재료비(철편,Grit):0.245kg 2) 인건비(도장공):0.031인	17-2 강교도장

번호	공 종	단위	단 가 산 출 기 준	비 고
			3. 강교도장 1) 재료비 ∴ 수량산출(하도,75㎛):(75/600)*(1/(1-0.36)) = 0.195ℓ ∴ 수량산출(상도,60㎛):(60/390)*(1/(1-0.32)) = 0.226ℓ ① 무기질징크계도료(하도,75㎛):0.195ℓ ② 무기질징크계희석제:0.195ℓ*25% = 0.049ℓ ③ 염화고무계도료(상도,60㎛):0.226ℓ ④ 염화고무계희석제:0.226ℓ*25% = 0.057ℓ 2) 노무비(도장공,Air Spray):0.020인*2회 = 0.004인	
c	일반중방식도장 (외부포장면,공장)	㎡	1. 전처리프라이머 1) 소재표면처리(SSPC-SP10,공장) - 철구(Shot ball):0.127㎏ 2) Shop Primer(1회) ① 무기질징크계프라이머(하도,20㎛):0.157ℓ ② 무기질징크계도료희석제:0.157ℓ*25% = 0.039ℓ 3) 인건비(도장공):0.011인 2. 제품표면처리(공장) 1) 재료비(철편,Grit):0.245㎏ 2) 인건비(도장공):0.031인 3. 강교도장 1) 재료비 ∴ 수량산출(하도,75㎛):(75/600)*(1/(1-0.36)) = 0.195ℓ ① 무기질징크계도료(하도,75㎛):0.195ℓ ② 무기질징크계희석제:0.195ℓ*25% = 0.049ℓ 2) 노무비(도장공,Air Spray):0.020인	17-2 강교도장
d	일반중방식도장 (외부포장면,현장)	㎡	1. 재료비 ∴ 수량산출(상도,60㎛):(60/390)*(1/(1-0.40)) = 0.256ℓ ① 염화고무계도료(상도,60㎛):0.256ℓ ② 염화고무계희석제:0.256ℓ*25% = 0.064ℓ 2. 노무비(도장공,Air Spray):0.022인 3. 기구손료(경비, 인건비의5%)	17-2 강교도장
e	일반중방식도장 (SPLICE,공장)	㎡	1. 전처리프라이머 1) 소재표면처리(SSPC-SP10,공장) - 철구(Shot ball):0.127㎏ 2) Shop Primer(1회) ① 무기질징크계프라이머(하도,20㎛):0.157ℓ ② 무기질징크계도료희석제:0.157ℓ*25% = 0.039ℓ 3) 인건비(도장공):0.011인 2. 제품표면처리(공장) 1) 재료비(철편,Grit):0.245㎏ 2) 인건비(도장공):0.031인 3. 강교도장 1) 재료비 - 수량산출(하도,50㎛):(50/600)*(1/(1-0.36)) = 0.130ℓ ① 무기질징크계도료(하도,50㎛):0.130ℓ ② 무기질징크계희석제:0.130ℓ*25% = 0.0325ℓ 2) 노무비(도장공,Air Spray):0.020인	17-2 강교도장

번호	공　　종	단위	단 가 산 출 기 준	비　고
f	일반중방식도장 (내부B/S도장,현장)	㎡	1. 강재표면처리(동력 Brush,현장) 1) 재료비(동력브러쉬):0.03개 2) 인건비(도장공):0.10인*1.30(할증) = 0.13인 3) 기구손료(인건비의 2%) 2. 강교도장 1) 재료비 - 수량산출(하도,75㎛):(75/600)*(1/(1-0.44)) = 0.223ℓ - 수량산출(상도,75㎛):(75/547)*(1/(1-0.40)) = 0.229ℓ ① 염화고무계도료(하도,75㎛):0.223ℓ ② 염화고무계희석제:0.223ℓ*25% = 0.056ℓ ③ 역청질계도료(상도,75㎛):0.229ℓ ④ 역청질계희석제:0.229ℓ*25% = 0.057ℓ 2) 노무비(도장공,2회,Air Spray):0.022인*2회*1.50(할증) = 0.066인 3) 기구손료(인건비의 5%)	17-2 강교도장
g	일반중방식도장 (외부B/S도장,현장)	㎡	1. 강재표면처리(동력 Brush,현장) 1) 재료비(동력브러쉬):0.03개 2) 인건비(도장공):0.10인*1.30(할증) = 0.13인 3) 기구손료(인건비의 2%) 2. 강교도장 1) 재료비 - 수량산출(하도,75㎛):(75/600)*(1/(1-0.44)) = 0.223ℓ - 수량산출(중도,60㎛):(60/430)*(1/(1-0.40)) = 0.233ℓ - 수량산출(상도,60㎛):(60/390)*(1/(1-0.40)) = 0.256ℓ ① 염화고무계 M10도료(하도,75㎛):0.223ℓ ② 염화고무계희석제:0.223ℓ*25% = 0.056ℓ ③ 염화고무계도료(중도,60㎛):0.233ℓ ④ 염화고무계희석제:0.233ℓ*25% = 0.058ℓ ⑤ 염화고무계도료(상도,60㎛):0.256ℓ ⑥ 염화고무계희석제:0.256ℓ*25% = 0.064ℓ 2) 노무비(도장공,3회,Air Spray):0.022인*3회*1.50(할증) = 0.099인 3) 기구손료(인건비의 5%)	17-2 강교도장
9.06	**보도육교포장 (탄성고무재포장)**	㎡	1. 작업조건 ∴ 1일당 시공량:180㎡/일 ∴ 시간당시공량:180㎡/일/8hr/일 = 22.5㎡/hr 2. 재료비(고무탄성포장재,t=15mm):1.05㎡ 3. 노무비 1) 특별인부(배합):1인/일/8hr/일/22.50㎡/hr = 0.0056인 2) 보통인부(배합):2인/일/8hr/일/22.50㎡/hr = 0.0111인 3) 특별인부(포설):6인/일/8hr/일/22.50㎡/hr = 0.0333인 4) 보통인부(포설):2인/일/8hr/일/22.50㎡/hr = 0.0111인 5) 보통인부(양생):3인/일/8hr/일/22.50㎡/hr = 0.0167인 4. 기계사용료(콘크리트믹서,0.20㎥):22.50㎡/hr	12-3-3-3 탄성재료 포장
9.07	**계단논스립설치 (황동)**	m	1. 재료비(황동논스립,#5016):1.00m 2. 설치비(미장공):0.05인	29-1 계단논스립

Ⅱ-5-6. 단가설명서

번호	공 종	단위	설 명	측 정	비고
1 1.01 a	토공 땅깎기 땅깎기 (토사)	㎥	Ⅱ-1.본선 및 지축토공 1.04-a-a-1,a-2,a-3 참조		
b	땅깎기 (풍화암)	㎥	Ⅱ-1.본선 및 지축토공 1.04-b-b-1,b-2,b-3 참조		
c	땅깎기 (연암)	㎥	Ⅱ-1.본선 및 지축토공 1.04-c-c-1~c-8 참조		
d	땅깎기 (경암)	㎥	Ⅱ-1.본선 및 지축토공 1.04-d-d-1~d-8 참조		
1.02 a	흙쌓기 하부노반다짐 (토사,H=0.30m)	㎥	Ⅱ-1.본선 및 지축토공 1.05-a-a-2 참조		
b	유용토흙쌓기 (토사)	㎥	Ⅱ-1.본선 및 지축토공 1.06-a-a-1,b-1,c-1 참조		
1.03 a	비탈면보호공 떼입히기 (줄떼)	㎡	Ⅱ-1.본선 및 지축토공 2.01-b-b-1 참조		
b	떼입히기 (평떼)	㎡	Ⅱ-1.본선 및 지축토공 2.01-b-b-2 참조		
1.04 a	구조물터파기 터파기 (토사,인력)	㎥	Ⅱ-2.구조물공통 1.01-a-a-1 참조		
b	터파기 (육상,토사)	㎥	Ⅱ-2.구조물공통 1.01-a-a-2~a-3 참조		
c	터파기 (육상,풍화암)	㎥	Ⅱ-2.구조물공통 1.01-b-b-4~b-5 참조		
d	터파기 (육상,연암)	㎥	Ⅱ-2.구조물공통 1.01-c-c-4~c-5 참조		
e	터파기 (육상,경암)	㎥	Ⅱ-2.구조물공통 1.01-d-d-4~d-5 참조		
1.05 a	되메우기및다짐 되메우기 (인력)	㎥	Ⅱ-2.구조물공통 1.02-a 참조		
b	되메우기 (토사)	㎥	Ⅱ-2.구조물공통 1.02-b 참조		
c	되메우기 (풍화암)	㎥	Ⅱ-2.구조물공통 1.02-c 참조		

번호	공 종	단위	설 명	측 정	비고
1.06	구조물뒷채움(잡석)				
a	구조물뒷채움 (잡석)	㎥	Ⅱ-2.구조물공통 1.04-a~c 참조		
1.07	구조물기초깔기(잡석)				
a	구조물기초깔기 (잡석)	㎥	Ⅱ-2.구조물공통 1.05 참조		
1.08	구조물기초다짐(잡석)				
a	구조물기초다짐 (잡석)	㎥	Ⅱ-2.구조물공통 1.06 참조		
2	수로공				
a	콘크리트타설				
a-1	바닥콘크리트 (무근,펌프카사용)	㎥	Ⅱ-2.구조물공통 2.01 참조		
a-2	기초콘크리트 (무근,펌프카사용)	㎥	Ⅱ-2.구조물공통 2.02-d 참조		
a-3	구체콘크리트 (철근,진동기포함)	㎥	Ⅱ-2.구조물공통 2.03-d 참조		
a-4	구체콘크리트 (무근,펌프카사용)	㎥	Ⅱ-2.구조물공통 2.02-d 참조		
a-5	구체콘크리트 (철근,펌프카사용)	㎥	Ⅱ-2.구조물공통 2.03-d 참조		
b	거푸집				
b-1	합판거푸집 (6회,H=0~7m)	㎡	Ⅱ-2.구조물공통 3.01-f 참조		
b-2	합판거푸집 (4회,H=0~7m)	㎡	Ⅱ-2.구조물공통 3.01-d 참조		
b-3	합판거푸집 (3회,H=0~7m)	㎡	Ⅱ-2.구조물공통 3.01-c 참조		
c	신축이음장치				
c-1	신축이음 (합판,T=12mm)	㎡	Ⅱ-3.본선부속 3.01-c-c-1 참조		
d	배수시설				
d-1	배수뒷잡석채움 (잡석)	㎥	Ⅱ-2.구조물공통 1.07-a 참조		
d-2	부직포설치 (200g/㎡)	㎡	Ⅱ-3.본선부속 3.01-d-d-2 참조		
d-3	배수공설치 (PVC Pipe,D50mm)	m	Ⅱ-3.본선부속 3.01-d-d-4 참조		

번호	공 종	단위	설 명	측 정	비고
e	스페이서설치				
e-1	스페이서설치 (벽체)	m²	Ⅱ-2.구조물공통 6-a 참조		
e-2	스페이서설치 (슬래브및기초)	m²	Ⅱ-2.구조물공통 6-b 참조		
f	철근가공및조립				
f-1	철근가공및조립 (간단)	Ton	Ⅱ-2.구조물공통 7-a 참조		
f-2	철근가공및조립 (보통)	Ton	Ⅱ-2.구조물공통 7-b 참조		
3	암거공(익벽포함)				
3.01	현장콘크리트타설암거				
a	콘크리트타설				
a-1	바닥콘크리트 (무근,펌프카사용)	m³	Ⅱ-2.구조물공통 2.01 참조		
a-2	구체콘크리트 (철근,펌프카사용)	m³	Ⅱ-2.구조물공통 2.03-d 참조		
b	거푸집				
b-1	합판거푸집 (6회,H=0~7m)	m²	Ⅱ-2.구조물공통 3.01-f 참조		
b-2	합판거푸집 (4회,H=0~7m)	m²	Ⅱ-2.구조물공통 3.01-d 참조		
b-3	합판거푸집 (3회,H=0~7m)	m²	Ⅱ-2.구조물공통 3.01-c 참조		
b-4	문양거푸집 (합성수지,H=0~7m)	m²	Ⅱ-2.구조물공통 3.04-a 참조		
c	강관비계매기(3개월)				
c-1	강관비계매기 (3개월)	m²	Ⅱ-2.구조물공통 4.02-a 참조		
d	강관동바리(암거용)				
d-1	강관동바리 (암거용,3개월)	공/m³	Ⅱ-2.구조물공통 5.02-a-a-1 참조		
e	시공이음정리(기계)				
e-1	시공이음정리 (기계)	m²	Ⅱ-3.본선부속 4.01-e 참조		
f	신축이음설치				
f-1	신축이음설치 (스티로폴,T=20mm)	m²	Ⅱ-3.본선부속 3.01-c-c-3 참조		
f-2	다웰바설치 (D25×800mm)	개	Ⅱ-3.본선부속 4.01-d-d-4 참조		

번호	공 종	단위	설 명	측 정	비고
f-3	충진제채움 (실런트,20×20mm)	m	Ⅱ-3.본선부속 4.01-d-d-5 참조		
f-4	지수판설치 (PVC,300×9T)	m	Ⅱ-4.개천내기 3.01-f-f-4 참조		
g	아스팔트방수				
g-1	아스팔트방수 (벽체,2회)	㎡	이 단가는 아스팔트방수(벽체)에 필요한 재료비 및 설치비의 모든 비용이 포함된다	이 물량은 도면에 의해 산출된 면적이다	
g-2	아스팔트방수 (바닥,2회)	㎡	이 단가는 아스팔트방수(바닥)에 필요한 재료비 및 설치비의 모든 비용이 포함된다	이 물량은 도면에 의해 산출된 면적이다	
h	배수시설				
h-1	배수뒷잡석채움 (잡석)	㎥	Ⅱ-2.구조물공통 1.07-a 참조		
h-2	드레인보드설치 (T=20mm)	㎡	Ⅱ-3.본선부속 3.01-d-3 참조		
h-3	부직포설치 (T=2mm)	㎡	Ⅱ-3.본선부속 3.01-d-2 참조		
h-4	배수공설치 (PVC Pipe,D75mm)	m	Ⅱ-3.본선부속 4.01-g-g-5 참조		
i	스페이서설치				
i-1	스페이서설치 (벽체)	㎡	Ⅱ-2.구조물공통 6-a 참조		
i-2	스페이서설치 (슬래브및기초)	㎡	Ⅱ-2.구조물공통 6-b 참조		
j	철근가공및조립				
j-1	철근가공및조립 (보통)	Ton	Ⅱ-2.구조물공통 7-b 참조		
j-2	철근가공및조립 (복잡)	Ton	Ⅱ-2.구조물공통 7-c 참조		
4	**포장공**				
4.01	**콘크리트포장**				
a	콘크리트포장포설				
a-1	콘크리트포장포설 (일반구간,기계포설,1차로)	㎥	이 단가는 콘크리트 포장 포설(기계포설)을 위한 노무비 및 기계사용료 등의 모든 비용을 포함한다	이 물량은 도면에 의해 산출된 수량이다	
a-2	콘크리트포장포설 (일반구간,기계포설,2차로)	㎥	이 단가는 콘크리트 포장 포설(기계포설)을 위한 노무비 및 기계사용료 등의 모든 비용을 포함한다	이 물량은 도면에 의해 산출된 수량이다	

번호	공 종	단위	설 명	측 정	비고
a-3	콘크리트포장포설 (터널구간,기계포설,1차로)	m^3	이 단가는 콘크리트 포장 포설(기계포설)을 위한 노무비 및 기계사용료 등의 모든 비용을 포함한다	이 물량은 도면에 의해 산출된 수량이다	
a-4	콘크리트포장포설 (터널구간,기계포설,2차로)	m^3	이 단가는 콘크리트 포장 포설(기계포설)을 위한 노무비 및 기계사용료 등의 모든 비용을 포함한다	이 물량은 도면에 의해 산출된 수량이다	
a-5	콘크리트포장포설 (인력포설,T=0.20m)	m^3	이 단가는 콘크리트 포장 포설(인력포설)을 위한 노무비 비용을 포함한다	이 물량은 도면에 의해 산출된 수량이다	
a-6	콘크리트포장포설 (인력포설,T=0.30m)	m^3	이 단가는 콘크리트 포장 포설(인력포설)을 위한 노무비 비용을 포함한다	이 물량은 도면에 의해 산출된 수량이다	
a-7	콘크리트포장포설 (인력포설,T=0.40m)	m^3	이 단가는 콘크리트 포장 포설(인력포설)을 위한 노무비 비용을 포함한다	이 물량은 도면에 의해 산출된 수량이다	
b	콘크리트포장거푸집				
b-1	합판거푸집 (4회,H=0~7m)	m^2	Ⅱ-2.구조물공통 3.01-d 참조		
b-2	포장거푸집 (T<0.20m)	m	이 단가는 콘크리트 포장 거푸집을 설치하기 위한 노무비 비용이 포함된다	이 물량은 도면에 의해 산출된 연장이다	
b-3	포장거푸집 (0.20m<T≤0.25m)	m	이 단가는 콘크리트 포장 거푸집을 설치하기 위한 노무비 비용이 포함된다	이 물량은 도면에 의해 산출된 연장이다	
b-4	포장거푸집 (0.25m<T≤0.30m)	m	이 단가는 콘크리트 포장 거푸집을 설치하기 위한 노무비 비용이 포함된다	이 물량은 도면에 의해 산출된 연장이다	
b-5	포장거푸집 (0.30m<T≤0.40m)	m	이 단가는 콘크리트 포장 거푸집을 설치하기 위한 노무비 비용이 포함된다	이 물량은 도면에 의해 산출된 연장이다	
c	와이어메쉬깔기				
c-1	와이어메쉬깔기 (각종)	m^2	이 단가는 와이어메쉬를 설치하기 위한 재료비 및 설치비의 비용이 포함된다	이 물량은 도면에 의해 산출된 면적이다	
d	콘크리트포장양생				
d-1	콘크리트포장양생 (비닐양생,PE필름)	m^2	이 단가는 콘크리트포장양생(비닐양생)을 하기위한 재료비의 비용이 포함된다	이 물량은 도면에 의해 산출된 면적이다	
d-2	마대양생 (P.P마대,0.45×0.70m)	m^2	이 단가는 마대양생(P.P마대)을 설치하기 위한 재료비 비용이 포함된다	이 물량은 도면에 의해 산출된 면적이다	

번호	공 종	단위	설 명	측 정	비고
e e-1	신축이음장치 신축이음 (합판,T=12mm)	㎡	Ⅱ-3.본선부속 3.01-c-c-1 참조		
e-2	콘크리트포장 (신축줄눈)	m	이 단가는 콘크리트포장(신축줄눈) 줄눈설치를 위한 재료비 및 설치비 등의 모든 비용이 포함된다	이 물량은 도면에 의해 산출된 연장이다	
e-3	콘크리트포장 (수축줄눈,1차로)	m	이 단가는 콘크리트포장(수축줄눈)의 절단과 줄눈설치를 위한 재료비 및 설치비, 중기사용료 등의 모든 비용이 포함된다	이 물량은 도면에 의해 산출된 연장이다	
e-4	콘크리트포장 (수축줄눈,2차로)	m	이 단가는 콘크리트포장(수축줄눈)의 절단과 줄눈설치를 위한 재료비 및 설치비, 중기사용료 등의 모든 비용이 포함된다	이 물량은 도면에 의해 산출된 연장이다	
f f-1	보조기층포설 보조기층 (소규모,인력)	㎥	이 단가는 보조기층재의 재료비, 포설비(굴삭기) 및 다짐비(진동), 살수비(물탱크) 노무비 등의 모든 비용이 포함된다	이 물량은 도면에 의해 산출된 다짐상태의 수량이다	
f-2	보조기층 (길어깨포장)	㎥	이 단가는 보조기층재의 재료비, 포설비(굴삭기) 및 다짐비(진동, 타이어로울러), 살수비(물탱크), 노무비 등의 모든 비용이 포함된다	이 물량은 도면에 의해 산출된 다짐상태의 수량이다	
f-3	보조기층 (본선포장)	㎥	이 단가는 보조기층재의 재료비, 포설비(그레이더) 및 다짐비(진동, 타이어로울러), 살수비(물탱크), 노무비 등의 모든 비용이 포함된다	이 물량은 도면에 의해 산출된 다짐상태의 수량이다	
g g-1	동상방지층포설 동상방지층 (소규모,인력)	㎥	이 단가는 동상방지층의 재료비, 포설비(굴삭기) 및 다짐비(진동) 살수비(물탱크), 노무비 등의 모든 비용이 포함된다	이 물량은 도면에 의해 산출된 다짐상태의 수량이다	
g-2	동상방지층 (길어깨포장)	㎥	이 단가는 동상방지층재의 재료비, 포설비(굴삭기) 및 다짐비(진동, 타이어로울러), 살수비(물탱크), 노무비 등의 모든 비용이 포함된다	이 물량은 도면에 의해 산출된 다짐상태의 수량이다	
g-3	동상방지층 (본선포장)	㎥	이 단가는 동상방지층재의 재료비, 포설비(그레이더) 및 다짐비(진동, 타이어로울러), 살수비(물탱크), 노무비 등의 모든 비용이 포함된다	이 물량은 도면에 의해 산출된 다짐상태의 수량이다	

번호	공 종	단위	설 명	측 정	비고
h	동상방지층포설				
h-1	입도조정기층포설 (소규모,인력)	㎥	이 단가는 입도조정기층의 재료비, 포설비(굴삭기) 및 다짐비(진동), 살수비(물탱크), 노무비 등의 모든 비용이 포함된다	이 물량은 도면에 의해 산출된 다짐상태의 수량이다	
h-2	입도조정기층포설 (길어깨포장)	㎥	이 단가는 입도조정기층의 재료비, 포설비(굴삭기) 및 다짐비(진동, 타이어로울러) 살수비(물탱크), 노무비 등의 모든 비용이 포함된다	이 물량은 도면에 의해 산출된 다짐상태의 수량이다	
h-3	입도조정기층 (본선포장)	㎥	이 단가는 동상방지층재의 재료비, 포설비(그레이더) 및 다짐비(진동, 타이어로울러), 살수비(물탱크), 노무비 등의 모든 비용이 포함된다.	이 물량은 도면에 의해 산출된 연장이다	
4.02	아스콘포장				
a	아스콘표층포설				
a-1	아스콘표층포설 (소규모,인력,T=75mm이하)	㎡	이 단가는 소규모 아스콘(표층)을 포설하기 위한 재료비 및 포설비(로우더), 다짐비(진동로울러, 플레이트콤펙터 등), 살수비 등의 모든 비용이 포함된다	이 물량은 도면에 의해 산출된 면적이다	
a-2	아스콘표층포설 (기계사용,본선포장 시공폭 1.4~3.0m이하)	㎡	이 단가는 아스콘(표층)을 포설하기 위한 재료비 및 포설비(아스팔트피니셔), 다짐비(머캐덤, 타이어로울러, 탠덤로울러 등), 살수비등의 모든 비용이 포함된다.	이 물량은 도면에 의해 산출된 면적이다	T=5cm이상일 때는 H=1/2만 적용
a-3	아스콘표층포설 (본선포장, 시공폭3.0m이상)	㎡	이 단가는 아스콘(표층)을 포설하기 위한 재료비 및 포설비(아스팔트피니셔), 다짐비(머캐덤, 타이어로울러, 탠덤로울러 등), 살수비등의 모든 비용이 포함된다.	이 물량은 도면에 의해 산출된 면적이다	
a-4	택코팅 (RSC-4:30ℓ/a)	㎡	이 단가는 택코팅을 하기위한 재료비 및 아스팔트 살포비, 노무비 비용이 포함된다	이 물량은 도면에 의해 산출된 면적이다	
b	아스콘기층포설				
b-1	아스콘기층포설 (소규모,인력,T=75mm이하)	㎡	이 단가는 소규모 아스콘(기층)을 포설하기 위한 재료비 및 포설비(로우더), 다짐비(진동로울러, 플레이트콤펙트), 살수비등의 모든 비용이 포함된다	이 물량은 도면에 의해 산출된 면적이다	

번호	공 종	단위	설 명	측 정	비고
b-2	아스콘기층포설 (기계사용,두께≥100㎜)	m^2	이 단가는 아스콘(기층)을 포설하기 위한 재료비 및 포설비(아스팔트피니셔), 다짐비(머캐덤, 타이어로울러, 진동로울러 등), 살수비등의 모든 비용이 포함된다.	이 물량은 도면에 의해 산출된 면적이다	
b-3	아스콘기층포설 (기계사용,두께<100㎜)	m^2	이 단가는 아스콘(기층)을 포설하기 위한 재료비 및 포설비(아스팔트피니셔), 다짐비(머캐덤, 타이어로울러, 진동로울러 등), 살수비 등의 모든 비용이 포함된다.	이 물량은 도면에 의해 산출된 면적이다	
b-4	아스콘기층포설 (소규모인력,프라임코팅 RSC-3:75ℓ/a)	m^2	이 단가는 프라임코팅을 하기 위한 재료비 및 아스팔트 살포비, 노무비 등의 모든비용이 포함된다.	이 물량은 도면에 의해 산출된 면적이다	
b-5	프라임코팅 (HC-1:75ℓ/a)	m^2	이 단가는 프라임코팅을 하기 위한 재료비 및 아스팔트 살포비, 노무비 등의 모든비용이 포함된다.	이 물량은 도면에 의해 산출된 면적이다	
c	특수아스콘포설				
c-1	개질아스콘포설 (기계시공,본선폭 1.4~3.0m이하)	m^3	이 단가는 보조기층재의 재료비, 포설비(그레이더) 및 다짐비(진동, 타이어로울러), 살수비(물탱크), 노무비 등의 모든 비용이 포함된다.	이 물량은 도면에 의해 산출된 다짐상태의 수량이다	
c-2	개질아스콘포설 (기계시공,본선폭3.0m이상)	m^3	이 단가는 보조기층재의 재료비, 포설비(그레이더) 및 다짐비(진동, 타이어로울러), 살수비(물탱크), 노무비 등의 모든 비용이 포함된다.	이 물량은 도면에 의해 산출된 다짐상태의 수량이다	
c-3	투배수성아스콘포설 (기계시공,시공폭 1.4~3.0m이하)	m^3	이 단가는 보조기층재의 재료비, 포설비(그레이더) 및 다짐비(진동, 타이어로울러), 살수비(물탱크), 노무비 등의 모든 비용이 포함된다.	이 물량은 도면에 의해 산출된 다짐상태의 수량이다	
c-4	투배수성아스콘포설 (기계시공,시공폭3.0m이상)	m^3	이 단가는 보조기층재의 재료비, 포설비(그레이더) 및 다짐비(진동, 타이어로울러), 살수비(물탱크), 노무비 등의 모든 비용이 포함된다.	이 물량은 도면에 의해 산출된 다짐상태의 수량이다	

번호	공 종	단위	설 명	측 정	비고
4.03	차선도색				
a	기계식차선도색 (가열형,황색)	㎡	이 단가는 차선도색(가열형)을 하기 위한 재료비(황색) 및 노무비, 기계경비, 차선도색기 등의 모든 비용이 포함된다.	이 물량은 도면에 의해 산출된 면적이다	
b	기계식차선도색 (가열형,백색)	㎡	이 단가는 차선도색(가열형)을 하기 위한 재료비(백색) 및 노무비, 기계경비, 차선도색기 등의 모든 비용이 포함된다.	이 물량은 도면에 의해 산출된 면적이다	
c	수동식차선도색 (상온형,백색)	㎡	이 단가는 차선도색(상온형)을 하기 위한 재료비(백색) 및 노무비, 기계경비, 차선도색기 등의 모든 비용이 포함된다.	이 물량은 도면에 의해 산출된 면적이다	
d	수동식차선도색 (상온형,황색)	㎡	이 단가는 차선도색(상온형)을 하기 위한 재료비(황색) 및 노무비, 기계경비, 차선도색기 등의 모든 비용이 포함된다.	이 물량은 도면에 의해 산출된 면적이다	
e	융착식도료수동식도색 (횡단보도,주차장)	㎡	이 단가는 차선도색(융착식도료, 횡단보도및주차장)을 하기 위한 재료비(황색및백색) 및 노무비, 기계경비, 차선도색기 등의 모든 비용이 포함된다.	이 물량은 도면에 의해 산출된 면적이다	
4.04	차선도색제거				
a	차선도색제거	㎡	이 단가는 차선도색을 제거하기위한 재료비 및 노무비, 차선제거기 등의 모든 비용이 포함된다.	이 물량은 도면에 의해 산출된 면적이다	
4.05	미끄럼방지포장				
a	미끄럼방지포장	㎡	이 단가는 미끄럼방지포장을 설치하기 위한 재료비(제강슬래그등) 및 노무비, 중기사용료(발전기등) 등의 모든 비용이 포함된다.	이 물량은 도면에 의해 산출된 면적이다	
5	현장타설L형측구공				
a	콘크리트타설 (무근,진동기제외)	㎥	Ⅱ-2.구조물공통 2.01-a 참조		
b	합판거푸집 (4회,H=0~7m)	㎡	Ⅱ-2.구조물공통 3.01-d 참조		
c	배수공설치 (PVC Pipe,D50mm)	m	Ⅱ-3.본선부속 3.01-d-d-4 참조		
d	비닐양생 (P.E필름,T=0.1mm)	㎡	Ⅱ-4.길내기 4.01-d-d-1 참조		

번호	공 종	단위	설 명	측 정	비고
e	신축이음 (합판,T=12mm)	㎡	Ⅱ-3.본선부속 3.01-c-c-1 참조.		
f	부직포설치 (T=2mm)	㎡	Ⅱ-3.본선부속 3.01-d-d-2 참조.		
6	**콘크리트블럭포장**				
a	소형고압블럭포장 (T=60~80mm)	㎡	이 단가는 소형고압블럭 포장을 설치하기 위한 재료비 및 모래깔기, 포설비 다짐 등의 모든 비용이 포함된다.	이 물량은 도면에 의해 산출된 면적이다	주요자재비(시멘트,레미콘)로 별도 집계 할수 있다
b	대형블럭포장 (500×500×45mm)	㎡	이 단가는 콘크리트 블록포장(대형블럭포장)을 설치하기 위한 재료비 및 모르터, 포설비 다짐 등의 모든 비용이 포함된다.	이 물량은 도면에 의해 산출된 면적이다	주요자재비(시멘트,레미콘)로 별도 집계 할수 있다
c	보도블럭포장 (300×300×60mm)	㎡	이 단가는 콘크리트 블록포장(보도용콘크리트블럭포장)을 설치하기 위한 재료비 및 모르터, 포설비 다짐 등의 모든 비용이 포함된다.	이 물량은 도면에 의해 산출된 면적이다	
7	**경계석및경계블럭설치**				
7.01	**기초콘크리트타설**				
a	콘크리트타설 (무근,진동기제외)	㎥	Ⅱ-2.구조물공통 2.02-a 참조		
b	합판거푸집 (6회,H=0~7m)	㎡	Ⅱ-2.구조물공통 3.01-f 참조		
c	모르터 (1:3)	㎥	이 단가는 모르터(1:3)를 설치하기 위한 재료비(시멘트) 및 모래운반, 노무비 등의 비용이 포함된다.		주요자재비(시멘트)로 별도 집계 할수 있다
7.02	**보차도경계석설치(화강암)**				
a	보차도경계석설치 (180×200×1000mm)	m	이 단가는 보차도경계석을 설치하기 위한 재료비, 노무비, 중기사용료(트럭탑재형크레인) 등의 모든 비용이 포함된다.	이 물량은 도면에 의해 산출된 연장이다	기계사용
b	보차도경계석설치 (200×250×1000mm)	m	이 단가는 보차도경계석을 설치하기 위한 재료비, 노무비, 중기사용료(트럭탑재형크레인) 등의 모든 비용이 포함된다.	이 물량은 도면에 의해 산출된 연장이다	기계사용

번호	공 종	단위	설 명	측 정	비고
c	보차도경계석설치 (200×300×1000mm)	m	이 단가는 보차도경계석을 설치하기 위한 재료비, 노무비, 중기사용료(트럭탑재형크레인) 등의 모든 비용이 포함된다.	이 물량은 도면에 의해 산출된 연장이다	기계사용
d	보차도경계석설치 (250×250×1000mm)	m	이 단가는 보차도경계석을 설치하기 위한 재료비, 노무비, 중기사용료(트럭탑재형크레인) 등의 모든 비용이 포함된다.	이 물량은 도면에 의해 산출된 연장이다	기계사용
e	보차도경계석설치 (210×300×1000mm)	m	이 단가는 보차도경계석을 설치하기 위한 재료비, 노무비, 중기사용료(트럭탑재형크레인) 등의 모든 비용이 포함된다.	이 물량은 도면에 의해 산출된 연장이다	기계사용
7.03	보차도경계블럭설치 (콘크리트)				
a	보차도경계블럭설치 (150×170×200×1000mm)	m	이 단가는 보차도경계석을 설치하기 위한 재료비, 노무비, 중기사용료(트럭탑재형크레인) 등의 모든 비용이 포함된다.	이 물량은 도면에 의해 산출된 연장이다	기계사용
b	보차도경계블럭설치 (180×205×250×1000mm)	m	이 단가는 보차도경계석을 설치하기 위한 재료비, 노무비, 중기사용료(트럭탑재형크레인) 등의 모든 비용이 포함된다.	이 물량은 도면에 의해 산출된 연장이다	기계사용
c	보차도경계블럭설치 (180×210×300×1000mm)	m	이 단가는 보차도경계석을 설치하기 위한 재료비, 노무비, 중기사용료(트럭탑재형크레인) 등의 모든 비용이 포함된다.	이 물량은 도면에 의해 산출된 연장이다	기계사용
7.04	도로경계블럭설치 (콘크리트)				
a	도로경계블럭설치 (120×120×120×1000mm)	m	이 단가는 보차도경계석을 설치하기 위한 재료비, 노무비, 중기사용료(트럭탑재형크레인) 등의 모든 비용이 포함된다.	이 물량은 도면에 의해 산출된 연장이다	기계사용
b	도로경계블럭설치 (150×120×120×1000mm)	m	이 단가는 보차도경계석을 설치하기 위한 재료비, 노무비, 중기사용료(트럭탑재형크레인) 등의 모든 비용이 포함된다.	이 물량은 도면에 의해 산출된 연장이다	기계사용
c	도로경계블럭설치 (150×150×120×1000mm)	m	이 단가는 보차도경계석을 설치하기 위한 재료비, 노무비, 중기사용료(트럭탑재형크레인) 등의 모든 비용이 포함된다.	이 물량은 도면에 의해 산출된 연장이다	기계사용

번호	공 종	단위	설 명	측 정	비고
d	도로경계블럭설치 (150×150×150×1000mm)	m	이 단가는 보차도경계석을 설치하기 위한 재료비, 노무비, 중기사용료(트럭탑재형크레인) 등의 모든 비용이 포함된다.	이 물량은 도면에 의해 산출된 연장이다	기계사용
8	**도로유지공**				
a	가드레일설치 (H0.80m×W4.0m)	m	이 단가는 가드레일 설치를 하기 위한 재료비(표준레일, 포스트 등) 및 노무비, 중기사용료 등의 모든비용이 포함된다	이 물량은 도면에 의해 산출된 연장이다	
b	중앙분리대용가드레일설치 (H0.80m×W4.0m)	m	이 단가는 중앙분리대용 가드레일 설치를 하기 위한 재료비(표준레일, 포스트 등) 및 설치비, 중기사용료(코아드릴, 브레이커등) 등의 모든 비용이 포함된다	이 물량은 도면에 의해 산출된 연장이다	
c	방호벽 설치				
c-1	콘크리트타설 (철근,진동기제외)	m³	Ⅱ-2.구조물공통 2.03-d 참조		
c-2	합판거푸집 (3회,H=0~7m)	m²	Ⅱ-2.구조물공통 3.01-c 참조		
c-3	스페이서설치 (벽체)	m²	Ⅱ-2.구조물공통 6-a 참조		
c-4	철근가공및조립 (보통)	Ton	Ⅱ-2.구조물공통 7-b 참조		
c-5	조합페인트 (2회,콘크리트면)	m²	이 단가는 조합페인트칠을 하기위한 바탕만들기(재료비, 노무비), 콘크리트면 페인트칠(재료비, 노무비) 등의 모든 비용이 포함된다	이 물량은 도면에 의해 산출된 면적이다	
d	교통표지판설치				
d-1	원형표지판설치 (D600mm)	개	이 단가는 원형표지판을 설치하기 위한 재료비 및 설치비 등의 비용이다	이 물량은 도면에 의해 산출된 수량이다	토공 및 기초공수량이 중복되지 않게 적용
d-2	삼각표지판설치 (900×900mm)	개	이 단가는 삼각표지판을 설치하기 위한 재료비 및 설치비 등의 비용이다	이 물량은 도면에 의해 산출된 수량이다	토공 및 기초공수량이 중복되지 않게 적용

번호	공 종	단위	설 명	측 정	비고
e	데리네이터설치				
e-1	데리네이터설치 (토공용)	개	이 단가는 데리네이터(토공용) 설치에 필요한 재료비 및 설치비 비용이다	이 물량은 도면에 의해 산출된 수량이다	
e-2	데리네이터설치 (가드레일용)	개	이 단가는 데리네이터(가드레일용) 설치에 필요한 재료비 및 설치비 비용이다	이 물량은 도면에 의해 산출된 수량이다	
e-3	데리네이터설치 (옹벽용)	개	이 단가는 데리네이터(옹벽용) 설치에 필요한 재료비 및 설치비 비용이다	이 물량은 도면에 의해 산출된 수량이다	
f	도로표지병설치				
f-1	도로표지병설치 (단면)	개	이 단가는 도로표지병(단면)설치에 필요한 재료비 및 설치비 등의 모든 비용이 포함된다	이 물량은 도면에 의해 산출된 수량이다	
f-2	도로표지병설치 (양면)	개	이 단가는 도로표지병(양면)설치에 필요한 재료비 및 설치비 등의 모든 비용이 포함된다	이 물량은 도면에 의해 산출된 수량이다	
g	갈매기표지판설치 (450×600mm)	개	이 단가는 갈매기표지판을 설치하기 위한 재료비 및 설치비 등의 비용이다	이 물량은 도면에 의해 산출된 수량이다	토공 및 기초공수량이 중복되지 않게 적용
9	보도육교				
9.01	기초앵커볼트설치				
a	앵커볼트제작설치 (M45×1260mm)	개	이 단가는 앵커볼트제작및설치에 필요한 재료비 및 제작비, 설치비 등의 모든 비용이 포함된다	이 물량은 도면에 의해 산출된 수량이다	
b	앵커볼트제작설치 (M36×750mm)	개	이 단가는 앵커볼트제작및설치에 필요한 재료비 및 제작비, 설치비 등의 모든 비용이 포함된다	이 물량은 도면에 의해 산출된 수량이다	
9.02	보도육교제작				
a	보도육교제작 (주형 및 경사로, SM400~SM520)	Ton	이 단가는 보도육교제작(주형 및 경사로)에 필요한 재료비(용접봉, 산소 등) 및 제작비, 제경비 등의 모든 비용이 포함된다	이 물량은 도면에 의해 산출된 수량이다	
b	보도육교제작 (계단,SM400~SM520)	Ton	이 단가는 보도육교제작(계단부)에 필요한 재료비(용접봉, 산소 등) 및 제작비, 제경비 등의 모든 비용이 포함된다	이 물량은 도면에 의해 산출된 수량이다	

번호	공 종	단위	설 명	측 정	비고
9.03	보도육교설치				
a	육교강재운반				
a-1	강판운반 (포철연관단지내)	Ton	이 단가는 강판운반에 필요한 적재 및 적하비(크레인), 운반비(트레일러) 등의 모든 비용이 포함된다	이 물량은 도면에 의해 산출된 수량이다	
a-2	육교부재운반 (연관단지～현장)	Ton	이 단가는 육교부재를 운반하기 위한 적재 및 적하비(크레인), 운반비(트레일러) 등의 모든 비용이 포함된다	이 물량은 도면에 의해 산출된 수량이다	
b	보도육교설치 (유압가설지지대)	개소	이 단가는 보도육교설치(유압가설지지대)에 필요한 재료비(H-형강, 유압잭 등) 및 설치비등의 모든 비용이 포함된다	이 물량은 도면에 의해 산출된 수량이다	
c	보도육교가설				
c-1	보도육교가설 (육교중량,25～35Ton미만)	Ton	이 단가는 강재거더를 가설하기위한 중기사용료(크레인) 및 노무비 등의 모든비용이 포함된다	이 물량은 도면에 의해 산출된 수량이다	
c-2	보도육교가설 (육교중량,35～55Ton미만)	Ton	이 단가는 강재거더를 가설하기위한 중기사용료(크레인) 및 노무비 등의 모든비용이 포함된다	이 물량은 도면에 의해 산출된 수량이다	
c-3	보도육교가설 (육교중량,55～75Ton미만)	Ton	이 단가는 강재거더를 가설하기위한 중기사용료(크레인) 및 노무비 등의 모든비용이 포함된다	이 물량은 도면에 의해 산출된 수량이다	
c-4	보도육교가설 (육교중량,75～95Ton미만)	Ton	이 단가는 강재거더를 가설하기위한 중기사용료(크레인) 및 노무비 등의 모든비용이 포함된다	이 물량은 도면에 의해 산출된 수량이다	
9.04	볼트조이기 (고장력볼트)	개	이 단가는 볼트조이기를 하기 위한 중기사용료(크레인) 및 노무비, 중기사용료 등의 모든 비용이 포함된다		
9.05	보도육교 도장				
a	일반중방식도장 (내부도장,공장)	㎡	이 단가는 강교내부도장(공장)에 필요한 표면처리비(재료비 및 노무비)와 강교도장비(재료비 및 노무비)가 포함된 모든 비용이다	이 물량은 도면에 의해 산출된 수량이다	

번호	공　종	단위	설　명	측　정	비고
b	일반중방식도장 (외부도장,공장)	㎡	이 단가는 강교외부도장(공장)에 필요한 표면처리비(재료비 및 노무비)와 강교도장비(재료비 및 노무비)가 포함된 모든 비용이다	이 물량은 도면에 의해 산출된 수량이다	
c	일반중방식도장 (외부포장면,공장)	㎡	이 단가는 외부포장면도장(공장)에 필요한 표면처리비(재료비 및 노무비)와 강교도장비(재료비 및 노무비)가 포함된 모든비용이다	이 물량은 도면에 의해 산출된 수량이다	
d	일반중방식도장 (외부포장면,현장)	㎡	이 단가는 외부포장면도장(현장)에 필요한 표면처리비(재료비 및 노무비)와 강교도장비(재료비 및 노무비)가 포함된 모든비용이다	이 물량은 도면에 의해 산출된 수량이다	
e	일반중방식도장 (SPLICE,공장)	㎡	이 단가는 강교SPLICE도장(공장)에 필요한 표면처리비(재료비 및 노무비)와 강교도장비(재료비 및 노무비)가 포함된 모든비용이다	이 물량은 도면에 의해 산출된 수량이다	
f	일반중방식도장 (내부B/S,현장)	㎡	이 단가는 내부볼트및SPLICE 도장(현장)에 필요한 표면처리비(재료비 및 노무비)와 강교도장비(재료비 및 노무비)가 포함된 모든비용이다	이 물량은 도면에 의해 산출된 수량이다	
g	일반중방식도장 (외부B/S,현장)	㎡	이 단가는 외부볼트및SPLICE 도장(현장)에 필요한 표면처리비(재료비 및 노무비)와 강교도장비(재료비 및 노무비)가 포함된 모든비용이다	이 물량은 도면에 의해 산출된 수량이다	
9.06	**보도육교포장 (탄성고무재포장)**	㎡	이 단가는 탄성고무재 포장으로 재료비(탄성고무)배합 설치 및 믹서사용이 모든비용에 포함된다	이 물량은 도면에 의해 산출된 수량이다	
9.07	**계단논스립설치 (황동)**	㎡	이 단가는 계단 단부에 미끄럼방지를 위해 황동 논스립을 설치하기 위한 재료비 노무비가 포함된 비용이다	이 물량은 도면에 의해 산출된 수량이다	

Ⅱ - 6. 연 약 지 반

Ⅱ-6-1. 적용기준

1. 적용범위

가. 노반공사시에 원지반을 그대로 이용하면 구조물, 제체 등에 안정상의 문제가 발생할 수 있는 경우 지반의 공학적 성질을 개선하여 그 안정성을 증대시키는 것을 지반개량이라고 한다.

나. 연약지반 설계는 기초의 안정, 침하에 관한 검토 및 공사의 안정성, 경제성, 시공성 등을 종합적으로 검토하여 안전하고 경제적으로 공사가 수행될 수 있도록 설계하여야 한다.

다. 본 적용기준은 연약지반 설계시 검토하여야 할 일반적인 사항에 대하여 적용한다.

2. 설계시 고려사항

가. 연약지반 판정기준

나. 연약지반 처리대책 공법

다. 허용잔류 침하량

라. 사용재료의 지반정수

마. 계측기 종류, 배치기준, 계측빈도

바. 성토에 따른 강도증가율

사. 성토속도

아. 측방유동 및 기타 필요 고려사항

3. 연약지반의 판정기준

가. 지반조사결과를 근거로 하며 아래와 같은 기준을 기본으로 하여 적용한다.

<표 Ⅱ.6.1> 연약지반의 판정기준

구 분	이탄질 및 점토질 지반		사질토 지반
층 두 께	10m 미만	10m 이상	
N 치	4 이하	6 이하	10 이하
qu (kN/㎡)	60 이하	100 이하	
qc (kN/㎡)	800 이하	1200 이하	4000 이하

주) 네델란드식 삼중관 콘관입시험의 콘지수

나. 연약지반 판정기준은 성토 또는 구조물 기초설계시 고려되는 시공성, 지반의 지지력, 허용 침하량 등에 대하여 상대적으로 평가한다.

다. 만일 상기 표의 기준보다 견고한 상태라도 구조물에 대하여 안정성을 확보할 수 없는 경우는 연약지반으로 분류하고 대책을 강구한다.

4. 연약지반처리 대책공법 선정 및 적용

가. 연약지반 대책공법 선정시 고려사항

연약지반 대책공법은 지반처리 목적 및 기대효과와 시공성 및 경제성 등을 고려하여 적절한 공법을 선정하도록 다음과 같은 고려사항을 검토한다.

<표 Ⅱ.6.2> 연약지반 대책공법 선정시 고려사항

고려해야 할 조건	검 토 항 목		비 고
지반조건	토질	사질지반	액상화 가능성의 유무
		점토질 지반	입도분포, 예민비(흙의 교란)
		이탄질 지반	함수비, 투수성
	지반 구성	연약층의 두께	
		배수층(모래층)이 협재되어 있고, 연약층의 두께가 얇은(3~4m이하)경우	토질조사에 의한 배수층의 확인
		연약층이 두껍고 배수층이 없는 경우	침하대책
		얇은 모래층밑에 4m이상의 두꺼운 연약한 점토층이 있는 경우	침하대책
		연약층의 기반이 경사되어 있는 경우	부등침하대책
구조물 조 건	상부구조물의 형태가 다른 경우		구조물의 성격, 형상, 중요도
시공조건	공사기간		급속시공의 필요성, 공기에 대응한 대책공법
	재료		각 공법의 사용재료 취득의 난이
	시공기계의 Trafficability		표층처리공법 병용의 필요성
	시공심도		각 공법의 한계시공심도
	주변에 미치는 영향		각 공법의 문제점

나. 적용공법의 설계 및 지반개량 효과의 제시

1) 선정된 대책공법은 연약지반의 개량목적에 부합되도록 설계되어야 하며 검토과정이 보고서에 명기되어야 한다.
2) 대책공법의 설계는 적용공법의 적용한계 제시, 대책공법의 단면제시 및 대책공법 도입으로 인한 지반개량 효과(안정성 확보)를 검토하여 제시하여야 한다.

다. 연약지반 처리공법의 선정

1) 연약지반 처리공법의 종류

연약지반 처리공법의 종류는 프리로딩 공법, 연직배수 공법, 샌드컴팩션파일(SCP) 공법 등과 최근 들어 그 사용빈도가 증가하고 있는 동압밀 공법 및 특수한 목적에서 사용되며 최근 국내에 도입되기 시작한 진공압밀공법 등 다양한 공법들이 있다. 이와 같이 다양한 연약지반 처리공법들을 개량원리와 개량 목적 및 개량하고자 하는 지반의 상태에 따라 분류해 보면 다음 표와 같다.

<표 Ⅱ.6.3> 처리목적과 적용지반에 대한 대책공법

<table>
<tr><th>개량원리</th><th colspan="2">공법의 명칭</th><th>처리 목적</th><th>적용지반</th></tr>
<tr><td rowspan="6">다짐</td><td colspan="2">샌드 콤팩션 파일 공법</td><td rowspan="3">· 액상화 방지
· 침하감소
· 지반의 강도 증가</td><td>점성토,사질토,유기질토</td></tr>
<tr><td colspan="2">동다짐 공법</td><td rowspan="2">사질토</td></tr>
<tr><td colspan="2">바이브로플로테이션 공법</td></tr>
<tr><td colspan="2">중추낙하다짐공법</td><td rowspan="3">· 침하감소
· 액상화 방지</td><td rowspan="3">사질토</td></tr>
<tr><td colspan="2">폭파다짐, 전기충격공법</td></tr>
<tr><td colspan="2">동압밀 공법</td></tr>
<tr><td rowspan="5">고결</td><td colspan="2">표층혼합처리 공법</td><td>· 도로 노상,노반의 안정처리</td><td rowspan="5">점성토,
사질토,
유기질토</td></tr>
<tr><td colspan="2">심층혼합처리 공법</td><td rowspan="4">· 활동파괴 방지
· 침하저지 및 감소
· 전단변형 방지
· 히빙 방지</td></tr>
<tr><td colspan="2">약액주입 고법</td></tr>
<tr><td colspan="2">소결 공법</td></tr>
<tr><td colspan="2">동결 공법</td></tr>
<tr><td rowspan="2">보강</td><td colspan="2">복토 공법</td><td>· 도로 노상,노반의 안정처리</td><td rowspan="2">점성토,
유기질토</td></tr>
<tr><td colspan="2">표층피복공법(시트,매트,필타)</td><td>· 국부파괴, 국부침하 방지</td></tr>
<tr><td>경량화</td><td colspan="2">경량자재</td><td rowspan="6">· 지반의 지지력 향상
· 지반의 전단변형 억제
· 지반의 침하억제
· 활동 파괴의 방지
· 시공기계의 주행성 확보</td><td rowspan="6">점성토,
유기질토</td></tr>
<tr><td>하중균형</td><td colspan="2">압성토 공법</td></tr>
<tr><td rowspan="4">하중분산</td><td colspan="2">침상 공법</td></tr>
<tr><td colspan="2">시트넷 공법</td></tr>
<tr><td colspan="2">샌드매트 공법</td></tr>
<tr><td colspan="2">표층혼합처리 공법</td></tr>
<tr><td rowspan="3">치환공법</td><td colspan="2">굴착치환 공법</td><td rowspan="3">· 활동파괴방지
· 침하의 감소
· 지반의 전단변형 억제</td><td rowspan="3">점성토,
사질토,
유기질토</td></tr>
<tr><td colspan="2">강제치환 공법</td></tr>
<tr><td colspan="2">폭파치환 공법</td></tr>
<tr><td rowspan="12">압밀배수</td><td colspan="2">프리로딩 공법</td><td rowspan="6">· 잔류침하의 감소
· 지반의 강도 증가</td><td rowspan="4">점성토,
유기질토</td></tr>
<tr><td rowspan="3">연직배수공법</td><td>샌드드레인 공법</td></tr>
<tr><td>페이퍼드레인 공법</td></tr>
<tr><td>팩드레인 공법</td></tr>
<tr><td rowspan="2">지하수위저하공법</td><td>웰포인트 공법</td><td rowspan="2">사질토</td></tr>
<tr><td>깊은우물 공법</td></tr>
<tr><td colspan="2">진공압밀 공법</td><td rowspan="4">· 압밀촉진
· 잔류침하감소
· 지반의 강도 증가</td><td rowspan="4">점성토,
유기질토</td></tr>
<tr><td colspan="2">생석회말뚝 공법</td></tr>
<tr><td colspan="2">전기침투 공법</td></tr>
<tr><td colspan="2">반투막 공법</td></tr>
<tr><td colspan="2">쇄석말뚝 공법</td><td>· 액상화 방지</td><td>사질토</td></tr>
<tr><td colspan="2">표층배수 공법</td><td>· 표층지반강도 증가</td><td>점성토, 유기질토</td></tr>
</table>

2) 연약지반 처리공법의 선정

처리대책의 목적, 대상지반의 성질, 공기, 주변의 영향 등을 고려한 공법을 선정하여 소기의 목적을 달성할 수 있는지 비교 검토한 후에 최종적으로 경제적인 관점에서 최적공법을 선택하여야 하며, 연약지반 처리공법의 선정에 대한 흐름도는 다음과 같다.

<표 Ⅱ.6.4> 공법 결정 흐름도

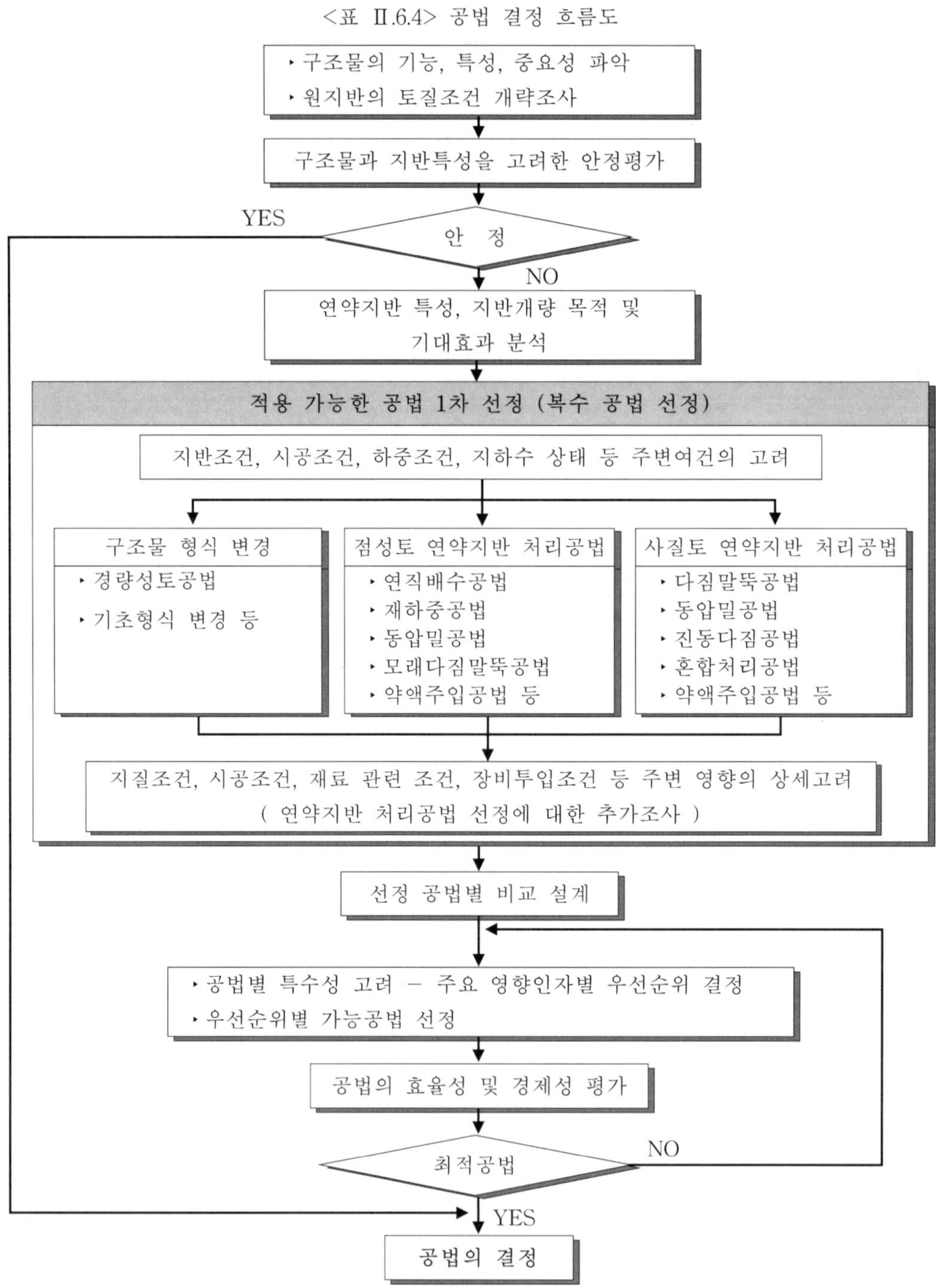

가) 공법 선정시의 유의사항

지반개량은 반드시 하나의 원리에 입각하여 존재하는 것이 아니라 복수의 원리에 의해 혼합병행공법으로 적용하는 경우가 많다. 그러므로, 연약지반 처리공법의 선정에 있어서는 개량의 목적을 명확히 하여야 하며, 대상토 지반의 성질, 하중조건, 시공여건, 공사기간, 주변 자연환경과 주변에 미치는 영향 등 제 조건을 감안하여 개량목표와 원활한 시공, 경제성을 고려한 적합한 공법을 수립하여야 한다. 연약지반 처리공법을 적용하고자 하는 경우는 다음 표와 같은 많은 조건을 종합적으로 감안할 필요가 있다.

<표 Ⅱ.6.5> 공법선정에 따른 유의사항

유 의 사 항	내 용
구조물 특성	구조형식, 규모, 기능, 중요도
연약지반의 특성	연약층의 종류, 연약층의 범위, 심도, 지반전체의 지층상태, 지지층의 심도와 경사, 각 층의 공학적 특징
개량의 필요성	가설적 개량, 영구적 개량
개량의 목적	강도증가, 침하촉진, 침하 및 액상화 방지, 지수
지반개량공법의 특성	설계의 정도, 시공능력, 시공의 난이도, 시공기계나 재료입수의 난이도, 효과판정의 난이도
공기나 환경에 따른 제약	공기, 오염, 진동, 소음
종합적인 경제성	기타 공법과 비교
기타	설계 변경의 난이도, 장래계획의 연계성

또한 다음 표와 같이 각각의 연약지반 처리공법에 의한 개량효과 및 사용 가능한 지반조건과 시공성을 고려하여야 한다.

<표 Ⅱ.6.6> 연약지반 처리공법의 효과 및 적용성

분류		개량 목적						대상지반			효과		시공시 지반의 교란	비고
		침하		안정										
개량 원리	공법명	침하촉진	침하저감	전단변형억제	강도증가촉진	활동저항부여	액상화방지	사질토	세립토	고유기질토	즉효성	지효성		
치환	굴착치환 공법		◎	○		◎	○	○	○	◎			소	
	강제치환 공법		◎	○		◎			○	○		○	소	
	압성토재하 공법	◎			○				○	◎		○	소	
배수	연직배수 공법	◎			◎				○			○	중	
	생석회 파일 공법	○	○	○	○	○			○				소	
	웰 포인트 공법	◎		○	○				○				소	
	진공압밀 공법	◎		○	◎				○				소	
압밀	샌드 컴팩션 공법	○	◎		△	◎	◎	◎	○	○	○		대	
	바이브로 플로테이션 공법		○	○			◎	○					대	
	동압밀 공법		○	○			◎	○	△		○		대	
고결	심층혼합처리 공법		◎	○	○	○	○	○	◎		○			
	천층혼합처리 공법		◎	◎	◎	○		◎	◎	◎	○		대	
	약액주입 공법		○	○	○			○	△		○		소	

나) 공기나 환경의 제약

공기는 공법의 선정 폭을 좌우하는 요인이 된다. 예를 들어, 프리로딩 공법의 경우는 개량비도 타 공법에 비해 비교적 저렴하고, 시공기술에 있어서도 비교적 용이하나 소정의 개량효과를 얻기 위해서는 장시간이 소요되므로 장시간의 공기가 허락되는 두꺼운 점토층에서는 효과적이다. 공기의 제약이 엄격한 경우에는 연직배수보다는 치환율이 높은 샌드컴팩션 파일이나 수주일 내에 효과를 얻을 수 있는 심층 혼합처리 공법을 선정하는 것도 가능하다. 최근의 건설공사에서는 환경에 대한 배려가 큰 문제가 되고 있다. 따라서 인접하는 기존 구조물에 대해 영향을 주지 않아야 하는데, 원지반을 강제적으로 배제하는 다짐공법이나 생석회 말뚝 공법의 타설 방향 등은 인접한 기존 구조물에 변형을 가져올 수 있고, 압밀에 의한 인접 구조물의 잔류 침하 영향을 고려해야 한다. 그리고 약액주입 공법에 의한 지하수 오염의 문제도 고려해야 한다.

다) 연약지반 처리공법의 조합

처리공법의 결정에는 풍부한 지식과 경험이 필요로 하고, 지반조건, 도로조건, 시공조건 등을 고려하여 선정하여야 하며, 단독공법으로 처리되는 경우도 있으나 대부분 두 가지 이상의 공법을 혼용하는 경우가 일반적이다.

(1) 샌드매트 + 연직배수 + 재하중 공법
(2) 샌드매트 + 연직배수 + 재하중 공법 + 토목섬유 공법
(3) 샌드매트 + 연직배수 + 모래다짐말뚝(SCP) 공법 + 토목섬유 공법
(4) 샌드매트 + 재하중 + 압성토 + 토목섬유 공법
(5) 연직배수 + 재하중 공법
(6) 연직배수 + 모래다짐말뚝(SCP) 공법
(7) 연직배수 + 혼합처리 공법
(8) 재하중 + 압성토 공법
(9) 기타 공법

5. 연약지반 처리공법

가. 공법 선정시의 고려사항

1) 연약지반에 설치되는 구조물의 경우 별도의 대책없이 안정성의 확보가 불가능한 경우 별도의 안정성 확보를 위한 대책을 강구하여야 한다.
2) 연약지반에 설치되는 구조물의 안정성은 파괴에 대한 안정성 확보 및 과다한 침하 혹은 변형 발생 방지 여부에 의해 평가되어야 한다.
3) 대책공법 설계시에는 장기침하의 문제, 주변지반의 변형에 따른 문제와 함께 설계의 불확실성을 배제하기 위한 계측계획수립 및 계측결과의 활용방안이 포함되어야 한다.

나. 샌드매트 깔기공

1) 공법의 개요

연약지반상에 부설되는 샌드매트(sand mat)는 연약지반의 압밀로 인해 배출되는 물의 원활한 배수를 위한 상부 배수층의 역할과 압성토 내로 지하수가 상승하는 것을 차단하는 지하 배수층의 역할 및 시공장비의 주행성(trafficability)을 확보하기 위한 지지층 역할 등의 목적으로 부설된다.

2) 설계방법

가) 장비의 주행성 검토

샌드매트는 시공장비의 주행성을 확보할 수 있는 두께 이상이어야 한다. 대상 연약지반의 비배수 전단강도가 주어지면 이를 사용하여 설계시 지반의 허용지지력값을 산정하며, 설계시 선정된 시공장비의 접지압을 토대로 결정된 원지반 작용응력으로부터 주행성을 고려한 샌드매트의 두께를 결정할 수 있다. 다음은 주행성 검토시 유의사항이다.

(1) 시공장비의 접지압 산정은 시공시 불리한 경우로 가정하여 산출한다.

(2) 장비의 주행성 검토시 적용되는 안전율은 관련규정에 의하며 결정한다.

(3) 장비의 주행성 검토시 적용된 장비의 재원과 형식은 명확히 규정되어야 한다.

나) 배수기능에 대한 검토

연약지반 상부에 부설되는 샌드매트는 연약지반이 압밀침하를 하면서 배출되는 간극수에 대한 수평배수로 역할을 수행할 수 있어야 한다. 따라서 연약층이 두꺼운 경우, 흙쌓기폭이 넓은 경우, 압밀로 인한 물의 배출이 많은 경우 등에는 배수로의 역할을 적절히 수행하기 위하여 충분한 샌드매트 두께가 요구되므로 이를 설계에 반드시 고려하여야 한다. 다음은 배수기능 검토시 유의사항이다.

(1) 설계에 적용된 샌드매트의 재료특성은 현장의 재료수급 조건을 반영하거나 혹은 품질관리를 위한 목적으로 설계도서에 반영되어야 한다.

(2) 연약지반 하부에 존재하는 양호한 지층의 특성을 반영하여 배수기능 검토를 위한 배수거리를 결정하여야 한다.

다. 토목섬유 매트 깔기공

지반보강을 위한 토목용 합성재중에서 대표적인 소재는 토목섬유이다. 그 기능으로는 여과, 배수, 분리, 보강 등이 있다. 그러나 최근에 발표된 문헌들에 의하면 토목섬유의 보강재로서의 기능은 서서히 격자형의 지오그리드나 셀형태의 폴리머 합성재로 대체되고 있는 경향이 있다. 일반적으로 연약지반에서의 흙쌓기 시공에서 사용되는 토목섬유의 종류로는 폴리프로필렌(PP, polypropylen) 또는 폴리에스터(PET, polyester) 등이 있다. 이때 폴리프로필렌매트와 폴리에스터매트는 일반적으로 다음과 같은 목적으로 부설된다.

<표 Ⅱ.6.7> 토목섬유의 부설목적

구　분	목　　적
폴리프로필렌 매트 (P.P 매트)	· 기존 연약지반과 모래층의 혼합을 차단하여 모래매트의 기능 유지 · 장비의 초기 진입시 필요한 운행성의 증진 · 지반의 지지력 향상 · 여과층으로서 배수효과 증진
폴리에스터 매트 (P.E.T 매트)	· 연약지반 흙쌓기시 지지력 증대 및 비탈면 안정 · 연약지반 흙쌓기시 장비 주행성 확보 · 흙쌓기의 기층 안정

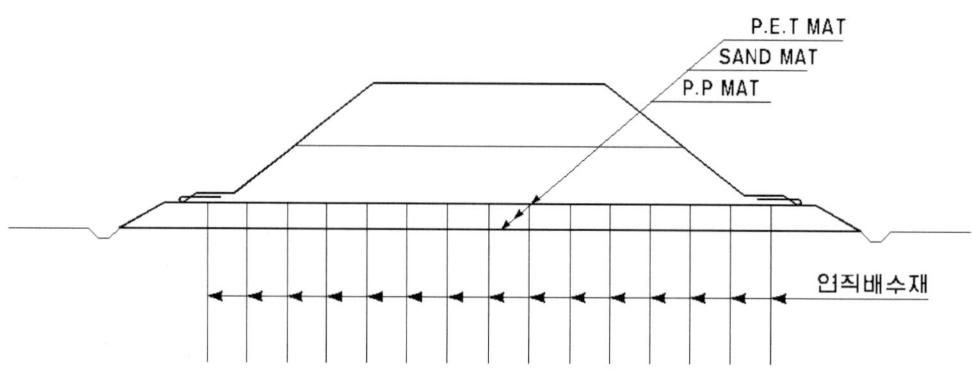

<그림 Ⅱ.6.1> Sand Mat 및 매트포설 단면도

라. 연직배수공법

1) 공법의 개요

연직배수공법(vertical drain method)은 연약층 사이에 주상의 투수층을 촘촘하게 땅속에 배치하여 연약한 점성토층의 배수거리를 짧게 하여 압밀침하를 촉진시켜 단기간 내에 지반을 안정화시키는 방법으로 샌드 드레인(Sand drain), 페이퍼 드레인(Paper drain), 팩 드레인(Pack drain) 등이 있으며 그 원리가 모두 동일하다.

가) 샌드 드레인은 직경 100~600mm 정도의 원형단면의 모래기둥을 지중에 조성하여 배수거리 단축을 유도한다.

나) 페이퍼 드레인은 두께 3mm, 폭 100mm 정도의 장방형 단면의 배수재를 지중에 조성하여 배수거리 단축을 유도한다.

다) 팩 드레인은 정방형 배치의 모래기둥 4본을 화학섬유로 된 직경 120mm의 자루에 모래를 채워 동시 타입이 가능케 한 것으로 4본을 동시 타입하여 배수거리 단축을 유도한다.

2) 설계방법

가) 압밀이론

Terzaghi의 1차원 압밀이론에 따라 점토층의 압밀에 요하는 시간 t와 최대배수거리 H의 관계는 다음식과 같다

$$t = \frac{H^2 T_h}{C_v}$$

여기서, t : 압밀시간(sec)
C_v : 압밀계수(㎠/sec)
T_h : 시간계수(무차원)
H : 점토층의 두께(m)

위 식은 배수거리를 짧게 하는 방법을 이용하여 점토층의 압밀침하를 단시간에 종료할 수 있음을 의미한다. 연직배수공법은 점토지반에 드레인 말뚝을 만들어 물을 인공적으로 배출시켜 배수거리 단축을 통한 압밀 시간을 단축시키는 공법이다. 연직배수공법은 배수재를 삼각형 또는 정방형으로 배치하여 타설한다. 이 때, 간극수압이 배수재내에 유입하는 범위는 각 배수재에 대해 등거리에 있는 원으로 둘러싸인 부분을 말하며, 육각형 배치도 정방형에 속하지만 해

석적 취급을 용이하게 하기 위해 등면적의 원으로 치환하여 구한다. 이때의 원을 등가유효원 d_e, 배수재 중심간격을 d라 하며, 삼각형 배치인 경우 d_e = 1.05d, 사각형 배치일 경우d_e=1.13d 식을 이용한다. 페이퍼드레인에 의한 압밀과정은 등가유효원(d_e)인 원형의 점성토 중심에 직경 d_w의 드레인이 삽입된 모델로 가정하여 해석한다. 직사각형 단면에서 원형단면으로의 환산은 다음 식에 의해 구하며, 현재는 이에 안전계수를 곱하여 직경 50mm로 하고 있다.

$$d_w = \frac{2(a+b)}{\pi}\alpha$$

여기서, d_w : 드레인의 환산직경(mm)
a,b : 드레인의 폭과 두께(mm)
α : 형상계수(무차원)

나) 지반교란 및 배수저항

연직배수재를 이용한 지반계량 설계시 흙의 특성과 배수조건의 불확실성으로 인하여 Smear Effect, Smear Zone의 범위, 배수저항 등을 설계에 적용할 자료가 정량화 되어있지 않다. 따라서 시험시공을 통하여 현장에 따라 적용성을 달리하여야 하며, 시험시공이 불가능한 경우 다음과 같이 현재 설계에 적용되는 국내외 연구 자료를 참고하여 적용한다.

(1) 지반교란 영향(Smear Effect) 검토

연직배수재 타설시 Mandrel의 관입으로 주변지반에 전단변형과 변위 등에 의해 교란된 영역을 Smear Zone 이라 하며, Mandrel의 크기, 형상, 지반의 구조와 종류 및 배수재의 타입방식에 따라 달라진다. Bergado(1991)등의 연구에 의하면 Mandrel의 직경이 커질수록 교란영역의 영향이 증가되는 것으로 보고되고 있다. 연직배수재 관입으로 주변지반에 발생하는 Smear Zone의 범위를 기존문헌 및 국내에서 대단위 부지조성을 위해 실시한 연구보고서별로 분류하면 다음과 같다.

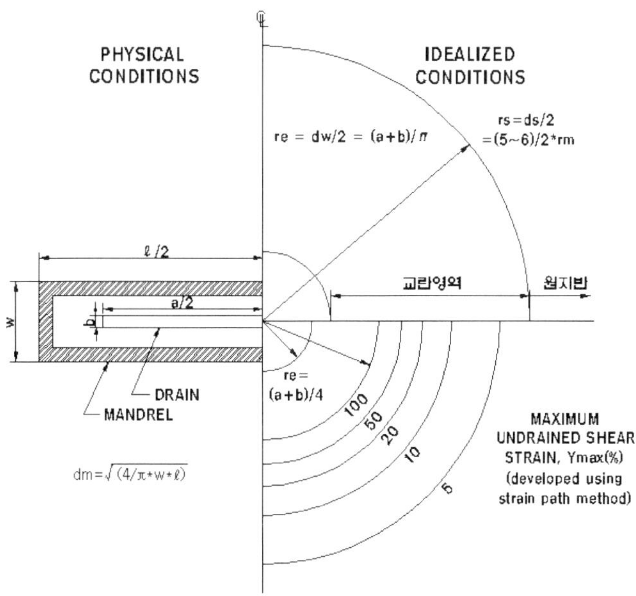

<그림 Ⅱ.6.2> Mandrel 주위의 Smear Zone(Rixner 등 1986)

<표 Ⅱ.6.8> 국내 연구보고서 자료

구 분	d_s/d_m 범위	산 정 방 법
해안매립과 연약지반개량을 위한 신기술개발 보고서 (1996.8)	1.5 ～ 2.7	실내모형시험에서 Mandrel의 형상을 원형, 직사각형, 마름모형으로 구분하여 측정 원형:2.7, 마름모형:2.3, 직사각형:1.5～2.2
연약지반의 압밀특성에 관한 연구보고서 (1999.12)	· 1차현장시험 : 1.6～2.6 · 2차현장시험 : 2.0～2.3 · CPT시험 : 2.6～8.1	양산물금지구에서 1,2차 현장시험 실시후 수평으로 채취된 자연시료의 실내시험 및 CPT시험으로부터 제안(정사각형 및 직사각형 Mandrel 사용)
비 고	d_s : smear zone의 직경, d_m : mandrel의 직경	

<표 Ⅱ.6.9> 기존 문헌

ds/dm 범위	제 안 자	산 정 방 법
1.5 미만	Hunt (1985)	-
1.5	박병기 등 (1985)	d_s/d_m = 1.5로 가정하여 Barron식에 Modified Cam Clay모델을 결합한 FEM해석을 실시하여 Sand Drain공법의 Smear Effect를 고려하였다.
2.0	Hansbo (1987)	압밀침하의 예측값과 측정값 비교 및 Holtz & Holm (1973)의 연구에 기초하여 제안하였다.
	Bergado et al (1990, 1991)	실내 및 현장시험을 실시하여 Smear Zone의 수평투수계수는 연직투수계수와 같고 Smear Zone의 범위는 Mandrel 직경의 2배라고 제안하였다.
2.5～3.0	Jamiokowski (1981)	Cone 관입시의 유효응력과 과잉간극수압을 이용하여 가정하였다.
	박영목 (1994)	불교란 시료와 재압밀시료를 대상으로 2차원과 3차원 실내 시험을 실시하여 제안하였다.

Smear Zone의 범위는 기존문헌 및 연구보고서에 따라 정도의 차이를 나타내며, 범위는 1.5～3.0 정도이다.

(2) 지반교란 영역(Smear Zone)의 투수계수 검토

Smear Zone에서의 수평투수계수는 지반교란의 영향으로 감소하게 되며, 기존문헌에서 제안된 범위와 국내에서의 연구보고서에 따르면 다음과 같다.

<표 Ⅱ.6.10> 기존 문헌

구 분	범 위	산 정 방 법
Hansbo (1987)	$k_s = k_v$	-
Bergado (1991)	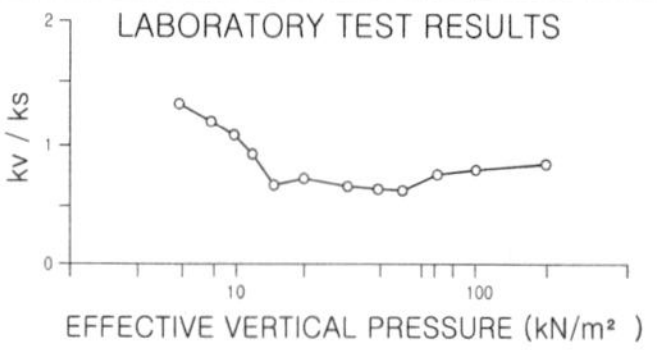 LABORATORY TEST RESULTS kv / ks EFFECTIVE VERTICAL PRESSURE (kN/m²)	Mandrel부근에서 채취된 샘플에 대하여 표준압밀시험에서 투수계수를 구하여 유효연직압력에 따른 k_v/k_s의 관계를 나타내었으며, Hansbo의 결과와 유사하다고 제안하였다.
Onoue (1991)	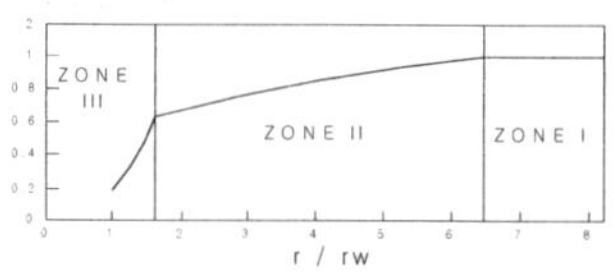 kh / kho ZONE III, ZONE II, ZONE I r / rw	간극률 감소에 의해 부분적으로 교란된 지역 zone Ⅱ,완전교란된 zone Ⅲ으로 구분하여 교란(k_h)과 불교란(k_{ho})의 비를 제안하였다.

<표 Ⅱ.6.11> 국내 연구보고서 자료

구 분	범 위	산 정 방 법
해안매립과 연약지반개량을 위한 신기술개발 보고서 (1996.8)	k_s / k_h = 0.5, k_s = k_v	실내모형시험후 수평으로 채취된 시료에 대하여 수평투수시험을 실시하여 투수계수 산정
연약지반의 압밀특성에 관한 연구보고서 (1999.12)	· 실내모형시험 : k_s/k_h = 0.68~0.86 · 현장시험 : k_s/k_h = 0.6~0.7	수평으로 채취된 시료로 압밀시험을 실시하여 산정

지반교란의 영향으로 인한 투수계수의 감소는 배수재의 기능을 감소시키는 원인이 될 수 있으며 기존의 연구결과 및 기존적용사례에 의하면 k_s/k_h 범위는 0.33~0.86 이다. 일반적으로 사용되는 범위는 0.33~0.50 정도로 이에 대한 압밀소요시간의 지연정도를 검토하여야 한다.

(3) 배수저항(Well Resistance) 검토

연약지반개량에 사용되는 연직 배수재(PBD)는 타설시 손상, 측방압력, 압밀진행에 따른 꺾임 및 굴곡 등에 일정한 통수능력을 유지하여야 하며, 기존문헌에 의한 제안치는 다음과 같다.

<표 Ⅱ.6.12> 통수능력 제안치(PBD)

제 안 자	제안치(㎤/sec)	측방압력	비 고
Kremer et al.(1982)	5.07 : 직선 1.52 : 절곡	0.10MPa	-
Kremer et al.(1982)	2.50	0.015MPa	· 동수경사 : 1.0
Jamiolkowski et al.(1983)	0.315~0.473	0.30~0.50	· 배수재 길이 : 20.0m
Hansbo(1986)	1.59~3.17	-	-
Rixner et al.(1986)	3.17	-	-
Holtz et al.(1991)	3.17~4.76	0.30~0.50	· 동수경사:1.0, 배수재:15~25m
Koda et al.(1989)	3.17	0.05	-
Van Santvoot(1994)	10.0~50	0.30	· 배수재 10.0m 보다 긴 경우

국외에서 제안된 PBD의 배수용량 범위는 0.315~50.0㎤/sec로 제안자 및 시험방법에 따라 많은 차이를 나타내며, 압밀진행에 따라 배수용량은 감소하는 것으로 보고되고 있다.

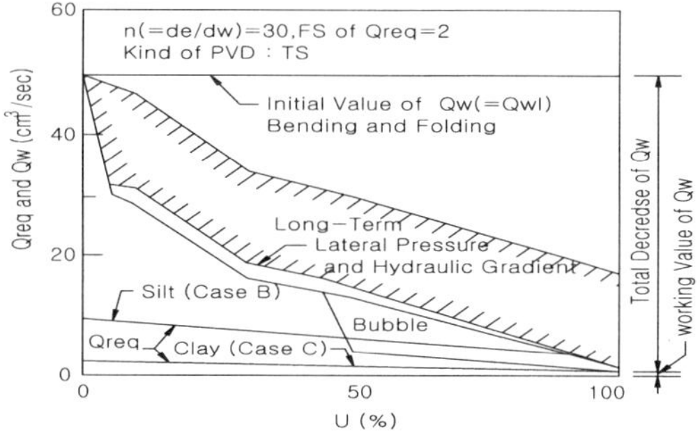

<그림 Ⅱ.6.3> 압밀도에 따른 배수용량의 변화

<표 Ⅱ.6.13> 연직배수공법 비교표

구 분	샌드 드레인 공법	팩 드레인 공법	페이퍼 드레인 공법
공법원리	직경 0.4m정도의 모래말뚝 설치 후 배수거리 단축을 통한 침하촉진	모래말뚝대신 직경 12mm인 섬유망에 모래를 충진하여 설치	개량원리는 샌드드래인과 동일하며 모래말뚝 대신 드레인 보드를 설치함
시공심도(m) 최대 / 평균	50 / 25	50 / 20~25	33 / 20
배수재	모래	섬유망 + 모래	드레인 보드
시공기간	중장기간	장기간	보통정도
N값 관계	N값 20-30이상 압입곤란	N값 10이상 압입곤란	N값 7-10이상 압입곤란
시공실적	많음	보통	많음
장 점	- 상부에 매립층이 있을 경우 관입저항을 극복할 수 있음 - 국내 시공사례 및 경험 풍부 - N=25정도까지 타설가능 - 모래말뚝이 활동에 대한 저항효과가 있다 - 투수효과가 확실함	- 샌드 드레인 공법에 비하여 교란영역, 배수재 및 샌드심 절단 가능성 적음 - 모래의 양 절감 및 배수재 타설기간 단축 - 시공속도가 빠름 - 시공여부 확인가능	- 샌드드레인공법에 비하여 교란영역, 배수재 및 샌드심 절단 가능성 적음 - 국내 시공사례 및 경험 풍부, 장비가 가벼움 (약3-4t) - 샌드드레인공법에 비하여 공사비 저렴함 - 재료의 구입이 용이
단 점	- 모래말뚝 설치시 교란영역이 커짐 - 소성유동으로 인한 모래말뚝 및 자연적으로 형성된 샌드심 절단가능성 내재 - 양질의 모래가 다량 필요 - 장비중량이 커서 통행성 확보가 어려움 - 팩, 페이퍼 드레인 공법에 비해 시공속도가 느림 - 공사비가 고가임	- 국내 시공사례 미소 - 철저한 품질관리 필요 - 연약지반 심도가 불규칙한 지역은 팩드레인 타설 심도 조절이 곤란 - 페이퍼 타입기 보다 장비중량이 커서 접지압 관리가 어려움	- 드레인 보드 제품의 철저한 관리 요망 - 맨드럴 타입기 사용으로 주행성 확보용 복토가 필요하며 철저한 시공관리 요망
배수재 절단유무	있음	거의 없음	거의 없음
배수효과	- 시공관리가 잘될 경우 양호하나 절단되면 배수효과 없음	양호	- 일반적으로 설계계산치 보다도 드레인 효과가 지연됨
시공관리	곤란	양호	쉽다

마. 압성토공법

1) 공법의 개요

연약지반의 공학적 성질을 개량하기 위한 공법으로서 연약지반 표면에 등분포 하중을 가하여 구조물의 설치 전에 발생가능한 지반의 침하를 미리 유도하여 구조물 설치 후에 발생하는 침하량의 최도화를 유도하는 공법으로 재하중(Preloading) 공법이라고도 한다. 재하중 공법은 연약하고 압축성이 큰 지반에 상재하중을 가하는 작업이므로 지반붕괴에 대한 안정성이 문제가 되기 때문에 지반의 압밀 크기와 속도 등에 대한 정확한 자료가 필요하며, 지반 개량시에는 철저한 지반조사가 수반되어야 한다. 공법 설계에 있어서 문제가 되는 사항은 과재하중의 크기와 재하기간의 결정이다. 재하공법을 크게 분류하면 흙쌓기 방법에 따라서 단계성토공법, 완속성토공법, 압성토공법 등으로 분류할 수 있다. 재하중 공법은 일찍부터 도로를 위한 제방축조공사에 많이 쓰여져 왔다. 이 공법은 선행압밀 공법이라 하는데 건물기초, 교대기초, 도로제방, 단지개발에 많이 쓰이고 있다.

2) 공법의 원리 및 설계

가) 공법 원리

지반에 처음부터 설계하중(P_d)만을 재하하였을 때, 1차 압밀 침하량과 시간의 관계를 나타내면 <그림 Ⅱ.6.4>에 점선으로 표시한 곡선과 같이 되며, 이 그림에서 S_d는 최종 1차 압밀침하량을 의미한다. 동일지반의 설계하중보다 P_s만큼 큰 하중을 재하하면 1차 압밀침하량과 시간의 관계는 <그림 Ⅱ.6.5>의 실선과 같이 되며 침하량의 크기가 설계하중에서 최종1차 침하량 S_d와 같아지는 시간 t_c가 경과하면 초과하중을 제거하여도 더 이상은 1차 압밀 침하가 일어나지 않을 것으로 기대된다. 재하중하에서 지반의 압밀침하량이 S_d에 이르는 시간 t_c 경과 후의 평균 압밀도, U_c의 식은 다음과 같다. 즉, 개량하고자 하는 지반에 재하중을 하고 평균 압밀도가 U_c에 이르는 시간 t_c가 경과한 후 초과하중을 제거하면 설계하중에서 이론상 더 이상의 침하가 발생하지 않는다. 그러나, 실제의 시공시에는 흙쌓기가 순간적으로 재하되는 것이 아니며, 여성토 제거시 약간의 리바운드가 일어나므로 압밀촉진 효과가 다소 손실될 수 있다.

$$U_c = \log\left(1+\frac{P_d}{\sigma'_0}\right) / \log\left[1+\left(\frac{P_d}{\sigma'_0}\right)\left(1+\frac{P_s}{P_d}\right)\right]$$

여기서, U_c : 평균압밀도
P_s : 초과하중(kN/m^2)
P_d : 설계하중(kN/m^2)
σ'_0 : 초기 유효응력(kN/m^2)

재하중 공법을 이용하여 설계하중에서 2차압밀 침하가 일어나지 않도록 하려면 1차 압밀침하 방지를 위해서 행한 것과 비슷한 방법으로 하중의 재하시간을 산출하여야 한다. 1차 압밀관계식 등을 이용하여 재하중에 의한 1차 압밀 침하량이 설계하중하에서 2차 압축을 고려한 침하량, (S_d + S_s)보다 크게 되는 때의 평균압밀도, U_c는 다음 식과 같다. 평균압밀도 U_c가 얻어지는 시간 t_c는 일상적인 방법으로 구할 수 있으며 2차 압축침하를 산정하는 시간 t_s는 목적 구조물의 수명이나 기타 사항 등을 고려해서 결정한다.

$$U_c = \frac{\left(1 - C_a \log\frac{t_s}{t_p}\right)\log\left(1+\frac{P_d}{\sigma'_0}\right)}{\log\left[\dfrac{1+\left(\frac{P_d}{\sigma'_0}\right)+\frac{C_a}{C_c}(1+e_o)\log\frac{t_s}{t_p}}{\left(1+\frac{P_s}{P_d}\right)}\right]}$$

여기서, U_c : 압밀도(무차원)
C_c : 압축지수(무차원)
C_α : 2차압밀지수(무차원)
e_o : 간극비(무차원)
P_s : 초과하중(MPa)
P_d : 설계하중(MPa)
σ'_o : 초기 유효응력(MPa)

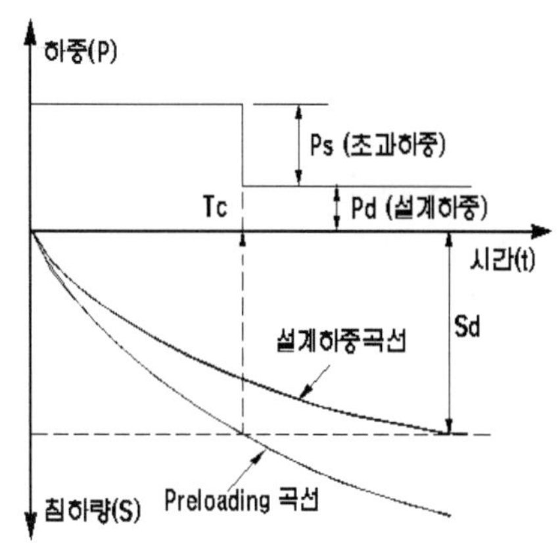

<그림 Ⅱ.6.4> 재하중에 의한 1차 압축침하

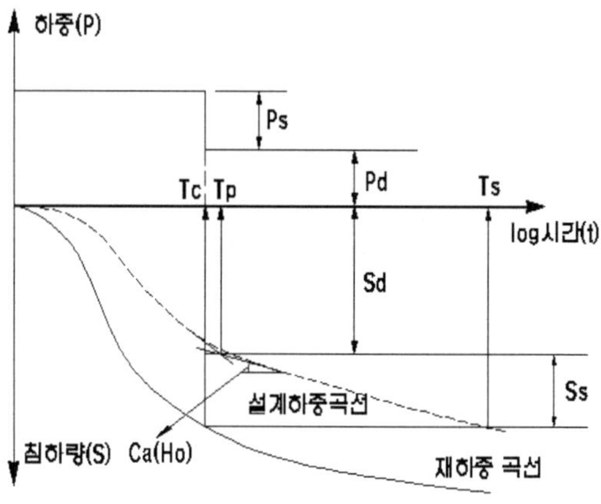

<그림 Ⅱ.6.5> 2차축침하를 고려한 초과하중 제거시간

나) 재하단계의 결정

연약점토층에 재하중 공법을 적용하는 기간 중에는 압밀에 의한 강도증가가 이루어진다. 이때의 강도증가를 고려하여 한계성토고만큼 흙쌓기 시공하고, 이것을 반복하여 필요한 흙쌓기높이 만큼 시공해야 한다. 또한, 원지반을 포함한 흙쌓기 법면에 대한 안정성 검토는 한계평형 해석이론을 이용하여 검토하며, 이때 소요 안전율 이상을 확보하여야 한다.

다) 재하에 따른 비배수 전단강도의 증가

재하중에 의한 압밀과정에서 지반의 비배수전단강도는 증가한다. 압밀에 의한 강도증가를 예측하기 위하여 흙의 소성지수와 유효연직응력에 대한 비배수 전단강도비(C_u/P')의 관계나 압밀비배수 삼축시험 결과로부터 비배수 강도곡선 등을 이용한다. 점성토 지반의 강도증가율 ($\Delta c_u/\Delta P$)을 구하는 방법은 다음과 같으며 압밀에 의한 지반내 강도증가율은 삼축압축시험에 의하여 구하는 것이 가장 바람직하며 삼축압축시험결과를 이용할 수 없는 경우 제안식중 불리한 값을 적용하도록 한다.

(1) Skempton & Henkel 제안식

$$\frac{\Delta c_u}{\Delta P} = 0.11 + 0.0037\ I_p$$

I_p : 소성지수 (단, $I_p > 10\%$ 이상)

(2) Hansbo 등의 제안식

$$\frac{\Delta c_u}{\Delta P} = 0.45LL$$

LL : 액성한계 (단, LL > 40% 이상)

(3) 삼축압축시험 결과 이용

$$\frac{\Delta c_u}{\Delta P} = \frac{\mathrm{Sin}\phi_u}{1-\mathrm{Sin}\phi_u}$$ 압밀비배수 시험 (CU - Test)

라) 한계성토고 및 사면 안정검토시의 최소안전율

흙쌓기를 일시적으로 급속시공을 하면 안전율이 상당히 떨어지면서 활동파괴가 일어난다. 그러나, 지반의 파괴가 방지되는 최대 흙쌓기 높이를 의미하는 한계성토고까지 흙쌓기한 후, 방치하면 상부 흙쌓기 재하중에 의해 연약점성토층의 강도증가가 유발된다. 이 증가된 지반의 강도를 고려하여 다음 단계의 한계성토고를 산정하여 흙쌓기를 시행하는 과정을 성토 단계별로 반복하여 필요한 높이만큼 흙쌓기를 한다. 이때 흙쌓기 시공 직전에는 안전율(F_s)이 최대이며 시공시 감소하여 시공완료 직후 최소가 되나 시간이 경과하면 강도증가에 의해서 안전율이 커지게 된다.

(1) 한계성토고

- 한계성토고란 지반보강을 하지 않는 원지반에 성토를 할 때 성토체를 보강하지 않고 성토할 수 있는 최대높이를 말한다.
- 한계성토고는 지지력 및 사면안정 검토에 의하여 결정하며 이들 중 작은 값으로 결정한다.
- 지지력에 의한 한계성토고 H_c는 연약층의 점착력(C_u)에 대한 지반의 극한지지력 (q_d)를 구하여 다음과 같이 결정한다.

$$H_c = \frac{q_d}{\gamma_t \cdot F_s}$$

여기서, H_c : 한계성토고(m)

γ_t : 성토체의 단위중량(kN/㎥)

q_d : 극한지지력(kN/㎡)

F_s : 안전율

q_d는 $5.14C_u$의 값을 사용하거나 또는 연약층 두께 및 토질에 따라 다음 값을 사용한다.

<표 Ⅱ.6.14> 극한지지력

구 분	극한지지력(q_d, kN/㎡)
두꺼운 점토질지반 및 유기질토가 두껍게 퇴적된 이탄질지반	3.60 C_u
보통의 점토질지반	5.10 C_u
얇은 점토질지반 및 유기질토가 끼지 않은 얇은 이탄질지반	7.30 C_u

(2) 사면 안정검토시의 최소안전율

- 연약지반상의 성토사면에 대한 안전율은 성토높이, 연약지반 깊이 등을 고려하여 적용하며 성토사면 축조기간중과 공용 후에 대해 별도 적용을 원칙으로 한다.
- 가장 보편적인 한계평형해석방법으로 산정한 안전율이 허용치 이상이면 성토 사면은 파괴

에 대해 안전하고, 변형은 허용치 이내로 한다.

- 안정해석은 현장의 배수조건을 파악하고, 배수상태에 따른 합당한 강도정수를 사용하여 수행하여야 한다. 안정해석은 전응력해석법과 유효응력해석법이 있으나 편의상 전자로 한다.
- 배수정도를 판정하는 가장 논리적인 기준은 시간계수(T : Time Factor)이다. 여기서, $T=C_v \cdot t/H^2$ 이며, 만약 T>3.0 이면 배수상태, T<0.11 이면 비배수상태, 0.11<T<3.0이면 배수, 비배수상태 모두 고려한다.
- 시간배수 산정이 불가능한 경우에는 투수계수 k를 기준으로 배수상태를 판정한다. 즉, $k>10^{-4}$㎝/sec이면 배수상태, $k<10^{-7}$㎝/sec이면 비배수상태이다.

바. 조립토다짐말뚝 공법

1) 공법의 개요

조립토다짐말뚝(sand compaction pile)공법은 모래 또는 점성토로 이루어진 연약지반에 천공후 조립토(모래 혹은 쇄석)의 압입 및 다짐에 의해 말뚝체를 조성하여 지반치환 및 다짐효과에 의해 원지반의 공학적 성질을 개선하는 공법이다. 본 공법은 매립지 등의 비교적 느슨한 사질토지반이나 사석지반에서 진동압입에 의한 원지반 다짐에 의해 지지력 증가, 압축침하방지, 액상화방지, 전단저항 및 수평저항 증대를 목적으로 사용되고 있다. 또한 점성토 지반에서는 단기적으로 주변점토보다 큰 전단강도를 가진 다짐 조립토말뚝을 촘촘히 조성하여 조립토말뚝과 점토로 복합지반을 형성하므로 지반의 지지력과 전단저항을 증대시키고, 장기적으로 조립토말뚝의 배수효과와 조립토말뚝의 응력집중효과에 의해 압밀시간과 침하량을 저감시킬 수 있다.

2) 공법의 원리 및 설계

조립토다짐말뚝 공법의 설계는 원지반의 지지력과 압밀침하 등에 의한 치환율, 말뚝배치형태 및 말뚝간격 및 직경 결정 등의 검토를 실시한다. 조립토말뚝은 아래의 그림과 같이 정방형, 삼각형 배치로 하며, 치환율 a_s는 다음의 식에 의하여 구한다. 또한 치환율과 조립토말뚝 단면적의 일반적인 설계값은 다음 표와 같다.

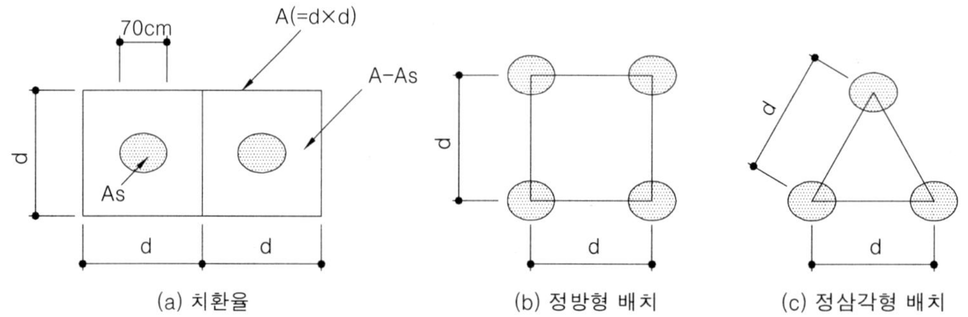

<그림 Ⅱ.6.6> 치환율 및 배치형태

- 정사각형 배치(b) : $a_s = \dfrac{A_s}{A} = \dfrac{A_s}{d^2}$

- 정삼각형 배치(c) : $a_s = \frac{A_s}{A} = \frac{2}{\sqrt{3}} \cdot \frac{A_s}{d^2}$

여기서, A_s : 조립토말뚝의 단면적
A : 조립토말뚝의 단면적 + 점성토의 단면적
d : 조립토말뚝간격

<표 Ⅱ.6.15> 치환율 및 조립토말뚝의 지름에 대한 일반적 설계값

토 질	치환율	조립토말뚝 지름(mm)	비 고
육상사질토	0.4	600~800(표준:700)	최근들어 육상공사시 진동 및 소음을 고려하여, 조립토말뚝의 직경을 300~450mm를 사용하는데, 주변에 미치는 영향을 고려하여 결정하여야 함.
해상사질토	0.4	800~1200	
육상점성토	0.4	600~800	
해상점성토	0.15~0.8	1000~2000(표준:1600,2000)	

사. 액상화 현상 및 대책공법

1) 액상화 현상의 개요

액상화는 지진, 항타하중 등 지반 내에 작용하는 반복하중에 의해 유발되는 과잉간극수압이 전응력과 동일하게 되어 지반이 전단강도를 상실하는 현상이며, 느슨한 사질토 지반에 액상화가 발생하면 지반은 전단저항력을 상실하여 액체상태와 유사하게 된다. 액상화 발생의 주요 영향요소는 지반의 성질 및 응력조건, 지진 발생시의 응력과 구속조건 등이며 액상화 판정의 대상토층은 일반적으로 지표면에서 20.0m 정도의 포화 사질토층이므로 해사를 안벽배면 뒷채움 재료 혹은 지반 흙쌓기 재료로서 이용할 때는 액상화 가능성 여부를 검토할 필요가 있다. 지반상부에 구조물을 축조하는 경우 동적해석도 조건에 따라 고려해야한다.

2) 액상화 예측방법

가) 액상화 예측방법의 종류

액상화 예측방법으로는 지진 등에 의한 전단응력비(τ_{ave} , σ_v)의 추정방법과 지반의 액상화 강도의 추정방법 등의 각종조합에 따라 <표 Ⅱ.6.16>과 같이 분류할 수 있다. 액상화 예측은 대상지반의 입도분포와 N치를 이용하는 개략예측으로부터 진동삼축압축시험 결과를 이용하는 상세법까지 대상구조물의 중요도에 따라서 해석의 정도를 고려한다.

나) 입도 및 등가N치에 의한 예측·판정

일반적으로 액상화 발생 가능성이 있는 지반은 <표 Ⅱ.6.17>과 같이 균등계수(C_u)가 10미만의 비교적 입도가 나쁜 사질토 지반으로 실트 및 점토 크기의 입자 함량이 10% 이하이고 입경이 0.075 ~2.0mm이다.

<표 Ⅱ.6.16> 액상화 예측방법의 분류

지반의 액상화 강도의 측정방법		지진동 레벨의 추정방법	예측법의 일례
	입도, N값	지표의 최대 가속도	Iwasaki와 Tatsuoka방법 (일본도로교 시방서, 동해선)

<table>
<tr><th colspan="2">지반의 액상화
강도의 측정방법</th><th>지진동 레벨의 추정방법</th><th>예측법의 일례</th></tr>
<tr><td rowspan="4">간
이
법
↑
·
↓
상
세
법</td><td>입도, N값</td><td>지표의 최대가속도</td><td>Tokimatsu와 Yoshimi방법
(일본건축기초구조 설계지침)</td></tr>
<tr><td></td><td>등가선형 중복반사모델</td><td>Ishihara방법
(일본 항만시설의 기술상의 기준·동해설)</td></tr>
<tr><td rowspan="2">진동삼축시험 등</td><td>등가선형 중복반사모델</td><td>Seed & Idriss</td></tr>
<tr><td>유효응력 모델</td><td>Finn 등</td></tr>
</table>

<표 Ⅱ.6.17> 액상화 발생 가능성 조건

구 분	액상화 발생 조건
포 화 도	포화도가 100%에 가까울때
균등계수(C_u)	$C_u < 10$
평균입경(D_{50})	$0.075mm < D_{50} < 2.0mm$
입 도 분 포	실트 및 점토크기의 입자 함량이 10% 이하
N 치	포화지반의 N치가 작을수록

3) 액상화 대책공법

지반의 액상화 방지를 위한 대책공법은 크게 지반의 상대밀도 증가를 도모하는 공법과 지반의 과잉간극수압의 신속한 소산을 도모하는 공법이 있다. 그 중 지반의 액상화 방지를 위해 다짐에 의한 원지반의 상대밀도 증가를 도모하는 공법으로는 조립토다짐말뚝공법(모래다짐말뚝공법, 쇄석다짐말뚝공법), 동다짐공법, 진동다짐공법, 중추낙하공법, 폭파낙하공법 등이 있다. 또한 과잉간극 수압의 신속한 소산을 도모하는 공법으로는 쇄석말뚝공법 등이 있다.

아. 기타 연약지반처리공법

상기한 연약지반처리공법 이외에도 치환공법, 표면처리공법, 지하수위저하공법, 경량성토공법, 폭파다짐공법, 동결공법, 지반주입공법, 생석회말뚝공법 및 침투압공법 등이 있다. 이와 같이 연약지반의 처리공법은 그 종류가 매우 다양하며 개량원리 또한 상이한 것이 많으므로 설계시 각 공법의 장단점, 현장 적용성, 경제성 및 지반특성 등을 세심히 고려하여 적용하여야 할 것이다.

6. 허용 잔류침하량

가. 허용 잔류침하량 검토시 고려사항

연약지반에 대한 처리대책을 계획할 경우, 허용 잔류침하량의 결정은 공기가 한정될 때 대책공법의 수립에 큰 영향을 미치는 요소이므로 다음과 같은 고려가 필요하다.

1) 구조물의 종류 및 중요도

2) 일반적인 작업에 의한 보수 가능성 여부

3) 연약지반의 깊이

4) 경제성

나. 허용 잔류침하량 선정

허용 잔류침하량은 구조물의 사용목적, 중요도, 지반의 특성 등을 고려하여 결정하도록 하며 연약지반상의 노반구간은 침하량 기준으로 100~200mm를 기본으로 적용한다.

7. 사용재료의 설계정수

연약지반 설계시 토질정수는 토질시험결과에 의하여 결정하는 것을 원칙으로 하며 제반여건을 감안하여 성토재 및 Sand Mat 재료는 다음과 같이 적용 할 수 있다.

<표 Ⅱ.6.18> 성토재 및 Sand Mat 재료의 토질정수 적용(예)

구 분	설계정수	적 용	비 고
성 토 재	단위중량	19 kN/㎥	
	점 착 력	15 kN/㎡	
	전단저항각	25°	
Sand Mat	단위중량	19 kN/㎥	
	전단저항각	30°	

8. 현장계측관리

가. 계측의 목적

연약지반 처리의 설계는 복잡한 자연현상(토층 및 토질특성)을 단순화시켜 시행되므로 설계시 추정치의 불확실성과 설계 단계에서의 지반조사자료의 부족 및 불확실성을 시공중의 현장관리를 통해 보충하고 이를 통한 새로운 정보에 의해 적절히 관리, 검토한다. 따라서 연약지반의 침하와 변형특성 파악 및 개량효과 분석등 제반 계측관리를 통하여 연약지반 개량공법의 질적 향상 및 경제적이고 안전한 시공을 도모해야 하고, 나아가서 이러한 정보를 Feed-Back시켜 다음 단계에서 발생할 수 있는 지반거동을 사전에 파악하여 이를 토대로 당초설계의 타당성 파악 및 대책이 강구되어야 한다. 계측관리는 연약지반에 성토를 함에 있어 대상지반의 주요지점에 침하 및 안정관리 등에 필요한 경사계, 침하판, 지하수위계, 간극수압계 등의 계측기를 설치하고 지반의 거동을 정량적으로 확인하는데 필요하며, 다음과 같은 목적이 있다.

1) 설계시 지반조건의 정보부족으로 인한 설계시의 미비점을 시공중에 발견하여 대책방안을 제시

2) 설계시 예측치 않았던 거동이 생기면 신속히 그 원인을 규명하고 그 대책을 수립

3) 계측한 자료를 정리, 분석하여 자료를 축적하고 이를 Feed back시켜 앞으로의 성토구조물의 설계시공에 적용하여 경제성, 안정성을 도모

4) 설계이론 및 설계정수의 평가

나. 계측기 종류

연약지반상의 계측기 종류는 다음을 기준으로 하며 필요시 추가하도록 한다.

<표 Ⅱ.6.19> 계측기기 및 계측목적

항 목	계측기기	계 측 목 적
침 하	지표면 침하판	- 재하성토부의 침하측정으로부터 최종침하량, 침하속도, 압밀도 추정 - 경사계의 변형량 및 변위속도와의 비교를 통한 재하성토의 안정관리 - 압밀에 의한 전단강도 추정, 단계별 성토시 사면안정성 검토 - 공용하중 작용시 잔류침하량 추정 - 연약지반 개량공사 완료시기, 성토 제거시기, 여성고 증감여부 결정
	층 별 침하계	- 연약층의 심도별 침하량 측정 및 지표면 침하판의 침하량과 비교분석 - 측정된 침하량을 이용하여 지반의 압밀정수 재산정
수 평 변 위	경사계	- 성토사면의 안정관리, 측방유동 경향 판단
	변 위 말 뚝	- 지표면의 수평방향 변위로 주변지반의 활동파괴 예측 - 수평변위로 인한 지반거동 파악
간 극 수 압	간 극 수압계	- 재하성토 하중에 의한 지반내 간극수압의 변화 측정 - 수직배수재 타입으로 인한 압밀효과 확인 - 압밀진행 및 강도증가 상황을 파악
지 하 수 위	지 하 수위계	- 지하수위의 변화파악 및 과잉간극 수압, 유효응력 산정 자료로 이용

다. 계측위치 선정기준

목적에 맞는 계측기를 선정한 후 그 계측기를 어떻게 배치할 것인가 라는 것이 중요한 관건이 된다. 계측위치의 선정이 측정대상물의 규모나 주변구조물의 영향 정도에 좌우된다는 것은 말할 나위도 없지만 측정 개소의 지형, 지질, 토질특성 등의 중요한 요소가 있다는 것도 간과할 수 없는 사항이다. 이러한 사항들을 파악하지 못하고 측정한다는 것은 단순히 계측한다라고 하는 요식 행위에 그쳐, 필요한 자료를 얻지 못하는 결과를 초래하게 된다. 공사에 지침이 될 수 있는 결과를 얻기 위해서는 흙쌓기 자체 및 원지반이나, 인접구조물의 거동을 충분히 고려하고 또 유사한 조건하에서 계측 예를 참고로 하는 것이 좋다. 일반적으로 계측기의 매설위치 선정기준은 아래와 같다.

1) 대상지역 전체를 대표할 수 있는 지점
2) 시추조사 등으로 지반조건이 파악되어 계측자료와 비교가 용이한 지점
3) 지반개량 효과분석 및 안정관리 주 대상지역
4) 수직배수재 타입지점과 겹치지 않고 일정한 거리를 유지할 수 있는 지점
5) 차량이나 기타 장비로부터 보호가 용이한 지점

라. 계측기 배치

계측기의 종류 및 배치기준은 다음표와 같으며 계측빈도는 현장여건을 고려하여 조정하도록 한다.

1) 계측기 배치는 성토에 따른 지반의 거동양상을 감안하여 배치한다. 일반적으로 성토체 중앙부에는 1차원 압밀에 가까운 조건이 되므로 주로 침하 및 간극수압 측정목적인 지표면침하판, 층별침하계 및 간극수압계를 배치한다. 간극수압계는 침하관리에 적용성을 높이기 위해 층별침하계가 설치된 위치에서 2~3m이내에 배치한다.

2) 흙쌓기 가장자리는 흙쌓기의 수평변위가 발생할 수 있는 지역이므로 수평변위 측정용의 경사계를 설치하며 흙쌓기의 바깥지역에는 주로 융기 및 수평변위가 발생하므로 이를 측정하기 위한 변위말뚝 및 경사계 등을 배치하도록 한다.
3) 지반이 복잡하고 주요 구조물이 축조된 경우에서 집중관리의 대상으로서 보다 철저하고, 많은 계측기를 설치해야 한다.

<표 Ⅱ.6.20> 계측기의 종류 및 배치기준

계측기명	계측목적 및 검토사항	계측기 배치원칙
층별침하계	· 연약점토성의 심도별 압밀침하량 측정 및 지표면 침하량과의 비교 분석 · 측정된 침하량을 이용하여 지반의 층별압밀정수 추정	· 연약심도가 깊거나 높은 흙쌓기 지역에 간극수압계와 동일지점에 설치 · 공당소자는 3개씩
간극수압계 (Piezometer)	· 흙쌓기하중에 의한 지반내 간극수압의 변화측정 · 과잉간극수압의 소산정도 및 유효응력증가량 유추 · 압밀의 효과 확인 · 압밀진행 및 강도증가상황 확인	· 연약심도가 깊거나 높은 흙쌓기 지역에 층별침하계와 동일지점에 설치 · 공당소자는 3개씩
경사계 (Inclinometer)	· 흙쌓기비탈면부의 지반내 수평방향의 변형량과 변형속도 측정 · 흙쌓기중앙부의 최대침하량과 함께 분석하여 흙쌓기비탈면의 안정관리 · 측방유동토압에 의한 교대의 안정성 확인	· 전단파괴가 우려되는 높은 흙쌓기 지역에 좌, 우 비탈면에 설치 · 현장상황에 따라 교대전후면 또는 측면에 설치
지하수위계	· 흙쌓기에 의한 지하수위의 변화파악 · 간극수압과 비교하여 과잉간극수압의 소산정도 및 유효응력증가량 유추	· 간극수압계가 설치되는 지점에서 흙쌓기에 의해 자연 지하수위가 영향을 받지 않도록 흙쌓기비탈면에 이격하여 설치
지표침하판	· 설치지점의 전침하량 측정 · 흙쌓기속도 조절, 프리로딩제거시기 판정	· 연약지반흙쌓기시 100m간격으로 흙쌓기 단면 중앙에 설치
변위말뚝	· 흙쌓기가 높아 측방변위 발생이 예상되는 지점의 변위 파악	· 흙쌓기끝에서 20~30m 범위

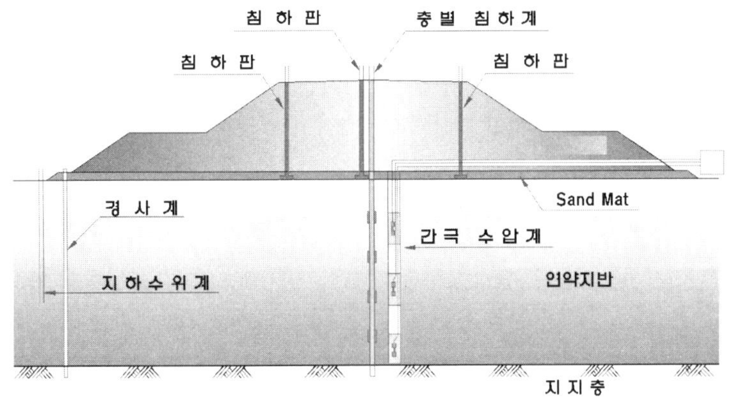

<그림 Ⅱ.6.7> 계측기 배치 단면도

마. 계측빈도

다음표의 계측빈도를 적용을 기본으로 하되 변위속도 및 수렴정도 등을 감안하여 조정할 수 있도록 하며 계측의 중요성이 대두되는 지점에 대해서는 계측기 종류, 배치, 계측빈도 등에 대한 계획을 다시 수립하도록 한다.

<표 Ⅱ.6.21> 계 측 빈 도

계측종류	지반개량공 시공중	흙쌓기기간중	성토종료후	
			최초 1개월	1개월 이후
층별침하계 간극수압계 지하수위계	1회/3일	1회/3일	1회/3일	1회/주
지표침하판	-	1회/3일	1회/3일	1회/주
경 사 계	-	1회/1일	1회/3일	1회/주

9. 계측관리

연약지반 흙쌓기에 대한 계측관리는 크게 침하와 안정관리로 구분할 수 있다.

가. 침하관리

1) 침하관리 일반

연약지반공법 설계시에는 복잡한 지층 구성상태를 대표화하고 대표적인 지반정수들을 적용하기 때문에 설계침하량과 실측 침하량이 일치하지 않는 경우가 많다. 따라서 압밀이론에 관계없이 실측 침하곡선에 적합한 곡선식을 도출하여 앞으로의 침하를 추정한 후 당초설계를 검토하여 실측 침하와 불일치할 경우 이를 시공 및 설계에 다시 반영한다. 성토 공사시 시행되는 침하관리의 주된 목적은 다음과 같다.

가) 연약지반 각층의 침하량을 측정하고, 장래 침하량을 예측하여 압밀 진행상황을 파악 이때 각층의 간극수압의 변화로 부터 각 시점에서의 정확한 압밀도를 파악한다.

나) 연약지반 처리시 압밀촉진 예상효과와 실제와의 차이를 비교하여 선하중(Preloading)의 재하기간과 제거시기를 결정한다.

다) 장래침하량 예측에 따라 잔류침하량을 추정하여 교대와 흙쌓기의 연결부 단차와 그 외의 침하에 대한 대책을 검토한다.

2) 침하관리 방법

계측결과를 이용하여 장래의 침하량을 추정하는 방법에 대해서는 다음과 같은 각종의 제안이 있으며 이를 이용하여 종합적으로 검토를 수행한다.

가) 쌍곡선법

쌍곡선법은 시간의 경과에 따른 침하의 진행이 쌍곡선으로 감소한다는 가정하에 초기의 실측 침하량으로 부터 장래의 침하량을 예측하는 방법으로 이 방법을 적용하여 추정한 침하량은 초기에는 실측치에 비하여 작고 후반부의 직선부분에서는 일치하는 경향이 있으므로 압밀도가 약 50% 정도 도달해야만 어느 정도 근사치에 접근할 수 있는 것으로 알려져 있다.

$$S_t = S_o + \frac{t}{\alpha + \beta \cdot t}, \quad S_f = S_o + \frac{1}{\beta}$$

여기서, S_t : 흙쌓기종료후 경과시간 t에서의 침하량
S_f : 최종침하량
S_o : 흙쌓기종료 직후의 침하량
t : 흙쌓기종료 시점으로부터의 경과 시간
α,β : 실측침하량 값으로부터 구한 계수

흙쌓기 종료 후 t시간 동안의 실측침하량을 기초로 하여 $t/(S_t - S_o)$ 를 계산한 다음 $t \sim t/(S_t - S_o)$의 관계를 Plot하여 α,β 값을 결정한다.

나) HOSHINO법($\sqrt{t}$ 법)

침하는 현장에서의 전단에 의한 유동변형을 포함하며 시간의 평방근에 비례한다는 기본원리에서 장래의 침하량을 예측하는 방법으로 $\sqrt{t}$법이라고도 한다.

$$S_t = S_i + S_d = S_i + \frac{A \cdot K\sqrt{t}}{\sqrt{1 + K^2 \cdot t}}$$

여기서, S_t : 흙쌓기종료후 경과시간 t에서의 침하량
S_i : 흙쌓기종료 직후의 침하량
S_o : 시간의 경과와 더불어 증가하는 침하량
t : 흙쌓기종료 시점으로부터의 경과 시간
A,K : 실측침하량 값으로부터 구한 계수

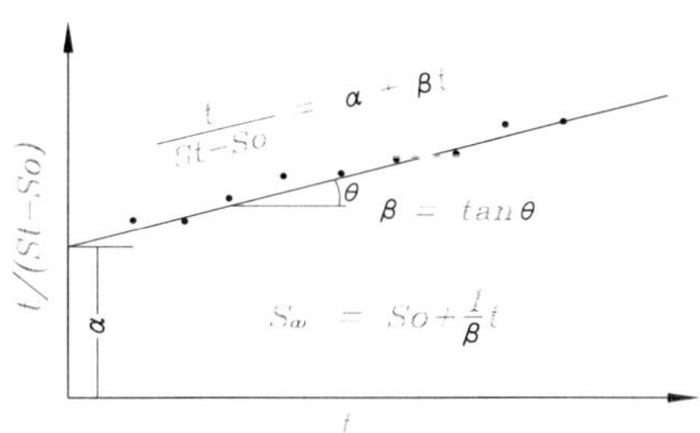

<그림 Ⅱ.6.8> 쌍곡선법에 의한 계수 결정법

흙쌓기 종료후 t시간 동안의 실측침하량을 기초로 하여 $t/(S_t - S_o)^2$ 를 계산한 다음 $t \sim t/(S_t - S_o)^2$ 의 관계를 Plot하여 A,K 값을 결정하며 최종침하량 (S_f)는 $t = \infty$로 보고 다음 식으로부터 산정한다. $S_f = S_i + A$

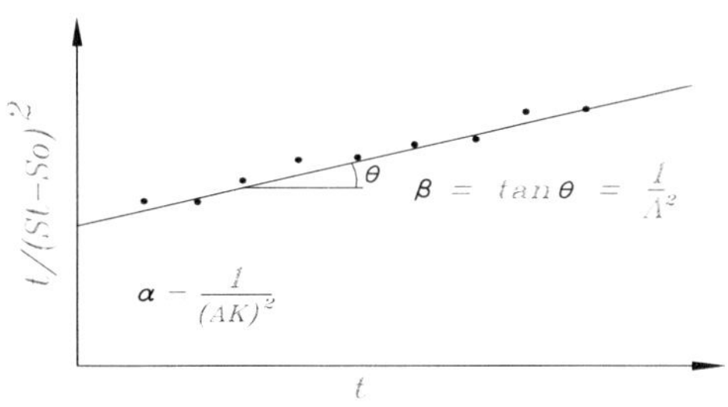

<그림 Ⅱ.6.9> HOSHINO법에 의한 계수의 결정법

다) ASAOKA법

1차원 압밀방정식에 의거 하중이 일정할 때의 침하량을 나타내는 간편식으로 장래 침하량을 예측하는 방법이다.

$S_i = \beta_o + \beta_1 \cdot S_{i-1}$

여기서, S_i : 시간 t를 이산화하여 t_i = t x i(i=1,2,3 ....)로 할 때 시간 t_i에서의 침하량
S_{i-1} : 시간 t_i-1 =Δt x (i-1)에서의 침하량
S_d : 시간의 경과와 더불어 증가하는 침하량
β_o, β : 계측침하량으로 구한 계수

실측침하량 경시 변화도로부터 동일한 시간간격(Δt)에 대응하는 침하량 S_1, S_2 ..... S_{i-1}, S_i을 관측하여 S_{i-1} 과 S_i를 축으로 하는 좌표상에 (S_1, S_2), (S_2, S_3).....(S_{i-1}, S_i)를 plot 한다. 이 경우 plot된 점은 거의 직선상에 위치한다.

최종침하량은 plot 직선과 $S_{i-1} = S_i$ 인 직선 (45°)의 교점으로부터 도식적으로 산정된다.

$$S_f = \frac{\beta_o}{1 - \beta_1}$$

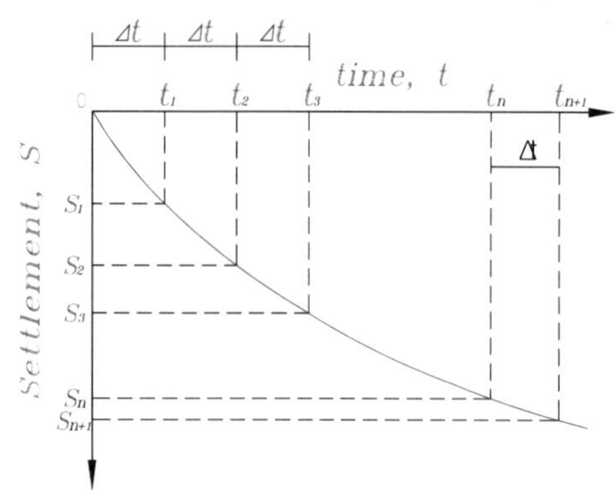

<그림 Ⅱ.6.10> 실측침하량 경시 변화도

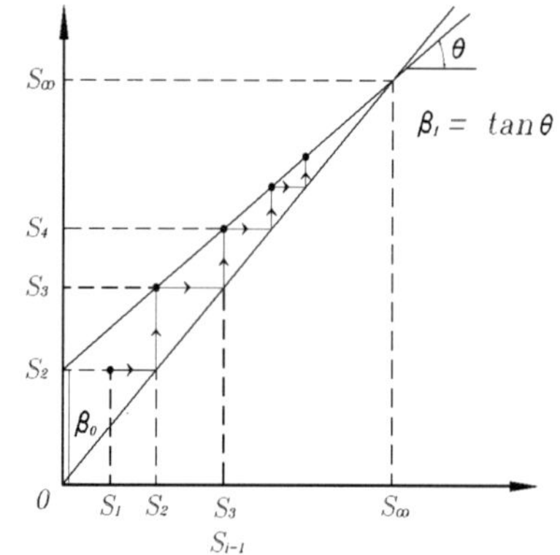

<그림 Ⅱ.6.11> 최종침하량 산정(ASAOKA)

나. 안정관리

1) 안정관리의 의의

연약지반에서 흙쌓기의 증가가 지반의 강도증가와 균형을 이루도록 흙쌓기속도를 조절하여 안정한 상태에서 시공할 수 있도록 흙쌓기 속도를 설정하고, 시공진행과 함께 계측결과를 기초로 안정관리를 하며, 그것에 의해 흙쌓기속도를 조절한다. 즉 계측결과를 분석하여 불안정한 징후가 보이면 흙쌓기를 중단하고 방치기간을 갖는다.

<표 Ⅱ.6.22> 토질상태에 따른 성토속도

지반의 종류	흙쌓기 속도
두꺼운 점토지반 및 유기질토가 두껍게 퇴적된 이탄토 지반	30㎜/일
보통의 점토질 지반	50㎜/일
얇은 점토질 지반 및 유기질토가 거의 끼지 않은 얇은 이탄토 지반	100㎜/일

방치에 의해 안정화 경향이 확인되면 흙쌓기를 속행하게 되지만, 방치해 두어도 불안정한 상태가 계속되어 파괴가 예측되는 경우에는 조속히 흙쌓기하중 경감 등의 대책을 실시함과 동시에 필요에 따라 Check Boring이나 안정해석 등을 실시해 본격적인 대책을 강구한다. 반대로 안정관리에 의해 충분한 여유가 있다고 판단될 때에는 쌓기 속도를 높일 수 있다. 이상에서 알 수 있듯이 안정관리의 성취를 좌우하는 것은 쌓기 자체나 지반의 파괴 또는 불안정의 징후를 어떻게 예측할 것인가 하는 점이다. 이에 대해서는 여러가지 방법이 연구되어 왔다. 개념적으로 설명하면 쌓기하중에 의해서 지반내에 생기는 현상은 압밀과 전단작용이 복합된 것으로 압밀이 전단작용보다 탁월하면 지반은 안정상태가 되고 역으로 전단 작용이 탁월하면 불안정한 상태가 된다고 할 수 있다.

안정관리시 요구되는 주요 착안점은 다음과 같다.

가) 기초지반의 변형량과 변형속도를 계속해서 상세측정, 안정성을 검토

나) 지반내 간극수압을 동시측정, 간극수압의 경시 변화로부터 압밀의 진행상황 분석

다) 이상의 측정, 조사결과에 의해 쌓기가 안정상태에서 진행되는지를 검토, 불안정할 경우 그 정도에 따라 흙쌓기 속도의 지연, 중지 또는 일부 흙쌓기 제거 조치 강구

안정관리 방법은 많이 제안되어 있으며 가장 유효한 방법이 어떤 것인지 명확하게 판단할 수 없으므로 다음 방법이나 기타 방법을 이용하여 종합적으로 검토를 수행한다.

2) 정성적 관리

정성적 방법은 흙쌓기 중앙부 침하(S)와 흙쌓기 측방의 수평변위(δ)의 측정결과를 가지고 연약지반이 안정 또는 불안정한지를 판단할 수 있다. 지반이 안정한 경우 침하량이 어느 정도 시간이 지남에 따라 일정해지는 경향을 보이고, 갑자기 증가하면 불안정한 상태라 할 수 있다. 즉, 수평·수직 변위가 거의 발생하지 않거나 흙쌓기 쪽으로 수평변위가 발생하면 안정하고 그렇지 않고 변위가 급격히 발생하거나 흙쌓기 밖으로 수평변위가 발생하면 불안정한 상태이다.

지반파괴 및 불안정 상태의 정성적인 경향은 다음과 같다.

가) 흙쌓기의 천단부나 사면에 Arc-crack발생

나) 흙쌓기 중앙부의 침하가 급격히 증가

다) 흙쌓기 사면 끝 부분 지반의 수평변위가 성토 외측방향으로 크게 발생

라) 흙쌓기 사면 끝 부분 지반의 수직변위가 상향으로 크게 발생

마) 흙쌓기 작업 중지 시에도 수평 변위가 지속되며 간극 수압 상승

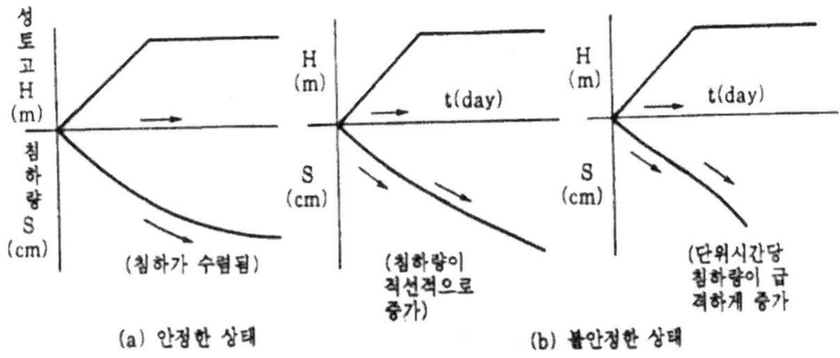

<그림 Ⅱ.6.12> 침하량 경시변화

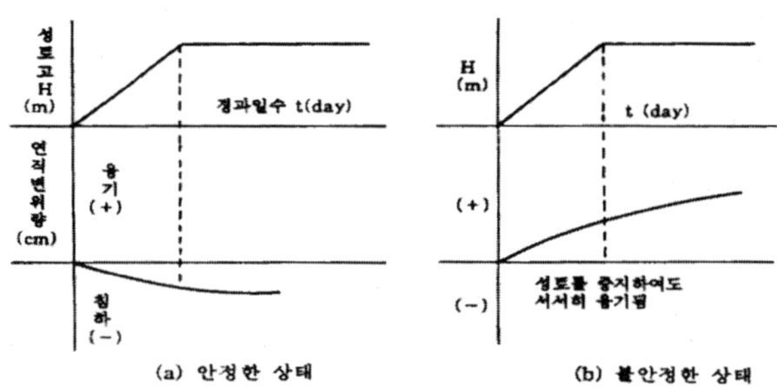

<그림 Ⅱ.6.13> 변위말뚝의 연직변위량 경시변화

3) 정량적 관리

정량적 관리는 일반적으로 흙쌓기 중앙부의 침하량(S)과 흙쌓기 법면 끝부분의 수평변위량(δ) 및 성토하중(q)을 이용하여 안정관리하여 S는 연약층이 매우 두꺼운 경우는 안정에 관계되는 상층부의 침하량으로 하고 δ는 최대 변위값을 사용한다.

가) S - δ/S 관리도 이용법(Matsuo - Kawamura 방법)

Matsuo는 많은 흙쌓기의 파괴사례를 조사하여 파괴시의 흙쌓기 중앙부의 침하량 S와 흙쌓기 비탈면의 수평변위량 δ를 이용하여 관계가 일정한 파괴 기준을 정립하였다. 본 방법 S~δ/S의 관계 그래프를 그려보면 파괴는 일정한 곡선에 근접하거나 접했을 때 파괴가 일어난다는 이론이며 지반파괴에 도달하는 성토하중을 Q_f, 성토 시공 하중을 Q라 하여 하중비로 나타내어 그 기준을 정한 것이다. Matsuo는 현장계측 결과를 이용하여 회귀 분석하여 다음과 같은 계수식을 제안하였다.

$Q / Q_f = a \exp [b(\delta/S)^2 + c(\delta/S)]$

여기서, a, b, c : 파괴기준에 따른 상수

<표 Ⅱ.6.23> 등치선의 종류에 따른 매개변수 값(Matsuo, 1978)

Q/Q_f	a	b	c	δ/S의 범위	관리기준
1.0	5.93	1.28	-3.41	0 < δ/S < 1.4	지반파괴
0.9	2.80	0.40	-2.49	0 < δ/S < 1.2	시공중단
0.8	2.94	4.52	-6.37	0 < δ/S < 0.8	시공속도지연

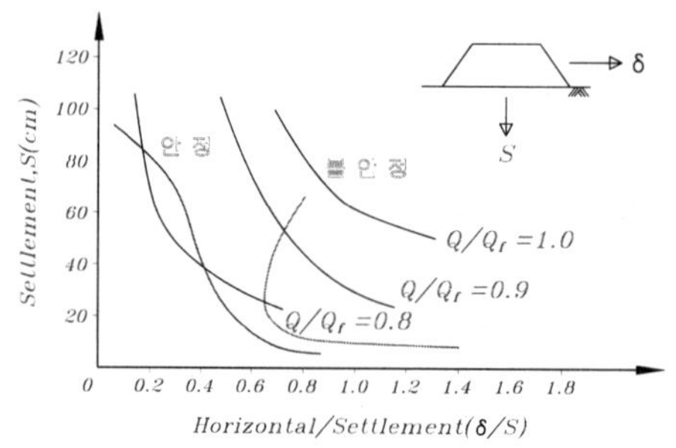

<그림 Ⅱ.6.14> MATSUO-KAWAMURA

나) S - δ 관리도 이용법(Tominaga - Hashimoto 방법)

MATSUO-KAWAMURA 이론을 참고하여 S와 δ를 측정 plot하여 나타내보면 기울기 α를 갖는 직선 선상에 있게된다. 성토고가 낮아 안정된 구간은 직선이지만 불안정하면 S의 증가에 비해 δ의 변화가 커진다. Δδ/ΔS=α라 할 때 α값이 감소하면 안정된 상태로 증가하면 불안정한 상태로 변할 때 변곡점이 생긴다. 이 변곡점 이전의 값 즉, 안정상태의 α를 $α_1$, 변곡점 이후의 값 즉, 불안정한 상태의 α값을 $α_2$라 하고 $α_2/α_1$과 $α_1$의 관계를 그래프로 나타내면 안정 영역과 불안정 영역으로 구분되어지는데 다음 두 방법으로 불안정 기준을 정의할 수 있다.

(1) 제1방법

$α_1 \geq 0.7$, $α_2 \geq α_1 + 0.5$ 이면 불안정

(2) 제2방법

원점으로부터 현재까지 측정결과의 1/3시점에서 S-δ의 기울기 α와 판단하고자 하는 시점의 기울기를 비교하여 1.25이상이면 불안정.

S-δ관리도의 장점은 압밀 변형과 전단 변형 여부를 용이하게 파악할 수 있고 파괴의 징후를 조기에 발견할 수 있다는 것이지만 절대적이지 않기 때문에 주의해서 사용할 필요가 있다.

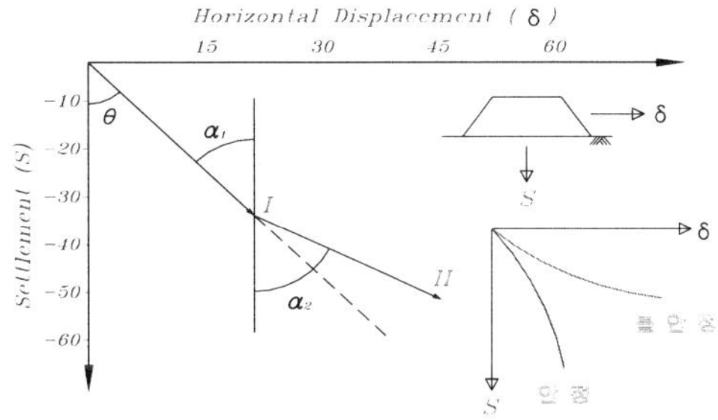

<그림 Ⅱ.6.15> TOMINAGA-HASHIMOTO

다) Δδ/Δt – t 관리도 이용법(Kurihara 방법)

흙쌓기 비탈면의 수평변위 속도에 착안하여 관리하는 방법으로 측정치에서 Δδ/Δt와 t의 관계를 plot하여 Δδ/Δt가 어느 한계치를 넘는 경우에 위험으로 판단한다. 일반적으로 초기 관리 값은 10~20(mm/day)로 하며, Kurihara는 불안정하게 되는 판단기준을 20~30(mm/day)으로 제안하였다. 그러나 표층이 매우 연약한 경우 성토초기에 Δδ/Δt의 최고치가 매우 크게 나타나는 경우가 있으며 성토시 국부 파괴가 발생하기도 하나 안정성에는 관계가 없을 수도 있어 이 방법은 주로 후반단계 공사에 권장한다.

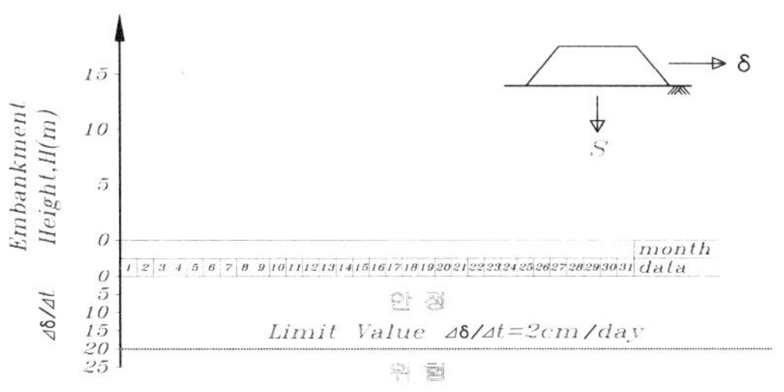

<그림 Ⅱ.6.16> KURIHARA

Ⅱ-6-2. 수량조서

번 호	공 종	규 격	단위	수 량	비 고
Ⅱ-6	연약지반				
1	토 공				
1.01	표토제거	습지도져,13ton	㎡	1	
1.02	여성토흙쌓기				
a	하부노반다짐	토사,H=0.30m	㎥	1	
b	유용토흙쌓기	무대,토사	㎥	1	
c	유용토흙쌓기	도져,토사	㎥	1	
d	유용토흙쌓기	덤프,토사	㎥	1	
e	순성토흙쌓기	덤프,토사	㎥	1	
1.03	여성토철거				
a	토사땅깎기	도져,32ton	㎥	1	
b	토사땅깎기	굴삭기,1.0㎥	㎥	1	
1.04	구조물터파기	육상,토사	㎥	1	
1.05	되메우기 및 다짐	토 사	㎥	1	
1.06	배수뒷막돌채움		㎥	1	
1.07	물푸기				
a	물푸기	양수기,D150mm	hr	1	
b	물푸기	설치및운반	개소	1	
2	배수유도관설치				
2.01	배수유도관설치	S형다발관,D150mm	m	1	
2.02	강관부설	D600mm	m	1	
2.03	부직포설치	200g/㎡	㎡	1	
3	매트깔기				
3.01	샌드매트부설	T = 0.50m	㎥	1	
3.02	P.P매트부설				
a	P.P매트부설	50 kN/m	㎡	1	
b	P.P매트부설	70 kN/m	㎡	1	
c	P.P매트부설	100 kN/m	㎡	1	
3.03	P.E.T매트부설				
a	P.E.T매트부설	150 kN/m	㎡	1	
b	P.E.T매트부설	200 kN/m	㎡	1	
c	P.E.T매트부설	250 kN/m	㎡	1	

번 호	공 종	규 격	단위	수 량	비 고
4	연약지반처리공법				
a	샌드드레인	D400mm	m	1	
b	샌드콤팩션파일	D700mm	m	1	
c	샌드팩드레인	D120mm	m	1	
d	프라스틱보드드레인	P.B.D	m	1	
e	페이퍼드레인	Mandrel식	m	1	
f	메나드드레인	수평,D50mm	m	1	
g	메나드드레인	수직,D50mm	m	1	
5	계측				
a	층별침하계	3개/개소,30m기준	개소	1	
b	간극수압계	3개/개소,30m기준	개소	1	
c	지하수위계	심도 10m기준	개소	1	
d	지표면침하핀	성토고 10m기준	개소	1	
e	지중경사계	심도 30m기준	개소	1	
f	변위말뚝측정계	심도 10m기준	개소	1	
g	천공및그라우팅	BX,점토층	m	1	
h	천공기계기구설치		개소	1	
6	품질관리비				
a	Mat시험비	20,000m^2마다	회	1	
b	Sand MAT시험비	3,000m^3마다	회	1	
c	드레인보드시험비	20,000m^2마다	회	1	
d	실내토질시험비		식	1	

Ⅱ-6-3. 수량산출기준

1. 토 공

가. 표토제거 - 습지도저,13ton(㎡)

1) 'Ⅱ-1-3. 토공'의 '3. 표토제거'를 참조한다.

2) 연약지반 구간 쌓기재료로 부적합한 지표를 두께 0.20m만큼 수량에 반영한다.

3) 연약지반에서 표토제거로 발생된 토사는 사토하는 것을 원칙으로 한다.

나. 여성토 흙쌓기

연약지반 구간에 침하로 인하여 생기는 수량을 반영하며, 침하토 수량은 예상침하량을 계산치에 의해 산출하여 토공입적표상에 수량을 반영한다.

1) 하부노반다짐 - 토사,H=0.30m(㎥)

'Ⅱ-1-3. 토공'의 '7-나. 하부노반다짐'을 참조한다.

2) 유용토 흙쌓기 - 무대,토사(㎥)

'Ⅱ-1-3. 토공'의 '8-가. 무대운반'을 참조한다.

3) 유용토 흙쌓기 - 도저,토사(㎥)

'Ⅱ-1-3. 토공'의 '8-나. 도저운반'을 참조한다.

4) 유용토 흙쌓기 - 덤프,토사(㎥)

'Ⅱ-1-3. 토공'의 '8-다. 덤프운반'을 참조한다.

5) 순성토 흙쌓기 - 덤프,토사(㎥)

'Ⅱ-1-3. 토공'의 '9-가. 토사'를 참조한다.

다. 여성토철거

1) 토사땅깎기 - 도저,32ton(㎥)

가) 'Ⅱ-1-3. 토공'의 '6-나. 토사 흙깎기'를 참조한다.

나) 모든 수량은 자연상태의 체적으로 산출하며, 규모에 따라 분리 적용한다.

다) 철거한 수량은 본선 쌓기 작업에 유용한다.

2) 토사땅깎기 - 굴삭기,1.0㎥(㎥)

가) 'Ⅱ-1-3. 토공'의 '6-나. 토사깎기'를 참조한다.

나) 모든 수량은 자연상태의 체적으로 산출하며, 규모에 따라 분리 적용한다.

다) 철거한 수량은 본선 쌓기 작업에 유용한다.

라. 구조물터파기 - 육상,토사(㎥)

1) 'Ⅱ-2-3. 구조물공통'의 '1-나-2) 토사터파기-육상'을 참조한다.

2) 배수유도관의 터파기에 적용한다.

마. 되메우기 및 다짐 - 토사(㎥)

1) 'Ⅱ-2-3. 구조물공통'의 '1-바-2) 되메우기-토사'를 참조한다.

2) 배수유도관의 되메우기에 적용한다.

바. 배수뒷막돌채움 - 잡석(㎥)

'Ⅱ-2-3. 구조물공통'의 '1-카. 배수뒷막돌채움'을 참조한다.

사. 물푸기

1) 물푸기 - 양수기,D150mm(hr)

'Ⅱ-2-3. 구조물공통'의 '1-타. 물푸기'를 참조한다.

2) 물푸기 - 설치 및 운반(개소)

'Ⅱ-2-3. 구조물공통'의 '1-타. 물푸기'를 참조한다.

2. 배수유도관설치

가. 배수유도관 설치 - S형다발관,D150mm(m)

1) 샌드매트 설치구간에 배수기능을 검토하여 필요한 구간에 선로중심 및 횡방향으로 설치한다.

2) 배수유도관의 설치연장으로 수량을 산출한다.

3) 소켓관의 수량은 별도로 산출하지 않는다.

나. 강관부설 - D600mm(m)

강관의 설치연장으로 수량을 산출한다.

다. 부직포설치 - 200g/㎡(㎡)

'Ⅱ-3-3. 본선부속'의 '3-가-4)-나) 부직포설치'를 참조한다.

3. 매트깔기

가. 샌드매트부설 - T=0.50m(㎥)

1) 연약지반 구간의 샌드매트 두께는 콘지수, 주행성, 배수성을 종합적으로 검토하여 0.50~1.20m 범위내에서 산출한다.

2) 쌓기 비탈면 끝단에서 양쪽으로 샌드매트 두께만큼 여유있게 산출한다.

3) 샌드매트의 수량은 다짐상태의 수량을 기준으로 한다.

나. P.P매트 부설

1) P.P매트 부설 - 50 kN/m(㎡)

2) P.P매트 부설 - 70 kN/m(㎡)

3) P.P매트 부설 - 100 kN/m(㎡)

가) P.P매트는 쌓기 비탈면 끝단에서 4.0m씩 여유있게 산출한다.

나) 현장봉합의 겹이음은 구입제품에 포함된 수량이다.

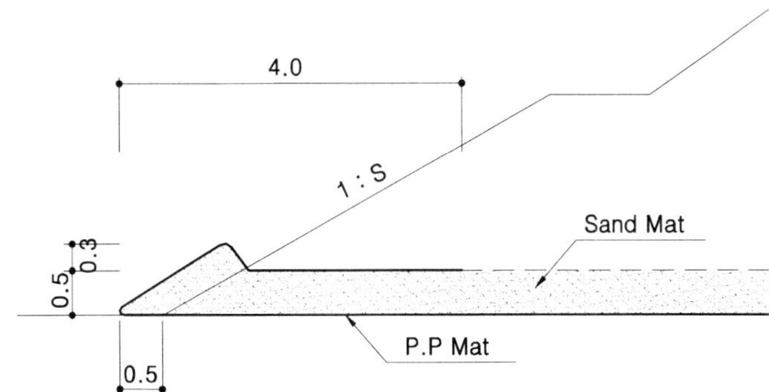

<그림 Ⅱ.6.17> Sand Mat 및 P.P Mat 부설

다. P.E.T매트 부설

1) P.E.T매트 부설 - 150 kN/m(㎡)

2) P.E.T매트 부설 - 200 kN/m(㎡)

3) P.E.T매트 부설 - 250 kN/m(㎡)

가) 연약지반 구간에 단계성토시 적용한다.

나) 현장봉합의 겹이음은 구입제품에 포함된 수량이다.

다) 모든 수량은 수평거리로 산출한다.

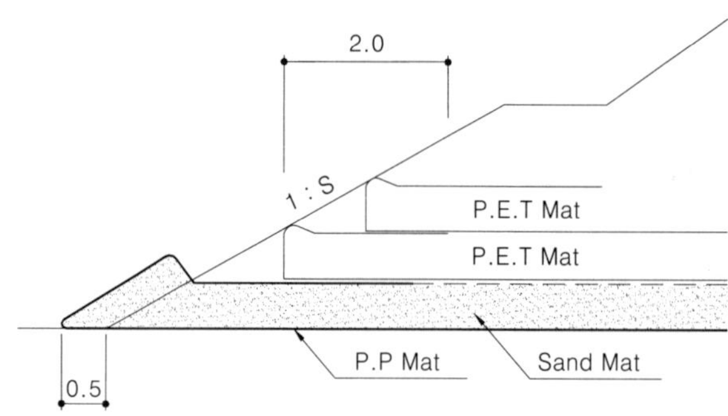

<그림 Ⅱ.6.18> P.E.T Mat 부설

4. 연약지반처리공법

가. 샌드드레인 - D400mm(m)

1) 연약지반 구간에 적용하며 심도는 샌드매트층을 포함한다.(항타 및 인발시)

2) 모래수량은 샌드매트층을 제외한 수량이다.

나. 샌드콤팩션 파일 - D700mm(m)

1) 연약지반 구간에 적용하며 심도는 샌드매트층을 포함한다.(항타 및 인발시)

2) 모래수량은 샌드매트층을 제외한 수량이다.

다. 샌드팩 드레인 - D120mm(m)

팩 드레인의 길이는 시공관리를 위하여 샌드매트 상단에서 0.50m가 노출되도록 산출한다.

라. 플라스틱보드 드레인 - P.B.D(m)

플라스틱보드 드레인의 길이는 시공관리를 위하여 샌드매트 상단에서 0.50m가 노출되도록 산출한다.

마. 페이퍼 드레인 - Mandrel식(m)

페이퍼 드레인의 길이는 시공관리를 위하여 샌드매트 상단에서 0.50m가 노출되도록 산출한다.

바. 메나드 드레인 - 수평,D50mm(m)

사. 메나드 드레인 - 수직,D50mm(m)

메나드 드레인의 설치연장으로 수량을 산출한다.

5. 계측

가. 층별침하계(개소)

1) 연약지반 구간에 설치하며 설치간격은 200m씩 등간격으로 설치한다.
2) 연약지반 두께가 5m미만인 경우 공당 1소자, 5~10m인 경우 공당 2소자, 10m이상인 경우 공당 3소자를 설치한다.

나. 간극수압계(개소)

1) 연약지반 구간에 적용하며 계측관리 Tube 설치는 연약지반층 중간깊이로 설치, 간격은 200m로 한다.
2) 연약지반 두께가 5m미만인 경우 공당 1소자, 5~10m인 경우 공당 2소자, 10m이상인 경우 공당 3소자를 설치한다.
3) 설치구간은 발주처와 협의하며 전단파괴 예상지점에 설치한다.

다. 지하수위계(개소)

1) 연약지반 구간에 적용하며 계측관리 Tube 설치는 연약지반층 중간깊이로 설치, 간격은 200m로 한다.
2) 설치구간은 발주처와 협의하며 전단파괴 예상지점에 설치한다.

라. 지표면침하핀(개소)

1) 연약지반 구간에 적용하며 100m씩 등간격으로 3개소(중앙에 1개소, 좌우길어깨에 각각 1개소씩) 설치하는 것을 기준으로 한다.
2) 발주처와 협의하여 설치간격 및 개소수를 조정할 수 있다.

마. 지중경사계(개소)

1) 연약지반 구간에 적용하며 쌓기 좌우비탈면, 교대 중앙부에 설치한다.
2) 지중경사계는 초기계측값을 기준으로 상대변위를 측정하므로 지중경사계의 하부변위가 발생하지 않도록 지중상태를 고려하여 부동층 깊이까지 산출한다.
3) 설치구간은 발주처와 협의하여 전단파괴 예상지점에 설치한다.

바. 변위말뚝측정계(개소)

1) 성토고가 높아 측방변위 발생이 예상되는 지점에 설치한다.
2) 쌓기 끝단에서 20~30m 범위내에 설치한다.

사. 천공 및 그라우팅 - BX,점토층(m)

연약지반의 판정기준에 따라 N치를 측정하고자 할 때 적용한다.

아. 천공 기계기구 설치(개소)

천공을 하고자 하는 구역의 개소로 산출한다.

6. 품질관리비

가. Mat 시험비

P.P Mat 및 P.E.T Mat 재료량을 기준으로 20,000㎡당 1회 적용한다.

나. Sand Mat 시험비

모래 재료량을 기준으로 3,000㎥당 1회 적용한다.

다. 드레인보드 시험비

드레인보드 재료량을 기준으로 20,000㎡당 1회 적용한다.

라. 실내 토질시험비

천공하여 얻은 시료에 대해 토질시험 실시수량을 1식으로 계상한다.

Ⅱ-6-4. 단가적용기준

1. 매트 부설

구 분	용 도	단위	직 종			비고
			잠수부	특별인부	보통인부	
육상부설 (인력)	호안등 사면	인	-	-	0.15	100㎡당
	연 약 지 반	인	-	-	0.23	
수중부설	사 면 용	인	0.1(조)	0.10	0.25	
	연 약 지 반	인	0.2(조)	0.15	0.25	

가. 매트재료는 합성수지 계통이며, 수중매트 부설에 따른 선박 등 기계경비는 별도 계상한다.

나. 매트를 봉합할 경우에는 m당 보통인부 0.057인을 별도 계상할 수 있으며, 매트의 봉합과 부설에 소요되는 재료는 일반적으로 다음과 같이 적용할 수 있다.

구 분	매 트(㎡)	P.P로프(9mm)	모래주머니(개)	철근(19mm)	비 고
육상 부설	110	98m	64	19m	100㎡당
수중 부설	115	53m	38	11m	

다. 수중부설의 수심은 10m 이하를 기준한 것이며, 수심이 10m 이상일 경우는 현장조건에 따라 조정 적용한다.

라. 조수 및 파랑 등의 현장조건에 따라 본 품을 조정 적용할 수 있다.

마. 직사광선으로부터 매트를 보호하기 위해 차광막을 설치할 경우에는 100㎡당 보통인부 0.47인과 재료비를 별도 계상한다.

2. 연약지반 처리공법

가. 지반개량 사항 타설(Sand drain, Sand compaction pile)

1) 작업능력 산정

$$L = \frac{60 \cdot E}{Cm}$$

여기서, L : 1시간당 말뚝 시공 본수(본/hr)
Cm : 말뚝 1본당 싸이클 시간(min/본)
E : 작업효율

가) 싸이클 시간(Cm)

공 종		산 정 식	비 고
샌드 드레인	D400mm	Cm = 2 + 0.6ℓ	ℓ : 타설길이(m)
샌드 콤팩션 파일	D700mm	Cm = 2 + 1.1ℓ	

나) 작업효율(E)

E = Eo + f

여기서, Eo : 표준작업효율 f : 현장여건에 따른 보정계수

(1) 표준작업효율 Eo (샌드 드레인 0.8, 샌드 콤팩션 파일 0.6)

(2) 현장여건에 따른 보정계수(f)

양 호	보 통	불 량
+0.05	0	-0.05
작업현장 10,000㎡ 이상		작업현장 500㎡ 미만

2) 제잡비율 : 샌드 드레인 2%, 샌드 콤팩션 파일 3%

가) 제잡비는 공기탱크, 시공관리계(사면계 포함) 손료 등의 비용이다.

나) 노무비, 재료비, 운전경비 및 기계손료의 합계액에 제잡비율을 곱한 금액을 상한치로 계상한다.

3) 장비의 조합

구 분	단위	소요량	규 격		비 고
			ℓ=20m 이하	ℓ=21~25m	
진동 해머	대	1	90kW	90kW	
무한궤도 크레인	대	1	30~40ton	50ton	
리더(Leader)	개	1	31m	35m	
케이싱(Casing)	개	1	22m	27m	
스킵버킷(Skip bucket)	개	1	10㎥	10㎥	
공기압축기	대	1	10.3㎥/min	17㎥/min	
발전기	대	1	250kW	250kW	전력공급 불가능시
공기탱크	개	1	3㎥	5㎥	
휠 로더	대	1	1.34㎥	1.34㎥	
자동 기록장치	식	1			

나. 페이퍼 드레인(Mandrel 식)

1) 장비 조립 및 해체

구 분	명 칭	단 위	수 량	비 고
인 력	비 계 공	인	16	1 회 당
	용 접 공	인	6	
	보통인부	인	8	

2) 장비 및 인력 편성

구 분	명 칭	규 격	단 위	수 량
장 비	크레인(무한궤도)	40ton	대	1
	진동파일해머	40kW	대	1
	발 전 기	250kW	대	1
인 력	특 별 인 부		인	2
	보 통 인 부		인	2

3) 작업능력의 산출

$$Q = \frac{3,600 \times \ell \times E}{Cm}$$

여기서, Q : 1시간당 말뚝 시공 본수(본/hr)
ℓ : 말뚝 1본당 싸이클 시간(min/본)
E : 작업효율(0.8~0.9)
Cm : 1회 싸이클타임(sec)
$Cm = t_1+t_2+t_3$
여기서, t_1 : 준비 및 이동시간(sec) : 90
t_2 : 타입시간= ℓ / V_1(sec)
t_3 : 인발시간= ℓ / V_2(sec)
V_1 : 표준 타입속도(m/sec) : 0.24
V_2 : 표준 인발속도(m/sec) : 0.26

가) 샌드 매트 포설비는 별도 계상한다.

나) 심도가 20m 이상일 경우에는 크레인 50ton을 기준한다.

다) 리더, 케이싱의 손료는 별도 계상한다.

라) 스틸 플레이트(6,100×6,100×30mm)의 손료는 필요시 별도 계상한다.

마) 슈의 재료비는 별도 계상한다.

바) 드레인보드의 할증은 3%로 한다.

다. 샌드 팩 드레인(Sand Pack Drain)

1) 장비 조립 및 해체

구분	명 칭	단위	수량	비고	구분	명 칭	단위	수량	비고
인력	작업반장	인	13		장비	발전기(50kW)	일/대	13	
	비 계 공	인	26			용접기(400Amp)	일/대	13	
	용 접 공	인	26			무한궤도크레인 (80ton)	일/대	2	
	전 공	인	5						
	특별인부	인	35						
	보통인부	인	39						

2) 장비 및 인력 편성

구 분	명 칭	구 격	단 위	수 량	비 고
장 비	크레인(무한궤도)	80 ton	일/대	1	
	진동파일해머	90 kW	일/대	1	
	발 전 기	350 kW	일/대	1	
	공 기 압 축 기	17.0 ㎥/min	일/대	1	
	로 더 (타 이 어)	1.72 ㎥	일/대	1	
	호 퍼	3.2 ㎥	일/대	1	
인 력	작 업 반 장		인	1	
	비 계 공		인	1	
	용 접 공		인	1	
	특 수 인 부		인	4	
	보 통 인 부		인	2	

3) 작업능력의 산출

$$Q = \frac{3,600 \times L \times E}{Cm} \times 4$$

여기서, Q : 시간당 작업량(m/hr)
L : 팩 드레인 1본당 타설깊이(m/본)
E : 작업효율(0.6~0.8)
Cm : 1회 싸이클시간(sec)

가) 작업효율(E) : E = $(E_1+E_2)÷2$

작업효율	0.6	0.7	0.8
E_1	$8 \leq N$	$4 < N < 8$	$N \leq 4$
E_2	작업장 면적이 좁고 인접구조물의 제약을 많이 받는 불량한 지역	작업장 면적이 10,000㎡~20,000㎡ 정도이고 인접구조물의 제약을 다소 받는 보통지역	작업장이 넓고 인접구조물의 제약을 받지 않는 용이한 지역

나) 싸이클 시간(Cm)

Cm = $t_1+t_2+t_3+t_4+t_5$

여기서, t_1 : 준비 및 이동시간(sec) : 140
t_2 : 타입시간= ℓ/V_1(sec)
V_1 : 표준 타입속도(m/sec)

구 분	N=0~4	N=5~8
V_1	0.08	0.05

t_3 : Pack 투입시간(sec) : 130
t_4 : 모래 투입시간(sec) : 220
t_5 : 인발시간= ℓ/V_2(sec)
V_2 : 표준 인발속도(m/sec) : 0.08

4) 주의 사항

가) 샌드매트 포설비는 별도 계상한다.

나) 심도 20m 이하일 경우에는 크레인 50ton을 기준으로 한다.

다) 습지 주행 Steel Plate(6,100×6,100×30mm)의 손료는 필요시 별도 계상한다.

라) 리더(타입심도+10m), 케이싱(타입심도+1.5m), 에어호스, 에어탱크의 손료는 별도 계상한다.

마) Pack은 0.5m의 여유길이를 고려한 후 15%, 모래는 다짐상태로 보고 할증 20%를 계상한다.

Ⅱ-6-5. 단가산출기준

번호	공 종	단위	단 가 산 출 기 준	비 고
1	토 공			
1.01	표토제거 (T = 0.20m)	㎡	1. 습지도져(13Ton) D = 20m , L = 1.25 , E = 0.40 , H = 0.20m q0 = 1.50㎥ , e0 = 0.96(운반거리 20m) V1 = 40m/분(전진1단) , V2 = 48m/분(후진1단) q1 = 1.50㎥*0.96 = 1.44㎥ , f = 1/1.25 = 0.8 Cm = 20m/40m/분+20m/48m/분+0.25분 = 1.17분 Q1 = (60분*1.44㎥*0.80*0.40)/1.17분 = 23.63㎥/hr Q = 23.63㎥/hr/0.20m = 118.15㎡/hr	11-1 불도우져
1.02 a	여성토 흙쌓기 하부노반다짐 (토사,H = 0.30m)	㎥	Ⅱ-1 본선 및 지축토공, 1.05-a-a-2 참조	
b	유용토흙쌓기 (토사,무대)	㎥	Ⅱ-1 본선 및 지축토공, 1.06-a-a-1 참조	
c	유용토흙쌓기 (토사,도져)	㎥	Ⅱ-1 본선 및 지축토공, 1.06-b-b-1 참조	
d	유용토흙쌓기 (토사,덤프)	㎥	Ⅱ-1 본선 및 지축토공, 1.06-c-c-1 참조	
e	순성토흙쌓기 (토사,덤프)	㎥	Ⅱ-1 본선 및 지축토공, 1.07-a 참조	
1.03 a	여성토 철거 토사땅깎기 (도져,32ton)	㎥	Ⅱ-1 본선 및 지축토공, 1.04-a-a-2 참조	
b	토사땅깎기 (굴삭기,1.0㎥)	㎥	Ⅱ-1 본선 및 지축토공, 1.04-a-a-3 참조	
1.04	구조물 터파기 (육상,토사)	㎥	Ⅱ-2 구조물공통, 1.01-a-a-2 참조	
1.05	되메우기 및 다짐 (토사)	㎥	Ⅱ-2 구조물공통, 1.02-b 참조	
1.06	배수뒷막돌채움 (잡석)	㎥	Ⅱ-2 구조물공통, 1.07 참조	
1.07 a	물푸기 물푸기 (양수기,D150㎜)	hr	Ⅱ-2 구조물공통, 1.08-a 참조	
b	물푸기 (설치 및 운반)	개소	Ⅱ-2 구조물공통, 1.08-b 참조	
2 2.01	배수 유도관 설치 유도관 설치 (S형다발관,D150㎜)	m	1. 재 료 비 1) S형다발관(D150㎜):1.02m 2) 소켓관(D150㎜):1개/4m/개 = 0.25m 2. 설 치 비 1) 배 관 공:0.017인/개/4m/개 = 0.0043인/m 2) 보통인부:0.017인/개/4m/개 = 0.0043인/m	19-13-1 나선형 소켓접합

번호	공 종	단위	단 가 산 출 기 준	비 고
2.02	강관부설 및 접합(D600㎜)	m	1. 운반(덤프트럭 10.5Ton 트럭20㎞이내) 1) 적재:10.5ton/대/0.545/ton/본 = 19회/대 - 묶 기:30초/회*19회/대 = 570초/대 - 회 전:30초/회*19회/대 = 570초/대 - 풀 기:30초/회*19회/대 = 570초/대 계:(570.00초/대+570.00초/대+570.00초/대)/60분 = 29분/대 2) 운반비 q1 = 6.00m/본*19회/대 = 114m/대, f = 1.00, E = 0.90 t1 = 29분/대(적재), t3 = 29분/대(적하), t4 = 0.42분대 t2 = (20㎞/35㎞/hr(적재)+20㎞/35㎞/hr(공차)*60분= 68.57분/대 Cm = 29분/대+68.57분/대+29분/대+0.42분/대 = 126.99분/대 OH = (68.57분/대+0.42분/대)/126.99분/대 = 0.543(재료비만 계상) Q = 126.99분/대(60분*1.00*0.90)/114.00m대 = 0.021hr/m 3) 하차비(10ton 타이어크레인) q0 = 6.00m/본, f = 1.00, E = 0.50 t1 = 30초/본(묶기), t2 = 30초/본(회전), t3 = 30처/본(풀기) Cm = 30초/본/+30초/본+30초/본 = 90초/본 Q = 90.00초/본/(3600초*1.00*0.50)/6.00m/본 = 0.008hr/m 4) 인건비(트럭위1인+트럭아래1인) ∴ 1일 실작업시간:(480분/일-30분/일)/60분/hr = 7.5hr./일 보통인부:2인/일/7.50hr/일*0.008hr/m = 0.002hr/m 3. 강관부설 1) 재료비(일반수용강관, D600mm*6T):1.00m 2) 노무비 ① 배 관 공:0.94인/6.00m/본 = 0.157인/m ② 보통인부:0.64인/6.00m/본 = 0.107인/m 3) 중기사용료(타이어크레인 10ton) - 1.25hr/본/6m/본 = 0.208hr/m 4. 강관접합(A종) 1) 재료비 - 용접봉(KSE4601,D3.2mm):1.06㎏/개소/6.00m/본=0.177kg/m 2) 노무비 - 용접공:0.60인/개소/6.00m/본 = 0.001인/m 5. 기계경비 ① 발전기(50㎾,1대):1.34hr/개소*1대/6.00m/본 = 0.223hr/m ② 용접기(200AMP,2대):1.34hr/개소*2대/6.00m/본 = 0.447hr/m	- 19-14-1-2 강관부설 19-14-2 강관접합
2.03	부직포설치 (200g/㎡)	㎡	Ⅱ-3 본선부속, 3.01-d-2 참조	
3 3.01	매 트 깔 기 샌드매트깔기 (T = 0.50m)	 ㎥	 1. 모래 구입 및 운반 1) 두 께:0.50m 2) 시공면적:1.00㎡ 3) 보정계수:0.20 4) 모 래 량:(1.00㎡*0.50m*(1+0.20))/0.50m = 1.2㎥	

번호	공 종	단위	단 가 산 출 기 준	비 고
			2. 장비사용료(습지도쟈 13Ton) D = 20m , L = 1.15 , C = 0.90 , E = 0.70 q0 = 1.50㎥ , e0 = 0.96(운반거리20m) V1 = 55m/분(전진2단) , V2 = 70m/분(후진2단) q1 = 1.50㎥*0.96 = 1.44 ㎥ , f = 0.90/1.15 = 0.78 Cm = 20m/55m/분+20m/70m/분+0.25분 = 0.9분 Q = (60분*1.44㎥*0.78*0.70)/0.90분 = 52.42㎥/hr	11-1 불도우져
			3. 살수비(물탱크 5500ℓ) q1 = 5500ℓ , E = 0.90 , L = 1.0㎞ , V = 15㎞/hr OMC = 13%(최적함수비) , NMC = 8%(자연함수비) t1 = 5분(흡입준비) , t3 = 10분(흡입시간) t4 = 5분(살수대기) , t5 = 20분(살수시간) t2 = 1.0㎞/15㎞/hr*2*60분 = 8분(운반시간) Cm = 5분+8.00분+10분+5분+20분 = 48분 Q1 = 60분*5500ℓ*0.90/48.00분 = 6187.5ℓ/hr Ws = (1600㎏/㎥*100)/113 = 1415.93㎏/㎥ W = 1415.93㎏/㎥*(0.13-0.08) = 70.8㎏/㎥(살수량) Q = 6187.50ℓ/hr/70.80㎏/㎥ = 87.39㎥/hr	11-16-나 물탱크
			4. 다짐(진동로울러,자주식 10ton) V = 4㎞/hr , W = 1.90m , E = 0.60 f = 1.00 , N = 6회 , D = 0.30m Q = (1000*4㎞/hr*1.90m*0.30m*0.60*1.00)/6회 = 228㎥/hr	11-12 로울러
3.02	P.P 매트부설			
a	P.P 매트부설 (T = 50 kN/m)	㎡	1. 재료비(P.P 매트):1.02㎡ 2. 인건비(보통인부):0.0023인	5-13 매트부설
b	P.P 매트부설 (T = 70 kN/m)	㎡	1. 재료비(P.P 매트):1.02㎡ 2. 인건비(보통인부):0.0023인	5-13 매트부설
c	P.P 매트부설 (T = 100 kN/m)	㎡	1. 재료비(P.P 매트):1.02㎡ 2. 인건비(보통인부):0.0023인	5-13 매트부설
3.03	P.E.T 매트부설			
a	P.E.T 매트부설 (T = 150 kN/m)	㎡	1. 재료비(P.E.T 매트):1.02㎡ 2. 인건비(보통인부):0.0023인	5-13 매트부설
b	P.E.T 매트부설 (T = 200 kN/m)	㎡	1. 재료비(P.E.T 매트):1.02㎡ 2. 인건비(보통인부):0.0023인	5-13 매트부설
c	P.E.T 매트부설 (T = 250 kN/m)	㎡	1. 재료비(P.E.T 매트):1.02㎡ 2. 인건비(보통인부):0.0023인	5-13 매트부설
4	연약지반 처리공법			
a	샌드 드레인 (D400㎜)	m	1. Casing 제작 1) 총 연 장:10000m(설계수량) 2) 총 본 수:1000본(설계수량) 3) 평균길이:10000m/1000본 = 10m/본	11-70 지반개량 사항타설

번호	공 종	단위	단 가 산 출 기 준	비 고
			2. 시공능력 L = 10.00m(평균길이)+0.50m(샌드매트두께)=10.5m(타설길이) Cm = 2+(0.60*10.50m)=8.3분 E = 0.80+0.05(대규모공사)=0.85 Q = 60분*10.50m*0.85/8.30분 = 64.52m/hr 3. 작업조 편성 1) 작업반장:1인*1/8hr/64.52m/hr = 0.0019인/m 2) 보통인부:1인*1/8hr/64.52m/hr = 0.0019인/m 4. Casing 항타 및 인발 1) 무한궤도크레인(40Ton):64.52m/hr 2) 진동파일해머(90㎾):64.52m/hr 3) 공기압축기(10.3㎥/min):64.52m/hr 4) 발전기(250㎾):64.52m/hr 5) 에어호스(D19.1㎜):64.52m/hr/2대 = 32.26m/hr 6) Leader(31m):64.52m/hr 7) Casing(22m):64.52m/hr 8) Skip Buket(10㎥):64.52m/hr 9) Hopper(1.0㎥):64.52m/hr 10) 자동기록 장치:64.52m/hr 5. Casing내 모래투입 1) 모래 구입 및 운반 ∴ 수량산출:(π*0.40m^2/4*10.50m*1.10(할증))/10.00m = 0.145㎥/m 2) 모래투입(타이어 로우더,1.34㎥) q1 = 1.34㎥, K = 1.20 , L = 1.15 , C = 0.90 f = 0.90/1.15 = 0.78 , E = 0.75 , t1 = 6초 t2 = 14초 , l = 8m , m = 1.80초/m Cm = 1.80초/m*8m+6초+14초 = 34.4 초 Q1 = (3600초*1.34㎥*1.20*0.78*0.75)/34.40초=98.44㎥/hr Q = 98.44㎥/hr/0.145㎥/m = 678.89m/hr 6. 장비조립 및 해체 ∴ 샌드드레인 총 설계 수량으로 나누어 산출한다. 1) 인 건 비 ① 비 계 공:4인*1개소/10000m = 0.0004인/m ② 용 접 공:3인*1개소/10000m = 0.0003인/m ③ 특별인부:3인*1개소/10000m = 0.0003인/m ④ 보통인부:5인*1개소/10000m = 0.0005인/m 2) 중기사용료 ① 발전기(350㎾):2일*8hr/일*1개소/10000m = 0.0016hr/m ② 용접기(400Amp):2일*8hr/일*1개소/10000m = 0.0016hr/m ③ 무한궤도크레인(150Ton):1일*8hr/일*1개소/10000m = 0.0008hr/m 7. 제잡비율(재노경의 2%) 1) 제잡비는 공기탱크,시공관리계(사면계포함) 손료 등의 비용이다. 2) 인력품, 재료비, 운전경비 및 기계손료의 합계액에 제잡비율을 곱한 금액을 상한치로 계상한다.	

번호	공　　종	단위	단 가 산 출 기 준	비　고
b	샌드 콤팩션 파일 (D700㎜)	m	1. Casing 제작 1) 총 연 장:10000m(설계수량) 2) 총 본 수:1000본(설계수량) 3) 평균길이:10000m/1000본 = 10m/본 2. 시공능력 L = 10.00m(평균길이)+0.50m(샌드매트두께)=10.5m(타설길이) Cm = 2+(1.10*10.50m) = 13.55분 E = 0.60+0.05(대규모공사) = 0.65 Q = 60분*10.50m*0.65/13.55분 = 30.22m/hr 3. 작업조 편성 1) 작업반장:1인*1/8hr/30.22m/hr = 0.0041인/m 2) 보통인부:1인*1/8hr/30.22m/hr = 0.0041인/m 4. Casing 항타 및 인발 1) 무한궤도크레인(40Ton):30.22m/hr 2) 진동파일해머(90㎾):30.22m/hr 3) 공기압축기(10.3㎥/min):30.22m/hr 4) 발전기(250㎾):30.22m/hr 5) 에어호스(D19.1㎜):30.22m/hr/2대 = 15.11m/hr 6) Leader(31m):30.22m/hr 7) Casing(22m):30.22m/hr 8) Skip Buket(10㎥):30.22m/hr 9) Hopper(1.0㎥):30.22m/hr 10) 자동기록 장치:30.22m/hr 5. Casing내 모래투입 1) 모래 구입 및 운반 ∴ 수량산출:(π*0.70m^2/4*10.50m*1.10(할증))/10.00m = 0.444㎥/m 2) 모래투입(타이어 로우더,1.34㎥) q1 = 1.34㎥, K = 1.20 , L = 1.15 , C = 0.90 f = 0.90/1.15 = 0.78 , E = 0.75 , t1 = 6초 t2 = 14초 , l = 8m , m = 1.80초/m Cm = 1.80초/m*8m+6초+14초 = 34.4초 Q1 = (3600초*1.34㎥*1.20*0.78*0.75)/34.40초=98.44㎥/hr Q = 98.44㎥/hr/0.444㎥/m = 221.71m/hr 6. 장비조립 및 해체 ∴ 샌드드레인파일 총 설계 수량으로 나누어 산출한다. 1) 인 건 비 ① 비 계 공:4인*1개소/10000m = 0.0004인/m ② 용 접 공:3인*1개소/10000m = 0.0003인/m ③ 특별인부:3인*1개소/10000m = 0.0003인/m ④ 보통인부:5인*1개소/10000m = 0.0005인/m 2) 중기사용료 ① 발전기(350㎾):2일*8hr/일*1개소/10000m = 0.0016hr/m ② 용접기(400Amp):2일*8hr/일*1개소/10000m = 0.0016hr/m ③ 무한궤도크레인(150Ton):1일*8hr/일*1개소/10000m = 0.0008hr/m 7. 제잡비율(재노경의 3%) 1) 제잡비는 공기탱크,시공관리계(사면계포함) 손료 등의 비용이다. 2) 인력품, 재료비, 운전경비 및 기계손료의 합계액에 제잡비율을 곱한 금액을 상한치로 계상한다.	11-70 지반개량 사항타설

번호	공 종	단위	단 가 산 출 기 준	비 고
c	샌드 팩드레인 (D120㎜)	m	1. Casing 제작 1) 총 연 장:10000m(설계수량) 2) 총 본 수:1000본(설계수량) 3) 평균길이:10000m/1000본 = 10m/본 2. 시공능력 1) 본당공수:4공 2) 작업효율:(0.60+0.80)/2 = 0.7 3) 준비 및 이동시간:140초 4) 표준타입속도:(0.08m/초+0.05m/초)/2 = 0.07m/초 5) 표준인발속도:0.08m/초 6) 타입시간:10.00m/0.07m/초 = 142.86초 7) Pack 투입시간:130초 8) 모래투입시간:220초 9) 인발시간:10.00m/0.08m/초 = 125초 Cm = 140초+142.86초+130초+220초+125.00초 = 757.86초 Q = (3600초*10.00m*0.70/757.86초)*4공 = 133.01m/hr 3. 재료비 Pack Drain Board:((10.00m+0.50m)*4공*1.15(할증))/10.00m = 4.83m 4. 작업조 편성 1) 작업반장:1인/8hr/133.01m/hr = 0.0009인/m 2) 비 계 공:1인/8hr/133.01m/hr = 0.0009인/m 3) 용 접 공:1인/8hr/133.01m/hr = 0.0009인/m 4) 특별인부:4인/8hr/133.01m/hr = 0.0038인/m 5) 보통인부:2인/8hr/133.01m/hr = 0.0019인/m 5. Casing 항타 및 인발 1) 무한궤도크레인(80Ton):133.01m/hr 2) 진동파일해머(90㎾):133.01m/hr 3) 공기압축기(17.0㎥/min):133.01m/hr 4) 발전기(350㎾):133.01m/hr 5) 에어호스(D19.1㎜):133.01m/hr/2대 = 66.51m/hr 6) Leader(31m):133.01m/hr 7) Casing(22m):133.01m/hr 8) 타이어로더(1.72㎥):133.01m/hr 9) Hopper(3.2㎥):133.01m/hr 10) 자동기록 장치:133.01m/hr 6. Casing내 모래투입 1) 모래 구입 및 운반 ∴수량산출:((π*0.12m^2/4*10.00m*1.2(할증))*4공)/10.00m = 0.0543㎥/m 2) 모래투입(타이어 로우더,1.72㎥) q1 = 1.72㎥, K = 1.20 , L = 1.15 , C = 0.90 f = 0.90/1.15 = 0.78 , E = 0.75 , t1 = 6초 t2 = 14초 , l = 8m , m = 1.80초/m Cm = 1.80초/m*8m+6초+14초 = 34.4초	5-15 샌드 팩드레인 공법

번호	공　　종	단위	단 가 산 출 기 준	비　고
			Q = (3600초*1.72㎥*1.20*0.78*0.75)/34.40초=126.36㎥/hr 7. 장비조립 및 해체 ∴ 샌드팩드레인 총 설계 수량으로 나누어 산출한다. 1) 인 건 비 ① 작업 반장:13인*1개소/10000m = 0.0013인/m ② 비 계 공:26인*1개소/10000m = 0.0026인/m ③ 용 접 공:26인*1개소/10000m = 0.0026인/m ④ 플랜트전공: 5인*1개소/10000m = 0.0005인/m ⑤ 특별 인부:35인*1개소/10000m = 0.0035인/m ⑥ 보통 인부:39인*1개소/10000m = 0.0039인/m 2) 중기사용료 ① 발전기(350㎾):13일*8hr/일*1개소/10000m= 0.0104hr/m ② 용접기(400Amp):13일*8hr/일*1개소/10000m= 0.0104hr/m ③ 무한궤도크레인(80Ton):2일*8hr/일*1개소/10000m = 0.0016hr/m	
d	프라스틱 보드 드레인	m	1. 시공능력 1) 총 연 장:10000m(설계수량) 2) 총 본 수:1000본(설계수량) 3) 평균길이:10000m/1000본 = 10m/본 4) 작업효율:0.80 5) 준비 및 이동시간:90초 6) 표준타입속도:0.55m/초 7) 표준인발속도:0.58m/초 8) 타입시간:10.00m/0.55m/초 = 18.18초 9) 인발시간:10.00m/0.58m/초 = 17.24초 Cm = 90초+18.18초+17.24초 = 125.42초 Q = 3600초*10.00m*0.80/125.42초 = 229.63m/hr 2. 재료비 1) Drain Board:((10.00m+0.50m)*1.03(할증))/10.00m=1.08m 2) Shoe:1개 3. 작업조 편성 1) 특별인부:2인/8hr/229.63m/hr = 0.0011인/m 2) 보통인부:1인/8hr/229.63m/hr = 0.0005인/m 4. 항타 및 인발 1) 유압식 P.B.D 압입기(200PS):229.63m/hr 2) Steel Plate(6100×6100×30㎜):229.63m/hr 5. 장비조립 및 해체 ∴ 프라스틱드레인 총 설계수량으로 나누어 산출한다. 1) 인 건 비 ① 비 계 공:4인*1개소/10000m = 0.0004인/m ② 용 접 공:3인*1개소/10000m = 0.0003인/m ③ 특별인부:3인*1개소/10000m = 0.0003인/m ④ 보통인부:5인*1개소/10000m = 0.0005인/m 2) 중기사용료 ① 발전기(350㎾):2일*8hr/일*1개소/10000m = 0.0016hr/m ② 용접기(400Amp):2일*8hr/일*1개소/10000m = 0.0016hr/m ③ 무한궤도크레인(150Ton):1일*8hr/일*1개소/10000m = 0.0008hr/m	2007년 품셈참조 page 244 P.B.D공법

번호	공　　종	단위	단 가 산 출 기 준	비　고
e	페이퍼 드레인 (Mandrel 식)	m	1. 시공능력 1) 총 연 장:10000m(설계수량) 2) 총 본 수:1000본(설계수량) 3) 평균길이:10000m/1000본 = 10m/본 4) 작업효율:(0.80+0.90)/2 = 0.85 5) 준비및이동시간:90초 6) 표준타입속도:0.24m/초 7) 표준인발시간:0.26m/초 8) 타입시간:10.00m/0.24m/초 = 41.67초 9) 인발시간:10.00m/0.26m/초 = 38.46초 Cm = 90초+41.67초+38.46초 = 170.13초 Q = 3600초*10.00m*0.85/170.13 = 179.86m/hr 2. 재료비 1) Drain Board:((10.00m+0.50m)*1.03(할증))/10.00m=1.08m 2) Shoe:1개 3. 작업조 편성 1) 특별인부:2인/8hr/179.86m/hr = 0.0014인/m 2) 보통인부:2인/8hr/179.86m/hr = 0.0014인/m 4. 장비손료 1) 무한궤도크레인(40Ton):179.86m/hr 2) 진동파일해머(40㎾):179.86m/hr 3) 발전기(250㎾):179.86m/hr 4) Casing(27m):179.86m/hr 5) Leader(31m):179.86m/hr 6) Steel Plate(6100×6100×30㎜):179.86m/hr 7) 자동기록장치(디지탈 메모리식):179.86m/hr 5. 장비조립 및 해체 ∴ 페이퍼드레인 총설계 수량으로 나누어 산출한다. 1) 비 계 공:16인*1개소/10000m = 0.0016인/m 2) 용 접 공:6인*1개소/10000m = 0.0006인/m 3) 보통인부:8인*1개소/10000m = 0.0008인/m	5-14 페이퍼 드레인
f	메나드 드레인 (수평,D50㎜)	m	1. 시공능력 ∴ 타이어로우더 1.34㎥ + 보통인부 5인이 1500m 부설 2. 재료비(Menard cylindrical drain,D50㎜):1.08m(할증) 3. 중기사용료(로우더 1.34㎥):8hr/1500m = 0.0053hr/m 4. 작업조편성(보통인부):5인/1500m = 0.0033인/m 5. Drain 배열 및 고정 1) 보통인부:2인/1500m = 0.0013인/m 2) 고정핀(철선 #8) ∴ 수량산출:0.50m*0.10㎏/m/2.50m(간격으로설치) = 0.020㎏	견적단가
g	메나드 드레인 (수직,D50㎜)	m	1. Casing 제작 1) 총 연 장:10000m 2) 총 본 수:1000본 3) 평균길이:10000m/1000본 = 10m/본 2. 시공능력 L = 10.00m(평균길이)+0.50m(샌드매트두께)=10.5m(타설길이) Cm = 2+0.012*10.50m = 2.13분 , E = 0.90 Q = 60분*10.50m*0.90/2.13분 = 266.20m/hr	견적단가

번호	공 종	단위	단 가 산 출 기 준	비 고
			3. 작업조 편성 1) 작업반장:1인*1/8hr/266.20m/hr = 0.00047인/m 2) 비 계 공:1인*1/8hr/266.20m/hr = 0.00047인/m 3) 보통인부:1인*1/8hr/266.20m/hr = 0.00047인/m 4. 재료비(Menard cylindrical drain,D50㎜):1.08m(할증) 5. Casing 항타 및 인발 1) 무한궤도크레인(40Ton):170.78m/hr 2) 진동파일해머(40㎾):170.78m/hr 3) 발전기(150㎾):170.78m/hr 4) Casing(22m):170.78m/hr 5) 드레인마스타(ℓ = 13m):170.78m/hr 6) 자동기록장치(디지탈메모리식):170.78m/hr 6. Menard drain Shoe 제작 1) 철판(T = 2㎜):0.48㎏ 2) 잡철물제작설치(간단):0.48㎏ 3) 잡재료비(재료비의 3%)	
5	**연약지반 계측**			
a	층별침하계 (3개/개소,설치심도 30m기준)	개소	1. 적용기준:2~3개 업체 견적처리 중 낮은금액 적용 2. 계측기 소모 자재비 1) Stand Pipe:126m 2) Brass 내부 Coupling:35개 3) Spider Magnetic Senser:9개 4) Datum Magnetic Senser:3개 5) 상부보호 Box:3개 6) 잡재료비(재료비의 5%) 3. 계측기기 설치비(층별침하계):3개 4. 계측기 손료(층별침하계): 공사개월 5. 계측분석비(보고서 작성비 포함) 1) 특급기술자:0.015인*3개 = 0.045인/개 2) 고급기술자:0.030인*3개 = 0.090인/개 3) 중급기술자:0.035인*3개 = 0.105인/개	견적단가
b	간극수압계 (3개/개소,설치심도 30m기준)	개소	1. 적용기준:2~3개 업체 견적처리 중 낮은금액 적용 2. 계측기 소모 자재비 1) V/W Piezometer:3개 2) Sand Filter Bag:3개 3) Bentonite Pellet:3개 4) 상부 Cable 보호지지대:3개 5) 잡재료비(재료비의 5%) 3. 계측기기 설치비(간극수압계):3개 4. 계측기 손료(간극수압계): 공사개월 5. 계측분석비(보고서 작성비 포함) 1) 특급기술자:0.015인*3개 = 0.045인/개 2) 고급기술자:0.030인*3개 = 0.090인/개 3) 중급기술자:0.035인*3개 = 0.105인/개	견적단가

번호	공　　종	단위	단 가 산 출 기 준	비　고
c	지하수위계 (설치심도 10m기준)	개소	1. 적용기준:2~3개 업체 견적처리 중 낮은금액 적용 2. 계측기 소모 자재비 1) Standpie with coupling:10m 2) Casagrand Tip:1개 3) 상부보호 Box:1개 4) 잡재료비(재료비의 5%) 3. 계측기기 설치비(지하수위계):1개 4. 계측기 손료(지하수위계): 공사개월 5. 계측분석비(보고서 작성비 포함) 1) 특급기술자:0.015인*1개 = 0.015인/개 2) 고급기술자:0.030인*1개 = 0.030인/개 3) 중급기술자:0.035인*1개 = 0.035인/개	견적단가
d	지표면침하핀 (성토고 10m기준)	개소	1. 적용기준:2~3개 업체 견적처리 중 낮은금액 적용 2. 계측기 소모 자재비 1) 침하판(500×500×10㎜):1개 2) 고정삼발이:1개 3) 측정봉(D25.4mm,1m,커플링포함):10개 4) 측정봉(D101.6mm,1m,커플링포함):10개 5) 보호장치:1개 6) 잡재료비(재료비의 5%) 3. 계측기기 설치비(지표면침하핀):1개 4. 계측기 손료(지표면침하핀): 공사개월 5. 계측분석비(보고서 작성비 포함) 1) 특급기술자:0.005인*1개 = 0.005인/개 2) 고급기술자:0.010인*1개 = 0.010인/개 3) 중급기술자:0.025인*1개 = 0.025인/개	견적단가
e	지중경사계 (설치심도 10m기준)	개소	1. 적용기준:2~3개 업체 견적처리 중 낮은금액 적용 2. 계측기 소모 자재비 1) ABS Acess Tybe:30m 2) Coupling:10개 3) Top & Bottom End Cap:1개 4) 상부보호 Box:1개 5) 잡재료비(재료비의 5%) 3. 계측기기 설치비(지중경사계):1개 4. 계측기 손료(지중경사계): 공사개월 5. 계측분석비(보고서 작성비 포함) 1) 특급기술자:0.020인*1개 = 0.020인/개 2) 고급기술자:0.040인*1개 = 0.040인/개 3) 중급기술자:0.050인*1개 = 0.050인/개	견적단가
f	변위말뚝 측정계 (설치심도 10m기준)	개소	1. 적용기준:2~3개 업체 견적처리 중 낮은금액 적용 2. 계측기 소모 자재비 1) V/W Strain Gauge:1개 2) Electric Cable:10m 3) 잡재료비(재료비의 5%) 3. 계측기기 설치비(변위말뚝측정계):1개 4. 계측기 손료(변위말뚝측정계): 공사개월 5. 계측분석비(보고서 작성비 포함) 1) 특급기술자:0.010인*1개 = 0.010인/개 2) 고급기술자:0.020인*1개 = 0.020인/개 3) 중급기술자:0.025인*1개 = 0.025인/개	견적단가

번호	공 종	단위	단 가 산 출 기 준	비 고
g	천공 및 그라우팅 (BX,점토층)	m	1. 재 료 비 1) 싱글코아바렐(BX):0.010개 2) 메탈크라운비트(BX):0.025개 3) 드라이브파이프헤드(BX):0.010개 4) 드라이브파이프 슈(BX):0.010개 5) 드라이브파이프(BX):0.010개 6) 경유(저유황,0.2W%S):3.00 ℓ 7) 엔진오일:0.04 ℓ 2. 노 무 비 1) 중급기술자:0.160인 2) 보 링 공:0.290인 3) 특별 인부:0.210인 4) 보통 인부:0.290인 3. 기계사용료(보오링기계,50×200m):1.333hr	20-1-2 BX보링
h	기계기구설치	개소	1. 소운반(리어카) V = 2000m/hr , T = 450분 , D = 200m t1 = 5분 , rt = 1.60Ton/㎥ , r1 = 0.25Ton(1회운반량) N = (2000m/hr*450분)/(120*200m+2000m/hr*5분) = 26.47회/일 Q = 26.47회/일*0.25Ton = 6.62Ton/일 ∴ 보통인부:2인/일/6.62Ton/일 = 0.453인/Ton 2. 노 무 비 1) 보 링 공:1.0인 2) 특별인부:1.0인 3) 보통인부:1.0인	'2005품셈 9-4 리어카운반 20-1-1 기계기구 설치
6. a	**품질관리비** Mat시험비 (20000㎡마다)	회	∴ 시험횟수산출:(PP Mat수량+PET Mat수량)/20000㎡ = 회 1. 인장강도및신율: 회 2. 봉합강도시험: 회 3. 투수시험: 회 4. 무게측정시험: 회	견적단가
b	Sand Mat시험 (3000㎥마다)	회	∴ 시험횟수산출:Sand Mat수량/3000㎥ = 회 1. 체가름시험:회 2. 체통과율시험(0.08㎜):회	견적단가
c	드레인보드시험비 (20000㎡마다)	회	∴ 시험횟수산출:PP Mat수량/20000㎡ = 회 1. 인장강도및신율시험:회 2. 무게측정시험:회 3. 유효구멍크기시험:회 4. 내약품성시험:회 5. 투수시험:회	견적단가
d	실내토질시험비	회	1. 입도시험비:설계수량(회) 2. 액성한계시험비:설계수량(회) 3. 소성한계시험비:설계수량(회) 4. 비중시험비:설계수량(회) 5. 함수시험비:설계수량(회) 6. 일축압축강도시험비:설계수량(회) 7. 압밀시험비:설계수량(회) 8. 비압밀비배수시험비(UU시험):설계수량(회) 9. 압밀비배수시험비(CU시험):설계수량(회)	견적단가

Ⅱ-6-6. 단가설명서

번호	공 종	단위	설 명	측 정	비고
1 1.01 a	토공 표토제거 표토제거 (T=0.20m)	㎡	이 단가는 연약지반 구간의 표토제거를 하기 위한 중기사용료(습지도저)의 비용이다	이 물량은 도면에 의해 산출된 면적이다	
1.02 a	여성토흙쌓기 하부노반다짐 (토사,H=0.30m)	㎥	Ⅱ-1.본선 및 지축토공 1.05-a-a-2 참조		
b	유용토흙쌓기 (토사,무대)	㎥	Ⅱ-1.본선 및 지축토공 1.06-a-a-1 참조		
c	유용토흙쌓기 (토사,도저)	㎥	Ⅱ-1.본선 및 지축토공 1.06-b-b-1 참조		
d	유용토흙쌓기 (토사,덤프)	㎥	Ⅱ-1.본선 및 지축토공 1.06-c-c-1 참조		
e	순성토흙쌓기 (토사,덤프)	㎥	Ⅱ-1.본선 및 지축토공 1.07-a 참조		
1.03 a	여성토철거 토사땅깎기 (도저,32Ton)	㎥	Ⅱ-1.본선 및 지축토공 1.04-a-a-2 참주		
b	토사깎기 (굴삭기,1.0㎥)	㎥	Ⅱ-1.본선 및 지축토공 1.04-a-a-3 참조		
1.04	구조물터파기(육상,토사)	㎥	Ⅱ-2.구조물공통 1.01-a-a-2 참조		
1.05	되메우기및다짐(토사)	㎥	Ⅱ-2.구조물공통 1.02-b 참조		
1.06	배수뒷막돌채움(잡석)	㎥	Ⅱ-2.구조물공통 1.07 참조		
1.07 a	물푸기 물푸기 (양수기,D150mm)	hr	Ⅱ-2.구조물공통 1.08-a 참조		
b	물푸기 (설치및운반)	개소	Ⅱ-2.구조물공통 1.08-b 참조		
2 a	배수유도관설치 유도관설치 (S형다발관,D150mm)	m	이 단가는 배수 유도관을 설치하기 위한 재료비 및 설치비 등의 모든 비용이 포함된다	이 물량은 도면에 의해 산출된 연장이다	
b	강관부설및접합 (D600mm)	m	이 단가는 강관부설(접합포함)을 설치하기 위한 재료비 및 운반비, 설치비, 기계경비 등의 모든 비용이 포함된다	이 물량은 도면에 의해 산출된 연장이다	

번호	공 종	단위	설 명	측 정	비고
c	부직포설치 (200g/㎡)	㎡	Ⅱ-3.본선부속 3.01-d-d-2 참조		
3	**매트깔기**				
3.01	샌드매트깔기 (T=0.50m)	㎥	이 단가는 샌드매트깔기에 필요한 재료비(모래, 운반비포함) 및 다짐비(진동로울러), 살수비, 기계경비(습지도저) 등의 모든 비용이 포함된다	이 물량은 도면에 의해 산출된 수량이다	
3.02	**P.P 매트부설**				
a	P.P 매트부설 (T=50 kN/m)	㎡	이 단가는 P.P 매트부설을 설치하기 위한 재료비 및 노무비 등의 모든 비용이 포함된다	이 물량은 도면에 의해 산출된 면적이다	
b	P.P 매트부설 (T=70 kN/m)	㎡	이 단가는 P.P 매트부설을 설치하기 위한 재료비 및 노무비 등의 모든 비용이 포함된다	이 물량은 도면에 의해 산출된 면적이다	
c	P.P 매트부설 (T=100 kN/m)	㎡	이 단가는 P.P 매트부설을 설치하기 위한 재료비 및 노무비 등의 모든 비용이 포함된다	이 물량은 도면에 의해 산출된 면적이다	
3.03	**P.E.T 매트부설**				
a	P.E.T 매트부설 (T=150 kN/m)	㎡	이 단가는 P.E.T 매트부설을 설치하기 위한 재료비 및 노무비 등의 모든 비용이 포함된다	이 물량은 도면에 의해 산출된 면적이다	
b	P.E.T 매트부설 (T=200 kN/m)	㎡	이 단가는 P.E.T 매트부설을 설치하기 위한 재료비 및 노무비 등의 모든 비용이 포함된다	이 물량은 도면에 의해 산출된 면적이다	
c	P.E.T 매트부설 (T=250 kN/m)	㎡	이 단가는 P.E.T 매트부설을 설치하기 위한 재료비 및 노무비 등의 모든 비용이 포함된다	이 물량은 도면에 의해 산출된 면적이다	
4	**연약지반처리공법**				
a	샌드드레인 (D400mm)	m	이 단가는 연약지반을 개량하는 처리공법중의 하나인 샌드드레인 공법으로 케이싱 항타 및 인발에 필요한 모든 기계경비(크레인, 진동파일해머, 공기압축기 등) 및 케이싱내의 모래투입, 장비조립및해체, 제잡비 등의 모든 비용이 포함된다	이 물량은 도면에 의해 산출된 연장이다	

번호	공 종	단위	설 명	측 정	비고
b	샌드콤팩션파일 (D700mm)	m	이 단가는 연약지반을 개량하는 처리공법중의 하나인 샌드콤팩션파일 공법으로 케이싱 항타 및 인발에 필요한 모든 기계경비(크레인, 진동파일해머, 공기압축기 등) 및 케이싱내의 모래투입, 장비조립및해체, 제잡비 등의 모든 비용이 포함된다	이 물량은 도면에 의해 산출된 연장이다	
c	샌드팩드레인 (D120mm)	m	이 단가는 연약지반을 개량하는 처리공법중의 하나인 샌드팩드레인 공법으로 재료비(팩드레인보드) 및 노무비, 케이싱 항타 및 인발에 필요한 모든 기계경비(크레인, 진동파일해머, 공기압축기 등) 및 케이싱내의 모래투입, 장비조립및해체 등의 모든 비용이 포함된다	이 물량은 도면에 의해 산출된 연장이다	
d	프라스틱보드드레인 (P.B.D공법)	m	이 단가는 연약지반을 개량하는 처리공법중의 하나인 프라스틱보드드레인 공법으로 재료비(드레인보드, 슈) 및 노무비, 항타, 인발비(유압식P.B.D압입기등), 장비조립및해체 등의 모든 비용이 포함된다	이 물량은 도면에 의해 산출된 연장이다	
e	페이퍼드레인 (Mandrel식)	m	이 단가는 페이퍼드레인(Mandrel)을 적용하기위한 재료비(드레인보드, 슈) 및 노무비, 장비손료(크레인, 진동파일해머, 발전기 등), 장비조립및해체 등의 모든 비용이 포함된다	이 물량은 도면에 의해 산출된 연장이다	
f	메나드드레인 (수평,D50mm)	m	이 단가는 메나드드레인(수평)을 적용하기 위한 재료비, 노무비, 중기사용료(로우더) 및 드레인배열, 고정 등의 모든 비용이 포함된다	이 물량은 도면에 의해 산출된 연장이다	
g	메나드드레인 (수직,D50mm)	m	이 단가는 메나드드레인(수직)을 적용하기 위한 재료비 및 노무비, 케이싱 항타 및 인발에 필요한 모든 기계경비(크레인,진동파일해머, 발전기 등), 메나드드레인 슈 제작 등의 모든 비용이 포함된다	이 물량은 도면에 의해 산출된 연장이다	

번호	공 종	단위	설 명	측 정	비고
5	연약지반계측				
a	층별침하계 (3개/개소,설치심도 30m기준)	개소	이 단가는 연약지반 계측에 필요한 층별침하계로서 계측기 소모자재비 및 설치비, 계측기 손료, 분석비 등의 모든 비용이 포함된다	이 물량은 도면에 의해 산출된 수량이다	
b	간극수압계 (3개/개소,설치심도 30m기준)	개소	이 단가는 연약지반 계측에 필요한 간극수압계로서 계측기 소모자재비 및 설치비, 계측기 손료, 분석비 등의 모든 비용이 포함된다	이 물량은 도면에 의해 산출된 수량이다	
c	지하수위계 (설치심도 10m기준)	개소	이 단가는 연약지반 계측에 필요한 지하수위계로서 계측기 소모자재비 및 설치비, 계측기 손료, 분석비 등의 모든 비용이 포함된다	이 물량은 도면에 의해 산출된 수량이다	
d	지표면침하핀 (성토고 10m기준)	개소	이 단가는 연약지반 계측에 필요한 지표면침하핀으로서 계측기 소모자재비 및 설치비, 계측기손료, 분석비 등의 모든 비용이 포함된다	이 물량은 도면에 의해 산출된 수량이다	
e	지중경사계 (설치심도 10m기준)	개소	이 단가는 연약지반 계측에 필요한 지중경사계로서 계측기 소모자재비 및 설치비, 계측기 손료, 분석비 등의 모든 비용이 포함된다	이 물량은 도면에 의해 산출된 수량이다	
f	변위말뚝측정계 (설치심도 10m기준)	개소	이 단가는 연약지반 계측에 필요한 변위말뚝측정계로서 계측기 소모자재비 및 설치비, 계측기손료, 분석비 등의 모든 비용이 포함된다	이 물량은 도면에 의해 산출된 수량이다	
g	천공및그라우팅 (BX,점토층)	m	이 단가는 천공 및 그라우팅(BX,점토층)을 하기위한 재료비 및 노무비, 중기사용료 등의 모든 비용이 포함된다	이 물량은 도면에 의해 산출된 연장이다	
h	기계기구설치	개소	이 단가는 기계기구설치에 필요한 노무비, 소운반비 등의 모든 비용이 포함된다	이 물량은 도면에 의해 산출된 수량이다	

번호	공 종	단위	설 명	측 정	비고
6	품질관리비				
a	Mat시험비 (20,000㎡마다)	회	이 단가는 연약지반 품질관리비의 Mat시험비로서 각종 시험횟수(인장강도및신율시험, 봉합강도시험, 투수시험 등)의 모든 비용이 포함된다	이 물량은 도면에 의해 산출된 수량이다	
b	Sand Mat시험비 (3,000㎡마다)	회	이 단가는 연약지반 품질관리비의 Sand Mat시험비로서 각종 시험횟수(체가름시험, 체통과율시험)의 모든 비용이 포함된다	이 물량은 도면에 의해 산출된 수량이다	
c	드레인보드시험비 (20,000㎡마다)	회	이 단가는 연약지반 품질관리비의 드레인보드시험비로서 각종 시험횟수(인장강도및신율시험, 무게측정시험, 유효구멍크기시험 등)의 모든 비용이 포함된다	이 물량은 도면에 의해 산출된 수량이다	
d	실내토질시험비	회	이 단가는 연약지반 품질관리비의 실내토질시험비로서 입도시험비, 액성한계시험비, 소성한계시험비, 비중시험비, 함수시험비, 일축압축강도시험비 등의 모든 비용이 포함된다	이 물량은 도면에 의해 산출된 수량이다	

◇ 한국철도시설공단 담당 ◇

성 명	직 위
배 용 득	기 술 본 부 장
강 창 호	철 도 기 술 단 장
이 시 용	기 준 팀 장
이 용 희	노 반 파 트 장
전 병 규	노 반 파 트 과 장

◇ 집 필 위 원 ◇

성 명	직 위
김 대 영	(주)한국철도기술공사 대표이사
박 재 홍	(주)한국철도기술공사 전무
김 구 한	(주)한국철도기술공사 상무
장 태 희	(주)한국철도기술공사 부장
홍 순 봉	(주)한국철도기술공사 차장
변 영 득	(주)한국철도기술공사 차장
강 춘 모	(주)한국철도기술공사 과장

철도노반공사 수량 및 단가산출기준 표준 1

발 행 일 | 2008년 5월 30일
발 행 처 | 한국철도시설공단

보 급 처 | **이 엔 지 · 북**
서울시 용산구 원효로1가 51-18
TEL.(02) 711-1595 , FAX (02) 711-1596

정 가 | **30,000** 원

ISBN 978-89-91723-47-4